控制理论与兵器应用

周奇郑　周　浩　编著

電子工業出版社
Publishing House of Electronics Industry
北京 • BEIJING

内 容 简 介

本书从兵器控制系统的实际应用出发，以自动控制理论为主线，系统介绍了经典控制理论和现代控制理论的分析、校正及综合设计方法。全书共分 10 章，其中经典控制理论部分主要阐述控制理论的基本概念、控制系统的数学模型、控制系统的时域分析、根轨迹分析、频率特性分析和反馈控制系统校正设计；现代控制理论部分在介绍控制系统状态空间分析、状态反馈与状态观测器设计的基础上，阐述了最优控制系统设计的基本方法与典型应用。本书在保证理论知识体系结构完整的前提下，融入控制理论在兵器控制系统设计中的应用。

本书注重控制理论在兵器控制系统设计中的应用背景和对学生应用控制理论解决兵器控制系统中实际问题能力的培养，力求结合物理概念阐述重要概念和方法，通过大量兵器控制系统的应用实例促进理论联系实际。本书可作为高等院校兵器科学、控制工程等专业本科生的教材，也可供相关专业的研究生及相关领域的工程技术人员学习参考。

图书在版编目（CIP）数据

控制理论与兵器应用 / 周奇郑，周浩编著. —北京：电子工业出版社，2021.12
ISBN 978-7-121-42342-0

Ⅰ. ①控… Ⅱ. ①周… ②周… Ⅲ. ①武器系统－控制系统 Ⅳ. ①E92

中国版本图书馆 CIP 数据核字（2021）第 232855 号

责任编辑：张正梅
印　　刷：三河市华成印务有限公司
装　　订：三河市华成印务有限公司
出版发行：电子工业出版社
　　　　　北京市海淀区万寿路 173 信箱　　邮编：100036
开　　本：787×1 092　1/16　印张：26.5　　字数：657 千字
版　　次：2021 年 12 月第 1 版
印　　次：2024 年 1 月第 2 次印刷
定　　价：159.00 元

凡所购买电子工业出版社图书有缺损问题，请向购买书店调换。若书店售缺，请与本社发行部联系，联系及邮购电话：（010）88254888，88258888。

质量投诉请发邮件至 zlts@phei.com.cn，盗版侵权举报请发邮件至 dbqq@phei.com.cn。

本书咨询联系方式：zhangzm@phei.com.cn。

前　言

控制技术已经广泛深入应用于工农业生产、国防现代化、航空航天等领域，尤其是在现代兵器方面，极大地提高了兵器的现代化水平。控制理论作为工科院校重要的专业基础课，在培养学生的思辨与思维能力、建立理论联系实际的科学观点和提高综合分析问题的能力等方面具有重要作用。深入理解、掌握控制理论的概念、思想和方法，熟悉控制理论在兵器中的应用，对于学生解决实际控制工程问题、掌握控制理论及兵器科学技术领域的知识，都是必不可少的。

本书内容包括控制理论的基本概念和兵器中的典型应用。其中，第 1 章主要介绍了控制理论的基本概念、分类，控制系统的基本要求和控制理论的发展简史，以及控制理论在现代兵器中的应用及发展趋势。第 2 章主要介绍了建立控制系统数学模型的方法，并给出了典型兵器控制系统的数学建模。第 3～6 章介绍了线性定常控制系统的分析方法，主要包括时域分析法、根轨迹分析法、频率特性分析法、校正方法和设计方法，以及兵器控制系统的分析与设计。第 7～9 章主要介绍了状态空间模型的建立、线性连续系统能控性和能观测性、李雅普诺夫稳定性理论，以及基于状态空间模型的控制系统设计方法——状态反馈和状态观测器设计。鉴于最优控制中燃料消耗、最少时间等在兵器控制中的广泛应用，第 10 章介绍了最优控制系统设计。

本书由周奇郑、周浩编著。其中，第 1～6 章由周奇郑编写；第 7～10 章由周浩编写。全书由周奇郑统稿，由海军工程大学石章松教授审阅，在审阅过程中他提出了许多宝贵的意见和建议，在此谨表诚挚的谢意。

由于编著者水平有限，书中难免出现不妥之处，敬请读者批评指正。联系 E-mail：zqizheng@126.com。

编著者

2021 年 3 月

目　　录

第1章　绪　　论

自动控制技术广泛应用于工农业生产、交通运输、国防和航空航天等各个领域，且随着生产和科学技术的发展，其作用也越来越重要。所谓自动控制系统，是指在没有人直接参与的情况下，借助外加的设备或装置（控制装置或控制器），使机器、设备或生产过程（统称受控对象）的某个工作状态或参数（被控量）自动地按照预定的规律运行。例如：雷达和计算机组成的导弹发射和制导系统，自动地将导弹导引到敌方目标；无人艇按照预定航迹自动航行和避碰；人造地球卫星准确地进入预定轨道运行并回收等，这一切都是以高水平自动控制技术的应用为前提的。

自动控制理论是基于数学、物理学等基础学科，研究自动控制系统建模、分析、综合共同规律的技术科学。其研究的主要问题是控制过程的精度，即如何分析、协调系统被控量在控制过程中跟踪给定量的“稳”“准”“快”三项相互牵制的性能指标。

1.1　控制理论的基本概念

控制工程是以反馈理论和线性系统理论为基础，综合运用网络理论和通信理论的有关概念和知识的一门科学。因此，控制工程不局限于任何单个工程学科，在航空、化工、机械、环境、土木、电气等工程学科中都有同样广泛的应用。例如，一个控制系统通常会包括电子、机械和化工元件等。另外，随着对商业、社会和政治系统运动规律的进一步认识，人类对它们的控制能力也将逐步增强。

为了实现各种复杂的控制任务，将受控对象和控制装置按照一定的方式连接起来，组成的有机整体就是自动控制系统，它能够提供预期的系统响应。控制系统分析的基础是线性系统理论，它认定系统各部分之间存在因果关系。因此，受控元件、受控对象或者受控过程可以用图 1-1 所示的方框来表示，其中的输入—输出关系就表示了该过程的因果关系，即表示了对输入信号进行处理进而获取输出信号的过程，该过程通常包含功率放大环节。在自动控制系统中，受控对象的输出量（被控量）是要求严格加以控制的物理量，它可以要求保持为某个恒定值，如速度、压力等，也可以要求按照某个给定规律运行，如飞行轨迹、记录曲线等；而控制器则是对受控对象施加控制作用的机构的总称，它可以采用不同的原理和方式对受控对象进行控制。图 1-2 所示的是一个利用控制器和执行机构来获得预期响应的开环控制系统（无反馈系统）。

图 1-1　受控对象/受控过程

图 1-2　开环控制系统（无反馈系统）

与开环控制系统不同，闭环控制系统增加了对实际输出的测量，并将实际输出与预期输出进行比较，把输出的测量值称为反馈信号。一个简单的闭环控制系统如图 1-3 所示，闭环控制也称为反馈控制。在反馈控制系统中，控制器对受控对象施加的控制作用，是取自被控量的反馈信号，用来不断修正被控量和预期输出响应之间的偏差，从而实现对受控对象控制的任务，这就是反馈控制的原理。可以用这样的例子来说明这种工作过程，当一枚导弹的航向向右偏离时，舵机的工作将会驱使导弹航向向左运动，逐步纠正航向误差。如图 1-3 所示，系统从参考输入中扣除输出测量值后，再将偏差信号输入控制器，因而这类系统称为负反馈控制系统。

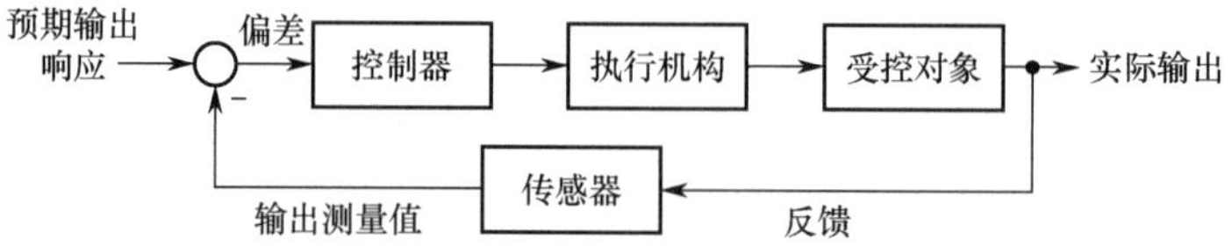

图 1-3　闭环控制系统

反馈控制系统是由各种结构不同的元部件组成的。从完成“自动控制”这一职能来看，一个控制系统必然包括受控对象和控制装置两大部分，而控制装置是由具有一定职能的各种基本元件组成的。在不同系统中，结构完全不同的元部件可能具有相同的职能，因此，将组成控制系统的元件按职能分类主要有以下几种。

测量元件　其职能是检测被控制的物理量，如果这个物理量是非电量，一般要将其转换为电量。例如，测速发电机用于检测电动机轴的转速并将其转换为电压；电位器、旋转变压器或自整角机用于检测角度并将其转换为电压。

给定元件　其职能是给出与期望的被控量相对应的系统输入量。

比较元件　其职能是把测量元件检测的被控量实际值与给定元件给出的输出量进行比较，求出它们之间的偏差。常用的比较元件有差动放大器、机械差动装置、电桥电路等。

放大元件　其职能是把测量元件给出的偏差信号进行放大，用来推动执行元件去控制受控对象。电压偏差信号可用集成电路、晶闸管等组成的电压放大级和功率放大级加以放大。

执行元件　其职能是直接推动受控对象，使其被控量发生变化。常用来作为执行元件的有阀、电动机、液压马达等。

校正元件　也叫补偿元件，是结构或参数便于调整的元部件，用串联或反馈的方式连接在系统中，以改善系统的性能。最简单的校正元件是由电阻、电容组成的无源网络或有源网络，复杂的校正元件则用计算机。

典型反馈控制系统的基本组成可用图 1-4 所示的方框图表示。图中，“○”表示比较元件，它将测量元件检测到的被控量与输入量进行比较；负号（−）表示两者符号相反，即负反馈；正号（+）表示两者符号相同，即正反馈。信号从输入端沿箭头方向到达输出端的传输通路称为前向通路；系统输出量经测量元件反馈到输入端的传输通路称为主反馈通路。前向通路与主反馈通路共同构成主回路。此外，还有局部反馈通路以及由它构成的内回路。

反馈控制系统实施控制时，常常用一个函数来描述参考输入和实际输出之间的预定关系。通常的做法是将受控过程的实际输出与参考输入之间的偏差放大，并用于控制受控过程，以使偏差不断减小。实际输出与参考输入之间的偏差就等于系统误差，控制器的主要作用就是调控这个误差信号，而控制器的输出驱使执行机构调控受控对象，以达到减少误差的目的。因此，反馈控制实质上是一个按偏差控制的过程，反馈控制就是按偏差控制的原理。

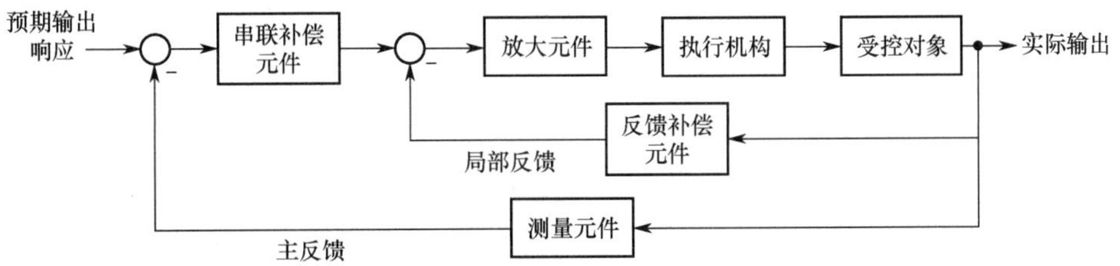

图 1-4　反馈控制系统的基本组成

与开环控制系统比较，闭环控制系统有许多优点。例如，有更强的抗外部干扰的能力和衰减测量噪声的能力。在图 1-5 所示的框图中，除了外部输入，还加入了外部干扰和测量噪声模块。在现实世界中，外部干扰和测量噪声是不可避免的，因此，在设计实际控制系统时，必须采取措施加以解决。

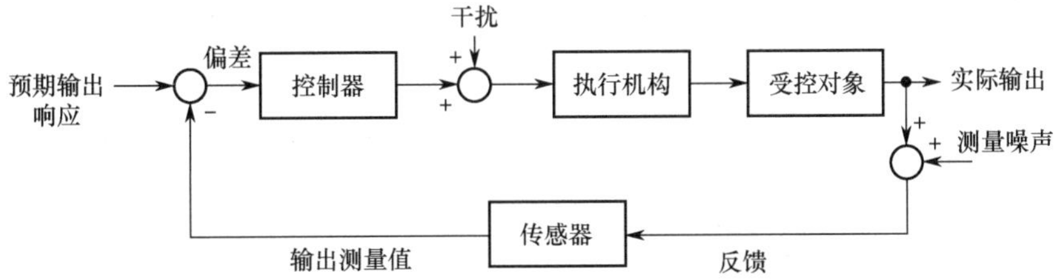

图 1-5　带有外部干扰和测量噪声的闭环反馈控制系统

图 1-3 和图 1-5 所示的是单回（环）路反馈控制系统。许多系统具有多个回路，图 1-6 所示的是一个具有内环和外环的一般性多回路反馈控制系统。在这种情况下，内部回路配备控制器和传感器，外部回路也配备控制器和传感器，由于多回路反馈控制系统更能代表现实世界中的实际情况，所以本书通篇都会讨论多回路反馈控制系统的有关特性。另外，主要利用单回路反馈控制系统来学习反馈控制系统的特性和优点，所得到的结论可以方便地推广到多回路反馈控制系统。

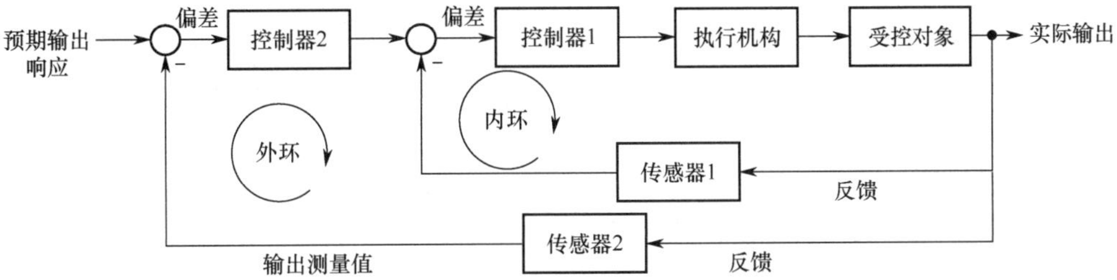

图 1-6　具有内环和外环的一般性多回路反馈控制系统

由于受控系统日益复杂，以及人们对获得最优性能的兴趣与日俱增，近几十年来，控制工程变得越来越重要。而且，受控对象日趋复杂，要求人们在设计控制方案时，必须考虑多个受控变量间的相互关系，描述多变量控制系统的框图如图 1-7 所示。在 1960 年召开的美国自动化大会上正式提出的现代控制理论，正是用来解决多输入多输出系统的问题，并且受控对象可以是线性或非线性系统、定常或时变系统。现代控制理论是基于时域的状态空间分析方法，主要实现系统最优控制的研究，使控制性能指标达到最优。在自动控制领域，对现代控制理论比较公认的定义为“现代控制理论是以庞特里亚金的极大值原理（最优控制问题存在的必要条件)、贝尔曼的动态规划和卡尔曼的滤波理论为基础，揭示了一些复杂对象控制的理论结果”。目前，现代控制理论体系已比较完善，在理论充实和应用方面仍处于十分活跃的发展状态。在不断揭示控制本质规律和相关数学理论的同时，现代控制理论也解决了宇宙航行、导弹制导、交通运输、工业生产和污染治理等领域的实际问题。它在电气、机械、化工、冶金等工程领域，以及在生物医学、企业管理和社会科学等领域也都得到了广泛应用，并取得了令人瞩目的成就。可以说，现代控制理论已渗透到各学科领域，解决了大量的复杂控制问题，备受人们关注。

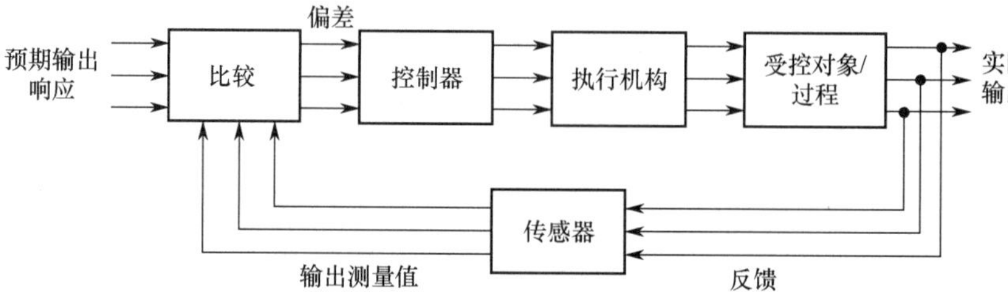

图 1-7 多变量控制系统

1.2 控制理论的基本内容

控制理论已在各工程领域得到了成功应用，其理论涵盖面非常广泛，主要内容包括以下几个方面。

1. 经典控制理论

经典控制理论主要用来解决单输入单输出问题，所涉及的系统大多是线性定常系统。如果将瓦特于 1788 年前后发明的飞球调速器作为最早的工业自动控制装置，那么到 20 世纪 60 年代形成完整和独立的经典控制理论，则经过了 100 多年。瓦特的这项发明开创了近代自动调节装置应用的先河，对第一次工业革命及其后的自动控制理论的发展有着重要影响。这种以频域方法为基础的经典控制理论在解决一般的工业控制问题方面十分有效，它的广泛应用给人类带来了巨大的经济效益和社会效益。经典控制理论最大的成果之一是比例、积分、微分（PID）控制规律的产生，对于无时间延迟的单回路控制系统非常有效，在当前工业过程控制中应用广泛。随着社会的进步、技术的发展以及受控对象复杂程度的提高，经典控制理论面临严重的挑战。特别是 20 世纪 60 年代兴起的航天技术，对控制理论提出了更加苛刻的要求。受控对象更加复杂，出现了非线性时变系统的控制问题、多输入多输出系统的分析和综合问题、系统本身或周围环境不确定因素的自适应控制问题、抗噪声干扰问题，以及使某种目标函数达到最优的控制问题等。对于上述复杂控制问题，应用经典控制理论难以解决。

2. 线性系统理论

线性系统理论是现代控制理论的基础，也是现代控制理论中最完善以及应用最广泛的部分。线性系统理论和方法建立在系统状态方程的基础上，研究在输入控制作用下线性系统状态运动过程的规律以及改变这些规律的可能性与措施，建立和揭示控制系统的结构性质、动态行为和性能之间的关系，主要包括系统的数学模型、运动分析、稳定性分析、能控性与能观测性、状态反馈与观测器等问题。

一般而言，可以将线性系统理论归纳为定量分析理论、定性分析理论和综合理论。线性系统定量分析理论着重建立并求解系统的状态方程组，分析系统的响应和性能。线性系统定性分析理论着重研究系统的基本结构特性，分析系统的能控性、能观测性和稳定性。线性系统综合理论则研究使系统的控制性能达到期望指标、实现最优化以及建立控制器的计算方法，从而解决和实现工程用控制器的理论问题。

3. 最优控制

最优控制是设计最优控制系统的理论基础，也是现代控制理论的核心内容之一。它是指在给定的约束条件和评价函数（目标函数）下，寻求使系统性能指标最优的控制规律。其中，庞特里亚金的极大值原理和贝尔曼的动态规划是最重要的两种方法。目前，最优控制理论已应用于众多工程领域，如无人机燃料消耗的最优控制、无人机跟踪目标过程的最优控制、焊接机器人的最优路径控制及城市道路交通的最优控制等。在解决最优控制问题的过程中，除了用到庞特里亚金的极大值原理和贝尔曼的动态规划两种重要方法，还有用“广义”梯度描述的优化方法以及动态规划的哈密顿—雅克比—贝尔曼方程求解的新方法正在形成，并用于非线性系统的优化控制。最优控制的应用不但深入一般的工程技术领域，而且还深入工业设计、生产管理、经济管理、资源规划和生态保护等领域。各个领域所遇到的优化问题，只要能够看作一个多步决策过程的最优化问题，一般都能将其转化，并用离散型动态规划或最大值原理求解。

4. 系统辨识

系统辨识即数学建模，就是建立系统的数学模型，使其能正确反映系统输入与输出之间的基本关系。它是对系统进行分析和控制的前提，直接决定着控制的成功与否。所谓“知己知彼，百战不殆”，在设计控制器的过程中，系统的受控对象相当于“彼”，控制器相当于“己”。由于系统比较复杂，不能通过解析的方法直接建模，因此需要在系统输入、输出的试验数据或运行数据的基础上，从某类给定的模型中，确定一个与系统本质特征等价的模型。如果确定了模型的结构，则仅需确定模型的参数，这称为参数估计问题。如果模型的结构和参数需要同时确定，这就是系统辨识问题。系统辨识已经在自适应控制、优化控制、预测控制和故障诊断等方面得到了应用。

现代控制理论中建模的核心问题是所建立的模型必须正确反映系统输入和输出之间的关系。在实际工程中，一般先用机理分析得到模型结构，再对模型参数和其他缺乏先验知识的部分进行实测辨识。由于研究对象越来越复杂，许多问题难以用定量模型描述，因而出现了很多新的建模方法，例如具有不同宏、微观层次及混沌等复杂动态行为的非线性系统和离散事件动态系统，采用由经验规则、专家知识和模糊关系建立的知识库等定性模型。对于涉及社会和经济等复杂因素的人类活动系统，则必须采用定性与定量相结合的建模思想。系统辨识理论不但广泛应用于工业、农业和交通等工程控制系统中，而且还应用于经济学、社会学、生物医学和生态学等诸多领域。

5. 最优估计

当系统有随机干扰时，可通过对系统数学模型输入和输出数据的测量，利用统计方法对系统的状态进行估计（滤波），使系统受噪声干扰的影响最低，为达到最优控制创造前提条件。其中，卡尔曼滤波理论是最具代表性的系统状态估计方法，在很多领域都得到了广泛应用。另外，维纳滤波理论强调统计方法的意义，在现代控制理论中有十分重要的地位。维纳滤波指的是当系统受到环境噪声或负载干扰时，其不确定性可以用概率和统计方法进行描述和处理。在系统数学模型已经建立的基础上，对含有噪声的系统输入和输出进行量测，通过统计数学方法对量测数据分析，获得有用信号的最优估计。与维纳滤波理论强调对平稳随机过程按照均方意义的最优滤波不同，卡尔曼滤波理论采用状态空间法设计最优滤波器，适用于非稳定过程，已在工业、军事等众多领域中得到广泛应用，成为现代控制理论的重要内容。

6. 自适应控制

自适应控制指的是控制系统能够适应内部参数变化和外部环境的变化，自动调整控制作用，减小干扰影响，使系统在受控对象动态特性变化（不确定性）的情况下达到一定意义的最优或满足对这一类系统的控制要求。自适应控制系统的分析与设计理论，称为自适应控制理论。自适应控制研究的问题主要包括：认识受控对象的动态特性（辨识），构造能够适应系统动态特性的控制器，设计可以实现这种控制器的算法。目前，自适应控制理论正朝着自学习、自组织及智能控制等方向发展，并已在过程控制、化工、冶金和电力系统自动化、船舶驾驶、机器人控制等领域得到了成功的应用。需要指出与经典控制理论一样，精确的数学模型是现代控制理论分析、综合和设计的基础。由于受控对象的复杂性、不确定性，以及环境的复杂性、控制任务的多目标和时变性，传统的基于精确数学模型的控制理论存在很大的局限性。自适应控制理论必然与智能控制理论日益融合，以适应复杂受控对象的控制要求。可以预测，自适应控制将会更加广泛地应用到制造业和人类生活的各个方面。

另外一种适合于不确定受控对象的控制方法为鲁棒控制，这类控制问题是针对系统中存在一定范围的不确定，设计所谓的鲁棒控制器，使闭环控制系统在保持稳定的同时，达到一定的动态性能，具有较高的抗干扰能力，满足控制要求。

7. 非线性控制系统

严格来讲，实际的受控对象都是非线性的。例如，机械传动系统存在摩擦、间隙、温度变化等因素，使其具备非线性的特性。针对一些典型的非线性系统，已形成一些较成熟的控制理论和方法。由于非线性控制算法考虑了实际受控对象的非线性特性，控制效果更加显著，然而针对非线性控制系统的控制方法也更加复杂。

1.3 控制系统的分类

随着科学技术的发展，自动控制技术已渗透到众多领域，可根据需要和便于应用，从不同角度对自动控制系统进行分类。控制理论研究的重点是信息的传递与转换，因此，更多的分类方法是以系统信息流向为出发点来划分的，例如，前面介绍的开环控制与闭环控制。从研究自动控制系统动态特性、运动规律和设计方法的角度，控制理论常有以下几种能反映系统本质特征的分类方式。

1. 按给定信号的特征分类

给定信号是系统的指令信号，它代表了系统期望的输出值，反映了系统要完成的基本任务和职能。

（1）恒值控制系统。恒值控制系统的参考输入是常值或随时间缓慢变化的信号，目的是在控制系统受到扰动时能够使输出保持恒定的希望值。如恒压、恒速和恒温等控制系统。

（2）随动控制系统。随动控制系统的参考输入是预先未知的随时间任意变化的函数，控制系统的任务是在各种情况下保证输出以一定的精度跟踪参考输入的变化。随动控制系统也称跟踪控制系统，如目标自动跟踪、瞄准和导弹拦截控制系统等。

（3）程序控制系统。程序控制系统的参考输入是按预定规律随时间变化的函数，要求被控量迅速、准确地复现输入量。如升降机、机械加工和食品加工流水线，每一道过程的动作及动作时间都事先编入程序。

程序控制系统和随动控制系统的输入都是时间的函数，不同之处在于程序控制系统是已知的时间函数，随动控制系统是未知的任意时间函数，而恒值控制系统可视为程序控制系统的特例。

2. 按系统的数学描述分类

任何系统都是由各种元部件组成的，这些元部件的性能可用其输入输出特性表示。按照元部件特性方程的不同，可将系统分为线性系统与非线性系统。

（1）线性系统。控制系统是随时间变化的动态系统，如果系统的状态和性能可以用线性微分（或差分）方程来描述，则称为线性系统。线性系统中各元件的输入与输出之间的静态特性一定是直线，如图 1-8 所示，并且满足叠加原理。

所谓叠加原理，即：①当系统有多个输入时，系统的输出等于单个输入作用于系统的输出之和；②系统的输入增大多少倍，系统的输出也增大相应的倍数。图 1-9 所示为线性系统算子，其中 G 为算子，r 为输入，y 为输出，且均为时间 t 的函数，则有

$$y=G\cdot r(t)$$

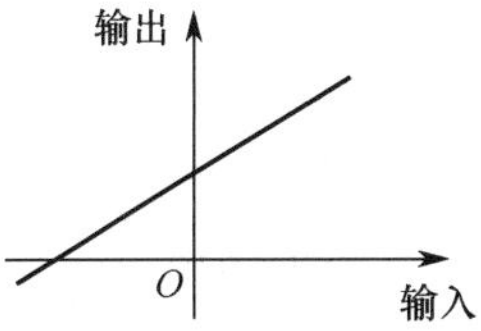

图 1-8　线性系统的静特性

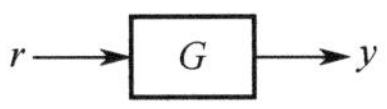

图 1-9　线性系统算子

如果有两个输入 $r_1(t)$和 $r_2(t)$，则对应的输出分别是 $y_1(t)$和 $y_2(t)$，且有 $y_1(t)=Gr_1(t)$，$y_2(t)=Gr_2(t)$，$r(t)=\alpha r_1(t)+\beta r_2(t)$，其中 α、β 为常数，则有

$$G[\alpha r_1(t)+\beta r_2(t)]=\alpha Gr_1(t)+\beta Gr_2(t) \tag{1-1}$$

$$y(t)=Gr(t)=\alpha y_1(t)+\beta y_2(t) \tag{1-2}$$

如果微分或差分方程的系数为常数，并且不随时间变化，则对应的系统为线性定常系统。若初始条件为零，则 $y(t\pm\tau)=Gr(t\pm\tau)$，其中 τ 为任意常数，系统的响应与时间坐标轴的起

点无关。

如果微分方程或差分方程的系数是时间的函数，则对应的系统为线性时变系统，上述公式均不成立。如导弹燃料消耗、带钢卷筒等质量和惯性随时间变化，都属于时变系统；电子元件的特性参数随时间变化，相应的电子系统也属于时变系统。

（2）非线性系统。系统中只要有一个非线性元部件，系统就需由非线性方程来描述，方程的系数将随变量变化，对应的系统则为非线性系统，或者说用非线性微分方程描述的系统就是非线性系统。图 1-10 所示为非线性系统元部件的典型静态特性示意图，其输入与输出之间的静态特性不是一条直线，图 1-10（a）为饱和现象，当输入增大到一定程度时，系统饱和，输出不再增大。图-10（b）为死区现象，当机械传动机构有间隙时，输出并非受输入控制。图 1-10（c）为多回路现象，即输出随输入增加的变化曲线与输出随输入减小的变化曲线并非同一条，例如电磁场系统的磁化曲线。叠加原理对非线性系统无效。严格来讲，现实生活中不存在线性系统，例如电路放大器有饱和性，运动部件有间隙、摩擦、死区等，但为了简化数学描述和控制系统，可将非线性系统在一定范围内简化为线性系统，利用成熟的线性系统控制理论来处理。

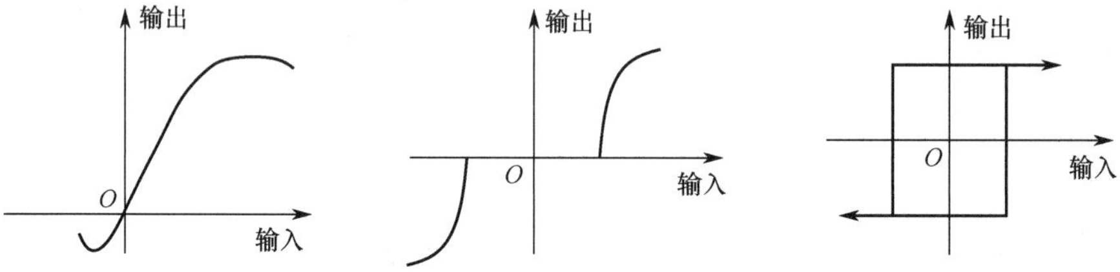

(a) 饱和　　(b) 死区　　(c) 多回路

图 1-10　非线性系统元部件的典型静态特性示意图

3. 按系统中信号的形式分类

（1）连续系统。当系统中各元部件的输入信号是时间 t 的连续函数，各元部件相应的输出信号也是时间 t 的连续函数时，称该系统为连续系统。连续系统通常可以用微分方程来描述。对于连续系统，允许信号有间断点，而在某一时间范围内为连续函数，如图 1-11 所示，输入信号以 t=0 和 $t=t_i$ 为间断点，而输出信号在时间［0，t_i］区间连续。

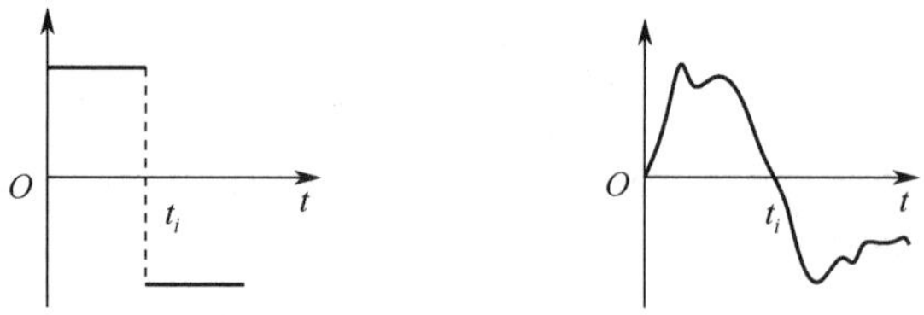

(a) 输入　　(b) 输出

图 1-11　连续系统输入和输出信号示意图

（2）离散系统。控制系统中只要有一处信号是脉冲序列或数码，就称该系统为离散系统。离散系统的特点是信号在特定的离散瞬时 t_1、t_2、…上是时间的函数，两个瞬时点之间的信号则不确定。离散时间信号可以由连续时间信号通过采样开关获得，如图 1-12 所示。离散系统也称采样系统。计算机系统、步进电动机驱动系统等都是离散系统，其性能一般由差分方程描述。

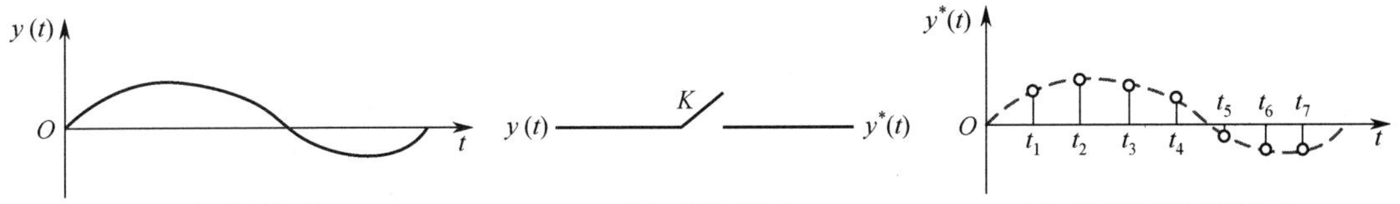

(a) 连续信号　　(b) 采样开关K　　(c) 经采样后的离散信号

图 1-12　连续时间信号的采样过程示意图

4. 按系统中信号的数量分类

根据系统输入和输出信号的数量，可将控制系统分为单输入单输出系统与多输入多输出系统。

（1）单输入单输出系统。单输入单输出系统的输入和输出只有一个，图 1-6 所示的多回路反馈控制系统，是一个典型的单输入单输出控制系统。经典控制理论所涉及的控制问题基本都属于单输入单输出控制系统，相对而言，受控对象比较单一，控制算法较为简单。相关控制技术已相当成熟，并在工程中得到了成功的应用，创造了显著的经济效益和社会效益。目前在一些工程领域，仍然存在单输入单输出系统的控制问题。

（2）多输入多输出系统。多输入多输出系统的信号多、回路多，相互间存在耦合，因而十分复杂。多输入多输出系统通常有多个变量，因此也称为多变量控制系统。如数控机床、生产装配流水线、机器人多关节控制、飞行器姿态控制等都为多变量控制系统。多输入多输出控制系统的典型示意如图 1-7 所示。

1.4　对控制系统的要求

控制理论是研究自动控制共同规律的一门学科，尽管控制系统有不同的类型，对每个系统也都有不同的特殊要求，但对于各类系统来说，在已知系统的结构和参数时，关心的都是系统在某种典型输入信号作用下，被控量变化的全过程。例如，对恒值控制系统是研究扰动作用引起被控量变化的全过程；对随动控制系统则是研究被控量如何克服扰动影响并跟随输入量变化的全过程。对每一类系统被控量变化全过程提出的基本要求都是一致的，且可以归结为稳定性、快速性和准确性。

1.4.1　典型输入信号

一般而言，系统的输出响应与输入信号有关，如图 1-13 所示。对受控对象进行分析和实验，采用典型输入信号往往可以迅速得到系统的某些特性。

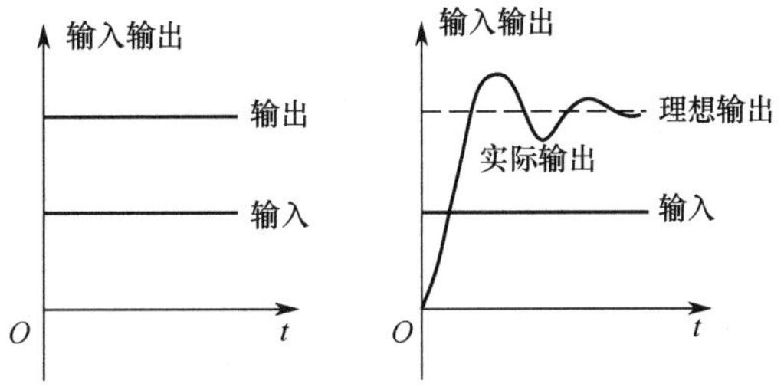

(a) 理想情况下的输出响应　　(b) 实际情况下的输出响应

图 1-13　控制系统的输出响应

1. 阶跃输入信号

$$c(t)=\begin{cases}0, & t<0\\ R, & t\geqslant 0\end{cases} \tag{1-3}$$

阶跃输入信号在时间 $t\geqslant 0$ 时瞬时从零跃变到某一恒定值 R，其在工程领域中十分常见，如启动电气开关、电动机的全压启动等。

2. 斜坡输入信号

$$c(t)=\begin{cases}0, & t<0\\ Rt, & t\geqslant 0\end{cases} \tag{1-4}$$

斜坡输入信号在时间 $t\geqslant 0$ 时从零以斜率 R 逐渐上升，当 R=1 时为单位斜坡信号。斜坡信号也称为速度信号，也是工程实际中十分常见的控制输入信号。工程领域经常会遇到很多较大的受控对象，其电动机的额定电流很大，如果全压启动，则启动电流过大，容易对电网和设备造成较大的冲击，为此，对大容量电动机的控制常采用斜坡信号，控制电动机的转速逐渐上升，以达到最佳的综合控制性能。

3. 抛物线输入信号

$$c(t)=\begin{cases}0, & t<0\\ Rt^2/2, & t\geqslant 0\end{cases} \tag{1-5}$$

顾名思义，抛物线输入信号 $c(t)$随时间的变化为一条抛物线形状，可以看出，$c(t)$的大小在不同时刻有很大的区别。对于图 1-14（c）所示的抛物线信号，$c(t)$在初始的一段时间，其大小随时间缓慢上升，但随着时间的推移，其值急剧上升。抛物线信号可用于一些特殊的控制场合。

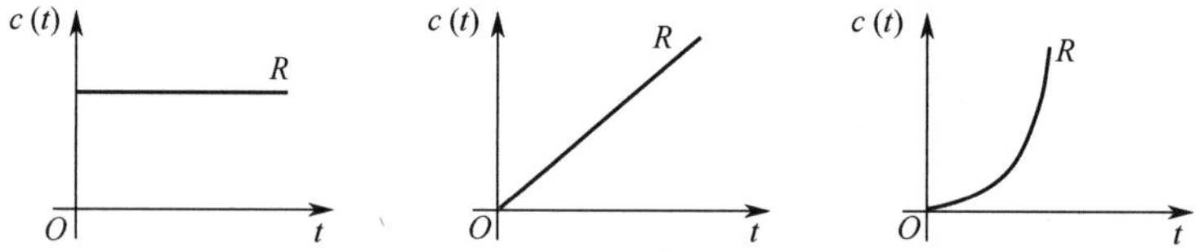

(a) 阶跃信号　　(b) 斜坡信号　　(c) 抛物线信号

图 1-14　典型输入控制信号

4. 脉冲输入信号

$$c(t)=\begin{cases}0, & t<0\\ R/\xi, & 0\leqslant t\leqslant \xi\\ 0, & t>\xi\end{cases} \tag{1-6}$$

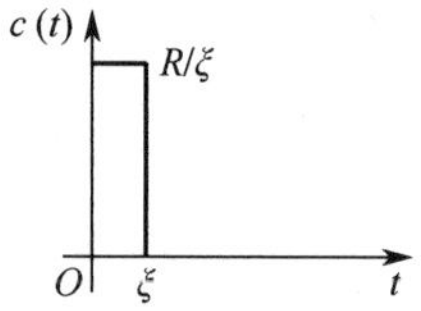

图 1-15　脉冲输入信号

脉冲输入信号如图 1-15 所示，脉冲信号 $c(t)$在某一小区间［0, ξ］的值为 R/ξ，而在其他时刻的值均为零。脉冲信号在工程中的应用十分普遍，如操控开关的点动信号、步进电动机驱动器每次给步进电动机发送的脉冲控制信号、脉冲发生器输出的控制信号等。这里还需要了解单位脉冲函数 δ 的概念，脉冲函数 δ 满足公式 $\int_{-\infty}^{+\infty}\delta(t)\mathrm{d}t=1$。在时间 t=t_0 处的单位脉冲函数为 $\delta(t-t_0)=\begin{cases}0, t\neq t_0\\ \infty, t=t_0\end{cases}$，且有 $\int_{-\infty}^{+\infty}\delta(t-t_0)\mathrm{d}t=1$。单位脉冲信号是一种理想信号，但在工程实际应用中，很多脉冲信号都可以简化为单位脉冲信号来处理。由于单位脉冲信号有许多与众不同的特性，因此应用单位脉冲信号的相关理论可以得到极佳的控制性能，这些内容在书中的后续章节将有所介绍。

1.4.2 控制系统的性能指标

衡量一个控制系统的控制效果，通常需要用到性能指标。不同的控制系统及受控对象，对性能指标也有不同的要求，下面给出常见控制系统的性能指标。

1. 稳定性

稳定性是保证控制系统正常工作的先决条件。一个稳定的控制系统，其被控量偏离期望值的初始偏差应随时间的增长而逐渐减小并趋于零。对于稳定的控制系统来说，被控量应能始终跟踪输入量变化，如图 1-16（a）和图 1-16（b）所示；反之，不稳定的控制系统，其被控量偏离期望值的初始偏差将随时间的增长而发散，如图 1-16（c）和图 1-16（d）所示，因此，不稳定的控制系统无法完成预定的控制任务。

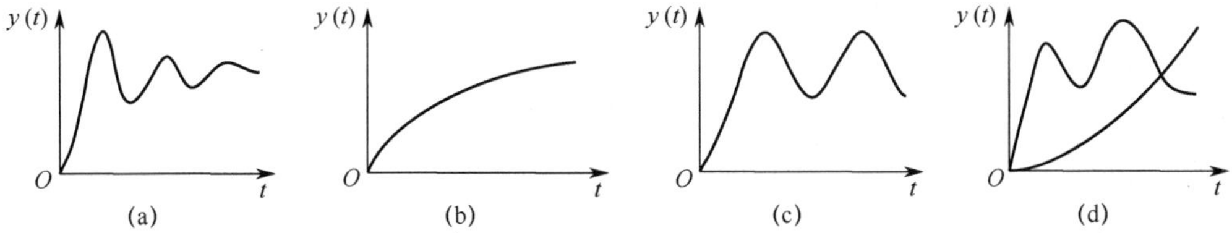

图 1-16 控制系统的响应

线性控制系统的稳定性是由系统结构和参数决定的，与外界因素无关。这是因为控制系统中一般含有储能元件或惯性元件，如绕组的电感、电枢的转动惯量、运动物体的质量等，储能元件的质量不可能突变。因此，当系统受到扰动或有输入量时，控制过程不会立即完成，而是有一定的延缓，这就使得被控量恢复到期望值或跟踪输入量有一个时间过程，称之为过渡过程。例如，在随动跟踪控制系统中，由于受控对象的关系，会使控制动作不能瞬时纠正位置量的偏差；控制器的惯性则会使偏差信号不能及时转化为控制动作。一方面，在随动过程中，当被控量已经回到期望而使偏差为零时，执行机构本应立即停止工作，但由于控制器的关系，控制动作仍继续向原来方向进行，致使被控量超过期望值又产生符号相反的偏差，导致执行机构向相反方向动作，减小新的偏差。另一方面，当控制动作已经到位时，又由于受控对象的关系，偏差并未减小为零，因而执行机构继续向原来方向运动，使被控量又产生符号相反的偏差。如此反复进行，致使被控量在期望值附近来回摆动，过渡过程呈现振荡形式。如果这个振荡过程是逐渐减弱的，系统最后可以达到平衡状态，控制目的得以实现，称之为稳定系统；反之，如果振荡过程逐步增强，系统被控量将失控，则称之为不稳定系统。

2. 动态特性

为了完成控制任务，控制系统仅仅满足稳定性要求是不够的，还必须对其过渡过程的形式和快慢提出要求，一般称之为动态特性。例如，对于稳定的高炮射角随动系统，虽然炮身最终能跟踪目标，但目标变动迅速，而炮身跟踪目标所需过渡过程时间过长，就不可能击中目标；对于稳定的导弹自动驾驶仪系统，当导弹受到气流扰动而偏离预定航迹时，具有自动使导弹恢复预定航迹的能力，但在恢复过程中，如果导弹弹体晃动幅度过大，或恢复速度过快，就会影响其他设备的性能。因此，对控制系统过渡过程的时间（快速性）和最大振荡幅度（超调量）一般都有具体要求。总之，一个动态特性好的系统既要过渡过程时间短，又要过程平稳、振荡幅度小。

3. 稳态特性

系统在过渡过程结束后，被控量与给定值之间的偏差反映了系统控制的精确程度，差值越小，则说明系统的控制精度越高。理想情况下，被控量达到的稳态值应与期望值一致，但实际上，由于系统结构、外作用形式以及摩擦、间隙等非线性因素的影响，被控量的稳态值与期望值之间会有误差存在，称之为稳态误差。工程上，常用稳态误差 e_{ss} 来衡量系统跟踪信号的准确程度。e_{ss} 为误差 $e(t)$（被控量与给定值之间的偏差）在 $t\to\infty$ 时的终值。一个系统若能正常工作，e_{ss} 必须在允许的范围之内。稳态误差是衡量控制系统控制精度的重要指标，在技术指标中一般都有具体要求。

除此之外，为了便于进行控制系统优化设计，常常希望只用一个指标就能综合描述系统的性能，误差 $e(t)$的积分型指标就是一种综合型指标，常用的有

（1）误差平方积分指标：

$$J_1=\int_0^{\infty} e^2(t)\mathrm{d}t \tag{1-7}$$

（2）误差绝对值积分指标：

$$J_2=\int_0^{\infty} |e(t)|\mathrm{d}t \tag{1-8}$$

（3）时间乘误差平方积分指标：

$$J_3=\int_0^{\infty} te^2(t)\mathrm{d}t \tag{1-9}$$

（4）时间乘误差绝对值积分指标：

$$J_4=\int_0^{\infty} t|e(t)|\mathrm{d}t \tag{1-10}$$

在积分型指标中，式（1-7）和式（1-8）是把沿时间轴的累积误差作为一个综合指标，对于不同时间的误差在总的指标中均给予同等的反映。式（1-9）和式（1-10）则考虑了时间加权的因素，即不同时间的误差在总的指标中给予了不同的反映，时间越长，同样的误差反映在指标中的权重越大，采用这种指标进行控制系统设计的含义为：起始阶段的误差是可以容忍的，而长时间的误差（过渡过程缓慢爬行），则是不能容忍的。

4. 抗扰性

抗扰性是指系统在干扰作用下，被控量尽量少受或不受干扰的影响。定量描述抗扰性能，在实践中常常取典型干扰输入为阶跃干扰或常值干扰。图 1-17 为某系统在阶跃型干扰作用下的误差曲线，一般可取一个或几个量作为抗扰的性能指标。

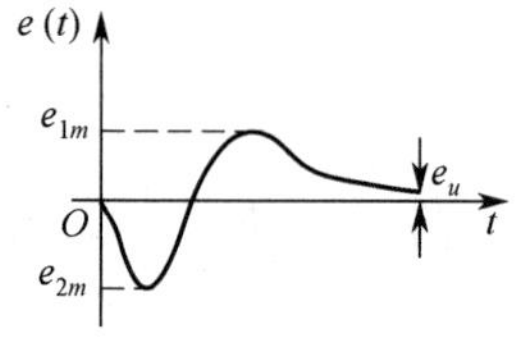

图 1-17　某系统在阶跃型干扰作用下的误差曲线

（1）误差最大值：$e_{\max}=|e_{1m}|$。

（2）稳态误差：e_{ss}。

（3）超调量：$\sigma\%=|e_{2m}|/|e_{1m}|$。

（4）过渡过程时间 t_s：进入 $e_{ss}\pm 0.05e_{\max}$ 所需要的时间。

显然，上面 4 个量越小，表示系统抗扰性能越好。

5. 鲁棒性

一般情况下，控制系统的数学模型与实际系统之间总存在误差，而且有时控制系统的参数也是随运行条件变化的，这就要求系统在存在模型误差或参数变化时仍有较好的性能，这时便称该系统具有较好的鲁棒性。相反，若控制系统具有良好的性能，但由于模型误差或参数变化使实际系统性能很不理想，甚至不稳定，则称该系统的鲁棒性较差。

总之，控制系统的稳定性、动态特性、稳态特性以及抗扰性和鲁棒性等都是系统外部呈现出的特性。由于受控对象的具体情况不同，各种系统对上述性能的要求也有所不同。例如，兵器控制系统中的随动系统对跟踪信号的快速性要求较高，而舰艇稳定平台则对系统的平稳性要求较严格；同一个系统，各性能指标也是相互制约的，提高系统的快速性，可能会引起系统强烈振荡、抗扰性变差；改善了平稳性，有可能使控制过程输出信号迟缓，甚至使最终精度变差。分析和解决这些矛盾，是自动控制学科研究的重要内容，同时也是兵器控制应用中必须解决的技术问题。

1.5 控制理论的发展简史

控制理论与科学技术密切相关，在近代得到了极为迅速的发展，在众多领域的成功应用，使控制理论发展成为一门内涵极为丰富的新兴学科。纵观控制理论的发展，自动控制理论学科一般可以划分为经典控制理论、现代控制理论和智能控制理论三个阶段。

1. 经典控制理论阶段

公认的最早应用于工业过程的自动反馈控制器，是瓦特（James Watt）于 1769 年发明的飞球调速器，它被用来控制蒸汽机的转速。图 1-18 所示的全机械装置，可以测量驱动杆的转速并利用飞球的运动来控制阀门，进而控制进入蒸汽机的蒸汽流量。如图 1-18 所示，调速器、轴杆通过斜面齿轮和连接机构，与蒸汽机的输出驱动杆连接在一起。当输出转速增大时，飞球离开轴线，重心上移，于是通过连杆关紧阀门，蒸汽机会因此减速。有些人认为，最早的具有历史意义的反馈系统，是由普尔佐诺夫（I.Polzunov）于 1765 年发明的水位浮球调节器，如图 1-19 所示，浮球探测水位并控制锅炉入水口处的阀门。

19 世纪之前的自动控制系统是人们仅凭直觉和经验发明的，并取得了长足的发展。随着控制系统精度的不断提高，人们需要解决瞬态振荡问题，甚至是系统的稳定性问题，因此，发展自动控制理论便成了当务之急。1868 年，麦克斯韦（J. C. Maxwell）用微分方程建立了一类调速器的模型，发展了与控制理论相关的数学理论，其工作重点在于研究参数对系统性能的影响。劳斯（E. J. Routh）、赫尔维茨（A. Hurwitz）分别于 1877 年、1895 年独立给出了高阶线性系统的稳定性判据；另外，1892 年，李雅普诺夫（A. M. Lyapunov）给出了非线性系统的稳定性判据。在同一时期，I. A. Vyshnegradskii 也建立了调速器的数学理论。

第二次世界大战之前，自动控制理论及应用在美国和西欧采取了与苏联和东欧不同的发展途径。伯德（H. W. Bode）、奈奎斯特（H. Nyquist）和布莱克（H. S. Black）等在贝尔电话实验室对电话系统和电子反馈放大器所做的研究工作，是促进反馈系统在美国得以应用的主要动力。1921 年，布莱克进入美国电话电报公司（AT&T）的贝尔实验室工作。同年，贝尔实验室的主要任务是改进信号放大器的设计，进而改善整个电话系统，布莱克的任务是对放大器进行线性化和稳定化，并通过改进其设计，使串联起来的放大器可将话音传送到数千英里之外。采用带宽等频域术语和频域变量的频域方法，当初主要是用来描述反馈放大器的工作情况。与此不同，在苏联，一些著名的数学家和应用力学家发展和主导着控制理论，他们倾向于使用时域方法，因为时域方法利用微分方程来描述系统更直观。

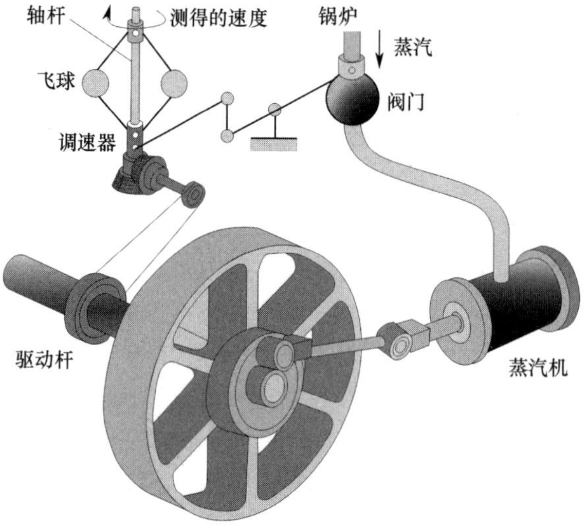

图 1-18　瓦特的飞球调速器

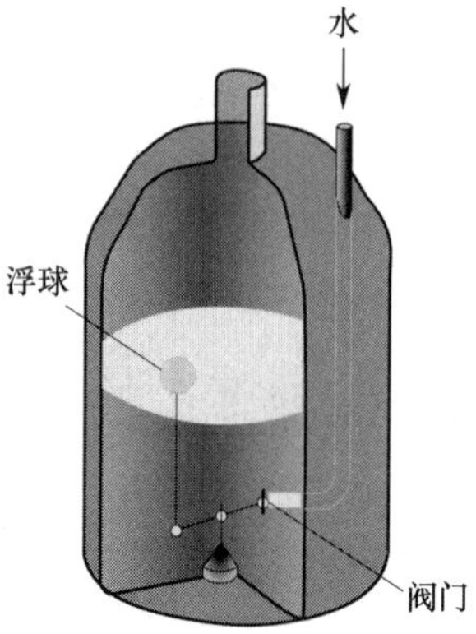

图 1-19　水位浮球调节器

第二次世界大战期间，自动控制理论及应用出现了一个发展高潮。战争需要用反馈控制的方法设计和建造飞机自动驾驶仪、火炮定位系统、雷达天线控制系统及其他军用系统。这些军用系统的复杂性和高性能要求，迫使拓展已有的控制技术，这致使人们更加关注控制系统，同时也产生了许多新的见解和方法。1940 年以前，绝大部分场合，控制系统设计是一门艺术或手艺，采用的是“试凑法”。而到了 20 世纪 40 年代，无论在计算方面还是在实用性方面，基于数学和分析的设计方法都有了很大发展，控制工程也发展成为一门工程科学。

控制工程的另一个应用实例是贝尔实验室的帕金森（David B. Parkinson）发明的火炮射击指挥仪。1940 年春，帕金森正在致力于改进自动电压记录仪。这种仪器用于在标有条形刻度的记录纸上绘制电压记录，其中的关键元件是一个小的电位计，它通过执行机构来控制记录笔的运动。经过艰苦的努力，1941 年 12 月 1 日，帕金森提供了一台工程样机供美国陆军进行试验，并于 1943 年年初提供了生产样机，最终有 3000 台高炮射击指挥仪装备部队。该控制器由雷达提供输入，利用目标飞机的当前位置和计算出的目标预期位置，确定应该瞄准的方向。

1945 年，美国数学家维纳（N. Wiener）把反馈控制的概念推广到生物系统和机器系统，并于 1948 年，出版了著名的《控制论》（*Cybernetics*）一书，为自动控制理论奠定了基础。第二次世界大战后，工业迅速发展，受控对象越来越复杂，当时又遇到新的控制问题，即非线性系统、时滞系统、脉冲及采样系统、时变系统、分布参数系统和随机信号输入系统的控制问题等，促使经典控制理论在 20 世纪 50 年代又有了新的发展。众多科学家在总结以往实践并在反馈理论、频率响应理论同时加以发展的基础上，形成了较为完整的自动控制系统设计的频域法理论。至此，自动控制理论发展的第一个阶段基本完成。这种建立在频域法和根轨迹法基础上的理论，通常称为经典控制理论。

经典控制理论以 Laplace 变换为数学工具，以单输入单输出的线性定常系统为主要研究对象，将描述系统的微分方程或差分方程变换到复数域中，从而得到系统的传递函数，并以此为基础在频域中对系统进行分析和设计，确定控制器的结构和参数。一般通过采用反馈控制，将输出的量测值与期望值进行比较，构成所谓的闭环控制系统。但经典控制理论具有明显的局限性，难以有效地应用于时变系统和多变量系统，也难以揭示系统更为深刻的本质特性。这是由经典控制理论的特点决定的：经典控制理论只限于研究线性定常系统，即使对最简单的非线性系统也无法处理；经典控制理论只限于分析和设计单变量系统，采用系统的输入和输出描述方式，即只注重系统的输入和输出形式，而从本质上忽略了系统结构的内在特性。事实上，大多数工程对象都是多输入多输出系统，如焊接机器人、搬运机器人、锅炉温度控制系统等，尽管人们做了很多尝试，但是用经典控制理论都没有得到满意的控制结果。经典控制理论采用试探法设计系统，即根据经验选用简单的、工程上易于实现的控制器，然后对系统进行综合，直至得到满意的控制结果。虽然这种设计方法具有简单、实用等诸多优点，但是控制效果并非最佳。

2. 现代控制理论阶段

由于航空航天和电子计算机的迅速发展，20 世纪 60 年代初，在原有“经典控制理论”的基础上，又形成了所谓的“现代控制理论”，这是对自动控制技术认识的一次飞跃。现代控制理论的对象是多输入多输出系统，涉及控制系统本质的基本理论的建立，如能控性、能观测性、实现理论、分解理论等，使控制由一类工程设计方法提高为一门新的科学。现代控制理论解决了很多实际工程中所遇到的控制问题，也促使非线性系统、自适应控制、最优控制、鲁棒控制、辨识与估计理论、卡尔曼滤波等发展为成果丰富的独立学科分支。在航空航天技术的推动和计算机技术飞速发展的支持下，现代控制理论在 1960 年前后有了重大的突破和创新。在此期间，贝尔曼（R. E. Bellman）提出了寻求最优控制的动态规划法。庞特里亚金（L. S. Pontryagin）证明了极大值原理，使得最优控制理论得到了极大的发展。卡尔曼（R. E. Kalman）将状态空间法引入系统与控制理论中，提出了能控性、能观测性的概念以及新的滤波理论。以上诸多成果构成了现代控制理论发展的起点和基础。

现代控制理论以线性代数和微分方程为主要数学工具，以状态空间法为基础，分析与设计自动控制系统。状态空间法本质上是一种时域方法，它不仅描述了系统的外部现象和特性，而且描述和揭示了系统的内部状态和性能。它对系统进行分析和综合的目的是揭示系统的内在规律，并在此基础上实现系统的最优化。与经典控制理论相比，现代控制理论的研究对象要广泛得多。它涉及的控制系统既可以是单变量、线性、定常、连续的，也可以是多变量、非线性、时变、离散的。对现代控制理论而言，控制对象结构由简单的单回路模式向多回路模式转变，即从单输入单输出转变为多输入多输出，可以处理极为复杂的工业生产过程的优化和控制问题。现代控制理论的数学研究工具也发生了转变，由积分变换法向矩阵理论和几何方法转变，由频域法转向系统状态空间的研究，由机理数学建模方法向统计数学建模方法转变，并开始运用参数估计和系统辨识的统计建模方法。

3. 智能控制理论阶段

智能控制理论是一个较为广义的范畴，是模拟人类智能的一种控制方法，其涉及的研究领域也十分广泛。经过20世纪80年代的孕育发展，特别是近几年的研究和实践，人们已认识到采用智能控制是解决复杂系统控制问题的有效途径。当前已有很多智能控制方法在工程中得到了应用。从国内外研究成果来看，越来越多的科技人员研究现代控制理论向智能化发展的技术，例如附有智能的自适应控制、鲁棒控制，智能反馈控制，学习控制和循环控制，故障诊断及容错控制，生产调度管理控制，机器人自组织协调控制，以及控制系统的智能化设计等。另外，用智能方法解决实际控制问题的研究也越来越多，如决策论，带有专家系统的过程监控、预警及调度系统，人工神经网络控制系统，模糊逻辑控制系统，模式识别与特征提取等。当前许多专业化学科与工程，针对受控对象的复杂性，综合应用各种智能控制策略，力求达到最佳的控制效果。

智能控制理论及系统具有以下几个显著特点。

（1）在分析和设计智能控制系统时，重点不在于传统控制器的分析和设计，而在于智能控制机的模型设计。事实上，对于一些复杂系统，当前根本无法用精确的数学模型描述，智能控制理论重点研究非数学模型的描述、符号和环境的识别、知识库和推理机的设计与开发。

（2）智能控制的核心是高层控制，其任务在于对实际环境或过程进行组织、决策和规划，实现广义问题的求解。同时，智能控制又是一门边缘交叉学科，即人工智能、自动控制和运筹学等学科的交叉。

（3）智能控制是一个新兴的研究和应用领域，发展前景广阔。随着人们对自身大脑机制的认识以及计算机技术的飞速发展，智能控制理论将不断完善，并在实际中发挥更重要的作用。

应当指出，现代控制理论的出现并非是对经典控制理论的否定，相反是对它的促进和发展。事实上，经典控制理论与现代控制理论在实际工程控制中，往往取长补短，发挥各自的优势，使控制效果达到最优，同时各自的理论在实践当中不断充实和发展。多输入多输出非线性时变复杂问题促使了经典控制理论向现代控制理论发展，而当前更加复杂化的受控对象以及对控制要求更加苛刻的问题，也使现代控制理论面临新的挑战，并由此催生了智能控制理论与技术的突起与发展。显然，这并未使现代控制理论失去理论和应用价值，相反，工程实际需求的不断提高正在为现代控制理论的发展提供动力。自20世纪60年代以来，控制理论迅速发展，在很多工程实际控制过程中，现代控制理论解决了多输入多输出的系统问题，取代了用经典控制理论解决单输入单输出的系统问题。应用状态空间法揭示了系统的内在规律，实现控制系统在一定意义下的最佳化。当前工业领域的受控对象大多属于多输入多输出系统，例如工业机器人、数控机床、锻压控制系统、液压控制系统等，其控制问题特别适于用现代控制理论来解决。如何将现代控制理论与实际工程控制问题有机结合是复杂控制系统的发展方向，也是一个国家制造业飞速发展的需要。

现代控制理论通常用于解决复杂的受控对象问题，经过几十年的发展，它不仅在航空航天技术上取得了惊人成就，而且在其他众多工程领域及非工程领域的应用也得到了巨大的成功。例如中国用于发射“嫦娥一号”绕月卫星的“长征三号”甲火箭，就应用了现代控制理论中的自适应控制，可以在星箭分离前对有效载荷进行大姿态定向调姿，并提供可调整的卫星起旋速率，对周围环境具有很强的抗干扰和适应能力。而汽车制造过程中的激光焊接、轧钢过程的滚轮控制及石油化工提炼等过程都应用了最优控制技术。显然，随着控制理论与计算机技术的不断发展，现代控制理论的内容将会得到进一步的提升，并在工程上得到更广泛的应用，创造更大的经济效益和社会效益。

事实上，经典控制理论、现代控制理论、智能控制理论的内容相互渗透，从某种意义上讲，它们之间没有严格的界限。特别是随着科学技术的发展以及各学科领域的不断渗透交叉，现代控制理论所涉及的研究范围越来越广，现代控制理论与智能控制理论的内容也相互覆盖，形成了多控制理论融合的新的控制方法。

1.6 控制理论在现代兵器中的应用及发展趋势

现代战争对兵器性能提出了更高的要求，要求兵器威力大、速度快、精度高。传统兵器的主要特点是攻击与毁伤，现代兵器则要求增加探测与制导功能。探测或检测目标、控制与制导或导向目标、攻击与毁伤目标，是现代兵器的三大特点。所以与传统兵器相比，现代兵器的突出特点是检测目标与制导。由于控制与制导技术构成了现代兵器最重要的核心特征，因此，控制理论是提高现代兵器作战效能的重要理论基础，自动控制技术在现代战争中起着重要作用。

控制系统是保证现代兵器性能的重要组成部分。控制系统具有灵活、适应变化快、操纵方便等特点。自动控制技术在现代兵器中得到了广泛应用，例如，第二次世界大战期间，为了充分发挥武器装备的效能，火炮定位系统、高炮射击指挥仪等武器装备都需要采用反馈控制的方法设计和建造，武器装备的复杂性和高性能要求，迫使拓展已有的控制技术。为了能够使导弹弹头可靠地以允许的误差击中目标，导弹控制系统不但要控制导弹的质心运动，使导弹以一定的性能指标命中目标；还要控制导弹绕质心运动，使导弹主动地在各种干扰作用下稳定飞行，同时接收制导系统的导引指令，实现对质心运动的控制。

近几十年来，科学技术的迅猛发展，尤其是控制理论、数字计算机、传感器技术的发展，为兵器控制系统的研究和发展提供了技术保障。新型武器装备的控制系统中大多把数字计算机作为控制器，由于计算机控制精度高、运算速度快、信息存储量大、输入输出功能强，且具有逻辑判断功能，因而使兵器控制系统的功能增强、信息处理时间大大缩短，使武器的精确制导成为可能。例如，高速度、大容量微型计算机在鱼雷上的在线运行，为应用现代控制理论分析、综合、设计复杂的鱼雷自动控制系统，实现各种复杂的控制规律提供了硬件基础；同时为鱼雷的自导、线导、控制等各子系统之间的信息交换和处理提供了极大的方便，有利于促进鱼雷制导系统向信息化、综合化、智能化、高精度方向发展。智能传感器的应用，也为新型控制系统性能的提高提供了可能。由于智能传感器采用了自动调零、自动补偿、自动校准等多项新技术，因此其测量精度及分辨率得到大幅度提高。某些智能传感器还具有很强的自适应能力、超小型、微功耗等特点，将在新型兵器控制系统中发挥重要的作用。

制导、控制技术是不断发展的先进工程技术。随着微电子技术、人工智能技术、系统辨识方法、可靠性措施和新型结构材料的应用，控制系统将发展成具有专家智能、功能灵活、使用可靠、精度高、结构轻小的系统，并将向高度电子化、自动化、智能化等方向发展。随着电子技术的发展，特别是电子计算机的不断更新，未来战争中兵器的速度、射程、命中精度、机动性和反拦截能力等战术性能将大大提高，战斗的突然性、快速性将迫使指挥决策果断迅速，因此，控制系统要有快速反应、准确判断、可靠决策的能力，并且要有灵活的机动能力和更高精度。

随着现代兵器遂行任务的复杂化，设计控制系统的难度也随之增加，一些成熟的经典设计方法，已难以实现全面性能指标要求。例如，导弹飞行过程中的模型不确定性、快速变轨道机动、有人参与操纵的多回路复合控制、各种环境应力的反复作用等因素，使导弹整体特性变化，影响导航、制导和控制精度。现代鱼雷航行深度范围大、航程远、航速高、变速制，鱼雷的特征参数在很大范围内变化，并要求实现各种战术弹道，如垂直命中末弹道等，对控制精度要求特别高，传统的控制技术已不能满足，需要采用最优控制、最优估计、系统辨识、自适应控制、鲁棒控制、容错控制、智能控制等现代控制理论与技术。因此，必须采用先进的设计技术和试验方法，保证控制系统达到先进水平。由于控制系统设计内容的扩大和评定品质指标的增多，需要采用先进的技术手段进行研制，如计算机辅助设计、辅助加工、数据库、信息技术、全系统仿真等。

控制系统执行功能较多，组成比较复杂。高精度、高可靠性、控制装置轻小型化、快速反应，将是现代兵器对控制系统要求的重点。为此，控制系统应更多地采用现代控制技术、智能技术、微电子化和其他一些单项先进技术进行综合工程设计，保持系统性能具有先进实用水平，满足和适应现代兵器的综合性能及发展需要。

习　题

【习题 1.1】 兵器装备中有许多闭环控制系统，试举几个具体例子，并说明它们的工作原理。

【习题 1.2】 说明负反馈的工作原理及其在自动控制系统中的应用。

【习题 1.3】 开环控制系统和闭环控制系统各有什么优缺点?

【习题 1.4】 图 1-20 是一个用于跟踪太阳的寻光控制系统，输出轴由电动机通过一个减速齿轮驱动，减速齿轮上有一个安装了两个光电池管的托架。每个光电池管中都安装一个光电池，只有当光源严格射向中央时，到达每个电池的光才是相同的试完成该闭环系统，保证它能够跟踪光源。

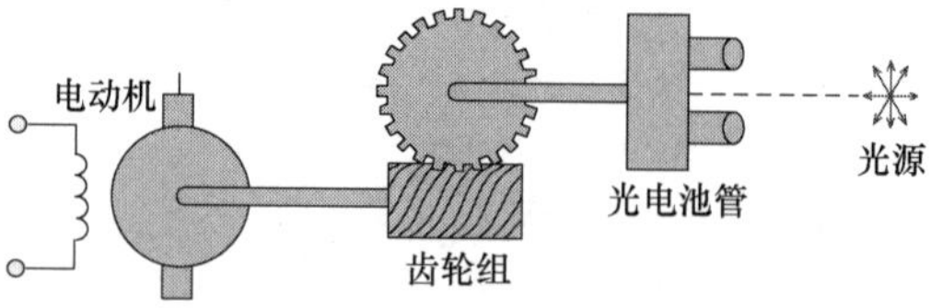

图 1-20　寻光控制系统

【习题 1.5】师生之间教学相长的过程，本质上是一个使系统误差趋于最小的反馈过程，要求输出的是学习的知识，参考图 1-3，构造教与学过程的反馈模型，并确定该系统的各个模块。

【习题 1.6】 许多汽车都安装了定速巡航控制系统，只要按一下按钮，它就会自动保持设定的速度，这样，司机就能以限定的速度或较为经济的速度行驶，而不需要经常查看速度表。试用框图设计该速度保持反馈控制系统。

【习题 1.7】 角位置随动系统原理如图 1-21 所示。系统的任务是控制工作机械角位置 θ_c，随时跟踪手柄转角 θ_r。试分析其工作原理，并画出系统方框图。

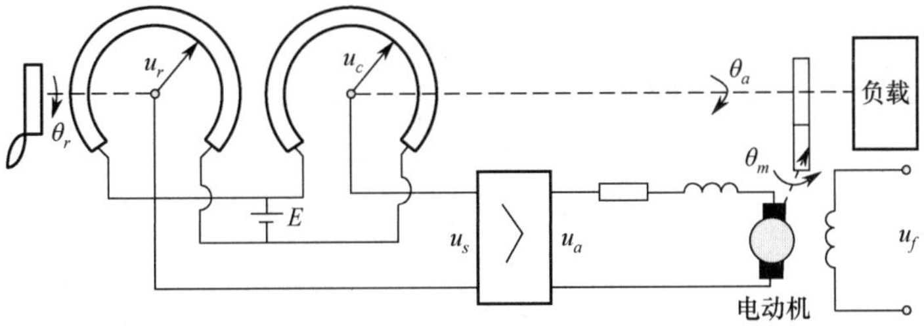

图 1-21　角位置随动系统原理

【习题 1.8】 自动控制系统可以帮助人们做家务。图 1-22 给出的机器人真空吸尘器就是这样的一个例子，它是一个依赖红外传感器和微芯片技术，能够在家具中间主动导航的机电一体化系统。请描述一个为机器人吸尘器导航，以便避免与障碍物碰撞的闭环反馈控制系统。

图 1-22　机器人真空吸尘器

第 2 章　控制系统的数学模型

数学建模是系统分析与设计的关键环节，要理解和控制复杂系统，必须获得系统的定量数学模型。因此，必须仔细分析系统各变量之间的相互关系，并建立其数学模型。由于系统本质上是动态的，故常采用微分方程（组）来描述系统行为。描述系统内部各物理量（或变量）之间关系的数学表达式统称为系统的数学模型。实际上，由于系统的复杂性，也由于不可能了解并考虑到所有相关因素，因此必须对控制系统的运动情况做出合理假设。因此，在研究实际控制系统时，合理的假设和线性化处理是非常必要的。这样，就能够根据线性等效系统遵循的物理规律，得到控制系统的线性化模型。然后，利用 Laplace 变换等数学工具求解数学模型，得到描述系统行为的解。

2.1　控制系统数学模型的概念

在控制理论中，数学模型有多种形式。常用的时域模型有微分方程、差分方程和状态方程；复数域模型有传递函数、结构框图；频域模型有频率特性等。

1. 数学模型的类型

数学模型是对系统运动规律的定量描述，表现为各种形式的数学表达式，可分为以下几种类型。

1）静态模型与动态模型

根据数学模型的功能，将数学模型分为静态模型与动态模型。静态模型是描述系统静态（工作状态不变或慢变过程）特性的模型，一般用代数方程表示，数学表达式中的变量与时间无关，代表输入输出之间的稳态关系。动态模型是描述系统动态或瞬态特性的模型，一般用微分方程等形式表示。实际上，静态模型可以看作动态模型的特例。

2）输入输出模型与内部描述模型

描述系统输出与输入之间关系的数学模型称为输入输出模型，如微分方程、传递函数以及频率特性等。状态空间模型描述系统内部状态和系统输入、输出之间的关系，称为内部描述模型。内部描述模型不仅给出了系统输入输出之间的关系，而且给出了系统内部信息之间的关系，所以比输入输出模型更能深入揭示系统的动态特性。

3）连续时间模型与离散时间模型

根据数学模型所描述的系统中是否存在离散信号，将其分为连续时间模型和离散时间模型，简称连续模型和离散模型。连续模型有微分方程、传递函数及状态空间表达式等，离散模型有差分方程、Z 域传递函数及离散状态空间表达式等。

4）参数模型与非参数模型

从描述方式上看，数学模型分为参数模型和非参数模型两大类。参数模型是用数学表达式表示的数学模型，如传递函数、差分方程及状态方程等。非参数模型是直接或间接从物理系统的实验分析中得到的响应曲线表示的数学模型，如脉冲响应、阶跃响应及频率特性曲线等。

数学模型虽然有不同的表示形式，但它们之间可以互相转换，可以由一种形式的模型转换为另一种形式的模型。例如，一个集中参数系统，可以用输入输出模型表示，也可以用内部描述模型表示；可以用连续时间模型表示，也可以用离散时间模型表示；可以用参数模型表示，也可以用非参数模型表示。

2. 数学模型的特点

实际系统的数学模型复杂多样，具体建模时，要结合研究目的、条件，合理地进行建模，系统的数学模型具有以下两个共同的特点。

1）相似性

实际中存在的控制系统，不管它们是机械的、电气的，还是液体的，它们的数学模型可能是相同的，即具有相同的运动规律。因而在研究数学模型时，不再考虑方程中符号的物理意义，只把它们看成抽象的变量；也不再考虑各系数的具体意义，只是把它们看成抽象的参数。只要数学模型形式相同，不管变量用什么符号，它的运动性质是相同的。对这种抽象的数学模型进行分析研究，其结论自然具有一般性，普遍适用于各类相似的物理系统。因此，相似系统是可以相互模拟研究的。

2）简化性和准确性

同一物理系统，数学模型不是唯一的。由于精度要求和应用条件不同，可以采用不同复杂程度的数学模型。这是由于具体物理系统中各变量之间的关系比较复杂，一般都存在非线性因素，而且参数也不可能是集中参数。因此，要想准确描述，真正的控制系统数学模型应该是非线性偏微分方程，但是求解非线性偏微分方程相当困难，有时甚至是不可能的。因此，即使方程非常准确也毫无意义。为了使方程有解，而且比较容易求出，常在误差允许的范围内，忽略一些对性能影响较小的物理因素，用简化的数学模型表达实际的物理系统。这样，同一系统就有完整的、复杂的数学模型和简单的、近似的数学模型。而在建模过程中，应当折中考虑模型的准确性和简化性，无须盲目强调模型准确而使模型过于复杂，以致分析困难。当然，也不能片面强调模型简单，以致分析结果与实际出入过大。

3. 建立数学模型的方法

建立控制系统数学模型的方法有两大类：一类是机理分析建模，称为机理分析建模法；另一类是实验建模，称为系统辨识法。

机理分析建模法是通过对系统内在机理的分析，运用物理、化学等定理，推导出描述系统变量间关系的数学表达式。采用机理建模必须清楚地了解系统的内部结构，所以常称之为“白箱”建模方法。机理建模得到的模型揭示了系统的内在结构与联系，较好地描述了系统的特性。但是，机理分析建模法具有一定的局限性，特别是当系统内部过程变化机理尚不清楚时，很难采用机理建模方法。而当系统结构比较复杂时，所得到的机理模型往往比较复杂，难以满足实际控制的要求。此外，机理建模总是基于许多简化和假设，所以机理模型与实际系统之间往往存在建模误差。

系统辨识法是利用系统输入、输出的实验数据或者正常运行数据，构造数学模型的建模方法。因为系统建模方法只依赖系统的输入输出关系，即使对系统内部机理不了解，也可以建立模型，所以常称为“黑箱”建模方法。由于系统辨识法是基于建模对象的实验数据或正常运行数据，所以建模对象必须是已经存在的，并能够进行实验。而且辨识得到的模型只能反映系统输入输出的特性，不能反映系统的内在信息，难以描述系统的本质。

最有效的建模方法是将机理分析建模法与系统辨识法结合起来。事实上，在建模时，人们对系统不是一点都不了解，只是不能准确地描述系统的定量关系，只能够了解系统的部分特性，例如系统的类型、阶次等，因此，系统像“灰箱”。实用的建模方法是尽量利用对物理系统的认识，由机理分析提出模型结构，然后用观测数据估计模型参数，这种方法常称为“灰箱”建模方法。

无论是分析法还是实验法建立的数学模型，都存在着精度和复杂性之间的矛盾，即控制系统的数学模型越准确，它的复杂程度就越高，微分方程的阶数也越高，对控制系统进行分析和设计就越困难。因此，在控制系统的工程实践中，在满足一定精度要求的前提下，尽量使数学模型简单。在建立数学模型时，常做许多假设和简化，最后得到的是具有一定精度的近似数学模型。

2.2 控制系统的动态微分方程

根据被控过程自身遵循的物理规律，可以建立描述控制系统动态特性的微分方程。这种方法适用于机械系统、电气系统、流体系统等，并能够取得同样好的效果。下面举例说明常用的控制系统动态方程。

控制系统是由各种元部件相互连接组成的，要建立控制系统的动态方程，首先必须弄清典型元部件的数学模型及其特性。

2.2.1 典型元部件的微分方程

1. 直流伺服电机的动态方程

随动控制系统的执行机构通常由各种类型的伺服电机、减速器和机械传动机构组成。由于现代兵器的几何空间有限，一般采用体积小、效率高、快速性好的直流伺服电机。直流伺服电机可采用永磁体产生固定磁场或采用激磁绕组产生磁场。一般磁场固定不变，用电枢来控制。对于具有激磁绕组的电动机，还可将电枢电流固定不变，用磁场来控制。但激磁绕组电感量较大，时间常数也较大，因此在伺服系统中一般不采用磁场控制。

电枢控制直流伺服电机的工作实质是将输入的电能转换为机械能，也就是由输入的电枢电压在电枢回路中产生电枢电流，再由电枢电流与激磁磁通相互作用产生电磁转矩，从而带动负载运动。因此，直流伺服电机的运动方程由三部分组成。图 2-1 给出了磁场固定不变（激磁电流 i_f为常数），电枢控制直流伺服电机的原理图。图中，电枢电压 e_a为输入量；电动机的转角 θ 为输出量；R_a为电枢绕组的电阻，单位为 Ω；L_a为电枢绕组的电感，单位为 H；i_a为电枢绕组中的电流，单位为 A；i_f为磁场电流，单位为 A；e_b为反电动势，单位为 V；M为电动机产生的转矩，单位为 N·m；J为电动机和负载折合到电动机轴上的转动惯量，单位为 $kg{\cdot}m^2$；

f为电动机和负载折合到电动机轴上的黏性摩擦系数，单位为 kg·m·s。

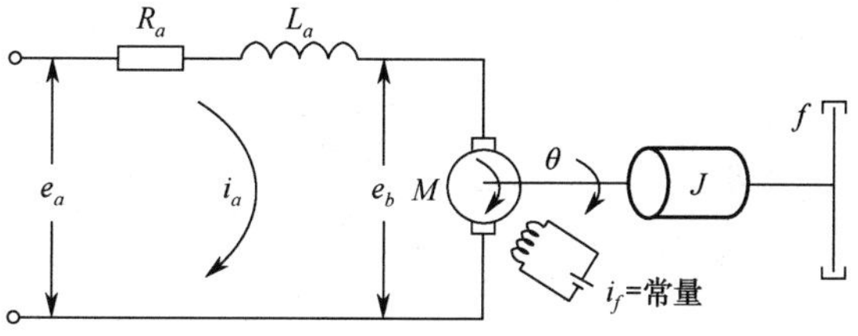

图 2-1　电枢控制直流伺服电机原理图

（1）电枢回路电压平衡方程：电机的转速由电枢电压 e_a 控制，而电枢电压 e_a 由功率放大器提供，那么根据基尔霍夫定律，电枢回路的方程为

$$e_a(t) = L_a \frac{\mathrm{d}i_a(t)}{\mathrm{d}t} + R_a i_a(t) + e_b \tag{2-1}$$

其中，电枢反电动势 e_b 是电枢旋转时产生的电势，其大小与激磁磁通及电机转速成正比，方向与电枢电压 e_a 相反，即

$$e_b = C_e \frac{\mathrm{d}\theta(t)}{\mathrm{d}t} \tag{2-2}$$

其中，C_e 为反电动势常数。

（2）电磁转矩方程：电动机产生的转矩 M 与电流 i_a 和气隙磁通 Φ 的乘积成正比，即

$$M(t) = C_m i_a(t)\Phi \tag{2-3}$$

而 Φ 又与激磁电流 i_f 成正比，即

$$\Phi = K_f i_f$$

其中，K_f 为常数。因此，转矩为

$$M(t) = C_m i_a(t) K_f i_f$$

在电枢控制直流伺服电机中，激磁电流保持不变，因此，磁通量也是常数，转矩仅与电枢电流成正比，即

$$M(t) = K i_a(t) \tag{2-4}$$

其中，K 为电动机力矩常数。

（3）电动机轴上的转矩平衡方程：电枢电流产生的转矩用来克服系统的负载力矩、惯性和摩擦，根据旋转运动定律，有

$$J\frac{\mathrm{d}^2\theta(t)}{\mathrm{d}t^2} + f\frac{\mathrm{d}\theta(t)}{\mathrm{d}t} + M_l = M(t) \tag{2-5}$$

其中，M_l 为折合到电动机轴上的总负载转矩。

将式（2-4）代入式（2-5），并与式（2-1）联立求解，整理后可得

$$L_a J\frac{\mathrm{d}^3\theta(t)}{\mathrm{d}t^3} + (L_a f + R_a J)\frac{\mathrm{d}^2\theta(t)}{\mathrm{d}t^2} + (R_a f + KC_e)\frac{\mathrm{d}\theta(t)}{\mathrm{d}t} = Ke_a(t) - L_a\frac{\mathrm{d}M_l(t)}{\mathrm{d}t} - R_a M_l \tag{2-6}$$

式（2-6）为三阶微分方程。如果要得到输出转速 ω 与输入电压 e_a 之间的关系，则式（2-6）可写为

$$L_a J\frac{\mathrm{d}^2\omega(t)}{\mathrm{d}t^2} + (L_a f + R_a J)\frac{\mathrm{d}\omega(t)}{\mathrm{d}t} + (R_a f + KC_e)\omega(t) = Ke_a(t) - L_a\frac{\mathrm{d}M_l(t)}{\mathrm{d}t} - R_a M_l \tag{2-7}$$

在工程应用中，由于电枢电路电感 L_a 较小，通常可忽略不计，因而式（2-7）可简化为

$$T_m \frac{\mathrm{d}\omega(t)}{\mathrm{d}t} + \omega(t) = C_m e_a(t) - K_c M_l \tag{2-8}$$

其中，$T_m = R_a J/(R_a f + KC_e)$ 为电动机机电时间常数，$C_m = K/(R_a f + KC_e)$，$K_c = R_a/(R_a f + KC_e)$ 是电动机传递系数。

如果电枢电阻 R_a 和电动机的转动惯量 J 都很小，可以忽略不计，那么式（2-8）还可进一步简化为

$$C_e \omega(t) = e_a(t) \tag{2-9}$$

这时，电动机的转速与电枢电压成正比，于是，电动机可作为测速发电机使用。

2. 速率陀螺仪的动态方程

鱼雷、导弹的转动角速率常由速率陀螺仪测量。速率陀螺仪的原理图如图 2-2 所示。

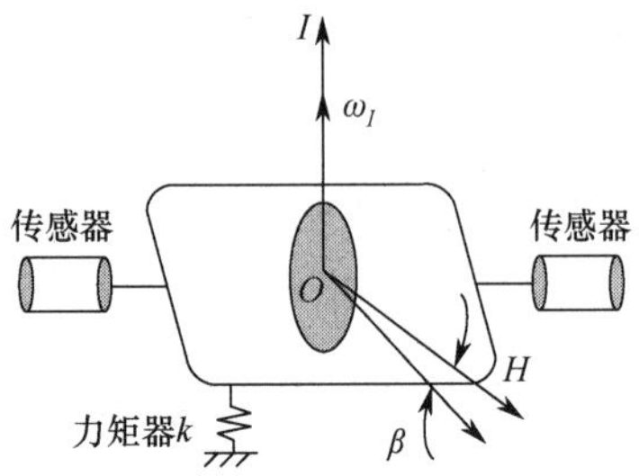

图 2-2 速率陀螺仪的原理图

当速率陀螺仪绕输出轴 I 以 ω_I 转动时，由于陀螺效应，产生进动力矩 $M_T=H\omega_I$（H 为陀螺角动量），使陀螺转子轴向输入角速度方向进动，进动角为 β。同时力矩器产生一个与 β 成正比的力矩 $M=k\beta$ 与 M_T 平衡。在平衡条件下，一个恒定的 ω_I 对应一个 β 值。β 角的大小就是输入角速度 ω_I 的度量，即

$$\beta = \frac{H\omega_I}{k} \tag{2-10}$$

传感器将 β 转换为电信号 $U_{\omega I}$ 得

$$U_{\omega I} = k_{gr}\omega_I \tag{2-11}$$

其中，k_{gr} 为速率陀螺仪传递系数，单位为 $\mathrm{V/((°)s^{-1})}$。由于传感器的电源一般是交流的，所以 $U_{\omega I}$ 也是交流信号。

在控制系统的设计中，必须考虑速率陀螺仪的动态特性，其动态特性可用一个二阶微分方程描述，即

$$T_{gr}^2 \frac{\mathrm{d}^2 U_{\omega I}(t)}{\mathrm{d}t^2} + 2T_{gr}\zeta_{gr}\frac{\mathrm{d}U_{\omega I}(t)}{\mathrm{d}t} + U_{\omega I} = k_{gr}\omega_I \tag{2-12}$$

这是典型的二阶振荡环节，$\omega_{gr} = \dfrac{1}{T_{gr}}$ 是它的固有频率；ζ_{gr} 是相对阻尼系数。兵器控制系统设计对 k_{gr}、ω_{gr}、ζ_{gr} 都应有明确的要求，k_{gr} 的允许误差一般为 5%；ω_{gr} 的偏差一般为±10%或不大于某个值，ζ_{gr} 的允许偏差一般为±30%。

当沿着弹体或雷体坐标系正交地安装三个速率陀螺仪时，它们分别测量弹体或雷体转动角速度在 O_x、O_y、O_z 三个轴上的分量 ω_x、ω_y、ω_z。

3. 加速度计的动态方程

由于加速度计可以感测线加速度和重力加速度，因此常常用来测量现代兵器的运动加速度和水平姿态角。图 2-3 给出了常用摆式加速度计的结构原理图，图中圆筒形转动体称为摆组件，摆组件通过轴承与仪表壳体相连。摆组件的质心不在转动轴上，偏心距为 e，定位扭杆

产生与转角成正比的弹性恢复力矩。为了减小轴承摩擦力矩，并产生所需的阻尼力矩，仪表壳体内充满了浮液，使组件处于半悬浮状态。

取坐标系 $Ox_0y_0z_0$ 固连于仪表壳体（基座），$Ox_1y_1z_1$ 坐标系与摆组件固连，两坐标系之间绕 Oz_0 轴的转角为 θ。当 θ=0 时，弹性力矩为零。角度 θ 可由安装在 Oz_0 轴向的角传感器测得，故 Oz_0 轴称为加速度计的输出轴。

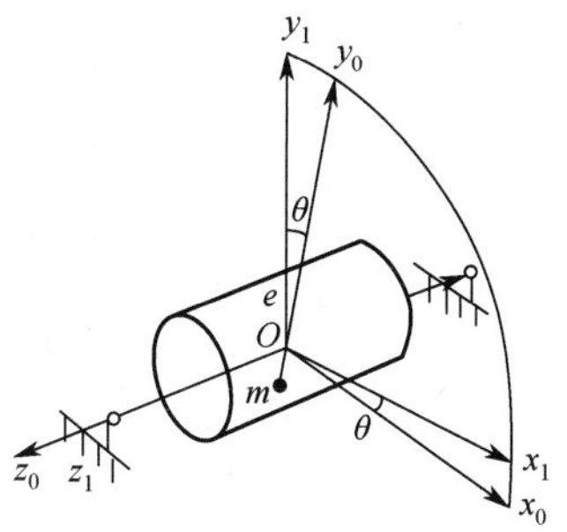

图 2-3 加速度计的结构原理图

设基座（鱼雷或导弹）以加速度 a 运动，则摆组件所受的惯性力为$-ma$，摆组件质量 m 又受到重力 mg 作用，故合外力 $F=m(-a+g)=mf$，若在坐标系 $Ox_0y_0z_0$ 上的投影为

$$F^0=[mf_x \ \ mf_y \ \ mf_z]^{\mathrm{T}}$$

则在坐标系 $Ox_1y_1z_1$ 上的投影为

$$F^1=[m(f_x\cos\theta+f_y\sin\theta) \quad m(-f_x\sin\theta+f_y\cos\theta) \ \ mf_z]^{\mathrm{T}} \tag{2-13}$$

该力产生绕组件 Oz_1 轴的力矩为

$$m_z=me(f_x\cos\theta+f_y\sin\theta) \tag{2-14}$$

摆组件又受到弹性力矩 $-C\theta$、阻尼力矩 $D\dfrac{\mathrm{d}\theta(t)}{\mathrm{d}t}$ 和干扰力矩 m_z' 的作用，故摆组件绕 Oz_1 轴的角运动方程为

$$J\frac{\mathrm{d}^2\theta(t)}{\mathrm{d}t^2}=m_z-C\theta-D\frac{\mathrm{d}\theta(t)}{\mathrm{d}t}+m_z' \tag{2-15}$$

将式（2-14）代入式（2-15），整理可得

$$J\frac{\mathrm{d}^2\theta(t)}{\mathrm{d}t^2}+D\frac{\mathrm{d}\theta(t)}{\mathrm{d}t}+C\theta=me(f_x\cos\theta+f_y\sin\theta)+m_z' \tag{2-16}$$

当 θ 很小时，稳态方程可近似为

$$C\theta=mef_x \tag{2-17}$$

角度 θ 与基座在 Ox_0 轴上的比力成正比，故 Ox_0 轴为输入轴，比力 $f_x=-a_x+g_x$，a_x 为基座沿输入轴的加速度分量，g_x 为重力加速度 g 在输入轴上的分量。

综上所述，列写元部件微分方程的步骤可归纳如下。

（1）根据元部件的工作原理及其在控制系统中的作用，确定输入量和输出量；

（2）分析元部件工作中所遵循的物理规律或化学定理，列写微分方程；

（3）消去中间变量，得到输出量与输入量之间关系的微分方程，便是元部件的时域数学模型。一般情况下，应将微分方程写成标准形式，即与输出量有关的项写在方程的左端，与输入量有关的项写在方程的右端，方程两端变量的导数均按降幂排列。

2.2.2 控制系统微分方程的建立

在建立控制系统的微分方程时，一般先由系统原理图画出系统方块图，并分别列写组成系统各元部件的微分方程；然后，消去中间变量便得到描述系统输出量与输入量之间关系的微分方程。列写系统各元部件微分方程时，一是应注意信号传递的单向性，即前一个元部件的输出是后一个元部件的输入，一级一级地单向传送；二是应注意前后连接的两个元部件中，后级对前级的负载效应，例如，无源网络输入阻抗对前级的影响，齿轮系对电动机转动惯量的影响等。

例 2-1 试列写图 2-4 所示速度控制系统的微分方程。

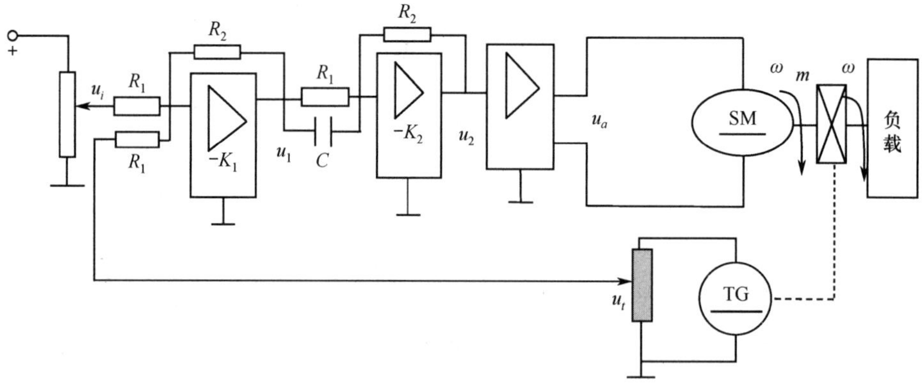

图 2-4 速度控制系统

解 控制系统的受控对象是电动机（带负载），系统的输出量是转速 ω，输入量是 u_i。控制系统由给定电位器、运算放大器 I （含比较作用）、运算放大器 II （含 RC 校正网络）、功率放大器、直流电动机、测速发电机、减速器等部分组成。现分别列写各元部件的微分方程。

运算放大器 I 输入量（给定电压）u_i 与速度反馈电压 u_t 在此合成，产生偏差电压并经过放大，即

$$u_1 = K_1(u_i - u_t) = K_1 u_e \tag{2-18}$$

其中，$K_1 = R_2 / R_1$ 为运算放大器 I 的比例系数。

运算放大器 II 考虑 RC 校正网络，u_2 与 u_1 之间的微分方程为

$$u_2 = K_2(\tau \frac{\mathrm{d}u_1}{\mathrm{d}t} + u_1) \tag{2-19}$$

其中，$K_2 = R_2 / R_1$ 为运算放大器 II 的比例系数；$\tau = R_1 C$ 为微分时间常数。

功率放大器 本系统采用晶闸管整流装置，包括触发电路和晶闸管主回路。忽略晶闸管控制电路的时间滞后，其输入输出方程为

$$u_a = K_3 u_2 \tag{2-20}$$

其中，K_3 为比例系数。

直流电动机 直接引用直流伺服电动机的微分方程式（2-8），即

$$T_m \frac{\mathrm{d}\omega_m}{\mathrm{d}t} + \omega_m = K_m u_a - K_c M_c' \tag{2-21}$$

其中，T_m、K_m、K_c 及 M_c' 均是考虑齿轮系和负载后，折算到电动机轴上的等效值。

齿轮系 设齿轮系的速比为 i，则电动机转速 ω_m 经齿轮系减速后变为 ω，故有

$$\omega = \frac{1}{i}\omega_m \tag{2-22}$$

测速发电机 测速发电机的输出电压 u_t 与其转速 ω 成正比，即

$$u_t = K_t \omega \tag{2-23}$$

其中，K_t 是测速发电机比例系数。

从上述各式中消去中间变量 u_t、u_1、u_2、u_a 及 ω_m，整理后便得到系统的微分方程

$$T_m'\frac{\mathrm{d}\omega}{\mathrm{d}t}+\omega=K_g'\frac{\mathrm{d}u_i}{\mathrm{d}t}+K_g u_i-K_c'M_c' \tag{2-24}$$

其中，$T_m'=(iT_m+\ K_1K_2K_3K_mK_t\tau)/(i+K_1K_2K_3K_mK_t)$，$K_c'=K_c/(i+K_1K_2K_3K_mK_t)$；$K_g'=(iT_m+K_1K_2K_3K_m\tau)/\ (i+K_1K_2K_3K_mK_t)$；$K_g=K_1K_2K_3K_m/(i+K_1K_2K_3K_mK_t)$。该式可用于研究在给定电压 u_i 或有负载扰动转矩 M_c 时，速度控制系统的动态性能。

从上述控制系统的元部件或系统的微分方程可以发现，不同类型的元部件或系统可具有形式相同的数学模型。例如，直流伺服电机和速度控制系统的数学模型均是一阶微分方程，这类具有相同形式数学模型的物理系统称为相似系统。相似系统揭示了不同物理现象间的相似关系，便于使用简单系统模型去研究与其相似的复杂系统，也为控制系统的计算机仿真提供了基础。

2.2.3　线性定常微分方程的求解

建立控制系统数学模型的目的之一是用数学方法定量研究控制系统的工作特性。当系统微分方程列写出来以后，只要给定输入量和初始条件，便可对微分方程求解，并由此了解系统输出量随时间的变化特性。线性定常微分方程的求解方法有经典法和 Laplace 变换法两种，也可借助计算机求解。本节只研究用 Laplace 变换法求解微分方程的方法，同时分析微分方程解的组成，为引入传递函数的概念奠定基础。

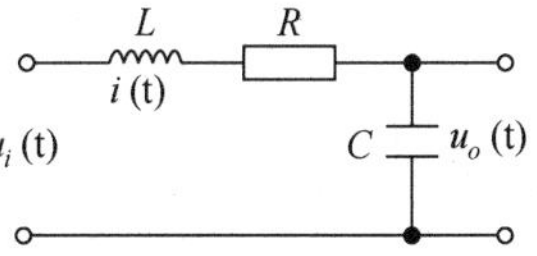

图 2-5　RLC 无源网络

例 2-2　图 2-5 所示的是电阻 R、电容 C 和电感 L 组成的无源网络，若已知 L=1H，C=1F，R=1Ω，且电容的初始电压 $u_o(0)$=0.1V，初始电流 $i(0)$=0.1A，电源电压 $u_i(t)$=1V。试求电路突然接通电源时，电容电压 $u_o(t)$的变化规律。

解　由基尔霍夫定律可列写出回路方程为

$$L\frac{\mathrm{d}i(t)}{\mathrm{d}t}+\frac{1}{C}\int i(t)\mathrm{d}t+Ri(t)=u_i(t)$$

$$u_o(t)=\frac{1}{C}\int i(t)\mathrm{d}t$$

消去中间变量 $i(t)$，便得到描述网络输入输出关系的微分方程为

$$LC\frac{\mathrm{d}^2u_o(t)}{\mathrm{d}t^2}+RC\frac{\mathrm{d}u_o(t)}{\mathrm{d}t}+u_o(t)=u_i(t) \tag{2-25}$$

令 $U_i(s)=L[u_i(t)]$，$U_o(s)-L[u_o(t)]$，且有

$$L\left[\frac{\mathrm{d}u_o(t)}{\mathrm{d}t}\right]=sU_o(s)-u_o(0),\quad L\left[\frac{\mathrm{d}^2u_o(t)}{\mathrm{d}t^2}\right]=s^2U_o(s)-su_o(0)-u_o'(0)$$

其中，$u_o'(0)$ 是 $\mathrm{d}u_o(t)/\mathrm{d}t$ 在 t=0 时的值，即

$$\left.\frac{\mathrm{d}u_o(t)}{\mathrm{d}t}\right|_{t=0}=\left.\frac{1}{C}i(t)\right|_{t=0}=\frac{1}{C}i(0)$$

对式（2-25）中各项分别取 Laplace 变换并代入已知数据，经整理后有

$$U_o(s)=\frac{U_i(s)}{s^2+s+1}+\frac{0.1s+0.2}{s^2+s+1} \tag{2-26}$$

由于电路是突然接通电源的，故$u_i(t)$可视为阶跃输入量，即$u_i(t)=1(t)$，或$U_i(s)=L[u_i(t)]=1/s$。对式（2-26）取 Laplace 反变换，便可得到式（2-25）无源网络微分方程的解 $u_o(t)$，即

$$\begin{aligned}u_o(t)&=L^{-1}[U_o(s)]\\&=L^{-1}\left[\frac{1}{s(s^2+s+1)}\right]+L^{-1}\left[\frac{0.1s+0.2}{s^2+s+1}\right]\\&=1+1.15\mathrm{e}^{-0.5t}\sin(0.866t-120^\circ)+0.2\mathrm{e}^{-0.5t}\sin(0.866t+30^\circ)\end{aligned} \tag{2-27}$$

在式（2-27）中，前两项是由输入电压产生的输出分量，与初始条件无关，故称为零初始条件响应；后一项则是由初始条件产生的输出分量，与输入电压无关，故称为零输入响应，它们统称为无源网络的单位阶跃响应。如果输入电压是单位脉冲量$\delta(t)$，相当于电路突然接通电源又立即断开的情况，此时$U_i(s)=L[\delta(t)]=1$，无源网络的输出则称为单位脉冲响应，即

$$\begin{aligned}u_o(t)&=L^{-1}[U_o(s)]\\&=L^{-1}\left[\frac{1}{s^2+s+1}\right]+L^{-1}\left[\frac{0.1s+0.2}{s^2+s+1}\right]\\&=1.15\mathrm{e}^{-0.5t}\sin 0.866t+0.2\mathrm{e}^{-0.5t}\sin(0.866t+30^\circ)\end{aligned} \tag{2-28}$$

利用 Laplace 变换的初值定理和终值定理，可以直接从式（2-26）中了解网络中电压 $u_o(t)$ 的初始值和终值。当$u_i(t)=1(t)$时，$u_o(t)$的初始值为

$$u_o(0)=\lim_{t\to 0}u_o(t)=\lim_{s\to\infty}sU_o(s)=\lim_{s\to\infty}s\left[\frac{1}{s(s^2+s+1)}+\frac{0.1s+0.2}{s^2+s+1}\right]=0.1\mathrm{V}$$

$u_o(t)$的终值为

$$u_o(\infty)=\lim_{t\to \infty}u_o(t)=\lim_{s\to 0}sU_o(s)=\lim_{s\to 0}s\left[\frac{1}{s(s^2+s+1)}+\frac{0.1s+0.2}{s^2+s+1}\right]=1\mathrm{V}$$

其结果与式（2-27）求得的数值一致。

于是，用 Laplace 变换法求解线性定常微分方程的过程可归纳如下：

（1）考虑初始条件，对微分方程中的各项分别进行 Laplace 变换，将微分方程转换为变量 s 的代数方程。

（2）由代数方程求出输出量 Laplace 变换函数的表达式。

（3）对输出量 Laplace 变换函数求反变换，得到输出量的时域表达式，即所求微分方程的解。

2.2.4 非线性微分方程的线性化

前面讨论了系统微分方程的建立，得到的微分方程是线性的。然而严格来讲，所有的系统都有不同程度的非线性，而前面得到的“线性”微分方程，都是在一系列假设条件下建立起来的。比如在机械位移系统中，假设摩擦阻尼力与速度成正比，其实是把摩擦系数 f 视为常数，如图 2-6 中 OB 所示，但实际上f不会是常数，特性曲线可能是$O'A$，是非线性的。又如在直流电动机系统中，假设磁通 Φ 与电流 i_f成正比，即 $\Phi=k_f i_f$，这里把比例系数 k_f视为常数，如图 2.7 中 OB 所示，但实际 k_f也不会是常数，特性曲线是 OA，这是由于磁路中有铁芯，

要受饱和的影响。

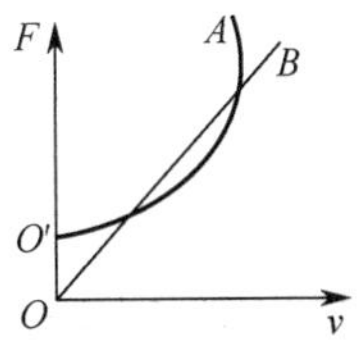

图 2-6　摩擦阻尼力

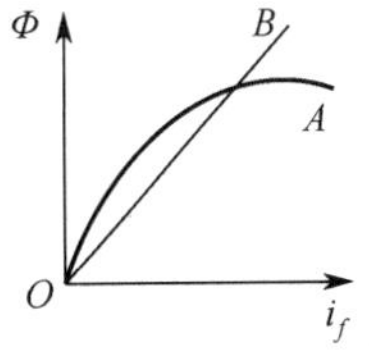

图 2-7　饱和磁通

此外，对于弹簧来说，当弹性疲乏时，形变和受力之间也不是线性关系。之所以能够得到一些简单的线性微分方程，是由于在做简化时，忽略了这些次要的因素。所以，除了参数基本上接近常数的系统，前面得到的线性模型是相当近似的。要想精确地描述系统特性，或当系统的非线性因素必须考虑时，列写出来的系统方程都应该是非线性的。因此，在研究控制系统的动态过程时，就会遇到求解非线性微分方程的问题。然而，对于高阶非线性微分方程来说，在数学上难以求得一般形式的解。这样，研究工作在理论上将会遇到困难。一种可行的办法是：应用小偏差线性化概念对符合线性化条件的非线性方程进行线性化处理，从而得到一个线性模型来代替非线性模型，并采用线性系统理论对系统进行分析。

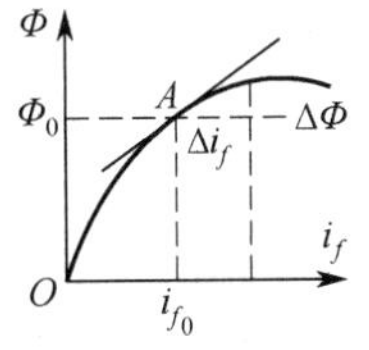

图 2-8　激磁特性

控制系统通常工作在一个正常的工作状态，这个工作状态称为工作点。由于正常的控制过程总是连续不断的，所以变量的变化范围（偏离工作点的差值）一般都满足微小量的要求。对于某些非线性系统，若研究的是系统在某一工作点附近的性能，比如，电动机激磁回路（如图 2-8 所示），正常工作点在 A 点，在控制过程中，调节的范围属于工作点 A 附近的 Δi_f 小范围内，就可以把 A 点邻域内的特性用该点的切线来代替。这样系统的特性在这个区域上就可以表示为线性的，而精确度要比忽略非线性因素的简化处理所得到的线性方程精确得多，这就是常说的“小偏差理论”。显然，曲线在工作点邻域的线性度越好，则作为线性化方程的自变量的取值范围 Δi_f 就越大。从几何意义上看，若用 K 表示 A 点处切线的斜率，则偏差 $\Delta\Phi$ 与增量 Δi_f 之间为线性关系，即 $\Delta\Phi = K\Delta i_f$ 。

应用线性化数学模型来代替原来的非线性数学模型的过程，称为线性化。线性化实质上是寻找能替代原来非线性函数的一种有合适斜率的线性一次函数，实际上就是寻找工作点处切线斜率的问题。几何图形上的“以直代曲”，表现在数学解析式上就是用一次多项式去近似地表达一个给定的函数。而数学上研究用任意多项式近似地表达一个函数，乃是“以直代曲”思想的发展。其中，按泰勒级数展开公式，可以精确地表示一个函数。现在的目的不是要精确地表示非线性函数，而是表示非线性函数的线性化，即将非线性函数在工作点附近展开成泰勒级数，忽略高阶无穷小量及余项，用得到的线性化方程，近似替代原来的非线性函数。

设一个变量的非线性函数 $y=f(x)$ 在 x_0 处连续可微，如图 2-9 所示，则可将它在该点附近用泰勒级数展开为

$$y = f(x) = f(x_0) + \left.\frac{\mathrm{d}f}{\mathrm{d}x}\right|_{x_0}(x - x_0) + \frac{1}{2!}\left.\frac{\mathrm{d}^2 f}{\mathrm{d}x^2}\right|_{x_0}(x - x_0)^2 + \cdots \tag{2-29}$$

当 $(x - x_0)$ 为微小增量时，可略去二阶以上各项，写成

$$y=f(x)=f(x_0)+\left.\frac{\mathrm{d}f}{\mathrm{d}x}\right|_{x_0}(x-x_0)=y_0+K(x-x_0) \tag{2-30}$$

其中，$K=\left.\dfrac{\mathrm{d}f}{\mathrm{d}x}\right|_{x_0}$ 为工作点 x_0 处的斜率。此时以工作点处的切线代替曲线，得到变量在工作点的增量方程。经这样处理后，输出与输入之间就成为线性关系，如图 2-9 所示。

例 2-3 图 2-10 所示为一铁芯线圈，输入为激磁电压 $u_i(t)$，输出为线圈电流 $i(t)$，线圈电阻为 R。求证 $u_i(t)$和 $i(t)$之间的微分方程。

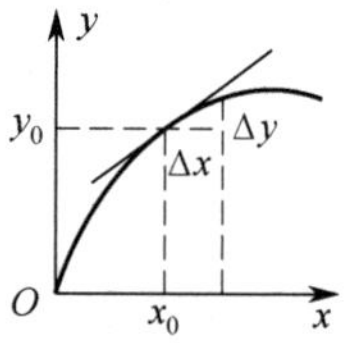

图 2-9 线性化原理

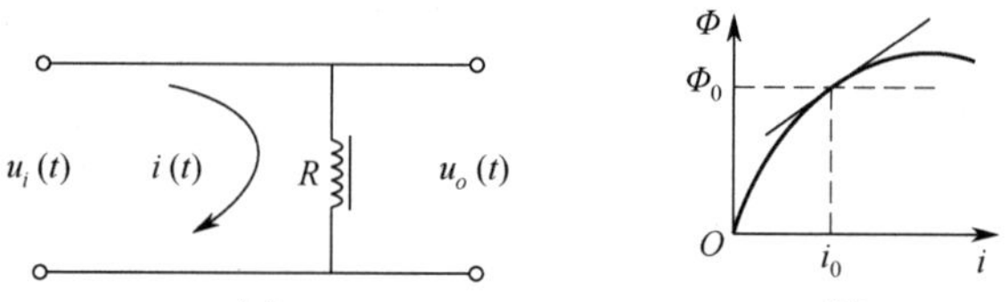

(a) (b)

图 2-10 铁芯线圈

解 设线圈中的磁通为$\varPhi$，根据回路电压定理，线圈的微分方程为

$$\frac{\mathrm{d}\varPhi(i)}{\mathrm{d}i}\frac{\mathrm{d}i}{\mathrm{d}t}+Ri=u_i(t) \tag{2-31}$$

当工作过程中线圈的电压和电流只在工作点(u_0, i_0)附近变化时，即

$$u_i(t)=u_0+\Delta u_i(t) \tag{2-32}$$

$$i=i_0+\Delta i \tag{2-33}$$

线圈中的磁通$\varPhi$对$\varPhi_0$也有增量变化，假如在 i_0 附近连续可微，其将在 i_0 附近展开成泰勒级数，即

$$\varPhi=\varPhi_0+\left.\frac{\mathrm{d}\varPhi}{\mathrm{d}i}\right|_{i_0}\Delta i+\frac{1}{2!}\left.\frac{\mathrm{d}^2\varPhi}{\mathrm{d}i^2}\right|_{i_0}(\Delta i)^2+\cdots \tag{2-34}$$

因 Δi 是微小增量，将高阶无穷小量略去，得到近似式

$$\varPhi\approx\varPhi_0+\left.\frac{\mathrm{d}\varPhi}{\mathrm{d}i}\right|_{i_0}\Delta i \tag{2-35}$$

$$L\frac{\mathrm{d}\Delta i}{\mathrm{d}t}+Ri=\Delta u_i(t) \tag{2-36}$$

这就是铁芯线圈的增量化方程，为简便起见，常略去增量符号而写成

$$L\frac{\mathrm{d}i}{\mathrm{d}t}+Ri=u_i(t) \tag{2-37}$$

若系统的输出量为 y，而有两个输入量 x_1 和 x_2，则它们的关系可用二元函数表示为

$$y=f(x_1,x_2) \tag{2-38}$$

设系统稳态工作点为(x_{10},x_{20})，可将它在该点附近用泰勒级数展开，即

$$\begin{aligned}y&=f(x_1,x_2)\\&=f(x_{10},x_{20})+\left[\left.\frac{\partial f(x_1,x_2)}{\partial x_1}\right|_{x_{10},x_{20}}(x_1-x_{10})+\left.\frac{\partial f(x_1,x_2)}{\partial x_2}\right|_{x_{10},x_{20}}(x_2-x_{20})\right]+\end{aligned}$$

$$\frac{1}{2!}\left[\left.\frac{\partial^2 f(x_1,x_2)}{\partial x_1^2}\right|_{x_{10},x_{20}}(x_1-x_{10})^2+\left.\frac{\partial^2 f(x_1,x_2)}{\partial x_1\partial x_2}\right|_{x_{10},x_{20}}(x_1-x_{10})(x_2-x_{20})+\right.$$
$$\left.\left.\frac{\partial^2 f(x_1,x_2)}{\partial x_2^2}\right|_{x_{10},x_{20}}(x_2-x_{20})^2\right]+\cdots \tag{2-39}$$

在工作点附近，增量 $\Delta x_1 = x_1 - x_{10}$，$\Delta x_2 = x_2 - x_{20}$ 的绝对值很小，则可略去二次以上的高阶项，得到一次近似增量方程为

$$\Delta y = \left.\frac{\partial f(x_1,x_2)}{\partial x_1}\right|_{x_{10},x_{20}}\Delta x_1 + \left.\frac{\partial f(x_1,x_2)}{\partial x_2}\right|_{x_{10},x_{20}}\Delta x_2 = K_1\Delta x_1 + K_2\Delta x_2 \tag{2-40}$$

其中，$K_1 = \left.\frac{\partial f(x_1,x_2)}{\partial x_1}\right|_{x_{10},x_{20}}$，$K_2 = \left.\frac{\partial f(x_1,x_2)}{\partial x_2}\right|_{x_{10},x_{20}}$。这样 y 与 x_1、x_2 间的非线性关系就转化为 Δy 与 Δx_1、Δx_2 之间的线性关系。为了便于书写，经常将增量信号的符号 Δ 省掉。

由以上讨论可知，非线性控制系统可以进行线性化处理的条件有以下三个。

（1）系统工作在一个正常的工作状态，有一个稳定的工作点；

（2）系统在运行过程中的偏离量满足小偏差条件；

（3）非线性函数在工作点处各阶导数或偏导数存在，即函数属于单值、连续、光滑的非本质非线性函数。

如果系统满足上述条件，则在工作点的邻域内便可将非线性函数通过增量形式表示成线性函数。在有了对非线性函数线性化处理的有效措施后，对于含有这类非线性因素的控制系统，从整体上就可将系统的数学模型以增量的形式写出来，成为线性化的数学模型。

2.3　控制系统的传递函数

控制系统的微分方程是在时间域描述系统动态特性的数学模型，在给定外激励及初始条件下，求解微分方程可以得到系统的输出响应。这种方法比较直观，特别是借助计算机可以迅速且准确地求取结果。但如果系统的结构改变或某个参数变化时，就要重新列写并求解微分方程，不便于对控制系统进行分析和设计。

采用 Laplace 变换法求解线性系统的微分方程时，可以得到控制系统在复数域的数学模型——传递函数。传递函数既能描述系统的动态特性，又能用来研究系统结构或参数变化对系统性能的影响。并且经典控制理论中广泛使用的频率特性法和根轨迹法，都是以传递函数为基础的，因此，传递函数是经典控制理论中最基本和最重要的概念。

2.3.1　传递函数的基本概念

1. 定义

线性系统的传递函数，定义为零初始条件下，输出变量的 Laplace 变换与输入变量的 Laplace 变换之比，记为 $G(s)$。控制系统的零初始条件有两个方面的含义：一是指输入量在 $t\geqslant 0$

时才作用于系统，因此，在 $t=0^-$ 时，输入量及其各阶导数均为零；二是指输入量加于系统之前，系统处于稳定的工作状态，即输出量及其各阶导数在 $t=0^-$ 时的值也为零。现实的工程控制系统多属第二类情况。

考虑由如下线性常微分方程描述的动态系统

$$a_n\frac{\mathrm{d}^n c(t)}{\mathrm{d}t^n}+a_{n-1}\frac{\mathrm{d}^{n-1}c(t)}{\mathrm{d}t^{n-1}}+\cdots+a_1\frac{\mathrm{d}c(t)}{\mathrm{d}t}+a_0c(t)=b_m\frac{\mathrm{d}^m r(t)}{\mathrm{d}t^m}+b_{m-1}\frac{\mathrm{d}^{m-1}r(t)}{\mathrm{d}t^{m-1}}+\cdots+b_1\frac{\mathrm{d}r(t)}{\mathrm{d}t}+b_0r(t) \tag{2-41}$$

其中，$c(t)$是系统的输出量；$r(t)$是系统的输入量；a_i（i=0, 1, 2, …, n）和 b_j（j=0, 1, 2, …, m）是与系统结构和参数有关的常数项。为了获得系统的传递函数，设 $c(t)$和 $r(t)$及其各阶导数在 t=0 时的值均为零，即零初始条件，则对上式中各项取 Laplace 变换，并令 $C(s)=L[c(t)]$，$R(s)=L[r(t)]$，可得关于 s 的代数方程为

$$[a_ns^n+a_{n-1}s^{n-1}+\cdots+a_1s+a_0]C(s)=[b_ms^m+b_{m-1}s^{m-1}+\cdots+b_1s+b_0]R(s)$$

于是，由定义可得系统的传递函数为

$$G(s)=\frac{C(s)}{R(s)}=\frac{b_ms^m+b_{m-1}s^{m-1}+\cdots+b_1s+b_0}{a_ns^n+a_{n-1}s^{n-1}+\cdots+a_1s+a_0}=\frac{M(s)}{N(s)} \tag{2-42}$$

其中，$M(s)=b_ms^m+b_{m-1}s^{m-1}+\cdots+b_1s+b_0$；$N(s)=a_ns^n+a_{n-1}s^{n-1}+\cdots+a_1s+a_0$。由系统的传递函数，求 Laplace 反变换可以得到系统在零初始条件下的时域响应为

$$c(t)=L^{-1}[G(s)R(s)] \tag{2-43}$$

为了便于采用传递函数描述系统特性，常采用的传递函数形式为

（1）首 1 标准型，也称为零极点表达式，具体表达式如下：

$$G(s)=\frac{b_ms^m+b_{m-1}s^{m-1}+\cdots+b_1s+b_0}{a_ns^n+a_{n-1}s^{n-1}+\cdots+a_1s+a_0}=k_g\frac{(s-z_1)\cdots(s-z_m)}{(s-p_1)\cdots(s-p_n)} \tag{2-44}$$

其中，p_1，p_2，…，p_n 为分母多项式的根，称为传递函数的极点；z_1，z_2，…，z_m 为分子多项式的根，称为传递函数的零点；$k_g=b_m/a_n$，称为传递系数或根轨迹增益。如果系统的传递函数确定了，则零、极点和 k_g 也确定了；反之亦然。因此传递函数可用零极点和传递系数等价表示。将系统的零极点表示在复平面上，形成的图称为传递函数的零极点分布图。它能反映系统的动态性能，因此对系统的研究，可转换为对系统传递函数的零、极点的研究。

（2）尾 1 标准型，也称为时间常数表达式，具体表达式如下：

$$G(s)=\frac{b_ms^m+b_{m-1}s^{m-1}+\cdots+b_1s+b_0}{a_ns^n+a_{n-1}s^{n-1}+\cdots+a_1s+a_0}=K\frac{(\tau_1s+1)(\tau_2{}^2s^2+2\xi\tau_2s+1)\cdots(\tau_is+1)}{(T_1s+1)(T_2{}^2s^2+2\xi T_2s+1)\cdots(T_js+1)} \tag{2-45}$$

其中，一次因子对应于实数零极点，二次因子对应于共轭复数零极点。τ_i 和 T_j 称为时间常数；$K=b_0/a_0=k_g\prod\limits_{i=1}^{m}(-z_i)/\prod\limits_{j=1}^{n}(-p_j)$ 称为传递系数或增益。传递函数的这种表示形式在频率分析法中使用较多。

2. 性质

传递函数作为一种数学模型，是联系输出变量和输入变量微分方程的一种运算方法。根据传递函数的定义可知它具有如下性质。

（1）传递函数作为一种数学模型，只适用于线性定常系统。而对于非定常系统，即时变

系统，系统中只要有一个参数随时间变化，就可能无法运用 Laplace 变换。

（2）传递函数是以系统本身参数描述的线性定常系统输入—输出的关系式，表达了系统的内在固有特性，只与系统结构、参数有关，而与输入量的形式无关。因此，它并不能反映系统内部的结构和动态行为信息。

（3）由于单位脉冲输入信号的 Laplace 变换为 1，系统传递函数 $G(s)$的 Laplace 反变换即为单位脉冲响应。因此，单位脉冲输入信号作用下系统的输出完全描述了系统的动态特性，也称为系统的数学模型，通常称为脉冲响应函数。

（4）传递函数的分母多项式称为特征多项式，记为

$$D(s)=a_n s^n + a_{n-1}s^{n-1} + \cdots + a_1 s + a_0 \tag{2-46}$$

2.3.2　火炮随动系统的传递函数

火炮随动系统是典型的位置随动系统，要求随动系统的输出量能以一定精度复现输入量的变化，主要任务是解决对控制量的跟踪控制问题，因而它的被控量是火炮的方位和姿态。典型火炮随动系统的简化原理如图 2-11 所示。

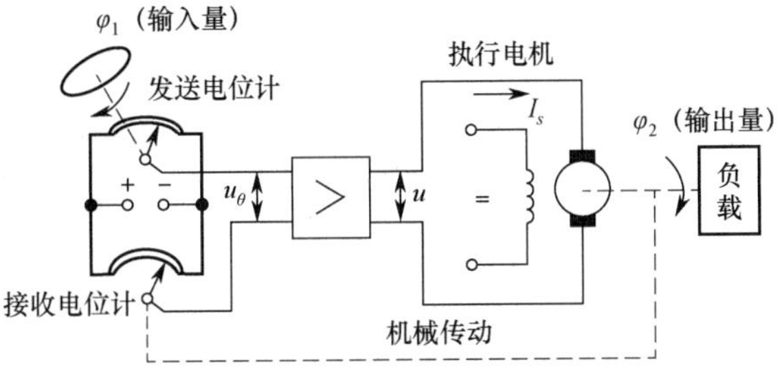

图 2-11　火炮随动系统的简化原理图

火炮随动系统的基本工作原理：

当随动系统的输入量 φ_1 和输出量 φ_2 之间存在误差时（这里的输入量可以是火炮的射击诸元），执行电机就带动减速器转动，而且还带动接收电位计的滑臂转动。滑臂转动的方向使误差角 θ 减小，当 $\varphi_1=\varphi_2$ 时，$\theta=0$，此时执行电机停止转动，随动系统处于协调状态。当输入轴不断转动时，输出轴就以一定的准确度不断地跟随输入轴转动。输出轴与接收电位计滑臂的机械传动联系就是系统的主反馈，从而使整个系统形成一个闭环系统。由于输入轴与输出轴之间没有机械联系，故可以在比较大的范围内实现随动传动，由于随动系统具有功率放大装置，故对比较大的负载亦能复现输入量的变化。比如，当火炮随动系统的雷达或指挥仪跟踪敌机瞄准时，φ_1 是变化量，φ_2 则始终向与 φ_1 趋于相等的方向变化。该变化过程即火炮的自动瞄准过程。当 φ_1 与 φ_2 相等时，表明火炮瞄准了射击目标。

图 2-12 是某火炮随动系统自动瞄准时的结构图，下面根据系统中各元部件的运动规律，建立随动系统的传递函数。

随动系统各元部件的传递函数如下：

（1）受信仪：

$$G_1=\frac{U_1}{\Delta\varphi}=1.67\ \text{V/mil}$$

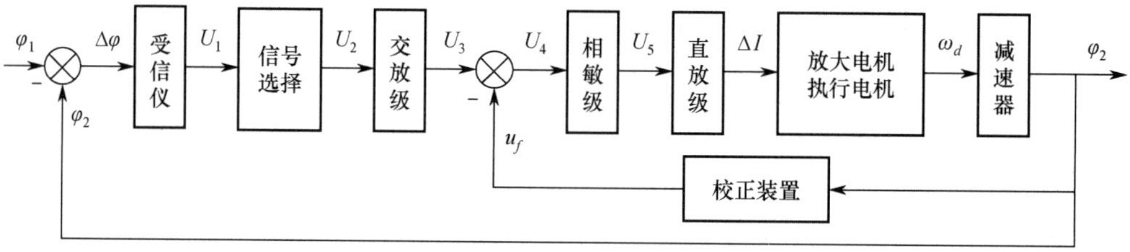

图 2-12 火炮随动系统的结构图

（2）信号选择：

$$G_2 = \frac{U_2}{U_1} = 0.0036$$

（3）交流放大器：

$$G_3 = \frac{U_3}{U_2} = 5$$

（4）相敏放大器：

$$G_4 = \frac{U_4}{U_3} = \frac{45}{1 + 0.008s}$$

（5）直流放大器：

$$G_5 = \frac{\Delta I}{U_5} = \frac{2.51}{1 + 0.0067s}\ \text{mA/V}$$

（6）放大电机和执行电机：

$$G_6 = \frac{\omega_d}{\Delta I} = \frac{11.4}{(1 + 0.0654s)(1 + 0.252s)}\ \text{rad/s·mA}$$

（7）减速器：

$$G_7 = \frac{\varphi_2}{\omega_d} = \frac{1.55}{s}\ \text{mil·s/rad}$$

（8）校正装置：

$$G_8 = \frac{U_f}{\varphi_2} = \frac{0.00945s^2(1 + 0.0387s)}{1 + 0.302s}\ \text{V/mil}$$

根据火炮随动系统的结构图，可以得到从 $\Delta\varphi$ 到 u_3 的传递函数为

$$G_{10} = \frac{U_3}{\Delta\varphi} = G_1 G_2 G_3 = 0.3006\text{V/mil}$$

从 u_4 到 φ_2 的传递函数为

$$G_{20} = \frac{\varphi_2}{U_4} = G_4 G_5 G_6 G_7 = \frac{1995.8}{s(0.008s + 1)(0.0067s + 1)(0.0654s + 1)(0.252s + 1)}\ \text{V/mil}$$

进一步可得到方程组

$$\begin{cases} (\varphi_1 - \varphi_2)G_{10} = U_3 \\ U_3 - U_f = U_4 \\ U_f = \varphi_2 G_8 \\ U_4 G_{20} = \varphi_2 \end{cases}$$

消去中间变量，可得 φ_1 与 φ_2 之间的传递函数为

$$G(s)=\frac{\varphi_2}{\varphi_1}=\frac{G_{10}G_{20}}{1+G_{10}G_{20}+G_{20}G_8}$$
$$=\frac{599.9(0.302s+1)}{s(0.008s+1)(0.0067s+1)(0.0654s+1)(0.252s+1)(0.302s+1)+18.86s^2(0.0387s+1)+599.9} \tag{2-47}$$

2.4　控制系统的结构框图和信号流图

微分方程、传递函数等数学模型，都是用纯数学表达式描述系统的特性，不能反映系统中各元部件对整个系统性能的影响；系统原理图、功能方框图虽然反映了系统的物理结构，但是又缺少系统中各变量间的定量关系；而控制系统的结构框图和信号流图都是描述系统各元部件之间信号传递关系的数学图形，它们表示了系统中各变量之间的因果关系以及对各变量所进行的运算，是控制理论中描述复杂系统的一种简便方法。与结构框图相比，信号流图符号简单，更便于绘制和应用，特别是在计算机模拟仿真及状态空间法分析设计时，信号流图可以直接给出计算机模拟仿真程序和系统的状态方程描述，更显出其优越性。但信号流图只适用于线性系统，而结构框图也可用于非线性系统。

2.4.1　结构框图的基本概念

控制系统的结构框图是由许多对信号进行单向运算的方框和一些信号流向线组成，它包含如下四种基本单元。

信号线　信号线是带有箭头的直线，箭头表示信号的流向，在直线旁标记信号的时间函数或象函数，如图 2-13（a）所示。

引出点（或测量点）　引出点表示信号引出或测量的位置，从同一位置引出的信号在数值和性质方面完全相同，如图 2-13（b）所示。

比较点（或综合点）　比较点表示对两个或两个以上的信号进行代数运算，“+”号表示相加，“−”号表示相减。外部信号作用于系统需通过比较点表示，如图 2-13（c）所示。

方框（或环节）　方框表示对输入信号进行的数学运算，是单向运算算子。方框中写入元部件或系统的传递函数，如图 2-13（d）所示。显然，方框的输出变量等于方框的输入变量与传递函数的乘积，即

$$C(s)=G(s)U(s)$$

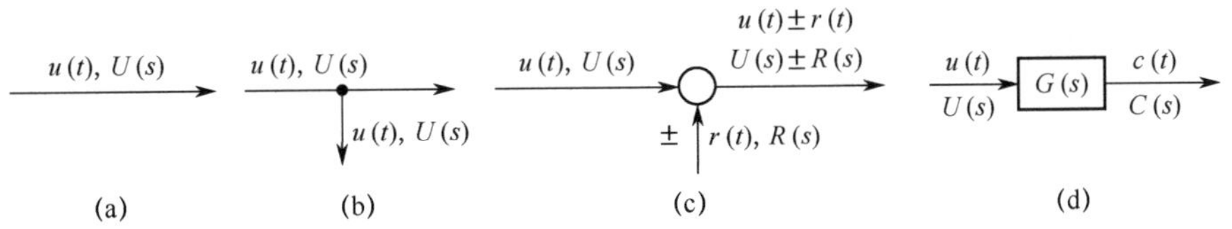

图 2-13　结构框图的基本组成单元

绘制系统结构图时，首先考虑负载效应，分别列写系统各元部件的微分方程或传递函数，

并将它们用方框表示出来；然后，根据各元部件的信号流向，用信号线依次将各方框连接便得到系统的结构框图。因此，系统结构框图实质上是系统原理图与数学方程两者的结合，既补充了原理图所缺少的定量描述，又避免了纯数学的抽象运算。在结构图上可以用方框图进行数学运算，也可以直观了解各元部件的相互关系，及其在系统中所起的作用；更重要的是，从系统结构框图可以方便地求得系统的传递函数。因此，系统的结构框图也是控制系统的一种数学模型。

需要指出的是，虽然系统结构框图是从系统元部件的数学模型得到的，但结构框图中的方框与实际系统的元部件并非一一对应，一个实际元部件可以用一个方框或几个方框表示；而一个方框也可以代表几个元部件或一个子系统，或是一个大的复杂系统。

结构图的等效变换和化简

由控制系统的结构框图通过等效变换可以方便地求取闭环系统的传递函数或系统输出量的响应。实际上，这个过程对应由元部件运动方程消去中间变量求取系统传递函数的过程。一个复杂系统的结构框图，其方框图间的连接必然是错综复杂的，但方框间的基本连接方式只有串联、并联和反馈三种。因此，系统结构框图简化的一般方法是移动引出点或比较点，交换比较点，进行方框运算，将串联、并联和反馈连接的方框合并。在简化过程中应遵循变换前后变量关系保持等效的原则，具体而言，就是变换前后前向通路中传递函数的乘积应保持不变，回路中传递函数的乘积应保持不变。

1. 串联方框的等效

当系统中有两个（或两个以上）环节串联时，其等效传递函数为各环节传递函数的乘积，即

$$G(s)=\frac{C(s)}{R(s)}=G_1(s)G_2(s) \tag{2-48}$$

对照图 2-14 可见，变换前后的输入量和输出量都相等，因此图 2-14（a）、图 2-14（b）两图等效。

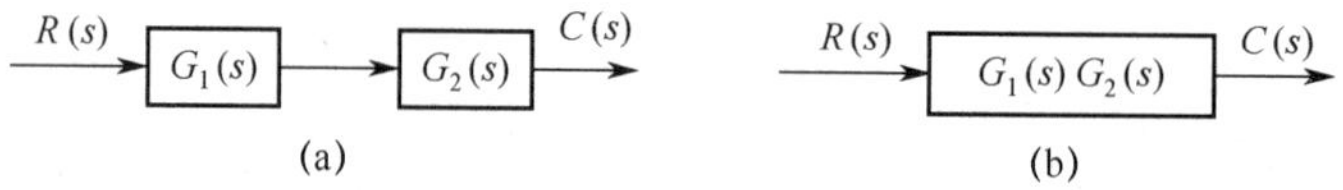

图 2-14 串联方框的等效

2. 并联方框的等效

当系统中有两个（或两个以上）环节并联时，其等效传递函数为各环节传递函数的代数和，即

$$G(s)=\frac{C(s)}{R(s)}=G_1(s)+G_2(s) \tag{2-49}$$

对照图 2-15 可见，变换前后的输入量和输出量都相等，因此图 2-15（a）、图 2-15（b）两图等效。

3. 反馈连接方框的等效

若传递函数分别为 $G(s)$ 和 $H(s)$ 的两个方框，如图 2-16（a）形式连接，则称为反馈连接。"+"号为正反馈，表示输入信号与反馈信号相加；"－"号表示相减，是负反馈。若反馈环节

$H(s)$=1，则称为单位反馈。由图 2-16（a），有

$$C(s)=G(s)E(s),\quad B(s)=H(s)C(s),\quad E(s)=R(s)\pm B(s)$$

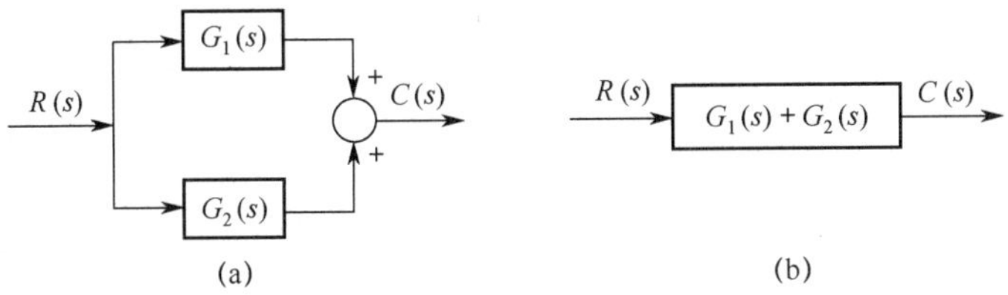

图 2-15　并联方框的等效

消去中间变量 $E(s)$和 $B(s)$，得到

$$C(s)=\frac{G(s)}{1\mp G(s)H(s)}R(s)=\Phi(s)R(s) \tag{2-50}$$

其中，$\Phi(s)=\dfrac{G(s)}{1\mp G(s)H(s)}$称为闭环传递函数，是反馈连接方框的等效传递函数，负号对应正反馈连接，正号对应负反馈连接，式（2-50）可用图 2-16（b）的方框表示。

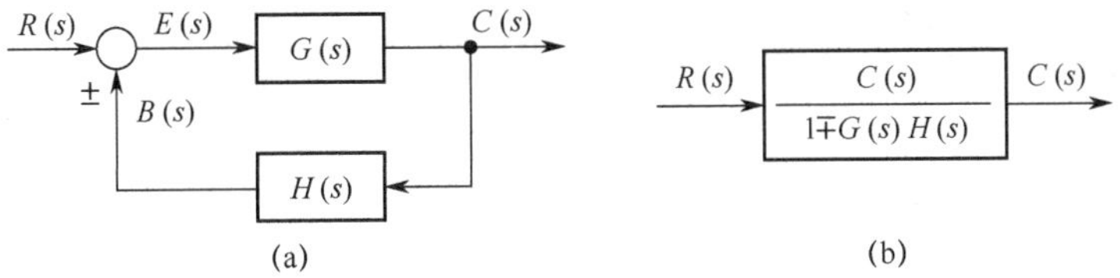

图 2-16　反馈连接方框的等效

注意：控制系统结构框图化简过程中，有时为了便于进行方框的串联、并联或反馈连接运算，需要移动比较点或引出点的位置，这时应注意在移动前后必须保持信号的等效性，而且比较点和引出点之间一般不宜交换位置。此外，“－”号可以在信号线上越过方框移动，但不能越过比较点和引出点。

例 2-4　试简化图 2-12 火炮随动控制系统的结构框图，并求系统传递函数 $G(s)$。

解　在图 2-12 中，首先根据串联方框的等效规则，可以将相应的串联环节等效。

将受信仪、信号选择、交放级三个串联环节等效，可得等效后的传递函数为

$$G_{10}=\frac{U_3}{\Delta\varphi}=G_1G_2G_3=0.3006\text{V/mil}$$

将相敏级、直放级、放大电机与执行电机、减速器四个串联环节等效，可得等效后的传递函数为

$$G_{20}=\frac{\varphi_2}{U_4}=G_4G_5G_6G_7=\frac{1995.8}{s(0.008s+1)(0.0067s+1)(0.0654s+1)(0.252s+1)}\text{V/mil}$$

串联等效后的结构框图如图 2-17（a）所示。根据反馈连接的等效原则，反馈内环的传递函数为

$$G'_{20}=\frac{G_{20}}{1+G_{20}G_8}$$

反馈内环等效后的结构框图如图 2-17（b）所示。接着将两个环节串联，如图 2-17（c）所示，最后将单位反馈再进行等效处理，最终等效结果如图 2-17（d）所示。

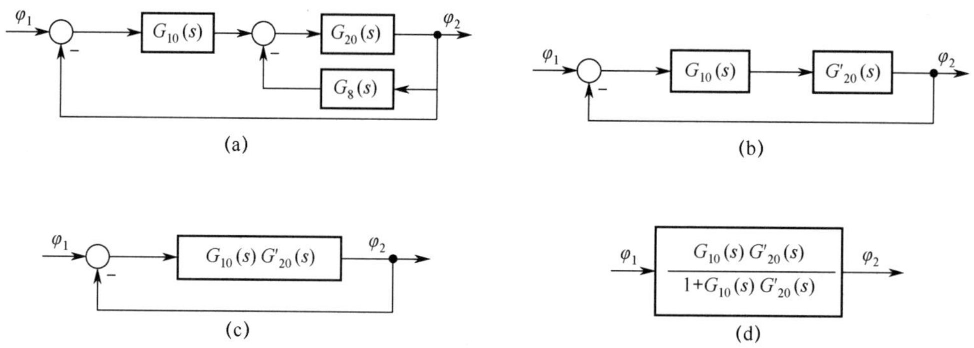

图 2-17　随动系统结构框图

经等效变换后，系统的传递函数可以很方便地给出，即

$$G(s)=\frac{G_{10}(s)G_{20}'(s)}{1+G_{10}(s)G_{20}'(s)}$$

$$=\frac{599.9(0.302s+1)}{s(0.008s+1)(0.0067s+1)(0.0654s+1)(0.252s+1)(0.302s+1)+18.86s^2(0.0387s+1)+599.9} \tag{2-51}$$

这与前面式（2-47）的结果是一样的。

2.4.2　信号流图的基本概念

控制系统的结构框图，是应用最为广泛的图解描述反馈系统的方法。但当系统的回路增多，对结构框图进行简化，推导传递函数将很麻烦。1953 年，美国学者梅森（Mason）在分析线性系统时首次引入信号流图，从而开始用图形表示线性代数方程组。当这个方程组代表一个物理系统时，正像它的名称一样，信号流图描述了信号从系统中一个点到另一个点的流动情况。因为信号流图直观表示了系统变量间的因果关系，所以它是线性系统分析中一个有用的工具。1956 年，Mason 发表的一篇论文中提出了一个增益公式，解决了复杂系统信号流图的简化问题，从而完善了信号流图法。利用该公式，几乎可以通过观察就能够得到系统的传递函数。

1. 信号流图的定义与术语

信号流图是由节点及连接节点的有向线段构成的，用于表达线性代数方程组结构的一种图。由于反馈理论关注的要点是系统中信号的变换和流向，因此，信号流图特别适用于反馈控制系统。信号流图的基本要素有节点和支路，节点是表示输入、输出信号的点；支路是连接彼此关联节点的、具有单一方向的线段，它与框图模型中的方框等效，表示节点信号输入输出之间的关系。信号只能在支路上沿箭头方向传递。为讨论信号流图的构成和求解系统的传递函数，下面介绍几个常用术语。

① 输入节点。只有输出支路的节点称为输入节点，如图 2-18 中的 x_1，它一般表示系统的输入变量。

② 输出节点。只有输入支路的节点称为输出节点，如图 2-18 中的 x_5，它一般表示系统的输出变量。

③ 混合节点。既有输入支路又有输出支路的节点称为混合节点，如图 2-18 中的 x_2、x_3、x_4。在混合节点处，如果有多个输入支路，则它们相加后成为混合节点的值，而所有从混合节点输出的支路都取该值。

④ 通路。从某个节点开始沿支路箭头方向经过各相连支路到另一个节点所构成的路径称为通路。通路中各支路增益乘积称为通路增益，如图 2-18 中的 $x_2 \to x_3 \to x_4$，通路增益为 $a_{23}a_{34}$。

⑤ 前向通路。前向通路是指从输入节点开始并终止于输出节点且与其他节点相交不多于一次的通路。该通路的各增益乘积称为前向通路增益，如图 2-18 中的 $x_1 \to x_2 \to x_3 \to x_4 \to x_5$，通路增益为 $a_{12}a_{23}a_{34}a_{45}$。

⑥ 回路。如果通路的终点就是通路的起点，并且与其他任何节点相交不多于一次的通路称为回路。回路中各支路增益的乘积称为回路增益，如图 2-18 中的 $x_2 \to x_3 \to x_2$，回路增益为 $a_{23}a_{32}$。

⑦ 不接触回路。如果一信号流图有多个回路，各回路之间没有任何公共节点，则称为不接触回路，反之称为接触回路。如图 2-18 中 $x_2 \to x_3 \to x_2$ 回路与 $x_4 \to x_4$ 回路为不接触回路，$x_2 \to x_3 \to x_2$ 回路与 $x_3 \to x_4 \to x_3$ 回路，有公共节点 x_3，所以为接触回路。

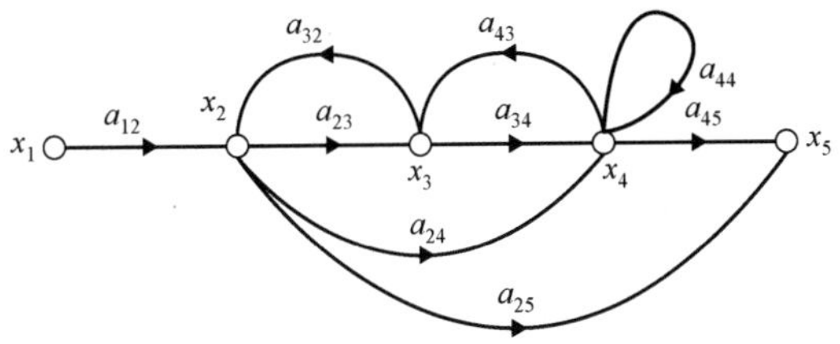

图 2-18　多回路系统信号流图

信号流图可以根据系统微分方程绘制，也可以由系统结构框图按照对应关系得出。当结构框图变换为信号流图时，只要用小圆圈在结构图的信号线上标志出传递的信号，便是节点；用标有传递函数的线段代替结构框图中的方框，便得到支路。这样，结构框图就变换为相应的信号流图了。

2. 用 Mason 公式求传递函数

信号流图可以经过等效变换求出输出量与输入量之间的传递函数，等效变换法则与结构图情况类似。但是，还有另一种更简捷的方法，就是利用 Mason 于 1956 年提出的 Mason 公式。借助于 Mason 公式，可以不经过任何结构变换，便可以直接得到系统的传递函数。由于信号流图和结构框图之间存在对应关系，因此，Mason 公式也可用于求解系统结构框图的传递函数。

Mason 公式的表达式为

$$G(s) = \frac{\sum_{k=1}^{n} P_k \Delta_k}{\Delta} \tag{2-52}$$

其中，$G(s)$为信号流图中输入节点与输出节点之间的总增益或传递函数；n 为从输入节点到输出节点所有前向通路的条数；Δ 称为特征式，且有 $\Delta = 1 - \sum L_i + \sum L_i L_j - \sum L_i L_j L_k + \cdots$；$\Delta_k$ 为 Δ 中将与第 k 条前向通路相接触的回路除去后所余下的部分，称为余子式；P_k 为第 k 条前向通路的增益。这里，$\sum L_i$ 为所有单回路增益之和；$\sum L_i L_j$ 为所有两两互不接触回路增益乘积之和；$\sum L_i L_j L_k$ 为所有三个互不接触回路增益乘积之和。在回路增益中应包含代表反馈极性的正号、负号。

2.4.3　飞航导弹纵向控制系统的传递函数

导弹在空间中的运动十分复杂，在工程实践中，为简化问题分析，往往将导弹的空间运动分解为铅锤平面内的纵向运动和水平面内的侧向运动。飞航导弹纵向控制系统的主要任务是对导弹的俯仰姿态角和飞行高度施加控制，使其在铅锤平面内按照预定的弹道飞行。

飞航导弹纵向控制系统如图 2-19 所示，自由陀螺仪测量俯仰姿态角，无线电高度表、气压高度表等测量导弹的飞行高度。陀螺仪的输出信号必须经过变换和功率放大等处理，才能驱动舵机，对陀螺仪输出信号进行加工处理的部件称为解算装置。

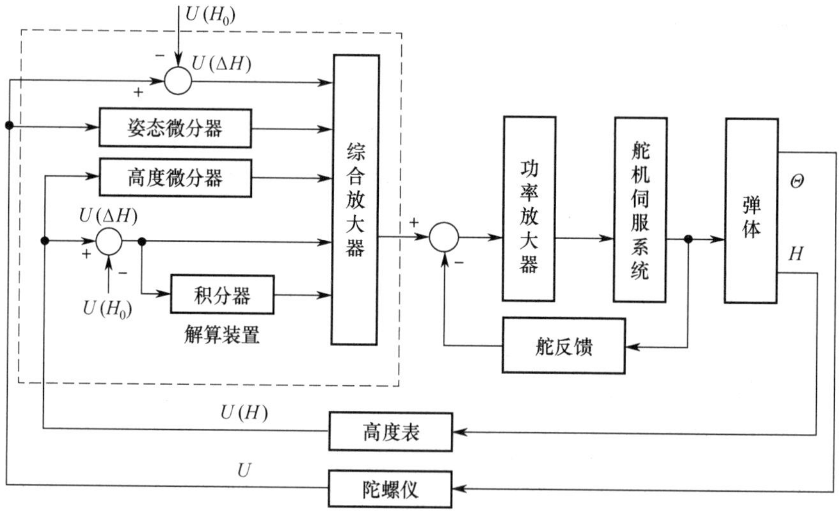

图 2-19　飞航导弹纵向控制系统原理框图

当控制系统对弹体施加控制时，其俯仰角要经过一个过渡过程才能达到给定值。为了提高系统的动态性能，在解算装置的输入端，除了有俯仰角的误差信号、高度的误差信号之外，还有俯仰角速率信号和垂直速度信号。俯仰角速率信号可以由速率陀螺仪给出，也可以由电子微分器提供；同样，垂直速度信号可由垂直速度传感器提供，也可由电子微分器给出。为了使导弹的高度控制系统成为一阶无静差系统，必须在系统中引入积分环节。积分器在工程上可以用机电装置实现，也可用电子线路实现，显然，这里所说的电子微分器和电子积分器都是解算装置的一部分。当需要改变导弹的飞行高度时，必须改变导弹的弹道倾角，这需要通过转动导弹的升降舵面，改变作用在导弹上的升力来实现。因此，作为纵向控制系统执行机构的舵机必不可少。

实际的纵向控制系统是一个非线性时变系统。为了简化数学模型，工程上多采用在一定条件下等效线性化的方法。这样便可采用传递函数的概念分析设计纵向控制系统。下面先讨论纵向控制系统中元部件的传递函数，再根据 Mason 公式推导系统的传递函数。

1. 信号综合放大器和功率放大器

信号综合放大器和功率放大器一般都是由电子器件组成的，由于电子放大器和普通机电设备相比几乎是没有惯性的，故称为无惯性元件。设输入量为 U_i，输出量为 U_o，放大倍数为 K_y，则放大器的传递函数为

$$\frac{U_o(s)}{U_i(s)} = K_y$$

2. 自由陀螺仪

自由陀螺仪用作角度测量元件，可将其视为理想的放大环节，则其传递函数为

$$\frac{U_\Theta(s)}{\Theta(s)} = K_\Theta$$

其中，K_Θ 为自由陀螺仪的传递系数，单位为 V/(°)；Θ 为导弹俯仰姿态角，单位为(°)。

3. 无线电高度表

根据测量方法的不同，无线电高度表分为脉冲式雷达高度表和连续波调频高度表两大类。无论哪种类型的无线电高度表，其输出形式均有数字式和模拟电压式两种。这里以输出模拟电压为例，忽略其时间常数，无线电高度表的传递函数为

$$\frac{U_H(s)}{H(s)} = K_H$$

4. 俯仰角微分器和高度微分器

为了改善控制系统的动态性能，常常引入反馈校正信号，如引入俯仰角速率信号对弹体的俯仰角运动施加阻尼，用反馈垂直速度信号对导弹的飞行高度变化施加阻尼。这两处信号分别由速率陀螺仪和垂直速度传感器提供。近年来，在一些导弹的控制系统中采用了电子微分器，它是由线性集成运算放大器和电阻、电容组成的。一种典型的电子微分器可用以下传递函数描述：

$$\frac{U_o(s)}{U_i(s)} = \frac{K_D s}{T_D^2 s^2 + 2\zeta_D T_D s + 1}$$

通过调整电子微分器中的电阻和电容值可以使其满足系统要求。

5. 高度积分器

同微分器一样，电子积分器也是由线性集成运算放大器和电阻、电容组成的。一种典型的电子积分器可用以下传递函数描述：

$$\frac{U_o(s)}{U_i(s)} = \frac{K_j}{s}$$

其中，K_j 为高度积分器的传递系数。

6. 舵伺服系统

本节以永磁式直流伺服电机和减速器构成的电动伺服系统为例。设伺服电机的输入量为控制电压 U_M，减速器输出量为 δ，则电动舵伺服系统的传递函数为

$$\frac{\delta(s)}{U_M(s)}=\frac{K_{pm}}{s(T_{pm}s+1)}$$

其中，K_{pm} 为舵伺服系统的传递系数；T_{pm} 为电机时间常数。

7. 弹体纵向传递函数

为了设计满足要求的飞行控制系统，必须了解导弹的飞行动力学特性，飞航导弹纵向扰动弹体运动传递函数的标准形式为

$$\frac{\Theta(s)}{\delta(s)}=\frac{K_d(T_{1d}s+1)}{s(T_d^2s^2+2\zeta_dT_ds+1)}$$

$$\frac{\theta(s)}{\delta(s)}=\frac{K_d}{s(T_d^2s^2+2\zeta_dT_ds+1)}$$

$$\frac{\alpha(s)}{\delta(s)}=\frac{K_dT_{1d}}{T_d^2s^2+2\zeta_dT_ds+1}$$

$$\frac{H(s)}{\delta(s)}=\frac{K_dv/57.3}{s^2(T_d^2s^2+2\zeta_dT_ds+1)}$$

其中，Θ 为导弹的俯仰角；α 为导弹的攻角；θ 为导弹的弹道倾角；δ 为升降舵偏转角；v 为导弹飞行速度。

8. 纵向控制系统的结构框图

根据飞航导弹纵向控制系统原理框图，可给出系统的结构框图如图 2-20 所示。从图 2-20 可知，飞航导弹纵向控制系统是一个多回路系统，运用结构框图等效法化简比较麻烦。为了获得纵向控制系统的传递函数，可采用 Mason 公式对其进行分析。

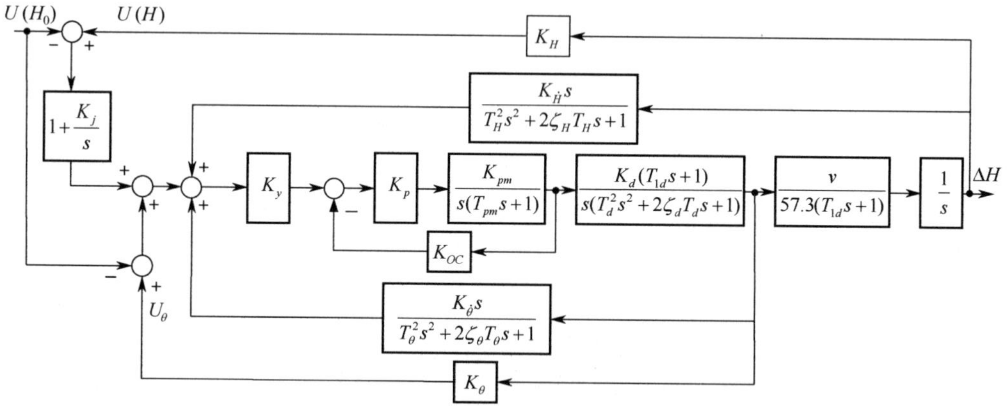

图 2-20 纵向控制系统的结构框图

9. 系统传递函数

对于图 2-20 所示的多回路系统，回路有 5 个，分别为

$$L_1=-K_pK_{OC}\frac{K_{pm}}{s(T_{pm}s+1)}$$

$$L_2 = K_y K_p \frac{K_{pm}}{s(T_{pm}s+1)} \frac{K_d(T_{1d}s+1)}{s(T_d^2 s^2 + 2\zeta_d T_d s+1)} \frac{K_{\dot{\theta}}s}{s(T_\theta^2 s^2 + 2\zeta_\theta T_\theta s+1)}$$

$$L_3 = K_y K_p K_\theta \frac{K_{pm}}{s(T_{pm}s+1)} \frac{K_d(T_{1d}s+1)}{s(T_d^2 s^2 + 2\zeta_d T_d s+1)}$$

$$L_4 = K_y K_p \frac{K_{pm}}{s(T_{pm}s+1)} \frac{K_d(T_{1d}s+1)}{s(T_d^2 s^2 + 2\zeta_d T_d s+1)} \frac{v}{57.3(T_{1d}s+1)} \frac{K_{\dot{H}}}{s(T_H^2 s^2 + 2\zeta_H T_H s+1)}$$

$$L_5 = (1+\frac{K_j}{s})K_y K_p K_H \frac{K_{pm}}{s(T_{pm}s+1)} \frac{K_d(T_{1d}s+1)}{s(T_d^2 s^2 + 2\zeta_d T_d s+1)} \frac{v}{57.3(T_{1d}s+1)} \frac{1}{s}$$

5 个回路中没有不接触回路，因而特征式

$$\Delta = 1 - L_1 - L_2 - L_3 - L_4 - L_5 \tag{2-53}$$

系统有两个前向通路，故 $k=2$。前向通路分别为

$$P_1 = -(1+\frac{K_j}{s})K_y K_p \frac{K_{pm}}{s(T_{pm}s+1)} \frac{K_d(T_{1d}s+1)}{s(T_d^2 s^2 + 2\zeta_d T_d s+1)} \frac{v}{57.3(T_{1d}s+1)} \frac{1}{s} \tag{2-54}$$

$$P_2 = -K_y K_p \frac{K_{pm}}{s(T_{pm}s+1)} \frac{K_d(T_{1d}s+1)}{s(T_d^2 s^2 + 2\zeta_d T_d s+1)} \frac{v}{57.3(T_{1d}s+1)} \frac{1}{s} \tag{2-55}$$

两条前向通路与每个回路均有接触，故 P_1、P_2 的余子式为 $\Delta_1 = \Delta_2 = 1$。则由 Mason 公式可得系统的传递函数为

$$G(s) = \frac{1}{\Delta}(P_1\Delta_1 + P_2\Delta_2) \tag{2-56}$$

将式（2-53）～式（2-55）代入式（2-56），即可得到飞航导弹纵向控制系统的传递函数。

2.4.4　控制系统的常用传递函数

控制系统在工作过程中会受到两类外作用信号的影响。一类是有用信号，或称为输入信号、给定值、参考输入等，常用 $r(t)$表示；另一类是扰动信号，或称干扰，常用 $n(t)$表示。输入 $r(t)$通常是加在系统的输入端，而干扰 $n(t)$一般是作用在受控对象上，但也可能出现在其他元部件上，甚至夹杂在输入信号中。闭环控制系统的典型结构如图 2-21 所示。

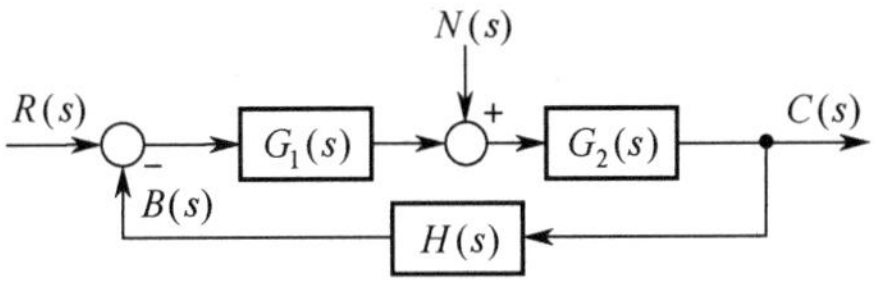

图 2-21　闭环控制系统的典型结构

研究系统输出量 $c(t)$的运动规律，只考虑输入量 $r(t)$的作用是不完全的，往往还需要考虑干扰 $n(t)$的影响，下面介绍几个系统传递函数的概念。

1. 系统的开环传递函数

在图 2-21 中，将 $H(s)$的输出通道断开，即断开系统的主反馈通路，这时前向通路传递函数与反馈通路传递函数的乘积 $G_1(s)G_2H(s)$，称为该系统的开环传递函数。它等于此时 $B(s)$与 $R(s)$的比值，这里需要注意的是，开环传递函数并不是开环系统的传递函数，而是闭环系统在开环时的传递函数。

2. $r(t)$作用下系统的闭环传递函数

令 $n(t)$=0，这时图 2-21 简化为图 2-22，输出 $c(t)$对输入 $r(t)$之间的传递函数为

$$\Phi(s)=\frac{C(s)}{R(s)}=\frac{G_1(s)G_2(s)}{1+G_1(s)G_2(s)H(s)} \tag{2-57}$$

称 $\Phi(s)$ 为输入信号 $r(t)$作用下系统的闭环传递函数。而输出的 Laplace 变换式为

$$C(s)=\Phi(s)R(s)=\frac{G_1(s)G_2(s)}{1+G_1(s)G_2(s)H(s)}R(s) \tag{2-58}$$

可见，当系统中只有信号 $r(t)$作用时，系统的输出完全取决于 $c(t)$对 $r(t)$的闭环传递函数以及 $r(t)$的形式。

3. $n(t)$作用下系统的闭环传递函数

为研究干扰对系统的影响，需要求出 $c(t)$与 $n(t)$之间的传递函数。这时，令 $r(t)=0$，则图 2-21 简化为图 2-23。由图可得

$$\Phi_n(s)=\frac{C(s)}{N(s)}=\frac{G_2(s)}{1+G_1(s)G_2(s)H(s)} \tag{2-59}$$

称 $\Phi_n(s)$ 为干扰 $n(t)$作用下系统的闭环传递函数，而输出的 Laplace 变换为

$$C(s)=\Phi_n(s)N(s)=\frac{G_2(s)}{1+G_1(s)G_2(s)H(s)}N(s) \tag{2-60}$$

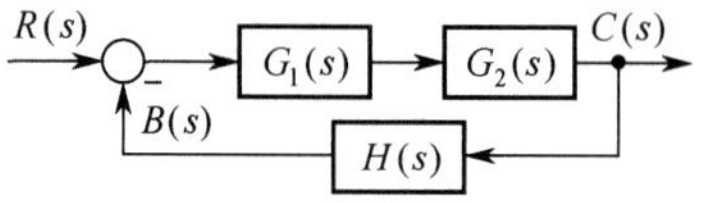

图 2-22 $r(t)$作用下系统结构图

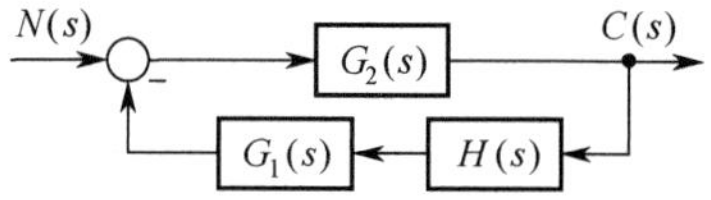

图 2-23 $n(t)$作用下系统结构图

由于干扰 $n(t)$在系统中的作用位置与输入信号 $r(t)$的作用点不一定是在同一个地方，故两个闭环传递函数一般是不相同的。表明引入干扰作用下系统闭环传递函数的必要性。

4. 系统的总输出

根据线性系统的叠加原理，系统的总输出应为各个外作用引起的输出的总和。因而将式（2-58）与式（2-60）相加即得总输出量的变换式，即

$$C(s)=\frac{G_1(s)G_2(s)R(s)}{1+G_1(s)G_2(s)H(s)}+\frac{G_2(s)N(s)}{1+G_1(s)G_2(s)H(s)} \tag{2-61}$$

例 2-5 根据图 2-24 所示位置随动系统的结构图，试求系统在给定值 $\theta_r(t)$ 作用下的传递函数及负载力矩 M_L 作用下的传递函数，并求出在两信号同时作用下，系统总输出 $\theta_c(t)$ 的 Laplace 变换。

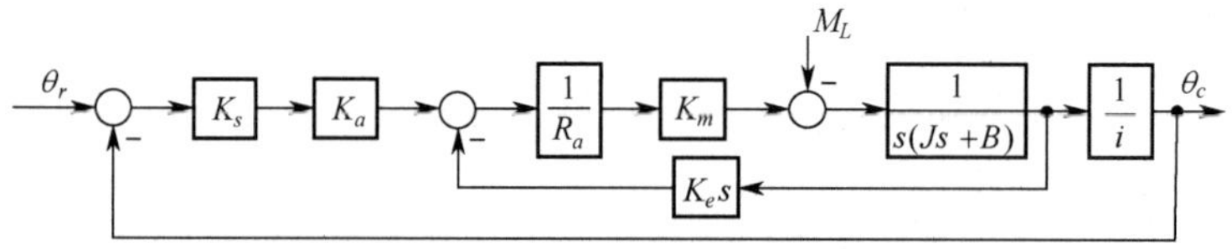

图 2-24 位置随动系统结构图

解 ① $\theta_r(t)$ 作用下系统的闭环传递函数 $\theta_c(s)/\theta_r(s)$。令 $M_L=0$，系统结构图简化为图 2-25 所示形式。运用串联及反馈法则（或 Mason 公式），可求得

$$\Phi(s)=\frac{\theta_c(s)}{\theta_r(s)}=\frac{K_aK_sK_m/iR_a}{Js^2+(B+K_mK_e/R_a)s+K_aK_sK_m/iR_a}$$

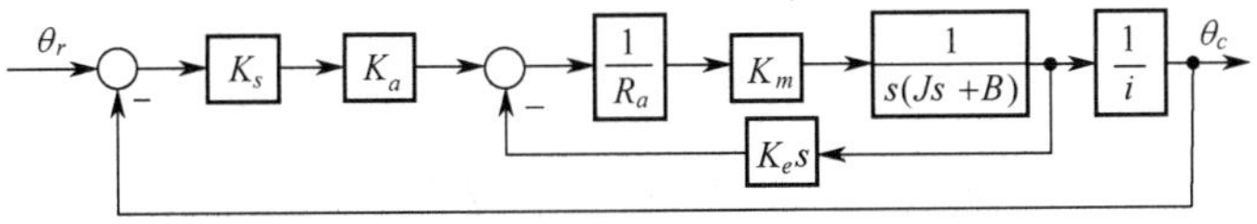

图 2-25　M_L=0 时系统结构图

② M_L 作用下系统的闭环传递函数 $\theta_c(s)/M_L(s)$。令 $\theta_r(s)=0$，系统的结构图如图 2-26 所示。经结构变换可求得

$$\Phi_n(s)=\frac{\theta_c(s)}{M_L(s)}=\frac{-1/i}{Js^2+(B+K_mK_e/R_a)s+K_aK_sK_m/iR_a}$$

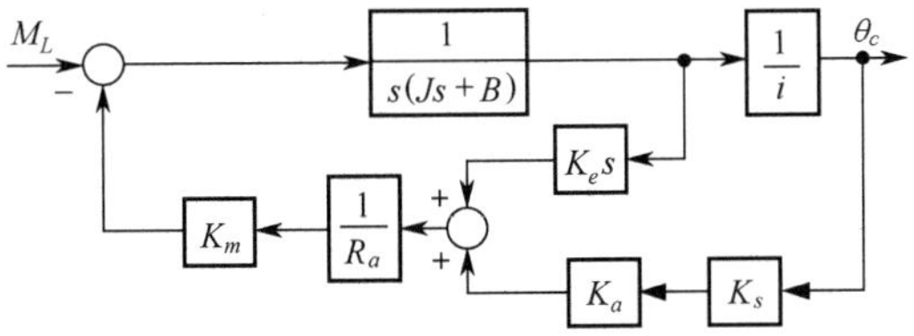

图 2-26　$\theta_r(s)=0$ 时系统结构图

③ 系统总输出。$\theta_r(t)$ 和 M_L 同时作用下，系统的总输出为两部分的叠加，即

$$\theta_c(s)=\Phi(s)\theta_r(s)+\Phi_n(s)M_L(s)$$

5. 闭环系统的误差传递函数

在系统分析时，除了要了解输出量的变化规律外，还要关心控制过程中误差的变化规律。因为控制误差的大小直接反映了系统工作的精度，故寻求误差和系统控制信号 $r(t)$及干扰作用 $n(t)$之间的数学模型，就是必需的了。在图 2-21 中，规定代表被控量 $c(t)$的测量装置的输出 $b(t)$和给定输入 $r(t)$之差为系统的误差 $e(t)$，即

$$e(t)=r(t)-b(t) \text{ 或 } E(s)=R(s)-B(s)$$

$E(s)$即图中综合点输出量的 Laplace 变换。

① $r(t)$作用下系统的误差传递函数，即 $n(t)$=0 时的 $E(s)/N(s)$，可通过图 2-27 求得

$$\Phi_e(s)=\frac{E(s)}{R(s)}=\frac{1}{1+G_1(s)G_2(s)H(s)} \tag{2-62}$$

② $n(t)$作用下系统的误差传递函数，即 $r(t)$=0 时的 $E(s)/N(s)$，可通过图 2-28 求得

$$\Phi_{en}(s)=\frac{E(s)}{N(s)}=\frac{-G_2(s)H(s)}{1+G_1(s)G_2(s)H(s)} \tag{2-63}$$

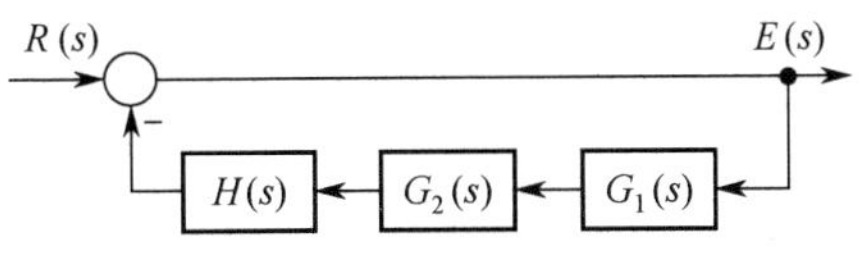

图 2-27　$r(t)$作用下误差输出的结构图

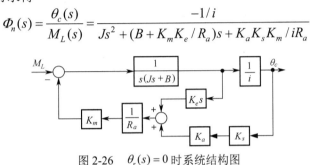

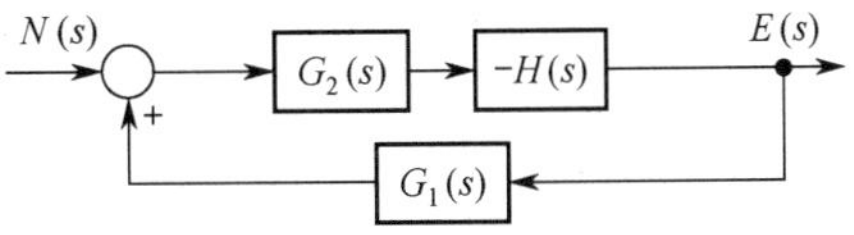

图 2-28　$n(t)$作用下误差输出的结构图

③ 系统的总误差，根据叠加原理可得

$$E(s)=\Phi_e(s)R(s)+\Phi_{en}(s)N(s) \tag{2-64}$$

6. 闭环系统的特征方程

比较前面导出的四类传递函数式（2-57）、式（2-59）、式（2-62）、式（2-63），可以看出它们虽然不相同，但分母却是一样的，均为$1+G_1(s)G_2(s)H(s)$，这就是闭环控制系统中各种传递函数的规律。

令
$$D(s)=1+G_1(s)G_2(s)H(s)=0 \tag{2-65}$$
称为闭环系统的特征方程。如果将式（2-65）改写为如下形式
$$s^n+a_{n-1}s^{n-1}+\cdots+a_1 s+a_0=(s+p_1)(s+p_2)\cdots(s+p_n)=0 \tag{2-66}$$
则$-p_1$，$-p_2$，…，$-p_n$称为特征方程的根，或称为闭环系统的极点。特征方程的根是一个非常重要的参数，因为它与控制系统的瞬态响应和稳定性密切相关。

另外，如果系统中控制装置的参数设置，能满足$|G_1(s)G_2(s)H(s)|>>1$及$|G_1(s)H(s)|>>1$，则系统的总输出表达式（2-61）可近似为
$$C(s)\approx\frac{1}{H(s)}+0\cdot N(s)$$
即
$$R(s)-H(s)C(s)=R(s)-B(s)=E(s)\approx 0$$

表明，采用反馈控制的系统，适当地匹配元部件的结构参数，有可能获得较高的工作精度和很强的抑制干扰的能力，同时又具备理想的复现、跟随输入信号的性能，这是反馈控制优于开环控制之处。

2.5 基于 MATLAB 编程建立舰炮随动跟踪系统数学模型

控制系统的分析与设计方法，无论是经典的还是现代的，都是以数学模型为基础的。MATLAB 可用于以传递函数形式描述的控制系统。本节首先以某型舰炮随动系统的数学模型为例，说明如何使用 MATLAB 进行辅助分析，之后讨论传递函数和结构图。这部分所包含的 MATLAB 函数有 roots、rootsl、series、parallel、feedback、cloop、poly、conv、polyval、printsys、pzmap 和 step 等。

某型舰炮瞄准随动系统原理图如图 2-29 所示。下面给出各级的作用及传递函数。

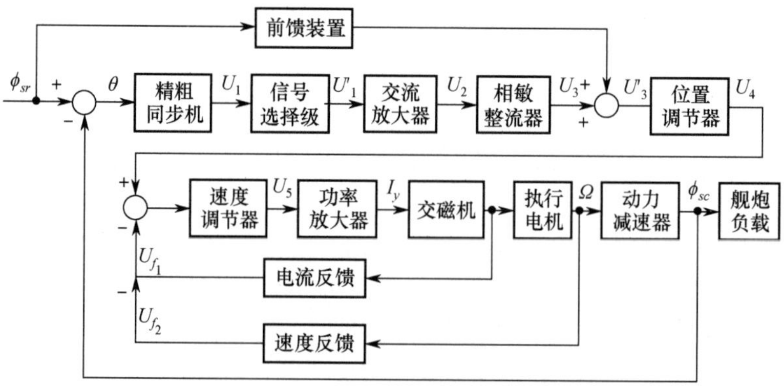

图 2-29 某型舰炮瞄准随动系统原理图

1. 测量装置的传递函数

1）自整角机

由 28ZKB02-S 型控制式自整角机的性能参数可知：最大输出幅值 u_{max}=57V，精-粗速比 i=30，则它的传递函数为

$$G_1(s)=U_1(s)/\theta(s)$$

其中，θ 为输入量（失调量大小），U_1 为输出量（精读数控制信号电压的大小）。

精读数同步机的输出量为

$$U_1=u_{max}i\sin\theta=u_{max}\times 30\theta \qquad （当\ \theta\ 很小时）$$

$$G_1(s)=K_1=U_1(s)/\theta(s)=u_{max}\times 30\times(\frac{2\pi}{6000})=1.79\ \text{V/mil}$$

2）信号选择级

设信号选择级的电路如图 2-30 所示，则信号选择级的传递函数为

$$G_2(s)=\frac{U_1'}{U_1}=\frac{R_{119}+W_{x106}}{R_{122}+R_{123}+R_{125}+W_{106}+R_{119}}$$

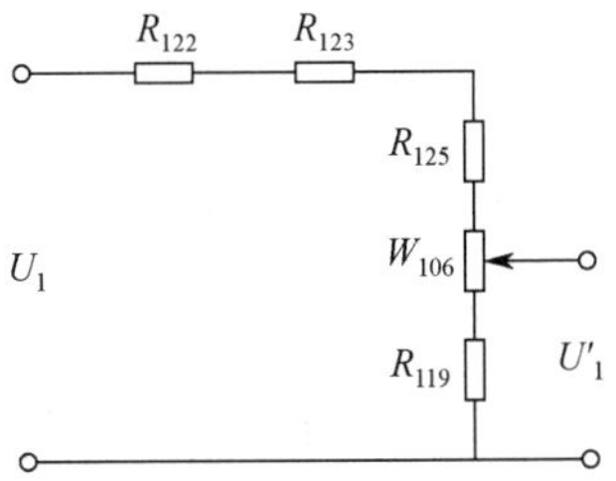

图 2-30　信号选择级电路

2. 交流放大器及相敏整流器

交流放大器由典型两级负反馈放大器组成，其交流放大系数为 K_3，则有

$$G_3(s)=\frac{U_2}{U_1'}=K_3$$

对于相敏全波整流器，设它的传输效率为 K_4，其为具有时间常数为 T_1 的惯性环节，即

$$G_4(s)=\frac{U_3}{U_2}=\frac{K_4}{T_1s+1}$$

它的输出电阻为 4.1kΩ，滤波电容为 1μF，则计算得 T_1=0.0041s，若忽略时间常数，则

$$G_4(s)=\frac{U_3}{U_2}\approx K_4$$

至于 K_3、K_4 应取何值，取决于系统放大系数 K 的大小。

3. 位置调节器

由线性组件 FC-54D 组成的比例积分器，起串联校正和信号综合的作用，其电路如图 2-31 所示。它的传递函数为

$$G_5(s)=\frac{U_4}{U_{23}}=\frac{\tau_D s+1}{\tau_i s}$$

其中，$\tau_D=R_{138}C_{117}$，$\tau_i=(R_{136}+R_{137})C_{117}$，均为时间常数，其具体参数值的大小，将根据系统的性能指标要求，由系统的放大系数及中频段带宽决定。

在方案设计时，确定大转调时，系统的调转变阶环节工作，使 C_{117} 及 R_{137} 短接，此时

$$G_5(s)=\frac{R_{138}}{R_{136}}=K_5'$$

即系统的调转变阶环节工作后，位置调节器由原来的比例积分环节变为比例环节，它可使系统的型数产生降低一阶的变化。

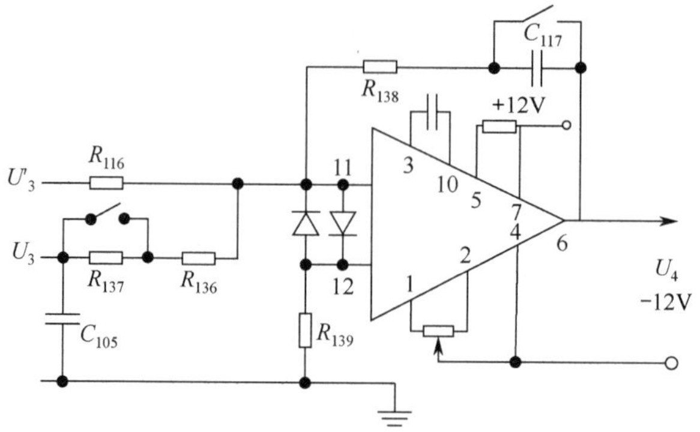

图 2-31 位置调节器

4. 速度内闭环

速度内闭环包括速度调节器、功率放大器、交磁机、执行电机、电流反馈、速度反馈等。下面分别给出其传递函数。

1）速度调节器及功率放大器

速度调节器是由线性组件 FC-54D 组成的加法器（便于进行信号综合），后加互补射极跟随器（用于阻抗匹配，提高输出功率）组成，其传递函数为

$$G_6(s)=\frac{U_5}{U'_4}=K_6=\frac{R_{150}}{R_{141}+R_{142}}$$

其中，R_{150}=2MΩ，R_{141}=47kΩ，R_{142}=2kΩ，则

$$G_6(s)=\frac{2\times10^6}{(47+2)\times10^3}\approx40.8$$

功率放大器由两个高反压 3DD15D 组成差动放大器，它的负载是交磁机的两个控制绕组，其传递函数为

$$G_7(s)=\frac{I_y}{U_5}=\frac{K_7}{T_2s+1}$$

其中，T_2为控制绕组的时间常数，即 $T_2=L_y/R_y$，L_y、R_y分别为控制绕组的电感和控制回路的总电阻，由实测得 T_2=0.034s。

由速度调节器和功率放大器的结构参数可得

$$G_6(s)G_7(s)=\frac{K_6K_7}{T_2s+1}=\frac{485}{0.034s+1}$$

2）交磁机与执行电机

通常交磁机的补偿度在组成系统前已调节好，其补偿度的高低，将直接影响交磁机的外特性。一般补偿度调节在欠补偿而接近全补偿的状态。

根据实验测定，交磁机横轴的时间常数 T_q=0.046s，且空载输出电压对激磁电流的放大系数 K_a=13V/mA，欠补偿引起的反馈系数 x=0.062。故交磁机的传递函数为

$$G_8(s)=\frac{K_a}{T_q s+1}=\frac{13}{0.046s+1}$$

由 ZK-42 型执行电机的参数可知，J_d=6.5×10^{-2}（N·m·s^2），由前面的计算结果，负载等效折算到电机轴上的转动惯量为 $J_\Sigma=J_1$=0.1225（N·m·s^2），由于电枢回路的总电阻值 R_Σ=2Ω，则电机的电势常数为

$$K_e=\frac{U_e-I_eR_g}{\Omega_g}=\frac{220-18.2\times0.4}{2500\times6\times\left(\dfrac{\pi}{180}\right)}\approx0.813\,\mathrm{V\cdot s/rad}$$

其中，R_g=0.4Ω，为电机电枢电阻与换向绕组电阻之和。

电机的力矩常数 $K_m=K_e$=0.813V·s/rad，则电机的机电时间常数为

$$T_M=\frac{J_\Sigma R_\Sigma}{K_MK_e}=\frac{0.1225\times2}{0.813\times0.813}\approx0.371\,\mathrm{s}$$

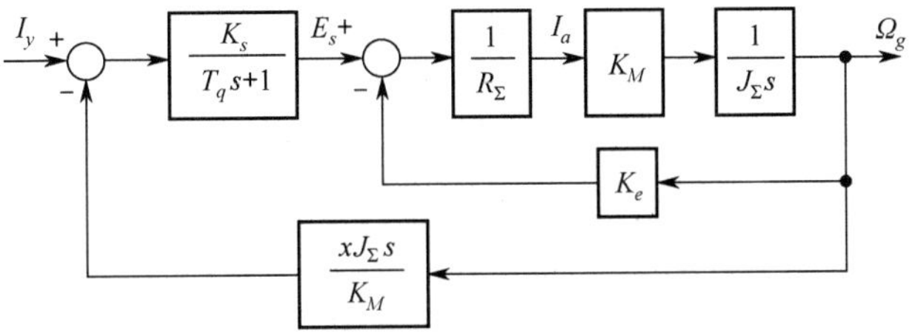

图 2-32　交磁放大机-电动机系统的结构图

3）电流反馈及速度反馈

电流反馈如图 2-33 所示，图中交磁机补偿绕组的电阻 R_k=0.32Ω，主令信号输入电阻 $R_{141}+R_{142}$=49kΩ，电流反馈输入电阻 R_{144}=82kΩ，可调电阻 W_{112}=470Ω，R_{143}=680Ω，则传递函数为

$$G_{f_2}(s)=K_{f_2}=R_K\frac{W_{x112}}{R_{143}+W_{112}}\frac{R_{141}+R_{142}}{R_{144}}=0.32\times\frac{135}{680+470}\times\frac{49}{82}=0.0224\,(\mathrm{V/A})$$

上式为取 W_{112} 上的值 W_{x112}=135Ω 时传递函数的值。

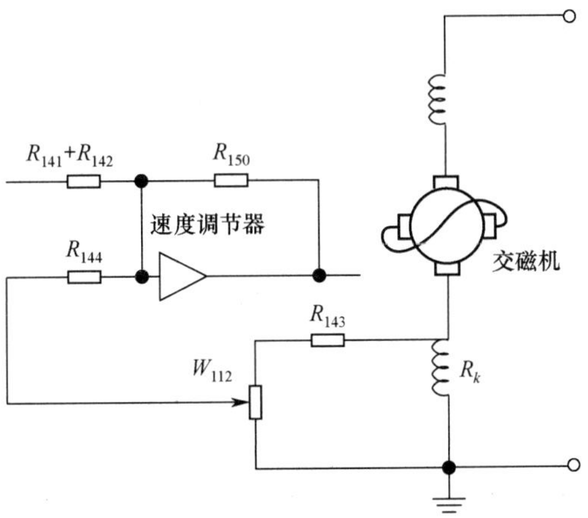

图 2-33　电流反馈简图

由于选取的测速机为 S-221 型，可以测出在激磁为 118V 时，其电势常数 K_s=0.224V·s/rad。由于当速度调节器输入端加 1V 电压时，测速机输出电压为 6.5V，则它的传递函数为

$$G_{f_1}(s)=K_{f_1}=\frac{U_{f_1}}{\Omega}=K_s\times\frac{1}{6.5}=0.0345\ \mathrm{V\cdot s/A}$$

由以上分析，可以得到速度小闭环的各种参数，可绘制其结构图如图 2-34 所示，并可求出相应的小闭环传递函数。

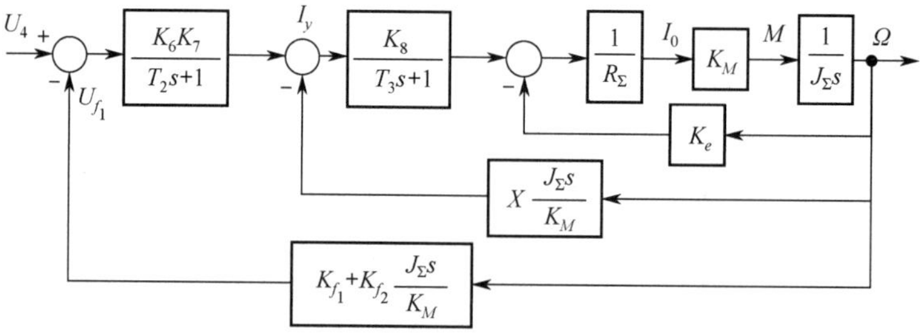

图 2-34 速度小闭环结构图

5. 动力减速器

由于减速器的总传动比 i=300，则它的传递函数为

$$G_{10}(s)=\frac{\phi_{sc}}{\Omega}=\frac{K_{10}}{s}=\frac{1}{s}\times\frac{1}{300}\times\frac{6000}{2\pi}=\frac{3.18}{s}\ \mathrm{mil\cdot s/rad}$$

6. 前馈装置

前馈装置由 TD-102 型发送测速机及阻容微分网络组成，如图 2-35 所示。

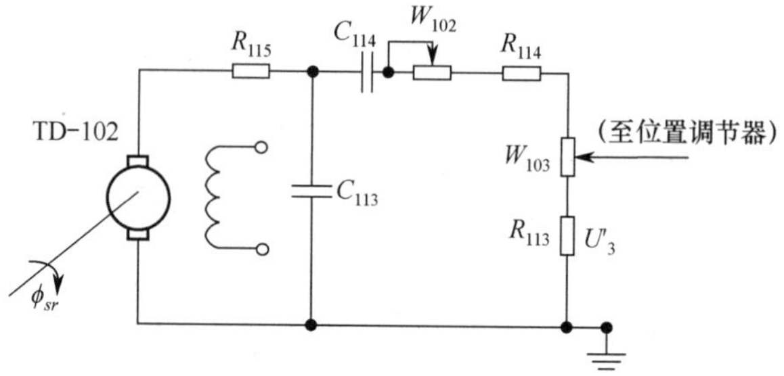

图 2-35 前馈装置电路

前馈装置中测速机作为信号源，它的输出电压正比于目标的运动速度（指挥仪输出的输入转角 ϕ_{sr} 的微分），将其电压经过 C_{114} 微分，得到加速度补偿信号。通过调节 R_{113}、R_{114}、W_{102}、W_{103} 等可以得到所需要的前馈量和时间常数，C_{113} 滤波可以减小前馈信号的脉动量，改变 TD-102 的激磁电压，得到合适的变化。

由图 2-35 可知，前馈装置的输入量为 ϕ_{sr}，输出量为电压量 U_3'，它将输出至位置调节器的输入量与主令控制信号叠加，其传递函数为

$$G_k(s)=\frac{U_3'}{\phi_{sr}}=\frac{K_5''K_cR_0C_{114}s^2}{T_{11}T_{22}s^2+(T_{11}+T_{12}+T_{22})s+1}$$

其中，K_c 为 TD-102 测速机的电势常数；$K_5''=\dfrac{R_{136}+R_{137}}{R_{116}}$ 为前馈信号与主令信号的换算系数；

R_0 为电位器 W_{103} 中点对地的电阻；T_{11}、T_{12}、T_{22} 均为与阻容有关的时间常数，且 $T_{11}=R_{115}C_{113}$，$T_{12}=R_{115}C_{114}$，$T_{22}=(W_{102}+R_{114}+W_{103}+R_{113})C_{114}$。

至此，可绘制出系统的结构框图如图 2-36 所示。

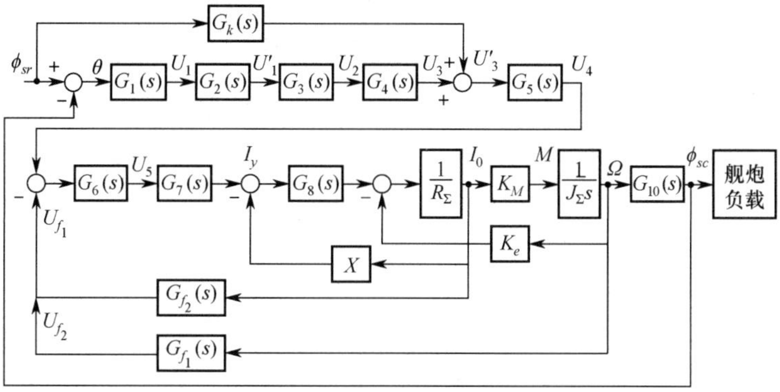

图 2-36　某型舰炮瞄准随动系统的结构框图

对于图 2-34 所示的速度小闭环，采用 MATLAB 编程建立其传递函数。由上述分析，可将相关传递函数归纳为

$$G_6(s)=K_6=40.8 \quad \text{速度调节器}$$

$$G_7(s)=\frac{K_7}{T_2s+1}=\frac{K_7}{0.0034s+1} \quad \text{功率放大器}$$

取

$$G_6(s)G_7(s)=\frac{K_6K_7}{T_2s+1}=\frac{485}{0.0034s+1}$$

$$G_8(s)=\frac{K_8}{T_3s+1}=\frac{13}{0.046s+1} \quad \text{交磁机}$$

$$G_9(s)=\frac{1/K_e}{\dfrac{R_\Sigma J_\Sigma}{K_eK_M}s+1}=\frac{1/K_e}{T_Ms+1}=\frac{1.23}{0.371s+1} \quad \text{执行电机}$$

$$G_{f_1}(s)=K_{f_1}=0.0345\ \text{V·s/A} \quad \text{速度反馈装置}$$

$$G_{f_2}(s)=K_{f_2}=0.0216\ \text{V/A} \quad \text{电流反馈装置}$$

首先求取直流电机的传递函数，它实际上由一个反馈环路组成，可采用如图 2-37 所示程序求取其传递函数。

```
Rh=1/2; KM=0.813;Jh=0.1225;Ke=0.813;
num1=[Rh*KM/Jh];den1=[1 0]; num2=[Ke];den2=[1];
[numj,denj]=feedback(num1,den1,num2,den2,-1);
```

图 2-37　求取直流电机传递函数程序

运行上述程序，可得

$$G_9(s)=\frac{3.31}{s+2.69}=\frac{1.23}{0.371s+1}$$

接下来求取交磁机和执行电机的传递函数，它实际上是由交磁机、执行电机和欠补偿反馈组成的一个反馈回路，可采用如图 2-38 所示程序求取其传递函数。

```
X=0.062; num8=[13]; den8=[0.046 1]; numh=[X*Jh/KM 0]; denh=[0 1];
[num9,den9]=series(num8,den8,numj,denj);
[num89,den89]=feedback(num9,den9,numh,denh,-1);
```

图 2-38 求取交磁机和执行电机传递函数的程序

运行上述程序，可得

$$G_{89}(s)=\frac{43.1388}{0.046s^2+1.5271s+2.6978}$$

最后求取速度小闭环传递函数，可采用如图 2-39 所示程序求取。

```
K67=485; Kf1=0.0345; Kf2=0.0216;
num7=[K67]; den7=[0.0034 1]; numhb=[Kf2*Jh/KM Kf1]; denhb=[0 1];
[num10,den10]=series(num89,den89,num7,den7);
[num,den]=feedback(num10,den10,numhb,denhb,-1);
```

图 2-39 求取速度小闭环传递函数的程序

运行上述程序，可得

$$G(s)=\frac{2.09\times10^4}{1.56\times10^{-4}s^3+0.05s^2+69.63s+724.52}$$

采用 roots()可求出速度小闭环的特征根为

```
>>r=roots(den)
r =
   1.0e+02 *
  -1.5842 + 6.4559i
  -1.5842 - 6.4559i
  -0.1048 + 0.0000i
```

采用 step()可求出速度小闭环在 U_4=1V 时，系统的阶跃响应如图 2-40 所示。

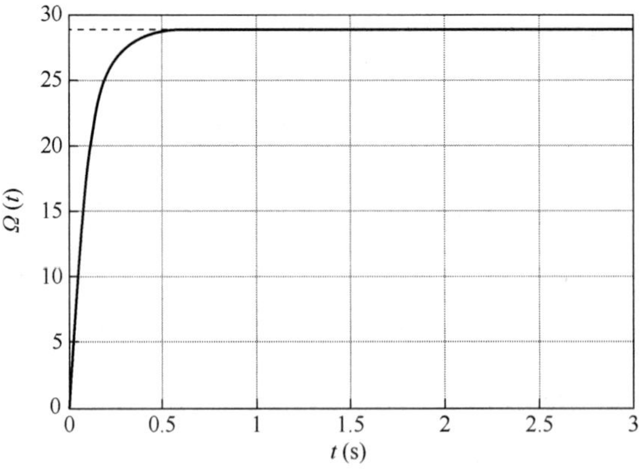

图 2-40 速度小闭环的阶跃响应

习　题

【习题 2.1】 某电子电路如图 2-41 所示，试用微积分方程组描述该电路。

【习题 2.2】 某动态减振器如图 2-42 所示，该系统是许多实际情况的代表性描述。当 $F(t)=A\sin(\omega_0 t)$时，可以选择参数 M_2 和 k_{12} 的合适取值，使主要的质量块 M_1 达到稳态之后不再振荡，试求该系统的微分方程组模型。

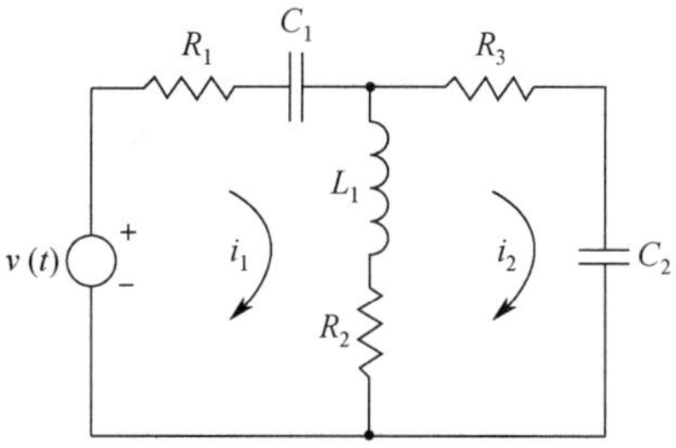

图 2-41　电子电路

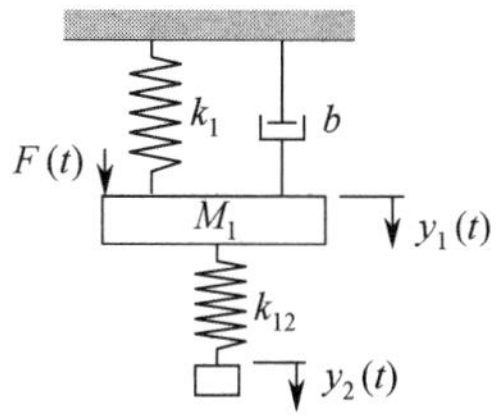

图 2-42　动态减振器

【习题 2.3】 图 2-43 是一个转速控制系统，其中电压 U 为输入量，负载转速为输出量。试写出该系统输入输出间的微分方程和传递函数。

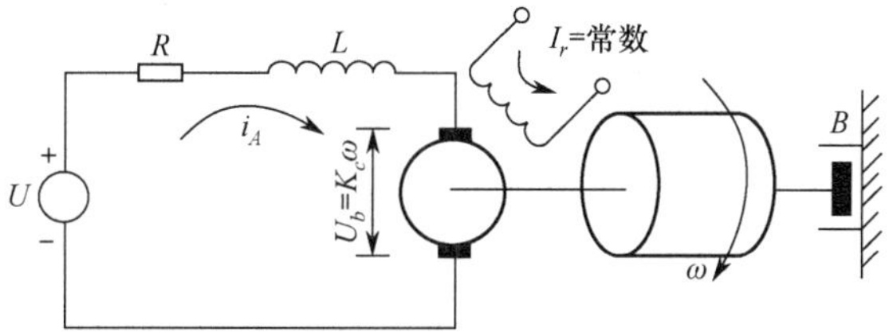

图 2-43　习题 2.3 转速控制系统

【习题 2.4】 设弹簧特性由 $F=12.65y^{1.1}$ 描述，其中，F 是弹簧力，y 是变形位移。若弹簧在 0.25 附近做微小变化，试推导 ΔF 的线性化方程。

【习题 2.5】 已知控制系统结构图如图 2-44 所示，试通过结构图的等效变换求系统传递函数 $C(s)/R(s)$。

【习题 2.6】 设控制系统结构图如图 2-45 所示，试绘制系统的信号流图，并用梅森增益公式求系统的闭环传递函数 $C(s)/R(s)$。

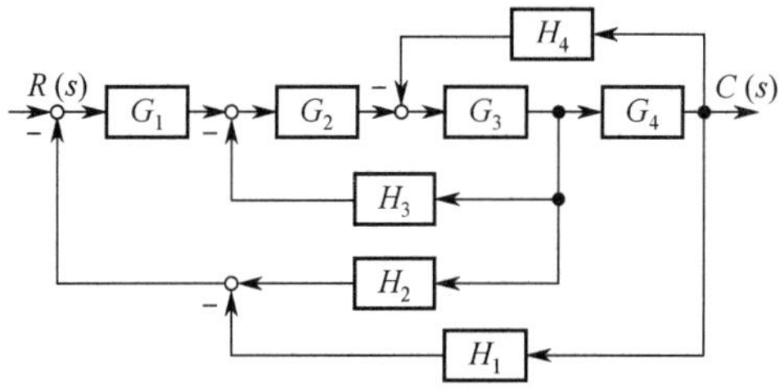

图 2-44　习题 2.5 控制系统结构图

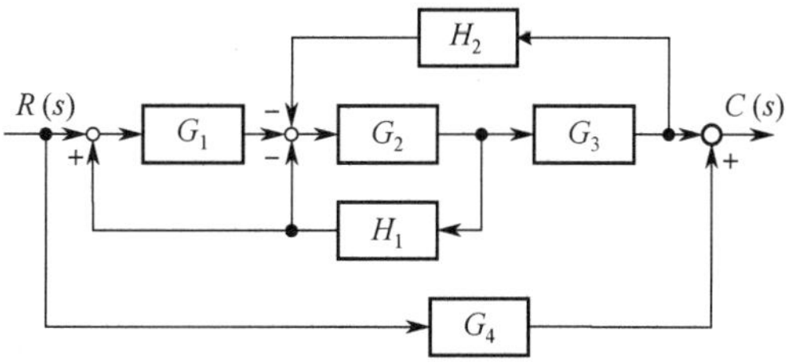

图 2-45　习题 2.6 控制系统结构图

【习题 2.7】 设控制系统的信号流图如图 2-46 所示，图中：$G_1(s)=\dfrac{90}{1+0.06s}$，$G_2(s)=\dfrac{2.5}{1+0.19s}$，$G_3(s)=25$，$G_4(s)=3.8$，$G_5(s)=\dfrac{1}{1355s}$，$G_6(s)=0.4$，$G_7(s)=0.4$，$H_1(s)=\dfrac{2.5}{1+0.19s}$，$H_2(s)=4$。试推导出输出转速 $\Omega_o(s)$ 与负载力矩 $T_L(s)$ 和输入转速 $\Omega_i(s)$ 之间关系的综合表达式。

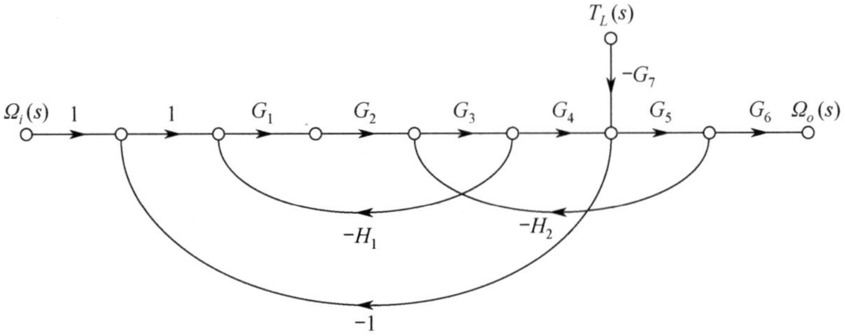

图 2-46 习题 2.7 控制系统的信号流图

【习题 2.8】 试简化图 2-47 中系统结构图，并求传递函数 $C(s)/R(s)$ 和 $C(s)/N(s)$。

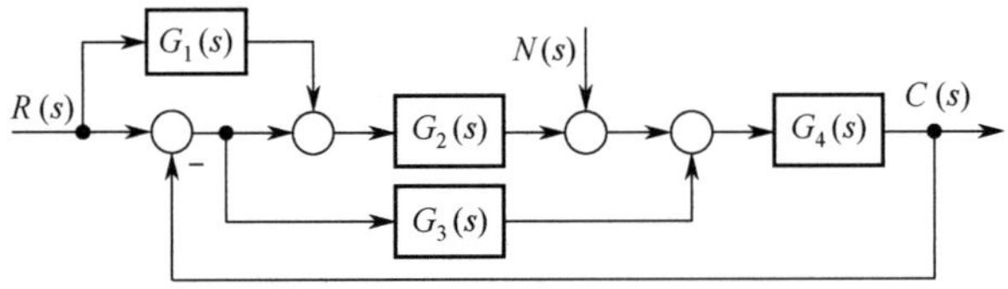

图 2-47 习题 2.8 系统结构图

【习题 2.9】已知描述某控制系统的运动方程为 $x_1(t)=r(t)-c(t)+n_1(t)$，$x_2(t)=K_1x_1(t)$，$x_3(t)=x_2(t)-x_5(t)$，$T\dfrac{\mathrm{d}x_4(t)}{\mathrm{d}t}=x_3(t)$，$x_5(t)=x_4(t)-K_2n_2(t)$，$K_0x_5(t)=\dfrac{\mathrm{d}^2c(t)}{\mathrm{d}t^2}+\dfrac{\mathrm{d}c(t)}{\mathrm{d}t}$，其中，$r(t)$ 为系统的控制信号，$c(t)$ 为系统的被控信号，$n_1(t)$、$n_2(t)$ 为系统的扰动信号，$x_1(t)\sim x_5(t)$ 为中间变量，K_0、K_1、K_2 为时间常数，T 为常值增益。试绘制系统结构图，并由结构图求取系统的闭环传递函数 $C(s)/R(s)$、$C(s)/N_1(s)$ 和 $C(s)/N_2(s)$。

【习题 2.10】 已知系统的结构图如图 2-48 所示。

（1）求输入 $R(s)$ 和扰动 $N(s)$ 同时作用下的系统输出 $C(s)$；

（2）若使系统输出完全不受扰动的影响，求 $G_1(s)$、$G_2(s)$、$G_3(s)$、$G_4(s)$、$H_1(s)$、$H_2(s)$ 应满足的关系。

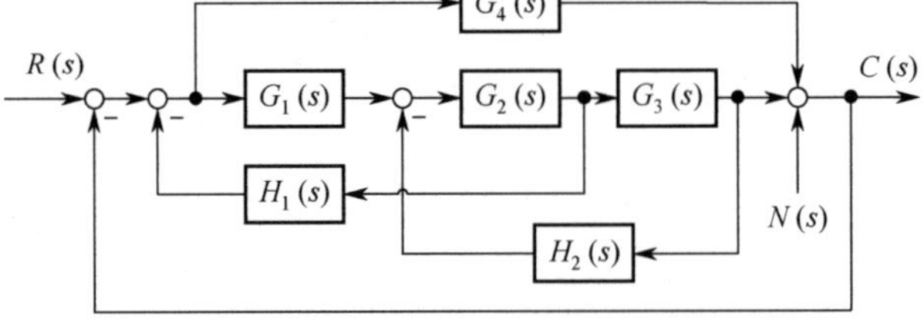

图 2-48 习题 2.10 系统结构图

【习题 2.11】 卫星单轴姿态控制系统的框图模型如图 2-49 所示，其中变量 $k=10.8\times10^8$、$a=1$ 和 $b=8$ 是控制器参数，$J=10.8\times10^8$ 为卫星的转动惯量。

（1）编写 m 脚本程序，计算其闭环传递函数 $T(s)=\theta(s)/\theta_d(s)$。

（2）当输入为幅值 $A=10°$ 的阶跃信号时，计算并绘制系统的阶跃响应曲线。

（3）转动惯量的精确值通常是不可知的，而且会随时间缓慢改变。当 J 减小到给定值的 80%和 50%时，分别计算并比较卫星的阶跃响应。

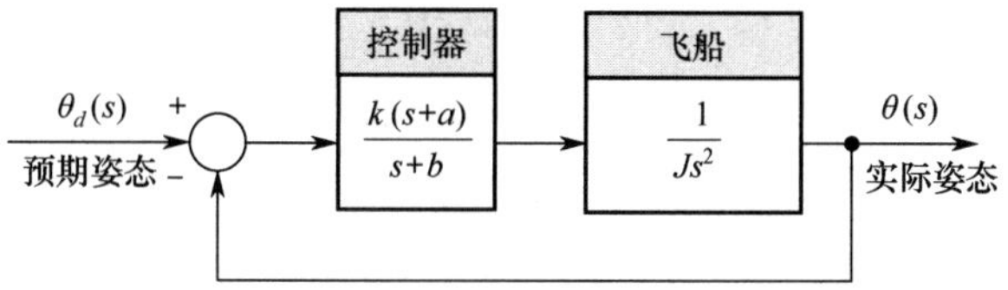

图 2-49　卫星单轴姿态控制系统的框图

第 3 章　控制系统的时域分析

数学模型是分析、研究、设计控制系统的基础，一旦建立了合理的数学模型，就可以运用适当的方法对系统的性能进行全面的分析和计算。为了分析和设计控制系统，必须明确定义系统性能的度量方式，并能够定量计算系统的性能指标。在明确了控制系统性能指标设计要求的基础上，就可以通过调节系统参数来获得预期响应。由于控制系统本质上是动态的，因此需要从瞬态响应和稳态响应两个方面来衡量其性能。在经典控制理论中，常用时域分析法、根轨迹法、频域分析法分析控制系统的性能。显然，不同的方法有不同的特点和适用范围，但比较而言，时域分析法是一种直接在时间域对系统进行分析的方法，具有直观、准确的优点，并且可以提供系统时间响应的全部信息。

控制系统性能指标的设计要求一般包括对指定输入信号产生的瞬态时域响应的多个指标提出的设计要求，以及预期的稳态精度指标设计要求。在实际控制系统设计中，能够实现的指标设计要求总是某种折中的结果，所以说，性能指标设计要求并不是一组刚性要求，而是对所要达到的系统性能的初步设想。对多个指标设计要求的有效折中和调整过程如图 3-1 所示，当参数 p 很小时，可以使性能指标 M_2 达到极小，却使 M_1 很大，这不是控制系统设计希望的情形。如果这两个性能指标同等重要，则交叉点 $p_{\min}$ 是最好的折中点。控制系统设计过程中往往会遇到这种折中。显然，如果初始的指标设计要求是希望 M_1 和 M_2 均为零，那么这两个指标设计要求就不可能同时得到满足，这就需要将其更改为 $p_{\min}$ 所对应的折中结果。

对设计者来说，性能指标设计要求意味着所设计系统的质量。也就是说，性能指标可以帮助回答这样的问题：所设计的系统完成任务时的性能如何？

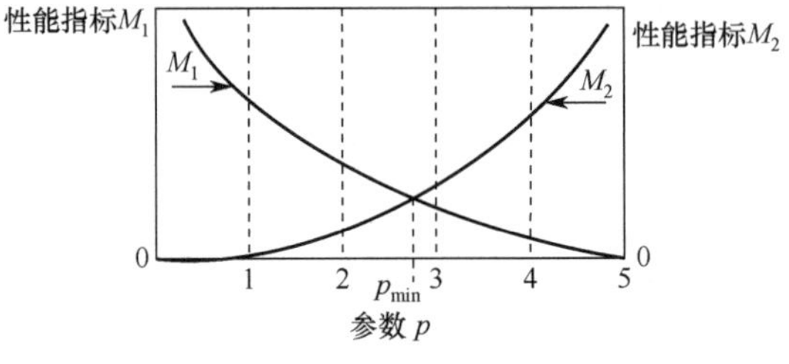

图 3-1　参数 p 与两个性能指标的关系

3.1　控制系统的动态响应分析

控制系统本质上是动态系统，因此，确定时域性能指标对控制系统非常重要。控制系统的性能指标分为瞬态性能指标和稳态性能指标两类。首先，必须确定系统稳定与否，如果系统是稳定的，就可以用多个性能指标来衡量系统对特定输入信号的响应。然而，控制系统的实际输入信号常常是未知的，而且是随机的，很难用解析的方法表示，例如，在防空高炮系统中，敌机的位置和速度无法预测，使高炮控制系统的输入信号具有随机性，从而给规定系统的性能要求以及分析和设计带来了困难。为了便于进行分析和设计，也为了便于对各种控制系统的性能进行比较，需要假定一些基本的输入函数形式，即典型输入信号。所谓典型输入信号，是指根据系统常遇到的输入信号形式，在数学描述上加以理想化的一些基本输入函数。控制系统中常用的典型输入信号有单位阶跃函数、单位斜坡函数、单位加速度函数、单位脉冲函数和正弦函数，如表 3-1 所示。

表 3-1　典型输入信号

名　　称	时域表达	复域表达	作　　用
单位阶跃函数	$1(t)$，　$t \geqslant 0$	$1/s$	恒值信号的跟踪能力
单位斜坡函数	t，　$t \geqslant 0$	$1/s^2$	匀速信号的跟踪能力
单位加速度函数	$t^2/2$，　$t \geqslant 0$	$1/s^3$	机动跟踪能力
单位脉冲函数	$\delta(t)$，　$t=0$	1	脉冲扰动下的恢复能力
正弦函数	$A\sin\omega t$	$A\omega/(s^2+\omega^2)$	简谐信号的跟踪能力

实际应用时究竟选择哪种典型输入信号，取决于控制系统常见的工作状态；同时，在所有可能的输入信号中，往往选取最不利的信号作为系统的典型输入信号。在工程上一般以单位阶跃信号作为典型输入信号来定义系统的性能指标。这是因为阶跃信号对系统工作来说是最严峻的工作状态。如果系统在阶跃信号作用下的性能指标满足要求，那么系统在其他形式的输入信号作用下，其性能指标一般也达标。为了评价系统时间响应的性能指标，需要研究控制系统在典型输入信号作用下的时间响应过程。

3.1.1　控制系统的时域性能指标

任何一个控制系统在输入信号作用下都会产生时间响应，图 3-2 为某控制系统在单位阶跃输入信号作用下的时间响应，时间响应由瞬态过程和稳态过程两部分组成。

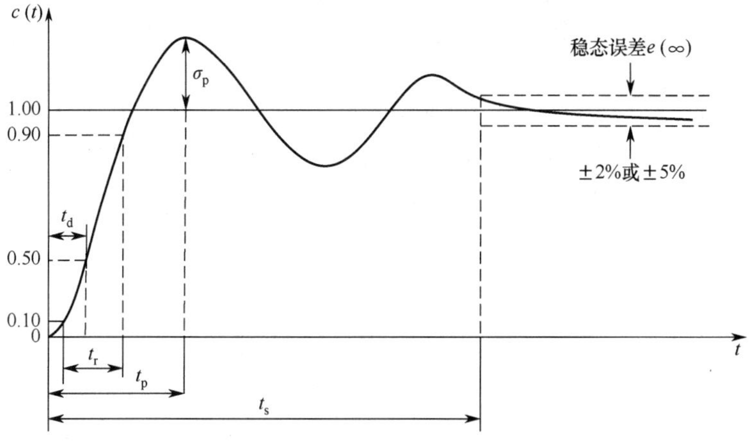

图 3-2　单位阶跃响应

1. 瞬态过程与性能指标

1）瞬态过程

瞬态过程是指系统在典型输入信号作用下，系统输出量从初始状态到最终状态的响应过程（见图 3-2 中的 t_s 段）。由于实际控制系统具有惯性、摩擦以及其他一些原因，系统输出量不可能完全复现输入量的变化。根据系统结构和参数选择情况，瞬态过程表现为衰减、发散或等幅振荡等形式。显然，一个可以实际运行的控制系统，其瞬态过程必须是衰减的，换句话说就是，系统必须是稳定的。瞬态过程除了提供系统稳定性信息，还可以提供响应速度及阻尼情况等信息。

2）性能指标

描述稳定的控制系统在单位阶跃信号作用下，瞬态过程随时间 t 的变化状况的指标，称为瞬态性能指标。为了便于分析和比较，假定系统在单位阶跃输入信号作用前处于静止状态，且输出量及其各阶导数均等于零。对于大多数控制系统来说，这种假设符合实际情况。对于图 3-2 所示单位阶跃响应 $c(t)$，其瞬态性能指标通常有以下几种。

上升时间 t_r：指响应从终值 10%上升到终值 90%所需的时间；对于有振荡的系统，亦可定义为响应从零第一次上升到终值所需的时间。上升时间是系统响应速度的一种度量。上升时间越短，响应速度越快。

延迟时间 t_d：响应从零开始第一次升到稳态值 50%的时间。

峰值时间 t_p：响应超过其终值到达第一个峰值所需的时间。

调节时间 t_s：响应到达并保持在终值±5%或±2%内所需的最短时间。

超调量 $\sigma_p\%$：响应的最大偏离量 $c(t_p)$和终值 $c(\infty)$的差值与终值 $c(\infty)$之比的百分数，即

$$\sigma_p\% = \left|\frac{c(t_p)-c(\infty)}{c(\infty)}\right| \times 100\% \tag{3-1}$$

若 $c(t_p)<c(\infty)$，则响应无超调量。

振荡次数 N：在 $0\leqslant t\leqslant t_s$ 时间范围内，响应曲线穿越其稳态值次数的一半（穿越 2 次相当于振荡 1 次）。

上述瞬态性能指标，基本上可以体现控制系统瞬态过程的特征。在实际应用中，常用的瞬态性能指标多为上升时间、调节时间和超调量。通常，用 t_r 或 t_p 评价系统的响应速度；用 $\sigma_p\%$ 评价系统的阻尼程度；而 t_s 是同时反映响应速度和阻尼程度的综合指标。应当指出，除简单的一二阶系统外，要精确确定这些瞬态性能指标的解析表达式是很困难的。

对于恒值控制系统，它的主要任务是维持恒值输出，扰动输入为主要输入，所以常以系统对单位扰动输入信号的响应特性来衡量瞬态性能。这时参考输入不变、输出的希望值不变，响应曲线围绕原来工作状态上下波动，如图 3-3 所示。相应的性能指标就为 $\sigma_p\%$、t_s、t_p，或者再加振荡次数等。

2. 稳态过程与性能指标

1）稳态过程

稳态过程指系统在典型输入信号作用下，当时间 t 趋于无穷时，系统输出量的表现方式。稳态过程表征系统输出量最终复现输入量的程度，即系统的准确性，提供系统有关稳态误差的信息，用稳态性能描述。

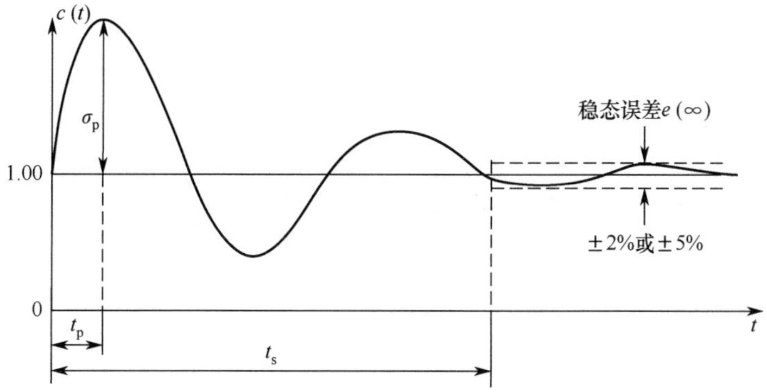

图 3-3 单位扰动输入响应

2）性能指标

对控制系统的要求是由其用途以及要完成的任务所决定的。系统的精度或者更为确切地说复现输入信号的精度至关重要，精度一般以稳态误差的大小来度量。当系统给定量发生变化（包括给定量的变化规律发生改变），或者出现外部扰动时，都会使系统的输出量与给定量之间产生偏差，系统经过过渡过程后达到稳态，此时偏差可能消除，也可能继续存在，造成所谓的稳态误差。稳态误差通常在阶跃信号、斜坡信号或加速度信号作用下进行测定或计算。当时间 $t\to\infty$ 时，系统期望输出与实际输出之差，即

$$e_{ss}=\lim_{t\to\infty}e(t)=\lim_{t\to\infty}[r(t)-c(t)] \tag{3-2}$$

稳态误差是系统控制精度或抗扰动能力的一种度量。

3.1.2 低阶系统的动态响应分析

相比于复杂的、高阶的、多变量的系统，用低阶微分方程描述的低阶系统由于可以获得系统响应的解析解，因此低阶系统动态响应的研究是控制系统性能分析的基础，本节主要讨论低阶系统的动态响应，以及怎样改善低阶系统的性能。

1. 一阶系统的动态响应

凡以一阶微分方程作为运动方程的控制系统，都称为一阶系统。在工程实践中，一阶系统不乏其例，有些高阶系统的特性也可用一阶系统的特性近似表征。图 3-4 为代表电机速度控制系统的一阶系统，其中 τ 是电机的时间常数。该一阶系统的闭环传递函数为

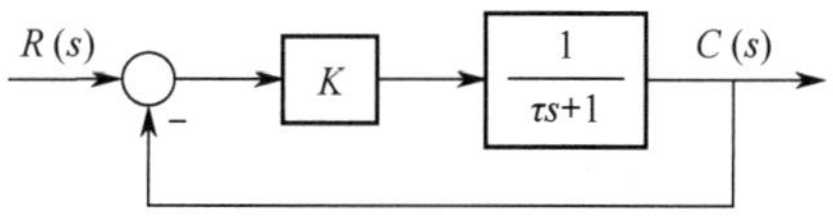

图 3-4 一阶系统

$$\Phi(s)=\frac{C(s)}{R(s)}=\frac{K}{1+\tau s+K}=\frac{K/\tau}{s+(1+K)/\tau} \tag{3-3}$$

当系统输入为单位阶跃信号时，有 $r(t)=1(t)$ 或 $R(s)=1/s$，输出响应的 Laplace 变换为

$$C(s)=\frac{K/\tau}{s+(1+K)/\tau}\times\frac{1}{s}=\frac{K/(1+K)}{s}-\frac{K/(1+K)}{s+(1+K)/\tau} \tag{3-4}$$

对 $C(s)$取 Laplace 反变换，可得一阶系统的单位阶跃响应为

$$c(t)=\frac{K}{1+K}-\frac{K}{1+K}\mathrm{e}^{-(1+K)t/\tau} \tag{3-5}$$

系统响应如图 3-5 所示，由式（3-5）及图 3-5 可知，响应的稳态值为

$$c(\infty)=\frac{K}{1+K} \tag{3-6}$$

该值总是小于输入值。若增加放大器增益 K，可使稳态值趋近于 1。实际上，由于放大器的内部噪声随增益的增加而增大，K 不可能为无穷大。而且，线性模型也仅在工作点附近的一定范围内成立。所以，系统的稳态误差为

$$e(\infty)=\lim_{t\to\infty}e(t)=\lim_{t\to\infty}[r(t)-e(t)]=1-c(\infty)=\frac{1}{1+K} \tag{3-7}$$

可见，稳态误差不可能为零。

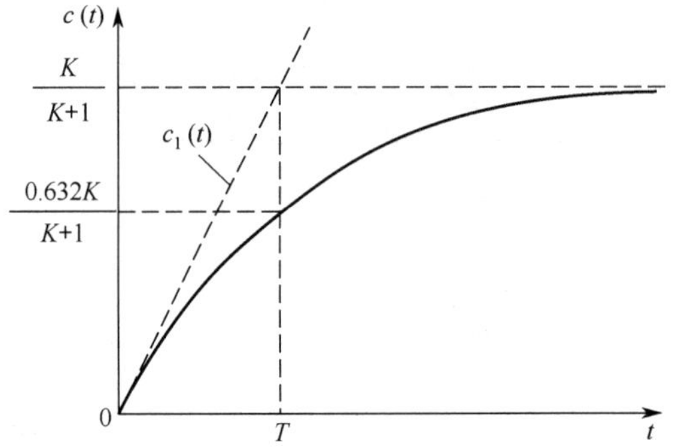

图 3-5　一阶系统的单位阶跃响应

系统的时间常数为

$$T=\frac{\tau}{1+K} \tag{3-8}$$

它可定义为系统响应达到稳态值的 63.2%所需要的时间。

由式（3-5）很容易找到系统输出值与时间常数 T 的对应关系，即

$$t=T,\ c(1T)=0.632c(\infty)$$
$$t=2T,c(2T)=0.865c(\infty)$$
$$t=3T,c(3T)=0.950c(\infty)$$
$$t=4T,c(4T)=0.982c(\infty)$$

由上述特定值可知，响应曲线在经过 $3T$（5%误差）或 $4T$（2%误差）的时间后进入稳态。

如果系统响应曲线以初始速率继续增加，如图 3-5 中的 $c_1(t)$所示，T 还可以定义为 $c_1(t)$ 曲线达到稳态值所需要的时间。因为

$$\left.\frac{\mathrm{d}c(t)}{\mathrm{d}t}\right|_{t=0}=\frac{K}{\tau}\mathrm{e}^{-(K+1)t/\tau}=\frac{K}{\tau} \tag{3-9}$$

因此，$c_1(t)=\frac{K}{\tau}t$。当 $t=T$，$c_1(t)$曲线达到稳态值，即 $c_1(T)=\frac{K}{\tau}T=\frac{K}{K+1}$，所以，$T=\frac{\tau}{1+K}$。由于时间常数 T 反映系统的惯性，所以一阶系统的惯性越小，其响应过程越快；反之，惯性越大，响应过程越慢。

2. 二阶系统的动态响应

在分析和设计控制系统时，常常把二阶系统的响应特性视为一种基准。因为在控制工程中，不但二阶系统的典型应用最为普遍，而且不少高阶系统常可以近似或者降为二阶系统处理。因此，着重研究二阶系统的分析与计算方法，具有较大的实际意义。

图 3-6 是标准二阶系统的结构框图，它的闭环传递函数为

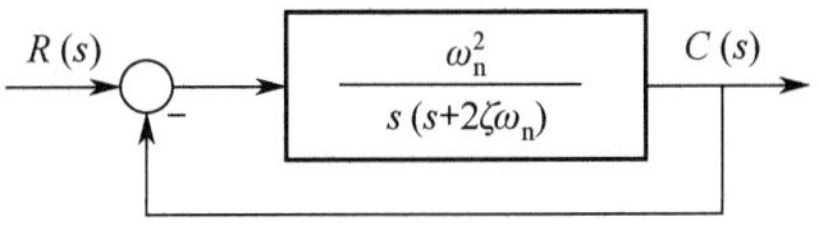

图 3-6　标准二阶系统的结构框图

$$\Phi(s)=\frac{\omega_n^2}{s^2+2\zeta\omega_n s+\omega_n^2} \tag{3-10}$$

由式（3-10）可知，ζ 和 ω_n 是决定二阶系统动态特性的两个基本参数，其中 ζ 称为阻尼比，ω_n 称为无阻尼振荡频率。任何其他二阶系统的传递函数都可以转化为式（3-10）的形式，因此把式（3-10）称为二阶系统闭环传递函数的标准形式。对于结构和功用不同的二阶系统，ζ 和 ω_n 的物理含义是不同的。

由式（3-10）描述的系统特征方程为

$$s^2+2\zeta\omega_n s+\omega_n^2=0 \tag{3-11}$$

这是一个二阶代数方程，它的两个特征根分别为

$$s_1=-\zeta\omega_n+\omega_n\sqrt{\zeta^2-1}，\quad s_2=-\zeta\omega_n-\omega_n\sqrt{\zeta^2-1} \tag{3-12}$$

显然，阻尼比 ζ 不同，特征根的性质就不同，系统的响应特性也就不同。

下面分别对 $0<\zeta<1$，$\zeta=1$ 和 $\zeta>1$ 三种情况下二阶系统的阶跃响应进行讨论。

（1）$0<\zeta<1$，称为欠阻尼二阶系统。

按式（3-10），系统的传递函数可写为

$$\Phi(s)=\frac{\omega_n^2}{(s+\zeta\omega_n+j\omega_d)(s+\zeta\omega_n-j\omega_d)} \tag{3-13}$$

它有一对共轭复数根

$$s_{1,2}=-\zeta\omega_n\pm j\omega_d \tag{3-14}$$

其中，$\omega_d=\omega_n\sqrt{1-\zeta^2}$ 称为阻尼振荡频率。在零初始条件下，输入信号为单位阶跃信号，即 $r(t)=1(t)$ 时，系统输出响应的 Laplace 变换为

$$C(s)=\frac{\omega_n^2}{s(s^2+2\zeta\omega_n s+\omega_n^2)}=\frac{1}{s}-\frac{s}{(s+\zeta\omega_n)^2+\omega_d^2}-\frac{\zeta\omega_n}{(s+\zeta\omega_n)^2+\omega_d^2} \tag{3-15}$$

对式（3-15）取 Laplace 反变换，可得系统的单位阶跃响应为

$$c(t)=1-e^{-\zeta\omega_n t}(\cos\omega_d t+\frac{\zeta}{\sqrt{1-\zeta^2}}\sin\omega_d t) \tag{3-16}$$

这是一个衰减振荡过程，如图 3-7 所示，其振荡频率就是阻尼振荡频率 ω_d。由于瞬态分量衰减的快慢程度取决于包络线 $1\pm e^{-\zeta\omega_n t}/\sqrt{1-\zeta^2}$ 的收敛速度，当 ζ 一定时，包络线的收敛速度又取决于指数衰减，而其幅值则按指数曲线（响应曲线的包络线）衰减 $e^{-\zeta\omega_n t}$ 的幂，所以 $\sigma=\zeta\omega_n$ 称为衰减系数。

当 $\zeta=0$ 时，称为无阻尼情况，系统的特征根为一对共轭虚根，即

$$s_{1,2} = \pm \mathrm{j}\omega_n \tag{3-17}$$

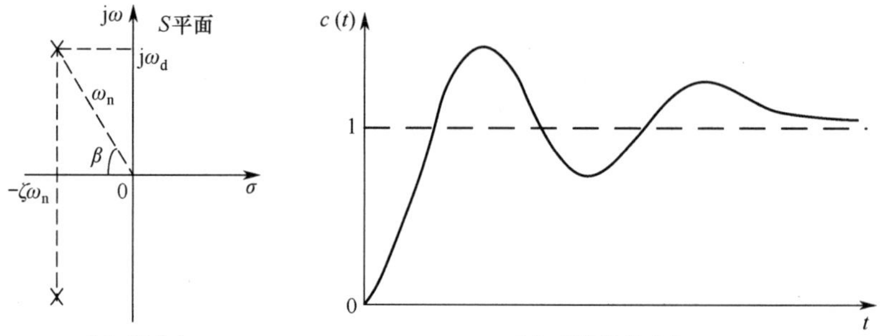

(a) 根分布 (b) 单位阶跃响应

图 3-7 欠阻尼情况（0<ζ<1）

它的单位阶跃响应为

$$c(t) = 1 - \cos\omega_n t \tag{3-18}$$

这是等幅振荡过程，其振荡频率就是无阻尼振荡频率 ω_n。当系统有一定阻尼时，ω_d 总是小于 ω_n。

（2）ζ=1，称为临界阻尼二阶系统。

此时系统有两个相等的实数特征根，即

$$s_1 = s_2 = -\omega_n \tag{3-19}$$

对于单位阶跃输入，系统输出的 Laplace 变换为

$$C(s) = \frac{\omega_n^2}{s(s+\omega_n)^2} = \frac{1}{s} - \frac{\omega_n}{(s+\omega_n)^2} - \frac{1}{s+\omega_n} \tag{3-20}$$

对式（3-20）取 Laplace 反变换，求得临界阻尼二阶系统的单位阶跃响应为

$$c(t) = 1 - \mathrm{e}^{-\omega_n t}(1+\omega_n t) \tag{3-21}$$

响应曲线如图 3-8 所示，它既没有超调量，也没有振荡，是一个单调上升的响应过程。

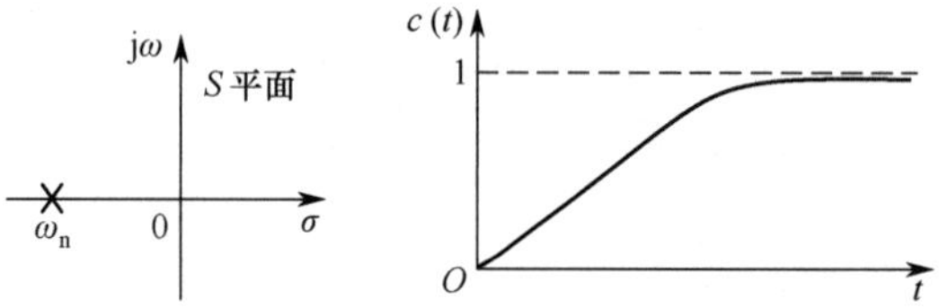

(a) 根分布 (b) 单位阶跃响应

图 3-8 临界阻尼情况（ζ=1）

（3）ζ>1，称为过阻尼二阶系统。

当阻尼比 ζ>1 时，系统有两个不相等的实数根

$$s_{1,2} = \left(-\zeta \pm \sqrt{\zeta^2-1}\right)\omega_n \tag{3-22}$$

对于单位阶跃输入，系统输出的 Laplace 变换为

$$C(s) = \frac{1}{s} - \frac{\left[2\sqrt{\zeta^2-1}(\zeta-\sqrt{\zeta^2-1})\right]^{-1}}{s+\left(\zeta-\sqrt{\zeta^2-1}\right)\omega_n} + \frac{\left[2\sqrt{\zeta^2-1}(\zeta+\sqrt{\zeta^2-1})\right]^{-1}}{s+\left(\zeta+\sqrt{\zeta^2-1}\right)\omega_n} \tag{3-23}$$

对式（3-23）取 Laplace 反变换，求得过阻尼二阶系统的单位阶跃响应为

$$c(t)=1-\frac{1}{2\sqrt{\zeta^2-1}}\left[\frac{\mathrm{e}^{-\left(\zeta-\sqrt{\zeta^2-1}\right)\omega_{\mathrm{n}}t}}{\zeta-\sqrt{\zeta^2-1}}-\frac{\mathrm{e}^{-\left(\zeta+\sqrt{\zeta^2-1}\right)\omega_{\mathrm{n}}t}}{\zeta+\sqrt{\zeta^2-1}}\right] \tag{3-24}$$

它由两个指数衰减项组成。当 ζ 较大时，一个特征根靠近虚轴，另一个特征根远离虚轴。离虚轴较远的特征根对响应的影响很小，可以忽略不计，这时二阶系统可近似为一个一阶惯性环节。图 3-9 是过阻尼二阶系统根的分布和响应曲线。显然，响应曲线无超调量，而且上升时间比 ζ=1 时长。

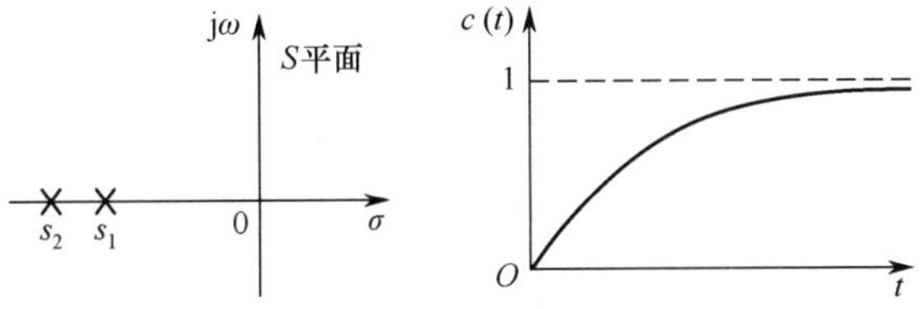

(a) 根分布　　(b) 单位阶跃响应

图 3-9　过阻尼情况（ζ>1）

不同 ζ 值下二阶系统单位阶跃响应曲线族，如图 3-10 所示。由于横坐标为 $\omega_{\mathrm{n}}t$，所以曲线族只与 ζ 值有关。由图可知，在一定 ζ 值下，欠阻尼系统比临界阻尼系统更快地达到稳态值，过阻尼反应迟钝，动作很缓慢，所以一般系统大多设计成欠阻尼系统。

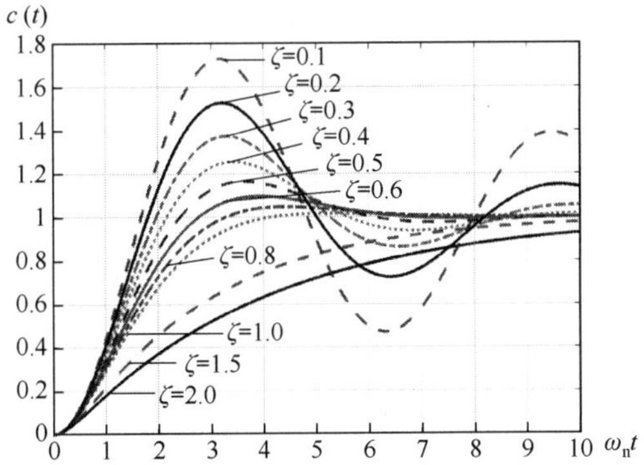

图 3-10　不同 ζ 值下的二阶系统单位阶跃响应曲线族

下面来分析二阶系统的脉冲响应。

当输入信号为单位脉冲信号 $\delta(t)$，即 $R(s)$=1 时，二阶系统单位脉冲响应的 Laplace 变换为

$$C(s)=\Phi(s)R(s)=\frac{\omega_{\mathrm{n}}^2}{s^2+2\zeta\omega_{\mathrm{n}}s+\omega_{\mathrm{n}}^2} \tag{3-25}$$

对式（3-25）求 Laplace 反变换，得

$$c(t)=L^{-1}[\Phi(s)]=L^{-1}\left[\frac{\omega_{\mathrm{n}}^2}{s^2+2\zeta\omega_{\mathrm{n}}s+\omega_{\mathrm{n}}^2}\right] \tag{3-26}$$

可见，系统传递函数的 Laplace 反变换就是系统的单位脉冲响应，所以单位脉冲响应和传递函数一样，都可以用来描述系统的特征。

由式（3-26），对于欠阻尼系统（0<ζ<1），有

$$c(t)=\frac{\omega_{\mathrm{n}}}{\sqrt{1-\zeta^2}}\mathrm{e}^{-\zeta\omega_{\mathrm{n}}t}\sin\omega_{\mathrm{n}}\sqrt{1-\zeta^2}t \tag{3-27}$$

对于临界阻尼二阶系统 ζ=1，有

$$c(t)=\omega_{\mathrm{n}}^2 t\mathrm{e}^{-\omega_{\mathrm{n}}t} \tag{3-28}$$

对于过阻尼二阶系统 ζ>1，有

$$c(t)=\frac{\omega_{\mathrm{n}}}{2\sqrt{\zeta^2-1}}[\mathrm{e}^{-(\zeta-\sqrt{\zeta^2-1})\omega_{\mathrm{n}}t}-\mathrm{e}^{-(\zeta+\sqrt{\zeta^2-1})\omega_{\mathrm{n}}t}] \tag{3-29}$$

图 3-11 给出了 ζ 取不同值时的单位脉冲响应曲线。

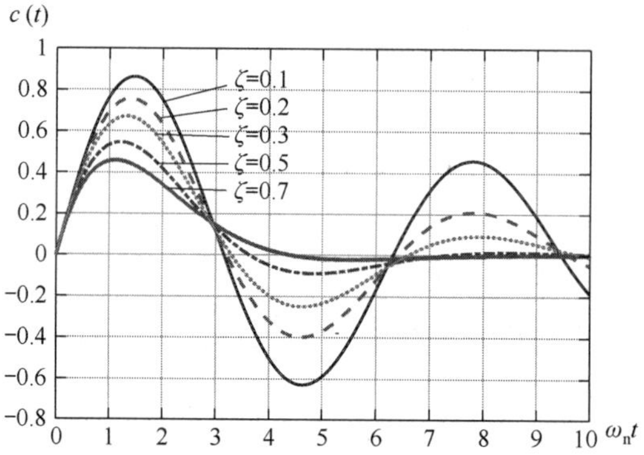

图 3-11　ζ 取不同值时的单位脉冲响应曲线

其实，由于单位脉冲信号是单位阶跃信号对时间的导数，线性定常系统的单位脉冲响应必定是单位阶跃响应对时间的导数，所以式（3-27）、式（3-28）、式（3-29）可由式（3-16）、式（3-21）、式（3-24）对时间求导得到。

3. 二阶系统的性能指标

在控制系统设计中，除了不容许产生振荡响应的系统，通常都希望控制系统具有适度的阻尼、较快的响应速度和较短的调节时间。所以，根据欠阻尼响应来评价二阶系统的响应特性，具有较大的实际意义。

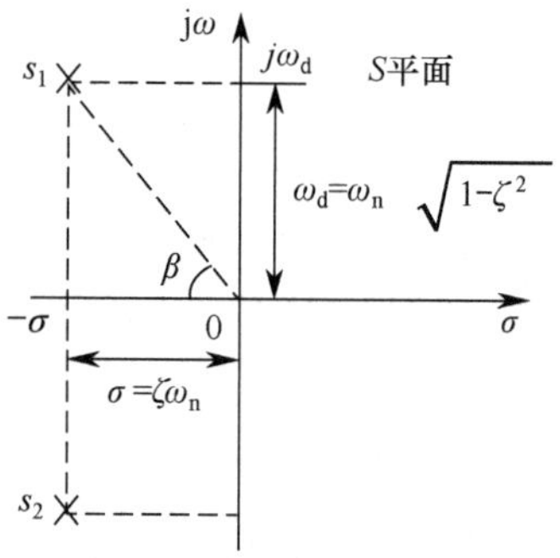

图 3-12　欠阻尼二阶系统各特征参量之间的关系

为了便于说明二阶系统的动态性能，图 3-12 给出了欠阻尼二阶系统各特征参量之间的关系。其中，衰减系数 σ 是闭环极点到实轴之间的距离；阻尼振荡频率 ω_{d} 是闭环极点到虚轴之间的距离；自然振荡频率 ω_{n} 是闭环极点到坐标原点之间的距离；ω_{n} 与负实轴夹角的余弦正好是阻尼比，即

$$\zeta=\cos\beta=a\tan\frac{\sqrt{1-\zeta^2}}{\zeta} \tag{3-30}$$

故 β 称为阻尼角。

对于单位阶跃输入作用下的欠阻尼系统，有

1）上升时间 t_r

按式（3-16），令 $c(t_r)=1$，可得

$$\tan\omega_d t_r=-\frac{\sqrt{1-\zeta^2}}{\zeta}$$

故

$$t_r=\frac{1}{\omega_d}\arctan\left(-\frac{\sqrt{1-\zeta^2}}{\zeta}\right)=\frac{\pi-\beta}{\omega_d} \tag{3-31}$$

由式（3-31）知，要使系统反应快，必须减小 t_r。因此当 ζ 一定时，ω_n 必须加大；如果 ω_n 一定，则 ζ 越小，t_r 也越小。

2）峰值时间 t_p

按式（3-16），对 $c(t)$求一阶导数，并令其为零，可得

$$\tan(\omega_d t_p+\beta)=\frac{\omega_d}{\zeta\omega_n}=\frac{\sqrt{1-\zeta^2}}{\zeta}$$

到达第一个峰值时，$\omega_d t_p=\pi$，故

$$t_p=\frac{\pi}{\omega_d}=\frac{\pi}{\omega_n\sqrt{1-\zeta^2}} \tag{3-32}$$

由式（3-32）知，峰值时间 t_p 与阻尼振荡频率 ω_d 成反比。当 ω_n 一定时，ζ 越小，t_p 也越小。

3）超调量 $\sigma_p\%$

因为超调量发生在峰值时间上，以 $t=t_p$ 代入式（3-16），可得超调量为

$$\sigma_p\%=e^{-\frac{\pi\zeta}{\sqrt{1-\zeta^2}}}\times 100\% \tag{3-33}$$

由式（3-33）知，超调量仅取决于 ζ，ζ 越小，超调量越大。当 $\zeta=0$ 时，$\sigma_p\%=100\%$；当 $\zeta=1$ 时，$\sigma_p\%=0$。$\sigma_p\%$与 ζ 的关系曲线如图 3-13 所示。

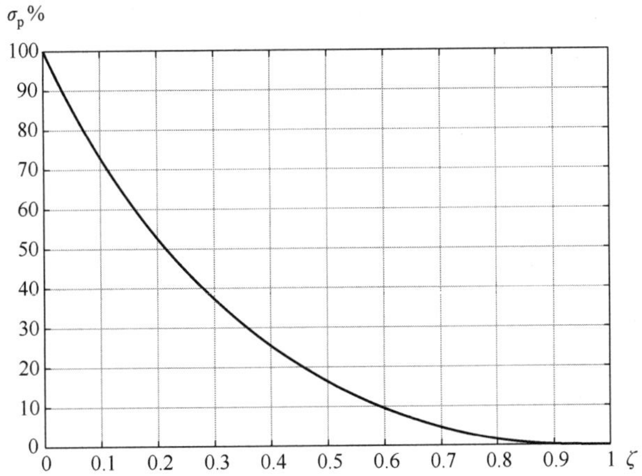

图 3-13　$\sigma_p\%$与 ζ 的关系曲线

4）调节时间 t_s

根据定义可以求出调节时间 t_s，如图 3-14 所示。图中，$T=1/\zeta\omega_n$ 为 $c(t)$包络线的时间常数，

当ζ=0.69（或ζ=0.77）时，t_s有最小值，以后t_s随ζ的增大而近乎线性上升。图 3-14 中曲线的不连续是由于ζ在虚线附近稍微变化引起突变造成的，如图 3-15 所示。

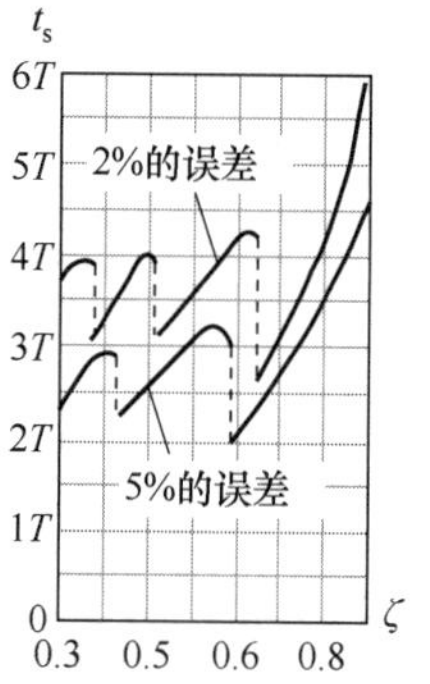

图 3-14 t_s和ζ的关系

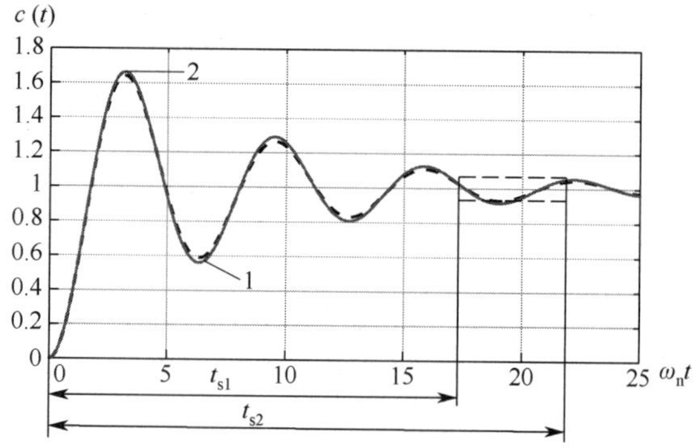

图 3-15 ζ稍微突变引起的t_s突变

t_s也可以由系统误差的包络线近似求得，即令$e(t)$的幅值

$$\frac{1}{\sqrt{1-\zeta^2}}e^{-\zeta\omega_n t}=0.05\text{或}0.02$$

可得

$$t_s=-\frac{1}{\zeta\omega_n}\ln\left(0.05\sqrt{1-\zeta^2}\right)\quad\text{或}\quad t_s=-\frac{1}{\zeta\omega_n}\ln\left(0.02\sqrt{1-\zeta^2}\right)\tag{3-34}$$

当 0<ζ<0.9 时，则

$$t_s=\frac{3}{\zeta\omega_n}=3T\text{（按达到稳态值的 95\%~105\%计）}\tag{3-35}$$

或

$$t_s=\frac{4}{\zeta\omega_n}=4T\text{（按达到稳态值的 98\%~102\%计）}$$

由此可知，$\zeta\omega_n$越大，t_s就越小。当ω_n一定时，则t_s与ζ成反比，这与t_p、t_r和ζ的关系正好相反。

5）稳态误差e_{ss}

系统的误差为

$$e(t)=r(t)-c(t)=\frac{1}{\sqrt{1-\zeta^2}}e^{-\zeta\omega_n t}\sin\left(\omega_n\sqrt{1-\zeta^2}t+\arctan\frac{\sqrt{1-\zeta^2}}{\zeta}\right)\quad t\geqslant 0\tag{3-36}$$

当$t\to\infty$时，稳态误差$e(\infty)$=0。

由上述分析可知，欠阻尼二阶系统动态响应的性能指标取决于阻尼比ζ和自然振荡频率ω_n。通过选取ζ和ω_n来满足系统设计要求，可总结为：

（1）当ω_n一定时，要减小t_r和t_p，必须减小ζ值；要减小t_s，则应增大$\zeta\omega_n$值，而ζ值有一定范围，不能过大。

（2）增大ω_n，能使t_r、t_p和t_s都减小。

（3）超调量σ_p%仅由ζ决定，ζ越小，σ_p%越大。所以，一般根据σ_p%的要求选择ζ的值，在实际系统中，ζ值一般为 0.5~0.8。而对各种时间的要求，可通过ω_n的选择来满足。要实现这一点，一般需要对图 3-6 所示的二阶系统进行校正。

4. 线性定常系统的重要特性

对于初始条件为零的线性定常系统，在输入信号 $r(t)$的作用下，其输出 $c(t)$的 Laplace 变换为$C(s)=\Phi(s)R(s)$。

若系统的输入为$r_1(t)=\dfrac{\mathrm{d}r(t)}{\mathrm{d}t}$，其 Laplace 变换为$R_1(s)=L^{-1}\left[\dfrac{\mathrm{d}r(t)}{\mathrm{d}t}\right]=sR(s)$，这时系统的输出为

$$C_1(s)=\Phi(s)R_1(s)=\Phi(s)sR(s)=sC(s)$$

故$c_1(t)=\dfrac{\mathrm{d}c(t)}{\mathrm{d}t}$，即当系统输入信号为原来输入信号的导数时，系统的输出为原来输出的导数。

同理，若系统的输入为$r_2(t)=\int r(t)\mathrm{d}t$，其 Laplace 变换为$R_2(s)=\dfrac{1}{s}R(s)$，这时

$$C_2(s)=\Phi(s)R_2(s)=\Phi(s)\frac{1}{s}R(s)=\frac{1}{s}C(s)$$

故$c_2(t)=\int c(t)\mathrm{d}t$，即在零初始条件下，当系统输入信号为原来输入信号对时间的积分时，系统的输出则为原来输出信号对时间的积分。

由以上分析可推知如下两点。

（1）由于单位脉冲信号是单位阶跃信号对时间的一阶导数，故单位脉冲响应是单位阶跃响应对时间的一阶导数。同理，由于单位阶跃信号是单位斜坡信号和单位抛物线信号对时间的一阶导数和二阶导数，所以单位阶跃响应可以由单位斜坡响应和单位抛物线响应对时间的一阶导数和二阶导数求得。

（2）由于单位斜坡信号和单位抛物线信号是单位阶跃信号对时间的一重积分和二重积分，所以单位斜坡响应和单位抛物线响应就为单位阶跃响应对时间的一重积分和二重积分。

这样，只要知道系统对某一典型信号的响应，对其他典型信号的响应也可推知，这是线性定常系统独具的特性。

5. 二阶系统的性能改善

通过调节典型二阶系统的两个基本参数——阻尼比 ζ 和自然振荡频率 ω_n，可以改善系统的动态性能。但是，由于只有两个参数选择的自由度，这种改善的效果是有限的，难以兼顾响应的快速性、平稳性以及系统的瞬态和稳态性能的全面要求，必须引进其他控制方式，以改善二阶系统的性能。

为了改善二阶系统的性能，需要在系统结构中加入附加装置，通过调节附加装置的参数，来改善系统的瞬态性能，常用的两种方法是比例—微分控制和测速反馈控制。

1）比例—微分控制

设比例—微分控制的二阶系统如图 3-16 所示。图中，$E(s)$为误差信号，T_d 为微分器时间常数。由图可知，系统输出量同时受误差信号及其速率的双重作用。因此，比例—微分控制器是一种早期控制，可在出现位置误差前，提前产生修正作用，从而达到改善系统性能的目的。

图 3-16 所示系统的开环传递函数为

$$G(s)=\frac{\omega_n^2(T_d s+1)}{s(s+2\zeta\omega_n)} \tag{3-37}$$

闭环传递函数为

$$\Phi(s)=\frac{\omega_n^2(T_d s+1)}{s(s+2\zeta\omega_n)+\omega_n^2(T_d s+1)}=\frac{\omega_n^2(T_d s+1)}{s^2+(2\zeta+T_d\omega_n)\omega_n s+\omega_n^2} \tag{3-38}$$

式中，$\zeta_d=\zeta+\frac{1}{2}T_d\omega_n$ 为系统的等效阻尼比。

上式表明，比例—微分控制不改变自然振荡频率，但可增大系统的阻尼比，抑制振荡。适当选择微分时间常数 T_d，可使系统既有良好的平稳性，又有满意的快速性。比例—微分控制相当于给系统增加了一个零点，故称为有零点的二阶系统。

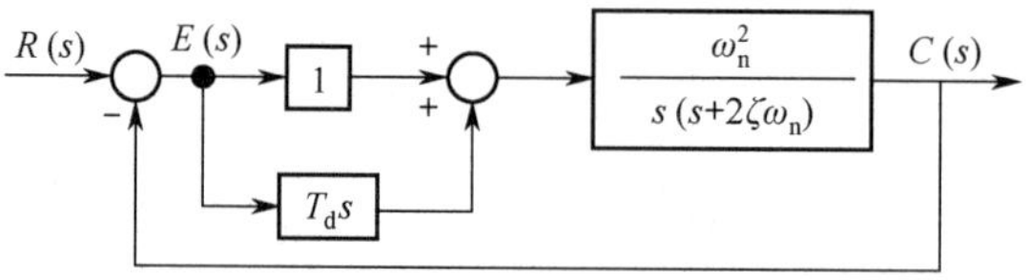

图 3-16 比例—微分控制系统

系统输出的 Laplace 变换为

$$\begin{aligned}C(s)&=\frac{\omega_n^2(T_d s+1)}{s(s+2\zeta\omega_n)+\omega_n^2(T_d s+1)}R(s)\\&=\frac{\omega_n^2}{s^2+2\zeta_d\omega_n s+\omega_n^2}R(s)+T_d s\frac{\omega_n^2}{s^2+2\zeta_d\omega_n s+\omega_n^2}R(s)=C_1(s)+T_d sC_1(s)\end{aligned}$$

时间响应为

$$c(t)=c_1(t)+T_d\frac{\mathrm{d}c_1(t)}{\mathrm{d}t} \tag{3-39}$$

第一项对应典型二阶系统的时间响应，第二项为第一项的微分附加项。微分附加项增加了时间响应中的高次谐波分量，使响应曲线的前沿变陡，提高了时间响应的快速性，如图 3-17 所示。

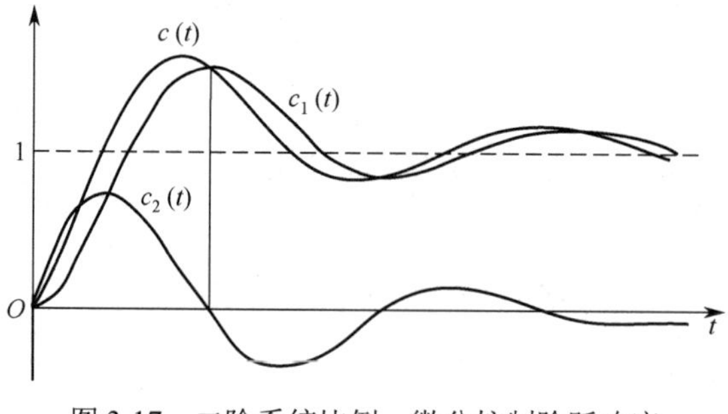

图 3-17 二阶系统比例—微分控制阶跃响应

最后，简要归纳比例—微分控制对系统性能的影响。

比例—微分控制可以增大系统的阻尼，使阶跃响应的超调量下降，调节时间缩短，且不影响常值稳态误差及系统的自然振荡频率。由于采用微分控制后，允许选取较高的开环增益，因而在保证一定动态特性的前提下，可以减小稳态误差。微分器对于噪声，特别是对于高频噪声的放大作用，远大于对缓慢变化输入信号的放大作用，因此在系统输入端噪声较强的情况下，不宜采用比例—微分控制方式。此时，可考虑选用控制工程中常用的测速反馈控制方式。

2）测速反馈控制

输出量的导数同样可以用来改善系统的性能。通过将输出的速度信号反馈到系统输入端，并与误差信号比较，其效果与比例—微分控制相似，可以增大系统阻尼，改善系统动态性能。

如果系统输出量是机械位置，如角位移，则可以采用测速发电机将角位移变换为正比于角速度的电压，从而获得输出速度反馈。图 3-18 是采用测速发电机反馈的二阶系统结构框图。图中，K_t 为与测速发电机输出斜率有关的测速反馈系数，通常采用（电压/单位转速）单位。

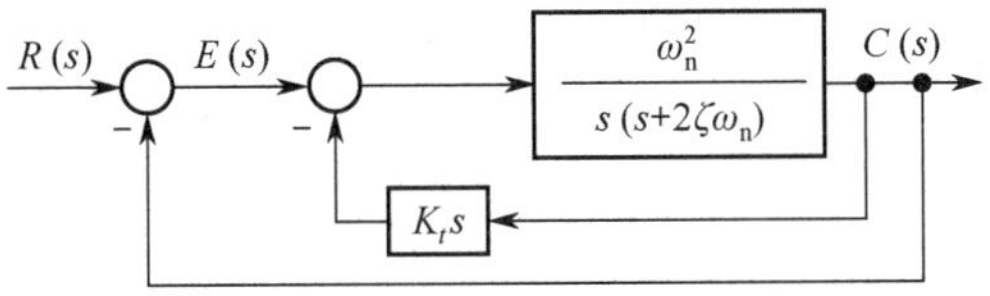

图 3-18　测速反馈控制的二阶系统

由图 3-18 知，系统的开环传递函数为

$$G(s)=\frac{\omega_{\rm n}}{2\zeta+K_t\omega_{\rm n}}\cdot\frac{1}{s[s/(2\zeta\omega_{\rm n}+K_t\omega_{\rm n}^2)+1]} \tag{3-40}$$

其中开环增益为

$$K=\frac{\omega_{\rm n}}{2\zeta+K_t\omega_{\rm n}} \tag{3-41}$$

相应的闭环传递函数为

$$\Phi(s)=\frac{\omega_{\rm n}^2}{s^2+2\zeta_t\omega_{\rm n}+\omega_{\rm n}^2} \tag{3-42}$$

其中，

$$\zeta_t=\zeta+\frac{1}{2}K_t\omega_{\rm n} \tag{3-43}$$

由式（3-41）~式（3-43）可知，测速反馈与比例—微分控制不同的是，测速反馈会降低系统的开环增益，从而加大系统在斜坡输入时的稳态误差；相同的是，同样不影响系统的自然振荡频率，并可增大系统的阻尼比。为便于比较，将式（3-38）写为

$$\zeta_{\rm d}=\zeta+\frac{1}{2}T_{\rm d}\omega_{\rm n} \tag{3-44}$$

比较式(3-43)和式(3-44)可知,它们的形式是相似的,如果在数值上有 $K_t=T_{\rm d}$，则 $\zeta_{\rm d}=\zeta_t$。因此可以预料，测速反馈同样可以改善系统的动态性能。但是，由于测速反馈不形成闭环零点，因此，即便在 $K_t=T_{\rm d}$ 的情况下，测速反馈与比例—微分控制对系统动态性能的改善程度也是不同的。

在设计测速反馈控制系统时，可以适当增大原系统的开环增益，以弥补稳态误差的损失，同时适当选择测速反馈系数 K_t，使阻尼比 ζ_t 为 0.4~0.8，从而满足给定的各项动态性能指标。

对于理想的线性控制系统，在比例—微分控制和测速反馈控制方法中，可以任取其中一种方法来改善系统性能。然而，实际控制系统有许多必须考虑的因素，例如系统的具体组成、作用在系统上噪声的大小及频率、系统的线性范围和饱和程度等。下面仅讨论主要的差别。

（1）附加阻尼来源：比例—微分控制器的阻尼作用产生于系统输入端误差信号的速度，而测速反馈控制的阻尼作用来源于系统输出端响应的速度，因此对于给定的开环增益和指令输入速度，后者对应较大的稳态误差。

（2）使用环境：比例—微分控制对噪声有明显的放大作用，当系统输入端噪声严重时，一般不宜选用比例—微分控制。同时，微分器的输入信号为系统误差信号，其能量水平低，需要相当大的放大作用，为了不明显恶化信噪比，要求选用高质量的放大器；而测速反馈控制对系统输入端噪声有滤波作用，同时测速发电机的输入信号能量水平较高，因此对系统组成元件没有过高的质量要求，使用场合比较广泛。

（3）对开环增益和自然振荡频率的影响：比例—微分控制对系统开环增益和自然振荡频率均无影响；而测速反馈控制虽然不影响自然振荡频率，但会降低开环增益。因此，对于确定的常值稳态误差，测速反馈控制要求较大的开环增益。开环增益的加大，必然导致系统自然振荡频率增大，在系统存在高频噪声时，可能引起系统共振。

（4）对动态性能的影响：比例—微分控制相当于在系统中加入实零点，可以加快上升时间。在相同阻尼比的条件下，比例—微分控制系统的超调量会大于测速反馈控制系统的超调量。

3.1.3 高阶系统的动态分析与降阶

实际的控制系统多数是高于二阶的系统，即高阶系统。高阶系统的传递函数一般可以写成如下形式

$$G(s)=\frac{b_m s^m+b_{m-1}s^{m-1}+\cdots+b_1 s+b_0}{a_n s^n+a_{n-1}s^{n-1}+\cdots+a_1 s+a_0}\quad (m\leqslant n) \tag{3-45}$$

将上式写成零极点的形式，则有

$$G(s)=\frac{b_m\prod_{i=1}^{q}(s+z_i)\prod_{i=1}^{l}(s^2+2\zeta_{mi}\omega_{mi}s+\omega_{mi}^2)}{a_n\prod_{i=1}^{k}(s+p_i)\prod_{i=1}^{r}(s^2+2\zeta_{ni}\omega_{ni}s+\omega_{ni}^2)}\quad (m\leqslant n) \tag{3-46}$$

其中，$m=q+2l$；$n=k+2r$。

单位阶跃响应为

$$C(s)=\frac{b_m\prod_{i=1}^{q}(s+z_i)\prod_{i=1}^{l}(s^2+2\zeta_{mi}\omega_{mi}s+\omega_{mi}^2)}{a_n\prod_{i=1}^{k}(s+p_i)\prod_{i=1}^{r}(s^2+2\zeta_{ni}\omega_{ni}s+\omega_{ni}^2)}\cdot\frac{1}{s}$$

若上式没有重极点，则

$$C(s)=\frac{b_0}{a_0}\frac{1}{s}+\sum_{i=1}^{k}\frac{C_i}{s+p_i}+\sum_{i=1}^{r}\frac{A_i(s+\zeta_{ni}\omega_{ni})+B_i\omega_{ni}\sqrt{1-\zeta_{ni}^2}}{s^2+2\zeta_{ni}\omega_{ni}s+\omega_{ni}^2}$$

则对上式取 Laplace 反变换可得

$$c(t)=\frac{b_0}{a_0}+\sum_{i=1}^{k}C_i\mathrm{e}^{-p_i t}+\sum_{i=1}^{r}\mathrm{e}^{-\zeta_{ni}\omega_{ni}t}\left(A_i\cos\omega_{ni}\sqrt{1-\zeta_{ni}^2}\,t+B_i\sin\omega_{ni}\sqrt{1-\zeta_{ni}^2}\,t\right)\quad (t\geqslant 0) \tag{3-47}$$

由式（3-47）可知，高阶系统的响应是由惯性环节和振荡环节（二阶系统）的单位阶跃

响应构成的，各分量的相对大小由系数 A_i、B_i 和 C_i 决定，所以了解了各分量及其相对大小，就可知道高阶系统的瞬态响应。

当系统是稳定时，由式（3-46）及其 Laplace 反变换求系数可知：

（1）高阶系统瞬态响应各分量的衰减快慢由 $-p_i$ 和 $-\zeta_{ni}\omega_{ni}$ 决定，即系统极点在 S 平面左半部离虚轴越远，相应的分量衰减得越快。

（2）各分量所对应的系数取决于系统的零点、极点分布。当某极点 $-p_i$ 靠近零点，而远离其他极点和原点，则相应的系数 C_i 越小，该瞬态分量的影响就小；若一对零极点互相很接近，则在输出 $c(t)$ 中与该极点对应的分量就几乎被消除。若某极点 $-p_i$ 远离零点、越接近其他极点和原点，则相应的系数 C_i 越大，该瞬态分量影响也就越大。

（3）系统的零点、极点共同决定了系统瞬态响应曲线的形状。对于系数很小（影响很小）的分量、远离虚轴衰减很快的分量常常可以忽略，因此高阶系统的性能就可用低阶系统近似估计。

如果高阶系统中距离虚轴最近的极点，其实数部分为其他极点的 1/10 或更小，并且附近又没有零点，则可以认为系统的响应主要由该极点（或共轭复数极点）决定，这一分量衰减最慢。这种对系统瞬态响应起主要作用的极点，称为系统的主导极点。一般情况下，高阶系统具有振荡性，所以主导极点常常为共轭复数极点。找到了一对共轭复数主导极点，高阶系统就可以近似地看作二阶系统来处理，相应的性能指标都可以按二阶系统近似估计。

根据一定条件找出主导极点，在系统分析中是很重要的事。在系统设计中，也常常应用主导极点这一概念，使高阶系统具有一对主导极点。

下面通过具体实例说明增加一个极点或一个零点对系统响应的影响。

考查一个三阶系统，其闭环传递函数为

$$\Phi(s)=\frac{1}{(s^2+2\zeta s+1)(\tau s+1)}$$

这是一个 $\omega_n=1$ 的系统，其零极点在 S 平面的分布如图 3-19 所示。实验证明，若下式成立，即

$$|1/\tau| \geqslant 10|\zeta|$$

则该系统的性能指标如超调量 $\sigma_p\%$ 和调节时间 t_s 等，可用二阶系统的曲线来表示。也就是说，当主导极点 $s_{1,2}=-\zeta\pm\sqrt{1-\zeta^2}$ 的实部小于第 3 个根实部的 1/10 时，该三阶系统的响应可以由主导极点表示的二阶系统的响应近似。

实际上，可以将这样一个三阶系统看成由主导极点决定的二阶系统与一个惯性环节（一阶滤波器）串联而成的，如图 3-20 所示。当惯性环节的时间常数较大，也就是第 3 个根的实部较小时，惯性环节的作用较强。二阶系统的输出 $c_1(t)$ 经过该惯性环节的滤波后，振荡现象自然减弱很多。

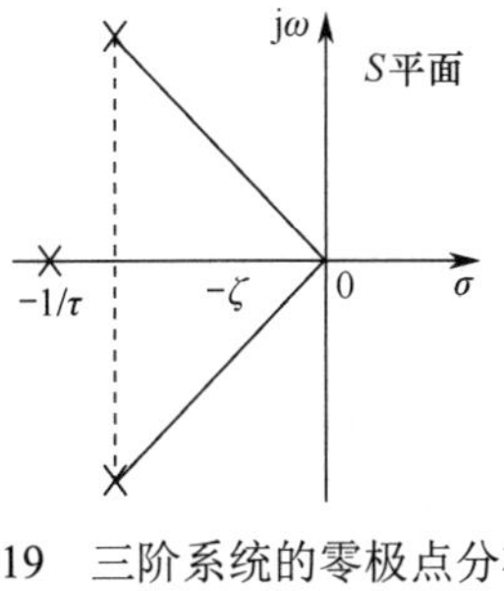

图 3-19　三阶系统的零极点分布图

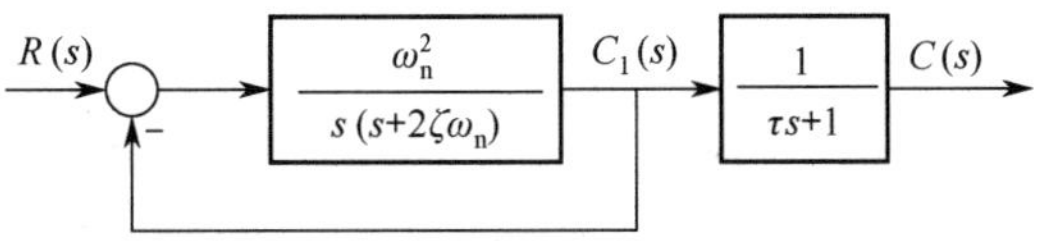

图 3-20　二阶系统与惯性环节串联

当 ζ=0.45 时，通过计算机仿真能够得到系统的单位阶跃响应。可以发现，当 τ=2.25 时，实数极点为$-1/\tau=-0.444$，而复数极点的实部为−0.45，二者相差不大，所以系统是过阻尼的，响应没有超调量。如果按照 2%的误差标准计算调节时间则为 9.6s。如果将 τ 调整为 0.9，即实数极点为−1.11，则计算得到的超调量为 12%，调节时间为 8.8s。上述仿真结果归纳在表 3-2 中。

表 3-2 三阶系统的第 3 个极点对性能指标的影响

τ	$-1/\tau$	超调量 σ_p/%	调节时间 t_s/s
2.25	0.444	0	9.63
1.50	0.660	3.9	9.30
0.90	1.111	12.3	8.81
0.40	2.500	18.6	8.67
0.05	20.000	20.5	8.37
0	∞	20.5	8.24

必须注意的是，上述结果仅在闭环传递函数没有零点的情况下才是正确的。如果二阶系统的闭环传递函数中包含有零点，且该零点位于主导极点附近，则同样会对系统的瞬态响应产生影响。假设系统的传递函数为

$$\Phi(s)=\frac{(\omega_n^2/a)(s+a)}{s^2+2\zeta\omega_n s+\omega_n^2}$$

可以认为这是一个在标准二阶系统的基础上附加一个零点而形成的系统。当 $\zeta\leqslant 1$ 时，系统阶跃响应的超调量是 $a/\zeta\omega_n$ 的函数，图 3-21 给出了 ζ=0.45，$a/\zeta\omega_n$=5，2，1，0.5 时系统的阶跃响应曲线，表 3-3 给出了相应的瞬态响应性能指标。从中可以看出，由于零点的存在，原来二阶系统阶跃响应的超调量加大了。这是由于

$$C(s)=\Phi(s)R(s)=\frac{(\omega_n^2/a)(s+a)}{s^2+2\zeta\omega_n s+\omega_n^2}R(s)$$

$$=\frac{\omega_n^2}{s^2+2\zeta\omega_n s+\omega_n^2}R(s)+\frac{\omega_n^2/a}{s^2+2\zeta\omega_n s+\omega_n^2}sR(s)=C_0(s)+\frac{1}{a}sC_0(s)$$

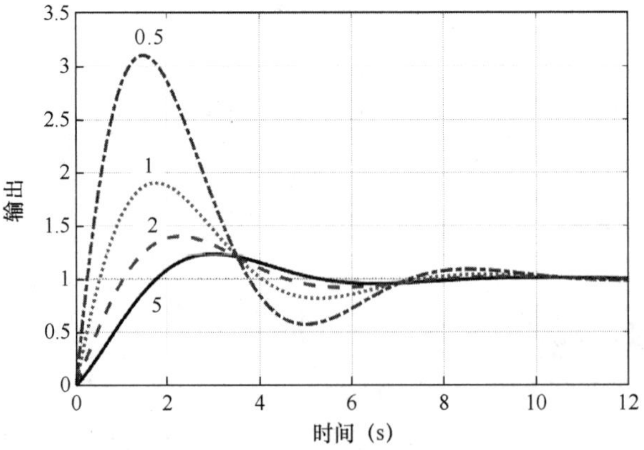

图 3-21 含有一个零点二阶系统的阶跃响应

即 $c(t)=c_0(t)+\frac{1}{a}\frac{\mathrm{d}c_0(t)}{\mathrm{d}t}$。

从上式可知，系统的阶跃响应中包含有标准二阶系统的阶跃响应及该响应的导数，导数项的大小与零点成反比，也就是零点距离虚轴越远，附加零点的影响就越小。

表 3-3　二阶系统附加零点对性能指标的影响

$a/\zeta\omega_n$	超调量 σ_p/%	调节时间 t_s/s	峰值时间 t_p/s
5.0	23.1	8.0	3.0
2.0	39.7	7.6	2.2
1.0	89.9	10.1	1.8
0.5	210.0	10.3	1.5

例 3-1　假设系统的闭环传递函数为

$$\Phi(s)=\frac{60(s+2.5)}{(s^2+6s+25)(s+6)}$$

试分析零点−2.5 和极点−6 对系统阶跃响应的影响。

解　①由闭环传递函数可知，系统的传递系数为 1，所以系统对阶跃输入的稳态误差为零。系统零极点在 S 平面上的分布如图 3-22（a）所示。

②应用 MATLAB 进行仿真计算，可得系统的单位阶跃响应曲线，如图 3-22（b）所示。

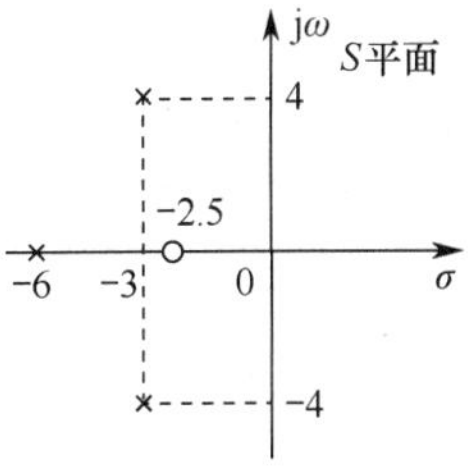

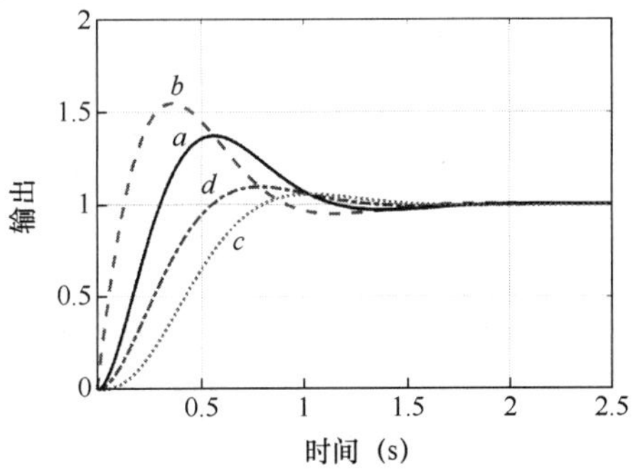

图 3-22　系统的零极点分布与阶跃响应

a．原三阶系统，超调量 $\sigma_p\%=37\%$，调节时间 $t_s=1.6\text{s}$，如图 3-19（b）中 a 曲线；

b．忽略极点的系统 $\frac{10(s+2.5)}{s^2+6s+25}$，超调量 $\sigma_p\%=54.5\%$，调节时间 $t_s=1.5\text{s}$，如图 3-19（b）中 b 曲线；

c．忽略零点的系统 $\frac{150}{(s^2+6s+25)(s+6)}$，超调量 $\sigma_p\%=5.5\%$，调节时间 $t_s=1.4\text{s}$，如图 3-19（b）中 d 曲线。

d．忽略零极点的系统 $\frac{25}{s^2+6s+25}$，超调量 $\sigma_p\%=9.5\%$，调节时间 $t_s=1.2\text{s}$，如图 3-19（b）中 c 曲线。

由以上数据可知，由于零极点距离较近，无论是忽略零点，还是忽略零极点，都会造成对性能指标的估计误差，所以此时不能忽略零极点的影响。

综合上述分析，可以得出结论：一个不能忽略的闭环零点对系统的影响是使超调量加大，响应速度加快，这是由于零点具有微分作用；一个不能忽略的闭环极点对系统的影响是使超调量减小，调节时间增加，这是由于极点的滤波作用（或称为阻尼作用）。

3.2 控制系统的稳定性与稳态误差分析

稳定性是控制系统的重要性能，是系统正常工作的首要条件。控制系统在实际运行中，总会受到外界和内部一些因素的扰动，例如负载或能源的波动、环境条件的改变、系统参数的变化等。如果系统不稳定，当它受到扰动时，系统中各物理量就会偏离其平衡位置，并随时间推移而发散，即使扰动消失，也不可能恢复到原来的平衡状态。因此，如何分析系统的稳定性并提出保证系统稳定的措施，是控制理论的基本任务之一。常用的稳定性分析方法如下。

（1）劳斯—赫尔维茨（Routh-Hurwitz）判据。它根据系统特征方程来判断特征根在 S 平面的位置，从而决定系统的稳定性，这是一种代数判据方法。

（2）根轨迹法。它是根据系统开环传递函数以某个（或某些）参数为变量作出闭环系统的特征根在 S 平面的轨迹，从而全面了解闭环系统特征根随该参数的变化情况。由于它不是直接对系统特征方程求解，故而避免了数学计算的麻烦，但是，该求根方法带有一定的近似性。

（3）奈奎斯特（Nyquist）判据。它根据系统的开环频率特性确定闭环系统的稳定性，同样避免了求解闭环系统特征根的困难。这是一种在复变函数理论基础上建立起来的方法，在工程上得到了较广泛的应用。

（4）李雅普诺夫方法。以上几种方法主要适用于线性系统，而李雅普诺夫方法不仅适用于线性系统，更适用于非线性系统。这种方法是根据李雅普诺夫函数的特征来决定系统的稳定性的。

本节主要介绍劳斯—赫尔维茨稳定性判据。

3.2.1 稳定性的概念与稳定判据

稳定性的概念可由图 3-23 说明。考虑置于水平面上的圆锥体，其底部朝下时，若将它稍微倾斜，外作用力撤去后，经过若干次摆动，它仍会返回到原来状态。而当圆锥体尖部朝下放置时，由于只有一点能使圆锥体保持平衡，所以受到任何极微小的扰动后，它就会倾倒，如果没有外力作用，就再也不能回到原来的状态了。

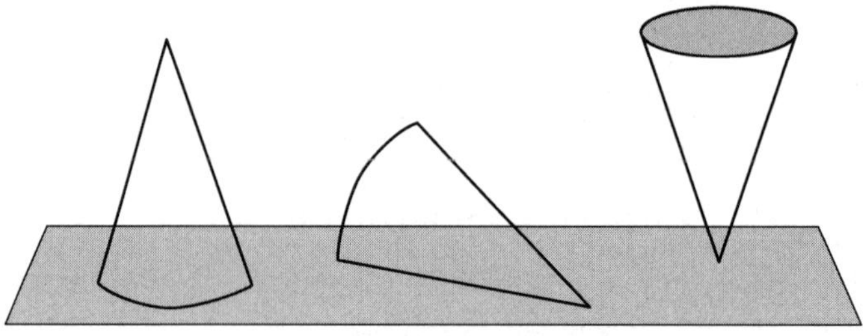

图 3-23 圆锥体的稳定性

根据以上讨论，可以将系统的稳定性定义为，系统在受到外作用力后，偏离正常工作点，而当外作用力消失后，系统能够返回到原来的工作点，则称系统是稳定的。

由第 3.1 节的讨论可知，系统的响应由稳态响应和瞬态响应两部分组成。输入量只影响稳态响应项，而系统本身的结构和参数，决定系统的瞬态响应项。瞬态响应项不外乎表现为衰减、临界振荡和发散三种情况之一，它是决定系统稳定性的关键。由于输入量只会影响到稳态响应项，并且二者具有相同的特性，即如果输入量 $r(t)$是有界的，即

$$|r(t)| < \infty, t \geqslant 0$$

则稳态响应项也必定是有界的。这说明对于稳定性的讨论可以归结为，系统在任何一个有界输入的作用下，其输出是有界的问题。

一个稳定的系统定义为，在有界输入的作用下，其输出响应也是有界的。这称为有界输入有界输出稳定，简称 BIBO 稳定。

线性闭环系统的稳定性可以根据闭环极点在 S 平面内的位置予以确定。如果单输入单输出线性系统由下述微分方程描述，即

$$a_n c^{(n)} + a_{n-1} c^{(n-1)} + \cdots + a_1 c^{(1)} + a_0 c = b_m r^{(m)} + b_{m-1} r^{(m-1)} + \cdots + b_1 r^{(1)} + b_0 r \tag{3-48}$$

则系统的稳定性由上式左端决定，或者说系统稳定性可由齐次微分方程式

$$a_n c^{(n)} + a_{n-1} c^{(n-1)} + \cdots + a_1 c^{(1)} + a_0 c = 0 \tag{3-49}$$

来分析。这时，在任何初始条件下，若满足

$$\lim_{t\to\infty} c(t) = \lim_{t\to\infty} c^{(1)}(t) = \cdots = \lim_{t\to\infty} c^{(n-1)}(t) = 0 \tag{3-50}$$

则称系统是稳定的。

为了决定系统的稳定性，可求出式（3-49）的解。由数学知识可知，式（3-49）的特征方程式为

$$a_n s^n + a_{n-1} s^{n-1} + \cdots + a_1 s + a_0 = 0 \tag{3-51}$$

设该式有 k 个实根$-p_i$（i=1，2，…，k），r 对共轭复数根（$-\sigma_i \pm \mathrm{j}\omega_i$）（$i$=1，2，…，$r$），$k+2r=n$，则式（3-49）的通解为

$$c(t) = \sum_{i=1}^{k} C_i \mathrm{e}^{-p_i t} + \sum_{i=1}^{r} \mathrm{e}^{-\sigma_i t} (A_i \cos \omega_i t + B_i \sin \omega_i t) \tag{3-52}$$

其中，系数 A_i、B_i、C_i 由初始条件决定。

从式（3-52）可知：

（1）若$-p_i<0$，$-\sigma_i<0$（极点都具有负实部），则式（3-50）成立，系统最终能恢复至平衡状态，所以系统是稳定的。但由于存在复数根的 $\omega_i \neq 0$，系统的运动是衰减振荡的；若 $\omega_i=0$，则系统的输出按指数曲线衰减。

（2）若$-p_i$ 或$-\sigma_i$ 中有一个或一个以上是正数，则式（3-50）不满足。当 $t\to\infty$ 时，$c(t)$将发散，系统是不稳定的。

（3）只要$-p_i$ 中有一个为零，或$-\sigma_i$ 中有一个为零（有一对虚根），则式（3-50）不满足。当 $t\to\infty$时，系统输出或者为常值，或者为等幅振荡，不能恢复原平衡状态，这时系统处于稳定的临界状态。

由上述分析，可以得出如下结论：

线性系统稳定的充分必要条件是所有特征根均为负实数，或具有负的实数部分。

由于系统特征方程的根在根平面上是一个点，所以上述结论又可以这样说：线性系统稳定的充分必要条件是所有特征根均在根平面的左半部分（见图 3-24）。

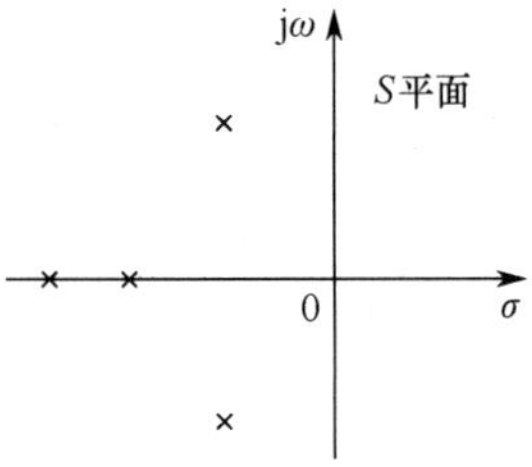

图 3-24　根平面

又由于系统特征方程的根就是系统的极点，所以系统稳定的充分必要条件就是所有极点均位于 S 平面的左半部分。

表 3-4 列举了几个简单系统稳定性的例子。需要指出的是，对于线性定常系统，由于系统特征方程的根是由特征方程的结构（方程的阶数）和系数决定的，因此，系统的稳定性与输入信号和初始条件无关，仅由系统的结构和参数决定。

表 3-4　系统稳定性的简单例子

系统特征方程及特征根	极点分布	单位阶跃响应	稳定性
$s^2+2\zeta\omega_n s+\omega_n^2=0$ $s_{1,2}=-\zeta\omega_n\pm j\omega_n\sqrt{1-\zeta^2}$ $0<\zeta<1$	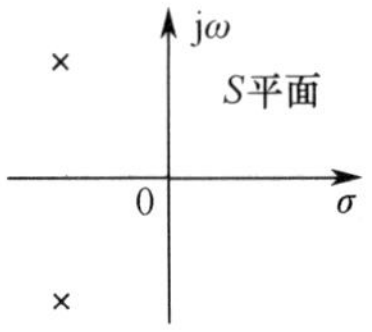	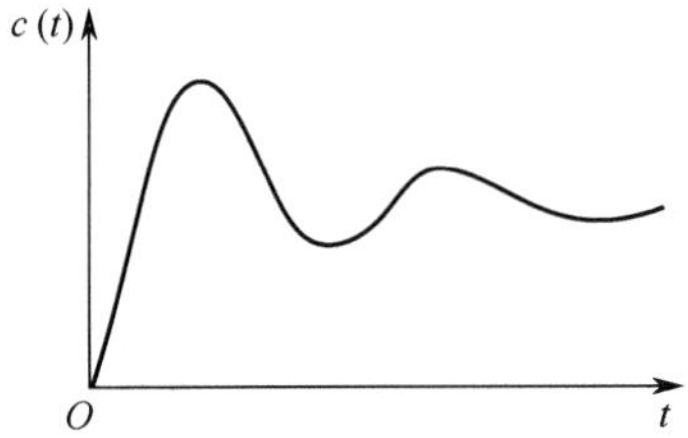 $c(t)=1-\frac{1}{\sqrt{1-\zeta^2}}e^{-\zeta\omega_n t}\sin(\omega_n t+\phi)$	稳定
$s^2+\omega_n^2=0$ $s_{1,2}=\pm j\omega_n$ $\zeta=0$	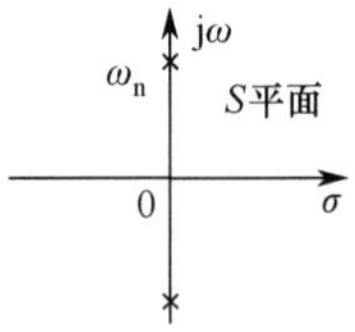	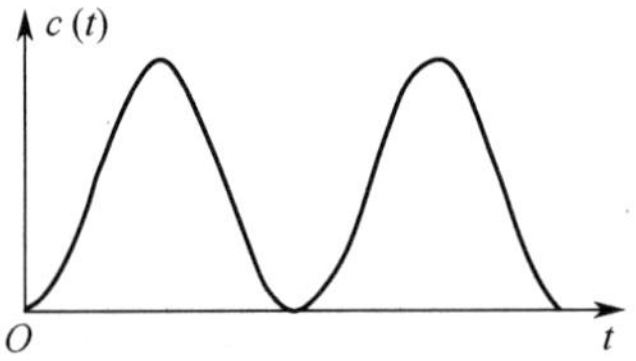 $c(t)=1-\cos\omega_n t$	临界 （属不稳定）
$s^2+2\zeta\omega_n s+\omega_n^2=0$ $s_{1,2}=-\zeta\omega_n\pm j\omega_n\sqrt{\zeta^2-1}$ $0>\zeta>-1$	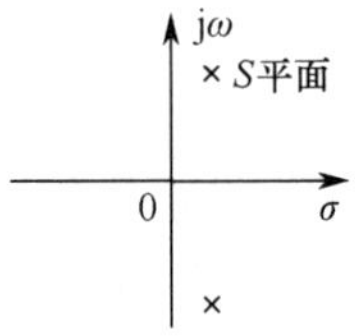	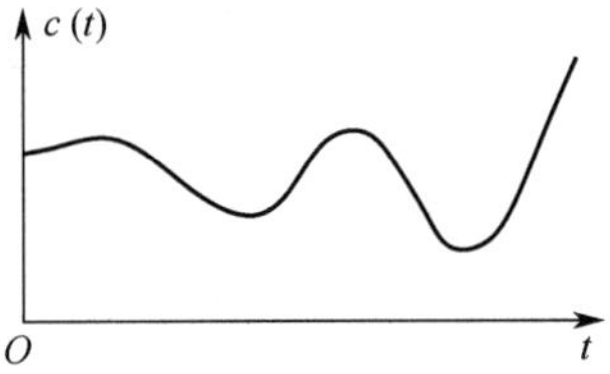 $c(t)=1-\frac{1}{\sqrt{1-\zeta^2}}e^{-\zeta\omega_n t}\sin(\omega_n t+\phi)$	不稳定
$Ts+1=0$ $s=-\frac{1}{T}$	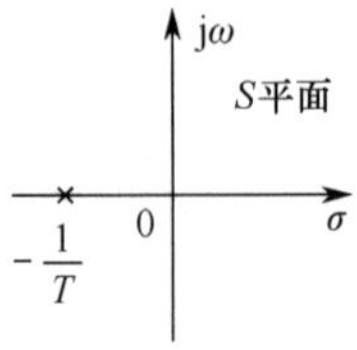	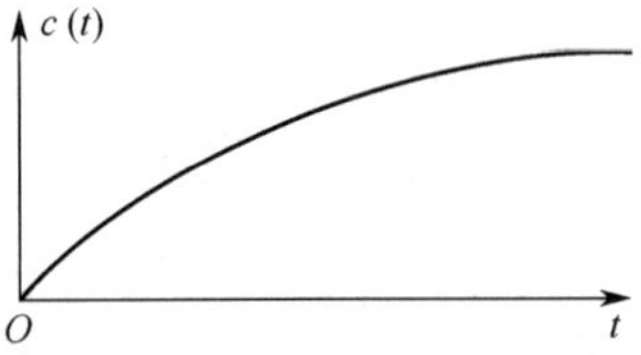 $c(t)=1-e^{-t/T}$	稳定

（续表）

系统特征方程及特征根	极点分布	单位阶跃响应	稳定性
$Ts-1=0$ $s=\frac{1}{T}$	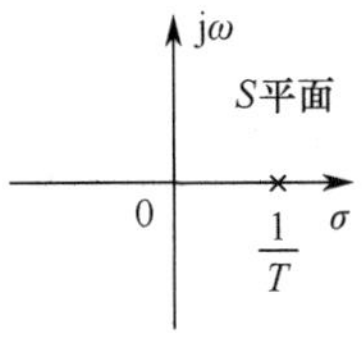	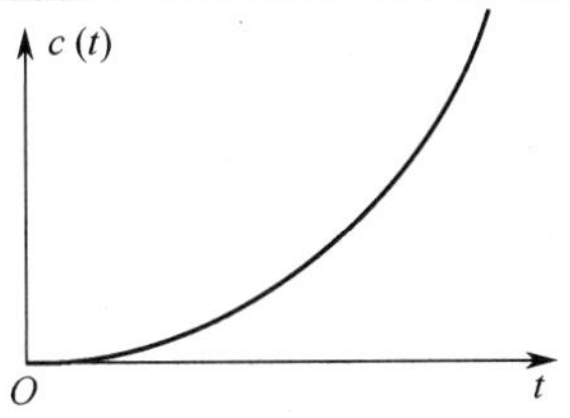 $c(t)=1-e^{-t/T}$	不稳定

如果系统中每个部分都可用线性常微分方程描述，那么当系统是稳定时，它在大偏差情况下也是稳定的；如果系统中有的元部件或装置是非线性的，经线性化处理后可用线性化方程来描述，那么当系统是稳定时，只能说这个系统在小偏差情况下是稳定的，而在大偏差时不能保证系统仍是稳定的。

上述提出的判断系统稳定性的条件是根据系统特征方程的根，假如特征方程的根能够求得，系统的稳定性自然能够断定。但是，要解四次或更高次的特征方程式，是相当麻烦的，往往需要借助数字计算机。因此，有人提出了在不求解特征方程式的情况下，确定特征方程根在 S 平面上分布的方法。

1. 系统稳定性的初步判别

已知系统的闭环特征方程为

$$D(s)=a_ns^n+a_{n-1}s^{n-1}+\cdots+a_1s+a_0=0 \tag{3-53}$$

其中，所有系数均为实数，且 $a_n>0$，则系统稳定的必要条件是系统特征方程的所有系数均为正数。

根据这一原则，在判别系统的稳定性时，可首先检查系统特征方程的系数是否都为正数，假如有任何系数为负数或等于零（缺项），则系统就是不稳定的。但是，如果特征方程的所有系数均为正数，并不能肯定系统是稳定的，还要做进一步的判别。因为上述原则只是系统稳定性的必要条件，而不是充分必要条件。

2. 劳斯判据

这是 1877 年由劳斯提出的代数判据。

（1）如系统特征方程式：

$$D(s)=a_ns^n+a_{n-1}s^{n-1}+\cdots+a_1s+a_0=0$$

设 $a_n>0$，即各项系数均为正数。

按特征方程的系数列写劳斯表：

$$\begin{array}{lllll}
s^n & a_n & a_{n-2} & a_{n-4} & \cdots \\
s^{n-1} & a_{n-1} & a_{n-3} & a_{n-5} & \cdots \\
s^{n-2} & b_1 & b_2 & b_3 & \cdots \\
s^{n-3} & c_1 & c_2 & c_3 & \cdots \\
\vdots & \vdots & \vdots & \vdots & \vdots \\
s^1 & d_1 & & & \\
s^0 & f_1 & & &
\end{array}$$

表中，$b_1=-\dfrac{1}{a_{n-1}}\begin{vmatrix} a_n & a_{n-2} \\ a_{n-1} & a_{n-3} \end{vmatrix}$，$b_2=-\dfrac{1}{a_{n-1}}\begin{vmatrix} a_n & a_{n-4} \\ a_{n-1} & a_{n-5} \end{vmatrix}$，$b_3=-\dfrac{1}{a_{n-1}}\begin{vmatrix} a_n & a_{n-6} \\ a_{n-1} & a_{n-7} \end{vmatrix}$，…

直至其余 b_i 项均为零。$c_1=-\dfrac{1}{b_1}\begin{vmatrix} a_{n-1} & a_{n-3} \\ b_1 & b_2 \end{vmatrix}$，$c_2=-\dfrac{1}{b_1}\begin{vmatrix} a_{n-1} & a_{n-5} \\ b_1 & b_3 \end{vmatrix}$，$c_3=-\dfrac{1}{b_1}\begin{vmatrix} a_{n-1} & a_{n-7} \\ b_1 & b_4 \end{vmatrix}$，…。

按此规律一直计算到 n−1 行为止。在上述计算过程中，为了简化数值运算，可将某一行中的各系数均乘以一个正数，不会影响稳定性结论。

（2）考查劳斯表第一列系数的符号。假如劳斯表中第一列系数均为正数，则该系统是稳定的，即特征方程所有的根均位于根平面的左半平面。假如第一列系数有负数，则第一列系数符号的改变次数等于在右半平面上根的个数。

（3）两种特殊情况。在劳斯表的计算过程中，如果出现下列两种特殊情况可做如下处理：

① 劳斯表中某一行的第一个系数为零，其余各系数不为零（或没有其余项），这时可用一个很小的正数 ε 代替这个零，从而使劳斯表可以继续运算下去（否则下一行将出现∞）。如果 ε 的上下两个系数均为正数，则说明系统特征方程有一对虚根，系统处于临界稳定状态；如果 ε 的上下两个系数的符号不同，则说明这里有一个符号变化过程，则系统不稳定，不稳定的根的个数由符号变化次数决定。

② 若劳斯表中某一行（设第 k 行）的所有系数均为零，则说明在根平面内存在一些大小相等，且关于原点对称的根。在这种情况下可做如下处理。

- 利用第 k−1 行系数构成辅助多项式，它的次数总是偶数的；
- 求辅助多项式对 s 的导数，将其系数构成新行，代替第 k 行；
- 继续计算劳斯表；
- 关于原点对称的根可通过令辅助多项式等于零求得。

3. 劳斯判据的应用

应用劳斯判据不仅可以判别系统的稳定性，即系统的绝对稳定性，还可以检验系统是否具有一定的稳定裕量，即相对稳定性。另外，劳斯判据还可用来分析系统参数对稳定性的影响和鉴别延滞系统的稳定性。

（1）稳定裕量的检验。

如图 3-25 所示，令

$$s=z-\sigma_1 \tag{3-54}$$

即把虚轴左移 σ_1。将式（3-54）代入系统的特征方程式，得以 z 为变量的新特征方程式，然后再检验新特征方程式有几个根位于新虚轴（垂直线 s=−σ_1）的右边。如果所有根均在新虚轴的左边（新劳斯表第一列均为正数），则说明系统具有稳定裕量 σ_1。

（2）分析系统参数对稳定性的影响。

设一单位反馈控制系统如图 3-26 所示，其闭环传递函数为

$$\Phi(s)=\frac{C(s)}{R(s)}=\frac{K}{s(s+1)(s+5)+K}$$

系统的特征方程式为

$$s^3+6s^2+5s+K=0$$

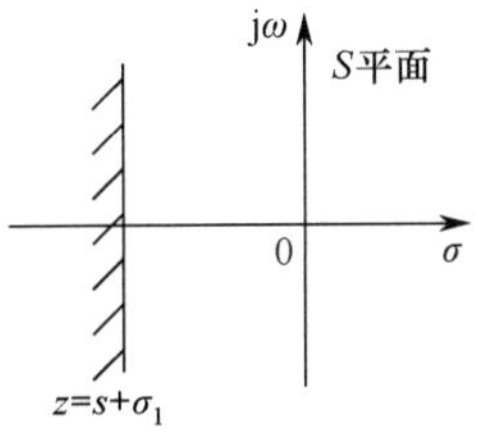

图 3-25　稳定裕量 σ_1

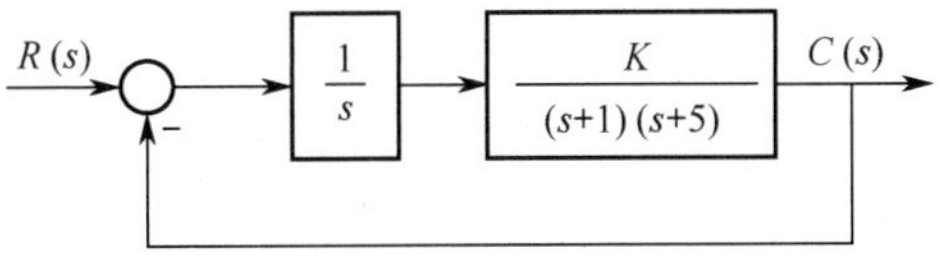

图 3-26　单位反馈控制系统

列写劳斯表

$$
\begin{array}{lll}
s^3 & 1 & 5 \\
s^2 & 6 & K \\
s^1 & (30-K)/6 & \\
s^0 & K &
\end{array}
$$

若要使系统稳定，其充要条件是劳斯表的第一列均为正数，即

$$K>0，30-K>0$$

所以，$0<K<30$，其稳定的临界值为 $K=30$。

由此可知，为保证系统稳定，系统的 K 值有一定限制。但为降低稳态误差，则要求较大的 K 值，两者是矛盾的。为了满足两方面的要求，必须采取校正的方法来处理。

（3）鉴别延滞系统的稳定性。

劳斯判据适用于系统特征方程式是 s 的高阶代数方程的场合，而包含延滞环节的控制系统，其特征方程式带有指数 $e^{-\tau s}$ 项。若应用劳斯判据来判别延滞系统的稳定性，则需要采用近似的方法处理。

如图 3-27 所示的延滞系统，其闭环传递函数为

$$\Phi(s)=\frac{Ke^{-\tau s}}{s(s+1)+Ke^{-\tau s}}$$

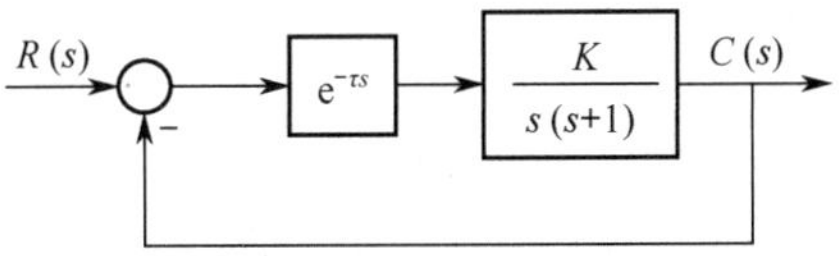

图 3-27　延滞系统

特征方程式为

$$s(s+1)+Ke^{-\tau s}=0 \tag{3-55}$$

若采用解析法来分析系统，首先需将指数函数 $e^{-\tau s}$ 用有理函数去近似。常用的指数函数近似法如下。

① 有限项简单有理函数的乘积近似。

$$e^{-\tau s}=\lim_{n\to\infty}\left(\frac{1}{1+\dfrac{\tau s}{n}}\right)^n \tag{3-56}$$

若取 n 为有限值，则

$$e^{-\tau s}=\left(\frac{1}{1+\dfrac{\tau s}{n}}\right)^n \tag{3-57}$$

即用 n 个具有同一实数极点的有理函数的乘积来近似指数函数。其中，n 值的选取与 τs 值有关，而 s 是指在分析问题时所感兴趣的 S 平面中某一区域的值。例如，在稳定性分析时，s 的

值就是对应于那些在 S 平面虚轴附近的特征根所在的区域。只要选取的 n 值使式（3-57）在该区域内成立，则近似分析就是正确的。

② 分式近似。

指数函数的泰勒级数为

$$e^{-\tau s}=1-\tau s+\frac{(\tau s)^2}{2!}-\frac{(\tau s)^3}{3!}+\cdots \tag{3-58}$$

因此，对式（3-55）所示的特征方程式，令

$$e^{-\tau s}=p(s)/q(s) \tag{3-59}$$

则

$$s(s+1)q(s)+Kp(s)=0 \tag{3-60}$$

选择 $q(s)$的阶次 n 比 $p(s)$的阶次 m 低 2 阶，使之尽可能少增加特征方程式的次数。

选 n=1，m=3，Pade 近似式为

$$e^{-\tau s}=\frac{1-\frac{3}{4}\tau s+\frac{2}{4}\frac{(\tau s)^2}{2!}-\frac{1}{4}\frac{(\tau s)^3}{3!}}{1+\frac{1}{4}\tau s}$$

设 $\tau=1\,\text{s}$，将上式代入式（3-55）得

$$s(s+1)(1+\frac{1}{4}s)+K(1-\frac{3}{4}s+\frac{1}{4}s^2-\frac{1}{24}s^3)=0$$

或

$$\left(\frac{1}{4}-\frac{1}{24}K\right)s^3+\left(\frac{5}{4}+\frac{K}{4}\right)s^2+\left(1-\frac{3}{4}K\right)s+K=0$$

应用劳斯判据可求出 K 的临界值为 1.13，而实际上 K 的准确值为 1.14。所以应用 Pade 近似式可以不增加分析的复杂程度，仍能保证有较好的近似性。

应用上述分析方法的缺点是：只有应用近似式后，才能确定需要的近似准确度，同时随着近似程度的提高，多项式的阶次也将随之增加，分析会显得愈加复杂。

从上述分析可以看出，因为系统具有延滞性，大大降低了系统的稳定性（当 τ=0 时，则 K 为任何正值，系统均能稳定）。

3.2.2 控制系统的稳态误差

控制系统的稳态误差，是系统控制准确度（控制精度）的一种度量，它表达了系统实际输出值与希望输出值之间的最终偏差，通常称为稳态性能。在控制系统设计中，稳态误差是一项重要的技术指标。对于一个实际的控制系统，由于系统结构、输入作用的类型（控制量或扰动量）、输入函数形式（阶跃、斜坡或加速度）的不同，控制系统的稳态输出不可能在任何情况下都与输入量一致或相当，也不可能在任何形式的扰动作用下都能准确地恢复到平衡位置。此外，控制系统中不可避免地存在摩擦、间隙、不灵敏区、零位输出等非线性因素，这些都会造成附加的稳态误差。可以说，控制系统的稳态误差是不可避免的，控制系统设计的任务之一是尽量减小系统的稳态误差，或者使稳态误差小于某个容许值。显然，只有当系统稳定时，研究稳态误差才有意义；对于不稳定的系统而言，根本不存在研究稳态误差的可能性。

系统对典型输入信号（包括扰动信号）作用下的稳态误差是有要求的，稳态误差超过规

定，系统就不能准确地完成任务。实际上，由于系统固有的结构和特性，决定了系统在不同输入信号作用下，会有不同的稳态误差。同时，系统静态特性不稳定和参数变化等因素也会导致系统产生一定的稳态误差。有时，把在阶跃函数作用下没有原理性稳态误差的系统，称为无差系统；而把具有原理性稳态误差的系统，称为有差系统。本节主要研究具有不同结构或不同传递函数的系统在不同的输入信号作用下产生的稳态误差，以及参数变化对系统稳态响应的影响，相应地如何降低系统的稳态误差等内容。

1. 稳态误差的概念

如图 3-28 所示，对于单位反馈系统或随动系统，稳态误差定义为

$$e_{ss}=e(\infty)=\lim_{t\to\infty}e(t)=\lim_{t\to\infty}[r(t)-c(t)] \tag{3-61}$$

它表示系统稳定时实际输出值与希望输出值之间的偏差。

有很多系统是非单位反馈系统，如图 3-29 所示，这时，稳态误差可以定义为

$$e_{ss}=e(\infty)=\lim_{t\to\infty}e(t)=\lim_{t\to\infty}[r(t)-b(t)] \tag{3-62}$$

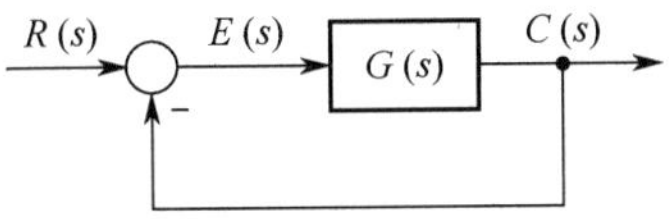

图 3-28　单位反馈系统

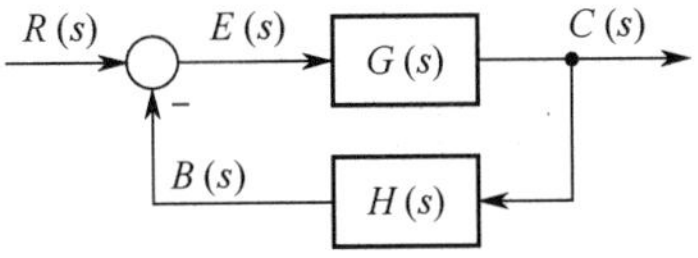

图 3-29　非单位反馈系统

实际上，单位反馈系统可以看成非单位反馈系统的一种特例，此时的 $H(s)=1$。所以，按照非单位反馈系统定义系统的误差 $e(t)$更具一般性，即

$$e(t)=r(t)-b(t) \quad 或 \quad E(s)=R(s)-B(s) \tag{3-63}$$

容易求得误差信号 $e(t)$与输入信号 $r(t)$之间的传递函数为

$$\frac{E(s)}{R(s)}=\frac{1}{1+G(s)H(s)} \tag{3-64}$$

根据终值定理，稳定系统的稳态误差为

$$e_{ss}=\lim_{t\to\infty}e(t)=\lim_{s\to 0}sE(s)=\lim_{s\to 0}\frac{sR(s)}{1+G(s)R(s)} \tag{3-65}$$

由式（3-65）可知，稳态误差与输入信号和系统的结构、参数有关。图 3-30 给出了某一系统在不同典型输入信号作用下的响应曲线。由图可知，系统在典型信号作用下能正常工作，稳态误差 e_{ss} 维持在一定范围，但在另一种典型信号作用下稳态误差 e_{ss} 很大，甚至随着时间越来越大，则系统就不能正常工作。所以，在规定稳态误差要求时，要指明输入信号的类型。

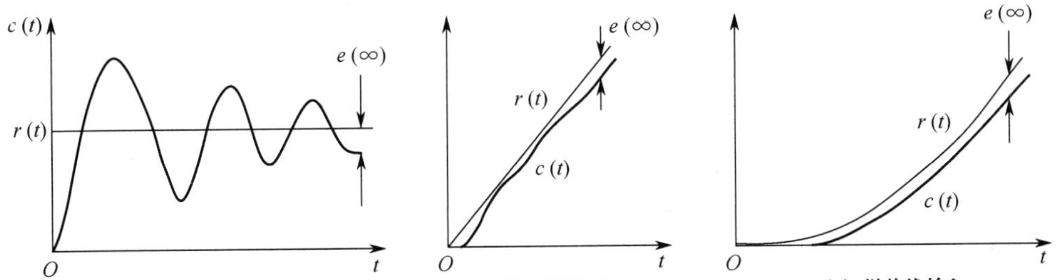

(a) 阶跃输入　(b) 斜坡输入　(c) 抛物线输入

图 3-30　不同典型信号作用下的稳态误差

当输入信号的形式确定后，系统的稳态误差将只取决于系统的结构和参数。

2. 稳态误差的计算

若控制系统的开环传递函数为

$$G_k(s)=G(s)H(s)=\frac{K(T_1s+1)(T_2s+1)\cdots(T_ms+1)}{s^N(T_as+1)(T_bs+1)\cdots(T_ns+1)}$$

则说明系统有 N 个积分环节串联。因为系统的类型常按其开环传递函数中串联积分环节的数目分类，所以称此系统为 N 型系统，当 N=0，1，2，…，N 时，则分别称之为 0 型、Ⅰ型、Ⅱ型、…、N 型系统。增加型数，可使系统精度有所提高，但对稳定性不利，实际系统中 $N\leqslant 2$。$G_k(s)$的其他零极点，对分类没有影响。

1）单位阶跃输入时的稳态误差

设系统输入为单位阶跃信号，按式（3-65），系统的稳态误差为

$$e_{ss}=\lim_{s\to 0}\frac{s}{1+G(s)R(s)}\times\frac{1}{s}=\frac{1}{1+G(0)R(0)} \tag{3-66}$$

令 $K_p=\lim\limits_{s\to 0}G(s)H(s)$ 为位置误差系数，它实际上等于系统的开环放大系数，因此

$$e_{ss}=\frac{1}{1+K_p} \tag{3-67}$$

对于 0 型系统，N=0，则

$$K_p=\lim_{s\to 0}\frac{K(T_1s+1)(T_2s+1)\cdots}{(T_as+1)(T_bs+1)\cdots}=K\ （开环放大系数），\quad e_{ss}=\frac{1}{1+K_p}$$

对于Ⅰ型或Ⅰ型以上的系统，$N\geqslant 1$，则

$$K_p=\lim_{s\to 0}\frac{K(T_1s+1)(T_2s+1)\cdots}{s^N(T_as+1)(T_bs+1)\cdots}=\infty,\quad e_{ss}=0$$

上述分析表明，由于 0 型系统中没有积分环节，对阶跃输入的稳态误差为一定值，其值基本上与系统开环放大系数 K 成反比，K 越大，e_{ss} 越小，但总有误差，除非 K 为无穷大。所以这种没有积分环节的 0 型系统，又常称为有差系统。

对于实际系统，通常允许存在稳态误差，只要它不超过规定指标即可。所以有时为了降低稳态误差，常在允许的稳态条件下，增大 K_p 或 K。若要求系统对阶跃输入的稳态误差为零，则系统必须是Ⅰ型或Ⅰ型以上的，即前向通道中必须有积分环节。

2）单位斜坡输入时的稳态误差

当参考输入为单位斜坡信号时，系统的稳态误差为

$$e_{ss}=\lim_{s\to 0}\frac{s}{1+G(s)R(s)}\times\frac{1}{s^2}=\lim_{s\to 0}\frac{1}{sG(s)R(s)} \tag{3-68}$$

令 $K_v=\lim\limits_{s\to 0}sG(s)R(s)$ 为速度误差系数，故

$$e_{ss}=\frac{1}{K_v} \tag{3-69}$$

对于 0 型系统，N=0，则

$$K_v=\lim_{s\to 0}s\frac{K(T_1s+1)(T_2s+1)\cdots}{(T_as+1)(T_bs+1)\cdots}=0,\quad e_{ss}=\infty$$

对于 I 型系统，N=1，则

$$K_v = \lim_{s\to 0} s\frac{K(T_1s+1)(T_2s+1)\cdots}{s(T_as+1)(T_bs+1)\cdots} = K\text{，}\quad e_{ss} = \frac{1}{K_v}$$

对于 II 型或高于 II 型的系统，N≥2，则

$$K_v = \lim_{s\to 0} s\frac{K(T_1s+1)(T_2s+1)\cdots}{s^N(T_as+1)(T_bs+1)\cdots} = \infty\text{，}\quad e_{ss} = 0$$

上述分析表明，0 型系统对于等速度输入（斜坡输入）不能紧跟，最后稳态误差为∞。具有单位反馈的 I 型系统，其输出能跟踪等速度输入，但总有一定误差，为使稳态误差不超过系统的规定值，K 值必须足够大。对于 II 型或高于 II 型的系统，稳态误差为零，这种系统有时称为二阶无差系统。

所以对于等速度输入信号，要使系统稳态误差一定为零，必须使 N≥2，即必须有足够的积分环节数。

3）单位抛物线信号（等加速度信号）输入时的稳态误差

已知 $r(t)=\frac{1}{2}t^2(t>0)$，所以稳态误差

$$e_{ss} = \lim_{s\to 0}\frac{s}{1+G(s)R(s)}\times\frac{1}{s^3} = \lim_{s\to 0}\frac{1}{s^2G(s)R(s)} \tag{3-70}$$

令 $K_a = \lim_{s\to 0} s^2G(s)R(s)$ 为加速度误差系数，故

$$e_{ss} = \frac{1}{K_a} \tag{3-71}$$

对于 0 型或 I 型系统，N=0 或 N=1，则

$$K_a = \lim_{s\to 0} s^2\frac{K(T_1s+1)(T_2s+1)\cdots}{s^N(T_as+1)(T_bs+1)\cdots} = 0\text{，}\quad e_{ss} = \infty$$

对于 II 型系统，N≥2，则

$$K_a = \lim_{s\to 0} s^2\frac{K(T_1s+1)(T_2s+1)\cdots}{s^2(T_as+1)(T_bs+1)\cdots} = K\text{，}\quad e_{ss} = \frac{1}{K_a}$$

对于III型或高于III型的系统，N≥3，则

$$K_a = \infty\text{，}\quad e_{ss} = 0$$

所以当输入为单位抛物线信号时，0 型或 I 型系统都不能满足要求，II 型系统能工作，但要有足够大的 K_a 或 K。只有III型或III型以上的系统，当它为单位反馈时，系统输出才能紧跟输入，且稳态误差为零。但必须指出，当前向通道积分环节数增多时，会降低系统的稳定性。

当输入信号是上述典型信号的组合时，为使系统满足稳态响应的要求，N 值应按最复杂的输入信号来选定（例如输入信号包含有阶跃和等速度信号时，N 值必须不小于 1）。

综上所述，表 3-5 概括了不同输入信号作用下不同型别系统的稳态误差。

表 3-5　系统的稳态误差 e_{ss}

系统型别	阶跃输入 $r(t)=1$	斜坡输入 $r(t)=t$	加速度输入 $r(t)=t^2/2$
0 型	$\frac{1}{1+K}$	∞	∞

（续表）

系统型别	阶跃输入 $r(t)=1$	斜坡输入 $r(t)=t$	加速度输入 $r(t)=t^2/2$
Ⅰ型	0	$\frac{1}{K}$	∞
Ⅱ型	0	0	$\frac{1}{K}$

3．主扰动输入引起的稳态误差

一般情况下，系统除了受到输入信号的作用，还可能承受各种扰动信号的作用，如系统负载的变化、海浪的扰动、工况引起的参数变化等。在这些扰动信号的作用下，系统也将产生稳态误差，称为扰动稳态误差。

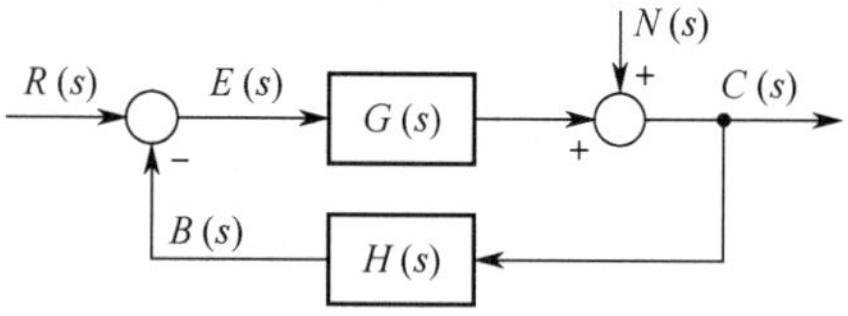

图 3-31　主扰动的影响

通常认为系统的负载变化往往是系统的主要扰动，假设扰动 $N(s)$的作用点如图 3-31 所示，现在分析它对输出或稳态误差的影响。

由于

$$C(s)=N(s)+G(s)E(s)=N(s)+G(s)[R(s)-H(s)C(s)]$$

所以

$$C(s)=\frac{1}{1+G(s)H(s)}N(s)+\frac{G(s)}{1+G(s)H(s)}R(s) \tag{3-72}$$

其中，右端第一项为扰动 $N(s)$对输出的影响。由于要研究 $N(s)$的影响，故可认为 $R(s)=0$，所以

$$C(s)=\frac{1}{1+G(s)H(s)}N(s)$$

其中，$\frac{1}{1+G(s)H(s)}$为输出与扰动之间的传递函数。误差信号与扰动信号之间的关系为

$$E(s)=-H(s)C(s)=-\frac{H(s)}{1+G(s)H(s)}N(s)$$

稳态时

$$e_{ss}=\lim_{s\to 0}sE(s)=\lim_{s\to 0}\frac{-H(s)}{1+G(s)H(s)}sN(s)$$

若扰动为单位阶跃信号 $n(t)=1(t)$，则

$$e_{ss}=\frac{-H(0)}{1+G(0)H(0)}\approx-\frac{1}{G(0)}$$

由此可见，在扰动作用点以前的系统前向通道 $G(s)$中的放大系数越大，则由扰动引起的稳态误差就越小。对于无差系统，即型别为Ⅰ型或Ⅰ型以上的系统，$G(0)=\infty$，扰动不影响稳态响应。所以，为了降低扰动引起的稳态误差，常采用增大扰动点以前的前向通道放大系数或在扰动点以前引入积分环节的方法，但是，这样会给系统稳定工作带来困难。

4．降低稳态误差的措施

为使稳态误差满足要求，以上分析中给出了可以采取的措施，并指出了降低误差与系统稳定性之间的矛盾。概括起来，降低稳态误差的措施如下。

（1）增大系统开环放大系数可以增强系统对参考输入的跟踪能力；增大扰动作用点之前前向通道的放大系数可以降低扰动引起的稳态误差。增大开环放大系数是一种降低稳态误差最有效、最简单的办法，它可以用增加放大器或提高信号电平的方法来实现。

（2）增加前向通道中积分环节个数，使系统型别提高，可以消除不同输入信号的稳态误差。但是，增加前向通道中积分环节个数，或增大开环放大系数，都会使闭环传递函数的极点发生变化，导致系统的稳定性降低，甚至造成系统不稳定，所以为了保证系统的稳定性，必须同时对系统进行校正。

（3）保证元件有一定的精度和稳定的性能，尤其是反馈通道元件。

（4）如果作用于系统的主要干扰可以测量，则采用复合控制来降低系统误差，消除扰动影响，是一种很有效的办法。图 3-32 表示了一个按输入反馈——按扰动顺馈的复合控制系统，图中 $G(s)$为受控对象的传递函数，$G_c(s)$为控制器的传递函数，$G_n(s)$为干扰信号 $N(s)$影响系统输出的干扰通道的传递函数，$G_N(s)$为顺馈控制器的传递函数。如果扰动量是可测的，并且 $G_n(s)$已知，则可通过适当选择 $G_N(s)$以达到消除扰动所引起的误差的目的。

按系统结构框图可求出 $C(s)$对 $N(s)$的传递函数

$$C(s)=\frac{G_n(s)+G(s)G_N(s)}{1+G(s)G_c(s)H(s)}N(s)$$

若取 $G_N(s)$使 $G_n(s)+G(s)G_N(s)=0$，即

$$G_N(s)=-\frac{G_n(s)}{G(s)}$$

则可消除扰动对系统的影响，其中包括对稳态响应的影响，从而提高系统的精度。

由于顺馈控制是开环控制，精度受限，且对参考输入引起的响应没有作用，所以为满足系统对参考输入响应的要求，以及为消除或降低其他扰动的影响，在复合控制系统中还需借助反馈和恰当选取 $G_c(s)$来满足要求。

为了提高系统对参考输入的跟踪能力，也可按参考输入顺馈来消除或降低误差。其原理与按扰动顺馈相同，如图 3-33 所示，只是 $G_N(s)$输入的不是 $N(s)$而是 $R(s)$。此时确定传递函数 $G_N(s)$的方法，是使系统在参考输入作用下的误差为零。按系统结构框图，可求出 $E(s)$对 $R(s)$的传递函数

$$E(s)=\frac{1-G(s)G_N(s)H(s)}{1+G(s)G_c(s)H(s)}R(s)$$

令$1-G(s)G_N(s)H(s)=0$，即

$$G_N(s)=\frac{1}{G(s)H(s)}$$

则可以消除由参考输入所引起的误差。

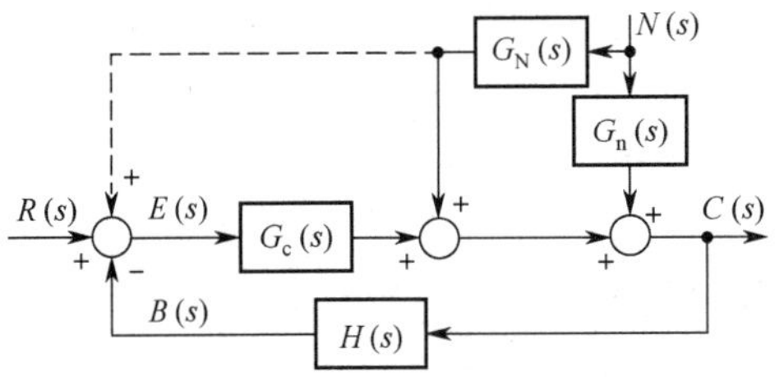

图 3-32　复合控制系统

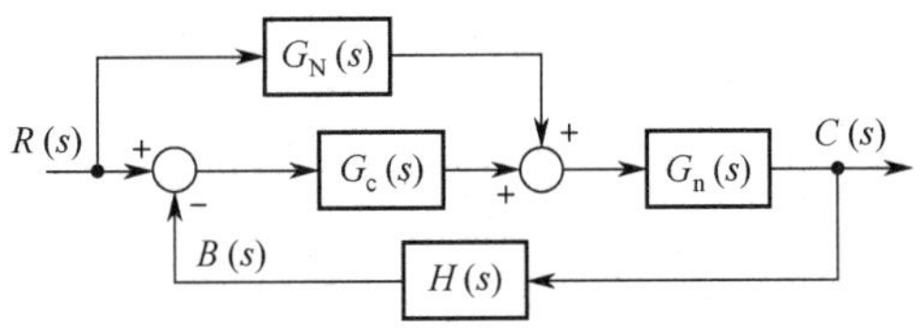

图 3-33　按参考输入顺馈的复合控制系统

3.3 身管武器瞄控系统的时域性能分析

身管武器瞄控系统的性能是保证其发挥战术技术效能的重要因素，因此，分析身管武器瞄控系统的性能具有重要的军事应用价值。

已知某型舰炮武器瞄控系统的闭环传递函数为

$$\Phi(s)=\frac{500(1+0.302s)}{10^{-4}(s^5+72.58s^4+8590s^3+195600s^2+1822000s+1\times10^6K)} \tag{3-73}$$

其中，K 为某放大器的系数，接下来研究该瞄控系统的性能。

1. 稳定性分析

稳定是身管武器瞄控系统的重要性能，也是系统能够正常运行的首要条件。首先，利用劳斯稳定判据确定系统稳定时系数 K 的取值范围。

该型舰炮武器瞄控系统的特征方程为

$$D(s)=s^5+72.58s^4+8590s^3+195600s^2+1822000s+1\times10^6K=0 \tag{3-74}$$

根据特征方程的系数列写劳斯表，即

s^5	1	8590	1822000
s^4	72.58	195600	1×10^6K
s^3	5895	$1822000-\dfrac{1\times10^6K}{72.58}$	
s^2	$193356+\dfrac{1\times10^6K}{5895}$	1×10^6K	
s^1	$\dfrac{10^6(-2.34K^2-2.63\times10^3K+3.52\times10^4)}{193356+169.64K}$		
s^0	$1822000-\dfrac{1\times10^6K}{72.58}$		

由劳斯表可知，要使系统稳定，必须使

$$\frac{10^6(-2.34K^2-2.63\times10^3K+3.52\times10^4)}{193356+169.64K}>0,\quad 182200-\frac{1\times10^6K}{72.58}>0 \tag{3-75}$$

即必须有 $0<K<13.2$，系统才能稳定。

下面取 K=7，由 MATLAB 编程验证系统的零极点分布情况。

```
num=[151 500]; den=[1 72.58 8590 195600 1822000 7000000];G=tf(num,den); h=zpk(G);
[z, p, k]=zpkdata(h,'v');  pzmap(num,den);grid on; title('Poles and zeros map')
```

执行上述程序，可得系统的极点为 p_1=−23.5 + 81.2i，p_2=−23.5 + 81.2i，p_3=−11.3，p_4=−7.2 + 5.9i，p_5=−7.2 − 5.9i。零点 z=−3.31。

瞄控系统零极点分布图如图 3-34 所示，可知系统极点全部位于 S 平面左侧，即系统是稳定的。

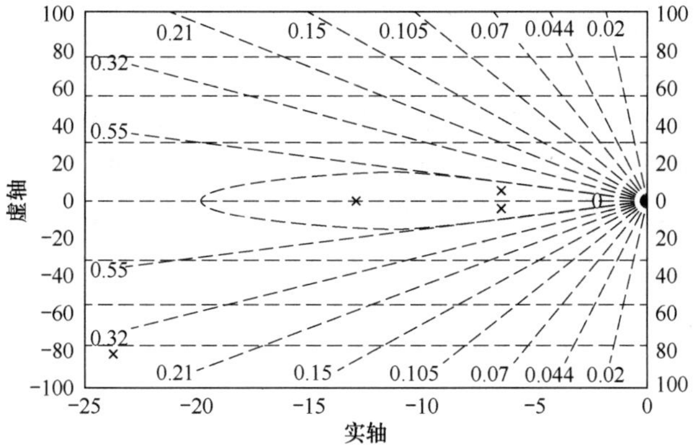

图 3-34　瞄控系统零极点分布图

2. 瞬态性能分析

研究舰炮武器瞄控系统在阶跃信号作用下的响应。这里采用两种方法计算系统的阶跃响应。

方法一 首先对响应函数的 Laplace 变换进行部分分式展开，然后查表求得系统在单位阶跃输入作用下的响应。当输入信号为阶跃函数时，$R(s)=1/s$，那么输出 $C(s)$为

$$C(s)=\Phi(s)R(s)=\frac{500(1+0.302s)}{10^{-4}(s^5+72.58s^4+8590s^3+195600s^2+1822000s+7\times10^6)}\frac{1}{s}$$

$$=\frac{500(1+0.302s)}{10^{-4}(s^6+72.58s^5+8590s^4+195600s^3+1822000s^2+7\times10^6 s)}$$

当式（3-74）没有重根时，其部分分式展开形式为

$$C(s)=\frac{C_1}{s-p_1}+\frac{C_2}{s-p_2}+\frac{C_3}{s-p_3}+\frac{C_4}{s-p_4}+\frac{C_5}{s-p_5}+k_s$$

下面调用 MATLAB 中的 residue 函数来进行部分分式展开。

由[*C*,*p*,*k*]=residue(500×[0.302 1],1e-4×[1 72.58 8590 195600 1822000 7e6 0])可得系统的特征根及展开式系数，从而得到系统的部分分式展开式为

$$C(s)=\frac{0.0137-0.0091\mathrm{i}}{s+23.4754-81.159\mathrm{i}}+\frac{0.0137+0.0091\mathrm{i}}{s+23.4754+81.159\mathrm{i}}+\frac{3.0281}{s+11.278}+\frac{-1.8849-0.5263\mathrm{i}}{s+7.1755-5.9554\mathrm{i}}+\frac{-1.8849-0.5263\mathrm{i}}{s+7.1755+5.9554\mathrm{i}}+\frac{0.7143}{s} \tag{3-76}$$

对该式求 Laplace 反变换，可得系统的阶跃响应为

$$c(t)=0.7143+(0.0137-0.0091\mathrm{i})\mathrm{e}^{-(23.4754-81.159\mathrm{i})t}+(0.0137+0.0091\mathrm{i})\mathrm{e}^{-(23.4754+81.159\mathrm{i})t}+3.0281\mathrm{e}^{-11.278t}+(-1.8849-0.5263\mathrm{i})\mathrm{e}^{-(7.1755-5.9554\mathrm{i})t}+(-1.8849+0.5263\mathrm{i})\mathrm{e}^{-(7.1755+5.9554\mathrm{i})t} \tag{3-77}$$

方法二 由系统的闭环传递函数和 MATLAB 工具箱中的 step 函数求出系统在单位阶跃输入作用下的响应。

系统的闭环传递函数为

$$\Phi(s)=\frac{500(1+0.302s)}{10^{-4}(s^5+72.58s^4+8590s^3+195600s^2+1822000s+7\times10^6)} \tag{3-78}$$

由 step(500×[0.302 1]，1e-4×[1 72.58 8590 195600 1822000 7e6])可得系统在单位阶跃输入作用下的响应曲线。两种方法得到的响应曲线如图 3-35 所示，由图知，两种方法得到的结果完全一致。由于极点 $p_{1,2}$=−23.4754±81.159i 较大，忽略该极点对系统响应的贡献，有

$$c_1(t)=0.7143+3.0281\mathrm{e}^{-11.278t}+(-1.8849-0.5263\mathrm{i})\mathrm{e}^{-(7.1755-5.9554\mathrm{i})t}+(-1.8849+0.5263\mathrm{i})\mathrm{e}^{-(7.1755+5.9554\mathrm{i})t}$$

图 3-36 给出了忽略该极点后系统的阶跃响应，可知，忽略该极点后系统的响应只是在起始阶段比原响应低 0.028。这表明在一定精度要求范围内，该 5 阶系统可以用 3 阶系统近似。

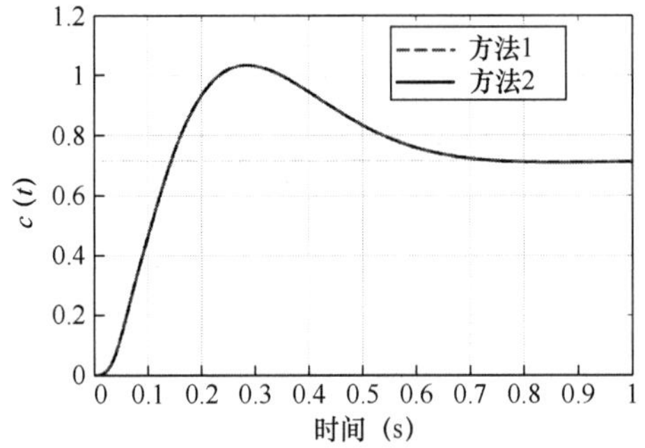

图 3-35　系统的阶跃响应曲线

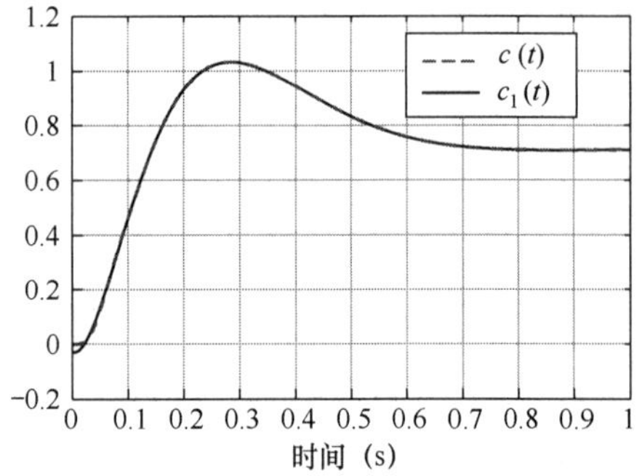

图 3-36　忽略极点前后系统的阶跃响应

3. 稳态性能分析

对舰炮武器瞄控系统而言，稳态误差是一项重要指标，它直接影响舰炮的命中率，因此，分析稳态误差也很重要。稳态误差是指系统达到稳态以后的误差，此误差通常包括系统原理结构中的线性误差和元件中的非线性误差。

由系统的闭环传递函数式（3-73）知，该瞄控系统是一阶无差系统，在舰炮进行等速跟踪时，必定存在线性速度误差 θ_ω，其大小为

$$\theta_\omega=C_1\omega_{\max}=\frac{\omega_{\max}}{K_0} \tag{3-79}$$

其中，C_1 为系统的速度误差系数；$\omega_{\max}$ 为舰炮的最大瞄准速度；K_0 为系统的开环放大系数。

对于方位角瞄准随动系统，系统的开环传递函数为

$$G(s)=\frac{500\times(1+0.302s)}{10^{-4}s(s^4+72.58s^3+8590s^2+195600s+10000)}$$

可知，K_0=500/s。

若 $\omega_{\max}$=24° /s=400 mil/s，将其代入式（3-79），可得 θ_ω=400/500=0.8 mil。

身管武器瞄控系统的总误差包括线性误差和非线性因素引起的误差。至于由非线性因素引起的误差，主要包括自整角机非线性因素产生的误差、折合到电动机轴上的静阻力矩所引起的误差、电机放大器剩磁引起的误差及电子管放大器的不灵敏区所产生的静态误差等，这些误差的分析计算可参阅相关的教材和文献。

3.4 导弹横滚控制系统的分析与设计

导弹在空间的运动是俯仰、偏航和横滚三种运动相耦合的动力学过程，由一组复杂的多

变量、非线性、变系数微分方程描述。为精确寻的，需要按照导引指令，对导弹的俯仰、偏航运动进行分别控制，而只有存在品质良好的横滚稳定回路，才能使上述三种运动分离，将复杂的六自由度运动控制问题转化为对俯仰、偏航和横滚运动的解耦控制，正确实施导引指令。因此，横滚稳定回路的性能是实现导弹精确寻的的保障。

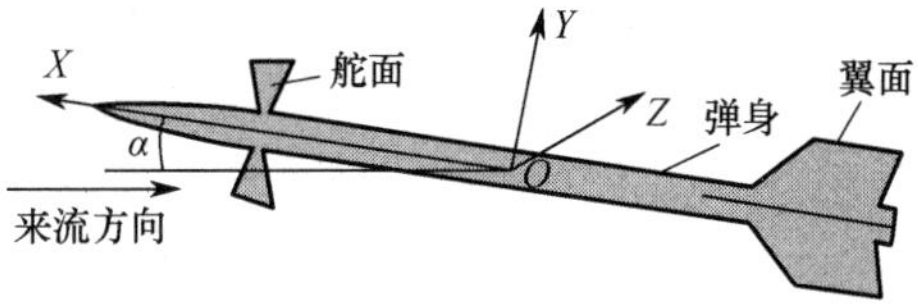

图 3-37　导弹飞行示意图

3.4.1　横滚控制系统设计要求的分析

设计控制导弹横滚运动的控制系统，需要重点考虑的设计模块如图 3-38 所示。首先考虑处于稳定水平飞行状态时，导弹侧向运动的动力学建模问题。在这种情况下，只需要考虑导弹的前向速度。导弹运动（含平动和转动）的精确模型是一组高度非线性的、时变的耦合微分方程。

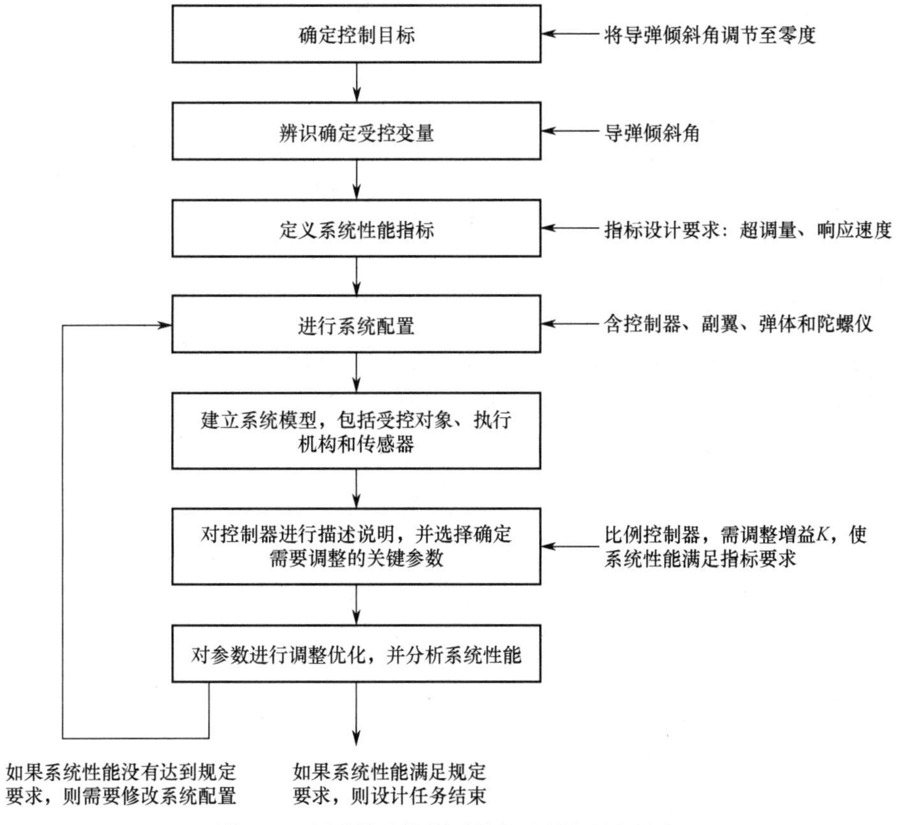

图 3-38　导弹横滚控制系统的分析与设计流程

分析设计导弹横滚控制系统需要建立一个简化的动力学模型。该模型要给出副翼偏转角度（输入信号）和导弹倾斜角（输出信号）之间的传递函数，只有基于非线性、高精度的原始模型，进行大量的合理的简化，才能够获得简化后的传递函数模型。

首先，假定导弹是完全刚性和左右对称的，导弹的巡航速度为低超音速（小于 3 马赫），从而可将地球表面视为平面。此外，还要忽略由于导弹自旋质量（例如，推进器或者涡轮发动机等）导致的转子陀螺效应。基于这些假设，可以将导弹的纵向运动（俯仰）和横向运动（横滚或偏航）解耦。此外，还必须考虑非线性运动方程的线性化处理。为此，这里只能考虑导弹的稳定飞行状态，例如，稳定水平状态、稳定转弯飞行状态、稳定对称拉升状态、稳定横滚状态。

由于假定导弹处于低速稳定水平飞行状态，设计自动驾驶仪用于控制导弹的横滚运动，因此，具体控制目标为：将导弹的倾斜角调节为 0°（稳定水平飞行状态），并在受到未知干扰信号的影响时，导弹仍然能够维持稳定水平飞行状态。由此可以得到系统的受控变量为：导弹的倾斜角 ϕ。

确定导弹控制系统的性能指标设计要求是一项非常复杂的工作，此处无法详述。确定合理实用的设计要求，本质上还具有主观性的特点，工程人员已为此付出了大量艰辛的努力。原则上讲，控制系统的设计目的，就是使主导闭环系统的极点能够导致满意的固有频率和阻尼比。为此，必须选择合适的典型输入信号，并严格定义“满意”的内涵。

为便于分析，在稳定水平状态下，可以将自动驾驶仪控制系统的初始设计要求规定为：当输入为阶跃信号时，系统的超调量为 20%，尽可能降低系统响应的振荡，并尽可能提高系统的响应速度（缩短峰值时间）。接下来，就需要按照这一性能指标设计要求，设计开发控制器，然后在飞行试验或者计算机仿真后，通过咨询确认导弹的实际性能是否令人满意。如果导弹性能仍然不能令人满意，就需要调整系统性能的时域指标设计要求（此处为超调量），然后重新设计控制器，直到导弹性能达到令人满意的程度为止。上述过程看似简单，实际上经过了多年的努力，迄今为止，还没有制定出一套普遍适用、精确描述的导弹控制系统设计要求。

这里给出的两个指标要求是比较“理想化”的。在实际应用中，导弹的性能指标设计要求很丰富，也可能无法精确定义，但是，总是要找到一个出发点，启动控制系统的设计过程，那么就从这组简单的设计要求出发，展开反复修改迭代的设计过程。

因此，将性能指标设计要求明确如下。

（1）超调量：当输入为单位阶跃信号时，超调量小于 20%；

（2）峰值时间：响应速度尽可能快，即峰值时间尽可能小。

3.4.2 横滚控制系统的传递函数

在合理假设下，对稳定水平飞行状态下导弹的模型进行线性化处理，可以得到导弹的倾斜角输出值 $\phi(s)$ 与副翼偏转角度 $\delta_a(s)$ 之间的传递函数为

$$\frac{\phi(s)}{\delta_a(s)}=\frac{k(s-c_0)(s^2+b_1s+b_0)}{s(s+d_0)(s+e_0)(s^2+f_1s+f_0)} \tag{3-80}$$

其中，参数 c_0、b_0、b_1、d_0、e_0、f_0、f_1，以及增益 k，都是由稳定性派生出来的复杂函数，而稳定性又与飞行条件和导弹配置密切相关，因此它们会随着导弹型号的不同而不同，横滚和偏航之间的耦合关系可由式（3-80）表示。

导弹的侧向运动（横滚和偏航）有 3 种主要模式，分别为荷兰滚模式、盘旋模式和衰减

横滚模式。荷兰滚模式兼有横滚和偏航运动，处于该模式时，导弹的质心运动轨迹几乎为一条直线，方向舵脉冲能够激发这种模式。盘旋模式以偏航运动为主，横滚运动的比重较小，这种模式通常比较轻微，但也有可能导致导弹进入危险的大角度盘旋俯冲状态。衰减横滚模式几乎是纯粹的横滚运动。本节主要针对衰减横滚模式设计控制器。在传递函数式（3-80）中，分母包含了一个积分环节、两个一阶环节和一个二阶环节，其中一阶环节分别表征了盘旋模式和衰减横滚模式，二阶环节表征了荷兰滚模式。该传递函数表明，横滚运动和偏航运动是耦合在一起的。传递函数式（3-80）中，极点 $s=-d_0$，与盘旋模式相关；极点 $s=-e_0$，与衰减横滚模式相关，而且通常有 $e_0>>d_0$。而 $s^2+f_1s+f_0$ 环节对应的共轭复极点则与荷兰滚模式相关。

当导弹攻角较小（处于稳定水平飞行状态）时，荷兰滚模式环节 $s^2+f_1s+f_0$ 通常可以近似地消掉传递函数分子中的 $s^2+b_1s+b_0$ 项。该近似处理所用的假设条件与已有的假设条件是一致的。此外，由于盘旋模式的主要成分为偏航运动，与横滚运动只有轻度耦合，因此可以在传递函数中忽略盘旋模式环节。零点 $s=c_0$ 表示由于受地球引力的影响，导弹横滚时可能出现侧滑。由于在低速横滚机动中，允许积累一定的侧滑，可以假定侧滑较小，或者为零，从而忽略零点 $s=c_0$ 的影响。因此，可将式（3-80）简化处理，得到单自由度的传递函数模型：

$$\frac{\phi(s)}{\delta_a(s)}=\frac{k}{s(s+e_0)} \tag{3-81}$$

此处，取 $e_0=1.4$，增益 $k=11.4$。衰减横滚模式的时间常数 $\tau=1/e_0=0.7$s，表明导弹有较快的横滚响应。

通常采用式（3-82）所示的一阶传递函数作为副翼执行机构的模型：

$$\frac{\delta_a(s)}{e(s)}=\frac{p}{s+p} \tag{3-82}$$

其中，$e(s)=\phi_d(s)-\phi(s)$，取参数 $p=10$，对应的时间常数 $\tau=1/p=0.1$s，这是执行机构能够快速响应的典型参数取值，以便保证由主动控制产生的动力学响应，能够在系统的整个响应中占主导地位。较慢执行机构的时延将使导弹的性能或者稳定性出现问题。

为实现高精度仿真，还须为陀螺仪建立精确的数学模型。导弹上使用的陀螺仪一般具有非常快的响应速度。采用与前面一致的假设条件，忽略陀螺仪的动力学特性，认为陀螺仪（传感器）能够精确地测量导弹的倾斜角。于是，陀螺仪的数学模型就是单位传递函数，即

$$K_g=1 \tag{3-83}$$

至此，导弹横滚控制系统的物理模型可由式（3-81）~式（3-83）给出。

选取比例控制器作为横滚运动的控制器，即有 $G_c(s)=K$，从而可以得到如图 3-39 所示的系统结构框图。

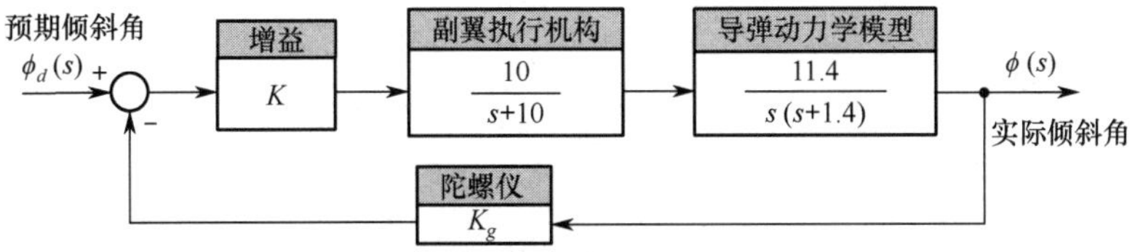

图 3-39　导弹横滚控制系统结构框图

3.4.3 控制器增益的选取

由图 3-39 可得，导弹横滚控制系统的闭环传递函数为

$$\Phi(s)=\frac{\phi(s)}{\phi_d(s)}=\frac{114K}{s^3+11.4s^2+14s+114K} \tag{3-84}$$

为使横滚控制系统产生预期响应，即在保证超调量小于 20%的前提下，尽可能降低峰值时间，需要详细分析确定控制器增益 K 的取值。因为二阶系统有调节时间、超调量、固有频率和阻尼比等性能指标之间的关系式，所以如果闭环系统为二阶系统，分析设计工作就会简单得多，但式（3-84）表示的是三阶闭环系统 $\Phi(s)$。因此，可以考虑将三阶系统降阶，近似为二阶系统，这通常是一条可行的工程分析思路。有很多降阶方法可供选择，这里采用代数方法对系统进行降阶，目的是使降阶后的二阶系统与原三阶系统保持尽可能相同的时域响应。

将闭环传递函数 $\Phi(s)$的分子、分母同时除以常数项 $114K$，可得

$$\Phi(s)=\frac{1}{\frac{1}{114K}s^3+\frac{11.4}{114K}s^2+\frac{14}{114K}s+1}$$

假定降价后近似二阶系统的传递函数为

$$\Phi_L(s)=\frac{1}{d_2s^2+d_1s+1}$$

其中，d_1、d_2 为待定参数。令 $M(s)$和 $\Delta(s)$分别表示 $\Phi(s)/\Phi_L(s)$的分子和分母，并分别定义 M_{2q} 和 Δ_{2q} 为

$$M_{2q}=\sum_{k=0}^{2q}\frac{(-1)^{k+q}M^{(k)}(0)M^{(2q-k)}(0)}{k!(2q-k)!}\quad ,q=1,2,\cdots \tag{3-85}$$

$$\Delta_{2q}=\sum_{k=0}^{2q}\frac{(-1)^{k+q}\Delta^{(k)}(0)\Delta^{(2q-k)}(0)}{k!(2q-k)!}\quad ,q=1,2,\cdots \tag{3-86}$$

然后，令

$$M_{2q}=\Delta_{2q}\ ,\ q=1，2，\cdots \tag{3-87}$$

其中，q 的取值不断递增，直到方程式的数量足够求解参数 d_1、d_2 为止。此处，q 只需取值 1 和 2，即可求得参数 d_1、d_2。

将式（3-85）~式（3-87）展开后

$$M(s)=d_2s^2+d_1s+1$$

$$M^{(1)}(s)=\frac{\mathrm{d}M}{\mathrm{d}s}=2d_2s+d_1$$

$$M^{(2)}(s)=\frac{\mathrm{d}^2M}{\mathrm{d}s^2}=2d_2$$

$$M^{(3)}(s)=M^{(4)}(s)=\cdots=0$$

令 s=0，可得

$$M^{(1)}(0)=d_1$$

$$M^{(2)}(0)=2d_2$$

$$M^{(3)}(0)=M^{(4)}(0)=\cdots=0$$

同理，可得

$$\varDelta(s)=\frac{s^3}{114K}+\frac{11.4s^2}{114K}+\frac{14s}{114K}+1$$

$$\varDelta^{(1)}(s)=\frac{\mathrm{d}\varDelta}{\mathrm{d}s}=\frac{3s^2}{114K}+\frac{22.8s}{114K}+\frac{14}{114K}$$

$$\varDelta^{(2)}(s)=\frac{\mathrm{d}^2\varDelta}{\mathrm{d}s^2}=\frac{6s}{114K}+\frac{22.8}{114K}$$

$$\varDelta^{(3)}(s)=\frac{\mathrm{d}^3\varDelta}{\mathrm{d}s^3}=\frac{6}{114K}$$

$$\varDelta^{(4)}(s)=\varDelta^{(5)}(s)=\cdots=0$$

令 $s=0$，可得

$$\varDelta^{(1)}(0)=\frac{14}{114K}$$

$$\varDelta^{(2)}(0)=\frac{22.8}{114K}$$

$$\varDelta^{(3)}(0)=\frac{6}{114K}$$

$$\varDelta^{(4)}(0)=\varDelta^{(5)}(0)=\cdots=0$$

根据式（3-85），当 q 分别取值 1 和 2 时，有

$$M_2=-\frac{M(0)M^{(2)}(0)}{2}+\frac{M^{(1)}(0)M^{(1)}(0)}{1}-\frac{M(0)M^{(2)}(0)}{2}=-2d_2+d_1^2$$

$$M_4=\frac{M(0)M^{(4)}(0)}{0!4!}-\frac{M^{(1)}(0)M^{(3)}(0)}{1!3!}+\frac{M^{(2)}(0)M^{(2)}(0)}{2!2!}-\frac{M^{(3)}(0)M^{(1)}(0)M^{(3)}(0)}{3!1!}+\frac{M^{(4)}(0)M(0)}{4!0!}=d_2^2$$

根据式（3-86），当 q 分别取值 1 和 2 时，有

$$\varDelta_2=\frac{-22.8}{114K}+\frac{196}{(114K)^2},\quad \varDelta_4=\frac{101.96}{(114K)^2}$$

由式（3-87）可构造方程组

$$M_2=\varDelta_2,\quad M_4=\varDelta_4$$

即

$$-2d_2+d_1^2=\frac{-22.8}{114K}+\frac{196}{(114K)^2},\quad d_2^2=\frac{101.96}{(114K)^2}$$

解方程组，可得

$$d_1=\frac{\sqrt{196-296.96K}}{114K} \tag{3-88}$$

$$d_2=\frac{10.097}{114K} \tag{3-89}$$

为使等效二阶系统的极点都分布在 S 平面的左半平面，参数 d_1、d_2 只能取正数。将 d_1、d_2 代入 $\varPhi_L(s)$中，整理后可得

$$\varPhi_L(s)=\frac{11.29K}{s^2+\sqrt{1.92-2.91K}s+11.29K} \tag{3-90}$$

只有控制器增益满足 $K<0.65$，$\Phi_L(s)$的分母中 s 项的系数才能为实数。

对比二阶系统传递函数的标准形式

$$\Phi(s)=\frac{\omega_n^2}{s^2+2\zeta\omega_n s+\omega_n^2}$$

有

$$\omega_n^2=11.29K\text{，}\quad \zeta^2=\frac{0.043}{K}-0.065 \tag{3-91}$$

指标要求 a 表明，超调量不能大于 20%，根据 $\sigma_p\%=e^{-\pi\zeta/\sqrt{1-\zeta^2}}\times 100\%$，可得阻尼比必须满足 $\zeta\geqslant 0.45$。令 $\zeta=0.45$，并将其代入式（3-91），可得增益 K 为

$$K=0.16$$

进一步有

$$\omega_n=\sqrt{11.29K}=1.34$$

根据二阶系统峰值时间的表达式，可得

$$T_p=\frac{\pi}{\omega_n\sqrt{1-\zeta^2}}=2.62\text{ s}$$

如果要将横滚控制系统的超调量降低到 20%以下，可以令阻尼比 $\zeta>0.45$。但是，系统的其他性能指标将会发生改变。由式（3-91）可知，当阻尼比 ζ 增大时，增益 K 将减小。同时，由于 $\omega_n=\sqrt{11.29K}$，当 K 减小时，ω_n 也将随之减小。由峰值时间的计算公式 $T_p=\frac{\pi}{\omega_n\sqrt{1-\zeta^2}}$ 可知，当 ω_n 减小时，峰值时间 T_p 将增大。由于控制目标是在满足超调量不大于 20%的前提下，尽可能减小系统的峰值时间，因此应选取阻尼比为 $\zeta=0.45$，这样既可满足超调量的设计要求，也不会增大峰值时间 T_p。

根据降阶后的二阶近似系统，得到了增益 K 与超调量、峰值时间等性能指标之间的关系。但是，对于本节的案例而言，确定控制器增益 $K=0.16$ 只是横滚控制系统设计的起点，而不是终点。此外，由于系统实际上为三阶系统，因此还需考虑第三个极点对系统性能的影响。图 3-40 给出了式（3-84）描述的三阶实际系统和式（3-90）描述的二阶近似系统的单位阶跃响应曲线，由图知，二阶系统的阶跃响应与实际三阶系统的阶跃响应非常接近，因此利用二阶近似系统得到的参数 K 与超调量、峰值时间之间的关系，适用于该三阶实际系统。

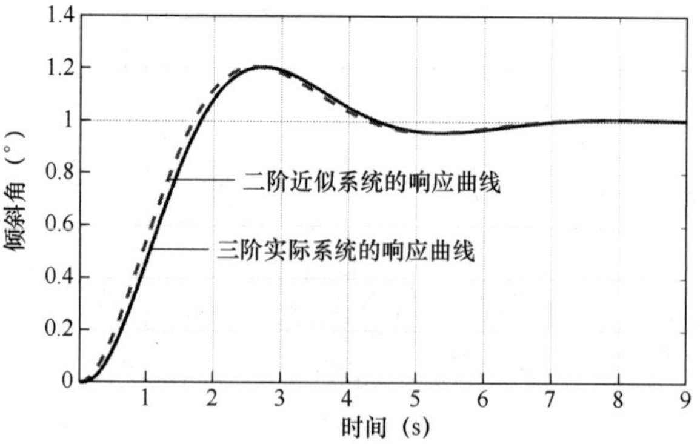

图 3-40　二阶近似系统与三阶实际系统的阶跃响应曲线（$K=0.16$）

基于二阶近似系统，从系统的指标设计要求出发，选定增益 K=0.16，此时系统的超调量为 20%，峰值时间 T_p=2.62s。由图 3-41 可知，增益 K=0.16 时，三阶实际系统的超调量为 20.5%，峰值时间 T_p=2.73s。由此可见，降阶近似系统能够较好地预测实际系统的响应及性能。为了比较增益 K 不同取值时三阶系统的响应及性能，分别令增益 K=0.1 和 K=0.2，并绘制其单位阶跃响应曲线，如图 3-41 和表 3-6 所示，当 K=0.1 时，系统响应的超调量为 9.5%，峰值时间 T_p=3.73s；当 K=0.2 时，系统响应的超调量为 26.5%，峰值时间 T_p=2.38s。很明显，当 K 减小时，阻尼比 ζ 增大，导致超调量降低，同样峰值时间增大，这与前面理论推导的结果完全一致。

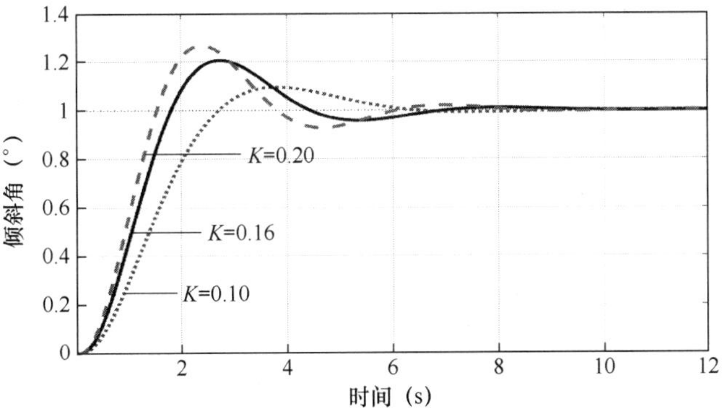

图 3-41　当 K=0.10、K=0.16 和 K=0.20 时，三阶系统的阶跃响应曲线

表 3-6　当 K=0.10、K=0.16 和 K=0.20 时，系统的性能指标

K	超调量/%	峰值时间/s
0.10	9.5	3.74
0.16	20.5	2.73
0.20	26.5	2.38

3.5　基于 MATLAB 编程的导弹控制系统时域分析

由于控制系统的稳定性取决于系统闭环极点的位置，欲判定系统的稳定性，只需求出系统闭环极点的分布情况。利用 MATLAB 命令可以快速求出系统的零点、极点位置，并且以图形形式绘制出来。欲分析控制系统的动态特性，只要得到系统在某些典型输入信号作用下的输出响应曲线即可，利用 MATLAB 可十分方便地求解和绘制系统的响应曲线，本节介绍利用 MATLAB 编程计算与分析导弹控制系统时域性能的方法。

3.5.1　导弹自动驾驶系统的稳定性分析

在 MATLAB 中，可利用 pzmap 函数绘制连续系统的零点、极点图，也可以利用 tf2zp 函数求出系统的零点、极点，还可利用 roots 函数求出分母多项式的根，确定系统的极点，从而判断系统的稳定性。

导弹自动驾驶仪控制回路的结构框图如图 3-42 所示，系统的闭环传递函数为

$$\Phi(s)=\frac{100(s+1)(0.1s+1)}{s(s^2+2s+100)+100(s+1)(0.1s+1)}$$

$$=\frac{10s^2+110s+100}{s^3+12s^2+210s+100}$$

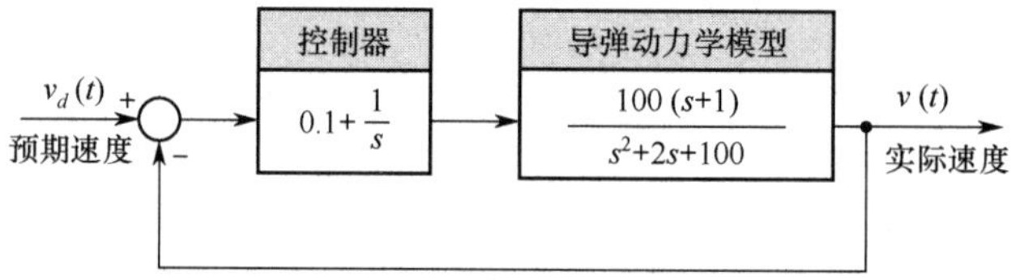

图 3-42 导弹自动驾驶仪控制回路的结构框图

令闭环传递函数的分子等于零，可得到控制系统的零点；令闭环传递函数的分母等于零，可得控制系统的极点。图 3-43 给出了由 MATLAB 编程计算控制系统闭环零极点的程序。

```
num=[10 110 100];  den=[1 12 210 100]; G=tf(num, den);  h=zpk(G);
[z,p,k]=zpkdata(h,'v');  pzmap(num, den); grid on; title('Poles and zeros map')
```

图 3-43 由 MATLAB 编程计算控制系统零极点的程序

执行上述程序，可得到系统的零点为

$$z_1=-10,\ z_2=-1$$

系统的极点为

$$p_1=-5.755+13.0860\text{i},\ p_2=-5.755-13.0860\text{i},\ p_3=-0.4893$$

该系统的零极点分布图如图 3-44 所示，系统不存在 S 右半平面的闭环极点，故导弹自动驾驶仪控制系统是稳定的。

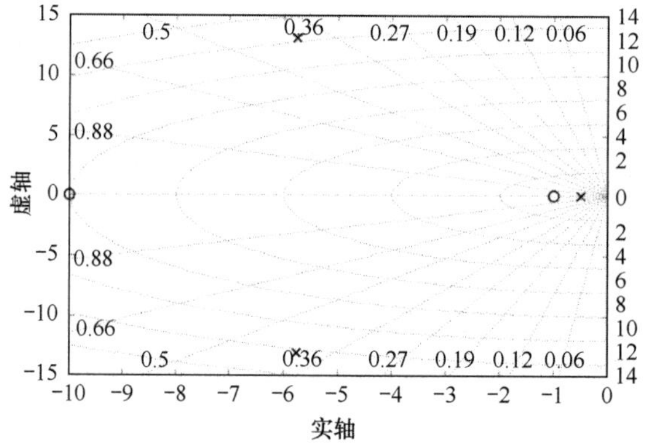

图 3-44 导弹自动驾驶仪控制回路的零极点分布图

3.5.2 导弹舵回路动态特性

在 MATLAB 中，提供了求取连续系统单位阶跃响应的函数 step、单位冲击响应函数 impulse、零输入响应函数 initial 及任意输入下的仿真函数 lsim。

在大气层内飞行的导弹，可通过改变空气动力的大小和方向获得控制力和控制力矩，利用空气动力产生控制力和控制力矩的装置就是舵。图 3-45 给出了一种典型舵回路的结构框图，电机的时间常数 T_{pm} 一般为 20~30ms，这里取 25ms。舵系统开环放大倍数 $K_pK_{pm}K_{oc}$ 一般在

50~100，这里取 K_{pm}=20，K_{oc}=1。根据舵回路的结构框图，可得在参考输入 $u_i(t)$和干扰输入 $n(t)$同时作用下系统的输出为

$$\delta(s)=\frac{K_pK_{pm}}{T_{pm}s^2+s+K_pK_{pm}K_{oc}}U_i(s)+\frac{T_{pm}s^2+s}{T_{pm}s^2+s+K_pK_{pm}K_{oc}}N(s)$$

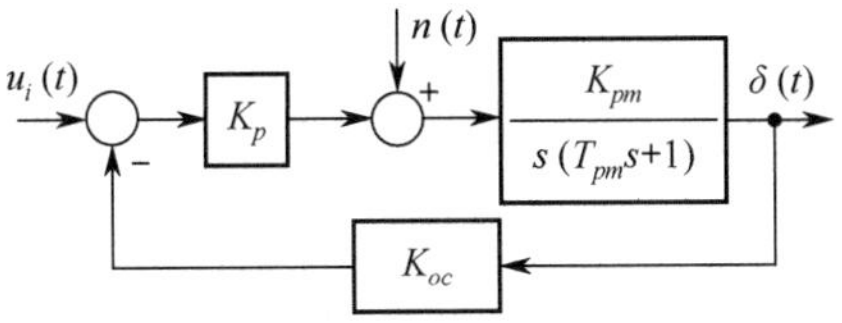

图 3-45 舵回路的结构框图

下面主要分析增益 K_p 对参考输入产生的瞬态响应的影响，可以预计增加 K_p 将导致超调量增大、调节时间减少和响应速度提高。当增益 K_p=1 和 K_p=5 时，系统对参考输入为单位阶跃响应曲线以及相应的 MATLAB 程序文本见图 3-46。对比两条响应曲线，可以看出预估的正确性。尽管在图中不能明显地看出增大 K_p 能减小调节时间，但可通过观察 MATLAB 程序的运行数据得以验证。该算例说明了控制器增益 K_p 是如何改变系统瞬态响应的。根据以上分析，选择 K_p=5 可能是一种比较好的方案。尽管如此，在做出最后决定之前还应该考虑其他因素。

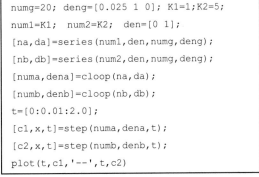

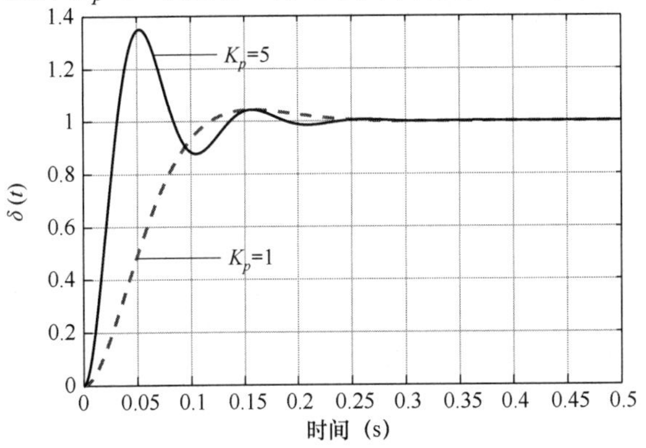

(a) 单位阶跃响应曲线

```
numg=20; deng=[0.025 1 0]; K1=1;K2=5;
num1=K1;  num2=K2;  den=[0 1];
[na,da]=series(num1,den,numg,deng);
[nb,db]=series(num2,den,numg,deng);
[numa,dena]=cloop(na,da);
[numb,denb]=cloop(nb,db);
t=[0:0.01:2.0];
[c1,x,t]=step(numa,dena,t);
[c2,x,t]=step(numb,denb,t);
plot(t,c1,'--',t,c2)
```

(b) MATLAB 程序文本

图 3-46 单位阶跃输入作用下的响应分析

在对 K_p 做出最后选择之前，重要的是研究系统对单位阶跃干扰的响应，有关结果和相应的 MATLAB 程序文本见图 3-47。从图中可以看到，增加 K_p 减少了单位干扰响应的幅值。对于 K_p=1 和 K_p=5，响应的稳态值分别为 1 和 0.2。对干扰输入的稳态值可按终值定理求得

$$\lim_{t\to\infty}c(t)=\lim_{s\to 0}\frac{T_{pm}s^2+s}{T_{pm}s^2+s+K_pK_{pm}K_{oc}}\frac{1}{s}=\frac{1}{K_pK_{pm}K_{oc}}=\frac{1}{K_p}$$

如果仅从抗干扰的角度考虑，选取 K_p=5 更合适。

在本案例中所求出的稳态误差、超调量和调节时间（2%误差）归纳于表 3-7。

在控制系统设计中有很多成熟的经验，设计者常常要权衡利弊，综合考虑。在本案例中，增加 K_p 导致了更好的抗干扰性，然而减小 K_p 可以使系统具有较好的瞬态响应性能。如何选择 K_p 的最终权力留给了设计者。尽管 MATLAB 软件对控制系统的分析和设计很有帮助，但是控制工程师的经验往往更重要。

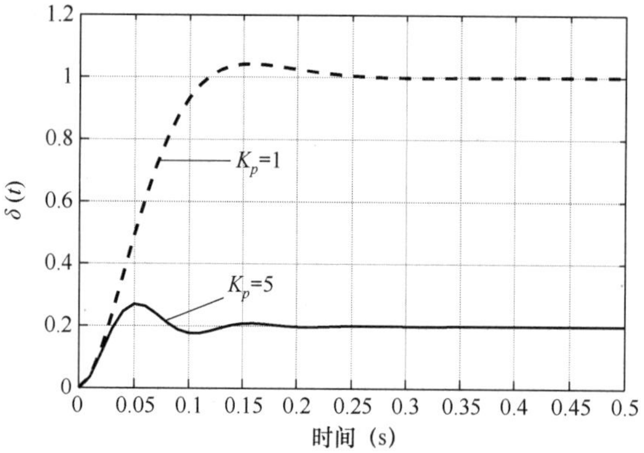

(a) 单位脉冲响应曲线

```
numg=20; deng=[0.025 1 0]; K1=1;K2=5;
num1=K1;  num2=K2;  den=[0 1];
[numa,dena]=feedback(numg,deng,num
1,den);  [numb,denb]= feedback(numg,
deng,num2,den);
t=[0:0.01:2.0]; [c1,x,t]=step(numa,
dena,t);
[c2,x,t]=step(numb,denb,t);
plot(t,c1,' --',t,c2)
```

(b) MATLAB 程序文本

图 3-47　单位脉冲干扰的响应分析

表 3-7　当 K_p=1 和 K_p=5 时，控制系统的响应特性

K_p	K_p=1	K_p=5
超调量/%	4.32	35.80
调节时间/s	0.20	0.21
稳态误差/%	0.12	0.025

习　题

【习题 3.1】 已知控制系统的微分方程为 $2.5\frac{\mathrm{d}c(t)}{\mathrm{d}t}+c(t)=20r(t)$，试用 Laplace 变换求系统在零初始条件下的单位脉冲和单位阶跃响应，并讨论两者的关系。

【习题 3.2】 设控制系统的动态特性用下述传递函数描述：

$$\frac{C(s)}{R(s)}=\frac{\omega_{\mathrm{n}}^2}{s^2+2\zeta\omega_{\mathrm{n}}s+\omega_{\mathrm{n}}^2},0<\zeta<1$$

该控制系统对阶跃输入 $a\cdot 1(t)$ 和延迟阶跃输入 $b\cdot 1(t-t_1)$ 的响应，分别如图 3-48（a）和图 3-48（b）所示。若适当选择 a、b 和 t_1 的值，可得图 3-48（c）所示的响应曲线，它具有有限的调节时间，且无振荡特性。这种控制方法称为重叠控制。如果希望以重叠控制来启动一个过程，使输出在 t_1 时刻无振荡地达到给定值 h，试确定图 3-48（c）中 a、b 和 t_1 的值与 h、ζ 和 ω_{n} 的关系。

【习题 3.3】 在未焊接机器人设计手臂位置控制系统时，需要仔细选择系统参数。机械臂控制系统的结构如图 3-49 所示，其中 ζ=0.2。试确定 K 和 ω_{n} 的取值，使系统单位阶跃响应的峰值时间不超过 1s，且超调量小于 5%。（提示：先考虑 0.1< K/ω_{n}<0.3）

【习题 3.4】 设单位反馈系统的开环传递函数为 $G(s)=\frac{K}{s(1+s/3)(1+s/6)}$，若要求闭环特征方程的根的实部均小于−1，问 K 值应取在什么范围？如果要求实部均小于−2，K 值又应取在什么范围？

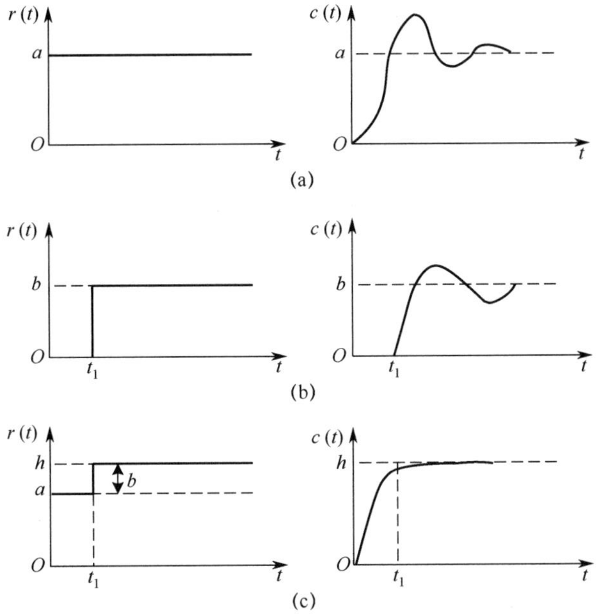

图 3-48　习题 3.2 图

【习题 3.5】 设控制系统如图 3-50 所示，试选择合适的 K_2，使系统对 $r(t)$ 成为 I 型系统。

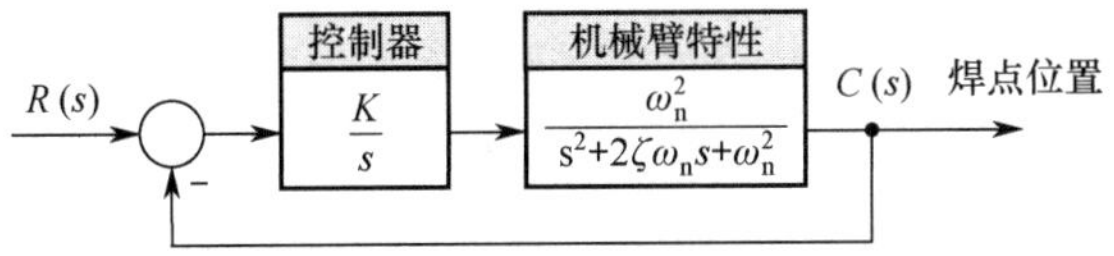

图 3-49　机械臂控制系统结构图

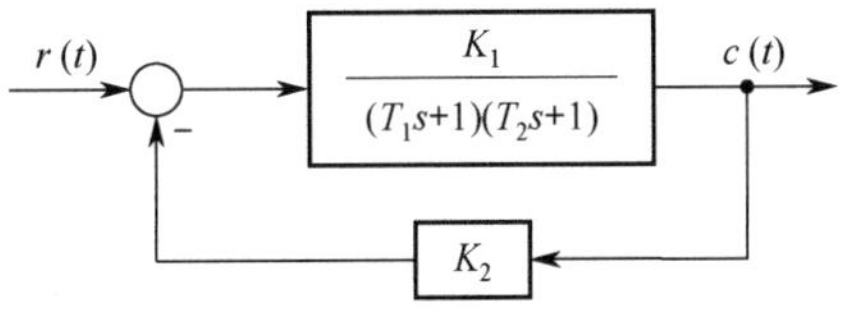

图 3-50　习题 3.5 图

【习题 3.6】设控制系统如图 3-51 所示，误差 $E(s) \triangleq R(s) - C(s)$。设输入信号为 $r(t) = at$，其中 a 为任一正常数，试证明选择 K_i 的值，可使系统对斜坡输入的稳态误差为零。已知系统参数 K、T、K_i 均为正常数。

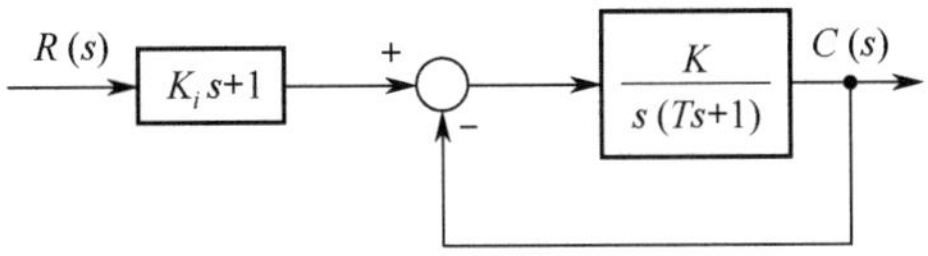

图 3-51　习题 3.6 图

【习题 3.7】 设控制系统如图 3-52 所示，其中图 3-49（a）和图 3-49（b）的 $R(s)$ 均为 $\dfrac{1}{s}$。

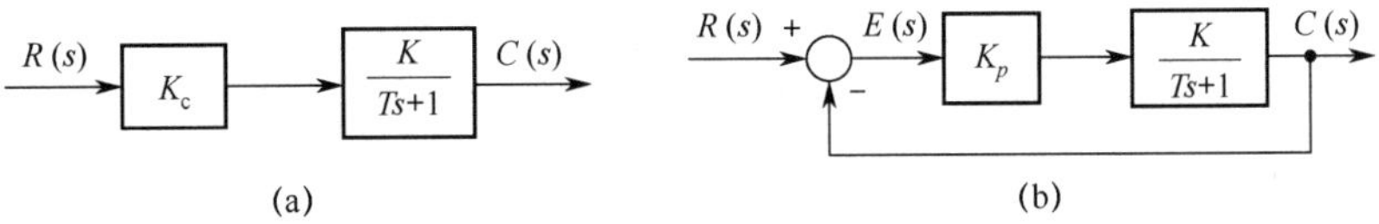

图 3-52　习题 3.7 图

（1）当开环系统增益调准到 $K_c = 1/K$ 时，计算系统的稳态误差。

（2）当闭环系统增益 K_p 取得使 $K_pK>>1$ 时，计算系统的稳态误差。

（3）当环境变化和元件老化等因素使增益 K 变化 10%且 $K_pK=100$ 时，比较开环控制系统和闭环控制系统的控制精度。

【习题 3.8】 设控制系统如图 3-53 所示，要求：

（1）当扰动 $n(t)=1$ 时，稳态误差为零；

（2）当 $r(t)=2t$ 时，稳态误差不大于 0.2。

试在下列三种控制器结构形式中，选择一种能同时满足上述要求的 $G_c(s)$，并确定 $G_c(s)$ 中参数的取值范围：

（a） $G_c(s)=\dfrac{K(\tau s+1)}{Ts+1}$，（b） $G_c(s)=\dfrac{K}{s}$，（c） $G_c(s)=\dfrac{K(\tau s+1)}{s}$。

【习题 3.9】设位置随动系统的结构如图 3-54 所示，若要求系统的最大超调量 $\sigma\%=20\%$，峰值时间 $t_p=1$，试求：

（1）开环增益 K 和速度反馈增益 b；

（2）当 $r(t)=2t$ 时，系统的稳态误差 e_{ss}。

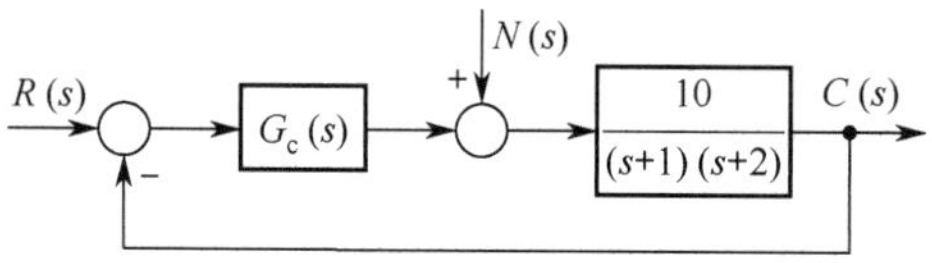

图 3-53 习题 3.8 图

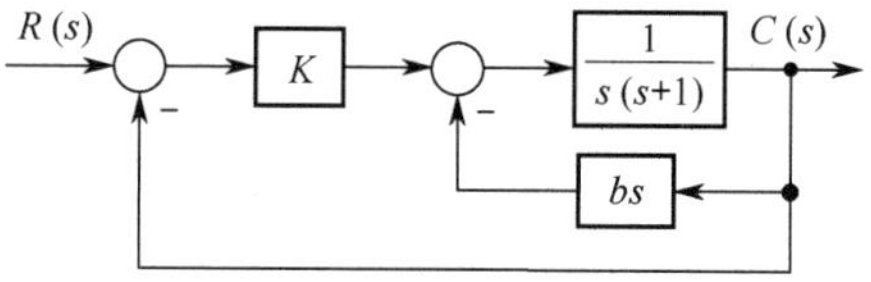

图 3-54 随动系统结构图

【习题 3.10】 设系统结构图如图 3-55 所示，图中 K_1、K_2 及 T 均大于零。若要求系统输出 $C(s)$ 跟踪阶跃指令的误差为零，且完全不受扰动 $N(s)$ 的影响，试选择并确定校正装置传递函数 $G_{c_1}(s)$ 和 $G_{c_2}(s)$。

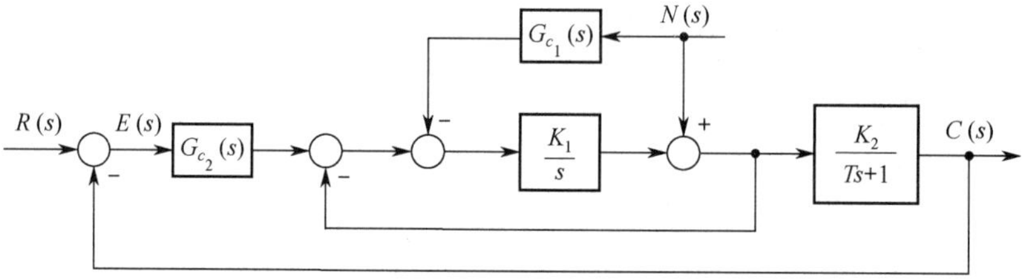

图 3-55 习题 3.10 图

【习题 3.11】 为保持飞机的航向和飞行高度，设计如图 3-56 所示的飞机自动驾驶仪结构图。

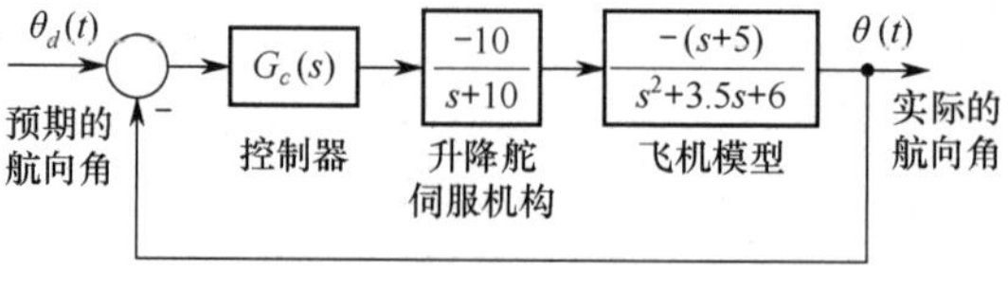

图 3-56 飞机自动驾驶仪结构图

（1）假定结构图中的控制器是固定增益的比例控制器，即 $G_c(s)=2$，输入为斜坡信号 $\theta_d(t)=at$，a=0.5° /s，利用 lsim 函数计算并以曲线显示系统的斜坡响应，求出 10s 后的航向角误差。

（2）为减小稳态误差，可以采用比例积分控制器，即 $G_c(s)=2+1/s$，试重复（1）中的仿真计算，并比较这两种情况下的稳态误差。

【习题 3.12】 导弹自动驾驶仪控制回路的结构图如图 3-57 所示。请先用二阶系统近似估计该系统对单位阶跃响应的超调量、调节时间，然后用 MATLAB 计算系统的实际单位阶跃响应，最后比较这两个结果，并解释产生差异的原因。

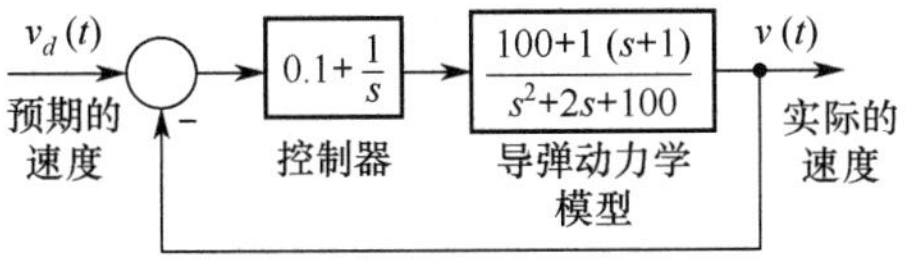

图 3-57　导弹自动驾驶仪控制回路的结构图

第4章　控制系统的根轨迹分析

闭环控制系统的稳定性及瞬态性能与闭环特征根在 S 平面上的位置密切相关，即稳定性由闭环特征根决定，瞬态响应的基本特征也由闭环极点起主导作用，闭环零点则影响系统瞬态响应的形态。闭环传递函数的分子通常由一些低阶因子组成，故闭环零点容易求得。而闭环传递函数的分母则往往是高阶多项式，因此，必须解高阶代数方程才能求得系统的闭环极点，求根过程非常复杂，尤其是当需要调整一个或多个参数，以便将特征根配置在合适的位置时。因此，当给定系统的参数发生变化时，研究其特征根在 S 平面上的变化规律（研究参数变化时 S 平面上闭环特征根的轨迹）很有意义。1948 年，W. R. Evans 提出了一种求特征根的简单方法，并且在控制系统的分析与设计中得到了广泛的应用。这一方法不直接求解特征方程，而是用作图的方法表示特征方程的根与系统某一参数的全部数值关系，当这一参数取特定值时，对应的特征根可在上述关系图中找到，该方法称为根轨迹法。事实上，根轨迹法还能帮助控制工程师把握特征根对参数变化的灵敏度，将根轨迹法和劳斯稳定性判据结合起来，能够发挥更大的作用。

根轨迹法提供了图示化信息，具有直观的特点，利用系统的根轨迹可以分析结构、参数已知的闭环系统的稳定性和瞬态响应特性，还可分析参数变化对系统性能的影响。在设计线性控制系统时，可以根据对系统性能指标的要求确定可调整参数以及系统开环零极点的位置，即根轨迹法可以用于系统的分析与综合。

4.1　根轨迹法的概念和绘制

根轨迹法是一种图示化方法，需要在一个参数变化时，绘制特征根在 S 平面上的变化轨迹。由于系统的稳定性由其闭环极点唯一确定，而系统的稳态性能和瞬态性能又与闭环零、极点在 S 平面上的位置密切相关，因此，根轨迹图可以直接给出闭环系统时间响应的全部信息，而且可以指明开环零点、极点应该怎样变化才能满足给定闭环系统的性能指标要求。

1. 根轨迹的基本概念

为了具体说明根轨迹的基本概念，设控制系统如图 4-1（a）所示，分析系统参数 K 从零变化到无穷大时，闭环系统特征方程的根在复平面上变化的情况。

由图 4-1 可知，系统的闭环传递函数为

$$\frac{C(s)}{R(s)}=\frac{K}{s^2+2s+K}$$

于是，特征方程为

$$s^2+2s+K=0$$

求解该方程可得到系统特征方程的根（系统的闭环极点）为

$$s_1 = -1 + \sqrt{1-K}\text{，}\quad s_2 = -1 - \sqrt{1-K}$$

该式表明，特征根随 K 值的变化而变化。下面分析当增益 K 从零到无穷大变化时，特征方程的根在 S 平面上移动的轨迹。

（1）当 K=0 时，$s_1 = 0$，$s_2 = -2$，此时，系统的闭环极点与系统的开环极点相同。将这两个根用符号“×”在 S 平面上标注出来，如图 4-1（b）所示。当 0<K<1 时，两个极点 s_1 和 s_2 都是负实数极点，且随 K 值的增大，s_1 减小、s_2 增大，s_1 从原点开始沿负实轴向左移动，s_2 从 −2 开始沿负实轴向右移动。因此，从原点 0 到（−2，j0）点这段负实轴是根轨迹的一部分。这时，系统处于过阻尼状态，其阶跃响应是非周期的。

（2）当 K=1 时，$s_1 = s_2 = -1$，即特征方程有两个重实根。此时系统处于临界阻尼状态，其阶跃响应仍然是非周期的。

（3）当 $K>1$ 时，$s_{1,2} = -1 \pm \mathrm{j}\sqrt{K-1}$，特征方程有两个共轭复根，其实部为−1，不随 K 值变化，虚部的数值则随 K 值的增大而增大，S 平面上的直线 $s=-1$ 是根轨迹的一部分，两条根轨迹分别为：s_1 从（−1，j0）开始沿直线向上移动，s_2 从（−1，j0）开始沿直线向下移动，当 K 从零变化到无穷大时，特征方程的根在复平面上移动的轨迹如图 4-1（b）所示。其中，粗实线表示了 K 的取值变化时，特征方程根在复平面上的轨迹，轨迹是以 K 为参数画出来的，直线的箭头表示 K 值增大时，特征根移动的方向。

图 4-1（b）所示的根轨迹是由解析法得到的，对于阶次较高的系统，这种方法非常烦琐。

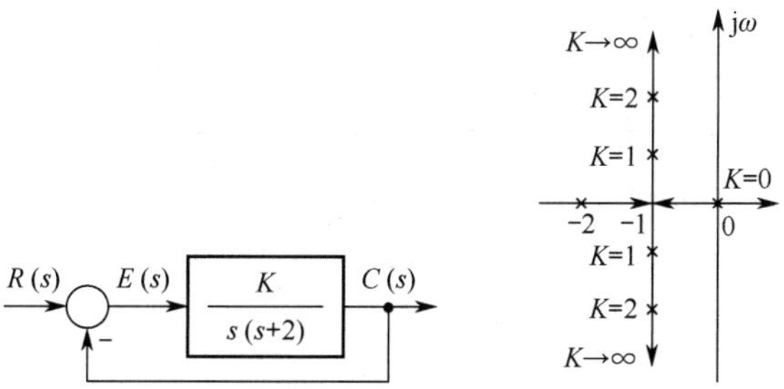

(a) 控制系统　　(b) 根轨迹

图 4-1　控制系统及其根轨迹

由于系统开环传递函数的零点、极点是已知的，建立开环零点、极点与闭环零点、极点之间的关系，有助于绘制闭环系统的根轨迹，并由此导出根轨迹方程。

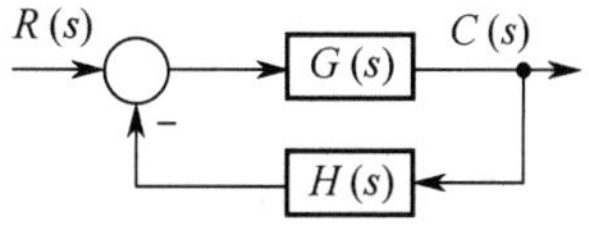

图 4-2　一般控制系统的结构框图

设一般控制系统的结构框图如图 4-2 所示。它的闭环传递函数为

$$\Phi(s) = \frac{G(s)}{1+G(s)H(s)} \tag{4-1}$$

特征方程为

$$1 + G(s)H(s) = 0 \tag{4-2}$$

即

$$G(s)H(s) = -1 \tag{4-3}$$

设系统的开环传递函数有如下形式

$$G(s)H(s)=K\frac{b_m s^m+b_{m-1}s^{m-1}+\cdots+b_1 s+1}{a_n s^n+a_{n-1}s^{n-1}+\cdots+a_1 s+1} \tag{4-4}$$

即

$$G(s)H(s)=K^*\frac{\prod_{j=1}^{m}(s-z_j)}{\prod_{i=1}^{n}(s-p_i)} \tag{4-5}$$

式（4-4）中的 K 是系统的开环增益，式（4-5）中的 z_j 和 p_i 分别是开环传递函数的零点和极点；K^* 是将分子和分母分别写成因子相乘的形式提取的系数，称为根轨迹增益，与系统开环增益的关系为

$$K=K^*\frac{\prod_{j=1}^{m}(-z_j)}{\prod_{i=1}^{n}(-p_i)} \tag{4-6}$$

从而可将特征方程写为如下形式

$$K^*\frac{\prod_{j=1}^{m}(s-z_j)}{\prod_{i=1}^{n}(s-p_i)}=-1 \tag{4-7}$$

式（4-7）为根轨迹方程，它实质上是一个向量方程，由于方程两边的幅值和相角应相等，因此可将式（4-7）用两个方程描述，即

$$K^*=\frac{\prod_{i=1}^{n}|s-p_i|}{\prod_{j=1}^{m}|s-z_j|} \tag{4-8}$$

和

$$\sum_{j=1}^{m}\angle(s-z_j)-\sum_{i=1}^{n}\angle(s-p_i)=(2k+1)\pi,k=0,\pm1,\pm2,\cdots \tag{4-9}$$

将式（4-8）和式（4-9）称作**幅值条件**和**相角条件**，满足幅值条件和相角条件的 s 值就是特征方程的根，即系统的闭环极点。当 K^* 从零变化到无穷大时，特征方程的根在复平面上变化的轨迹就是根轨迹。实际上，只要满足相角条件的点就都是根轨迹上的点，也即**相角条件是确定 *S* 平面上根轨迹的充分必要条件**。也就是说，当绘制根轨迹时，只需要使用相角条件；而当需要确定根轨迹上各点的 K^* 值时，才需要使用幅值条件。除了开环增益 K（或根轨迹增益 K^*），系统其他参数变化对闭环特征方程根的影响也可通过根轨迹表示出来，只要将特征方程整理后，使可变参数在 K^* 的位置上，就可利用相角条件绘制出根轨迹来。

2. 根轨迹绘制的基本规则

由以上可知，当 K^* 由零变化到无穷大时，依据相角条件，可以在复平面上找到满足 K^* 变化的所有闭环极点，即绘制出系统的根轨迹。但在实际中，通常并不需要按相角条件逐点确

定该点是否为根轨迹上的点，而是依据一定的规则，找到某些特殊的点，绘制出闭环极点随参数变化的大致轨迹，在感兴趣的范围内，再用幅值条件和相角条件确定极点的准确位置。

本节以 K^* 为变化参数，讨论绘制根轨迹的基本规则。

规则 1　根轨迹的起点和终点。根轨迹起于开环极点，终于开环零点。

证　根轨迹的起点对应根轨迹增益 $K^*=0$ 时特征方程的根，根轨迹的终点对应 $K^*=\infty$ 时特征方程的根。根据根轨迹的幅值条件，有

$$\frac{\prod_{j=1}^{m}(s-z_j)}{\prod_{i=1}^{n}(s-p_i)}=\frac{1}{K^*} \tag{4-10}$$

对于物理可实现系统，开环传递函数分母多项式的阶次 n 不小于分子多项式的阶次 m。

当 $K^*=0$ 时，有

$$s=p_i\ ,\ i=1,2,\cdots,n$$

满足幅值条件，说明根轨迹的起点是开环极点。

当 $K^*=\infty$ 时，有

$$s=z_j\ ,\ j=1,2,\cdots,m$$

满足幅值条件，说明根轨迹的起点是开环零点。

当 $n=m$ 时，根轨迹起点的个数与根轨迹终点的个数相等。当 $n>m$ 时，根轨迹的终点数少于起点数，由式（4-10）知，当 $K^*=\infty$ 时，有

$$\frac{1}{K^*}=\lim_{s\to\infty}\frac{\prod_{j=1}^{m}|s-z_j|}{\prod_{i=1}^{n}|s-p_i|}=\lim_{s\to\infty}\frac{1}{|s|^{n-m}}=0 \tag{4-11}$$

说明有 $(n-m)$ 个终点在无穷远处。这些终点称作无限零点，有限数值的零点称作有限零点。

若研究的参变量不是系统的根轨迹增益 K^*，可能会有 $n<m$ 的情况，即根轨迹的起点数少于根轨迹的终点数。由式（4-10）知，当 $K^*=0$ 时，有

$$\frac{1}{K^*}=\lim_{s\to\infty}\frac{\prod_{j=1}^{m}|s-z_j|}{\prod_{i=1}^{n}|s-p_i|}=\lim_{s\to\infty}\frac{1}{|s|^{n-m}}=\infty \tag{4-12}$$

说明有 $m-n$ 个根轨迹的极点在无穷远处，若将这些极点看作无限极点，仍可认为根轨迹的起点是开环极点。

规则 2　根轨迹的分支数、对称性和连续性。根轨迹的分支数与 m 和 n 中的大者相等，它们是连续的且关于实轴对称的。

证　由于根轨迹是开环系统某个参数从零变化到无穷大时，闭环特征方程的根在 S 平面上变化的轨迹，所以根轨迹的分支数与闭环特征方程的根的数目一致。由式（4-7）知系统的特征方程为

$$\prod_{i=1}^{n}(s-p_i)+K^*\prod_{j=1}^{m}(s-z_j)=0 \tag{4-13}$$

可见，特征根的数目与 m 和 n 中的大者相等，即根轨迹的分支数与 m 和 n 中的较大者相等。

由幅值条件，可得

$$K^* = \frac{\prod_{i=1}^{n}|s-p_i|}{\prod_{j=1}^{m}|s-z_j|}$$

表明根轨迹增益 K^* 的无限小增量与 S 平面上的长度 $|s-p_i|$ 和 $|s-z_j|$ 的无限小增量相对应，此时，复变量 s 在 n 条根轨迹上就各有一个无穷小的位移，因此，当 K^* 从零到无穷大连续变化时，根轨迹在 S 平面上一定是连续的。

由于闭环特征方程是实系数多项式方程，其根或为实数，位于实轴上；或为共轭复数，成对出现在复平面上。因此，根轨迹是对称于实轴的。在绘制根轨迹时，只要作出 S 平面上半部的根轨迹，就可根据对称性得到下半平面的根轨迹。

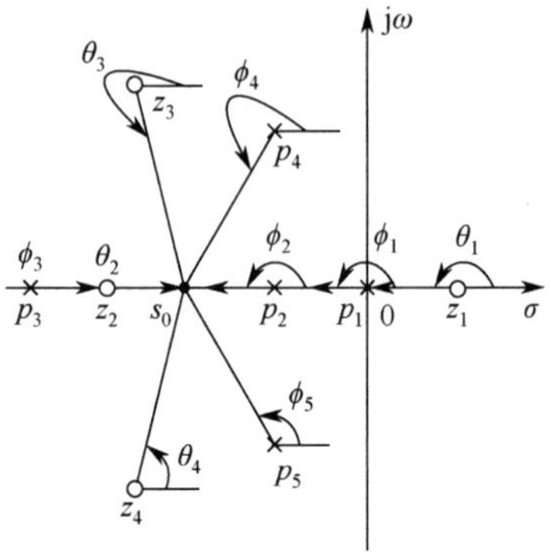

图 4-3 实轴上的根轨迹

规则 3 根轨迹在实轴上的分布。在实轴上，若某线段右侧的开环实数零、极点个数之和为奇数，则此线段为根轨迹的一部分。

证 设开环零点、极点在 S 平面上的分布如图 4-3 所示。为确定实轴上的根轨迹，选择 s_0 作为测试点。在图 4-3 中，开环极点到 s_0 点的向量的相角为 $\phi_i(i=1,2,3,4,5)$，开环零点到 s_0 点的向量的相角为 $\theta_i(j=1,2,3,4)$。共扼复数极点 p_4 和 p_5 到 s_0 点的向量的相角和为 $\phi_4+\phi_5=2\pi$，共扼复数零点到 s_0 点的向量的相角和也为 2π，因此，当在确定实轴上的某点是否在根轨迹上时，可以不考虑复数开环零点、极点对相角的影响。

下面分析位于实轴上的开环零点、极点对相角的影响。实轴上，s_0 点左侧的开环极点 p_3 和开环零点 z_2 构成的向量的夹角 ϕ_3 和 θ_2 均为零度，而 s_0 点右侧的开环极点 p_1、p_2 和开环零点 z_1 构成的向量的夹角 ϕ_3、ϕ_2 和 θ_1 均为 π。若 s_0 为根轨迹上的点，必满足相角条件，有

$$\sum_{j=1}^{4}\theta_j - \sum_{i=1}^{5}\phi_i = (2k+1)\pi$$

由上述分析知，只有 s_0 点右侧实轴上的开环极点和开环零点的个数之和为奇数时，才满足相角条件。所以，在图 4-3 中，实轴上的 p_1 至 z_1、p_2 至 z_2 和 p_3 至 $-\infty$ 这三段是实轴上的根轨迹。

规则 4 根轨迹的渐近线。当开环有限极点数 n 大于有限零点数 m 时，有 $(n-m)$ 条根轨迹分支沿着与实轴交角为 φ_a、交点为 σ_a 的一组渐近线趋于无穷远处，且有

$$\sigma_a = \frac{\sum_{i=1}^{n}p_i - \sum_{j=1}^{m}z_j}{n-m} \tag{4-14}$$

$$\varphi_a = \frac{(2k+1)\pi}{n-m}，\quad k=0,1,2,\cdots,n-m-1 \tag{4-15}$$

证 由式（4-5）可得系统的特征方程为

$$\frac{s^n+\sum_{i=1}^{n}(-p_i)s^{n-1}+\cdots+\prod_{i=1}^{n}(-p_i)}{s^m+\sum_{j=1}^{m}(-z_j)s^{m-1}+\cdots+\prod_{j=1}^{m}(-z_j)}=-K^* \tag{4-16}$$

上式左端用长除法，因 s 很大，故只保留前两项，得渐近线方程为

$$s\left(1-\frac{\sum_{i=1}^{n}p_i-\sum_{j=1}^{m}z_j}{s}\right)^{\frac{1}{n-m}}=(-K^*)^{\frac{1}{n-m}} \tag{4-17}$$

根据二项式定理：

$$\left(1-\frac{\sum_{i=1}^{n}p_i-\sum_{j=1}^{m}z_j}{s}\right)^{\frac{1}{n-m}}=1-\frac{\sum_{i=1}^{n}p_i-\sum_{j=1}^{m}z_j}{(n-m)s}-\frac{1}{2!}\frac{1}{n-m}\left(\frac{1}{n-m}-1\right)\left(\frac{\sum_{i=1}^{n}p_i-\sum_{j=1}^{m}z_j}{s}\right)^2+\cdots$$

由于 s 很大，只保留级数的前两项，可近似为

$$\left(1-\frac{\sum_{i=1}^{n}p_i-\sum_{j=1}^{m}z_j}{s}\right)^{\frac{1}{n-m}}=1-\frac{\sum_{i=1}^{n}p_i-\sum_{j=1}^{m}z_j}{(n-m)s} \tag{4-18}$$

将式（4-18）代入式（4-17），得渐近线方程为

$$s\left(1-\frac{\sum_{i=1}^{n}p_i-\sum_{j=1}^{m}z_j}{(n-m)s}\right)^{\frac{1}{n-m}}=(-K^*)^{\frac{1}{n-m}} \tag{4-19}$$

将 $s=\sigma+\mathrm{j}\omega$ 代入式（4-19），得

$$\left(\sigma-\frac{\sum_{i=1}^{n}p_i-\sum_{j=1}^{m}z_j}{n-m}\right)+\mathrm{j}\omega=\sqrt[n-m]{K^*}\left[\cos\frac{(2k+1)\pi}{n-m}+\mathrm{j}\sin\frac{(2k+1)\pi}{n-m}\right]$$

$$k=0,1,\cdots,n-m-1 \tag{4-20}$$

令式（4-20）两端实部和虚部分别相等，有

$$\sigma-\frac{\sum_{i=1}^{n}p_i-\sum_{j=1}^{m}z_j}{n-m}=\sqrt[n-m]{K^*}\cos\frac{(2k+1)\pi}{n-m} \tag{4-21}$$

$$\omega=\sqrt[n-m]{K^*}\sin\frac{(2k+1)\pi}{n-m} \tag{4-22}$$

令$\varphi_a=\dfrac{(2k+1)\pi}{n-m}$，$\sigma_a=\dfrac{\sum\limits_{i=1}^{n}p_i-\sum\limits_{j=1}^{m}z_j}{n-m}$，由式（4-21）和式（4-22）可知

$$\sqrt[n-m]{K^*}=\frac{\omega}{\sin\varphi_a}=\frac{\sigma-\sigma_a}{\cos\varphi_a} \tag{4-23}$$

即

$$\omega=(\sigma-\sigma_a)\tan\varphi_a \tag{4-24}$$

式（4-24）为渐近线方程，在S平面上为一直线方程，直线的斜率为$\tan\varphi_a$，直线与实轴的交点为σ_a。

对应不同的k值，渐近线与实轴的夹角φ_a也有$(n-m)$个不同的值，而交点σ_a不随k值变化。因此，当$s\to\infty$时，根轨迹的渐近线是$(n-m)$条与实轴的交点为σ_a，夹角为φ_a的射线。

规则 5 根轨迹的分离点与分离角。两条或两条以上的根轨迹分支在S平面上某点相遇又立即分开，则称该点为分离点，分离点的坐标d可由下列方程求得

$$\sum_{j=1}^{m}\frac{1}{d-z_j}=\sum_{i=1}^{n}\frac{1}{d-p_i} \tag{4-25}$$

分离角为$(2k+1)\pi/l$，l为进入分离角的根轨迹分支数。

证 由式（4-7）可知，闭环系统的特征方程为

$$D(s)=\prod_{i=1}^{n}(s-p_i)+K^*\prod_{j=1}^{m}(s-z_j)=0 \tag{4-26}$$

根轨迹在S平面上相遇，说明闭环特征方程有重根，设重根为d。根据代数方程中重根的条件，有$D(s)=0$，$\dot{D}(s)=0$，即

$$\prod_{i=1}^{n}(s-p_i)=-K^*\prod_{j=1}^{m}(s-z_j) \tag{4-27}$$

$$\frac{\mathrm{d}}{\mathrm{d}s}\prod_{i=1}^{n}(s-p_i)=-K^*\frac{\mathrm{d}}{\mathrm{d}s}\prod_{j=1}^{m}(s-z_j) \tag{4-28}$$

将式（4-27）除式（4-28）得

$$\frac{\dfrac{\mathrm{d}}{\mathrm{d}s}\prod\limits_{i=1}^{n}(s-p_i)}{\prod\limits_{i=1}^{n}(s-p_i)}=\frac{\dfrac{\mathrm{d}}{\mathrm{d}s}\prod\limits_{j=1}^{m}(s-z_j)}{\prod\limits_{j=1}^{m}(s-z_j)}$$

即

$$\frac{\mathrm{d}\ln\prod\limits_{i=1}^{n}(s-p_i)}{\mathrm{d}s}=\frac{\mathrm{d}\ln\prod\limits_{j=1}^{m}(s-z_j)}{\mathrm{d}s} \tag{4-29}$$

因为$\ln\prod\limits_{i=1}^{n}(s-p_i)=\sum\limits_{i=1}^{n}\ln(s-p_i)$，$\ln\prod\limits_{j=1}^{m}(s-z_j)=\sum\limits_{j=1}^{m}\ln(s-z_j)$，式（4-29）可写为

$$\sum_{i=1}^{n}\frac{\mathrm{d}\ln(s-p_i)}{\mathrm{d}s}=\sum_{j=1}^{m}\frac{\mathrm{d}\ln(s-z_j)}{\mathrm{d}s} \tag{4-30}$$

有

$$\sum_{i=1}^{n}\frac{1}{s-p_i}=\sum_{j=1}^{m}\frac{1}{s-z_j} \tag{4-31}$$

从式（4-31）解出 s，即根轨迹的分离点 d。应当指出，方程的根不一定都是分离点，只有代入特征方程后，满足 $K^*>0$ 的根才是真正的分离点。在实际中，往往根据具体情况确定方程（4-31）的根是否为分离点，而不一定需要代入特征方程中去检验 K^* 是否大于零。

若开环传递函数无有限零点，则在分离点式（4-31）中应取 $\sum_{j=1}^{m}\frac{1}{s-z_j}=0$。

若将根轨迹进入分离点的切线方向与离开分离点的切线方向之间的夹角定义为分离角，则分离角可由 $(2k+1)\pi/l$ 确定，l 为进入分离点的根轨迹分支数。通常，两支根轨迹相遇的情况较多，$l=2$，其分离角为直角。

规则 6 根轨迹的起始角与终止角。根轨迹离开复数极点的切线方向与正实轴的夹角称为起始角，用 θ_{p_l} 表示；进入复数零点的切线方向与正实轴的夹角称为终止角，用 θ_{z_l} 表示，可根据下面的公式计算

$$\theta_{p_l}=180^\circ+\left[\sum_{j=1}^{m}\angle(s-z_j)-\sum_{\substack{i=1\\i\neq l}}^{n}\angle(s-p_i)\right] \tag{4-32}$$

$$\theta_{z_l}=180^\circ-\left[\sum_{\substack{j=1\\j\neq l}}^{m}\angle(s-z_j)-\sum_{i=1}^{n}\angle(s-p_i)\right] \tag{4-33}$$

证 设开环系统有 n 个极点，m 个零点。在根轨迹上无限靠近待求起始角的开环极点 p_l 附近取一点 s_1，由于 s_1 无限接近 p_l 点，所以除了 p_l 点，其他开环零点和极点到 s_1 点向量的相角都可用它们到 p_l 点的相角来代替，而 p_l 点到 s_1 点的相角即为起始角。因为 s_1 点在根轨迹上，必满足相角条件，有

$$\sum_{j=1}^{m}\angle(s-z_j)-\sum_{\substack{i=1\\i\neq l}}^{n}\angle(s-p_i)-\theta_{p_l}=-180^\circ \tag{4-34}$$

式（4-33）的证明可类推。

规则 7 根轨迹与虚轴的交点。若根轨迹与虚轴相交，则交点处的 ω 值和相应的 K^* 可由劳斯判据求得，或将 $s=\mathrm{j}\omega$ 代入闭环特征方程，并令其实部和虚部分别等于零求得。

根据前面讨论的绘制根轨迹的 7 条基本规则，可以粗略地绘制控制系统根轨迹的大致形状。在此基础上，可在感兴趣的区域内，利用幅值条件和相角条件对根轨迹进行修正，得到该区域内根轨迹的精确图形。

例 4-1 闭环系统的特征方程为 $s(s+5)(s+6)(s^2+2s+2)+K^*(s+3)=0$，试绘制系统的根轨迹图。

解 系统的开环传递函数为

$$G(s)H(s)=\frac{K^*(s+3)}{s(s+5)(s+6)(s^2+2s+2)}$$

按照以下步骤绘制根轨迹。

① 系统的特征方程为 5 阶，故根轨迹有 5 支。根轨迹的起点有 5 个：$p_1=0$，$p_2=-5$，$p_3=-6$，$p_4=-1+\mathrm{j}$，$p_5=-1-\mathrm{j}$。根轨迹的有限终点为−3，有 4 个无穷远终点。

② 有 4 条根轨迹趋于无穷远处，故有 4 条渐近线。渐近线与实轴的夹角为

$$\varphi_a=\frac{(2k+1)\pi}{5-1},\ k=0,1,2,3$$

得 $\varphi_{a1}=45^\circ$，$\varphi_{a2}=-45^\circ$，$\varphi_{a3}=135^\circ$，$\varphi_{a4}=-135^\circ$。

渐近线与实轴的交点可根据式（4-14）计算

$$\sigma_a=\frac{(0-5-6-1+\mathrm{j}1-1-\mathrm{j}1)-(-3)}{4}=-2.5$$

③ 实轴上的渐近线位于 0～−3 及−5～−6。

④ 根轨迹离开复数极点−1+j 的起始角为

$$\theta_{p_3}=180^\circ+[\angle(s+3)-\angle s-\angle(s+1+j)-\angle(s+5)-\angle(s+6)]$$
$$=180^\circ+(26.5^\circ-135^\circ-90^\circ-14^\circ-11.4^\circ)=-43.8^\circ$$

⑤ 按式（4-25）求根轨迹的分离点

$$\frac{1}{d+3}=\frac{1}{d}+\frac{1}{d+5}+\frac{1}{d+6}+\frac{1}{d+1+\mathrm{j}}+\frac{1}{d+1-\mathrm{j}} \tag{4-35}$$

$$d^5+13.5d^4+66s^3+142s^2+123s+45=0$$

式（4-35）是一高阶代数方程，经分析知根轨迹在实轴上只有一个分离点，用试探法求得分离点为 d=−5.53。

⑥ 根轨迹与虚轴的交点可用劳斯判据确定。由特征方程可列劳斯表如下。

s^5	1	54	$60+K^*$
s^4	13	82	$3K^*$
s^3	47.7	$60+0.769K^*$	0
s^2	$65.6-0.212K^*$	$3K^*$	0
s^1	$\dfrac{3940-105K^*-0.163K^{*2}}{65.6-0.212K^*}$	0	0
s^0	$3K^*$	0	

若系统稳定，根据劳斯表的第一列系数，有以下不等式成立

$$65.6-0.212K^*>0,3940-105K^*-0.163K^{*2}>0 \text{ 和 } K^*>0$$

得

$$0<K^*<35.6$$

由此可知，当 K^*=35.6 时，系统临界稳定，此时，根轨迹穿过虚轴。

当 K^*=35.6 时，ω 值由以下辅助方程确定

$$(65.6-0.212K^*)s^2+3K^*=0 \tag{4-36}$$

将 K^*=35.6 代入辅助方程式（4-36），得

$$58.2s^2+107=0$$

解得

$$s = \pm 1.35\mathrm{j}$$

令 $s = \mathrm{j}\omega$ 和 $K^* = 35.6$ 代入特征方程同样可以求得 $s = \pm 1.35\mathrm{j}$。

由以上步骤可绘出根轨迹，如图 4-4 所示。

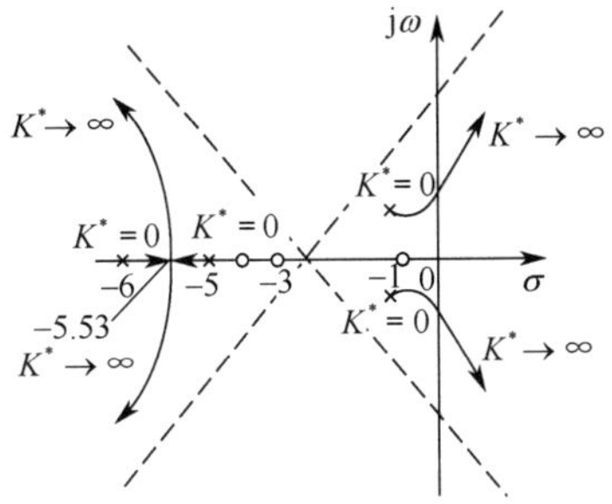

图 4-4　例 4-1 根轨迹

例 4-2　已知负反馈系统的特征方程为 $s^3 + as^2 + k^* s + k^* = 0$，研究以 k^* 为参变量，a 取几个特殊值时系统的根轨迹。

① 当 a=10 和 a=3 时的根轨迹；

② 确定使根轨迹上仅有一个非零值分离点时 a 的数值。

解　① a=10，系统的开环传递函数为

$$G(s)H(s) = \frac{k^*(s+1)}{s^2(s+10)}$$

3 个开环极点为 $p_1 = 0$，$p_2 = 0$，$p_3 = -10$，有限的开环零点为 $z = -1$，实轴上的根轨迹位于 -1～-10。

渐近线与实轴的交点 $\sigma_a = \dfrac{-10+1}{2} = -4.5$。

渐近线与实轴的夹角 $\varphi_a = \dfrac{(2k+1)\pi}{2} = \begin{cases} 90^\circ \\ 270^\circ \end{cases}$，$k = 0,1$。

求分离点

$$\frac{1}{d+1} = \frac{1}{d} + \frac{1}{d} + \frac{1}{d+10}$$

解方程得 $d_1 = -4$，$d_2 = -2.5$。

系统的根轨迹如图 4-5（a）所示。

当 a=3 时，系统的开环传递函数为

$$G(s)H(s) = \frac{k^*(s+1)}{s^2(s+3)}$$

3 个开环极点为 $p_1 = 0$，$p_2 = 0$，$p_3 = -3$，有限的开环零点为 $z = -1$。

渐近线与实轴的交点 $\sigma_a = \dfrac{-3+1}{2} = -1$。

渐近线与实轴的夹角 $\theta = \dfrac{(2k+1)\pi}{2} = \begin{cases} 90^\circ \\ 270^\circ \end{cases}$，$k = 0,1$。

求分离点：由 $\dfrac{1}{d+1} = \dfrac{1}{d} + \dfrac{1}{d} + \dfrac{1}{d+3}$，有 $d^2 + 3d + 3 = 0$。

解方程，得 $d_{1,2} = -1.5 \pm \mathrm{j}\dfrac{\sqrt{3}}{2}$。解为复数，故根轨迹在实轴上无分离点。

系统的根轨迹如图 4-5（b）所示。

② 求仅有一个分离点时的 a 值，即求方程 $2d^2 + (a+3)d + 2a = 0$ 有重根时的 a 值。

$d = \dfrac{-(a+3) \pm \sqrt{(a+3)^2 - 16a}}{4}$，若方程有重根，则有 $(a+3)^2 - 16a = 0$，即 $a = 1$ 或 $a = 9$。

当 $a=1$ 时，开环传递函数出现零极点对消，故 $a=9$ 为所求。当 $a=9$ 时的根轨迹如图 4-5（c）所示。

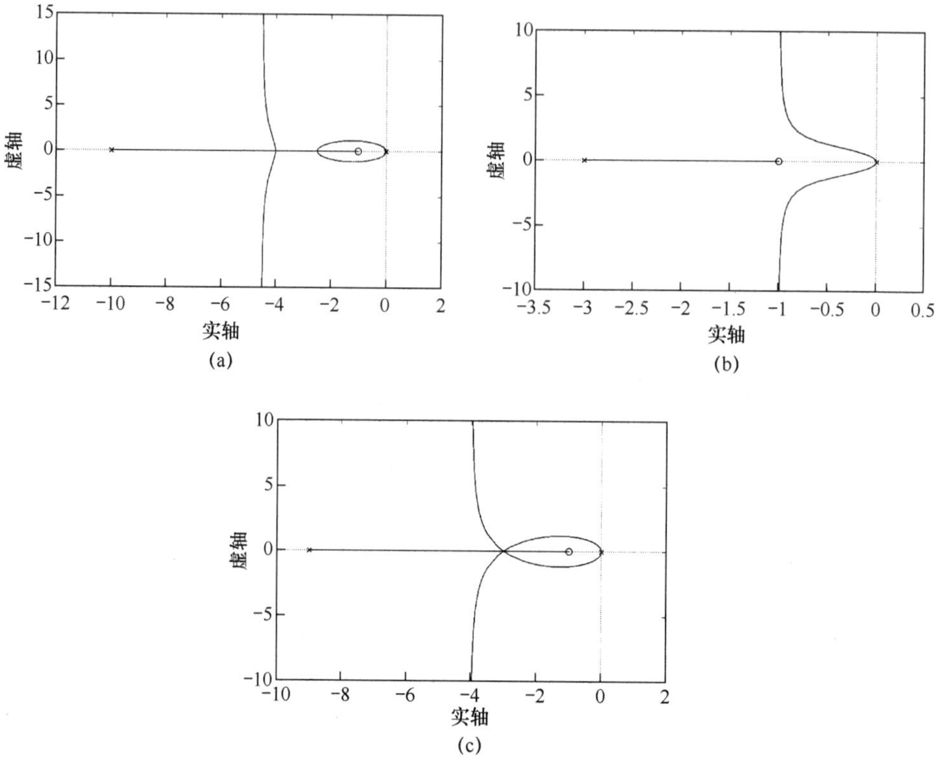

图 4-5　例 4-2 根轨迹

例 4-3　设系统的开环传递函数为 $G(s)H(s)=\dfrac{K^*(s+1)}{(s+0.1)(s+0.5)}$，试绘制系统的根轨迹，并证明复平面上的根轨迹是圆。

解　根轨迹有两条分支。起点为 $p_1=-0.1$，$p_2=-0.5$，有限终点为 $z=-1$。实轴上的根轨迹为−0.1～−0.5。

由式（4-25）知，分离点方程为

$$s^2+2s+0.55=0 \tag{4-37}$$

根轨迹在实轴上的分离点为

$$d_1=-1.67，\quad d_2=-0.33$$

设 s 点在根轨迹上，则应满足相角条件

$$\angle(s+1)-\angle(s+0.1)-\angle(s+0.5)=180^\circ$$

将 $s=\sigma+\mathrm{j}\omega$ 代入上式

$$\angle(\sigma+1+\mathrm{j}\omega)-\angle(\sigma+0.1+\mathrm{j}\omega)-\angle(\sigma+0.5+\mathrm{j}\omega)=180^\circ$$

即

$$\arctan\frac{\omega}{\sigma+1}-\arctan\frac{\omega}{\sigma+0.1}=180^\circ+\arctan\frac{\omega}{\sigma+0.5}$$

有

$$\arctan\frac{\dfrac{\omega}{\sigma+1}-\dfrac{\omega}{\sigma+0.1}}{1+\dfrac{\omega}{\sigma+1}\cdot\dfrac{\omega}{\sigma+0.1}}=\arctan\frac{\omega}{\sigma+0.5}$$

两边取正切，有

$$\frac{\dfrac{\omega}{\sigma+1}-\dfrac{\omega}{\sigma+0.1}}{1+\dfrac{\omega}{\sigma+1}\cdot\dfrac{\omega}{\sigma+0.1}}=\frac{\omega}{\sigma+0.5}$$

整理得

$$(\sigma+1)^2+\omega^2=0.67^2 \tag{4-38}$$

上式为一个圆方程，圆心位于（−1，0），圆半径 r=0.67，圆与实轴的交点就是两个分离点。其根轨迹如图 4-6 所示。

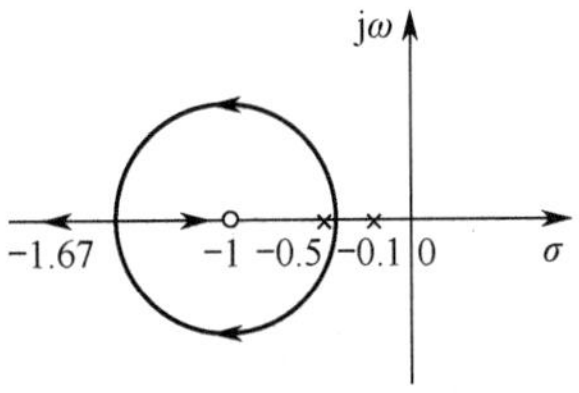

图 4-6　例 4-3 根轨迹

关于绘制根轨迹的几点说明。

① 闭环极点相同而闭环零点不同的系统，它们的根轨迹可能相同，但其瞬态响应是不同的。

② 开环零点、极点位置微小的变化可能引起根轨迹形状较大的变化。

图 4-7（a）中某系统的根轨迹，当开环零点右移时，根轨迹的形状发生了较大变化，如图 4-7（b）所示。

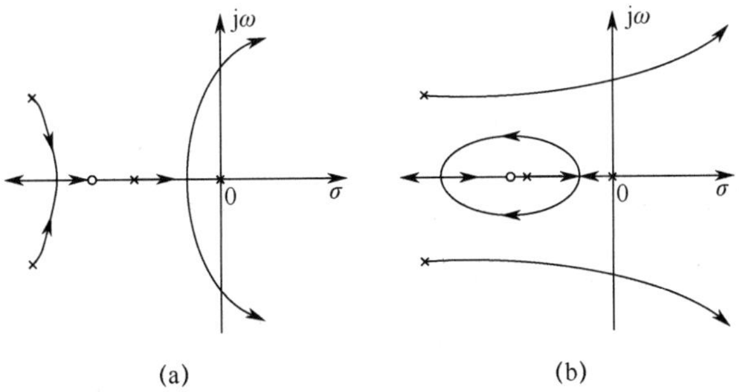

图 4-7　零极点位置微小的变化引起根轨迹形状较大的变化

③ 当 $G(s)$与 $H(s)$有公因子相约时，根轨迹不能代表系统特征方程的全部根，要将 $G(s)$与 $H(s)$中抵消的极点加到由根轨迹得到的闭环极点中。

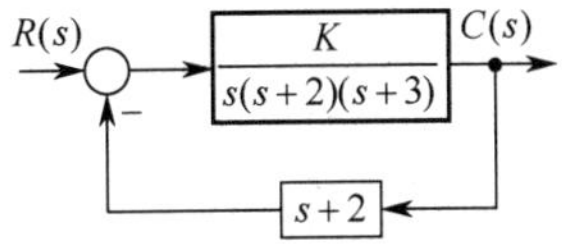

图 4-8　控制系统结构图一

如图 4-8 所示系统，其闭环传递函数为

$$\Phi(s)=\frac{C(s)}{R(s)}=\frac{K}{(s+2)[s(s+3)+K]}$$

系统的特征方程为

$$D(s)=(s+2)[s(s+3)+K] \tag{4-39}$$

若求系统的开环传递函数

$$G(s)H(s)=\frac{K}{s(s+3)} \tag{4-40}$$

则有

$$1+G(s)H(s)=0$$

得

$$s(s+3)+K=0$$

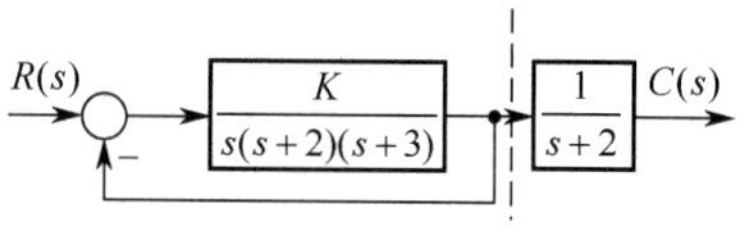

图 4-9 控制系统结构图二

与式（4-39）比较知，丢掉了 $s=-2$ 这一极点，而 $(s+2)$ 正是 $G(s)H(s)$ 中抵消的公因子。所以，根据式（4-40）得到的根轨迹只能代表图 4-9 所示结构图的虚线以左的部分，而应将 $s=-2$ 这一极点增加到系统中，如图 4-9 所示。

3. 广义根轨迹

前面讨论了以 K^* 为变量的负反馈系统的根轨迹。在实际系统中，除了增益 K^*，常常还要研究系统其他参数变化对闭环特征根的影响。在有些多回路系统中，还会遇到内环是正反馈的系统，因此，有必要讨论正反馈系统的根轨迹。这里，把以根轨迹增益 K^* 为变化参数的根轨迹之外的其他情形的根轨迹统称为广义根轨迹。

1）以非 K^* 为变参数的根轨迹

除了开环增益 K，还常常分析系统其他参数变化对系统性能的影响，比如某环节的时间常数等。绘制这类参数变化时根轨迹的方法与前面讨论的规则相同，但在绘制根轨迹之前，引入等效单位负反馈系统和等效传递函数的概念，则常规根轨迹的所有绘制法则，均适用于参数根轨迹的绘制。

设系统的开环传递函数为

$$G(s)H(s)=K\frac{M(s)}{N(s)} \tag{4-41}$$

则系统的闭环特征方程

$$1+G(s)H(s)=N(s)+KM(s)=0 \tag{4-42}$$

将方程左端展开成多项式，用不含变参数的各项除以方程两端，得到

$$1+G_1(s)H_1(s)=1+K'\frac{P(s)}{Q(s)}=0 \tag{4-43}$$

式（4-43）中的 $G_1(s)H_1(s)=K'\dfrac{P(s)}{Q(s)}$，即系统的等效开环传递函数，等效是指系统的特征方程相同意义下的等效。根据等效开环传递函数 $G_1(s)H_1(s)$，按照 4.1.2 节介绍的根轨迹绘制规则，就可绘制出以 K' 为变量的参数根轨迹。由等效开环传递函数描述的系统与原系统有相同闭环极点，但闭环零点不一定相同。因为系统的动态性能不仅与闭环极点有关，还与闭环零点有关，所以在分析系统性能时，可采用由等效系统的根轨迹得到的闭环极点和原系统的闭环零点对系统进行分析。

例 4-4 已知负反馈系统的开环传递函数为 $G(s)H(s)=\dfrac{2}{s(Ts+1)(s+2)}$，试绘制以 T 为参变量的根轨迹图。

解 系统的闭环特征方程为

$$1+G(s)H(s)=Ts^2(s+2)+s^2+2s+2=0$$

① 求等效开环传递函数。以不含 T 的各项除方程两边，得

$$1+\frac{Ts^2(s+2)}{s^2+2s+2}=0$$

系统的等效开环传递函数为

$$G_1(s)H_1(s)=\frac{Ts^2(s+2)}{s^2+2s+2}$$

② 有两个 $z=0$ 的零点和一个 $z=-2$ 的零点，极点为 $p_1=-1+\mathrm{j}$， $p_2=-1-\mathrm{j}$。

③ 实轴上的根轨迹位于$-\infty$～-2。

④ 从复数极点起始的相角为

$$\theta_{p_1}=180^\circ+45^\circ+135^\circ+135^\circ-90^\circ=45^\circ$$

$$\theta_{p_2}=180^\circ-45^\circ-135^\circ-135^\circ+90^\circ=-45^\circ$$

终止于原点的相角为$\theta_z=\frac{1}{2}[180^\circ+(-45^\circ+45^\circ)]=90^\circ$。

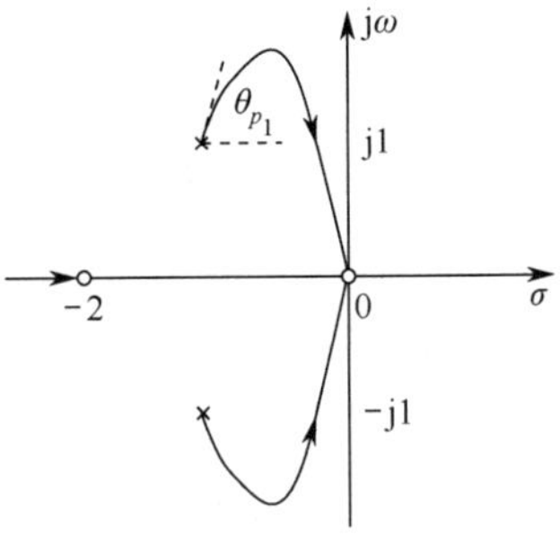

图 4-10　例 4-4 根轨迹

以 T 为参变量的系统根轨迹如图 4-10 所示。

例 4-5　设负反馈系统前向通道的传递函数为$G(s)=\frac{10}{s(s+2)}$，若采用测速反馈$H(s)=1+K_s s$，试画出以K_s为参变量的根轨迹。

解　系统的开环传递函数为$G(s)H(s)=\frac{10(1+K_s s)}{s(s+2)}$

系统的特征方程为

$$s^2+2s+10K_s s+10=0$$

以不含K_s的各项除方程两边，可得

$$1+\frac{10K_s s}{s^2+2s+10}=0$$

等效开环传递函数为

$$G_1(s)H_1(s)=\frac{10K_s s}{s^2+2s+10}$$

开环极点为$-1\pm3\mathrm{j}$，开环零点为零。

实轴上的根轨迹为负实轴。

求根轨迹的分离点

$$\frac{1}{d+1+\mathrm{j}3}+\frac{1}{d+1-\mathrm{j}3}=\frac{1}{d}$$

解得$d=\pm\sqrt{10}=\pm3.16$，$d=3.16$舍去。

将$d=-3.16$代入特征方程，得

$$(-3.16)^2+2\times(-3.16)+10K_s\times(-3.16)+10=0$$

求得K_s值为$K_s=-0.432$。

求根轨迹的起始角θ，即

$$\theta=180^\circ+108.4^\circ-90^\circ=198.4^\circ$$

以K_s为参变量的根轨迹如图 4-11 所示。

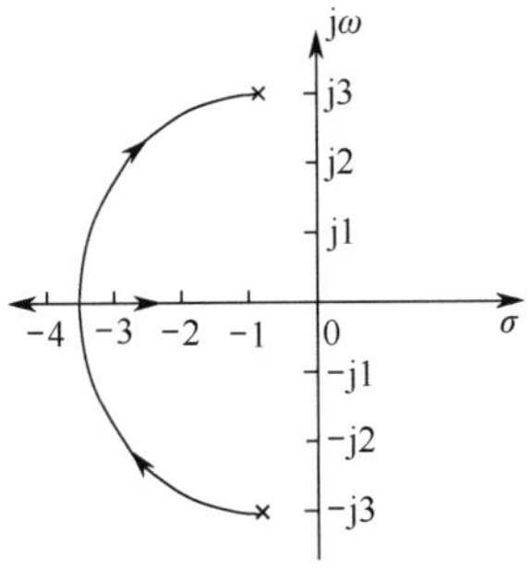

图 4-11　例 4-5 根轨迹

2）正反馈系统的根轨迹

在许多较复杂系统中，可能由多个回路组成，其内回路可能是正反馈连接，所以有必要讨论正反馈系统的根轨迹。

对于具有开环传递函数 $G(s)H(s)$ 的正反馈系统，其特征方程为

$$1-G(s)H(s)=0 \tag{4-44}$$

满足方程式（4-44）的 s 值就是系统的闭环极点。所以，正反馈系统的根轨迹方程为

$$G(s)H(s)=1 \tag{4-45}$$

若系统的开环传递函数为

$$G(s)H(s)=K^*\frac{\prod_{j=1}^{m}(s-z_j)}{\prod_{i=1}^{n}(s-p_i)} \tag{4-46}$$

则有幅值条件

$$|G(s)H(s)|=K^*\frac{\prod_{j=1}^{m}|s-z_j|}{\prod_{i=1}^{n}|s-p_i|}=1 \tag{4-47}$$

或

$$K^*=\frac{\prod_{j=1}^{m}|s-p_i|}{\prod_{i=1}^{n}|s-z_j|} \tag{4-48}$$

相角条件为

$$\angle G(s)H(s)=2k\pi \tag{4-49}$$

即

$$\sum_{j=1}^{m}\angle(s-z_j)-\sum_{i=1}^{n}\angle(s-p_i)=2k\pi,\ \ k=0,\pm1,\pm2,\cdots \tag{4-50}$$

与负反馈系统的根轨迹方程相比，可知它们的幅值条件相同，但相角条件不同。负反馈系统的相角满足 $\pi+2k\pi$，而正反馈系统的相角满足 $0+2k\pi$。所以，通常称负反馈系统的根轨迹为 180° 根轨迹，正反馈系统的根轨迹为 0° 根轨迹。在负反馈系统根轨迹的画法规则中，凡是与相角条件有关的规则都要作相应的修改。需要修改的规则如下。

规则 8 实轴上，若某线段右侧的开环实数零点、极点个数之和为偶数，则此线段为根轨迹的一部分。

规则 9 当有限开环极点数 n 大于有限零点数 m 时，有（$n-m$）条根轨迹沿（$n-m$）条渐近线趋于无穷远处，这（$n-m$）条渐近线在实轴上都交于一点，交点坐标为

$$\sigma_a=\frac{\sum_{i=1}^{n}p_i-\sum_{j=1}^{m}z_j}{n-m}\ \ \text{（与 }180^\circ\text{ 根轨迹相同）} \tag{4-51}$$

渐近线与实轴的夹角为

$$\varphi_a = \frac{2k\pi}{n-m},\quad k = 0,1,2,\cdots,n-m-1 \tag{4-52}$$

规则 10　根轨迹离开复数极点的切线方向与正实轴间的夹角称为起始角，用 θ_{p_i} 表示；进入复数零点的切线方向与正实轴间的夹角称为终止角，用 θ_{z_j} 表示，可根据下面的公式计算

$$\theta_{p_i} = \sum_{j=1}^{m}\angle(s-z_j) - \sum_{\substack{i=1\\ i\neq 1}}^{n}\angle(s-p_i) \tag{4-53}$$

$$\theta_{z_j} = -\sum_{\substack{j=1\\ j\neq 1}}^{m}\angle(s-z_j) + \sum_{i=1}^{n}\angle(s-p_i) \tag{4-54}$$

除以上 3 条规则外，其余规则与 180° 根轨迹相同。

例 4-6　正反馈系统的开环传递函数为

$$G(s)H(s) = \frac{K}{(s^2+2s+2)(s^2+2s+5)} \tag{4-55}$$

绘制系统的根轨迹，并求出使系统稳定 K 的取值范围。

解　按 0° 根轨迹的画法规则。

系统的开环极点为 $p_{1,2} = -1 \pm \mathrm{j}$，$p_{3,4} = -1 \pm 2\mathrm{j}$，实轴上的根轨迹为（$-\infty$，$+\infty$）。

根轨迹有 4 条渐近线。

渐近线与实轴的交点为 $\sigma_a = -1$，$\varphi_a = 0°$，90°，180°，270°。

起始角为 $\theta_{p_1} = 90°$，$\theta_{p_2} = -90°$，$\theta_{p_3} = 270°$，$\theta_{p_4} = -270°$。

已知分离点方程

$$\frac{1}{d+1+\mathrm{j}2} + \frac{1}{d+1-\mathrm{j}2} + \frac{1}{d+1+\mathrm{j}} + \frac{1}{d+1-\mathrm{j}} = 0$$

由劳斯判据可知，当 $K = 10$ 时，闭环系统临界稳定，根轨迹与虚轴的交点为 $s = 0$。根轨迹如图 4-12 所示。

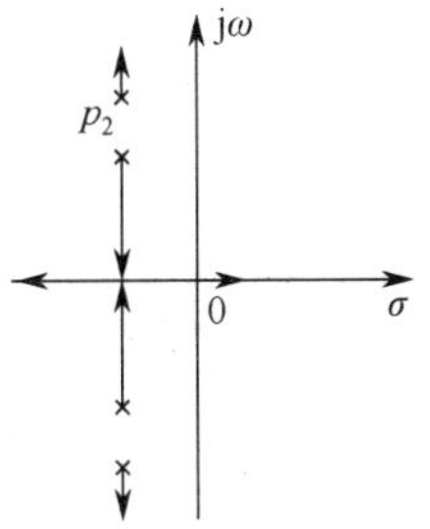

图 4-12　例 4-6 根轨迹

3）非最小相位系统的根轨迹

若系统的开环传递函数在 S 右半平面有零点或极点，则该系统称为非最小相位系统。之所以称之为“非最小相位系统”，是出自这类系统在正弦信号作用下的相移特性（见第 5 章内容）。

设某负反馈系统的开环传递函数为

$$G(s)H(s) = \frac{K(1-\tau s)}{s(1+Ts)},\tau > 0, T > 0 \tag{4-56}$$

由于系统存在一个在 S 右半平面的开环极点 $1/\tau$，所以该系统是非最小相位系统。

系统的特征方程为

$$1 + G(s)H(s) = 1 + \frac{K(1-\tau s)}{s(1+Ts)} = 1 - \frac{K(\tau s - 1)}{s(Ts+1)} = 0 \tag{4-57}$$

即

$$\frac{K(\tau s - 1)}{s(Ts+1)} = 1 \tag{4-58}$$

由式（4-58）知，该系统的根轨迹方程与正反馈系统一样，其幅值条件和相角条件分别为

$$\left|\frac{K(\tau s-1)}{s(Ts+1)}\right|=1 \tag{4-59}$$

$$\angle(\tau s-1)-\angle s-\angle(Ts+1)=0^\circ+2\pi \tag{4-60}$$

因此，应根据 0° 根轨迹的规则绘制该非最小相位系统的根轨迹。但是，并不是所有非最小相位系统的根轨迹都是按照 0° 根轨迹的规则，应根据系统的特征方程来确定。首先，将非最小相位系统的开环传递函数写成式（4-5）的标准形式，使其分子和分母中 s 的最高次幂的系数为正，此时，若有负号提出，则按 0° 根轨迹的规则作图，否则，仍按 180° 根轨迹的规则作图，下面用两个例子说明了非最小相位系统根轨迹的画法。

例 4-7 设负反馈系统的开环传递函数为

$$G(s)H(s)=\frac{K(-s^2-2s+3)}{s^2(s^2+4s+16)}$$

试绘制系统的根轨迹。

解 系统存在两个在 S 右半平面的开环零点，故该系统为非最小相位系统。将系统的开环数写成式（4-5）的标准形式，有

$$G(s)H(s)=\frac{-K^*(s-1)(s+3)}{s^2(s^2+4s+16)}$$

其根轨迹方程为

$$\frac{K^*(s-1)(s+3)}{s^2(s^2+4s+16)}=1$$

由上式可知，该系统的根轨迹方程与正反馈系统根轨迹方程的形式一样，因此，应按 0° 根轨迹的规则作图。

由标准形式的开环传递函数可求出系统的两个开环零点为 $z_1=1$， $z_2=-3$，开环极点为 $p_1=0$， $p_{2,3}=-2\pm 2\sqrt{3}\mathrm{j}$。

由 0° 根轨迹的画法规则可知，实轴上的根轨迹为[0, −3]，[1, ∞]。

渐近线与实轴正方向的夹角为 0°，因为渐近线与实轴相交，故渐近线与实轴重合。

由分离点方程 $\frac{1}{d+3}+\frac{1}{d-1}=\frac{1}{d+2+2\sqrt{3}\mathrm{j}}+\frac{1}{d+2-2\sqrt{3}\mathrm{j}}$，解得 $d=3.6$。

在两个复数极点处，根轨迹的起始角为

$$\theta_{p_2}=0^\circ+\angle(p_2-z_1)+\angle(p_2-z_2)-\angle(p_2-p_1)-\angle(p_2-p_3)$$
$$=0^\circ+73.8^\circ+130.9^\circ-120^\circ-90^\circ=-5.3^\circ$$
$$\theta_{p_3}=5.3^\circ$$

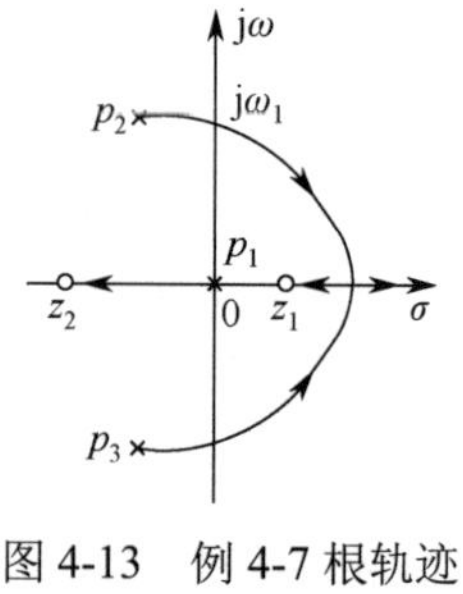

图 4-13 例 4-7 根轨迹

求根轨迹与虚轴的交点。将 $s=\mathrm{j}\omega$ 代入特征方程，并令其实部和虚部分别为零，有

$$\mathrm{Re}\left[1+\frac{K^*(-s^2-2s+30)}{s(s^2+4s+16)}\right]_{s=\mathrm{j}\omega}=0 \text{ 和 } \mathrm{Im}\left[1+\frac{K^*(-s^2-2s+30)}{s(s^2+4s+16)}\right]_{s=\mathrm{j}\omega}=0$$

得 $-(4-K^*)\omega^2+3K^*=0$ 和 $-\omega^3+(16-2K^*)\omega=0$，解得 $\omega_1=0$，$\omega_2=\pm 3.14$。

根据以上所述，作出根轨迹如图 4-13 所示。

本例说明，对于非最小相位系统，应先将系统的开环函数化为式（4-5）的标准形式，若此时系统的根轨迹方程与正反馈系统相同，即 $G(s)H(s)=1$，则按 0° 根轨迹规则画图，若与负反馈系统相同，即 $G(s)H(s)=-1$，则按 180° 根轨迹规则画图。

例 4-8　具有自动驾驶仪的飞机纵向运动的开环传递函数可简化为

$$G(s)H(s)=\frac{K^*(s+1)}{s(s-1)(s^2+4s+16)}$$

试绘制系统的根轨迹，并求使系统稳定的 K^* 的取值范围。

解　实轴上的根轨迹位于[0, 1]，[−1, −∞)。

根轨迹有三条渐近线，它们与实轴的交点为

$$\sigma_a=\frac{0+1-2+2\sqrt{3}\mathrm{j}-2\sqrt{3}\mathrm{j}+1}{4-1}=-\frac{2}{3}$$

渐近线与实轴的夹角为 $\varphi_a=\dfrac{180^\circ(2k+1)}{4-1}=60^\circ,-60^\circ,180^\circ$ 。

由求根轨迹分离点的公式有 $\dfrac{1}{d+1}=\dfrac{1}{d}+\dfrac{1}{d-1}+\dfrac{1}{d+2+2\sqrt{3}\mathrm{j}}+\dfrac{1}{d+2-2\sqrt{3}\mathrm{j}}$ 。

化简得

$$3d^4+10d^3+21d^2+24d-16=0$$

用试探法可求得上面方程的两个实数根为 $d_1=0.46$，$d_2=-2.22$，用长除法可求得另外两个根为 $d_{3,4}=-0.79\pm2.16\mathrm{j}$，这两个复数根不满足幅值条件舍去。所以，根轨迹在实轴上的分离点为 0.46 和−2.22。

根据劳斯判据，可以求出根轨迹与虚轴的交点。系统的特征方程为

$$s^4+3s^3+12s^2+(K^*-16)s+K^*=0$$

s^4	11	12	K^*
s^3	3	K^*-16	0
s^2	$\dfrac{52-K^*}{3}$	K^*	
s^1	$\dfrac{-K^{*2}+59K^*-832}{52-K^*}$	0	
s^0	K^*		

令 s^1 行的第一个系数为零，解得 K^* 值为 $K_1^*=35.7$， $K_2^*=23.3$ 。

由 s^2 行得到辅助方程 $\dfrac{54-K^*}{3}s^2+K^*=0$ 。

解辅助方程可得到根轨迹与虚轴的交点为

$$s=\pm2.56\mathrm{j}\ \ (K^*=35.7) \text{ 和 } s=\pm1.56\mathrm{j}\ \ (K^*=23.3)$$

求复数极点处根轨迹的起始角。对于开环极点 $s=-2\pm2\sqrt{3}\mathrm{j}$，起始角为

$$\theta=180^\circ+106^\circ-120^\circ-130.5^\circ-90^\circ=-54.5^\circ$$

开环极点 $s=-2-\mathrm{j}2\sqrt{3}$ 处，起始角为 $\theta=54.5^\circ$ 。

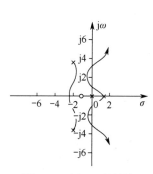

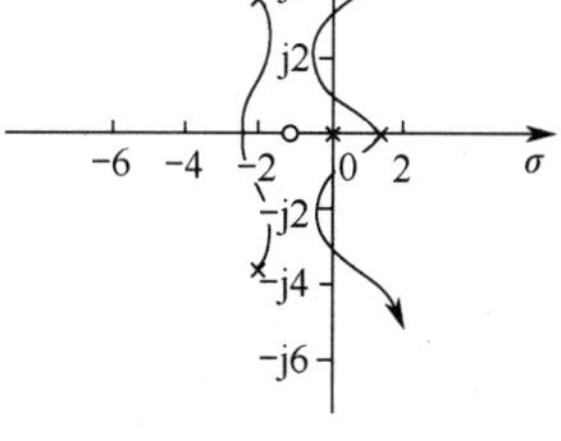

图 4-14　例 4-8 根轨迹

系统的根轨迹如图4-14所示。由根轨迹可知，当 $23.3<K^*<35.7$

时，系统稳定，当K^*值超出这个范围时，系统不稳定。

4.2 线性系统根轨迹分析方法

在时域分析法中，一般通过系统的单位阶跃响应分析系统性能。而根轨迹法分析，则是由系统开环零点、极点的分布得到系统的根轨迹，由根轨迹分析系统的稳定性，分析闭环极点随系统参数变化其在复平面上的分布位置，而使系统性能随之发生变化。由于系统的闭环极点在性能分析中起着主要作用，所以可以借助系统的根轨迹，研究某个参数或某些参数的变化对闭环系统特征方程的根在 S 平面上分布的影响，通过一些简单的作图和计算，就可看到系统参数的变化对系统闭环极点影响的趋势，从而确定系统在某些特定参数下的性能，也可根据性能指标的要求，在根轨迹上选择合适的闭环极点的位置。因此，根轨迹法可为分析和改善系统性能提供依据。

4.2.1 主导极点的概念

在工程实际中，常常用主导极点的概念对系统进行分析，这样可使系统分析得以简化。例如研究具有如下闭环传递函数的系统

$$\Phi(s)=\frac{20}{(s+10)(s^2+2s+2)}$$

系统的单位阶跃响应为

$$h(t)=1-0.024\mathrm{e}^{-10t}+1.55\mathrm{e}^{-t}\cos(t+129^\circ)$$

其中，指数项是由闭环极点$s_1=-10$产生的，衰减余弦项是由闭环复数极点$s_{2,3}=-1\pm\mathrm{j}$产生的，比较这两项可以发现，指数项随时间的增加迅速衰减且幅值很小，故可忽略，所以

$$h(t)\approx1+1.55\mathrm{e}^{-t}\cos(t+129^\circ)$$

上式表明，系统可近似为一个二阶系统，近似系统与原系统的阶跃响应曲线如图 4-15 所示，可见动态特性可由离虚轴较近的一对闭环极点确定，这样的闭环极点称为**闭环主导极点**。一般来说，闭环主导极点的定义为，在系统的时间响应过程中起主要作用的闭环极点，它们离虚轴的距离小于离其他闭环极点距离的 1/5，并且在它附近没有闭环零点。在系统的时间响应过程中，各分量所占的比重除了取决于相应的闭环极点，还与该极点处的留数，即闭环零点、极点间的相对位置有关。故只有既接近虚轴，又不十分接近闭环零点的闭环极点，才可能成为主导极点。在工程计算中，采用主导极点代替系统的全部闭环极点来估算系统性能指标的方法称为**主导极点法**。

例 4-9 已知系统的开环传递函数为

$$G(s)H(s)=\frac{K^*}{s(s+1)(s+2)(s+3)}$$

试根据系统的根轨迹分析其稳定性，并计算闭环主导极点具有$\zeta=0.5$时系统的动态性能指标。

解 ① 绘制根轨迹图。

根轨迹在实轴上的线段为［$-1, 0$］，［$-2, -3$］。

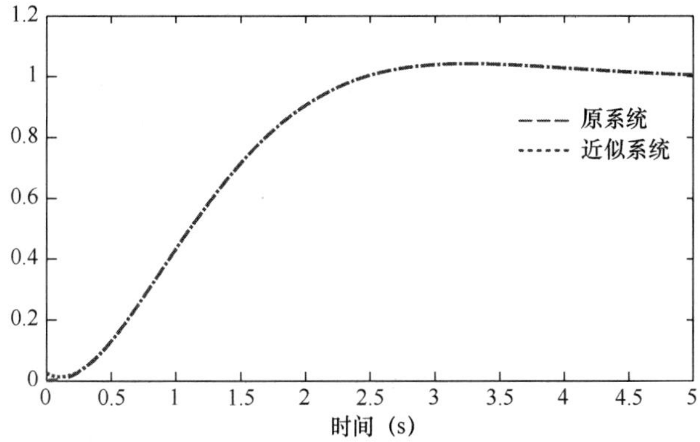

图 4-15　近似系统与原系统的阶跃响应曲线

渐近线与实轴的交点为$\sigma_a = \dfrac{-1-2-3}{4} = -1.5$。

渐近线与实轴正方向的夹角为$\theta_a = \pm 45^\circ$和$\theta_a = \pm 135^\circ$。

由规则 5 可求出根轨迹在实轴上的分离点为$d_1 = -0.38$，$d_2 = -2.62$。

由劳斯判据可求得根轨迹与虚轴的交点为

s^4	1	11	K^*
s^3	6	6	0
s^2	10	K^*	0
s^1	$\dfrac{60-6K^*}{10}$	0	
s^0	K^*		

令s^1的首项系数为零，求得$K^* = 10$，将$s = \mathrm{j}\omega$和$K^* = 10$代入s^2行的辅助方程$10s^2 + K^* = 0$的根轨迹，与虚轴交点为$\omega_c = \pm 1$。根轨迹的大致形状如图 4-16 所示。

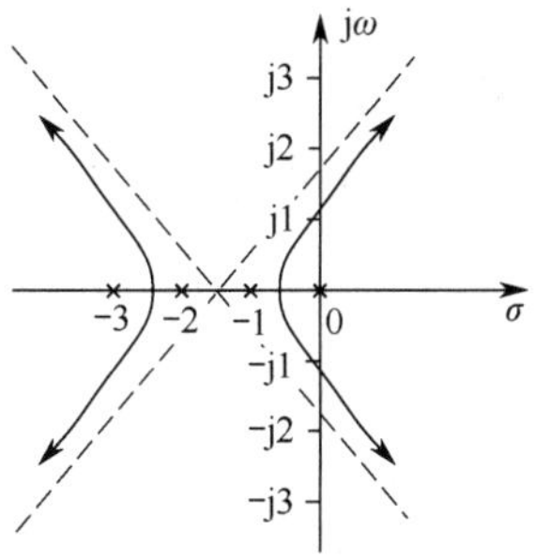

图 4-16　例 4-9 根轨迹

② 系统稳定性分析。

由图 4-16 可知，4 条根轨迹中有两条从 S 平面左半部穿过虚轴进入 S 平面右半部，它们与虚轴的交点$\omega_c = \pm 1$，交点所对应的根轨迹增益$K_c^* = 10$。由根轨迹增益与开环增益间的关系，有

$$K_c = K_c^* \frac{\prod_{j=1}^{m}(-z_j)}{\prod_{i=1}^{n}(-p_i)} = 10 \times \frac{1}{1\times 2\times 3} = \frac{10}{6} \approx 1.67$$

所以，若使系统稳定，开环增益 K 的取值应小于 1.67。

③ 动态性能分析。

在根轨迹图上，求出主导极点s_1和s_2的位置（假定它们满足主导极点的条件）。方法是$\zeta = 0.5$的等阻尼比线 OA，使 OA 与负实轴方向的夹角为$\beta = \cos^{-1}\zeta = \cos^{-1}0.5 = 60^\circ$，$OA$ 与根轨迹的交点s_1是满足$\zeta = 0.5$的闭环主导极点之一。由图测得由根轨迹的对称性，可求得另一极点为$s_1=-0.3+0.52\mathrm{j}$，$s_2=-0.3-0.52\mathrm{j}$。

由幅值条件可知，闭环极点s_1对应的根轨迹增益为

$$K_{\mathrm{r1}}^*=|s_1|\ |s_1+1|\ |s_1+2|\ |s_1+3|=6.35$$

将s_1、s_2和K_{r1}^*代入特征方程，可解得另外两个闭环极点为

$$s_{3,4}=-2.7\pm3.37\mathrm{j}$$

由于

$$\frac{\mathrm{Re}(s_{3,4})}{\mathrm{Re}(s_{1,2})}=\frac{-2.7}{-0.3}=9$$

共扼复数极点$s_{3,4}$距虚轴的距离是共扼复数极点$s_{1,2}$距轴距离的9倍，且闭环极点$s_{1,2}$附近无闭环零点，因此，$s_{1,2}$满足主导极点的条件，该系统可近似成一个由主导极点构成的二阶系统，其闭环传递函数为

$$\Phi(s)=\frac{\omega_{\mathrm{n}}^2}{s^2+2\zeta\omega_{\mathrm{n}}s+\omega_{\mathrm{n}}^2}=\frac{s_{1,2}}{(s-s_1)(s-s_2)}=\frac{0.36}{s^2+0.6s+0.36}$$

此时，对应的系统开环增益为

$$K_v=\frac{K_{r1}}{6}=1.06$$

系统的动态性能可根据二阶系统的性能指标公式计算。

调节时间

$$t_{\mathrm{s}}=\frac{3+\ln\frac{1}{\sqrt{1-\zeta^2}}}{\omega_{\mathrm{n}}\zeta}=\frac{3+\ln\frac{1}{\sqrt{1-0.5^2}}}{0.6\times0.5}=10.5$$

超调量

$$\sigma_{\mathrm{p}}\%=\mathrm{e}\left(-\frac{\zeta\pi}{\sqrt{1-\zeta^2}}\right)=\mathrm{e}\left(-\frac{0.5\pi}{\sqrt{1-0.5^2}}\right)=16.3\%$$

峰值时间

$$t_{\mathrm{p}}=\frac{\pi}{\omega_{\mathrm{n}}\sqrt{1-\zeta^2}}=\frac{\pi}{0.6\sqrt{1-0.5^2}}=6.04$$

通过例4-9，可将采用根轨迹法分析系统性能的步骤归纳如下。

① 根据系统的开环传递函数和绘制根轨迹的基本规则绘制系统的根轨迹。

② 用根轨迹在复平面上的分布分析系统的稳定性。若所有的根轨迹分支都位于S平面的左半部，则说明无论系统的开环增益（或根轨迹增益）取何值，系统始终都是稳定的，若有一条（或一条以上）根轨迹始终位于S平面的右半部，则系统是不稳定的；若当开环增益在某一范围取值时，系统的根轨迹都在S平面左半部，而当开环增益在另一范围取值时，有根轨迹分支进入S平面右半部，则系统是有条件稳定的，根轨迹穿过虚轴，由S平面左半部进入S平面右半部所对应的K^*值，称为临界稳定的根轨迹增益K_c^*。

③ 根据对系统的要求和系统的根轨迹图分析系统的瞬态性能，对于低阶系统，可以很容易地在根轨迹上确定对应参数的闭环极点。对于高阶系统，通常是用简单的作图法求出系统的主导极点（若存在主导极点），然后将高阶系统简化为由主导极点（通常是一对共轭复数极点）决定的二阶系统，来分析系统的性能。这种方法简单、方便、直观，在满足主导极点的条件下，分析结果的误差很小。如果求出的离虚轴最近的闭环极点不满足主导极点的条件，还应考虑其他极点和闭环零点的影响。

4.2.2　增加开环零极点对根轨迹的影响

从下面的例子中可看到增加开环零点对系统性能的影响。

例 4-10　已知系统的开环传递函数为

$$G(s)H(s)=\frac{K^*}{s^2(s+a)}\quad (a>0)$$

试用根轨迹法分析系统的稳定性，如果使系统增加一个开环零点，试分析附加开环零点对根轨迹的影响。

解　① 系统的根轨迹如图 4-17（a）所示。由于根轨迹全部位于 S 平面的右半部，所以无论 K^* 取何值，系统都是不稳定的。

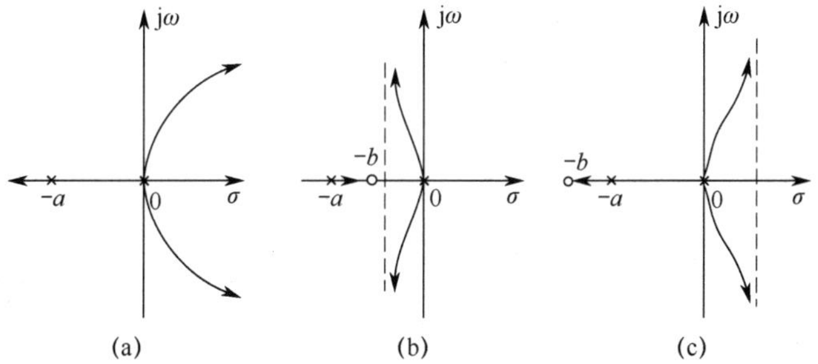

图 4-17　增加开环零点的影响

② 如果给原系统增加一个负开环实零点 $z=-b(b>0)$，则开环传递函数为

$$G(s)H(s)=\frac{K^*(s+b)}{s^2(s+a)}$$

当 $b<a$ 时，根轨迹的渐近线与实轴的交点为 $-\dfrac{a-b}{2}<0$，它们与实轴正方向的夹角分别为 90° 和−90°，三条根轨迹均在 S 平面左半部，如图 4-17（b）所示。这时，无论 K^* 取何值，系统始终都是稳定的。

当 $b>a$ 时，根轨迹的渐近线与实轴的交点为 $-\dfrac{a-b}{2}>0$，根轨迹如图 4-17（c）所示，与原系统相比，虽然根轨迹的形状发生了变化，但仍有两条根轨迹位于 S 平面的右半部，系统仍不稳定。

由例 4-10 可知，选择合适的开环零点，可使原来不稳定的系统变为稳定的，否则达不到预期的目的。

例 4-11　系统的开环传递函数为

$$G(s)H(s)=\frac{K^*}{s(s+p_2)(s-p_3)},\ p_3<p_2<0$$

试分析附加开环零点对系统性能的影响。

解 ① 原系统的根轨迹如图 4-18（a）所示。由图可知，当系统的根轨迹增益 $K^*>K_c^*$ 时，有两支根轨迹进入 S 平面右半部，成为不稳定系统。

② 给原系统增加负实零点 $z(z<0)$，系统的开环传递函数为

$$G(s)H(s)=\frac{K^*(s-z)}{s(s+p_2)(s-p_3)}$$

根轨迹的渐近线与正实轴的夹角分别为±90°，与实轴的交点坐标位置随附加零点的取值而改变，下面分三种情况加以讨论。

a）当 $z<p_2+p_3<0$ 时，渐近线与实轴的交点为

$$\sigma_a=\frac{\sum p_i-\sum z_j}{n-m}>0$$

渐近线位于 S 平面的右半部，根轨迹如图 4-18（b）所示。与原系统的根轨迹比较，虽然根轨迹的形状发生了变化，但仍有根轨迹进入了 S 右半平面，当 $K^*>K_c^*$ 时，系统变为不稳定。

b）当 $p_3<z<p_2<0$ 时，渐近线与实轴的交点为

$$\sigma_a=\frac{\sum p_i-\sum z_j}{n-m}<0$$

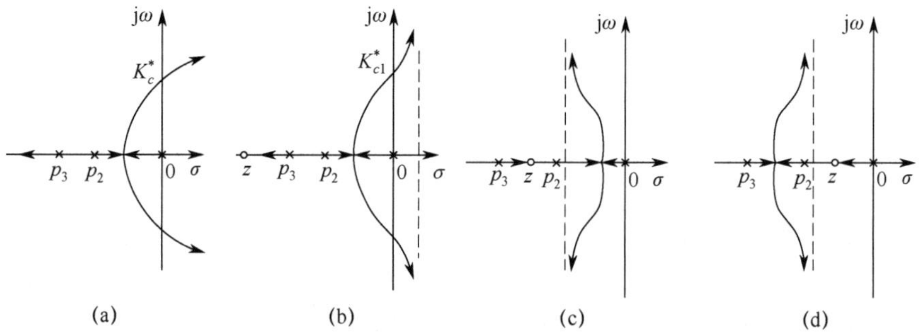

图 4-18 例 4-11 根轨迹

渐近线在 S 平面左半部，根轨迹如图 4-18（c）所示，由图可知，无论根轨迹增益取何值，系统始终是稳定的。

c）当 $p_3<p_2<z<0$ 时，渐近线与实抽的交点也小于零，根轨迹如图 4-18（d）所示。

4.3 舰载激光武器控制系统的根轨迹分析

根轨迹法是一种图示化方法，需要在一个参数变化时，绘制特征根在 S 平面上的变化轨迹，并且根轨迹还可以和劳斯稳定性判据结合起来，发挥更大作用。因此根轨迹可以提供关于系统稳定性和其他性能的定性信息，如果特征根的位置不符合要求，则根据根轨迹很容易确定应该怎样调整参数。本节给出采用根轨迹法分析舰载激光武器控制系统性能的方法。

舰载激光武器是一种定向能武器，它需要足够大的功率辐射能量以达到摧毁目标的目的，因此控制系统必须具有高度准确的位置和速度响应。考虑图 4-19 所示用直流电机控制激光武器的系统，需要调整放大器的增益 K_a，以使控制系统满足相应的指标要求。假定给出的设计指标要求是：①系统对速度输入信号 $r(t)=At$（A=1mm/s）的响应始终是稳定的；②稳态误差小于或等于 0.1mm。那么，为获得所要求的稳态误差和瞬态响应，初步选取直流电机励磁磁场的时间常数 τ_1=0.16s，电机和负载组合的时间常数 τ_2=0.2s。

由图 4-19 的结构框图，可以得到系统的闭环传递函数为

$$\Phi(s)=\frac{K_a}{s(\tau_1 s+1)(\tau_2 s+1)+K_a}=\frac{31.25K_a}{s^3+11.25s^2+31.25s+31.25K_a} \tag{4-61}$$

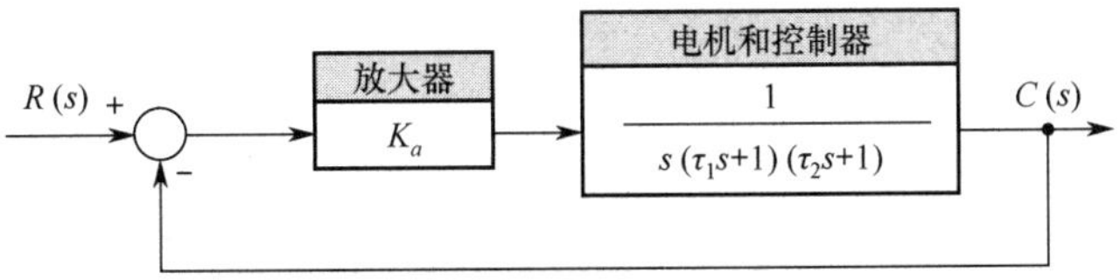

图 4-19　舰载激光武器控制系统结构框图

由式（3-61）可知，系统对速度输入信号 $R(s)=A/s^2$ 响应的稳态误差为

$$e_{ss}=\frac{A}{K_v}=\frac{A}{K_a}$$

由于提出的指标要求 e_{ss}=0.1mm（或者更小），而 A=1mm，因此有

$$K_a \geqslant 10 \tag{4-62}$$

这里取 K_a=10。

为保证系统稳定，考虑由式（4-61）得到的闭环特征方程为

$$D(s)=s^3+11.25s^2+31.25s+31.25K_a=0$$

构造劳斯表

$$\begin{array}{lll}
s^3 & 1 & 31.25 \\
s^2 & 11.25 & 31.25K_a \\
s^1 & 31.25-\dfrac{31.25K_a}{11.25} & 0 \\
s^0 & 31.25K_a &
\end{array}$$

从而可以得到系统的稳定条件为

$$0 \leqslant K_a \leqslant 11.25 \tag{4-63}$$

另外，闭环特征方程又可以写成根轨迹方程形式

$$1+K_a\frac{31.25}{s^3+11.25s^2+31.25s}=0 \tag{4-64}$$

K_a>0 时的根轨迹如图 4-20 所示，由上述关于稳态误差和稳定性的分析可知，如果选取 K_a=10，那么既能够满足稳态误差要求，又能够保证系统稳定。而且，与 K_a=10 对应的闭环特征根为 $s_1=-10.99$，$s_{2,3}=-0.13\pm 5.33\mathrm{i}$，由于 s_1 的实部是 $s_{2,3}$ 实部的 84 倍，因此可以认为这一对共轭复根为**主导极点**。由 $\sigma_{\mathrm{p}}\%=\mathrm{e}^{-\frac{\pi\zeta}{\sqrt{1-\zeta^2}}}\times 100\%$ 和 $t_{\mathrm{s}}=\dfrac{4}{\zeta\omega_{\mathrm{n}}}$ 可知，系统对阶跃响应输入的

超调量约为 108.7%。按 2%准则的调节时间为

$$t_s = \frac{4}{\zeta\omega_n} = \frac{4}{0.13} = 30.8\,(\mathrm{s})$$

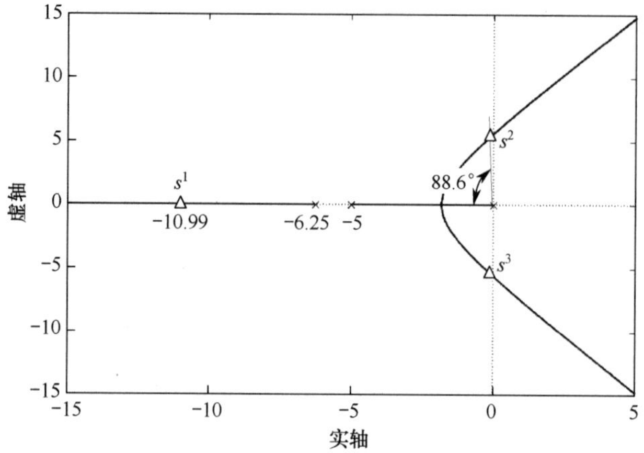

图 4-20 激光武器控制系统的根轨迹（K_a>0）

绘制实际系统的响应曲线，得到的超调量为 108.6%，调节时间为 30.8s，如图 4-21（a）所示。可见，共轭复根确实可以视为主导极点。由于整个系统对阶跃输入的响应有强烈振荡，因此不能使用阶跃输入信号，而只能使用低速信号作为激光武器的指令信号。系统对速度输入信号的响应如图 4-21（b）所示。

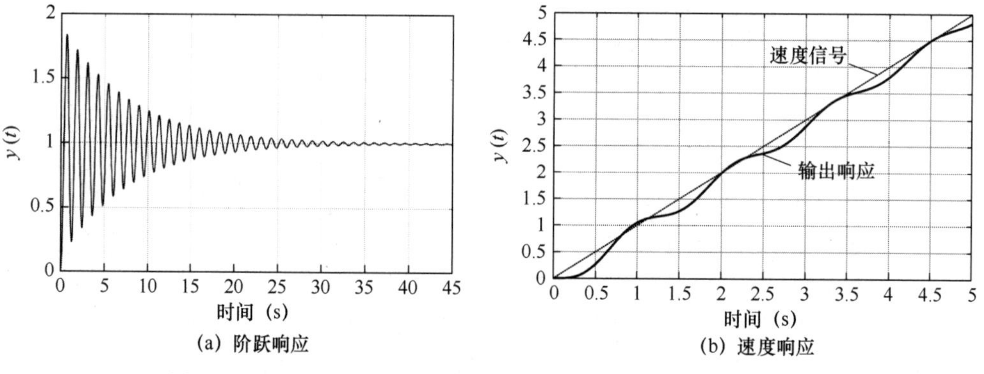

图 4-21 激光武器控制系统对速度输入信号的响应（τ_1=0.16s）

由于初步选取的时间常数使得系统对阶跃、速度输入信号响应的超调量高、振荡次数多、调节时间长，下面选取较小的时间常数，研究其对控制系统性能的影响。取 τ_1=0.1s，这时系统的闭环传递函数为

$$\Phi(s) = \frac{K_a}{s(\tau_1 s+1)(\tau_2 s+1)+K_a} = \frac{50K_a}{s^3+15s^2+50s+50K_a} \tag{4-65}$$

由于提出的稳态误差要求 e_{ss}=0.1mm（或者更小），而 A=1mm，因此仍有 $K_a \geqslant 10$。

为保证系统稳定，由式（4-65）得到的闭环特征方程为

$$D(s) = s^3+15s^2+50s+50K_a = 0$$

构造劳斯表

s^3	1	50
s^2	15	$50K_a$
s^1	$\dfrac{750-50K_a}{15}$	0
s^0	$50K_a$	

从而可以得到系统的稳定条件为

$$0 \leqslant K_a \leqslant 15 \tag{4-66}$$

另外，闭环特征方程又可以写成根轨迹方程形式

$$1+K_a\frac{50}{s^3+15s^2+50s}=0 \tag{4-67}$$

$K_a>0$ 时的根轨迹如图 4-22 所示，由上述关于稳态误差和稳定性的分析可知，如果选取 $K_a=10$，那么既能够满足稳态误差要求，又能够保证系统稳定。而且，与 $K_a=10$ 对应的闭环特征根为 $s_1=-13.98$，$s_{2,3}=-0.51\pm5.96\mathrm{i}$，由于 s_1 的实部是 $s_{2,3}$ 实部的 27 倍，因此可以认为这一对共轭复根为**主导极点**。由 $\sigma_\mathrm{p}\%=\mathrm{e}^{-\frac{\pi\zeta}{\sqrt{1-\zeta^2}}}\times100\%$ 和 $t_\mathrm{s}=\dfrac{4}{\zeta\omega_\mathrm{n}}$ 可知，系统对阶跃输入响应的超调量约为 76%。按 2%准则的调节时间为

$$t_\mathrm{s}=\frac{4}{\zeta\omega_\mathrm{n}}=\frac{4}{0.51}=7.8\ (\mathrm{s})$$

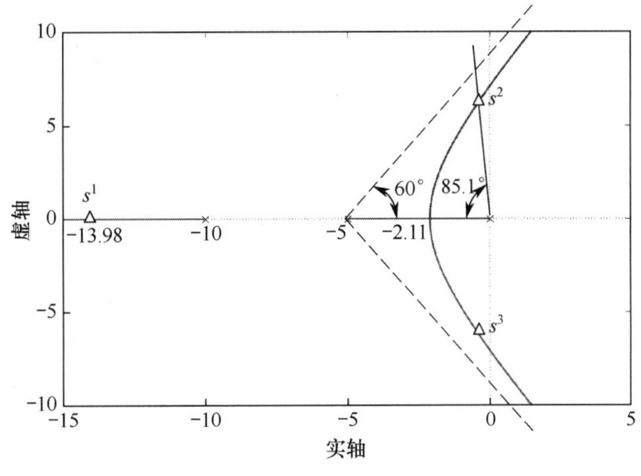

图 4-22　激光武器控制系统的根轨迹（$K_a>0$）

绘制实际系统的响应曲线，得到的超调量为 70%，调节时间为 7.5s，如图 4-23（a）。可见，共轭复根确实可以视为主导极点。由于整个系统对阶跃输入的响应有强烈振荡，因此不能使用阶跃输入信号，而只能使用低速信号作为激光武器的指令信号。系统对速度输入信号的响应如图 4-23（b）所示。

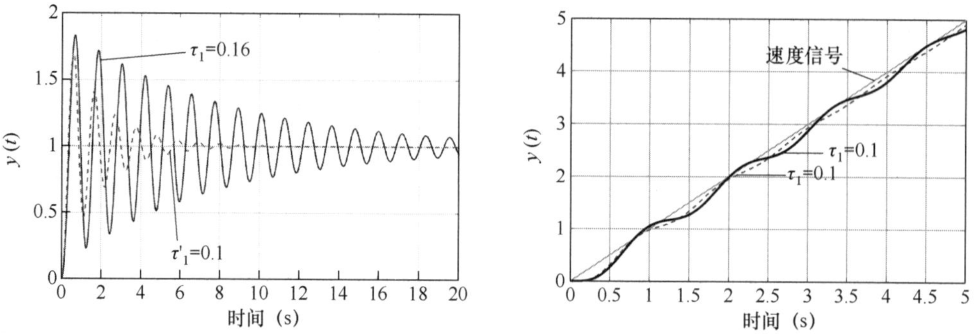

（a）阶跃响应　　（b）速度响应

图 4-23　激光武器控制系统对输入信号的响应（τ_1=0.1s）

4.4　用根轨迹法分析鱼雷航向控制系统

航向控制系统的主要任务是稳定和控制鱼雷的航向。稳定是指使鱼雷按设定航向运动，尽可能不受外界干扰的影响，消除鱼雷对设定航向的偏差。而控制是指外加一个控制信号去改变原来设定的航向，使鱼雷到达并保持新的设定航向。鱼雷航向控制系统中，舵机是鱼雷能够按照预定规律运行的关键部件，选择合适的舵机参数具有重要意义。根据鱼雷航向控制系统的工作原理，给出了系统的结构框图，如图 4-24 所示。对于某重型鱼雷有 $K_\psi=1$，$\tau_\psi=0.35$，$T_1=1.48$，$T_2=0.107$；K_r为舵机的增益，T_δ为舵机的时间常数。下面来分析舵机增益 K_r和时间常数 T_δ对航向控制系统的影响。

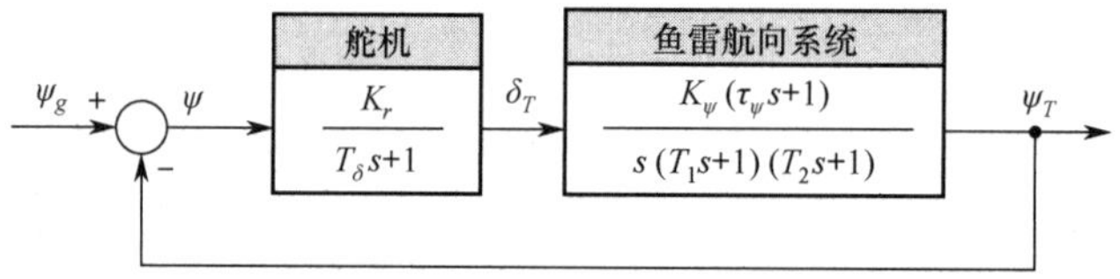

图 4-24　鱼雷航向控制系统的结构框图

根据系统的结构框图可知，航向控制系统的开环传递函数为

$$G(s)=\frac{K_r}{T_\delta s+1}\frac{K_\psi(\tau_\psi s+1)}{s(T_1s+1)(T_2s+1)}=\frac{K_rK_\psi(\tau_\psi s+1)}{s(T_1s+1)(T_2s+1)(T_\delta s+1)} \tag{4-68}$$

首先考虑理想舵机情况，即时间常数 T_δ=0，此时系统的闭环特征方程为

$$1+K_r\frac{0.35s+1}{s(1.48s+1)(0.107s+1)}=0 \tag{4-69}$$

图 4-25 给出了采用理想舵机的根轨迹。由图知，当 T_δ=0 时，系统的根轨迹有三条，第一条为−9.32→−2.84，第二条为−0.675→∞，第三条为 0→∞，三条根轨迹都没有穿过虚轴（s=0），因此，对于理想舵机来说，T_δ=0，系统增益 K_r的值可以任意选择，只要 K_r>0，系统就都是稳定的，而且随着 K_r值的增大，共轭极点的绝对值也随之增大，系统的动态响应也越来越快，然而当 K_r值增大到一定程度后，再继续增大 K_r的值，共轭极点实部的绝对值增加得比较缓慢，

最后趋近于根轨迹渐近线与实轴的交点−3.58。由此可见，为提高航向系统的性能，适当增加 K_r 值是必要的；但是，K_r 值不宜过大，因 K_r 值过大，对提高系统响应速度的作用不明显，却对控制装置的工作能力提出了更高的要求，并且系统的振荡性明显增强。因此，在航向控制系统中，K_r 应选取一个合适值。

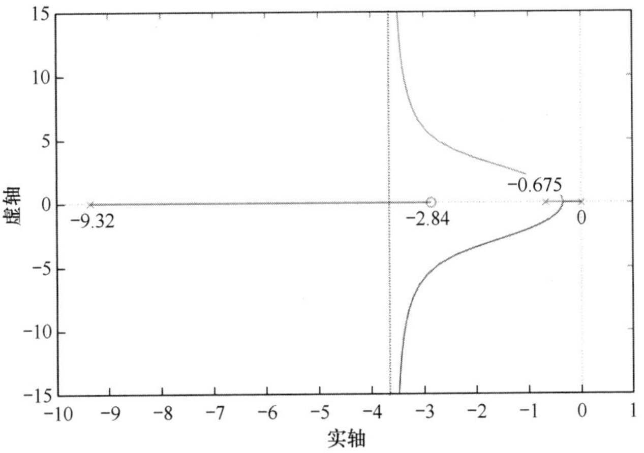

图 4-25　理想舵机（T_δ=0 时）的根轨迹

舵机是一个惯性器件，它的时间常数不可能为零，下面用根轨迹法来分析选取怎样的时间常数能够满足一定的设计要求。当 T_δ=2、T_δ=0.33、T_δ=0.2 和 T_δ=0.05 时，系统的闭环特征方程为

$$1+K_r\frac{0.35s+1}{s(1.48s+1)(0.107s+1)(T_\delta s+1)}=0 \tag{4-70}$$

图 4-26 给出了 T_δ=2、T_δ=0.33、T_δ=0.2 和 T_δ=0.05 时，系统的根轨迹。由图 4-26 知，由于 $T_\delta \neq 0$，系统多出了一个极点，从而使系统的根轨迹由三条变为四条，具体分析如下：

（1）当 T_δ=2 时，多出的极点为 p_4=−0.5，附加的极点位于极点 p_2=−0.675 与 p_1=0 之间，根轨迹在实轴上的分离点位于 p_4=−0.5 和 p_1=0 之间，如图 4-26（a）所示，由于根轨迹曲线向右偏移，不利于改善系统的动态性能，并且该极点靠近虚轴，不利影响较大。根据根轨迹与虚轴的交点，可计算出此时系统临界稳定的 K_r 值为 2.15，即当 $0<K_r<2.15$ 时，系统是稳定的。

（2）当 T_δ=0.33 时，多出的极点为 p_4=−3.03，与系统的零点 z_1=−2.84 很近，它们之间的距离远小于它们的幅值，那么这对零极点构成开环偶极子；多出的极点 p_4=−3.03 使得根轨迹曲线向左偏移，如图 4-26（b）所示，有利于改善系统的动态性能。根据根轨迹与虚轴的交点，可计算出此时系统临界稳定的 K_r 值为 10.3，即当 $0<K_r<10.3$ 时，系统是稳定的。

（3）当 T_δ=0.2 时，多出的极点为 p_4=−5，位于极点 p_3=−9.32 和零点 z_1=−2.84 之间，距离原系统的零点和极点都较远，且附加的极点离虚轴较远，如图 4-26（c）所示，对系统动态性能的影响有限。根据根轨迹与虚轴的交点，可计算出此时系统临界稳定的 K_r 值为 22.6，即当 $0<K_r<22.6$ 时，系统是稳定的。

（4）当 T_δ=0.05 时，多出的极点为 p_4=−20，附加的极点离原系统的零极点都较远，可忽略该极点对系统性能的影响。但是，附加的极点改变了原系统的两条根轨迹（−0.675→∞和 0→∞）的趋向，使得系统的根轨迹与虚轴有交点，如图 4-26（d）所示。根据根轨迹与虚轴的交点，可计算出此时系统临界稳定的 K_r 值为 81.5，即当 $0<K_r<81.5$ 时，系统是稳定的。

通过上述分析可知，在考虑了舵机的时间常数之后，为了保证系统的稳定性，舵机的增益 K_r 应小于临界值（根轨迹与虚轴交点处的 K_r）。当时间常数 K_r 值增大时，增益 K_r 的临界值将减小。除此之外，从相对稳定的角度来看，舵机时间常数 T_δ 的存在，使共轭极点向虚轴靠近，从而增加了系统的振荡性，降低了航向控制系统的稳定性。因此选择增益值要更加注意。对于重型鱼雷，一般选取 K_r 稍大于 10，舵机时间常数 T_δ 小于 0.05。

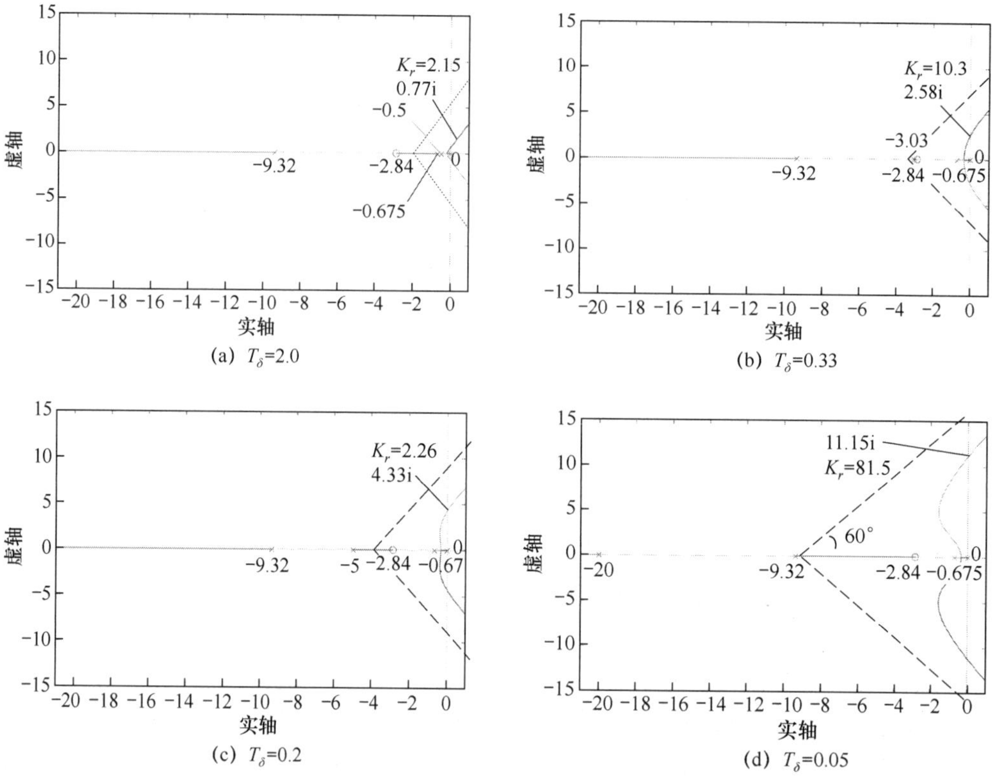

图 4-26　T_δ 取不同值时的根轨迹

下面分析，当舵机增益 K_r=11 时，舵机时间常数对鱼雷航向控制系统阶跃响应的影响。

（1）当时间常数 T_δ=0 时，航向控制系统的闭环零极点分别为

$$p_{1,2}=-1.47\pm2.77\text{i}，p_3=-7.08，z_1=-2.84$$

此时，由于极点 p_3 远离系统的零点 z_1 和极点 $p_{1,2}$，因此可认为 $p_{1,2}$ 为系统的主导极点。

（2）当时间常数 T_δ=0.05 时，航向控制系统的闭环零极点分别为

$$p_{1,2}=-1.22\pm3.05\text{i}，p_3=-5.94，p_4=-21.64，z_1=-2.84$$

此时，由于极点 p_4 远离系统的零点 z_1 和极点 $p_{1,2}$ 和 p_3，而极点 p_3 距零点 z_1 和极点 $p_{1,2}$ 不够远，因此，需要考虑极点 $p_{1,2}$ 和 p_3 对系统性能的影响。

（3）当时间常数 T_δ=0.2 时，航向控制系统的闭环零极点分别为

$$p_{1,2}=-0.31\pm2.98\text{i}，p_3=-3.56，p_4=-10.85，z_1=-2.84$$

此时，由于极点 p_4 和 p_3 远离系统的极点 $p_{1,2}$，且零点 z_1 距虚轴的距离远大于极点 $p_{1,2}$ 距虚轴的距离，因此可以认为 $p_{1,2}$ 是系统的主导极点；对于极点 $p_{1,2}$，由于阻尼角 β=84.1°，所以鱼雷控制系统阶跃响应的振荡比较剧烈。

图 4-27 给出了 K_r=11，舵机时间常数 T_δ 分别为 0、0.05 和 0.2 时，鱼雷航向控制系统的阶跃响应。由图知，三种时间常数下，系统的稳态误差 e_{ss}=0，即舵机增益 K_r 一定时，时间常数的取值不影响系统的稳态误差。但随着时间常数 T_δ 的增大，系统的上升时间变短，峰值时间增大，超调量增大，振荡次数增多，调节时间增长。图 4-28 给出了 K_r=11，舵机时间常数 T_δ 分别为 0、0.05 和 0.2 时，鱼雷航向控制系统的速度响应。由图知，三种时间常数下，系统的速度误差主要由舵机的增益决定，$e_{ss}=1/K_r$=0.09。但随时间常数 T_δ 的增大，速度响应的振荡幅度增大，趋于稳定的时间增长。

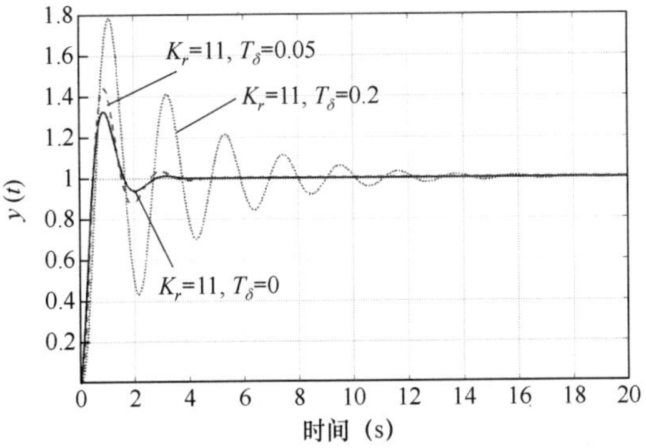

图 4-27　航向控制系统的阶跃响应

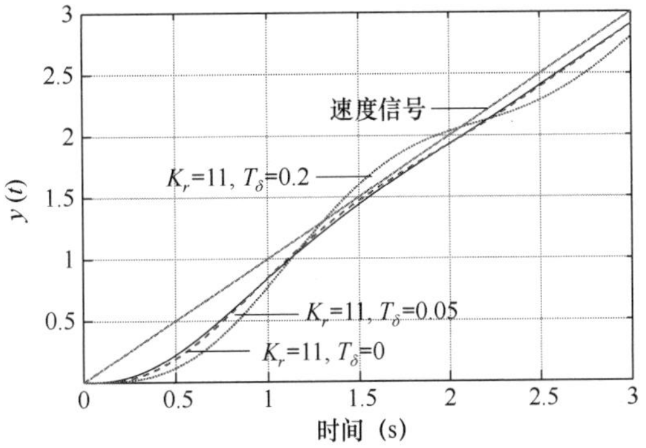

图 4-28　航向控制系统的速度响应

4.5　导弹末弹道速度控制系统设计

设计根轨迹法的初衷是研究当系统增益 K 由零到无穷大变化时，系统闭环特征根的轨迹。而实际上，也可以方便地利用根轨迹法考察其他参数对系统的影响。从根本上讲，根轨迹是从特征方程式（4-2）导出的，即

$$1+G(s)H(s)=0$$

如果能将系统的特征方程改写为上式所示的标准形式，就能利用前面给出的步骤来绘制根轨迹，进而分析和设计控制系统。虽然根轨迹法看起来是一种单参数方法，但是它也能用于分析两个参数，如 α 和 β 对系统的影响。这时需要扩展前述根轨迹法，用它来研究两个或两个以上参数对系统的影响，进而得到基于根轨迹法的参数设计方法。本节以导弹末弹道速度控制系统的设计为例，来介绍这种扩展方法。

导弹飞行末段，为提高命中概率，克服助推器分离、风的切变、大气特性变化、引信开机等因素对导弹飞行的影响，导弹和目标之间的相对速度要保持恒定。图 4-29 给出了导弹追踪目标示意图，图 4-30 给出了一个能够使导弹与目标之间保持一定相对速度的控制系统框图。输出 $Y(s)$是导弹与目标之间的相对速度，输入 $R(s)$是期望的相对速度。目标是设计一个控制器，能够控制后面的导弹，使导弹与目标之间保持期望的相对速度。

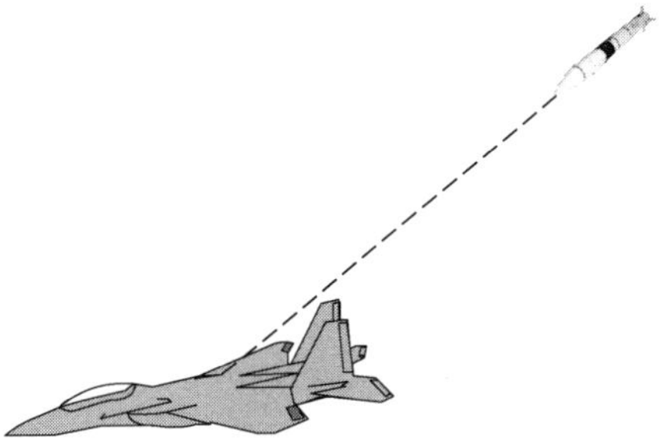
图 4-29　导弹追踪目标示意图

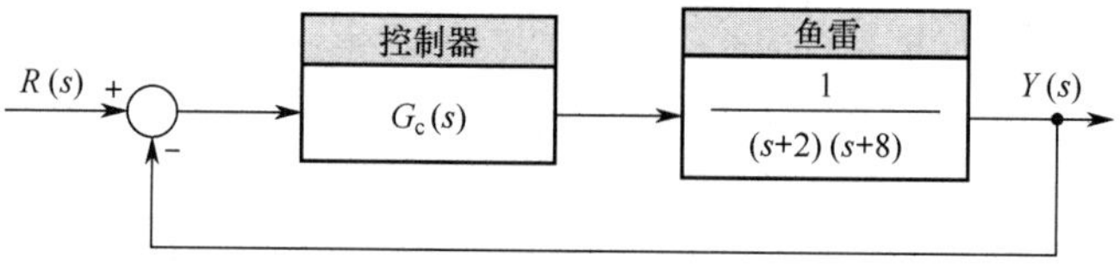

图 4-30 导弹速度控制系统

4.5.1 控制系统参数分析

控制目标：控制导弹的速度，使导弹与目标之间的相对速度保持给定值。

受控变量：导弹与目标之间的相对速度，记为 $y(t)$。

指标设计要求如下。

（1）阶跃响应的稳态误差为零；

（2）速度响应的稳态误差小于输入幅度的 25%；

（3）阶跃响应的超调量不大于 5%；

（4）阶跃响应的调节时间不大于 1.5s（按 2%准则）。

分析指标设计要求可知，需要设计一个 I 型速度控制系统才能保证阶跃响应的稳态误差为零。现有的开环系统是一个 0 型系统，因此待设计的控制器必须使系统的型数为 1，这样的 I 型（包含一个积分环节）控制器能够满足指标 a 的要求。对于指标 b，要求速度误差系数为

$$K_v = \lim_{s\to 0} sG_c(s)G(s) \geqslant \frac{1}{0.25} = 4 \tag{4-71}$$

其中

$$G(s) = \frac{1}{(s+2)(s+8)} \tag{4-72}$$

$G_c(s)$为待设计控制器的传递函数。

根据指标 c，即对超调量的设计要求，可以给出阻尼比的范围。由于要求超调量小于 5%，可得阻尼比应该满足

$$\zeta \geqslant 0.69 \tag{4-73}$$

同样，由指标 d 对调节时间的要求，可得

$$t_s = \frac{4}{\zeta\omega_n} \leqslant 1.5\,\text{s}$$

从而有

$$\zeta\omega_n \geqslant 2.6 \tag{4-74}$$

根据上面的分析，可以绘制出能够满足性能指标 c、d 要求的闭环传递函数极点配置的可行域，如图 4-31 中的阴影部分所示。

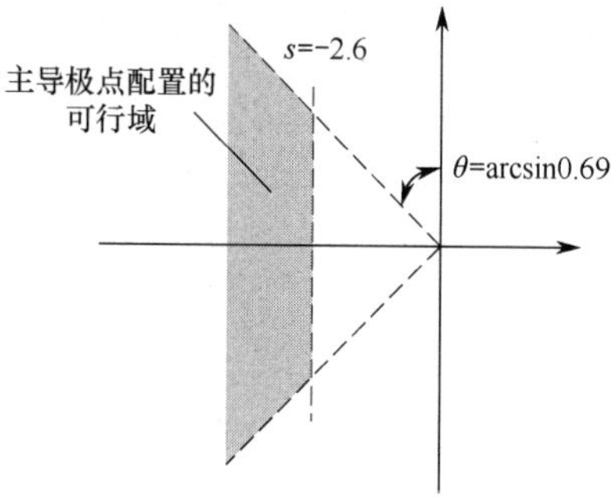

图 4-31 系统闭环主导极点配置的可行域

4.5.2 控制器参数设计

在原点处至少要有一个极点才能对速度输入信号实现跟踪，如果采用比例控制器 $G_c(s)=K_P$，不能满足指标 b 速度响应的稳态误差小于输入幅度的 25%的要求。接下来考虑采

用 PI 控制器

$$G_c(s)=\frac{K_P s+K_I}{s}=K_P\frac{s+\frac{K_I}{K_P}}{s} \tag{4-75}$$

这样，控制器的设计问题就变成了如何配置零点 $s=-K_I/K_P$，以满足性能指标的要求。

首先，根据系统的稳定性条件，确定 K_I 和 K_P 的取值范围。由结构框图 4-30 可知，系统的闭环传递函数为

$$\Phi(s)=\frac{K_P s+K_I}{s^3+10s^2+(16+K_P)s+K_I} \tag{4-76}$$

列写系统的劳斯表

s^3	1	$16+K_P$
s^2	10	K_I
s^1	$\frac{10(16+K_P)-K_I}{10}$	0
s^0	K_I	

从而可得

$$K_I>0 \text{ 和 } K_P>\frac{K_I}{10}-16 \tag{4-77}$$

由指标 b：速度响应的稳态误差小于输入幅度的 25%，有

$$K_v=\lim_{s\to 0}sG_c(s)G(s)=\lim_{s\to 0}s\frac{K_P(s+\frac{K_I}{K_P})}{s(s+2)(s+8)}=\frac{K_I}{16}>4$$

从而有

$$K_I>64 \tag{4-78}$$

这时式（4-71）显然是满足的，并且由该式也可给出 K_P 的取值范围。

接下来考虑指标要求 d，即希望主导极点位于垂线 $s=-2.6$ 的左侧。由于系统有三个开环极点（分别是 $s=0$、$s=-2$、$s=-8$）和一个开环零点（$s=-K_I/K_P$）。根据绘制根轨迹的经验，可以预测将会有两条根轨迹分支沿渐近线趋向无穷远，且渐近线与实轴的夹角为 $\varphi=\pm 90°$，并且渐近中心位于

$$\sigma_a=\frac{-2-8+\frac{K_I}{K_P}}{2}=-5+\frac{1}{2}\frac{K_I}{K_P} \tag{4-79}$$

因此，只有 $\sigma_a<-2.6$，才能保证两条根轨迹分支趋于预期的主导极点配置的可行域，即有

$$-5+\frac{1}{2}\frac{K_I}{K_P}<-2.6$$

从而有

$$\frac{K_I}{K_P}<4.7 \tag{4-80}$$

至此，可以先将 K_I 和 K_P 的取值范围归纳为

$$K_{\mathrm{I}}>64,\quad K_{\mathrm{P}}>\frac{K_{\mathrm{I}}}{10}-16 \text{ 和 } \frac{K_{\mathrm{I}}}{K_{\mathrm{P}}}<4.7 \tag{4-81}$$

如果取 $K_{\mathrm{I}}/K_{\mathrm{P}}=2.5$，此时系统的闭环特征方程为

$$1+K_{\mathrm{P}}\frac{s+2.5}{s(s+2)(s+8)}=0$$

此时的根轨迹如图 4-32 所示。分析根轨迹可知，为了满足 $\zeta=0.69$（指标要求 c）的要求，应该选择 $18.7<K_{\mathrm{P}}<30$。为慎重起见，尽量在极点配置的可行域的边界附近来确定参数的具体取值。

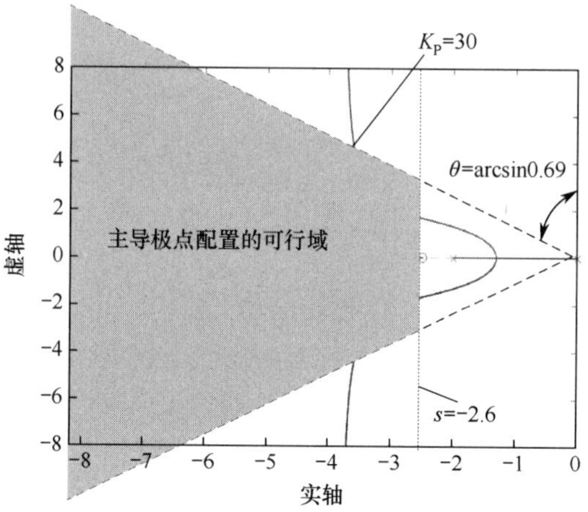

图 4-32　$K_{\mathrm{I}}/K_{\mathrm{P}}=2.5$ 时的根轨迹

如果选择 $K_{\mathrm{P}}=28$，$K_{\mathrm{I}}/K_{\mathrm{P}}=2.5$，则 $K_{\mathrm{I}}=70$。由于 $K_{\mathrm{I}}=70>64$，可以满足指标 b 的要求，即满足对跟踪速度输入信号的稳态误差要求。

这样，得到 PI 控制器为

$$G_{\mathrm{c}}(s)=28+\frac{70}{s} \tag{4-82}$$

系统的阶跃响应曲线如图 4-33 所示。由图知，当取 $K_{\mathrm{P}}=28$，$K_{\mathrm{I}}=70$ 时，系统的超调量为 8.94%，调节时间为 1.45s；当取 $K_{\mathrm{P}}=26$，$K_{\mathrm{I}}=68$ 时，系统的超调量为 8.04%，调节时间为 1.45s；当取 $K_{\mathrm{P}}=26$，$K_{\mathrm{I}}=130$ 时，系统的超调量为 32.4%，调节时间为 1.73s。显然，当取 $K_{\mathrm{P}}=26$，$K_{\mathrm{I}}=130$ 时，$K_{\mathrm{I}}/K_{\mathrm{P}}>4.7$，系统的超调量和调节时间都不满足要求，而在另外两种情况下系统只有超调量指标还没有完全满足要求。前面已经提到过，确定控制器的参数仅仅是控制器设计的第一步。这样看来，式（4-82）所示的 PI 控制器已经是一个非常好的起点，接下来需要在这一设计的基础上，不断地迭代修正。由于设计过程中没有考虑控制器零点的影响，因此，尽管将闭环极点配置在性能可行域中，但系统的实际响应还是无法完全满足指标要求。同时，用二阶系统来近似三阶系统也是造成这一现象的原因之一。针对这一点，可以将控制器零点移至 $s=-2$，即选择 $K_{\mathrm{I}}/K_{\mathrm{P}}=2$，以抵消 $s=-2$ 处的系统开环极点，这样就能使整个闭环系统成为二阶系统。

图 4-34（a）给出了 $K_{\mathrm{I}}/K_{\mathrm{P}}=2$ 时系统的根轨迹，由图知，此时系统的根轨迹为直线。为了满足 $\zeta=0.69$（指标要求 c）的要求，应该选择 $14.1<K_{\mathrm{P}}<30.5$。图 4-34（b）给出了分别取 $K_{\mathrm{P}}=28$，$K_{\mathrm{I}}=56$ 和 $K_{\mathrm{P}}=26$，$K_{\mathrm{I}}=52$ 时系统的阶跃响应。由图知，当取 $K_{\mathrm{P}}=26$，$K_{\mathrm{I}}=52$ 时，系统的超调量

为 1.88%，调节时间为 0.71s；当取 K_P=28，K_I=56 时，系统的超调量为 2.67%，调节时间为 0.99s；这时设计的控制器参数能够满足相应的指标要求。但是，设计控制器时需要综合考虑精度、器件性能等各方面的影响，因此，这里给出的设计参数只是一个比较好的参考。

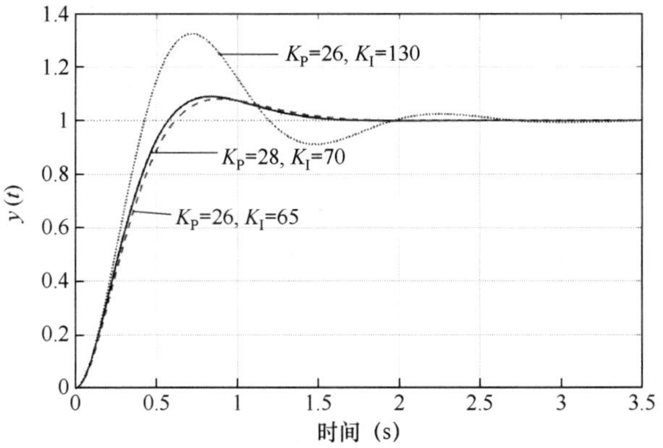

图 4-33　采用设计的两组控制器参数后，系统的阶跃响应（K_I/K_P=2.5）

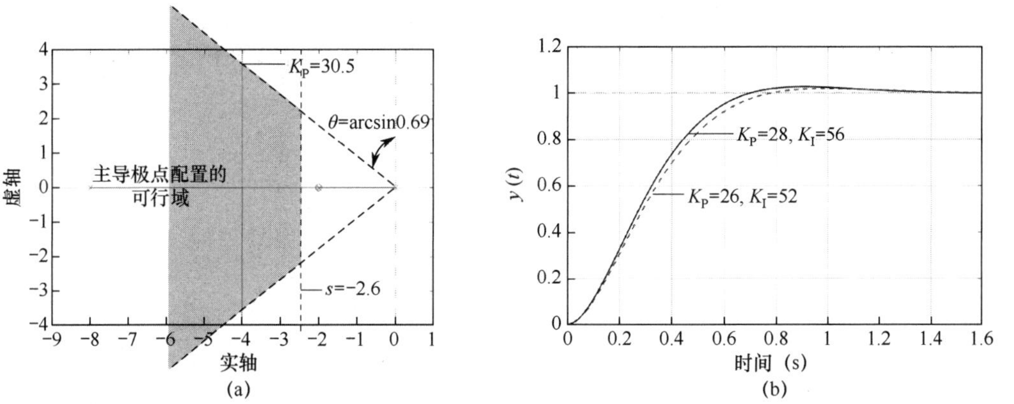

图 4-34　K_I/K_P=2.0 时根轨迹和阶跃响应

习　题

【习题 4.1】 设反馈控制系统的开环传递函数为 $G(s)=\dfrac{K^*}{s^2(s+2)(s+5)}$，求

（1）绘制系统根轨迹图，并判断系统的稳定性。

（2）如果改变反馈通路传递函数使得 $H(s)=1+2s$，试判断 $H(s)$ 改变后系统的稳定性，并分析 $H(s)$ 改变后对系统的影响。

【习题 4.2】 已知反馈控制系统的开环传递函数为 $G(s)H(s)=\dfrac{K^*}{(s^2+2s+2)(s^2+2s+5)}$，$K^*>0$，如果反馈极性未知，为了保证闭环系统稳定，试确定根轨迹增益 K^* 的范围。

【习题 4.3】 设单位反馈控制系统的开环传递函数为$G(s)=\dfrac{K}{s(s+1)(0.5s+1)}$，要求系统的闭环极点有一对共轭复极点，其阻尼比$\zeta=0.5$。试确定开环增益$K$，并分析系统的时域性能。

【习题 4.4】 设单位反馈控制系统的开环传递函数为$G(s)=\dfrac{K(s+1)}{s(s-1)}$，求

（1）画出系统以K为参数的根轨迹。

（2）系统是否对所有的K都稳定？若不是，求出系统稳定时K的取值范围，并求出引起持续振荡时K的临界值及振荡频率。

（3）由根轨迹图求使系统具有调节时间为 4 时的K值及与此对应的复根值。

【习题 4.5】 已知某单位反馈系统特征方程为$s^3+2s^2+(K+1)s+4K=0$，求

（1）画出K从$0\to+\infty$时系统的根轨迹图；

（2）求闭环出现重根时的K值及所有特征根。

【习题 4.6】 设单位负反馈系统的开环传递函数为$G(s)=\dfrac{4K(1-s)}{s[(K+1)s+4]}$，求

（1）绘制K从$0\to+\infty$时系统的根轨迹图；

（2）求系统阶跃响应中含有分量$\mathrm{e}^{-at}\cos(\omega t+\beta)$时$K$的取值范围；（其中$\alpha,\omega>0$）；

（3）求系统有一个闭环极点为−2 时的闭环传递函数。

【习题 4.7】 已知单位负反馈系统的开环传递函数为$G(s)=\dfrac{K(s+1)}{s(s-3)}$，求

（1）绘制系统的根轨迹图，并求$K=10$时的闭环极点；

（2）在坐标图上，绘制当$K=10$时系统的单位阶跃响应曲线，说明为什么会产生超调现象。

【习题 4.8】 已知控制系统如图 4-35 所示，其中$G_{\mathrm{p}}(s)$是调节器的传递函数。

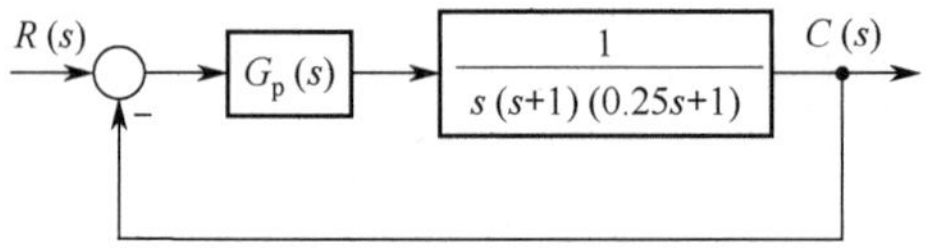

图 4-35　习题 4.8 控制系统结构图

（1）当采用比例调节器$G_{\mathrm{p}}(s)=K_{\mathrm{p}}$时，绘制出以$K_{\mathrm{p}}$为参变量的根轨迹图；

（2）为使系统的阶跃响应呈现衰减振荡形式，试确定比例系数K_{p}的取值范围；

（3）若采用比例-微分调节器$G_{\mathrm{p}}(s)=K_{\mathrm{p}}(1+0.5s)$，绘制出以$K_{\mathrm{p}}$为参变量的根轨迹图；

（4）试分析加入比例调节器和加入比例—微分调节器时系统的稳定性。

【习题 4.9】 设控制系统如图 4-36 所示，其中$G_{\mathrm{c}}(s)$是为改善性能而加入的校正装置。若$G_{\mathrm{c}}(s)$可从三种传递函数中任选一种，你选择哪一种？为什么？

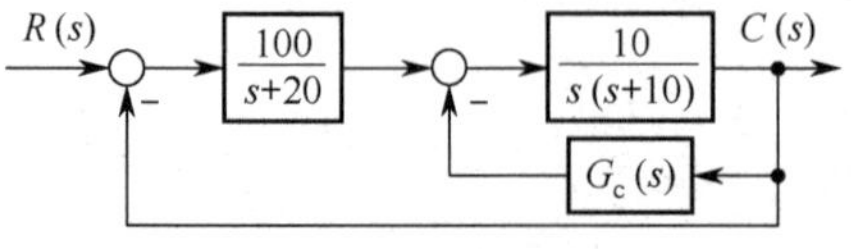

图 4-36　习题 4.9 控制系统结构图

【习题 4.10】 图 4-37 所示的高性能战斗机，使用副翼、升降舵和方向舵来控制飞机，从而保证了飞机在三维空间中按预定的路线飞行。战斗机以 0.9 马赫数的速度在 10000m 高空飞行，其俯仰速率控制系统如图 4-37(b)所示，其中 $G(s)=\dfrac{-18(s+0.015)(s+0.45)}{(s^2+1.2s+12)(s^2+0.01s+0.0025)}$。

（1）如果控制器为比例环节，即 $G_c(s)=K$，绘制 K 变化时的根轨迹，并确定 K 的取值，当 $\omega_n>2$ 时，使系统闭环根的阻尼比 ζ 大于 0.15（并找出 ζ 的最大值）；

（2）采用（1）所选取的 K，绘制系统对阶跃输入 $r(t)$的响应 $q(t)$；

（3）有一位设计者建议将控制器改为 $G_c(s)=K_1+K_2s=K(s+2)$，在此条件下，试绘制系统以 K 为参数的根轨迹，并确定 K 的取值，使所有闭环根的阻尼比均满足 $\zeta>0.80$；

（4）采用（3）所选取的 K 值，绘制系统对阶跃输入 $r(t)$的响应 $q(t)$。

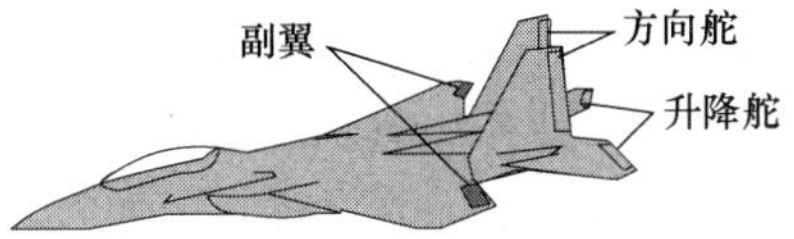

(a)

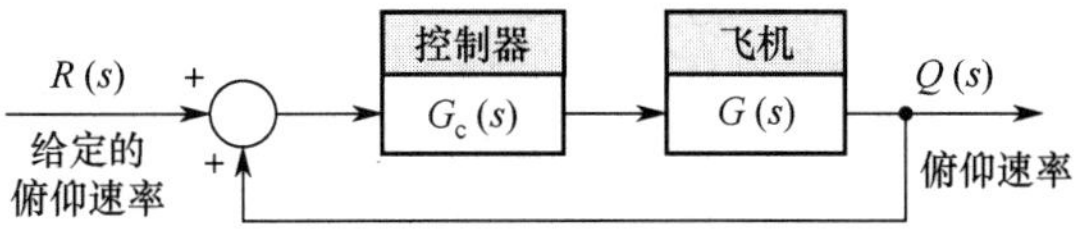

(b)

图 4-37　高性能战斗机及结构图

第 5 章　控制系统的频率特性分析

前面的章节通过分析控制系统对阶跃输入信号的时间响应，得到了系统的稳态性能和瞬态性能。实际上，控制系统中的信号也可以表示为不同频率正弦信号的合成，控制系统的频率特性反映正弦信号作用下系统响应的性能，应用频率特性研究线性系统的经典方法称为频域分析法，它是一种利用图解分析控制系统性能的方法，在工程上得到了广泛应用。该方法与时域分析法、根轨迹分析法不同，它不是通过系统的闭环零点和极点来分析系统的时域性能，而是通过控制系统对正弦函数的稳态响应来分析系统性能的。虽然频率特性是系统对正弦函数的稳态响应，但它不仅能反映系统的稳态性能，也可用来研究系统的稳定性和动态性能。一般来说，用时域分析法和根轨迹法对系统进行分析时，首先必须获得系统的开环传递函数，而频域分析法既可以根据系统的开环传递函数采用解析的方法得到系统的频率特性，也可以用实验的方法测出稳定系统或元件的频率特性。实验法对于那些传递函数或内部结构未知的系统以及难以用分析法列写动态方程的系统尤为有用。从这个意义上讲，频域分析法更具有工程实用价值。

5.1　频率特性与频域稳定判据

5.1.1　频率特性的概念

下面以简单的 RC 网络为例，说明频率特性的概念。对于图 5-1 所示电路，其微分方程可写为

$$RC\frac{\mathrm{d}e_{\mathrm{c}}}{\mathrm{d}t}+e_{\mathrm{c}}=e_{\mathrm{r}}$$

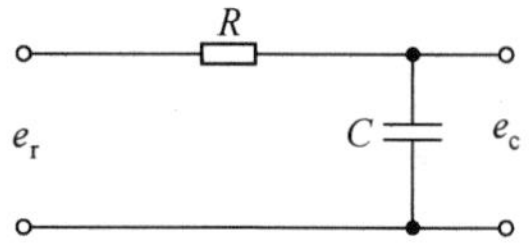

图 5-1　RC 电路

令 $RC=T$，网络的传递函数为

$$\frac{E_{\mathrm{c}}}{E_{\mathrm{r}}}=\frac{1}{Ts+1} \tag{5-1}$$

若 RC 网络的输入是正弦电压，即

$$e_{\mathrm{r}}=A\sin\omega t$$

则由式（5-1）有

$$E_{\mathrm{c}}(s)=\frac{1}{Ts+1}E_{\mathrm{r}}(s)=\frac{1}{Ts+1}\times\frac{A\omega}{s^2+\omega^2}$$

由 Laplace 反变换，可得电容两端的电压为

$$e_{\mathrm{c}}(t)=\frac{A\omega T}{1+\omega^2T^2}\mathrm{e}^{-t/T}+\frac{A}{\sqrt{1+\omega^2T^2}}\sin(\omega t-\arctan\omega T)$$

其中，第一项为正弦输入的瞬态分量，第二项为稳态分量，当时间 t 趋于无穷大时，第一项

趋于零，即有

$$\lim_{t\to\infty} e_{\mathrm{c}} = \frac{A}{\sqrt{1+\omega^2T^2}}\sin(\omega t - \arctan\omega T) \tag{5-2}$$

由式（5-2）可知，电路网络的稳态输出是与输入电压同频率的正弦电压，输出电压的幅值是输入电压的 $\dfrac{1}{\sqrt{1+\omega^2T^2}}$ 倍，而相角比输入滞后了 $\arctan\omega T$ 弧度。$\dfrac{1}{\sqrt{1+\omega^2T^2}}$ 为 RC 网络的幅频特性，$\arctan\omega T$ 为相频特性。显然，它们都是频率 ω 的函数。

取 $s=\mathrm{j}\omega$，将其代入传递函数式（5-1）可得

$$G(\mathrm{j}\omega) = \frac{1}{1+\mathrm{j}\omega T} = \left|\frac{1}{1+\mathrm{j}\omega T}\right| \mathrm{e}^{\mathrm{j}\angle\left(\frac{1}{1+\mathrm{j}\omega T}\right)} = \frac{1}{\sqrt{1+\omega^2T^2}}\mathrm{e}^{-\mathrm{j}\arctan\omega T}$$

它完整地描述了 RC 网络在正弦输入激励下，稳态输出电压的幅值和相角随输入电压频率 ω 变化的情况，因此，$\dfrac{1}{1+\mathrm{j}\omega T}$ 为 RC 网络的频率特性。对于任何线性定常系统，都可得到类似的结论。

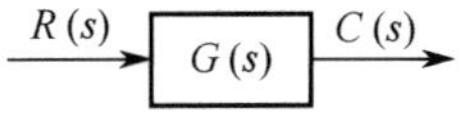

图 5-2　系统框图

对于图 5-2 所示的任意线性定常系统（闭环或开环系统），设其传递函数为

$$G(s) = \frac{C(s)}{R(s)}$$

输入信号为

$$R(t) = A\sin\omega t$$

其 Laplace 变换为

$$R(s) = \frac{A\omega}{s^2+\omega^2} = \frac{A\omega}{(s+\mathrm{j}\omega)(s-\mathrm{j}\omega)}$$

系统的传递函数通常可写成

$$G(s) = \frac{M(s)}{N(s)} = \frac{M(s)}{(s-s_1)(s-s_2)\cdots(s-s_n)}$$

故系统输出的拉氏变换为

$$\begin{aligned} C(s) = G(s)R(s) &= \frac{M(s)}{(s-s_1)(s-s_2)\cdots(s-s_n)}\cdot\frac{A\omega}{(s+\mathrm{j}\omega)(s-\mathrm{j}\omega)} \\ &= \frac{b}{s+\mathrm{j}\omega} + \frac{\bar{b}}{s-\mathrm{j}\omega} + \frac{a_1}{s+s_1} + \frac{a_2}{s+s_2} + \cdots + \frac{a_n}{s+s_n} \end{aligned}$$

经 Laplace 反变换，可得系统的输出为

$$c(t) = b\mathrm{e}^{-\mathrm{j}\omega t} + \bar{b}\mathrm{e}^{\mathrm{j}\omega t} + a_1\mathrm{e}^{s_1t} + a_2\mathrm{e}^{s_2t} + \cdots + a_n\mathrm{e}^{s_nt} \tag{5-3}$$

对于稳定系统，由于 $s_1, s_2, \cdots, s_n$ 都具有负实部，所以，当时间 t 趋于无穷大时，式（5-3）中的瞬态分量都将衰减至零。故系统输出的稳态分量为

$$c(t)_W = \lim_{t\to\infty} c(t) = b\mathrm{e}^{-\mathrm{j}\omega t} + \bar{b}\mathrm{e}^{\mathrm{j}\omega t} \tag{5-4}$$

其中，b、$\bar{b}$ 可由下式计算得到

$$b = G(s)\frac{A\omega}{(s+\mathrm{j}\omega)(s-\mathrm{j}\omega)}\cdot(s+\mathrm{j}\omega)\Big|_{s=-\mathrm{j}\omega} = -\frac{-G(\mathrm{j}\omega)A}{2\mathrm{j}} \tag{5-5}$$

$$\bar{b}=G(s)\frac{A\omega}{(s+\mathrm{j}\omega)(s-\mathrm{j}\omega)}\cdot(s-\mathrm{j}\omega)\Big|_{s=\mathrm{j}\omega}=\frac{G(\mathrm{j}\omega)A}{2\mathrm{j}} \tag{5-6}$$

由于 $G(\mathrm{j}\omega)$ 为复数，可用复数的模和相角的形式表示为

$$G(\mathrm{j}\omega)=|G(\mathrm{j}\omega)|\ \mathrm{e}^{\mathrm{j}\phi(\omega)} \tag{5-7}$$

$$\phi(\mathrm{j}\omega)=\angle G(\mathrm{j}\omega)=\arctan\frac{\mathrm{Im}\,G(\mathrm{j}\omega)}{\mathrm{Re}\,G(\mathrm{j}\omega)} \tag{5-8}$$

同理，$G(-\mathrm{j}\omega)$ 可表示为

$$G(-\mathrm{j}\omega)=|G(-\mathrm{j}\omega)|\ \mathrm{e}^{-\mathrm{j}\phi(\omega)} \tag{5-9}$$

将式（5-5）~式（5-7）及式（5-9）代入式（5-4），可得

$$\begin{aligned}c(t)_W&=-|G(\mathrm{j}\omega)|\ \mathrm{e}^{-\mathrm{j}\phi(\omega)}\cdot\frac{A\mathrm{e}^{-\mathrm{j}\omega t}}{2\mathrm{j}}+|G(\mathrm{j}\omega)|\ \mathrm{e}^{-\mathrm{j}\phi(\omega)}\frac{A\mathrm{e}^{\mathrm{j}\omega t}}{2\mathrm{j}}\\&=|G(\mathrm{j}\omega)|\ A\cdot\frac{\mathrm{e}^{\mathrm{j}(\omega t+\phi)}-\mathrm{e}^{-\mathrm{j}(\omega t+\phi)}}{2\mathrm{j}}=C\sin(\omega t+\phi)\end{aligned} \tag{5-10}$$

其中，$C=|G(\mathrm{j}\omega)|\ A$ 为稳态输出信号的幅值。

式（5-10）表明，线性定常系统对正弦输入信号的稳态响应仍是与输入信号同频率的正弦信号，输出信号的振幅是输入信号的 $|G(\mathrm{j}\omega)|$ 倍，输出信号相对输入信号的相移为 $\phi=\angle G(\mathrm{j}\omega)$，输出信号的振幅及相移都是角频率 ω 的函数。

$$G(\mathrm{j}\omega)=|G(\mathrm{j}\omega)|\ \mathrm{e}^{\mathrm{j}\angle G(\mathrm{j}\omega)} \tag{5-11}$$

式（5-11）称为系统的频率特性，它表明在正弦信号作用下，系统的稳态输出与输入信号的关系。其中，$|G(\mathrm{j}\omega)|=\dfrac{C}{A}(\omega)$ 为幅频特性，它反映系统在不同频率的正弦信号作用下，稳态输出的幅值与输入信号之比。$\angle G(\mathrm{j}\omega)=\arctan\dfrac{\mathrm{Im}\,G(\mathrm{j}\omega)}{\mathrm{Re}\,G(\mathrm{j}\omega)}$ 为相频特性，它反映系统在不同频率的正弦信号作用下，输出信号相对输入信号的相移。系统的幅频特性和相频特性统称为系统的频率特性。

比较系统的频率特性和传递函数可知，频率特性与传递函数有如下关系

$$G(\mathrm{j}\omega)=G(s)\big|_{s=\mathrm{j}\omega} \tag{5-12}$$

一般地，若系统具有以下传递函数

$$G(s)=\frac{b_m s^m+b_{m-1}s^{m-1}+\cdots+b_1 s+b_0}{a_n s^n+a_{n-1}s^{n-1}+\cdots+a_1 s+a_0} \tag{5-13}$$

则系统频率特性可写为

$$G(\mathrm{j}\omega)=\frac{b_m(\mathrm{j}\omega)^m+b_{m-1}(\mathrm{j}\omega)^{m-1}+\cdots+b_1(\mathrm{j}\omega)+b_0}{a_n(\mathrm{j}\omega)^n+a_{n-1}(\mathrm{j}\omega)^{n-1}+\cdots+a_1(\mathrm{j}\omega)+a_0} \tag{5-14}$$

由式（5-12）可推导出线性定常系统的频率特性。对于稳定的系统，也可由实验法确定系统的频率特性，即在系统的输入端作用不同频率的正弦信号，在输出端测得相应稳态输出的幅值和相角，根据幅值比和相位差，就可得到系统的频率特性。对于不稳定的系统，则不能由实验法得到系统的频率特性，这是由于系统传递函数中不稳定极点会产生发散或振荡分量，随时间推移，其瞬态分量不会消失，所以不稳定系统的频率特性是观察不到的。

由频率特性的物理意义可知，当频率 ω 趋于无穷时，稳态输出的幅值不可能为无穷，故在频率特性表达式（5-14）或传递函数表达式（5-13）中，分母多项式的最高次幂 n 总是大于或等于分子多项式的最高次幂 m。

在第 2 章系统的数学模型中，定义线性定常系统的传递函数为零初始条件下系统输出的 Laplace 变换与输入的 Laplace 变换之比

$$G(s)=\frac{C(s)}{R(s)}$$

上式的 Laplace 反变换为

$$g(t)=\frac{1}{2\pi \mathrm{j}}\int_{\sigma-\mathrm{j}\infty}^{\sigma+\mathrm{j}\infty}G(s)\mathrm{e}^{st}\mathrm{d}s \tag{5-15}$$

若系统稳定，则式（5-15）中的 σ 可取为零。如果 $r(t)$ 的 Fourier 变换存在，可在式（5-15）中令 $s=\mathrm{j}\omega$，有

$$g(t)=\frac{1}{2\pi \mathrm{j}}\int_{-\infty}^{\infty}G(\mathrm{j}\omega)\mathrm{e}^{\mathrm{j}\omega t}\mathrm{d}\omega=\frac{1}{2\pi \mathrm{j}}\int_{-\infty}^{\infty}\frac{C(\mathrm{j}\omega)}{R(\mathrm{j}\omega)}\mathrm{e}^{\mathrm{j}\omega t}\mathrm{d}\omega$$

即有

$$G(\mathrm{j}\omega)=\frac{C(\mathrm{j}\omega)}{R(\mathrm{j}\omega)}=G(s)\big|_{s=\mathrm{j}\omega}$$

由此可知，稳定系统的频率特性为系统输出的 Fourier 变换与输入的 Fourier 变换之比。

系统的频率特性与传递函数、微分方程一样，也能表征系统的运动规律，它是频域中描述系统运动规律的数学模型。三种数学模型之间存在图 5-3 所示关系。

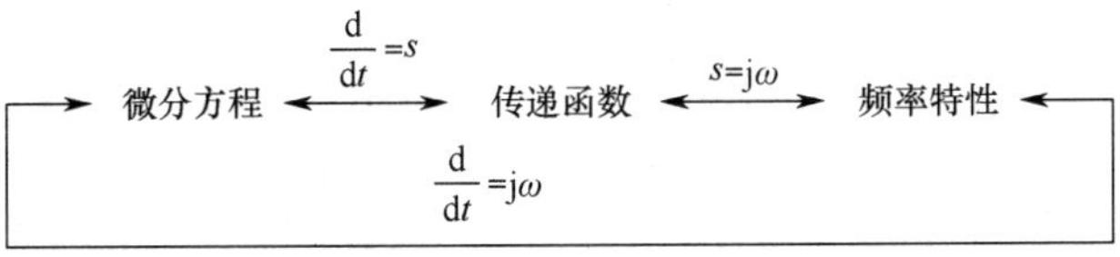

图 5-3　微分方程、频率特性、传递函数三种数学模型之间的关系

5.1.2　典型环节的频率特性

在实际应用中，常常把频率特性画成曲线，根据这些频率特性曲线对系统进行分析和设计。常用的曲线有幅相频率特性曲线和对数频率特性曲线。下面分别介绍这些曲线的绘制方法。

5.1.2.1　幅相频率特性曲线

幅相频率特性曲线简称幅相曲线，又称极坐标图。其特点是以角频率 ω 为自变量，把幅频特性和相频特性用一条曲线同时表示在复平面上。例如，5.1.1 节中的 RC 网络，当 $\omega=1/T$ 时，幅频特性 $1/\sqrt{1+\omega^2T^2}=0.71$，相频特性 $-\arctan\omega T=-45^\circ$，幅值和相角在复平面上可用矢量表示，矢量的长度为 0.71，矢量与实轴正方向的夹角为 45°（逆时针方向角度为正，顺时针方向角度为负）。当角频率 ω 从 0 到 ∞ 变化时，可以在复平面上得到一系列这样的矢量，可以用这些矢量的矢端在复平面上描绘出一条曲线，该曲线就是频率特性的幅相曲线。由于幅频特性是角频率 ω 的偶函数，相频特性是角频率 ω 的奇函数，所以，ω 从 0 变化到 ∞ 的幅

相曲线与ω从$-\infty$变化到0的幅相曲线关于实轴对称，通常，只画出ω从0变化到∞时的幅相曲线，并在曲线上用箭头表示ω增大的方向。

1. 典型环节的幅相曲线

（1）典型环节。通常，控制系统的开环传递函数$G(s)H(s)$的分子和分母多项式都可以分解成若干因子相乘的形式，即

$$
\begin{aligned}
G(s)H(s) &= \frac{K(b_m s^m + b_{m-1}s^{m-1} + \cdots + b_1 s + 1)}{a_n s^n + a_{n-1}s^{n-1} + \cdots + a_1 s + 1} \\
&= K\frac{1}{s^v}\prod_{i=1}^{h}\frac{1}{T_i s+1}\prod_{i=1}^{\frac{1}{2}(n-v-h)}\frac{1}{T_i^2 s^2 + 2\zeta_i T_i s + 1}\prod_{j=1}^{l}\tau_j s+1\prod_{j=1}^{\frac{1}{2}(m-l)}\tau_j^2 s^2 + 2\zeta_i \tau_i s + 1
\end{aligned}
\tag{5-16}
$$

式（5-16）描述了由一系列具有不同传递函数的环节串联组成的开环系统的特性，这些环节依次称为比例环节、积分环节、惯性环节、振荡环节、一阶微分环节和二阶微分环节。一般线性系统的开环传递函数大多由这些环节组成，因此，把它们称作典型环节。下面分别讨论这些环节的幅相曲线。

（2）典型环节的幅相曲线。

① 比例环节。比例环节的频率特性、幅频特性、相频特性分别为

$$G(\mathrm{j}\omega) = K$$
$$|G(\mathrm{j}\omega)| = K$$
$$\angle G(\mathrm{j}\omega) = 0^\circ$$

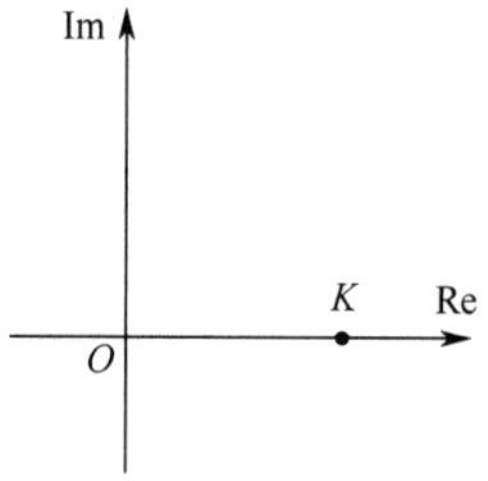

图 5-4 比例环节的幅相曲线

可知，比例环节的幅值为常数K，相角为0°，它们都不随频率ω变化，故在复平面上，比例环节的幅相曲线为正实轴上的一点，其幅相曲线如图 5-4 所示。

② 积分环节。积分环节的频率特性、幅频特性、相频特性分别为

$$G(\mathrm{j}\omega) = \frac{1}{\mathrm{j}\omega}$$
$$|G(\mathrm{j}\omega)| = \frac{1}{\omega} \tag{5-17}$$
$$\angle G(\mathrm{j}\omega) = -\arctan\frac{\omega}{0} = -90^\circ \tag{5-18}$$

由式（5-17）和式（5-18）可知，当频率ω从0变化到∞时，积分环节的幅频特性由∞变化到0，相频特性始终等于−90°。积分环节是相角滞后环节，其幅相曲线是一条与负虚轴重合的直线，如图 5-5 所示。

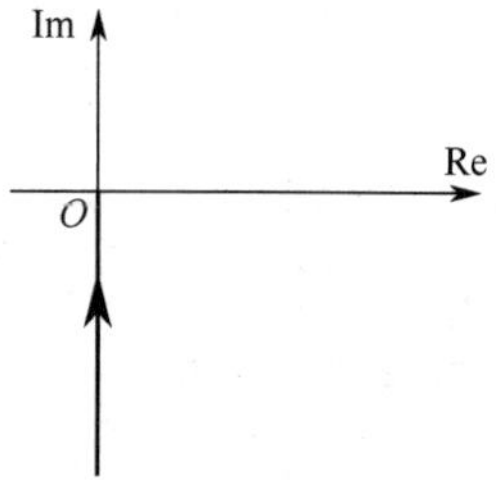

图 5-5 积分环节的幅相曲线

③ 惯性环节。惯性环节的频率特性、幅频特性、相频特性为

$$G(\mathrm{j}\omega) = \frac{1}{\mathrm{j}\omega T + 1} \tag{5-19}$$
$$|G(\mathrm{j}\omega)| = \frac{1}{\sqrt{1+\omega^2 T^2}} \tag{5-20}$$

$$\angle G(\mathrm{j}\omega) = -\arctan \omega T \tag{5-21}$$

由式（5-19）可知

$$\omega = 0,\ \ |G(\mathrm{j}\omega)| = 1,\ \ \angle G(\mathrm{j}\omega) = 0^\circ$$

$$\omega = \frac{1}{T},\ \ |G(\mathrm{j}\omega)| = \frac{1}{2} = 0.707,\ \ \angle G(\mathrm{j}\omega) = -45^\circ$$

$$\omega = \infty,\ \ |G(\mathrm{j}\omega)| = 0,\ \ \angle G(\mathrm{j}\omega) = -90^\circ$$

所以，ω 由 0 变化到 ∞ 时，幅频特性从 1 变化到 0，相频特性由 0 变化至−90°，故幅相曲线从正实轴上距原点为 1 处开始，顺时针变化，与负虚轴相切进入原点。可以证明，幅相曲线在 $G(\mathrm{j}\omega)$ 平面上是正实轴下方的半圆。

$$G(\mathrm{j}\omega) = \frac{1}{\mathrm{j}\omega + 1} = \frac{1}{1+\omega^2T^2} - \mathrm{j}\frac{\omega T}{1+\omega^2T^2} = u(\omega) + \mathrm{j}v(\omega) \tag{5-22}$$

则有

$$\left[u(\omega) - \frac{1}{2}\right]^2 + \left[v(\omega)\right]^2 = \left(\frac{1}{1+\omega^2T^2} - \frac{1}{2}\right)^2 + \left(\frac{-\omega T}{1+\omega^2T^2}\right)^2 = \left(\frac{1}{2}\right)^2 \tag{5-23}$$

式（5-23）是一圆方程，圆心在（1/2, 0）处，圆的半径为 1/2。

惯性环节的幅相曲线如图 5-6 所示。由图 5-6 可知，惯性环节是一个相位滞后环节，在低频段，滞后相角较小，幅值的衰减也较小，频率越高，滞后相角越大，幅值的衰减也越大，最大的滞后相角为 90°。

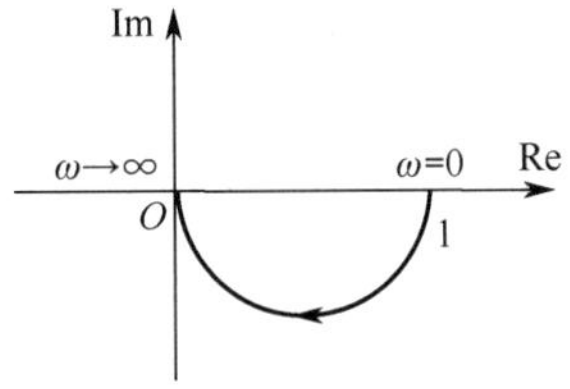

图 5-6　惯性环节的幅相曲线

④ 振荡环节。振荡环节的频率特性为

$$G(\mathrm{j}\omega) = \frac{1}{(\mathrm{j}\omega)^2T^2 + \mathrm{j}2\zeta\omega T + 1} = \frac{1}{(1-\omega^2T^2) + \mathrm{j}2\zeta\omega T} \tag{5-24}$$

振荡环节的幅频特性和相频特性为

$$|G(\mathrm{j}\omega)| = \frac{1}{\sqrt{(1-\omega^2T^2)^2 + 4\zeta^2\omega^2T^2}} \tag{5-25}$$

$$\angle G(\mathrm{j}\omega) = -\arctan\frac{2\zeta\omega T}{1-\omega^2T^2} \tag{5-26}$$

$$\omega = 0,\ \ |G(\mathrm{j}\omega)| = 1,\ \ \angle G(\mathrm{j}\omega) = 0^\circ$$

$$\omega = \frac{1}{T},\ \ |G(\mathrm{j}\omega)| = \frac{1}{2\zeta},\ \ \angle G(\mathrm{j}\omega) = -90^\circ$$

$$\omega = \infty,\ \ |G(\mathrm{j}\omega)| = 0,\ \ \angle G(\mathrm{j}\omega) = -180^\circ$$

由式（5-25）和式（5-26）可知，振荡环节的幅频特性和相频特性不仅与频率 ω 有关，还与阻尼比 ζ 有关，不同阻尼比时的频率特性曲线如图 5-7 所示。由图可知，当阻尼比较小时，在某一频率处会产生谐振，谐振时的幅值大于 1。此时的频率为谐振频率 ω_r，相应的幅值为谐振峰值 M_r。ω_r 和 M_r 都可以由极值方程得到，即

$$\frac{\mathrm{d}}{\mathrm{d}\omega}|G(\mathrm{j}\omega)| = \frac{\mathrm{d}}{\mathrm{d}\omega}\left[\frac{1}{\sqrt{(1-\omega^2T^2)^2 + 4\zeta^2\omega^2T^2}}\right] = 0$$

可求得

$$\omega_r = \frac{1}{T}\sqrt{1-2\zeta^2} \tag{5-27}$$

将 ω_r 代入式（5-25），可得

$$M_r = |G(j\omega)| = \frac{1}{2\zeta\sqrt{1-\zeta^2}} \tag{5-28}$$

式（5-27）表明，当 $\zeta > \frac{1}{\sqrt{2}}$ 时，谐振频率不存在。当 $0 < \zeta < \frac{\sqrt{2}}{2}$ 时，谐振频率 $\omega_r < \frac{1}{T}$。振荡环节的幅相曲线如图 5-7 所示。在 $0 < \omega < \omega_r$ 的范围内，随 ω 的增加，$|G(j\omega)|$ 逐渐增大；当 $\omega = \omega_r$ 时，$|G(j\omega)|$ 达到最大值 M_r；当 $\omega > \omega_r$ 时，$|G(j\omega)|$ 迅速减小，当幅值衰减至 $|G(j\omega)| = 0.707$ 时，对应的频率称为截止频率 ω_c。当频率大于 ω_c，幅值误差衰减得很快。振荡环节是相位滞后环节，最大的滞后相角是 180°。

⑤ 一阶微分环节。一阶微分环节的频率特性为

$$G(j\omega) = j\omega\tau + 1$$

其中，τ 为微分时间常数，一阶微分环节的幅频特性和相频特性分别为

$$|G(j\omega)| = \sqrt{\omega^2\tau^2 + 1} \tag{5-29}$$

$$\angle G(j\omega) = \arctan \omega\tau \tag{5-30}$$

$$\omega = 0,\ |G(j0)| = 1,\ \angle G(j0) = 0^\circ$$

$$\omega = \frac{1}{\tau},\ \left|G(j\frac{1}{\tau})\right| = \sqrt{2},\ \angle G(j\frac{1}{\tau}) = 45^\circ$$

$$\omega = \infty,\ |G(j\infty)| = \infty,\ \angle G(j\infty) = 90^\circ$$

其幅相曲线如图 5-8 所示。它是一条起始于（1, j0）点，实轴上方且与实轴垂直的直线。

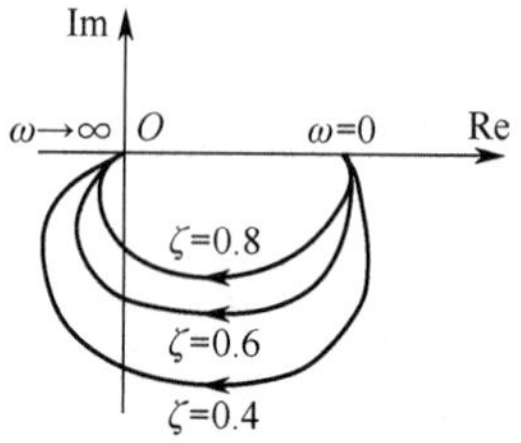

图 5-7 振荡环节的幅相曲线

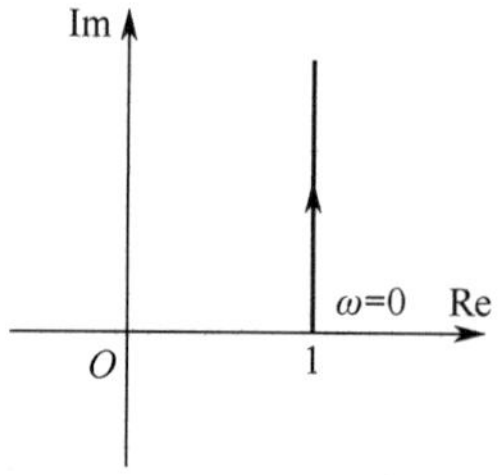

图 5-8 一阶微分环节的幅相曲线

⑥ 二阶微分环节。二阶微分环节的频率特性为

$$G(j\omega) = (j\omega)^2\tau^2 + j2\zeta\omega\tau + 1$$

幅频特性和相频特性分别为

$$|G(j\omega)| = \sqrt{(1-\omega^2\tau^2)^2 + 4\zeta^2\omega^2\tau^2} \tag{5-31}$$

$$\angle G(j\omega) = \arctan\frac{2\zeta\omega\tau}{1-\omega^2\tau^2} \tag{5-32}$$

$$\omega = 0,\ |G(j0)| = 1,\ \angle G(j0) = 0^\circ$$

$$\omega = \frac{1}{\tau},\ \left|G(j\frac{1}{\tau})\right| = 2\zeta,\ \angle G(j\frac{1}{\tau}) = 90^\circ$$

$$\omega = \infty,\ |G(j\infty)| = \infty,\ \angle G(j\infty) = 180^\circ$$

二阶微分环节的幅相曲线如图 5-9 所示，它是相位超前环节，最大超前相角为 180°。

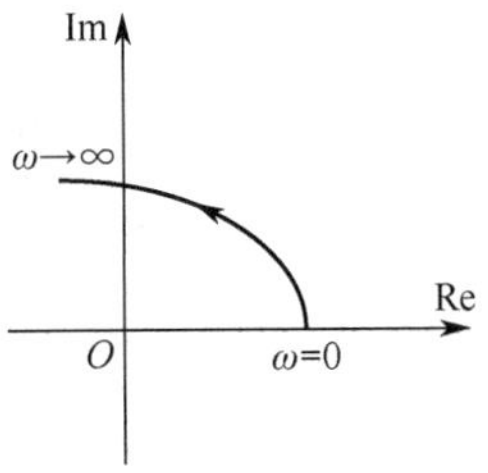

图 5-9　二阶微分环节的幅相曲线

（3）不稳定环节。不稳定环节具有 S 右半平面的极点，如传递函数 $G(s)=\dfrac{1}{-Ts}+1$，$G(s)=\dfrac{1}{T^2s^2-2\zeta Ts+1}$，这样的环节就是不稳定环节。这两个环节传递函数的形式分别与惯性环节和振荡环节相似，故称它们为不稳定惯性环节和不稳定振荡环节。如传递函数具有 $-Ts+1$，$\omega^2T^2-2\zeta\omega Ts+1$ 这样的形式，虽不能表明环节不稳定，但按前面不稳定惯性环节和不稳定振荡环节的称呼，仍将它们称作不稳定一阶微分环节和不稳定二阶微分环节。在第 4 章中，曾提到非最小相位环节，不稳定环节就属这类环节。这类环节（系统）与只含有 S 左半平面开环零极点的对应环节（系统）相比，它们对于正弦信号稳态响应的幅频特性完全相同，而相频特性却有很大差别。下面以惯性环节和不稳定惯性环节为例，研究它们的频率特性。

不稳定惯性环节的频率特性为

$$G(\mathrm{j}\omega)=\frac{1}{-\mathrm{j}\omega T+1}$$

幅频特性和相频特性分别为

$$|G(\mathrm{j}\omega)|=\frac{1}{\sqrt{1+\omega^2T^2}} \tag{5-33}$$

$$\angle G(\mathrm{j}\omega)=-(\arctan\omega T)=\arctan\omega T \tag{5-34}$$

比较式（5-33）和式（5-34）与式（5-20）和式（5-21）可知，不稳定惯性环节和惯性环节的幅频特性完全相同，而相频特性不同。对于不稳定惯性环节，当 ω 从 0 变化到 ∞ 时，相角从 0 变化至 $\pi/2$，而惯性环节的相角则从 0 变化至 $-\pi/2$。两环节的幅相曲线关于实轴对称，如图 5-10 所示。

与上面的分析方法类似，可知不稳定振荡环节和其对应振荡环节的幅频特性相同，而相频特性不同。不稳定振荡环节的相角变化范围是 $0\sim\pi$，振荡环节的相角变化范围是 $0\sim-\pi$，它们的幅相频率特性曲线也对称于实轴，如图 5-11 所示。

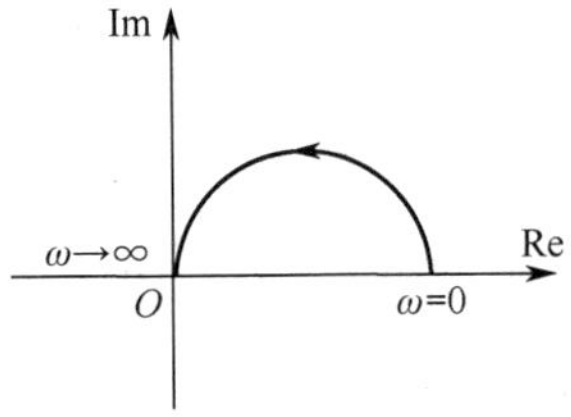

图 5-10　不稳定惯性环节的幅相曲线

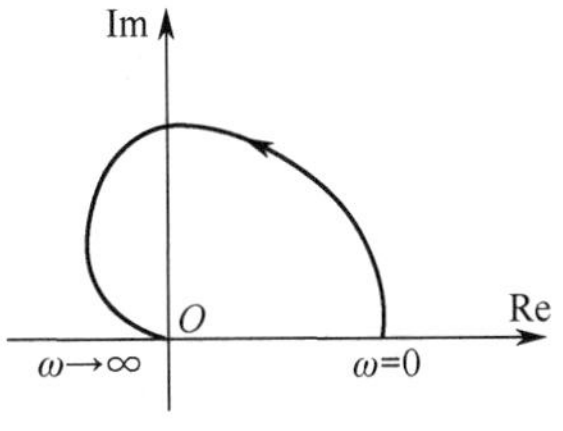

图 5-11　不稳定振荡环节的幅相曲线

2. 开环系统的幅相曲线

前面讨论了构成控制系统的典型环节的幅相频率特性曲线，而一般控制系统都可由以上典型环节构成，掌握了这些典型环节幅相频率特性曲线的画法，就不难得到开环系统的幅相频率特性曲线了。在实际应用中，常常通过开环系统的幅相频率特性曲线（以下简称开环幅相曲线）分析系统的稳定性，开环幅相曲线可以用解析法给定 ω 的值，计算出对应的幅值和相角，绘制幅相曲线；也可通过分析开环系统的频率特性，画出大致的幅相曲线。下面着重介绍开环幅相曲线的大致画法。

例 5-1 系统的开环传递函数为

$$G(s)H(s)=\frac{K}{(T_1s+1)(T_2s+1)}，\ T_1，\ T_2，\ K 均大于 0$$

试概略绘制系统的开环幅相曲线。

解 由开环传递函数知，开环系统由比例环节和两个惯性环节组成，开环频率特性、幅频特性、相频特性分别为

$$G(\mathrm{j}\omega)H(\mathrm{j}\omega)=\frac{K}{(\mathrm{j}\omega T_1+1)(\mathrm{j}\omega T_2+1)}$$

$$\left|G(\mathrm{j}\omega)H(\mathrm{j}\omega)\right|=\frac{K}{\sqrt{\omega^2T_1^2+1}\cdot\sqrt{\omega^2T_2^2+1}}$$

$$\angle G(\mathrm{j}\omega)H(\mathrm{j}\omega)=-\arctan\omega T_1-\arctan\omega T_2$$

根据开环系统的幅频特性和相频特性，可以计算出当 $\omega=0$ 和 $\omega=\infty$ 时的幅值和相角，即得到幅相曲线的起始位置和终点位置。

$$\omega=0，\ \left|G(\mathrm{j}\omega)H(\mathrm{j}\omega)\right|=K，\ \angle G(\mathrm{j}\omega)H(\mathrm{j}\omega)=0^\circ$$

$$\omega=\infty，\ \left|G(\mathrm{j}\omega)H(\mathrm{j}\omega)\right|=0，\ \angle G(\mathrm{j}\omega)H(\mathrm{j}\omega)=-180^\circ$$

由此可知，开环幅相曲线起始于正实轴，至原点的距离为 K，曲线的终点在原点，且与负实轴相切进入原点，相角变化范围是 0°～−180°。概略开环幅相曲线如图 5-12 所示。

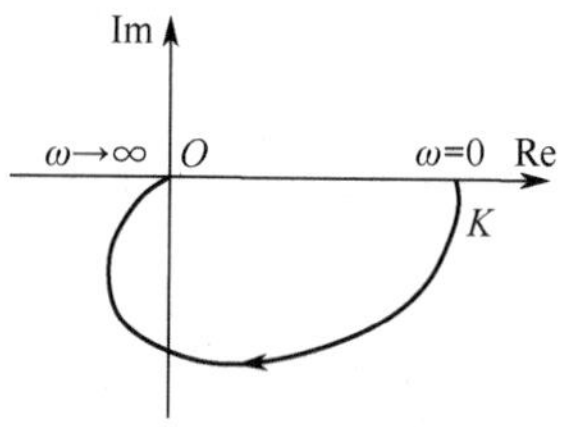

图 5-12 例 5-1 概略开环幅相曲线

例 5-2 控制系统的开环传递函数为

$$G(s)H(s)=\frac{K}{s(T_1s+1)(T_2s+1)}$$

试绘制系统概略的开环幅相曲线。

解 与例 5-1 系统相比，开环传递函数中增加了一个积分环节，为 I 型系统。幅相频率特性分别为

$$\left|G(\mathrm{j}\omega)H(\mathrm{j}\omega)\right|=K\frac{1}{\omega\sqrt{\omega^2T_1^2+1}}\frac{1}{\sqrt{\omega^2T_2^2+1}}$$

$$\angle G(\mathrm{j}\omega)H(\mathrm{j}\omega)=-90^\circ-\arctan\omega T_1-\arctan\omega T_2$$

$$\omega=0，\ \left|G(\mathrm{j}\omega)H(\mathrm{j}\omega)\right|=\infty，\ \angle G(\mathrm{j}\omega)H(\mathrm{j}\omega)=-90^\circ$$

$$\omega=\infty，\ \left|G(\mathrm{j}\omega)H(\mathrm{j}\omega)\right|=0，\ \angle G(\mathrm{j}\omega)H(\mathrm{j}\omega)=-270^\circ$$

可知，相角变化范围：−90°～−270°，开环幅相曲线起于负实轴的无穷远处，终点在原点，且曲线与正虚轴相切进入原点。

将频率特性写成实部与虚部的形式

$$G(\mathrm{j}\omega)H(\mathrm{j}\omega)=\frac{K(1-\mathrm{j}\omega T_1)(1-\mathrm{j}\omega T_2)(-\mathrm{j})}{\omega(1+\omega^2T_1^2)(1+\omega^2T_2^2)}=\frac{K[-(T_1+T_2)\omega+\mathrm{j}(-1-T_1T_2\omega^2)]}{\omega(1+\omega^2T_1^2)(1+\omega^2T_2^2)}$$
$$=\mathrm{Re}[G(\mathrm{j}\omega)H(\mathrm{j}\omega)]+\mathrm{Im}[G(\mathrm{j}\omega)H(\mathrm{j}\omega)]$$

分别称 $\mathrm{Re}[G(\mathrm{j}\omega)H(\mathrm{j}\omega)]$ 和 $\mathrm{Im}[G(\mathrm{j}\omega)H(\mathrm{j}\omega)]$ 为开环系统的实频特性和虚频特性。

在起点 $\mathrm{Re}[G(\mathrm{j}\omega)H(\mathrm{j}\omega)]=-K(T_1+T_2)$，$\mathrm{Im}[G(\mathrm{j}\omega)H(\mathrm{j}\omega)]=-\infty$。求幅相曲线与实轴的交点（该点对于分析系统稳定性非常重要），可令 $\mathrm{Im}[G(\mathrm{j}\omega)H(\mathrm{j}\omega)]=0$，得

$$\omega_x = \frac{1}{\sqrt{T_1 T_2}}$$

将 $\omega_x = \frac{1}{\sqrt{T_1 T_2}}$ 代入实部，可得

$$G(\mathrm{j}\omega_x)H(\mathrm{j}\omega_x) = \mathrm{Re}[G(\mathrm{j}\omega_x)H(\mathrm{j}\omega_x)] = -\frac{KT_1T_2}{T_1+T_2}$$

系统的开环幅相曲线如图 5-13 所示。

若在系统的开环传递函数中再增加一个积分环节，即

$$G(s)H(s) = \frac{K}{s^2(T_1s+1)(T_2s+1)}$$

则当 $\omega = 0$ 时，$|G(\mathrm{j}\omega)H(\mathrm{j}\omega)| = \infty$，$\angle G(\mathrm{j}\omega)H(\mathrm{j}\omega) = -180^\circ$，开环幅相曲线起于负实轴无穷远处；当 $\omega = \infty$ 时，$|G(\mathrm{j}\omega)H(\mathrm{j}\omega)| = 0$，$\angle G(\mathrm{j}\omega)H(\mathrm{j}\omega) = -360^\circ$，开环幅相曲线与正实轴相切进入原点，如图 5-14 所示。

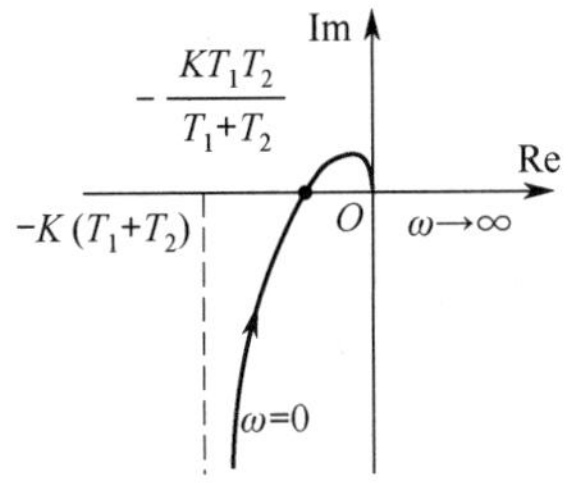

图 5-13　例 5-2 开环幅相曲线（Ⅰ型系统）

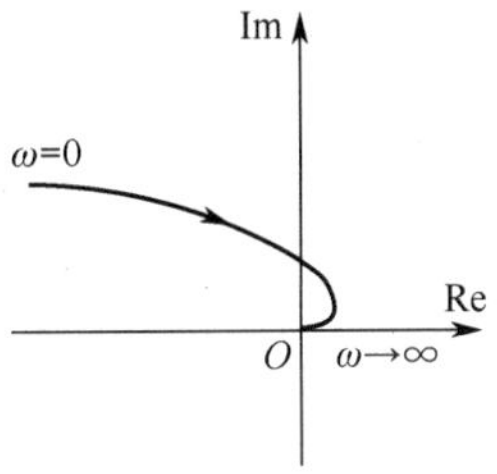

图 5-14　例 5-2 开环幅相曲线（Ⅱ型系统）

例 5-3　系统的开环传递函数为

$$G(s)H(s) = \frac{K(\tau s+1)}{s(T_1s+1)(T_2s+1)}$$

试绘制概略的开环幅相曲线。

解　系统的开环频率特性为

$$G(\mathrm{j}\omega)H(\mathrm{j}\omega) = \frac{K(\mathrm{j}\omega\tau+1)}{\mathrm{j}\omega(\mathrm{j}\omega T_1+1)(\mathrm{j}\omega T_2+1)}$$

相频特性为

$$\angle G(\mathrm{j}\omega)H(\mathrm{j}\omega) = \arctan\omega\tau - 90^\circ - \arctan\omega T_1 - \arctan\omega T_2$$

幅频特性为

$$|G(\mathrm{j}\omega)H(\mathrm{j}\omega)| = K\frac{\sqrt{\omega^2\tau^2+1}}{\omega\sqrt{\omega^2T_1^2+1}\sqrt{\omega^2T_2^2+1}}$$

当 $\omega = 0$ 时，$\angle G(\mathrm{j}\omega)H(\mathrm{j}\omega) = -90^\circ$，$|G(\mathrm{j}\omega)H(\mathrm{j}\omega)| = \infty$。

当 $\omega = \infty$ 时，$\angle G(\mathrm{j}\omega)H(\mathrm{j}\omega) = -180^\circ$，$|G(\mathrm{j}\omega)H(\mathrm{j}\omega)| = 0$。

由频率特性可知，开环幅相曲线起于负虚轴的无穷远处，与负实轴相切进入原点，由于系统含有一阶微分环节和惯性环节，其幅相曲线的形状会因时间常数 τ、T_1、T_2 的取值不同而异，讨论如下：

将频率特性写成实频特性和虚频特性的形式，有

$$G(\mathrm{j}\omega)H(\mathrm{j}\omega)=\frac{K(\mathrm{j}\omega\tau+1)}{\mathrm{j}\omega(\mathrm{j}\omega T_1+1)(\mathrm{j}\omega T_2+1)}$$

$$G(\mathrm{j}\omega)H(\mathrm{j}\omega)=\frac{K(1+\mathrm{j}\omega\tau)(1-\mathrm{j}\omega T_1)(1-\mathrm{j}\omega T_2)(-\mathrm{j})}{\omega(1+\omega^2T_1^2)(1+\omega^2T_2^2)}$$

$$=\frac{K\{[\omega(T_1+T_2)-\omega\tau(1-\omega^2T_1T_2)]+\mathrm{j}[1-\omega^2T_1T+\omega^2\tau(T_1+T_2)]\}}{-\omega(1+\omega^2T_1^2)(1+\omega^2T_2^2)}$$

$$\mathrm{Re}[G(\mathrm{j}\omega)H(\mathrm{j}\omega)]=\frac{K[(T_1+T_2)-\tau(1-\omega^2T_1T_2)]}{-(1+\omega^2T_1^2)(1+\omega^2T_2^2)}$$

由实频特性可知，当 $\omega=0$ 时，有

$$\mathrm{Re}[G(\mathrm{j}\omega)H(\mathrm{j}\omega)]=K(T_1+T_2-\tau)$$

若 $T_1+T_2>\tau$， $\mathrm{Re}[G(\mathrm{j}\omega)H(\mathrm{j}\omega)]<0$，开环幅相曲线起于负虚轴左侧无穷远处；

若 $T_1+T_2<\tau$， $\mathrm{Re}[G(\mathrm{j}\omega)H(\mathrm{j}\omega)]>0$，开环幅相曲线起于负虚轴右侧无穷远处；

若 $T_1+T_2=\tau$， $\mathrm{Re}[G(\mathrm{j}\omega)H(\mathrm{j}\omega)]=0$，开环幅相曲线从负虚轴上无穷远处起始。

求曲线与负实轴的交点，令 $\mathrm{Im}[G(\mathrm{j}\omega)H(\mathrm{j}\omega)]=0$，有

$$1-\omega^2[T_1T_2-\tau(T_1+T_2)]=0$$

$$\omega=\frac{1}{\sqrt{T_1T_2-\tau(T_1+T_2)}}$$

若

$$T_1T_2>\tau(T_1+T_2)$$

即

$$\tau<\frac{T_1T_2}{T_1+T_2}$$

则 ω 有解，即曲线与负实轴有交点。不等式方程组为

$$\begin{cases}T_1+T_2\leqslant\tau\\ \tau<\dfrac{T_1T_2}{T_1+T_2}\end{cases}$$

无解，故幅相曲线从负虚轴右侧无穷远处起始时，与负实轴无交点，开环幅相曲线如图 5-15 所示。

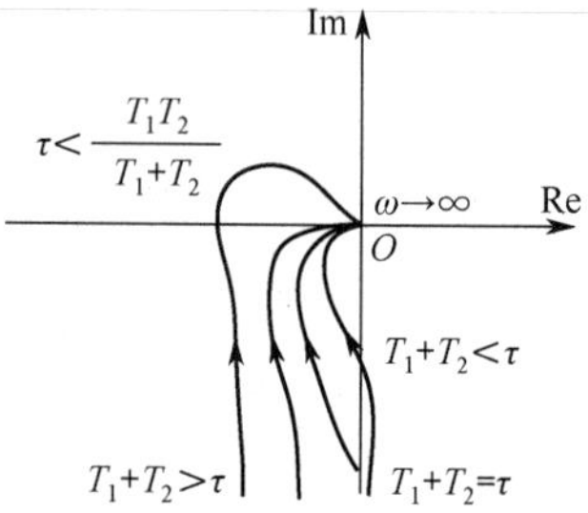

图 5-15 例 5-3 开环幅相曲线

例 5-4 单位反馈系统的开环传递函数为

$$G(s)=\frac{\tau s+1}{Ts+1}$$

试绘制概略的开环幅相曲线。

解 系统的开环频率特性为

$$G(\mathrm{j}\omega)=\frac{\mathrm{j}\omega\tau+1}{\mathrm{j}\omega T+1}$$

幅频特性和相频特性分别为

$$|G(\mathrm{j}\omega)H(\mathrm{j}\omega)|=\frac{\sqrt{\omega^2\tau^2+1}}{\sqrt{\omega^2T^2+1}}$$

$$\angle G(\mathrm{j}\omega)H(\mathrm{j}\omega)=\arctan\omega\tau-\arctan\omega T$$

当 $\omega = 0$ 时，

$$|G(\mathrm{j}\omega)H(\mathrm{j}\omega)| = 1,\quad \angle G(\mathrm{j}\omega)H(\mathrm{j}\omega) = 0$$

当 $\omega = \infty$ 时，

$$|G(\mathrm{j}\omega)H(\mathrm{j}\omega)| = \frac{\tau}{T},\quad \angle G(\mathrm{j}\omega)H(\mathrm{j}\omega) = 0$$

若 $\tau > T$，$\arctan\omega\tau - \arctan\omega T > 0$，则幅相曲线在第一象限内变化；若 $\tau < T$，则幅相曲线在第四象限内变化，如图 5-16 所示。

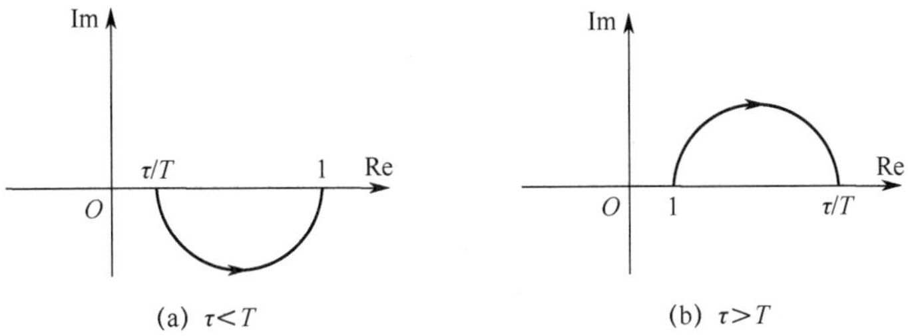

图 5-16　例 5-4 开环幅相曲线

从以上例子可以看出，对于开环传递函数只含有左半平面的零点和极点的系统，其幅相曲线的起点和终点具有如下规律（见图 5-17）：

起点：若系统不含有积分环节，曲线起始于正实轴上某点，该点距原点的距离为开环增益；若系统含有积分环节，曲线起始于无穷远处，相角为 $\nu \times (-90°)$，ν 为积分环节的个数。

终点：一般系统开环传递函数分母的阶次总是大于或等于分子的阶次，当 $n > m$ 时，终点在原点，且以角度 $(n-m)\times(-90°)$ 进入原点；当 $n = m$ 时，曲线终止于正实轴上某点，该点距原点的距离与各环节的时间常数及 K 等参数有关。

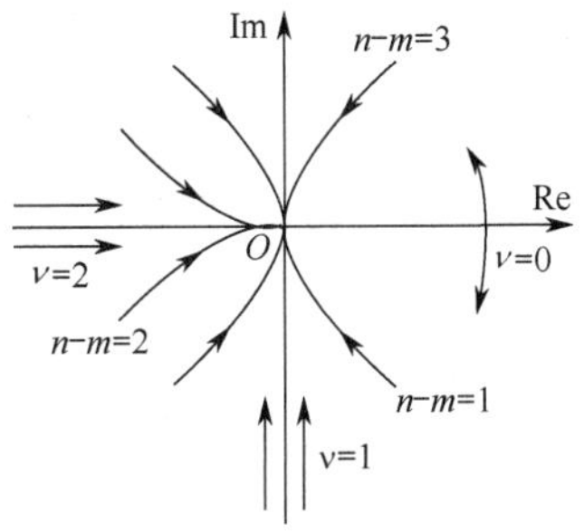

图 5-17　开环幅相曲线的起点和终点

若开环传递函数中含有右半平面的极点或零点，幅相曲线的起点和终点不具有以上规律。对于这样的系统，尤其应注意系统的相频特性。

例 5-5　设系统的开环传递函数为

$$G(s)H(s) = \frac{10(Ts+1)}{s(s-10)},\quad T > 0$$

试绘制开环系统大致的幅相曲线。

解　系统的开环频率特性为

$$G(\mathrm{j}\omega)H(\mathrm{j}\omega) = \frac{10(\mathrm{j}\omega T + 1)}{\mathrm{j}\omega(\mathrm{j}\omega - 10)}$$

幅频特性和相频特性分别为

$$|G(\mathrm{j}\omega)H(\mathrm{j}\omega)| = \frac{10\sqrt{\omega^2T^2+1}}{\omega\sqrt{\omega^2+10^2}}$$

$$\angle G(\mathrm{j}\omega)H(\mathrm{j}\omega) = \arctan\omega T - 90^\circ - \left(180^\circ - \arctan\frac{\omega}{10}\right)$$

当 $\omega=0$ 时，$|G(\mathrm{j}\omega)H(\mathrm{j}\omega)|=\infty$，$\angle G(\mathrm{j}\omega)H(\mathrm{j}\omega)=-270°$。

当 $\omega=\infty$ 时，$|G(\mathrm{j}\omega)H(\mathrm{j}\omega)|=0$，$\angle G(\mathrm{j}\omega)H(\mathrm{j}\omega)=-90°$。

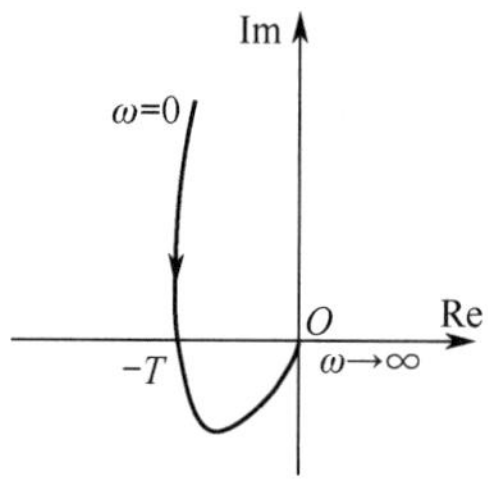

图 5-18 例 5-5 开环幅相曲线

开环幅相曲线如图 5-18 所示。

曲线与实轴的交点可由下式求得：

$$G(\mathrm{j}\omega)H(\mathrm{j}\omega)=-\frac{10(10T+1)+\mathrm{j}10(T\omega^2-10)}{\omega(100+\omega^2)}=U(\omega)+\mathrm{j}V(\omega)$$

其中，$U(\omega)$ 与 $V(\omega)$ 分别为开环系统的实频特性和虚频特性。

令 $V(\omega)=0$，解得 $\omega=\sqrt{10/T}$，将 $\omega=\sqrt{10/T}$ 代入 $U(\omega)$，得幅相曲线与实轴的交点为 $-T$。

5.1.2.2 对数频率特性曲线

对数频率特性曲线又称对数坐标图或 Bode 图，包括对数幅频和对数相频两条曲线。在实际应用中，经常采用这种曲线来表示系统的频率特性。

对数幅频特性曲线的横坐标是频率 ω，按对数分度，单位是 rad/s。纵坐标表示对数幅频特性的函数值，采用线性分度，单位是 dB。对数幅频特性用 $L(\omega)$ 表示，定义如下。

$$L(\omega)=20\lg|G(\mathrm{j}\omega)|$$

对数相频特性曲线的横坐标和对数幅频特性曲线的横坐标相同。纵坐标表示对数幅频特性的函数值，记作 $\varphi(\omega)$，单位是（°）。采用对数分度的横轴如图 5-19 所示。

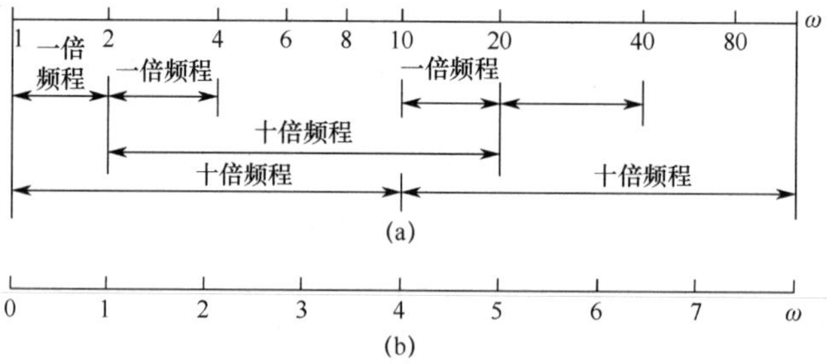

图 5-19 对数分度和线性分度

由于 $\omega=1$，$\lg\omega=0$；$\omega=10$，$\lg\omega=1$；$\omega=100$，$\lg\omega=2$，所以，频率 ω 每扩大 10 倍，对应横轴上都变化一个单位长度，故对于 ω 而言，坐标分度是不均匀的，对 $\lg\omega$ 则是均匀的。

采用对数坐标有如下特点。

① 求幅频特性时，可以将各环节幅值相乘转化为幅值相加；

② 可以采用渐近线的方法，用直线段画出近似对数幅频特性曲线；

③ 对于最小相位系统，可以由对数幅频特性曲线得到系统的传递函数。

另一种采用对数坐标表示系统频率特性的曲线是对数幅相曲线（又称尼柯尔斯曲线），用一条曲线表示相频特性和对数幅频特性，横坐标和纵坐标都是线性分度的。横坐标表示相角，纵坐标表示对数幅频特性的分贝数，都以频率 ω 为参变量。以惯性环节 $\dfrac{1}{\mathrm{j}0.5\omega+1}$ 为例，其对数幅相曲线如图 5-20 所示。

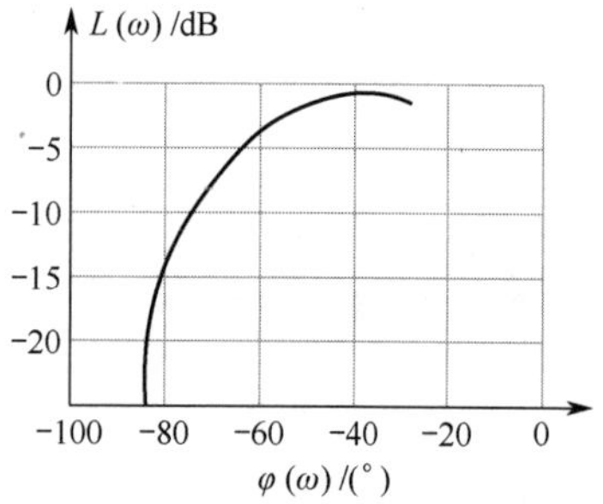

图 5-20 惯性环节的对数幅相曲线

1. 典型环节的对数频率特性

首先讨论典型环节的对数频率特性曲线的画法与特点，然后讨论由这些典型环节构成的开环系统的对数频率特性曲线的画法及其特点。

（1）比例环节。比例环节的频率特性为

$$G(\mathrm{j}\omega)=K$$

由于其幅值和相角都不随 ω 变化，所以，对数幅频特性曲线是一条与 0dB 线平行且距 0dB 线为 $20\lg K$ 的直线。当 $K>1$ 时，$20\lg K>0$，直线在 0dB 线之上；当 $K<1$ 时，$20\lg K<0$，直线在 0dB 线之下。对数相频特性为 0°，Bode 图如图 5-21 所示。

（2）积分环节。积分环节的对数幅频特性为

$$20\lg\frac{1}{\omega}=-20\lg\omega \tag{5-35}$$

在 Bode 图上，是一条在 $\omega=1$ 处穿过横轴的直线，直线的斜率可由下式求出：

$$20\lg\frac{1}{10\omega}-20\lg\frac{1}{\omega}=-20\lg 10\omega+20\lg\omega=-20\text{dB} \tag{5-36}$$

式（5-36）表明，频率变化 10 倍，则对数幅值下降−20dB，故直线的斜率为−20dB/dec。相频特性为−90°，是平行于横轴的直线，如图 5-22 所示。

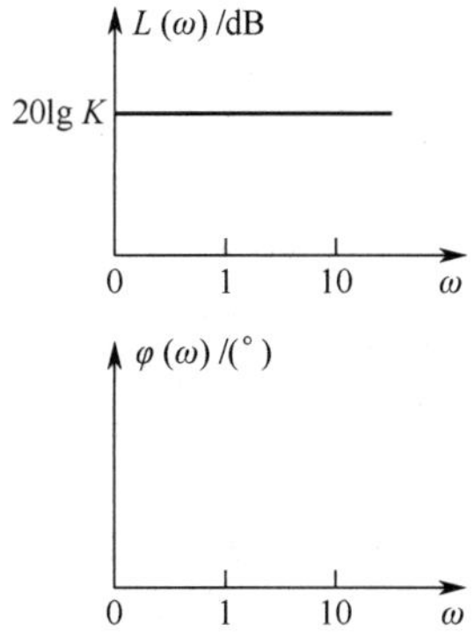

图 5-21 比例环节的 Bode 图

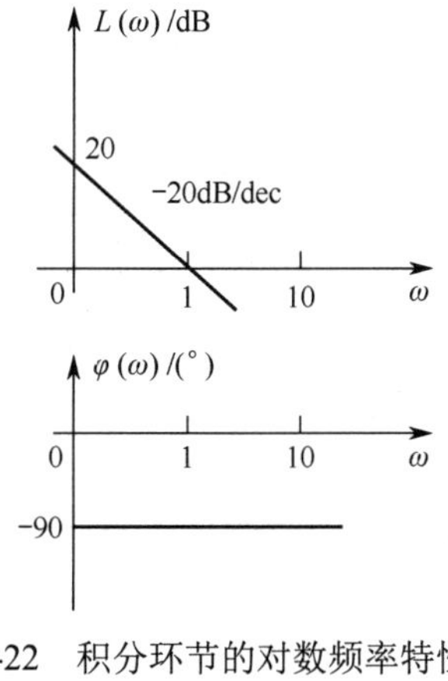

图 5-22 积分环节的对数频率特性曲线

若有 ν 个积分环节串联，则其对数幅频特性为

$$20\lg\left|\frac{1}{(\mathrm{j}\omega)^{\nu}}\right|=-\nu\times 20\lg\omega \tag{5-37}$$

相频特性为

$$\angle\frac{1}{(\mathrm{j}\omega)^{\nu}}=-\nu\times 90^{\circ} \tag{5-38}$$

式（5-37）表明，ν 个积分环节串联的对数幅频特性曲线是在 $\omega=1$ 处穿过横轴的直线，直线的斜率为 $-\nu\times 20\text{dB/dec}$，相频特性曲线是 $-\nu\times 90^{\circ}$ 且平行于横轴的直线，如图 5-23 所示。

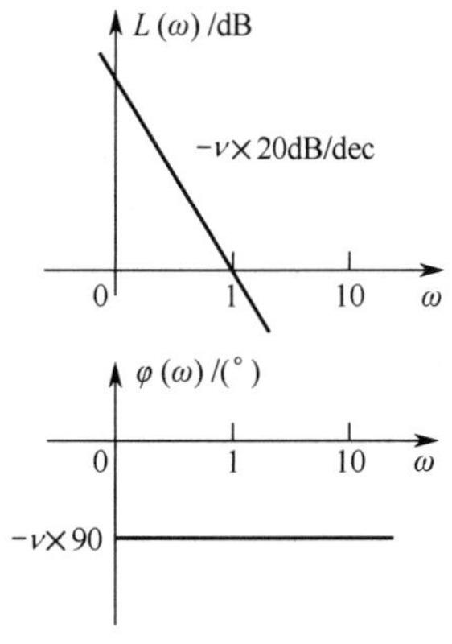

图 5-23 ν 个积分环节的对数频率特性

（3）惯性环节。惯性环节的对数幅频特性为

$$20\lg\frac{1}{\sqrt{1+\omega^2T^2}}=-20\lg\sqrt{1+\omega^2T^2} \tag{5-39}$$

在 $\omega<<\dfrac{1}{T}$ 的低频段，即 $\omega T<<1$，幅频特性可近似为

$$-20\lg\sqrt{1+\omega^2T^2}\approx-20\lg1=0(\text{dB}) \tag{5-40}$$

故在低频段，幅频特性是与横轴重合的直线。在 $\omega>>\dfrac{1}{T}$ 的高频段，对数幅频特性可近似为

$$-20\lg\sqrt{1+\omega^2T^2}\approx-20\lg\omega T(\text{dB}) \tag{5-41}$$

这是一条在 $\omega=1/T$ 处穿越横轴，斜率为−20dB/dec 的直线。由以上分析可知，低频段与高频段的两条直线在 $\omega=1/T$ 处相交。

用渐近线来表示对数幅频特性，当 $\omega<1/T$ 时，幅频特性由 0dB 直线近似；当 $\omega>1/T$ 时，幅频特性由斜率为−20dB/dec 的直线近似，频率 $1/T$ 称为幅频特性曲线的转折频率，由这两条线段构成惯性环节的近似对数幅频特性。显然，在频率为 $1/T$ 时，曲线的误差最大为

$$\varDelta=-20\lg\sqrt{1+\omega^2T^2}\Big|_{\omega=\frac{1}{T}}-(-20\lg\omega T)\Big|_{\omega=\frac{1}{T}}=-20\lg\sqrt{2}=-3(\text{dB}) \tag{5-42}$$

在 $\omega=\dfrac{0.1}{T}\sim\dfrac{10}{T}$ 频段内的误差见表 5-1。

表 5-1 惯性环节渐近幅频特性误差表

ωT	0.1	0.25	0.4	0.5	1.0	2.0	2.5	4.0	10
误差/dB	−0.04	−0.32	−0.65	−1.0	−3.01	−1.0	−0.65	−0.32	−0.04

由表 5-1 可以看出，在频率 $\omega=0.1/T$ 和 $\omega=10/T$ 处，幅值的精确值与近似值间的误差为−0.04dB，在频段$[0.1/T,10/T]$之外的误差更小。所以，若要获取较精确的幅频特性曲线，只需在频段$[0.1/T,10/T]$内对渐近特性进行修正即可。

惯性环节的相频特性可根据 $\varphi(\omega)=-\arctan\omega T$ 绘制。当 $\omega=0$ 时，$\varphi(\omega)=0^\circ$；当 $\omega=\infty$ 时，$\varphi(\omega)=-90^\circ$，在转折频率 $\omega=1/T$ 处，$\varphi(\omega)=-45^\circ$，惯性环节的相频特性数据见表 5-2。对数相频特性曲线关于点 $\omega=1/T$，$\varphi(\omega)=-45^\circ$ 斜对称。惯性环节的 Bode 图如图 5-24 所示。

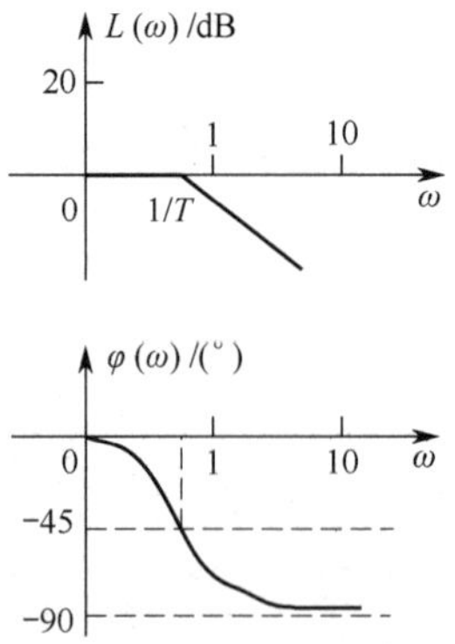

图 5-24 惯性环节的 Bode 图

表 5-2　惯性环节的相频特性数据

ωT	0.1	0.25	0.4	0.5	1.0	2.0	2.5	4.0	10
$\varphi(\omega)$ /（°）	−5.7	−14.1	−21.8	−26.6	−45	−63.4	−68.2	−75.9	−84.3

惯性环节的转折频率 $1/T$ 减小或增大，相频特性曲线和幅频特性曲线相应地左移或右移，但形状不变。

（4）振荡环节。由振荡环节的频率特性 $G(\mathrm{j}\omega)=\dfrac{1}{(1-\omega^2T^2)+\mathrm{j}2\zeta\omega T}$，得到其对数幅频特性为

$$20\lg\frac{1}{\sqrt{(1-\omega^2T^2)^2+(2\zeta\omega T)^2}}=-20\lg\sqrt{(1-\omega^2T^2)^2+(2\zeta\omega T)^2} \tag{5-43}$$

由对数频率特性表达式可知，在频率 $\omega<<\dfrac{1}{T}$ 的低频段，对数频率特性可近似为

$$-20\lg\sqrt{(1-\omega^2T^2)^2+(2\zeta\omega T)^2}\approx 0$$

这表明在 $\omega<<\dfrac{1}{T}$ 的低频段，对数幅频特性是与横轴重合的直线段。

在频率 $\omega>>\dfrac{1}{T}$ 的高频段，频率特性可近似为

$$-20\lg\sqrt{(1-\omega^2T^2)^2+(2\zeta\omega T)^2}\approx -40\lg\omega T$$

这是一条在 $\omega=1/T$ 过零分贝线，斜率为−40dB/dec 的直线段。以上两条线段在转折频率 $\omega=1/T$ 处相交，它们构成振荡环节的渐近对数幅频特性曲线，如图 5-25 所示。

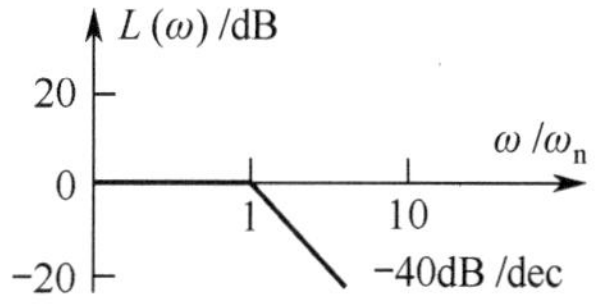

图 5-25　振荡环节的渐近对数幅频特性曲线

若分别用 $L(\omega)$、$L_a(\omega)$ 和 ΔL 表示振荡环节对数幅频特性的精确值、近似值及它们之间的误差值，则有

$$\Delta L=L(\omega)-L_a(\omega) \tag{5-44}$$

$$\Delta L=-20\lg\sqrt{(1-\omega^2T^2)^2+(2\zeta\omega T)^2}-0,\quad \omega\leqslant 1/T \tag{5-45}$$

$$\Delta L=-20\lg\sqrt{(1-\omega^2T^2)^2+(2\zeta\omega T)^2}-(-40\lg\omega T),\quad \omega\geqslant 1/T \tag{5-46}$$

由式（5-45）和式（5-46）可知，振荡环节的渐近对数幅频特性曲线与精确曲线间的误差是频率 ω 和阻尼比 ζ 的函数。由 ΔL 的表达式可绘制误差曲线如图 5-26 所示。由振荡环节的相频特性 $\angle G(\mathrm{j}\omega)=-\arctan\dfrac{2\zeta\omega T}{1-\omega^2T^2}$，可绘制对数相频特性曲线如图 5-27 所示。由于相频特性也是频率 ω 和阻尼比 ζ 的函数，所以曲线形状随着 ζ 取值的不同各异，但都在频率 $\omega=1/T$ 处通过−90°，且曲线在该点关于−90° 线斜对称。

（5）一阶微分环节。由一阶微分环节的频率特性可求得对数幅频特性为

$$L(\omega)=20\lg\sqrt{1+\omega^2\tau^2}$$

与惯性环节的分析方法类似，可得到在频率 $\omega<1/\tau$ 和 $\omega>1/\tau$ 两个频段内，用两条直线来表示一阶微分环节的渐近对数幅频特性。在频率 $\omega<1/\tau$ 的频段内，渐近特性是与 0dB 线重合的直线，在 $\omega>1/\tau$ 的频段内，是斜率为+20dB/dec 的直线，在转折频率 $1/\tau$ 处，精确幅频特性与渐近频率特性之差为 3dB。

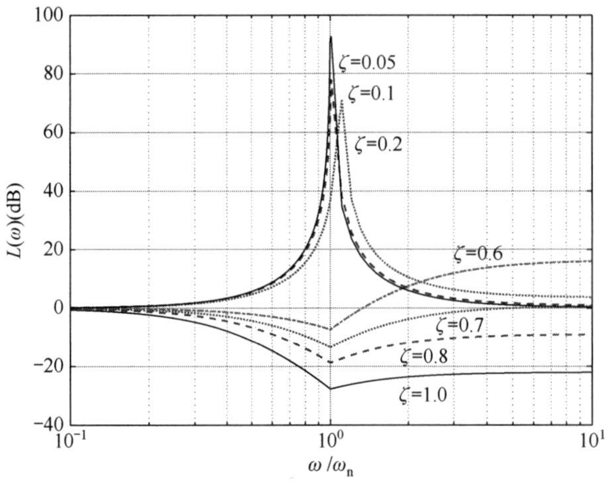

图 5-26 振荡环节的幅频特性的误差曲线

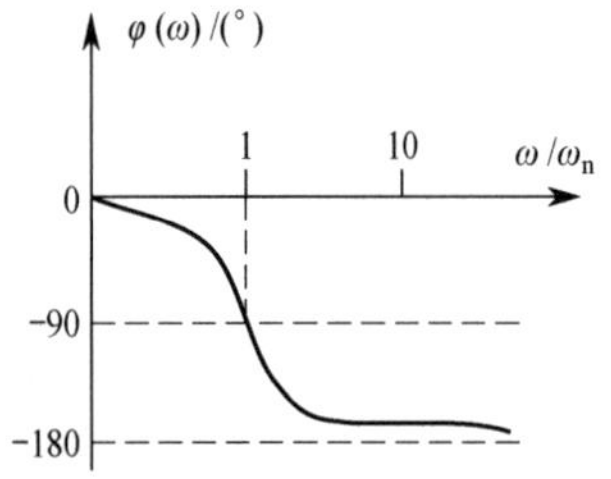

图 5-27 振荡环节的相频特性曲线

由一阶微分环节的相频特性 $\varphi(\omega)=\arctan\omega\tau$ 可绘制出相频特性曲线，相角变化范围是 0~90°。一阶微分环节的 Bode 图如图 5-28 所示。将图 5-28 与图 5-24 比较可以发现，一阶微分环节的对数频率特性曲线与惯性环节的对数频率特性曲线关于实轴对称。

（6）二阶微分环节。二阶微分环节的对数幅频特性和相频特性分别为

$$L(\omega)=20\lg\sqrt{(1-\omega^2\tau^2)^2+4\zeta^2\omega^2\tau^2} \tag{5-47}$$

$$\varphi(\omega)=\arctan\frac{2\zeta\omega\tau}{1-\omega^2\tau^2} \tag{5-48}$$

二阶微分环节的 Bode 图可仿照振荡环节 Bode 图的绘制过程作出，如图 5-29 所示。

比较图 5-29、图 5-25 与图 5-27 可知，二阶微分环节的对数频率特性与振荡环节的频率特性关于实轴互为镜像。

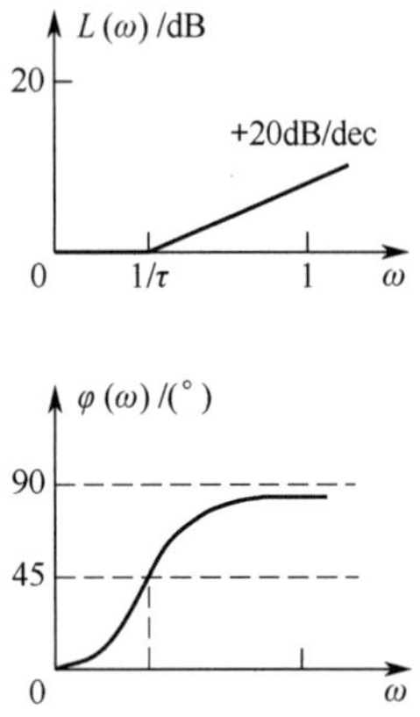

图 5-28 一阶微分环节的 Bode 图

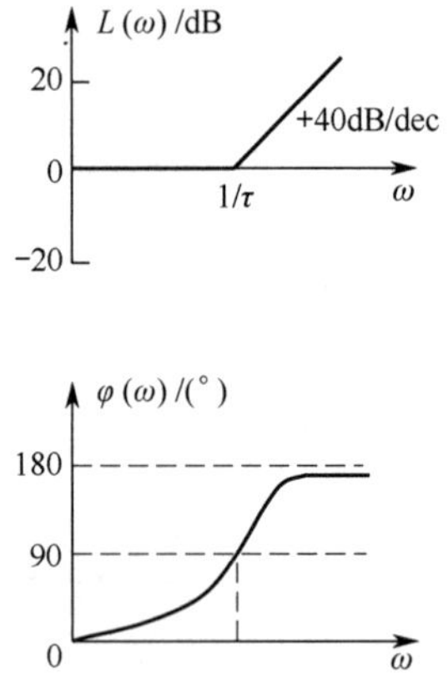

图 5-29 二阶微分环节的 Bode 图

（7）不稳定环节。在典型环节幅相频率特性的讨论中，以惯性环节和不稳定惯性环节为例，分析了它们的频率特性。下面以不稳定惯性环节和不稳定振荡环节为例，说明不稳定环节对数频率特性曲线的特点，并将它们与对应的稳定环节进行比较。

不稳定惯性环节的频率特性为

$$G(\mathrm{j}\omega)=\frac{1}{-\mathrm{j}\omega T+1}$$

对数幅频特性为

$$L(\omega)=20\lg\frac{1}{\sqrt{1+\omega^2T^2}}=-20\lg\sqrt{1+\omega^2T^2} \tag{5-49}$$

相频特性为

$$\varphi(\omega)=-(-\arctan\omega T)=\arctan\omega T \tag{5-50}$$

其对数幅频特性与惯性环节相同，当频率 ω 从 0~∞变化时，相角变化范围是 0~90°，如图 5-30 所示，与图 5-24 比较可知，不稳定惯性环节的对数幅频特性曲线与惯性环节相同，相频特性曲线与惯性环节关于实轴互为镜像。

不稳定振荡环节的频率特性为

$$G(\mathrm{j}\omega)=\frac{1}{T^2(\mathrm{j}\omega)^2-2\mathrm{j}\zeta\omega T+1}$$

对数幅频特性为

$$L(\omega)=-20\lg\sqrt{(1-\omega^2T^2)^2+4\zeta^2\omega^2T^2} \tag{5-51}$$

相频特性为

$$\varphi(\omega)=-(-\arctan\frac{2\zeta\omega T}{1-\omega^2T^2})=\arctan\frac{2\zeta\omega T}{1-\omega^2T^2},\omega\leqslant\frac{1}{T} \tag{5-52}$$

$$\varphi(\omega)=-(-180^\circ+\arctan\frac{2\zeta\omega T}{\omega^2T^2-1})=180^\circ-\arctan\frac{2\zeta\omega T}{\omega^2T^2-1},\omega\geqslant\frac{1}{T} \tag{5-53}$$

比较式（5-51）和式（5-43）可知，不稳定振荡环节的对数幅频特性与振荡环节的相同，而它们的相频特性关于实轴对称。由式（5-52）和式（5-53）可知，不稳定振荡环节的相角变化范围是 0~180°，Bode 图如图 5-31 所示。

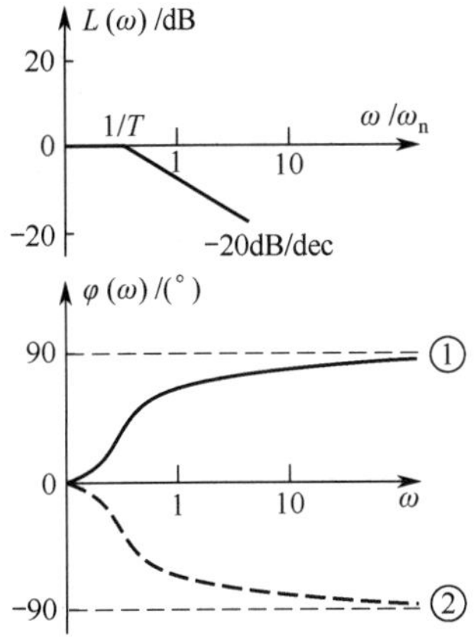

图 5-30　不稳定惯性环节的 Bode 图

①—不稳定惯性环节；②—稳定惯性环节

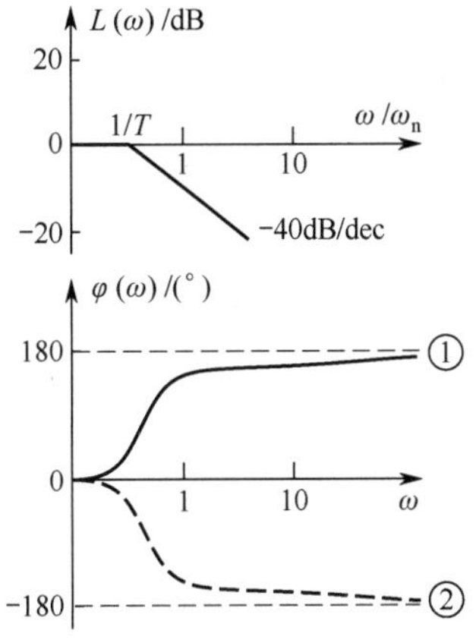

图 5-31　不稳定振荡环节的 Bode 图

①—不稳定振荡环节；②—稳定振荡环节

2. 开环系统的对数频率特性曲线

掌握了典型环节对数频率特性曲线的画法，就可方便地绘制开环系统的对数频率特性曲线。设开环系统由 n 个典型环节串联组成，典型环节的传递函数分别为 $G_1(s)$、$G_2(s)$、…、

$G_n(s)$，则系统的开环传递函数为

$$G(s)=\prod_{i=1}^{n}G_i(s)$$

其对数幅频特性为

$$20\lg|G(\mathrm{j}\omega)|=\sum_{i=1}^{n}20\lg|G_i(\mathrm{j}\omega)| \tag{5-54}$$

相频特性为

$$\angle G(\mathrm{j}\omega)=\sum_{i=1}^{n}\angle G_i(\mathrm{j}\omega) \tag{5-55}$$

式（5-54）和式（5-55）表明，由 N 个典型环节串联组成的开环系统的对数幅频特性曲线和对数相频特性曲线可由各典型环节相应的曲线叠加得到。

例 5-6 已知控制系统的开环传递函数为

$$G(s)H(s)=\frac{4(1+0.5s)}{s(1+2s)[1+0.05s+(0.125s)^2]}$$

试绘制系统 Bode 图。

解 开环系统由比例、积分、惯性、一阶微分和振荡环节组成，对数幅频特性和对数相频特性分别为

$$\begin{aligned}L(\omega)&=L_1(\omega)+L_2(\omega)+L_3(\omega)+L_4(\omega)+L_5(\omega)\\&=20\lg 4-20\lg\omega-20\lg\sqrt{1+(2\omega)^2}+20\lg\sqrt{1+(0.5\omega)^2}-\\&\quad 20\lg\sqrt{[1-(0.125\omega)^2]^2+(0.05\omega)^2}\\\varphi(\omega)&=\varphi_1(\omega)+\varphi_2(\omega)+\varphi_3(\omega)+\varphi_4(\omega)+\varphi_5(\omega)\\&=0^\circ-90^\circ-\arctan 2\omega+\arctan 0.5\omega-\arctan\frac{0.05\omega}{1-(0.125\omega)^2}\end{aligned}$$

开环系统有三个转折频率，分别是 $\omega_1=0.5$， $\omega_2=2$， $\omega_3=8$。首先分析在不同的频率范围内 $L(\omega)$ 的渐近特性。

① 在 $\omega\leqslant\omega_1$ 的频率范围内，L_1 和 L_2 为正值，$L_3=L_4=L_5=0$，当 $\omega=\omega_1$ 时，$L_1(\omega_1)=12\text{dB}$，$L_2(\omega_1)=6\text{dB}$， $L_2(\omega)$ 的斜率为−20dB/dec，故在 $\omega\leqslant\omega_1$ 的频段内， $L(\omega)$ 是一条在 $\omega=\omega_1$ 处幅值为 18dB、斜率为−20dB/dec 的直线。

② 在 $\omega_1<\omega<\omega_2$ 的频率范围内， $L_3(\omega)\neq 0$，斜率为−20dB/dec，叠加后的 $L(\omega)$ 是一条斜率−40dB/dec、在 ω_2 处幅值为−6dB 的直线。

③ 在 $\omega_2<\omega<\omega_3$ 的频率范围内， $L_4(\omega)\neq 0$，斜率为+20dB/dec，因此叠加后是一条斜率为−20dB/dec、在频率 ω_3 处幅值为−18dB 的直线。

④ 在 $\omega>\omega_3$ 的频率范围内， $L_5(\omega)$ 的斜率为−40dB/dec，故 $L(\omega)$ 的斜率为−60dB/dec。

根据以上分析，画出 $L(\omega)$ 的渐近特性，如图 5-32（a）所示。

对数相频特性曲线可分别将积分环节、惯性环节、微分环节和振荡环节的相频特性曲线画出，惯性环节和微分环节可根据表 5-2 确定几个点，再用曲线连起来即可，振荡环节可根据图 5-27 和 ζ 的值确定几个点，再连接成光滑的曲线。将各环节的相频特性曲线叠加起来，就可得到开环系统的对数相频特性如图 5-32（b）所示。

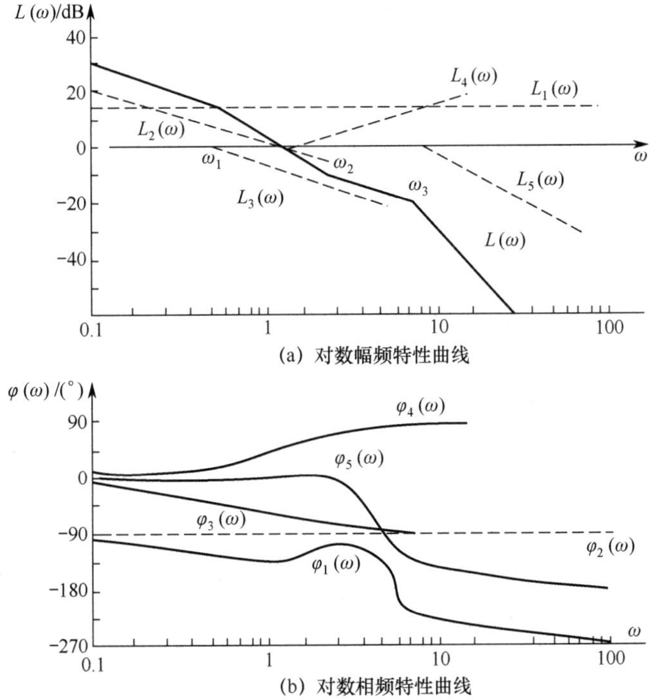

(a) 对数幅频特性曲线

(b) 对数相频特性曲线

图 5-32　例 5-6 图

最小相位系统的幅频特性曲线与相频特性曲线有一定的关系，当幅频特性曲线的负斜率加大时，相频特性曲线的负相角也增加，若 $\varphi(\omega)$ 向正相角方向变化，则对应的幅频特性曲线也向斜率增加的方向变化。因此，用 Bode 图分析最小相位系统时，只画对数幅频特性曲线就可以了。$L(\omega)$ 的渐近线是由一些直线段组成的。$L(\omega)$ 曲线由低频段向高频段延伸时，每经过一个转折频率，直线段的斜率就相应地改变一次。经过一个比例微分环节，直线斜率增加 20dB/dec；经过一个惯性环节，直线斜率增加−20dB/dec；经过一个振荡环节，直线斜率增加−40dB/dec。按照这个规律，可以依次画出 $L(\omega)$ 的渐近线。具体画法步骤如下。

① 求出比例微分、惯性环节和振荡环节的转折频率，并将它们标在 Bode 图的 ω 轴上。

② 确定 $L(\omega)$渐近线起始段的斜率和位置。

在 $L(\omega)$ 的起始段，$\omega << 1$，则

$$L(\omega) = 20\lg\left|\lim_{\omega\to 0} G(\mathrm{j}\omega)\right| = 20\lg K - 20\lg\left|\mathrm{j}\omega\right| \tag{5-56}$$

根据式（5-56）右端的第二项，可以确定渐近线起始段的斜率为 $-\nu\times 20\mathrm{dB/dec}$，第一项确定了 $\omega=1$ 时，渐近线起始段的高度为 $20\lg K$。因此，过 $\omega=1$ 和 $L(\omega)=20\lg K$ 这一点画一条斜率为 $-\nu\times 20\mathrm{dB/dec}$ 的直线，该直线从低频段开始向高频段延伸，直至第一个转折频率处，该条直线就是 $L(\omega)$ 渐近线的起始段。

③ 将 $L(\omega)$向高频段延伸，且每过一个转折频率，将渐近线的斜率相应地改变一次，就可得到 $L(\omega)$的渐近线。

例 5-7　绘制如下开环系统频率特性的对数幅频特性曲线

$$G(\mathrm{j}\omega)H(\mathrm{j}\omega) = \frac{10(1+\mathrm{j}0.4\omega)}{\mathrm{j}\omega(1+\mathrm{j}\omega)(1+\mathrm{j}0.2\omega)[1+\mathrm{j}0.008\omega+(\mathrm{j}0.04\omega)^2]}$$

解 首先作出 $L(\omega)$ 的渐近线，再画出精确曲线。

① 确定有关环节的转折频率。

惯性环节 1 $\omega_1 = 1\text{rad/s}$

微分环节 $\omega_2 = 1/0.4 = 2.5\text{rad/s}$

惯性环节 2 $\omega_3 = 1/0.2 = 5\text{rad/s}$

振荡环节 $\omega_4 = 1/0.04 = 25\text{rad/s}$

② 确定 $L(\omega)$ 起始段的高度及斜率。因为 $\nu = 1$，渐近线起始段的斜率为−20dB/dec，在 $\omega = 1$ 时，起始线段的高度为 20lg10=20dB。过 $\omega = 1$ 和 $L(\omega)$ =20dB 一点向低频段画斜率为−20dB/dec 的直线。

③ 将直线向高频段延伸。当 $\omega = 1$ 时，斜率变为−40dB/dec；当 $\omega = 2.5$ 时，斜率应增加 20dB/dec，变为−20dB/dec；当 $\omega = 5$ 时，斜率变为−40dB/dec；当 $\omega = 25$ 时，斜率变为−80dB/dec。

根据以上讨论，可作出渐近对数幅频特性曲线，如图 5-33 中的细实线所示。

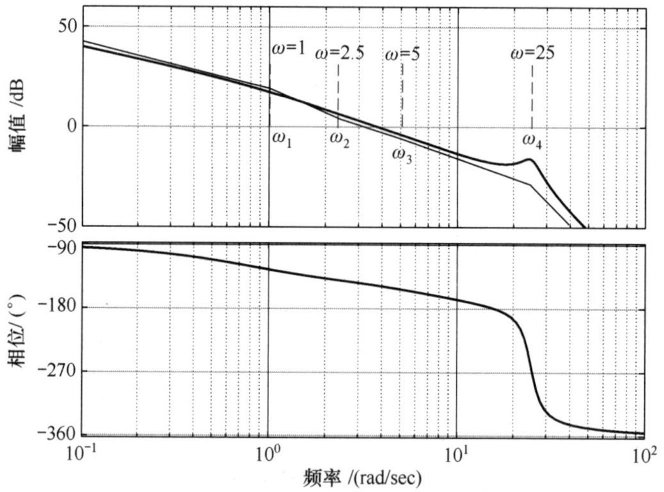

图 5-33 例 5-7 对数幅频特性曲线

5.1.3 频域稳定判据

奈奎斯特稳定判据（以下简称为奈氏判据）是根据系统的开环频率特性对闭环系统的稳定性进行判断的一种方法。它把开环频率特性与复变函数 $1+G(s)H(s)$ 位于 S 右半平面的零点和极点联系起来，用图解的方法分析系统的稳定性。应用奈氏判据不仅可判断线性系统是否稳定，还可指出系统不稳定根的个数。

5.1.3.1 奈氏判据的数学基础

建立在复变函数理论基础上的幅角原理是奈氏判据的数学基础，首先简要介绍一下幅角原理。

1. 映射的概念

若 $F(s)$ 为单值函数，在 S 平面上，除有限个奇点，处处解析，则对于 S 平面上的每一个解析点，在 F 平面上，必有一点 $F(s)$ 与之对应。如 $F(s)=\frac{s}{s+1}$，在 S 平面上，取 $s=1$，则在 $F(s)$ 平面上，有 $F(s)=1/2$，在 S 平面上，取 $s=-1+\mathrm{j}$，则在 $F(s)$ 平面上，有 $F(s)=-1-1\mathrm{j}$。若在 S 平面上，任取一封闭轨迹 Γ_s，且使 Γ_s 不通过 $F(s)$ 的奇点，则在 F 平面上，就有一封闭轨迹 Γ_F 与之对应。

2. 幅角原理

设 $F(s)$ 是 S 平面上除有限个奇点外的单值连续正则函数，若在 S 平面上任选一条封闭曲线 Γ_s，并使 Γ_s 不通过 $F(s)$ 的奇点，则在 S 平面上的封闭曲线 Γ_s 映射到 $F(s)$ 平面上也是一条封闭的曲线 Γ_F。当解析点 s 按顺时针方向沿 Γ_s 变化一周时，则在 $F(s)$ 平面上，Γ_F 曲线按逆时针方向绕原点的圈数 N 为封闭曲线 Γ_s 内包含的 $F(s)$ 的极点数 P 与零点数 Z 之差，即

$$N=P-Z$$

其中，若 $N>0$，表明 Γ_F 逆时针包围 $F(s)$ 平面上的原点 N 周；若 $N<0$，表明 Γ_F 顺时针包围 $F(s)$ 平面上的原点 N 周；若 $N=0$，则说明 Γ_F 曲线不包围 $F(s)$ 平面上的原点。

由幅角原理可以确定函数 $F(s)$ 被曲线 Γ_s 所包围的极点与零点的个数之差。封闭曲线 Γ_s 和 Γ_F 的形状不影响上述结论。

关于幅角原理的数学证明请读者参考有关书籍，这里仅从几何图形上加以简单说明。设有辅助函数为

$$F(s)=\frac{(s-z_1)(s-z_2)(s-z_3)}{(s-p_1)(s-p_2)(s-p_3)} \tag{5-57}$$

其零点、极点在 S 平面上的分布如图 5-34 所示，在 S 平面上作一封闭曲线 Γ_s，且 Γ_s 不通过上述零点、极点，在封闭曲线 Γ_s 上任取一点 s_1，其对应的辅助函数 $F(s_1)$ 的幅角应为

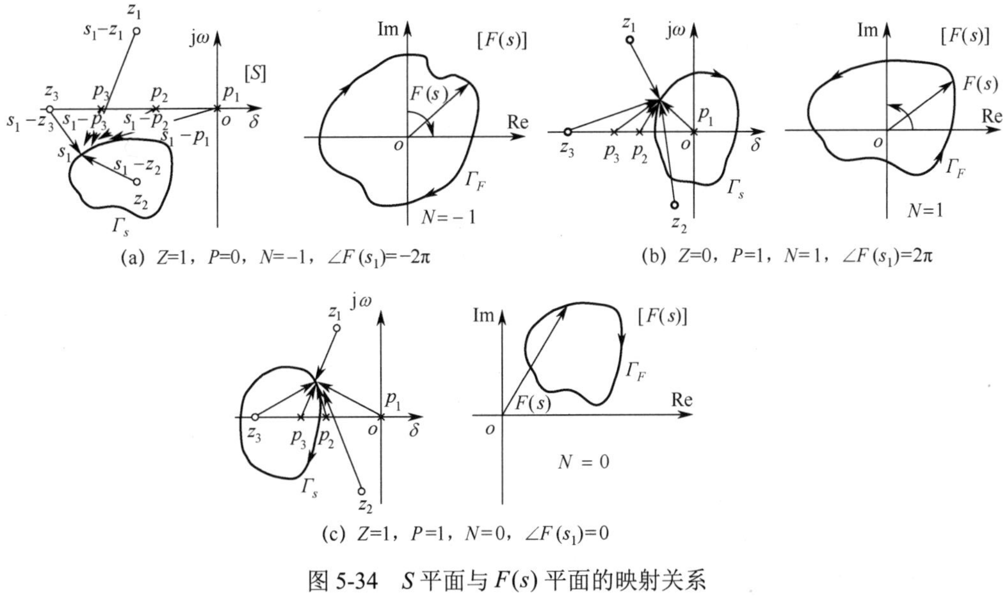

(a) $Z=1$，$P=0$，$N=-1$，$\angle F(s_1)=-2\pi$

(b) $Z=0$，$P=1$，$N=1$，$\angle F(s_1)=2\pi$

(c) $Z=1$，$P=1$，$N=0$，$\angle F(s_1)=0$

图 5-34　S 平面与 $F(s)$ 平面的映射关系

$$\angle F(s_1)=\sum_{j=1}^{3}\angle(s_1-z_j)-\sum_{i=1}^{3}\angle(s_1-p_i) \tag{5-58}$$

当解析点s_1沿封闭曲线Γ_s按顺时针方向旋转一周后再回到起始点时，由图可知，所有位于封闭曲线Γ_s外面的辅助函数$F(s)$的零点、极点指向s_1的向量转过的角度都为零，而位于封闭曲线Γ_s内的$F(s)$的零点、极点指向s_1的向量都按顺时针方向转过2π（一周）。这样，对图5-34（a），$Z=1$，$P=0$，$\angle F(s_1)=-2\pi$，即$N=-1$，$F(s_1)$绕$F(s)$平面原点顺时针一周；对图5-34（b），$Z=0$，$P=1$，$\angle F(s_1)=2\pi$，即$N=1$，$F(s_1)$绕$F(s)$平面原点逆时针旋转一周；对图5-34（c），$Z=1$，$P=1$，$\angle F(s_1)=0$，即$N=0$，$F(s_1)$不包围$F(s)$平面的原点。

将上述分析推广到一般情况则有

$$\angle F(s)=2\pi(P-Z)=2\pi N$$

由此得到幅角原理的表达式为

$$N=P-Z \tag{5-59}$$

5.1.3.2 奈氏判据

1. 辅助函数$F(s)$

奈氏判据是根据系统的开环频率特性对闭环系统进行稳定性判断的，为应用幅角原理，引入辅助函数$F(s)$，其形式为

$$F(s)=1+G(s)H(s)=1+\frac{M(s)}{N(s)}=\frac{N(s)+M(s)}{N(s)} \tag{5-60}$$

由式（5-60）知，辅助函数$F(s)$的分子与分母多项式的阶次相同，而且$F(s)$的极点就是开环传递函数的极点，而$F(s)$的零点是闭环传递函数的极点。复平面F与复平面GH的关系只相差常数1，F平面的原点就是GH平面的（−1, j0）点。

2. S平面上的封闭曲线Γ_s

由于闭环系统的稳定性只与闭环传递函数极点即辅助函数$F(s)$的零点分布位置有关，因此，在S平面上，选择封闭曲线Γ_s包围整个S右半平面。若Γ_s内不包含$F(s)$的零点，即Z=0，则系统稳定。

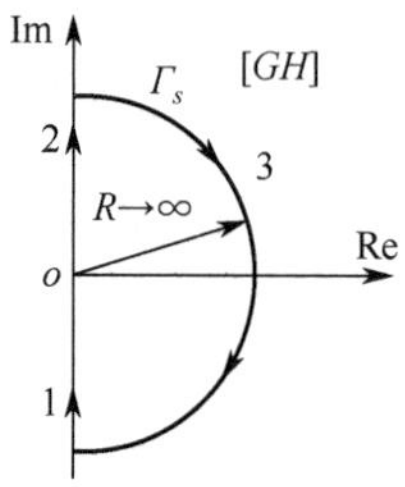

图5-35 平面上的封闭曲线

因为Γ_s曲线不能通过$F(s)$的奇点，所以，分两种情况加以讨论。

（1）$F(s)$在虚轴上无极点。当$F(s)$在虚轴上无奇点时，可将Γ_s分为3部分，如图5-35所示，负虚轴、正虚轴和无穷大半圆。Γ_s的第1部分和第2部分，$s=\pm j\omega$，在GH平面上的映射为

$$G(s)H(s)\big|_{s=j\omega}=\left|G(j\omega)H(j\omega)\right|\ e^{j\angle G(j\omega)H(j\omega)}$$

$$G(s)H(s)\big|_{s=-j\omega}=\left|G(-j\omega)H(-j\omega)\right|\ e^{j\angle G(-j\omega)H(-j\omega)}$$

$$=\left|G(j\omega)H(j\omega)\right|\ e^{-j\angle G(j\omega)H(j\omega)}$$

Γ_s第2部分在GH平面上的映射正是5.1.2节中讨论的系统开环频率特性的幅相曲线，而第1段在GH平面上的映射与开环幅相曲线关于实轴是对称的。如果将频率特性的频率ω从$-\infty$变化到$+\infty$，则整个虚轴映射到GH平面，就是系统的开环幅相曲线。用奈氏判据进行稳定性分析时，也将该曲线称为奈氏曲线。

当Γ_s在第3部分上变化时，$s=\lim\limits_{R\to\infty}Re^{-j\phi}$，它在$GH$平面上的映射为

$$G(s)H(s)\Big|_{s=\lim\limits_{R\to\infty}\mathrm{Re}^{-\mathrm{j}\phi}}=\left.\frac{b_m s^m+b_{m-1}s^{m-1}+\cdots+b_1 s+b_0}{a_n s^n+a_{n-1}s^{n-1}+\cdots+a_1 s+a_0}\right|_{s=\lim\limits_{R\to\infty}\mathrm{Re}^{-\mathrm{j}\phi}}=\left(\lim_{R\to\infty}\frac{b_m}{a_n}\cdot\frac{1}{\mathrm{Re}^{n-m}}\right)\mathrm{e}^{\mathrm{j}(n-m)\phi} \tag{5-61}$$

当 $n=m$ 时

$$G(s)H(s)\Big|_{s=\lim\limits_{R\to\infty}\mathrm{Re}^{-\mathrm{j}\phi}}=\frac{b_m}{a_n}=K$$

奈氏轨迹的第 3 部分（无穷大半圆弧）在 GH 平面上的映射为常数 K。

当 $n>m$ 时

$$G(s)H(s)\Big|_{s=\lim\limits_{R\to\infty}\mathrm{Re}^{-\mathrm{j}\phi}}=0\cdot\mathrm{e}^{\mathrm{j}(n-m)\phi}$$

$\varGamma_s$ 的第 3 部分在 GH 平面上的映射是坐标原点。

把奈氏轨迹 $\varGamma_s$ 在 GH 平面上的映射 $\varGamma_{GH}$ 称为奈奎斯特曲线或奈氏曲线。

（2）$F(s)$ 在虚轴上有极点。由于 $\varGamma_s$ 曲线不能通过 $F(s)$ 的奇点，所以，当开环传递函数含有虚轴上的极点时，$\varGamma_s$ 曲线必须绕过这些极点。这里，以开环传递函数含有积分环节为例进行讨论。此时，$\varGamma_s$ 曲线增加第 4 部分，以原点为圆心，无穷小半径逆时针作圆，即右半平面的极点不包含该点，如图 5-36 所示。下面讨论 $\varGamma_s$ 第 4 部分在 GH 平面上的映射。

$\varGamma_s$ 第 4 部分的定义是：$s=\lim\limits_{R\to 0}\mathrm{Re}^{\mathrm{j}\theta}\left(-\dfrac{\pi}{2}\leqslant\theta\leqslant\dfrac{\pi}{2}\right)$，表明 s 在以原点为圆心，半径为无穷小的右半圆弧上逆时针变化（ω 由 $0^-\to 0^+$）。这样，$\varGamma_s$ 既绕过了位于 $G(s)H(s)$ 平面原点处的极点，又包围了整个 S 右半平面，如果在虚轴上还有其他极点，亦可采用同样的方法，将 $\varGamma_s$ 绕过这些虚轴上的极点。

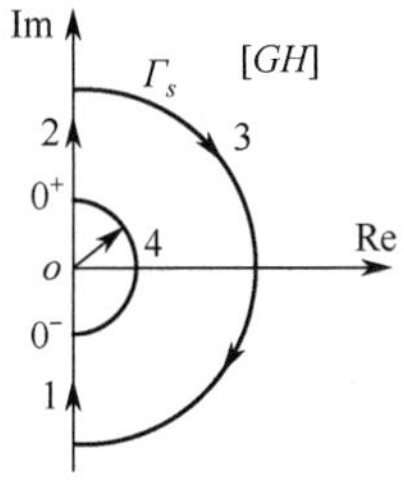

图 5-36　有积分环节时的 $\varGamma_s$ 曲线

设系统的开环传递函数为

$$G(s)H(s)=\frac{k(s-z_1)(s-z_2)\cdots(s-z_m)}{s^{\nu}(s-p_1)(s-p_2)\cdots(s-p_{n-\nu})} \tag{5-62}$$

其中，ν 称为无差度，即系统中含积分环节的个数或位于原点的开环极点数。当 $s=\lim\limits_{R\to 0}\mathrm{Re}^{\mathrm{j}\theta}$ 时

$$G(s)H(s)\Big|_{s=\lim\limits_{R\to 0}\mathrm{Re}^{\mathrm{j}\theta}}=\left.\frac{k(s-z_1)(s-z_2)\cdots(s-z_m)}{s^{\nu}(s-p_1)(s-p_2)\cdots(s-p_m)}\right|_{s=\lim\limits_{R\to 0}\mathrm{Re}^{\mathrm{j}\theta}}=\lim_{R\to 0}\frac{K}{R^{\nu}}\mathrm{e}^{-\mathrm{j}\nu\theta}=\infty\mathrm{e}^{-\mathrm{j}\nu\theta} \tag{5-63}$$

式（5-63）表明，$\varGamma_s$ 的第 4 部分无穷小半圆弧在 GH 平面上的映射为顺时针旋转的无穷大圆弧，旋转的弧度为 $\nu\pi$。图 5-37 和图 5-38 分别表示当 $\nu=1$ 和 $\nu=2$ 时系统的奈氏曲线，其中虚线部分是 $\varGamma_s$ 的无穷小半圆弧在 GH 平面上的映射。

3. 幅角原理的应用

由上述分析可知，奈氏曲线 $\varGamma_{GH}$ 实际上是系统开环频率特性极坐标图的扩展。当已知系

统的开环频率特性 $G(\mathrm{j}\omega)H(\mathrm{j}\omega)$，根据它的极坐标图和系统的性质（是否含有积分环节、开环传递函数中分子分母的最高阶次等）便可方便地在 GH 平面上绘制出奈氏曲线 $\varGamma_{GH}$。由此得到基于开环频率特性 $G(\mathrm{j}\omega)H(\mathrm{j}\omega)$ 的奈氏判据如下。

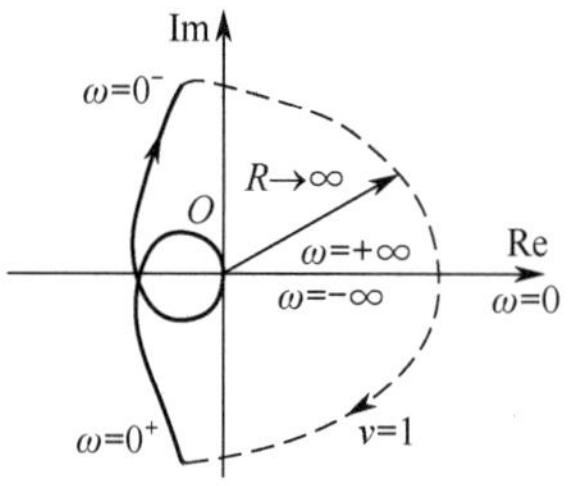

图 5-37 v=1 时系统的奈氏曲线

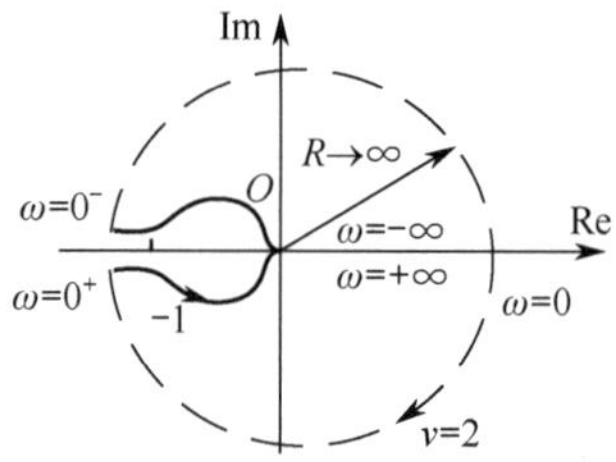

图 5-38 v=2 时系统的奈氏曲线

闭环系统稳定的充分必要条件是：GH 平面上的开环频率特性 $G(\mathrm{j}\omega)H(\mathrm{j}\omega)$ 曲线当 ω 从 $-\infty$ 变化到 $+\infty$ 时，按逆时针方向绕（$-1, \mathrm{j}0$）点 P 周。

奈氏判据可表示为

$$Z = P - N \tag{5-64}$$

其中，Z 为闭环极点在 S 右半平面的个数。P 为开环极点在 S 右半平面的个数。N 为奈氏曲线绕（$-1, \mathrm{j}0$）的周数，逆时针绕（$-1, \mathrm{j}0$）点，N 为正；顺时针绕（$-1, \mathrm{j}0$）点，N 为负。若 ω 由 0 变化到 $+\infty$，则奈氏判据为

$$Z = P - 2N \tag{5-65}$$

当系统开环传递函数的全部极点均位于 S 平面左半部（包括原点和虚轴）时，即 P=0。若奈氏曲线 $\varGamma_{GH}$ 不包围 GH 平面上的（$-1, \mathrm{j}0$）点，那么，N=0，$Z = P - N = 0$，闭环系统稳定。

当系统开环传递函数 $G(\mathrm{j}\omega)H(\mathrm{j}\omega)$ 有位于 S 平面右半部的极点时（$P \neq 0$），如果系统的奈氏曲线 $\varGamma_{GH}$ 逆时针绕（$-1, \mathrm{j}0$）点的周数等于位于 S 平面右半部的开环极点数，那么 $Z = P$，N=0，闭环系统稳定；否则不稳定，且不稳定根的个数为 Z。

当 $\varGamma_{GH}$ 曲线恰好通过 GH 平面的（$-1, \mathrm{j}0$）点时，系统处于临界稳定状态。

例 5-8 系统的开环传递函数为

$$G(s)H(s) = \frac{K}{(T_1 s + 1)(T_2 s + 1)}, \quad T_1 > T_2$$

试用奈氏判据分析系统的稳定性。

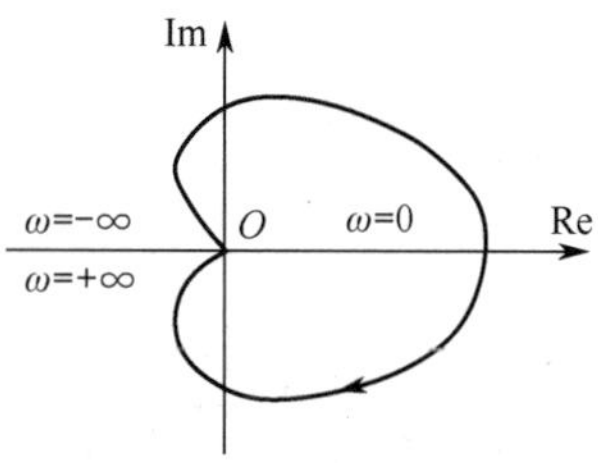

图 5-39 例 5-8 系统的奈氏曲线

解 系统的频率特性为

$$G(\mathrm{j}\omega)H(\mathrm{j}\omega) = \frac{K}{(\mathrm{j}T_1\omega + 1)(\mathrm{j}T_2\omega + 1)}$$

当 ω 由 $-\infty$ 变至 $+\infty$ 时，系统的奈氏曲线如图 5-39 所示。系统的两个开环极点 $-1/T_1$ 和 $-1/T_2$ 均在 S 平面左半部，即 S 右半平面的开环极点数 P=0。由图 5-39 可知，系统的奈氏曲线 $\varGamma_{GH}$ 不包围（$-1, \mathrm{j}0$）点（N=0），根据奈氏判据，位于 S 右半平面的闭环极点数 $Z = P - N = 0$，则闭环系统是稳定的。

例 5-9 已知反馈控制系统的开环传递函数为

$$G(s)H(s) = \frac{K(\tau s + 1)}{s^2 (Ts + 1)}$$

试用奈氏判据分析当$T<\tau$，$T=\tau$，$T>\tau$时系统的稳定性。

解 系统的开环频率特性为

$$G(\mathrm{j}\omega)H(\mathrm{j}\omega)=\frac{K(\mathrm{j}\tau s+1)}{-\omega^2(1+\mathrm{j}T\omega)}$$

其幅频特性和相频特性分别是

$$|G(\mathrm{j}\omega)H(\mathrm{j}\omega)|=\frac{K\sqrt{1+\tau^2\omega^2}}{\omega^2\sqrt{1+T^2\omega^2}}$$

$$\angle G(\mathrm{j}\omega)H(\mathrm{j}\omega)=-180^\circ-\arctan T\omega+\arctan\tau\omega$$

① 当$T<\tau$时，$\arctan T\omega<\arctan\tau\omega$，当$\omega$从 0 变至+∞时，$|G(\mathrm{j}\omega)H(\mathrm{j}\omega)|$由+∞变至 0，$\angle G(\mathrm{j}\omega)H(\mathrm{j}\omega)$在第III象限内由−180°变化为−180°，其对应的奈氏曲线如图 5-40 所示，图中虚线表示的顺时针旋转的无穷大圆弧是开环重极点 p=0 在 GH 平面上的映射。由于奈氏曲线左端无穷远处是开口的，它没有包围（−1, j0）点（N=0），系统无 S 右半平面的开环极点（P=0），由奈氏判据可知，当$T<\tau$时，该系统是稳定的。

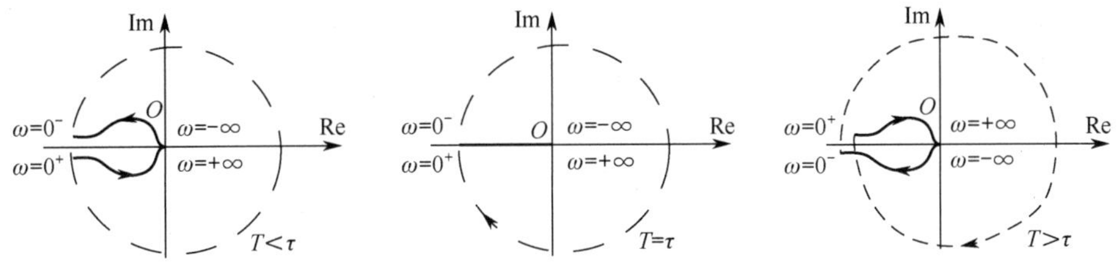

图 5-40 二阶无差系统的奈氏曲线

② 当$T=\tau$时，$\arctan T\omega=\arctan\tau\omega$，系统的相频特性$\angle G(\mathrm{j}\omega)H(\mathrm{j}\omega)=-180^\circ$，与角频率$\omega$无关，当$\omega$由 0 变至+∞时，幅频特性$|G(\mathrm{j}\omega)H(\mathrm{j}\omega)|$由∞变至 0。如图 5-40 所示，除无穷大圆弧外，奈氏曲线穿过（−1, j0）点且与负实轴重合，故系统处于临界稳定状态。

③ 当$T>\tau$时，$\arctan T\omega>\arctan\tau\omega$，当$\omega$由 0 变至+∞时，$|G(\mathrm{j}\omega)H(\mathrm{j}\omega)|$由∞变至 0，$\angle G(\mathrm{j}\omega)H(\mathrm{j}\omega)$由−180°在第II象限内变化后再次变为−180°，其对应的奈氏曲线如图 5-40 所示。由于奈氏曲线左端是封口的，它顺时针包围了（−1, j0）点两周，N=−2。由奈氏判据知，Z=P−N=2，所以，当$T>\tau$时，该系统是不稳定的。

若开环系统的频率特性用 Bode 图表示，也可根据奈奎斯特判据分析系统的稳定性。下面通过分析极坐标图和 Bode 图之间的对应关系，得出利用开环对数频率特性分析系统稳定性的方法。

① 极坐标图中的单位圆，由于其幅值$|G(\mathrm{j}\omega)H(\mathrm{j}\omega)|=1$，故与对数幅频特性图中的零分贝线相对应。

② 极坐标图中单位圆以外的部分，由于$|G(\mathrm{j}\omega)H(\mathrm{j}\omega)|>1$，故与对数幅频特性图中零分贝线以上的部分相对应；单位圆以内部分，即$0<|G(\mathrm{j}\omega)H(\mathrm{j}\omega)|<1$，与零分贝线以下的部分相对应。

③ 极坐标图中的负实轴与对数相频特性图中的$-\pi$线相对应。

④ 极坐标图中，开环频率特性逆时针绕（−1, j0）点，对应 Bode 图中，$L(\omega)>0\mathrm{dB}$的频段内，相频特性曲线从下向上穿越$-\pi$线，称为正穿越（正相角增加）；开环频率特性顺时针绕（−1, j0）点，对应$L(\omega)>0\mathrm{dB}$的频段内，相频特性曲线$\varphi(\omega)$从上向下穿越$-\pi$线，称为负

穿越（负相角增加）。

由上述分析可知，采用 Bode 图分析系统稳定性时，奈氏判据可表述为：当 ω 由 $0 \to \infty$ 变化时，在开环对数幅频特性曲线 $L(\omega) > 0\text{dB}$ 的频段内，相频特性曲线 $\varphi(\omega)$ 穿越 $-\pi$ 线的正、负次数之差为 $p/2$，则闭环系统稳定，否则不稳定，即

$$N_{+} - N_{-} = p/2$$

其中，N_+为正穿越次数；N_-为负穿越次数；p 为系统开环传递函数在 S 右半平面的极点数。

5.2 控制系统的相对稳定性

控制系统正常工作的前提条件是系统必须稳定，除此之外，还要求稳定的系统具有适当的裕度，即有一定的相对稳定性。奈氏判据是通过系统的开环频率特性 $G(\mathrm{j}\omega)H(\mathrm{j}\omega)$ 曲线绕（−1, j0）点的情况来进行稳定性判断的。当系统的开环传递函数在 S 右半平面无极点时，若 $G(\mathrm{j}\omega)H(\mathrm{j}\omega)$ 曲线通过（−1, j0）点，则控制系统处于临界稳定。这时，如果系统的参数发生变化，则 $G(\mathrm{j}\omega)H(\mathrm{j}\omega)$ 曲线可能包围（−1, j0）点，系统变为不稳定的。因此，在 GH 平面上，可以用奈氏曲线与（−1, j0）点的靠近程度来表征系统的相对稳定性，即奈氏曲线离（−1, j0）点越远，系统的稳定程度越高，其相对稳定性越好；反之，奈氏曲线离（−1, j0）点越近，稳定程度越低。反映系统稳定程度高低的概念就是系统相对稳定性的概念。下面，对系统的相对稳定性进行定量分析。

5.2.1 相对稳定性

以图 5-41 为例说明相对稳定性的概念。图 5-41 所示为两个最小相位系统的开环频率特性曲线（实线），由于曲线没有包围（−1, j0）点，由奈氏判据可知它们都是稳定的，但图 5-41（a）所示系统的频率特性曲线与负实轴的交点 A 距离（−1, j0）点较远，图 5-41（b）所示系统的频率特性曲线与负实轴的交点 B 距离（−1, j0）点较近。假定系统的开环放大系数由于系统参数的改变比原来增加了 50%，则图 5-41（a）中的 A 点移到 A'点，仍在（−1, j0）点右侧，系统仍然是稳定的。开环频率特性曲线如图 5-41（a）虚线所示。而图 5-41（b）中的 B 点则移到（−1, j0）点的左侧（B'点），如图 5-41（b）虚线所示，系统便不稳定了。可见，前者较能适应系统参数的变化，即它的相对稳定性比后者好。

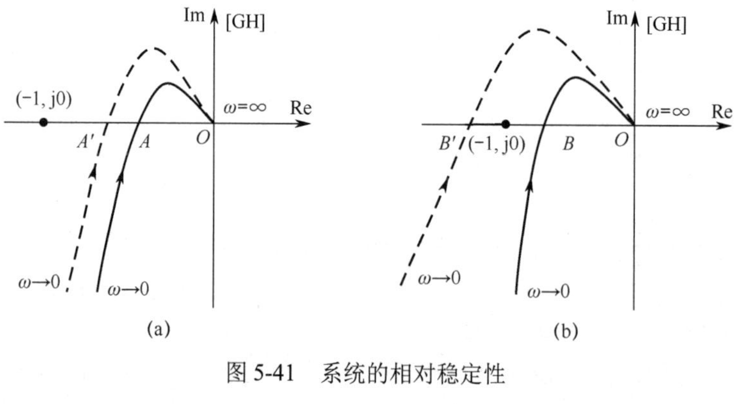

图 5-41 系统的相对稳定性

通常用稳定裕度衡量系统的相对稳定性或系统的稳定程度，包括相角裕度和幅值裕度。

1. 相角裕度 γ

如图 5-42 所示，把 GH 平面上的单位圆与系统开环频率特性曲线的交点频率 ω_c 称为幅值穿越频率或剪切频率，它满足

$$|G(j\omega)H(j\omega)|=1,\quad 0\leqslant\omega_c\leqslant+\infty \tag{5-66}$$

相角裕度 γ 是指幅值穿越频率 ω_c 所对应的相移 $\varphi(\omega_c)$ 与−180° 角的差值，即

$$\gamma=\varphi(\omega)-(-180^\circ)=\varphi(\omega_c)+180^\circ \tag{5-67}$$

对于最小相位系统，如果相角裕度 $\gamma>0^\circ$，系统是稳定的（图 5-42），且 γ 值越大，系统的相对稳定性越好。如果相角裕度 $\gamma<0^\circ$，系统则不稳定（图 5-43）。当 $\gamma=0^\circ$ 时，系统的开环频率特性曲线穿过（−1, j0）点，是临界稳定状态。

相角裕度是使系统达到临界稳定状态时开环频率特性的相角 $\varphi(\omega_c)=\angle G(j\omega_c)H(j\omega_c)$ 减小（对应稳定系统）或增加（对应不稳定系统）的数值。

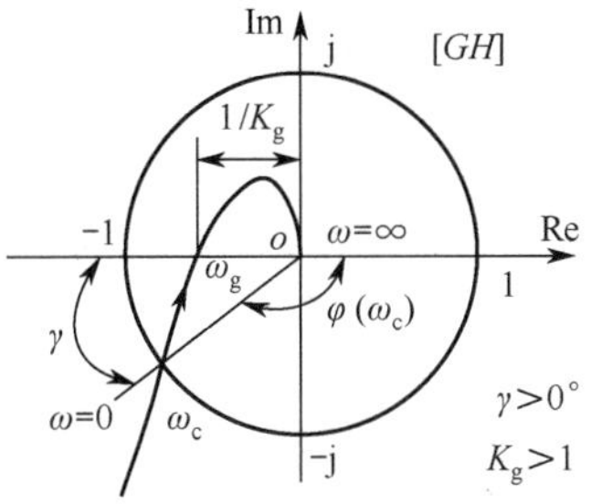

图 5-42　稳定系统的幅值裕度与相角裕度的定义

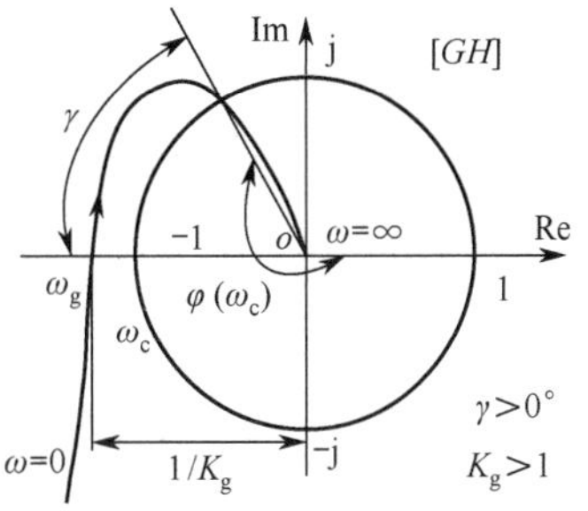

图 5-43　不稳定系统的幅值裕度与相角裕度

2. 幅值裕度 K_g

如图 5-42 所示，系统的开环频率特性曲线与 GH 平面负实轴的交点频率 ω_g 称为相位穿越频率，显然它满足

$$\angle G(j\omega_g)\cdot H(j\omega_g)=-180^\circ,\quad 0\leqslant\omega_g\leqslant\infty \tag{5-68}$$

所谓幅值裕度 K_g 是指相位穿越频率 ω_g 所对应的开环幅频特性的倒数值，即

$$K_g=\frac{1}{|G(j\omega_g)\cdot H(j\omega_g)|} \tag{5-69}$$

对于最小相位系统，如果幅值裕度 $K_g>1\left[|G(j\omega_g)\cdot H(j\omega_g)|<1\right]$，系统是稳定的，且 K_g 值越大，系统的相对稳定性越好。如果幅值裕度 $K_g<1\left[|G(j\omega_g)\cdot H(j\omega_g)|>1\right]$，系统则不稳定。当 $K_g=1$ 时，系统的开环频率特性曲线穿过（−1, j0）点，是临界稳定状态。可见，求出系统的幅值裕度 K_g 后，便可根据 K_g 值的大小分析最小相位系统的稳定性和稳定程度。

幅值裕度是使系统达到临界稳定状态时开环频率特性的幅值 $|G(j\omega_g)\cdot H(j\omega_g)|$ 增大（对应稳定系统）或缩小（对应不稳定系统）的倍数，即

$$|G(j\omega_g)\cdot H(j\omega_g)|\cdot K_g=1$$

幅值裕度也可以用分贝数来表示，即

$$20\lg K_g = -20\lg\left|G(j\omega_g)\cdot H(j\omega_g)\right| \text{dB} \tag{5-70}$$

因此，可根据系统的幅值裕度大于、等于或小于零分贝来判断最小相位系统是稳定、临界稳定还是不稳定。

这里要指出的是，系统相对稳定性的好坏不能仅从相角裕度或幅值裕度的大小来判断，必须同时考虑相角裕度和幅值裕度，这从图 5-44 所示的两个系统可以得到直观的说明。图 5-44（a）所示系统的幅值裕度大，但相角裕度小；相反，图 5-44（b）所示系统的相角裕度大，但幅值裕度小。这两个系统的相对稳定性都不好。对于一般系统，通常要求相角裕度 $\gamma = 30^\circ \sim 60^\circ$，幅值裕度 $K_g \geqslant 2$。

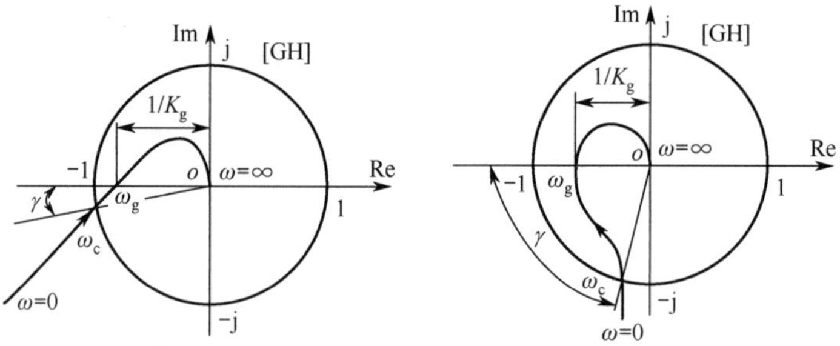

(a) K_g较大，γ较小　　(b) K_g较小，γ较大

图 5-44　稳定裕度的比较

5.2.2　稳定裕度的求取方法

1. 计算稳定裕度的方法

计算系统相角裕度和幅值裕度的方法有三种，即解析法、极坐标图法和 Bode 图法。下面通过实例进行说明。

（1）解析法。根据系统的开环频率特性，由式（5-66）和式（5-67）求出相角裕度；由式（5-68）和式（5-69）求出幅值裕度，如果幅值裕度用分贝数表示，则由式（5-70）求出。

例 5-10　已知最小相位系统的开环传递函数为

$$G(s)H(s) = \frac{40}{s(s^2 + 2s + 25)}$$

试求出该系统的幅值裕度和相角裕度。

解　系统的开环频率特性为

$$G(j\omega)H(j\omega) = \frac{40}{j\omega(25 - \omega^2 + j2\omega)}$$

其幅频特性和相频特性分别是

$$\left|G(j\omega)H(j\omega)\right| = \frac{1}{\omega}\frac{40}{\sqrt{(25-\omega^2)^2 + 4\omega^2}}$$

$$\angle G(j\omega)H(j\omega) = -90^\circ - \arctan\frac{2\omega}{25-\omega^2}$$

由式（5-66）令$\left|G(j\omega)H(j\omega)\right| = 1$，得 $\omega_c = 1.82$。

由式（5-67）得 $\gamma = 180^\circ + \angle G(\mathrm{j}\omega)H(\mathrm{j}\omega) = 90^\circ - \arctan\dfrac{2\times 1.82}{25-1.82^2} = 80.5^\circ$。

由式（5-68）令 $\angle G(\mathrm{j}\omega)H(\mathrm{j}\omega) = -180^\circ$，得 $\omega_\mathrm{g} = 5(\mathrm{dB})$。

由式（5-69）得

$$K_\mathrm{g} = \frac{1}{\left|G(\mathrm{j}\omega_\mathrm{g})H(\mathrm{j}\omega_\mathrm{g})\right|} = 1.25 \quad \text{或} \quad K_\mathrm{g}(\mathrm{dB}) = 20\lg K_\mathrm{g} = 1.94(\mathrm{dB})$$

（2）极坐标图法。在 GH 平面上作出系统开环频率特性的极坐标图，并作一个单位圆，由单位圆与开环频率特性的交点和坐标原点的连线与负实轴的夹角求出相角裕度 γ；由开环频率特性与负实轴交点处的幅值 $\left|G(\mathrm{j}\omega_\mathrm{g})H(\mathrm{j}\omega_\mathrm{g})\right|$ 的倒数得到幅值裕度 K_g。

在例 5-10 中，先作出系统的开环频率特性曲线，如图 5-45 所示，作单位圆交开环频率特性曲线于 A 点，连接 OA 与负实轴的夹角即系统的相角裕度，$\gamma \approx 80^\circ$。开环频率特性曲线与负实轴的交点坐标为(0.8, j0)，由此得到系统的幅值裕度 $K_\mathrm{g} = \dfrac{1}{0.8} = 1.25$。

（3）Bode 图法。画出系统的 Bode 图，由开环对数幅频特性与零分贝线（ω 轴）的交点频率 ω_c，求出对应的相频率特性与-180° 线的相移量，即相角裕度 γ。当 ω_c 对应的相频特性位于-180° 线上方时，$\gamma > 0^\circ$，若 ω_c 对应的相频特性位于-180° 线下方，则 $\gamma < 0^\circ$。由相频率特性与-180° 线的交点频率 ω_g 求出对应幅频特性与零分贝线的差值，即幅值裕度 K_g 的分贝数。当 ω_g 对应的幅频特性位于零分贝线下方时，$K_\mathrm{g}(\mathrm{dB}) > 0$，若 ω_g 对应的幅频特性位于零分贝线上方，则 $K_\mathrm{g}(\mathrm{dB}) < 0$。

例 5-10 的 Bode 图如图 5-46 所示。从图中，可直接得到幅值穿越频率 $\omega_\mathrm{c} \approx 2$，相角穿越频率 ω_g=5；相角裕度 $\gamma \approx 80^\circ$，幅值裕度 $K_\mathrm{g} \approx 2\mathrm{dB}$。

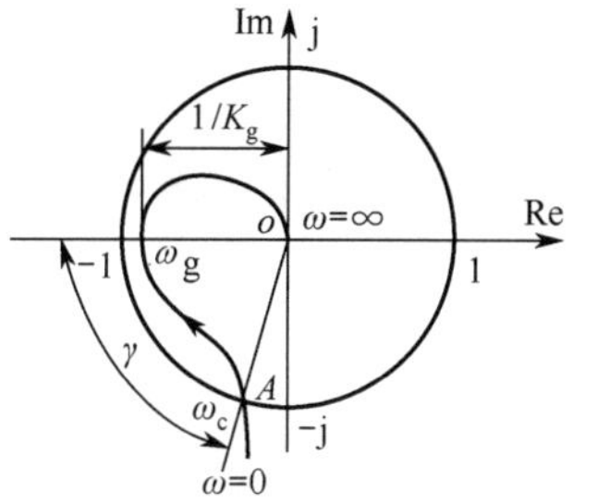

图 5-45　由极坐标图求相角裕度

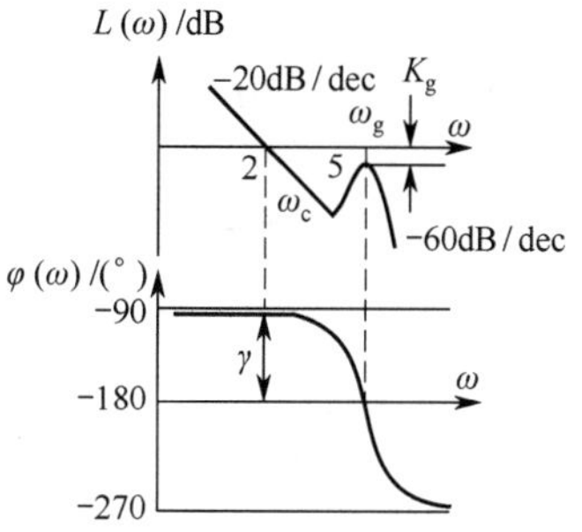

图 5-46　例 5-10 Bode 图

比较上述三种解法不难发现，解析法比较精确，但计算步骤复杂，而且对于三阶以上的高阶系统，用解析法是很困难的。采用以极坐标图和 Bode 图为基础的图解法，避免了烦琐的计算，具有简便、直观的优点，对于高阶系统尤为方便。不过图解法是一种近似方法，所得结果有一定误差，误差的大小视作图的准确性而定。Bode 图法和极坐标法虽然都是图解法，但前者不仅可直接从 Bode 图上获得相角裕度 γ 和幅值裕度 K_g，而且还可直接得到相应的幅值穿越频率 ω_c 和相位穿越频率 ω_g。同时作 Bode 图比作极坐标图方便，因此在工程实践中得到更为广泛的应用。

2. 稳定裕度与系统的稳定性

前面已经介绍，求出系统的稳定裕度可以定量分析系统的稳定程度。下面通过两个例子进一步说明。

例 5-11 已知系统的开环传递函数为

$$G(s)H(s)=\frac{K(\tau s+1)}{s^2(Ts+1)}，\quad T\neq\tau$$

试分析稳定裕度与系统稳定性之间的关系。

解 该系统的开环频率特性的极坐标图分别如图 5-47（a）（$T>\tau$）和图 5-47（b）（$T<\tau$）所示。由图 5-47（a）可知，当$T>\tau$时，系统的相角裕度$\gamma<0°$；由图 5-47（b）可知，当$T<\tau$时，系统的相角裕度$\gamma>0°$。系统的幅值裕度用解析法求解如下：

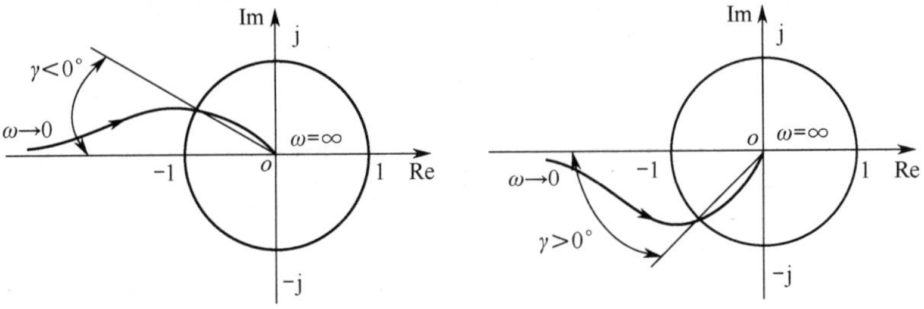

(a) $T>\tau$ (b) $T<\tau$

图 5-47 例 5-11 极坐标图

系统的幅频特性和相频特性分别为

$$|G(\mathrm{j}\omega)H(\mathrm{j}\omega)|=\frac{K}{\omega^2}\frac{K\sqrt{\tau^2\omega^2+1}}{\omega^2\sqrt{T^2\omega^2+1}}$$

$$\angle G(\mathrm{j}\omega)H(\mathrm{j}\omega)=-180°+\arctan\tau\omega-\arctan T\omega=-180°-\arctan\frac{(T-\tau)\omega}{1+T\tau\omega^2}$$

令$\angle G(\mathrm{j}\omega)H(\mathrm{j}\omega)=-180°$，则$\arctan\dfrac{(T-\tau)\omega}{1+T\tau\omega^2}=0°$，故$\omega_\mathrm{g}$=0（对应于 S 平面的坐标原点，舍去）$\omega_\mathrm{g}=\infty(T\neq\tau)$，由此求出系统的幅值裕度为

$$K_\mathrm{g}=\frac{1}{|G(\mathrm{j}\omega_\mathrm{g})H(\mathrm{j}\omega_\mathrm{g})|}=\infty，\quad \omega_\mathrm{g}=\infty$$

可见，当$\omega_\mathrm{g}=\infty$，则$K_\mathrm{g}=\infty>1$。

当$T>\tau$时，$\gamma<0°$，该系统不稳定；当$T<\tau$时，$\gamma>0°$，该系统是稳定的。

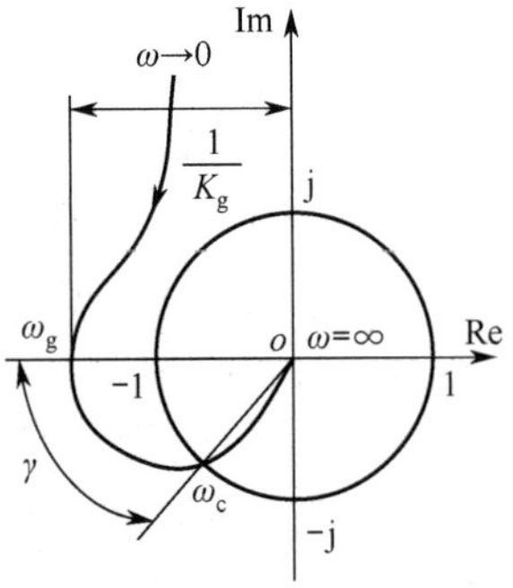

图 5-48 例 5-12 极坐标图

例 5-12 已知非最小相位系统的开环传递函数为

$$G(s)H(s)=\frac{K(\tau\omega+1)}{s(Ts-1)}$$

试分析该系统的稳定性及其与系统稳定裕度之间的关系。

解 在 K 取某一定值时，系统的开环频率特性如图 5-48 所示。由于该系统有一个位于 S 右半平面的开环极点（P=1）奈氏曲线逆时针包围（−1, j0）点一周（N=1），根据奈氏判据，$Z=P-N$，该系统为稳定系统。但由图解法求出该系统的相角裕度$\gamma>0°$，幅值裕度 K_g<1，这说明以相角裕度$\gamma>0°$和幅值裕度 K_g>1 作为判别非最小相位系统稳定性的依据是不可靠的。

对于非最小相位系统，不能简单地用系统的相角裕度和幅值裕度的大小来判断系统的稳定性。而对于最小相位系统，相角裕度$\gamma>0°$和幅值裕度 K_g>1[或 K_g（dB）>0]，系统是稳定的。

5.3 控制系统频率特性分析

5.3.1 开环频率特性分析

根据系统的开环频率特性曲线，不仅可以判断闭环系统的稳定性，还可以分析系统的动态性能和稳态性能。

1. 闭环稳态性能和开环频率特性的关系

闭环系统的稳态性能就是稳态误差，是由开环传递函数的型别v及开环增益 K 共同决定的，而这两项恰好决定了开环对数幅频特性曲线的低频段（最小交接频率之前的频段），v 决定低频段直线的斜率，K 决定低频段直线的高度。因此，闭环系统对给定信号是否存在稳态误差，以及稳态误差的大小可由开环对数幅频曲线低频段的观察确定。

低频段在最小交接频率之前，故系统此时只包含比例环节和积分环节，传递函数为

$$G_d(s)=\frac{K}{s^v} \tag{5-71}$$

对数幅频特性为

$$L_d(\omega)=20\lg K-v20\lg\omega \tag{5-72}$$

（1）当v=0 时，开环系统为 0 型系统，可有差跟踪阶跃信号。对应开环对数幅频曲线的低频段斜率为 0dB/dec，在 ω=1 处的高度为 20lg$K$。低频段直线位置越高，跟踪阶跃信号的稳态误差就越小。

（2）当v=1 时，开环系统为 I 型系统，可无差跟踪阶跃信号、有差跟踪斜坡信号。对应开环对数幅频曲线的低频段斜率为−20dB/dec，在 ω=1 处的高度为 20lg$K$。低频段直线或其延长线与横轴的交点频率为 $\omega=K$。

（3）当v=2 时，开环系统为Ⅱ型系统，可无差跟踪阶跃信号、斜坡信号，有差跟踪加速度信号。对应开环对数幅频曲线的低频段斜率为−40dB/dec，在 ω=1 处的高度为 20lg$K$。低频段直线或其延长线与横轴的交点频率为 $\omega=\sqrt{K}$ 。如图 5-49 所示。

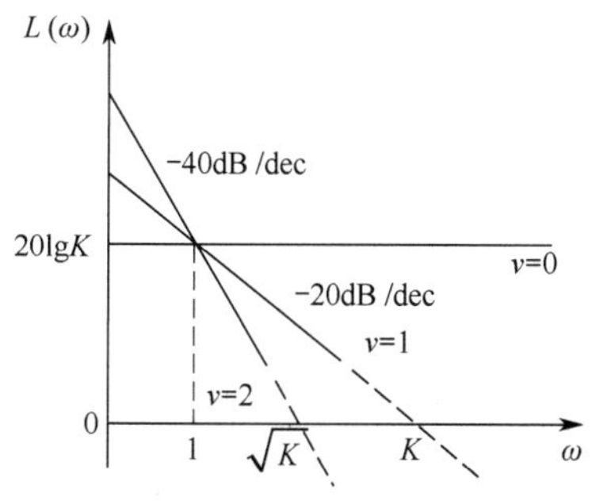

图 5-49　闭环稳态性能和开环频率特性

由上述分析可知，开环对数幅频特性曲线的低频段能够完全反映闭环系统的稳态性能。低频段直线负斜率越大、位置越高，对应于系统积分环节的个数越多、开环增益越大，在满足闭环稳定的前提下，系统的稳态精度越高。

2. 闭环动态性能和开环频率特性的关系

系统的动态特性常用超调量 $\sigma_p\%$和调节时间 t_s 描述，具有直观和准确的优点，而开环频域指标常用的有相角裕度 γ、截止频率 ω_c 等，它们与动态性能指标之间有一定的对应关系。

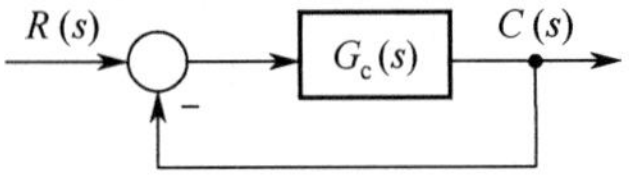

图 5-50 典型二阶系统的结构图

（1）二阶系统。

典型二阶系统的结构图如图 5-50 所示，开环传递函数为

$$G(s)=\frac{\omega_n^2}{s(s+2\zeta\omega_n)}$$

令 $A(\omega_c)=1$，即 $\dfrac{\omega_n^2}{\omega_c\sqrt{\omega_c^2+(2\zeta\omega_n)^2}}=1$，求得 $\omega_c=\omega_n\sqrt{\sqrt{1+4\zeta^4}-2\zeta^2}$，则相角裕度为

$$\gamma=180^\circ+\varphi(\omega_c)=180^\circ-90^\circ-\arctan\frac{\omega_c}{2\zeta\omega_n}=\arctan\frac{2\zeta}{\sqrt{\sqrt{1+4\zeta^4}-2\zeta^2}} \tag{5-73}$$

由式(5-73)可知，相角裕度 γ 是阻尼比 ζ 的单值函数，所以与 γ 对应的动态指标一定是超调量 $\sigma_p\%$，为便于比较，将二者与 ζ 的关系绘制成图 5-51（a）。由图 5-51（a）可知，γ 越小，$\sigma_p\%$越大；γ 越大，$\sigma_p\%$越小。为使二阶系统动态响应过程平稳且响应速度快，一般希望 $30^\circ\leqslant\gamma\leqslant70^\circ$。

二阶系统中，系统响应的调节时间 $t_s\approx\dfrac{3}{\zeta\omega_n}$，而

$$\omega_c t_s=\frac{3}{\zeta}\sqrt{\sqrt{1+4\zeta^4}-2\zeta^2}=\frac{6}{\tan\gamma} \tag{5-74}$$

显然，调节时间 t_s 与相角裕度 γ 和截止频率 ω_c 都有关系，如图 5-51（b）所示。如果两个系统的 γ 相同，则其响应的超调量也相同，但 ω_c 较高的系统响应更快，调节时间更短。

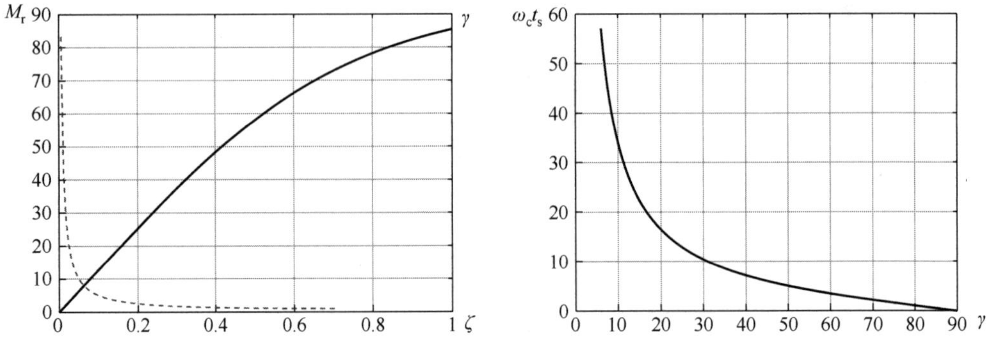

(a) (b)

图 5-51 二阶系统时域与开环频域性能的关系

（2）高阶系统。

对于高阶系统，开环频域指标和时域指标之间没有准确的关系式，但大多数实际系统，开环频域指标 γ 和 ω_c 也能反映瞬态过程的基本性能，其近似关系式为

$$\sigma_p\%=\left(0.16+0.4\frac{1}{\sin\gamma-1}\right)\times100\% \quad (35^\circ\leqslant\gamma\leqslant90^\circ) \tag{5-75}$$

$$t_s=\frac{\pi}{\omega_c}\left[2+1.5\frac{1}{\sin\gamma-1}+2.5\frac{1}{(\sin\gamma-1)^2}\right] \quad (35^\circ\leqslant\gamma\leqslant90^\circ) \tag{5-76}$$

可以看出，高阶系统的$\sigma_p\%$随γ的增大而减小，调节时间t_s也随γ的增大而减小，且随截止频率的增大而减小，这与二阶系统是完全一致的。应用上面的公式估算高阶系统时域指标时，一般比较保守，实际系统性能往往比估算效果好，但依据时域指标初步计算需要的频域指标时，应用这组公式得到的指标往往会留有一定余地，便于进行系统设计。

经过上述分析，开环频域指标的γ和ω_c对应闭环的动态性能指标，而γ和ω_c的大小主要受开环对数幅频特性曲线中频段形状的影响，所以闭环系统的动态性能主要取决于开环对数幅频特性的中频段。

3. 抗扰性能和开环频率特性的关系

前面讨论了开环对数幅频曲线的低频段和中频段，中频段以后的区段（$\omega>10\omega_c$）往往称为高频段，这部分特性是由系统中时间常数很小、带宽很宽的部件决定的。由于该频段远离ω_c，分贝值往往也很低，所以对系统的动态性能影响很小。

由于高频段开环幅频值较小，即$L(\omega)<<0$，$A(\omega)<<1$，对于单位负反馈系统，有

$$\left|\varPhi(\mathrm{j}\omega)\right|=\frac{\left|G(\mathrm{j}\omega)\right|}{\left|1+G(\mathrm{j}\omega)\right|}\approx\left|G(\mathrm{j}\omega)\right| \tag{5-77}$$

即在高频段，闭环幅值等于开环幅值。因此开环对数幅频特性高频段的幅值大小，直接反映了闭环系统对输入端高频信号的抑制能力。高频段分贝值越低，系统抗扰能力越强。

本节将开环对数幅频特性曲线划分为低频段、中频段、高频段，分别对应闭环系统的稳态性能、动态性能和抗扰性能，这为应用开环频率特性曲线分析闭环系统的性能指明了方向，尤其是在增减开环系统的环节或者改变某型环节的参数时，可以直接根据开环对数频率特性曲线三频段的变化来快速判断闭环系统性能的变化趋势，这是进行系统设计或者校正时非常有用的方法。

5.3.2　闭环系统的频域性能指标

5.3.2.1　闭环频率特性指标

典型闭环幅频特性如图 5-52 所示，特性曲线随频率ω变化的特征可用下述一些特征量概括。

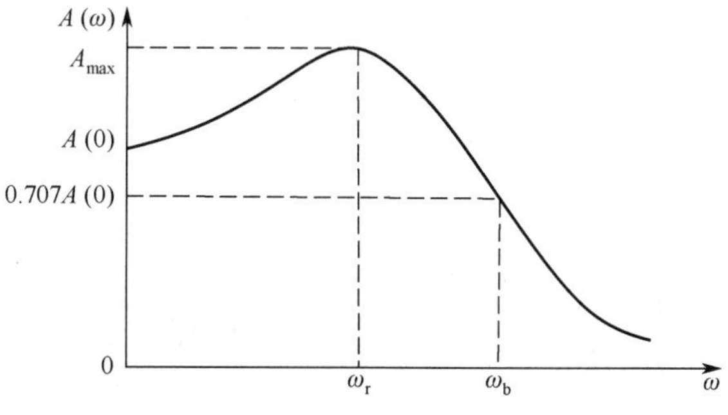

图 5-52　典型闭环幅频特性

① 闭环幅频特性的零频值$A(0)$；

② 谐振频率 ω_r 和谐振峰值 $M_r = \dfrac{A_{max}}{A(0)}$；

③ 带宽频率 ω_b 和系统带宽 0～ω_b。

5.3.2.2 频域指标与时域指标的关系

频域响应和时域响应都是描述控制系统固有特性的方法，因此两者之间必然存在某种内在联系，这种联系体现在控制系统频率特性的特征量与时域性能指标之间的关系上。

1. 闭环幅频特性零频值 $A(0)$ 与系统无差度 ν 的关系

单位反馈系统的开环传递函数可写成下列形式：

$$G(s) = \frac{K\prod_{j=1}^{m}(\tau_j s+1)}{s^{\nu}\prod_{i=1}^{n-\nu}(T_i s+1)}$$

令

$$G_0(s) = \frac{\prod_{j=1}^{m}(\tau_j s+1)}{\prod_{i=1}^{n-\nu}(T_i s+1)}$$

则

$$G(s) = \frac{KG_0(s)}{s^{\nu}} \tag{5-78}$$

其中，K 为系统的开环放大系数；ν 为系统的无差度，即开环传递函数 $G(s)$ 中积分环节的个数；$G_0(s)$ 为开环传递函数 $G(s)$ 中除开环放大系数 K 和积分项 $\dfrac{1}{s^{\nu}}$ 以外的表达式，它满足

$$\lim_{s\to 0} G_0(s) = 1$$

将 $s = \mathrm{j}\omega$ 代入式（5-78）得到系统的开环频率特性为

$$G(\mathrm{j}\omega) = \frac{KG_0(\mathrm{j}\omega)}{(\mathrm{j}\omega)^{\nu}}$$

对于单位反馈系统，闭环频率特性为

$$\frac{C(\mathrm{j}\omega)}{R(\mathrm{j}\omega)} = \frac{G(\mathrm{j}\omega)}{1+G(\mathrm{j}\omega)}$$

即

$$\frac{C(\mathrm{j}\omega)}{R(\mathrm{j}\omega)} = \frac{K\dfrac{G_0(\mathrm{j}\omega)}{(\mathrm{j}\omega)^{\nu}}}{1+K\dfrac{G_0(\mathrm{j}\omega)}{(\mathrm{j}\omega)^{\nu}}} = \frac{KG_0(\mathrm{j}\omega)}{(\mathrm{j}\omega)^{\nu}+KG_0(\mathrm{j}\omega)} \tag{5-79}$$

由此得到系统闭环幅频特性的零频值是

$$A(0) = \lim_{\omega\to 0}\left|\frac{C(\mathrm{j}\omega)}{R(\mathrm{j}\omega)}\right| = \lim_{\omega\to 0}\left|\frac{KG_0(\mathrm{j}\omega)}{(\mathrm{j}\omega)^{\nu}+KG_0(\mathrm{j}\omega)}\right| \tag{5-80}$$

其中 $\lim\limits_{\omega\to 0} G_0(\mathrm{j}\omega)=1$。

当系统无差度 $\nu>0$ 时，由式（5-80）得

$$A(0)=1$$

当系统无差度 $\nu=0$ 时，由式（5-80）得

$$A(0)=\frac{K}{1+K}<1 \tag{5-81}$$

综上分析，对于无差度 $\nu\geqslant 1$ 的无差系统，闭环幅频特性的零频值 $A(0)=1$；而对于无差度 $\nu=0$ 的系统，闭环幅频率特性的零频值 $A(0)<1$。式（5-81）说明，系统开环放大系数 K 越大，闭环幅频特性的零频值 $A(0)$ 越接近 1，有差系统的稳态误差将越小。

2. 谐振峰值 M_r 与系统超调量 $\sigma_\mathrm{p}\%$ 的关系

单位反馈二阶系统的开环传递函数的标准形式为

$$G(s)=\frac{\omega_\mathrm{n}^2}{s(s+2\zeta\omega_\mathrm{n})}$$

其对应的闭环频率特性为

$$\frac{C(\mathrm{j}\omega)}{R(\mathrm{j}\omega)}=\frac{\omega_n^2}{(\mathrm{j}\omega)^2+2\zeta\omega_n(\mathrm{j}\omega)+\omega_n^2} \tag{5-82}$$

二阶系统的相对谐振峰值 M_r 与阻尼比 ζ 的关系为

$$M_\mathrm{r}=\frac{1}{2\zeta\sqrt{1-\zeta^2}},\quad \zeta\leqslant\sqrt{\frac{1}{2}} \tag{5-83}$$

或写成

$$\zeta=\sqrt{\frac{1-\sqrt{1-\dfrac{1}{M_\mathrm{r}^2}}}{2}},\quad M_\mathrm{r}\geqslant 1 \tag{5-84}$$

对于二阶系统，系统的超调量 $\sigma_\mathrm{p}\%$ 为

$$\sigma_\mathrm{p}\%=\mathrm{e}^{-\frac{\pi\zeta}{\sqrt{1-\zeta^2}}}\times 100\% \tag{5-85}$$

将式（5-84）代入式（5-85）便可得到二阶系统的相对谐振峰值 M_r 与系统超调量 $\sigma_\mathrm{p}\%$ 的关系为

$$\sigma_\mathrm{p}\%=\mathrm{e}^{-\pi\sqrt{\frac{M_\mathrm{r}-\sqrt{M_\mathrm{r}^2-1}}{M_\mathrm{r}+\sqrt{M_\mathrm{r}^2-1}}}}\times 100\%\ ,\quad M_\mathrm{r}\geqslant 1 \tag{5-86}$$

图 5-53 是由式（5-86）得到的关系曲线。当二阶系统的相对谐振峰值 $M_\mathrm{r}=1.2$～1.5 时，对应的系统超调量 $\sigma_\mathrm{p}\%=20\%$～30%，这时系统可以获得较为满意的过渡过程。如果 $M_\mathrm{r}>2$，则系统的超调量 $\sigma_\mathrm{p}\%$ 将超过 40%。

3. 谐振频率 ω_r 及系统带宽与时域性能指标的关系

二阶系统的谐振频率 ω_r 与无阻尼自然振荡频率 ω_n 和阻尼比 ζ 的关系为

$$\omega_r = \omega_n\sqrt{1-2\zeta^2} \quad , \quad 0 < \zeta < \frac{1}{\sqrt{2}} \tag{5-87}$$

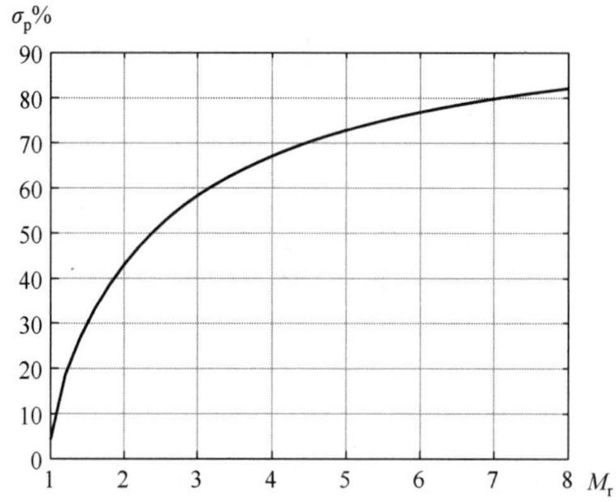

图 5-53 超调量与谐振峰值的关系曲线

由

$$t_p = \frac{\pi}{\omega_n\sqrt{1-\zeta^2}} \tag{5-88}$$

$$t_s = \frac{1}{\zeta\omega_n}\ln\frac{1}{0.05\sqrt{1-\zeta^2}} \tag{5-89}$$

得到

$$\omega_r t_p = \sqrt{\frac{1-2\zeta^2}{1-\zeta^2}} \tag{5-90}$$

和

$$\omega_r t_s = \frac{1}{\zeta}\sqrt{1-2\zeta^2}\ln\frac{1}{0.05\sqrt{1-\zeta^2}} \tag{5-91}$$

式（5-90）和式（5-91）说明，对于给定的阻尼比ζ，二阶系统的峰值时间t_p和调整时间t_s均与系统的谐振频率ω_r成反比，即谐振频率ω_r越高，系统的反应速度越快；反之，则系统的反应速度越慢。所以，系统的谐振频率ω_r是表征系统响应速度的量。

如图 5-52 所示，系统的带宽是指系统的幅频特性$A(\omega)$由频率为零的零频值$A(0)$变化到$0.707A(0)$时所对应的带宽频率ω_b的频率变化范围，即$0 \leqslant \omega \leqslant \omega_b$。二阶系统的带宽频率可由下式求出

$$\left|\frac{\omega_n^2}{(j\omega)^2 + 2\zeta\omega_n(j\omega) + \omega_n^2}\right|_{\omega=\omega_b} = \frac{1}{\sqrt{2}}$$

由此得到带宽频率ω_b与无阻尼自然振荡频率ω_n及阻尼比ζ的关系为

$$\omega_b = \omega_n\sqrt{(1-2\zeta^2) + \sqrt{2-4\zeta^2+4\zeta^4}} \tag{5-92}$$

将式（5-92）等号两边分别乘以式（5-88）和式（5-89）等号两边得到

$$\omega_b t_p = \pi\sqrt{\frac{(1-2\zeta^2) + \sqrt{2-4\zeta^4+4\zeta^4}}{1-\zeta^2}} \tag{5-93}$$

和

$$\omega_b t_s = \frac{1}{\zeta}\sqrt{(1-2\zeta^2)+\sqrt{2-4\zeta^2+4\zeta^4}}\ \ln\frac{1}{0.05\sqrt{1-\zeta^2}} \tag{5-94}$$

式（5-93）和式（5-94）说明，对于给定的阻尼比 ζ，二阶系统的带宽频率 ω_b 与峰值时间 t_p 和调整时间 t_s 也是成反比的。带宽频率 ω_b 越大，系统的响应速度越快。所以，由带宽频率 ω_b 决定的系统带宽也是表征系统响应速度的特征量。一般来说，频带宽的系统有利于提高系统的响应速度，但容易引入高频噪声，故从抑制噪声的角度来看，系统带宽又不宜过大。因此在设计控制系统时，要恰当处理好这些矛盾，在全面衡量系统性能指标的基础上，选择适当的频带宽度。

4. 相角裕度 γ 与阻尼比 ζ 的关系

二阶系统的开环频率特性为

$$G(\mathrm{j}\omega) = \frac{\omega_n^2}{\mathrm{j}\omega(\mathrm{j}\omega + 2\zeta\omega_n)}$$

由第 5.2 节知，系统的幅值穿越频率（又称剪切频率）ω_c 满足 $|G(\mathrm{j}\omega_c)|=1$，因此

$$\frac{\omega_n^2}{\omega_c\sqrt{\omega_c^2+4\zeta^2\omega_n^2}} = 1$$

即 $\omega_c^4 + 4\zeta^2\omega_n^2\omega_c^2 - \omega_n^4 = 0$。

由此得到

$$\left(\frac{\omega_c}{\omega_n}\right)^2 = \sqrt{4\zeta^4+1} - 2\zeta^2 \tag{5-95}$$

二阶系统的相角裕度是

$$\gamma = 180^\circ - 90^\circ - \arctan\left(\frac{\omega_c}{2\zeta\omega_n}\right) = \arctan\left(\frac{2\zeta\omega_n}{\omega_c}\right) \tag{5-96}$$

将式（5-95）代入式（5-96）得到

$$\gamma = \arctan\left(\frac{2\zeta}{\sqrt{\sqrt{4\zeta^2+1}-2\zeta^2}}\right) \tag{5-97}$$

二阶欠阻尼系统的相角裕度 γ 与阻尼比 ζ 之间的关系曲线如图 5-54 所示。由图 5-54 可以看出，在阻尼比 $\zeta \leqslant 0.7$ 的范围内，它们之间的关系可近似地用一条直线表示，即

$$\zeta \approx 0.01\gamma \tag{5-98}$$

式（5-98）表明，选择 30°～60° 的相角裕度时，对应的系统阻尼比为 0.3～0.6。

5. M_r 与 γ 的关系

单位反馈系统的闭环频率特性可以写为

$$\Phi(\mathrm{j}\omega) = M(\omega)\mathrm{e}^{\mathrm{j}\alpha(\omega)}$$

开环频率特性为

$$G(\mathrm{j}\omega) = A(\omega)\mathrm{e}^{\mathrm{j}\varphi(\omega)}$$

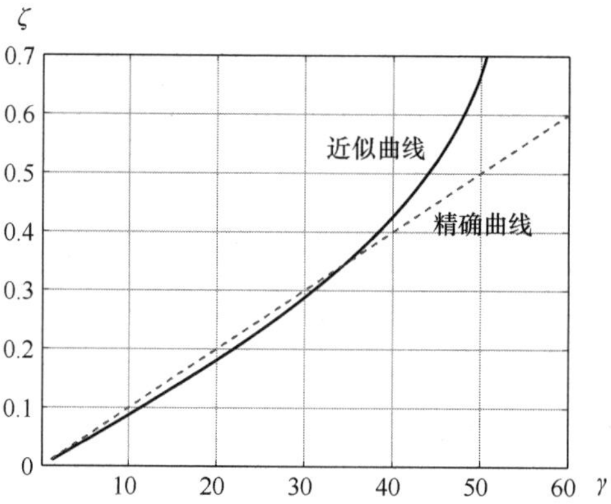

图 5-54 相角裕度与阻尼比之间的关系曲线

其中，开环相频特性可表示为

$$\varphi(\mathrm{j}\omega)=-180^{\circ}+\gamma_{\mathrm{d}}$$

式中，γ_{d}表示不同频率时相角对-180°的角偏移。当$\omega=\omega_{\mathrm{c}}$时，$\gamma_{\mathrm{d}}=\gamma$。因此，开环频率特性可写为

$$G(\mathrm{j}\omega)=A(\omega)\mathrm{e}^{-\mathrm{j}(180^{\circ}-\gamma_{\mathrm{d}})}=A(\omega)(-\cos\gamma_{\mathrm{d}}-\mathrm{j}\sin\gamma_{\mathrm{d}})$$

则闭环幅频特性为

$$\begin{aligned}M(\omega)&=\left|\frac{G(\mathrm{j}\omega)}{1+G(\mathrm{j}\omega)}\right|=\frac{A(\omega)}{\left|1-A(\omega)\cos\gamma_{\mathrm{d}}-\mathrm{j}A(\omega)\sin\gamma_{\mathrm{d}}\right|}\\&=\frac{A(\omega)}{\left|1-2A(\omega)\cos\gamma_{\mathrm{d}}+A^{2}(\omega)\right|}\end{aligned} \tag{5-99}$$

一般，$M(\omega)$极大值发生在剪切频率ω_{c}附近，且在极大值附近γ_{d}变化较小，所以有

$$\cos\gamma_{\mathrm{d}}\approx\cos\gamma=\text{常数} \tag{5-100}$$

令

$$\frac{\mathrm{d}M(\omega)}{\mathrm{d}A(\omega)}=0$$

得

$$A(\omega)=\frac{1}{\cos\gamma_{\mathrm{d}}}\approx\frac{1}{\cos\gamma} \tag{5-101}$$

将式（5-101）代入式（5-99），得

$$M_{\mathrm{r}}\approx\frac{1}{\sin\gamma} \tag{5-102}$$

式（5-102）表明了M_{r}与γ的关系，γ值较小时，此式的准确度较高。式（5-101）中的$A(\omega)$是当闭环系统的幅频特性出现谐振峰值时的开环幅值，其值大于 1。当$\omega=\omega_{\mathrm{c}}$时，$A(\omega)=1$。频率越靠近$\omega_{\mathrm{c}}$，式（5-100）的近似程度越高。

6. 高阶系统的频域响应和时域响应

控制系统的频域和时域响应可由傅里叶积分进行变换，即

$$C(t)=\frac{1}{2\pi}\int_{-\infty}^{\infty}\frac{C(\mathrm{j}\omega)}{R(\mathrm{j}\omega)}\cdot R(\mathrm{j}\omega)\cdot \mathrm{e}^{\mathrm{j}\omega t}\mathrm{d}\omega \tag{5-103}$$

其中，$C(t)$ 为系统的被控信号，$\dfrac{C(\mathrm{j}\omega)}{R(\mathrm{j}\omega)}$ 和 $R(\mathrm{j}\omega)$ 分别是系统的闭环频率特性和控制信号的频率特性。一般情况下，直接应用式（5-103）求解高阶系统的时域响应是很困难的。在前面的章节中介绍了主导极点的概念，对于具有一对主导极点的高阶系统，可用等效的二阶系统来进行近似分析。实践证明，只要满足主导极点的条件，分析的结果是令人满意的。若高阶系统不存在主导极点，则可采用以下两个近似估算公式来得到频域指标和时域指标的关系

$$\sigma_{\mathrm{p}}\%=0.16+0.4\left(\frac{1}{\sin\gamma}-1\right),\quad 35^{\circ}\leqslant\gamma\leqslant 90^{\circ} \tag{5-104}$$

$$t_{\mathrm{s}}=\frac{K_0\pi}{\omega_{\mathrm{c}}} \tag{5-105}$$

其中

$$K_0=2+1.5\left(\frac{1}{\sin\gamma}-1\right)+2.5\left(\frac{1}{\sin\gamma}-1\right)^2,\quad 35^{\circ}\leqslant\gamma\leqslant 90^{\circ}$$

一般，高阶系统实际的性能指标比用近似公式估算的指标要好，因此，采用近似式（5-104）和式（5-105）对系统进行初步设计，可以保证实际系统满足要求且有一定的余量。

5.4　导弹纵向控制系统的频率特性分析

为简化分析，总是将导弹在空间的运动分解为纵向平面运动和水平面运动，将导弹在空间的角运动分解为俯仰、偏航和滚动三个角运动。对导弹控制系统的分析可以分为纵向控制系统分析和横侧向控制系统分析，纵向控制系统分析主要涉及导弹的纵向平面运动和俯仰角运动。本节主要介绍纵向控制系统中的俯仰角稳定回路和高度稳定回路的频率特性分析。

5.4.1　俯仰角稳定回路频域特性分析

由于导弹弹道倾角的变化滞后于导弹姿态角的变化，即导弹质心运动的惯性比姿态运动的惯性大，因此，分析俯仰角稳定回路时可暂不考虑高度稳定回路的影响。俯仰角稳定回路结构框如图 5-55 所示，$G_{\mathrm{f}}(s)$为导弹俯仰角与升降舵偏转角之间的传递函数，K_{oc} 为舵反馈系数，K_{θ} 为自由陀螺仪的传递系数，$K_{\dot{\theta}}$ 为自由陀螺仪的角速度传递系数，K_{θ} 和 $K_{\dot{\theta}}$ 为校正环节的参数。

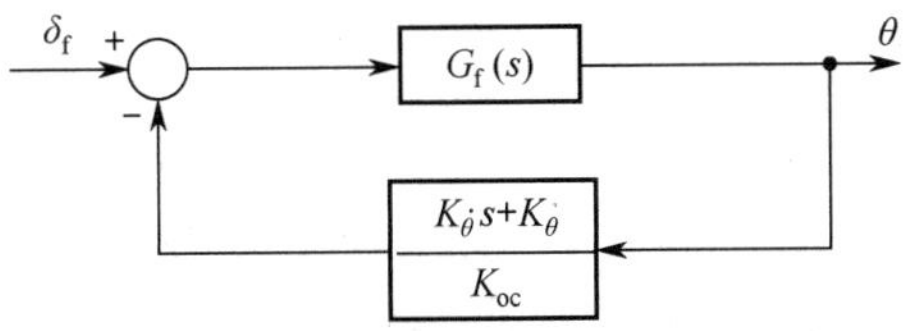

图 5-55　导弹俯仰角稳定回路结构框图

由第 2 章飞航导弹纵向控制系统的模型可知，导弹俯仰角与升降舵偏转角之间的传递函

数为

$$G_{\mathrm{f}}(s)=\frac{K_{\mathrm{d}}(T_{1\mathrm{d}}s+1)}{s(T_{\mathrm{d}}^2s^2+2\zeta_{\mathrm{d}}T_{\mathrm{d}}s+1)} \tag{5-106}$$

那么，由图 5-55 可知，导弹俯仰角稳定回路的开环传递函数为

$$G(s)=\frac{K_{\mathrm{d}}K_\theta(T_{1\mathrm{d}}s+1)(K_{\dot\theta}/K_\theta s+1)}{K_{\mathrm{oc}}s(T_{\mathrm{d}}^2s^2+2\zeta_{\mathrm{d}}T_{\mathrm{d}}s+1)}=\frac{KK_\theta(T_{1\mathrm{d}}s+1)(T_\theta s+1)}{s(T_{\mathrm{d}}^2s^2+2\zeta_{\mathrm{d}}T_{\mathrm{d}}s+1)} \tag{5-107}$$

其中，$K=K_{\mathrm{d}}/K_{\mathrm{oc}}$；$T_\theta=K_{\dot\theta}/K_\theta$。

已知某型飞航导弹在 t=82s 特征点处的参数 K_{d}=0.710，T_{d}=0.160s，$T_{1\mathrm{d}}$=1.508s，ζ_{d}=0.084。假定 K_{oc}=0.5V/(º)，K_θ=0.75V/(º)，$K_{\dot\theta}$=0.175V·s/(º)，由此算出 K=1.42/s，T_θ=0.23s。将参数代入式（5-107）有

$$G(s)=\frac{1.071(1.508s+1)(0.23s+1)}{s(0.16^2s^2+0.0269s+1)} \tag{5-108}$$

这里须指出，校正环节的参数 K_θ 和 $K_{\dot\theta}$，在初步分析时，可根据经验参考同类控制系统给出一个大致范围，通过系统性能分析再逐步加以调整。分析式（5-108）可知，俯仰角稳定回路的开环频率特性由放大环节、积分环节、二阶振荡环节和两个一阶微分环节组成。由式（5-108）可以绘制系统的 Nyquist 曲线和对数频率特性曲线，如图 5-56 所示。

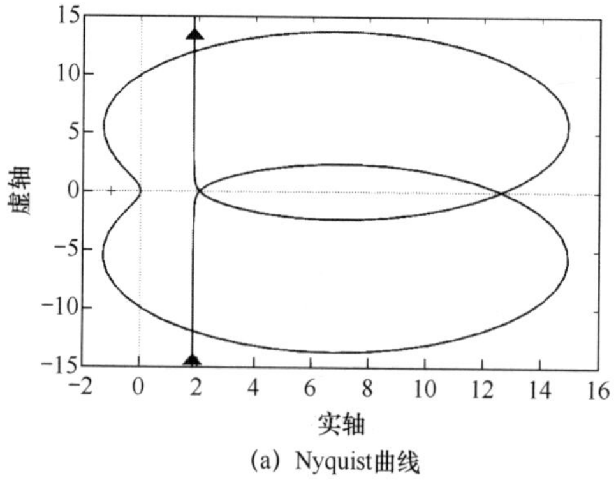

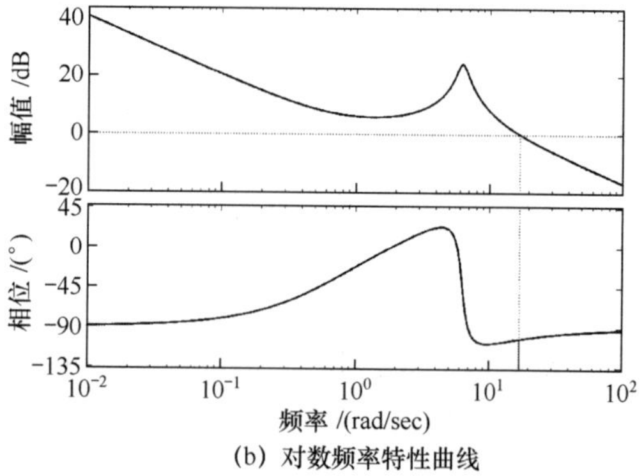

图 5-56 俯仰角稳定回路的 Nyquist 曲线和对数频率特性曲线

由图 5-56（a）可知，由于俯仰角稳定回路的 Nyquist 曲线没有包围且远离（−1, j0）点，因此对应的闭环系统是稳定的。由图 5-56（b）可以看出，系统最终相位滞后为−90°，与−180°线无交点，同样可以说明对应的闭环系统是稳定的。

图 5-57 给出了导弹俯仰角稳定回路的闭环频率特性曲线和阶跃响应曲线。

上述分析表明：

（1）在上述参数下，系统有足够的幅值裕度（幅值裕度为无穷大），且相角裕度为 77.6°。工程实践证明，对于最小相位系统，如果相角裕度大于 30°，幅值裕度大于 6dB，即使系统的参数在一定范围内变化，也能保证系统的正常工作。因此，在 $T_{\mathrm{d}}<T_\theta<T_{1\mathrm{d}}$ 的情况下，开环频率特性在第一个交接频率 $1/T_{1\mathrm{d}}$ 处斜率增加 20dB/dec，在第二个交接频率 $1/T_\theta$ 处斜率增加 20dB/dec，在第三个交接频率 $1/T_{\mathrm{d}}$ 处斜率减小 40dB/dec，所以，选择这样的参数可以使系统有足够的稳定裕度。

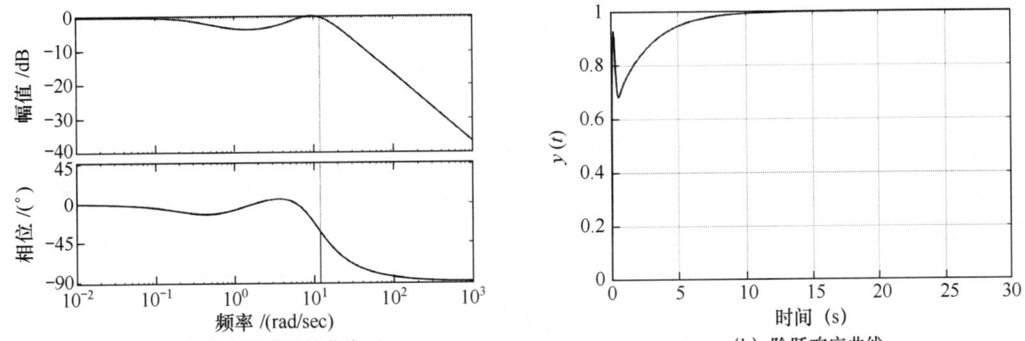

(a) 闭环频率特性曲线　　(b) 阶跃响应曲线

图 5-57　导弹俯仰角稳定回路的闭环频率特性曲线和阶跃响应曲线

（2）当 $T_d < T_{1d} < T_\theta$ 时，开环频率特性在第一个交接频率 $1/T_\theta$ 处斜率增加 20dB/dec，在第二个交接频率 $1/T_{1d}$ 处斜率减小 40dB/dec，在第三个交接频率 $1/T_d$ 处斜率减小 20dB/dec。这样的参数选择会使开环系统的幅频特性被抬高，使开环系统频带加宽很多，虽然不会破坏系统的稳定性，但会使系统的抗干扰能力下降。同理，系统的开环放大倍数 K 也不能取太大，否则将使系统稳定裕度降低，抗干扰能力下降。

（3）当 $T_\theta < T_d < T_{1d}$ 时，开环频率特性在第一个交接频率 $1/T_{1d}$ 处斜率减小 40dB/dec，在第二个交接频率 $1/T_d$ 处斜率增加 20dB/dec，在第三个交接频率 $1/T_\theta$ 处斜率增加 20dB/dec。如果参数选择不当，幅频特性可能以−40dB/dec 的斜率穿越零分贝线，即使系统稳定，其相对稳定性与动态品质也很差。

总之，利用频率特性分析，可以从系统的稳定性和动态品质出发选择 T_θ 和 K_θ。

5.4.2　高度稳定回路频率特性分析

导弹高度稳定回路结构框图如图 5-58 所示，其中，K_φ 为高度积分器传递系数。根据某飞航导弹在 t=82s 特征点处的参数，有 K_φ=0.67，T_φ=2.5s，v=306m/s。

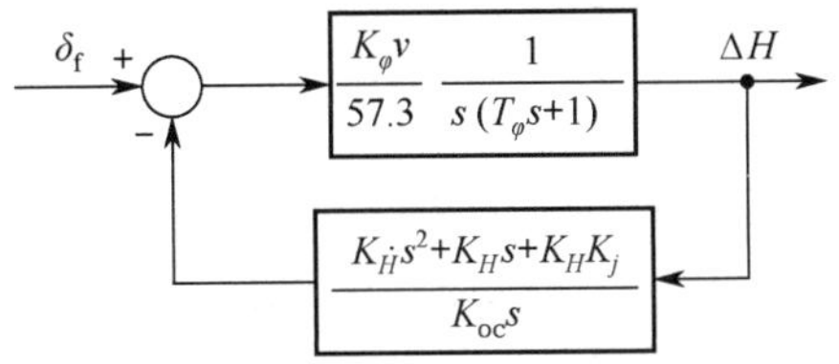

图 5-58　导弹高度稳定回路结构框图

由图 5-58 可知，导弹高度稳定回路的开环传递函数为

$$G(s)=\frac{K_\varphi v}{57.3K_{oc}}\frac{K_{\dot H}s^2+K_Hs+K_HK_j}{s^2(T_\varphi s+1)}=\frac{K_g(T_g^2s^2+2\zeta_gT_gs+1)}{s^2(T_\varphi s+1)} \tag{5-109}$$

由式（5-109）可知，高度稳定回路的开环频率特性是由放大环节、两个积分环节、惯性环节和二阶微分环节组成。下面对于给定的两组高度稳定回路控制参数，分别作出它们的 Nyquist 曲线、开环对数频率特性曲线、闭环对数频率特性曲线和阶跃响应曲线，以便对其进行对比分析。

高度稳定回路的第一组参数为 K_H=0.2V/m，$K_{\dot H}$=0.25V·s/m，K_j=0.5s^{-1}。那么对应的开环传递函数为

$$G(s)=\frac{0.71(1.58^2s^2+2\times0.63\times1.58s+1)}{s^2(2.5s+1)} \tag{5-110}$$

该组参数对应的响应曲线如图 5-59 所示。对于第一组给定参数，由图 5-59（a）、图 5-59（b）可知，系统是稳定的，并且具有足够的幅值裕度，相角裕度为 39.5°，但是，幅值穿越频率 ω_c=0.707rad/s 与第二个交接频率 0.633rad/s 靠得非常近，而在交接频率之前对数幅频特性渐近线的斜率为−60dB/dec，表明系统的振荡趋势严重；闭环系统的频率特性如图 5-59（c）所示，系统的谐振峰为 6.41dB，带宽为 11.22rad/s；闭环系统的阶跃响应曲线如图 5-59（d）所示，超调量为 40.1%，调节时间为 16.87s，也即系统的阻尼特性很差，这是因为系统的动态品质主要是由幅值穿越频率两边的一段频率特性所决定的。

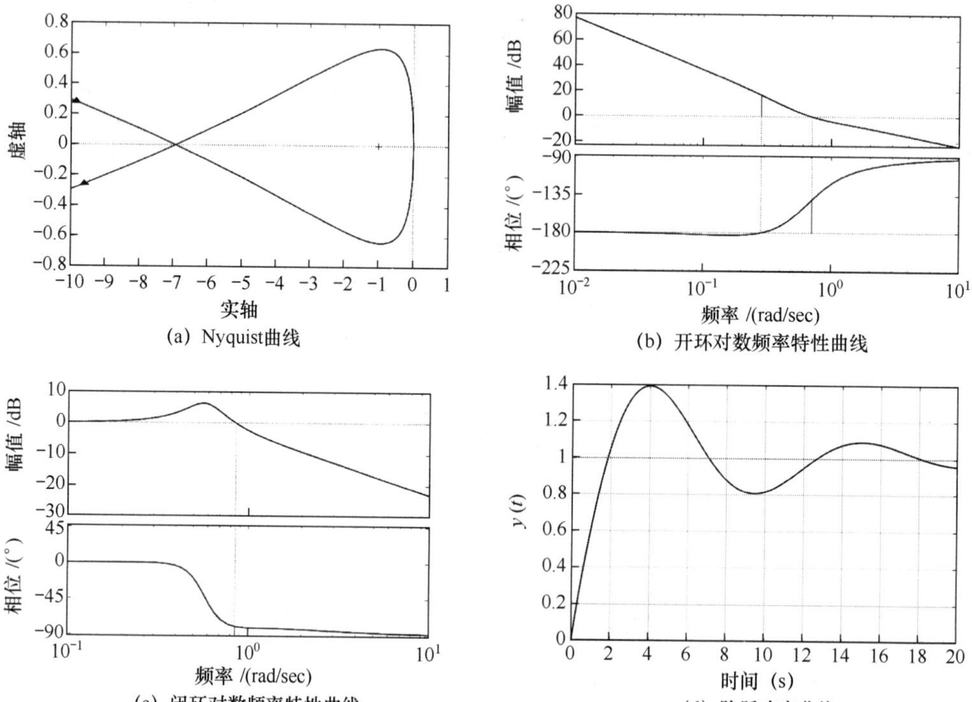

(a) Nyquist曲线　(b) 开环对数频率特性曲线　(c) 闭环对数频率特性曲线　(d) 阶跃响应曲线

图 5-59　第一组参数对应的响应曲线

高度稳定回路的第二组参数为 K_H=0.5V/m，$K_{\dot{H}}$=0.5V·s/m，K_j=0.25s^{-1}。那么对应的开环传递函数为

$$G(s)=\frac{0.89(2^2s^2+2\times1\times2s+1)}{s^2(2.5s+1)} \tag{5-111}$$

由此可以绘制出第二组参数对应的响应曲线，如图 5-60 所示。在这种情形下，由图 5-60（a）、图 5-60（b）知，系统的相角裕度为 68.4°，比第一组参数时的相角裕度 39.5° 提高了 28.9°，并且幅值穿越频率 ω_c=1.52rad/s 与第二个交接频率 0.5rad/s 相距较远。由于系统的动态品质主要由幅值穿越频率两边的一段频率特性决定，而−60dB/dec 远离幅值穿越频率，因此对系统动态品质的影响减小，使系统的相对阻尼增大；闭环系统的频率特性如图 5-60（c）所示，系统的谐振峰为 1.91dB，带宽为 93.33rad/s；闭环系统的阶跃响应曲线如图 5-60（d）所示，超调

量为 19.2%，调节时间为 4.72s。上述分析表明，幅值穿越频率应尽可能地远离其两侧的交接频率，而且在幅值穿越频率处的开环对数频率特性最好取−20dB/dec，这一点在工程上称为“错开原理”。

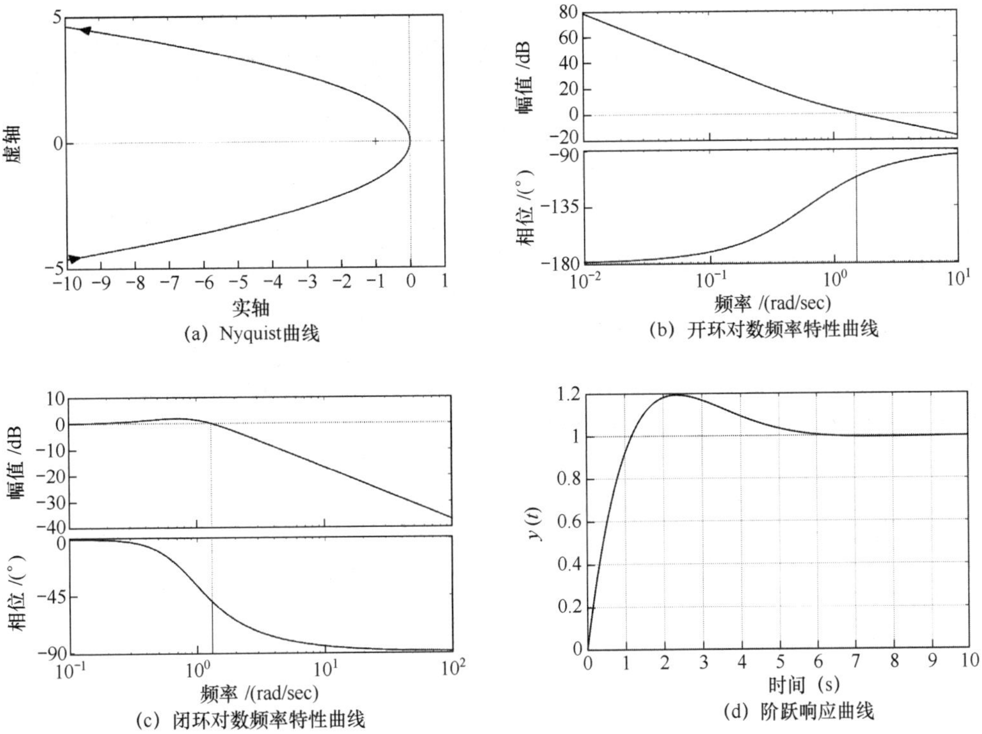

图 5-60　第二组参数对应的响应曲线

前面是针对一个特定的特征点（t=82s）的导弹弹体参数进行分析的，对于其他特征点所选参数不一定合适，还须进行类似的分析工作，但在导弹飞行过程中，弹体参数基本上是连续变化的，而控制系统结构参数不可能也随之连续变化。工程上，通常是根据弹体的参数变化情况分段，在同一段内，弹体参数变化缓慢，控制系统的结构参数可取常值，而在不同的段内，控制系统的参数则取不同的数值。导弹飞行过程中，在指令系统的控制下控制系统不断地切换自身的参数。

但是，实际的纵向控制系统既是时变的又是非线性的，因此上述分析工作只是初步的，在初步分析的基础上还应进一步对系统真实情况进行数值仿真，也就是将实际的控制系统完全用数学模型表示，利用计算机进行分析研究，调整系统的有关参数，使系统的性能指标满足使用要求。

5.5　鱼雷纵倾控制系统的频率特性分析

反潜鱼雷不仅能在水平方向追击目标，而且还必须在深度方向上追击目标，也就是在追击目标的过程中，既能上爬下潜，又能保持在一定深度的稳定航行，因此需要纵倾控制装置来操纵鱼雷以一定的俯仰角上爬或下潜，并保持鱼雷航行过程的稳定性。图 5-61 是某型反潜鱼雷的垂直面弹道示意图。

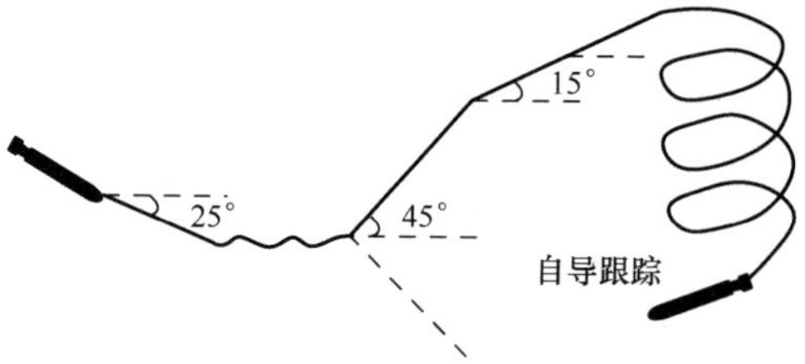

图 5-61　某型反潜鱼雷的垂直面弹道示意图

根据鱼雷纵倾控制系统的工作原理，可画出如图 5-62 所示的系统结构框图。其中，θ 为鱼雷的俯仰角，θ_g 为期望的俯仰角，θ 与 θ_g 比较产生偏差信号经放大后与角速度反馈信号叠加后加到伺服机构中，使横舵转动，产生横舵角 δ_e 来控制鱼雷的俯仰角 θ。这是一种俯仰角、深度双闭环控制系统，其中 $c_{\dot{\theta}}$ 和 c_θ 为待定参数。对于多环控制系统，选择参数的一般方法是：从内环开始，逐步向外扩大，一环一环地进行选择。因此，先从俯仰角 θ 入手，按纵倾角回路的动态特性要求，选择 $c_{\dot{\theta}}$ 的值；然后把俯仰角 θ 回路看作深度控制系统中的一个环节，再按系统的性能指标要求选择 c_θ。

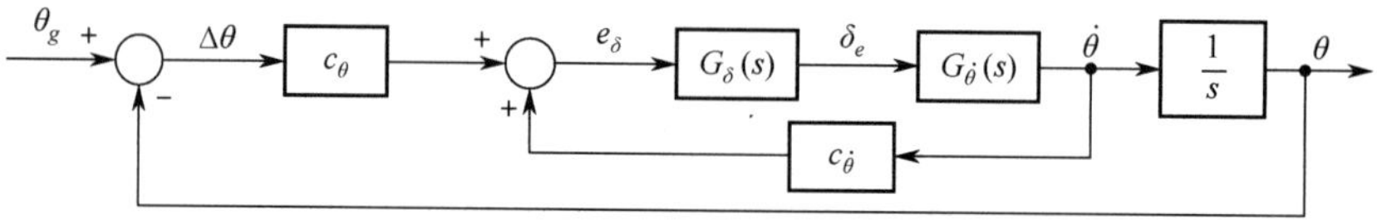

图 5-62　鱼雷纵倾控制系统结构框图

图 5-62 中 $G_{\dot{\theta}}(s)$ 为鱼雷俯仰角速度的传递函数，具体表达式为

$$G_{\dot{\theta}}(s) = -k_\theta \frac{\tau_\theta s + 1}{(T_1 s + 1)(T_2 s + 1)} \tag{5-112}$$

$G_\delta(s)$ 为横舵的传递函数，即

$$G_\delta(s) = -\frac{n_0}{T_\delta s + 1} \tag{5-113}$$

规定横舵角向下为正，为了使正的控制指令 θ_g 能引起俯仰角 θ 产生正的变化，就需要规定横舵的传递函数为负。对于某型鱼雷，有 n_0=1，T_δ=0.05，k_θ=4.0，τ_θ=0.7，T_1=1.22，T_2=0.12。

首先讨论未加入角速度反馈信号的情况。系统的开环传递函数为

$$G(s) = \frac{4c_\theta(0.7s + 1)}{s(1.22s + 1)(0.12s + 1)(0.05s + 1)} \tag{5-114}$$

图 5-63 给出了 c_θ 变化时纵倾控制系统的根轨迹。可知，对系统动态特性起主要影响的是距虚轴较近的两个根，而离虚轴较远的实根则影响不大。随着 c_θ 由零逐渐增加，绝对值较小的两个实根在 c_θ=0.0668 时重合；c_θ 再继续增加，它们就由重根变为一对共轭复根，系统必然出现振荡；当 c_θ>11.03 时，系统出现实部大于零的根，即系统不稳定，因此，要使系统稳定，应取 0<c_θ<11.03。这就是说，当 c_θ 较小时，过渡过程是平稳缓慢的；随着 c_θ 的增加，过渡过程逐渐加快；c_θ 再进一步增加，就会形成振荡；若 c_θ 超过某一定值，控制系统将不稳定。实际上，鱼雷在水下航行时，为了减小干扰力矩引起的稳态误差，有必要增加 c_θ，但是随着 c_θ

的增加，又会出现新的问题。当 c_θ 较大时，调整俯仰角 θ 的横舵角较大，产生的调整力矩也较大，使鱼雷很快地加速到较大的角速度。当 θ 回到控制俯仰角 θ_g 时，横舵角虽然已达到平衡位置，但俯仰角速度 $\dot{\theta}\neq 0$，于是鱼雷又将向另一个方向偏离，从而形成超调量，甚至形成若干次振荡。c_θ 变化时纵倾控制系统根轨迹分析的结论与由物理概念分析得到的结论是一致的。

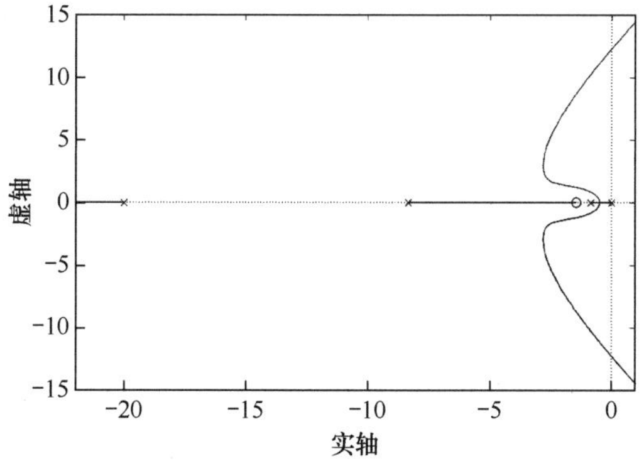

图 5-63　c_θ 变化时纵倾控制系统的根轨迹

下面研究加入角速度反馈信号时的情况，由图 5-62 可知，系统内回路的闭环传递函数为

$$\varPhi_{\dot{\theta}}(s)=\frac{n_0k_\theta(\tau_\theta s+1)}{(T_1s+1)(T_2s+1)(T_\delta s+1)+n_0c_{\dot{\theta}}k_\theta(\tau_\theta s+1)} \tag{5-115}$$

系统的开环传递函数为

$$G_0(s)=c_\theta\varPhi_{\dot{\theta}}(s)\frac{1}{s}=\frac{n_0c_\theta k_\theta(\tau_\theta s+1)}{s[(T_1s+1)(T_2s+1)(T_\delta s+1)+n_0c_{\dot{\theta}}k_\theta(\tau_\theta s+1)]} \tag{5-116}$$

系统的特征方程为

$$s[(T_1s+1)(T_2s+1)(T_\delta s+1)+n_0c_{\dot{\theta}}k_\theta(\tau_\theta s+1)]+n_0c_\theta k_\theta(\tau_\theta s+1)=0 \tag{5-117}$$

为了分析 c_θ 与 $c_{\dot{\theta}}$ 同时变化时系统的根轨迹，应用如下的等效开环传递函数，即

$$\begin{aligned}G_e(s)&=\frac{n_0k_\theta(c_{\dot{\theta}}s+c_\theta)(\tau_\theta s+1)}{s(T_1s+1)(T_2s+1)(T_\delta s+1)}=\frac{n_0k_\theta c_\theta(\tau_e s+1)(\tau_\theta s+1)}{s(T_1s+1)(T_2s+1)(T_\delta s+1)}\\&=\frac{4c_\theta(\tau_e s+1)(0.7s+1)}{s(1.22s+1)(0.12s+1)(0.05s+1)}\end{aligned} \tag{5-118}$$

其中，$\tau_e=c_{\dot{\theta}}/c_\theta$。等效开环传递函数式（5-118）表明，增加角速度反馈信号时，系统相当于增加了一个开环零点，附加零点的位置与 c_θ 和 $c_{\dot{\theta}}$ 的比值有关。下面作出 τ_e 为某一定值时，c_θ 与 $c_{\dot{\theta}}$ 同时变化的系统根轨迹，如图 5-64 所示，由图知，附加的零点提高了系统的稳定性。图 5-64（a）中，$\tau_e=T_\delta=0.05$，附加零点与等效传递函数中横舵带来的极点抵消，系统的根轨迹由原来的 4 条变为了 3 条，系统是恒定稳定的，但随 c_θ 的增大，系统的主导极点会发生变化，并且系统必然会出现振荡；且在 c_θ=0.0715 时，系统出现两个相等的实根。图 5-64（b）中，τ_e=0.08，附加的零点位于极点 $-1/T_1$ 和 $-1/T_2$ 的左侧，系统的稳定性不随 c_θ 的增大而改变，但随 c_θ 的增大，系统的主导极点由两个变为一个，会出现一定的振荡；且在 c_θ=0.0717 时，系统出现两个相等的实根。图 5-64（c）中，τ_e=0.8，附加的零点位于极点 $-1/T_1$ 和 $-1/T_2$ 的中间，系统存在两个主导极点，随 c_θ 的增大，主导极点变为复数极点，但虚部较小，因此系统出现

的振荡衰减很快；当 c_θ=0.1204 时，系统出现两个相等的实根。图 5-64（d）中，τ_e=2.0，附加的零点位于极点$-1/T_1$ 和$-1/T_2$ 的右侧，此时随 c_θ 的增大，系统的两个主导极点一直为负实数，因此系统不会出现振荡。由上述分析可知，增加角速度反馈回路，相当于增加了开环零点，改变了根轨迹在实轴上的分布，提高了系统的稳定性。

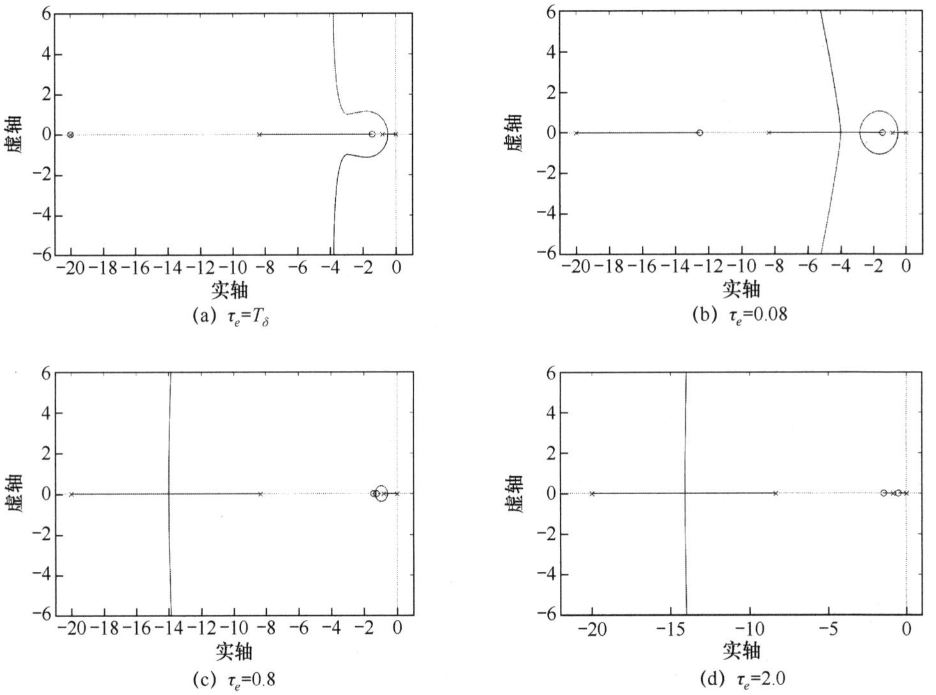

图 5-64 c_θ 与 $c_{\dot\theta}$ 同时变化的系统根轨迹

此外，由图 5-64 所示的根轨迹还可以看出，无论 c_θ 与 $c_{\dot\theta}$ 的比值 τ_e 如何变化，随着 c_θ 与 $c_{\dot\theta}$ 的同时增加，过渡过程都将逐渐变好。而且似乎 c_θ 与 $c_{\dot\theta}$ 越大越好，过渡过程越平稳。但应当指出，上述结论是在理想条件下得到的。控制装置的振荡特性是否可以略去的前提条件是鱼雷的过渡过程远比控制装置的过渡过程长得多（至少要长五倍以上），否则就不能不考虑控制装置振荡特性的影响了。若考虑到控制装置的振荡特性，c_θ 与 $c_{\dot\theta}$ 过大，也会使系统产生严重振荡，甚至不能正常工作。

由系统的开环传递函数式（5-114）和式（5-116），可以分别作出系统中未加入和加入角速度反馈信号时对数频率特性，如图 5-65 所示，图中实线代表系统中未加入 $\dot\theta$ 反馈的对数频率特性，虚线代表系统中加入 $\dot\theta$ 反馈的对数频率特性。由图 5-65（a）可以看出，未加入角速度反馈信号和加入角速度反馈信号时，系统的 Nyquist 曲线都没有包围且远离（−1, j0）点，对应的闭环控制系统是稳定的。由图 5-65（b）可以看出，未加入角速度反馈信号时，最终相位滞后为−270°，与−180°线有交点，说明对应的闭环系统是相对稳定的；加入角速度反馈信号时，最终相位滞后为−180°，与−180°线相切，说明对应的闭环系统是稳定的。由上述分析可知，虽然在系统中只采用位置反馈信号，也可以使系统稳定，然而其动态性能不够好，稳态精度不够高；在系统中加入角速度反馈信号，可以改善系统的动态特性，提高稳态精度。

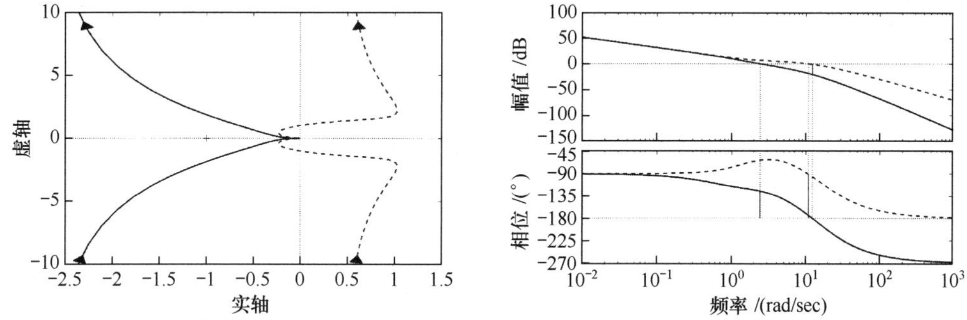

(a) Nyquist曲线　　(b) 对数幅频特性曲线

图 5-65　纵倾控制系统的 Nyquist 曲线和对数幅频特性曲线

为什么加入角速度反馈信号可以改善系统的控制性能呢？由上述分析可以知，横舵机时间常数对系统性能的影响较小，这里先将其忽略。进一步分析系统的开环传递函数，由式（5-114）和式（5-116）可得

$$G_{\theta_1}(s)=n_0c_\theta k_\theta\frac{\tau_\theta s+1}{s[T_1T_2s^2+(T_1+T_2)s+1]} \tag{5-119}$$

$$G_{\theta_2}(s)=\frac{n_0c_\theta k_\theta}{1+n_0c_{\dot\theta}k_\theta}\frac{\tau_\theta s+1}{s\left(\dfrac{T_1T_2}{1+n_0c_{\dot\theta}k_\theta}s^2+\dfrac{T_1+T_2+n_0c_{\dot\theta}k_\theta\tau_\theta}{1+n_0c_{\dot\theta}k_\theta}s+1\right)} \tag{5-120}$$

比较式（5-119）与式（5-120）可以得出：

（1）式（5-119）和式（5-120）都含有比例环节、积分环节、一阶微分环节和二阶环节，所不同的只是比例环节和二阶环节的参数不同。

（2）加入角速度反馈信号使系统的动态开环增益有所下降，即有

$$n_0c_\theta k_\theta>\frac{n_0c_\theta k_\theta}{1+n_0c_\theta k_\theta} \tag{5-121}$$

所以，系统趋于稳定，而稳态精度仍不受影响。

（3）加入角速度反馈信号使二阶环节的无阻尼振荡频率和阻尼比均有所增加，即有

$$\frac{1}{\sqrt{T_1T_2}}<\sqrt{\frac{1+n_0c_{\dot\theta}k_\theta}{T_1T_2}} \tag{5-122}$$

$$\frac{T_1+T_2}{2\sqrt{T_1T_2}}<\frac{T_1+T_2+n_0c_{\dot\theta}k_\theta\tau_\theta}{2\sqrt{T_1T_2(1+n_0c_{\dot\theta}k_\theta)}} \tag{5-123}$$

因此，系统的响应速度加快，超调量减小，振荡减弱。

上述分析表明，加入角速度反馈信号可以改善鱼雷纵倾控制的控制性能。下面根据具体指标确定 $c_{\dot\theta}$ 和 c_θ 的值。一般在保证俯仰角回路的相角裕度 $\gamma\geqslant40°$ 的条件下确定 $c_{\dot\theta}$ 的值，由下面的命令可以得到俯仰角回路在 $c_{\dot\theta}=1$ 时的传递函数。

```
num_delta=1; den_delta=[0.05 1]; num1=[0.7, 1]; den1=[1, 0]; num2=1; den2=[1.22, 1];
num3=1; den3=[0.12, 1]; [num4, den4]=series(num1, den1, num2, den2);
[num5, den5]=series(num4, den4, num3, den3);
[num_sita, den_sita]=series(4, 1, num5, den5);
```

```
[num_sita0，den_sita0]=series(num_delta，den_delta，num_sita，den_sita)；
w=logspace(-1，2，200)；[mu，pu]=bode(num_sita0，den_sita0，w)；wgc=spline(pu，w，40-180)；
[mu1，pu1]=bode(num_sita0，den_sita0，wgc)；c_sita=1/mu1；
```

运行该段程序，可得满足相角裕度的 $c_{\dot{\theta}}=2.3803$。然后确定 c_{θ}，把俯仰角控制回路当作纵倾控制系统的内回路，它的闭环传递函数可用下面的命令获得。

```
[num_faisita，den_faisita]=feedback(num_sita0，den_sita0，c_sita，1，-1)；
```

在 $c_{\theta}=1$ 时，纵倾控制系统的开环传递函数可用下面的命令获得。

```
num6=1；den6=[1，0]；[num_y0，den_y0]=series(num_faisita，den_faisita，num6，den6)；
```

同样可以采用前面的方法，在保持相角稳定裕度 $\gamma \geqslant 40^{\circ}$ 的条件下确定 c_{θ} 的值，下面是求解 c_{θ} 的程序。

```
[mu2，pu2]=bode(num_y0，den_y0，w)；wgc=spline(pu2，w，40-180)；
[mu3，pu3]=bode(num_sita0，den_sita0，wgc)；c_sitad=1/mu3；
```

运行该段程序，可得到满足相角裕度的 $c_{\theta}=1.8323$。此时，俯仰角回路的开环频率特性曲线如图 5-66 所示。

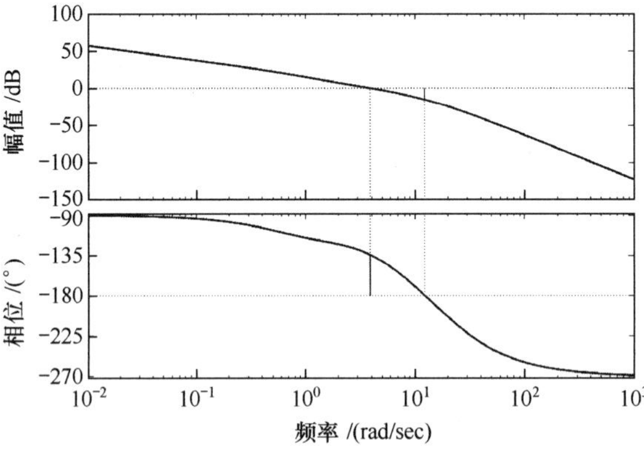

图 5-66 俯仰角回路的开环频率特性曲线

因此，鱼雷纵倾控制系统的开环传递函数可用下面的命令获得。

```
[num_y，den_y]=series(c_sitad，1，num_y0，den_y0)；
```

应当指出，上面的设计是按相角稳定裕度 $\gamma=40^{\circ}$ 的要求确定参数 $c_{\dot{\theta}}$ 和 c_{θ} 的，还应该检查是否满足幅值裕度的要求。若不符合要求，需要重新设计。下面的命令可以用来求解幅值稳定裕度。

```
[gm，pm，wcg，wcp]=margin(num_sita0，den_sita0)；
```

最后，用下面的命令可以得到鱼雷纵倾控制系统的闭环频率特性曲线和单位阶跃响应曲线，如图 5-67（a）和图 5-67（b）所示。

```
[nc，dc]=cloop(num_y，den_y，-1)；t=[0：0.02：30]；step(nc，dc，t)
```

总之，加入角速度反馈信号可以改善系统的控制性能，在考虑控制装置的振荡特性时，更是如此。因而，在控制性能要求比较高的纵倾控制系统中（如反潜自导鱼雷 MK46 等），都加入角速度反馈信号。

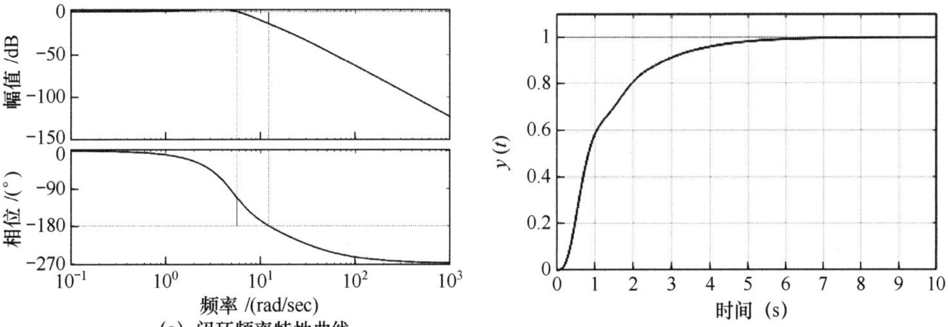

(a) 闭环频率特性曲线　(b) 单位阶跃响应曲线

图 5-67　鱼雷纵倾控制系统的闭环频率特性曲线和阶跃响应曲线

习　题

【习题 5.1】 绘制下列传递函数的频率响应极坐标图。

（a） $G_c(s)G(s)=\dfrac{1}{(1+0.25s)(1+3s)}$；　（b） $G_c(s)G(s)=\dfrac{5(s^2+1.4s+1)}{(s-1)^2}$；

（c） $G_c(s)G(s)=\dfrac{s-8}{s^2+6s+8}$；　（d） $G_c(s)G(s)=\dfrac{20(s+8)}{s(s+2)(s+4)}$。

【习题 5.2】 绘制习题 5.1 中所有传递函数的伯德图。

【习题 5.3】 系统开环传递函数为 $G(s)=\dfrac{K(0.33s+1)}{s(s-1)}, K=6$，求

（1）画出系统的奈奎斯特图，并判断单位反馈下闭环系统的稳定性；

（2）讨论 K 减小对闭环系统稳定性的影响，并计算临界稳定时的 K 值。

【习题 5.4】 机器人工业每年以 30%的速度增长。典型的工业机器人有 6 个自由度，配有力敏感功能的关节采用了单位反馈位置控制系统，其开环传递函数为

$$G_c(s)G(s)=\frac{K}{(1+0.25s)(1+s)(1+s/20)(1+s/80)}$$

其中，K=10。试绘制该系统的开环伯德图，并计算系统的幅值裕度和相角裕度。

【习题 5.5】已知单位负反馈系统的开环传递函数 $G(s)$ 无右半平面的零点和极点，且 $G(s)$ 的对数幅频渐近特性曲线如图 5-68 所示。试写出 $G(s)$ 的表达式，并近似作出相频特性曲线，用对数频率稳定判据判断闭环系统的稳定性。

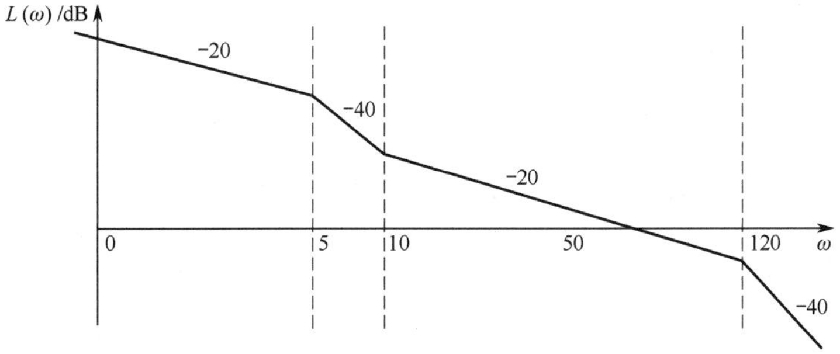

图 5-68　对数幅频渐近特性曲线

【习题 5.6】 已知系统结构图和开环对数频率特性曲线如图 5-69 所示。

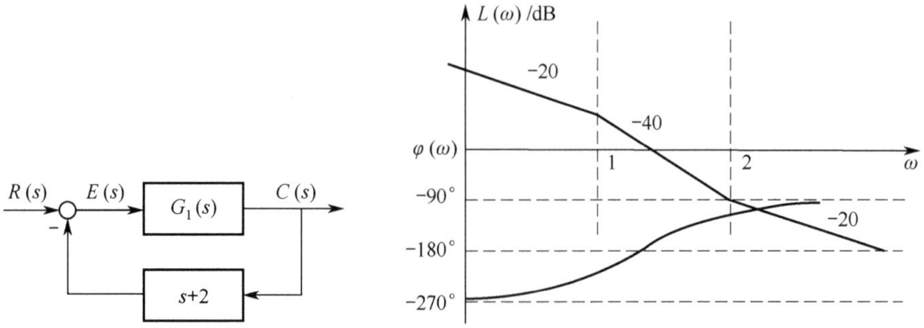

图 5-69 系统结构图和对数频率特性曲线

（1）确定使闭环系统具有欠阻尼状态的开环增益 K 的范围；

（2）当阻尼比 $\zeta=0.707$ 时，求系统的开环增益 K 及系统的动态性能 $\sigma_p\%$ 和 t_s；

（3）当开环增益 K=6 时，求系统的速度误差 e_{ss}。

【习题 5.7】 四轮驱动系统、主动减振系统、自主制动系统等新技术的出现，为提高汽车的驾驶性能提供了更多的选择。驾驶汽车时的控制系统如图 5-70 所示，其中，驾驶员负责预测汽车偏离中心线的情况。

（1）当 K=1 时，绘制开环传递函数 $G_c(s)G(s)$ 的伯德图；

（2）当 K=50 时，重新绘制开环传递函数 $G_c(s)G(s)$ 的伯德图；

（3）为了使闭环系统的 $M_{p\omega}\leqslant 2$，带宽达到最大值，试确定增益 K 的取值；

（4）求系统对斜坡输入 $r(t)=t$ 的响应的稳态误差。

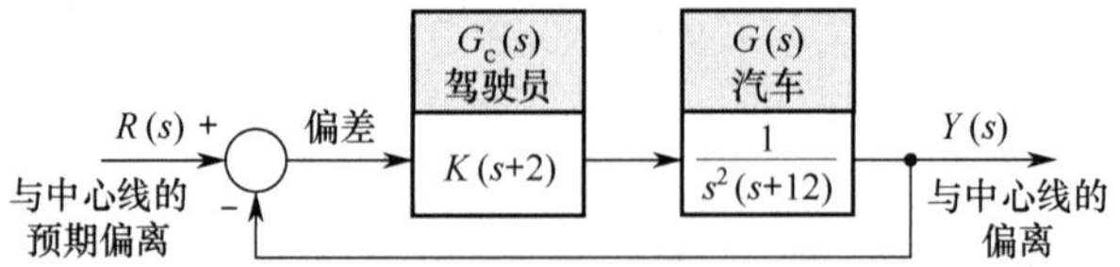

图 5-70 驾驶汽车时的控制系统

【习题 5.8】 贝尔-波音(Bell Boeing) V-22 鹗式旋转翼飞机既是一种普通飞机也是一种直升机。在起飞和着陆时，它可以将引擎旋转 90°，使引擎处于垂直方向；而在正常飞行时，引擎又会恢复到水平方向，飞机处于直升机模式时的姿态控制系统如图 5-71 所示。

（1）当 K=100 时，确定系统的频率响应。

（2）计算系统的增益裕度和相角裕度。

（3）在 K>100 的范围内选择 K 的合适取值，使系统的相角裕度达到 40°。

（4）利用（3）中所取的 K 值，计算系统的时域响应 $y(t)$。

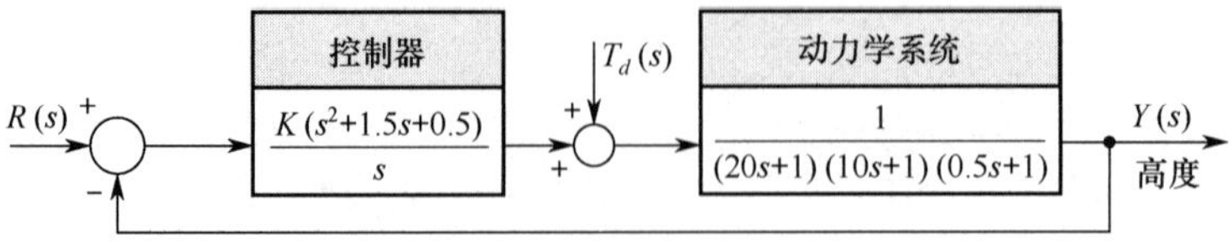

图 5-71 旋转翼飞机的姿态控制系统

第 6 章　反馈控制系统校正设计

控制理论的研究内容主要分为系统分析和设计两个方面。前面章节介绍了控制系统分析的基本理论和基本方法，即在已知系统结构和参数的情况下，分析系统的稳定性、瞬态性能及稳态性能，并给出系统性能指标与参数之间的关系，这是控制理论研究问题的一个方面。在工程实践中，更多的是根据实际要求，预先提出被控对象的各项瞬态指标、稳态指标，然后设法确定控制系统的结构和参数，并选择合适的元器件组建系统，最后进行校验，使其各项性能指标满足设计要求，这称为控制系统的设计或综合，是系统分析的逆问题。然而，对于初步设计的系统来说，其性能指标通常不一定能满足要求，这就提出了如何改善系统性能的问题，即控制系统的校正问题。

根据被控对象及其指标要求设计控制系统，需要进行大量的分析计算，要考虑的问题是多方面的。既要保证所设计的系统具有良好的性能，满足给定指标要求；又要便于加工制造、经济性好、可靠性高。在设计过程中，既要有理论指导，也要重视实践经验，往往还要配合许多局部和整体的试验。

6.1　校正的基本概念与常用校正网络

设计控制系统一般要经过以下三步：①根据任务要求，选定控制对象；②根据性能指标要求，确定系统的控制规律，并设计出满足控制规律的控制器，初步选定构成控制器的元器件；③将选定的控制对象和控制器组成控制系统，如果构成的系统不能满足或不能全部满足设计要求的性能指标，还必须增加合适的元器件，按一定的方式连接到原系统中，使重新组合起来的系统全面满足设计要求。能使系统的控制性能满足设计要求所增添的元件称为校正元件（或校正装置）。由控制器和控制对象组成的系统称为原系统（或系统的固有部分、不可变部分），加入了校正装置的系统称为校正系统。为使原系统的性能指标得到改善，按照一定的方式接入校正装置和选择校正元件参数的过程就是控制系统设计中的校正与综合问题，图 6-1 是系统综合与校正的示意图。

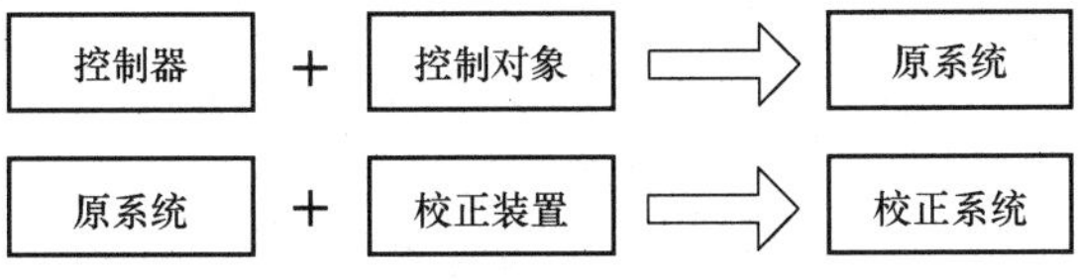

图 6-1　系统的综合与校正示意图

必须指出，并非所有经过设计的系统都要经过综合与校正这个步骤，如果构成原系统的控制对象和控制规律比较简单，性能指标要求又不高，通过适当调整控制器的放大倍数就能使系统满足设计要求，就不需要在原系统的基础上增加校正装置。但在许多情况下，仅仅调整放大系数并不能使系统的性能得到充分的改善，例如，增加系统的开环放大系数虽可以提高系统的控制精度，但可能降低系统的相对稳定性，甚至使系统不稳定。因此，对于控制精度和稳定性能要求较高的系统，往往需要引入校正装置才能使原系统的性能得到充分的改善和补偿。

控制工程实践中，综合与校正的方法通常分为时域法、根轨迹法、频域法，通过校正在系统中引入适当的环节，改变系统的传递函数、零极点分布或者频率特性曲线的形状，使校正后系统满足指标要求。一般情况下，应根据特定的性能指标确定综合与校正方法，若性能指标以稳态误差e_{ss}、峰值时间t_p、最大超调量$\sigma_p\%$和调节时间t_s等时域性能指标给出时，采用时域校正法，如根轨迹法进行综合与校正比较方便；如果性能指标是以相角裕度γ、幅值裕度K_g、相对谐振峰值M_r、谐振频率ω_r和系统带宽ω_b等频域性能指标给出时，应用频率特性法进行综合与校正更合适。目前，工程技术界多习惯采用频率法进行综合与校正，故通常通过近似公式进行两种指标的互换。

6.1.1 校正的基本概念

根据校正装置在系统中的连接方式，控制系统校正方式可分为串联校正、反馈校正和复合校正。

串联校正装置一般接在系统的前向通道中，$G_c(s)$为校正装置的传递函数，如图 6-2 所示，具体的接入位置，应视校正装置本身的物理特性和原系统的结构而定。通常，对于体积小、重量轻、容量小的校正装置（电气装置居多），常加在系统信号容量不大、功率小的地方，即比较靠近输入信号的前向通道中。对于体积、重量、容量较大的校正装置（如无源网络、机械、液压、气动装置等），常串接在信号功率较大的部位上，即比较靠近输出信号的前向通道中。

反馈校正是将校正装置反并接在系统前向通道中的一个或几个环节两端，形成局部反馈回路，如图 6-3 所示。由于反馈校正装置的输入端信号取自原系统的输出端或原系统前向通道中某个环节的输出端，信号功率一般比较大，因此，在校正装置中不需要设置放大电路，有利于校正装置的简化。此外，反馈校正还可消除参数波动对系统性能的影响。

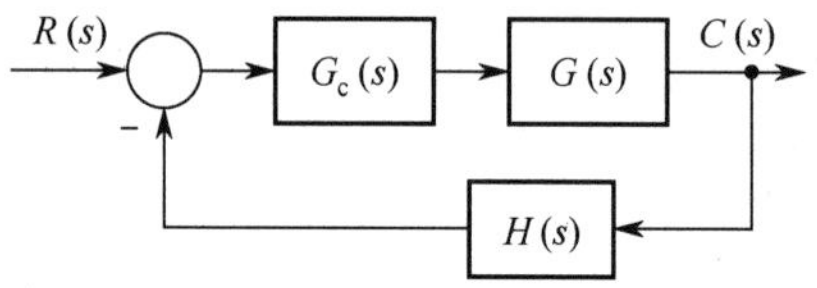

图 6-2 串联校正

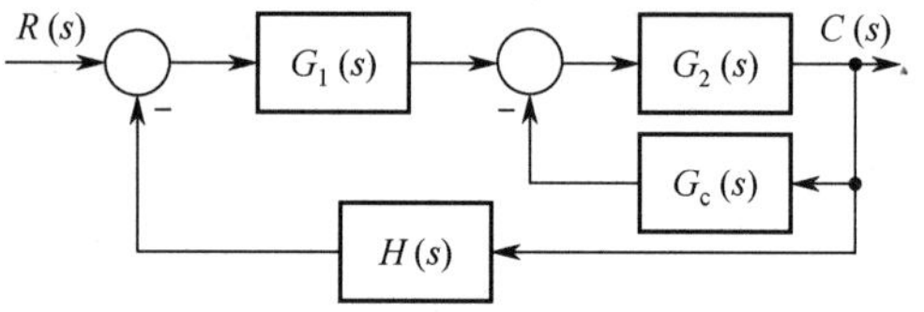

图 6-3 反馈校正

复合校正是在反馈控制回路中，加入前馈校正通路，如图 6-4 所示。

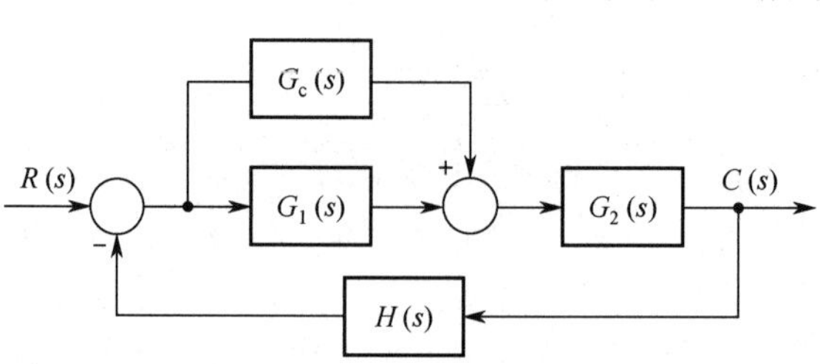

图 6-4 复合校正

上面介绍的几种校正方式，虽然校正装置与系统的连接方式不同，但都可以达到改善系统性能的目的。通过结构图的变换，一种连接方式可以等效地变换为另一种连接方式，它们之间的等效性决定了系统综合与校正的非唯一性。在工程应用中，究竟采用哪种连接方式，要视具体情况而定。通常需要考虑的因素有：原系统的物理结构，信号是否便于取出和加入，信号的性质，系统中各点功率的大小，可供选用的元件，还有设计者的经验和经济条件等。一般来讲，串联校正比反馈校正设计简单，也比较容易对系统信号进行变换。由于串联校正通常是由低能量向高能量部位传递信号，加上校正装置本身的能量损耗，必须进行能量补偿。因此，串联校正装置通常由有源网络或元件构成，即其中需要有放大元件。反馈校正装置的输入信号通常由系统输出端或放大器的输出级供给，信号是从高功率点向低功率点传递，因此，一般不需要放大器。由于输入信号功率比较大，校正装置的容量和体积相应要大一些。反馈校正可以消除校正回路中元件参数变化对系统性能的影响，因此，若原系统随工作条件变化，它的某些参数变化较大时，采用反馈校正效果会更好些。在性能指标要求较高的系统中，常常兼用串联校正与反馈校正两种方式。

综上所述，在对控制系统进行校正时，应根据具体情况，综合考虑各种条件和要求来选择合适的校正装置和校正方式，还可同时采用两种或两种以上的校正方式。

基本控制规律

了解校正装置的控制规律对选择合适的校正装置及校正方式很有必要。一般的控制器和校正装置常常采用的控制规律有比例、积分、微分以及这些控制规律的组合。

1. 比例（P）控制规律

具有比例控制规律的控制器，称为 P 控制器，如图 6-5 所示。控制器的输出信号成比例的反映输入信号，其传递关系可表示为

$$m(t) = K_{\mathrm{p}} e(t) \tag{6-1}$$

P 控制器是增益 K_{p} 可调的放大器，对输入信号的相位没有影响。在串联校正中，提高增益 K_{p} 可减小系统的稳态误差，提高系统的控制精度。但往往会影响系统的相对稳定性，甚至造成系统不稳定。因此，在实际应用中，很少单独使用 P 控制器，而是将它与其他形式的控制规律一起使用。

2. 比例—微分（PD）控制规律

具有比例—微分控制规律的控制器，称为 PD 控制器，如图 6-6 所示，其输入输出关系为

$$m(t) = K_{\mathrm{p}} e(t) + K_{\mathrm{p}} \tau \frac{\mathrm{d}e(t)}{\mathrm{d}t} \tag{6-2}$$

其中，K_{p} 为比例系数；τ 为微分时间常数；K_{p} 和 τ 都是可调参数。PD 控制器的微分作用能反映输入信号的变化趋势，即可产生早期修正信号，以增加系统的阻尼程度，从而改善系统的稳定性。在串联校正时，可使系统增加一个 $-1/\tau$ 的开环零点，使系统的相角裕度提高，因而有助于系统动态性能的改善，例 6-1 可分析 PD 控制器的作用。

例 6-1　比例—微分控制系统如图 6-7 所示，试分析 PD 控制器对系统性能的影响。

解　当无 PD 控制器时，系统的特征方程为

$$Js^2 + 1 = 0$$

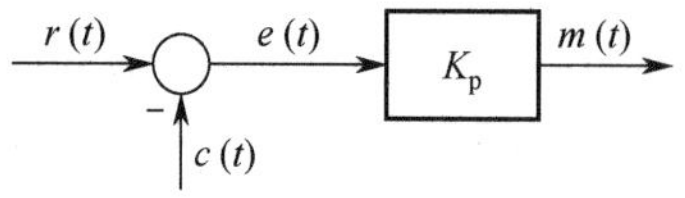

图 6-5 P 控制器

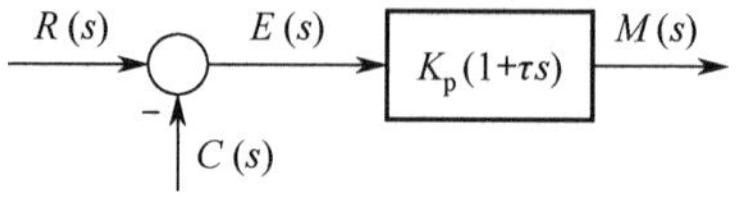

图 6-6 PD 控制器

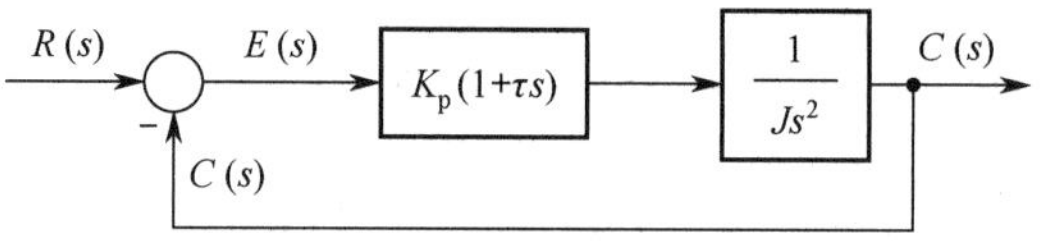

图 6-7 比例—微分控制系统

显然该二阶系统的阻尼比为零，其输出 $c(t)$为等幅振荡响应，系统处于临界稳定状态，即实际上的不稳定状态。

接入 PD 控制器后，闭环系统的特征方程为

$$Js^2 + K_{\mathrm{p}}\tau s + K_{\mathrm{p}} = 0$$

此时，系统的阻尼比$\zeta = \dfrac{\tau\sqrt{K_{\mathrm{p}}}}{2\sqrt{J}} > 0$，因此，闭环系统是稳定的，且阻尼比的大小可通过改变参数 K_{p} 和 τ 来调整。

需要指出的是，由于微分控制只对动态过程起作用，而对稳态过程没有影响，且微分作用对噪声非常敏感。因此，微分控制器很少单独使用，通常都是与其他控制规律结合起来，构成 PD 控制器或 PID 控制器，应用于实际控制系统。

3. 积分（I）控制规律

具有积分控制规律的控制器，称为 I 控制器，如图 6-8 所示，其输入输出关系为

$$m(t) = K_i \int_0^t e(t)\mathrm{d}t \tag{6-3}$$

其中，K_i 为可调比例系数。在串联校正中，积分控制器可使原系统的型别提高（无差度ν增加），提高系统的稳态性能。但积分控制使系统增加了一个在原点的开环极点，使信号产生 90°的相位滞后，对系统的稳定性不利。因此，在控制系统的校正设计中，I 控制器一般不宜单独使用。

4. 比例—积分（PI）控制规律

具有比例—积分控制规律的控制器，称为 PI 控制器，如图 6-9 所示，其输入输出关系为

$$m(t) = K_{\mathrm{p}}e(t) + \frac{K_{\mathrm{p}}}{T_i}\int_0^t e(t)\mathrm{d}t \tag{6-4}$$

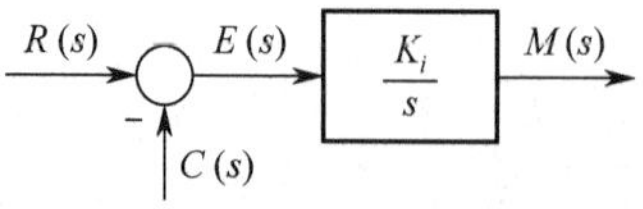

图 6-8 I 控制器

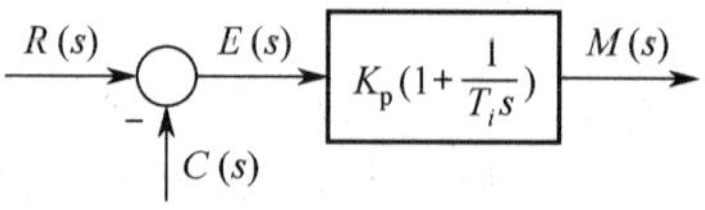

图 6-9 PI 控制器

在串联校正中，PI 控制器相当于在系统中增加了一个位于原点的开环极点，同时增加了一个位于左半平面的开环零点 $z=-1/T_i$。增加的极点可提高系统的无差度，减小或消除稳态误差，

改善系统的稳态性能；而增加的负实零点可减小系统的阻尼程度，缓和 PI 控制器对系统稳定性及动态过程产生的不利影响。只要积分时间常数 T_i 足够大，就可大为减弱 PI 控制器对系统稳定性的不利影响。所以，在控制工程实践中，PI 控制器主要用来改善控制系统的稳态性能。

例 6-2　设单位反馈系统的开环传递函数为

$$G(s)=\frac{K_0}{s(T_s+1)}$$

为改善系统的性能，在前向通道加入 PI 控制器，如图 6-10 所示。试分析 PI 控制器在改善系统性能方面的作用。

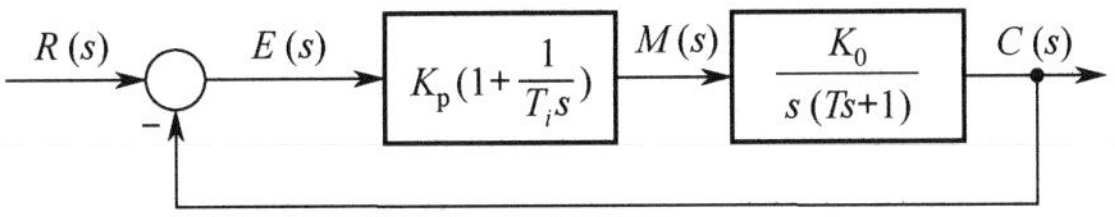

图 6-10　比例—积分控制

解　加入 PI 控制器后，系统的开环传递函数为

$$G(s)=\frac{K_0K_p(T_is+1)}{T_is^2(Ts+1)}$$

可见，系统由原来的 I 型系统变为 II 型系统，故对斜坡输入信号 $r(t)=Rt$，原系统的稳态误差为 R/K_0；加入 PI 控制器后，稳态误差为零。可见，PI 控制器提高了系统的控制精度，改善了系统的稳态性能。

采用 PI 控制后，系统的特征方程为

$$T_iTs^3+T_is^2+K_pK_0T_is+K_pK_0=0$$

由劳斯判据可知，只要满足 $T_i>T$，就可保证闭环系统的稳定性。

由上述分析可知，只要合适选择 PI 控制器的参数，就可在满足系统稳定性要求的前提下，改善系统的稳态性能。

5. 比例—积分—微分（PID）控制规律

具有比例—积分—微分控制规律的控制器，称为 PID 控制器，如图 6-11 所示，这种组合具有三种基本控制规律的各自特点，其输入输出关系为

$$m(t)=K_pe(t)+\frac{K_p}{T_i}\int_0^t e(t)\mathrm{d}t+K_p\tau\frac{\mathrm{d}e(t)}{\mathrm{d}t} \tag{6-5}$$

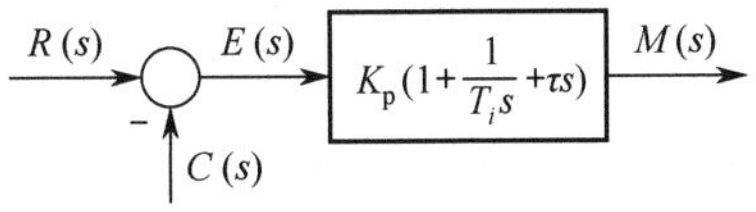

图 6-11　PID 控制器

相应的传递函数为

$$G(s)=K_p\left(1+\frac{1}{T_is}+\tau s\right)=\frac{K_p}{T_i}\cdot\frac{T_i\tau s^2+T_is+1}{s} \tag{6-6}$$

若 $4\tau/T_i<1$，式（6-6）还可写成

$$G(s)=\frac{K_p}{T_i}\cdot\frac{(\tau_1s+1)(\tau_2s+1)}{s} \tag{6-7}$$

其中，$\tau_1=\frac{T_i}{2}\left(1+\sqrt{1-\frac{4\tau}{T_i}}\right)$，$\tau_2=\frac{T_i}{2}\left(1-\sqrt{1-\frac{4\tau}{T_i}}\right)$。

由上述分析可知，PID 控制器除了使系统的无差度提高，还可使系统增加两个负实零点，

所以改善系统动态性能的作用更突出。PID 控制器广泛地用在工业过程控制系统中。其参数的选择，一般在系统的现场调试中最后确定。通常，参数选择应使 I 部分发生在系统频率特性的低频段，用于改善系统的稳态性能；而 D 部分发生在系统频率特性的中频段，以改善系统的动态性能。

6.1.2 常用校正网络及其特性

校正装置可以是电气的，也可以是机械的、气动的及液压的等。由于电气元件具有体积小、重量轻、调整方便等特点，因此其在工业控制系统中占主导地位。本节将介绍常用的无源及有源校正网络的电路形式、传递函数、对数频率特性及零极点分布图，以便控制系统校正时使用。

1. 无源校正网络

无源校正网络一般有超前校正网络、滞后校正网络、滞后-超前校正网络三种形式。

1）超前校正网络

如图 6-12 所示，典型的无源超前校正网络由阻容元件组成。其中复阻抗 Z_1 和 Z_2 分别为

$$Z_1 = \frac{R_1}{1+R_1Cs}$$

$$Z_2 = R_2$$

传递函数为

$$G(s) = \frac{Z_2}{Z_1+Z_2} = \frac{1}{a} \times \frac{1+aTs}{1+Ts} \tag{6-8}$$

其中，$T = \frac{R_1R_2}{R_1+R_2}C$ 为时间常数；$a = \frac{R_1+R_2}{R_2} > 1$ 为分度系数。

由式（6-8）可知，无源超前校正网络具有幅值衰减的作用，衰减系数为 $1/a$。如果给无源校正网络接入放大系数为 a 的比例放大器，便可补偿校正网络的幅值衰减作用，这时，网络的传递函数就可写为

$$G(s) = \frac{1+aTs}{1+Ts} \tag{6-9}$$

由式（6-9）知，超前校正网络有一个极点 $p=-1/T$ 和一个零点 $z=-\frac{1}{aT}$，它们在复平面上的分布如图 6-13 所示。由于 $a>1$，极点 p 位于负实轴上零点的左侧，对于复平面上任一点 s，由零点和极点指向 s 点的向量 $\overrightarrow{zs}$ 和 $\overrightarrow{ps}$ 与正实轴方向的夹角分别为 φ_z 和 φ_p，相角差为

$$\varphi = \varphi_z - \varphi_p > 0$$

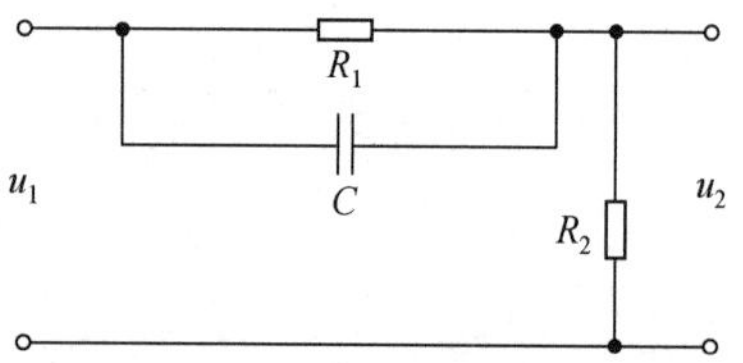

图 6-12 典型的无源超前校正网络

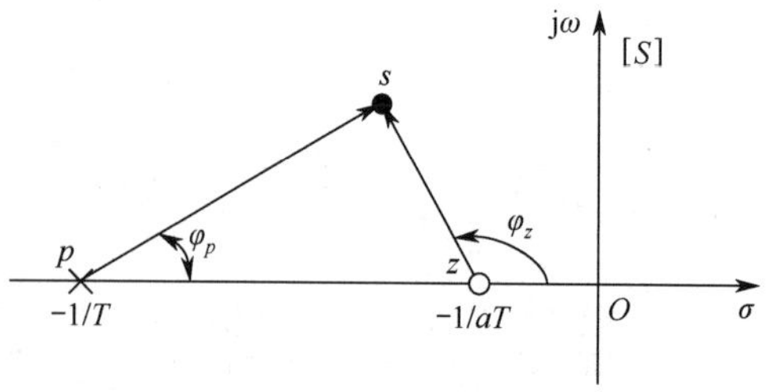

图 6-13 超前校正网络零点、极点在 S 平面上的分布

可见，超前校正网络具有相位超前的作用，这也是超前校正网络名称的由来。

将 $s=\mathrm{j}\omega$ 代入式（6-9），有

$$G(\mathrm{j}\omega)=\frac{1+\mathrm{j}aT\omega}{1+\mathrm{j}T\omega} \tag{6-10}$$

超前校正网络的频率特性如图 6-14 所示，它是位于正实轴上方的半圆。极坐标图的起点为 1，终点位于正实轴上坐标值为 a 的点上，圆周的半径为 $\dfrac{a-1}{2}$，圆心位于正实轴上坐标为 $\dfrac{a+1}{2}$ 处。图 6-14 绘出了 a 取不同值时超前校正网络的极坐标图。由坐标原点向极坐标图的圆周作切线，切线与正实轴方向的夹角 φ_m 即超前校正网络的最大超前相角。由图 6-14 可求出最大超前相角 φ_m 为

$$\varphi_m=\arcsin\frac{a-1}{a+1} \tag{6-11}$$

由式（6-11）可知，最大超前相角 φ_m 的大小仅取决于分度系数 a 的大小。当 a 值趋于无穷大时，单个超前校正网络的最大超前相角 $\varphi_m=90°$。超前校正网络的最大超前相角 φ_m 与 a 的关系如图 6-15 所示。由图知，超前相角 φ_m 随 a 值的增加而增大，但并不成比例。当 φ_m 较大时（$\varphi_m>60°$），若要 φ_m 有所增大，a 值必须急剧增大，这意味着网络的幅值衰减很快。因此，在要求相位超前大于 60° 时，宜采用两级超前校正网络串联来实现校正。此外，超前校正网络本质上是高通电路，它对高频噪声的增益较大，对频率较低的控制信号的增益较小。因此，a 值过大会降低系统的信噪比，a 值较小则校正网络的相位超前作用不明显。一般情况下，a 值的选择范围在 5～10 比较合适。

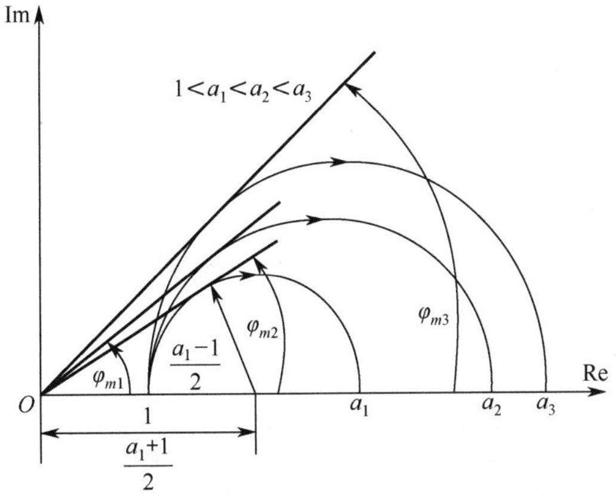

图 6-14　超前校正网络的频率特性

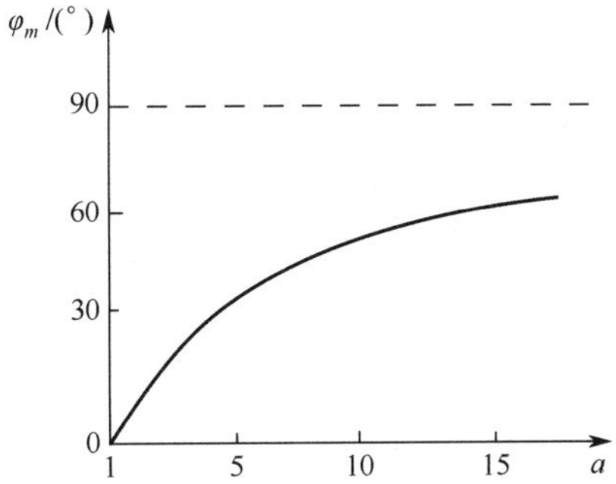

图 6-15　超前校正网络的最大超前相角 φ_m 与 a 的关系

超前校正网络的对数频率特性如图 6-16 所示，由对数幅频特性能更清楚地看到超前校正网络的高通特性，其最大的幅值增益为 $20\lg a$，最大增益的频率范围是 $\omega>1/T$。由图 6-16 可求出最大超前相角对应的频率 ω_m，即

$$\lg\omega_m=\frac{1}{2}(\lg\omega_1+\lg\omega_2)=\frac{1}{2}\left(\lg\frac{1}{aT}+\lg\frac{1}{T}\right)$$

由此得到

$$\omega_m=\frac{1}{T\sqrt{a}} \tag{6-12}$$

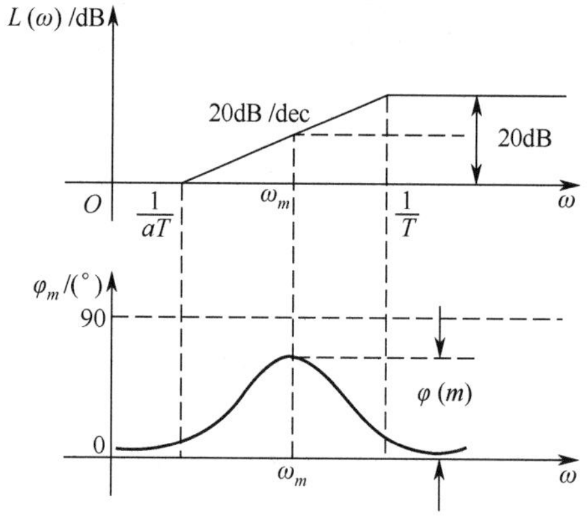

图 6-16 超前校正网络的对数频率特性

2）滞后校正网络

典型的无源滞后校正网络如图 6-17 所示，其中复阻抗 Z_1 和 Z_2 分别为

$$Z_1 = R_1，\quad Z_2 = R_2 + \frac{1}{Cs}$$

由此得到滞后网络的传递函数为

$$G(s) = \frac{Z_2}{Z_1 + Z_2} = \frac{1 + R_2 Cs}{1 + (R_1 + R_2)Cs} = \frac{1 + bTs}{1 + Ts}$$

其中，$T = (R_1 + R_2)C$，$b = \dfrac{R_2}{R_1 + R_2} < 1$ 称为滞后网络的分度系数，表示滞后深度。

滞后网络的零点 $z = -1/bT$ 和极点 $p = -1/T$ 在 S 平面上的分布如图 6-18 所示。由于 $b < 1$，零点位于负实轴上极点的左侧，对于复平面上的任一点 s，向量 $\overrightarrow{zs}$ 和 $\overrightarrow{ps}$ 与实轴正方向的夹角的差值为

$$\varphi = \varphi_z - \varphi_p < 0$$

表明滞后网络具有相位滞后的特性。

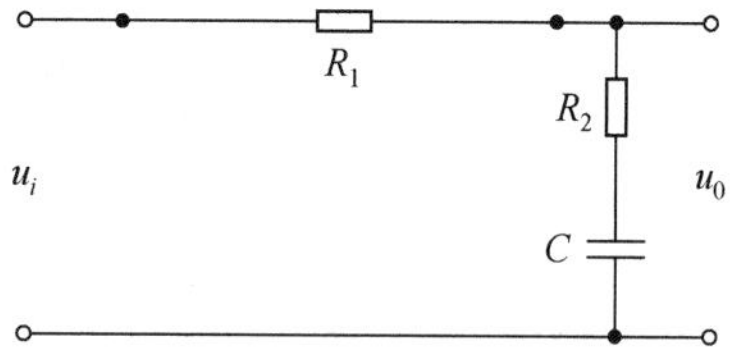

图 6-17 典型的无源滞后校正网络

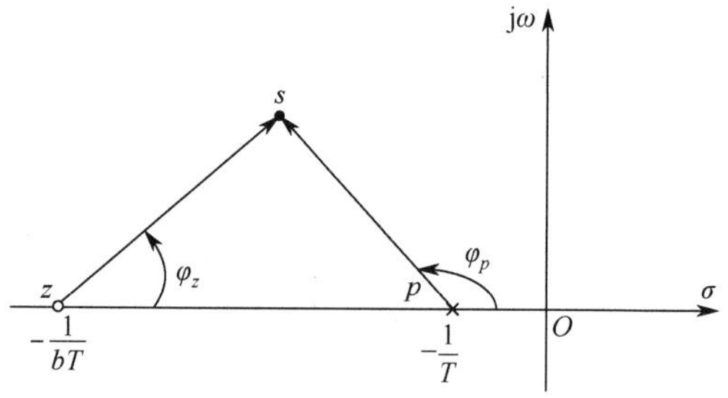

图 6-18 滞后网络零点、极点在 S 平面上的分布

滞后网络的频率特性为

$$G(\mathrm{j}\omega) = \frac{1 + \mathrm{j}b\omega T}{1 + \mathrm{j}\omega T} \tag{6-13}$$

滞后网络的极坐标图如图 6-19 所示，它是正实轴下方的半圆。极坐标的起点为 1，终点在实轴上坐标值为 b 的点上，圆的半径为 $\dfrac{1-b}{2}$，圆心位于正实轴上 $\dfrac{1+b}{2}$ 处。图 6-19 绘出了不同 b 值时的极坐标图。由坐标原点向圆周作切线，得到最大滞后相角为

$$\varphi_m = \arcsin\frac{b-1}{b+1} \tag{6-14}$$

最大滞后相角仅与 b 值有关，当 b 趋于零时，最大滞后相角为$-90°$，当 $b = 1$ 时，校正网络实际是一个比例环节，$\varphi_m = 0°$。滞后校正电路是低通滤波网络，它对高频噪声有一定的衰减作用，从图 6-20 所示的对数频率特性图可清楚地看到，滞后网络对低频有用信号不产生衰减，而对高频噪声信号有衰减作用，且最大的幅值衰减为 $20\lg b$，频率范围是 $\omega > 1/bT$。由相频特性可求出最大滞后相角对应的频率是

$$\omega_m = \frac{1}{T\sqrt{b}} \tag{6-15}$$

在实际应用中，采用滞后校正网络进行串联校正时，主要是利用其高频幅值衰减的特性，以降低系统的开环截止频率，提高系统的相角裕度。b 值的选取范围为 0.06～0.2，通常取 $b = 0.1$。

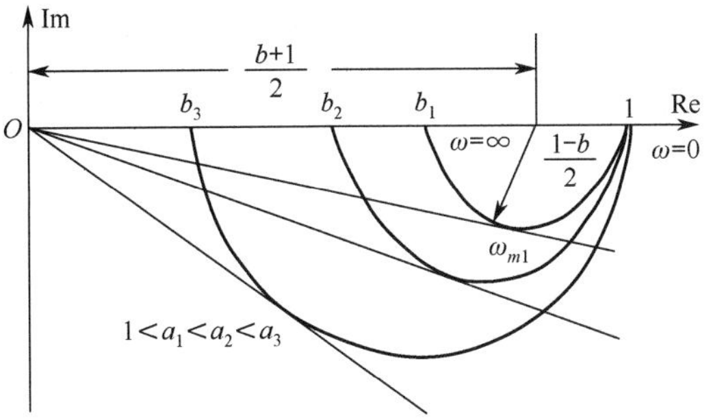

图 6-19　滞后网络的极坐标图

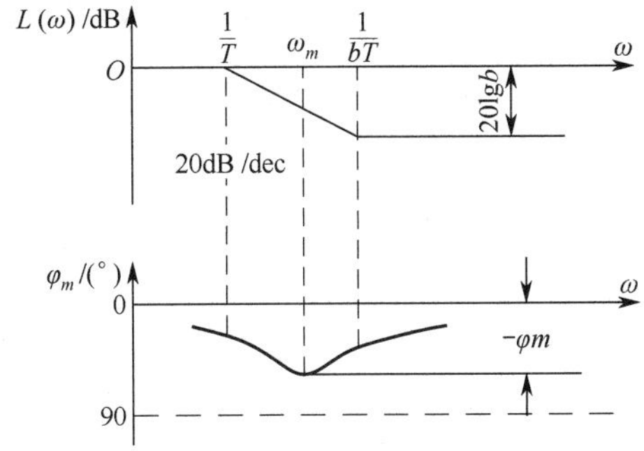

图 6-20　对数频率特性图

3）滞后—超前校正网络

典型的无源滞后—超前电路如图 6-21 所示。其传递函数可推导如下：

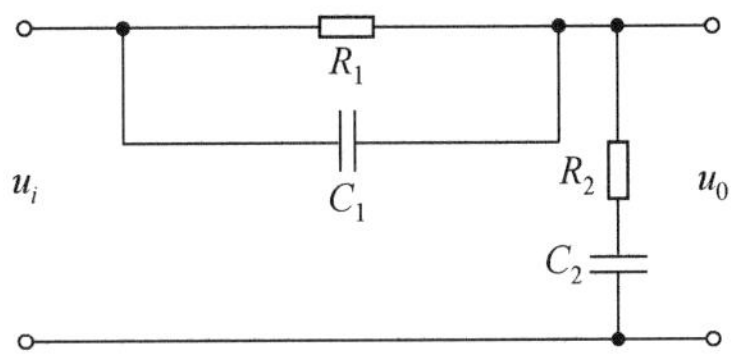

图 6-21　典型的无源滞后—超前电路

$$Z_1 = \left(\frac{1}{R_1} + C_1 s\right)^{-1} = \frac{R_1}{1 + R_1 C_1 s}$$

$$Z_2 = R_2 + \frac{1}{C_2 s} = \frac{1 + R_2 C_2 s}{C_2 s}$$

$$G(s) = \frac{Z_2}{Z_1 + Z_2} = \frac{\dfrac{1 + R_2 C_2 s}{C_2 s}}{\dfrac{R_1}{1 + R_1 C_1 s} + \dfrac{1 + R_2 C_2 s}{C_2 s}} = \frac{(1 + R_1 C_1 s)(1 + R_2 C_2 s)}{R_1 C_1 R_2 C_2 s^2 + (R_1 C_1 + R_2 C_2 + R_1 C_2)s + 1} \tag{6-16}$$

令 $a > 1$，$b < 1$，且

$$ab = 1$$

$$bT_1 = R_1 C_1，\quad aT_2 = R_2 C_2$$

$$R_1 C_1 + R_2 C_2 + R_1 C_2 = T_1 + T_2$$

则式（6-16）可写成

$$G(s) = \frac{1 + bT_1 s}{1 + T_1 s} \cdot \frac{1 + aT_2 s}{1 + T_2 s} \tag{6-17}$$

（滞后）　（超前）

它们分别与滞后网络和超前网络的传递函数具有相同形式，故具有滞后—超前作用。

当 $bT_1 > aT_2$ 时，滞后—超前校正网络的 Bode 图如图 6-22 所示。最大滞后相角和超前相角以及它们所对应频率值的求解公式与前面介绍的有关公式相同，这里不再赘述。图中 ω_0 是由滞后作用过渡到超前作用的临界频率，它的大小由下式求出

$$\omega_0 = \frac{1}{\sqrt{T_1 T_2}} \tag{6-18}$$

常用无源校正网络的电路图、传递函数及对数幅频渐近特性，如表 6-1 所示。

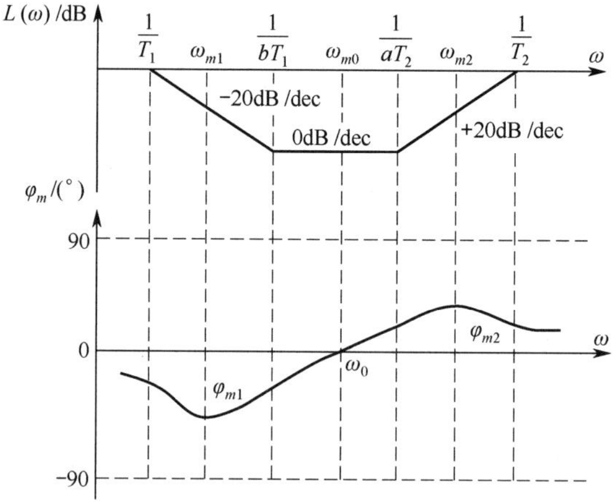

图 6-22 滞后—超前校正网络的 Bode 图

表 6-1 常用无源校正网络的电路图、传递函数及对数幅频渐近特性

电路图	传递函数	对数幅频渐近特性
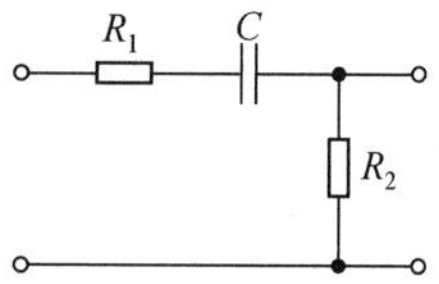	$\frac{T_2 s}{T_1 s+1}$ $T_1=(R_1+R_2)C$ $T_2=R_1C$	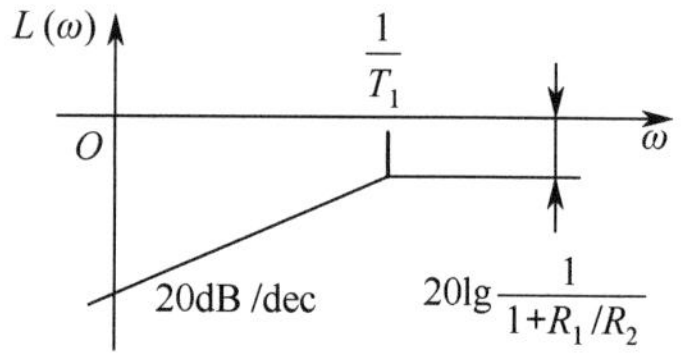
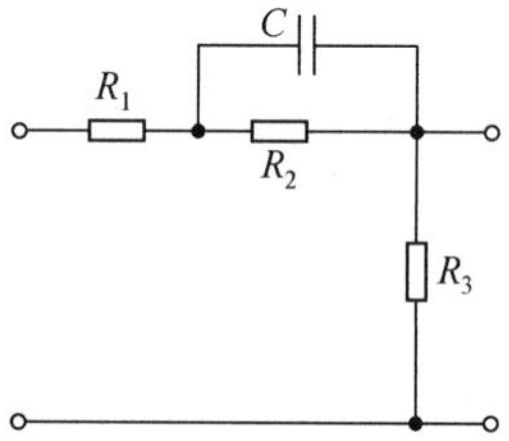	$G_1\times\frac{T_1s+1}{T_2s+1}$ $G_1=R_3/(R_1+R_2+R_3)$ $T_1=R_2C$ $T_2=\frac{(R_1+R_3)R_2}{R_1+R_2+R_3}C$	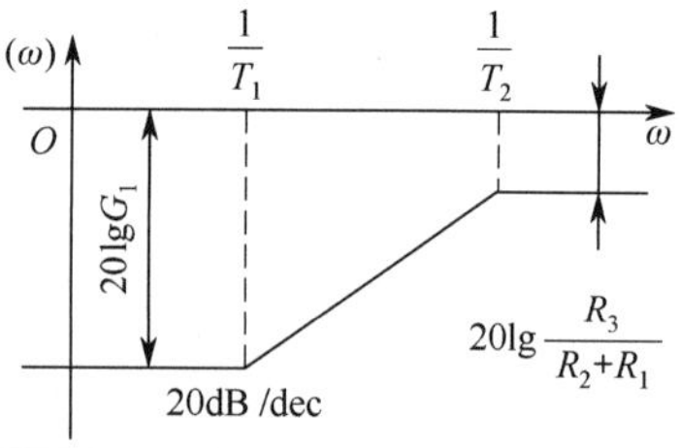
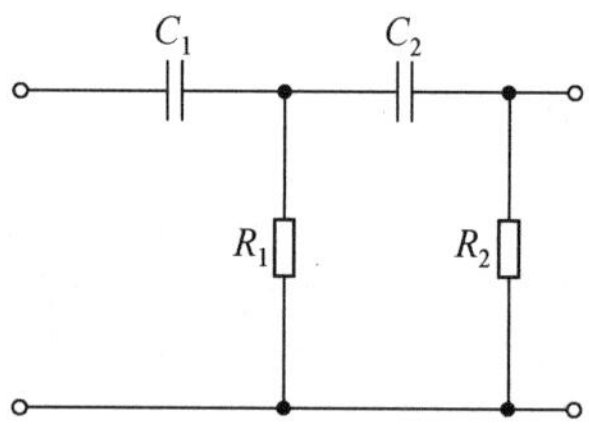	$\frac{T_1T_2s^2}{T_1T_2s^2+(T_1+T_2+R_1C_2)s+1}$ $\approx\frac{T_1T_2s^2}{(T_1s+1)(T_2s+1)}$，$R_1C_2$可忽略时 $T_1=R_1C_1$ $T_2=R_2C_2$	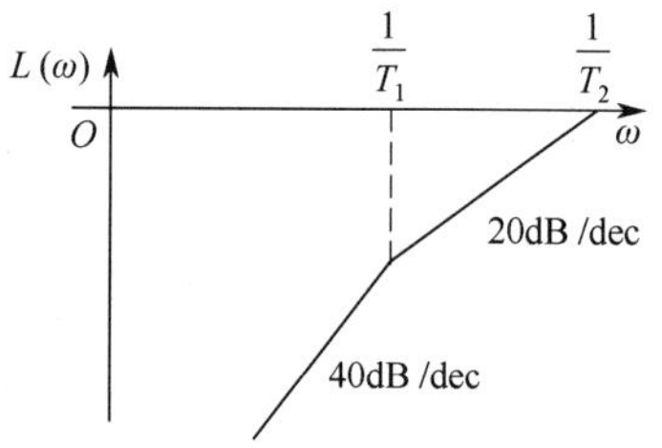
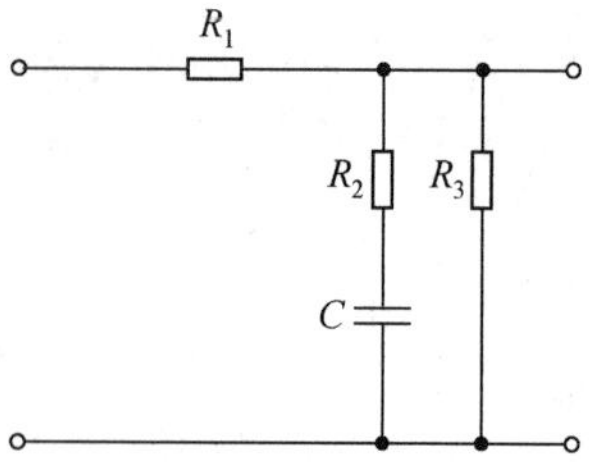	$G_0=\frac{T_2s+1}{T_1s+1}$ $G_0=R_3/(R_1+R_3)$ $T_1=\left(R_2+\frac{R_2R_3}{R_1+R_3}\right)C$ $T_2=R_2C$	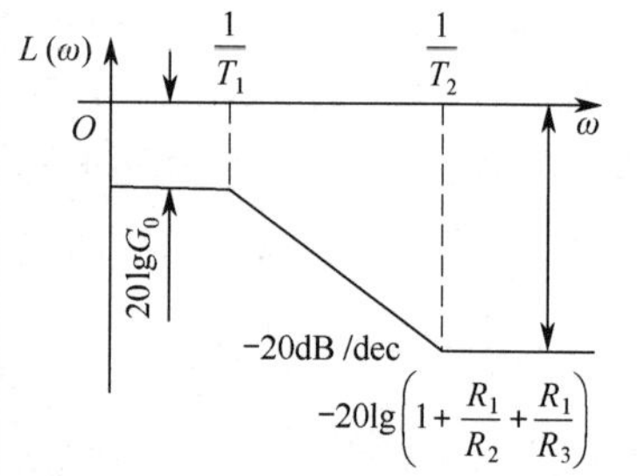

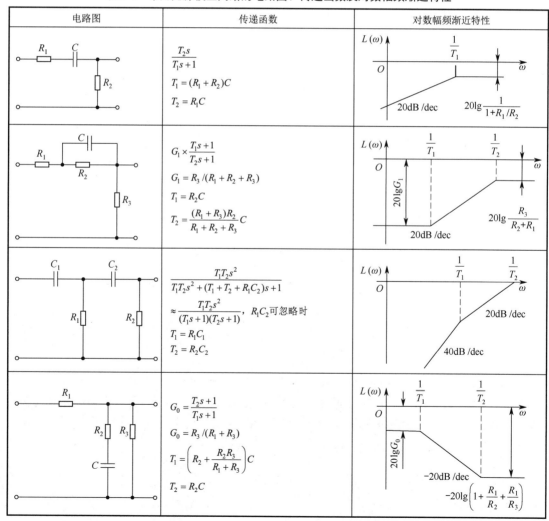

（续表）

电路图	传递函数	对数幅频渐近特性
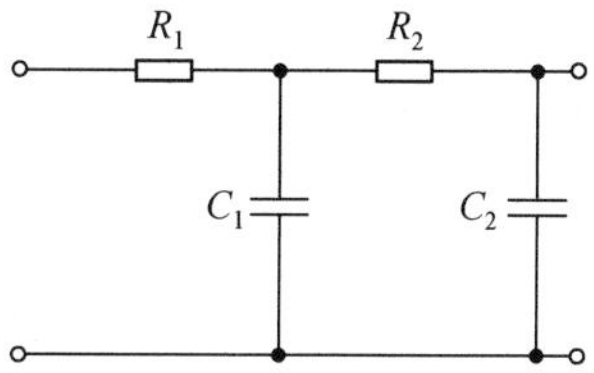	$\frac{1}{T_1T_2s^2+\left[T_2\left(1+\frac{R_1}{R_2}\right)+T_2\right]s+1}$ $T_1=R_1C_1$ $T_2=R_2C_2$	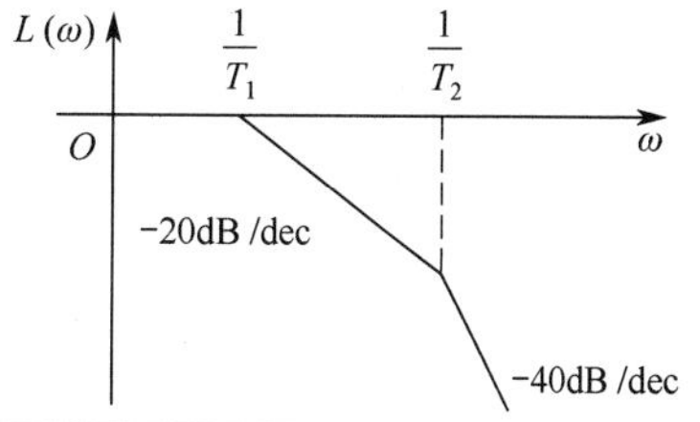
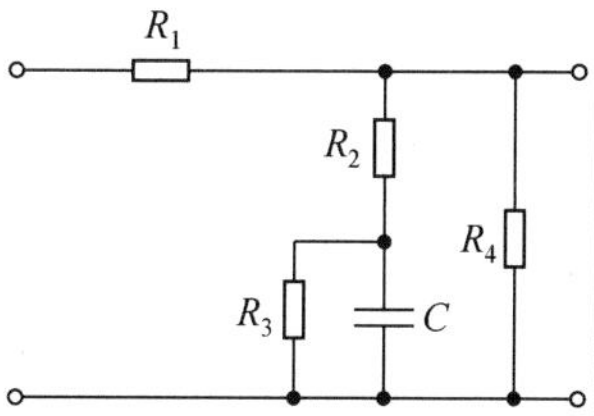	$\frac{1}{G_0'}\times\frac{T_2s+1}{T_1s+1}$ $G_0'=1+\frac{R_1}{R_2+R_3}+\frac{R_1}{R_4}$ $T_2=\left(\frac{R_1R_3}{R_2}+R_3\right)C$ $T_1=\frac{1+\frac{R_1}{R_2}+\frac{R_1}{R_4}}{1+\frac{R_1}{R_2+R_3}+\frac{R_1}{R_4}}$	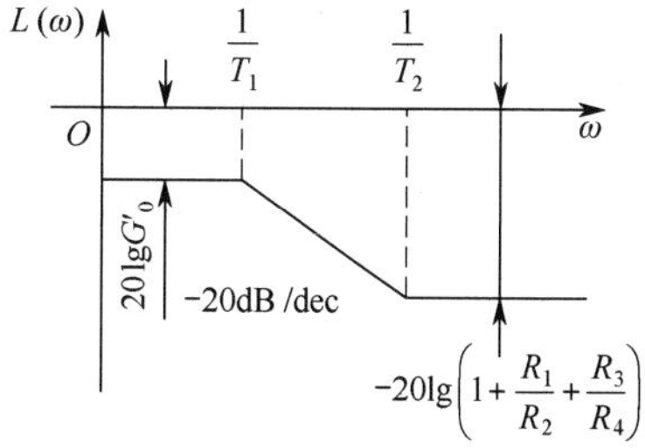
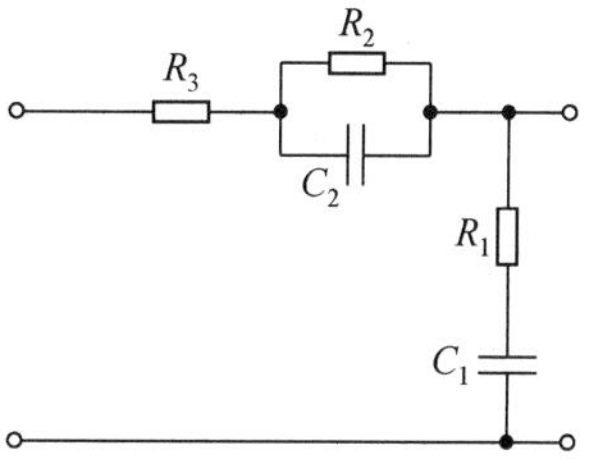	$\frac{(T_1s+1)(T_2s+1)}{T_1T_2\left(1+\frac{R_3}{R_1}\right)s^2+\left[T_2+T_1\left(1+\frac{R_2}{R_1}+\frac{R_3}{R_1}\right)\right]s+1}$ $T_1=R_1C_1$ $T_2=R_2C_2$	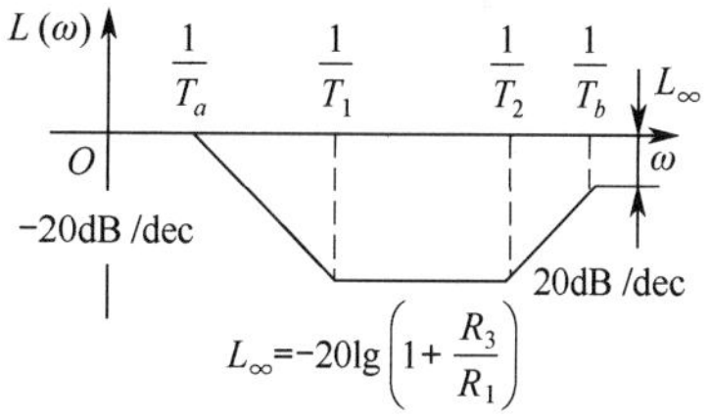
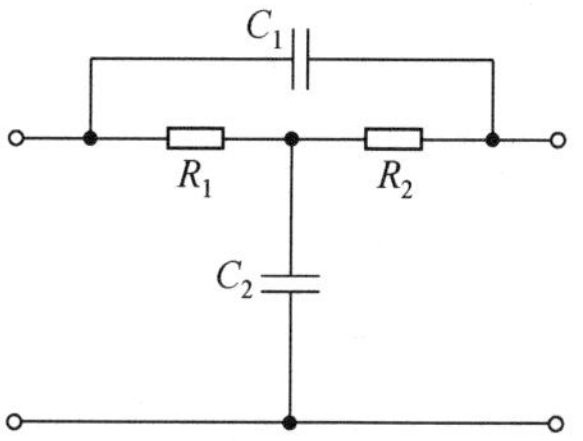	$\frac{T_1T_2s^2+T_2s+1}{T_1T_2s^2+\left[T_1\left(1+\frac{R_1}{R_2}\right)+T_2\right]s+1}$ $T_1=\frac{R_1R_2}{R_1+R_2}C_2$ $T_2=(R_1+R_2)C_1$	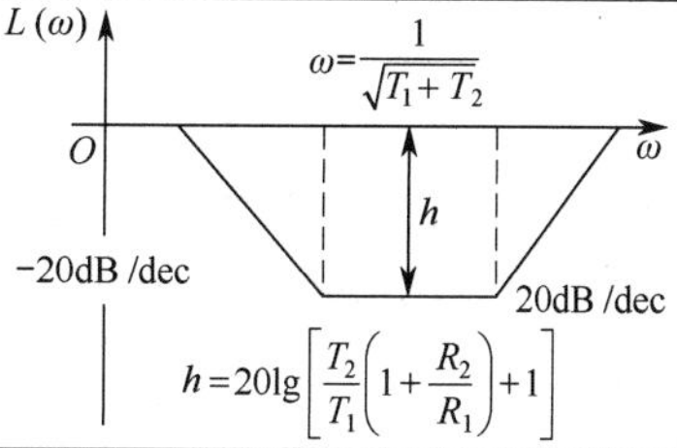

2. 有源校正网络

实际控制系统中广泛采用无源网络进行串联校正，但在放大器级间接入无源校正网络后，由于负载效应，有时难以实现希望的控制规律。此外，复杂网络的设计和调整也不方便。因此，有时需要采用有源校正网络，在兵器控制系统中，尤其如此。常用的有源校正装置，除测速发电机及其与无源网络的组合，以及 PID 控制器，通常把无源校正网络接在运算放大器的反馈通路中，形成有源网络，以实现要求的系统控制规律。

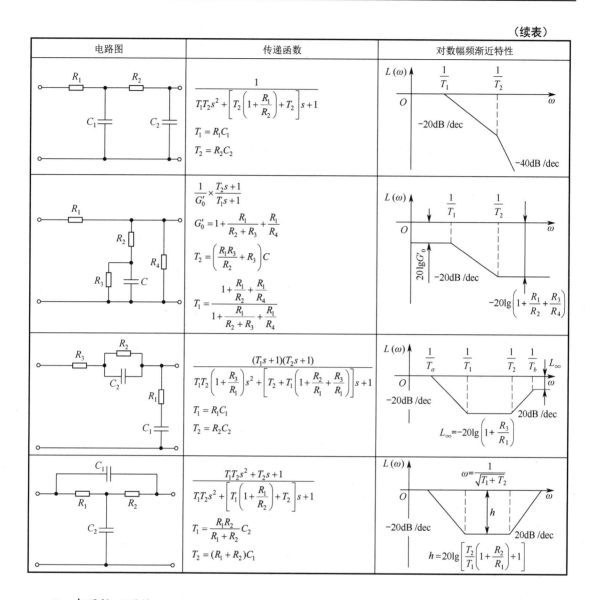

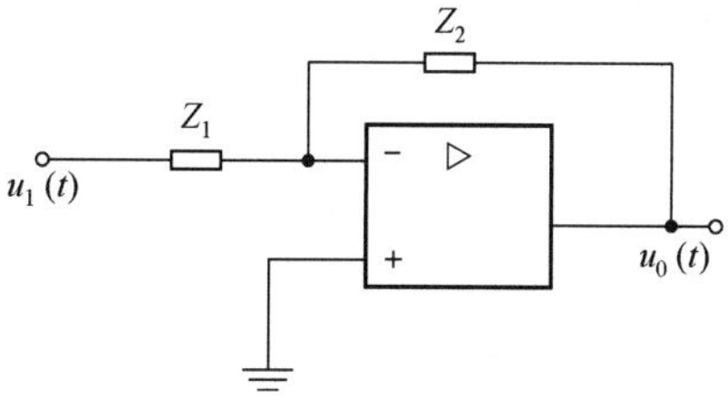

图 6-23　有运算放大器的一般形式

常用的有源校正网络由运算放大器和阻容网络构成，根据连接方式的不同，可分为 P 控制器、PI 控制器、PD 控制器和 PID 控制器等。运算放大器的一般形式如图 6-23 所示。图中，放大器具有放大系数大、输入阻抗高的特点。在分析

放大器的传输特性时，假设放大系数 $K \to \infty$，输入电流为零，则运算放大器的传递函数为

$$G(s) = -\frac{Z_2(s)}{Z_1(s)}$$

在组成负反馈回路时，一般由反相端输入，式中的负号表示输入和输出的极性相反。改变 $Z_1(s)$ 和 $Z_2(s)$ 就可得到不同的传递函数，并且放大器的性能也不同。

常用有源校正网络如表 6-2 所示。

表 6-2 常用有源校正网络

类别	电路图	传递函数	对数频率特性曲线
比例（P）	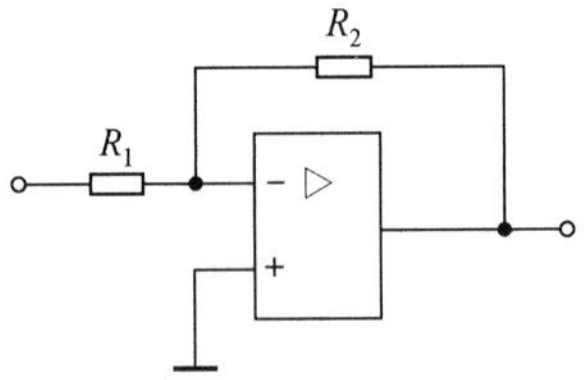	$G(s)=K$ $K=\frac{R_2}{R_1}$	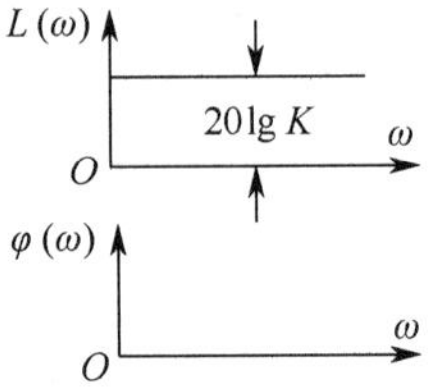
微分（D）	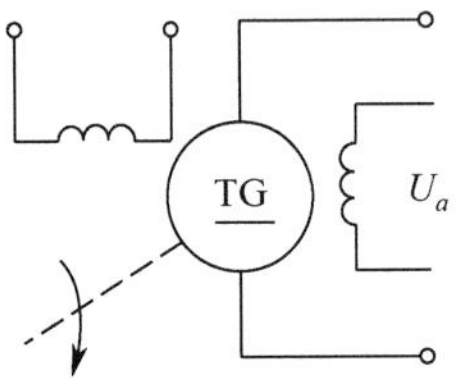	$G(s)=K_t s$ K_t 为测速发电机输出斜率	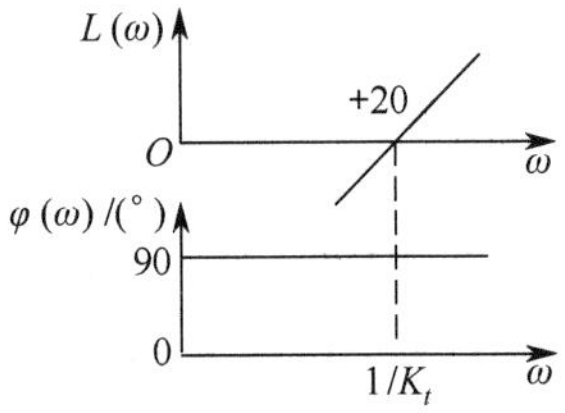
积分（I）	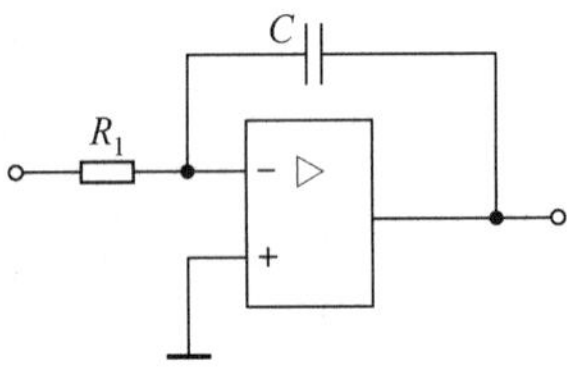	$G(s)=\frac{1}{Ts}$ $T=R_1C$	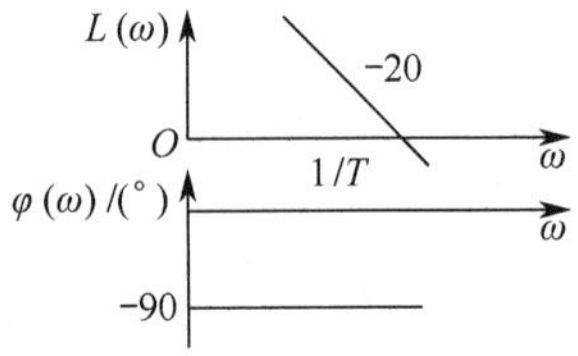
比例—微分（PD）	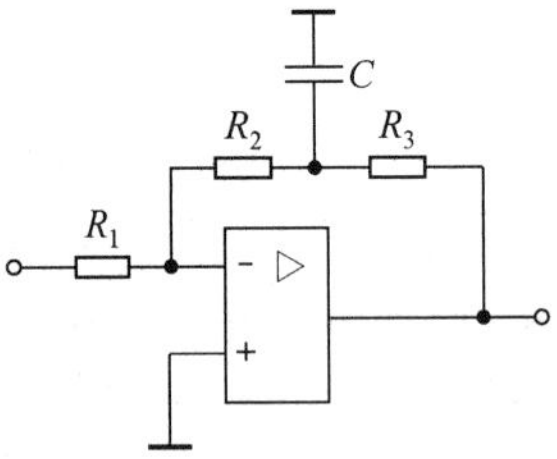	$G(s)=K(1+\tau s)$ $K=\frac{R_2+R_3}{R_1}$ $\tau=\frac{R_2R_3}{R_2+R_3}C$	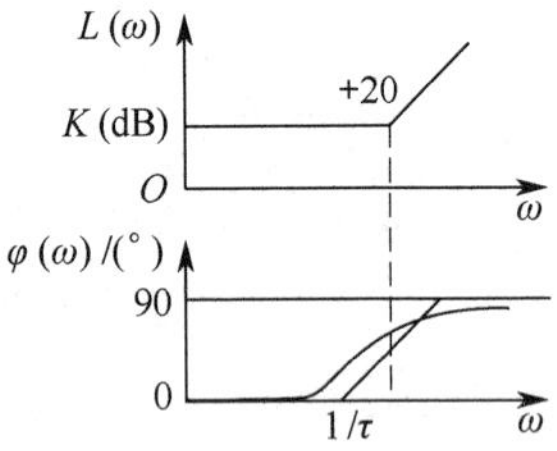
比例—积分（PI）	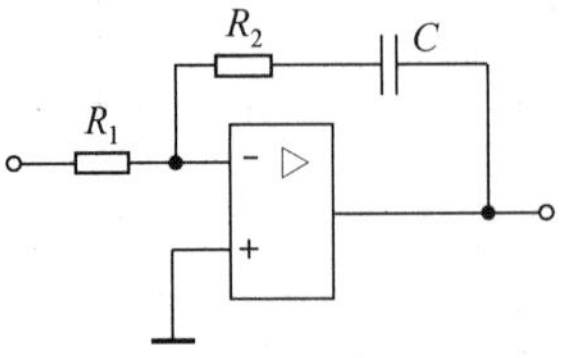	$G(s)=\frac{K}{T}\left(\frac{1+Ts}{s}\right)$ $K=\frac{R_2}{R_1}$ $T=R_2C$	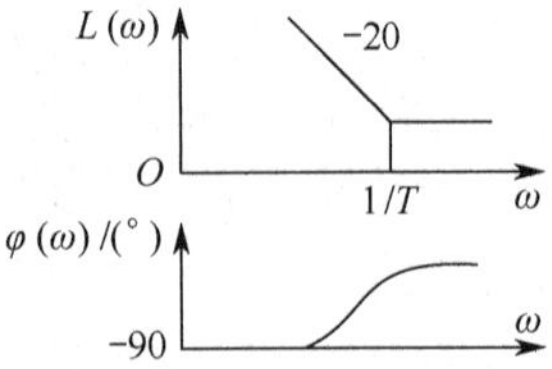

（续表）

类　别	电路图	传递函数	对数频率特性曲线
比例—积分—微分（PID）	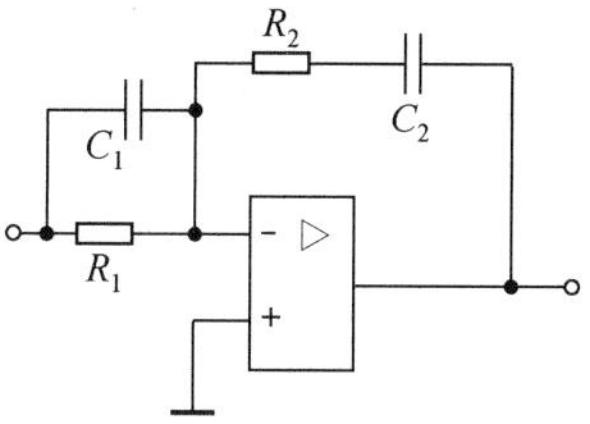	$G(s)=K\dfrac{(1+Ts)(1+\tau s)}{Ts}$ $K=\dfrac{R_2}{R_1}$ $T=R_2C_2$ $\tau=R_1C_1$	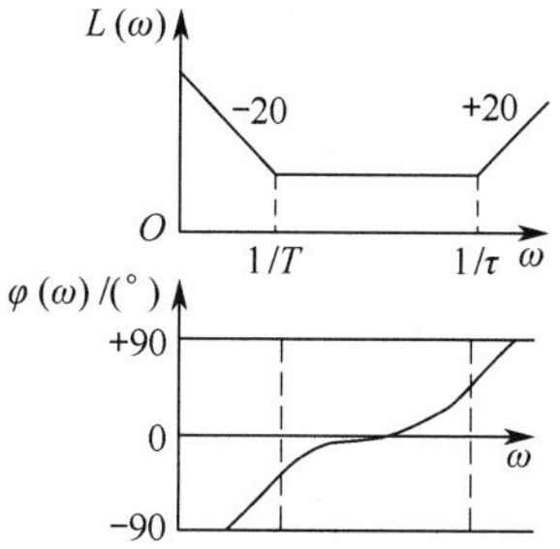
滤波型控制器（惯性环节）	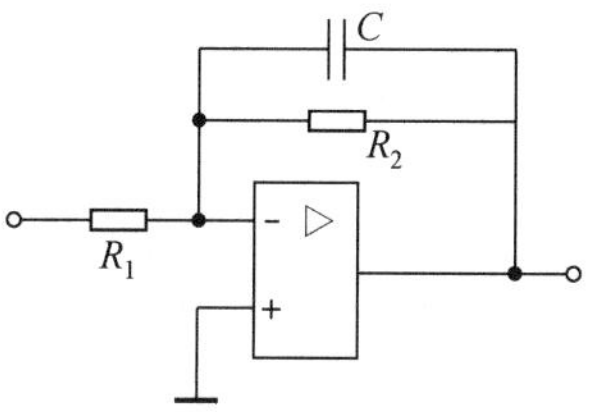	$G(s)=\dfrac{K}{1+Ts}$ $K=\dfrac{R_2}{R_1}$ $T=R_2C$	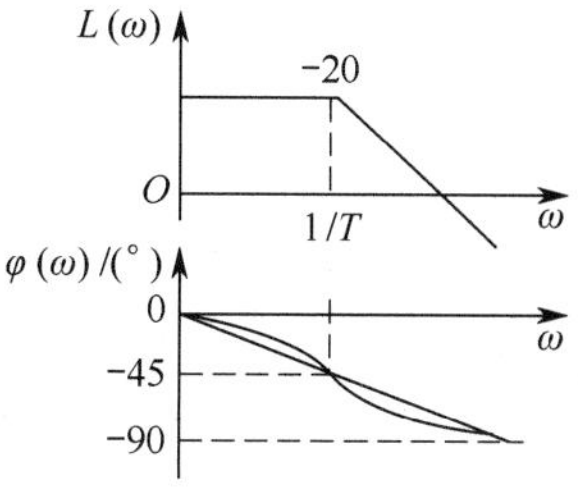

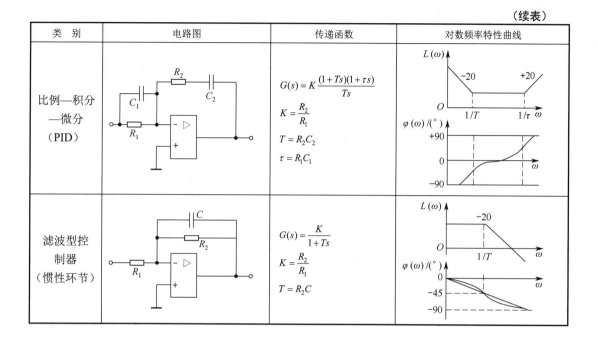

6.2　控制系统校正方法

如果系统设计要求满足的性能指标属频域特征量，则通常采用频域校正法，该方法的核心是选择具有恰当频率特性曲线的校正装置，加入系统后使开环频率特性曲线变成期望的形状，即低频段增益足够大，满足稳态误差的要求；中频段对数幅频特性斜率一般为−20dB/dec，并占据充分宽的频段保证系统有足够的相角裕度；高频段幅值低、衰减快，可削弱噪声影响。在频域法中，常用的校正设计方法有分析法和综合法两种。

分析法又称试探法。用这种方法设计校正装置比较直观，在物理上易于实现，但要求设计者有一定的工程设计经验，设计过程带有试探性。目前工程技术界多采用分析法进行系统设计。

综合法又称期望特性法，该方法从闭环系统性能与开环系统特性密切相关这一概念出发，根据规定的性能指标要求确定系统期望的开环特性曲线形状，然后与系统原有开环特性曲线比较，从而确定校正方式、装置形式和参数，这种设计方法可以一次完成设计工作，但由要求的性能指标来绘制期望特性曲线并不容易，而且求出的校正装置的传递函数可能比较复杂，在物理上难以准确实现。

需要指出的是，无论是分析法还是综合法，其设计过程一般都仅适用于最小相位系统。

6.2.1　串联校正

1. 串联超前校正

当系统的相角裕度 γ 较小、截止频率 ω_c 较低时，即系统的动态性能不够好。为了改善系统的性能，期望减小超调量，缩短调节时间，即要增大 γ、提高 ω_c。这时可利用超前校正，在中频段产生足够大的超前相角，以补偿原系统过大的滞后相角。超前校正网络的参数应根据相角补偿条件和稳态性能的要求来确定。

例 6-3 设单位反馈系统的开环传递函数为

$$G_0(s)=\frac{K}{s(0.1s+1)(0.001s+1)}$$

要求校正后系统满足：

① 相角裕度 $\gamma \geqslant 45°$；

② 稳态速度误差系数 $K_v = 1000\text{s}^{-1}$。

解 由稳态速度误差系数 K_v 的要求，求出系统开环放大系数

$$K = K_v = 1000\text{s}^{-1}$$

由于原系统前向通道中含有一个积分环节，当其开环放大系数 $K = 1000\text{s}^{-1}$ 时，能满足稳态误差的要求。

根据原系统的开环传递函数 $G_0(s)$ 和已求出的开环放大系数 $K = 1000\text{s}^{-1}$ 绘制出原系统的对数相频特性和幅频特性，如图 6-24 所示。

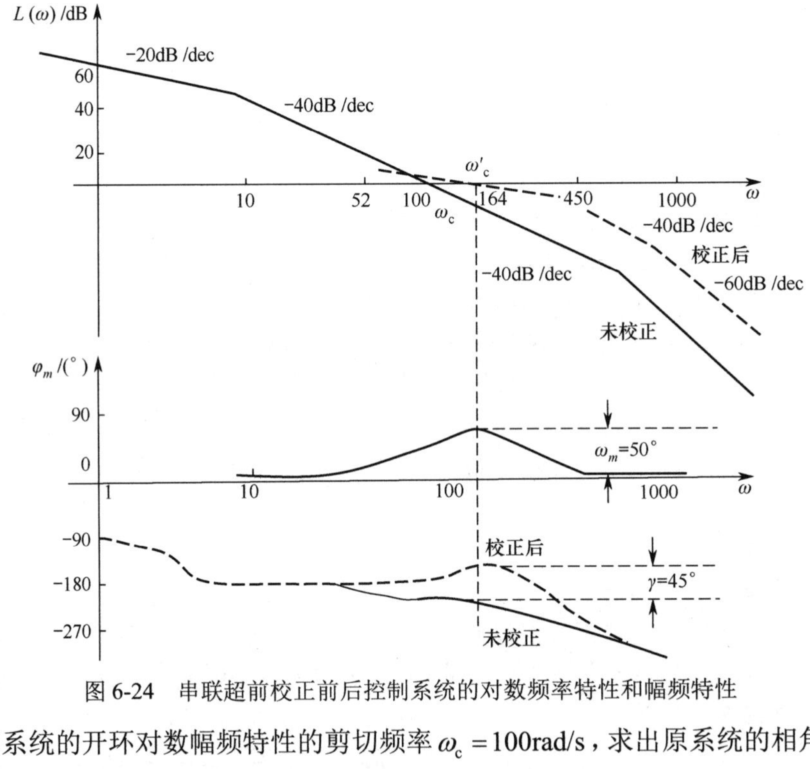

图 6-24 串联超前校正前后控制系统的对数频率特性和幅频特性

根据原系统的开环对数幅频特性的剪切频率 $\omega_c = 100\text{rad/s}$，求出原系统的相角裕度 $\gamma \approx 0$，这说明当 $K = 1000\text{s}^{-1}$ 时，原系统处于临界稳定状态，不能满足相角裕度 $\gamma \geqslant 45°$ 的要求。

为满足 $\gamma \geqslant 45°$ 的要求，串联校正装置提供的最大超前相角 φ_m 必须大于或等于 45°。考虑到校正后系统的剪切频率 ω_c' 会稍大于校正前的剪切频率 ω_c，因此，应给校正装置的最大超前相角增加一个补偿角度 $\Delta\varphi$。$\Delta\varphi$ 的取值应视原系统在剪切频率附近相频特性曲线的变化情况而定。若曲线变化较缓慢，$\Delta\varphi$ 的取值可小一些，曲线变化较陡，则 $\Delta\varphi$ 的取值可大一些。从图 6-24 可看出，在剪切频率 ω_c 附近，相频特性曲线变化较缓慢，在 ω_c' 较 ω_c 增加不多的情

况下，为保证校正后系统的相角裕度 $\gamma \geqslant 45^\circ$，取 $\Delta\varphi = 5^\circ$，即有

$$\varphi_m = \gamma + \Delta\varphi = 50^\circ$$

由式（6-11）可求出校正装置参数 $a = 7.5$。

通常应使串联超前校正网络最大超前相角 φ_m 对应的频率 ω_m 与校正后系统的剪切频率 ω_c' 重合。可求出 ω_m 所对应的校正网络幅值增益为

$$10\lg a = 10\lg 7.5 = 8.75\text{dB}$$

由图 6-24 可知，在原系统的幅频特性为−8.75dB 处，$\omega_m = \omega_c' = 164\text{rad/s}$，由式（6-12）得

$$T = \frac{1}{\omega_m \sqrt{a}} = \frac{1}{164\sqrt{7.5}} \approx 0.00222\text{s}$$

由此得到串联超前校正装置的两个交接频率分别为

$$\frac{1}{T} = \sqrt{a}\omega_m = 450\text{rad/s}$$

$$\frac{1}{aT} = 60\text{rad/s}$$

所以，超前校正装置的传递函数为

$$G_c = \frac{1}{a} \times \frac{1+aTs}{1+Ts} = \frac{1}{7.5} \times \frac{1+0.0167s}{1+0.00222s}$$

在补偿了超前校正装置的幅值衰减后，校正后系统的开环传递函数为

$$G(s) = K_c G_c(s) G_0(s) = \frac{1000(0.0167s+1)}{s(0.1s+1)(0.001s+1)(0.00222s+1)}$$

其中，$K_c = a = 7.5$ 为补偿系数。根据校正后系统的开环传递函数 $G(s)$ 绘制的 Bode 图如图 6-24 所示。由图可知，校正后系统中频段斜率变为−20dB/dec，相角裕度 $\gamma' = 45^\circ$，幅值穿越频率 $\omega_c' = 164\text{rad/s}$。

通过上例的分析，可知串联超前校正对系统性能有如下影响。

① 增加开环频率特性在剪切频率附近的正相角，进而提高了系统的相角裕度；

② 减小对数幅频特性在幅值穿越频率处的负斜率，进而提高了系统的稳定性；

③ 提高了系统的频带宽度，进而提高了系统的响应速度；

④ 不影响系统的稳态性能。

若原系统不稳定或稳定裕量很小，且开环相频特性曲线在幅值穿越频率附近有较大的负斜率时，不宜采用相位超前校正。因为随着幅值穿越频率的增加，原系统负相角增加的速度将超过超前校正装置正相角增加的速度，超前校正网络就不能满足要求了，但可采用其他方法进行校正。例如，采用两级（或两级以上）的串联超前校正网络进行串联超前校正，或采用一个滞后网络进行串联滞后校正，也可以采用测速反馈校正。

用频率特性法设计串联超前校正的步骤可归纳如下。

① 根据稳态性能的要求，确定系统的开环放大系数 K；

② 利用求得的 K 值和原系统的传递函数，绘制原系统的 Bode 图；

③ 在 Bode 图上求出原系统的幅值和相角裕度，确定为使相角裕度达到规定的数值所需增加的超前相角，即超前校正装置的 φ_m 值，将 φ_m 值代入式（6-11）求出校正网络参数 a，在 Bode 图上确定原系统幅值等于 $-10\lg a$ 对应的截止频率 ω_c'，以这个频率作为超前校正装置的

最大超前相角所对应的频率 ω_m，即令 $\omega_m = \omega_c'$；

④ 将已求出的 ω_m 和 a 的值代入式（6-12），求出超前校正网络的参数 aT 和 T，并写出校正网络的传递函数 $G_c(s)$；

⑤ 最后将原系统前向通道的放大倍数增加 $K_c = a$ 倍，以补偿串联超前校正网络的幅值衰减作用，写出校正后系统的开环传递函数 $G(s) = K_0 G_0(s) G_c(s)$，并绘制校正后系统的 Bode 图，验证校正的结果。

一旦完成校正装置设计后，需要进行系统实际调校，或者进行 MATLAB 仿真以检查系统的时间响应特性。这时，需要将系统建模时省略的部分尽可能加入系统，以保证仿真结果的真实性。如果由于系统各种固有非线性因素的影响，或者由于系统噪声和负载效应等因素的影响，使已校正系统不能满足全部性能指标要求，则需要适当调整校正装置的形式或参数，直到已校正系统满足全部性能指标为止。

2. 串联滞后校正

利用滞后网络进行串联校正的基本原理，是利用滞后网络的高频幅值衰减特性，使已校正系统截止频率下降，从而使系统获得足够的相角裕度。因此，滞后网络的最大滞后相角力求避免发生在系统截止频率附近。当控制系统采用串联滞后校正时，其高频衰减特性可以保证系统在有较大开环放大系数的情况下获得满意的相角裕度或稳态性能。下面通过例题说明串联滞后校正的设计方法。

例 6-4 设原系统的开环传递函数为

$$G_0(s) = \frac{K}{s(0.1s+1)(0.2s+1)}$$

试用串联滞后校正，使系统满足：

① $K = 30\text{s}^{-1}$；

② 相角裕度 $\gamma \geqslant 40^\circ$。

解 按开环放大系数 $K = 30\text{s}^{-1}$ 的要求绘制出原系统的 Bode 图，如图 6-25 所示。由图可知，原系统的剪切频率 $\omega_c = 11\text{rad/s}$，相角裕度 $\gamma = -25^\circ$，显然原系统是不稳定的。从相频特性可知，在剪切频率 ω_c 附近，相频特性的变化速率较大，若此时采用串联超前校正很难奏效。在这种情况下，可以考虑采用串联滞后校正。

根据相角裕度 $\gamma \geqslant 40^\circ$ 的要求，同时考虑到滞后网络相角滞后的影响，初步取 $\Delta\varphi = 5^\circ$。在原系统相频特性 $\angle G_0(\text{j}\omega)$ 上找到对应相角为−180° +(40° +5°)=−135° 处的频率 $\omega_c' \approx 3\text{rad/s}$，以 ω_c' 作为校正后系统的剪切频率。

在 $\omega_c' \approx 3\text{rad/s}$ 处求出原系统的幅值为 $20\lg|G_0(\text{j}\omega_c')| = 20\text{dB}$，由图 6-25 可知，滞后网络的最大幅值衰减为 $20\lg b$，令 $20\lg b = -20\lg|G_0(\text{j}\omega_c')| = -20\text{dB}$，可求出滞后网络参数 $b = 0.1$。

当 $b = 0.1$ 时，为了确保滞后网络在 ω_c' 处只有 5° 的滞后相角，则应使滞后校正网络的第二个交接频率 $1/bT = \omega_c'/10$，即 $1/bT = 0.3\text{rad/s}$。由此，求出滞后网络时间常数 T=33.3s，即第一个交接频率为 $1/T$=0.03rad/s。

串联滞后校正网络的传递函数为

$$G_c(s) = \frac{3.33s+1}{33.3s+1}$$

校正后系统的开环传递函数为

$$G(s)=G_0(s)G_c(s)=\frac{30(3.33s+1)}{s(0.1s+1)(0.2s+1)(33.3s+1)}$$

绘制校正后系统的 Bode 图如图 6-25 中的虚线所示。由图可知，当保持 $K=30\text{s}^{-1}$ 不变时（保证系统的稳态性能指标），系统的相角裕度由校正前的 $\gamma=-25°$ 提高到 40°，说明经串联滞后校正后，系统是稳定的，并且具有满意的相对稳定性。但校正后系统的剪切频率降低，其频带宽度 ω_b 由校正前的 15rad/s 下降为校正后的 5.5rad/s，意味着系统响应的快速性降低，这是串联滞后校正的主要缺点。虽然系统的带宽变窄，响应速度降低，但提高了系统的抗干扰能力。

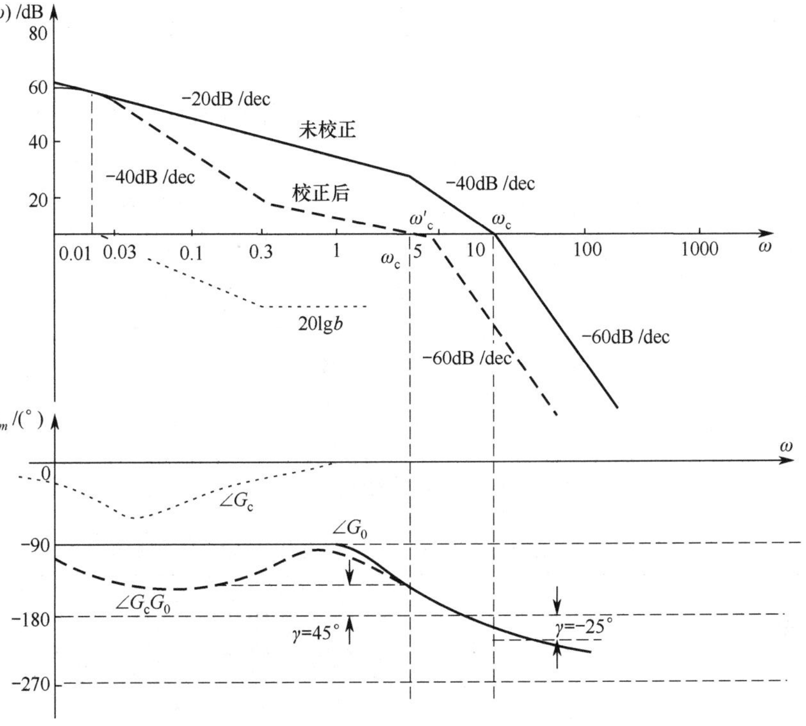

图 6-25　串联滞后校正前后控制系统的对数频率特性

串联滞后校正对系统的影响有以下三点。

① 在保持系统开环放大系数不变的情况下，减小剪切频率，从而增加了相角裕度，提高了系统的相对稳定性；

② 在保持系统相对稳定性不变的情况下，可以提高系统的开环放大系数，改善系统的稳态性能；

③ 由于降低了剪切频率，系统带宽变窄，使系统的响应速度降低，但系统抗干扰能力增强。

用频率特性法进行串联滞后校正的步骤可归纳为：

① 按要求的稳态误差系数，求出系统的开环放大系数 K；

② 根据 K 值，画出原系统的 Bode 图，测取原系统的相角裕度和幅值裕度，根据要求的相角裕度并考虑滞后角度的补偿，求出校正后系统的剪切频率 ω_c'；

③ 令滞后网络的最大衰减幅值等于原系统对应 ω_c' 的幅值，求出滞后网络的参数 b，即 $b = 10^{-L(\omega_c')/20}$；

④ 为保证滞后网络在 ω_c' 处的滞后角度不大于 5°，令它的第二个转折频率 $\omega_2 = \dfrac{\omega_c'}{10}$，求出 bT 和 T 值，即 $\dfrac{1}{bT} = \dfrac{\omega_c'}{10}$ 和 $\dfrac{1}{T} = b\dfrac{\omega_c'}{10}$；

⑤ 写出校正网络的传递函数和校正后系统的开环传递函数，画出校正后系统的 Bode 图，验证校正结果。

串联滞后校正与串联超前校正两种方法，在完成系统校正任务方面是相同的，但有以下不同之处：

① 超前校正是利用超前校正网络的相角超前特性，而滞后校正则是利用滞后网络的高频幅值衰减特性。

② 为了满足严格的稳态性能要求，当采用无源校正网络时，超前校正要求一定的附加增益，而滞后校正一般不需要附加增益。

③ 对于同一系统，采用超前校正的系统带宽大于采用滞后校正的系统带宽。从提高系统响应速度的观点来看，希望系统带宽越大越好；与此同时，带宽越大则系统越易受噪声干扰的影响，因此，如果系统输入端噪声电平较高，一般不宜选用超前校正。

最后需要指出，在有些应用方面，采用滞后校正可能会得出时间常数达不到实现的结果。这种不良后果的出现，是由于需要在足够小的频率值上安置滞后网络的第一个交接频率，以保证在需要的频率范围内产生有效的高频幅值衰减特性。在这种情况下，最好采用串联滞后—超前校正。

相角超前校正网络与相角滞后校正网络的特性对比如表 6-3 所示。

表 6-3 相角超前校正网络与相角滞后校正网络的特性对比

	校正网络	
	相角超前	相角滞后
动机	在 Bode 图上转折频率处增加超前相角，加入超前校正网络，实现预期的主导极点	保持 Bode 图上相角裕度基本不变，增加滞后相角，以增大系统的误差系数
效果	①增大系统带宽；②增大高频段增益	减小系统带宽
优点	①获得预期响应；②改善系统动态性能	①抑制高频噪声；②减小系统稳态误差
不足	①需要附加放大器增益； ②增大了系统带宽，使系统对噪声更加敏感； ③通常要求 RC 网络具有很大的电阻和电容	①减缓瞬态响应速度； ②通常要求 RC 网络具有很大的电阻和电容
适用场合	要求系统有快速的响应	对系统的稳态误差系数有明确和严格的要求
不适用场合	在穿越频率附近，系统的相角急剧下降	满足相角裕度要求后，系统没有足够的低频段

3. 串联滞后—超前校正

前面介绍的串联超前校正主要是利用超前装置的相角超前特性来提高系统的相角裕度或相对稳定性，而串联滞后校正是利用滞后装置在高频段的幅值衰减特性来提高系统的开环放大系数，从而改善系统的稳态性能。

当原系统在剪切频率处的相频特性负斜率较大，且又不满足相角裕度要求时，不宜采用串联超前校正，而应考虑采用串联滞后校正。但这并不意味着凡是采用串联超前校正不能奏效的系统，采用串联滞后校正就一定可行。实际中，的确存在一些系统，单独采用超前校正或单独采用滞后校正都不能获得满意的动态和稳态性能。在这种情况下，可考虑采用滞后—超前校正方式。

从频率响应的角度来看，串联滞后校正主要用来校正开环频率的低频段特性，而超前校正主要用于改变中频段特性的形状和参数。因此，在确定参数时，两者基本上可独立进行。可按前面的步骤分别确定超前和滞后装置的参数。一般地，可先根据动态性能指标的要求确定超前校正装置的参数，在此基础上，再根据稳态性能指标要求确定滞后装置的参数。应注意的是，在确定滞后校正装置时，尽量不影响已由超前装置校正好的系统动态指标，在确定超前校正装置时，要考虑到滞后装置的加入对系统动态性能的影响，参数选择应留有裕量。

例 6-5　设系统的开环传递函数为

$$G(s)=\frac{K}{s(0.1s+1)(0.05s+1)}$$

要求系统满足下列性能指标：

① 速度误差系数 $K_v \geqslant 50$；

② 剪切频率 $\omega_c=(10\pm 0.5)\text{rad/s}$；

③ 相角裕度 $\gamma=40^\circ\pm 3^\circ$。

试用频率响应法确定串联滞后—超前校正装置的参数。

解　按要求①可得 $K=50$。画出校正前系统的 Bode 图，如图 6-26 所示。图中 $|G_0|$ 和 $\angle G_0$ 分别为校正前开环系统的对数幅频特性和相频特性。根据性能指标的要求先确定超前校正部分。

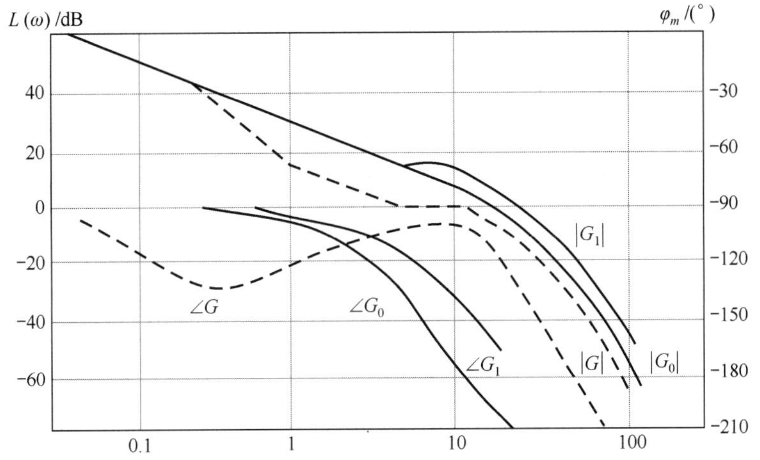

图 6-26　校正前系统的 Bode 图

由图 6-26 可知，$\omega=10\text{rad/s}$ 对应的相角为-162°，为使 $\gamma=40^\circ$ 并考虑到相位滞后部分的影响，取由超前校正网络提供的最大相角为 $\varphi_m=27^\circ$，于是有

$$a=\frac{1+\sin\varphi_m}{1-\sin\varphi_m}=\frac{1+\sin 27}{1-\sin 27}=2.66$$

为使 $\omega=10\text{rad/s}$ 时，对应最大超前相角 φ_m ，有

$$\omega_m=\frac{1}{\sqrt{aT_1}}=10\text{，}\quad T_1=0.06\text{s}$$

所以相位超前校正网络为

$$G_{c1}(s)=\frac{aT_1s+1}{T_1s+1}=\frac{0.16s+1}{0.06s+1}$$

校正后系统的开环传递函数为

$$G_1(s)=G_0(s)G_{c1}(s)=\frac{50(0.16s+1)}{s(0.1s+1)(0.05s+1)(0.06s+1)}$$

$G_1(s)$的 Bode 图如图 6-26 所示。由图可知，当 $\omega=10\text{rad/s}$ 时， $G_1(\text{j}\omega)$ 的幅值为 14dB。

因此，为使 $\omega=10\text{rad/s}$ 等于幅值穿越频率，可在高频区使增益下降 14dB。则滞后校正部分的参数为

$$20\lg b=-14$$

从而可得 b=0.2。取交接频率 $1/bT_2$ 为幅值穿越频率 $\omega=10\text{rad/s}$ 的 1/10，即

$$\frac{1}{bT_2}=\frac{\omega}{10}=1$$

从而可得 $T_2=1/b=5\text{s}$。那么所求滞后网络为

$$G_{c2}(s)=\frac{bT_2s+1}{T_2s+1}=\frac{s+1}{5s+1}$$

校正后系统的开环传递函数为

$$G(s)=G_0(s)G_{c1}(s)G_{c2}(s)=\frac{50(0.16s+1)(s+1)}{s(0.1s+1)(0.05s+1)(0.06s+1)(5s+1)}$$

校正后系统的 Bode 图如图 6-26 所示。由图知，$\omega_c=10\text{rad/s}$ ，$\gamma=40^\circ$ ，满足所求系统的全部性能指标要求。

6.2.2 期望频率特性法校正

采用期望频率特性法对系统进行校正是将性能指标要求转化为期望的对数幅频特性，再与原系统的频率特性进行比较，从而得出校正装置的形式和参数。该方法简单、直观，可适合任何形式的校正装置。但由于只有最小相位系统的对数幅频特性和对数相频特性之间有确定的关系，故期望频率特性法仅适合于最小相位系统的校正。

设期望的开环传频率特性为 $G(\text{j}\omega)$ ，原系统的开环频率特性是 $G_0(\text{j}\omega)$ ，串联校正装置的频率特性是 $G_c(\text{j}\omega)$ ，则有

$$G(\text{j}\omega)=G_0(\text{j}\omega)G_c(\text{j}\omega)$$

即

$$G_c(\text{j}\omega)=\frac{G(\text{j}\omega)}{G_0(\text{j}\omega)}$$

其对数频率特性为

$$L_c(\omega)=L(\omega)-L_0(\omega) \tag{6-19}$$

式（6-19）表明，对于已知的待校正系统，当确定了期望对数幅频特性之后，就可以得到校正装置的对数幅频特性。

通常，为使控制系统具有较好的性能，期望的频率特性如图 6-27 所示。由图知，系统在整个频段的渐近对数幅频特性曲线的斜率为−40dB/dec 至−20dB/dec 至−40dB/dec（2-1-2 型），其频率特性具有如下形式：

$$G(\mathrm{j}\omega)=\frac{K\left(1+\frac{\mathrm{j}\omega}{\omega_2}\right)}{s^2\left(1+\frac{\mathrm{j}\omega}{\omega_3}\right)}$$

$$\varphi(\omega)=-180^\circ+\arctan\frac{\omega}{\omega_2}-\arctan\frac{\omega}{\omega_3}$$

故相角裕度为

$$\gamma(\omega)=180^\circ+\varphi(\omega)=\arctan\frac{\omega}{\omega_2}-\arctan\frac{\omega}{\omega_3} \tag{6-20}$$

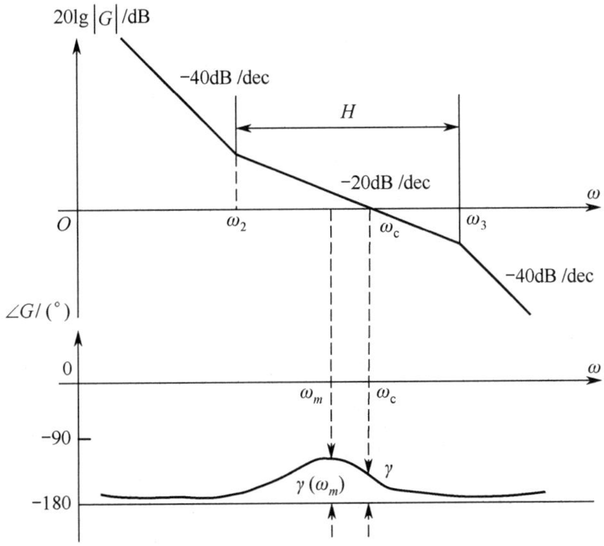

图 6-27　期望的频率特性

由 $\frac{\mathrm{d}\gamma}{\mathrm{d}\omega}=0$ 可产生最大相角裕度 $\gamma_{\max}$ 的角频率为

$$\omega_m=\sqrt{\omega_2\omega_3} \tag{6-21}$$

式（6-21）说明 ω_m 正好是两个转折频率的几何中心。

由式（6-20）和式（6-21）可得到

$$\tan\gamma(\omega_m)=\frac{\frac{\omega_m}{\omega_2}-\frac{\omega_m}{\omega_3}}{1+\frac{\omega_m^2}{\omega_2\omega_3}}=\frac{\omega_3-\omega_2}{2\sqrt{\omega_2\omega_3}}$$

所以

$$\sin\gamma(\omega_m)=\frac{\omega_3-\omega_2}{\omega_3+\omega_2} \tag{6-22}$$

若令对数幅频特性中斜率为−20dB/dec 的中频段的宽度为 H，则有 $H=\dfrac{\omega_3}{\omega_2}$，式（6-22）可写成

$$\sin\gamma(\omega_m)=\frac{H-1}{H+1} \tag{6-23}$$

因为

$$M_{\mathrm{r}}\approx\frac{1}{\sin\gamma(\omega_m)} \tag{6-24}$$

所以

$$M_{\mathrm{r}}=\frac{H+1}{H-1} \tag{6-25}$$

或

$$H=\frac{M_{\mathrm{r}}+1}{M_{\mathrm{r}}-1} \tag{6-26}$$

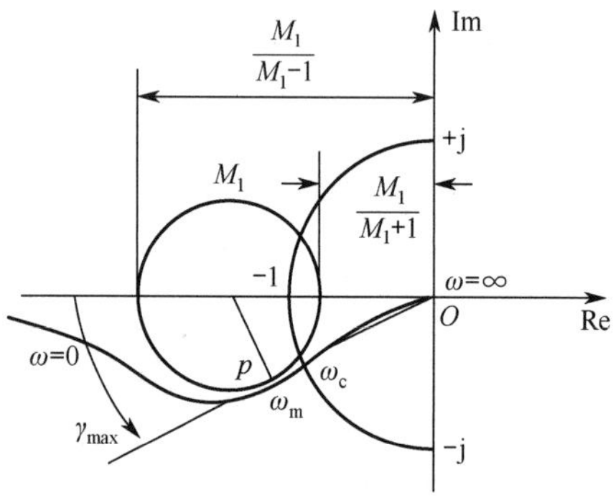

图 6-28 由等 M 圆确定 $|G(\mathrm{j}\omega_m)|$

由图 6-27 和图 6-28 可得到剪切频率 ω_{c} 与 ω_m、ω_3、ω_2 之间的关系，由图 6-27，有

$$\frac{\omega_{\mathrm{c}}}{\omega_m}=|G(\mathrm{j}\omega_m)|$$

若取 $M_{\mathrm{r}}=M_1>1$，如图 6-28 所示，可得出

$$|G(\mathrm{j}\omega_m)|=Op=\frac{M_1}{\sqrt{M_1^2-1}}$$

则有

$$\frac{\omega_{\mathrm{c}}}{\omega_m}=\frac{M_{\mathrm{r}}}{\sqrt{M_{\mathrm{r}}^2-1}},M_{\mathrm{r}}>1 \tag{6-27}$$

由式（6-27）和式（6-21），有

$$\omega_{\mathrm{c}}=\omega_m\frac{M_{\mathrm{r}}}{\sqrt{M_{\mathrm{r}}^2-1}}=\sqrt{\omega_2\omega_3}\frac{M_{\mathrm{r}}}{\sqrt{M_{\mathrm{r}}^2-1}} \tag{6-28}$$

将 $H=\dfrac{\omega_3}{\omega_2}$ 及式（6-25）代入式（6-28）得

$$\omega_2=\omega_{\mathrm{c}}\frac{2}{H+1} \tag{6-29}$$

$$\omega_3=\omega_{\mathrm{c}}\frac{2H}{H+1} \tag{6-30}$$

为了使系统具有以 H 表征的阻尼程度，通常取

$$\omega_2\leqslant\omega_{\mathrm{c}}\frac{2}{H+1} \tag{6-31}$$

$$\omega_3\geqslant\omega_{\mathrm{c}}\frac{2H}{H+1} \tag{6-32}$$

若采用 M_{r} 最小法，即把闭环系统的频域指标 M_{r} 放在开环系统的截止频率 ω_{c} 处，使期望对数频率特性对应的闭环系统具有最小 M_{r} 值，则交接频率 ω_2 和 ω_3 的选择范围是

$$\omega_2 \leqslant \omega_c \frac{M_r - 1}{M_r} \tag{6-33}$$

$$\omega_3 \geqslant \omega_c \frac{M_r + 1}{M_r} \tag{6-34}$$

期望对数幅频特性的求法：

① 根据对系统稳态误差的要求确定开环增益 K 及对数幅频特性初始段的斜率；

② 根据系统性能指标，由剪切频率 ω_c、γ、H、ω_2、ω_3 等参数，绘制期望特性的中频段，并使中频段的斜率为−20dB/dec，以保证系统有足够的相角裕度；

③ 若中频段的幅值曲线不能与低频段相连，可增加一条连接中低频段的直线，直线的斜率为−40dB/dec 或−60dB/dec，为简化校正装置，应使直线的斜率接近相邻线段的斜率；

④ 根据对数幅值裕度及高频段抗干扰的要求，确定期望频率特性的高频段，为使校正装置简单，通常高频段的斜率与原系统保持一致或与高频段幅值曲线完全重合。

下面举例说明用期望对数幅频特性法校正系统的步骤和方法。

例 6-6　设单位反馈系统的开环传递函数为

$$G_0(s) = \frac{K}{s(0.12s+1)(0.02s+1)}$$

试用期望频率特性法设计串联校正装置，使系统满足：$K_v \geqslant 70\,\mathrm{s}^{-1}$，$t_s \leqslant 1\mathrm{s}$，$\sigma_p\% \leqslant 40\%$。

解　① 根据稳态指标的要求，取 K=70，并画出未校正系统的对数频率特性，如图 6-29（a）所示，求得未校正系统的剪切频率

$$\omega_c' = 22.3\,\mathrm{rad/s}$$

校正前闭环系统的阶跃响应如图 6-29（b）所示，由图知，校正前系统阶跃响应不收敛，且随时间增长幅值不断增大，因此系统是不稳定的。

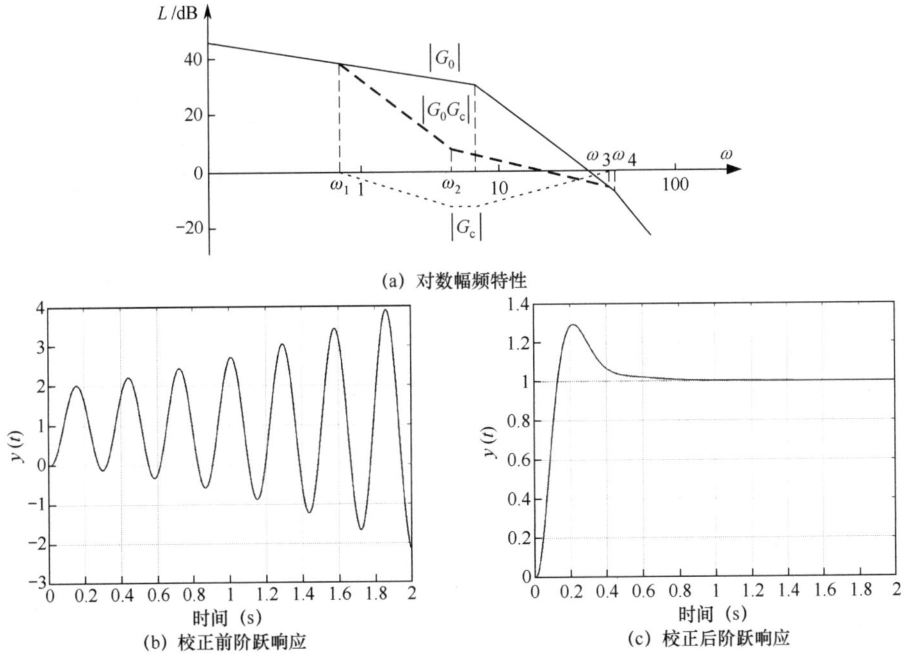

(a) 对数幅频特性

(b) 校正前阶跃响应

(c) 校正后阶跃响应

图 6-29　例 6-6 校正前后系统特性

② 绘制期望频率特性，主要参数为

低频段：系统为 I 型，故当 $\omega = 1$ 时，有

$$20\lg|G_0 G_c| = 20\lg K = 36.9$$

作斜率为−20dB/dec 的直线与 $20\lg|G_0|$ 的低频段重合。

中频段及衔接段：由式（5-102）、式（5-104）和式（5-105），将 σ_p 和 t_s 转换为相应的频域指标，并取为

$$M_r=1.6，\omega_c=13\text{rad/s}$$

由式（6-33）和式（6-34）估算，有

$$\omega_2 \leqslant 4.88，\omega_3 \geqslant 21.13$$

在 ω_c=13rad/s 处，作斜率为−20dB/dec 的直线，交 $20\lg|G_0|$ 于 ω=45rad/s 处，见图 6-29（a）。取

$$\omega_2=4，\omega_3=45$$

此时，$H=\omega_2/\omega_3$=11.25。由式（6-23），有

$$\gamma = \arcsin\frac{H-1}{H+1} = 56.8^\circ$$

在中频段与过 ω_2=4 的横轴垂线的交点上，作斜率为−40dB/dec 的直线，交期望频率特性低频段于 ω_1=0.75rad/s 处。

于是，期望频率特性的参数为

$$\omega_1=0.75\text{rad/s}，\omega_2=4，\omega_3=45$$

$$\omega_4=50，\omega_c=13，H=11.25$$

③ 将 $|G_0 G_c|$（dB）与 $|G_0|$（dB）特性相减，得串联校正装置的传递函数为

$$G_c(s) = \frac{(0.25s+1)(0.12s+1)}{(1.33s+1)(0.022s+1)}$$

④ 校正后系统的开环传递函数为

$$G(s) = \frac{70(0.25s+1)}{s(1.33s+1)(0.022s+1)(0.02s+1)}$$

验算性能指标，经计算：ω_c=13，γ=45.6º，M_r=1.4，$\sigma_p = 32\%$，$t_s = 0.73\text{s}$，满足设计要求。

校正后闭环系统的阶跃响应如图 6-29（c）所示，其中，校正后系统阶跃响应的调节时间 $t_s \leqslant 1\text{s}$，超调量 $\sigma_p\% < 40\%$，即校正后系统能够满足性能指标要求。

例 6-7 设 II 型系统的开环传递函数为

$$G_0(s) = \frac{25}{s^2(0.025s+1)}$$

试确定使该系统达到下列性能指标的串联校正装置：保持稳态加速度误差系数 K_a=25s^{-2} 不变，超调量 $\sigma_p \leqslant 30\%$，$t_s \leqslant 0.9\text{s}$。

解 ① 绘制原系统的近似对数幅频特性曲线，见图 6-30（a）中曲线 I 。校正前闭环系统的阶跃响应如图 6-30（b）所示，可知，校正前系统阶跃响应不收敛，且随时间增长幅值不断增大，因此系统是不稳定的。

② 绘制期望频率特性。为保持稳态加速度误差系数不变，期望频率特性的低频段应和图 6-30 中特性重合。期望频率特性的中频段斜率为−20dB/dec，并使它和低频段直线连接。因此，它的位置取决于第一个转折频率 ω_2。

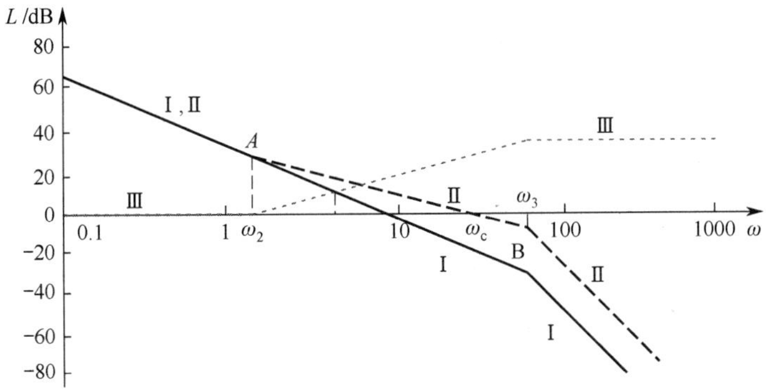

(a) 系统及校正装置的对数幅频渐近线

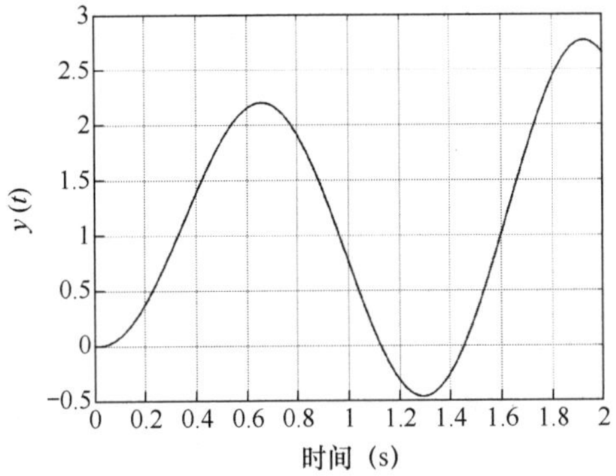

(b) 校正前阶跃响应

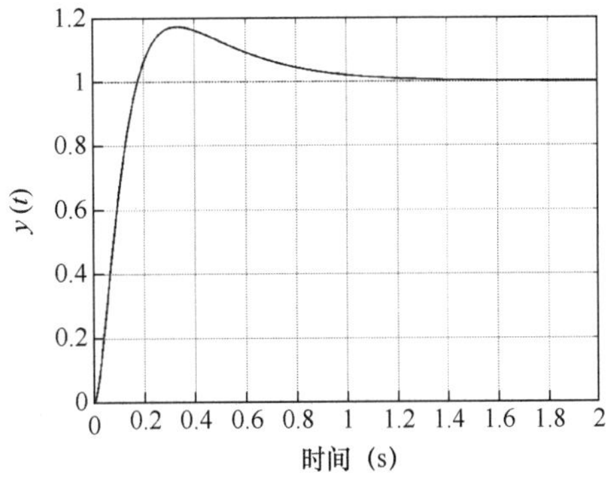

(c) 校正后阶跃响应

图 6-30　系统与校正装置的对数幅频渐近线、校正前后系统阶跃响应

根据 $\sigma_p\% = 30\%$的要求，由式（5-102）得 M_r=1.35。

为使 $t_s \leqslant 0.9$s，由式（5-105）得 ω_c=9.9。

由式（6-33）得

$$\omega_2 \leqslant \omega_c \frac{M_r - 1}{M_r} = 2.55$$

由对数幅频特性Ⅰ上 ω=2.5 的 A 点，画一条斜率为−20dB/dec 的线段，它右端 B 点处的斜率，就是对数幅频特性Ⅰ的转折频率 ω_3，将这一线段作为期望频率特性的中频段。

为使期望频率特性尽量靠近原系统的对数幅频特性Ⅰ，过 B 点画一条斜率为−60dB/dec 的直线向高频段延长，该直线作为期望频率特性的高频段。得到如图 6-30 中折线Ⅱ所示的期望特性。它是 2-1-3 型的，与典型的 2-1-2 型的高频部分有区别。期望频率特性过 ω_3 后，斜率由−20dB/dec 变为−60dB/dec，说明有两个时间常数为 $1/\omega_3$=0.025 的惯性环节。

经验算，按画出的期望频率特性确定的校正装置能保证系统具有要求的性能。

③ 图 6-30 中曲线Ⅱ减曲线Ⅰ得校正装置的对数幅频特性曲线Ⅲ。按曲线Ⅲ写出校正装置的传递函数

$$G_c(s) = \frac{0.4s + 1}{0.025s + 1}$$

这是一个超前校正装置的传递函数。

校正后闭环系统的阶跃响应如图 6-30（c）所示，由图知，校正后系统阶跃响应的调节时间 $t_s \leqslant 0.9\text{s}$，超调量 $\sigma_p\% \leqslant 20\%$，即校正后系统能够满足性能指标要求。

6.2.3 反馈校正

在控制系统的校正中，反馈校正也是常用的校正方式之一。反馈校正除了与串联校正一样可改善系统的性能，还可抑制反馈环内不利因素对系统的影响。

图 6-31 给出了一个具有局部反馈校正的系统，反馈校正装置 $H(s)$并接在 $G_2(s)G_3(s)$的两端，形成局部反馈回环（又称为内回环）。为了保证局部回环的稳定性，被包围的环节一般不宜超过 2 个。

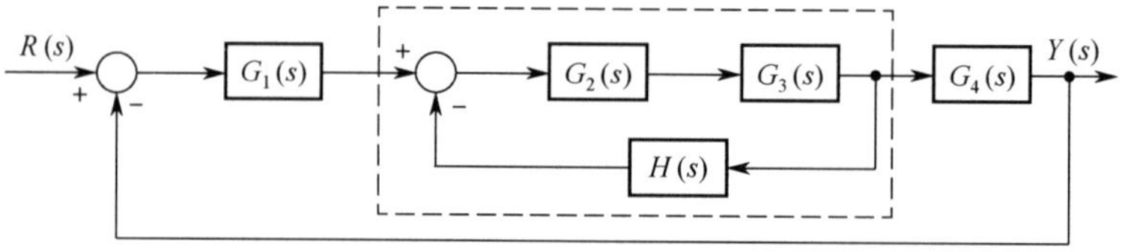

图 6-31 具有局部反馈校正的系统

由图 6-31 可知，无反馈校正时系统的开环传递函数为

$$G(s) = G_1(s)G_2(s)G_3(s)G_4(s) \tag{6-35}$$

内回环的开环传递函数为

$$G'(s) = G_2(s)G_3(s)H(s) \tag{6-36}$$

其闭环传递函数为

$$G_b'(s) = \frac{G_2(s)G_3(s)}{1+G_2(s)G_3(s)H(s)} = \frac{G_2(s)G_3(s)}{1+G'(s)} \tag{6-37}$$

校正后系统的开环传递函数为

$$G''(s) = \frac{G_1(s)G_2(s)G_3(s)G_4(s)}{1+G_2(s)G_3(s)H(s)} = \frac{G(s)}{1+G'(s)} \tag{6-38}$$

若内回环稳定［$G_b'(s)$ 的极点都在 S 左半平面］，则校正后系统的性能可按 $20\lg|G''(\mathrm{j}\omega)|$ 曲线来分析。绘制 $20\lg|G''(\mathrm{j}\omega)|$，假定有以下两点：

① 当 $|G'(\mathrm{j}\omega)| >> 1$ 时，$1+G'(\mathrm{j}\omega) \approx G'(\mathrm{j}\omega)$，按式（6-38）有

$$G''(\mathrm{j}\omega) \approx \frac{G(\mathrm{j}\omega)}{G'(\mathrm{j}\omega)} \tag{6-39}$$

由 $20\lg|G(\mathrm{j}\omega)|$ 与 $20\lg|G'(\mathrm{j}\omega)|$ 之差，便得 $20\lg|G''(\mathrm{j}\omega)|$。

② 当 $|G'(\mathrm{j}\omega)| << 1$ 时，$1+G''(\mathrm{j}\omega) \approx 1$，则

$$G''(\mathrm{j}\omega) \approx G(\mathrm{j}\omega) \tag{6-40}$$

$20\lg|G''(\mathrm{j}\omega)|$ 曲线与 $20\lg|G(\mathrm{j}\omega)|$ 曲线重合。这样近似处理，显然在 $|G'(\mathrm{j}\omega)|=1$ 附近的误差较大。校正后系统的瞬态性能主要取决于 $20\lg|G''(\mathrm{j}\omega)|$ 曲线在其穿越频率附近的形状。一般在 $20\lg|G''(\mathrm{j}\omega)|$ 曲线的穿越频率附近，$|G'(\mathrm{j}\omega)| >> 1$。因此，近似处理的结果还是足够准确的。

求综合校正装置时，应先绘制 $20\lg|G(\mathrm{j}\omega)|$ 的渐近线，再按要求的性能指标绘制 $20\lg|G''(\mathrm{j}\omega)|$ 的渐近线，由此确定 $20\lg|G'(\mathrm{j}\omega)|$，检验内回环的稳定性，最后按式（6-36）求得 $20\lg|H(\mathrm{j}\omega)|$。

例 6-8　控制系统的结构框图如图 6-32 所示，其中 $G_1(s)=\dfrac{238}{0.06s+1}$，$G_2(s)=\dfrac{228}{0.36s+1}$，$G_3(s)=\dfrac{0.0208}{s}$，试设计反馈校正装置，使系统的性能指标为：$t_s\leqslant 0.8\mathrm{s}$，$\sigma_p\leqslant 25\%$。

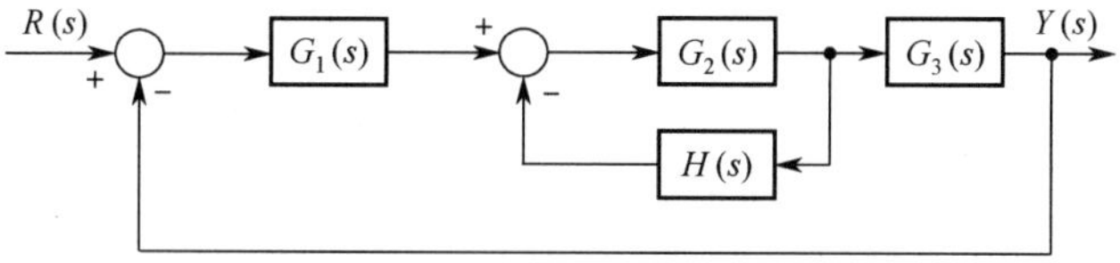

图 6-32　控制系统的结构框图

解　校正前系统的开环传递函数为

$$G_0(s)=G_1(s)G_2(s)G_3(s)\approx\frac{1130}{s(0.06s+1)(0.36s+1)}$$

① 绘制原系统的对数频率特性 L_0，如图 6-33（a）所示。校正前闭环系统的阶跃响应如图 6-33（b）所示，由图知，校正前系统阶跃响应虽然收敛，但超调量 $\sigma_p\%>80\%$，$t_s>0.8\mathrm{s}$，不满足性能指标要求。

② 绘制系统的期望对数幅频频率特性。

根据式（5-102），得对应 $\sigma_p\%\leqslant 25\%$时，$M_r\leqslant 1.23$；按 $t_s\leqslant 0.8\mathrm{s}$，由式（5-105）得 $\omega_c\geqslant 9.7$。取 $\omega_c=10$，期望频率特性的交接频率 ω_2 可由式（6-33）求得，即

$$\omega_2\leqslant\omega_c\frac{M_r-1}{M_r}=1.87$$

取 ω_2=1.1。

为简化校正装置，取中高频段的转折频率 ω_3=1/0.06=16.7。过 $\omega_c=10$ 作斜率为−20dB/dec 的直线过 0dB 线，低频端至 ω_2=1.1 处的 A 点，高频端至 ω_3=16.7 处的 B 点。再由 A 点作斜率为−40dB/dec 的直线向低频段延伸与 L_0 相交于 C 点，该点的频率为 $\omega_c=0.009$，过 B 点作斜率为−40dB/dec 的直线向高频段延伸与 L_0 相交于 D 点，该点的频率为 $\omega_D=190$。由以上步骤得到的期望对数幅频特性如图 6-33（a）中 L_K 所示。

③ 将 L_0-L_K 得到 $20\lg|G_2(\mathrm{j}\omega)H(\mathrm{j}\omega)|$，如图 6-33（a）中 L_H 所示，其传递函数为

$$G_2(\mathrm{j}\omega)H(\mathrm{j}\omega)=\frac{K_4 s}{(T_1 s+1)(T_2 s+1)}$$

其中 $K_4=\dfrac{1}{0.009}=111$，$T_1=\dfrac{1}{1.1}=0.9$，$T_2=\dfrac{1}{2.78}=0.36$。从而可得

$$H(s)=\frac{G_2(s)H(s)}{G_2(s)}=\frac{0.487s}{0.9s+1}$$

校正后闭环系统的阶跃响应如图 6-33（c）所示，由图知，校正后系统阶跃响应的调节时间 $t_s\leqslant 0.8\mathrm{s}$，超调量 $\sigma_p\%\leqslant 20\%$，即校正后系统能够满足性能指标要求。

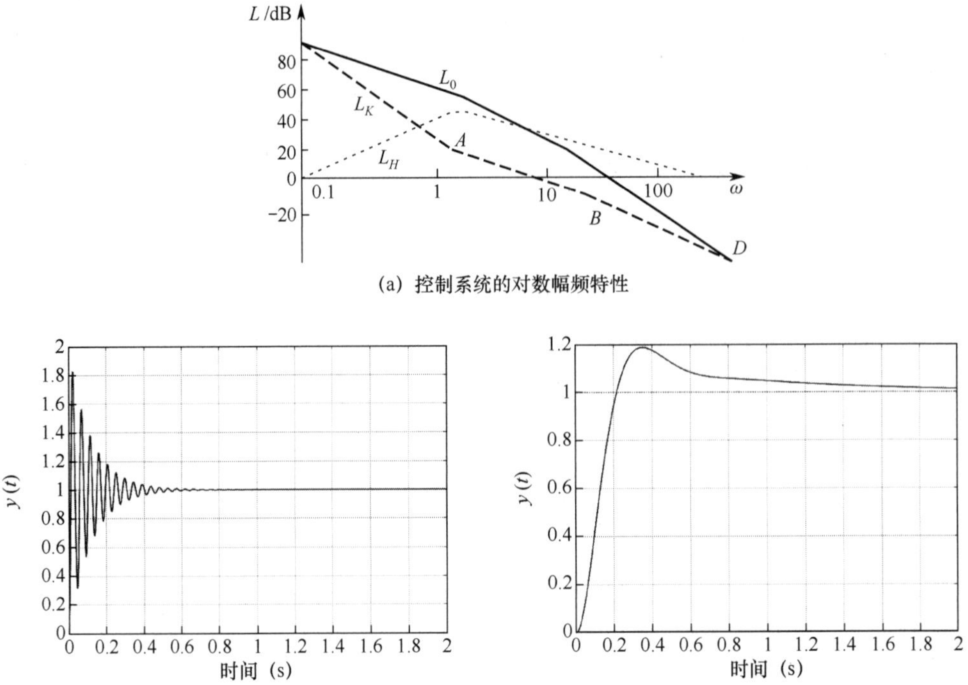

(a) 控制系统的对数幅频特性

(b) 校正前阶跃响应　　(b) 校正后阶跃响应

图 6-33　控制系统的对数幅频特性及校正前后闭环系统阶跃响应

6.3 MATLAB 辅助鱼雷航向控制系统校正设计

MATLAB 为控制系统校正提供了方便的工具，改变校正装置的参数，可清楚地看到校正装置对系统性能的影响。本节给出了鱼雷航向控制系统校正设计的 MATLAB 程序，读者可根据问题的需要，以此为基础编写合适的函数，使程序更加简洁。

已知某型鱼雷航向控制系统的结构框图如图 6-34 所示，其中鱼雷航向系统的传递函数为

$$G_\psi(s)=\frac{1.31(0.35s+1)}{s(1.48s+1)(0.107s+1)}$$

舵机的传递函数为

$$G_\delta(s)=\frac{10}{0.05s+1}$$

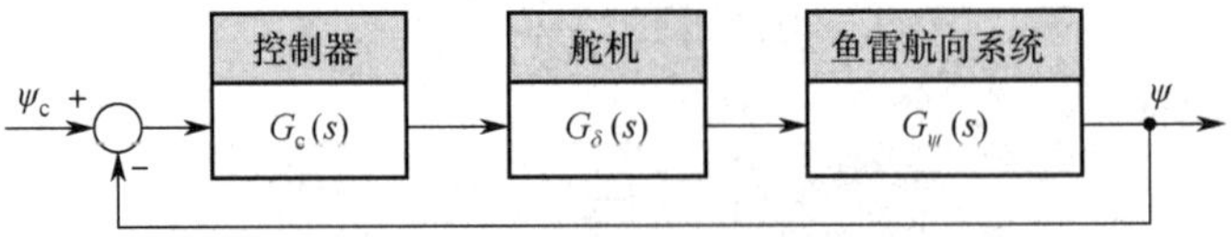

图 6-34　鱼雷航向控制系统的结构框图

要求设计控制器 $G_c(s)$使系统满足如下性能指标：

（1）系统在单位斜坡输入作用下的稳态误差不大于 0.005；

（2）系统对单位阶跃输入的超调量不大于 10%；

（3）按 Δ=2%要求的系统调节时间不大于 2s。

由图 6-34 可得，鱼雷航向控制系统的开环传递函数为

$$G_0(s)=G_{\mathrm{c}}(s)G_{\delta}(s)G_{\psi}(s)=\frac{13.1(0.35s+1)G_{\mathrm{c}}(s)}{s(1.48s+1)(0.107s+1)(0.05s+1)} \tag{6-41}$$

由式（6-41）可知，校正前系统为 I 型系统，在单位斜坡输入作用下，稳态误差

$$e_{\mathrm{ss}}(\infty)=\frac{1}{K_v}$$

其中，

$$K_v=\lim_{s\to 0}13.1\times G_{\mathrm{c}}(s) \tag{6-42}$$

首先考虑采用简单的增益放大器，$G_{\mathrm{c}}(s)=K_1$，则系统的速度误差为

$$e_{\mathrm{ss}}(\infty)=\frac{1}{13.1\times K_1} \tag{6-43}$$

可见，为提高系统的稳态精度，必须采用高增益，但过高的 K_1 对系统的稳定性和动态性能都会产生不利影响。图 6-35 给出了不同 K_1 值下系统的单位阶跃响应及相应的 MATLAB 程序文本。从图中可以看出，当 K_1=15.3 时，e_{ss}=0.0049，虽然能满足系统单位斜坡输入响应的稳态误差小于 0.005 的要求；但当 K_1>10 时，系统阶跃响应的幅值明显呈指数增大，不收敛，因此，阶跃输入的超调量将无穷大。故必须采用较为复杂的校正网络。

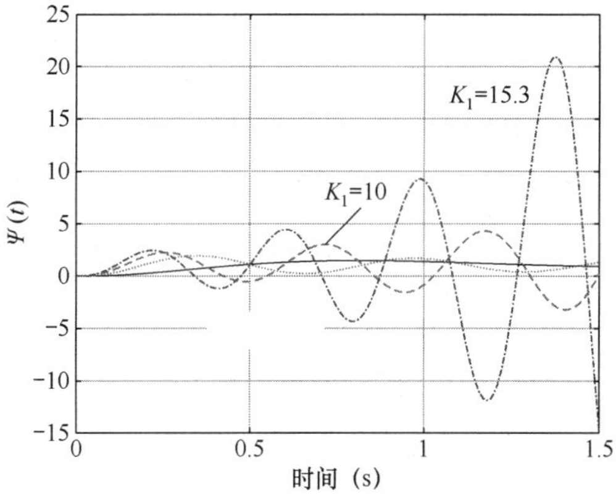

（a）单位阶跃响应

```
K1=[1,5,10,15.3]; t=0:0.01:1;
num1=13.1*[0.35 1];den1=[1 0]; num2=[1];
den2=[1.48 1];den3=[0.107 1];den4=[0.05 1];
[num5,den5]=series(num1,den1,num2,den2);
[num6,den6]=series(num5,den5,num2,den3);
[num,den]=series(num6,den6,num2,den4);
for i=1:4
  G0=tf(K1(i)*num,den);G=feedback(G0,1);
  [y,x]=step(G,t);C(:,i)=y;
end
plot(t,C(:,1),'-',t,C(:,2),':',t,C(:,3),'--',
t,C(:,4),'-');
grid
```

（b）MATLAB 程序文本

图 6-35 简单增益控制器的阶跃响应及 MATLAB 程序文本

由于超前校正网络能改善系统的动态响应性能，因而尝试选用如下超前校正网络：

$$G_{\mathrm{c}}(s)=\frac{K_1(s+z)}{s+p}=\frac{K_1(s+1/aT)}{s+1/T} \tag{6-44}$$

其中，$|z|<|p|$，且 $z=1/aT$，$p=1/T$，从而有 $p=az$。

系统校正后的开环传递函数为

$$G(s)=\frac{13.1K_1(0.35s+1)(s+z)}{s(1.48s+1)(0.107s+1)(0.05s+1)(s+p)} \tag{6-45}$$

根据主导极点思想，可将校正后的系统等价为二阶系统。由 $\sigma_p\%$和 t_s 的要求，可以近似求出系统的阻尼比 ζ、无阻尼自然振荡频率 ω_n 及要求的相角裕度 γ。由性能指标要求：

$$\begin{aligned}\sigma_p\% &= e^{-\pi\zeta/\sqrt{1-\zeta^2}} \times 100\% = 10\% \\ t_s &= \frac{4.4}{\zeta\omega_n} = 2s \quad (\Delta = 2\%)\end{aligned} \tag{6-46}$$

可解得 ζ=0.59，ω_n=3.73rad/s。再由

$$\gamma = \arctan\frac{2\zeta}{\sqrt{\sqrt{4\zeta^2+1}-2\zeta^2}}$$

求出 γ =58.9°。

明确了以上频域设计指标要求后，可采用如下步骤及 MATLAB 程序文本在频域内设计超前校正网络。

（1）由 $e_{ss}(\infty)$ 的要求，取 K_1=15.3，绘出未校正系统的伯德图，并计算已有相角裕度。

（2）确定所需的附加超前相角 φ_m。

（3）根据最大超前相角公式 $\sin\varphi_m = \dfrac{a-1}{a+1}$，计算超前校正网络的分度系数 $a = \dfrac{1+\sin\varphi_m}{1-\sin\varphi_m}$。

（4）计算 20lg$a$，在未校正系统的伯德图上确定与幅值增益对应的最大超前角频率 ω_m。

以上过程的程序文本如图 6-36 所示。

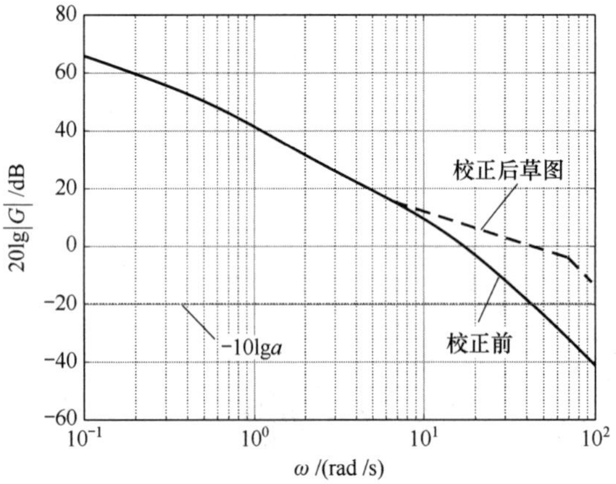

（a）系统校正前 Bode 图

```
K1=15.3; w=logspace(-1,2,200);
numg=[4.585 13.1];deng=[0.0079 0.2377
1.637 1 0];
[num,den]=series(K1,1,numg,deng);
[mag,phase,w]=bode(num,den,w);
[Gm,Pm,Wcg,Wcp]=margin(mag,phase,w);
Phi=(58.9-Pm)*pi/180;a=(1+sin(Phi))/(1-s
in(Phi));
M=-10*log10(a)*ones(length(w),1);
[mag,phase,w]=bode(num,den,w);
semilogx(w,20*log10(mag),w,M);grid;
```

（b）MATLAB 程序文本

图 6-36　系统校正前的 Bode 图及 MATLAB 程序文本

（5）在频率 ω_m 附近绘制校正后系统的对数幅频渐近线，该渐近线在 ω_m 处与 0dB 线相交，其斜率等于未校正前的斜率加上 20dB/dec；由该渐近线与未校正系统对数幅频曲线的交点，可确定超前校正网络的零点 z；由 $p = az$ 得到超前校正网络的极点 p。

（6）绘制校正后系统的伯德图，检验所得系统的相角裕度是否满足设计要求；若不满足，则重复以上设计步骤。

（7）加大系统增益 K_1，例如取 K_1=1.48×10^3，以补偿由超前校正网络带来的幅值衰减（$1/a$）。

以上过程的程序文本如图 6-37 所示。

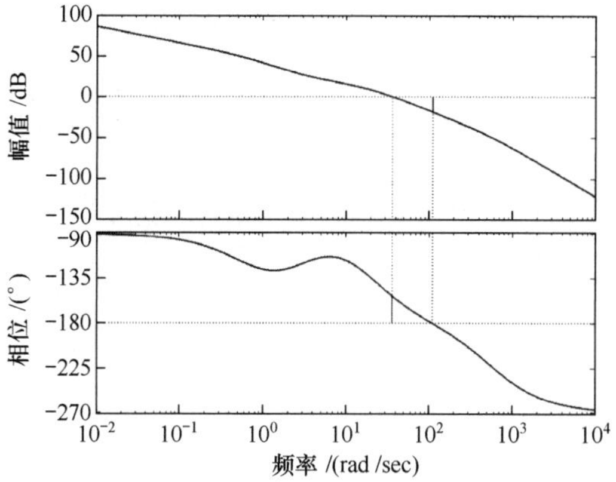

（a）校正后的伯德图

```
K1=15.3*96.9;
num1=[1 5.85];den1=[1 5.85*96.9];
numg=[4.585 13.1];deng=[0.0079 0.2377 1.637 1 0];
[num,den]=series(K1*num1,den1,numg,deng);
w=logspace(-1,2,200);
sys=tf(num,den);
margin(sys);grid
```

（b）MATLAB 程序文本

图 6-37　校正后系统的伯德图及 MATLAB 程序文本

（8）仿真计算系统的阶跃响应，验证最后的设计结果。若设计结果不能满足要求，则重复前面的设计步骤。本步骤的程序文本如图 6-38 所示。

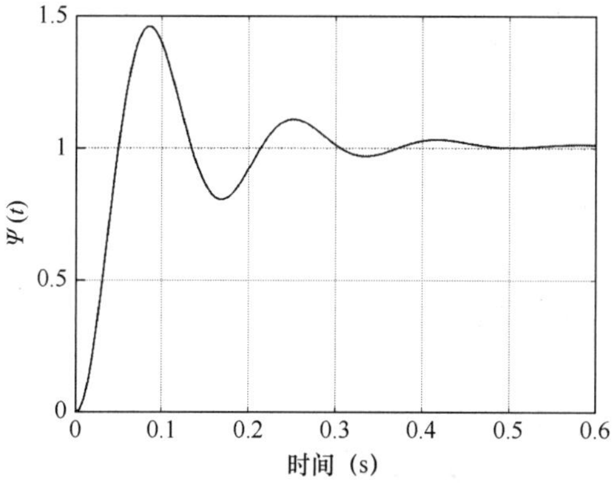

（a）校正后系统的单位阶跃响应

```
K1=15.3*96.9;num1=[1 5.85];
den1=[1 5.85*96.9];
numg=[4.585 13.1];
deng=[0.0079 0.2377 1.637 1 0];
[num,den]=series(K1*num1,den1,numg,deng);
G=tf(num,den);
G1=feedback(G,1);
step(G1,t);grid
```

（b）MATLAB 程序文本

图 6-38　校正后系统的阶跃响应及 MATLAB 程序文本

本例设计结果为 z=5.85，p=588.7，K_1=1.48×10^3，于是

$$G_c(s)=\frac{1480(s+5.85)}{s+588.7} \tag{6-47}$$

校正后系统的阶跃响应表明，系统引入超前校正网络后，相角裕度明显增大，动态性能改善较大，调节时间已能满足设计要求，但校正后系统的静态速度误差系数

$$K_v=\frac{13.1\times 1480\times 5.85}{588.7}\approx 192.7<200$$

使得系统斜坡响应的稳态误差为 0.0052，基本能够满足设计指标要求。但校正后系统的超调量高达 45.7%，不符合指标要求。

为减小系统的超调量，可尝试用根轨迹法设计滞后校正网络，其传递函数为

$$G_c(s)=\frac{K_1(s+z)}{s+p}\quad (|p|<|z|) \tag{6-48}$$

设计滞后校正网络的已知条件为 ζ=0.59，ω_n=3.73rad/s，由此可确定闭环主导极点的区域。滞

后校正网络的设计步骤可归纳如下：

（1）绘制未校正系统的根轨迹；

（2）根据 ζ=0.59，ω_n=3.73rad/s 确定预期主导极点配置的可行域，并进一步在未校正系统的根轨迹上确定校正后的预期主导极点。

以上两个步骤的程序文本及根轨迹如图 6-39 所示。由图 6-39（a）可知，预期主导极点可行域与系统主导根轨迹没有交点，表明采用滞后校正网络进行校正设计不可能满足系统的指标要求。

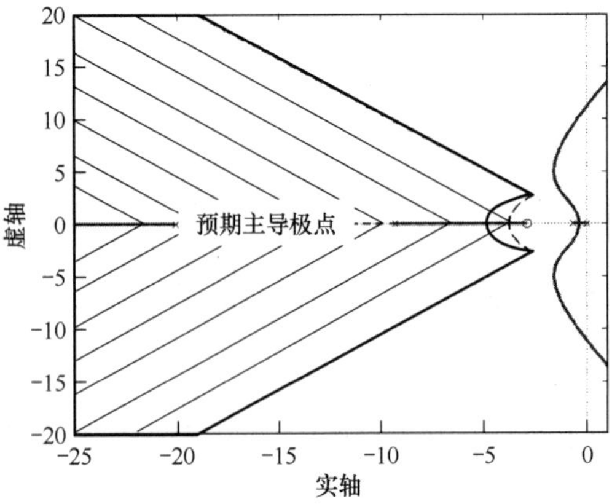

（a）校正前根轨迹

```
numg=[4.585 13.1];
deng=[0.0079 0.2377 1.637 1 0];
G0=tf(numg,deng);rlocus(G0);hold on
axis([-25,1,-20,20]);
zeta=0.59;wn=3.73;x=[-25:0.01:-zeta*wn];y=-
sqrt((1-zeta^2)/zeta)*x;
xc=[-25:0.01:-zeta*wn];c=sqrt(wn^2-xc.^2);
plot(x,y,'-',x,-y,'--',xc,c,'-',xc,-c,':');
```

（b）MATLAB 程序文本

图 6-39　滞后校正前根轨迹与 MATLAB 程序文本

下面采用比例微分控制器进行校正。设比例微分控制器的表达形式为

$$G_c(s) = C_\omega(\tau_c s + 1) \tag{6-49}$$

初步设计时，选择 $\tau_c = 1.48$，则

$$G_c(s) = C_\omega(1.48s + 1)$$

接下来确定 C_ω。取 C_ω=1，则校正后系统的开环传递函数为

$$G(s) = \frac{13.1(0.35s+1)}{s(0.107s+1)(0.05s+1)} \tag{6-50}$$

绘制系统的 Bode 图如图 6-40（a）所示。

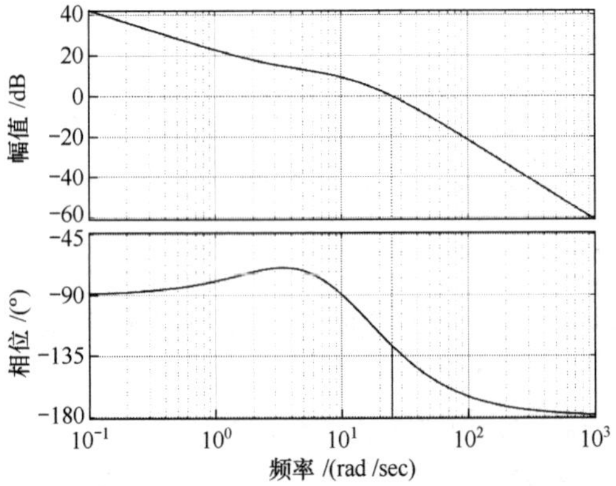

（a）校正后系统的 Bode 图

```
num1=[4.585 13.1];
den1=[0.107 1 0];
num2=[1];den2=[0.05 1];
[num,den]=series(num1,den1,num2,den2);
G=tf(num,den);
margin(G);grid;
```

（b）MATLAB 程序文本

图 6-40　校正后系统的 Bode 图及 MATLAB 程序文本

由图 6-40（a）可知，在系统的截止频率 ω_c=25.2rad/s 时，系统的相角裕度为 52.4dB。对于单位斜坡输入的稳态误差为 $e_{ss} \leqslant \dfrac{1}{200}$，因此应使 $C_\omega > \dfrac{200}{13.1} = 15.27$，取 C_ω=15.3。绘制校正后系统的 Bode 图及单位阶跃响应如图 6-41 所示。由图 6-41 知，当 C_ω=15.3 时，单位斜坡输入的稳态误差小于 0.005，系统的对数幅频曲线上移 23.7dB，截止频率增大为 113rad/s，系统的相位裕度为 13.3º，由校正后系统的单位阶跃响应可知，系统的超调量为 68%，调节时间为 t_s<0.6s。由上述分析可知，系统的超调量和相角裕度未满足指标要求，可在此基础上增加滞后校正网络，在降低截止频率的同时，增加系统的相角裕度，以满足指标要求。

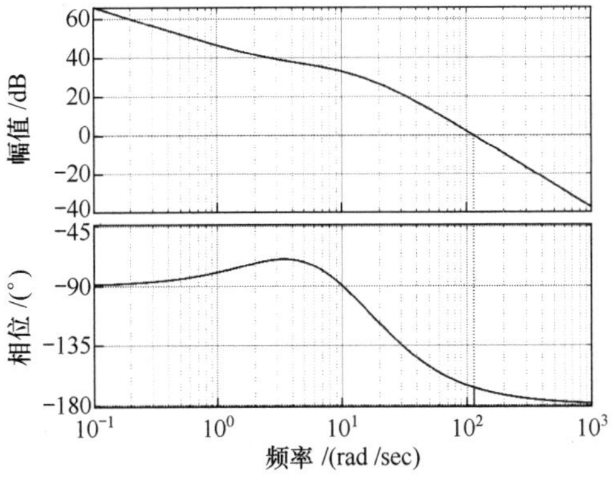

（a）校正后 Bode 图

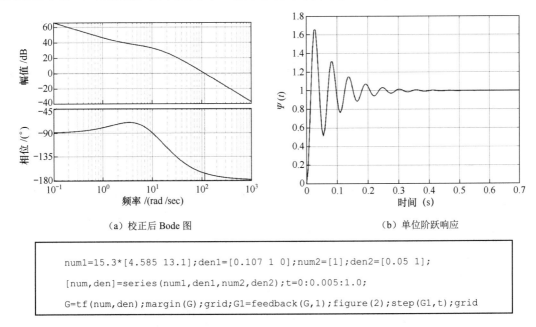

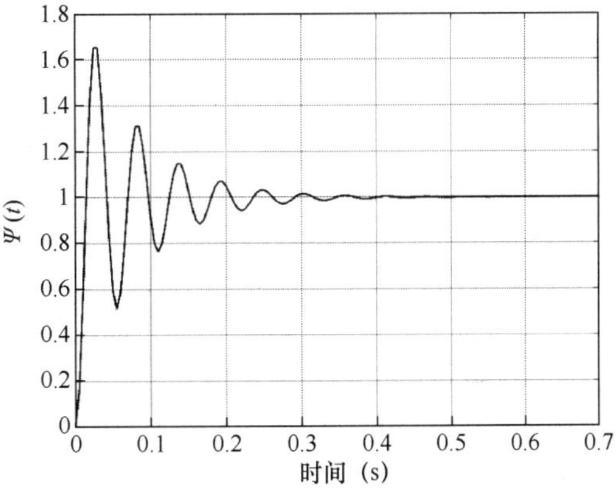

（b）单位阶跃响应

```
num1=15.3*[4.585 13.1];den1=[0.107 1 0];num2=[1];den2=[0.05 1];
[num,den]=series(num1,den1,num2,den2);t=0:0.005:1.0;
G=tf(num,den);margin(G);grid;G1=feedback(G,1);figure(2);step(G1,t);grid
```

（c）MATLAB 程序文本

图 6-41　校正后系统的 Bode 图、单位阶跃响应及 MATLAB 程序文本（C_ω=15.3）

6.4　身管武器瞄控系统的对数频率特性综合设计

由于身管武器瞄控系统的控制目的是实现输出位置对指令位置的准确和快速跟踪，因此其控制性能一般以跟随性能为主，同时兼顾抗扰性能。当系统固有部分的性能不能满足要求时，必须对其进行校正与参数设计。本节以某型身管武器瞄控系统为例，说明控制系统期望频率特性校正法的基本步骤与具体应用。

6.4.1　系统动态性能分析

由于身管武器瞄控系统的输入输出信号均为位置量，且指令位置是随机变化的，并要求输出位置能够朝着减小乃至消除位置偏差的方向，及时和准确地跟随指令位置的变化。因此，瞄控系统的性能指标要求有：

（1）在输入信号的最大角速度 ω_{max}=800mil/s 时，要求系统的最大原理性稳态误差 $\Delta\theta_{max}\leqslant$10mil。

（2）以单位阶跃信号输入时，要求：

① 系统的最大超调量 $\sigma_p\%\leqslant30\%$；

② 系统的调节时间 $t_s\leqslant0.7s$。

已知某型身管武器瞄控系统的简化动态结构框图如图 6-42 所示，图中 $G_c(s)$ 为待设计校正网络。

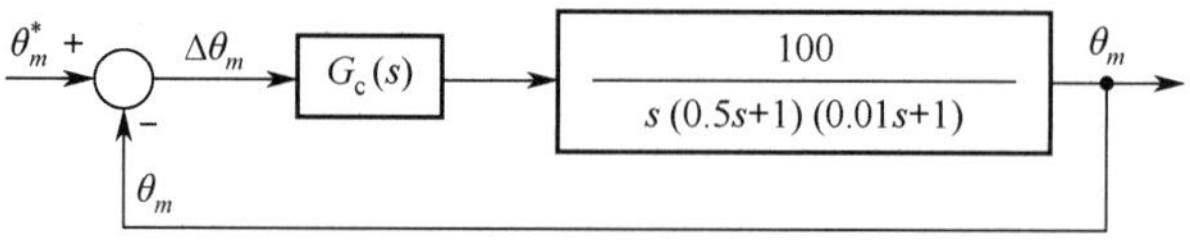

图 6-42　某型身管武器瞄控系统的简化动态结构框图

暂设 $G_c(s)=1$，则系统的开环传递函数为

$$G(s)=\frac{100}{s(0.5s+1)(0.01s+1)} \tag{6-51}$$

由式（6-51）可绘制出系统的开环对数幅频特性曲线，如图 6-43（a）所示，由图可知，系统的相角裕度为 γ=0.161°，幅值裕度 K_g=0.172dB。图 6-43（b）为对应闭环系统的单位阶跃响应曲线，由图可知，系统的超调量为 98.2%，调节时间>30s，系统振荡剧烈。上述分析表明，系统不加校正环节时处于稳定边界，动态性能很差，系统的超调量大。如果考虑到分析误差和元件参数变化等因素，系统实际上不能稳定工作，其他方面的性能也就不用考虑了。解决此问题的根本方法是为系统增设动态校正环节，这里在前向通道中串入 PID 调节器来改善系统的性能。

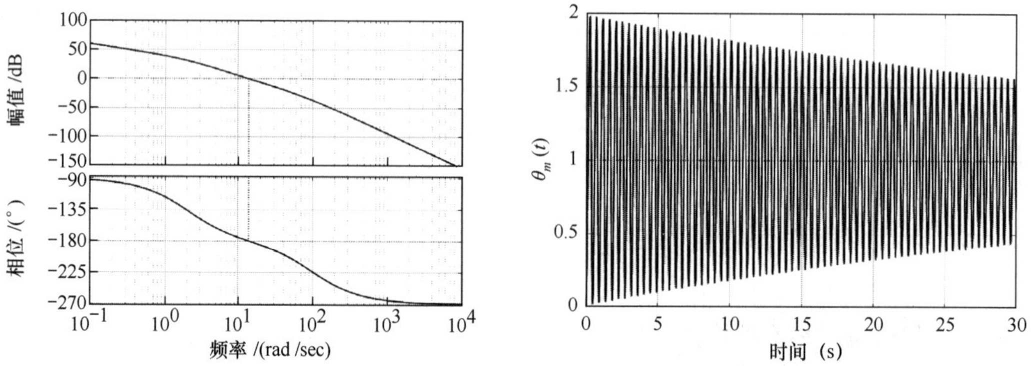

(a) 开环对数幅频特性曲线　　(b) 闭环阶跃响应曲线

图 6-43　系统的开环对数幅频特性曲线和闭环阶跃响应曲线

6.4.2　PID 控制器设计

由式（6-51）可知，开环系统有两个转折频率，分别为 ω_1=2rad/s，ω_2=100rad/s，可以绘制出系统的渐近对数幅频特性曲线，如图 6-44 中曲线 I 所示。由性能指标要求，根据频率特性分析中的一般设计原则，可以逐步确定系统的预期开环对数频率特性。

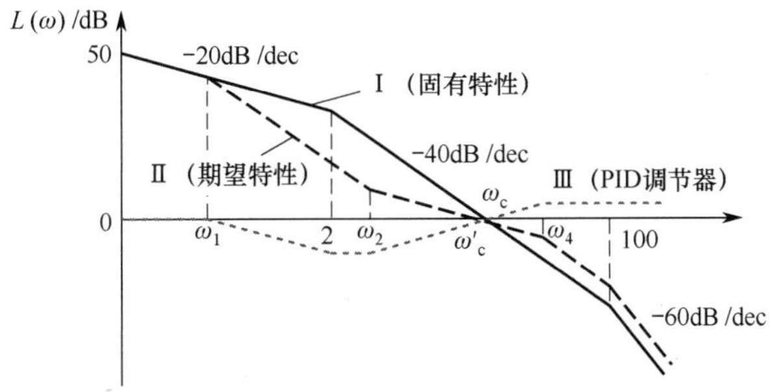

图 6-44　位置随动系统的开环对数幅频特性

（1）低频段。为了保证系统具有足够的相角裕度和适当的稳态精度，系统预期频率特性的低频段仍应保持固有的−20dB/dec 斜率（仍保持为 I 型系统）。这样对于阶跃输入信号，系统将是无静差的；而对于速度输入信号，系统是有静差的，可以根据稳态指标要求得到系统开环增益 K 的取值，即

$$e_{ssv}=\Delta\theta_{max}=\frac{\omega_{max}}{K}\leqslant 10 \tag{6-52}$$

代入参数，可得 $K\geqslant 80$。

由于原系统的开环增益为 100，大于所要求的增益 80，即原系统的低频段完全能够满足系统稳态性能指标的要求。因此，以原系统的低频段作为预期频率特性的低频段。

（2）中频段。中频段的特性主要取决于系统的动态指标。为保证系统具有良好的动态性能，通常将中频段附近的频率特性校正为典型的Ⅱ型结构，与此相关的中频段参数选择主要是中频段带宽 h 和截止频率 ω_c'，这可根据高阶系统性能估算的经验公式来进行选择。

① 由 $\sigma_p\%$和 t_s 确定 ω_c'。将性能指标 $\sigma_p\%\leqslant 30\%$和 $t_s\leqslant 7s$ 代入下列经验公式，即

$$\sigma_p\%=0.16+0.4(M_r-1)$$

$$t_s=\frac{\pi}{\omega_c}[2+1.5(M_r-1)+2.5(M_r-1)^2]$$

可得满足指标要求的截止频率

$$\omega_c'=12.7\text{rad/s} \tag{6-53}$$

② 由 $\gamma=\gamma_{max}$ 准则选择中频带宽 h。根据典型Ⅱ型系统在 $\gamma=\gamma_{max}$ 准则下性能指标与参数之间的关系，为使超调量减小，取 h=10，即需要有对数幅频特性曲线上的两个转折频率 $\omega_3/\omega_4=1/10$。那么，按照 $\gamma=\gamma_{max}$ 准则，ω_c' 应该位于 ω_3 和 ω_4 的几何中点上，即 $\omega_c'=\sqrt{\omega_3\omega_4}$，那么有

$$\begin{aligned}\omega_c'&=\sqrt{\omega_3\omega_4}\\ \omega_3/\omega_4&=1/10\end{aligned} \tag{6-54}$$

可解得 ω_3=4rad/s，ω_4=40rad/s（对应的 T_3=0.25s，T_4=0.025s）。

这样中频段预期特性便确定下来了，并且左端延伸会与原系统低频段交于 ω_1=0.52rad/s 处（T_1=1.9s）。

（3）高频段。由于对系统的抗扰性能没有特殊要求，为了简化校正环节，预期频率特性的高频段还以原系统的高频段为准，其斜率仍为−60dB/dec，高频转折频率 ω_2=100rad/s。

至此，满足性能指标要求的预期开环对数幅频特性就完全确定下来了，如图 6-44 中曲线

Ⅱ所示，可进一步将预期开环传递函数写为

$$G'(s)=\frac{100(0.25s+1)}{s(1.9s+1)(0.025s+1)(0.5s+1)(0.01s+1)} \tag{6-55}$$

与其对应的开环对数频率特性曲线如图 6-45（a）所示，由图可知，校正后系统的相角裕度为 49.8°，对应的幅值穿越频率为 13rad/s；幅值裕度为 19.4dB，对应的截止频率为 59.3rad/s，与校正前的指标相比，系统的稳定性得到了极大改善。图 6-45（b）为对应闭环系统的单位阶跃响应曲线，由图可知系统的超调量 $\sigma_{\mathrm{p}}\%=25.3\%$，小于所提指标超调量不大于 30%，满足超调量指标要求；系统的调节时间 $t_{\mathrm{s}}=0.62\mathrm{s}$，小于所提指标要求小于 0.7s，因此完全达到了校正的目的。

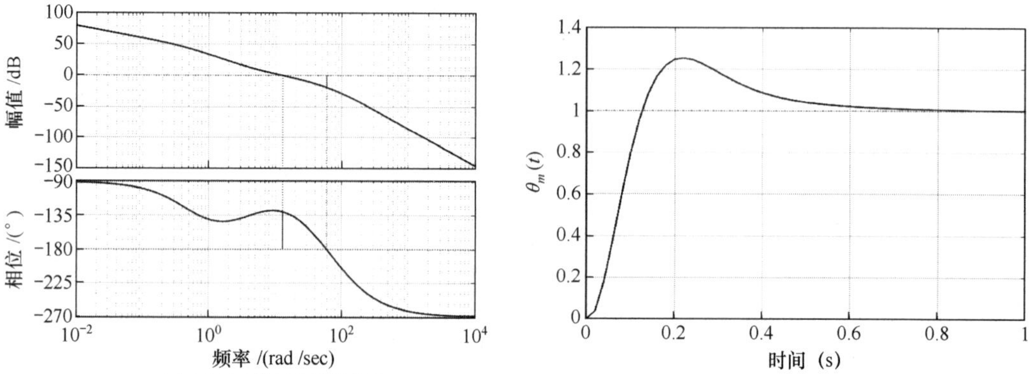

(a) 开环对数频率特性曲线　　(b) 闭环阶跃响应曲线

图 6-45　校正后系统的开环对数频率特性曲线和闭环阶跃响应曲线

当已知系统的预期开环传递函数 $G'(s)$ 和系统原有开环传递函数 $G(s)$ 时，便可直接求得串联校正装置的传递函数 $G_{\mathrm{c}}(s)$。由于 $G'(s)=G_{\mathrm{c}}(s)G(s)$，所以有

$$G_{\mathrm{c}}(s)=G'(s)/G(s)=\frac{(0.5s+1)(0.25s+1)}{(1.9s+1)(0.025s+1)}=\frac{(T_2s+1)(T_3s+1)}{(T_1s+1)(T_4s+1)} \tag{6-56}$$

其中，$T_1=1.9\mathrm{s}$，$T_2=0.5\mathrm{s}$，$T_3=0.25\mathrm{s}$，$T_4=0.025\mathrm{s}$。此为一个近似 PID 调节器的传递函数。

在图 6-44 中，若将曲线Ⅱ减去曲线Ⅰ，即可得到校正装置的渐近对数幅频特性曲线，如图 6-44 中曲线Ⅲ所示，由此也能求出同样的 $G_{\mathrm{c}}(s)$。有了 PID 调节器的传递函数，可以选择合适的电路参数以组建实用的 PID 控制器。

6.5　鱼雷横滚角稳定系统校正设计

为保证自导、引信和控制等系统具有良好的工作条件，鱼雷航行时的横滚角应越小越好，但不可能为零。未安装横滚控制系统的鱼雷，要求其横滚角的平均值不大于 5°，波动幅值不大于 15°。对于自导鱼雷，横滚角一般要求比较严格，必须采用横滚控制系统，以便将横滚角限制在容许范围内。因此，探讨横滚角稳定系统的设计问题具有重要意义。

6.5.1　鱼雷横滚特性及性能要求

鱼雷横滚角稳定系统是自稳零系统，其基本功能是消除干扰作用下的横滚角，保持鱼雷横滚角为零或尽可能地小。分析设计横滚角的稳定回路，必须分析作用于横滚稳定回路上的干扰特性，以及期望的横滚角精确度（一般小于 5°）。响应过程应是稳定的，具有稳定裕量 $K_g \geqslant 6 \sim 8$dB，$\gamma \geqslant 40° \sim 60°$。过渡过程应具有良好的阻尼特性，等效阻尼系数 ζ=0.707 左右。

鱼雷横滚控制系统通常采用陀螺仪或加速度计测量横滚角，然后把测得的横滚信号通过传动机构来推动差动舵机，使舵面转动，从而纠正鱼雷的横倾。图 6-46 为鱼雷横滚控制系统的原理框图，其中，φ_g 为控制信号，一般 φ_g=0；φ_1 为陀螺仪的输出信号；δ_d 为差动舵角；ΔM_{xf} 为干扰力矩。

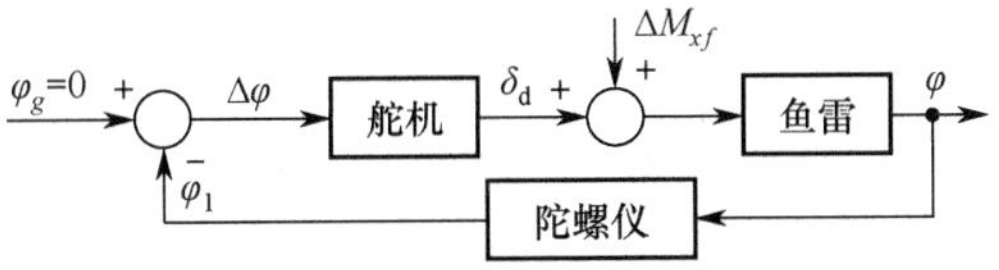

图 6-46　鱼雷横滚控制系统的原理框图

如果鱼雷重心下移量很小，即有 h=0，则鱼雷雷体横滚运动的传递函数为

$$\frac{\varphi(s)}{\delta_d(s)} = \frac{K_\varphi}{s(T_\varphi s + 1)} \tag{6-57}$$

其中，$K_\varphi = \dfrac{A^{\delta}_{mx1} v_0}{A^{\omega}_{mx1}}$，$T_\varphi = \dfrac{J_{x1} + \lambda_{44}}{A^{\omega}_{mx1} v_0}$，$A^{\omega}_{mx1}$、$A^{\delta}_{mx1}$、$J_{x1}$、$\lambda_{44}$ 是与雷体相关的参数，因此，K_φ、T_φ 均与鱼雷速度 v_0 有关，当 v_0 变化范围较小时，K_φ、T_φ 的变化也不大。

由于无重心下移的鱼雷横滚运动的稳定性较低，在常值干扰的舵角 δ_{dx} 的作用下，稳定时将以速率为 $\omega_x = -K_\varphi \delta_{dx}$ 旋转，导致 φ 线性增加。

对于某型鱼雷有 K_φ=36.62，T_φ=1.19，鱼雷横滚系统的对数幅相频率特性曲线和闭环系统的阶跃响应曲线如图 6-47 所示。

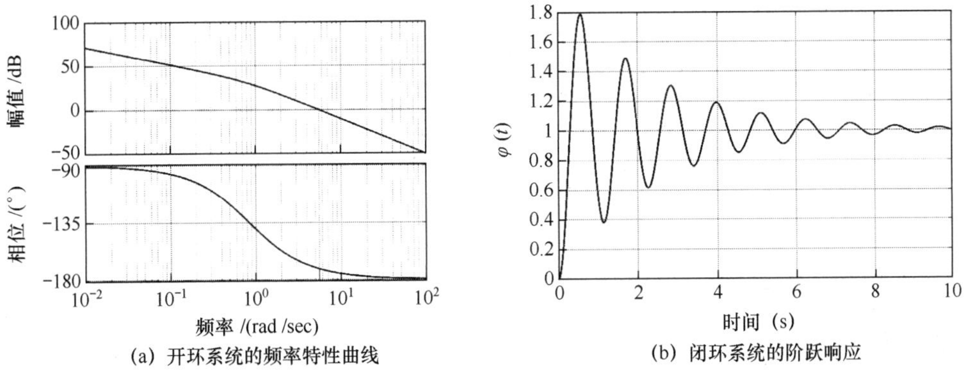

(a) 开环系统的频率特性曲线　(b) 闭环系统的阶跃响应

图 6-47　鱼雷横滚系统的 Bode 图与阶跃响应曲线

由图 6-47（a）雷体横滚系统的开环频率特性曲线可知，积分环节在整个频段上有−90°的相移。开环系统在转折频率 $\omega_1 = 1/K_\varphi$ 处存在−135° 的相移；如果 K_φ 很大，对数幅频特性上升，幅值穿越频率显著右移，对应相移近似为−180°。由图 6-47（b）可知，闭环系统阶跃响应超调量为 80%，调节时间为 6.4s，因此，等效阻尼比小于 0.707，这不能满足对鱼雷横滚角稳定系统所提出的设计要求，因此需要采用校正方式改善系统的性能。

6.5.2 具有阻尼回路的横滚稳定系统

为了实现零横滚角的稳定，要求用位置陀螺仪测量实际的横滚角，采用速率陀螺仪增加系统阻尼，构成闭环反馈控制系统，系统的结构框图如图 6-48 所示。

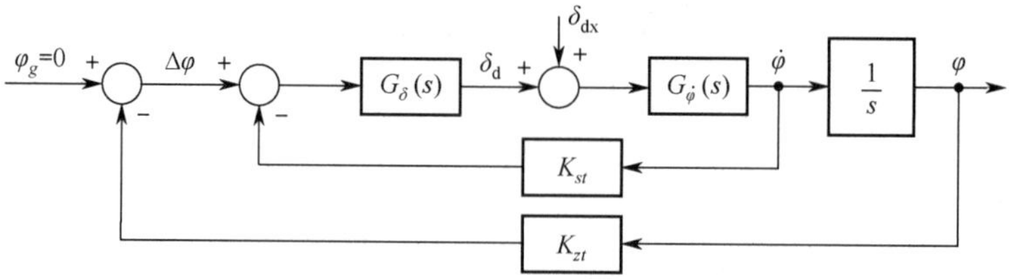

图 6-48 具有阻尼回路的鱼雷横滚稳定系统的结构框图

在图 6-48 中，$G_\delta(s)=\dfrac{K_\delta}{T_\delta s+1}$，$G_{\dot\varphi}(s)=\dfrac{K_\varphi}{T_\varphi s+1}$分别为舵机和横滚角速率的传递函数。

由于舵机和速率陀螺、位置陀螺的惯性很小，由此产生的系统零点、极点远离虚轴及系统的其他零点、极点，因此在初步设计分析时，假定舵机和速率陀螺、位置陀螺均为理想器件，也就是器件的惯性为零，那么对应的传递系数分别为K_δ、K_{st}和K_{zt}，则闭环系统的传递函数为

$$\begin{aligned}\frac{\varphi(s)}{\delta_{dx}(s)}&=\frac{\dfrac{K_\varphi}{s(T_\varphi s+1)}}{1+\dfrac{K_\delta K_\varphi(K_{st}s+K_{zt})}{s(T_\varphi s+1)}}\\&=\frac{1}{K_\delta K_\varphi}\frac{1}{\dfrac{T_\varphi}{K_\delta K_\varphi K_{zt}}s^2+\dfrac{1+K_\delta K_\varphi K_{st}}{K_\delta K_\varphi K_{zt}}s+1}\\&=\frac{K}{T^2s^2+2T\zeta s+1}\end{aligned}\tag{6-58}$$

其中，$K=\dfrac{1}{K_\delta K_\varphi}$，$T=\sqrt{\dfrac{T_\varphi}{K_\delta K_\varphi K_{zt}}}$，$\zeta=\dfrac{1+K_\delta K_\varphi K_{st}}{2\sqrt{K_\delta K_\varphi K_{zt}T_\varphi}}$。

由式（6-58）可知，这是一个二阶系统。适当调整速率陀螺的传递系数，可以获得满意的阻尼特性，所以由速率陀螺反馈包围的内回路称为阻尼回路。

假定某型鱼雷的横滚稳定系统的结构框图如图 6-49 所示，要求选择合适的参数K_{st}和K_{zt}，使横滚稳定系统在等效干扰δ_{dx}存在的情况下保持稳定，且使$\varphi\approx0$。

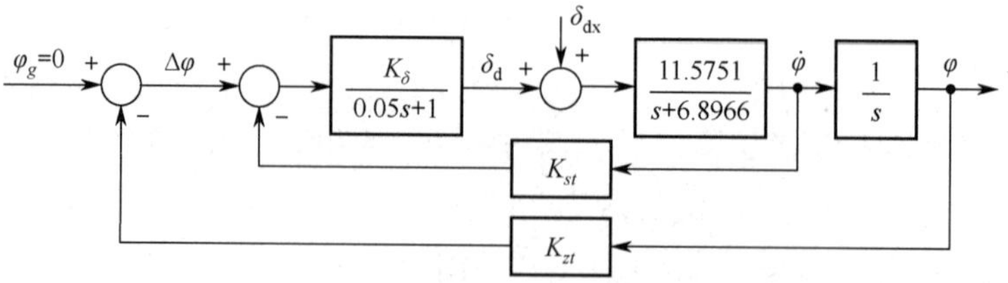

图 6-49 某型鱼雷的横滚稳定系统结构框图

通过前面的分析可知，在不引入横滚角速率反馈的情况下，横滚控制系统的阻尼系数较小，系统很容易产生振荡，特别是在受到干扰的情况下，这种振荡更加明显。下面分别就横滚控制系统在未引入角速率反馈以及引入角速率反馈的两种情况进行分析。

1. 未引入角速率反馈的情形

在未引入角速率反馈的情况下，系统的开环传递函数为

$$G(s)=\frac{11.5751K_{\delta}}{s(0.05s+1)(s+6.8966)} \tag{6-59}$$

根据系统的开环传递函数，绘制出根轨迹曲线，如图 6-50（a）所示，当 K_{δ}=15 时，系统的 Bode 图如图 6-50（b）所示。由图 6-50（a）可知，当 K_{δ}<16.51 时，系统没有 S 右半平面的极点，即当 K<16.51 时，系统是稳定的。由图 6-50（b）可知，当 K_{δ}=15 时，系统的幅值裕度为 15.2dB，相角裕度为 9.21°，系统是稳定的。由于系统的阻尼系数较小，增益 K_{φ} 较大，系统很容易产生振荡。图 6-51 给出了 K_{δ}=15 时，闭环系统的阶跃响应曲线，由图可知，系统的超调量为 73.8%，振荡幅度大，这在鱼雷控制系统中是不被希望存在的，因此，必须消除这种振荡，使系统快速收敛到稳态值。

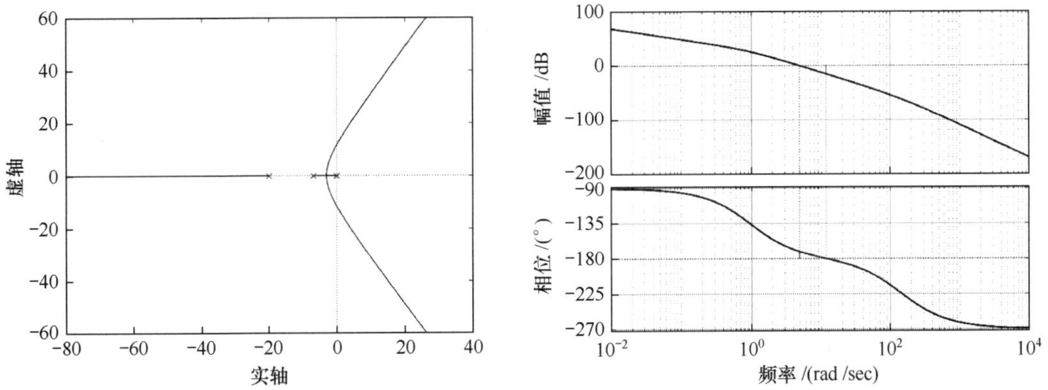

(a) 根轨迹　　(b) Bode图

图 6-50　未引入角速率反馈时横滚稳定系统的根轨迹及 Bode 图

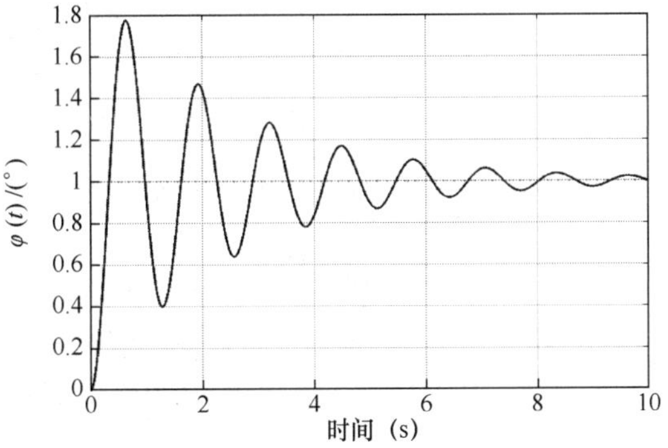

图 6-51　未引入角速率反馈时横滚系统的阶跃响应曲线（K_{δ}=15）

2. 引入角速率反馈的情形

为了消除振荡，在横滚控制系统中引入角速率反馈，取 K_{δ}=15，K_{st}=10，K_{zt}=30，那么系

统的闭环传递函数为

$$\Phi(s)=\frac{173.6}{0.05s^3+1.345s^2+180.5s+173.6} \tag{6-60}$$

绘制出系统的阶跃响应曲线如图 6-52 所示，从阶跃响应曲线可以看出，此时系统的超调量为零，但调节时间较长，表明校正后的系统消除了振荡，达到了预期的控制效果。在 $\delta_{dx}=10°$ 等效干扰情况下，对横滚系统进行仿真，检验其对等效干扰的响应如图 6-53 所示，由图可知，在干扰作用下，系统的稳态输出为 0.0223°，达到了控制要求。

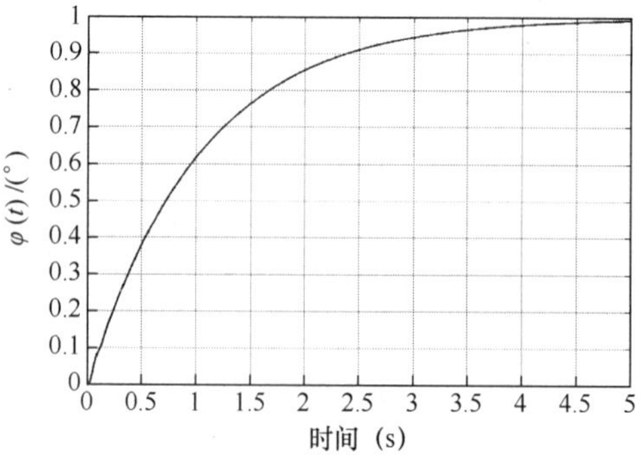

（a）单位阶跃响应曲线

```
Kdata=15;Kfai=11.5751;Kzt=1;Kst=1;
t=0:0.005:5;
num1=[Kdata*Kfai];
den1=[0.05
0.05*6.8966+1 .8966+Kdata*Kfai*Kst];
num2=[1];den2=[1,0];
[num,den]=series(num1,den1,num2,den2);
G=tf(num,den);
G1=feedback(G,Kzt,-1);step(G1,t);grid
```

（b）MATLAB 程序文本

图 6-52　引入角速率反馈后横滚系统的单位阶跃响应曲线及 MATLAB 程序文本

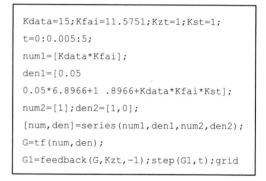

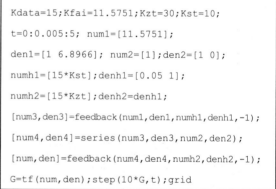

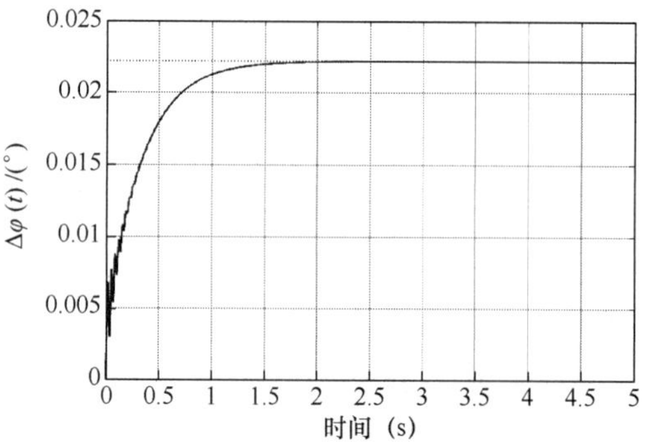

（a）横滚系统对干扰的响应曲线

```
Kdata=15;Kfai=11.5751;Kzt=30;Kst=10;
t=0:0.005:5; num1=[11.5751];
den1=[1 6.8966]; num2=[1];den2=[1 0];
numh1=[15*Kst];denh1=[0.05 1];
numh2=[15*Kzt];denh2=denh1;
[num3,den3]=feedback(num1,den1,numh1,denh1,-1);
[num4,den4]=series(num3,den3,num2,den2);
[num,den]=feedback(num4,den4,numh2,denh2,-1);
G=tf(num,den);step(10*G,t);grid
```

（b）MATLAB 程序文本

图 6-53　横滚系统对干扰的响应曲线及 MATLAB 程序文本

6.5.3　具有超前校正网络的横滚稳定系统

具有位置陀螺和校正网络的横滚稳定系统的典型结构框图如图 6-54 所示，图中，K_{zt} 为理想位置陀螺的传递系数，$G_c(s)$ 为校正网络，$G_\delta(s)$ 为舵机传递函数。

由图 6-54 可知，未引入校正网络时，横滚稳定系统的开环传递函数为

$$G_\omega(s)=\frac{K_\delta K_\varphi K_{zt}}{s(T_\varphi s+1)(T_\delta s+1)}=\frac{K_0}{s(T_\varphi s+1)(T_\delta s+1)} \tag{6-61}$$

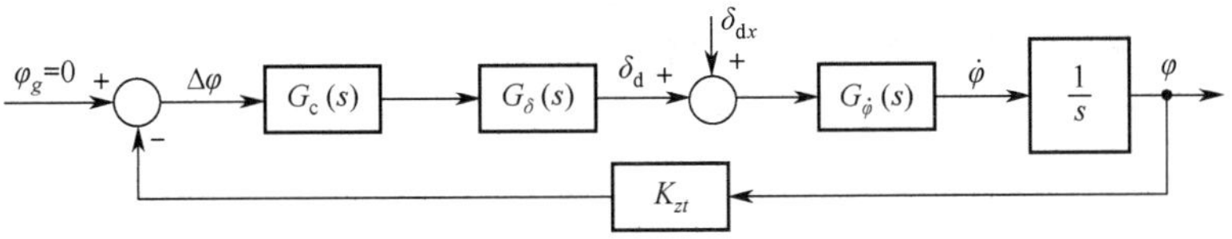

图 6-54　具有位置陀螺和校正网络的横滚稳定系统的结构框图

其中，$K_0 = K_\delta K_\varphi K_{zt}$。由式（6-61）知，舵机时间常数$T_\delta$在所研究的频率范围内将引起相位滞后。假定对于某型鱼雷有K_φ=1.678，T_φ=0.145，T_δ=0.05，K_δ=1，K_{zt}=1，则可绘制出未校正系统的开环对数频率特性曲线，如图 6-55 所示。由图 6-55 可知，系统具有一定的幅值裕度和相角裕度，并且可以根据稳定裕度的要求确定K_0。但是，这样选择的K_0较小，一般不能满足稳定精度的要求。

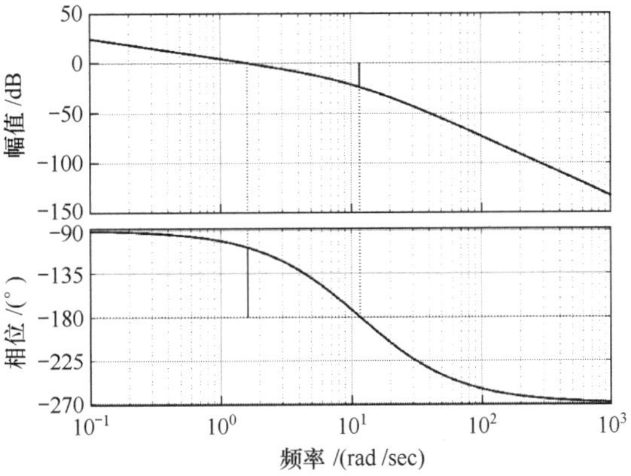

图 6-55　未校正系统的开环对数频率特性曲线

未校正系统的闭环传递函数为

$$\Phi(s) = \frac{\varphi(s)}{\delta_{dx}(s)} = \frac{\dfrac{K_\varphi}{s(T_\varphi s+1)}}{1+\dfrac{K_0}{s(T_\varphi s+1)(T_\delta s+1)}} \tag{6-62}$$

由于T_δ的值一般很小，初步设计时，可忽略不计，则闭环传递函数可简化为

$$\Phi(s) = \frac{\varphi(s)}{\delta_{dx}(s)} = \frac{K'}{T'^2 s^2 + 2\zeta' T' s + 1} \tag{6-63}$$

其中，$K' = \dfrac{K_\varphi}{K_0}$，$T' = \sqrt{T_\varphi / K_0}$，$\zeta' = \dfrac{1}{2\sqrt{T_\varphi K_0}}$。显然，此时闭环系统为典型的二阶系统。

为满足稳态精度要求，消除横滚，一般要求K_0较大。这将导致ζ'减小，使过渡过程的振荡加剧，如果不加入校正装置，横滚稳定系统的各项性能指标难以同时满足要求。

为改善过渡过程的品质，提高稳态精度，这里引入超前校正网络以补偿较大的相位滞后是必要的。引入超前校正将使开环对数频率特性中频段的相频特性适当提高，以增加稳定裕度，并提高截止频率，从而提高系统的快速性，同时对高频干扰的响应也将增强。在选择超前校正网络传递函数的零极点时，通常考虑的原则是用校正装置的零点去抵消雷体时间常数决定的极点以及舵机在截止频率处的相位滞后。

设超前校正网络的传递函数为

$$G_c(s)=\frac{T_c s+1}{T_c' s+1} \tag{6-64}$$

一般取 $T_c=T_\varphi=(10\sim15)T_c'$。

引入超前校正网络后鱼雷横滚稳定系统的开环传递函数为

$$G_\varphi(s)=\frac{K_0}{s(T_c' s+1)(T_\delta s+1)} \tag{6-65}$$

校正网络的极点 $-1/T_c'$ 代替了雷体的极点 $-1/T_\varphi$，分析其对数频率特性曲线可知，由于转折频率增大，从而使系统的稳定裕量增加，频带展宽。

校正后横滚稳定系统的闭环传递函数为

$$\Phi(s)=\frac{\varphi(s)}{\delta_{dx}(s)}=\frac{G_\varphi(s)}{1+G_\varphi(s)K_{zt}G_c(s)G_\delta(s)}$$

$$=\frac{\dfrac{K_\varphi}{s(T_\varphi s+1)}}{1+\dfrac{K_\varphi K_{zt}}{s(T_\varphi s+1)}\dfrac{T_c s+1}{T_c' s+1}\dfrac{K_\delta}{T_\delta s+1}} \tag{6-66}$$

由于 $T_c=T_\varphi<1$，$T_c'<0.1T_c$，$T_\delta<<1$，初步设计时可略去 T_c' 和 T_δ 的影响，那么，式（6-66）可简化为

$$\Phi(s)=\frac{\varphi(s)}{\delta_{dx}(s)}=\frac{K''}{T''^2s^2+2\zeta''T''s+1} \tag{6-67}$$

其中，$K''=\dfrac{1}{K_{zt}K_\delta}$，$T''=\sqrt{T_\varphi/K_0}$，$\zeta''=\dfrac{1+T_\varphi K_0}{2\sqrt{T_\varphi K_0}}$。

式（6-67）表明，校正后的横滚稳定系统，其等效增益与等效时间常数基本不变，$K''=K'$，$T''=T'$，而等效阻尼系数显然大于未校正系统的等效阻尼系数，即 $\zeta''>\zeta'$。因此，使系统既可提高稳态精度，又可改善动态品质。

由上述分析可知，综合设计横滚角稳定系统主要是确定校正网络的传递函数，以及开环传递系数，以满足系统各项性能指标要求。设计时可根据已知干扰特性及稳态精度指标，确定开环传递系数 K_0，选择校正装置，绘制校正系统的开环频率特性，检验稳定裕度和瞬态过程指标。

6.5.4 设计超前校正网络

假定某型鱼雷的横滚稳定系统如图 6-56 所示，要求设计校正网络，使横滚系统在等效干扰作用下，保持 φ=0 渐进稳定。

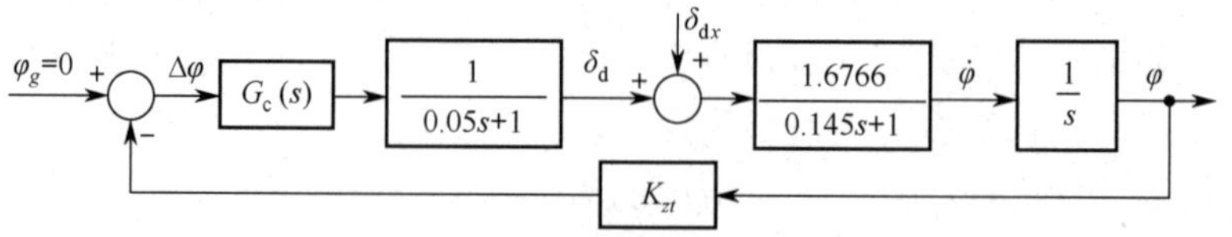

图 6-56 某型鱼雷的横滚稳定系统

由校正设计的基本原理可知，在选择零极点时，用校正网络零点去抵消雷体时间常数决定的极点，以及舵机在截止频率处的相位滞后。

设超前校正网络的传递函数为

$$G_c(s)=\frac{T_c s+1}{T_c' s+1}$$

一般取 $T_c'<T_c=T_\varphi$。那么，校正网络的零点 $-1/T_c$ 正好抵消了雷体的极点 $-1/T_\varphi$，即 $T_c=0.145$，取 $T_c'=0.0145$，可得

$$G_c(s)=\frac{0.145s+1}{0.0145s+1} \tag{6-68}$$

由于鱼雷的舵机时间常数 T_δ 和 T_c' 较小，在初步设计时可暂且忽略，因此，系统的闭环传递函数为

$$\Phi(s)=\frac{\varphi(s)}{\delta_{dx}(s)}=\frac{1.6766}{(s+1.6766K_\delta K_{zt})(0.145s+1)}$$

$$=\frac{K''}{T''^2 s^2+2\zeta'' T'' s+1}$$

根据 $\zeta''=\dfrac{1+1.6766K_{zt}K_\delta\times 0.145}{2\sqrt{1.6766\times 0.145K_{zt}K_\delta}}=0.707$ 的设计指标，以及稳态精度要求，可选择 $K_{zt}K_\delta=9.8$，在 $K_\delta=1$ 的情况下得到 $K_{zt}=9.8$，此时，系统的闭环传递函数为

$$\Phi(s)=\frac{\varphi(s)}{\delta_{dx}(s)}=\frac{0.001216s^2+0.1081s+1.677}{0.0001051s^4+0.01008s^3+0.2095s^2+3.382s+16.43} \tag{6-69}$$

从图 6-57 的根轨迹可以看出，当 K_{zt}<52.97 时，系统是稳定的。为验证校正网络的有效性，在等效常值干扰为 1° 的情况下对其进行计算仿真，结果如图 6-58 所示，系统能稳定在 0.102° 左右，满足设计要求。

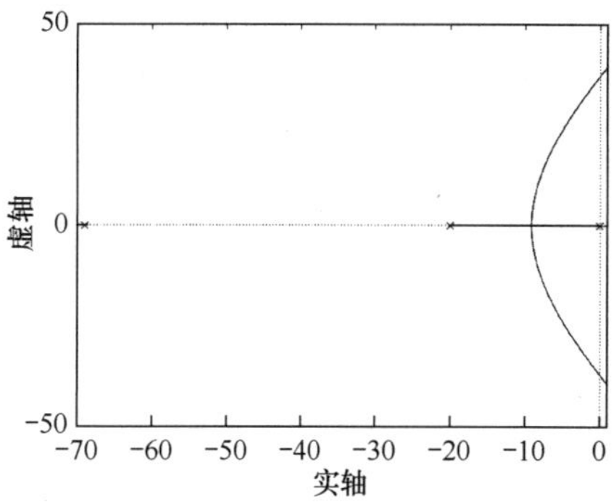

图 6-57　校正后横滚系统的根轨迹

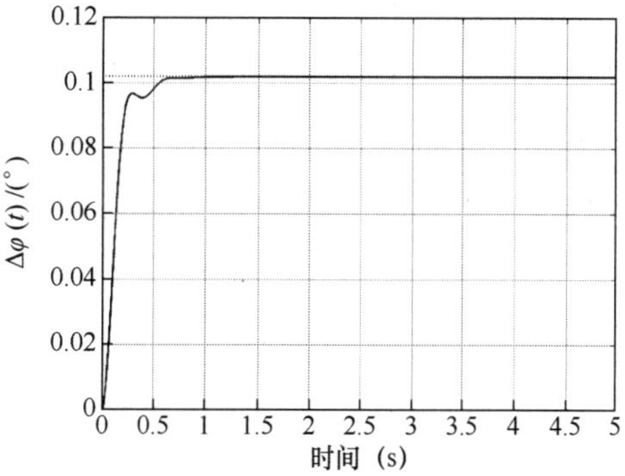

图 6-58　横滚系统对干扰的响应曲线

校正后系统的对数幅相频率特性曲线如图 6-59 所示，从图中可以明显看出系统的幅值裕度为 14.7dB，相位裕度为 45.2°，均满足设计要求。

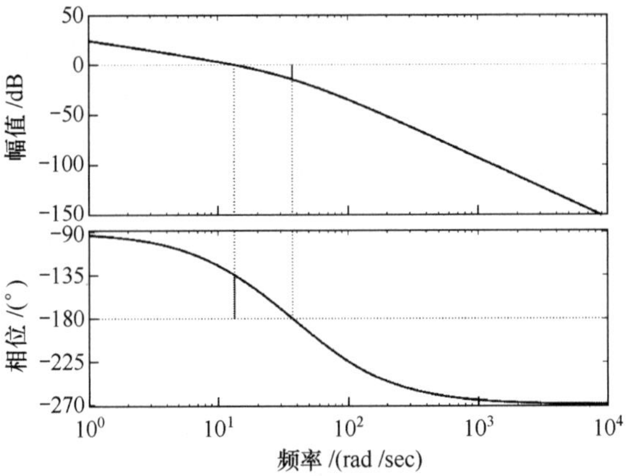

图 6-59 校正后横滚系统的对数幅相频率特性曲线

习 题

【习题 6.1】 已知系统的开环传递函数为 $G(s)=\dfrac{K}{s(0.1s+1)}$，试分别用比例—微分装置和比例—积分装置进行校正，使系统 $K_v \geqslant 200$，$\gamma(\omega_c'') \geqslant 50$，并分别确定校正装置的参数。

【习题 6.2】 已知系统的开环传递函数为 $G(s)=\dfrac{K}{s(1+0.5s)(1+0.1s)}$，试设计 PID 校正装置，使系统满足 $K_v \geqslant 10$，$\gamma(\omega_c'') \geqslant 50°$ 且 $\omega_c'' \geqslant 4$。

【习题 6.3】 设某单位反馈火炮指挥仪伺服系统的开环传递函数为 $G_0(s)=\dfrac{K}{s(0.2s+1)(0.5s+1)}$，若要求系统最大输出速度为 12° /s，输出位置的容许误差小于 2°，试求：

（1）确定满足上述指标的最小 K 值，计算该 K 值下系统的相角裕度和幅值裕度；

（2）在前向通路中串接超前校正网络 $G_c(s)=\dfrac{0.4s+1}{0.08s+1}$，计算校正后系统的相角裕度和幅值裕度，说明超前校正对系统动态性能的影响。

【习题 6.4】 考虑飞机的姿态速率控制问题，姿态速率控制系统的简化模型如图 6-60 所示。当飞机以 4 倍音速在 10 万英尺高空飞行时，姿态速率控制系统的参数取值分别为

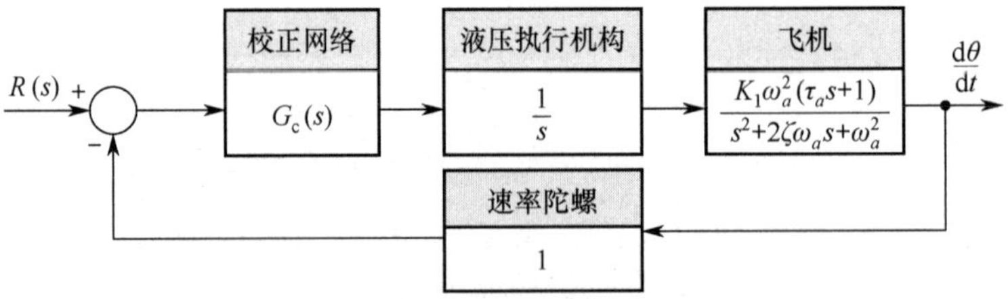

图 6-60 飞机姿态速率控制系统

$$1/\tau_a = 1.0 \quad K_1 = 1.0 \quad \zeta\omega_a = 1.0 \quad \omega_a = 4.0$$

试设计一个校正网络 $G_c(s)$，使系统阶跃响应的超调量小于 5%，调节时间小于 2s（按 2% 准则）。

【习题 6.5】 自动导航小车导航系统的框图如图 6-61 所示，其中 τ_1=40 ms，τ_2=1 ms。为使系统响应斜坡输入的稳态误差仅为 1%，要求系统的速度误差常数为 K_v=100。在忽略 τ_2 的条件下，试设计超前校正网络 $G_c(s)$，使系统的相角裕度满足 $45° \leqslant \gamma \leqslant 60°$。按相角裕度的两个极端情况设计系统之后，计算并比较所得系统阶跃响应的超调量和调节时间。

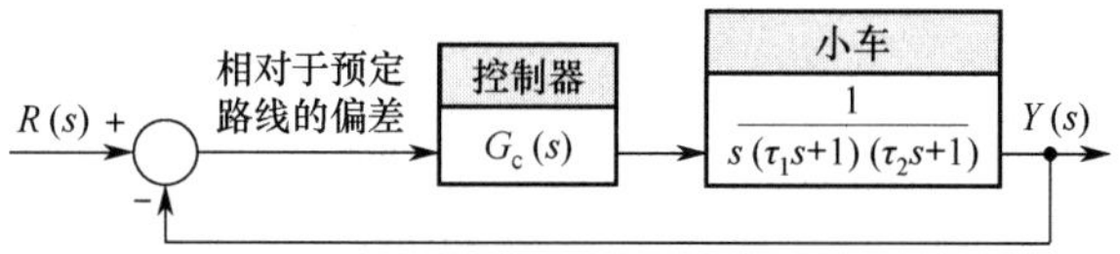

图 6-61　自动导航小车导航系统的框图

【习题 6.6】 设单位反馈系统的开环传递函数为 $G(s)=\dfrac{5}{s(s+1)(0.25s+1)}$，试求：

（1）若要求校正后系统的静态速度误差系数 $K_v \geqslant 5$，相角裕度为 $\gamma \geqslant 45°$，试设计串联校正装置；

（2）若除上述指标要求外，还要求系统校正后截止频率 $\omega_c \geqslant 2\text{rad/}s$，试设计串联校正装置。

【习题 6.7】 设单位负反馈系统的开环传递函数为 $G(s)=\dfrac{16}{s(s+1)}$，试求：

（1）闭环系统的阻尼系数，并评价其动态性能。

（2）若加入校正环节，加入什么环节比较合适？并画出校正后的系统结构图。

（3）要使校正后系统的调节时间 $t_s = 1.25$，试确定校正环节，并画出校正后系统的单位阶跃响应曲线。

【习题 6.8】 高速列车的倾斜控制系统如图 6-62 所示，试设计一个合适的校正网络 $G_c(s)$，使系统阶跃响应的超调量小于 5%，调节时间小于 0.6 s（按 2%准则），并使系统对斜坡输入响应的稳态误差小于 0.15 A，其中输入为 $r(t)=At,\ t>0$。然后，计算系统的实际响应并检验设计结果。

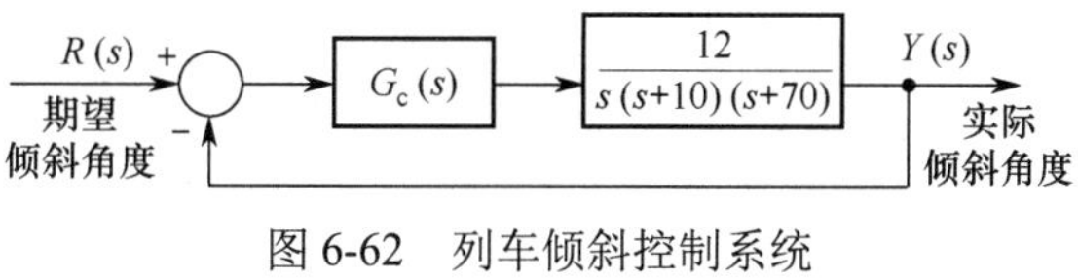

图 6-62　列车倾斜控制系统

【习题 6.9】 某高性能喷气式飞机如图 6-63（a）所示，其横滚角控制系统如图 6-63（b）所示。试设计一个合适的校正网络 $G_c(s)$，使系统阶跃响应的稳态误差为零，并具有良好的瞬态响应特性。

【习题 6.10】 某战斗机的传递函数为 $G(s)=\dfrac{-10(s+1)(s+0.01)}{(s^2+2s+2)(s^2+0.02s+0.0101)}$，模型中的 4 个极点分别代表俯仰角变化过程中的长周期和短周期模态，长周期模态的固有频率为

0.1 rad/s，短周期模态的固有频率为 1.4 rad/s。战斗机俯仰角控制系统的框图如图 6-64 所示。

（1）将 $G_c(s)$取为超前校正网络，即 $G_c(s)=K\dfrac{s+z}{s+p}$，其中$|z|<|p|$。利用伯德图法设计该校正网络，使系统的单位阶跃响应的调节时间小于 2s（按 2%准则），超调量小于 10%。

（2）当输入阶跃信号为 $R(s)$=10°/s 时，仿真计算 $\dot{\theta}$ 随时间的变化情况。

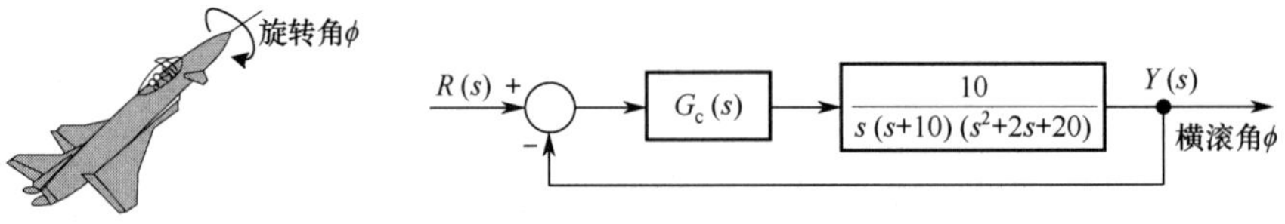

(a) (b)

图 6-63 喷气式飞机的横滚角控制系统

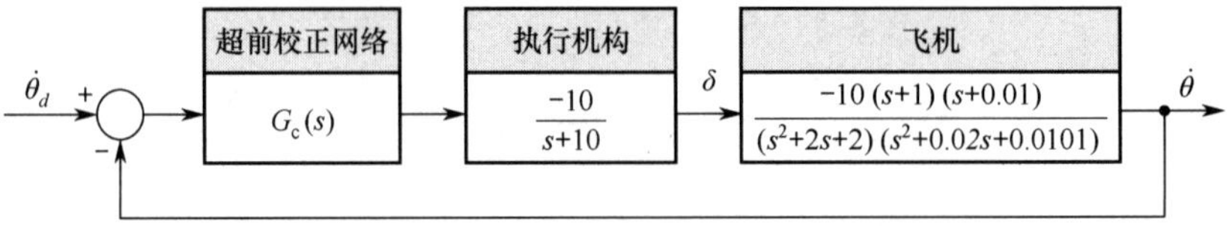

图 6-64 战斗机俯仰角控制系统的框图

第 7 章　控制系统的状态空间描述

经典控制理论常用系统输入和输出之间的关系描述控制系统，即控制系统的输入输出描述，微分方程和传递函数就属于这种系统描述所采用的数学模型。但由于输入输出描述模型仅仅描述系统输入、输出之间的外部特性，不能揭示系统内部各物理量的运动规律；若要完整揭示整个系统的全部运动状态，仅凭输入输出描述是不够的。实际上，一个复杂系统可能有多个输入和多个输出，并且以某种方式相互关联或耦合。为了分析这类系统，20 世纪 60 年代，人们将状态空间的概念引入控制理论，产生了以状态空间描述为基础、最优控制为核心的现代控制理论，并且在工程领域得到了广泛的应用。系统动态特性的状态空间描述可归纳为两个数学方程，一个是反映系统内部状态变量和输入变量间因果关系的状态方程，另一个是表征系统内部状态变量及输入变量与输出变量转换关系的输出方程。系统的状态空间描述不仅描述了系统输入、输出外部特性，而且揭示了系统内部的结构特性，能完全表征系统的所有动力学行为，因而是对系统的一种完全描述。采用状态空间法可以有效处理系统的初始条件问题，通过计算机控制器不仅可以求解线性系统控制问题，还可以求解大量的非线性系统、时变系统和随机过程系统的控制问题。

7.1　状态空间和状态方程

7.1.1　状态空间描述的基本概念

系统的状态空间描述是建立在状态、状态变量、状态向量、状态空间和状态空间表达式概念基础上的。为此，首先对系统的状态、状态空间等基本概念进行定义和讨论。

状态：状态是系统运动信息的集合，是完全描述动态系统运动状况的信息，系统在某一时刻的运动状况可以用该时刻系统运动的一组信息表征。例如，一个质点做直线运动，这个系统的状态就是它每一时刻的速度和位移。又如一个 RLC 电路，任何时刻电路中的电流 i、电感电压 e_L、电容电压 e_C、电阻上的电压降 e_R 以及它们的导数都反映了系统的状态。

状态变量：状态变量是指能确定系统运动状态的最少数目的一组变量，即各变量之间线性无关。一个用 n 阶微分方程描述的系统就有 n 个独立的变量，当这 n 个独立变量的时间响应都求得时，系统的行为也就完全被确定了。因此，由 n 阶微分方程描述的系统就有 n 个状态变量。状态变量具有非唯一性，因为不同的状态变量也能表达同一个系统的行为。

状态向量：若以 n 个状态变量 $x_1(t)$、$x_2(t)$、…、$x_n(t)$作为向量 $\boldsymbol{x}(t)$的分量，则 $\boldsymbol{x}(t)$称为状态向量。

状态空间：以状态变量 $x_1(t)$、$x_2(t)$、…、$x_n(t)$为基底所构成的 n 维空间，称为状态空间。系统任一时刻的状态向量 $\boldsymbol{x}(t)$在状态空间中都是一个点。系统随时间的变化过程，使 $\boldsymbol{x}(t)$在状态空间中描绘出一条轨迹。

状态空间表达式：将反映系统动态过程的 n 阶微分方程或传递函数，转换成一阶微分方程组的形式，并利用矩阵和向量等数学工具，将一阶微分方程组用一个式子来表示，这就是状态方程；状态方程和描述系统状态变量与系统输出变量之间关系的输出方程一起构成了状态空间表达式。式（7-1）就是线性定常系统状态空间表达式的标准描述

$$\begin{aligned}\dot{\boldsymbol{x}}(t) &= \boldsymbol{A}\boldsymbol{x}(t)+\boldsymbol{B}\boldsymbol{u}(t)\\ \boldsymbol{y}(t) &= \boldsymbol{C}\boldsymbol{x}(t)+\boldsymbol{D}\boldsymbol{u}(t)\end{aligned} \tag{7-1}$$

其中，$\boldsymbol{x}(t)$、$\dot{\boldsymbol{x}}(t)$ 分别为状态向量及其一阶导数；$\boldsymbol{u}(t)$、$\boldsymbol{y}(t)$ 分别为系统的输入变量和输出变量；$\boldsymbol{A}$、$\boldsymbol{B}$、$\boldsymbol{C}$、$\boldsymbol{D}$ 分别为具有一定维数的系统矩阵。

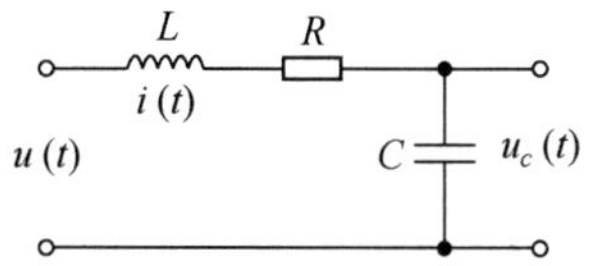

图 7-1 RLC 电路

例 7-1 确定图 7-1 所示 RLC 电路的状态变量。

解 由电路定律可得

$$i(t)=C\frac{\mathrm{d}u_c(t)}{\mathrm{d}t}$$

$$u(t)=Ri(t)+L\frac{\mathrm{d}i(t)}{\mathrm{d}t}+u_c(t)$$

该式可用两个一阶微分方程表示为

$$\dot{u}_c(t)=\frac{\mathrm{d}u_c(t)}{\mathrm{d}t}=\frac{1}{C}i(t)$$

$$\dot{i}(t)=\frac{\mathrm{d}i(t)}{\mathrm{d}t}=-\frac{1}{L}u_c(t)-\frac{R}{L}i(t)+\frac{1}{L}u(t)$$

将其写成矩阵形式，则为

$$\begin{bmatrix}\dot{u}_c(t)\\ \dot{i}(t)\end{bmatrix}=\begin{bmatrix}0 & \dfrac{1}{C}\\ -\dfrac{1}{L} & -\dfrac{R}{L}\end{bmatrix}\begin{bmatrix}u_c(t)\\ i(t)\end{bmatrix}+\begin{bmatrix}0\\ \dfrac{1}{L}\end{bmatrix}u(t) \tag{7-2}$$

如果系统的初始时刻为 t_0，并已知电流初值 $i(t_0)$、电容电压 $u_c(t_0)$ 以及 $t \geqslant t_0$ 时的输入电压 $u(t)$，则 $t \geqslant t_0$ 时的系统状态可以完全确定。而电流 $i(t)$ 和电压 $u_c(t)$ 就是该系统的一组状态变量。

令 $\boldsymbol{x}=\begin{bmatrix}u_c(t)\\ i(t)\end{bmatrix}$，$\dot{\boldsymbol{x}}(t)=\dfrac{\mathrm{d}\boldsymbol{x}(t)}{\mathrm{d}t}=\begin{bmatrix}\dot{u}_c(t)\\ \dot{i}(t)\end{bmatrix}$，则状态方程式（7-2）可简写为

$$\dot{\boldsymbol{x}}(t)=\boldsymbol{A}\boldsymbol{x}(t)+\boldsymbol{B}u(t)$$

其中，$\boldsymbol{A}=\begin{bmatrix}0 & \dfrac{1}{C}\\ -\dfrac{1}{L} & -\dfrac{R}{L}\end{bmatrix}$；$\boldsymbol{B}=\begin{bmatrix}0\\ \dfrac{1}{L}\end{bmatrix}$。

若指定 $u_c(t)$ 为输出，且输出一般用 $y(t)$表示，则输出方程为

$$y(t)=u_c(t)=x_1 \tag{7-3}$$

将式（7-3）写成矩阵形式，得

$$y(t)=[1\ 0]\begin{bmatrix}u_c(t)\\ i(t)\end{bmatrix} \quad 或 \quad y(t)=[1\ 0]\begin{bmatrix}x_1\\ x_2\end{bmatrix} \tag{7-4}$$

式（7-4）可简写为

$$y(t) = Cx \tag{7-5}$$

其中，$C = [1\ 0]$。

将状态方程式（7-2）和输出方程式（7-4）合起来就构成对一个系统的完整描述，即系统的状态空间表达式。

为正确理解状态空间的基本概念，应注意以下几点。

① 系统输出和状态变量概念的不同。输出是系统对环境的作用，而状态变量是完全描述系统运动行为的一组信息。在线性系统中，输出是状态变量组中的某一个或某几个状态变量的线性组合。此外，输出总是可以测量的，而状态变量并不一定都能测量。

② 状态变量的选取具有非唯一性。对于一个控制系统，状态变量组 $x_1(t)$、$x_2(t)$、…、$x_n(t)$ 的选取一般具有非唯一性。导致非唯一性的原因在于：系统内部变量的个数必大于状态的维数 n，而任意 n 个线性无关的内部变量都可能选取为系统的状态变量。对此，以图 7-1 所示的 RLC 电路为例加以说明。

由式（7-2）知，取 $x_1 = u_c(t)$、$x_2 = i(t)$ 作为状态变量时系统的状态方程为

$$\begin{bmatrix} \dot{x}_1 \\ \dot{x}_2 \end{bmatrix} = \begin{bmatrix} 0 & \frac{1}{C} \\ -\frac{1}{L} & -\frac{R}{L} \end{bmatrix} \begin{bmatrix} x_1 \\ x_2 \end{bmatrix} + \begin{bmatrix} 0 \\ \frac{1}{L} \end{bmatrix} u \tag{7-6}$$

事实上，电容的端电压取决于电容储存的电荷 $q(t)$，且有 $q(t) = Cu_c(t)$，因此，也可取 $q(t)$ 和 $i(t)$ 作为状态变量，导出一阶微分方程组

$$\begin{aligned} \frac{\mathrm{d}q(t)}{\mathrm{d}t} &= i(t) \\ \frac{\mathrm{d}i(t)}{\mathrm{d}t} &= -\frac{1}{LC}q(t) - \frac{R}{L}i + \frac{1}{L}u(t) \end{aligned} \tag{7-7}$$

令 $\overline{x}_1 = q(t)$、$\overline{x}_2 = i(t)$，则有矩阵形式的状态方程为

$$\begin{bmatrix} \dot{\overline{x}}_1 \\ \dot{\overline{x}}_2 \end{bmatrix} = \begin{bmatrix} 0 & \frac{1}{C} \\ -\frac{1}{L} & -\frac{R}{L} \end{bmatrix} \begin{bmatrix} \overline{x}_1 \\ \overline{x}_2 \end{bmatrix} + \begin{bmatrix} 0 \\ \frac{1}{L} \end{bmatrix} u \tag{7-8}$$

若选状态变量 $\widehat{x}_1 = \frac{1}{C}\int i\mathrm{d}t + Ri$，$\widehat{x}_2 = \frac{1}{C}\int i\mathrm{d}t$，则有

$$\widehat{x}_2 = \widehat{x}_1 + Ri$$

$$L\frac{\mathrm{d}i}{\mathrm{d}t} = -\widehat{x}_1 + u$$

故

$$\begin{aligned} \dot{\widehat{x}}_2 &= \frac{1}{C}i = \frac{1}{RC}(\widehat{x}_1 - \widehat{x}_2) \\ \dot{\widehat{x}}_1 &= \dot{\widehat{x}}_2 + R\frac{\mathrm{d}i}{\mathrm{d}t} = \frac{1}{RC}(\widehat{x}_1 - \widehat{x}_2) + \frac{R}{L}(-\widehat{x}_1 + u) \end{aligned} \tag{7-9}$$

将式（7-9）表示的状态方程写成矩阵形式，得

$$\begin{bmatrix}\dot{\bar{x}}_1\\ \dot{\bar{x}}_2\end{bmatrix}=\begin{bmatrix}\dfrac{1}{RC}-\dfrac{R}{L} & -\dfrac{1}{RC}\\ \dfrac{1}{RC} & -\dfrac{1}{RC}\end{bmatrix}\begin{bmatrix}\bar{x}_1\\ \bar{x}_2\end{bmatrix}+\begin{bmatrix}\dfrac{R}{L}\\ 0\end{bmatrix}u \tag{7-10}$$

由此可知，在同一个系统中，究竟选取哪些变量作为状态变量并非唯一，要依所研究的问题而定。选择状态变量的这种自由正是状态空间法的优点之一。

③ 任意两组状态变量之间的关系。对于一个控制系统，任意选取两组状态变量 $x_1(t)$、$x_2(t)$、…、$x_n(t)$和 $\bar{x}_1(t)$、$\bar{x}_2(t)$、…、$\bar{x}_n(t)$，由于状态变量是线性无关的，那么根据线性代数理论可知，$x_1(t)$、$x_2(t)$、…、$x_n(t)$可表示为 $\bar{x}_1(t)$、$\bar{x}_2(t)$、…、$\bar{x}_n(t)$ 的线性组合，即

$$\begin{aligned}x_1 &= T_{11}\bar{x}_1(t)+T_{12}\bar{x}_2(t)+\cdots+T_{1n}\bar{x}_n(t)\\ &\vdots\\ x_n &= T_{n1}\bar{x}_1(t)+T_{n2}\bar{x}_2(t)+\cdots+T_{nn}\bar{x}_n(t)\end{aligned} \tag{7-11}$$

将式（7-11）写成矩阵形式为

$$\boldsymbol{x}=\boldsymbol{T}\bar{\boldsymbol{x}} \tag{7-12}$$

其中，$\boldsymbol{x}=[x_1,x_2,\cdots,x_n]^{\mathrm{T}}$；$\bar{\boldsymbol{x}}=[\bar{x}_1,\bar{x}_2,\cdots,\bar{x}_n]^{\mathrm{T}}$；$\boldsymbol{T}=\begin{bmatrix}T_{11} & \cdots & T_{1n}\\ \vdots & \ddots & \vdots\\ T_{n1} & \cdots & T_{nn}\end{bmatrix}$，$\boldsymbol{T}$ 称为变换矩阵。

同理，可将 $\bar{x}_1(t)$、$\bar{x}_2(t)$、…、$\bar{x}_n(t)$ 表示为 $x_1(t)$、$x_2(t)$、…、$x_n(t)$的线性组合，得到的矩阵形式为

$$\bar{\boldsymbol{x}}=\bar{\boldsymbol{T}}\boldsymbol{x} \tag{7-13}$$

其中，$\bar{\boldsymbol{T}}$ 称为变换矩阵。

由式（7-12）和式（7-13）可得

$$\boldsymbol{x}=\boldsymbol{T}\bar{\boldsymbol{T}}\boldsymbol{x} \text{ 和 } \bar{\boldsymbol{x}}=\bar{\boldsymbol{T}}\boldsymbol{T}\bar{\boldsymbol{x}}$$

即

$$\boldsymbol{T}\bar{\boldsymbol{T}}=\boldsymbol{T}\bar{\boldsymbol{T}}=\boldsymbol{I}$$

表明变换矩阵 $\boldsymbol{T}$ 和 $\bar{\boldsymbol{T}}$ 互为逆矩阵，即同一系统任意选取的两个状态变量 $\boldsymbol{x}$ 和 $\bar{\boldsymbol{x}}$ 之间为线性非奇异变换关系。

④ 线性非奇异变换下，系统任意两个状态空间表达式的关系。系统的状态空间表达式不具有唯一性，选取不同的状态变量，则有不同的状态空间表达式，但其均描述同一系统。对于一个控制系统，一组状态变量下的状态空间表达式可用另一组状态变量下的状态空间表达式经线性非奇异变换得到。

工程问题中状态变量的选取

① 控制系统需用微分方程描述是因为系统中含有储能元件，因此，控制系统是一个能存储输入信息的系统。t_0 时刻以前的输入信息产生 t_0 时刻储能元件的初始能量，根据储能元件的能量方程，相应物理变量的初值亦可确定。根据状态变量的含义，如果知道 $t=t_0$ 时刻状态变量的值，只要给出 $t>t_0$ 以后的输入，对于确定系统未来的运动状态就是充分的。对同一系统的任何一种不同的状态空间表达式而言，其状态变量的数目是唯一的，必等于系统的阶数，即系统中独立储能元件的个数。因此，在具体工程问题中，可把选取的独立储能元件能量方程中的物理变量作为系统的状态变量。

② 状态变量不一定是物理上可测量的，有时仅有数学意义而无任何物理意义。在具体工

程问题中，为实现状态反馈控制，宜选取容易测量的量作为状态变量。例如，选择机械系统中的线（角）位移和线（角）速度为状态变量，电路中电容电压和流经电感的电流作为状态变量。

③ 用 n 阶微分方程描述的系统，当 n 个初始条件 $x(t_0)$、$\dot{x}(t_0)$、…、$x^{(n-1)}(t_0)$ 及 $t>t_0$ 的输入 $\boldsymbol{u}(t)$ 给定时，可唯一确定微分方程的解，即系统将来的状态。故 $x(t)$、$\dot{x}(t)$、…、$x^{(n-1)}(t)$ 这 n 个独立的变量可选作状态变量。

下面介绍状态空间表达式的一般形式。

1. 单输入单输出线性定常连续系统

设单输入单输出线性定常 n 阶连续系统，n 个状态变量为 x_1、x_2、…、x_n，其状态方程和输出方程的矩阵形式为

$$\begin{cases}\begin{bmatrix}\dot{x}_1\\ \dot{x}_2\\ \vdots\\ \dot{x}_n\end{bmatrix}=\begin{bmatrix}a_{11} & a_{12} & \cdots & a_{1n}\\ a_{21} & a_{22} & \cdots & a_{2n}\\ \vdots & \vdots & \ddots & \vdots\\ a_{n1} & a_{n2} & \cdots & a_{nn}\end{bmatrix}\begin{bmatrix}x_1\\ x_2\\ \vdots\\ x_n\end{bmatrix}+\begin{bmatrix}b_1\\ b_2\\ \vdots\\ b_n\end{bmatrix}u\\ y=\begin{bmatrix}c_1 & c_2 & \cdots & c_n\end{bmatrix}\begin{bmatrix}x_1\\ x_2\\ \vdots\\ x_n\end{bmatrix}+Du\end{cases} \tag{7-14}$$

式（7-14）可简写为

$$\begin{cases}\dot{\boldsymbol{x}}=\boldsymbol{A}\boldsymbol{x}+\boldsymbol{B}u\\ y=\boldsymbol{C}\boldsymbol{x}+Du\end{cases} \tag{7-15}$$

其中，$\boldsymbol{x}=[x_1,x_2,\cdots,x_n]^{\mathrm{T}}$ 为 n 维状态向量，上标 T 为转置符号；$\boldsymbol{A}=\begin{bmatrix}a_{11} & a_{12} & \cdots & a_{1n}\\ a_{21} & a_{22} & \cdots & a_{2n}\\ \vdots & \vdots & \ddots & \vdots\\ a_{n1} & a_{n2} & \cdots & a_{nn}\end{bmatrix}$ 是 $n\times n$ 维方阵，反映了系统内部状态变量间的联系，称为系统矩阵或状态矩阵；$\boldsymbol{B}=\begin{bmatrix}b_1 & b_2 & \cdots & b_n\end{bmatrix}^{\mathrm{T}}$ 是 $n\times 1$ 维矩阵，反映了输入对状态变量的作用，称为输入矩阵或控制矩阵；$\boldsymbol{C}=\begin{bmatrix}c_1 & c_2 & \cdots & c_n\end{bmatrix}$ 是 $1\times n$ 维矩阵，反映了输出与状态的组合关系，称为输出矩阵或观测矩阵；D 是标量，反映输出与输入的直接关联。

2. 多输入多输出线性定常连续系统

对于有 r 个输入 u_1、u_2、…、u_r，m 个输出 y_1、y_2、…、y_m 的多输入多输出 n 阶线性定常连续系统，状态方程和输出方程的矩阵形式为

$$\begin{cases}\begin{bmatrix}\dot{x}_1\\ \dot{x}_2\\ \vdots\\ \dot{x}_n\end{bmatrix}=\begin{bmatrix}a_{11} & a_{12} & \cdots & a_{1n}\\ a_{21} & a_{22} & \cdots & a_{2n}\\ \vdots & \vdots & \ddots & \vdots\\ a_{n1} & a_{n2} & \cdots & a_{nn}\end{bmatrix}\begin{bmatrix}x_1\\ x_2\\ \vdots\\ x_n\end{bmatrix}+\begin{bmatrix}b_{11} & b_{12} & \cdots & b_{1r}\\ b_{21} & b_{22} & \cdots & b_{2r}\\ \vdots & \vdots & \ddots & \vdots\\ b_{n1} & b_{n2} & \cdots & b_{nr}\end{bmatrix}\begin{bmatrix}u_1\\ u_2\\ \vdots\\ u_r\end{bmatrix}\\ \begin{bmatrix}y_1\\ y_2\\ \vdots\\ y_m\end{bmatrix}=\begin{bmatrix}c_{11} & c_{12} & \cdots & c_{1n}\\ c_{21} & c_{22} & \cdots & c_{2n}\\ \vdots & \vdots & \ddots & \vdots\\ c_{m1} & c_{m2} & \cdots & c_{mn}\end{bmatrix}\begin{bmatrix}x_1\\ x_2\\ \vdots\\ x_n\end{bmatrix}+\begin{bmatrix}d_{11} & d_{12} & \cdots & d_{1r}\\ d_{21} & d_{22} & \cdots & d_{2r}\\ \vdots & \vdots & \ddots & \vdots\\ d_{m1} & d_{m2} & \cdots & d_{mr}\end{bmatrix}\begin{bmatrix}u_1\\ u_2\\ \vdots\\ u_r\end{bmatrix}\end{cases} \tag{7-16}$$

式（7-16）可简写为$\sum(\boldsymbol{A},\boldsymbol{B},\boldsymbol{C},\boldsymbol{D})$，即

$$\begin{cases}\dot{\boldsymbol{x}}=\boldsymbol{A}\boldsymbol{x}+\boldsymbol{B}\boldsymbol{u}\\ \boldsymbol{y}=\boldsymbol{C}\boldsymbol{x}+\boldsymbol{D}\boldsymbol{u}\end{cases} \tag{7-17}$$

其中，$\boldsymbol{x}=[x_1,x_2,\cdots,x_n]^{\mathrm{T}}$是$n$维状态向量；$\boldsymbol{y}=[y_1,y_2,\cdots,y_m]^{\mathrm{T}}$是$m$维输出向量；$\boldsymbol{u}=[u_1,u_2,\cdots,u_r]^{\mathrm{T}}$是$r$维输入向量；$\boldsymbol{A}=\begin{bmatrix}a_{11}&a_{12}&\cdots&a_{1n}\\a_{21}&a_{22}&\cdots&a_{2n}\\\vdots&\vdots&\ddots&\vdots\\a_{n1}&a_{n2}&\cdots&a_{nn}\end{bmatrix}$是$n\times n$维系统矩阵或状态矩阵；

$\boldsymbol{B}=\begin{bmatrix}b_{11}&b_{12}&\cdots&b_{1r}\\b_{21}&b_{22}&\cdots&b_{2r}\\\vdots&\vdots&\ddots&\vdots\\b_{n1}&b_{n2}&\cdots&b_{nr}\end{bmatrix}$是$n\times r$维输入矩阵或控制矩阵；$\boldsymbol{C}=\begin{bmatrix}c_{11}&c_{12}&\cdots&c_{1n}\\c_{21}&c_{22}&\cdots&c_{2n}\\\vdots&\vdots&\ddots&\vdots\\c_{m1}&c_{m2}&\cdots&c_{mn}\end{bmatrix}$是$m\times n$维输出矩阵；

$\boldsymbol{D}=\begin{bmatrix}d_{11}&d_{12}&\cdots&d_{1r}\\d_{21}&d_{22}&\cdots&d_{2r}\\\vdots&\vdots&\ddots&\vdots\\d_{m1}&d_{m2}&\cdots&d_{mr}\end{bmatrix}$是$m\times r$维输入/输出关联矩阵或直接传递矩阵。应该指出，在工程中，系统输入对输出直接作用的情况并不多见，即大多数情况下$\boldsymbol{D}=\boldsymbol{0}$。

由此可知，采用矩阵形式使复杂的多输入多输出系统的数学表达式得以简化，当系统状态变量的数目、输入变量的数目或输出变量的数目增加时，并不增加方程的复杂性。

3. 多输入多输出线性时变连续系统

式（7-17）为多输入多输出线性定常连续系统的状态空间表达式，其特征是系数矩阵的各元素均为常数。若$\boldsymbol{A}$矩阵、$\boldsymbol{B}$矩阵、$\boldsymbol{C}$矩阵、$\boldsymbol{D}$矩阵中的某些元素或全部元素是时间t的函数，对应的系统称为线性时变连续系统，其矩阵方程形式的状态空间表达式为

$$\begin{cases}\dot{\boldsymbol{x}}=\boldsymbol{A}(t)\boldsymbol{x}+\boldsymbol{B}(t)\boldsymbol{u}\\ \boldsymbol{y}=\boldsymbol{C}(t)\boldsymbol{x}+\boldsymbol{D}(t)\boldsymbol{u}\end{cases} \tag{7-18}$$

即为多输入多输出线性时变连续系统状态空间表达式的一般形式。

4. 非线性系统

一般来说，实际物理系统都是非线性的。用状态空间表达式描述非线性系统的动态特性，其状态方程是一组一阶非线性微分方程，输出方程是一组非线性代数方程，即

$$\begin{cases}\dot{x}_1=f_1(x_1,x_2,\cdots,x_n,u_1,u_2,\cdots,u_r,t)\\ \dot{x}_2=f_2(x_1,x_2,\cdots,x_n,u_1,u_2,\cdots,u_r,t)\\ \qquad\vdots\\ \dot{x}_n=f_n(x_1,x_2,\cdots,x_n,u_1,u_2,\cdots,u_r,t)\end{cases}$$
$$\begin{cases}y_1=g_1(x_1,x_2,\cdots,x_n,u_1,u_2,\cdots,u_r,t)\\ y_2=g_2(x_1,x_2,\cdots,x_n,u_1,u_2,\cdots,u_r,t)\\ \qquad\vdots\\ y_m=g_m(x_1,x_2,\cdots,x_n,u_1,u_2,\cdots,u_r,t)\end{cases} \tag{7-19}$$

用矩阵形式表示为

$$\begin{cases}\dot{\boldsymbol{x}}=\boldsymbol{f}(\boldsymbol{x},\boldsymbol{u},t)\\ \boldsymbol{y}=\boldsymbol{g}(\boldsymbol{x},\boldsymbol{u},t)\end{cases} \tag{7-20}$$

其中，$\boldsymbol{f}$、$\boldsymbol{g}$ 均为向量函数，f_i（i=1, 2, ···, n）和 g_j（j=1, 2, ···, m）分别为$\boldsymbol{f}$、$\boldsymbol{g}$ 的元素，f_i（i=1, 2, ···, n）、g_j（j=1, 2, ···, m）均是 x_1、x_2、···、x_n、u_1、u_2、···、u_r 的某些非线性函数。

由于式（7-19）或式（7-20）中显含时间 t，其所描述的系统为非线性时变系统。若式（7-19）或式（7-20）中不显含时间 t，则为非线性定常系统，其状态空间表达式的一般形式为

$$\begin{cases}\dot{\boldsymbol{x}}=\boldsymbol{f}(\boldsymbol{x},\boldsymbol{u})\\ \boldsymbol{y}=\boldsymbol{g}(\boldsymbol{x},\boldsymbol{u})\end{cases} \tag{7-21}$$

7.1.2　状态空间模型的状态变量图描述

状态变量图可以描述系统状态变量之间的相互关系。状态变量图所采用的图形符号只有积分环节、相加点和比例环节三种。图 7-2 中给出了这三种基本符号的示意图。对于只有这三种图形符号所构成的系统来说，它有一个重要的特点，即每个积分环节的输出都代表系统的一个状态变量。因此，把这种只包含上述三种基本图形符号的系统称为状态变量图。

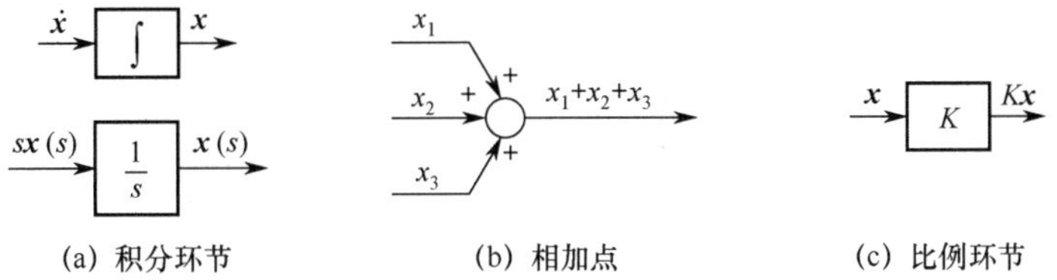

图 7-2　状态变量图的三种基本图形符号

如何从已给定的系统传递函数方框图画出系统的状态变量图呢？如果一个控制系统主要由比例环节、积分环节、一阶滞后环节（惯性环节）、二阶振荡环节等基本环节组成，那么其组成传递函数方框图要改画成状态变量图是很方便的，只要把其中的一阶惯性环节 $1/(Ts+1)$ 和二阶振荡环节 $\dfrac{1}{T^2s^2+2\zeta Ts+1}$，按图 7-3、图 7-4 的方式改画成局部状态变量图就可以了。

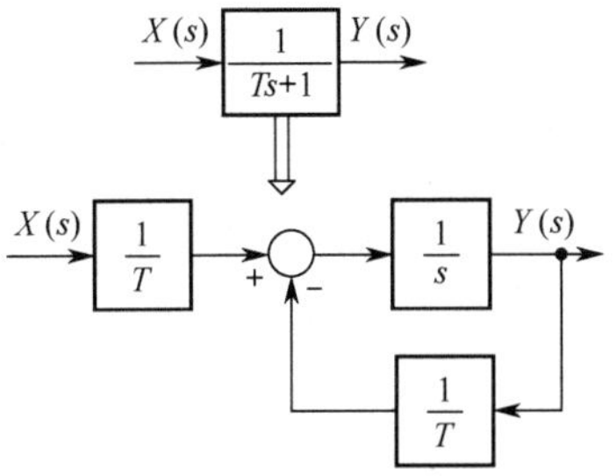

图 7-3　将一阶惯性环节改画成状态变量图

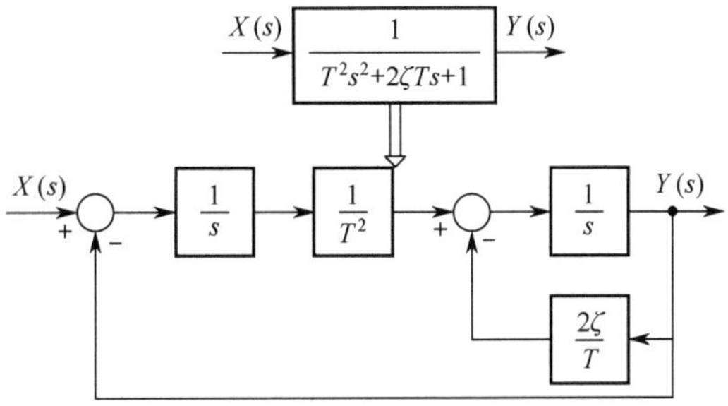

图 7-4　将二阶振荡环节改画成状态变量图

当画出整个系统的状态变量图以后，只要将每个积分环节的输出作为系统的状态变量，再通过对状态变量图的观察，就可以直接得到系统的状态方程和输出方程（状态空间描述）。

例 7-2　已知 3 阶系统的状态空间表达式为

$$
\begin{cases}
\dot{x}_1 = x_2 \\
\dot{x}_2 = x_3 \\
\dot{x}_3 = -3x_1 - 2x_2 - x_3 + u \\
y = 2x_2 + x_1
\end{cases}
$$

试画出其状态变量图。

解 该系统有 3 个状态变量，对应 3 个积分器的输出，而每个积分器的输入量就是对应状态变量的导数。该系统的状态变量图如图 7-5 所示。

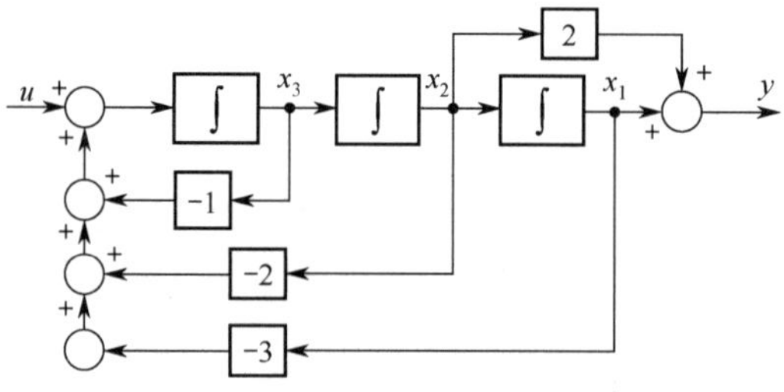

图 7-5 例 7-2 系统的状态变量图

例 7-3 已知某系统的闭环传递函数为

$$\frac{Y(s)}{U(s)} = \frac{s^2 + 3s + 2}{s(s^2 + 7s + 12)}$$

试绘制状态变量图。

解 将系统的闭环传递函数改写成

$$\frac{Y(s)}{U(s)} = \frac{s^{-1} + 3s^{-2} + 2s^{-3}}{1 + 7s^{-1} + 12s^{-2}}$$

令上式中

$$Y(s) = (s^{-1} + 3s^{-2} + 2s^{-3})E(s)$$

$$U(s) = (1 + 7s^{-1} + 12s^{-2})E(s)$$

将上式改写成

$$E(s) = U(s) - 7s^{-1}E(s) - 12s^{-2}E(s)$$

由 $Y(s)$和式 $E(s)$的表达式可画出系统的状态变量图，如图 7-6 所示。

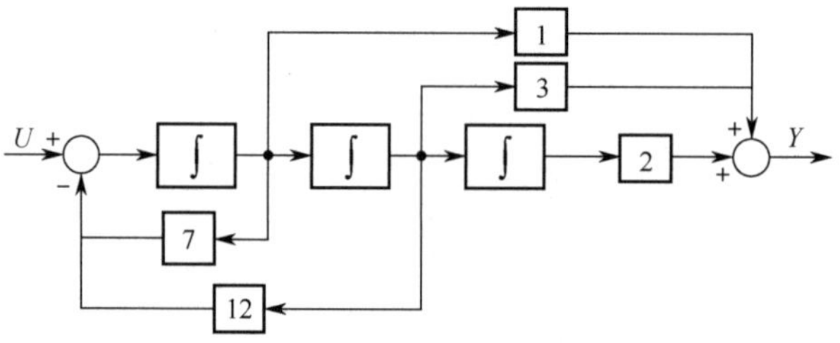

图 7-6 例 7-3 系统的状态变量图

控制系统均含有储能元件，能量的变化伴随着系统的运动变化。因此，可根据支配系统运动的物理定理，建立控制系统的状态方程，在指定系统的输出后即可列写系统的输出方程。

例 7-4 图 7-7 所示为带有输入滤波器的有源比例、积分（PI）调节器电路图，u_r 为调节器的输入，u_0 为调节器的输出，建立其状态空间表达式。

解 （1）选择状态变量。

该调节器含有两个独立的储能元件 C_0、C_1，可选电容 C_0、C_1 上的电压 u_{C_0} 、u_{C_1} 作为状态变量，电压和电流为关联参考方向。

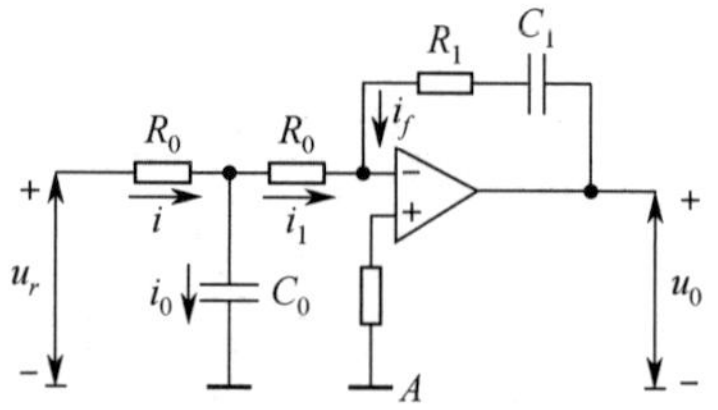

图 7-7 调节器电路图

（2）利用电路基本理论，建立原始方程。

考虑到有源放大器的开环增益很大，A 点为虚地点。对于 A 点左边回路，有

$$i=i_0+i_1,\quad i_0=C_0\frac{\mathrm{d}u_{C_0}}{\mathrm{d}t},\quad i_1=\frac{u_{C_0}}{R_0},\quad u_{C_0}+iR_0=u_r$$

整理，得

$$R_0C_0\frac{\mathrm{d}u_{C_0}}{\mathrm{d}t}+2u_{C_0}=u_r$$

对于 A 点右边的回路，有

$$i_f=C_1\frac{\mathrm{d}u_{C_1}}{\mathrm{d}t}=-i_1=-\frac{u_{C_0}}{R_0}$$

（3）导出状态方程和输出方程。

将上述两式中状态变量的一阶导数写在方程的左边，其余项写在方程的右边，得以一阶微分方程组表示的状态方程为

$$\begin{cases}\dfrac{\mathrm{d}u_{C_0}}{\mathrm{d}t}=-\dfrac{2}{R_0C_0}u_{C_0}+\dfrac{u_r}{R_0C_0}\\[2ex]\dfrac{\mathrm{d}u_{C_1}}{\mathrm{d}t}=-\dfrac{1}{R_0C_1}u_{C_0}\end{cases}$$

由图 7-7 知，输出变量方程为

$$u_0=i_fR_1+u_{C_1}=-i_1R_1+u_{C_1}=-\frac{R_1}{R_0}u_{C_0}+u_{C_1}$$

（4）列写状态空间表达式。

将状态方程和输出方程写成矩阵形式并联立，则得矩阵形式的状态空间表达式，即

$$\begin{cases}\begin{bmatrix}\dfrac{\mathrm{d}u_{C_0}}{\mathrm{d}t}\\[2ex]\dfrac{\mathrm{d}u_{C_1}}{\mathrm{d}t}\end{bmatrix}=\begin{bmatrix}-\dfrac{2}{R_0C_0} & 0\\[2ex]-\dfrac{1}{R_0C_1} & 0\end{bmatrix}\begin{bmatrix}u_{C_0}\\ u_{C_1}\end{bmatrix}+\begin{bmatrix}\dfrac{1}{R_0C_0}\\ 0\end{bmatrix}u_r\\[4ex] u_0=\begin{bmatrix}-\dfrac{R_1}{R_0} & 1\end{bmatrix}\begin{bmatrix}u_{C_0}\\ u_{C_1}\end{bmatrix}\end{cases}$$

令 $x_1=u_{C_0}$，$x_2=u_{C_1}$，$u=u_r$，$y=u_0$，可得状态空间表达式的一般形式，即

$$\begin{cases}\begin{bmatrix}\dot{x}_1\\ \dot{x}_2\end{bmatrix}=\begin{bmatrix}-\dfrac{2}{R_0C_0} & 0\\[2ex]-\dfrac{1}{R_0C_1} & 0\end{bmatrix}\begin{bmatrix}x_1\\ x_2\end{bmatrix}+\begin{bmatrix}\dfrac{1}{R_0C_0}\\ 0\end{bmatrix}u\\[4ex] y=\begin{bmatrix}-\dfrac{R_1}{R_0} & 1\end{bmatrix}\begin{bmatrix}x_1\\ x_2\end{bmatrix}\end{cases}$$

若引入 $\boldsymbol{A}=\begin{bmatrix}-\dfrac{2}{R_0C_0} & 0\\[2ex]-\dfrac{1}{R_0C_1} & 0\end{bmatrix}$，$\boldsymbol{B}=\begin{bmatrix}\dfrac{1}{R_0C_0}\\ 0\end{bmatrix}$，$\boldsymbol{C}=\begin{bmatrix}-\dfrac{R_1}{R_0} & 1\end{bmatrix}$，则得状态空间表达式的简洁形式，即

$$\begin{cases}\dot{\boldsymbol{x}} = \boldsymbol{A}\boldsymbol{x} + \boldsymbol{B}\boldsymbol{u} \\ \boldsymbol{y} = \boldsymbol{C}\boldsymbol{x}\end{cases}$$

7.2 控制系统数学模型变换

7.2.1 状态向量的线性变换

1. 线性变换

对于给定的线性定常系统，其状态空间表达式不具有唯一性，选取不同的状态变量，便会有不同的状态空间表达式。所任意选取的两个状态向量 $\boldsymbol{x}$ 和 $\bar{\boldsymbol{x}}$ 之间存在线性非奇异变换（或称坐标变换）关系，即

$$\boldsymbol{x} = \boldsymbol{T}\bar{\boldsymbol{x}} \text{ 或 } \bar{\boldsymbol{x}} = \boldsymbol{T}^{-1}\boldsymbol{x} \tag{7-22}$$

其中，$\boldsymbol{T}$ 为线性非奇异变换矩阵；$\boldsymbol{T}^{-1}$ 为 $\boldsymbol{T}$ 的逆矩阵。而对应 $\boldsymbol{x}$ 和 $\bar{\boldsymbol{x}}$ 的两种状态空间表达式的矩阵与该非奇异变换矩阵 $\boldsymbol{T}$ 有确定关系。

设给定系统在状态向量 $\boldsymbol{x}$ 下的状态空间表达式为

$$\begin{cases}\dot{\boldsymbol{x}} = \boldsymbol{A}\boldsymbol{x} + \boldsymbol{B}\boldsymbol{u} \\ \boldsymbol{y} = \boldsymbol{C}\boldsymbol{x} + \boldsymbol{D}\boldsymbol{u}\end{cases} \tag{7-23}$$

若引入式（7-22）所示的线性非奇异变换（称为对系统进行 $\boldsymbol{T}$ 变换），将 $\boldsymbol{x}$ 变换为 $\bar{\boldsymbol{x}}$，则系统在变换后的状态向量 $\bar{\boldsymbol{x}}$ 下的状态空间表达式可为

$$\begin{cases}\dot{\bar{\boldsymbol{x}}} = \boldsymbol{T}^{-1}\boldsymbol{A}\boldsymbol{T}\bar{\boldsymbol{x}} + \boldsymbol{T}^{-1}\boldsymbol{B}\boldsymbol{u} = \bar{\boldsymbol{A}}\bar{\boldsymbol{x}} + \bar{\boldsymbol{B}}\boldsymbol{u} \\ \boldsymbol{y} = \boldsymbol{C}\boldsymbol{T}\bar{\boldsymbol{x}} + \boldsymbol{D}\boldsymbol{u} = \bar{\boldsymbol{C}}\bar{\boldsymbol{x}} + \boldsymbol{D}\boldsymbol{u}\end{cases} \tag{7-24}$$

其中，$\bar{\boldsymbol{A}} = \boldsymbol{T}^{-1}\boldsymbol{A}\boldsymbol{T}$，$\bar{\boldsymbol{B}} = \boldsymbol{T}^{-1}\boldsymbol{B}$，$\bar{\boldsymbol{C}} = \boldsymbol{C}\boldsymbol{T}$。显然，原状态空间中的系统矩阵 $\boldsymbol{A}$ 与变换后的新状态空间中的系数矩阵 $\bar{\boldsymbol{A}}$ 是相似矩阵，而相似矩阵具有相同的基本性质，例如，行列式相同、秩相同、特征多项式相同和特征值相同等。事实上，式（7-23）和式（7-24）均描述了同一给定系统，其能对该系统的时域行为表达同样的信息，即对系统进行线性非奇异变换，并不会改变系统的原有性质，故也称为等价变换，这是基于状态空间模型对系统进行分析和综合的一种重要方法。实际上，为了便于揭示系统特性或简化系统的分析、综合，通常由状态向量的线性非奇异变换，将系统状态空间表达式等价变换为某种规范型，如能控标准型、对角线标准型、约当标准型等。

2. 系统的特征值

n 阶线性定常系统

$$\begin{cases}\dot{\boldsymbol{x}} = \boldsymbol{A}\boldsymbol{x} + \boldsymbol{B}\boldsymbol{u} \\ \boldsymbol{y} = \boldsymbol{C}\boldsymbol{x} + \boldsymbol{D}\boldsymbol{u}\end{cases}$$

的特征值为其系统矩阵 $\boldsymbol{A}$ 的特征值，即特征方程

$$|\lambda\boldsymbol{I} - \boldsymbol{A}| = 0 \tag{7-25}$$

的根。其中，$\boldsymbol{A}$ 为 $n\times n$ 维实数方阵，$\boldsymbol{I}$ 为 $n\times n$ 维单位矩阵，$|\lambda\boldsymbol{I} - \boldsymbol{A}| = \lambda^n + a_1\lambda^{n-1} + \cdots + a_{n-1}\lambda + a_n$ 称为系统的特征多项式。由于实际物理系统的系数矩阵 $\boldsymbol{A}$ 为实数阵，故其特征值或为实数，

或为共轭复数对。

由线性代数知，设 λ_i 是 n 阶方阵 $\boldsymbol{A}$ 的一个特征值，若存在一个 n 维非零向量 $\boldsymbol{p}_i$，满足

$$\boldsymbol{A}\boldsymbol{p}_i = \lambda_i \boldsymbol{p}_i \quad \text{或} \quad (\lambda_i \boldsymbol{I} - \boldsymbol{A})\boldsymbol{p}_i = \boldsymbol{0} \tag{7-26}$$

则称 $\boldsymbol{p}_i$ 为方阵 $\boldsymbol{A}$ 对应于特征值 λ_i 的特征向量。

例 7-5　求矩阵

$$\boldsymbol{A} = \begin{bmatrix} 0 & 1 & -1 \\ -6 & -11 & 6 \\ -6 & -11 & 5 \end{bmatrix}$$

的特征值和特征向量。

解　$\boldsymbol{A}$ 的特征多项式为

$$\boldsymbol{f}(\lambda) = |\lambda \boldsymbol{I} - \boldsymbol{A}| = \begin{vmatrix} \lambda & -1 & 1 \\ 6 & \lambda+11 & -6 \\ 6 & 11 & \lambda-5 \end{vmatrix} = \lambda^3 + 6\lambda^2 + 11\lambda + 6 = (\lambda+1)(\lambda+2)(\lambda+3)$$

则 $\boldsymbol{A}$ 的特征方程为

$$(\lambda+1)(\lambda+2)(\lambda+3) = 0$$

解之，得

$$\lambda_1 = -1,\quad \lambda_2 = -2,\quad \lambda_3 = -3$$

设对应于 $\lambda_1 = -1$ 的特征向量 $\boldsymbol{p}_1 = \begin{bmatrix} p_{11} \\ p_{21} \\ p_{31} \end{bmatrix}$，则由式（7-26）的定义有

$$\begin{bmatrix} -1 & -1 & 1 \\ 6 & 10 & -6 \\ 6 & 11 & -6 \end{bmatrix} \begin{bmatrix} p_{11} \\ p_{21} \\ p_{31} \end{bmatrix} = \boldsymbol{0}$$

解之，得 $p_{21} = 0$，$p_{11} = p_{31}$。

令 $p_{11} = p_{31} = 1$，则对应于 $\lambda_1 = -1$ 的特征向量可取为 $\boldsymbol{p}_1 = \begin{bmatrix} p_{11} \\ p_{21} \\ p_{31} \end{bmatrix} = \begin{bmatrix} 1 \\ 0 \\ 1 \end{bmatrix}$。

同理，对应于 $\lambda_2 = -2$，$\lambda_3 = -3$ 的特征向量分别可取为 $\boldsymbol{p}_2 = \begin{bmatrix} 1 \\ 2 \\ 4 \end{bmatrix}$，$\boldsymbol{p}_3 = \begin{bmatrix} 1 \\ 6 \\ 9 \end{bmatrix}$。

3. 系统特征值的不变性

由线性代数知，系统经线性非奇异变换后，其特征多项式不变，即系统特征值不变。

4. 状态空间表达式化为对角线标准型

通过线性非奇异变换，可以得到无数种系统的状态空间表达式，能控标准型、能观测标准型、对角线标准型和约当标准型等标准型状态空间表达式在简化系统的分析和设计中具有重要地位。因此，有必要讨论状态空间表达式的标准化问题。这里先讨论对角线标准型和约当标准型。

对于线性定常系统

$$\begin{cases} \dot{\boldsymbol{x}} = \boldsymbol{A}\boldsymbol{x} + \boldsymbol{B}u \\ y = \boldsymbol{C}\boldsymbol{x} \end{cases}$$

若系统的特征值 λ_1、λ_2、…、λ_n 互异，则必存在非奇异变换矩阵 $\boldsymbol{T}$，经 $\boldsymbol{x} = \boldsymbol{T}\bar{\boldsymbol{x}}$ 或 $\bar{\boldsymbol{x}} = \boldsymbol{T}^{-1}\boldsymbol{x}$ 的线性变换，可将状态空间表达式变换为对角线标准型，即

$$\begin{cases} \dot{\bar{\boldsymbol{x}}} = \boldsymbol{T}^{-1}\boldsymbol{A}\boldsymbol{T}\,\bar{\boldsymbol{x}} + \boldsymbol{T}^{-1}\boldsymbol{B}u = \begin{bmatrix} \lambda_1 & & & \boldsymbol{0} \\ & \lambda_2 & & \\ & & \ddots & \\ \boldsymbol{0} & & & \lambda_n \end{bmatrix}\bar{\boldsymbol{x}} + \bar{\boldsymbol{B}}u \\ y = \boldsymbol{C}\boldsymbol{T}\,\bar{\boldsymbol{x}} = \bar{\boldsymbol{C}}\bar{\boldsymbol{x}} \end{cases} \tag{7-27}$$

其中，λ_i（$i = 1,2,\cdots,n$）是系统矩阵 $\boldsymbol{A}$ 的 n 个互异特征值；由式（7-27）求出对应于特征值 λ_i 的特征向量 $\boldsymbol{p}_i$（$i = 1,2,\cdots,n$），则变换矩阵 $\boldsymbol{T}$ 由 $\boldsymbol{A}$ 的特征向量 $\boldsymbol{p}_1$、$\boldsymbol{p}_2$、…、$\boldsymbol{p}_n$ 构造，即

$$\boldsymbol{T} = [\boldsymbol{p}_1 \quad \boldsymbol{p}_2 \quad \cdots \quad \boldsymbol{p}_n] \tag{7-28}$$

且有 $\boldsymbol{A}\boldsymbol{p}_i = \lambda_i \boldsymbol{p}_i$（$i = 1,2,\cdots,n$）。

应当指出，对应于特征值 λ_i 的特征向量 $\boldsymbol{p}_i$（$i = 1,2,\cdots,n$）并非唯一，因此，式（7-28）所示的 $\boldsymbol{p}_1$、$\boldsymbol{p}_2$、…、$\boldsymbol{p}_n$ 构造的变换矩阵 $\boldsymbol{T}$ 也不是唯一的。

例 7-6 试将下列状态方程变换为对角线标准型。

$$\begin{bmatrix} \dot{x}_1 \\ \dot{x}_2 \\ \dot{x}_3 \end{bmatrix} = \begin{bmatrix} 2 & -1 & -1 \\ 0 & -1 & 0 \\ 0 & 2 & 1 \end{bmatrix}\begin{bmatrix} x_1 \\ x_2 \\ x_3 \end{bmatrix} + \begin{bmatrix} 7 \\ 2 \\ 3 \end{bmatrix}u$$

解 $\boldsymbol{A}$ 的特征方程为

$$|\lambda\boldsymbol{I} - \boldsymbol{A}| = \begin{vmatrix} \lambda-2 & 1 & 1 \\ 0 & \lambda+1 & 0 \\ 0 & -2 & \lambda-1 \end{vmatrix} = (\lambda-1)(\lambda-2)(\lambda+1)$$

可见，$\boldsymbol{A}$ 的特征值互异，且为 $\lambda_1 = 2$，$\lambda_2 = 1$，$\lambda_3 = -1$。由特征向量的定义，可得到分别属于 λ_1、λ_2、λ_3 的特征向量 $\boldsymbol{p}_1$、$\boldsymbol{p}_2$、$\boldsymbol{p}_3$。

由 $\boldsymbol{A}\boldsymbol{p}_1 = \lambda_1\boldsymbol{p}_1$，即 $\begin{bmatrix} 2 & -1 & -1 \\ 0 & -1 & 0 \\ 0 & 2 & 1 \end{bmatrix}\begin{bmatrix} p_{11} \\ p_{21} \\ p_{31} \end{bmatrix} = 2\begin{bmatrix} p_{11} \\ p_{21} \\ p_{31} \end{bmatrix}$，可得 $\begin{cases} p_{21} + p_{31} = 0 \\ 3p_{21} = 0 \\ -2p_{21} + p_{31} = 0 \end{cases}$

解之，得

$$\begin{cases} p_{11} = K\text{（任意常值）} \\ p_{21} = 0 \\ p_{31} = 0 \end{cases}$$

可见，对应于特征值 $\lambda_1 = 2$ 的特征向量并非唯一，可取为 $\boldsymbol{p}_1 = [1 \quad 0 \quad 0]^{\mathrm{T}}$。

同理，对应于 $\lambda_2 = 1$，$\lambda_3 = -1$ 的特征向量分别可取为 $\boldsymbol{p}_2 = [1 \quad 0 \quad 1]^{\mathrm{T}}$，$\boldsymbol{p}_3 = [0 \quad 1 \quad -1]^{\mathrm{T}}$，从而得到线性非奇异变换矩阵

$$\boldsymbol{T} = [\boldsymbol{p}_1 \ \ \boldsymbol{p}_2 \ \ \boldsymbol{p}_3] = \begin{bmatrix} 1 & 1 & 0 \\ 0 & 0 & 1 \\ 0 & 1 & -1 \end{bmatrix}$$

其逆矩阵为

$$T^{-1}=\begin{bmatrix}1&-1&-1\\0&1&1\\0&1&0\end{bmatrix}$$

则引入 $\boldsymbol{x}=\boldsymbol{T}\bar{\boldsymbol{x}}$ 线性变换后的系统矩阵、输入矩阵分别为

$$\bar{A}=T^{-1}AT=\begin{bmatrix}1&-1&-1\\0&1&1\\0&1&0\end{bmatrix}\begin{bmatrix}2&-1&-1\\0&-1&0\\0&2&1\end{bmatrix}\begin{bmatrix}1&1&0\\0&0&1\\0&1&-1\end{bmatrix}=\begin{bmatrix}2&0&0\\0&1&0\\0&0&-1\end{bmatrix}$$

$$\bar{B}=T^{-1}B=\begin{bmatrix}1&-1&-1\\0&1&1\\0&1&0\end{bmatrix}\begin{bmatrix}7\\2\\3\end{bmatrix}=\begin{bmatrix}2\\5\\2\end{bmatrix}$$

变换后的状态方程为

$$\begin{bmatrix}\dot{\bar{x}}_1\\\dot{\bar{x}}_2\\\dot{\bar{x}}_3\end{bmatrix}=\begin{bmatrix}2&0&0\\0&1&0\\0&0&-1\end{bmatrix}\begin{bmatrix}\bar{x}_1\\\bar{x}_2\\\bar{x}_3\end{bmatrix}+\begin{bmatrix}2\\5\\2\end{bmatrix}u$$

以上讨论是在 $\boldsymbol{A}$ 矩阵为任意形式时进行的，下面对 $\boldsymbol{A}$ 矩阵为“友矩阵”这一标准型的情况进行讨论。若 n 阶方阵 $\boldsymbol{A}$ 的形状为

$$A=\begin{bmatrix}0&1&0&\cdots&0\\0&0&1&\cdots&0\\\vdots&\vdots&\vdots&\ddots&\vdots\\0&0&0&\cdots&1\\-a_n&-a_{n-1}&-a_{n-2}&\cdots&-a_1\end{bmatrix}\tag{7-29}$$

其特征多项式为

$$|\lambda I-A|=\lambda^n+a_1\lambda^{n-1}+\cdots+a_{n-1}\lambda+a_n\tag{7-30}$$

数学上称形如式（7-29）的矩阵为相伴矩阵或友矩阵。友矩阵的特点是主对角线上方的元素均为 1；最后一行的元素与其特征多项式的系数有一一对应关系，如式（7-29）和式（7-30）所示；而其余元素均为零。

可以证明，若 n 阶方阵 $\boldsymbol{A}$ 为友矩阵，且有 n 个互异特征值 λ_1、λ_2、…、λ_n，则以范德蒙德（Vandermonde）矩阵 $\boldsymbol{T}$ 为变换矩阵，可将 $\boldsymbol{A}$ 阵化为对角线标准型矩阵，即

$$T=\begin{bmatrix}1&1&\cdots&1\\\lambda_1&\lambda_2&\cdots&\lambda_n\\\vdots&\vdots&\ddots&\vdots\\\lambda_1^{n-1}&\lambda_2^{n-1}&\cdots&\lambda_n^{n-1}\end{bmatrix}\tag{7-31a}$$

$$T^{-1}AT=\begin{bmatrix}\lambda_1&&&\mathbf{0}\\&\lambda_2&&\\&&\ddots&\\\mathbf{0}&&&\lambda_n\end{bmatrix}\tag{7-31b}$$

式（7-31b）中，$\boldsymbol{A}$ 为式（7-29）所示的 $n\times n$ 维友矩阵，且其 n 个特征值 λ_1、λ_2、…、λ_n 互异，$\boldsymbol{T}$ 为式（7-31a）所示的范德蒙德矩阵。

5. 状态空间表达式化为约当（Jordan）标准型

当 n 阶系统矩阵 $\boldsymbol{A}$ 具有重特征值时，若 $\boldsymbol{A}$ 仍然有 n 个独立的特征向量，则可将 $\boldsymbol{A}$ 化为对角线标准型矩阵；若 $\boldsymbol{A}$ 独立特征向量的个数少于 n，可将 $\boldsymbol{A}$ 变换为约当标准型。

下面讨论一种特殊情况。设 n 阶系统矩阵 $\boldsymbol{A}$ 具有 m 重特征值 λ_1，其余 $(n-m)$ 个特征值 λ_{m+1}、λ_{m+2}、…、λ_n 为互异特征值，且 $\boldsymbol{A}$ 对应于 m 重特征值 λ_1 的独立特征向量只有一个，则 $\boldsymbol{A}$ 经线性变换可化为约当标准型 $\boldsymbol{J}$，即

$$\boldsymbol{J}=\boldsymbol{T}^{-1}\boldsymbol{A}\boldsymbol{T}=\left[\begin{array}{cccc|ccc} \lambda_1 & 1 & & 0 & & & \boldsymbol{0} \\ & \lambda_1 & \ddots & & & & \\ & & \ddots & 1 & & & \\ 0 & & & \lambda_1 & & & \\ \hline & & & & \lambda_{m+1} & & \\ & & & & & \ddots & \\ \boldsymbol{0} & & & & & & \lambda_n \end{array}\right] \tag{7-32}$$

上式 $\boldsymbol{J}$ 中用虚线示出一个对应 m 重特征值 λ_1 的 m 阶约当块 $\boldsymbol{J}_1$，m 阶约当块 $\boldsymbol{J}_1$ 是主对角线上的元素为 m 重特征值 λ_1、主对角线上方的次对角线上的元素均为 1、其余元素均为零的 $m \times m$ 维子矩阵，即

$$\boldsymbol{J}_1=\begin{bmatrix} \lambda_1 & 1 & & 0 \\ & \lambda_1 & \ddots & \\ & & \ddots & 1 \\ 0 & & & \lambda_1 \end{bmatrix}_{m\times m} \tag{7-33}$$

由于任意一个一阶矩阵都是一阶约当块，因此，式(7-32)所示的约当标准型是由 $n-m+1$ 个约当块组成的分块对角线矩阵，即每个独立特征向量对应一个约当块。

可以证明式（7-32）中的线性非奇异变换矩阵 $\boldsymbol{T}$ 为

$$\boldsymbol{T}=[\boldsymbol{p}_1\ \boldsymbol{p}_2\ \cdots\ \boldsymbol{p}_m\ \boldsymbol{p}_{m+1}\ \cdots\ \boldsymbol{p}_n] \tag{7-34}$$

其中，$\boldsymbol{p}_1$ 为 m 重特征值 λ_1 对应的特征向量；$\boldsymbol{p}_{m+1}$、…、$\boldsymbol{p}_n$ 为其余 $(n-m)$ 个互异特征值 λ_{m+1}、λ_{m+2}、…、λ_n 对应的特征向量；$\boldsymbol{p}_2$、…、$\boldsymbol{p}_m$ 则为 m 重特征值 λ_1 对应的广义特征向量，即满足

$$\begin{cases} (\lambda_1\boldsymbol{I}-\boldsymbol{A})\boldsymbol{p}_1=0 \\ (\lambda_1\boldsymbol{I}-\boldsymbol{A})\boldsymbol{p}_2=-\boldsymbol{p}_1 \\ \quad\vdots \\ (\lambda_1\boldsymbol{I}-\boldsymbol{A})\boldsymbol{p}_m=-\boldsymbol{p}_{m-1} \\ \quad\vdots \\ (\lambda_{m+1}\boldsymbol{I}-\boldsymbol{A})\boldsymbol{p}_{m+1}=\boldsymbol{0} \\ (\lambda_n\boldsymbol{I}-\boldsymbol{A})\boldsymbol{p}_n=\boldsymbol{0} \end{cases} \tag{7-35}$$

例 7-7 将系统的状态空间表达式变换为约当标准型。

$$\begin{cases} \dot{\boldsymbol{x}}=\begin{bmatrix} 0 & 1 & 0 \\ 0 & 0 & 1 \\ 2 & 3 & 0 \end{bmatrix}\boldsymbol{x}+\begin{bmatrix} 0 \\ 0 \\ 1 \end{bmatrix}u \\ y=\begin{bmatrix} 1 & 0 & 0 \end{bmatrix}\boldsymbol{x} \end{cases}$$

解 系统矩阵为友矩阵，由其最后一行元素可直接写出特征方程

$$\left|\lambda \boldsymbol{I}-\boldsymbol{A}\right|=\lambda^3-3\lambda-2=(\lambda+1)^2(\lambda-2)=0$$

解得 $\boldsymbol{A}$ 矩阵的特征值 $\lambda_1=-1$（2 重），$\lambda_3=2$。

按照式（7-35）求变换矩阵 $\boldsymbol{T}$，对应于 $\lambda_1=-1$ 的特征向量由下列方程求得

$$(\lambda_1\boldsymbol{I}-\boldsymbol{A})\boldsymbol{p}_1=\begin{bmatrix}-1 & -1 & 0\\ 0 & -1 & -1\\ -2 & -3 & -1\end{bmatrix}\begin{bmatrix}p_{11}\\ p_{21}\\ p_{31}\end{bmatrix}=\boldsymbol{0}$$

满足上列方程的独立特征向量个数为 1，解得 $\boldsymbol{p}_1=\begin{bmatrix}1\\ -1\\ 1\end{bmatrix}$。

再求对应于 2 重特征值 $\lambda_1=-1$ 的一个广义特征向量 $\boldsymbol{p}_2$，将求得的 $\boldsymbol{p}_1$ 代入 $(\lambda_1\boldsymbol{I}-\boldsymbol{A})\boldsymbol{p}_2=-\boldsymbol{p}_1$ 得

$$\begin{bmatrix}-1 & -1 & 0\\ 0 & -1 & -1\\ -2 & -3 & -1\end{bmatrix}\begin{bmatrix}p_{12}\\ p_{22}\\ p_{32}\end{bmatrix}=\begin{bmatrix}-1\\ 1\\ -1\end{bmatrix}$$

解之得

$$\boldsymbol{p}_2=\begin{bmatrix}1\\ 0\\ -1\end{bmatrix}$$

最后求对应于特征值 $\lambda_3=2$ 的一个特征向量 $\boldsymbol{p}_3$，由

$$(\lambda_3\boldsymbol{I}-\boldsymbol{A})\boldsymbol{p}_3=\begin{bmatrix}2 & -1 & 0\\ 0 & 2 & -1\\ -2 & -3 & 2\end{bmatrix}\begin{bmatrix}p_{13}\\ p_{23}\\ p_{33}\end{bmatrix}=\boldsymbol{0}$$

解之得

$$\boldsymbol{p}_3=\begin{bmatrix}1\\ 2\\ 4\end{bmatrix}$$

则可构造线性非奇异变换矩阵 $\boldsymbol{T}$ 为

$$\boldsymbol{T}=[\,\boldsymbol{p}_1\ \ \boldsymbol{p}_2\ \ \boldsymbol{p}_3\,]=\begin{bmatrix}1 & 1 & 1\\ -1 & 0 & 2\\ 1 & -1 & 4\end{bmatrix}$$

则

$$\boldsymbol{T}^{-1}=\frac{1}{9}\begin{bmatrix}2 & -5 & 2\\ 6 & 3 & -3\\ 1 & 2 & 1\end{bmatrix}$$

引入 $\boldsymbol{x}=\boldsymbol{T}\bar{\boldsymbol{x}}$ 线性变换后的系统矩阵、输入矩阵、输出矩阵分别为

$$\bar{\boldsymbol{A}}=\boldsymbol{T}^{-1}\boldsymbol{A}\boldsymbol{T}=\begin{bmatrix}-1 & 1 & 0\\ 0 & -1 & 0\\ 0 & 0 & 2\end{bmatrix},\quad \bar{\boldsymbol{B}}=\boldsymbol{T}^{-1}\boldsymbol{B}=\frac{1}{9}\begin{bmatrix}2\\ -3\\ 1\end{bmatrix},\quad \bar{\boldsymbol{C}}=\boldsymbol{C}\boldsymbol{T}=[1\ \ 1\ \ 1]$$

以上关于系统矩阵 $\boldsymbol{A}$ 经线性变换化为约当标准型 $\boldsymbol{J}$ 的讨论，仅仅是针对矩阵 $\boldsymbol{A}$ 的 m 重特征值 λ_1 对应的独立特征向量只有一个这种特殊情况进行的。应该指出，当 n 阶系统矩阵 $\boldsymbol{A}$ 具有 m_i 重特征值 λ_i 时（数学上称 λ_i 的代数重数为 m_i），与 λ_i 对应的线性独立特征向量数目等于几何重数 α_i，$\alpha_i = n - \operatorname{rank}(\lambda_i \boldsymbol{I} - \boldsymbol{A})$，其中 rank 为求矩阵的秩且 $1 \leqslant \alpha_i \leqslant m_i$。对于例 7-7，二重特征根−1 的几何重数为 1。若矩阵 $\boldsymbol{A}$ 的 m 重特征值 λ_1 的几何重数即独立特征向量的个数为 l（$1 < l < m$），则矩阵 $\boldsymbol{A}$ 的约当标准型应有 l 个约当块与其 m 重特征值 λ_1。另外一种特殊的情况，n 阶系统矩阵 $\boldsymbol{A}$ 具有 m 重特征值 λ_1，其余 $(n-m)$ 个特征值 λ_{m+1}、λ_{m+2}、…、λ_n 为互异特征值，但若 m 重特征值 λ_1 对应的几何重数即独立特征向量个数为 m，则应有 m 个一阶约当块与其 m 重特征值 λ_1 对应，这时约当标准型就成为对角线标准型。总之，约当矩阵是相对于系统具有重特征值情况下状态变量之间可能的最简耦合形式。在这种形式下，各状态变量至多和下一个序号的状态变量发生联系。

以上主要讨论了系统的线性变换及如何将状态空间表达式化为特征标准型（对角线标准型或约当标准型）的问题，在后续章节中将讨论化能控系统为能控标准型和化能观测系统为能观测标准型的问题。

7.2.2 系统数学模型的转换

1. 高阶微分方程描述化为状态空间描述

在经典控制理论中，常采用常微分方程和传递函数描述线性定常系统输入输出的关系。在现代控制理论中，由描述系统输入输出动态关系的微分方程或传递函数建立系统状态空间表达式的问题称为实现问题，要求所求得的状态空间表达式既保持原系统的输入输出关系不变，又揭示系统的内部关系。实现问题的复杂性在于，根据输入输出关系求得的状态空间表达式并非唯一，因为会有无数个不同的内部结构获得相同的输入输出关系。

1）微分方程中输入函数不含导数项的情况

当单输入单输出线性定常连续系统的输入量中不含导数项时，其微分方程的一般形式为

$$y^{(n)} + a_1 y^{(n-1)} + \cdots + a_{n-1}\dot{y} + a_n y = bu \tag{7-36}$$

根据微分方程理论，若给定初始条件 $y(0)$、$\dot{y}(0)$、…、$y^{(n-1)}(0)$ 及 $t \geqslant 0$ 时的输入 $u(t)$，则系统微分方程的解是唯一的，即该系统在 $t \geqslant 0$ 时的行为是完全确定的。故可选取 $x_1 = y$，$x_2 = \dot{y}$，…，$x_n = y^{(n-1)}$ 这 n 个变量作为状态变量，将式（7-36）转化为

$$\begin{cases} \dot{x}_1 = \dot{y} = x_2 \\ \dot{x}_2 = \ddot{y} = x_3 \\ \quad\vdots \\ \dot{x}_{n-1} = y^{(n-1)} = x_n \\ \dot{x}_n = y^{(n)} = -a_n x_1 - a_{n-1} x_2 - \cdots - a_1 x_n + bu \\ y = x_1 \end{cases} \tag{7-37}$$

则其矩阵方程形式的状态空间表达式为

$$\begin{cases} \dot{\boldsymbol{x}} = \boldsymbol{A}\boldsymbol{x} + \boldsymbol{B}u \\ y = \boldsymbol{C}\boldsymbol{x} \end{cases} \tag{7-38}$$

其中，$\boldsymbol{x}=\begin{bmatrix} x_1 \\ x_2 \\ \vdots \\ x_{n-1} \\ x_n \end{bmatrix}$，$\boldsymbol{A}=\begin{bmatrix} 0 & 1 & 0 & \cdots & 0 \\ 0 & 0 & 1 & \cdots & 0 \\ \vdots & \vdots & \vdots & \ddots & \vdots \\ 0 & 0 & 0 & \cdots & 1 \\ -a_n & -a_{n-1} & -a_{n-2} & \cdots & -a_1 \end{bmatrix}$，$\boldsymbol{B}=\begin{bmatrix} 0 \\ 0 \\ \vdots \\ 0 \\ b \end{bmatrix}$，$\boldsymbol{C}=\begin{bmatrix} 1 & 0 & 0 & \cdots & 0 \end{bmatrix}$。

矩阵 $\boldsymbol{A}$ 为友矩阵。与式（7-37）对应的系统状态变量如图 7-8 所示。

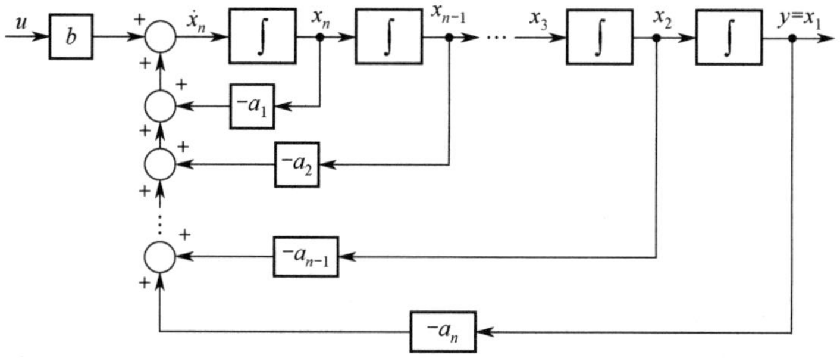

图 7-8　式（7-36）系统状态变量（与式（7-37）对应）

从输入输出关系看，图 7-9 所示的变量图与图 7-8 所示的变量图是等效的。对应于图 7-9，式（7-36）系统的另一种状态空间表达式为

$$\begin{cases} \begin{bmatrix} \dot{x}_1 \\ \dot{x}_2 \\ \vdots \\ \dot{x}_{n-1} \\ \dot{x}_n \end{bmatrix} = \begin{bmatrix} 0 & 1 & 0 & \cdots & 0 \\ 0 & 0 & 1 & \cdots & 0 \\ \vdots & \vdots & \vdots & \ddots & \vdots \\ 0 & 0 & 0 & \cdots & 1 \\ -a_n & -a_{n-1} & -a_{n-2} & \cdots & -a_1 \end{bmatrix} \begin{bmatrix} x_1 \\ x_2 \\ \vdots \\ x_{n-1} \\ x_n \end{bmatrix} + \begin{bmatrix} 0 \\ 0 \\ \vdots \\ 0 \\ 1 \end{bmatrix} u \\ y = \begin{bmatrix} b & 0 & 0 & \cdots & 0 \end{bmatrix} \begin{bmatrix} x_1 \\ x_2 \\ \vdots \\ x_{n-1} \\ x_n \end{bmatrix} \end{cases} \tag{7-39}$$

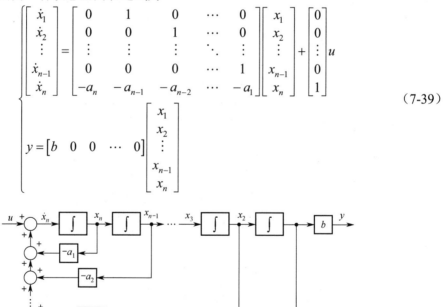

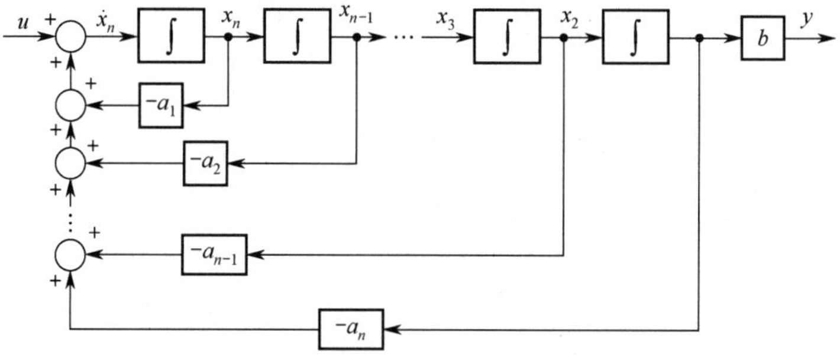

图 7-9　式（7-36）系统的另一种状态变量（与式（7-39）对应）

例 7-8　设系统的微分方程为：$\dddot{y}+5\ddot{y}+13\dot{y}+7y=6u$，求系统的状态空间表达式。

解　选取 y、$\dot{y}$、$\ddot{y}$ 为状态变量，即 $x_1=y$，$x_2=\dot{y}$，$x_3=\ddot{y}$，则由系统的微分方程得状态空间表达式，即

$$\begin{cases}\dot{x}_1 = x_2 \\ \dot{x}_2 = x_3 \\ \dot{x}_3 = -7x_1 - 13x_2 - 5x_3 + 6u \\ y = x_1\end{cases}$$

其矩阵形式的状态空间表达式为

$$\begin{cases}\begin{bmatrix}\dot{x}_1 \\ \dot{x}_2 \\ \dot{x}_3\end{bmatrix} = \begin{bmatrix}0 & 1 & 0 \\ 0 & 0 & 1 \\ -7 & -13 & -5\end{bmatrix}\begin{bmatrix}x_1 \\ x_2 \\ x_3\end{bmatrix} + \begin{bmatrix}0 \\ 0 \\ 6\end{bmatrix}u \\ y = [1 \quad 0 \quad 0]\begin{bmatrix}x_1 \\ x_2 \\ x_3\end{bmatrix}\end{cases}$$

2）微分方程中输入函数含有导数项的情况

当单输入单输出线性定常连续系统的输入量中含有导数项时（一般输入量导数的阶数小于或等于系统的阶数 n），描述该系统微分方程的一般形式为

$$y^{(n)} + a_1 y^{(n-1)} + \cdots + a_{n-1}\dot{y} + a_n y = b_0 u^{(n)} + b_1 u^{(n-1)} + \cdots + b_{n-1}\dot{u} + b_n u \tag{7-40}$$

在这种情况下，不能选用 y、$\dot{y}$、…、$y^{(n-1)}$ 作为状态变量，否则状态方程中包含输入信号的导数项。它可能导致系统在状态空间中的运动出现无穷大的跳变，方程解的存在性和唯一性被破坏。为避免这种情况产生，通常选用输出 y 和输入 u 及它们的各阶导数组成状态变量，以保证状态方程中不含有 u 的导数项。下面介绍一种常用的方法。

选取如下状态变量

$$\begin{cases}x_1 = y - \beta_0 u \\ x_2 = \dot{y} - \beta_0\dot{u} - \beta_1 u \\ x_3 = \ddot{y} - \beta_0\ddot{u} - \beta_1\dot{u} - \beta_2 u \\ x_4 = \dddot{y} - \beta_0\dddot{u} - \beta_1\ddot{u} - \beta_2\dot{u} - \beta_3 u \\ \quad\vdots \\ x_n = y^{(n-1)} - \beta_0 u^{(n-1)} - \beta_1 u^{(n-2)} - \cdots - \beta_{n-1}u \\ x_{n+1} = y^{(n)} - \beta_0 u^{(n)} - \beta_1 u^{(n-1)} - \cdots - \beta_n u\end{cases} \tag{7-41}$$

其中，β_i（$i = 0,1,\cdots,n$）为待求系数，可由下面方法推导得出。

用系数 a_n、a_{n-1}、…、a_1 分别对式（7-41）方程的两端相乘（最后一个方程除外），并移项得

$$\begin{cases}a_n y = a_n x_1 + a_n\beta_0 u \\ a_{n-1}\dot{y} = a_{n-1}x_2 + a_{n-1}\beta_0\dot{u} + a_{n-1}\beta_1 u \\ a_{n-2}\ddot{y} = a_{n-2}x_3 + a_{n-2}\beta_0\ddot{u} + a_{n-2}\beta_1\dot{u} + a_{n-2}\beta_2 u \\ \quad\vdots \\ a_1 y^{(n-1)} = a_1 x_n + a_1\beta_0 u^{(n-1)} + a_1\beta_1 u^{(n-2)} + \cdots + a_1\beta_{n-1}u \\ y^{(n)} = x_{n+1} + \beta_0 u^{(n)} + \beta_1 u^{(n-1)} + \cdots + \beta_n u\end{cases} \tag{7-42}$$

式（7-42）左端相加等于线性微分方程（7-40）的左端，所以，式（7-42）右端相加也应该等于线性微分方程（7-40）的右端，即有下列结果：

$$\begin{aligned}&(x_{n+1} + a_1 x_n + \cdots + a_{n-1}x_2 + a_n x_1) + (\beta_0 u^{(n)} + \beta_1 + a_1\beta_0)u^{(n-1)} + (\beta_2 + a_1\beta_1 + a_2\beta_0)u^{(n-2)} + \cdots + \\ &\quad(\beta_{n-1} + a_1\beta_{n-2} + \cdots + a_{n-1}\beta_0)\dot{u} + (\beta_n + a_1\beta_{n-1} + \cdots + a_{n-1}\beta_1 + a_n\beta_0)u \\ &= b_0 u^{(n)} + b_1 u^{(n-1)} + \cdots + b_{n-1}\dot{u} + b_n u\end{aligned} \tag{7-43}$$

式（7-43）中，等式两边的 $u^{(k)}$（$k=1,2,\cdots,n$）的系数应该相等，故有

$$\begin{cases}\beta_0=b_0\\ \beta_1=b_1-a_1\beta_0\\ \beta_2=b_2-a_1\beta_1-a_2\beta_0\\ \qquad\vdots\\ \beta_n=b_n-a_1\beta_{n-1}-a_2\beta_{n-2}-\cdots-a_n\beta_0\end{cases}\tag{7-44}$$

即由系数 a_i 和 b_j 可以计算出 β_k（$k=0,1,\cdots,n$），此时有

$$x_{n+1}+a_1x_n+\cdots+a_{n-1}x_2+a_nx_1=0\tag{7-45}$$

对式（7-41）求导，并考虑到式（7-45）和式（7-41），可得

$$\begin{cases}\dot{x}_1=\dot{y}-\beta_0\dot{u}=x_2+\beta_1u\\ \dot{x}_2=\ddot{y}-\beta_0\ddot{u}-\beta_1\dot{u}=x_3+\beta_2u\\ \qquad\vdots\\ \dot{x}_{n-1}=x_n+\beta_{n-1}u\\ \dot{x}_n=x_{n+1}+\beta_nu=-a_nx_1-a_{n-1}x_2\cdots-a_1x_n+\beta_nu\end{cases}\tag{7-46}$$

则状态方程为

$$\begin{bmatrix}\dot{x}_1\\ \dot{x}_2\\ \vdots\\ \dot{x}_{n-1}\\ \dot{x}_n\end{bmatrix}=\begin{bmatrix}0 & 1 & 0 & \cdots & 0\\ 0 & 0 & 1 & \cdots & 0\\ \vdots & \vdots & \vdots & \ddots & \vdots\\ 0 & 0 & 0 & \cdots & 1\\ -a_n & -a_{n-1} & -a_{n-2} & \cdots & -a_1\end{bmatrix}\begin{bmatrix}x_1\\ x_2\\ \vdots\\ x_{n-1}\\ x_n\end{bmatrix}+\begin{bmatrix}\beta_1\\ \beta_2\\ \vdots\\ \beta_{n-1}\\ \beta_n\end{bmatrix}u\tag{7-47}$$

输出方程的表达式为

$$y=\begin{bmatrix}1 & 0 & \cdots & 0 & 0\end{bmatrix}\begin{bmatrix}x_1\\ x_2\\ \vdots\\ x_{n-1}\\ x_n\end{bmatrix}+\beta_0u\tag{7-48}$$

其中，β_k（$k=0,1,\cdots,n$）可由式（7-44）确定。与式（7-48）对应的系统状态变量图如图 7-10 所示。

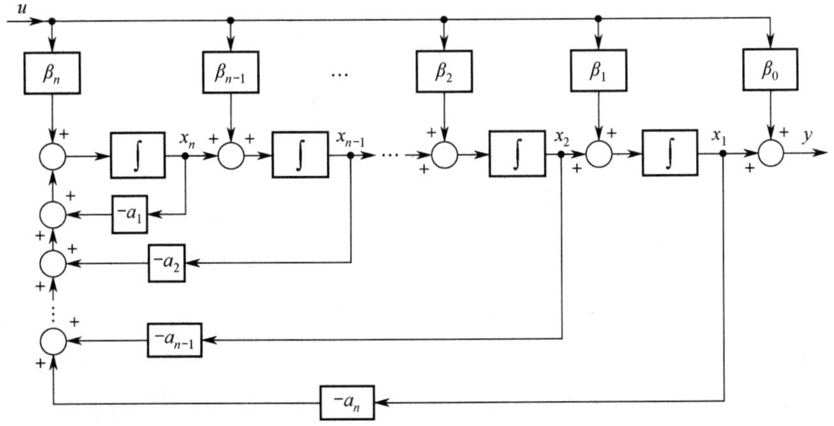

图 7-10　式（7-48）系统的状态变量图

例 7-9 设控制系统的输入为 u，输出为 y，其输入输出微分方程为

$$\dddot{y}+20\ddot{y}+188\dot{y}+540y=220\dot{u}+480u$$

试求其状态空间表达式。

解 该微分方程中包含输入函数 u 的导数，且微分方程系数分别为

$$a_1=20,\quad a_2=188,\quad a_3=540;\quad b_0=b_1=0,\quad b_2=220,\quad b_3=480$$

根据式（7-44），有

$$\begin{cases}\beta_0=b_0=0\\ \beta_1=b_1-a_1\beta_0=0\\ \beta_2=b_2-a_1\beta_1-a_2\beta_0=220\\ \beta_3=b_3-a_1\beta_2-a_2\beta_1-a_3\beta_0=-3920\end{cases}$$

可得状态方程为

$$\begin{bmatrix}\dot{x}_1\\ \dot{x}_2\\ \dot{x}_3\end{bmatrix}=\begin{bmatrix}0 & 1 & 0\\ 0 & 0 & 1\\ -540 & -188 & -20\end{bmatrix}\begin{bmatrix}x_1\\ x_2\\ x_3\end{bmatrix}+\begin{bmatrix}0\\ 220\\ -3920\end{bmatrix}u$$

输出方程为

$$y=[1\quad 0\quad 0]\begin{bmatrix}x_1\\ x_2\\ x_3\end{bmatrix}$$

2. 系统的传递函数描述化为状态空间描述

单输入单输出线性定常系统的传递函数定义为零初始条件下，系统输出变量 Laplace 变换与输入变量 Laplace 变换之比。将传递函数多项式中的变量 s 用算子 $\mathrm{d}/\mathrm{d}t$ 置换得到相应的微分方程，因此，由传递函数建立系统状态空间表达式的方法之一是将传递函数化为微分方程，再求其状态空间表达式。本小节介绍将传递函数进行分解直接获得状态空间表达式的实现方法，其可视为多输入多输出系统传递函数矩阵实现的特例，关于多输入多输出系统传递函数矩阵实现问题将在后续章节中讨论。与高阶微分方程实现的非唯一性相同，从给定描述系统输入、输出动态关系的传递函数求得的状态空间表达式也可以有无数个。

设单变量线性定常系统的传递函数为

$$\varPhi(s)=\frac{\beta_0 s^m+\beta_1 s^{m-1}+\cdots+\beta_{m-1}s+\beta_m}{s^n+\alpha_1 s^{n-1}+\cdots+\alpha_{n-1}s+\alpha_n} \tag{7-49}$$

其中，α_i（$i=1,2,\cdots,n$）、β_j（$j=0,1,\cdots,m$）均为实数，且不失一般性，设 $n\geqslant m$。若 $n>m$，传递函数为严格有理真分式，其状态空间实现中的直接传递矩阵 $\boldsymbol{D}=0$，系统称为严格正常型（或绝对固有系统）；若 $n=m$，通过长除法将式（7-49）改写为

$$\varPhi(s)=\frac{b_1 s^{n-1}+b_2 s^{n-2}+\cdots+b_{n-1}s+b_n}{s^n+a_1 s^{n-1}+\cdots+a_{n-1}s+a_n}+d=G(s)+d \tag{7-50}$$

即当传递函数的分子阶次等于分母阶次时，输出含有与输入直接关联的项，其状态空间实现中的直接传递矩阵 $\boldsymbol{D}=d$，系统称为正常型；若 $m>n$，称为非正常型，不能求得其实现。

虽然状态变量的选取并非唯一，但只要传递函数中分子、分母没有公因子，即不出现零极点对消，则 n 阶系统必有 n 个独立的状态变量，必可分解成 n 个一阶系统，实现的每一种系统矩阵的阶次均为 n 且具有相同的特征值。这种分子、分母没有公因子的传递函数的实现

称为最小实现，本节仅讨论最小实现。

下面讨论级联法、串联法和并联法 3 种分解方法应用于式（7-51）中一般 n 阶严格有理真分式传递函数 $G(s)$ 的实现。

$$G(s)=\frac{b_1 s^{n-1}+b_2 s^{n-2}+\cdots+b_{n-1}s+b_n}{s^n+a_1 s^{n-1}+\cdots+a_{n-1}s+a_n} \tag{7-51}$$

其中，a_i、b_i（$i=1,2,\cdots,n$）为实数常系数。

1）系统实现的级联法

将式（7-51）改写为

$$G(s)=\frac{Y(s)}{U(s)}=\frac{b_1 s^{-1}+b_2 s^{-2}+\cdots+b_{n-1}s^{-(n-1)}+b_n s^{-n}}{1+a_1 s^{-1}+\cdots+a_{n-1}s^{-(n-1)}+a_n s^{-n}}$$

然后将传递函数的分子和分母同乘以辅助变量 $M(s)$得

$$G(s)=\frac{Y(s)}{U(s)}=\frac{(b_1 s^{-1}+b_2 s^{-2}+\cdots+b_{n-1}s^{-(n-1)}+b_n s^{-n})M(s)}{(1+a_1 s^{-1}+\cdots+a_{n-1}s^{-(n-1)}+a_n s^{-n})M(s)}$$

则有

$$M(s)=U(s)-a_1 s^{-1}M(s)-\cdots-a_{n-1}s^{-(n-1)}M(s)-a_n s^{-n}M(s) \tag{7-52a}$$

$$Y(s)=b_1 s^{-1}M(s)+b_2 s^{-2}M(s)+\cdots+b_{n-1}s^{-(n-1)}M(s)+b_n s^{-n}M(s) \tag{7-52b}$$

由式（7-52），画出式（7-51）所示传递函数采用级联法分解后的方块图，如图 7-11（a）所示，利用 Laplace 反变换关系，可见图 7-11（a）改化为图 7-11（b）所示的时域状态变量图。

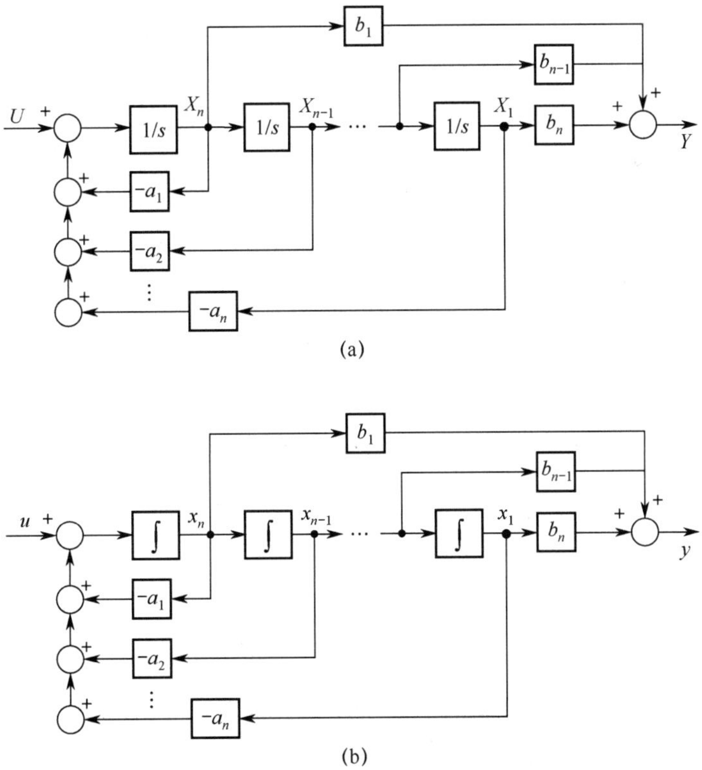

图 7-11　式（7-51）系统采用级联法分解后的方块图及时域状态变量图

根据图 7-11，指定每个积分器的输出为状态变量，可写出式（7-51）系统采用级联法实现的状态空间表达式为

$$\begin{cases}\begin{bmatrix}\dot{x}_1\\ \dot{x}_2\\ \vdots\\ \dot{x}_{n-1}\\ \dot{x}_n\end{bmatrix}=\begin{bmatrix}0&1&0&\cdots&0\\ 0&0&1&\cdots&0\\ \vdots&\vdots&\vdots&\ddots&\vdots\\ 0&0&0&\cdots&1\\ -a_n&-a_{n-1}&-a_{n-2}&\cdots&-a_1\end{bmatrix}\begin{bmatrix}x_1\\ x_2\\ \vdots\\ x_{n-1}\\ x_n\end{bmatrix}+\begin{bmatrix}0\\ 0\\ \vdots\\ 0\\ 1\end{bmatrix}u\\ y=[b_n\quad b_{n-1}\quad \cdots\quad b_2\quad b_1]\begin{bmatrix}x_1\\ x_2\\ \vdots\\ x_{n-1}\\ x_n\end{bmatrix}\end{cases} \tag{7-53}$$

注意：式（7-53）中状态方程的系数矩阵 **A**、**B** 的结构特征（**B** 中最后一个元素为 1，而其余元素为零，**A** 为友矩阵）。若单输入系统状态空间表达式中的 **A**、**B** 具有这种标准形式，则称其为状态空间表达式的能控标准型。因此，式（7-53）也称为式（7-51）系统的能控标准型实现。实际上，由式（7-52），可得

$$\begin{aligned}Y(s)=&-(a_1s^{-1}+a_2s^{-2}+\cdots+a_{n-1}s^{-(n-1)}+a_ns^{-n})Y(s)+\\ &(b_1s^{-1}+b_2s^{-2}+\cdots+b_{n-1}s^{-(n-1)}+b_ns^{-n})U(s)\end{aligned} \tag{7-54}$$

由式（7-54），可画出采用级联分解的另一种方框图，进而得到图 7-12 所示的时域状态变量图。由图 7-12，指定各积分器的输出为状态变量，式（7-51）的另一种形式的状态空间表达式则为

$$\begin{cases}\begin{bmatrix}\dot{x}_1\\ \dot{x}_2\\ \dot{x}_3\\ \vdots\\ \dot{x}_n\end{bmatrix}=\begin{bmatrix}0&0&\cdots&0&-a_n\\ 1&0&\cdots&0&-a_{n-1}\\ 0&1&\cdots&0&-a_{n-2}\\ \vdots&\vdots&\ddots&\vdots&\vdots\\ 0&0&\cdots&1&-a_1\end{bmatrix}\begin{bmatrix}x_1\\ x_2\\ x_3\\ \vdots\\ x_n\end{bmatrix}+\begin{bmatrix}b_n\\ b_{n-1}\\ b_{n-2}\\ \vdots\\ b_1\end{bmatrix}u\\ y=[0\quad 0\quad \cdots\quad 0\quad 1]\begin{bmatrix}x_1\\ x_2\\ x_3\\ \vdots\\ x_n\end{bmatrix}\end{cases} \tag{7-55}$$

注意：式（7-55）中系数矩阵 **A**、**C** 的结构特征（**C** 中最后一个元素为 1，而其余元素为零，**A** 为友矩阵的装置）。若单输出系统状态空间表达式中的 **A**、**C** 具有这种标准形式，则称其为状态空间表达式的能观测标准型。因此，式（7-55）也称为式（7-51）的能观测标准型实现，相应的状态变量图如图 7-12 所示。

由式（7-53）及式（7-54）可知，式（7-51）系统的能控标准型实现 $\Sigma_c(\boldsymbol{A}_c,\boldsymbol{B}_c,\boldsymbol{C}_c)$ 和能观测标准型实现 $\Sigma_o(\boldsymbol{A}_o,\boldsymbol{B}_o,\boldsymbol{C}_o)$ 中各系数矩阵具有如式（7-56）所示的对偶关系，即

$$\boldsymbol{A}_o=\boldsymbol{A}_c^{T},\quad \boldsymbol{B}_o=\boldsymbol{C}_c^{T},\quad \boldsymbol{C}_o=\boldsymbol{B}_c^{T} \tag{7-56}$$

其中，上标 T 为矩阵转置符号。

例 7-10　已知系统传递函数为$G(s)=\dfrac{5s+1}{s^3+2s^2+3s+4}$，试求其能控标准型、能观测标准型状态空间表达式。

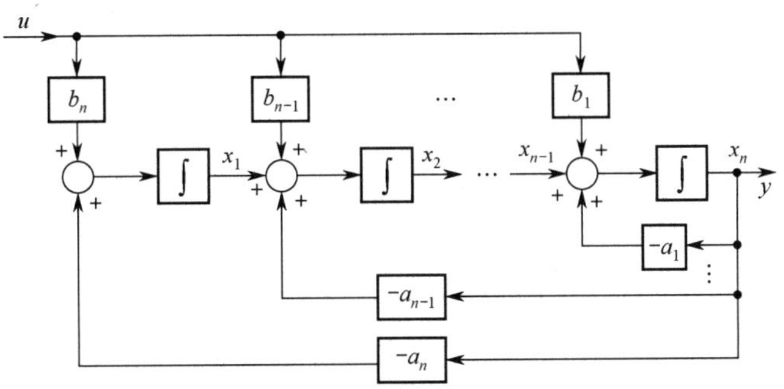

图 7-12　式（7-51）系统的能观测标准型实现

解　由式（7-53）得系统的能控标准型实现为

$$\begin{cases}\dot{\boldsymbol{x}}_{\mathrm{c}}=\boldsymbol{A}_{\mathrm{c}}\boldsymbol{x}_{\mathrm{c}}+\boldsymbol{B}_{\mathrm{c}}\boldsymbol{u}\\ \boldsymbol{y}=\boldsymbol{C}_{\mathrm{c}}\boldsymbol{x}_{\mathrm{c}}\end{cases}$$

其中，$\boldsymbol{A}_{\mathrm{c}}=\begin{bmatrix}0&1&0\\0&0&1\\-4&-3&-2\end{bmatrix}$，$\boldsymbol{B}_{\mathrm{c}}=\begin{bmatrix}0\\0\\1\end{bmatrix}$，$\boldsymbol{C}_{\mathrm{c}}=\begin{bmatrix}1&5&0\end{bmatrix}$。

由式（7-55）得系统的能观测标准型实现为

$$\begin{cases}\dot{\boldsymbol{x}}_{\mathrm{o}}=\boldsymbol{A}_{\mathrm{o}}\boldsymbol{x}_{\mathrm{o}}+\boldsymbol{B}_{\mathrm{o}}\boldsymbol{u}\\ \boldsymbol{y}=\boldsymbol{C}_{\mathrm{o}}\boldsymbol{x}_{\mathrm{o}}\end{cases}$$

其中，$\boldsymbol{A}_{\mathrm{o}}=\begin{bmatrix}0&0&-4\\1&0&-3\\0&1&-2\end{bmatrix}$，$\boldsymbol{B}_{\mathrm{o}}=\begin{bmatrix}1\\5\\0\end{bmatrix}$，$\boldsymbol{C}_{\mathrm{o}}=\begin{bmatrix}0&0&1\end{bmatrix}$。

2）系统实现的串联法

串联法的基本思路是将传递函数$G(s)$的分子多项式和分母多项式分别进行因式分解，从而将$G(s)$表达成若干个一阶传递函数、二阶传递函数的乘积，分别对各个一阶子系统、二阶子系统模拟，再将它们串联起来得到系统状态变量图，由系统状态变量图即可写出状态空间表达式。下面举例说明。

例 7-11　设系统传递函数已分解为因式相乘形式（零点、极点形式）：

$$G(s)=\frac{b_1(s+z_1)(s+z_2)\cdots(s+z_{n-2})(s+z_{n-1})}{(s+p_1)(s+p_2)\cdots(s+p_{n-1})(s+p_n)}$$

其中，z_i和p_j均为实数（$i=1,2,\cdots,n-1$；$j=1,2,\cdots,n$），试用串联法求其状态空间表达式。

解　将上式改写为

$$G(s)=\frac{b_1}{(s+p_1)}\times\frac{(s+z_1)}{(s+p_2)}\times\cdots\times\frac{(s+z_{n-2})}{(s+p_{n-1})}\times\frac{(s+z_{n-1})}{(s+p_n)}$$

该式表明，系统可看成由 n 个一阶子系统串联而成，分别对各个一阶子系统进行模拟，再将它们串联起来即得系统的状态变量图，如图 7-13 所示。选每个积分器的输出为系统状态变量，则由图 7-13 可写出系统状态方程及输出方程分别为

$$\begin{cases}\dot{x}_1=-p_1x_1+b_1u\\ \dot{x}_2=x_1-p_2x_2\\ \dot{x}_3=x_1+(z_1-p_2)x_2-p_3x_3\\ \dot{x}_4=x_1+(z_1-p_2)x_2+(z_2-p_3)x_3-p_4x_4\\ \quad\vdots\\ \dot{x}_n=x_1+(z_1-p_2)x_2+(z_2-p_3)x_3+\cdots+(z_{n-2}-p_{n-1})x_{n-1}-p_nx_n\end{cases}$$

$$y=x_1+(z_1-p_2)x_2+(z_2-p_3)x_3+\cdots+(z_{n-1}-p_n)x_n$$

则矩阵形式的状态空间表达式为

$$\begin{cases}\begin{bmatrix}\dot{x}_1\\ \dot{x}_2\\ \dot{x}_3\\ \dot{x}_4\\ \vdots\\ \dot{x}_n\end{bmatrix}=\begin{bmatrix}-p_1 & 0 & 0 & 0 & \cdots & 0\\ 1 & -p_2 & & & \cdots & 0\\ 1 & z_1-p_2 & -p_3 & & \cdots & 0\\ 1 & z_1-p_2 & z_2-p_3 & -p_4 & \cdots & 0\\ \vdots & \vdots & \vdots & \vdots & \ddots & \vdots\\ 1 & z_1-p_2 & z_2-p_3 & z_3-p_4 & \cdots & -p_n\end{bmatrix}\begin{bmatrix}x_1\\ x_2\\ x_3\\ x_4\\ \vdots\\ x_n\end{bmatrix}+\begin{bmatrix}b_1\\ 0\\ 0\\ 0\\ \vdots\\ 0\end{bmatrix}u\\ y=\begin{bmatrix}1 & z_1-p_2 & z_2-p_3 & z_3-p_4 & \cdots & z_{n-1}-p_n\end{bmatrix}\begin{bmatrix}x_1\\ x_2\\ x_3\\ x_4\\ \vdots\\ x_n\end{bmatrix}\end{cases}$$

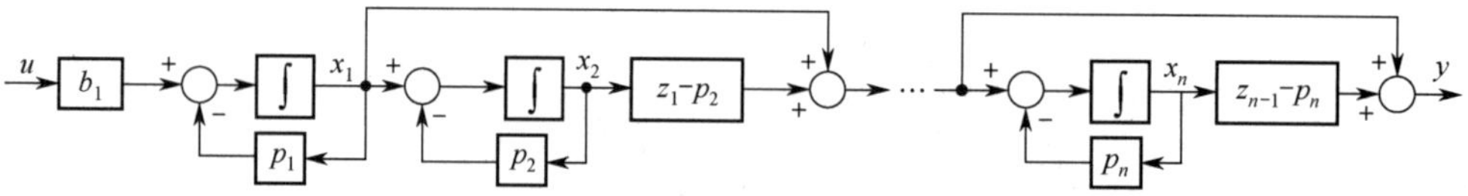

图 7-13 例 7-11 系统的串联实现

3）系统实现的并联法

并联法的基本思路是采用部分分式法将传递函数 $G(s)$ 分解成若干一阶、二阶传递函数之和，分别对各个一阶、二阶子系统模拟，再将它们并联的系统状态变量图，由系统状态变量图即可写出状态空间表达式。

设 n 阶严格有理真分式传递函数为

$$G(s)=\frac{M(s)}{(s+p_1)(s+p_2)\cdots(s+p_{n-1})(s+p_n)} \tag{7-57}$$

其中，$-p_i$ 为系统极点（$i=1,2,\cdots,n$）。可采用部分分式法将上式展成部分分式之和，为简单起见，本节仅限于讨论 $-p_i$ 为实极点（$i=1,2,\cdots,n$）的情况，并分为 $G(s)$ 的 n 个只含单实极点和 $G(s)$ 含重实极点两种情形进行讨论。

（1）传递函数 $G(s)$ 只含单实极点的情形。

传递函数如式（7-57），则系统特征方程为

$$D(s)=(s+p_1)(s+p_2)\cdots(s+p_{n-1})(s+p_n)=0 \tag{7-58}$$

其中，$-p_i$（$i=1,2,\cdots,n$）为系统的互异实极点，则传递函数 $G(s)$ 可展成部分分式之和

$$G(s)=\frac{Y(s)}{U(s)}=\frac{c_1}{(s+p_1)}+\frac{c_2}{(s+p_2)}+\cdots+\frac{c_n}{(s+p_n)} \tag{7-59}$$

其中，c_i（$i=1,2,\cdots,n$）为待定系数，可由留数法求出，即

$$c_i=\lim_{s\to -p_i}(s+p_i)G(s)\quad i=1,2,\cdots,n \tag{7-60}$$

式（7-60）表明，式（7-57）所示系统当其仅含单实极点时，可看成由 n 个一阶子系统并联而成，对应的状态变量图如图 7-14 所示。选各积分器的输出为系统状态变量，则由图 7-14 可写出式（7-57）所示系统当其仅含单实极点时的状态空间表达式

$$\begin{cases}\begin{bmatrix}\dot{x}_1\\ \dot{x}_2\\ \vdots\\ \dot{x}_n\end{bmatrix}=\begin{bmatrix}-p_1 & 0 & \cdots & 0\\ 0 & -p_2 & \cdots & 0\\ \vdots & \vdots & \ddots & \vdots\\ 0 & 0 & \cdots & -p_n\end{bmatrix}\begin{bmatrix}x_1\\ x_2\\ \vdots\\ x_n\end{bmatrix}+\begin{bmatrix}1\\ 1\\ \vdots\\ 1\end{bmatrix}u\\ y=\begin{bmatrix}c_1 & c_2 & \cdots & c_n\end{bmatrix}\begin{bmatrix}x_1\\ x_2\\ \vdots\\ x_n\end{bmatrix}\end{cases} \tag{7-61}$$

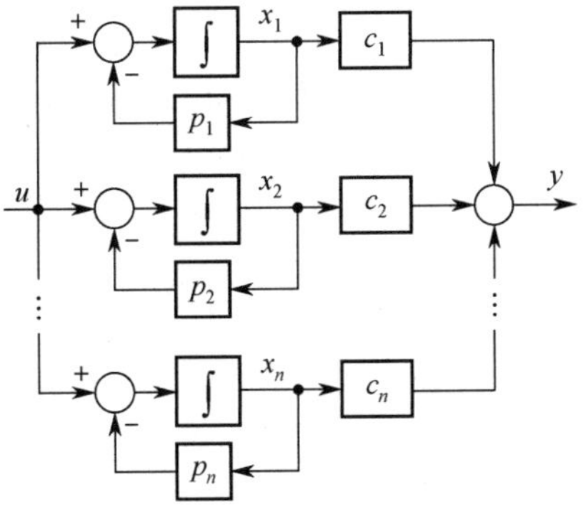

图 7-14　式（7-57）所示传递函数 $G(s)$ 只含单实极点时的并联实现（对角线标准型）

式（7-61）为对角线标准型状态空间表达式，其系统矩阵 $\boldsymbol{A}$ 为对角线标准型，对角线上各元素就是系统的特征值，即传递函数的极点。

例 7-12　设系统传递函数为 $G(s)=\dfrac{s^2+3s+2}{s(s^2+7s+12)}$，试应用并联法求其状态空间表达式。

解　由系统特征方程

$$D(s)=s(s^2+7s+12)=0$$

求得系统特征值为 0、−3、−4，则可将系统传递函数分解成部分分式之和，即

$$G(s)=\frac{c_1}{s}+\frac{c_2}{s+3}+\frac{c_3}{s+4}$$

其中，$c_1=\lim\limits_{s\to 0}sG(s)=\dfrac{1}{6}$，$c_2=\lim\limits_{s\to -3}(s+3)G(s)=-\dfrac{2}{3}$，$c_3=\lim\limits_{s\to -4}(s+4)G(s)=\dfrac{3}{2}$。

则根据式（7-61）得系统对角线标准型状态空间表达式为

$$\begin{cases}\begin{bmatrix}\dot{x}_1\\ \dot{x}_2\\ \dot{x}_3\end{bmatrix}=\begin{bmatrix}0 & 0 & 0\\ 0 & -3 & 0\\ 0 & 0 & -4\end{bmatrix}\begin{bmatrix}x_1\\ x_2\\ x_3\end{bmatrix}+\begin{bmatrix}1\\ 1\\ 1\end{bmatrix}u\\ y=\begin{bmatrix}\dfrac{1}{6} & -\dfrac{2}{3} & \dfrac{3}{2}\end{bmatrix}\begin{bmatrix}x_1\\ x_2\\ x_3\end{bmatrix}\end{cases}$$

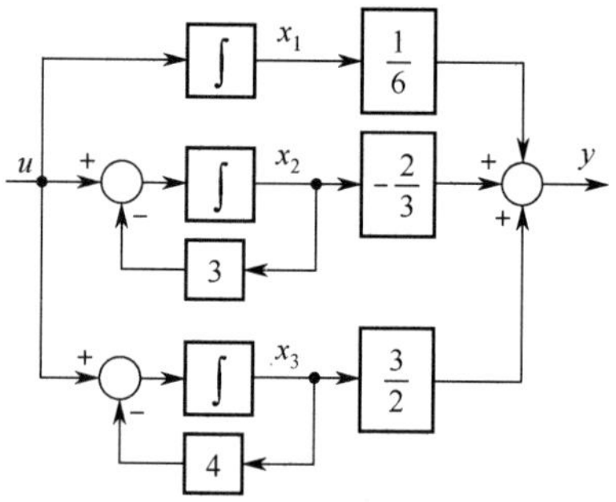

图 7-15　系统状态变量图

对应的系统状态变量如图 7-15 所示。

（2）传递函数 $G(s)$ 含有重实极点的情形。

当式（7-57）传递函数 $G(s)$ 含有重实极点时，不失一般性，假设

$$G(s)=\frac{Y(s)}{U(s)}=\frac{M(s)}{(s+p_1)^q(s+p_{q+1})\cdots(s+p_n)} \tag{7-62}$$

其中，$-p_1$ 为 q 重实极点，其他 $-p_i$（$i=q+1,q+2,\cdots,n$）为单实极点。则 $G(s)$ 可分解为

$$G(s)=\frac{Y(s)}{U(s)}=\frac{c_{11}}{(s+p_1)^q}+\frac{c_{12}}{(s+p_1)^{q-1}}+\cdots+\frac{c_{1q}}{s+p_1}+\frac{c_{q+1}}{s+p_{q+1}}+\cdots+\frac{c_n}{s+p_n} \tag{7-63}$$

其中，q 重实极点 $-p_1$ 所对应的部分分式系数 c_{1j}（$j=1,2,\cdots,q$）按式（7-64）计算，即

$$c_{1j}=\lim_{s\to -p_1}\frac{1}{(j-1)!}\frac{\mathrm{d}^{(j-1)}}{\mathrm{d}s^{(j-1)}}[(s+p_1)G(s)] \tag{7-64}$$

对于单实极点 $-p_i$（$i=q+1,q+2,\cdots,n$），对应部分分式的系数按式（7-65）计算，即

$$c_i=\lim_{s\to -p_i}(s+p_i)G(s) \tag{7-65}$$

由式（7-63）选择系统状态变量的 Laplace 变换为

$$\begin{cases}X_1(s)=\dfrac{1}{(s+p_1)^q}U(s)\\ X_2(s)=\dfrac{1}{(s+p_1)^{q-1}}U(s)\\ \quad\vdots\\ X_q(s)=\dfrac{1}{s+p_1}U(s)\\ X_{q+1}(s)=\dfrac{1}{s+p_{q+1}}U(s)\\ \quad\vdots\\ X_n(s)=\dfrac{1}{s+p_n}U(s)\end{cases} \tag{7-66}$$

由式（7-66）得

$$\begin{cases} X_1(s)=\dfrac{1}{s+p_1}X_2(s) \\ X_2(s)=\dfrac{1}{s+p_1}X_3(s) \\ \quad\vdots \\ X_q(s)=\dfrac{1}{s+p_1}U(s) \\ X_{q+1}(s)=\dfrac{1}{s+p_{q+1}}U(s) \\ \quad\vdots \\ X_n(s)=\dfrac{1}{s+p_n}U(s) \end{cases} \tag{7-67}$$

整理式（7-67）得

$$\begin{cases} sX_1(s)=-p_1X_1(s)+X_2(s) \\ sX_2(s)=-p_1X_2(s)+X_3(s) \\ \quad\vdots \\ sX_q(s)=-p_1X_q(s)+U(s) \\ sX_{q+1}(s)=-p_{q+1}X_{q+1}(s)+U(s) \\ \quad\vdots \\ sX_n(s)=-p_nX_n(s)+U(s) \end{cases} \tag{7-68}$$

由式（7-63）和式（7-64）得

$$Y(s)=c_{11}X_1(s)+c_{12}X_2(s)+\cdots+c_{1q}X_q(s)+c_{q+1}X_{q+1}(s)+\cdots+c_nX_n(s) \tag{7-69}$$

由式（7-69）取 Laplace 反变换，得输出方程为

$$y=c_{11}x_1+c_{12}x_2+\cdots+c_{1q}x_q+c_{q+1}x_{q+1}+\cdots+c_nx_n \tag{7-70}$$

由式（7-68）取 Laplace 反变换，得状态方程为

$$\begin{cases} \dot{x}_1=-p_1x_1+x_2 \\ \dot{x}_2=-p_1x_2+x_3 \\ \quad\vdots \\ \dot{x}_{q-1}=-p_1x_{q-1}+x_q \\ \dot{x}_q=-p_1x_q+u \\ \dot{x}_{q+1}=-p_{q+1}x_{q+1}+u \\ \quad\vdots \\ \dot{x}_n=-p_nx_n+u \end{cases} \tag{7-71}$$

由式（7-70）和式（7-71）可得系统矩阵形式的状态空间表达式为

$$
\begin{cases}
\begin{bmatrix}\dot{x}_1\\ \dot{x}_2\\ \vdots\\ \dot{x}_{q-1}\\ \dot{x}_q\\ \dot{x}_{q+1}\\ \vdots\\ \dot{x}_n\end{bmatrix} = -p_1 \left[\begin{array}{ccccc|ccc}
-p_1 & 1 & & & \mathbf{0} & & & \mathbf{0} \\
 & -p_1 & 1 & & & & & \\
 & & \ddots & \ddots & & & & \\
 & & & -p_1 & 1 & & & \\
\mathbf{0} & & & & -p_1 & & & \\
\hline
 & & & & & -p_{q+1} & & \\
 & & & & & & \ddots & \\
\mathbf{0} & & & & & & & -p_n
\end{array}\right]
\begin{bmatrix}x_1\\ x_2\\ \vdots\\ x_{q-1}\\ x_q\\ x_{q+1}\\ \vdots\\ x_n\end{bmatrix} + \begin{bmatrix}0\\ 0\\ \vdots\\ 0\\ 1\\ 1\\ \vdots\\ 1\end{bmatrix}u \\
y = [c_{11}\ c_{12}\ \cdots\ c_{1(q-1)}\ c_{1q}\ c_{q+1}\ \cdots\ c_n]\boldsymbol{x}
\end{cases}
\tag{7-72}
$$

可以看出，式（7-72）为约当标准型状态空间表达式，其系统矩阵 $\boldsymbol{A}$ 为约当标准型（$\boldsymbol{A}$ 中用虚线示出一个对应 q 重实极点 $-p_1$ 的 q 阶约当块）。与式（7-72）对应的系统状态变量图如图 7-16 所示。

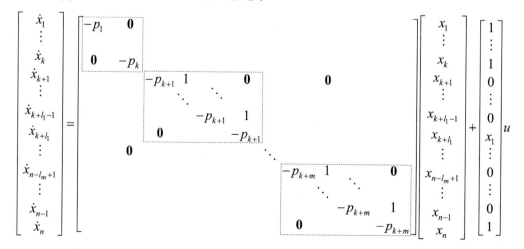

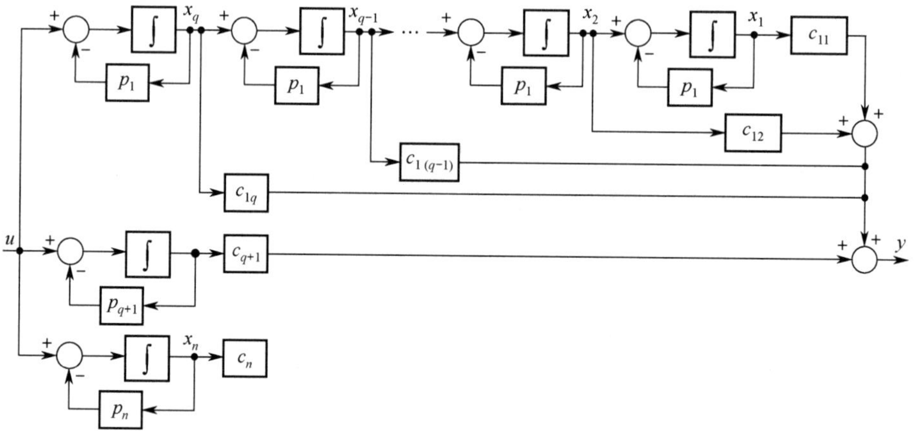

图 7-16 有重实极点的式（7-62）系统的约当标准型实现

以上结果可以推广到一般情况。设在 n 阶严格有理真分式传递函数 $G(s)$ 中，$-p_1$、$-p_2$、…、$-p_k$ 为单实极点、$-p_{k+1}$ 为 l_1 重实极点、…、$-p_{k+m}$ 为 l_m 重实极点，且 $k+l_1+\cdots+l_m=n$，则可直接写出 $G(s)$ 的约当标准型状态空间表达式为

$$
\begin{bmatrix}\dot{x}_1\\ \vdots\\ \dot{x}_k\\ \dot{x}_{k+1}\\ \vdots\\ \dot{x}_{k+l_1-1}\\ \dot{x}_{k+l_1}\\ \vdots\\ \dot{x}_{n-l_m+1}\\ \vdots\\ \dot{x}_{n-1}\\ \dot{x}_n\end{bmatrix} =
\begin{bmatrix}
\begin{matrix}-p_1 & & \mathbf{0}\\ & \ddots & \\ \mathbf{0} & & -p_k\end{matrix} & & & \mathbf{0} \\
 & \begin{matrix}-p_{k+1} & 1 & & \mathbf{0}\\ & \ddots & \ddots & \\ & & -p_{k+1} & 1\\ \mathbf{0} & & & -p_{k+1}\end{matrix} & & \\
 \mathbf{0} & & \ddots & \\
 & & & \begin{matrix}-p_{k+m} & 1 & & \mathbf{0}\\ & \ddots & \ddots & \\ & & -p_{k+m} & 1\\ \mathbf{0} & & & -p_{k+m}\end{matrix}
\end{bmatrix}
\begin{bmatrix}x_1\\ \vdots\\ x_k\\ x_{k+1}\\ \vdots\\ x_{k+l_1-1}\\ x_{k+l_1}\\ \vdots\\ x_{n-l_m+1}\\ \vdots\\ x_{n-1}\\ x_n\end{bmatrix} + \begin{bmatrix}1\\ \vdots\\ 1\\ 0\\ \vdots\\ 0\\ x_1\\ \vdots\\ 0\\ \vdots\\ 0\\ 1\end{bmatrix}u
$$

$$y=[c_1\ \cdots\ c_k\ \ c_{k+1,1}\ \cdots\ c_{k+1,l_1-1}\ \ c_{k+1,l_1}\ \cdots\ c_{k+m,1}\ \cdots\ c_{k+m,l_m-1}\ \ c_{k+m,l_m}]\boldsymbol{x}$$

例 7-13　求传递函数 $G(s)=\dfrac{4s^2+10s+5}{s^3+5s^2+8s+4}$ 的并联实现。

解
$$G(s)=\frac{4s^2+10s+5}{s^3+5s^2+8s+4}=\frac{4s^2+10s+5}{(s+2)^2(s+1)}=\frac{c_{11}}{(s+2)^2}+\frac{c_{12}}{s+2}+\frac{c_3}{s+1}$$

其中，$c_{11}=\lim\limits_{s\to-2}(s+2)^2G(s)=-1$

$$c_{12}=\frac{1}{(2-1)!}\lim_{s\to-2}\frac{\mathrm{d}^{(2-1)}}{\mathrm{d}s^{(2-1)}}[(s+2)^2G(s)]=\lim_{s\to-2}\frac{\mathrm{d}}{\mathrm{d}s}\left[\frac{4s^2+10s+5}{s+1}\right]=5$$

$$c_3=(s+1)G(s)=\lim_{s\to-1}\frac{4s^2+10s+5}{(s+2)^2}=-1$$

则系统并联实现的状态空间表达式为约当标准型，即

$$\begin{cases}\begin{bmatrix}\dot{x}_1\\ \dot{x}_2\\ \dot{x}_3\end{bmatrix}=\begin{bmatrix}-2&1&0\\0&-2&0\\0&0&-1\end{bmatrix}\begin{bmatrix}x_1\\x_2\\x_3\end{bmatrix}+\begin{bmatrix}0\\1\\1\end{bmatrix}u\\ y=\begin{bmatrix}-1&5&-1\end{bmatrix}\begin{bmatrix}x_1\\x_2\\x_3\end{bmatrix}\end{cases}$$

系统并联实现的状态变量如图 7-17 所示。

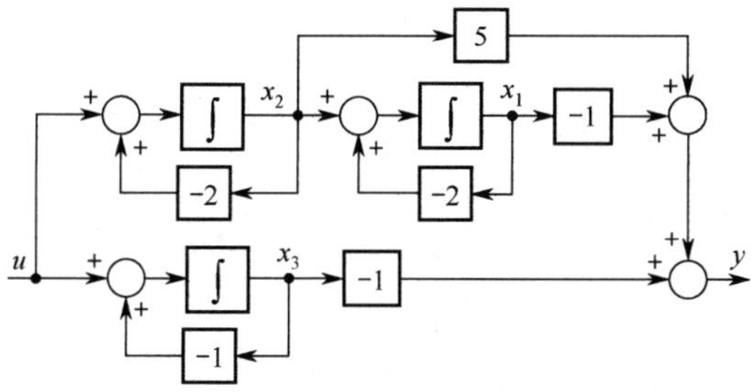

图 7-17　例 7-13 系统的状态变量

7.2.3　系统的传递函数矩阵

1. 由系统的状态空间表达式求传递函数矩阵

上节介绍了由传递函数求状态空间表达式的问题，即系统的实现问题，可以看出这是一个比较复杂的问题，因为实现具有不唯一性。但实现的逆问题，即从系统状态空间表达式求其传递函数（阵）却较为简单且求解结果是唯一的。

设 r 维输入、n 维输出的多输入多输出线性定常系统的状态空间表达式为

$$\begin{cases}\dot{\boldsymbol{x}}=\boldsymbol{A}\boldsymbol{x}+\boldsymbol{B}\boldsymbol{u}\\ \boldsymbol{y}=\boldsymbol{C}\boldsymbol{x}+\boldsymbol{D}\boldsymbol{u}\end{cases}$$

其中，$\boldsymbol{x}$、$\boldsymbol{y}$、$\boldsymbol{u}$ 分别为 $n\times1$、$m\times1$、$r\times1$ 维的列向量；$\boldsymbol{A}$、$\boldsymbol{B}$、$\boldsymbol{C}$、$\boldsymbol{D}$ 分别为 $n\times n$、$n\times r$、$m\times n$、

$m\times r$ 维的矩阵。

令系统初始条件为零，对上式中的状态方程和输出方程两端进行 Laplace 变换，有

$$\begin{cases} s\boldsymbol{X}(s)=\boldsymbol{AX}(s)+\boldsymbol{BU}(s) \\ \boldsymbol{Y}(s)=\boldsymbol{CX}(s)+\boldsymbol{DU}(s) \end{cases}$$

从而有

$$\boldsymbol{X}(s)=(s\boldsymbol{I}-\boldsymbol{A})^{-1}\boldsymbol{BU}(s)$$

$$\boldsymbol{Y}(s)=[\boldsymbol{C}(s\boldsymbol{I}-\boldsymbol{A})^{-1}\boldsymbol{B}+\boldsymbol{D}]\boldsymbol{U}(s)=\boldsymbol{G}(s)\boldsymbol{U}(s)$$

其中，$\boldsymbol{G}(s)=\boldsymbol{C}(s\boldsymbol{I}-\boldsymbol{A})^{-1}\boldsymbol{B}+\boldsymbol{D}$ 称为系统的传递函数矩阵，是一个 $m\times r$ 维矩阵，描述了 r 维输入向量 $\boldsymbol{U}(s)$ 和 m 维输出向量 $\boldsymbol{Y}(s)$ 之间的传递函数，即

$$\boldsymbol{G}(s)=\boldsymbol{C}(s\boldsymbol{I}-\boldsymbol{A})^{-1}\boldsymbol{B}+\boldsymbol{D}=\begin{bmatrix} G_{11}(s) & G_{12}(s) & \cdots & G_{1r}(s) \\ G_{21}(s) & G_{22}(s) & \cdots & G_{2r}(s) \\ \vdots & \vdots & \ddots & \vdots \\ G_{m1}(s) & G_{m2}(s) & \cdots & G_{mr}(s) \end{bmatrix} \tag{7-73}$$

其中，$G_{ik}(s)$（$i=1,2,\cdots,m$；$k=1,2,\cdots,r$）为一个标量传递函数，其表示系统的第 k 个输入量对第 i 个输出量的传递作用。

当系统为单输入单输出系统时，按式（7-73）求出的 $\boldsymbol{G}(s)$ 则为标量传递函数，即

$$\begin{aligned} \boldsymbol{G}(s)&=\frac{Y(s)}{U(s)}=\boldsymbol{C}(s\boldsymbol{I}-\boldsymbol{A})^{-1}\boldsymbol{B}+\boldsymbol{D} \\ &=\boldsymbol{C}\frac{\mathrm{adj}(s\boldsymbol{I}-\boldsymbol{A})}{|s\boldsymbol{I}-\boldsymbol{A}|}\boldsymbol{B}+\boldsymbol{D}=\frac{\boldsymbol{C}[\mathrm{adj}(s\boldsymbol{I}-\boldsymbol{A})]\boldsymbol{B}+\boldsymbol{D}|s\boldsymbol{I}-\boldsymbol{A}|}{|s\boldsymbol{I}-\boldsymbol{A}|} \end{aligned} \tag{7-74}$$

其中，adj($s\boldsymbol{I}$–A)表示伴随矩阵。

而在经典控制理论中，单输入单输出系统的传递函数 $G(s)$ 具有如下一般形式

$$G(s)=\frac{Y(s)}{U(s)}=\frac{b_0s^n+b_1s^{n-1}+\cdots+b_{n-1}s+b_n}{s^n+a_1s^{n-1}+\cdots+a_{n-1}s+a_n} \tag{7-75}$$

比较式（7-74）和式（7-75）可知，若传递函数没有零点、极点对消，则其分子多项式为 $\boldsymbol{C}[\mathrm{adj}(s\boldsymbol{I}-\boldsymbol{A})]\boldsymbol{B}+\boldsymbol{D}|s\boldsymbol{I}-\boldsymbol{A}|$，分母多项式为系统矩阵 $\boldsymbol{A}$ 的特征多项式，即传递函数的极点为矩阵 $\boldsymbol{A}$ 的特征值。

前面已指出，描述同一系统的状态空间表达式并非唯一。但是同一系统的传递函数矩阵是唯一的，即系统的传递函数矩阵对于线性非奇异变换具有不变性。

例 7-14 设系统的状态方程和输出方程为

$$\begin{cases} \dot{x}_1=x_2 \\ \dot{x}_2=x_3 \\ \dot{x}_3=-5x_1-3x_2-2x_3+u \end{cases}$$

$$y=\frac{3}{2}x_1+x_2+\frac{1}{2}x_3$$

求系统的传递函数。

解 首先将状态方程和输出方程用矩阵形式表示，即

$$\begin{cases}\begin{bmatrix}\dot{x}_1\\\dot{x}_2\\\dot{x}_3\end{bmatrix}=\begin{bmatrix}0&1&0\\0&0&1\\-5&-3&-2\end{bmatrix}\begin{bmatrix}x_1\\x_2\\x_3\end{bmatrix}+\begin{bmatrix}0\\0\\1\end{bmatrix}u\\ y=\begin{bmatrix}\dfrac{3}{2}&1&\dfrac{1}{2}\end{bmatrix}\begin{bmatrix}x_1\\x_2\\x_3\end{bmatrix}\end{cases}$$

因为

$$(s\boldsymbol{I}-\boldsymbol{A})^{-1}=\begin{bmatrix}s&-1&0\\0&s&-1\\5&3&s+2\end{bmatrix}^{-1}=\frac{\operatorname{adj}(s\boldsymbol{I}-\boldsymbol{A})}{|s\boldsymbol{I}-\boldsymbol{A}|}$$

$$=\frac{1}{s^3+2s^2+3s+5}\begin{bmatrix}s^2+2s+3&s+2&1\\-5&s(s+2)&s\\-5s&-(3s+5)&s^2\end{bmatrix}$$

故系统传递函数为

$$G(s)=\frac{\begin{bmatrix}\dfrac{3}{2}&1&\dfrac{1}{2}\end{bmatrix}}{s^3+2s^2+3s+5}\begin{bmatrix}s^2+2s+3&s+2&1\\-5&s(s+2)&s\\-5s&-(3s+5)&s^2\end{bmatrix}\begin{bmatrix}0\\0\\1\end{bmatrix}$$

$$=\frac{\begin{bmatrix}\dfrac{3}{2}&1&\dfrac{1}{2}\end{bmatrix}}{s^3+2s^2+3s+5}\begin{bmatrix}1\\s\\s^2\end{bmatrix}=\frac{\dfrac{1}{2}s^2+s+\dfrac{3}{2}}{s^3+2s^2+3s+5}=\frac{s^2+2s+3}{2s^3+4s^2+6s+10}$$

实际上本例给出的状态空间表达式为能控标准型，根据式（7-53）所揭示的单变量系统能控标准型系数矩阵 $\boldsymbol{A}$、$\boldsymbol{C}$ 与传递函数分母、分子多项式系数的对应关系，可直接写出系统传递函数为

$$G(s)=\frac{\dfrac{1}{2}s^2+s+\dfrac{3}{2}}{s^3+2s^2+3s+5}$$

2. 组合系统的传递函数矩阵

实际控制系统一般是由多个子系统以并联、串联或反馈连接等方式构成的组合系统。为简单起见，下面仅以两个线性定常子系统做各种连接为例，讨论在已知各个子系统的状态空间表达式和传递函数矩阵，如何求取组合系统的状态空间表达式和传递函数矩阵。

设一个子系统 $\Sigma_1(\boldsymbol{A}_1,\boldsymbol{B}_1,\boldsymbol{C}_1,\boldsymbol{D}_1)$ 为

$$\begin{cases}\dot{\boldsymbol{x}}_1=\boldsymbol{A}_1\boldsymbol{x}_1+\boldsymbol{B}_1\boldsymbol{u}_1\\ \boldsymbol{y}_1=\boldsymbol{C}_1\boldsymbol{x}_1+\boldsymbol{D}_1\boldsymbol{u}_1\end{cases}\tag{7-76}$$

其传递函数矩阵为

$$\boldsymbol{G}_1(s)=\boldsymbol{C}_1(s\boldsymbol{I}_1-\boldsymbol{A}_1)^{-1}\boldsymbol{B}_1+\boldsymbol{D}_1$$

另一个子系统 $\Sigma_2(\boldsymbol{A}_2,\boldsymbol{B}_2,\boldsymbol{C}_2,\boldsymbol{D}_2)$ 为

$$\begin{cases}\dot{\boldsymbol{x}}_2 = \boldsymbol{A}_2\boldsymbol{x}_2 + \boldsymbol{B}_2\boldsymbol{u}_2 \\ \boldsymbol{y}_2 = \boldsymbol{C}_2\boldsymbol{x}_2 + \boldsymbol{D}_2\boldsymbol{u}_2\end{cases} \tag{7-77}$$

其传递函数矩阵为

$$\boldsymbol{G}_2(s) = \boldsymbol{C}_2(s\boldsymbol{I}_2 - \boldsymbol{A}_2)^{-1}\boldsymbol{B}_2 + \boldsymbol{D}_2$$

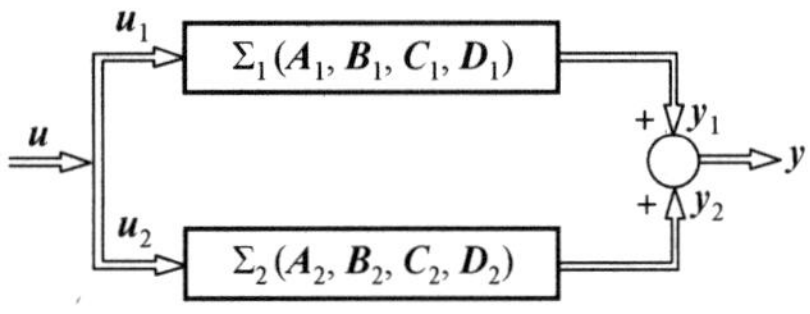

图 7-18 子系统并联

1）并联连接

如图 7-18 所示，子系统Σ_1和Σ_2并联，设Σ_1和Σ_2输入、输出维数相同。由图知，$\boldsymbol{u}_1 = \boldsymbol{u}_2 = \boldsymbol{u}$，$\boldsymbol{y} = \boldsymbol{y}_1 + \boldsymbol{y}_2$，则并联后系统的状态空间表达式为

$$\begin{cases}\begin{bmatrix}\dot{\boldsymbol{x}}_1 \\ \dot{\boldsymbol{x}}_2\end{bmatrix}\begin{bmatrix}\boldsymbol{A}_1 & \boldsymbol{0} \\ \boldsymbol{0} & \boldsymbol{A}_2\end{bmatrix}\begin{bmatrix}\boldsymbol{x}_1 \\ \boldsymbol{x}_2\end{bmatrix} + \begin{bmatrix}\boldsymbol{B}_1 \\ \boldsymbol{B}_2\end{bmatrix}\boldsymbol{u} \\ \boldsymbol{y} = \begin{bmatrix}\boldsymbol{C}_1 & \boldsymbol{C}_2\end{bmatrix}\begin{bmatrix}\boldsymbol{x}_1 \\ \boldsymbol{x}_2\end{bmatrix} + (\boldsymbol{D}_1 + \boldsymbol{D}_2)\boldsymbol{u}\end{cases} \tag{7-78}$$

其传递函数矩阵为

$$\begin{aligned}\boldsymbol{G}(s) &= \boldsymbol{C}(s\boldsymbol{I} - \boldsymbol{A})^{-1}\boldsymbol{B} + \boldsymbol{D} \\ &= \begin{bmatrix}\boldsymbol{C}_1 & \boldsymbol{C}_2\end{bmatrix}\begin{bmatrix}s\boldsymbol{I} - \boldsymbol{A}_1 & \boldsymbol{0} \\ \boldsymbol{0} & s\boldsymbol{I} - \boldsymbol{A}_2\end{bmatrix}^{-1}\begin{bmatrix}\boldsymbol{B}_1 \\ \boldsymbol{B}_2\end{bmatrix} + (\boldsymbol{D}_1 + \boldsymbol{D}_2) \\ &= \boldsymbol{C}_1(s\boldsymbol{I} - \boldsymbol{A}_1)^{-1}\boldsymbol{B}_1 + \boldsymbol{D}_1 + \boldsymbol{C}_2(s\boldsymbol{I} - \boldsymbol{A}_2)^{-1}\boldsymbol{B}_2 + \boldsymbol{D}_2 \\ &= \boldsymbol{G}_1(s) + \boldsymbol{G}_2(s)\end{aligned} \tag{7-79}$$

2）串联连接

如图 7-19 所示，子系统Σ_1和Σ_2串联。由图知，子系统Σ_1的输出为子系统Σ_2的输入，而Σ_2的输出为串联后系统的输出，即$\boldsymbol{u}_1 = \boldsymbol{u}$，$\boldsymbol{y} = \boldsymbol{y}_2$，则串联后组合系统的状态空间表达式为

$$\begin{aligned}\dot{\boldsymbol{x}}_1 &= \boldsymbol{A}_1\boldsymbol{x}_1 + \boldsymbol{B}_1\boldsymbol{u}_1 \\ \dot{\boldsymbol{x}}_2 &= \boldsymbol{A}_2\boldsymbol{x}_2 + \boldsymbol{B}_2\boldsymbol{C}_1\boldsymbol{x}_1 + \boldsymbol{B}_2\boldsymbol{D}_1\boldsymbol{u}_1 \\ \boldsymbol{y} &= \boldsymbol{C}_2\boldsymbol{x}_2 + \boldsymbol{D}_2\boldsymbol{u}_2 = \boldsymbol{C}_2\boldsymbol{x}_2 + \boldsymbol{D}_2(\boldsymbol{C}_1\boldsymbol{x}_1 + \boldsymbol{D}_1\boldsymbol{u}_1) \\ &= \boldsymbol{D}_2\boldsymbol{C}_1\boldsymbol{x}_1 + \boldsymbol{C}_2\boldsymbol{x}_2 + \boldsymbol{D}_2\boldsymbol{D}_1\boldsymbol{u}_1\end{aligned}$$

则矩阵形式的状态空间表达式为

$$\begin{cases}\begin{bmatrix}\dot{\boldsymbol{x}}_1 \\ \dot{\boldsymbol{x}}_2\end{bmatrix} = \begin{bmatrix}\boldsymbol{A}_1 & \boldsymbol{0} \\ \boldsymbol{B}_2\boldsymbol{C}_1 & \boldsymbol{A}_2\end{bmatrix}\begin{bmatrix}\boldsymbol{x}_1 \\ \boldsymbol{x}_2\end{bmatrix} + \begin{bmatrix}\boldsymbol{B}_1 \\ \boldsymbol{B}_2\boldsymbol{D}_1\end{bmatrix}\boldsymbol{u} \\ \boldsymbol{y} = \begin{bmatrix}\boldsymbol{D}_2\boldsymbol{C}_1 & \boldsymbol{C}_2\end{bmatrix}\begin{bmatrix}\boldsymbol{x}_1 \\ \boldsymbol{x}_2\end{bmatrix} + \boldsymbol{D}_2\boldsymbol{D}_1\boldsymbol{u}_1\end{cases} \tag{7-80}$$

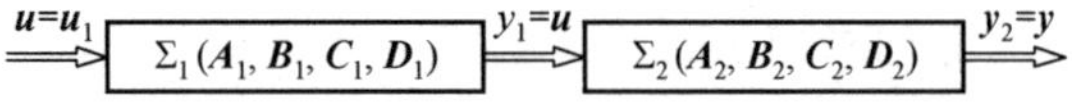

图 7-19 子系统串联

又因为

$$\begin{aligned}\boldsymbol{Y}(s) &= \boldsymbol{Y}_2(s) = \boldsymbol{G}_2(s)\boldsymbol{U}_2(s) = \boldsymbol{G}_2(s)\boldsymbol{Y}_1(s) \\ &= \boldsymbol{G}_2(s)\boldsymbol{G}_1(s)\boldsymbol{U}_1(s) = \boldsymbol{G}_2(s)\boldsymbol{G}_1(s)\boldsymbol{U}(s) = \boldsymbol{G}(s)\boldsymbol{U}(s)\end{aligned}$$

则串联后组合系统的传递函数矩阵为

$$\boldsymbol{G}(s) = \boldsymbol{G}_2(s)\boldsymbol{G}_1(s) \tag{7-81}$$

可见，两个子系统串联后的传递函数矩阵为子系统传递函数矩阵之乘积，但应注意，传递函数矩阵相乘的顺序不能颠倒。

3）反馈连接

具有输出反馈的系统如图 7-20 所示。由图可得，$\boldsymbol{u}_1=\boldsymbol{u}-\boldsymbol{y}_2$，$\boldsymbol{u}_2=\boldsymbol{y}$，$\boldsymbol{y}=\boldsymbol{y}_1$。设 $\boldsymbol{D}_1=\boldsymbol{D}_2=\boldsymbol{0}$，则反馈连接后闭环系统的状态空间表达式为

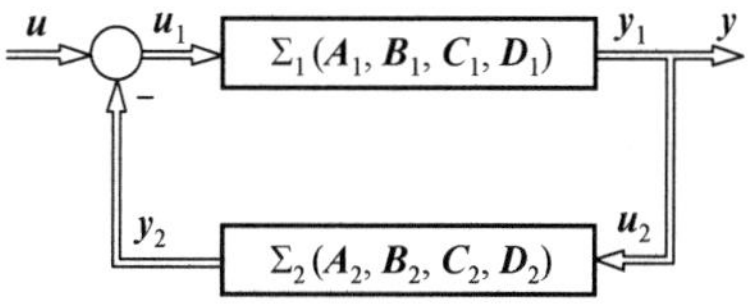

图 7-20　反馈连接

$$\begin{cases}\dot{\boldsymbol{x}}_1=\boldsymbol{A}_1\boldsymbol{x}_1+\boldsymbol{B}_1\boldsymbol{u}_1=\boldsymbol{A}_1\boldsymbol{x}_1+\boldsymbol{B}_1\boldsymbol{u}-\boldsymbol{B}_1\boldsymbol{C}_2\boldsymbol{x}_2\\ \dot{\boldsymbol{x}}_2=\boldsymbol{A}_2\boldsymbol{x}_2+\boldsymbol{B}_2\boldsymbol{u}_2=\boldsymbol{A}_2\boldsymbol{x}_2+\boldsymbol{B}_2\boldsymbol{C}_1\boldsymbol{x}_1\\ \boldsymbol{y}=\boldsymbol{C}_1\boldsymbol{x}_1\end{cases}$$

即

$$\begin{cases}\begin{bmatrix}\dot{\boldsymbol{x}}_1\\ \dot{\boldsymbol{x}}_2\end{bmatrix}=\begin{bmatrix}\boldsymbol{A}_1 & -\boldsymbol{B}_1\boldsymbol{C}_2\\ \boldsymbol{B}_2\boldsymbol{C}_1 & \boldsymbol{A}_2\end{bmatrix}\begin{bmatrix}\boldsymbol{x}_1\\ \boldsymbol{x}_2\end{bmatrix}+\begin{bmatrix}\boldsymbol{B}_1\\ \boldsymbol{0}\end{bmatrix}\boldsymbol{u}\\ \boldsymbol{y}=\begin{bmatrix}\boldsymbol{C}_1 & \boldsymbol{0}\end{bmatrix}\begin{bmatrix}\boldsymbol{x}_1\\ \boldsymbol{x}_2\end{bmatrix}\end{cases}\tag{7-82}$$

又由图 7-20 得

$$\begin{aligned}\boldsymbol{Y}(s)&=\boldsymbol{G}_1(s)\boldsymbol{U}_1(s)\\ \boldsymbol{U}_1(s)&=\boldsymbol{U}(s)-\boldsymbol{G}_2(s)\boldsymbol{Y}(s)\end{aligned}\tag{7-83}$$

整理式（7-83）得

$$\boldsymbol{Y}(s)=\boldsymbol{G}_1(s)\boldsymbol{U}(s)-\boldsymbol{G}_1(s)\boldsymbol{G}_2(s)\boldsymbol{Y}(s)$$

从而有

$$\boldsymbol{Y}(s)=[\boldsymbol{I}+\boldsymbol{G}_1(s)\boldsymbol{G}_2(s)]^{-1}\boldsymbol{G}_1(s)\boldsymbol{U}(s)$$

则图 7-20 所示反馈连接闭环系统的传递函数矩阵为

$$\boldsymbol{G}(s)=[\boldsymbol{I}+\boldsymbol{G}_1(s)\boldsymbol{G}_2(s)]^{-1}\boldsymbol{G}_1(s)\tag{7-84}$$

其描述了 $\boldsymbol{U}(s)$至 $\boldsymbol{Y}(s)$之间的传递关系。

重新整理式（7-83），可得

$$\boldsymbol{U}_1(s)=\boldsymbol{U}(s)-\boldsymbol{G}_2(s)\boldsymbol{G}_1(s)\boldsymbol{U}_1(s)$$

即

$$\boldsymbol{U}_1(s)=[\boldsymbol{I}+\boldsymbol{G}_2(s)\boldsymbol{G}_1(s)]^{-1}\boldsymbol{U}(s)$$

从而有

$$\boldsymbol{Y}(s)=\boldsymbol{G}_1(s)[\boldsymbol{I}+\boldsymbol{G}_2(s)\boldsymbol{G}_1(s)]^{-1}\boldsymbol{U}(s)$$

则闭环系统传递函数矩阵的另一种表达式为

$$\boldsymbol{G}(s)=\boldsymbol{G}_1(s)[\boldsymbol{I}+\boldsymbol{G}_2(s)\boldsymbol{G}_1(s)]^{-1}\tag{7-85}$$

其与式（7-84）等价。

7.3　线性系统动态分析

状态空间分析法是现代控制理论的主要分析方法，直接将系统的微分方程转化为描述系统输入、输出与内部状态关系的动态数学模型——状态空间表达式，运用矩阵方法求解状态

方程，直接在时间域确定其动态响应，研究系统状态方程的解法及分析解的性质是现代控制理论的主要任务之一。

7.3.1 线性定常系统状态方程的解

1. 线性定常齐次状态方程的解

线性定常系统在输入 $\boldsymbol{u}$ 为零时，由初始状态引起的运动称为自由运动，可用式（7-86）所示的齐次状态方程描述，即

$$\begin{cases}\dot{\boldsymbol{x}}=\boldsymbol{A}\boldsymbol{x}\\ \boldsymbol{x}(t)\big|_{t=t_0}=\boldsymbol{x}(t_0)\end{cases} \tag{7-86}$$

其中，$\boldsymbol{x}$ 为线性定常系统的 n 维状态向量；$\boldsymbol{x}(t_0)$ 为 n 维状态向量在初始时刻 $t=t_0$ 的初值；$\boldsymbol{A}$ 为线性定常系统的 $n\times n$ 维系数矩阵。式（7-86）的解 $\boldsymbol{x}(t)$（其中，$t\geqslant t_0$）称为自由运动的解或零输入响应。仿照一阶微分方程的解，设式（7-86）的解为向量幂级数，即

$$\boldsymbol{x}(t)=\boldsymbol{b}_0+\boldsymbol{b}_1(t-t_0)+\boldsymbol{b}_2(t-t_0)^2+\cdots+\boldsymbol{b}_k(t-t_0)^k+\cdots \tag{7-87}$$

将式（7-87）代入式（7-86），得

$$\begin{aligned}&\boldsymbol{b}_1+2\boldsymbol{b}_2(t-t_0)+3\boldsymbol{b}_3(t-t_0)^2+\cdots+k\boldsymbol{b}_k(t-t_0)^{k-1}+\cdots\\ &=\boldsymbol{A}\left[\boldsymbol{b}_0+\boldsymbol{b}_1(t-t_0)+\boldsymbol{b}_2(t-t_0)^2+\cdots+\boldsymbol{b}_k(t-t_0)^k+\cdots\right]\end{aligned}$$

若所设解为真实解，则上式两边同幂次项系数应相等，即

$$\begin{cases}\boldsymbol{b}_1=\boldsymbol{A}\boldsymbol{b}_0\\ \boldsymbol{b}_2=\dfrac{1}{2}\boldsymbol{A}\boldsymbol{b}_1=\dfrac{1}{2!}\boldsymbol{A}^2\boldsymbol{b}_0\\ \boldsymbol{b}_3=\dfrac{1}{3}\boldsymbol{A}\boldsymbol{b}_2=\dfrac{1}{3!}\boldsymbol{A}^3\boldsymbol{b}_0\\ \quad\vdots\\ \boldsymbol{b}_k=\dfrac{1}{k!}\boldsymbol{A}^k\boldsymbol{b}_0\end{cases} \tag{7-88}$$

将初始条件 $\boldsymbol{x}(t)\big|_{t=t_0}=\boldsymbol{x}(t_0)$ 代入式（7-87），得 $\boldsymbol{b}_0=\boldsymbol{x}(t_0)$，则式（7-86）的解为

$$\boldsymbol{x}(t)=\left[\boldsymbol{I}+\boldsymbol{A}(t-t_0)+\frac{1}{2!}\boldsymbol{A}^2(t-t_0)^2+\cdots+\frac{1}{k!}\boldsymbol{A}^k(t-t_0)^k+\cdots\right]\boldsymbol{x}(t_0) \tag{7-89}$$

其中，$\boldsymbol{I}$ 为 n 阶单位矩阵。仿照指数函数 $\mathrm{e}^{a(t-t_0)}$ 无穷级数定义，定义式（7-89）括号中的 n 阶矩阵无穷级数为矩阵指数 $\mathrm{e}^{\boldsymbol{A}(t-t_0)}$，即

$$\mathrm{e}^{\boldsymbol{A}(t-t_0)}=\boldsymbol{I}+\boldsymbol{A}(t-t_0)+\frac{1}{2!}\boldsymbol{A}^2(t-t_0)^2+\cdots+\frac{1}{k!}\boldsymbol{A}^k(t-t_0)^k+\cdots$$

其中，规定 $\boldsymbol{A}_0=\boldsymbol{I}$。则式（7-86）的解可用系统矩阵 $\boldsymbol{A}$ 的矩阵指数表示为

$$\boldsymbol{x}(t)=\mathrm{e}^{\boldsymbol{A}(t-t_0)}\boldsymbol{x}(t_0) \tag{7-90}$$

式（7-90）表明，线性定常系统在无输入作用即 $\boldsymbol{u}(t)\equiv\boldsymbol{0}$ 时，任意时刻 t 的状态 $\boldsymbol{x}(t)$ 是由初始时刻 t_0 的初始状态 $\boldsymbol{x}(t_0)$ 在 $t-t_0$ 时间内通过矩阵指数 $\mathrm{e}^{\boldsymbol{A}(t-t_0)}$ 演化而来的。鉴于此，将矩阵指数 $\mathrm{e}^{\boldsymbol{A}(t-t_0)}$ 称为状态转移矩阵，并记为

$$\mathrm{e}^{\boldsymbol{A}(t-t_0)}=\boldsymbol{\Phi}(t-t_0) \tag{7-91}$$

状态转移矩阵是现代控制理论最重要的概念之一，由此可将齐次状态方程的解表达为统一形式，即

$$\boldsymbol{x}(t)=\boldsymbol{\Phi}(t-t_0)\boldsymbol{x}(t_0) \tag{7-92}$$

式（7-92）的物理意义：自由运动的解仅是初始状态的转移，状态转移矩阵包含系统自由运动的全部信息，唯一决定了系统中各状态变量的自由运动。对于线性定常系统而言，在某一确定时刻，其状态转移矩阵 $\boldsymbol{\Phi}(t-t_0)=\mathrm{e}^{\boldsymbol{A}(t-t_0)}$ 为 n 阶常数矩阵，式（7-92）所表达的 $\boldsymbol{x}(t_0)$ 与 $\boldsymbol{x}(t)$ 之间的转移关系在数学上可视为 n 维向量中的一种以状态转移矩阵 $\mathrm{e}^{\boldsymbol{A}(t-t_0)}$ 为变换阵的线性变换。

以上分析均假设初始时刻 $t_0\neq 0$。若 $t_0=0$，则对应初始状态为 $\boldsymbol{x}(0)$，自由运动的解为

$$\boldsymbol{x}(t)=\boldsymbol{\Phi}(t)\boldsymbol{x}(0)=\mathrm{e}^{\boldsymbol{A}t}\boldsymbol{x}(0) \tag{7-93}$$

为了表达简便，以下的讨论若不做说明，均假设初始时刻 $t_0=0$。

2. 状态转移矩阵的性质

（1）$\dot{\boldsymbol{\Phi}}(t)=\boldsymbol{A}\boldsymbol{\Phi}(t)=\boldsymbol{\Phi}(t)\boldsymbol{A}$。

这一性质表明，$\boldsymbol{\Phi}(t)=\mathrm{e}^{\boldsymbol{A}t}$ 满足齐次状态方程 $\dot{\boldsymbol{x}}=\boldsymbol{A}\boldsymbol{x}$，且 $\boldsymbol{A}\boldsymbol{\Phi}(t)$ 与 $\boldsymbol{\Phi}(t)\boldsymbol{A}$ 满足交换律。事实上，$\boldsymbol{\Phi}(t)=\mathrm{e}^{\boldsymbol{A}t}$ 是非奇异矩阵，从式（7-93）可知，齐次状态方程对应初始状态 $\boldsymbol{x}(0)$ 的解 $\boldsymbol{x}(t)$ 为 $\boldsymbol{\Phi}(t)=\mathrm{e}^{\boldsymbol{A}t}$ 的 n 个线性无关列向量的线性组合。因此，$\boldsymbol{\Phi}(t)=\mathrm{e}^{\boldsymbol{A}t}$ 的 n 个线性无关列向量构成齐次状态方程的基本解组，其仅与系统矩阵 $\boldsymbol{A}$ 有关，而与输入、输出无关，这与标量微分方程解的结构理论本质上是一致的。鉴于此，$\boldsymbol{\Phi}(t)=\mathrm{e}^{\boldsymbol{A}t}$ 也称为 $\dot{\boldsymbol{x}}=\boldsymbol{A}\boldsymbol{x}$ 的基本解矩阵。

（2）$\boldsymbol{\Phi}(0)=\boldsymbol{I}$。

（3）$\boldsymbol{\Phi}(t)\boldsymbol{\Phi}(\tau)=\boldsymbol{\Phi}(t+\tau)$。

这一性质表明，状态转移矩阵具有分解性。由此分解性易推知，若 n 为整数，则 $\boldsymbol{\Phi}(nt)=(\boldsymbol{\Phi}(t))^n$。

（4）$(\boldsymbol{\Phi}(t))^{-1}=\boldsymbol{\Phi}(-t)$。

证明　由状态转移矩阵的分解性，有

$$\boldsymbol{\Phi}(t)\boldsymbol{\Phi}(-t)=\boldsymbol{\Phi}(t-t)=\boldsymbol{\Phi}(0)=\mathrm{e}^{\boldsymbol{A}0}=\boldsymbol{I}$$

$$\boldsymbol{\Phi}(-t)\boldsymbol{\Phi}(t)=\boldsymbol{\Phi}(-t+t)=\boldsymbol{\Phi}(0)=\mathrm{e}^{\boldsymbol{A}0}=\boldsymbol{I}$$

又由逆矩阵定义得 $(\boldsymbol{\Phi}(t))^{-1}=\boldsymbol{\Phi}(-t)$ 或 $(\boldsymbol{\Phi}(-t))^{-1}=\boldsymbol{\Phi}(t)$。

这一性质表明，状态转移矩阵非奇异，系统状态的转移是双向的、可逆的。t 时刻的状态 $\boldsymbol{x}(t)$ 由初始状态 $\boldsymbol{x}(0)$ 在时间 t 内通过状态转移矩阵 $\boldsymbol{\Phi}(t)$ 转移而来，即 $\boldsymbol{x}(t)=\boldsymbol{\Phi}(t)\boldsymbol{x}(0)$；则 $\boldsymbol{x}(0)$ 可由 $\boldsymbol{x}(t)$ 通过 $\boldsymbol{\Phi}(t)$ 的逆转移而来，即 $\boldsymbol{x}(0)=(\boldsymbol{\Phi}(t))^{-1}\boldsymbol{x}(t)$。

（5）$\boldsymbol{\Phi}(t_2-t_1)\boldsymbol{\Phi}(t_1-t_0)=\boldsymbol{\Phi}(t_2-t_0),\ t_0<t_1<t_2$。

证明　由状态转移矩阵的分解性，有

$$\begin{aligned}\boldsymbol{\Phi}(t_2-t_1)\boldsymbol{\Phi}(t_1-t_0)&=\boldsymbol{\Phi}(t_2)\boldsymbol{\Phi}(-t_1)\boldsymbol{\Phi}(t_1)\boldsymbol{\Phi}(-t_0)=\boldsymbol{\Phi}(t_2)\boldsymbol{\Phi}(-t_1+t_1)\boldsymbol{\Phi}(-t_0)\\&=\boldsymbol{\Phi}(t_2)\boldsymbol{I}\boldsymbol{\Phi}(-t_0)=\boldsymbol{\Phi}(t_2-t_0)\end{aligned}$$

这一性质表明，系统状态的转移具有传递性，t_0 至 t_2 的状态转移等于 t_0 至 t_1、t_1 至 t_2 分段转移的累积。

以上性质均与标量指数函数 e^{at} 的基本性质相似，但一般有 $\mathrm{e}^{\boldsymbol{A}_1t}\mathrm{e}^{\boldsymbol{A}_2t}\neq\mathrm{e}^{(\boldsymbol{A}_1t+\boldsymbol{A}_2t)}$，读者可自行

证明：只有 $\boldsymbol{A}_1$ 与 $\boldsymbol{A}_2$ 为可交换矩阵，即

$$\mathrm{e}^{\boldsymbol{A}_1 t}\mathrm{e}^{\boldsymbol{A}_2 t}=\mathrm{e}^{(\boldsymbol{A}_1 t+\boldsymbol{A}_2 t)}$$

3. 线性定常系统状态转移矩阵的计算方法

1）级数展开法

直接根据矩阵指数的定义计算，即

$$\mathrm{e}^{\boldsymbol{A}t}=\boldsymbol{I}+\boldsymbol{A}t+\frac{1}{2!}\boldsymbol{A}^2t^2+\cdots+\frac{1}{k!}\boldsymbol{A}^kt^k+\cdots=\sum_{k=0}^{\infty}\frac{1}{k!}\boldsymbol{A}^kt^k \tag{7-94}$$

级数展开法具有编程简单、适合于计算机数值求解的优点，但若采用手工计算，因需对无穷级数求和，难以获得解析表达式。

2）Laplace 变换法

设 $t_0=0$，对式（7-86）两边取 Laplace 变换得

$$s\boldsymbol{x}(s)-\boldsymbol{x}(0)=\boldsymbol{A}\boldsymbol{x}(s)$$
$$(s\boldsymbol{I}-\boldsymbol{A})\boldsymbol{x}(s)=\boldsymbol{x}(0)$$
$$\boldsymbol{x}(s)=(s\boldsymbol{I}-\boldsymbol{A})^{-1}\boldsymbol{x}(0)$$

取 Laplace 反变换得，$t_0=0$ 时，式（7-86）的解为

$$\boldsymbol{x}(t)=L^{-1}(\boldsymbol{x}(s))=L^{-1}[(s\boldsymbol{I}-\boldsymbol{A})^{-1}]\boldsymbol{x}(0)$$

与式（7-94）对比，得

$$\boldsymbol{\varPhi}(t)=\mathrm{e}^{\boldsymbol{A}t}=L^{-1}[(s\boldsymbol{I}-\boldsymbol{A})^{-1}] \tag{7-95}$$

事实上

$$(s\boldsymbol{I}-\boldsymbol{A})[L(\mathrm{e}^{\boldsymbol{A}t})]=(s\boldsymbol{I}-\boldsymbol{A})(\frac{\boldsymbol{I}}{s}+\frac{\boldsymbol{A}}{s^2}+\frac{\boldsymbol{A}^2}{s^3}+\cdots)=\boldsymbol{I}$$

故 $(s\boldsymbol{I}-\boldsymbol{A})$ 的逆一定存在，即

$$(s\boldsymbol{I}-\boldsymbol{A})^{-1}=\frac{\boldsymbol{I}}{s}+\frac{\boldsymbol{A}}{s^2}+\frac{\boldsymbol{A}^2}{s^3}+\cdots$$

则

$$L[(s\boldsymbol{I}-\boldsymbol{A})^{-1}]=\boldsymbol{I}+\boldsymbol{A}t+\frac{\boldsymbol{A}^2}{2!}t^2+\cdots+\frac{\boldsymbol{A}^k}{k!}t^k+\cdots=\mathrm{e}^{\boldsymbol{A}t}$$

因此，式（7-95）给出了求解 $\mathrm{e}^{\boldsymbol{A}t}$ 闭合形式的一种简便方法，只要预先算出“预解矩阵” $[(s\boldsymbol{I}-\boldsymbol{A})^{-1}]$，然后对“预解矩阵”进行 Laplace 反变换即可求得 $\mathrm{e}^{\boldsymbol{A}t}$。

3）利用特征值标准型及相似变换计算

（1）若 n 阶方阵 $\boldsymbol{A}$ 的特征值为 λ_1、λ_2、…、λ_n，且互异。

设对应的模态矩阵为

$$\boldsymbol{T}_V=\begin{bmatrix}\boldsymbol{V}_1 & \boldsymbol{V}_2 & \cdots & \boldsymbol{V}_n\end{bmatrix}$$

其中，列向量 $\boldsymbol{V}_i$ 为对应特征值 λ_i 的特征向量，即 $\boldsymbol{A}\boldsymbol{V}_i=\lambda_i\boldsymbol{V}_i$，且有

$$\boldsymbol{A}=\boldsymbol{T}_V\begin{bmatrix}\lambda_1 & & & \boldsymbol{0}\\ & \lambda_2 & & \\ & & \ddots & \\ \boldsymbol{0} & & & \lambda_n\end{bmatrix}\boldsymbol{T}_V^{-1}$$

则

$$e^{\boldsymbol{A}t}=\boldsymbol{T}_V\begin{bmatrix} e^{\lambda_1 t} & & & \boldsymbol{0} \\ & e^{\lambda_2 t} & & \\ & & \ddots & \\ \boldsymbol{0} & & & e^{\lambda_n t}\end{bmatrix}\boldsymbol{T}_V^{-1} \tag{7-96}$$

由式（7-96）可得如下结论：

① 对角阵 $\boldsymbol{A}$ 进行相似变换所得相似矩阵 $\boldsymbol{TAT}^{-1}$ 的矩阵指数等于对 $\boldsymbol{A}$ 的矩阵指数作相同的相似变换，即

$$\boldsymbol{T}e^{\boldsymbol{A}t}\boldsymbol{T}^{-1}=e^{(\boldsymbol{TAT}^{-1})t}$$

② 若 n 阶方阵 $\boldsymbol{A}$ 的特征值 λ_i（$i=1,2,\cdots,n$）互异，则其矩阵指数 $e^{\boldsymbol{A}t}$ 的 n 个特征值分别为 $e^{\lambda_i t}$，$i=1,2,\cdots,n$，且 $e^{\boldsymbol{A}t}$ 与 $\boldsymbol{A}$ 具有相同的模态矩阵 $\boldsymbol{T}_V$。

（2）若 n 阶方阵 $\boldsymbol{A}$ 有重特征值。

当 $\boldsymbol{A}$ 有重特征值时，只有在 $\boldsymbol{A}$ 有 n 个线性无关的特征向量即重特征值的几何重数等于其代数重数的条件下，$\boldsymbol{A}$ 才能经相似变换化为对角线标准型 $\boldsymbol{\Lambda}$；否则，存在非奇异变换阵 $\boldsymbol{T}$，使相似变换后的矩阵 $\boldsymbol{T}^{-1}\boldsymbol{AT}$ 为约当标准型 $\boldsymbol{J}$，即

$$\boldsymbol{J}=\boldsymbol{T}^{-1}\boldsymbol{AT}$$

仅考虑重特征值的几何重数均为 1 的特殊情况，则

$$\boldsymbol{J}=\begin{bmatrix} \boldsymbol{J}_1 & & & \boldsymbol{0} \\ & \boldsymbol{J}_2 & & \\ & & \ddots & \\ \boldsymbol{0} & & & \boldsymbol{J}_l\end{bmatrix}$$

其中，$\boldsymbol{J}_i$（$i=1,2,\cdots,l$）为形如式（7-97）所示的 m_i 维约当块，即

$$\boldsymbol{J}_i=\begin{bmatrix} \lambda_i & 1 & & & \boldsymbol{0} \\ & \lambda_i & 1 & & \\ & & \ddots & \ddots & \\ & & & \lambda_i & 1 \\ \boldsymbol{0} & & & & \lambda_i\end{bmatrix}_{m_i\times m_i} \tag{7-97}$$

式（7-97）中的 λ_i（$i=1,2,\cdots,l$）为方阵 $\boldsymbol{A}$ 的 m_i 重特征值，其几何重数 $\alpha_i=n-\mathrm{rank}(\lambda_i\boldsymbol{I}-\boldsymbol{A})=1$，且 $\sum_{i=1}^{l}m_i=n$。若 $m_i=1$，则 $\boldsymbol{J}_i=\lambda_i$，为约当块的特例。对应于约当标准型，有

$$e^{\boldsymbol{A}t}=\boldsymbol{T}e^{\boldsymbol{J}t}\boldsymbol{T}^{-1}=\boldsymbol{T}\begin{bmatrix} e^{\boldsymbol{J}_1 t} & & & \boldsymbol{0} \\ & e^{\boldsymbol{J}_2 t} & & \\ & & \ddots & \\ \boldsymbol{0} & & & e^{\boldsymbol{J}_n t}\end{bmatrix}\boldsymbol{T}^{-1} \tag{7-98}$$

其中，m_i 维子矩阵 $e^{\boldsymbol{J}_i t}$（$i=1,2,\cdots,l$）为式（7-97）所示约当块 $\boldsymbol{J}_i$ 的矩阵指数，根据矩阵指数的定义，可证明 $e^{\boldsymbol{J}_i t}$ 为上三角形矩阵，即

$$\mathrm{e}^{\boldsymbol{J}_i t}=\mathrm{e}^{\lambda_i t}\begin{bmatrix}1 & t & \dfrac{t^2}{2!} & \cdots & \dfrac{t^{m_i-1}}{(m_i-1)!}\\ & 1 & t & \cdots & \dfrac{t^{m_i-2}}{(m_i-2)!}\\ & & \ddots & \ddots & \vdots\\ & & & 1 & t\\ \boldsymbol{0} & & & & 1\end{bmatrix}_{m_i\times m_i} \tag{7-99}$$

4）化为 $\boldsymbol{A}$ 的有限多项式计算 $\mathrm{e}^{\boldsymbol{A}t}$

（1）凯莱—哈密顿（Cayley-Hamilton）定理。

n 阶方阵 $\boldsymbol{A}$ 满足其特征方程，即设 n 阶方阵 $\boldsymbol{A}$ 的特征方程为

$$f(\lambda)=|\lambda\boldsymbol{I}-\boldsymbol{A}|=\lambda^n+a_{n-1}\lambda^{n-1}+\cdots+a_1\lambda+a_0=0$$

则

$$f(\boldsymbol{A})=\boldsymbol{A}^n+a_{n-1}\boldsymbol{A}^{n-1}+\cdots+a_1\boldsymbol{A}+a_0\boldsymbol{I}=0$$

凯莱—哈密顿定理是矩阵论的重要定理，基于该定理可将 $\mathrm{e}^{\boldsymbol{A}t}$ 的无穷级数定义式简化为有限多项式计算，从而适合求 $\mathrm{e}^{\boldsymbol{A}t}$ 的解析形式。

（2）待定系数法计算 $\mathrm{e}^{\boldsymbol{A}t}$ 。

根据凯莱—哈密顿定理，对 n 阶方阵 $\boldsymbol{A}$，当 $k\geqslant n$ 时，$\boldsymbol{A}^k$ 可用 $\boldsymbol{A}$ 的 $(n-1)$ 次多项式表示，即在 $\mathrm{e}^{\boldsymbol{A}t}$ 的无穷级数定义式中，仅有 $\boldsymbol{A}^0=\boldsymbol{I}$ 、$\boldsymbol{A}$ 、$\cdots$ 、$\boldsymbol{A}^{n-1}$ 是独立的，而所有 $k\geqslant n$ 的 $\boldsymbol{A}^k$ 均可表示为 $\boldsymbol{I}$ 、$\boldsymbol{A}$ 、$\cdots$ 、$\boldsymbol{A}^{n-1}$ 的线性组合，故 $\mathrm{e}^{\boldsymbol{A}t}$ 可用 $\boldsymbol{A}$ 的 $(n-1)$ 次多项式表示，即

$$\mathrm{e}^{\boldsymbol{A}t}=\alpha_0(t)\boldsymbol{I}+\alpha_1(t)\boldsymbol{A}+\cdots+\alpha_{n-1}(t)\boldsymbol{A}^{n-1} \tag{7-100}$$

其中，α_0 、$\cdots$ 、α_{n-1} 为待定的一组关于 t 的标量函数，其求解需要先计算 $\boldsymbol{A}$ 的特征值。

① 若 n 阶方阵 $\boldsymbol{A}$ 的特征值为 λ_1、λ_2、$\cdots$、λ_n，且互异，则采用模态矩阵 $\boldsymbol{T}_V$ 对式（7-100）作相似变换，得

$$\boldsymbol{T}_V^{-1}\mathrm{e}^{\boldsymbol{A}t}\boldsymbol{T}_V=\sum_{i=0}^{n-1}\boldsymbol{T}_V^{-1}\boldsymbol{A}^i\boldsymbol{T}_V\alpha_i(t) \tag{7-101}$$

进一步化简为

$$\mathrm{e}^{(\boldsymbol{T}_V^{-1}\boldsymbol{A}\boldsymbol{T}_V)t}=\mathrm{e}^{\overline{\boldsymbol{A}}t}=\begin{bmatrix}\mathrm{e}^{\lambda_1 t} & & \boldsymbol{0}\\ & \mathrm{e}^{\lambda_2 t} & \\ & & \ddots & \\ \boldsymbol{0} & & & \mathrm{e}^{\lambda_n t}\end{bmatrix}=\sum_{i=0}^{n-1}\overline{\boldsymbol{A}}^i\alpha_i(t)=\sum_{i=0}^{n-1}\alpha_i(t)\begin{bmatrix}\lambda_1^i & & \boldsymbol{0}\\ & \lambda_2^i & \\ & & \ddots & \\ \boldsymbol{0} & & & \lambda_n^i\end{bmatrix} \tag{7-102}$$

$$\begin{cases}\alpha_0(t)+\alpha_1(t)\lambda_1+\cdots+\alpha_{n-1}(t)\lambda_1^{(n-1)}=\mathrm{e}^{\lambda_1 t}\\ \alpha_0(t)+\alpha_1(t)\lambda_2+\cdots+\alpha_{n-1}(t)\lambda_2^{(n-1)}=\mathrm{e}^{\lambda_2 t}\\ \qquad\vdots\\ \alpha_0(t)+\alpha_1(t)\lambda_n+\cdots+\alpha_{n-1}(t)\lambda_n^{(n-1)}=\mathrm{e}^{\lambda_n t}\end{cases} \tag{7-103}$$

式（7-103）为关于 α_0 、$\cdots$ 、α_{n-1} 的 n 个独立方程，解之，得

$$\begin{bmatrix}\alpha_0(t)\\ \alpha_1(t)\\ \vdots\\ \alpha_{n-1}(t)\end{bmatrix}=\begin{bmatrix}1 & \lambda_1 & \cdots & \lambda_1^{(n-1)}\\ 1 & \lambda_2 & \cdots & \lambda_2^{(n-1)}\\ \vdots & \vdots & \ddots & \vdots\\ 1 & \lambda_n & \cdots & \lambda_n^{(n-1)}\end{bmatrix}^{-1}\begin{bmatrix}\mathrm{e}^{\lambda_1 t}\\ \mathrm{e}^{\lambda_2 t}\\ \vdots\\ \mathrm{e}^{\lambda_n t}\end{bmatrix} \tag{7-104}$$

② 若 n 阶方阵 $\boldsymbol{A}$ 有重特征值，这时由式（7-103）构成的关于 α_0、…、α_{n-1} 的独立方程数将小于 n，必须补充新的方程。不失一般性，设 $\boldsymbol{A}$ 有一个 m 重的特征值 λ_0，其余（$n-m$）个特征值 λ_1、…、λ_{n-m} 为单特征值，则由式（7-103）构成的关于 α_0、…、α_{n-1} 的独立方程数为 $n-m+1$ 个，即

$$\begin{cases} e^{\lambda_1 t}=\alpha_0(t)+\alpha_1(t)\lambda_1+\alpha_2(t)\lambda_1^2+\cdots+\alpha_{n-1}(t)\lambda_1^{(n-1)} \\ e^{\lambda_2 t}=\alpha_0(t)+\alpha_1(t)\lambda_2+\alpha_2(t)\lambda_2^2+\cdots+\alpha_{n-1}(t)\lambda_2^{(n-1)} \\ \qquad\vdots \\ e^{\lambda_{n-m} t}=\alpha_0(t)+\alpha_1(t)\lambda_{n-m}+\alpha_2(t)\lambda_{n-m}^2+\cdots+\alpha_{n-1}(t)\lambda_{n-m}^{(n-1)} \\ e^{\lambda_0 t}=\alpha_0(t)+\alpha_1(t)\lambda_0+\alpha_2(t)\lambda_0^2+\cdots+\alpha_{n-1}(t)\lambda_0^{(n-1)} \end{cases} \tag{7-105}$$

这时可对下式

$$e^{\lambda t}=\alpha_0(t)+\alpha_1(t)\lambda+\alpha_2(t)\lambda^2+\cdots+\alpha_{n-1}(t)\lambda^{n-1}$$

两边在 $\lambda=\lambda_0$ 处从一阶到 $m-1$ 阶逐阶求导 $m-1$ 次，以补充 $m-1$ 个独立方程，即

$$\begin{cases} te^{\lambda_0 t}=\alpha_1(t)+2\alpha_2(t)\lambda_0+\cdots+(n-1)\alpha_{n-1}(t)\lambda_0^{(n-2)} \\ t^2e^{\lambda_0 t}=2!\alpha_2(t)+3!\alpha_3(t)\lambda_0+\cdots+(n-1)(n-2)\alpha_{n-1}(t)\lambda_0^{(n-3)} \\ \qquad\vdots \\ t^{m-1}e^{\lambda_0 t}=(m-1)!\alpha_{m-1}(t)+m!\alpha_m(t)\lambda_0+\cdots+(n-1)(n-2)\cdots(n-m+1)\alpha_{n-1}(t)\lambda_0^{(n-m)} \end{cases} \tag{7-106}$$

联立求解式（7-105）及式（7-106），可求得待定的标量函数 α_0、…、α_{n-1}。特别地，若 n 阶方阵 $\boldsymbol{A}$ 的特征值 λ_0 为 n 重，则 α_0、…、α_{n-1} 的解为

$$\begin{bmatrix} \alpha_0(t) \\ \alpha_1(t) \\ \alpha_2(t) \\ \vdots \\ \alpha_{n-2}(t) \\ \alpha_{n-1}(t) \end{bmatrix}=\begin{bmatrix} 1 & \lambda_0 & \lambda_0^2 & \cdots & \lambda_0^{n-2} & \lambda_0^{n-1} \\ & 1 & 2\lambda_0 & \cdots & (n-2)\lambda_0^{n-3} & (n-1)\lambda_0^{n-2} \\ & & 1 & \cdots & \dfrac{(n-2)(n-3)\lambda_0^{n-4}}{2!} & \dfrac{(n-1)(n-2)\lambda_0^{n-3}}{2!} \\ \vdots & & & & & \vdots \\ & & & & 1 & (n-1)\lambda_0 \\ & & & & & 1 \end{bmatrix}^{-1}\begin{bmatrix} e^{\lambda_0 t} \\ \dfrac{1}{1!}te^{\lambda_0 t} \\ \dfrac{1}{2!}t^2e^{\lambda_0 t} \\ \vdots \\ \dfrac{1}{(n-2)!}t^{n-2}e^{\lambda_0 t} \\ \dfrac{1}{(n-1)!}t^{n-1}e^{\lambda_0 t} \end{bmatrix} \tag{7-107}$$

例 7-15　已知 $\boldsymbol{A}=\begin{bmatrix} -1 & 1 & 0 \\ -4 & 3 & 0 \\ 1 & 0 & 2 \end{bmatrix}$，分别应用特征值标准型及相似变换、待定系数法求 $e^{\boldsymbol{A}t}$。

解　矩阵 $\boldsymbol{A}$ 的特征方程为

$$|\lambda\boldsymbol{I}-\boldsymbol{A}|=\begin{vmatrix} \lambda+1 & -1 & 0 \\ 4 & \lambda-3 & 0 \\ -1 & 0 & \lambda-2 \end{vmatrix}=(\lambda-2)(\lambda-1)^2=0$$

特征值 $\lambda_1=2$，$\lambda_2=1$（2 重），2 重特征值 $\lambda_2=1$ 的几何重数 $\alpha_2=n-\text{rank}(\lambda_2\boldsymbol{I}-\boldsymbol{A})=3-2=1$。

方法一　应用特征值标准型及相似变换计算

2 重特征值 λ_2 的几何重数 $\alpha_2=1$，故其对应的独立特征向量个数为 1 个，$\boldsymbol{A}$ 只有两个线性无关的特征向量，只能与约当阵相似，易求得相似变换矩阵

$$T=\begin{bmatrix}0&-2&1\\0&-4&0\\-1&2&1\end{bmatrix},\quad T^{-1}=\begin{bmatrix}1&-1&-1\\0&-1/4&0\\1&-1/2&0\end{bmatrix},\quad T^{-1}AT=\begin{bmatrix}2&0&0\\0&1&1\\0&0&1\end{bmatrix}=J$$

$$\mathrm{e}^{At}=T\mathrm{e}^{Jt}T^{-1}=\begin{bmatrix}0&-2&1\\0&-4&0\\-1&2&1\end{bmatrix}\begin{bmatrix}\mathrm{e}^{2t}&0&0\\0&\mathrm{e}^{t}&t\mathrm{e}^{t}\\0&0&\mathrm{e}^{t}\end{bmatrix}\begin{bmatrix}1&-1&-1\\0&-1/4&0\\1&-1/2&0\end{bmatrix}$$

$$=\begin{bmatrix}\mathrm{e}^{t}-2t\mathrm{e}^{t}&t\mathrm{e}^{t}&0\\-4t\mathrm{e}^{t}&\mathrm{e}^{t}+2t\mathrm{e}^{t}&0\\\mathrm{e}^{t}+2t\mathrm{e}^{t}-\mathrm{e}^{2t}&-\mathrm{e}^{t}-t\mathrm{e}^{t}+\mathrm{e}^{2t}&\mathrm{e}^{2t}\end{bmatrix}$$

方法二 应用待定系数法求解

$$\mathrm{e}^{At}=\alpha_0(t)I+\alpha_1(t)A+\alpha_2(t)A^2$$

因为$\lambda_1=2$，$\lambda_2=1$（2 重），由式（7-103）仅可构成两个关于α_0、α_1、α_2的独立方程，即

$$\begin{cases}\mathrm{e}^{\lambda_1 t}=\alpha_0(t)+\alpha_1(t)\lambda_1+\alpha_2(t)\lambda_1^2\\\mathrm{e}^{\lambda_2 t}=\alpha_0(t)+\alpha_1(t)\lambda_2+\alpha_2(t)\lambda_2^2\end{cases}$$

需对下式

$$\mathrm{e}^{\lambda t}=\alpha_0(t)+\alpha_1(t)\lambda+\alpha_2(t)\lambda^2$$

两边在$\lambda=\lambda_2$处求一阶导数，以补充一个独立方程，即

$$t\mathrm{e}^{\lambda_2 t}=\alpha_1(t)+2\alpha_2(t)\lambda_2$$

联立求解，得

$$\begin{bmatrix}\alpha_0(t)\\\alpha_1(t)\\\alpha_2(t)\end{bmatrix}=\begin{bmatrix}1&\lambda_1&\lambda_1^2\\1&\lambda_2&\lambda_2^2\\0&1&2\lambda_2\end{bmatrix}^{-1}\begin{bmatrix}\mathrm{e}^{\lambda_1 t}\\\mathrm{e}^{\lambda_2 t}\\t\mathrm{e}^{\lambda_2 t}\end{bmatrix}=\begin{bmatrix}1&2&4\\1&1&1\\0&1&2\end{bmatrix}^{-1}\begin{bmatrix}\mathrm{e}^{2t}\\\mathrm{e}^{t}\\t\mathrm{e}^{t}\end{bmatrix}$$

$$=\begin{bmatrix}1&0&-2\\-2&2&3\\1&-1&-1\end{bmatrix}^{-1}\begin{bmatrix}\mathrm{e}^{2t}\\\mathrm{e}^{t}\\t\mathrm{e}^{t}\end{bmatrix}=\begin{bmatrix}\mathrm{e}^{2t}-2t\mathrm{e}^{t}\\-2\mathrm{e}^{2t}+2\mathrm{e}^{t}+3t\mathrm{e}^{t}\\\mathrm{e}^{2t}-\mathrm{e}^{t}-t\mathrm{e}^{t}\end{bmatrix}$$

则

$$\mathrm{e}^{At}=\alpha_0(t)I+\alpha_1(t)A+\alpha_2(t)A^2=\alpha_0(t)\begin{bmatrix}1&0&0\\0&1&0\\0&0&1\end{bmatrix}+\alpha_1(t)\begin{bmatrix}-1&1&0\\-4&3&0\\1&0&2\end{bmatrix}+\alpha_2(t)\begin{bmatrix}-3&2&0\\-8&5&0\\1&1&4\end{bmatrix}$$

$$=\begin{bmatrix}\mathrm{e}^{t}-2t\mathrm{e}^{t}&t\mathrm{e}^{t}&0\\-4t\mathrm{e}^{t}&\mathrm{e}^{t}+2t\mathrm{e}^{t}&0\\\mathrm{e}^{t}+2t\mathrm{e}^{t}-\mathrm{e}^{2t}&-\mathrm{e}^{t}-t\mathrm{e}^{t}+\mathrm{e}^{2t}&\mathrm{e}^{2t}\end{bmatrix}$$

例 7-16 已知线性定常系统$\dot{x}=Ax$的状态转移矩阵

$$\Phi(t)=\mathrm{e}^{At}=\begin{bmatrix}2\mathrm{e}^{-t}-\mathrm{e}^{-2t}&\mathrm{e}^{-t}-\mathrm{e}^{-2t}\\-2\mathrm{e}^{-t}+2\mathrm{e}^{-2t}&-\mathrm{e}^{-t}+2\mathrm{e}^{-2t}\end{bmatrix}$$

求系统矩阵A。

解 **方法一** 由线性定常系统状态转移矩阵的运算性质$\dot{\Phi}(t)=A\Phi(t)$，可得

$$\boldsymbol{A}=\dot{\boldsymbol{\Phi}}(t)(\boldsymbol{\Phi}(t))^{-1}=\dot{\boldsymbol{\Phi}}(t)\boldsymbol{\Phi}(-t)$$
$$=\begin{bmatrix}2\mathrm{e}^{-t}-\mathrm{e}^{-2t} & \mathrm{e}^{-t}-\mathrm{e}^{-2t}\\-2\mathrm{e}^{-t}+2\mathrm{e}^{-2t} & -\mathrm{e}^{-t}+2\mathrm{e}^{-2t}\end{bmatrix}\begin{bmatrix}2\mathrm{e}^{t}-\mathrm{e}^{2t} & \mathrm{e}^{t}-\mathrm{e}^{2t}\\-2\mathrm{e}^{t}+2\mathrm{e}^{2t} & -\mathrm{e}^{t}+2\mathrm{e}^{2t}\end{bmatrix}=\begin{bmatrix}0 & 1\\-2 & -3\end{bmatrix}$$

方法二　由线性定常系统状态转移矩阵的运算性质 $\dot{\boldsymbol{\Phi}}(t)\big|_{t=0}=\boldsymbol{A}$，可得

$$\boldsymbol{A}=\begin{bmatrix}-2\mathrm{e}^{-t}+2\mathrm{e}^{-2t} & -\mathrm{e}^{-t}+2\mathrm{e}^{-2t}\\2\mathrm{e}^{-t}-4\mathrm{e}^{-2t} & \mathrm{e}^{-t}-4\mathrm{e}^{-2t}\end{bmatrix}\Bigg|_{t=0}=\begin{bmatrix}0 & 1\\-2 & -3\end{bmatrix}$$

例 7-17　线性定常系统齐次状态方程为 $\dot{\boldsymbol{x}}=\boldsymbol{A}\boldsymbol{x}$，其中 $\boldsymbol{A}$ 为 2×2 维的常数阵。已知当 $\boldsymbol{x}(0)=\begin{bmatrix}1\\-1\end{bmatrix}$时，状态方程的解 $\boldsymbol{x}(t)=\begin{bmatrix}\mathrm{e}^{-2t}\\-\mathrm{e}^{-2t}\end{bmatrix}$；当 $\boldsymbol{x}(0)=\begin{bmatrix}2\\-1\end{bmatrix}$时，状态方程的解 $\boldsymbol{x}(t)=\begin{bmatrix}2\mathrm{e}^{-t}\\-\mathrm{e}^{-t}\end{bmatrix}$，求系统状态转移矩阵 $\boldsymbol{\Phi}(t)$ 及系统矩阵 $\boldsymbol{A}$。

解　对应初始状态 $\boldsymbol{x}(0)$，自由运动的解为：$\boldsymbol{x}(t)=\boldsymbol{\Phi}(t)\boldsymbol{x}(0)$。由题意得

$$\begin{bmatrix}\mathrm{e}^{-2t}\\-\mathrm{e}^{-2t}\end{bmatrix}=\boldsymbol{\Phi}(t)\begin{bmatrix}1\\-1\end{bmatrix},\quad \begin{bmatrix}2\mathrm{e}^{-t}\\-\mathrm{e}^{-t}\end{bmatrix}=\boldsymbol{\Phi}(t)\begin{bmatrix}2\\-1\end{bmatrix}$$

即

$$\begin{bmatrix}\mathrm{e}^{-2t} & 2\mathrm{e}^{-t}\\-\mathrm{e}^{-2t} & -\mathrm{e}^{-t}\end{bmatrix}=\boldsymbol{\Phi}(t)\begin{bmatrix}1 & 2\\-1 & -1\end{bmatrix}$$

$$\boldsymbol{\Phi}(t)=\begin{bmatrix}\mathrm{e}^{-2t} & 2\mathrm{e}^{-t}\\-\mathrm{e}^{-2t} & -\mathrm{e}^{-t}\end{bmatrix}\begin{bmatrix}1 & 2\\-1 & -1\end{bmatrix}^{-1}=\begin{bmatrix}\mathrm{e}^{-2t} & 2\mathrm{e}^{-t}\\-\mathrm{e}^{-2t} & -\mathrm{e}^{-t}\end{bmatrix}\begin{bmatrix}-1 & -2\\1 & 1\end{bmatrix}$$
$$=\begin{bmatrix}2\mathrm{e}^{-t}-\mathrm{e}^{-2t} & 2\mathrm{e}^{-t}-2\mathrm{e}^{-2t}\\-\mathrm{e}^{-t}+\mathrm{e}^{-2t} & -\mathrm{e}^{-t}+2\mathrm{e}^{-2t}\end{bmatrix}$$

$$\boldsymbol{A}=\dot{\boldsymbol{\Phi}}(t)\big|_{t=0}=\begin{bmatrix}-2\mathrm{e}^{-t}+2\mathrm{e}^{-2t} & -2\mathrm{e}^{-t}+4\mathrm{e}^{-2t}\\\mathrm{e}^{-t}-2\mathrm{e}^{-2t} & -\mathrm{e}^{-t}+2\mathrm{e}^{-2t}\end{bmatrix}\Bigg|_{t=0}=\begin{bmatrix}0 & 2\\-1 & -3\end{bmatrix}$$

4. 线性定常非齐次状态方程的解

线性定常系统在输入信号 $\boldsymbol{u}$ 作用下的运动称为强迫运动，可用非齐次状态方程描述，即

$$\begin{cases}\dot{\boldsymbol{x}}=\boldsymbol{A}\boldsymbol{x}+\boldsymbol{B}\boldsymbol{u}\\\boldsymbol{x}(t)\big|_{t=t_0}=\boldsymbol{x}(t_0)\end{cases}\tag{7-108}$$

下面求解非齐次状态方程式（7-108），以研究控制作用下系统强迫运动的规律。

非齐次状态 $\dot{\boldsymbol{x}}=\boldsymbol{A}\boldsymbol{x}+\boldsymbol{B}\boldsymbol{u}$ 可改写为

$$\dot{\boldsymbol{x}}(t)-\boldsymbol{A}\boldsymbol{x}(t)=\boldsymbol{B}\boldsymbol{u}(t)\tag{7-109}$$

两边左乘以 $\mathrm{e}^{-\boldsymbol{A}t}$，得

$$\mathrm{e}^{-\boldsymbol{A}t}[\dot{\boldsymbol{x}}(t)-\boldsymbol{A}\boldsymbol{x}(t)]=\mathrm{e}^{-\boldsymbol{A}t}\boldsymbol{B}\boldsymbol{u}(t)\tag{7-110}$$

由矩阵指数性质及导数运算法则有

$$\frac{\mathrm{d}[\mathrm{e}^{-\boldsymbol{A}\tau}\boldsymbol{x}(t)]}{\mathrm{d}t}=\mathrm{e}^{-\boldsymbol{A}t}\boldsymbol{B}\boldsymbol{u}(t)\tag{7-111}$$

对式（7-111）两边在 t_0 到 t 闭区间进行积分，得

$$\mathrm{e}^{-A\tau}\boldsymbol{x}(\tau)\Big|_{t_0}^{t}=\int_{t_0}^{t}\mathrm{e}^{-A\tau}\boldsymbol{B}\boldsymbol{u}(\tau)\mathrm{d}\tau$$

即

$$\mathrm{e}^{-At}x(t)=\mathrm{e}^{-At_0}x(t_0)+\int_{t_0}^{t}\mathrm{e}^{-At}Bu(\tau)\mathrm{d}\tau \tag{7-112}$$

式（7-112）两边左乘以 e^{At}，由矩阵指数性质可得式（7-108）的解为

$$\boldsymbol{x}(t)=\mathrm{e}^{A(t-t_0)}\boldsymbol{x}(t_0)+\int_{t_0}^{t}\mathrm{e}^{A(t-\tau)}\cdot\boldsymbol{B}\boldsymbol{u}(\tau)\mathrm{d}\tau \tag{7-113a}$$

由状态转移矩阵的概念，式（7-113a）也可写为

$$\boldsymbol{x}(t)=\boldsymbol{\Phi}(t-t_0)\boldsymbol{x}(t_0)+\int_{t_0}^{t}\boldsymbol{\Phi}(t-\tau)\boldsymbol{B}\boldsymbol{u}(\tau)\mathrm{d}\tau \tag{7-113b}$$

式（7-113）表明，线性定常非齐次状态方程的解 $\boldsymbol{x}(t)$ 由源于系统初始状态的自由运动项（系统初始状态转移项）$\boldsymbol{\Phi}(t-t_0)\boldsymbol{x}(t_0)$ 和源于系统控制作用的受控运动项（强迫响应）$\int_{t_0}^{t}\boldsymbol{\Phi}(t-\tau)\boldsymbol{B}\boldsymbol{u}(\tau)\mathrm{d}\tau$ 两部分构成，这是线性系统叠加原理的体现，而且正因为有受控运动项存在，才有可能通过选择适当的输入控制作用 $\boldsymbol{u}$，达到期望的状态变化规律。

以上推导为了不失一般性，设初始时刻 $t_0\neq 0$。若特殊情况下，$t_0=0$，对应初始状态为 $\boldsymbol{x}(0)$，则线性定常非齐次状态方程的解为

$$\boldsymbol{x}(t)=\mathrm{e}^{At}\boldsymbol{x}(0)+\int_{0}^{t}\mathrm{e}^{A(t-\tau)}\boldsymbol{B}\boldsymbol{u}(\tau)\mathrm{d}\tau=\boldsymbol{\Phi}(t)\boldsymbol{x}(0)+\int_{0}^{t}\boldsymbol{\Phi}(t-\tau)\boldsymbol{B}\boldsymbol{u}(\tau)\mathrm{d}\tau \tag{7-114a}$$

应用定积分的换元积分法，式（7-114a）也可写为

$$\boldsymbol{x}(t)=\boldsymbol{\Phi}(t)\boldsymbol{x}(0)+\int_{0}^{t}\boldsymbol{\Phi}(\tau)\boldsymbol{B}\boldsymbol{u}(t-\tau)\mathrm{d}\tau \tag{7-114b}$$

有时应用式（7-114b）求解较为方便。

事实上，对初始时刻 $t_0=0$ 的情况，也可应用 Laplace 变换法求解非齐次状态方程。对式（7-109）两边取 Laplace 变换，并移项整理可得

$$(s\boldsymbol{I}-\boldsymbol{A})\boldsymbol{x}(s)=\boldsymbol{x}(0)+\boldsymbol{B}\boldsymbol{u}(s) \tag{7-115}$$

式（7-115）两边左乘 $(s\boldsymbol{I}-\boldsymbol{A})^{-1}$ 得

$$\boldsymbol{x}(s)=(s\boldsymbol{I}-\boldsymbol{A})^{-1}\boldsymbol{x}(0)+(s\boldsymbol{I}-\boldsymbol{A})^{-1}\boldsymbol{B}\boldsymbol{u}(s) \tag{7-116}$$

两边取 Laplace 反变换得

$$\boldsymbol{x}(t)=L^{-1}[(s\boldsymbol{I}-\boldsymbol{A})^{-1}]\boldsymbol{x}(0)+L^{-1}[(s\boldsymbol{I}-\boldsymbol{A})^{-1}\boldsymbol{B}\boldsymbol{u}(s)] \tag{7-117}$$

根据卷积定理，由式（7-117）可推导出式（7-114）。

例 7-18 已知线性定常系统状态方程为 $\begin{bmatrix}\dot{x}_1\\ \dot{x}_2\end{bmatrix}=\begin{bmatrix}0 & -3\\ 1 & -4\end{bmatrix}\begin{bmatrix}x_1\\ x_2\end{bmatrix}+\begin{bmatrix}0\\ 1\end{bmatrix}u$，设初始时刻 $t_0=0$ 时 $\boldsymbol{x}(0)=\boldsymbol{0}$，试求 $u(t)=1(t)$ 为单位阶跃函数时系统的响应。

解 方法一 应用式（7-114）直接求解

此系统的状态转移矩阵为

$$\boldsymbol{\Phi}(t)=\mathrm{e}^{At}=\frac{1}{2}\begin{bmatrix}3\mathrm{e}^{-t}-\mathrm{e}^{-3t} & -3\mathrm{e}^{-t}+3\mathrm{e}^{-3t}\\ \mathrm{e}^{-t}-\mathrm{e}^{-3t} & -\mathrm{e}^{-t}+3\mathrm{e}^{-3t}\end{bmatrix}$$

则由式（7-114b）得

$$
\begin{aligned}
\boldsymbol{x}(t) &= \boldsymbol{\Phi}(t)\boldsymbol{x}(0) + \int_0^t \boldsymbol{\Phi}(\tau)\boldsymbol{B}\boldsymbol{u}(t-\tau)\mathrm{d}\tau \\
&= \int_0^t \boldsymbol{\Phi}(\tau)\boldsymbol{B}\boldsymbol{u}(t-\tau)\mathrm{d}\tau \\
&= \frac{1}{2}\int_0^t \begin{bmatrix} 3\mathrm{e}^{-\tau} - \mathrm{e}^{-3\tau} & -3\mathrm{e}^{-\tau} + 3\mathrm{e}^{-3\tau} \\ \mathrm{e}^{-\tau} - \mathrm{e}^{-3\tau} & -\mathrm{e}^{-\tau} + 3\mathrm{e}^{-3\tau} \end{bmatrix} \begin{bmatrix} 0 \\ 1 \end{bmatrix} \mathrm{d}\tau \\
&= \frac{1}{2}\int_0^t \begin{bmatrix} -3\mathrm{e}^{-\tau} + 3\mathrm{e}^{-3\tau} \\ -\mathrm{e}^{-\tau} + 3\mathrm{e}^{-3\tau} \end{bmatrix} \mathrm{d}\tau = \begin{bmatrix} -1 + 1.5\mathrm{e}^{-t} - 0.5\mathrm{e}^{-3t} \\ 0.5\mathrm{e}^{-t} - 0.5\mathrm{e}^{-3t} \end{bmatrix}
\end{aligned}
$$

方法二　应用 Laplace 变换法求解

已求得

$$
(s\boldsymbol{I} - \boldsymbol{A})^{-1} = \begin{bmatrix} \dfrac{3}{2(s+1)} - \dfrac{1}{2(s+3)} & -\dfrac{3}{2(s+1)} + \dfrac{3}{2(s+3)} \\ \dfrac{1}{2(s+1)} - \dfrac{1}{2(s+3)} & -\dfrac{1}{2(s+1)} + \dfrac{3}{2(s+3)} \end{bmatrix}
$$

则由式（7-117）得

$$
\boldsymbol{x}(t) = L^{-1}[(s\boldsymbol{I} - \boldsymbol{A})^{-1}]\boldsymbol{x}(0) + L^{-1}[(s\boldsymbol{I} - \boldsymbol{A})^{-1}\boldsymbol{B}\boldsymbol{u}(s)] = L^{-1}[(s\boldsymbol{I} - \boldsymbol{A})^{-1}\boldsymbol{B}\boldsymbol{u}(s)]
$$

$$
= L^{-1}\left[\begin{bmatrix} \dfrac{3}{2(s+1)} - \dfrac{1}{2(s+3)} & -\dfrac{3}{2(s+1)} + \dfrac{3}{2(s+3)} \\ \dfrac{1}{2(s+1)} - \dfrac{1}{2(s+3)} & -\dfrac{1}{2(s+1)} + \dfrac{3}{2(s+3)} \end{bmatrix} \begin{bmatrix} 0 \\ 1 \end{bmatrix} \frac{1}{s}\right]
$$

$$
= L^{-1}\left[\begin{bmatrix} -\dfrac{3}{2s(s+1)} + \dfrac{3}{2s(s+3)} \\ -\dfrac{1}{2s(s+1)} + \dfrac{3}{2s(s+3)} \end{bmatrix}\right] = L^{-1}\begin{bmatrix} -\dfrac{1}{s} + \dfrac{3}{2(s+1)} - \dfrac{1}{2(s+3)} \\ \dfrac{1}{2(s+1)} - \dfrac{1}{2(s+3)} \end{bmatrix} = \begin{bmatrix} -1 + 1.5\mathrm{e}^{-t} - 0.5\mathrm{e}^{-3t} \\ 0.5\mathrm{e}^{-t} - 0.5\mathrm{e}^{-3t} \end{bmatrix}
$$

7.3.2　线性时变系统状态方程的解

线性时变系统的结构参数随时间变化，其一般形式的状态方程为时变非齐次状态方程，即

$$
\begin{cases} \dot{\boldsymbol{x}} = \boldsymbol{A}(t)\boldsymbol{x} + \boldsymbol{B}(t)\boldsymbol{u} \\ \boldsymbol{x}(t)\big|_{t=t_0} = \boldsymbol{x}(t_0) \end{cases} \tag{7-118}
$$

其中，$\boldsymbol{A}(t)$、$\boldsymbol{B}(t)$ 分别为 $n \times n$、$n \times r$ 维时变实值矩阵。若输入控制 $\boldsymbol{u} = \boldsymbol{0}$，式（7-118）则变为时变齐次状态方程，即

$$
\begin{cases} \dot{\boldsymbol{x}} = \boldsymbol{A}(t)\boldsymbol{x} \\ \boldsymbol{x}(t)\big|_{t=t_0} = \boldsymbol{x}(t_0) \end{cases} \tag{7-119}
$$

若矩阵 $\boldsymbol{A}$ 仅为一阶，即 $\boldsymbol{A}(t) = a(t)$，则矩阵时变齐次状态方程式（7-119）变为式（7-120）所示的标量时变齐次微分方程，即

$$
\begin{cases} \dot{x} = a(t)x \\ x(t)\big|_{t=t_0} = x(t_0) \end{cases} \tag{7-120}
$$

可应用分离变量法求解式（7-120），即

$$\begin{cases}\dfrac{\mathrm{d}x(t)}{x(t)}=a(t)\mathrm{d}t\\ \displaystyle\int_{t_0}^{t}\frac{\mathrm{d}x(t)}{x(t)}=\int_{t_0}^{t}a(t)\mathrm{d}t\\ x(t)=\mathrm{e}^{\int_{t_0}^{t}a(\tau)\mathrm{d}\tau}x(t_0)\end{cases} \tag{7-121}$$

式（7-121）表明，$x(t)$ 也可视为初值 $x(t_0)$ 的转移，但时变系统与定常系统状态转移特性不同之处在于，其不仅与系统特性 $a(t)$ 及 t 有关，而且与初始时刻 t_0 有关，但与 t 和 t_0 之差无关，即对于标量时变系统，其状态转移函数为

$$\varPhi(t,t_0)=\mathrm{e}^{\int_{t_0}^{t}a(\tau)\mathrm{d}\tau} \tag{7-122}$$

则标量时变齐次微分方程式（7-120）的解可表示为

$$x(t)=\varPhi(t,t_0)x(t_0) \tag{7-123}$$

仿照标量时变齐次微分方程解的表达式（7-123），时变齐次状态方程式（7-119）的解为

$$\boldsymbol{x}(t)=\boldsymbol{\varPhi}(t,t_0)\boldsymbol{x}(t_0) \tag{7-124}$$

其中，$\boldsymbol{\varPhi}(t,t_0)$ 为式（7-119）所描述时变系统状态转移矩阵。将式（7-124）代入式（7-119）得

$$\dot{\boldsymbol{\varPhi}}(t,t_0)\boldsymbol{x}(t_0)=\boldsymbol{A}(t)\boldsymbol{\varPhi}(t,t_0)\boldsymbol{x}(t_0) \tag{7-125}$$

由式（7-124）及式（7-125）可推知状态转移矩阵 $\boldsymbol{\varPhi}(t,t_0)$ 满足如下矩阵微分方程和初始条件

$$\begin{cases}\dot{\boldsymbol{\varPhi}}(t,t_0)\boldsymbol{x}(t_0)=\boldsymbol{A}(t)\boldsymbol{\varPhi}(t,t_0)\\ \boldsymbol{\varPhi}(t_0,t_0)=\boldsymbol{I}\end{cases} \tag{7-126}$$

应用经典控制理论分析时变系统较为困难，而采用状态空间分析法的优点之一在于可将线性定常系统的求解方法推广到线性时变系统，且应用状态转移矩阵的概念和性质，可使时变系统的解在形式上与定常系统统一，即自由运动均可视为初始状态的转移。应该指出，时变系统状态转移矩阵用 $\boldsymbol{\varPhi}(t,t_0)$ 表示，反映其为 t 和 t_0 的函数；但定常系统状态转移矩阵用 $\boldsymbol{\varPhi}(t-t_0)$ 表示，反映其为 $t-t_0$ 的函数。

1. 线性时变系统状态转移矩阵的求解

由于线性定常系统状态转移矩阵可用矩阵指数表示，即

$$\begin{aligned}\boldsymbol{\varPhi}(t-t_0)&=\mathrm{e}^{\boldsymbol{A}(t-t_0)}=\boldsymbol{I}+\boldsymbol{A}(t-t_0)+\frac{1}{2!}\boldsymbol{A}^2(t-t_0)^2+\frac{1}{3!}\boldsymbol{A}^3(t-t_0)^3+\cdots\\&=\boldsymbol{I}+\int_{t_0}^{t}\boldsymbol{A}\mathrm{d}\tau+\frac{1}{2!}\left(\int_{t_0}^{t}\boldsymbol{A}\mathrm{d}\tau\right)^2+\frac{1}{3!}\left(\int_{t_0}^{t}\boldsymbol{A}\mathrm{d}\tau\right)^3+\cdots\end{aligned}$$

但时变系统状态转移矩阵一般不能用矩阵指数给出，只有当 $\boldsymbol{A}(t)$ 与 $\int_{t_0}^{t}\boldsymbol{A}\mathrm{d}\tau$ 满足矩阵相乘才可交换条件，即 $\boldsymbol{A}(t)\int_{t_0}^{t}\boldsymbol{A}(\tau)\mathrm{d}\tau=\left(\int_{t_0}^{t}\boldsymbol{A}(\tau)\mathrm{d}\tau\right)\boldsymbol{A}(t)$ 成立时，$\boldsymbol{\varPhi}(t,t_0)$ 才可用如下矩阵指数及其幂级数展开式表示，即

$$\boldsymbol{\varPhi}(t,t_0)=\mathrm{e}^{\int_{t_0}^{t}\boldsymbol{A}(\tau)\mathrm{d}\tau}=\boldsymbol{I}+\int_{t_0}^{t}\boldsymbol{A}(\tau)\mathrm{d}\tau+\frac{1}{2!}\left(\int_{t_0}^{t}\boldsymbol{A}(\tau)\mathrm{d}\tau\right)^2+\frac{1}{3!}\left(\int_{t_0}^{t}\boldsymbol{A}(\tau)\mathrm{d}\tau\right)^3+\cdots \tag{7-127}$$

式（7-127）两边对 t 求导数，得

$$\begin{aligned}\dot{\boldsymbol{\Phi}}(t,t_0)=\boldsymbol{A}(t)+\frac{1}{2!}\left(\boldsymbol{A}(t)\int_{t_0}^{t}\boldsymbol{A}(\tau)\mathrm{d}\tau+\left(\int_{t_0}^{t}\boldsymbol{A}(\tau)\mathrm{d}\tau\right)\boldsymbol{A}(t)\right)+\frac{1}{3!}\left(\boldsymbol{A}(t)\left(\int_{t_0}^{t}\boldsymbol{A}(\tau)\mathrm{d}\tau\right)^2+\right.\\ \left.\left(\int_{t_0}^{t}\boldsymbol{A}(\tau)\mathrm{d}\tau\right)\left(\boldsymbol{A}(t)\int_{t_0}^{t}\boldsymbol{A}(\tau)\mathrm{d}\tau+\left(\int_{t_0}^{t}\boldsymbol{A}(\tau)\mathrm{d}\tau\right)\boldsymbol{A}(t)\right)\right)+\cdots\end{aligned}\tag{7-128}$$

若

$$\boldsymbol{A}(t)\int_{t_0}^{t}\boldsymbol{A}(\tau)\mathrm{d}\tau=\left(\int_{t_0}^{t}\boldsymbol{A}(\tau)\mathrm{d}\tau\right)\boldsymbol{A}(t)$$

则由式（7-128）有

$$\begin{aligned}\dot{\boldsymbol{\Phi}}(t,t_0)&=\boldsymbol{A}(t)+\boldsymbol{A}(t)\int_{t_0}^{t}\boldsymbol{A}(\tau)\mathrm{d}\tau+\frac{1}{2!}\boldsymbol{A}(t)\left(\int_{t_0}^{t}\boldsymbol{A}(\tau)\mathrm{d}\tau\right)^2+\cdots\\&=\boldsymbol{A}(t)\left(\boldsymbol{I}+\int_{t_0}^{t}\boldsymbol{A}(\tau)\mathrm{d}\tau+\frac{1}{2!}\left(\int_{t_0}^{t}\boldsymbol{A}(\tau)\mathrm{d}\tau\right)^2+\cdots\right)=\boldsymbol{A}(t)\boldsymbol{\Phi}(t,t_0)\end{aligned}\tag{7-129}$$

上述推导证明，若 $\boldsymbol{A}(t)$ 与 $\int_{t_0}^{t}\boldsymbol{A}(\tau)\mathrm{d}\tau$ 满足矩阵相乘可交换条件，状态转移矩阵 $\boldsymbol{\Phi}(t,t_0)$ 可用式（7-127）所示的矩阵指数表示，此时可得式（7-119）闭合形式的解为

$$\boldsymbol{x}(t)=\boldsymbol{\Phi}(t,t_0)\boldsymbol{x}(t_0)=\mathrm{e}^{\int_{t_0}^{t}\boldsymbol{A}(\tau)\mathrm{d}\tau}\boldsymbol{x}(t_0)\tag{7-130}$$

下面进一步分析 $\boldsymbol{A}(t)$ 与 $\int_{t_0}^{t}\boldsymbol{A}(\tau)\mathrm{d}\tau$ 满足矩阵相乘可交换条件对时变系统状态矩阵 $\boldsymbol{A}(t)$ 的要求。由 $\boldsymbol{A}(t)$ 与 $\int_{t_0}^{t}\boldsymbol{A}(\tau)\mathrm{d}\tau$ 满足矩阵相乘可交换条件得

$$\boldsymbol{A}(t)\int_{t_0}^{t}\boldsymbol{A}(\tau)\mathrm{d}\tau-\left(\int_{t_0}^{t}\boldsymbol{A}(\tau)\mathrm{d}\tau\right)\boldsymbol{A}(t)=\boldsymbol{0}$$

即

$$\int_{t_0}^{t}[\boldsymbol{A}(t)\boldsymbol{A}(\tau)-\boldsymbol{A}(\tau)\boldsymbol{A}(t)]\mathrm{d}\tau=\boldsymbol{0}\tag{7-131}$$

显然，对于任意的 t_1、t_2，有

$$\boldsymbol{A}(t_1)\boldsymbol{A}(t_2)=\boldsymbol{A}(t_2)\boldsymbol{A}(t_1)\tag{7-132}$$

成立，则 $\boldsymbol{A}(t)$ 与 $\int_{t_0}^{t}\boldsymbol{A}(\tau)\mathrm{d}\tau$ 满足矩阵相乘可交换条件。

应该指出，时变系统的系统矩阵 $\boldsymbol{A}(t)$ 一般并不满足式（7-132），这时 $\boldsymbol{\Phi}(t,t_0)$ 就不能采用简便方法求解，通常也得不到闭合形式的 $\boldsymbol{\Phi}(t,t_0)$，但可以表示成递推形式，采用数值计算近似求解。由式（7-126）得

$$\mathrm{d}\boldsymbol{\Phi}(t,t_0)=\boldsymbol{A}(t)\boldsymbol{\Phi}(t,t_0)\mathrm{d}t$$

从 t_0 到 t 对上式两边取积分，得

$$\boldsymbol{\Phi}(t,t_0)=\boldsymbol{I}+\int_{t_0}^{t}\boldsymbol{A}(\tau)\boldsymbol{\Phi}(\tau,t_0)\mathrm{d}\tau\tag{7-133}$$

反复应用式（7-133），可将 $\boldsymbol{\Phi}(t,t_0)$ 展成无穷级数，即

$$
\begin{aligned}
\boldsymbol{\Phi}(t,t_0) &= \boldsymbol{I}+\int_{t_0}^{t}\boldsymbol{A}(\tau)\boldsymbol{\Phi}(\tau,t_0)\mathrm{d}\tau \\
&= \boldsymbol{I}+\int_{t_0}^{t}\boldsymbol{A}(\tau)\left(\boldsymbol{I}+\int_{t_0}^{\tau}\boldsymbol{A}(\tau_1)\boldsymbol{\Phi}(\tau_1,t_0)\mathrm{d}\tau_1\right)\mathrm{d}\tau \\
&= \boldsymbol{I}+\int_{t_0}^{t}\boldsymbol{A}(\tau)\mathrm{d}\tau+\int_{t_0}^{t}\boldsymbol{A}(\tau)\left(\int_{t_0}^{\tau}\boldsymbol{A}(\tau_1)\boldsymbol{\Phi}(\tau_1,t_0)\mathrm{d}\tau_1\right)\mathrm{d}\tau \\
&= \boldsymbol{I}+\int_{t_0}^{t}\boldsymbol{A}(\tau)\mathrm{d}\tau+\int_{t_0}^{t}\boldsymbol{A}(\tau)\left(\int_{t_0}^{\tau}\boldsymbol{A}(\tau_1)[\boldsymbol{I}+\int_{t_0}^{\tau_1}\boldsymbol{A}(\tau_2)\boldsymbol{\Phi}(\tau_2,t_0)\mathrm{d}\tau_2]\mathrm{d}\tau_1\right)\mathrm{d}\tau \\
&= \boldsymbol{I}+\int_{t_0}^{t}\boldsymbol{A}(\tau)\mathrm{d}\tau+\int_{t_0}^{t}\boldsymbol{A}(\tau)\left(\int_{t_0}^{\tau}\boldsymbol{A}(\tau_1)\mathrm{d}\tau_1\right)\mathrm{d}\tau+\int_{t_0}^{\tau}\boldsymbol{A}(\tau)\left(\int_{t_0}^{\tau}\boldsymbol{A}(\tau_1)\left[\int_{t_0}^{\tau_1}\boldsymbol{A}(\tau_2)\boldsymbol{\Phi}(\tau_2,t_0)\mathrm{d}\tau_2\right]\mathrm{d}\tau_1\right)\mathrm{d}\tau \\
&\ \ \vdots \\
&= \boldsymbol{I}+\int_{t_0}^{t}\boldsymbol{A}(\tau)\mathrm{d}\tau+\int_{t_0}^{t}\boldsymbol{A}(\tau)\left(\int_{t_0}^{\tau}\boldsymbol{A}(\tau_1)\mathrm{d}\tau_1\right)\mathrm{d}\tau+\int_{t_0}^{\tau}\boldsymbol{A}(\tau)\left(\int_{t_0}^{\tau}\boldsymbol{A}(\tau_1)\left[\int_{t_0}^{\tau_1}\boldsymbol{A}(\tau_2)\mathrm{d}\tau_2\right]\mathrm{d}\tau_1\right)\mathrm{d}\tau+\cdots
\end{aligned}
\tag{7-134}
$$

式（7-134）所示的级数称为 Peano-Baker 级数，若 $\boldsymbol{A}(t)$ 的元素在积分区间有界，则该级数收敛，但难以表示成封闭形式的解析式，可根据精度要求采用数值计算方法近似求解。

2. 线性时变非齐次状态方程的解

设线性时变非齐次状态方程式（7-118）的解为

$$\boldsymbol{x}(t)=\boldsymbol{\Phi}(t,t_0)\boldsymbol{\xi}(t) \tag{7-135}$$

将式（7-135）代入式（7-118），并根据式（7-126）得

$$\dot{\boldsymbol{\Phi}}(t,t_0)\boldsymbol{\xi}(t)+\boldsymbol{\Phi}(t,t_0)\dot{\boldsymbol{\xi}}(t)=\boldsymbol{A}(t)\boldsymbol{\Phi}(t,t_0)\boldsymbol{\xi}(t)+\boldsymbol{B}(t)\boldsymbol{u}(t)=\dot{\boldsymbol{\Phi}}(t,t_0)\boldsymbol{\xi}(t)+\boldsymbol{B}(t)\boldsymbol{u}(t)$$

则有

$$\boldsymbol{\Phi}(t,t_0)\dot{\boldsymbol{\xi}}(t)=\boldsymbol{B}(t)\boldsymbol{u}(t)$$

故

$$\boldsymbol{\xi}(t)=\boldsymbol{\xi}(t_0)+\int_{t_0}^{t}\boldsymbol{\Phi}^{-1}(\tau,t_0)\boldsymbol{B}(\tau)\boldsymbol{u}(\tau)\mathrm{d}\tau=\boldsymbol{\xi}(t_0)+\int_{t_0}^{t}\boldsymbol{\Phi}(t_0,\tau)\boldsymbol{B}(\tau)\boldsymbol{u}(\tau)\mathrm{d}\tau$$

上式中的 $\boldsymbol{\xi}(t_0)$ 可根据式（7-135）和式（7-126）求得，即

$$\boldsymbol{\xi}(t_0)=\boldsymbol{\Phi}^{-1}(t_0,t_0)\boldsymbol{x}(t_0)=\boldsymbol{x}(t_0)$$

则线性时变非齐次状态方程式（7-118）的解为

$$
\begin{aligned}
\boldsymbol{x}(t)&=\boldsymbol{\Phi}(t,t_0)\boldsymbol{x}(t_0)+\boldsymbol{\Phi}(t,t_0)\int_{t_0}^{t}\boldsymbol{\Phi}(t_0,\tau)\boldsymbol{B}(\tau)\boldsymbol{u}(\tau)\mathrm{d}\tau \\
&=\boldsymbol{\Phi}(t,t_0)\boldsymbol{x}(t_0)+\int_{t_0}^{t}\boldsymbol{\Phi}(t,\tau)\boldsymbol{B}(\tau)\boldsymbol{u}(\tau)\mathrm{d}\tau
\end{aligned}
\tag{7-136}
$$

式（7-136）表明，由于线性系统满足叠加原理，线性时变系统状态的全响应 $\boldsymbol{x}(t)$ 由源于系统初始状态 $\boldsymbol{x}(t_0)$ 的零输入响应 $\boldsymbol{\Phi}(t,t_0)\boldsymbol{x}(t_0)$ 和源于系统输入 $\boldsymbol{u}(t)$ 控制作用的零状态响应 $\int_{t_0}^{t}\boldsymbol{\Phi}(t,\tau)\boldsymbol{B}(\tau)\boldsymbol{u}(\tau)\mathrm{d}\tau$ 两部分构成。应该指出，由于通常得不到闭合形式的 $\boldsymbol{\Phi}(t,t_0)$，故式（7-136）右边一般得不到闭合形式，需在数字计算机上根据精度要求采用数值计算方法近似计算。

例 7-19 已知线性时变齐次状态方程为 $\dot{\boldsymbol{x}}(t)=\begin{bmatrix}0 & t^2\\ 0 & 0\end{bmatrix}\boldsymbol{x}(t)$，求当 $t_0=1$，$\boldsymbol{x}(t_0)=\begin{bmatrix}1\\1\end{bmatrix}$ 时状态方程的解。

解
$$A(t_1)A(t_2)=\begin{bmatrix}0 & t_1^2\\0 & 0\end{bmatrix}\begin{bmatrix}0 & t_2^2\\0 & 0\end{bmatrix}=A(t_2)A(t_1)$$

即 $A(t)$ 与 $\int_{t_0}^{t}A(\tau)\mathrm{d}\tau$ 满足矩阵相乘可交换条件，系统状态转移矩阵 $\boldsymbol{\Phi}(t,t_0)$ 可由式（7-127）所示的矩阵指数求得，即

$$\begin{aligned}\boldsymbol{\Phi}(t,t_0)=\mathrm{e}^{\int_{t_0}^{t}A(\tau)\mathrm{d}\tau}&=\begin{bmatrix}1 & 0\\0 & 1\end{bmatrix}+\int_{t_0}^{t}\begin{bmatrix}0 & \tau^2\\0 & 0\end{bmatrix}\mathrm{d}\tau+\frac{1}{2!}\left(\int_{t_0}^{t}\begin{bmatrix}0 & \tau^2\\0 & 0\end{bmatrix}\mathrm{d}\tau\right)^2+\cdots\\&=\begin{bmatrix}1 & 0\\0 & 1\end{bmatrix}+\begin{bmatrix}0 & \frac{1}{3}(t^3-t_0^3)\\0 & 0\end{bmatrix}=\begin{bmatrix}1 & \frac{1}{3}(t^3-t_0^3)\\0 & 1\end{bmatrix}\end{aligned}$$

则

$$\boldsymbol{\Phi}(t,1)=\begin{bmatrix}1 & \frac{1}{3}(t^3-1)\\0 & 1\end{bmatrix}$$

$$\boldsymbol{x}(t)=\boldsymbol{\Phi}(t,t_0)\boldsymbol{x}(t_0)=\begin{bmatrix}1 & \frac{1}{3}(t^3-1)\\0 & 1\end{bmatrix}\begin{bmatrix}1\\1\end{bmatrix}=\begin{bmatrix}\frac{1}{3}(t^3+2)\\1\end{bmatrix}$$

例 7-20　已知线性时变系统状态空间表达式为 $\begin{cases}\dot{\boldsymbol{x}}=\begin{bmatrix}1 & 0\\0 & t\end{bmatrix}\boldsymbol{x}+\begin{bmatrix}1\\t\end{bmatrix}u(t)\\y(t)=\begin{bmatrix}0 & 1\end{bmatrix}\boldsymbol{x}(t)\end{cases}$，试求初始时刻 $t_0=0$，初始状态 $\boldsymbol{x}(t_0)=\begin{bmatrix}1\\1\end{bmatrix}$ 时，输入为单位阶跃信号 $u(t)=1(t)$ 系统的输出响应。

解
$$A(t_1)A(t_2)=\begin{bmatrix}1 & 0\\0 & t_1\end{bmatrix}\begin{bmatrix}1 & 0\\0 & t_2\end{bmatrix}=\begin{bmatrix}1 & 0\\0 & t_1t_2\end{bmatrix}$$
$$A(t_2)A(t_1)=\begin{bmatrix}1 & 0\\0 & t_2\end{bmatrix}\begin{bmatrix}1 & 0\\0 & t_1\end{bmatrix}=\begin{bmatrix}1 & 0\\0 & t_1t_2\end{bmatrix}$$

可见，$A(t_1)A(t_2)=A(t_2)A(t_1)$，$A(t)$ 与 $\int_{t_0}^{t}A(\tau)\mathrm{d}\tau$ 可交换，则可由式（7-127）的矩阵指数求系统状态转移矩阵 $\boldsymbol{\Phi}(t,t_0)$，即

$$\begin{aligned}\boldsymbol{\Phi}(t,0)=\mathrm{e}^{\int_0^t A(\tau)\mathrm{d}\tau}&=\begin{bmatrix}1 & 0\\0 & 1\end{bmatrix}+\int_0^t\begin{bmatrix}1 & 0\\0 & \tau\end{bmatrix}\mathrm{d}\tau+\frac{1}{2!}\left(\int_0^t\begin{bmatrix}1 & 0\\0 & \tau\end{bmatrix}\mathrm{d}\tau\right)^2+\frac{1}{3!}\left(\int_0^t\begin{bmatrix}1 & 0\\0 & \tau\end{bmatrix}\mathrm{d}\tau\right)^3+\cdots\\&=\begin{bmatrix}1 & 0\\0 & 1\end{bmatrix}+\begin{bmatrix}t & 0\\0 & \frac{1}{2}t^2\end{bmatrix}+\frac{1}{2}\begin{bmatrix}t & 0\\0 & \frac{1}{2}t^2\end{bmatrix}\begin{bmatrix}t & 0\\0 & \frac{1}{2}t^2\end{bmatrix}+\frac{1}{3!}\begin{bmatrix}t & 0\\0 & \frac{1}{2}t^2\end{bmatrix}\begin{bmatrix}t & 0\\0 & \frac{1}{2}t^2\end{bmatrix}\begin{bmatrix}t & 0\\0 & \frac{1}{2}t^2\end{bmatrix}+\cdots\\&=\begin{bmatrix}1 & 0\\0 & 1\end{bmatrix}+\begin{bmatrix}t & 0\\0 & \frac{1}{2}t^2\end{bmatrix}+\frac{1}{2}\begin{bmatrix}t^2 & 0\\0 & \frac{1}{4}t^4\end{bmatrix}+\frac{1}{3!}\begin{bmatrix}t^3 & 0\\0 & \frac{1}{8}t^6\end{bmatrix}+\cdots\\&=\begin{bmatrix}1+t+\frac{1}{2}t^2+\frac{1}{6}t^3+\cdots & 0\\0 & 1+\frac{1}{2}t^2+\frac{1}{2}\left(\frac{1}{2}t^2\right)^2+\frac{1}{3!}\left(\frac{1}{2}t^2\right)^3\cdots\end{bmatrix}=\begin{bmatrix}\mathrm{e}^t & 0\\0 & \mathrm{e}^{\frac{1}{2}t^2}\end{bmatrix}\end{aligned}$$

由以上计算可以看出，若 $t_0 \neq 0$，则

$$\boldsymbol{\Phi}(t,t_0)=\begin{bmatrix} e^{t-t_0} & 0 \\ 0 & e^{\frac{1}{2}(t^2-t_0^2)} \end{bmatrix}$$

$$\begin{aligned}
\boldsymbol{x}(t) &= \boldsymbol{\Phi}(t,0)\boldsymbol{x}(0)+\int_0^t \boldsymbol{\Phi}(t,\tau)\boldsymbol{B}(\tau)\boldsymbol{u}(\tau)\mathrm{d}\tau \\
&= \begin{bmatrix} e^{t} & 0 \\ 0 & e^{\frac{1}{2}t^2} \end{bmatrix}\begin{bmatrix} 1 \\ 1 \end{bmatrix}+\int_0^t \begin{bmatrix} e^{t-\tau} & 0 \\ 0 & e^{\frac{1}{2}(t^2-\tau^2)} \end{bmatrix}\begin{bmatrix} 1 \\ \tau \end{bmatrix}\mathrm{d}\tau \\
&= \begin{bmatrix} e^{t} \\ e^{\frac{1}{2}t^2} \end{bmatrix}+\int_0^t \begin{bmatrix} e^{t-\tau} \\ \tau e^{\frac{1}{2}(t^2-\tau^2)} \end{bmatrix}\mathrm{d}\tau=\begin{bmatrix} e^{t} \\ e^{\frac{1}{2}t^2} \end{bmatrix}+\begin{bmatrix} e^{t}-1 \\ e^{\frac{1}{2}t^2}-1 \end{bmatrix}=\begin{bmatrix} 2e^{t}-1 \\ 2e^{\frac{1}{2}t^2}-1 \end{bmatrix}
\end{aligned}$$

则系统的输出响应为

$$y(t)=\begin{bmatrix} 0 & 1 \end{bmatrix}\boldsymbol{x}(t)=2e^{\frac{1}{2}t^2}-1$$

7.4 水下航行器的深度控制系统分析

水下航行器（如鱼雷、潜艇）的动态特性与飞机、导弹和水面舰船存在显著差异。这一差异主要源于水下航行器航行时竖直平面上由于浮力导致的动压差。因此，对于水下航行器而言，深度控制非常重要。水下航行器的航行姿态如图 7-21 所示，根据牛顿运动方程，可以推导出水下航行器的动力学方程。为简化方程，假定俯仰角 θ 较小，且航行器速度保持 27.4km/h 不变。仅考虑竖直方向上的控制特性，可以将水下航行器的状态变量定义为 $x_1=\theta$，$x_2=\mathrm{d}\theta/\mathrm{d}t$，$x_3=\alpha$，其中 α 为攻角（航行速度与航行器轴线的夹角）。因此，水下航行器的状态空间描述可表示为

$$\begin{cases} \dot{\boldsymbol{x}}=\begin{bmatrix} 0 & 1 & 0 \\ -0.0071 & -0.111 & 0.12 \\ 0 & 0.07 & -0.3 \end{bmatrix}\boldsymbol{x}+\begin{bmatrix} 0 \\ -0.095 \\ 0.072 \end{bmatrix}u(t) \\ y=\begin{bmatrix} 1 & 0 & 0 \end{bmatrix}\boldsymbol{x} \end{cases} \tag{7-137}$$

其中，输入 $u(t)$ 为航行器尾部控制面的倾斜度 $\delta(t)$，即 $u(t)=\delta(t)$。

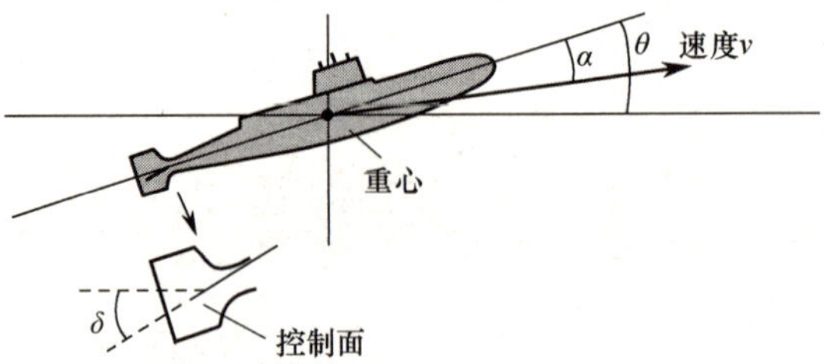

图 7-21　水下航行器的航行姿态

7.4.1　深度控制系统的传递函数

系统的传递函数是分析其性能的基础，下面采用两种方法求取深度控制系统的传递函数。

方法一　信号流图与梅森增益公式

由式（7-137）可绘制出与深度控制系统对应的信号流图和结构框图如图 7-22 所示，其中还包含了表示输入作用 $u(t)$ 的对应节点。

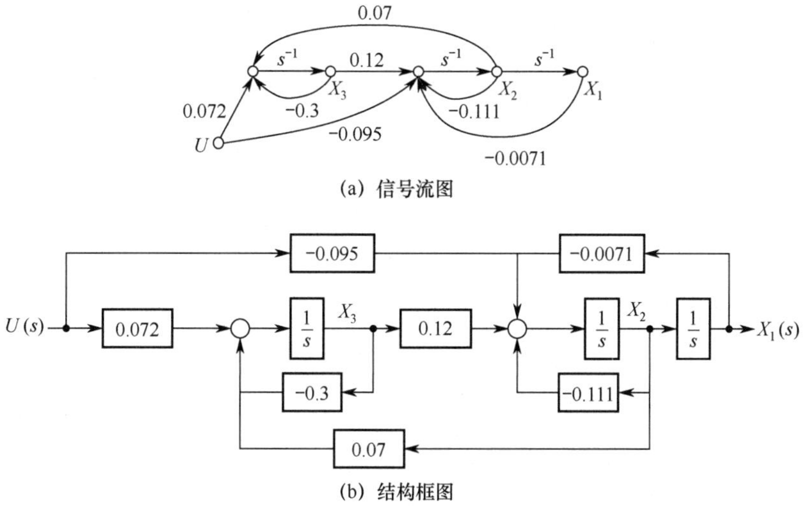

图 7-22　深度控制系统

利用信号流图可以确定系统的传递函数 $X_1(s)/U(s)$，而利用传递函数又可分析输入 $u(t)$ 对深度控制系统的影响。下面由梅森增益公式求传递函数 $X_1(s)/U(s)$。

输入量 $U(s)$ 和输出量 $X_1(s)$ 之间有 2 条前向通道，对应 P_k 和 Δ_k 为

$$P_1 = 0.072 \times 0.12 \times s^{-3} = 0.00864 s^{-3}, \quad \Delta_1 = 1$$

$$P_2 = -0.095 \times s^{-2}, \quad \Delta_2 = 1 + 0.3 s^{-1}$$

图 7-22 中有 4 个单回路，其增益为

$$L_1 = -0.3 s^{-1}, \quad L_2 = -0.111 s^{-1}, \quad L_3 = 0.07 \times 0.12 s^{-2} = 0.0084 s^{-2}, \quad L_4 = -0.0071 s^{-2}$$

其中，L_1 和 L_2、L_1 和 L_4 是互不接触的回路，系统的特征式 Δ 为

$$\Delta = 1 - (L_1 + L_2 + L_3 + L_4) + L_1 L_2 + L_1 L_4$$

故有

$$\frac{X_1(s)}{U(s)} = \frac{-0.095s - 0.01986}{s^3 + 0.411s^2 + 0.032s + 0.00213} \tag{7-138}$$

方法二　矩阵求逆法

由式（7-137）可知

$$\boldsymbol{A} = \begin{bmatrix} 0 & 1 & 0 \\ -0.0071 & -0.111 & 0.12 \\ 0 & 0.07 & -0.3 \end{bmatrix}, \quad \boldsymbol{B} = \begin{bmatrix} 0 \\ -0.095 \\ 0.072 \end{bmatrix}, \quad \boldsymbol{C} = \begin{bmatrix} 1 & 0 & 0 \end{bmatrix}, \quad \boldsymbol{D} = \boldsymbol{0}$$

那么系统的传递函数为

$$\boldsymbol{G}(s) = \boldsymbol{C}(s\boldsymbol{I} - \boldsymbol{A})^{-1}\boldsymbol{B} + \boldsymbol{D}$$

利用 MATLAB 编程可快速获得系统的传递函数，求解程序如图 7-23 所示。

```
A=[0 1 0;-0.0071 -0.111 0.12;0 0.07 -0.3];
B=[0;-0.095;0.072];
C=[1 0 0];D=0;[num,den]=ss2tf(A,B,C,D);
G=tf(num,den)
```

图 7-23　求系统的传递函数程序

执行图 7-23 程序，可得系统的传递函数为

```
G =
     -0.095 s - 0.01986
  ------------------------------------------
  s^3 + 0.411 s^2 + 0.032 s + 0.00213
```

显然两种方法得到的结果是一致的。

7.4.2　稳定性分析

稳定是水下航行器深度控制系统的基本要求。下面采用两种方法判断深度控制系统的稳定性。

方法一　由系统的特征根判断其稳定性

式（7-137）所示系统的特征方程为

$$\det(s\boldsymbol{I}-\boldsymbol{A})=\begin{vmatrix} s & -1 & 0 \\ 0.0071 & s+0.111 & -0.12 \\ 0 & -0.07 & s-0.3 \end{vmatrix}=s^3+0.411s^2+0.032s+0.00213=0 \quad (7\text{-}139)$$

解方程式（7-139）可得深度控制系统的特征根为

$$s_1=-0.3343\text{，}\quad s_{2,3}=-0.0383\pm 0.0700\text{i} \quad (7\text{-}140)$$

由于系统的三个特征根均位于 s 左半平面，故系统是稳定的。

利用 MATLAB 编程可快速获得系统的特征根，求解程序如图 7-24 所示。

```
A=[0 1 0;-0.0071 -0.111 0.12;0 0.07 -0.3]; P=poly(A);roots(P)
```

图 7-24　求系统特征根程序

执行图 7-24 程序，可得系统的特征根为

```
ans =
  -0.3343 + 0.0000i
  -0.0383 + 0.0700i
  -0.0383 - 0.0700i
```

这与式（7-140）的计算结果是一致的。

方法二　劳斯-赫尔维茨稳定性判据

由式（7-139）可知系统的特征方程为

$$s^3+0.411s^2+0.032s+0.00213=0$$

列出相应的劳斯表为

$$
\begin{array}{lll}
s^3 & 1 & 0.032 \\
s^2 & 0.411 & 0.00213 \\
s^1 & 0.0268 & \\
s^0 & 0.0268 &
\end{array}
$$

从表的第一列可以看出，各行符号没有改变，说明系统没有特征根在 s 右半平面，即深度控制系统是稳定的。

7.4.3　系统的响应特性分析

由上述分析可知，水下航行器深度控制系统是稳定的。假定航行器尾部控制面的倾斜度为幅值是 0.285° 的阶跃信号，即 $u(t) = 0.285/180 \times \pi \times 1(t) = 0.005 \times 1(t)$，下面来分析系统的响应特性。

建立了描述深度控制系统状态方程的 *m* 函数，如图 7-25 所示。将图 7-25 保存为名为 ode_example.m 的文件，且将保存 ode_example.m 的路径设置成为当前路径。

```
function sx=ode_example(t,x)
u=0.285;
sx(1,1)=x(2);
sx(2,1)=-0.0071*x(1)-0.111*x(2)+0.12*x(3)-0.095*u;
sx(3,1)=0.07*x(2)-0.3*x(3)+0.072*u;
```

图 7-25　描述深度控制系统状态方程的 *m* 函数

图 7-26 为调用求解函数状态方程和输出响应数值的程序，图 7-27 所示为状态变量的数值解曲线。

```
x0=[0;0;0];t0=0;tf=6;tspan=[t0,tf];
[t,x]=ode45('ode_example',tspan,x0);
plot(t,x(:,1),'k',t,x(:,2),'-.r',t,x(:,3),'.');
```

图 7-26　调用求解函数状态方程和输出响应数值的程序

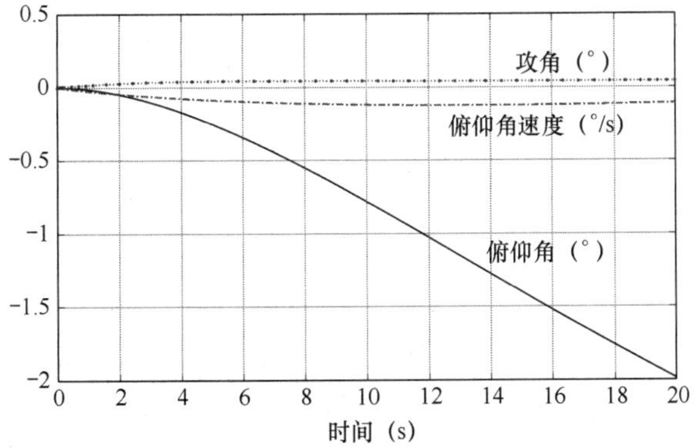

图 7-27　深度控制系统状态变量的数值解曲线［$u(t)$=0.285°］

由式（7-138）同样可以求得俯仰角θ，求解的 MATLAB 程序如图 7-28 所示。

执行图 7-28 的程序，可得到如图 7-29 所示俯仰角响应曲线。

```
num=[-0.095*0.285 -0.01986*0.285];
den=[1 0.411 0.032 0.00213];
t=0:0.002:20;
h=tf(num,den);step(h,t)
```

图 7-28　求深度控制系统俯仰角程序

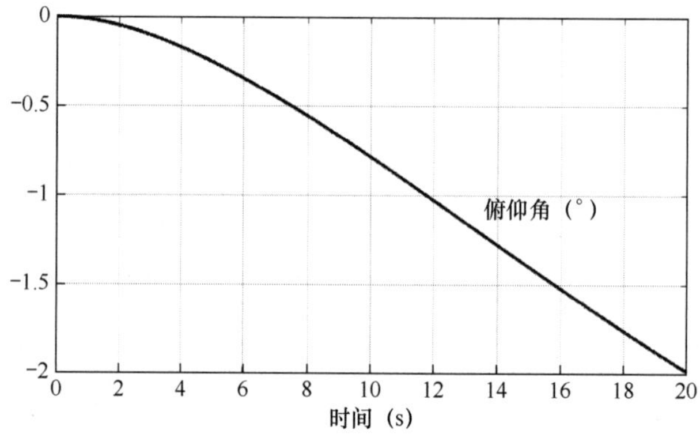

图 7-29　深度控制系统俯仰角响应曲线

比较图 7-27 和图 7-29 可知，采用两种计算响应的方法得到的俯仰角响应曲线是完全相同的，但采用状态空间描述可以同时获得水下航行器俯仰角速度和攻角的响应曲线。

由图 7-27 可知，当航行器尾部控制面的倾斜度为幅值是 0.285° 的阶跃信号，即尾部控制面在$t \geqslant 0$时保持不变，航行器的俯仰角一直在增大；俯仰角速度先缓慢增大，而后保持在−0.12°；而攻角先增大后减小，最终稳定在 0.04°。

习　题

【习题 7.1】考查图 7-30 给出的双质量块系统，选取x为输出变量，试推导建立该系统的状态空间模型。

【习题 7.2】如图 7-31 所示，质量块m放置在小车上，小车自身质量可忽略不计。试建立系统的一种状态空间模型。

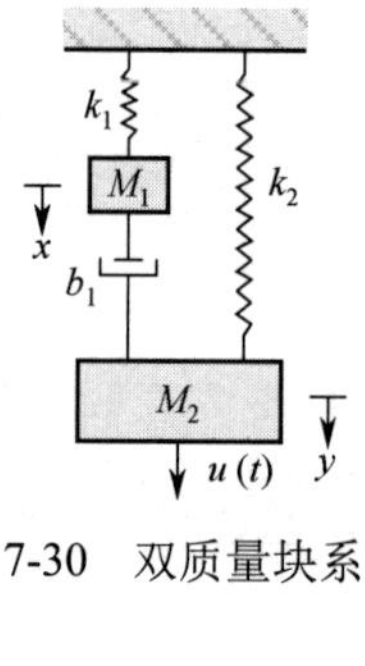

图 7-30　双质量块系统

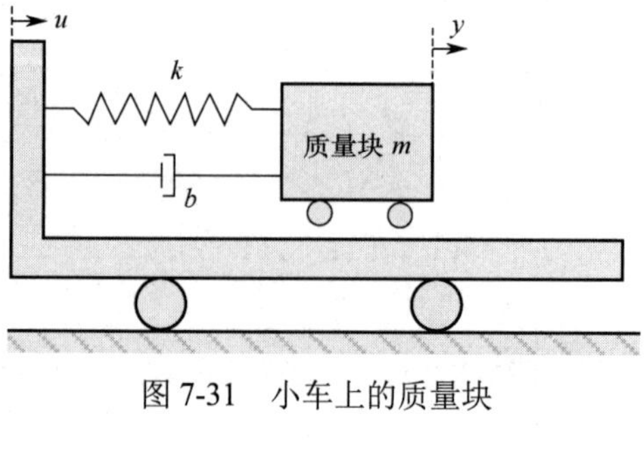

图 7-31　小车上的质量块

【习题 7.3】 某水下航行器的深度自动控制系统如图 7-32 所示，系统利用压力传感器测量深度。当上浮或者下潜速度为 25m/s 时，尾部发动的增益为 K=1，水下航行器的近似传递函数为 $G(s)=\dfrac{(s+1)^2}{s^2+1}$，反馈回路上压力传感器的传递函数为 $H(s)$=2s+1。试给出系统的一种状态空间模型。

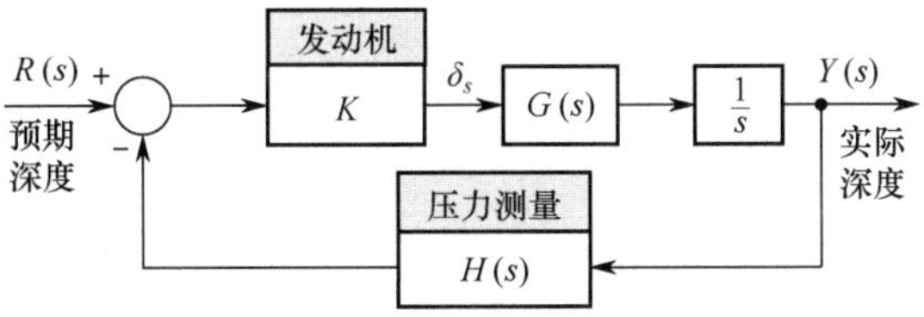

图 7-32　水下航行器的深度自动控制系统

【习题 7.4】 已知双输入—双输出系统状态方程和输出方程为

$$\dot{x}_1=x_2+u_1,\ \dot{x}_2=x_3+2u_1-u_2,\ \dot{x}_3=-6x_1-11x_2-6x_3+2u_2$$

$$y_1=x_1-x_2,\ y_2=2x_1+x_2-x_3$$

写出其向量—矩阵形式并画出状态变量图。

【习题 7.5】 火箭的输入—输出动力学特性可以表示为 $G(s)=\dfrac{Y(s)}{U(s)}=\dfrac{1}{s^2}$，其中，$U(s)$为作用力矩，$Y(s)$为火箭姿态角。若对火箭施加状态反馈，有关变量分别取为 $x_1=y(t)$，$x_2=\dot{y}(t)$ 和 $u=-x_2-0.5x_1$。试求解系统特征方程的根。当初始条件为 $x_1(0)=0$ 和 $x_2(0)=1$ 时，计算系统的时间响应。

【习题 7.6】蹦极公司希望设计一种新型蹦极索，使用这种蹦极索，体重在 50kg 到 100kg 的蹦极者既不会触及地面，又能够在空中持续波动 25s 到 40s。假定蹦极台的高度为 90m，蹦极索系在蹦极台上高 10m 的支架上。蹦极者的身高为 2m，蹦极索固定在腰部 1m 处，试设计合适的弹性蹦极索特征参数，以满足上述要求。

【习题 7.7】 某系统的状态变量微分方程模型为

$$\dot{\boldsymbol{x}}=\begin{bmatrix}0 & 1\\ -a & -b\end{bmatrix}\boldsymbol{x}+\begin{bmatrix}0\\ d\end{bmatrix}u(t)$$

$$y=\begin{bmatrix}1 & 0\end{bmatrix}\boldsymbol{x}$$

若设定该系统的对角型状态空间模型为

$$\boldsymbol{z}=\begin{bmatrix}-5 & 0\\ 0 & -2\end{bmatrix}\boldsymbol{z}+\begin{bmatrix}1\\ 1\end{bmatrix}u(t)$$

$$y=\begin{bmatrix}-2 & 2\end{bmatrix}\boldsymbol{z}$$

试确定原来模型中参数 a、b 和 d 的取值，使这两个模型等效。

【习题 7.8】 火箭的动力学模型可以表示为

$$\dot{\boldsymbol{x}}=\begin{bmatrix}0 & 0\\ 1 & 0\end{bmatrix}\boldsymbol{x}+\begin{bmatrix}1\\ 0\end{bmatrix}u(t)$$

$$y=\begin{bmatrix}0 & 1\end{bmatrix}\boldsymbol{x}$$

若在系统中引入状态变量反馈，且控制信号为 $u=-10x_1-25x_2+r$，试确定系统的闭环特征根。若系统的初始条件为 $x_1(0)=0$ 和 $x_2(0)=-1$，参考输入为 $r(t)=0$，试求系统的时间响应。

第 8 章　控制系统的状态空间分析

在现代控制工程中，有两个基本问题需要讨论：其一是加入适当的控制作用后，能否在有限时间内将系统从任一初始状态转移到希望的状态上，即系统是否具有通过控制作用随意支配状态的能力；其二是通过在一段时间内对系统输出的观测，能否判断系统的初始状态，即是否具有通过观测系统输出估计状态的能力。这便是线性系统的能控性与能观测性问题。

在经典控制理论中，用微分方程或传递函数描述系统的输入、输出特性，输出量即被控量，只要系统是因果系统并且是稳定的，输出量便可控，且实际物理系统的输出量一般是能观测到的，因此不存在输入能否控制输出和输出能否观测的问题。而在现代控制理论中，用状态方程和输出方程描述系统，输入和输出构成系统的外部变量，而状态变量为系统的内部变量，这就存在着系统内所有状态变量是否受输入影响和是否可由输出反映的问题。如果系统所有状态变量的运动都可由输入来影响和控制而由任意的初始状态达到原点，则系统的状态就是完全能控的，简称系统能控。否则，就称系统是不完全能控的，简称系统不能控。相应地，如果系统所有状态变量的任意形式的运动均可由输出完全反映，则称系统的状态是完全能观测的，简称系统能观（测）。否则称系统的状态是不完全能观测的，简称系统不能观（测）。稳定性、能控性与能观测性均是系统的重要结构性质。

能控性和能观测性是 20 世纪 60 年代由 Kalman 根据“控制输入对状态的影响”和“输出与状态的关系”提出的，是现代控制理论用状态空间描述系统引申出来的重要概念。它不仅是线性系统分析与综合问题研究必不可少的概念，而且是最优控制、最优估计的设计基础。本章首先介绍能控性与能观测性的概念及定义，在此基础上，首先介绍判别线性连续系统能控性与能观测性的准则及能控性与能观测性的对偶原理，讨论如何通过线性非奇异变换将能控系统和能观测系统的状态空间表达式化为能控标准型和能观测标准型、能控性及能观测性与传递函数的关系，以及如何对不能控和不能观测系统进行结构分解。其次讨论多输入多输出线性连续系统传递函数矩阵的实现及最小实现问题。最后介绍李雅普诺夫稳定性分析理论。

8.1　线性系统能控性和能观测性的概念

首先举例直观说明能控性和能观测性的物理概念。

例 8-1　给定系统的状态空间表达式为

$$\begin{cases}\begin{bmatrix}\dot{x}_1\\ \dot{x}_2\end{bmatrix}=\begin{bmatrix}1 & 0\\ 0 & \beta\end{bmatrix}\begin{bmatrix}x_1\\ x_2\end{bmatrix}+\begin{bmatrix}1\\ 2\end{bmatrix}u\\ y=\begin{bmatrix}1 & 0\end{bmatrix}\begin{bmatrix}x_1\\ x_2\end{bmatrix}\end{cases}$$

其状态变量图如图 8-1 所示。由图知，状态变量 x_1 可由输出 y 完全反映，但 x_2 与输出 y 既无

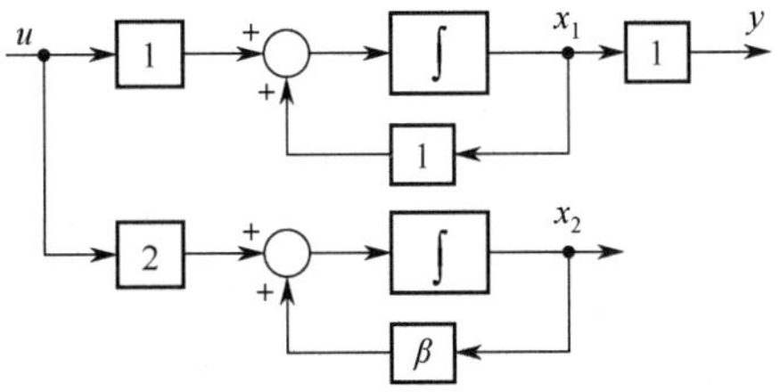

图 8-1　例 8-1 系统状态变量图

直接联系，也无间接联系，故 x_2 不能观测，系统状态不完全能观测。另外，尽管 x_1、x_2 与输入 u 均有直接联系，但这并不足以表明系统就完全能控，还需要进一步的分析。设在输入 $u(t)$作用下，系统在有限时间内任意非零初始状态 $\boldsymbol{x}(0)$ 转移到原点，即

$$\boldsymbol{x}(t_f)=\mathrm{e}^{\boldsymbol{A}t_f}\boldsymbol{x}(0)+\int_0^{t_f}\mathrm{e}^{\boldsymbol{A}(t_f-\tau)}\boldsymbol{B}u(\tau)\mathrm{d}\tau=\boldsymbol{0},t_f>0$$

根据矩阵指数的性质，整理上式可得

$$\boldsymbol{x}(0)=-\int_0^{t_f}\mathrm{e}^{-\boldsymbol{A}\tau}\boldsymbol{B}u(\tau)\mathrm{d}\tau \tag{8-1}$$

若 $\beta\neq 1$，则由求矩阵指数的待定系数法，得

$$\mathrm{e}^{-\boldsymbol{A}\tau}=\frac{\beta\mathrm{e}^{-\tau}-\mathrm{e}^{-\beta\tau}}{\beta-1}\begin{bmatrix}1&0\\0&1\end{bmatrix}+\frac{-\mathrm{e}^{-\tau}+\mathrm{e}^{-\beta\tau}}{\beta-1}\begin{bmatrix}1&0\\0&\beta\end{bmatrix} \tag{8-2}$$

将式（8-2）代入式（8-1），得

$$\begin{aligned}\boldsymbol{x}(0)&=-\begin{bmatrix}1\\2\end{bmatrix}\int_0^{t_f}\frac{\beta\mathrm{e}^{-\tau}-\mathrm{e}^{-\beta\tau}}{\beta-1}u(\tau)\mathrm{d}\tau-\begin{bmatrix}1\\2\beta\end{bmatrix}\int_0^{t_f}\frac{-\mathrm{e}^{-\tau}+\mathrm{e}^{-\beta\tau}}{\beta-1}u(\tau)\mathrm{d}\tau\\&=-\begin{bmatrix}1&1\\2&2\beta\end{bmatrix}\begin{bmatrix}U_0\\U_1\end{bmatrix}\end{aligned} \tag{8-3}$$

其中，$U_0=\int_0^{t_f}\frac{\beta\mathrm{e}^{-\tau}-\mathrm{e}^{-\beta\tau}}{\beta-1}u(\tau)\mathrm{d}\tau$，$U_1=\int_0^{t_f}\frac{-\mathrm{e}^{-\tau}+\mathrm{e}^{-\beta\tau}}{\beta-1}u(\tau)\mathrm{d}\tau$。

式（8-3）表明，若 $\beta\neq 1$，则对于任意的 $\boldsymbol{x}(0)\neq\boldsymbol{0}$，$U_0$、$U_1$ 有解，即存在使 $\boldsymbol{x}(t_f)=\boldsymbol{0}$ 的输入 $u(t)$，故系统状态完全能控。

若 $\beta=1$，则由求矩阵指数的待定系数法，得

$$\mathrm{e}^{-\boldsymbol{A}\tau}=(1+\tau)\mathrm{e}^{-\tau}\begin{bmatrix}1&0\\0&1\end{bmatrix}+(-\tau\mathrm{e}^{-\tau})\begin{bmatrix}1&0\\0&1\end{bmatrix} \tag{8-4}$$

将式（8-4）代入式（8-1），得

$$\boldsymbol{x}(0)=-\begin{bmatrix}1\\2\end{bmatrix}\int_0^{t_f}(1+\tau)\mathrm{e}^{-\tau}u(\tau)\mathrm{d}\tau-\begin{bmatrix}1\\2\end{bmatrix}\int_0^{t_f}(-\tau\mathrm{e}^{-\tau})u(\tau)\mathrm{d}\tau=-\begin{bmatrix}1&1\\2&2\end{bmatrix}\begin{bmatrix}U_0\\U_1\end{bmatrix} \tag{8-5}$$

其中，$U_0=\int_0^{t_f}(1+\tau)\mathrm{e}^{-\tau}u(\tau)\mathrm{d}\tau$，$U_1=\int_0^{t_f}(-\tau\mathrm{e}^{-\tau})u(\tau)\mathrm{d}\tau$。

式（8-5）表明，若 $\beta=1$，当 $x_2(0)\neq 2x_1(0)$ 时，则系统矩阵的秩小于增广矩阵的秩，U_0、U_1 无解，即对于任意的 $\boldsymbol{x}(0)\neq\boldsymbol{0}$，不存在使 $\boldsymbol{x}(t_f)=\boldsymbol{0}$ 的输入 $u(t)$，故系统状态不完全能控。

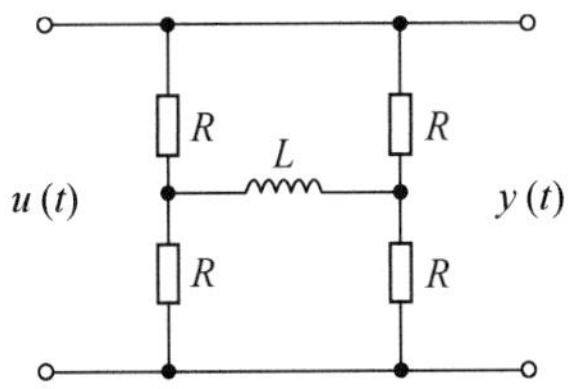

图 8-2　桥式电路

例 8-2　桥式电路如图 8-2 所示，选取电感 L 的电流 $i(t)=x(t)$ 为状态变量，$u(t)$ 为输入，输出为 $y(t)$。由电路定律，可得该平衡桥式电路系统的状态方程为

$$\dot{x}=-\frac{R}{L}x$$

可见，电感 L 中的电流是自由衰减的，即 $u(t)$ 不能控制 $x(t)$的变化，故系统状态为不能控。若

$u(t)=0$，则无论电感 L 中的初始电流 $i(t)$为何值，对所有时刻 $t\geqslant t_0$ 都恒有 $y(t)=0$，即状态 $x(t)$ 不能由输出 $y(t)$反映，故系统是状态不能观测的。由此可见，该电路为状态既不能控也不能观测系统。

例 8-3 如图 8-3 所示电路，选择 i_1、i_2 为状态变量，并令 $x_1=i_1$、$x_2=i_2$，指定 $y(t)$为输出。若输入 $u(t)=0$，则当状态初值 $x_1(t_0)=x_2(t_0)$ 时，无论其值取多少，对于所有时刻 $t\geqslant t_0$，都有电流 $i(t)\equiv 0$，即输出 $y(t)\equiv 0$，因此，由输出 $y(t)$不能确定 $x_1(t_0)$、$x_2(t_0)$，故图 8-3 所示电路为不完全能观测电路。

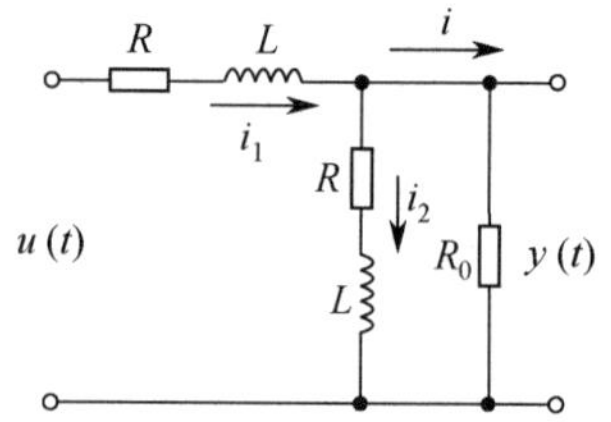

图 8-3 不完全能观测电路

应当指出，上述对能控性和能观测性作出的直观说明，只是对这两个概念的直觉但不严密的描述，而且也只能用来解释和判断非常直观和非常简单系统的能控性和能观测性。为揭示能控性和能观测性的本质属性，并用于分析和判断更为一般和较为复杂的系统，需要对这两个概念建立严格的定义，并在此基础上导出相应的判别准则。

1. 能控性定义

线性时变连续系统的状态方程为

$$\begin{cases}\dot{\boldsymbol{x}}(t)=\boldsymbol{A}(t)\boldsymbol{x}(t)+\boldsymbol{B}(t)\boldsymbol{u}(t)\\ \boldsymbol{x}(t_0)=\boldsymbol{x}_0, t\in T_{\mathrm{d}}\end{cases} \tag{8-6}$$

其中，$\boldsymbol{x}$ 为 n 维状态向量；$\boldsymbol{u}$ 为 r 维输入向量；T_{d} 为时间定义区间；$\boldsymbol{A}(t)$和 $\boldsymbol{B}(t)$分别为 $n\times n$ 维矩阵、$n\times r$ 维矩阵。下面分别对状态能控、系统能控和系统不能控进行定义。

1）状态能控

对于式（8-6）所示线性时变连续系统，如果对指定初始时刻 $t_0\in T_{\mathrm{d}}$ 的一个非零初始状态 $\boldsymbol{x}(t_0)=\boldsymbol{x}_0$，存在一个时刻 $t_f\in T_{\mathrm{d}}$，$t_f>t_0$ 和一个无约束的容许控制 $\boldsymbol{u}(t)$，$t\in[t_0,t_f]$，使状态由 $\boldsymbol{x}(t_0)=\boldsymbol{x}_0$ 转移到 t_f 时的 $\boldsymbol{x}(t_f)=\boldsymbol{0}$，则称此 $\boldsymbol{x}_0$ 是在 t_0 时刻能控的。

应该指出，以上将能控性规定为由非零状态转移到零状态，只是为了定义方便，其揭示的是内部状态在输入 $\boldsymbol{u}(t)$ 控制下能任意转移的属性。

2）系统能控

对于式（8-6）所示线性时变连续系统，指定初始时刻 $t_0\in T_{\mathrm{d}}$，如果状态空间的所有非零状态都是在 t_0 时刻能控的，则称系统在时刻 t_0 是状态完全能控的，简称系统在时刻 t_0 能控。如果系统对于任意的 $t_0\in T_{\mathrm{d}}$ 均是状态完全能控的（系统的能控性与初始时刻 $t_0\in T_{\mathrm{d}}$ 的选取无关），则称系统是一致能控的。

3）系统不能控

对于式（8-6）所示线性时变连续系统，指定初始时刻 $t_0\in T_{\mathrm{d}}$，如果状态空间存在一个或一个以上非零状态在时刻 t_0 是不能控的，则称系统在时刻 t_0 是状态不完全能控的，简称系统不能控。

在上述状态能控的定义中，只要求系统在可找到的控制 $\boldsymbol{u}(t)$ 的作用下，使 t_0 时刻的非零状态 $\boldsymbol{x}_0$ 在 T_{d} 上的一段有限时间内转移到状态空间坐标原点，但未限制和规定状态转移的轨迹。所以，能控性是表征系统状态运动的一个定性性质。定义中并未限制控制 $\boldsymbol{u}(t)$ 的每个分量的幅值，只要求是容许控制，即每个分量 $u_j(t)$（$j=1,2,\cdots,r$）均在时间区间 T_{d} 上绝对平方

可积，即

$$\int_{t_0}^{t}\left|u_j(t)\right|^2\mathrm{d}t<\infty \quad t_0,t\in T_{\mathrm{d}}$$

对于线性时变连续系统而言，其能控性与初始时刻 t_0 的选取有关，故其能控性是针对 T_{d} 中的一个特定时刻 t_0 来定义的。而线性定常连续系统的能控性与初始时刻 t_0 的选取无关，即状态或系统的能控性不从属于 t_0，故线性定常连续系统的能控性为：对于任意的初始时刻 $t_0\in T_{\mathrm{d}}$（一般取 $t_0=0$），存在一个有限时刻 $t_f\in T_{\mathrm{d}}$，$t_f>t_0$ 和一个无约束的容许控制 $\boldsymbol{u}(t)$，$t\in[t_0,t_f]$，能使状态空间的任意非零状态 $\boldsymbol{x}(t_0)$ 转移到 $\boldsymbol{x}(t_f)=\boldsymbol{0}$，则称系统状态完全能控，简称系统能控。

4）状态与系统能达

对于式（8-6）所示线性时变连续系统，若存在能将状态 $\boldsymbol{x}(t_0)=\boldsymbol{0}$ 转移到 $\boldsymbol{x}(t_f)=\boldsymbol{x}_f$ 的控制作用 $\boldsymbol{u}(t)$，$t\in[t_0,t_f]$，则称状态 $\boldsymbol{x}_f$ 是 t_0 时刻能达的。若 $\boldsymbol{x}_f$ 对所有时刻都是能达的，则称状态 $\boldsymbol{x}_f$ 为完全能达或一致能达。若系统对于状态空间中的每个状态都是时刻 t_0 能达的，则称系统是 t_0 时刻状态能达的，简称系统是时刻 t_0 能达的。

2. 能观测性定义

能观测性表征状态可由输出完全反映，故应考查系统的状态方程和输出方程。设线性时变系统为

$$\begin{cases}\dot{\boldsymbol{x}}(t)=\boldsymbol{A}(t)\boldsymbol{x}(t)+\boldsymbol{B}(t)\boldsymbol{u}(t)\\ \boldsymbol{y}(t)=\boldsymbol{C}(t)\boldsymbol{x}(t)+\boldsymbol{D}(t)\boldsymbol{u}(t)\\ \boldsymbol{x}(t_0)=\boldsymbol{x}_0,t_0,t\in T_{\mathrm{d}}\end{cases} \tag{8-7}$$

其中，$\boldsymbol{x}$ 为 n 维状态向量；$\boldsymbol{u}$ 为 r 维输入向量；$\boldsymbol{y}$ 为 m 维输出向量；$\boldsymbol{A}(t)$、$\boldsymbol{B}(t)$、$\boldsymbol{C}(t)$、$\boldsymbol{D}(t)$分别为 $n\times n$ 维、$n\times r$ 维、$m\times n$ 维、$m\times r$ 维满足状态方程解的存在唯一性条件的时变矩阵。式（8-7）状态方程的解为

$$\boldsymbol{x}(t)=\boldsymbol{\Phi}(t,t_0)\boldsymbol{x}_0+\int_{t_0}^{t}\boldsymbol{\Phi}(t,\tau)\boldsymbol{B}(\tau)\boldsymbol{u}(\tau)\mathrm{d}\tau$$

其中，$\boldsymbol{\Phi}(t,t_0)$ 为系统状态转移矩阵。则系统的输出响应为

$$\boldsymbol{y}(t)=\boldsymbol{C}(t)\boldsymbol{\Phi}(t,t_0)\boldsymbol{x}_0+\boldsymbol{C}(t)\int_{t_0}^{t}\boldsymbol{\Phi}(t,\tau)\boldsymbol{B}(\tau)\boldsymbol{u}(\tau)\mathrm{d}\tau+\boldsymbol{D}(t)\boldsymbol{u}(t)$$

令输入 $\boldsymbol{u}(t)$ 引起的等价状态为

$$\xi(t)=\int_{t_0}^{t}\boldsymbol{\Phi}(t_0,\tau)\boldsymbol{B}(\tau)\boldsymbol{u}(\tau)\mathrm{d}\tau \tag{8-8}$$

则

$$\boldsymbol{y}(t)=\boldsymbol{C}(t)\boldsymbol{\Phi}(t,t_0)\boldsymbol{x}_0+\boldsymbol{C}(t)\boldsymbol{\Phi}(t,t_0)\xi(t)+\boldsymbol{D}(t)\boldsymbol{u}(t)$$

令

$$\overline{\boldsymbol{y}}(t)=\boldsymbol{C}(t)\boldsymbol{\Phi}(t,t_0)\xi(t)+\boldsymbol{D}(t)\boldsymbol{u}(t) \tag{8-9}$$

则

$$\boldsymbol{y}(t)-\overline{\boldsymbol{y}}(t)=\boldsymbol{C}(t)\boldsymbol{\Phi}(t,t_0)\boldsymbol{x}_0 \tag{8-10}$$

能观测性研究输出 $\boldsymbol{y}(t)$反映状态向量 $\boldsymbol{x}(t)$ 的能力，研究时输出 $\boldsymbol{y}(t)$和输入 $\boldsymbol{u}(t)$ 均设为已知，而初始状态 $\boldsymbol{x}_0$ 为未知。由于 $\boldsymbol{u}(t)$ 已知，则 $\overline{\boldsymbol{y}}(t)$ 可根据式（8-8）、式（8-9）计算得出，即可认为 $\overline{\boldsymbol{y}}(t)$ 也是已知的，因此式（8-10）表明，能观测性是 $\boldsymbol{x}_0$ 可由 $\boldsymbol{y}(t)-\overline{\boldsymbol{y}}(t)$ 完全估计的性能。由

于 $x(t)$ 可任意取值，为了叙述方便，令 $u(t)=0$，则 $\bar{y}(t)=0$，$x(t)=\Phi(t,t_0)x_0$，$y(t)=C(t)x(t)=C(t)\Phi(t,t_0)x_0$。于是在分析系统能观测性问题时，只需从系统的齐次状态方程和输出方程出发，即

$$\begin{cases}\dot{x}(t)=A(t)x(t) & x(t_0)=x_0,t_0,t\in T_{\mathrm{d}}\\ y(t)=C(t)x(t)\end{cases} \tag{8-11}$$

下面基于式（8-11）给出状态能观测性、系统能观测性和系统不能观测的有关定义。

1）状态能观测性

对于式（8-11）所示线性时变连续系统，如果取定初始时刻 $t_0\in T_{\mathrm{d}}$，存在一个有限时刻 $t_f\in T_{\mathrm{d}}$，$t_f>t_0$，对于所有的 $t\in[t_0,t_f]$，系统的输出 $y(t)$能唯一确定一个非零的初始状态向量 x_0，则称此非零状态 x_0 在 t_0 时刻是能观测的。

2）系统能观测性

对于式（8-11）所示线性时变连续系统，如果指定初始时刻 $t_0\in T_{\mathrm{d}}$，存在一个有限时刻 $t_f\in T_{\mathrm{d}}$，$t_f>t_0$，对于所有的 $t\in[t_0,t_f]$，系统的输出 $y(t)$是唯一能确定 t_0 时刻的任意非零的初始状态向量 x_0，则称系统在 t_0 时刻状态是完全能观测的，简称系统能观测。如果系统对于任意 $t_0\in T_{\mathrm{d}}$ 均是能观测的（系统的能观测性与初始时刻 $t_0\in T_{\mathrm{d}}$ 的选取无关），则称系统是一致完全能观测的。

3）系统不能观测

对于式（8-11）所示线性时变连续系统，如果取定初始时刻 $t_0\in T_{\mathrm{d}}$，存在一个有限时刻 $t_f\in T_{\mathrm{d}}$，$t_f>t_0$，对于所有的 $t\in[t_0,t_f]$，系统的输出 $y(t)$不能唯一确定 t_0 时刻的任意非零的初始状态向量 x_0（至少有一个状态的初值不能被确定），则称系统在 t_0 时刻是状态不完全能观测的，简称系统不能观测。

线性定常连续系统的能观测性与初始时刻 t_0 的选取无关。

应该指出，在能观测性定义中，之所以将能观测性规定为对初始状态向量 x_0 的确定，是因为一旦确定了 x_0，则可根据给定的输入 $u(t)$，利用状态转移方程求出系统在各个瞬时的状态。

8.2 线性定常连续系统能控性判据和能观测性判据

1. 线性定常连续系统能控性判据

1）秩判据

设线性定常连续系统的状态方程为

$$\dot{x}=Ax+Bu$$

其中，x 为 n 维状态向量；u 为 r 维输入向量；A、B 分别为 $n\times n$ 维、$n\times r$ 维矩阵。系统状态完全能控的充分必要条件是能控性判别矩阵

$$Q_{\mathrm{c}}=\begin{bmatrix}B & AB & A^2B & \cdots & A^{n-1}B\end{bmatrix}$$

满秩，即

$$\operatorname{rank}Q_{\mathrm{c}}=\operatorname{rank}\begin{bmatrix}B & AB & A^2B & \cdots & A^{n-1}B\end{bmatrix}=n \tag{8-12}$$

例 8-4　动态系统的状态方程如下，试判断其能控性。

$$\dot{\boldsymbol{x}}=\begin{bmatrix}0 & 1 & 0\\ 0 & 0 & 1\\ -a_0 & -a_1 & -a_2\end{bmatrix}\boldsymbol{x}+\begin{bmatrix}0\\0\\1\end{bmatrix}u$$

解

$$\boldsymbol{B}=\begin{bmatrix}0\\0\\1\end{bmatrix},\quad \boldsymbol{AB}=\begin{bmatrix}0\\1\\-a_2\end{bmatrix},\quad \boldsymbol{A}^2\boldsymbol{B}=\begin{bmatrix}1\\-a_2\\-a_1+a_2^2\end{bmatrix}$$

故能控性判别矩阵为

$$\boldsymbol{Q}_\mathrm{c}=\begin{bmatrix}0 & 0 & 1\\ 0 & 1 & -a_2\\ 1 & -a_2 & -a_1+a_2^2\end{bmatrix}$$

它是下三角矩阵，无论 a_1、a_2 取何值，$\mathrm{rank}\boldsymbol{Q}_\mathrm{c}=3=n$，系统皆能控。故单输入系统，若其状态方程中系数矩阵 $\boldsymbol{A}$、$\boldsymbol{B}$ 具有本例的形式，则称为**能控标准型**。

例 8-5　电路如图 8-4 所示。其中，u 为输入，i 为输出，流经电感 L_1 的电流 i_1 和电容 C_1 上的电压 u_{C_1} 为状态变量，分析系统的能控性。

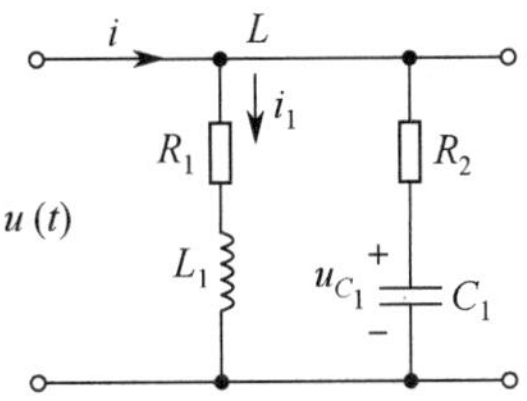

图 8-4　例 8-5 电路图

解　电路的原始方程为

$$L_1\frac{\mathrm{d}i_1}{\mathrm{d}t}+R_1 i_1=u$$

$$R_2 C_1\frac{\mathrm{d}u_{C_1}}{\mathrm{d}t}+u_{C_1}=u$$

$$i_1+C_1\frac{\mathrm{d}u_{C_1}}{\mathrm{d}t}=i$$

令 $x_1=i_1$，$x_2=u_{C_1}$，$y=i$，整理以上三式得矩阵形式的系统状态空间表达式为

$$\begin{cases}\begin{bmatrix}\dot{x}_1\\ \dot{x}_2\end{bmatrix}=\begin{bmatrix}-\dfrac{R_1}{L_1} & 0\\ 0 & -\dfrac{1}{R_2C_1}\end{bmatrix}\begin{bmatrix}x_1\\x_2\end{bmatrix}+\begin{bmatrix}\dfrac{1}{L_1}\\ \dfrac{1}{R_2C_1}\end{bmatrix}u\\ y=\begin{bmatrix}1 & -\dfrac{1}{R_2}\end{bmatrix}\begin{bmatrix}x_1\\x_2\end{bmatrix}+\dfrac{1}{R_2}u\end{cases}$$

其能控性判别矩阵为

$$\boldsymbol{Q}_\mathrm{c}=[\boldsymbol{B}\quad \boldsymbol{AB}]=\begin{bmatrix}\dfrac{1}{L_1} & -\dfrac{R_1}{L_1L_1}\\ \dfrac{1}{R_2C_1} & -\dfrac{1}{(R_2C_1)^2}\end{bmatrix}$$

当满足 $\dfrac{1}{R_2C_1}\neq\dfrac{R_1}{L_1}$，即阻容支路时间常数（$R_2C_1$）与阻感支路时间常数（$L_1/R_1$）不相等时，$\boldsymbol{Q}_\mathrm{c}$ 满秩，系统能控，否则不能控。

2）约当标准型判据

（1）线性系统经线性非奇异变换后不会改变其能控性。

证明 设变换前系统状态方程为

$$\dot{\boldsymbol{x}} = \boldsymbol{A}\boldsymbol{x} + \boldsymbol{B}u$$

其能控性判别矩阵为

$$\boldsymbol{Q}_{\mathrm{c}} = \begin{bmatrix} \boldsymbol{B} & \boldsymbol{A}\boldsymbol{B} & \boldsymbol{A}^2\boldsymbol{B} & \cdots & \boldsymbol{A}^{n-1}\boldsymbol{B} \end{bmatrix}$$

对变换前系统状态方程作线性非奇异变换

$$\boldsymbol{x} = \boldsymbol{T}\bar{\boldsymbol{x}} \tag{8-13}$$

变换后，系统状态方程为

$$\dot{\bar{\boldsymbol{x}}} = \boldsymbol{T}^{-1}\boldsymbol{A}\boldsymbol{T}\bar{\boldsymbol{x}} + \boldsymbol{T}^{-1}\boldsymbol{B}u = \bar{\boldsymbol{A}}\bar{\boldsymbol{x}} + \bar{\boldsymbol{B}}u \tag{8-14}$$

式（8-14）的能控性判别矩阵

$$\begin{aligned}\bar{\boldsymbol{Q}}_{\mathrm{c}} &= \begin{bmatrix} \bar{\boldsymbol{B}} & \bar{\boldsymbol{A}}\bar{\boldsymbol{B}} & \bar{\boldsymbol{A}}^2\bar{\boldsymbol{B}} & \cdots & \bar{\boldsymbol{A}}^{n-1}\bar{\boldsymbol{B}} \end{bmatrix} = \begin{bmatrix} \boldsymbol{T}^{-1}\boldsymbol{B} & \boldsymbol{T}^{-1}\boldsymbol{A}\boldsymbol{T}\boldsymbol{T}^{-1}\boldsymbol{B} & \boldsymbol{T}^{-1}\boldsymbol{A}^2\boldsymbol{T}\boldsymbol{T}^{-1}\boldsymbol{B} & \cdots & \boldsymbol{T}^{-1}\boldsymbol{A}^{n-1}\boldsymbol{T}\boldsymbol{T}^{-1}\boldsymbol{B} \end{bmatrix} \\ &= \boldsymbol{T}^{-1}\begin{bmatrix} \boldsymbol{B} & \boldsymbol{A}\boldsymbol{B} & \boldsymbol{A}^2\boldsymbol{B} & \cdots & \boldsymbol{A}^{n-1}\boldsymbol{B} \end{bmatrix} = \boldsymbol{T}^{-1}\boldsymbol{Q}_{\mathrm{c}}\end{aligned} \tag{8-15}$$

因 $\boldsymbol{T}^{-1}$ 非奇异，则由式（8-16）得

$$\mathrm{rank}\bar{\boldsymbol{Q}}_{\mathrm{c}} = \mathrm{rank}(\boldsymbol{T}^{-1}\boldsymbol{Q}_{\mathrm{c}}) = \mathrm{rank}\boldsymbol{Q}_{\mathrm{c}} \tag{8-16}$$

式（8-16）表明，线性非奇异变换后与变换前系统能控性判别矩阵的秩相等，因此，线性非奇异变换不改变系统的能控性。

（2）系统特征值互异情况下的对角标准型判据。

若线性定常系统为

$$\dot{\boldsymbol{x}} = \boldsymbol{A}\boldsymbol{x} + \boldsymbol{B}u$$

其系统矩阵 $\boldsymbol{A}$ 的特征值 λ_1、λ_2、…、λ_n 互异，由线性非奇异变换 $\boldsymbol{x} = \boldsymbol{T}\bar{\boldsymbol{x}}$ 可将上式变换为如下对角线标准型

$$\dot{\bar{\boldsymbol{x}}} = \boldsymbol{T}^{-1}\boldsymbol{A}\boldsymbol{T}\bar{\boldsymbol{x}} + \boldsymbol{T}^{-1}\boldsymbol{B}u = \bar{\boldsymbol{A}}\bar{\boldsymbol{x}} + \bar{\boldsymbol{B}}u = \begin{bmatrix} \lambda_1 & & & \\ & \lambda_2 & & \\ & & \ddots & \\ & & & \lambda_n \end{bmatrix}\bar{\boldsymbol{x}} + \bar{\boldsymbol{B}}u \tag{8-17}$$

则式（8-12）系统状态完全能控的充分必要条件经线性非奇异变换得到式（8-17）中，$\bar{\boldsymbol{B}}$ 阵不含元素全为零的行。

为说明其用法，现列举如下 4 个系统。

a）$\dot{\boldsymbol{x}} = \begin{bmatrix} -1 & 0 & 0 \\ 0 & -2 & 0 \\ 0 & 0 & -3 \end{bmatrix}\boldsymbol{x} + \begin{bmatrix} 2 \\ 5 \\ 8 \end{bmatrix}u$ 系统能控

b）$\dot{\boldsymbol{x}} = \begin{bmatrix} -1 & 0 & 0 \\ 0 & -2 & 0 \\ 0 & 0 & -3 \end{bmatrix}\boldsymbol{x} + \begin{bmatrix} 0 \\ 5 \\ 8 \end{bmatrix}u$ 系统不能控

c）$\dot{\boldsymbol{x}} = \begin{bmatrix} -1 & 0 & 0 \\ 0 & -2 & 0 \\ 0 & 0 & -3 \end{bmatrix}\boldsymbol{x} + \begin{bmatrix} 0 & 2 \\ 5 & 0 \\ 8 & 5 \end{bmatrix}u$ 系统能控

d）$\dot{\boldsymbol{x}}=\begin{bmatrix}-1 & 0 & 0\\ 0 & -2 & 0\\ 0 & 0 & -3\end{bmatrix}\boldsymbol{x}+\begin{bmatrix}0 & 0\\ 5 & 0\\ 8 & 5\end{bmatrix}u$　　系统不能控

上述 4 个系统的状态方程 $\boldsymbol{A}$ 矩阵相同且均为特征值互异的对角标准型，但 $\boldsymbol{B}$ 矩阵不同。对于系统 a)、系统 c)，由于 $\boldsymbol{B}$ 矩阵中不含元素全为零的行，故系统能控；对于系统 b)、系统 d)，由于 $\boldsymbol{B}$ 矩阵的第一行元素全为零，状态变量 x_1 与控制 $\boldsymbol{u}$ 没有直接联系，又 x_1 与 x_2、x_3 之间不存在耦合关系，故也不能通过 x_2、x_3 与 $\boldsymbol{u}$ 发生联系，所以 x_1 不能控，从而系统不能控。

（3）系统特征值具有重特征值情况下的约当标准型判据。

设线性定常系统为

$$\dot{\boldsymbol{x}}=\boldsymbol{Ax}+\boldsymbol{Bu}$$

其矩阵 $\boldsymbol{A}$ 具有重 λ_1（m_1 重）、λ_2（m_2 重）、⋯、λ_l（m_l 重），其中，m_i 为 λ_i 的代数重数，$m_1+m_2+\cdots+m_l=n$，$\lambda_i\neq\lambda_j$（$i\neq j$），若经线性非奇异变换

$$\boldsymbol{x}=\boldsymbol{T}\overline{\boldsymbol{x}}$$

可将状态方程变换为如下约当标准型

$$\dot{\overline{\boldsymbol{x}}}=\boldsymbol{T}^{-1}\boldsymbol{AT}\overline{\boldsymbol{x}}+\boldsymbol{T}^{-1}\boldsymbol{Bu}=\overline{\boldsymbol{A}}\overline{\boldsymbol{x}}+\overline{\boldsymbol{B}}\boldsymbol{u}=\begin{bmatrix}\boldsymbol{J}_1 & & & \\ & \boldsymbol{J}_2 & & \\ & & \ddots & \\ & & & \boldsymbol{J}_l\end{bmatrix}\overline{\boldsymbol{x}}+\overline{\boldsymbol{B}}\boldsymbol{u}\tag{8-18}$$

其中，$\boldsymbol{J}_i$（$i=1,2,\cdots,l$）为对应 m_i 重特征值 λ_i 的 m_i 阶约当标准块。则系统状态完全能控的充分必要条件是：在经线性非奇异变换得到的约当标准型式（8-18）中，输入矩阵 $\overline{\boldsymbol{B}}$ 中与每个约当标准块 $\boldsymbol{J}_i$（$i=1,2,\cdots,l$）最后一行相对应的各行都不是元素全为零的行。

为说明其用法，考查如下 3 个系统：

a）$\dot{\boldsymbol{x}}=\begin{bmatrix}-4 & 1\\ 0 & -4\end{bmatrix}\boldsymbol{x}+\begin{bmatrix}0\\ 2\end{bmatrix}u$　　系统能控

b）$\dot{\boldsymbol{x}}=\begin{bmatrix}-4 & 1\\ 0 & -4\end{bmatrix}\boldsymbol{x}+\begin{bmatrix}2\\ 0\end{bmatrix}u$　　系统不能控

c）$\dot{\boldsymbol{x}}=\begin{bmatrix}-4 & 1 & 0 & 0\\ 0 & -4 & 0 & 0\\ 0 & 0 & -3 & 1\\ 0 & 0 & 0 & -3\end{bmatrix}\boldsymbol{x}+\begin{bmatrix}0 & 0\\ 0 & 1\\ 2 & 0\\ 0 & 2\end{bmatrix}u$　　系统能控

系统 a)只有一个约当标准块，且 $\boldsymbol{B}$ 矩阵中与约当标准块最后一行对应的那一行元素为 2，故系统能控；系统 b）的 $\boldsymbol{B}$ 矩阵中与约当标准块最后一行对应的那一行元素为 0，故系统不能控；系统 c）有两个约当标准块，第一个约当标准块最后一行对应的 $\boldsymbol{B}$ 矩阵中的那一行元素为 $[0\quad 1]$，第二个约当标准块最后一行对应的 $\boldsymbol{B}$ 矩阵中的那一行元素为 $[0\quad 2]$，故系统能控。图 8-5、图 8-6 分别为系统 a)、系统 b）的状态变量图。由图 8-5 可知，控制 u 直接加于 x_2，并通过 x_2 间接加于 x_1，故系统 a）的 x_1、x_2 均是能控的。由图 8-6 可知，控制 u 仅加于 x_1，x_2 与控制 u 无直接联系也无间接联系，故系统 b）的 x_2 不能控。

关于系统能控性的约当标准型判据，请注意如下两点。

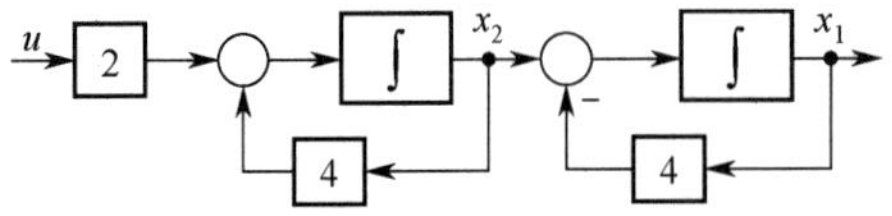

图 8-5 系统 a）的状态变量图

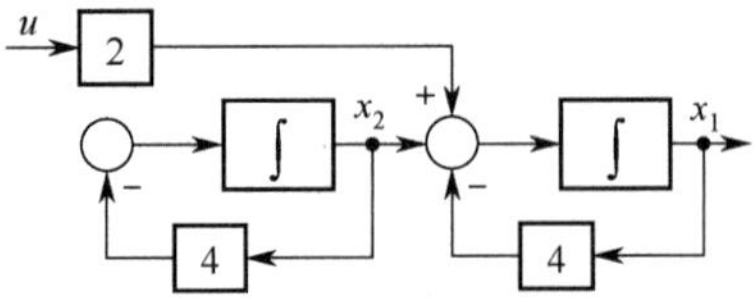

图 8-6 系统 b）的状态变量图

① 若系统既有重特征值又有单特征值，其状态空间表达式经线性非奇异变换得到的约当标准型中，系统矩阵 $\boldsymbol{T}^{-1}\boldsymbol{AT}$ 中既出现约当子块又出现对角子块，此时应综合运用上述对角线标准型判据和约当标准型判据分析系统的能控性。

例如，考查如下系统

$$\dot{\boldsymbol{x}}=\begin{bmatrix}-4&1&0&0\\0&-4&0&0\\0&0&-3&0\\0&0&0&-5\end{bmatrix}\boldsymbol{x}+\begin{bmatrix}0&1\\0&0\\2&0\\0&2\end{bmatrix}u$$

可见，该系统矩阵有一个约当块和一个对角块，与约当块最后一行对应的 $\boldsymbol{B}$ 矩阵中的那一行元素全为零，故该系统不能控。

② 当 $\boldsymbol{A}$ 矩阵有重特征值且重特征值的几何重数大于 1 时，经线性非奇异变换可能变换为对角线标准型（$\boldsymbol{T}^{-1}\boldsymbol{AT}$ 为对角线型，但与重特征值对应的对角元素是相同的）或不同于式（8-18）形式的约当标准型（在约当矩阵 $\boldsymbol{T}^{-1}\boldsymbol{AT}$ 中出现两个或两个以上与同一重特征值对应的约当子块，而式（8-18）中的约当标准型矩阵同一重特征值只对应一个约当子块），在这些情况下，则不能简单地按上述标准型判据确定系统的能控性，尚须考查 $\overline{\boldsymbol{B}}=\boldsymbol{T}^{-1}\boldsymbol{B}$ 中某些行向量的线性相关性，即应修改上述标准型判据。现直接给出有关结论：若 $\boldsymbol{A}$ 具有重特征值且 $\overline{\boldsymbol{A}}=\boldsymbol{T}^{-1}\boldsymbol{AT}$ 为约当标准型，但 $\overline{\boldsymbol{A}}$ 中出现两个或两个以上与同一特征值对应的约当子块，则系统状态完全能控的充分必要条件是 $\overline{\boldsymbol{B}}=\boldsymbol{T}^{-1}\boldsymbol{B}$ 中与每个约当子块最后一行相对应的各行都不是元素全为零的行；且 $\overline{\boldsymbol{B}}$ 中对应 $\overline{\boldsymbol{A}}$ 中相等特征值的全部约当子块最后一行的那些行线性无关。需要说明的是，由于任意一个一阶矩阵都是一阶约当块，所以对角线矩阵是约当矩阵的特例。

例 8-6 分析判断下列系统的能控性。

a）$\dot{\boldsymbol{x}}=\begin{bmatrix}-2&0\\0&-2\end{bmatrix}\boldsymbol{x}+\begin{bmatrix}2\\1\end{bmatrix}u$

b）$\dot{\boldsymbol{x}}=\begin{bmatrix}-3&1&0\\0&-3&0\\0&0&-3\end{bmatrix}\boldsymbol{x}+\begin{bmatrix}0\\1\\3\end{bmatrix}u$

c）$\dot{\boldsymbol{x}}=\begin{bmatrix}3&1&0&0\\0&3&0&0\\0&0&3&1\\0&0&0&3\end{bmatrix}\boldsymbol{x}+\begin{bmatrix}1&2\\1&1\\1&0\\2&2\end{bmatrix}u$

d）$\dot{\boldsymbol{x}}=\begin{bmatrix}3&1&0&0\\0&3&0&0\\0&0&3&1\\0&0&0&3\end{bmatrix}\boldsymbol{x}+\begin{bmatrix}2&1\\2&1\\1&0\\0&1\end{bmatrix}u$

e）$\dot{\boldsymbol{x}}=\begin{bmatrix}-4&1&0&0&0&0&0\\0&-4&0&0&0&0&0\\0&0&-4&0&0&0&0\\0&0&0&-4&0&0&0\\0&0&0&0&5&1&0\\0&0&0&0&0&5&0\\0&0&0&0&0&0&5\end{bmatrix}\boldsymbol{x}+\begin{bmatrix}0&0&0\\1&0&0\\0&3&0\\0&0&7\\0&0&0\\2&0&1\\4&0&2\end{bmatrix}u$

解　a）$\boldsymbol{A}$ 为对角阵但含有相同的对角元素，其 2 重特征值 -2 分布在两个一阶约当子块中，且这两个约当子块最后一行对应的 $\boldsymbol{B}$ 矩阵中的两个行向量$[2]$、$[1]$线性相关，故系统不能控。图 8-7 为该系统的状态变量图，由图可知，虽然 x_1、x_2 均与控制 u 有直接联系，但由于 x_1、x_2 的强迫响应之比恒为 2∶1，只有当初始状态 $x_1(t_0)=2x_2(t_0)$ 时，才存在能在有限时间内使 x_1、x_2 同时转移到零的控制 u。该系统内部状态在控制 u 作用下并不能任意转移，故系统状态不完全能控。本例说明，状态变量与控制 u 有联系只是其能控的必要条件。

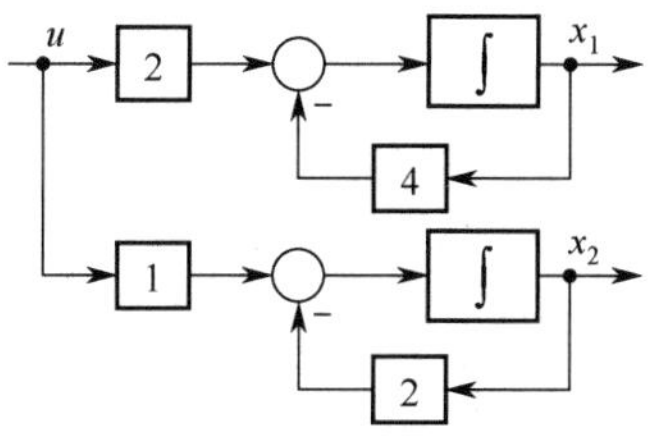

图 8-7　例 8-6 系统 a）状态变量图

b）系统的 3 重特征值 -3 分布在两个约当块$\begin{bmatrix}-3 & 1\\0 & -3\end{bmatrix}$和$[-3]$中，且这两个约当块最后一行对应 $\boldsymbol{B}$ 矩阵中的两个行向量$[1]$、$[3]$线性相关，故系统不能控。

c）系统中 4 重特征值 3 分布在两个约当块$\begin{bmatrix}3 & 1\\0 & 3\end{bmatrix}$和$\begin{bmatrix}3 & 1\\0 & 3\end{bmatrix}$中，且这两个约当块最后一行对应 $\boldsymbol{B}$ 矩阵中的两个行向量$[1\quad 1]$、$[2\quad 2]$线性相关，故系统不能控。

d）系统中 4 重特征值 3 分布在两个约当块$\begin{bmatrix}3 & 1\\0 & 3\end{bmatrix}$和$\begin{bmatrix}3 & 1\\0 & 3\end{bmatrix}$中，且这两个约当块最后一行对应 $\boldsymbol{B}$ 矩阵中的两个行向量$[2\quad 1]$、$[0\quad 1]$线性无关，故系统能控。

e）系统中 4 重特征值 -4 分布在三个约当块$\begin{bmatrix}-4 & 1\\0 & -4\end{bmatrix}$、$[-4]$、$[-4]$中，这三个约当块最后一行对应 $\boldsymbol{B}$ 矩阵中的三个行向量$[1\quad 0\quad 0]$、$[0\quad 3\quad 0]$、$[0\quad 0\quad 7]$所构成的向量组线性无关；但 3 重特征值 5 分布在两个约当块$\begin{bmatrix}5 & 1\\0 & 5\end{bmatrix}$和$[5]$中，且这两个约当块最后一行对应 $\boldsymbol{B}$ 矩阵中的两个行向量$[2\quad 0\quad 1]$、$[4\quad 0\quad 2]$线性相关，故系统不能控。

顺便指出，上面介绍的能控性判别方法也适用于分析线性定常离散系统的能控性。

3）PBH 判据

线性定常连续系统

$$\dot{\boldsymbol{x}}=\boldsymbol{A}\boldsymbol{x}+\boldsymbol{B}u,\quad \boldsymbol{x}(0)=\boldsymbol{x}_0, t\geqslant 0$$

状态完全能控的充分必要条件是对于系统的所有特征值 λ_i（$i=1,2,\cdots,n$），有

$$\operatorname{rank}\begin{bmatrix}\lambda_i\boldsymbol{I}-\boldsymbol{A} & \boldsymbol{B}\end{bmatrix}=n \tag{8-19}$$

或

$$\operatorname{rank}\begin{bmatrix}s\boldsymbol{I}-\boldsymbol{A} & \boldsymbol{B}\end{bmatrix}=n,\quad \forall s\in C \tag{8-20}$$

其中，C 为复数域。这一判据是由波波夫（Popov）、贝尔维奇（Belevitch）、豪塔斯（Hautus）等提出的，故简称为 PBH 判据。

为了能应用 PBH 判据，必须事先知道系统矩阵 $\boldsymbol{A}$ 的特征值。因此，PBH 判据主要用于系统具有某些特殊形式的情况，如 $\boldsymbol{A}$ 为约当形式的能控性判据。同时在理论分析中，特别是线性定常系统的复数域分析中，PBH 判据得到了广泛的应用。

例 8-7　判定线性定常系统

$$\dot{\boldsymbol{x}}=\begin{bmatrix}-3 & 1 & 0\\ 0 & -3 & 0\\ 0 & 0 & -1\end{bmatrix}\boldsymbol{x}+\begin{bmatrix}1 & -1\\ 0 & 0\\ 2 & 0\end{bmatrix}u$$

的能控性。

解 系统矩阵 $\boldsymbol{A}$ 为约当标准形式，其特征值分别为−1、−3、−3。应用 PBH 判据，针对各个特征值，分别检验判别矩阵的秩。

$\lambda_1=-1$，通过计算，有 $\text{rank}[\lambda_1\boldsymbol{I}-\boldsymbol{A} \quad \boldsymbol{B}]=\text{rank}\begin{bmatrix}3 & -1 & 0 & 1 & -1\\ 0 & 3 & 0 & 0 & 0\\ 0 & 0 & 0 & 2 & 0\end{bmatrix}=3$。

$\lambda_2=\lambda_3=-3$，通过计算，有 $\text{rank}[\lambda_2\boldsymbol{I}-\boldsymbol{A} \quad \boldsymbol{B}]=\text{rank}\begin{bmatrix}0 & -1 & 0 & 1 & -1\\ 0 & 0 & 0 & 0 & 0\\ 0 & 0 & 1 & 2 & 0\end{bmatrix}=2<3$。

根据 PBH 判据可知，系统不完全能控。

2\. 线性定常系统输出能控性

系统能控性是针对系统的状态而言的。然而在控制系统的分析、设计和实际运行中，往往需要对系统的输出实行控制，因此，在研究状态能控性的同时，有必要研究系统的输出能控性。

1）输出能控性定义

设线性定常连续系统

$$\begin{cases}\dot{\boldsymbol{x}}=\boldsymbol{A}\boldsymbol{x}+\boldsymbol{B}\boldsymbol{u}\\ \boldsymbol{y}=\boldsymbol{C}\boldsymbol{x}+\boldsymbol{D}\boldsymbol{u}\end{cases} \tag{8-21}$$

其中，$\boldsymbol{x}$ 为 n 维状态向量；$\boldsymbol{u}$ 为 r 维输入向量；$\boldsymbol{y}$ 为 m 维输出向量。

若存在一个无约束的容许控制 $\boldsymbol{u}(t)$，在有限的时间间隔 $[t_0,t_f]$ 内，能将任意初始输出 $\boldsymbol{y}(t)$ 转移到任意指定的期望的最终输出 $\boldsymbol{y}(t_f)$，则称系统是输出完全能控的，简称输出能控。

2）输出能控性判据

可以证明，由式（8-21）所描述的线性定常连续系统，其输出完全能控的充分必要条件是输出能控性判别矩阵 $\boldsymbol{Q}_m=\begin{bmatrix}\boldsymbol{CB} & \boldsymbol{CAB} & \boldsymbol{CA}^2\boldsymbol{B} & \cdots & \boldsymbol{CA}^{n-1}\boldsymbol{B} & \boldsymbol{D}\end{bmatrix}$ 的秩等于输出向量的维数 m，即

$$\text{rank}\boldsymbol{Q}_m=\text{rank}\begin{bmatrix}\boldsymbol{CB} & \boldsymbol{CAB} & \boldsymbol{CA}^2\boldsymbol{B} & \cdots & \boldsymbol{CA}^{n-1}\boldsymbol{B} & \boldsymbol{D}\end{bmatrix}=m \tag{8-22}$$

应该指出，对于输出能控性来说，状态能控性既不是必要的，也不是充分的，即状态能控性与输出能控性之间没有必然的联系。

例 8-8 判断下列线性定常连续系统是否输出完全能控与状态完全能控。

a）$\begin{cases}\dot{\boldsymbol{x}}=\begin{bmatrix}-4 & 1\\ 2 & -3\end{bmatrix}\boldsymbol{x}+\begin{bmatrix}1\\ 2\end{bmatrix}u\\ y=\begin{bmatrix}1 & 0\end{bmatrix}\boldsymbol{x}\end{cases}$　　b）$\begin{cases}\dot{\boldsymbol{x}}=\begin{bmatrix}0 & 1\\ 0 & 0\end{bmatrix}\boldsymbol{x}+\begin{bmatrix}0\\ 1\end{bmatrix}u\\ \boldsymbol{y}=\begin{bmatrix}1 & 0\\ 1 & 0\end{bmatrix}\boldsymbol{x}\end{cases}$

解 a）输出能控性判别矩阵的秩为

$$\text{rank}\begin{bmatrix}\boldsymbol{CB} & \boldsymbol{CAB} & \boldsymbol{D}\end{bmatrix}=\text{rank}\begin{bmatrix}1 & -2 & 0\end{bmatrix}=1$$

其与输出变量的数目相等，因此，系统输出完全能控。

而系统状态能控性判别矩阵的秩为

$$\operatorname{rank}\begin{bmatrix}\boldsymbol{B} & \boldsymbol{AB}\end{bmatrix}=\operatorname{rank}=\begin{bmatrix}1 & -2\\ 2 & -4\end{bmatrix}=1<2$$

所以，系统的状态不完全能控。

b）系统状态方程为能控标准型，故状态完全能控。而输出能控性判别矩阵的秩为

$$\operatorname{rank}\begin{bmatrix}\boldsymbol{CB} & \boldsymbol{CAB} & \boldsymbol{D}\end{bmatrix}=\operatorname{rank}\begin{bmatrix}0 & 1 & 0\\ 0 & 1 & 0\end{bmatrix}=1$$

其小于输出变量数目，故输出不完全能控。

3. 线性时变连续系统能控性判据

时变系统的系统矩阵 $\boldsymbol{A}(t)$和输入矩阵 $\boldsymbol{B}(t)$的元素是时间 t 的函数，因此不能像定常系统那样直接用系统矩阵、输入矩阵构成能控性判别阵 $\boldsymbol{Q}_c$，然后检验 $\boldsymbol{Q}_c$ 的秩来判别系统的能控性。下面介绍两种判据。

1）格拉姆矩阵判据

线性时变连续系统

$$\begin{cases}\dot{\boldsymbol{x}}(t)=\boldsymbol{A}(t)\boldsymbol{x}(t)+\boldsymbol{B}(t)\boldsymbol{u}(t)\\ \boldsymbol{x}(t_0)=\boldsymbol{x}_0,t_0,t\in T_d\end{cases} \tag{8-23}$$

在时刻 $t_0\in T_d$ 完全能控的充分必要条件是存在一个有限时刻 $t_f\in T_d$，$t_f>t_0$，使如下定义的格拉姆矩阵

$$\boldsymbol{W}_c(t_0,t_f)\overset{\triangle}{=}\int_{t_0}^{t_f}\boldsymbol{\Phi}(t_0,t)\boldsymbol{B}(t)\boldsymbol{B}^{\mathrm{T}}(t)\boldsymbol{\Phi}^{\mathrm{T}}(t_0,t)\mathrm{d}t \tag{8-24}$$

为非奇异。

根据式（8-24）的非奇异性判别时变连续系统的能控性，必须首先计算出系统的状态转移矩阵 $\boldsymbol{\Phi}(t,t_0)$，但 $\boldsymbol{\Phi}(t,t_0)$ 计算困难且有时写成闭合解，故该方法实用性较差。下面介绍一种只需依据 $\boldsymbol{A}(t)$、$\boldsymbol{B}(t)$矩阵而不必计算 $\boldsymbol{\Phi}(t,t_0)$ 的线性时变连续系统能控性的秩判据。

2）秩判据

线性时变连续系统

$$\dot{\boldsymbol{x}}(t)=\boldsymbol{A}(t)\boldsymbol{x}(t)+\boldsymbol{B}(t)\boldsymbol{u}(t)\qquad \boldsymbol{x}(t_0)=\boldsymbol{x}_0,t_0,t\in T_d$$

$\boldsymbol{A}(t)$、$\boldsymbol{B}(t)$各元素对 t 为$(n-1)$阶可微函数，则系统在时刻 t_0 完全能控的条件下（充分条件），存在一个有限时刻 $t_f\in T_d$，$t_f>t_0$，使

$$\operatorname{rank}\begin{bmatrix}\boldsymbol{M}_0(t_f) & \boldsymbol{M}_1(t_f) & \cdots & \boldsymbol{M}_{n-1}(t_f)\end{bmatrix}=n \tag{8-25}$$

其中，

$$\boldsymbol{M}_0(t_f)=\boldsymbol{B}(t_f)$$

$$\boldsymbol{M}_1(t_f)=\left.[-\boldsymbol{A}(t)\boldsymbol{M}_0(t)+\frac{\mathrm{d}}{\mathrm{d}t}\boldsymbol{M}_0(t)]\right|_{t=t_f}$$

$$\boldsymbol{M}_2(t_f)=\left.[-\boldsymbol{A}(t)\boldsymbol{M}_1(t)+\frac{\mathrm{d}}{\mathrm{d}t}\boldsymbol{M}_1(t)]\right|_{t=t_f}$$

$$\vdots$$

$$\boldsymbol{M}_{n-1}(t_f)=\left.[-\boldsymbol{A}(t)\boldsymbol{M}_{n-2}(t)+\frac{\mathrm{d}}{\mathrm{d}t}\boldsymbol{M}_{n-2}(t)]\right|_{t=t_f}$$

应该指出，式（8-25）只是一个充分条件，即不满足这个条件的系统，并不一定是不能控的。

例 8-9　试判断线性时变连续系统

$$\dot{\boldsymbol{x}}=\begin{bmatrix} t & 1 & 0 \\ 0 & 2t & 0 \\ 0 & 0 & t^2+t \end{bmatrix}\boldsymbol{x}+\begin{bmatrix} 0 \\ 1 \\ 1 \end{bmatrix}u \qquad T_{\mathrm{d}}=[0,3]$$

在时刻 $t_0=0.5$ 的能控性。

解　试取 $t_f=1\in T_{\mathrm{d}}$，$t_f>t_0$，计算

$$\boldsymbol{M}_0(t_f)=\begin{bmatrix} 0 \\ 1 \\ 1 \end{bmatrix}$$

$$\boldsymbol{M}_1(t_f)=\left[-\boldsymbol{A}(t)\boldsymbol{M}_0(t)+\frac{\mathrm{d}}{\mathrm{d}t}\boldsymbol{M}_0(t)\right]\Bigg|_{t=t_f}=\begin{bmatrix} -1 \\ -2t \\ -t-t^2 \end{bmatrix}\Bigg|_{t=1}=\begin{bmatrix} -1 \\ -2 \\ -2 \end{bmatrix}$$

$$\boldsymbol{M}_2(t_f)=\left[-\boldsymbol{A}(t)\boldsymbol{M}_1(t)+\frac{\mathrm{d}}{\mathrm{d}t}\boldsymbol{M}_1(t)\right]\Bigg|_{t=t_f}=\begin{bmatrix} 3t \\ 4t^2-2 \\ (t^2+t)^2-2t-1 \end{bmatrix}\Bigg|_{t=1}=\begin{bmatrix} 3 \\ 2 \\ 1 \end{bmatrix}$$

$$\mathrm{rank}\begin{bmatrix} \boldsymbol{M}_0(t_f) & \boldsymbol{M}_1(t_f) & \boldsymbol{M}_2(t_f) \end{bmatrix}_{t_f=1}=\mathrm{rank}\begin{bmatrix} 0 & -1 & 3 \\ 1 & -2 & 2 \\ 1 & -2 & 1 \end{bmatrix}=3$$

故系统在时刻 $t_0=0.5$ 时能控。

4. 线性定常连续系统能观测性判据

1）秩判据

设线性定常连续系统在输入 $\boldsymbol{u}(t)=\boldsymbol{0}$ 时的齐次状态方程和输出方程分别为

$$\begin{cases} \dot{\boldsymbol{x}}=\boldsymbol{A}\boldsymbol{x}, \boldsymbol{x}(0)=\boldsymbol{x}_0, t\geqslant 0 \\ \boldsymbol{y}=\boldsymbol{C}\boldsymbol{x} \end{cases} \tag{8-26}$$

其中，$\boldsymbol{x}$ 为 n 维状态向量；$\boldsymbol{y}$ 为 m 维输出向量；$\boldsymbol{A}$、$\boldsymbol{C}$ 分别为 $n\times n$ 维、$m\times n$ 维常数矩阵。

系统状态完全能观测的充分必要条件是如下能观测性判别矩阵

$$\boldsymbol{Q}_{\mathrm{o}}=\begin{bmatrix} \boldsymbol{C} \\ \boldsymbol{C}\boldsymbol{A} \\ \vdots \\ \boldsymbol{C}\boldsymbol{A}^{n-1} \end{bmatrix} \tag{8-27}$$

满秩，即

$$\mathrm{rank}\boldsymbol{Q}_{\mathrm{o}}=\mathrm{rank}\begin{bmatrix} \boldsymbol{C} \\ \boldsymbol{C}\boldsymbol{A} \\ \vdots \\ \boldsymbol{C}\boldsymbol{A}^{n-1} \end{bmatrix}=n \tag{8-28}$$

例 8-10　试判断线性定常连续系统

$$\begin{cases}\dot{\boldsymbol{x}}=\begin{bmatrix}2 & 1\\ 1 & -3\end{bmatrix}\boldsymbol{x}+\begin{bmatrix}-1\\ 1\end{bmatrix}u\\ \boldsymbol{y}=\begin{bmatrix}1 & 0\\ -1 & 0\end{bmatrix}\boldsymbol{x}\end{cases}$$

的能观测性。

解　系统的能观测性判别矩阵为 $\boldsymbol{Q}_{\mathrm{o}}=\begin{bmatrix}\boldsymbol{C}\\ \boldsymbol{CA}\end{bmatrix}=\begin{bmatrix}1 & 0\\ -1 & 0\\ 2 & 1\\ -2 & -1\end{bmatrix}$

$$\mathrm{rank}\boldsymbol{Q}_{\mathrm{o}}=2=n$$

所以该系统状态完全能观测。

例 8-11　如图 8-8 所示，u 为输入，电阻 R_0 上的电压 y 为输出，i_1、i_2 为状态变量，分析系统的能观测性。

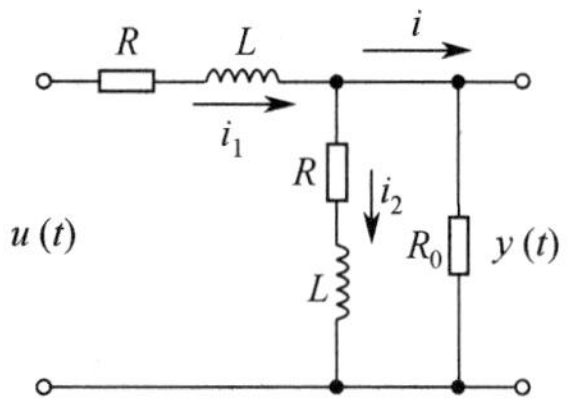

图 8-8　例 8-11 电路图

解　在例 8-3 中，已从物理概念上分析出图 8-8 所示电路以 y 为输出是不能观测的。本题应用秩判据进行判断。电路的原始方程为

$$Ri_1+L\frac{\mathrm{d}i_1}{\mathrm{d}t}+i_2R+L\frac{\mathrm{d}i_2}{\mathrm{d}t}=u$$

$$R_0(i_1-i_2)=i_2R+L\frac{\mathrm{d}i_2}{\mathrm{d}t}$$

$$y=R_0(i_1-i_2)$$

令 $x_1=i_1$，$x_2=i_2$，可导出电路的状态空间表达式为

$$\begin{cases}\begin{bmatrix}\dot{x}_1\\ \dot{x}_2\end{bmatrix}=\begin{bmatrix}-\dfrac{R+R_0}{L} & \dfrac{R_0}{L}\\ \dfrac{R_0}{L} & -\dfrac{R+R_0}{L}\end{bmatrix}\begin{bmatrix}x_1\\ x_2\end{bmatrix}+\begin{bmatrix}\dfrac{1}{L}\\ 0\end{bmatrix}u\\ y=\begin{bmatrix}R_0 & -R_0\end{bmatrix}\begin{bmatrix}x_1\\ x_2\end{bmatrix}\end{cases}$$

能观测性判别矩阵

$$\boldsymbol{Q}_{\mathrm{o}}=\begin{bmatrix}\boldsymbol{C}\\ \boldsymbol{CA}\end{bmatrix}=\begin{bmatrix}R_0 & -R_0\\ -\dfrac{RR_0+2R_0^2}{L} & \dfrac{RR_0+2R_0^2}{L}\end{bmatrix}$$

可见，$\mathrm{rank}\boldsymbol{Q}_{\mathrm{o}}=1<n=2$，故系统是不能观测的。

2）约当标准型判据

（1）线性系统经非奇异变换后不会改变其能观测性。

证明　设变换前系统状态空间表达式为

$$\begin{cases}\dot{\boldsymbol{x}}=\boldsymbol{Ax}+\boldsymbol{Bu}\\ \boldsymbol{y}=\boldsymbol{Cx}+\boldsymbol{Du}\end{cases}$$

其能观测性判别矩阵为

$$\boldsymbol{Q}_{\mathrm{o}}=\begin{bmatrix}\boldsymbol{C}\\ \boldsymbol{CA}\\ \vdots\\ \boldsymbol{CA}^{n-1}\end{bmatrix}$$

对状态空间表达式作线性非奇异变换 $\boldsymbol{x}=\boldsymbol{T}\bar{\boldsymbol{x}}$，变换后，系统状态方程为

$$\begin{cases}\dot{\bar{\boldsymbol{x}}}=\boldsymbol{T}^{-1}\boldsymbol{AT}\bar{\boldsymbol{x}}+\boldsymbol{T}^{-1}\boldsymbol{Bu}=\bar{\boldsymbol{A}}\bar{\boldsymbol{x}}+\bar{\boldsymbol{B}}\boldsymbol{u}\\ \boldsymbol{y}=\boldsymbol{CT}\bar{\boldsymbol{x}}+\boldsymbol{Du}=\bar{\boldsymbol{C}}\bar{\boldsymbol{x}}+\boldsymbol{Du}\end{cases}$$

变换后，系统的能观测性判别矩阵为

$$\bar{\boldsymbol{Q}}_{\mathrm{o}}=\begin{bmatrix}\bar{\boldsymbol{C}}\\ \overline{\boldsymbol{CA}}\\ \vdots\\ \overline{\boldsymbol{CA}}^{n-1}\end{bmatrix}=\begin{bmatrix}\boldsymbol{CT}\\ \boldsymbol{CT}(\boldsymbol{T}^{-1}\boldsymbol{AT})\\ \vdots\\ \boldsymbol{CT}(\boldsymbol{T}^{-1}\boldsymbol{AT})^{n-1}\end{bmatrix}=\begin{bmatrix}\boldsymbol{CT}\\ \boldsymbol{CAT}\\ \vdots\\ \boldsymbol{CA}^{n-1}\boldsymbol{T}\end{bmatrix}=\begin{bmatrix}\boldsymbol{C}\\ \boldsymbol{CA}\\ \vdots\\ \boldsymbol{CA}^{n-1}\end{bmatrix}\boldsymbol{T}=\boldsymbol{Q}_{\mathrm{o}}\boldsymbol{T}$$

因为 $\boldsymbol{T}$ 是非奇异的，故有

$$\mathrm{rank}\bar{\boldsymbol{Q}}_{\mathrm{o}}=\mathrm{rank}(\boldsymbol{Q}_{\mathrm{o}}\boldsymbol{T})=\mathrm{rank}\boldsymbol{Q}_{\mathrm{o}}$$

可见，线性非奇异变换后与变换前系统的能观测性判别矩阵的秩相等，因此，线性非奇异变换不改变系统的能观测性。

（2）系统特征值互异情况下的对角线标准型判据。

线性定常连续系统在输入 $\boldsymbol{u}(t)=0$ 时的齐次状态方程和输出方程如式（8-26）所示，若系统矩阵 $\boldsymbol{A}$ 的特征值 λ_1、λ_2、…、λ_n 互异，作线性非奇异变换 $\boldsymbol{x}=\boldsymbol{T}\bar{\boldsymbol{x}}$，将式（8-26）变换为如下对角线标准型

$$\begin{cases}\dot{\bar{\boldsymbol{x}}}=\boldsymbol{T}^{-1}\boldsymbol{AT}\bar{\boldsymbol{x}}=\bar{\boldsymbol{A}}\bar{\boldsymbol{x}}=\begin{bmatrix}\lambda_1 & & & \\ & \lambda_2 & & \\ & & \ddots & \\ & & & \lambda_n\end{bmatrix}\bar{\boldsymbol{x}}\\ \boldsymbol{y}=\boldsymbol{CT}\bar{\boldsymbol{x}}=\bar{\boldsymbol{C}}\bar{\boldsymbol{x}}\end{cases}\tag{8-29}$$

系统状态完全能观测的充分必要条件是对角线标准型（8-29）中，$\bar{\boldsymbol{C}}$ 矩阵不含元素全为零的列。

例 8-12 判断下列系统的能观测性。

a）$\dot{\boldsymbol{x}}=\begin{bmatrix}-7&0&0\\0&-5&0\\0&0&-3\end{bmatrix}\boldsymbol{x},\boldsymbol{y}=\begin{bmatrix}6&4&5\end{bmatrix}\boldsymbol{x}$ b）$\dot{\boldsymbol{x}}=\begin{bmatrix}-7&0&0\\0&-5&0\\0&0&-3\end{bmatrix}\boldsymbol{x},\boldsymbol{y}=\begin{bmatrix}3&2&0\end{bmatrix}\boldsymbol{x}$

c）$\dot{\boldsymbol{x}}=\begin{bmatrix}-7&0&0\\0&-5&0\\0&0&-3\end{bmatrix}\boldsymbol{x},\boldsymbol{y}=\begin{bmatrix}1&2&3\\2&5&8\end{bmatrix}\boldsymbol{x}$ d）$\dot{\boldsymbol{x}}=\begin{bmatrix}-7&0&0\\0&-5&0\\0&0&-3\end{bmatrix}\boldsymbol{x},\boldsymbol{y}=\begin{bmatrix}1&2&0\\2&5&0\end{bmatrix}\boldsymbol{x}$

解 上述 4 个系统，系统矩阵 $\boldsymbol{A}$ 相同且均为特征值互异的对角阵，但输出矩阵 $\boldsymbol{C}$ 不同，系统 a)、系统 c）由于 $\boldsymbol{C}$ 矩阵中不含有元素全为零的列，故系统 a)、系统 c）能观测；系统 b)、系统 d）由于 $\boldsymbol{C}$ 矩阵中的第三列元素全为零，故系统 b)、系统 d）能观测。若读者画出其状态变量图，则不难看出上述结论是显然的。

（3）系统特征值具有重特征值情况下的约当标准型判据。

设线性定常连续系统在输入 $\boldsymbol{u}(t)=\boldsymbol{0}$ 时的齐次状态方程和输出方程如式（8-26）所示，系统矩阵 $\boldsymbol{A}$ 具有重特征值 λ_1（m_1 重）、λ_2（m_2 重）、…、λ_l（m_l 重），其中，m_i 为 λ_i 的代数重数，$m_1+m_2+\cdots+m_l=n$，$\lambda_i\neq\lambda_j$（$i\neq j$），若经线性非奇异变换 $\boldsymbol{x}=\boldsymbol{T}\bar{\boldsymbol{x}}$，将式（8-26）变换为式（8-30）约当标准型

$$\begin{cases}\dot{\bar{\boldsymbol{x}}}=\boldsymbol{T}^{-1}\boldsymbol{A}\boldsymbol{T}\bar{\boldsymbol{x}}=\bar{\boldsymbol{A}}\boldsymbol{J}\bar{\boldsymbol{x}}=\begin{bmatrix}\boldsymbol{J}_1 & & & \\ & \boldsymbol{J}_2 & & \\ & & \ddots & \\ & & & \boldsymbol{J}_l\end{bmatrix}\bar{\boldsymbol{x}} \\ \boldsymbol{y}=\boldsymbol{C}\boldsymbol{T}\bar{\boldsymbol{x}}=\bar{\boldsymbol{C}}\bar{\boldsymbol{x}}\end{cases} \tag{8-30}$$

其中，$\boldsymbol{J}_i$（$i=1,2,\cdots,l$）为对应 m_i 重特征值 λ_i 的 m_i 阶约当标准块，则系统状态完全能观测的充分必要条件是：约当标准型式（8-30）中，矩阵 $\bar{\boldsymbol{C}}$ 中与每个约当标准块 $\boldsymbol{J}_i$（$i=1,2,\cdots,l$）的第一列相对应的各列都不是元素全为零的列。

例 8-13　判断如下 4 个系统的能观测性。

a）$\dot{\boldsymbol{x}}=\begin{bmatrix}-2 & 1\\ 0 & -2\end{bmatrix}\boldsymbol{x},\boldsymbol{y}=\begin{bmatrix}1 & 0\end{bmatrix}\boldsymbol{x}$　　b）$\dot{\boldsymbol{x}}=\begin{bmatrix}-2 & 1\\ 0 & -2\end{bmatrix}\boldsymbol{x},\boldsymbol{y}=\begin{bmatrix}0 & 1\end{bmatrix}\boldsymbol{x}$

c）$\dot{\boldsymbol{x}}=\begin{bmatrix}2 & 0 & 0 & 0\\ 0 & -3 & 0 & 0\\ 0 & 0 & -4 & 1\\ 0 & 0 & 0 & -4\end{bmatrix}\boldsymbol{x},\boldsymbol{y}=\begin{bmatrix}1 & 4 & 0 & 1\\ 3 & 7 & 0 & 0\end{bmatrix}\boldsymbol{x}$　d）$\dot{\boldsymbol{x}}=\begin{bmatrix}2 & 0 & 0 & 0\\ 0 & -3 & 0 & 0\\ 0 & 0 & -4 & 1\\ 0 & 0 & 0 & -4\end{bmatrix}\boldsymbol{x},\boldsymbol{y}=\begin{bmatrix}1 & 4 & 1 & 0\\ 3 & 7 & 0 & 0\end{bmatrix}\boldsymbol{x}$

解　显然，系统 a）、系统 d）能观测，系统 b）、系统 c）不能观测，请读者自行分析。

与系统能控性的约当标准型判据相对应，关于系统能观测的约当标准型判据应注意以下两点。

① 若系统既有重特征值又有单特征值，其状态空间表达式经线性非奇异变换得到的约当标准型中，系统矩阵 $\boldsymbol{T}^{-1}\boldsymbol{A}\boldsymbol{T}$ 中既出现约当子块又出现对角子块，此时应综合运用上述对角线标准型判据和约当标准型判据分析系统的能观测性。例如，例 8-13 中的系统 c）、系统 d）。

② 当 $\boldsymbol{A}$ 矩阵有重特征值，也有可能变换为对角线标准型（$\boldsymbol{T}^{-1}\boldsymbol{A}\boldsymbol{T}$ 为对角线型，但与重特征值对应的对角元素是相同的）或不同于式（8-30）形式的约当标准型（在约当矩阵 $\boldsymbol{T}^{-1}\boldsymbol{A}\boldsymbol{T}$ 中出现两个或两个以上与同一重特征值对应的约当子块，而式（8-30）中的约当标准型矩阵同一重特征值只对应一个约当子块），在这种情况下，则不能简单地按上述标准型判据确定系统的能观测性，尚须考查 $\bar{\boldsymbol{C}}=\boldsymbol{C}\boldsymbol{T}$ 中某些列向量的线性相关性，即应修改上述标准型判据。现直接给出有关结论：若 $\boldsymbol{A}$ 具有重特征值且 $\bar{\boldsymbol{A}}=\boldsymbol{T}^{-1}\boldsymbol{A}\boldsymbol{T}$ 为约当标准型，但 $\bar{\boldsymbol{A}}$ 中出现两个或两个以上与同一特征值对应的约当子块，则系统状态完全能观测的充分必要条件是：$\bar{\boldsymbol{C}}=\boldsymbol{C}\boldsymbol{T}$ 中与每个约当子块第一列相对应的各列都不是元素全为零的列；且与 $\bar{\boldsymbol{A}}$ 中所有相等特征值的约当子块第一列相对应的 $\bar{\boldsymbol{C}}$ 中的那些列线性无关，现举例说明。

a）$\dot{\boldsymbol{x}}=\begin{bmatrix}2 & 0 & 0\\ 0 & 2 & 0\\ 0 & 0 & 1\end{bmatrix}\boldsymbol{x},\boldsymbol{y}=\begin{bmatrix}1 & 4 & 3\\ 2 & 5 & -1\end{bmatrix}\boldsymbol{x}$　　系统能观测

b）$\dot{\boldsymbol{x}}=\begin{bmatrix}4 & 0 & 0 & 0\\ 0 & 4 & 0 & 0\\ 0 & 0 & 4 & 1\\ 0 & 0 & 0 & 4\end{bmatrix}\boldsymbol{x},\boldsymbol{y}=\begin{bmatrix}1 & 1 & 2 & 1\\ 1 & 2 & 2 & 0\end{bmatrix}\boldsymbol{x}$　　系统不能观测

c） $\dot{x}=\begin{bmatrix}4&1&0&0\\0&4&0&0\\0&0&4&1\\0&0&0&4\end{bmatrix}x, y=\begin{bmatrix}1&1&1&2\\2&1&0&2\end{bmatrix}x$ 　　　系统能观测

系统 a）中，对应二重特征值 2 的两个约当子块的首列，输出矩阵的两个列向量 $\begin{bmatrix}1\\2\end{bmatrix}$、$\begin{bmatrix}4\\5\end{bmatrix}$ 线性无关；且单特征值 1 对应输出矩阵的列元素不全为零，故系统能观测。

系统 b）中，四重特征值 4 分布在三个约当子块 $[4]$、$[4]$、$\begin{bmatrix}4&1\\0&4\end{bmatrix}$ 中，这三个约当子块首列对应的输出矩阵的三个列向量 $\begin{bmatrix}1\\1\end{bmatrix}$、$\begin{bmatrix}1\\2\end{bmatrix}$、$\begin{bmatrix}2\\2\end{bmatrix}$ 线性相关，故系统不能观测。

系统 c）中，四重特征值 4 分布在两个约当子块中，这两个约当子块首列对应的输出矩阵的两个列向量 $\begin{bmatrix}1\\2\end{bmatrix}$、$\begin{bmatrix}1\\0\end{bmatrix}$ 线性无关，故系统能观测。

本例说明，状态变量与输出 $\boldsymbol{y}$ 有联系只是其能观测的必要条件。

顺便指出，上面介绍的能观测性判别方法也适用于分析线性定常离散系统的能观测性。

3）PBH 秩判据

线性定常连续系统在输入 $\boldsymbol{u}(t)=\boldsymbol{0}$ 时的齐次状态方程和输出方程如式（8-26）所示，则系统状态完全能观测的充分必要条件是对系统矩阵 $\boldsymbol{A}$ 的所有特征值 λ_i（$i=1,2,\cdots,n$），均有

$$\operatorname{rank}\begin{bmatrix}\lambda_i \boldsymbol{I}-\boldsymbol{A}\\ \boldsymbol{C}\end{bmatrix}=n \tag{8-31}$$

因为在复数域 C 上除 λ_i（$i=1,2,\cdots,n$）以外的所有 s 值均有 $\det(s\boldsymbol{I}-\boldsymbol{A})\neq 0$，故式（8-31）可等价地表示为

$$\operatorname{rank}\begin{bmatrix}s\boldsymbol{I}-\boldsymbol{A}\\ \boldsymbol{C}\end{bmatrix}=n,\quad \forall s\in C \tag{8-32}$$

例 8-14 系统的状态方程和输出方程分别为

$$\dot{\boldsymbol{x}}=\begin{bmatrix}0&1&0&0\\0&0&1&0\\0&0&0&1\\0&-1&-3&-3\end{bmatrix}\boldsymbol{x},\ \boldsymbol{y}=\begin{bmatrix}1&1&0&0\end{bmatrix}\boldsymbol{x}$$

判别系统的能观测性。

解 系统的特征值为 $\lambda_1=\lambda_2=\lambda_3=-1$，$\lambda_4=0$。

对 $\lambda_1=\lambda_2=\lambda_3=-1$，有

$$\operatorname{rank}\begin{bmatrix}\lambda_1 \boldsymbol{I}-\boldsymbol{A}\\ \boldsymbol{C}\end{bmatrix}=\operatorname{rank}\begin{bmatrix}-1&-1&0&0\\0&-1&-1&0\\0&0&-1&-1\\0&1&3&2\\1&1&0&0\end{bmatrix}=3<n$$

由系统能观测性的 PBH 秩判据，可知系统状态不完全能观测。

5. 线性时变连续系统能观测性判据

线性时变连续系统的 $\boldsymbol{A}(t)$、$\boldsymbol{B}(t)$、$\boldsymbol{C}(t)$、$\boldsymbol{D}(t)$矩阵，其元素是时间 t 的函数，因此不能像定常系统那样，直接根据 $\boldsymbol{A}(t)$、$\boldsymbol{C}(t)$矩阵构造能观测性判别矩阵来判别其能观测性。下面介绍两种判据。

1）格拉姆矩阵判据

设线性时变连续系统在输入 $\boldsymbol{u}(t)=\boldsymbol{0}$ 时的齐次状态方程和输出方程为

$$\begin{cases}\dot{\boldsymbol{x}}=\boldsymbol{A}(t)\boldsymbol{x},\boldsymbol{x}(t_0)=\boldsymbol{x}_0, & t,t_0\in T_{\mathrm{d}}\\ \boldsymbol{y}=\boldsymbol{C}(t)\boldsymbol{x}\end{cases}\tag{8-33}$$

系统在时刻 t_0 完全能观测的充分必要条件是存在一个有限时刻 $t_f\in T_{\mathrm{d}}$，$t_f>t_0$，使如下定义的格拉姆矩阵

$$\boldsymbol{W}_{\mathrm{o}}(t_0,t_f)\overset{\Delta}{=}\int_{t_0}^{t_f}\boldsymbol{\Phi}^{\mathrm{T}}(t,t_0)\boldsymbol{C}^{\mathrm{T}}(t)\boldsymbol{C}(t)\boldsymbol{\Phi}(t,t_0)\mathrm{d}t\tag{8-34}$$

为非奇异。

由于时变系统状态转移矩阵 $\boldsymbol{\Phi}(t,t_0)$ 计算的困难性，根据式（8-34）的非奇异性判别系统的能观测性的方法实用性也较差，其意义主要在于理论分析上的应用。下面介绍一种只需依据 $\boldsymbol{A}(t)$、$\boldsymbol{C}(t)$矩阵不必计算 $\boldsymbol{\Phi}(t,t_0)$ 的线性时变连续系统能观测性的秩判据。

2）秩判据

设线性时变连续系统在输入 $\boldsymbol{u}(t)=\boldsymbol{0}$ 时的齐次状态方程和输出方程如式（8-33）所示，若 $\boldsymbol{A}(t)$、$\boldsymbol{C}(t)$矩阵均是$(n-1)$阶连续可导的函数矩阵，则系统在时刻 t_0 完全能观测的充分条件为：存在一个有限时刻 $t_f\in T_{\mathrm{d}}$，$t_f>t_0$，使

$$\mathrm{rank}\begin{bmatrix}\boldsymbol{N}_0(t_f)\\ \boldsymbol{N}_1(t_f)\\ \vdots\\ \boldsymbol{N}_{n-1}(t_f)\end{bmatrix}=n\tag{8-35}$$

其中，$\boldsymbol{N}_0(t_f)=\boldsymbol{C}(t_f)$

$$\boldsymbol{N}_1(t_f)=\left[\boldsymbol{N}_0(t)\boldsymbol{A}(t)+\frac{\mathrm{d}}{\mathrm{d}t}\boldsymbol{N}_0(t)\right]\bigg|_{t=t_f}$$

$$\vdots$$

$$\boldsymbol{N}_{n-1}(t_f)=\left[\boldsymbol{N}_{n-2}(t)\boldsymbol{A}(t)+\frac{\mathrm{d}}{\mathrm{d}t}\boldsymbol{N}_{n-2}(t)\right]\bigg|_{t=t_f}$$

应该指出，式（8-35）只是一个充分条件，在实际应用中，若未找到满足式（8-35）的 t_f，并不能判定系统不能观测。

例 8-15　已知线性时变连续系统为

$$\begin{cases}\dot{\boldsymbol{x}}=\begin{bmatrix}t & 1 & 0\\ 0 & 2t & 0\\ 0 & 0 & t^2+t\end{bmatrix}\boldsymbol{x}\\ \boldsymbol{y}=\begin{bmatrix}1 & 1 & 1\end{bmatrix}\boldsymbol{x}\end{cases}\qquad T_{\mathrm{d}}=[0,10]$$

分析系统在 $t_0=0.5$ 时的能观测性。

解 试取$t_f=1\in T_{\rm d}$，$t_f>t_0$，计算

$$N_0(t_f)=\begin{bmatrix}1 & 1 & 1\end{bmatrix}$$

$$N_1(t_f)=\left[N_0(t)A(t)+\frac{\rm d}{{\rm d}t}N_0(t)\right]\bigg|_{t=t_f}=\begin{bmatrix}1 & 2t & t+t^2\end{bmatrix}\Big|_{t=1}=\begin{bmatrix}1 & 3 & 2\end{bmatrix}$$

$$N_2(t_f)=\left[N_1(t)A(t)+\frac{\rm d}{{\rm d}t}N_1(t)\right]\bigg|_{t=t_f}=\begin{bmatrix}t^2+1 & 4t^2+3t+2 & (t^2+t)^2+2t+1\end{bmatrix}\Big|_{t=1}=\begin{bmatrix}2 & 9 & 7\end{bmatrix}$$

$$\text{rank}\begin{bmatrix}N_0(t_f)\\ N_1(t_f)\\ N_2(t_f)\end{bmatrix}=\text{rank}\begin{bmatrix}1 & 1 & 1\\ 1 & 3 & 2\\ 2 & 9 & 7\end{bmatrix}=3=n$$

故系统在时刻$t_0=0.5$时状态完全能观测。

6. 系统能控性和能观测性的对偶原理

从状态能控性与状态能观测性的讨论中可以看到，其在概念和判据形式上存在对偶关系，卡尔曼提出的对偶原理揭示了两者之间的内在联系。

考虑由下述状态空间表达式描述的系统$\Sigma_1(\boldsymbol{A},\boldsymbol{B},\boldsymbol{C})$

$$\begin{cases}\dot{\boldsymbol{x}}=\boldsymbol{A}\boldsymbol{x}+\boldsymbol{B}\boldsymbol{u}\\ \boldsymbol{y}=\boldsymbol{C}\boldsymbol{x}\end{cases}$$

其中，$\boldsymbol{x}$为n维状态向量；$\boldsymbol{u}$为r维输入向量；$\boldsymbol{y}$为m维输出向量；$\boldsymbol{A}$、$\boldsymbol{B}$、$\boldsymbol{C}$分别为$n\times n$维、$n\times r$维、$m\times n$维常数矩阵。考虑由下述状态空间表达式定义的对偶系统$\Sigma_2(\boldsymbol{A}^{\rm T},\boldsymbol{C}^{\rm T},\boldsymbol{B}^{\rm T})$。

$$\begin{cases}\dot{\boldsymbol{z}}=\boldsymbol{A}^{\rm T}\boldsymbol{z}+\boldsymbol{C}^{\rm T}\boldsymbol{v}\\ \boldsymbol{w}=\boldsymbol{B}^{\rm T}\boldsymbol{z}\end{cases}$$

其中，$\boldsymbol{z}$为n维状态向量；$\boldsymbol{v}$为r维输入向量；$\boldsymbol{w}$为m维输出向量；$\boldsymbol{A}^{\rm T}$、$\boldsymbol{C}^{\rm T}$、$\boldsymbol{B}^{\rm T}$分别为$n\times n$维、$n\times m$维、$r\times n$维常数矩阵。

对偶原理：仅当系统$\Sigma_2(\boldsymbol{A}^{\rm T},\boldsymbol{C}^{\rm T},\boldsymbol{B}^{\rm T})$状态能观测（状态能控）时，系统$\Sigma_1(\boldsymbol{A},\boldsymbol{B},\boldsymbol{C})$才是状态能控（状态能观测）的。为了验证这个原理，下面写出系统$\Sigma_1(\boldsymbol{A},\boldsymbol{B},\boldsymbol{C})$和$\Sigma_2(\boldsymbol{A}^{\rm T},\boldsymbol{C}^{\rm T},\boldsymbol{B}^{\rm T})$的状态能控和能观测的充要条件。

对于系统$\Sigma_1(\boldsymbol{A},\boldsymbol{B},\boldsymbol{C})$：

① 状态能控的充要条件是$n\times nr$维能控矩阵

$$\begin{bmatrix}\boldsymbol{B} & \boldsymbol{A}\boldsymbol{B} & \boldsymbol{A}^2\boldsymbol{B} & \cdots & \boldsymbol{A}^{n-1}\boldsymbol{B}\end{bmatrix}$$

的秩为n；

② 状态能观测的充要条件是$n\times nm$维能观测矩阵

$$\begin{bmatrix}\boldsymbol{C}\\ \boldsymbol{C}\boldsymbol{A}\\ \vdots\\ \boldsymbol{C}\boldsymbol{A}^{n-1}\end{bmatrix}$$

的秩为n。

对于系统$\Sigma_2(\boldsymbol{A}^{\rm T},\boldsymbol{C}^{\rm T},\boldsymbol{B}^{\rm T})$：

① 状态能控的充要条件是 $n\times nm$ 维能控矩阵

$$\begin{bmatrix} \boldsymbol{C} \\ \boldsymbol{CA} \\ \vdots \\ \boldsymbol{CA}^{n-1} \end{bmatrix}$$

的秩为 n；

② 状态能观测的充要条件是 $n\times nr$ 维能观测矩阵

$$\begin{bmatrix} \boldsymbol{B} & \boldsymbol{AB} & \boldsymbol{A}^2\boldsymbol{B} & \cdots & \boldsymbol{A}^{n-1}\boldsymbol{B} \end{bmatrix}$$

的秩为 n。

对比这些条件，可以明显看出对偶原理的正确性。利用此原理，一个给定系统的能观测性可用对偶系统的状态能控性来检验和判断。

简单地说，对偶性有如下关系

$$\boldsymbol{A}\Rightarrow\boldsymbol{A}^{\mathrm{T}}、\boldsymbol{B}\Rightarrow\boldsymbol{C}^{\mathrm{T}}、\boldsymbol{C}\Rightarrow\boldsymbol{B}^{\mathrm{T}} \tag{8-36}$$

8.3　线性系统的结构分解

如果一个系统不完全能控，则其状态空间中所有的能控状态构成能控子空间，其余为不能控子空间。如果一个系统不完全能观测，则其状态空间中所有能观测的状态构成能观测子空间，其余为不能观测子空间。但是，在一般形式下，这些子空间并未明显地分解出来。由于线性非奇异变换不改变系统的能控性、能观测性，因此，这个问题可通过线性非奇异变换解决。

将线性系统的状态空间按能控性和能观测性进行结构分解是状态空间分析中的一个重要内容，在理论上揭示了状态空间的本质特征，为最小实现问题的提出提供了理论依据。实际上，它与系统的状态反馈、系统镇定等问题的解决均有密切关系。

1. 约当标准型分解

前面已分别给出了系统能控性和能观测性的约当标准型判据，其优点在于当系统状态不完全能控（不完全能观测）时，可通过线性非奇异变换后得到的约当标准型确定出系统的不能控（不能观测）部分。

例 8-16　已知线性定常系统

$$\begin{cases} \dot{\boldsymbol{x}}=\begin{bmatrix} 0 & 1 & 0 \\ 0 & 0 & 1 \\ -6 & -11 & -6 \end{bmatrix}\boldsymbol{x}+\begin{bmatrix} 0 \\ 1 \\ -3 \end{bmatrix}u \\ \boldsymbol{y}=\begin{bmatrix} 4 & 5 & 1 \end{bmatrix}\boldsymbol{x} \end{cases}$$

的状态不完全能控与不完全能观测，试对其进行结构分解。

解　矩阵 $\boldsymbol{A}$ 为友矩阵，其特征值为 $\lambda_1=-1$、$\lambda_2=-2$、$\lambda_3=-3$。作线性非奇异变换 $\boldsymbol{x}=\boldsymbol{Tz}$，将系统矩阵变换 $\boldsymbol{A}$ 为对角线矩阵

$$\Lambda = T^{-1}AT = \begin{bmatrix} -1 & 0 & 0 \\ 0 & -2 & 0 \\ 0 & 0 & -3 \end{bmatrix}$$

其中，变换矩阵为 Vandermonde 矩阵，即

$$T = \begin{bmatrix} 1 & 1 & 1 \\ -1 & -2 & -3 \\ 1 & 4 & 9 \end{bmatrix}$$

其逆矩阵 T^{-1} 为

$$T^{-1} = \frac{1}{2}\begin{bmatrix} 6 & 5 & 1 \\ -6 & -8 & -2 \\ 2 & 3 & 1 \end{bmatrix}$$

由 $T^{-1}B = \begin{bmatrix} 1 \\ -1 \\ 0 \end{bmatrix}$ 及 $CT = \begin{bmatrix} 0 & -2 & -2 \end{bmatrix}$ 可写出给定系统经线性非奇异变换后的状态空间表达式为

$$\begin{cases} \dot{z} = \begin{bmatrix} -1 & 0 & 0 \\ 0 & -2 & 0 \\ 0 & 0 & -3 \end{bmatrix} z + \begin{bmatrix} 1 \\ -1 \\ 0 \end{bmatrix} u \\ y = \begin{bmatrix} 0 & -2 & -2 \end{bmatrix} z \end{cases}$$

由上列状态空间表达式可知，能控状态变量为 z_1（对应极点 $\lambda_1 = -1$）及 z_2（对应极点 $\lambda_2 = -2$），不能控状态变量为 z_3（对应极点 $\lambda_3 = -3$），特征值 $\lambda_3 = -3$ 形成的模态 e^{-3t} 是不能控模态；能观测状态变量为 z_2、z_3，不能观测的状态变量为 z_1，特征值 $\lambda_1 = -1$ 对应的模态 e^{-t} 是不能观测模态。

综上所述，给定系统结构分解的结果为：能控且能观测的状态变量为 z_2（对应极点 $\lambda_2 = -2$），能控但不能观测的状态变量为 z_1（对应极点 $\lambda_1 = -1$），能观测但不能控的状态变量为 z_3（对应极点 $\lambda_3 = -3$）。该系统没有既不能控又不能观测的状态变量。

2. 按能控性分解

设状态不完全能控的线性定常系统

$$\begin{cases} \dot{x} = Ax + Bu \\ y = Cx \end{cases} \tag{8-37}$$

其中，x 为 n 维状态向量；u 为 r 维控制向量；y 为 m 维输出向量；系统矩阵 A 为 $n \times n$ 维矩阵、B 为 $n \times r$ 维矩阵、C 为 $m \times n$ 维矩阵。其能控性判别矩阵

$$Q_c = \begin{bmatrix} B & AB & A^2B \cdots A^{n-1}B \end{bmatrix}$$

的秩 $\mathrm{rank}Q_c = n_1 < n$，则存在线性非奇异变换

$$x = T_{cd}\hat{x} \tag{8-38}$$

将状态空间表达式（8-37）变换为下列按能控性分解的标准型

$$\begin{cases} \dot{\hat{x}} = \hat{A}\hat{x} + \hat{B}u \\ y = \hat{C}\hat{x} \end{cases} \tag{8-39}$$

其中，$\hat{\boldsymbol{x}}=\begin{bmatrix}\hat{\boldsymbol{x}}_{\mathrm{c}}\\ \hat{\boldsymbol{x}}_{\bar{\mathrm{c}}}\end{bmatrix}$，$\hat{\boldsymbol{x}}_{\mathrm{c}}$ 为 n_1 维能控状态子向量，$\hat{\boldsymbol{x}}_{\bar{\mathrm{c}}}$ 为$(n-n_1)$维不能控状态子向量。

$$\begin{cases}\hat{\boldsymbol{A}}=\boldsymbol{T}_{\mathrm{cd}}^{-1}\boldsymbol{A}\boldsymbol{T}_{\mathrm{cd}}=\left[\begin{array}{c:c}\hat{\boldsymbol{A}}_{11} & \hat{\boldsymbol{A}}_{12}\\ \hdashline \boldsymbol{0} & \hat{\boldsymbol{A}}_{22}\end{array}\right]\\ \hat{\boldsymbol{B}}=\boldsymbol{T}_{\mathrm{cd}}^{-1}\boldsymbol{B}=\left[\begin{array}{c}\hat{\boldsymbol{B}}_1\\ \hdashline \boldsymbol{0}\end{array}\right]\\ \hat{\boldsymbol{C}}=\boldsymbol{T}_{\mathrm{cd}}\boldsymbol{C}=\left[\begin{array}{c:c}\hat{\boldsymbol{C}}_1 & \hat{\boldsymbol{C}}_2\end{array}\right]\end{cases} \tag{8-40}$$

其中，$\hat{\boldsymbol{A}}_{11}$、$\hat{\boldsymbol{A}}_{12}$、$\hat{\boldsymbol{A}}_{22}$ 分别为 $n_1\times n_1$ 维、$n_1\times(n-n_1)$维、$(n-n_1)\times(n-n_1)$维子矩阵；$\hat{\boldsymbol{B}}_1$ 为 $n_1\times r$ 维子矩阵；$\hat{\boldsymbol{C}}_1$、$\hat{\boldsymbol{C}}_2$ 分别为 $m\times n_1$ 维、$m\times(n-n_1)$维子矩阵。

非奇异变换矩阵 $\boldsymbol{T}_{\mathrm{cd}}$ 则为

$$\boldsymbol{T}_{\mathrm{cd}}=\begin{bmatrix}\boldsymbol{P}_1 & \boldsymbol{P}_2 & \cdots & \boldsymbol{P}_{n_1} & \boldsymbol{P}_{n_1+1} & \cdots & \boldsymbol{P}_n\end{bmatrix} \tag{8-41}$$

其中，n 个 n 维列向量按如下方法构成：前 n_1 个列向量 $\boldsymbol{P}_1$、$\boldsymbol{P}_2$、…、$\boldsymbol{P}_{n_1}$ 是能控性判别矩阵 $\boldsymbol{Q}_{\mathrm{c}}$ 中的 n_1 个线性无关的列；另外$(n-n_1)$个列向量 $\boldsymbol{P}_{n_1+1}$、…、$\boldsymbol{P}_n$ 在确保 $\boldsymbol{T}_{\mathrm{cd}}$ 为非奇异的条件下，任意取的。

将式（8-39）中的输出方程展开得

$$\boldsymbol{y}=\hat{\boldsymbol{C}}\hat{\boldsymbol{x}}=\begin{bmatrix}\hat{\boldsymbol{C}}_1 & \hat{\boldsymbol{C}}_2\end{bmatrix}\begin{bmatrix}\hat{\boldsymbol{x}}_{\mathrm{c}}\\ \hat{\boldsymbol{x}}_{\bar{\mathrm{c}}}\end{bmatrix}=\hat{\boldsymbol{C}}_1\hat{\boldsymbol{x}}_{\mathrm{c}}+\hat{\boldsymbol{C}}_2\hat{\boldsymbol{x}}_{\bar{\mathrm{c}}}=\boldsymbol{y}_1+\boldsymbol{y}_2 \tag{8-42}$$

其中，$\boldsymbol{y}_1=\hat{\boldsymbol{C}}_1\hat{\boldsymbol{x}}_{\mathrm{c}}$；$\boldsymbol{y}_2=\hat{\boldsymbol{C}}_2\hat{\boldsymbol{x}}_{\bar{\mathrm{c}}}$。

可以看出，系统状态空间表达式变换为式（8-39）后，系统的状态空间被分解成能控和不能控两部分，其中能控的 n_1 维子系统状态空间表达式为

$$\begin{cases}\dot{\hat{\boldsymbol{x}}}_{\mathrm{c}}=\hat{\boldsymbol{A}}_{11}\hat{\boldsymbol{x}}_{\mathrm{c}}+\hat{\boldsymbol{A}}_{12}\hat{\boldsymbol{x}}_{\bar{\mathrm{c}}}+\hat{\boldsymbol{B}}_1\boldsymbol{u}\\ \boldsymbol{y}_1=\hat{\boldsymbol{C}}_1\hat{\boldsymbol{x}}_{\mathrm{c}}\end{cases} \tag{8-43}$$

不能控的$(n-n_1)$维子系统状态空间表达式为

$$\begin{cases}\dot{\hat{\boldsymbol{x}}}_{\bar{\mathrm{c}}}=\hat{\boldsymbol{A}}_{22}\hat{\boldsymbol{x}}_{\bar{\mathrm{c}}}\\ \boldsymbol{y}_2=\hat{\boldsymbol{C}}_2\hat{\boldsymbol{x}}_{\bar{\mathrm{c}}}\end{cases} \tag{8-44}$$

系统按上述能控性规范分解的结构图如图 8-9 所示。由图可知，不能控子系统到能控子系统存在信息传递，能控子系统的状态响应 $\hat{\boldsymbol{x}}_{\bar{\mathrm{c}}}$ 和整个系统的输出响应 $\boldsymbol{y}$ 均与不能控子系统的状态 $\hat{\boldsymbol{x}}_{\bar{\mathrm{c}}}$ 有关；但由能控子系统到不能控子系统没有信息传递，控制 $\boldsymbol{u}$ 只能通过能控子系统传递到输出，不能控子系统与控制 $\boldsymbol{u}$ 毫无联系。

由于线性非奇异变换不改变系统的特征值，故有

$$\det(\lambda\boldsymbol{I}-\boldsymbol{A})=\det(\lambda\boldsymbol{I}-\hat{\boldsymbol{A}})=\det(\lambda\boldsymbol{I}-\hat{\boldsymbol{A}}_{11})\cdot\det(\lambda\boldsymbol{I}-\hat{\boldsymbol{A}}_{22}) \tag{8-45}$$

可见，子矩阵 $\hat{\boldsymbol{A}}_{11}$ 的特征值 λ_1、λ_2、…、λ_{n_1} 和子矩阵 $\hat{\boldsymbol{A}}_{22}$ 的特征值 λ_{n_1+1}、λ_{n_1+2}、…、λ_n 均为系统的特征值。子矩阵 $\hat{\boldsymbol{A}}_{11}$ 的特征值 λ_1、λ_2、…、λ_{n_1} 对应的模态均为能控模态，λ_1、λ_2、…、λ_{n_1} 称为系统的能控因子；子矩阵 $\hat{\boldsymbol{A}}_{22}$ 的特征值 λ_{n_1+1}、λ_{n_1+2}、…、λ_n 对应的模态均为不能控模态，λ_{n_1+1}、λ_{n_1+2}、…、λ_n 称为系统的不能控因子。

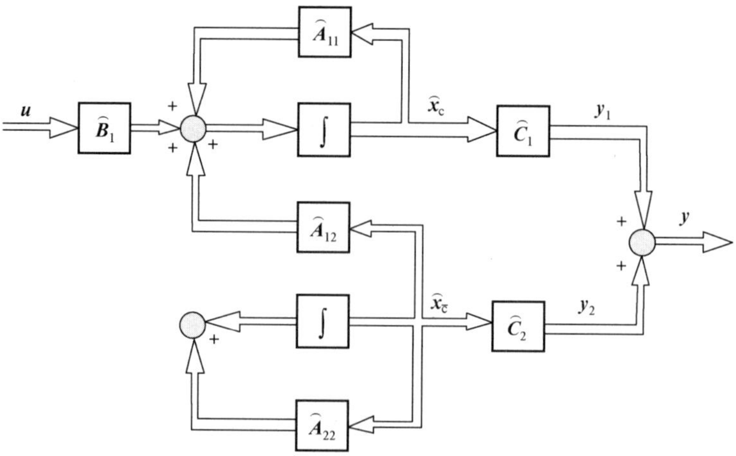

图 8-9 系统按能控性规范分解的结构图

应该指出，由于选取非奇异变换矩阵 $\boldsymbol{T}_{cd}$ 的列向量 $\boldsymbol{P}_1$、$\boldsymbol{P}_2$、…、$\boldsymbol{P}_{n_1}$ 及 $\boldsymbol{P}_{n_1+1}$、…、$\boldsymbol{P}_n$ 的非唯一性，因此系统能控性规范分解不是唯一的。对于不同的分解，虽然状态空间表达式不同，但能控因子和不能控因子是相同的。

例 8-17 设线性定常系统 $\begin{cases} \dot{\boldsymbol{x}} = \begin{bmatrix} 0 & 0 & -1 \\ 1 & 0 & -3 \\ 0 & 1 & -3 \end{bmatrix}\boldsymbol{x} + \begin{bmatrix} 1 \\ 1 \\ 0 \end{bmatrix}\boldsymbol{u} \\ \boldsymbol{y} = \begin{bmatrix} 0 & 1 & -2 \end{bmatrix}\boldsymbol{x} \end{cases}$，判别其能控性，若不完全能控，试将该系统按能控性进行分解。

解 系统能控性判别矩阵为

$$\boldsymbol{Q}_c = \begin{bmatrix} \boldsymbol{B} & \boldsymbol{AB} & \boldsymbol{A}^2\boldsymbol{B} \end{bmatrix} = \begin{bmatrix} 1 & 0 & -1 \\ 1 & 1 & -3 \\ 0 & 1 & -2 \end{bmatrix}$$

因为 $\mathrm{rank}\boldsymbol{Q}_c = 2 = n_1 < n = 3$，所以系统状态不完全能控。

按式（8-41）构造 3 阶非奇异变换矩阵 $\boldsymbol{T}_{cd}$，在 $\boldsymbol{Q}_c$ 中取两个线性无关的列向量为 $\boldsymbol{T}_{cd}$ 的前两列，即

$$\boldsymbol{P}_1 = \begin{bmatrix} 1 \\ 1 \\ 0 \end{bmatrix},\quad \boldsymbol{P}_2 = \begin{bmatrix} 0 \\ 1 \\ 1 \end{bmatrix}$$

为保证 $\boldsymbol{T}_{cd}$ 为非奇异，取 $\boldsymbol{P}_3 = \begin{bmatrix} 0 \\ 0 \\ 1 \end{bmatrix}$，由此线性无关列向量 $\boldsymbol{P}_1$、$\boldsymbol{P}_2$、$\boldsymbol{P}_3$ 构成非奇异变换矩阵 $\boldsymbol{T}_{cd}$，即

$$\boldsymbol{T}_{cd} = \begin{bmatrix} 1 & 0 & 0 \\ 1 & 1 & 0 \\ 0 & 1 & 1 \end{bmatrix}$$

则引入 $\boldsymbol{x} = \boldsymbol{T}_{cd}\widehat{\boldsymbol{x}}$ 变换，得系统按能控性分解的状态方程和输出方程为

$$\dot{\hat{x}} = T_{\text{cd}}^{-1} A T_{\text{cd}} \hat{x} + T_{\text{cd}}^{-1} B u$$
$$= \begin{bmatrix} 1 & 0 & 0 \\ 1 & 1 & 0 \\ 0 & 1 & 1 \end{bmatrix}^{-1} \begin{bmatrix} 0 & 0 & -1 \\ 1 & 0 & -3 \\ 0 & 1 & -3 \end{bmatrix} \begin{bmatrix} 1 & 0 & 0 \\ 1 & 1 & 0 \\ 0 & 1 & 1 \end{bmatrix} \hat{x} + \begin{bmatrix} 1 & 0 & 0 \\ 1 & 1 & 0 \\ 0 & 1 & 1 \end{bmatrix}^{-1} \begin{bmatrix} 1 \\ 1 \\ 0 \end{bmatrix} u$$
$$= \left[\begin{array}{cc:c} 0 & -1 & -1 \\ 1 & -2 & -2 \\ \hdashline 0 & 0 & -1 \end{array}\right] \hat{x} + \begin{bmatrix} 1 \\ 0 \\ 0 \end{bmatrix} u$$
$$y = T_{\text{cd}} C \hat{x} = \begin{bmatrix} 1 & -1 & -2 \end{bmatrix} \hat{x}$$

能控子系统的状态空间表达式为

$$\begin{cases} \dot{\hat{x}}_{\text{c}} = \begin{bmatrix} 0 & -1 \\ 1 & -2 \end{bmatrix} \hat{x}_{\text{c}} + \begin{bmatrix} -1 \\ -2 \end{bmatrix} \hat{x}_{\bar{\text{c}}} + \begin{bmatrix} 1 \\ 0 \end{bmatrix} u \\ y_1 = \begin{bmatrix} 1 & -1 \end{bmatrix} \hat{x}_{\text{c}} \end{cases}$$

不能控子系统的状态空间表达式为

$$\begin{cases} \dot{\hat{x}}_{\bar{\text{c}}} = -\hat{x}_{\bar{\text{c}}} \\ y_2 = -2\hat{x}_{\bar{\text{c}}} \end{cases}$$

3. 按能观测性分解

系统按能观测性分解的问题对应于系统按能控性分解的问题。

设状态不完全能观测线性定常系统$\begin{cases} \dot{x} = Ax + Bu \\ y = Cx \end{cases}$，其中，$x$ 为 n 维状态向量，u 为 r 维控制向量，y 为 m 维输出向量，系统矩阵 A 为 $n \times n$ 维矩阵、B 为 $n \times r$ 维矩阵、C 为 $m \times n$ 维矩阵。其能观测性判别矩阵

$$Q_{\text{o}} = \begin{bmatrix} C \\ CA \\ \vdots \\ CA^{n-1} \end{bmatrix} p$$

的秩 $\text{rank}Q_{\text{o}} = n_1 < n$，则存在线性非奇异变换

$$x = T_{\text{od}} \hat{x} \tag{8-46}$$

将状态空间表达式变换为下列按能观测性分解的标准型

$$\begin{cases} \dot{\hat{x}} = \hat{A}\hat{x} + \hat{B}u \\ y = \hat{C}\hat{x} \end{cases} \tag{8-47}$$

其中，$\hat{x} = \begin{bmatrix} \hat{x}_{\text{o}} \\ \hat{x}_{\bar{\text{o}}} \end{bmatrix}$，$\hat{x}_{\text{o}}$ 为 n_1 维能观测状态子向量，$\hat{x}_{\bar{\text{o}}}$ 为$(n-n_1)$维不能观测状态子向量。

$$\begin{cases} \hat{A} = T_{\text{od}}^{-1} A T_{\text{od}} = \left[\begin{array}{c:c} \hat{A}_{11} & 0 \\ \hdashline \hat{A}_{21} & \hat{A}_{22} \end{array}\right] \\ \hat{B} = T_{\text{od}}^{-1} B = \left[\begin{array}{c} \hat{B}_1 \\ \hdashline \hat{B}_2 \end{array}\right] \\ \hat{C} = C T_{\text{od}} = \left[\begin{array}{c:c} \hat{C}_1 & 0 \end{array}\right] \end{cases} \tag{8-48}$$

其中，$\hat{A}_{11}$、$\hat{A}_{21}$、$\hat{A}_{22}$分别为$n_1\times n_1$维、$(n-n_1)\times n_1$维、$(n-n_1)\times(n-n_1)$维子矩阵；$\hat{B}_1$、$\hat{B}_2$分别为$n_1\times r$维、$(n-n_1)\times r$维子矩阵；$\hat{C}_1$为$m\times n_1$维子矩阵。

非奇异变换矩阵T_{od}的逆矩阵则按下式构造

$$T_{\text{od}}^{-1}=\begin{bmatrix} t_1 \\ \vdots \\ t_{n_1} \\ \hline t_{n_1+1} \\ \vdots \\ t_n \end{bmatrix} \tag{8-49}$$

其中，前n_1个n维行向量t_1、t_2、…、t_{n_1}是能观测性判别矩阵Q_{o}中的n_1个线性无关的行向量；另外的$(n-n_1)$个行向量t_{n_1+1}、…、t_n是在确保T_{od}^{-1}为非奇异的条件下任意取的。

可以看出，系统状态空间表达式变换为式（8-47）后，系统的状态空间被分解为能观测和不能观测两部分，其中能观测的n_1维子系统状态空间表达式为

$$\begin{cases}\dot{\hat{x}}_{\text{o}}=\hat{A}_{11}\hat{x}_{\text{o}}+\hat{B}_1u \\ y_1=\hat{C}_1\hat{x}_{\text{o}}=y\end{cases} \tag{8-50}$$

不能观测的$(n-n_1)$维子系统状态空间表达式为

$$\begin{cases}\dot{\hat{x}}_{\bar{\text{o}}}=\hat{A}_{22}\hat{x}_{\bar{\text{o}}}+\hat{B}_2u+\hat{A}_{21}\hat{x}_{\text{o}} \\ y_2=0\end{cases} \tag{8-51}$$

系统按上述能观测性规范分解的结构图如图 8-10 所示。由图可知，不能观测子系统到能观测子系统不存在信息传递，且不能观测子系统与输出量也无信息传递，因此，不能观测子系统与输出量没有任何联系。能观测性规范分解与能控性规范分解有类似的分析和相对应的结论。

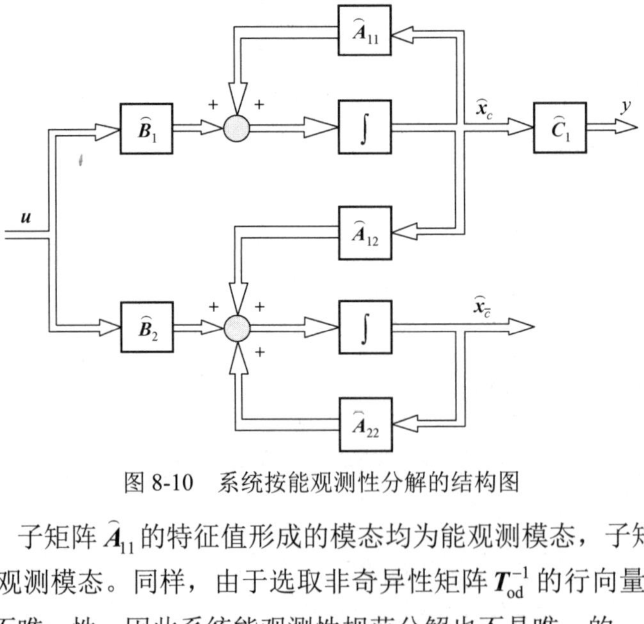

图 8-10 系统按能观测性分解的结构图

式（8-48）中，子矩阵$\hat{A}_{11}$的特征值形成的模态均为能观测模态，子矩阵$\hat{A}_{22}$的特征值形成的模态均为不能观测模态。同样，由于选取非奇异性矩阵T_{od}^{-1}的行向量t_1、t_2、…、t_{n_1}及t_{n_1+1}、…、t_n具有不唯一性，因此系统能观测性规范分解也不是唯一的。

例 8-18 判别如下系统是否能观测，若不完全能观测，将系统按能观测性进行分解。

$$\begin{cases}\dot{\boldsymbol{x}}=\begin{bmatrix}0 & 0 & -1\\ 1 & 0 & -3\\ 0 & 1 & -3\end{bmatrix}\boldsymbol{x}+\begin{bmatrix}1\\ 1\\ 0\end{bmatrix}\boldsymbol{u}\\ \boldsymbol{y}=\begin{bmatrix}0 & 1 & -2\end{bmatrix}\boldsymbol{x}\end{cases}$$

解 系统能观测性判别矩阵为

$$\boldsymbol{Q}_{\mathrm{o}}=\begin{bmatrix}\boldsymbol{C}\\ \boldsymbol{CA}\\ \boldsymbol{CA}^2\end{bmatrix}=\begin{bmatrix}0 & 1 & -2\\ 1 & -2 & 3\\ -2 & 3 & -4\end{bmatrix}$$

因为 $\operatorname{rank}\boldsymbol{Q}_{\mathrm{o}}=2=n_1<n=3$，所以系统状态不完全能观测。按式（8-49）构造 3 阶非奇异变换矩阵 $\boldsymbol{T}_{\mathrm{od}}$ 的逆矩阵 $\boldsymbol{T}_{\mathrm{od}}^{-1}$，在 $\boldsymbol{Q}_{\mathrm{o}}$ 中取两个线性无关的行向量为 $\boldsymbol{T}_{\mathrm{od}}^{-1}$ 的前两行，即

$$\boldsymbol{t}_1=\begin{bmatrix}0 & 1 & -2\end{bmatrix}，\ \boldsymbol{t}_2=\begin{bmatrix}1 & -2 & 3\end{bmatrix}$$

为了保证 $\boldsymbol{T}_{\mathrm{od}}^{-1}$ 为非奇异，取 $\boldsymbol{t}_3=\begin{bmatrix}1 & 0 & 0\end{bmatrix}$，由线性无关行向量 $\boldsymbol{t}_1$、$\boldsymbol{t}_2$、$\boldsymbol{t}_3$ 构成非奇异变换矩阵 $\boldsymbol{T}_{\mathrm{od}}$ 的逆矩阵 $\boldsymbol{T}_{\mathrm{od}}^{-1}$，即

$$\boldsymbol{T}_{\mathrm{od}}^{-1}=\begin{bmatrix}\boldsymbol{t}_1\\ \boldsymbol{t}_2\\ \boldsymbol{t}_3\end{bmatrix}=\begin{bmatrix}0 & 1 & -2\\ 1 & -2 & 3\\ 1 & 0 & 0\end{bmatrix}$$

则

$$\boldsymbol{T}_{\mathrm{od}}=\begin{bmatrix}0 & 1 & -2\\ 1 & -2 & 3\\ 1 & 0 & 0\end{bmatrix}^{-1}=\begin{bmatrix}0 & 0 & 1\\ -3 & -2 & 2\\ -2 & -1 & 1\end{bmatrix}$$

引入 $\boldsymbol{x}=\boldsymbol{T}_{\mathrm{od}}\widehat{\boldsymbol{x}}$ 变换，得系统按能观测性分解的状态空间表达式为

$$\begin{cases}\dot{\widehat{\boldsymbol{x}}}=\boldsymbol{T}_{\mathrm{od}}^{-1}\boldsymbol{A}\boldsymbol{T}_{\mathrm{od}}\widehat{\boldsymbol{x}}+\boldsymbol{T}_{\mathrm{od}}^{-1}\boldsymbol{B}\boldsymbol{u}=\left[\begin{array}{cc:c}0 & 1 & 0\\ -1 & -2 & 0\\ \hdashline 2 & 1 & -1\end{array}\right]\widehat{\boldsymbol{x}}+\left[\begin{array}{c}1\\ -1\\ \hdashline 1\end{array}\right]\boldsymbol{u}\\ \boldsymbol{y}=\boldsymbol{C}\boldsymbol{T}_{\mathrm{od}}\widehat{\boldsymbol{x}}=\left[\begin{array}{cc:c}1 & 0 & 0\end{array}\right]\widehat{\boldsymbol{x}}\end{cases}$$

4. 按能控性和能观测性分解

设 n 维线性定常系统

$$\begin{cases}\dot{\boldsymbol{x}}=\boldsymbol{A}\boldsymbol{x}+\boldsymbol{B}\boldsymbol{u}\\ \boldsymbol{y}=\boldsymbol{C}\boldsymbol{x}\end{cases}$$

是状态不完全能控和不完全能观测的，则存在线性非奇异变换

$$\boldsymbol{x}=\boldsymbol{T}\widehat{\boldsymbol{x}}$$

将该式代入线性定常系统的状态空间表达式，变换为

$$\begin{cases}\dot{\widehat{\boldsymbol{x}}}=\widehat{\boldsymbol{A}}\widehat{\boldsymbol{x}}+\widehat{\boldsymbol{B}}\boldsymbol{u}\\ \boldsymbol{y}=\widehat{\boldsymbol{C}}\widehat{\boldsymbol{x}}\end{cases} \tag{8-52}$$

其中，$\widehat{\boldsymbol{A}}=\boldsymbol{T}^{-1}\boldsymbol{A}\boldsymbol{T}=\begin{bmatrix}\boldsymbol{A}_{11} & \boldsymbol{0} & \boldsymbol{A}_{13} & \boldsymbol{0}\\ \boldsymbol{A}_{21} & \boldsymbol{A}_{22} & \boldsymbol{A}_{23} & \boldsymbol{A}_{24}\\ \boldsymbol{0} & \boldsymbol{0} & \boldsymbol{A}_{33} & \boldsymbol{0}\\ \boldsymbol{0} & \boldsymbol{0} & \boldsymbol{A}_{43} & \boldsymbol{A}_{44}\end{bmatrix}$；$\widehat{\boldsymbol{B}}=\boldsymbol{T}^{-1}\boldsymbol{B}=\begin{bmatrix}\boldsymbol{B}_1\\ \boldsymbol{B}_2\\ \boldsymbol{0}\\ \boldsymbol{0}\end{bmatrix}$；$\widehat{\boldsymbol{C}}=\boldsymbol{C}\boldsymbol{T}=\begin{bmatrix}\boldsymbol{C}_1 & \boldsymbol{0} & \boldsymbol{C}_3 & \boldsymbol{0}\end{bmatrix}$。从 $\widehat{\boldsymbol{A}}$、$\widehat{\boldsymbol{B}}$、$\widehat{\boldsymbol{C}}$ 的结构可以看出，系统包含了能控能观测 Σ_{co}、能控但不能观测 $\Sigma_{\mathrm{c\bar{o}}}$、不能控但能观测 $\Sigma_{\mathrm{\bar{c}o}}$、不能控又不能观测 $\Sigma_{\mathrm{\bar{c}\bar{o}}}$ 4 个子系统。用 $\boldsymbol{x}_{\mathrm{co}}$、$\boldsymbol{x}_{\mathrm{c\bar{o}}}$、$\boldsymbol{x}_{\mathrm{\bar{c}o}}$、$\boldsymbol{x}_{\mathrm{\bar{c}\bar{o}}}$ 分别表示 4 个子系统的状态向量，即 $\widehat{\boldsymbol{x}}=\begin{bmatrix}\boldsymbol{x}_{\mathrm{co}} & \boldsymbol{x}_{\mathrm{c\bar{o}}} & \boldsymbol{x}_{\mathrm{\bar{c}o}} & \boldsymbol{x}_{\mathrm{\bar{c}\bar{o}}}\end{bmatrix}^{\mathrm{T}}$。根据式（8-52）可得 4 个子系统的状态空间表达式

$$\Sigma_{\mathrm{co}}:\begin{cases}\dot{\boldsymbol{x}}_{\mathrm{co}}=\boldsymbol{A}_{11}\boldsymbol{x}_{\mathrm{co}}+\boldsymbol{A}_{13}\boldsymbol{x}_{\mathrm{\bar{c}o}}+\boldsymbol{B}_1\boldsymbol{u}\\ \boldsymbol{y}_{\mathrm{co}}=\boldsymbol{C}_1\boldsymbol{x}_{\mathrm{co}}\end{cases} \tag{8-53}$$

$$\Sigma_{\mathrm{c\bar{o}}}:\begin{cases}\dot{\boldsymbol{x}}_{\mathrm{c\bar{o}}}=\boldsymbol{A}_{21}\boldsymbol{x}_{\mathrm{co}}+\boldsymbol{A}_{22}\boldsymbol{x}_{\mathrm{c\bar{o}}}+\boldsymbol{A}_{23}\boldsymbol{x}_{\mathrm{\bar{c}o}}+\boldsymbol{A}_{24}\boldsymbol{x}_{\mathrm{\bar{c}\bar{o}}}+\boldsymbol{B}_2\boldsymbol{u}\\ \boldsymbol{y}_{\mathrm{c\bar{o}}}=\boldsymbol{0}\end{cases} \tag{8-54}$$

$$\Sigma_{\mathrm{\bar{c}o}}:\begin{cases}\dot{\boldsymbol{x}}_{\mathrm{\bar{c}o}}=\boldsymbol{A}_{33}\boldsymbol{x}_{\mathrm{\bar{c}o}}\\ \boldsymbol{y}_{\mathrm{\bar{c}o}}=\boldsymbol{C}_3\boldsymbol{x}_{\mathrm{\bar{c}o}}\end{cases} \tag{8-55}$$

$$\Sigma_{\mathrm{\bar{c}\bar{o}}}:\begin{cases}\dot{\boldsymbol{x}}_{\mathrm{\bar{c}\bar{o}}}=\boldsymbol{A}_{43}\boldsymbol{x}_{\mathrm{\bar{c}o}}+\boldsymbol{A}_{44}\boldsymbol{x}_{\mathrm{\bar{c}\bar{o}}}\\ \boldsymbol{y}_{\mathrm{\bar{c}\bar{o}}}=\boldsymbol{0}\end{cases} \tag{8-56}$$

系统的输出为

$$\boldsymbol{y}=\boldsymbol{y}_{\mathrm{co}}+\boldsymbol{y}_{\mathrm{c\bar{o}}}+\boldsymbol{y}_{\mathrm{\bar{c}o}}+\boldsymbol{y}_{\mathrm{\bar{c}\bar{o}}} \tag{8-57}$$

系统按能控能观测性分解的结构图如图 8-11 所示。由图可知，在系统的输入和输出之间存在唯一的单向信号传递通道，即 $\boldsymbol{u}\to\boldsymbol{B}_1\to\Sigma_{\mathrm{co}}\to\boldsymbol{C}_1\to\boldsymbol{y}$，是系统的能控且能观测部分。因此，反映系统输入/输出特性的传递函数阵 $\boldsymbol{G}(s)$ 只能反映系统中能控且能观测的那个子系统的动力学特性，即整个线性定常系统的传递函数阵 $\boldsymbol{G}(s)$ 与其能控且能观测子系统式（8-53）的传递函数阵相同

$$\boldsymbol{G}(s)=\boldsymbol{C}(s\boldsymbol{I}-\boldsymbol{A})^{-1}\boldsymbol{B}=\boldsymbol{C}_1(s\boldsymbol{I}-\boldsymbol{A}_{11})^{-1}\boldsymbol{B}_1 \tag{8-58}$$

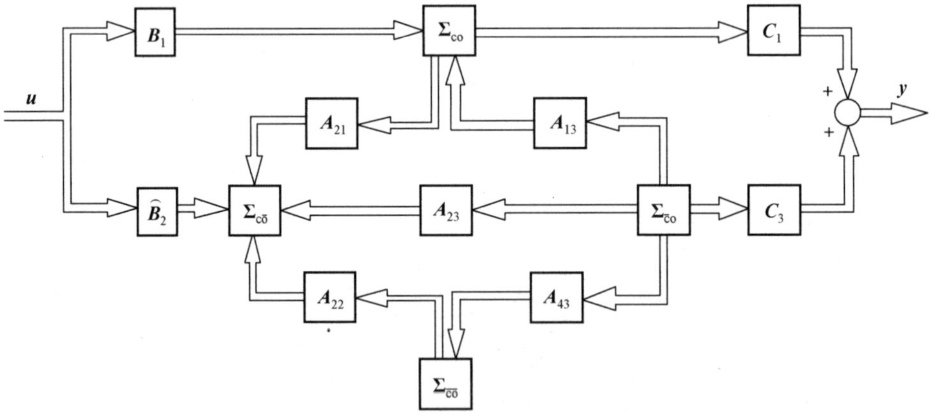

图 8-11　系统按能控能观测性分解的结构图

式（8-58）表明，对于不能控系统、不能观测系统、不能控又不能观测线性定常系统，其输入/输出描述即传递函数阵只是对系统结构的一种不完全描述。只有当系统能控且能观测时，传递函数阵才是系统的完全描述，而状态空间描述式（8-52）则全面表征了系统的 4 个子系统，这正是状态空间描述的优点之一。

对不能控且不能观测系统的分解可采用逐步分解的方法，其步骤如下。

1）先将系统 $\Sigma(\boldsymbol{A},\boldsymbol{B},\boldsymbol{C})$ 按能控性分解

引入线性非奇异变换

$$\boldsymbol{x}=\boldsymbol{T}_{\rm cd}\begin{bmatrix}\boldsymbol{x}_{\rm c}\\ \boldsymbol{x}_{\bar{\rm c}}\end{bmatrix} \tag{8-59}$$

将系统 $\Sigma(\boldsymbol{A},\boldsymbol{B},\boldsymbol{C})$ 变换为

$$\begin{cases}\begin{bmatrix}\dot{\boldsymbol{x}}_{\rm c}\\ \dot{\boldsymbol{x}}_{\bar{\rm c}}\end{bmatrix}=\boldsymbol{T}_{\rm cd}^{-1}\boldsymbol{A}\boldsymbol{T}_{\rm cd}\begin{bmatrix}\boldsymbol{x}_{\rm c}\\ \boldsymbol{x}_{\bar{\rm c}}\end{bmatrix}+\boldsymbol{T}_{\rm cd}^{-1}\boldsymbol{B}\boldsymbol{u}=\begin{bmatrix}\bar{\boldsymbol{A}}_1 & \bar{\boldsymbol{A}}_2\\ \boldsymbol{0} & \bar{\boldsymbol{A}}_4\end{bmatrix}\begin{bmatrix}\boldsymbol{x}_{\rm c}\\ \boldsymbol{x}_{\bar{\rm c}}\end{bmatrix}+\begin{bmatrix}\bar{\boldsymbol{B}}\\ \boldsymbol{0}\end{bmatrix}\boldsymbol{u}\\ \boldsymbol{y}=\boldsymbol{C}\boldsymbol{T}_{\rm cd}\begin{bmatrix}\boldsymbol{x}_{\rm c}\\ \boldsymbol{x}_{\bar{\rm c}}\end{bmatrix}=\begin{bmatrix}\bar{\boldsymbol{C}}_1 & \bar{\boldsymbol{C}}_2\end{bmatrix}\begin{bmatrix}\boldsymbol{x}_{\rm c}\\ \boldsymbol{x}_{\bar{\rm c}}\end{bmatrix}\end{cases} \tag{8-60}$$

其中，$\boldsymbol{x}_{\rm c}$ 为能控子状态向量；$\boldsymbol{x}_{\bar{\rm c}}$ 为不能控子状态向量；$\boldsymbol{T}_{\rm cd}$ 基于系统 $\Sigma(\boldsymbol{A},\boldsymbol{B},\boldsymbol{C})$ 的能控性判据矩阵按式（8-41）构造。

2）将不能控子系统 $\Sigma_{\bar{\rm c}}$ 按能观测性分解

作线性非奇异变换

$$\boldsymbol{x}_{\bar{\rm c}}=\boldsymbol{T}_{\rm od2}\begin{bmatrix}\boldsymbol{x}_{\bar{\rm c}{\rm o}}\\ \boldsymbol{x}_{\bar{\rm c}\bar{\rm o}}\end{bmatrix} \tag{8-61}$$

将不能控子系统 $\Sigma_{\bar{\rm c}}$ 变换为

$$\begin{cases}\begin{bmatrix}\dot{\boldsymbol{x}}_{\bar{\rm c}{\rm o}}\\ \dot{\boldsymbol{x}}_{\bar{\rm c}\bar{\rm o}}\end{bmatrix}=\boldsymbol{T}_{\rm od2}^{-1}\bar{\boldsymbol{A}}_4\boldsymbol{T}_{\rm od2}\begin{bmatrix}\boldsymbol{x}_{\bar{\rm c}{\rm o}}\\ \boldsymbol{x}_{\bar{\rm c}\bar{\rm o}}\end{bmatrix}=\begin{bmatrix}\boldsymbol{A}_{33} & \boldsymbol{0}\\ \boldsymbol{A}_{43} & \boldsymbol{A}_{44}\end{bmatrix}\begin{bmatrix}\boldsymbol{x}_{\bar{\rm c}{\rm o}}\\ \boldsymbol{x}_{\bar{\rm c}\bar{\rm o}}\end{bmatrix}\\ \boldsymbol{y}_2=\bar{\boldsymbol{C}}_2\boldsymbol{T}_{\rm od2}\begin{bmatrix}\boldsymbol{x}_{\bar{\rm c}{\rm o}}\\ \boldsymbol{x}_{\bar{\rm c}\bar{\rm o}}\end{bmatrix}=\begin{bmatrix}\boldsymbol{C}_3 & \boldsymbol{0}\end{bmatrix}\begin{bmatrix}\boldsymbol{x}_{\bar{\rm c}{\rm o}}\\ \boldsymbol{x}_{\bar{\rm c}\bar{\rm o}}\end{bmatrix}\end{cases} \tag{8-62}$$

其中，$\boldsymbol{x}_{\bar{\rm c}{\rm o}}$ 为不能控但能观测的子状态向量；$\boldsymbol{x}_{\bar{\rm c}\bar{\rm o}}$ 为不能控且不能观测的子状态向量，线性非奇异变换阵 $\boldsymbol{T}_{\rm od2}$ 的逆矩阵 $\boldsymbol{T}_{\rm od2}^{-1}$ 基于不能控子系统 $\Sigma_{\bar{\rm c}}$ 的能观测性判别矩阵来构造。

3）将能控子系统 $\Sigma_{\rm c}$ 按能观测性分解

由式（8-60）得能控子系统 $\Sigma_{\rm c}$ 的状态方程和输出方程为

$$\begin{cases}\dot{\boldsymbol{x}}_{\rm c}=\bar{\boldsymbol{A}}_1\boldsymbol{x}_{\rm c}+\bar{\boldsymbol{A}}_2\boldsymbol{x}_{\bar{\rm c}}+\bar{\boldsymbol{B}}\boldsymbol{u}\\ \boldsymbol{y}_1=\bar{\boldsymbol{C}}_1\boldsymbol{x}_{\rm c}\end{cases} \tag{8-63}$$

对 $\boldsymbol{x}_{\rm c}$ 引入线性非奇异变换

$$\boldsymbol{x}_{\rm c}=\boldsymbol{T}_{\rm od1}\begin{bmatrix}\boldsymbol{x}_{\rm co}\\ \boldsymbol{x}_{{\rm c}\bar{\rm o}}\end{bmatrix} \tag{8-64}$$

将式（8-61）、式（8-64）代入式（8-63）得

$$\begin{cases}\boldsymbol{T}_{\rm od1}\begin{bmatrix}\dot{\boldsymbol{x}}_{\rm co}\\ \dot{\boldsymbol{x}}_{{\rm c}\bar{\rm o}}\end{bmatrix}=\bar{\boldsymbol{A}}_1\boldsymbol{T}_{\rm od1}\begin{bmatrix}\boldsymbol{x}_{\rm co}\\ \boldsymbol{x}_{{\rm c}\bar{\rm o}}\end{bmatrix}+\bar{\boldsymbol{A}}_2\boldsymbol{T}_{\rm od2}\begin{bmatrix}\boldsymbol{x}_{\bar{\rm c}{\rm o}}\\ \boldsymbol{x}_{\bar{\rm c}\bar{\rm o}}\end{bmatrix}+\bar{\boldsymbol{B}}\boldsymbol{u}\\ \boldsymbol{y}_1=\bar{\boldsymbol{C}}_1\boldsymbol{T}_{\rm od1}\begin{bmatrix}\boldsymbol{x}_{\rm co}\\ \boldsymbol{x}_{{\rm c}\bar{\rm o}}\end{bmatrix}=\begin{bmatrix}\boldsymbol{C}_1 & \boldsymbol{0}\end{bmatrix}\begin{bmatrix}\boldsymbol{x}_{\rm co}\\ \boldsymbol{x}_{{\rm c}\bar{\rm o}}\end{bmatrix}\end{cases} \tag{8-65}$$

进一步整理状态方程可得

$$\begin{bmatrix}\dot{\boldsymbol{x}}_{\rm co}\\ \dot{\boldsymbol{x}}_{{\rm c}\bar{\rm o}}\end{bmatrix}=\boldsymbol{T}_{\rm od1}^{-1}\bar{\boldsymbol{A}}_1\boldsymbol{T}_{\rm od1}\begin{bmatrix}\boldsymbol{x}_{\rm co}\\ \boldsymbol{x}_{{\rm c}\bar{\rm o}}\end{bmatrix}+\boldsymbol{T}_{\rm od1}^{-1}\bar{\boldsymbol{A}}_2\boldsymbol{T}_{\rm od2}\begin{bmatrix}\boldsymbol{x}_{\bar{\rm c}{\rm o}}\\ \boldsymbol{x}_{\bar{\rm c}\bar{\rm o}}\end{bmatrix}+\boldsymbol{T}_{\rm od1}^{-1}\bar{\boldsymbol{B}}\boldsymbol{u}$$

$$=\begin{bmatrix}\boldsymbol{A}_{11} & \boldsymbol{0}\\ \boldsymbol{A}_{21} & \boldsymbol{A}_{22}\end{bmatrix}\begin{bmatrix}\boldsymbol{x}_{\mathrm{co}}\\ \boldsymbol{x}_{\mathrm{c\bar{o}}}\end{bmatrix}+\begin{bmatrix}\boldsymbol{A}_{13} & \boldsymbol{0}\\ \boldsymbol{A}_{23} & \boldsymbol{A}_{24}\end{bmatrix}\begin{bmatrix}\boldsymbol{x}_{\mathrm{\bar{c}o}}\\ \boldsymbol{x}_{\mathrm{\bar{c}\bar{o}}}\end{bmatrix}+\begin{bmatrix}\boldsymbol{B}_1\\ \boldsymbol{B}_2\end{bmatrix}\boldsymbol{u} \tag{8-66}$$

式（8-65）和式（8-66）为能控子系统 Σ_{c} 按能观测性进行结构分解的状态空间表达式，其中，$\boldsymbol{x}_{\mathrm{co}}$ 为能控且能观测的子状态向量，$\boldsymbol{x}_{\mathrm{c\bar{o}}}$ 为能控但不能观测的子状态向量，线性非奇异变换矩阵 $\boldsymbol{T}_{\mathrm{od1}}$ 的逆矩阵 $\boldsymbol{T}_{\mathrm{od1}}^{-1}$ 基于能控子系统 Σ_{c} 的能观测性判别矩阵来构造。

将式（8-62）、式（8-65）、式（8-66）合并，即可导出经以上 3 次变换后，系统同时按能控性和能观测性进行结构分解的状态空间表达式为

$$\begin{cases}\begin{bmatrix}\dot{\boldsymbol{x}}_{\mathrm{co}}\\ \dot{\boldsymbol{x}}_{\mathrm{c\bar{o}}}\\ \dot{\boldsymbol{x}}_{\mathrm{\bar{c}o}}\\ \dot{\boldsymbol{x}}_{\mathrm{\bar{c}\bar{o}}}\end{bmatrix}=\begin{bmatrix}\boldsymbol{A}_{11} & \boldsymbol{0} & \boldsymbol{A}_{13} & \boldsymbol{0}\\ \boldsymbol{A}_{21} & \boldsymbol{A}_{22} & \boldsymbol{A}_{23} & \boldsymbol{A}_{24}\\ \boldsymbol{0} & \boldsymbol{0} & \boldsymbol{A}_{33} & \boldsymbol{0}\\ \boldsymbol{0} & \boldsymbol{0} & \boldsymbol{A}_{43} & \boldsymbol{A}_{44}\end{bmatrix}\begin{bmatrix}\boldsymbol{x}_{\mathrm{co}}\\ \boldsymbol{x}_{\mathrm{c\bar{o}}}\\ \boldsymbol{x}_{\mathrm{\bar{c}o}}\\ \boldsymbol{x}_{\mathrm{\bar{c}\bar{o}}}\end{bmatrix}+\begin{bmatrix}\boldsymbol{B}_1\\ \boldsymbol{B}_2\\ \boldsymbol{0}\\ \boldsymbol{0}\end{bmatrix}\boldsymbol{u}\\ \boldsymbol{y}=\boldsymbol{y}_1+\boldsymbol{y}_2=\begin{bmatrix}\boldsymbol{C}_1 & \boldsymbol{0} & \boldsymbol{C}_3 & \boldsymbol{0}\end{bmatrix}\begin{bmatrix}\boldsymbol{x}_{\mathrm{co}} & \boldsymbol{x}_{\mathrm{c\bar{o}}} & \boldsymbol{x}_{\mathrm{\bar{c}o}} & \boldsymbol{x}_{\mathrm{\bar{c}\bar{o}}}\end{bmatrix}^{\mathrm{T}}\end{cases} \tag{8-67}$$

例 8-19 已知动态系统

$$\begin{cases}\dot{\boldsymbol{x}}=\begin{bmatrix}0 & 0 & -1\\ 1 & 0 & -3\\ 0 & 1 & -3\end{bmatrix}\boldsymbol{x}+\begin{bmatrix}1\\ 1\\ 0\end{bmatrix}\boldsymbol{u}\\ \boldsymbol{y}=\begin{bmatrix}0 & 1 & -2\end{bmatrix}\boldsymbol{x}\end{cases}$$

状态不完全能控和不完全能观测，试将系统按能控性和能观测性进行结构分解。

解 由例 8-17 和例 8-18 已分别求得系统 $\Sigma(\boldsymbol{A},\boldsymbol{B},\boldsymbol{C})$ 的能控性判别矩阵、能观测性判别矩阵的秩分别为 $\mathrm{rank}\boldsymbol{Q}_{\mathrm{c}}=2=n_1<n=3$、$\mathrm{rank}\boldsymbol{Q}_{\mathrm{o}}=2=n_1<n=3$。由此可见，系统能控状态维数为 2，能观测状态维数也为 2。

在例 8-17 中，已引入线性非奇异变换

$$\boldsymbol{x}=\boldsymbol{T}_{\mathrm{cd}}\begin{bmatrix}\boldsymbol{x}_{\mathrm{c}}\\ \boldsymbol{x}_{\mathrm{\bar{c}}}\end{bmatrix}=\begin{bmatrix}1 & 0 & 0\\ 1 & 1 & 0\\ 0 & 1 & 1\end{bmatrix}\begin{bmatrix}\boldsymbol{x}_{\mathrm{c}}\\ \boldsymbol{x}_{\mathrm{\bar{c}}}\end{bmatrix}$$

将系统 $\Sigma(\boldsymbol{A},\boldsymbol{B},\boldsymbol{C})$ 按能控性分解为

$$\begin{cases}\begin{bmatrix}\dot{\boldsymbol{x}}_{\mathrm{c}}\\ \dot{\boldsymbol{x}}_{\mathrm{\bar{c}}}\end{bmatrix}=\left[\begin{array}{cc:c}0 & -1 & -1\\ 1 & -2 & -2\\ \hdashline 0 & 0 & -1\end{array}\right]\begin{bmatrix}\boldsymbol{x}_{\mathrm{c}}\\ \boldsymbol{x}_{\mathrm{\bar{c}}}\end{bmatrix}+\left[\begin{array}{c}1\\ 0\\ \hdashline 0\end{array}\right]\boldsymbol{u}\\ \boldsymbol{y}=\left[\begin{array}{cc:c}1 & -1 & -2\end{array}\right]\begin{bmatrix}\boldsymbol{x}_{\mathrm{c}}\\ \boldsymbol{x}_{\mathrm{\bar{c}}}\end{bmatrix}\end{cases}$$

由上式可知，能控子系统 Σ_{c} 的状态空间表达式为

$$\begin{cases}\dot{\boldsymbol{x}}_{\mathrm{c}}=\begin{bmatrix}0 & -1\\ 1 & -2\end{bmatrix}\boldsymbol{x}_{\mathrm{c}}+\begin{bmatrix}-1\\ -2\end{bmatrix}\boldsymbol{x}_{\mathrm{\bar{c}}}+\begin{bmatrix}1\\ 0\end{bmatrix}\boldsymbol{u}\\ y_1=\begin{bmatrix}1 & -1\end{bmatrix}\boldsymbol{x}_{\mathrm{c}}\end{cases}$$

则 Σ_{c} 的能观测性判别矩阵为

$$\boldsymbol{Q}_{\mathrm{o1}}=\begin{bmatrix}1 & -1\\ -1 & 1\end{bmatrix}$$

其秩 $\mathrm{rank}\boldsymbol{Q}_{\mathrm{o1}}=1$，表明能控子系统 Σ_{c} 中能观测状态维数为 1，因为整个系统的能观测状态维

数为 2，则不能控子系统$\Sigma_{\bar{c}}$中的能观测状态维数为$2-1=1$。又因为$\Sigma_{\bar{c}}$仅为 1 维，因此其是能观测的，即$\boldsymbol{x}_{\bar{c}}=x_{\bar{c}o}$，故$\Sigma_{\bar{c}}$无须再按能观测性分解，即令$\boldsymbol{T}_{od1}^{-1}=1$，可直接写出不能控子系统的状态空间表达式

$$\begin{cases}\dot{\boldsymbol{x}}_{\bar{c}}=\dot{\boldsymbol{x}}_{\bar{c}o}=-\boldsymbol{x}_{\bar{c}}=-\boldsymbol{x}_{\bar{c}o}\\ y_2=-2\boldsymbol{x}_{\bar{c}}=-2\boldsymbol{x}_{\bar{c}o}\end{cases}$$

对能控子状态向量$\boldsymbol{x}_c$引入线性非奇异变换

$$\boldsymbol{x}_c=\boldsymbol{T}_{od1}\begin{bmatrix}\boldsymbol{x}_{co}\\ \boldsymbol{x}_{c\bar{o}}\end{bmatrix}$$

其中，变换阵$\boldsymbol{T}_{od1}$的逆矩阵$\boldsymbol{T}_{od1}^{-1}$可根据式（8-49）构造为

$$\boldsymbol{T}_{od1}^{-1}=\begin{bmatrix}1 & -1\\ 0 & 1\end{bmatrix}$$

根据式（8-65）、式（8-66），Σ_c按能观测性分解的状态方程和输出方程为

$$\begin{cases}\begin{bmatrix}\dot{x}_{co}\\ \dot{x}_{c\bar{o}}\end{bmatrix}=\begin{bmatrix}1 & -1\\ 0 & 1\end{bmatrix}\begin{bmatrix}0 & -1\\ 1 & -2\end{bmatrix}\begin{bmatrix}1 & -1\\ 0 & 1\end{bmatrix}^{-1}\begin{bmatrix}x_{co}\\ x_{c\bar{o}}\end{bmatrix}+\begin{bmatrix}1 & -1\\ 0 & 1\end{bmatrix}\begin{bmatrix}-1\\ -2\end{bmatrix}x_{\bar{c}o}+\begin{bmatrix}1 & -1\\ 0 & 1\end{bmatrix}\begin{bmatrix}1\\ 0\end{bmatrix}u\\ \qquad=\begin{bmatrix}-1 & 0\\ 1 & -1\end{bmatrix}\begin{bmatrix}x_{co}\\ x_{c\bar{o}}\end{bmatrix}+\begin{bmatrix}1\\ -2\end{bmatrix}x_{\bar{c}o}+\begin{bmatrix}1\\ 0\end{bmatrix}u\\ y_1=\begin{bmatrix}1 & -1\end{bmatrix}\begin{bmatrix}1 & -1\\ 0 & 1\end{bmatrix}^{-1}\begin{bmatrix}x_{co}\\ x_{c\bar{o}}\end{bmatrix}=\begin{bmatrix}1 & 0\end{bmatrix}\begin{bmatrix}x_{co}\\ x_{c\bar{o}}\end{bmatrix}\end{cases}$$

合并上述三式可得系统按能控和能观测性分解的状态空间表达式为

$$\begin{cases}\begin{bmatrix}\dot{x}_{co}\\ \dot{x}_{c\bar{o}}\\ \dot{x}_{\bar{c}o}\end{bmatrix}=\begin{bmatrix}-1 & 0 & 1\\ 1 & -1 & -2\\ 0 & 0 & -1\end{bmatrix}\begin{bmatrix}x_{co}\\ x_{c\bar{o}}\\ x_{\bar{c}o}\end{bmatrix}+\begin{bmatrix}1\\ 0\\ 0\end{bmatrix}u\\ y=y_1+y_2=\begin{bmatrix}1 & 0 & -2\end{bmatrix}\begin{bmatrix}x_{co}\\ x_{c\bar{o}}\\ x_{\bar{c}o}\end{bmatrix}\end{cases}$$

以上采用逐步分解法对不能控且不能观测系统的分解思路是先按能控性分解后再按能观测性分解的，显然，也可以先按能观测性分解后按能控性分解，从而将系统分解为 4 个子系统，只是排列次序会有所不同。

8.4　李雅普诺夫稳定性分析

对于线性定常系统，经典控制理论中应用劳斯—赫尔维茨稳定性判据、奈奎斯特频域稳定性判据等判断其稳定性，这些方法均基于分析系统特征方程的根在 s 平面上的分布，直接由方程的系数或频率特性曲线判断稳定性。但这种直接判别方法仅适用于线性定常系统，不适用于时变系统和非线性系统。然而，实际系统总是非线性的，有的还具有时变特性。非线性系统和线性系统在稳定性方面有很大的不同。例如，线性系统的稳定性与系统的初始状态和外部扰动大小无关，而非线性系统的稳定性却与之相关。对于非线性系统和线性时变系统，这些稳定性分析方法实现起来可能非常困难，甚至是不可能的。李雅普诺夫稳定性分析是解

决非线性系统稳定性问题的一般方法。

虽然在非线性系统的稳定性问题中，李雅普诺夫稳定性分析方法具有基础性的地位，但在具体确定多数非线性系统的稳定性时，并不是直截了当的，技巧和经验在解决非线性问题时显得非常重要。本节对于实际非线性系统的稳定性分析仅限于几种简单的情况。

8.4.1 李雅普诺夫意义下的稳定性问题

对于给定的控制系统，稳定性分析通常是最重要的。如果系统是线性定常的，那么有许多稳定性判据，如劳斯—赫尔维茨稳定性判据和奈奎斯特频域稳定性判据等可以利用。然而，如果系统是非线性的，或是线性时变的，则上述稳定性判据将不再适用。

李雅普诺夫于 1892 年首先研究了一般微分方程的稳定性问题，提出了两种方法，称为李雅普诺夫第一法（间接法）和李雅普诺夫第二法（直接法），用于确定由常微分方程描述的动态系统的稳定性。其中，直接法是确定非线性系统和线性时变系统稳定性的最一般的方法。当然，这种方法也适用于线性定常系统的稳定性分析。

1. 平衡状态、给定运动与扰动方程的原点

考虑如下非线性系统

$$\dot{\boldsymbol{x}} = \boldsymbol{f}(\boldsymbol{x},t) \tag{8-68}$$

其中，$\boldsymbol{x}$ 为 n 维状态向量；$\boldsymbol{f}(\boldsymbol{x},t)$ 是变量 x_1、x_2、…、x_n 和 t 的 n 维向量函数。假设在给定的初始条件下，式（8-68）有唯一解 $\boldsymbol{\Phi}(t;\boldsymbol{x}_0,t_0)$，当 $t=t_0$ 时，$\boldsymbol{x}=\boldsymbol{x}_0$，$\boldsymbol{\Phi}(t;\boldsymbol{x}_0,t_0)=\boldsymbol{x}_0$。

在式（8-68）的系统中，若总存在

$$\boldsymbol{f}(\boldsymbol{x}_{\mathrm{e}},t) \equiv \boldsymbol{0}，对所有 t \tag{8-69}$$

则称 $\boldsymbol{x}_{\mathrm{e}}$ 为系统的平衡状态或平衡点。如果系统是线性定常的，也就是说 $\boldsymbol{f}(\boldsymbol{x},t)=\boldsymbol{A}\boldsymbol{x}$，则当 $\boldsymbol{A}$ 为非奇异矩阵时，系统存在一个唯一的平衡状态；当 $\boldsymbol{A}$ 为奇异矩阵时，系统将存在无穷多个平衡状态。对于非线性系统，可有一个或多个平衡状态，这些状态对应于系统的常值解（对所有 t，总存在 $\boldsymbol{x}=\boldsymbol{x}_{\mathrm{e}}$）。平衡状态的确定不包括式（8-68）系统微分方程的解，只涉及式（8-69）的解。

任意一个孤立的平衡状态（彼此孤立的平衡状态）或给定运动 $\boldsymbol{x}=\boldsymbol{g}(t)$ 都可通过坐标变换，统一化为扰动方程 $\dot{\tilde{\boldsymbol{x}}}=\boldsymbol{f}(\tilde{\boldsymbol{x}},t)$ 的坐标原点，即 $\boldsymbol{f}(\boldsymbol{0},t)=\boldsymbol{0}$ 或 $\boldsymbol{x}_{\mathrm{e}}=\boldsymbol{0}$。在本节中，除非特别申明，将仅讨论扰动方程关于原点（$\boldsymbol{x}_{\mathrm{e}}=\boldsymbol{0}$）处平衡状态的稳定性问题。这种“原点稳定性问题”由于使问题得到极大简化，而不失一般性，为稳定性理论的建立奠定了坚实的基础，这是李雅普诺夫的一个重要贡献。

2. 李雅普诺夫意义下的稳定性定义

下面首先给出李雅普诺夫意义下的稳定性定义，然后回顾一些必要的数学基础，以便给出李雅普诺夫稳定性定理。

定义 8-1（李雅普诺夫意义下的稳定性）设系统

$$\dot{\boldsymbol{x}} = \boldsymbol{f}(\boldsymbol{x},t)，\quad \boldsymbol{f}(\boldsymbol{x}_{\mathrm{e}},t) \equiv \boldsymbol{0}$$

的平衡状态 $\boldsymbol{x}_{\mathrm{e}}=0$ 的 H 邻域为

$$\|\boldsymbol{x}-\boldsymbol{x}_{\mathrm{e}}\| \leqslant H$$

其中，$H>0$，$\|\cdot\|$ 为向量的欧几里得范数，即

$$\|\boldsymbol{x}-\boldsymbol{x}_{\mathrm{e}}\|=[(x_1-x_{1\mathrm{e}})^2+(x_2-x_{2\mathrm{e}})^2+\cdots+(x_n-x_{n\mathrm{e}})^2]^{1/2}$$

类似地，也可以相应定义球域 $S(\varepsilon)$ 和 $S(\delta)$。

在 H 邻域内，对于任意给定的 $0<\varepsilon<H$，均有如下几点。

（1）如果对应于每一个 $S(\varepsilon)$，存在一个 $S(\delta)$，使得当 t 趋于无穷时，始于 $S(\delta)$ 的轨迹不脱离 $S(\varepsilon)$，则式（8-68）系统之平衡状态 $\boldsymbol{x}_{\mathrm{e}}=\boldsymbol{0}$，称为在李雅普诺夫意义下是稳定的。一般地，实数 δ 与 ε 有关，通常也与 t_0 有关。如果 δ 与 t_0 无关，则此时平衡状态 $\boldsymbol{x}_{\mathrm{e}}=\boldsymbol{0}$ 称为一致稳定的平衡状态。

上述定义意味着：首先选择一个域 $S(\varepsilon)$，对应于每一个 $S(\varepsilon)$，必存在一个域 $S(\delta)$，使得当 t 趋于无穷时，始于 $S(\delta)$ 的轨迹总不脱离域 $S(\varepsilon)$。

（2）如果平衡状态 $\boldsymbol{x}_{\mathrm{e}}=\boldsymbol{0}$，在李雅普诺夫意义下是稳定的，并且始于域 $S(\delta)$ 的任意一条轨迹，当时间 t 趋于无穷时，都不脱离 $S(\varepsilon)$，且收敛于 $\boldsymbol{x}_{\mathrm{e}}=\boldsymbol{0}$，则称式（8-68）系统之平衡状态 $\boldsymbol{x}_{\mathrm{e}}=\boldsymbol{0}$ 为渐近稳定的，其中球域 $S(\delta)$ 称为平衡状态 $\boldsymbol{x}_{\mathrm{e}}=\boldsymbol{0}$ 的吸引域。

实际上，渐近稳定性比纯稳定性更重要。考虑到非线性系统的渐近稳定性是一个局部概念，所以简单地确定渐近稳定性并不意味着系统能正常工作，通常有必要确定渐近稳定性的最大范围或吸引域。它是产生渐近稳定轨迹的那部分状态空间。换句话说，发生于吸引域内的每一个轨迹都是渐近稳定的。

（3）对所有的状态（状态空间中的所有点），如果由这些状态出发的轨迹都保持渐近稳定性，则平衡状态 $\boldsymbol{x}_{\mathrm{e}}=\boldsymbol{0}$ 称为大范围渐近稳定。或者说，如果式（8-68）系统的平衡状态 $\boldsymbol{x}_{\mathrm{e}}=\boldsymbol{0}$ 渐近稳定的吸引域为整个状态空间，则称此时系统的平衡状态 $\boldsymbol{x}_{\mathrm{e}}=\boldsymbol{0}$ 是大范围渐近稳定的。显然，大范围渐近稳定的必要条件是在整个状态空间中只有一个平衡状态。

在控制工程问题中，总希望系统具有大范围渐近稳定的特性。如果平衡状态不是大范围渐近稳定的，那么问题就转化为确定渐近稳定的最大范围或吸引域，这通常非常困难。然而，对所有的实际问题，只需确定一个足够大的渐近稳定的吸引域，以致扰动不会超过它就可以了。

（4）如果对于某个实数 $\varepsilon>0$ 和任一个实数 $\delta>0$，不管这两个实数多么小，在 $S(\delta)$ 内总存在一个状态 $\boldsymbol{x}_0$，使得始于这一状态的轨迹最终会脱离开 $S(\varepsilon)$，那么平衡状态 $\boldsymbol{x}_{\mathrm{e}}=\boldsymbol{0}$ 称为不稳定的。

图 8-12 中各图分别表示平衡状态及对应于稳定性、渐近稳定性和不稳定性的典型轨迹。在图 8-12 中，域 $S(\delta)$ 制约着初始状态 $\boldsymbol{x}_0$，而域 $S(\varepsilon)$ 是起始于 $\boldsymbol{x}_0$ 的轨迹的边界。

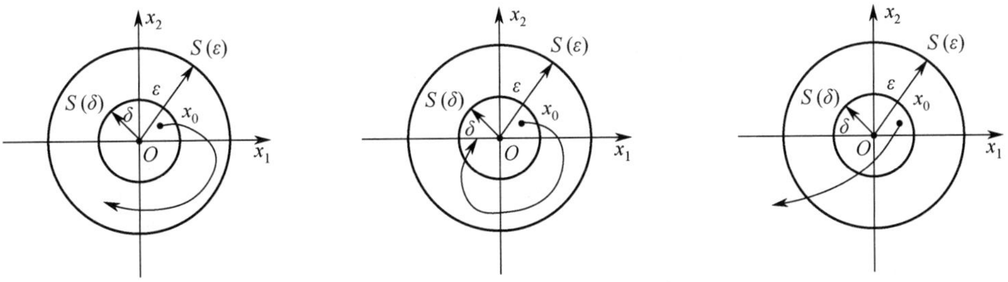

(a) 稳定平衡状态及一条典型轨迹　(b) 渐近稳定平衡状态及一条典型轨迹　(c) 不稳定平衡状态及一条典型轨迹

图 8-12　平衡状态的稳定性分析

注意，由于上述定义不能详细说明可容许初始条件的精确吸引域，因而除非$S(\varepsilon)$对应于整个状态平面，否则这些定义只能应用于平衡状态的邻域。

此外，在图 8-12（c）中，轨迹离开了$S(\varepsilon)$，这说明平衡状态是不稳定的，然而不能说明轨迹将趋于无穷远处，这是因为轨迹还可能趋于在$S(\varepsilon)$外的某个极限环（如果线性定常系统是不稳定的，则在不稳定平衡状态附近出发的轨迹将趋于无穷远。但在非线性系统中，这一结论并不一定正确）。

对于线性系统，渐近稳定等价于大范围渐近稳定。但对于非线性系统，一般只考虑吸引域为有限的一定范围的渐近稳定。

最后必须指出，在经典控制理论中已经学过的稳定性概念与李雅普诺夫意义下的稳定性概念有一定的区别。例如，在经典控制理论中只有渐近稳定的系统才称为稳定的系统；在李雅普诺夫意义下是稳定的但不是渐近稳定的系统，则称为不稳定系统。两者的区别与联系如表 8-1 所示。

表 8-1　经典控制理论中的稳定性与李雅普诺夫意义下的稳定性对比

经典控制理论中的稳定性	不稳定（$\mathrm{Re}(s)>0$）	临界情况（$\mathrm{Re}(s)=0$）	稳定（$\mathrm{Re}(s)<0$）
李雅普诺夫意义下的稳定性	不稳定	稳定	渐近稳定

3. 预备知识

在李雅普诺夫稳定性理论中，能量函数是一个重要的基本概念。该概念在数学上可以采用一类二次型函数来描述，下面简要介绍其基本知识。

1）纯量函数的正定性

如果对所有在域Ω中的非零状态$\boldsymbol{x}\neq\boldsymbol{0}$，有$V(\boldsymbol{x})>0$，且在$\boldsymbol{x}=\boldsymbol{0}$处有$V(\boldsymbol{0})=0$，则在域$\Omega$（域$\Omega$包含状态空间的原点）内的纯量函数$V(\boldsymbol{x})$称为正定函数。例如，$V(\boldsymbol{x})=x_1^2+2x_2^2$是正定的。

如果时变函数$V(\boldsymbol{x},t)$有一个定常的正定函数作为下限，即存在一个正定函数$V(\boldsymbol{x})$使得

$$V(\boldsymbol{x},t)>V(\boldsymbol{x})，对所有 t\geqslant t_0$$

$$V(\boldsymbol{0},t)=0，对所有 t\geqslant t_0$$

则称时变函数$V(\boldsymbol{x},t)$在域Ω（Ω包含状态空间原点）内是正定的。

2）纯量函数的负定性

如果$-V(\boldsymbol{x})$是正定函数，则纯量函数$V(\boldsymbol{x})$称为负定函数。例如，$V(\boldsymbol{x})=-(x_1^2+2x_2^2)$是负定的。

3）纯量函数的半正定性

如果纯量函数$V(\boldsymbol{x})$除了原点以及某些状态等于零，在域Ω内的所有状态都是正定的，则$V(\boldsymbol{x})$称为半正定纯量函数。例如，$V(\boldsymbol{x})=(x_1+2x_2)^2$是半正定的。

4）纯量函数的半负定性

如果$-V(\boldsymbol{x})$是半正定函数，则纯量函数$V(\boldsymbol{x})$称为半负定函数。例如，$V(\boldsymbol{x})=-(x_1+2x_2)^2$是半负定的。

5）纯量函数的不定性

在域Ω内，无论域Ω多么小，$V(\boldsymbol{x})$既可为正值，也可为负值时，纯量函数$V(\boldsymbol{x})$称为不

定的纯量函数。例如，$V(\boldsymbol{x})=x_1x_2+x_2^2$ 是不定的。

6）二次型

建立在李雅普诺夫第二法基础上的稳定性分析中，有一类纯量函数起着很重要的作用，即二次型函数。例如

$$V(\boldsymbol{x})=\boldsymbol{x}^{\mathrm{T}}\boldsymbol{P}\boldsymbol{x}=\begin{bmatrix}x_1 & x_2 & \cdots & x_n\end{bmatrix}\begin{bmatrix}p_{11} & p_{12} & \cdots & p_{1n}\\ p_{12} & p_{22} & \cdots & p_{2n}\\ \vdots & \vdots & \ddots & \vdots\\ p_{1n} & p_{2n} & \cdots & p_{nn}\end{bmatrix}\begin{bmatrix}x_1\\ x_2\\ \vdots\\ x_n\end{bmatrix}$$

注意，这里的 $\boldsymbol{x}$ 为实向量，$\boldsymbol{P}$ 为实对称矩阵。二次型 $V(\boldsymbol{x})$ 的正定性可用赛尔维斯特准则判断。该准则指出，二次型 $V(\boldsymbol{x})$ 为正定的充要条件是矩阵 $\boldsymbol{P}$ 的所有主子行列式均为正值，即

$$p_{11}>0\,,\quad \begin{vmatrix}p_{11} & p_{12}\\ p_{12} & p_{22}\end{vmatrix}>0\,,\quad \begin{vmatrix}p_{11} & p_{12} & \cdots & p_{1n}\\ p_{12} & p_{22} & \cdots & p_{2n}\\ \vdots & \vdots & \ddots & \vdots\\ p_{1n} & p_{2n} & \cdots & p_{nn}\end{vmatrix}>0$$

如果 $\boldsymbol{P}$ 是奇异矩阵，且它的所有主子行列式均非负，则 $V(\boldsymbol{x})=\boldsymbol{x}^{\mathrm{T}}\boldsymbol{P}\boldsymbol{x}$ 是半正定的。

如果 $-V(\boldsymbol{x})$ 是正定的，则 $V(\boldsymbol{x})$ 是负定的。同样，如果 $-V(\boldsymbol{x})$ 是半正定的，则 $V(\boldsymbol{x})$ 是半负定的。

例 8-20　试证明下列二次型是正定的

$$V(\boldsymbol{x})=10x_1^2+4x_2^2+x_3^2+2x_1x_2-2x_2x_3-4x_1x_3$$

证　二次型 $V(\boldsymbol{x})$ 可写为

$$V(\boldsymbol{x})=\boldsymbol{x}^{\mathrm{T}}\boldsymbol{P}\boldsymbol{x}=\begin{bmatrix}x_1 & x_2 & x_3\end{bmatrix}\begin{bmatrix}10 & 1 & -2\\ 1 & 4 & -1\\ -2 & -1 & 1\end{bmatrix}\begin{bmatrix}x_1\\ x_2\\ x_3\end{bmatrix}$$

利用赛尔维斯特准则，可得

$$10>0\,,\quad \begin{vmatrix}10 & 1\\ 1 & 4\end{vmatrix}>0\,,\quad \begin{vmatrix}10 & 1 & -2\\ 1 & 4 & -1\\ -2 & -1 & 1\end{vmatrix}>0$$

因为矩阵 $\boldsymbol{P}$ 的所有主子行列式均为正值，故 $V(\boldsymbol{x})$ 是正定的。

8.4.2　李雅普诺夫稳定性理论

8.4.2.1　李雅普诺夫第一法

李雅普诺夫第一法包括利用微分方程显式解进行系统分析的所有步骤。基本思路：首先将非线性系统线性化，然后计算线性化方程的特征值，最后判定原非线性系统的稳定性。其结论如下。

① 若线性化系统的系数矩阵 $\boldsymbol{A}$ 的特征值全部具有负实部，则实际系统就是渐近稳定的。线性化过程被忽略的高阶导数项对系统的稳定性没有影响。

② 若线性化系统的系数矩阵 $\boldsymbol{A}$ 只要有一个实部为正的特征值，则实际系统就是不稳定的，与线性化过程被忽略的高阶导数项无关。

③ 若线性化系统的系数矩阵 $\boldsymbol{A}$ 的特征值中，即使只有一个实部为零，其余的都是负实部，

此时实际系统不能依靠线性化的数学模型判别其稳定性。这时系统稳定与否与被忽略的高阶导数项有关，必须分析原始的非线性数学模型才能决定其稳定性。

8.4.2.2　李雅普诺夫第二法

李雅普诺夫第二法不需求出微分方程的解，也就是说，采用李雅普诺夫第二法，可以在不求出状态方程解的条件下，确定系统的稳定性。由于求解非线性系统和线性时变系统的状态方程通常十分困难，所以这种方法显示出极大的优越性。

尽管采用李雅普诺夫第二法分析非线性系统的稳定性时，需要经验和技巧，然而当其他方法无效时，这种方法却能解决非线性系统的稳定性问题。

由力学经典理论知，对于一个振动系统，当系统总能量（正定函数）连续减小（这意味着总能量对时间的导数是负定的），直到处于平衡状态时，其振动系统总是稳定的。

李雅普诺夫第二法是建立在更为普遍的情况上的，即如果系统有一个渐近稳定的平衡状态，则当其运动到平衡状态的吸引域内时，系统存储的能量随着时间的增长而衰减，直到在平稳状态达到极小值为止。然而对于一些纯数学系统，毕竟还没有一个定义“能量函数”的简便方法。为了克服这个困难，李雅普诺夫引出了一个虚构的能量函数，称为李雅普诺夫函数。当然，这个函数无疑比能量更为一般，并且应用也更广泛。实际上，任意纯量函数只要满足李雅普诺夫稳定性定理（定理 8-1 和定理 8-2）的假设条件，都可作为李雅普诺夫函数。

李雅普诺夫函数与 x_1、x_2、…、x_n 和 t 有关，这里用 $V(x_1,x_2,\cdots,x_n,t)$ 或者 $V(\boldsymbol{x},t)$ 来表示李雅普诺夫函数。如果在李雅普诺夫函数中不含 t，则用 $V(x_1,x_2,\cdots,x_n)$ 或者 $V(\boldsymbol{x})$ 表示。在李雅普诺夫第二法中，$V(\boldsymbol{x},t)$ 和其对时间的导数 $V'(\boldsymbol{x},t)=\mathrm{d}V(\boldsymbol{x},t)/\mathrm{d}t$，提供了判断平衡状态处的稳定性、渐近稳定性或不稳定性的准则，而不必直接求出方程的解（这种方法既适用于线性系统，也适用于非线性系统）。

1. 关于渐近稳定性

可以证明，如果 $\boldsymbol{x}$ 为 n 维向量，且其纯量函数 $V(\boldsymbol{x})$ 正定，则满足

$$V(\boldsymbol{x})=C$$

的状态 $\boldsymbol{x}$ 处于 n 维状态空间的封闭超曲面上，且至少处于原点附近，其中 C 是正常数。随着 $\|\boldsymbol{x}\|\to\infty$，上述封闭曲面可扩展为整个状态空间。如果 $C_1<C_2$，则超曲面 $V(\boldsymbol{x})=C_1$ 完全处于超曲面 $V(\boldsymbol{x})=C_2$ 的内部。

对于给定的系统，若可求得正定的纯量函数 $V(\boldsymbol{x})$，并使其沿轨迹对时间的导数总为负值，则随着时间的增加，$V(\boldsymbol{x})$ 将取越来越小的 C 值。随着时间的进一步增加，最终 $V(\boldsymbol{x})$ 变为零，而 $\boldsymbol{x}$ 也趋于零。这意味着，状态空间的原点是渐近稳定的。李雅普诺夫主稳定性定理就是前述事实的普遍化，它给出了渐近稳定的充分必要条件。该定理阐述如下。

定理 8-1　考虑非线性系统 $\dot{\boldsymbol{x}}(t)=\boldsymbol{f}\left[\boldsymbol{x}(t),t\right]$，其中，$\boldsymbol{f}(\boldsymbol{0},t)\equiv\boldsymbol{0}$，对所有 $t\geqslant t_0$。如果存在一个具有连续一阶偏导数的纯量函数 $V(\boldsymbol{x},t)$，且满足以下条件：

（1）$V(\boldsymbol{x},t)$ 正定；

（2）$\dot{V}(\boldsymbol{x},t)$ 负定。

则在原点处的平衡状态是（一致）渐近稳定的。

进一步地，若 $\|\boldsymbol{x}\|\to\infty$，$V(\boldsymbol{x},t)\to\infty$，则在原点处的平衡状态是大范围一致渐近稳定的。

例 8-21　考虑如下非线性系统

$$\dot{x}_1 = x_2 - x_1(x_1^2 + x_2^2)$$
$$\dot{x}_2 = -x_1 - x_2(x_1^2 + x_2^2)$$

显然原点（$x_1 = 0, x_2 = 0$）是唯一的平衡状态。试确定其稳定性。

解　如果定义一个正定纯量函数 $V(\boldsymbol{x}) = x_1^2 + x_2^2$，则沿任一轨迹，有

$$\dot{V}(\boldsymbol{x}) = 2x_1\dot{x}_1 + 2x_2\dot{x}_2 = -2(x_1^2 + x_2^2)^2$$

是负定的，这说明 $\dot{V}(\boldsymbol{x})$ 沿任一轨迹连续地减小，因此 $V(\boldsymbol{x})$ 是一个李雅普诺夫函数。由于 $V(\boldsymbol{x})$ 随 $\boldsymbol{x}$ 偏离平衡状态趋于无穷而变为无穷，则按照定理 8-1，该系统在原点处的平衡状态是大范围渐近稳定的。

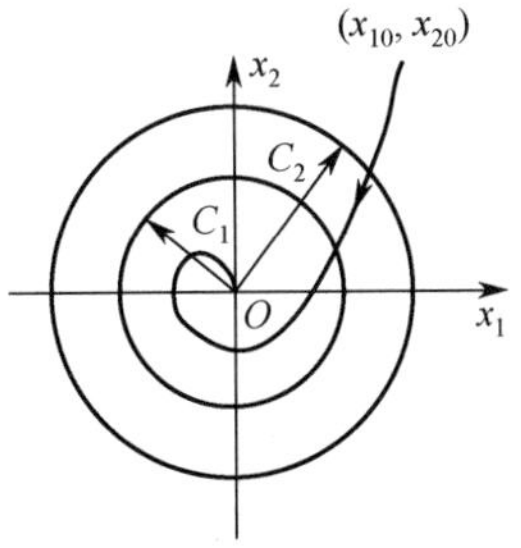

图 8-13　圆 $V(x)$及其典型轨迹

注意，若使 $V(\boldsymbol{x})$ 取一系列常值 0、C_1、C_2、…（$0 < C_1 < C_2 < \cdots$），则 $\dot{V}(\boldsymbol{x}) = 0$。对应于状态平面的原点，而 $V(\boldsymbol{x}) = C_1$、$V(\boldsymbol{x}) = C_2$、…描述了包围状态平面原点的互不相交的一簇圆，如图 8-13 所示。还应注意，由于 $V(\boldsymbol{x})$ 在径向是无界的，即随着 $\|\boldsymbol{x}\| \to \infty$，$V(\boldsymbol{x}, t) \to \infty$，所以这一簇圆可扩展到整个状态平面。

由于圆 $V(\boldsymbol{x}) = C_k$ 完全处在 $V(\boldsymbol{x}) = C_{k+1}$ 的内部，所以典型轨迹从外向里通过 $V(\boldsymbol{x})$ 圆的边界，如图 8-13 所示。因此李雅普诺夫函数的几何意义可阐述如下：$V(\boldsymbol{x})$ 表示状态 $\boldsymbol{x}$ 到状态空间原点距离的一种度量。如果原点与瞬时状态 $\boldsymbol{x}(t)$之间的距离随 t 的增加而连续地减小，即 $\dot{V}(\boldsymbol{x}, t) < 0$，则 $\boldsymbol{x}(t) \to \boldsymbol{0}$。

定理 8-1 是李雅普诺夫第二法的基本定理，下面对这一重要定理作几点说明。

（1）这里仅给出了充分条件，也就是说，如果构造出了李雅普诺夫函数 $V(\boldsymbol{x}, t)$，那么系统是渐近稳定的。但如果找不到这样的李雅普诺夫函数，则不能给出任何结论，例如不能据此说该系统是不稳定的。

（2）对于渐近稳定的平衡状态，李雅普诺夫函数必存在。

（3）对于非线性系统，通过构造某个具体的李雅普诺夫函数，可以证明系统在某个稳定域内是渐近稳定的，但这并不意味着稳定域外的运动是不稳定的。对于线性系统，如果存在渐近稳定的平衡状态，则它必定是大范围渐近稳定的。

（4）这里给出的稳定性定理，既适合于线性系统、非线性系统，也适合于定常系统、时变系统，具有极其一般的普遍意义。

显然，定理 8-1 仍有一些限制条件，比如 $\dot{V}(\boldsymbol{x}, t)$ 必须是负定函数。如果在 $\dot{V}(\boldsymbol{x}, t)$ 上附加一个限制条件，即除了原点，沿任一轨迹 $\dot{V}(\boldsymbol{x}, t)$ 均不恒等于零，则要求 $\dot{V}(\boldsymbol{x}, t)$ 负定的条件可用 $\dot{V}(\boldsymbol{x}, t)$ 取半负定的条件来代替。

定理 8-2　考虑非线性系统 $\dot{\boldsymbol{x}}(t) = \boldsymbol{f}(\boldsymbol{x}(t), t)$，其中，$\boldsymbol{f}(\boldsymbol{0}, t) = \boldsymbol{0}$，对所有 $t \geqslant t_0$。若存在具有连续一阶偏导数的纯量函数 $V(\boldsymbol{x}, t)$，且满足以下条件：

（1）$V(\boldsymbol{x}, t)$ 是正定的；

（2）$\dot{V}(\boldsymbol{x}, t)$ 是半负定的；

（3）$\dot{V}(\boldsymbol{\Phi}(t; \boldsymbol{x}_0, t_0), t)$ 对于任意 t_0 和任意 $\boldsymbol{x}_0 \neq \boldsymbol{0}$，在 $t \geqslant t_0$ 时，不恒等于零，其中的 $\boldsymbol{\Phi}(t; \boldsymbol{x}_0, t_0)$ 表示 t_0 时从 $\boldsymbol{x}_0$ 出发的轨迹或解，则在系统原点处的平衡状态是大范围渐近稳定的。

注意，若 $\dot{V}(\boldsymbol{x}, t)$ 不是负定的，而只是半负定的，则典型点的轨迹可能与某个特定曲面

$V(\boldsymbol{x})=C$ 相切，然而由于 $\dot{V}(\boldsymbol{\Phi}(t;\boldsymbol{x}_0,t_0),t)$ 对任意 t_0 和任意 $\boldsymbol{x}_0 \neq \boldsymbol{0}$，在 $t \geqslant t_0$ 时不恒等于零，所以典型点就不可能保持在切点处（在这点上，$\dot{V}(\boldsymbol{x},t)=0$），因而必然要运动到原点。

2. 关于稳定性

然而，如果存在一个正定的纯量函数 $V(\boldsymbol{x},t)$，使得 $\dot{V}(\boldsymbol{x},t)$ 始终为零，则系统可以保持在一个极限环上。在这种情况下，原点处的平衡状态在李雅普诺夫意义下是稳定的。

定理 8-3 考虑非线性系统 $\dot{\boldsymbol{x}}(t)=\boldsymbol{f}(\boldsymbol{x}(t),t)$，其中，$\boldsymbol{f}(\boldsymbol{0},t)=\boldsymbol{0}$，对所有 $t \geqslant t_0$。若存在具有连续一阶偏导数的纯量函数 $V(\boldsymbol{x},t)$，且满足以下条件：

（1）$V(\boldsymbol{x},t)$ 是正定的；

（2）$\dot{V}(\boldsymbol{x},t)$ 是半负定的；

（3）$\dot{V}(\boldsymbol{\Phi}(t;\boldsymbol{x}_0,t_0),t)$ 对于任意 t_0 和任意 $\boldsymbol{x}_0 \neq \boldsymbol{0}$，在 $t \geqslant t_0$ 时，均恒等于零，其中的 $\boldsymbol{\Phi}(t;\boldsymbol{x}_0,t_0)$ 表示 t_0 时从 $\boldsymbol{x}_0$ 出发的轨迹或解，则在系统原点处的平衡状态在李雅普诺夫意义下是稳定的。

3. 关于不稳定性

如果系统平衡状态 $\boldsymbol{x}=\boldsymbol{0}$ 是不稳定的，则存在纯量函数 $V(\boldsymbol{x},t)$，可用其确定平衡状态的不稳定性。下面介绍不稳定性定理。

定理 8-4 考虑非线性系统 $\dot{\boldsymbol{x}}(t)=\boldsymbol{f}(\boldsymbol{x}(t),t)$，其中，$\boldsymbol{f}(\boldsymbol{0},t)=\boldsymbol{0}$，对所有 $t \geqslant t_0$。若存在一个纯量函数 $V(\boldsymbol{x},t)$，具有连续的一阶偏导数，且满足下列条件：

（1）$V(\boldsymbol{x},t)$ 在原点附近的某一邻域内是正定的；

（2）$\dot{V}(\boldsymbol{x},t)$ 在同样的邻域内是正定的。

则原点处的平衡状态是不稳定的。

8.4.2.3 线性系统的稳定性与非线性系统的稳定性比较

在线性系统中，若平衡状态是局部渐近稳定的，则它是大范围渐近稳定的；然而在非线性系统中，不是大范围渐近稳定的平衡状态可能是局部渐近稳定的。因此，线性定常系统平衡状态渐近稳定性的含义和非线性系统稳定性的含义完全不同。

如果要检验非线性系统平衡状态的渐近稳定性，那么只有非线性系统的线性化模型稳定性分析还远远不够，必须研究没有线性化的非线性系统。有几种基于李雅普诺夫第二法的方法可达到这一目的，包括用于构成非线性系统李雅普诺夫函数的阿塞尔曼法、Schultz-Gibson 变量梯度法，用于判断非线性系统渐近稳定性充分条件的克拉索夫斯基方法，用于某些非线性控制系统稳定性分析的鲁里叶法，以及用于构成吸引域的波波夫方法等。下面介绍几种常用的方法。

1. 阿塞尔曼法

设系统的状态方程为

$$\dot{\boldsymbol{x}}=\boldsymbol{A}\boldsymbol{x}+\boldsymbol{b}f(x_i) \tag{8-70}$$

其中，$\boldsymbol{b}=\begin{bmatrix}1 & 0 & \cdots & 0 & 0\end{bmatrix}^{\mathrm{T}}$；$f(x_i)$ 为单值非线性函数，$f(0)=0$；x_i 为 x_1、x_2、…、x_n 中的任意一个变量，展开式（8-70）有

$$\dot{x}_1=a_{11}x_1+a_{12}x_2+\cdots+a_{1n}x_n+f(x_i)$$
$$\dot{x}_2=a_{21}x_1+a_{22}x_2+\cdots+a_{2n}x_n$$
$$\vdots$$

$$\dot{x}_n = a_{n1}x_1 + a_{n2}x_2 + \cdots + a_{nn}x_n$$

$\boldsymbol{x}=\boldsymbol{0}$ 时 $\dot{\boldsymbol{x}}=\boldsymbol{0}$，说明状态空间的原点是平衡点。阿塞尔曼法的思想是用线性函数代替非线性函数，即令 $f(x_i)=kx_i$，将系统线性化以后，就可比较容易构造李雅普诺夫函数 $V(\boldsymbol{x})$，然后将此函数当作非线性系统的备选李雅普诺夫函数。如果其导数 $\dot{V}(\boldsymbol{x})$ 在区间 $k_1 \leqslant k \leqslant k_2$ 是负定的，则可以得出结论：当非线性系统中的非线性元件满足条件 $k_1x_i \leqslant kx_i \leqslant k_2x_i$ 时，非线性系统在 $\boldsymbol{x}=\boldsymbol{0}$ 处其平衡状态是大范围渐近稳定的，如图 8-14 所示。

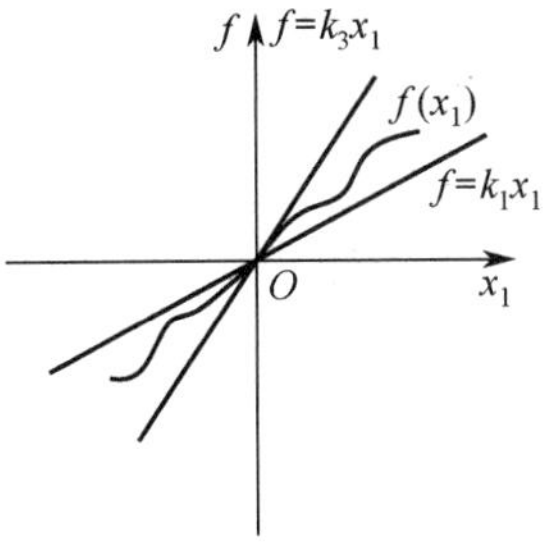

图 8-14　非线性系统特性

例 8-22　设非线性系统的动态方程为

$$\begin{cases}\ddot{x}+2\dot{x}+u=0\\u=f(x)\end{cases}$$

其中，$f(x)$ 为非线性函数，试分析其稳定性。

解： 令 $x_1=x$，$x_2=\dot{x}$，则系统的状态方程为

$$\begin{cases}\dot{x}_1=x_2\\\dot{x}_2=-2x_2-f(x_1)\end{cases}$$

其结构如图 8-15 所示。

（1）假设非线性元件的输入输出特性如图 8-16 所示，它可以用一条斜率为 k=2 的直线来近似，即

$$u=f(x_1)\approx 2x_1$$

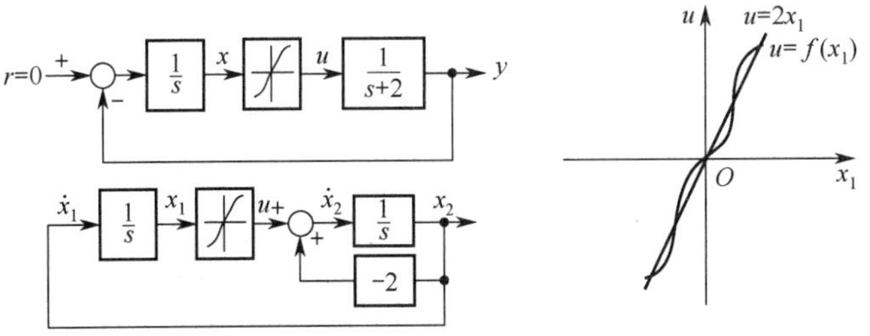

(a) 结构图　　(b) 非线性特性

图 8-15　非线性系统结构

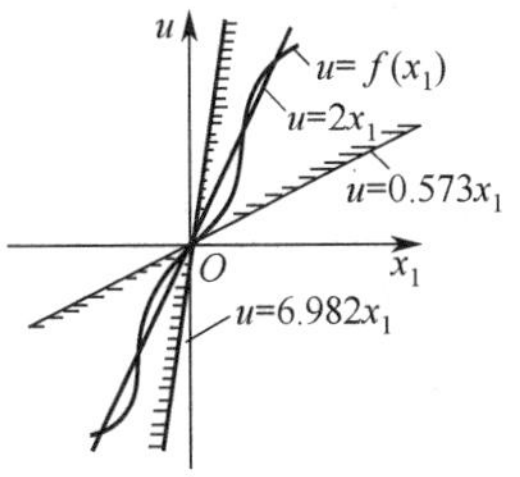

图 8-16　非线性元件的输入输出特性

于是，线性化以后的系统状态方程为

$$\begin{cases}\dot{x}_1=x_2\\\dot{x}_2=-2x_2-2x_1\end{cases}$$

（2）构造李雅普诺夫函数。取二次型李雅普诺夫备选函数为

$$V(\boldsymbol{x})=\begin{bmatrix}x_1 & x_2\end{bmatrix}\begin{bmatrix}p_{11} & p_{12}\\p_{12} & p_{22}\end{bmatrix}\begin{bmatrix}x_1\\x_2\end{bmatrix}$$
$$=p_{11}x_1^2+2p_{12}x_1x_2+p_{22}x_2^2$$

（3）对线性化系统求 $\dot{V}(\boldsymbol{x})$，即

$$\dot{V}(\boldsymbol{x})=2p_{11}x_1\dot{x}_1+2p_{12}x_1\dot{x}_2+2p_{12}\dot{x}_1x_2+2p_{22}x_2\dot{x}_2$$
$$=-4p_{12}x_1^2+(2p_{11}-4p_{12}-4p_{22})x_1x_2+(2p_{12}-4p_{22})x_2^2$$

设 $\dot{V}(\boldsymbol{x})$ 有如下简单形式

$$\dot{V}(\boldsymbol{x})=-x_1^2-x_2^2$$

则比较上述两式可得

$$\begin{aligned}&-4p_{12}=-1\\&2p_{11}-4p_{12}-4p_{22}=0\\&2p_{12}-4p_{22}=-1\end{aligned}$$

由此解得，p_{11}=5/4，p_{12}=1/4，p_{22}=3/8。

（4）将上述结果代入构造李雅普诺夫函数，得

$$V(\boldsymbol{x})=\frac{5}{4}x_1^2+\frac{1}{2}x_1x_2+\frac{3}{8}x_2^2$$

可证明它是正定的，这说明线性化系统在平衡点是渐近稳定的。

（5）将上式看成非线性系统的李雅普诺夫备选函数，则

$$\dot{V}(\boldsymbol{x})=\frac{5}{2}x_1\dot{x}_1+\frac{1}{2}(x_1\dot{x}_2+x_2\dot{x}_1)+\frac{3}{4}x_2\dot{x}_2$$

将系统状态方程代入上式，可得

$$\begin{aligned}\dot{V}(\boldsymbol{x})&=\frac{5}{2}x_1x_2+\frac{1}{2}x_2^2-x_1x_2-\frac{1}{2}x_1f(x_1)-\frac{3}{2}x_2^2-\frac{3}{4}x_2f(x_1)\\&=-\frac{1}{2}\frac{f(x_1)}{x_1}x_1^2-2\left[\frac{3}{8}\frac{f(x_1)}{x_1}-\frac{3}{4}\right]x_1x_2-x_2^2\\&=\begin{bmatrix}x_1 & x_2\end{bmatrix}\begin{bmatrix}-\dfrac{1}{2}\dfrac{f(x_1)}{x_1} & \dfrac{3}{4}-\dfrac{3}{8}\dfrac{f(x_1)}{x_1}\\ \dfrac{3}{4}-\dfrac{3}{8}\dfrac{f(x_1)}{x_1} & -1\end{bmatrix}\begin{bmatrix}x_1\\x_2\end{bmatrix}\end{aligned}$$

根据$\dot{V}(\boldsymbol{x})$负定的要求，应有

$$\frac{f(x_1)}{x_1}>0,\quad\begin{vmatrix}-\dfrac{1}{2}\dfrac{f(x_1)}{x_1} & \dfrac{3}{4}-\dfrac{3}{8}\dfrac{f(x_1)}{x_1}\\ \dfrac{3}{4}-\dfrac{3}{8}\dfrac{f(x_1)}{x_1} & -1\end{vmatrix}>0$$

由此解出

$$0.573<\frac{f(x_1)}{x_1}<6.982$$

这就是说，该式是非线性系统的李雅普诺夫函数。只要非线性特性$u=f(x_1)$在图 8-16 的阴影区内，非线性系统的$V(\boldsymbol{x})$正定，$\dot{V}(\boldsymbol{x})$负定，系统在平衡点处就是大范围渐近稳定的。

阿塞尔曼法简单实用，但必须指出，在有些场合，即使线性化之后的系统在所有的 k 下是稳定的，非线性系统也不一定是大范围稳定的。

2. 克拉索夫斯基方法

克拉索夫斯基方法给出了非线性系统平衡状态渐近稳定的充分条件。克拉索夫斯基方法的基本思想是不用状态变量，而是用其导数$\dot{\boldsymbol{x}}$来构造李雅普诺夫函数。

一般地，可认为状态空间的原点是系统的平衡状态。

定理 8-5　考虑非线性系统 $\dot{\boldsymbol{x}}=\boldsymbol{f}(\boldsymbol{x})$，其中，$\boldsymbol{x}$ 为 n 维状态向量，$\boldsymbol{f}(\boldsymbol{x})$ 为 x_1、x_2、…、x_n 的非线性 n 维向量函数，假定 $\boldsymbol{f}(\boldsymbol{0})=\boldsymbol{0}$，且 $\boldsymbol{f}(\boldsymbol{x})$ 对 x_i（$i=1,2,\cdots,n$）可微。

该系统的雅可比矩阵定义为

$$\boldsymbol{F}(\boldsymbol{x})=\left[\frac{\partial(f_1,\cdots,f_n)}{\partial(x_1,\cdots,x_n)}\right]=\begin{bmatrix}\dfrac{\partial f_1}{\partial x_1} & \dfrac{\partial f_1}{\partial x_2} & \cdots & \dfrac{\partial f_1}{\partial x_n}\\ \dfrac{\partial f_2}{\partial x_1} & \dfrac{\partial f_2}{\partial x_2} & \cdots & \dfrac{\partial f_2}{\partial x_n}\\ \vdots & \vdots & \ddots & \vdots\\ \dfrac{\partial f_n}{\partial x_1} & \dfrac{\partial f_n}{\partial x_2} & \cdots & \dfrac{\partial f_n}{\partial x_n}\end{bmatrix}$$

又定义

$$\hat{\boldsymbol{F}}(\boldsymbol{x})=\boldsymbol{F}^{\mathrm{T}}(\boldsymbol{x})+\boldsymbol{F}(\boldsymbol{x})$$

其中，$\boldsymbol{F}(\boldsymbol{x})$ 是雅可比矩阵；$\boldsymbol{F}^{\mathrm{T}}(\boldsymbol{x})$ 是 $\boldsymbol{F}(\boldsymbol{x})$ 的转置矩阵；$\hat{\boldsymbol{F}}(\boldsymbol{x})$ 是实对称矩阵。如果 $\hat{\boldsymbol{F}}(\boldsymbol{x})$ 是负定的，则平衡状态 $\boldsymbol{x}=\boldsymbol{0}$ 是渐近稳定的。该系统的李雅普诺夫函数为

$$V(\boldsymbol{x})=\boldsymbol{f}^{\mathrm{T}}(\boldsymbol{x})\boldsymbol{f}(\boldsymbol{x})$$

此外，若随着 $\|\boldsymbol{x}\|\to\infty$，$\boldsymbol{f}^{\mathrm{T}}(\boldsymbol{x})\boldsymbol{f}(\boldsymbol{x})\to\infty$，则平衡状态是大范围渐近稳定的。

注意，克拉索夫斯基定理与通常的线性方法不同，它不局限于稍稍偏离平衡状态的情况。$V(\boldsymbol{x})$ 和 $\dot{V}(\boldsymbol{x})$ 以 $\boldsymbol{f}(\boldsymbol{x})$ 或 $\dot{\boldsymbol{x}}$ 的形式而不是以 $\boldsymbol{x}$ 的形式表示。

该定理给出了非线性系统大范围渐近稳定的充分条件，对线性系统则给出了充分必要条件。非线性系统的平衡状态即使不满足上述定理所要求的条件，也可能是稳定的。因此，在应用克拉索夫斯基定理时，必须十分谨慎，以防止对给定的非线性系统平衡状态的稳定性分析做出错误的结论。

例 8-23　考虑具有两个非线性因素的二阶系统

$$\begin{cases}\dot{x}_1=f_1(x_1)+f_2(x_2)\\ \dot{x}_2=x_1+ax_2\end{cases}$$

假设 $f_1(0)=f_2(0)=0$，$f_1(x_1)$ 和 $f_2(x_2)$ 是实函数且可微，又假定当 $\|\boldsymbol{x}\|\to\infty$ 时，$[f_1(x_1)+f_2(x_2)]^2+(x_1+ax_2)^2\to\infty$。试确定使平衡状态 $\boldsymbol{x}=\boldsymbol{0}$ 渐近稳定的充分条件。

解　在该系统中，$\boldsymbol{F}(\boldsymbol{x})=\begin{bmatrix}f_1'(x_1) & f_2'(x_2)\\ 1 & a\end{bmatrix}$，其中，$f_1'(x_1)=\dfrac{\partial f_1}{\partial x_1}$，$f_2'(x_2)=\dfrac{\partial f_2}{\partial x_2}$。

于是 $\hat{\boldsymbol{F}}(\boldsymbol{x})$ 为

$$\hat{\boldsymbol{F}}(\boldsymbol{x})=\boldsymbol{F}^{\mathrm{T}}(\boldsymbol{x})+\boldsymbol{F}(\boldsymbol{x})=\begin{bmatrix}2f_1'(x_1) & 1+f_2'(x_2)\\ 1+f_2'(x_2) & 2a\end{bmatrix}$$

由克拉索夫斯基定理可知，如果 $\hat{\boldsymbol{F}}(\boldsymbol{x})$ 是负定的，则所考虑系统的平衡状态 $\boldsymbol{x}=\boldsymbol{0}$ 是大范围渐近稳定的。因此，若

$$f_1'(x_1)<0\text{，对所有 }x_1\neq 0$$

$$4af_1'(x_1)-[1+f_2'(x_2)]^2>0\text{，对所有 }x_1\neq 0\text{，}x_2\neq 0$$

则平衡状态 $\boldsymbol{x}_{\mathrm{e}}=\boldsymbol{0}$ 是大范围渐近稳定的。

这两个条件是渐近稳定的充分条件。显然，由于稳定性条件完全与非线性 $f_1(x_1)$ 和 $f_2(x_2)$

的实际形式无关，所以上述限制条件是不适当的。

8.4.2.4 线性定常系统的李雅普诺夫稳定性分析

李雅普诺夫第二法不仅对非线性系统，而且对线性定常系统、线性时变系统，以及线性离散系统等均完全适用。

利用李雅普诺夫第二法对线性系统进行分析，有如下几个特点。

（1）都是充要条件，而非仅充分条件；

（2）渐近稳定性等价于李雅普诺夫方程的存在性；

（3）渐近稳定时，必存在二次型李雅普诺夫函数 $V(\boldsymbol{x})=\boldsymbol{x}^{\mathrm{T}}\boldsymbol{P}\boldsymbol{x}$ 及 $\dot{V}(\boldsymbol{x})=-\boldsymbol{x}^{\mathrm{T}}\boldsymbol{Q}\boldsymbol{x}$；

（4）对于线性自治系统，当系统矩阵 $\boldsymbol{A}$ 非奇异时，仅有唯一平衡点，即原点 $\boldsymbol{x}_{\mathrm{e}}=\boldsymbol{0}$；

（5）渐近稳定就是大范围渐近稳定，两者完全等价。

对于线性定常系统，其渐近稳定性的判别方法很多。例如，对于连续时间定常系统 $\dot{\boldsymbol{x}}=\boldsymbol{A}\boldsymbol{x}$，渐近稳定的充要条件是：$\boldsymbol{A}$ 的所有特征值均有负实部，或者相应的特征方程 $|s\boldsymbol{I}-\boldsymbol{A}|=s^n+a_1s^{n-1}+\cdots+a_{n-1}s+a_n=0$ 的根具有负实部。但为了避开困难的特征值计算，如劳斯—赫尔维茨稳定性判据通过判断特征多项式的系数来直接判定稳定性，奈奎斯特稳定性判据根据开环频率特性来判断闭环系统的稳定性。这里介绍的线性系统的李雅普诺夫稳定性方法，是一种代数方法，不仅不要求把特征多项式进行因式分解，而且可进一步应用于求解某些最优控制问题。

考虑线性定常自治系统

$$\dot{\boldsymbol{x}}=\boldsymbol{A}\boldsymbol{x} \tag{8-71}$$

其中，$\boldsymbol{x}$ 为 n 维状态向量；$\boldsymbol{A}$ 为 $n\times n$ 维常数矩阵。假设 $\boldsymbol{A}$ 为非奇异矩阵，则有唯一的平衡状态 $\boldsymbol{x}_{\mathrm{e}}=\boldsymbol{0}$，其平衡状态的稳定性很容易通过李雅普诺夫第二法研究。

对于式（8-71）的系统，选取如下二次型李雅普诺夫函数，即

$$V(\boldsymbol{x})=\boldsymbol{x}^{\mathrm{T}}\boldsymbol{P}\boldsymbol{x}$$

其中，$\boldsymbol{P}$ 为正定的实对称矩阵。$V(\boldsymbol{x})$ 沿任一轨迹的时间导数为

$$\dot{V}(\boldsymbol{x})=\dot{\boldsymbol{x}}^{\mathrm{T}}\boldsymbol{P}\boldsymbol{x}+\boldsymbol{x}^{\mathrm{T}}\boldsymbol{P}\dot{\boldsymbol{x}}=(\boldsymbol{A}\boldsymbol{x})^{\mathrm{T}}\boldsymbol{P}\boldsymbol{x}+\boldsymbol{x}^{\mathrm{T}}\boldsymbol{A}\boldsymbol{x}=\boldsymbol{x}^{\mathrm{T}}\boldsymbol{A}^{\mathrm{T}}\boldsymbol{P}\boldsymbol{x}+\boldsymbol{x}^{\mathrm{T}}\boldsymbol{P}\boldsymbol{A}\boldsymbol{x}=\boldsymbol{x}^{\mathrm{T}}(\boldsymbol{A}^{\mathrm{T}}\boldsymbol{P}+\boldsymbol{P}\boldsymbol{A})\boldsymbol{x}$$

由于 $V(\boldsymbol{x})$ 为正定，对于渐近稳定性，要求 $\dot{V}(\boldsymbol{x})$ 为负定，因此必须有

$$\dot{V}(\boldsymbol{x})=-\boldsymbol{x}^{\mathrm{T}}\boldsymbol{Q}\boldsymbol{x}$$

其中，$-\boldsymbol{Q}=\boldsymbol{A}^{\mathrm{T}}\boldsymbol{P}+\boldsymbol{P}\boldsymbol{A}$ 为正定矩阵。因此，对于式（8-71）的系统，其渐近稳定的充要条件是 $\boldsymbol{Q}$ 正定。为了判断 $n\times n$ 维矩阵的正定性，可采用赛尔维斯特准则，即矩阵为正定的充要条件是矩阵的所有主子行列式均为正值。

在判别 $\dot{V}(\boldsymbol{x})$ 时，方便的方法，不是先指定一个正定矩阵 $\boldsymbol{P}$，然后检查 $\boldsymbol{Q}$ 是否也是正定的，而是先指定一个正定矩阵 $\boldsymbol{Q}$，然后检查由

$$\boldsymbol{A}^{\mathrm{T}}\boldsymbol{P}+\boldsymbol{P}\boldsymbol{A}=-\boldsymbol{Q}$$

确定的 $\boldsymbol{P}$ 是否也是正定的。这可归纳为如下定理。

定理 8-6 线性定常系统 $\dot{\boldsymbol{x}}=\boldsymbol{A}\boldsymbol{x}$ 在平衡点 $\boldsymbol{x}_{\mathrm{e}}=\boldsymbol{0}$ 处渐近稳定的充要条件是：对于任意给定的正实对称矩阵 $\boldsymbol{Q}>0$，存在另一个正实对称矩阵 $\boldsymbol{P}>0$ 满足如下李雅普诺夫方程

$$\boldsymbol{A}^{\mathrm{T}}\boldsymbol{P}+\boldsymbol{P}\boldsymbol{A}=-\boldsymbol{Q}$$

此时，李雅普诺夫函数为

$$V(\boldsymbol{x})=\boldsymbol{x}^{\mathrm{T}}\boldsymbol{P}\boldsymbol{x}，\quad \dot{V}(\boldsymbol{x})=-\boldsymbol{x}^{\mathrm{T}}\boldsymbol{Q}\boldsymbol{x}$$

现对该定理作以下几点说明：

① 如果 $\dot{V}(\boldsymbol{x})=-\boldsymbol{x}^{\mathrm{T}}\boldsymbol{Q}\boldsymbol{x}$ 沿任意一条轨迹不恒等于零，则 $\boldsymbol{Q}$ 可取半正定矩阵；

② 如果取任意的正定矩阵 $\boldsymbol{Q}$，或者如果 $\dot{V}(\boldsymbol{x})$ 沿任一轨迹不恒等于零时取任意的半正定矩阵 $\boldsymbol{Q}$，并求解矩阵方程

$$\boldsymbol{A}^{\mathrm{T}}\boldsymbol{P}+\boldsymbol{P}\boldsymbol{A}=-\boldsymbol{Q}$$

以确定 $\boldsymbol{P}$，则对于在平衡点 $\boldsymbol{x}_{\mathrm{e}}=\boldsymbol{0}$ 处的渐近稳定性，$\boldsymbol{P}$ 为正定是充要条件；

③ 只要选择的矩阵 $\boldsymbol{Q}$ 是正定的（或根据情况选为半正定的），则最终的判定结果将与矩阵 $\boldsymbol{Q}$ 的不同选择无关。通常取 $\boldsymbol{Q}=\boldsymbol{I}$ 。

例 8-24　设二阶线性定常系统的状态方程为

$$\begin{bmatrix}\dot{x}_1\\ \dot{x}_2\end{bmatrix}=\begin{bmatrix}0 & 1\\ -1 & -1\end{bmatrix}\begin{bmatrix}x_1\\ x_2\end{bmatrix}$$

显然，平衡状态是原点。试确定该系统的稳定性。

解　不妨取李雅普诺夫函数为

$$V(\boldsymbol{x})=\boldsymbol{x}^{\mathrm{T}}\boldsymbol{P}\boldsymbol{x}$$

此时，实对称矩阵 $\boldsymbol{P}$ 可由下式确定

$$\boldsymbol{A}^{\mathrm{T}}\boldsymbol{P}+\boldsymbol{P}\boldsymbol{A}=-\boldsymbol{I}$$

上式可写为

$$\begin{bmatrix}0 & 1\\ -1 & -1\end{bmatrix}\begin{bmatrix}p_{11} & p_{12}\\ p_{12} & p_{22}\end{bmatrix}+\begin{bmatrix}p_{11} & p_{12}\\ p_{12} & p_{22}\end{bmatrix}\begin{bmatrix}0 & 1\\ -1 & -1\end{bmatrix}=\begin{bmatrix}-1 & 0\\ 0 & -1\end{bmatrix}$$

将矩阵方程展开，可得联立方程组为

$$\begin{cases}-2p_{12}=-1\\ p_{11}-p_{12}-p_{22}=0\\ 2p_{12}-2p_{22}=-1\end{cases}$$

从方程组中解出 p_{11}、p_{12}、p_{22}，可得

$$\begin{bmatrix}p_{11} & p_{12}\\ p_{21} & p_{22}\end{bmatrix}=\begin{bmatrix}\dfrac{3}{2} & \dfrac{1}{2}\\ \dfrac{1}{2} & 1\end{bmatrix}$$

为了检验 $\boldsymbol{P}$ 的正定性，先来校核各主子行列式

$$\frac{3}{2}>0，\quad \begin{vmatrix}\dfrac{3}{2} & \dfrac{1}{2}\\ \dfrac{1}{2} & 1\end{vmatrix}>0$$

显然，$\boldsymbol{P}$ 是正定的。因此，在原点处的平衡状态是大范围渐近稳定的，且李雅普诺夫函数为

$$V(\boldsymbol{x})=\boldsymbol{x}^{\mathrm{T}}\boldsymbol{P}\boldsymbol{x}=\frac{1}{2}(3x_1^2+2x_1x_2+2x_2^2)$$

$$\dot{V}(\boldsymbol{x})=-(x_1^2+x_2^2)$$

例 8-25　试确定如图 8-17 所示系统的增益 K 的稳定范围。

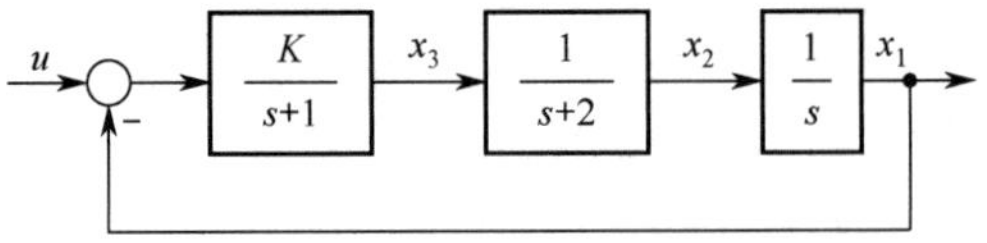

图 8-17 控制系统框图

解 容易推得系统的状态方程为

$$\begin{bmatrix} \dot{x}_1 \\ \dot{x}_2 \\ \dot{x}_3 \end{bmatrix} = \begin{bmatrix} 0 & 1 & 0 \\ 0 & -2 & 1 \\ -K & 0 & -1 \end{bmatrix} \begin{bmatrix} x_1 \\ x_2 \\ x_3 \end{bmatrix} + \begin{bmatrix} 0 \\ 0 \\ K \end{bmatrix} u$$

在确定 K 的稳定范围时，假设输入 u 为零。于是上式可写为

$$\dot{x}_1 = x_2$$
$$\dot{x}_2 = -2x_2$$
$$\dot{x}_3 = -Kx_1 - x_3$$

由该式可发现，原点是平衡状态。假设取半正定的实对称矩阵 $\boldsymbol{Q}$ 为

$$\boldsymbol{Q} = \begin{bmatrix} 0 & 0 & 0 \\ 0 & 0 & 0 \\ 0 & 0 & 1 \end{bmatrix}$$

由于除原点外 $\dot{V}(\boldsymbol{x}) = -\boldsymbol{x}^{\mathrm{T}}\boldsymbol{Q}\boldsymbol{x}$ 不恒等于零，因此可选上式的 $\boldsymbol{Q}$。为证实这一点，注意

$$\dot{V}(\boldsymbol{x}) = -\boldsymbol{x}^{\mathrm{T}}\boldsymbol{Q}\boldsymbol{x} = -x_3^2$$

取 $\dot{V}(\boldsymbol{x})$ 恒等于零，意味着 x_3 也恒等于零。如果 x_3 恒等于零，x_1 也必恒等于零，因为由零输入状态表达式可得

$$-Kx_1 = 0$$

如果 x_1 恒等于零，x_2 也恒等于零。因为由零输入状态表达式可得

$$0 = x_2$$

于是 $\dot{V}(\boldsymbol{x})$ 只在原点处才恒等于零。因此，为分析稳定性，可采用上述定义的矩阵 $\boldsymbol{Q}$。

现在求解如下李雅普诺夫方程

$$\boldsymbol{A}^{\mathrm{T}}\boldsymbol{P} + \boldsymbol{P}\boldsymbol{A} = -\boldsymbol{Q}$$

它可重写为

$$\begin{bmatrix} 0 & 0 & -K \\ 1 & -2 & 0 \\ 0 & 1 & -1 \end{bmatrix} \begin{bmatrix} p_{11} & p_{12} & p_{13} \\ p_{12} & p_{22} & p_{23} \\ p_{13} & p_{23} & p_{33} \end{bmatrix} + \begin{bmatrix} p_{11} & p_{12} & p_{13} \\ p_{12} & p_{22} & p_{23} \\ p_{13} & p_{23} & p_{33} \end{bmatrix} \begin{bmatrix} 0 & 1 & 0 \\ 0 & -2 & 1 \\ -K & 0 & -1 \end{bmatrix} = \begin{bmatrix} 0 & 0 & 0 \\ 0 & 0 & 0 \\ 0 & 0 & -1 \end{bmatrix}$$

对 $\boldsymbol{P}$ 的各元素求解，可得

$$\boldsymbol{P} = \begin{bmatrix} \dfrac{K^2+12K}{12-2K} & \dfrac{6K}{12-2K} & 0 \\ \dfrac{6K}{12-2K} & \dfrac{3K}{12-2K} & \dfrac{K}{12-2K} \\ 0 & \dfrac{K}{12-2K} & \dfrac{6K}{12-2K} \end{bmatrix}$$

为使 $\boldsymbol{P}$ 成为正定矩阵，其充要条件为 $12-2K>0$ 和 $K>0$，即 $0<K<12$，因此，当 $0<K<12$ 时，系统在李雅普诺夫意义下是稳定的，也就是说，原点是大范围渐近稳定的。

习　题

【习题 8.1】 某直流电机的状态空间模型为

$$\dot{\boldsymbol{x}}=\begin{bmatrix}-3 & -2 & -0.75 & 0 & 0\\ -3 & 0 & 0 & 0 & 0\\ 0 & 2 & 0 & 0 & 0\\ 0 & 0 & 1 & 0 & 0\\ 0 & 0 & 0 & 2 & 0\end{bmatrix}\boldsymbol{x}+\begin{bmatrix}1\\0\\0\\0\\0\end{bmatrix}u(t)$$

$$y=\begin{bmatrix}0 & 0 & 0 & 0 & 2.75\end{bmatrix}\boldsymbol{x}$$

试判断该系统是否能控和能观测。

【习题 8.2】 某遥控机器人的状态空间模型为

$$\dot{\boldsymbol{x}}=\begin{bmatrix}-1 & 0 & 0\\ 0 & -2 & 0\\ 0 & 0 & -3\end{bmatrix}\boldsymbol{x}+\begin{bmatrix}1\\1\\0\end{bmatrix}u(t)$$

$$y=\begin{bmatrix}1 & 0 & 2\end{bmatrix}\boldsymbol{x}$$

试求该系统的传递函数阵，并判断系统的能控性、能观测性及稳定性。

【习题 8.3】 某系统的传递函数为 $\dfrac{Y(s)}{R(s)}=\dfrac{s+a}{s^4+15s^3+68s^2+106s+80}$，其中，$a$ 为实数。试确定 a 的合适取值，使系统或不能控或不能观测。

【习题 8.4】 线性定常系统的状态空间表达式为

$$\dot{\boldsymbol{x}}=\begin{bmatrix}a & b\\ c & d\end{bmatrix}\boldsymbol{x}+\begin{bmatrix}1\\1\end{bmatrix}u(t)$$

$$y=\begin{bmatrix}1 & 0\end{bmatrix}\boldsymbol{x}$$

试确定系统状态完全能控且完全能观测时的 a、b、c、d 值。

【习题 8.5】 已知线性定常系统

$$\dot{\boldsymbol{x}}=\begin{bmatrix}-1 & 0 & 0\\ 0 & -2 & 0\\ 0 & 0 & -3\end{bmatrix}\boldsymbol{x}+\begin{bmatrix}1\\1\\0\end{bmatrix}u(t)$$

$$y=\begin{bmatrix}1 & 0 & 2\end{bmatrix}\boldsymbol{x}$$

试按能控性或能观测性对其进行结构分解。

【习题 8.6】 已知某系统的状态方程为 $\begin{cases}\dot{x}_1=-x_1+x_2+x_1(x_1^2+x_2^2)\\ \dot{x}_2=-x_1-x_2+x_2(x_1^2+x_2^2)\end{cases}$，试用李雅普诺夫第二法确定系统原点的稳定性。

【习题 8.7】 假定某舰船自动驾驶系统的状态方程为 $\dot{\boldsymbol{x}}(t)=\begin{bmatrix}-0.05 & -6 & 0 & 0\\ -10^{-3} & -0.15 & 0 & 0\\ 1 & 0 & 0 & 13\\ 0 & 1 & 0 & 0\end{bmatrix}\boldsymbol{x}(t)+$

$\begin{bmatrix} -0.2 \\ 0.03 \\ 0 \\ 0 \end{bmatrix}\delta(t)$，其中 $\boldsymbol{x}^{\mathrm{T}}=\begin{bmatrix} v\ \omega_s\ y\ \theta \end{bmatrix}$，$x_1$ 为横向速度 v，x_2 为船体坐标系相对于响应坐标系的角速度 ω_s，x_3 为与运动轨迹垂直的轴偏差 y，x_4 为偏差角 θ。试求

（1）判断系统是否稳定；

（2）为系统增加状态反馈环节，控制信号为 $\delta(t)=-k_1x_1-k_3x_3$，试分析能否选择增益 k_1 和 k_3 的合适取值，使系统稳定。

第 9 章　状态反馈与状态观测器设计

前两章讲述了基于描述控制系统运动的状态空间表达式，如何分析系统运动的性质和特征（动态响应、能控性、能观测性、稳定性）及其与系统结构、参数和输入控制信号的关系，这属于控制理论研究的两大问题之一，即控制系统分析的内容。控制理论研究的另一个问题则是控制系统的综合，其主要任务是根据受控对象及给定的技术指标要求设计自动控制系统，使其运动具有预期的性质和特征。反馈是自动控制的核心概念之一，反馈控制是控制系统中一种重要的并广泛应用的控制方式。经典控制理论基于传递函数描述系统运动，常采用带有串联校正装置、并联校正（局部反馈校正）装置的输出反馈控制方式，系统综合的方法为频域法（频率响应法、根轨迹法），综合的实质为闭环系统极点配置。现代控制理论基于状态空间模型描述系统运动，采用线性状态反馈控制律的状态空间综合法，不仅可实现闭环系统极点配置及系统解耦，而且可构成线性最优调节器。本章重点讲述对一个性能不好甚至不稳定的受控系统，如何设计系统的状态反馈控制律，使闭环系统稳定且具有优良的动态响应。

状态反馈包含系统全部状态变量信息，是较输出反馈更全面的反馈，这本是状态空间综合法的优点，但并非所有受控系统的全部状态变量都可直接测量，这就提出了状态重构问题，即能否通过可测量的输出及输入重新构造在一定指标下与系统真实状态等价的状态估值。1964 年，龙伯格（Luenberger）提出的状态观测器理论有效解决了这一问题。状态反馈与状态观测器设计是状态空间综合法的主要内容，因此，如何设计状态观测器，重构所需状态估值也是本章重点讲述的内容之一。

9.1　状态反馈与输出反馈

因为反馈控制具有抑制任何内、外扰动对被控量产生影响的能力，而且适当地采用反馈还可改善系统的稳定性和输出的动态响应，故由受控系统和反馈控制律构成闭环系统是自动控制系统最基本的结构，其根据反馈信号是取自受控系统的状态还是取自受控系统的输出分为状态反馈、输出反馈两种基本形式。

1. 状态反馈

图 9-1 所示为多输入多输出系统的状态反馈结构。

设图 9-1 虚线框内所示多输入多输出线性定常受控系统 $\Sigma_o(\boldsymbol{A},\boldsymbol{B},\boldsymbol{C},\boldsymbol{D})$ 的状态空间表达式为

$$\begin{cases}\dot{\boldsymbol{x}}=\boldsymbol{A}\boldsymbol{x}+\boldsymbol{B}\boldsymbol{u}\\ \boldsymbol{y}=\boldsymbol{C}\boldsymbol{x}+\boldsymbol{D}\boldsymbol{u}\end{cases} \tag{9-1}$$

其中，$\boldsymbol{x}$、$\boldsymbol{u}$、$\boldsymbol{y}$ 为 n 维、r 维、m 维列向量；$\boldsymbol{A}$、$\boldsymbol{B}$、$\boldsymbol{C}$、$\boldsymbol{D}$ 分别为 $n\times n$、$n\times r$、$m\times n$、$m\times r$ 维常数矩阵。对于多数实际受控系统，由于输入与输出之间总存在惯性，所以传递矩阵 $\boldsymbol{D}=\boldsymbol{0}$。若受控系统 $\boldsymbol{D}=\boldsymbol{0}$，可简记为 $\Sigma_o(\boldsymbol{A},\boldsymbol{B},\boldsymbol{C})$，对应的状态空间表达式为

$$\begin{cases}\dot{\boldsymbol{x}} = \boldsymbol{A}\boldsymbol{x} + \boldsymbol{B}\boldsymbol{u} \\ \boldsymbol{y} = \boldsymbol{C}\boldsymbol{x}\end{cases}$$

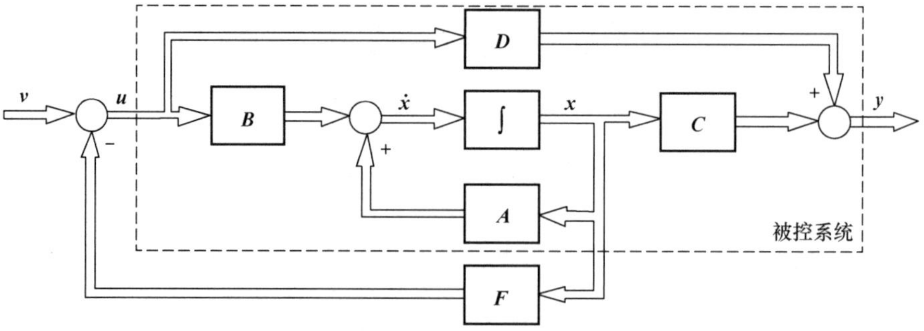

图 9-1 多输入多输出系统的状态反馈结构

图 9-1 采用线性直接状态反馈（以下简称状态反馈）构成闭环系统以改善原受控系统的性能，即将受控系统的每个状态变量乘以相应的反馈增益值，然后反馈到输入端，与参考输入 $\boldsymbol{v}$ 一起组成状态反馈控制律，作为受控系统的控制量 $\boldsymbol{u}$。由图 9-1 显见，状态反馈控制律（受控系统的控制量 $\boldsymbol{u}$）为状态变量的线性函数

$$\boldsymbol{u} = \boldsymbol{v} - \boldsymbol{F}\boldsymbol{x} \tag{9-2}$$

其中，$\boldsymbol{v}$ 为 r 维参考输入列向量；$\boldsymbol{F}$ 为 $r \times n$ 维状态反馈增益矩阵，且其为实数阵。

将式（9-2）代入式（9-1），可得采用状态反馈构成的闭环系统状态空间表达式为

$$\begin{cases}\dot{\boldsymbol{x}} = (\boldsymbol{A} - \boldsymbol{B}\boldsymbol{F})\boldsymbol{x} + \boldsymbol{B}\boldsymbol{v} \\ \boldsymbol{y} = (\boldsymbol{C} - \boldsymbol{D}\boldsymbol{F})\boldsymbol{x} + \boldsymbol{D}\boldsymbol{v}\end{cases} \tag{9-3}$$

若 $\boldsymbol{D}=\boldsymbol{0}$，上式可简化为

$$\begin{cases}\dot{\boldsymbol{x}} = (\boldsymbol{A} - \boldsymbol{B}\boldsymbol{F})\boldsymbol{x} + \boldsymbol{B}\boldsymbol{v} \\ \boldsymbol{y} = \boldsymbol{C}\boldsymbol{x}\end{cases} \tag{9-4}$$

式（9-4）可简记为 $\Sigma_{\mathrm{F}}(\boldsymbol{A} - \boldsymbol{B}\boldsymbol{F}, \boldsymbol{B}, \boldsymbol{C})$，其对应的传递函数矩阵为

$$\boldsymbol{G}_{\mathrm{F}}(s) = \boldsymbol{C}(s\boldsymbol{I} - (\boldsymbol{A} - \boldsymbol{B}\boldsymbol{F}))^{-1}\boldsymbol{B} \tag{9-5}$$

注意：式（9-1）和式（9-4）维数及状态空间相同，但原开环系统（受控系统）的系统矩阵为 $\boldsymbol{A}$，引入式（9-2）状态反馈控制律的闭环系统，其系统矩阵变为 $\boldsymbol{A} - \boldsymbol{B}\boldsymbol{F}$，因此，在受控系统状态完全能控的条件下，可通过适当选取反馈增益矩阵 $\boldsymbol{F}$ 自由改变其闭环系统特征值，以使系统达到期望的性能。而且在 $\boldsymbol{D}=\boldsymbol{0}$ 条件下，引入状态反馈不改变输出方程。

2. 输出反馈

输出反馈最常见的形式是用受控系统输出向量的线性反馈构成闭环系统，如图 9-2 所示，将受控系统的每个输出变量乘以相应的反馈增益值，然后反馈到输入端与参考输入一起组成线性非动态输出反馈（以下简称输出反馈）控制律，作为受控系统的控制量 $\boldsymbol{u}$，即

$$\boldsymbol{u} = \boldsymbol{v} - \boldsymbol{H}\boldsymbol{y} \tag{9-6}$$

其中，$\boldsymbol{v}$ 为 r 维参考输入列向量；$\boldsymbol{y}$ 为 m 维输出列向量；$\boldsymbol{H}$ 为 $r \times m$ 维输出反馈实数增益矩阵。若 $\boldsymbol{D}=\boldsymbol{0}$，将式（9-6）代入式（9-1），可得受控系统 $\Sigma_{\mathrm{o}}(\boldsymbol{A}, \boldsymbol{B}, \boldsymbol{C})$ 引入输出反馈构成的闭环系统状态空间表达式为

$$\begin{cases}\dot{\boldsymbol{x}}=(\boldsymbol{A}-\boldsymbol{BHC})\boldsymbol{x}+\boldsymbol{B}\boldsymbol{v}\\ \boldsymbol{y}=\boldsymbol{C}\boldsymbol{x}\end{cases} \tag{9-7}$$

简记为$\Sigma_{\mathrm{H}}(\boldsymbol{A}-\boldsymbol{BHC},\boldsymbol{B},\boldsymbol{C})$，其对应的传递函数矩阵为

$$\boldsymbol{G}_{\mathrm{H}}(s)=\boldsymbol{C}(s\boldsymbol{I}-(\boldsymbol{A}-\boldsymbol{BHC}))^{-1}\boldsymbol{B} \tag{9-8}$$

引入输出反馈也未增加系统维数，且若 $\boldsymbol{D}=\boldsymbol{0}$，输出反馈系统的输入矩阵、输出矩阵均与开环系统相同，但系统矩阵变为$\boldsymbol{A}-\boldsymbol{BHC}$，因此，可通过适当选取输出反馈增益矩阵 $\boldsymbol{H}$ 改变闭环系统特征值，从而改善系统的性能。

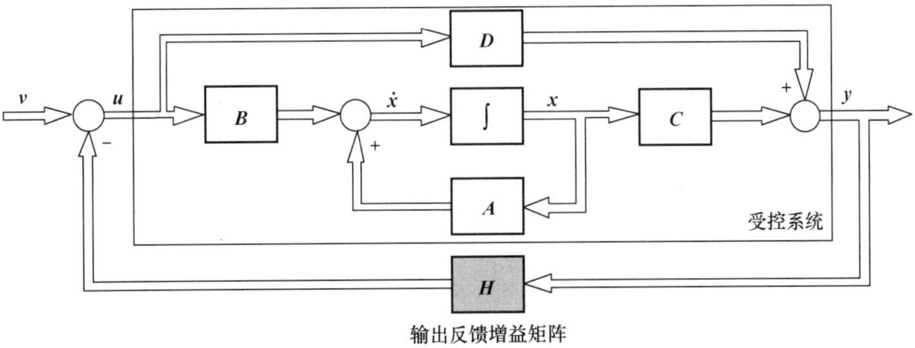

图 9-2　多输入多输出系统的输出反馈至参考输入结构

当受控系统 $\boldsymbol{D}=\boldsymbol{0}$ 时，比较两种基本反馈控制律［式（9-2）和式（9-6）］所构成的闭环系统状态空间表达式（式（9-4）和式（9-7））可见，只要取 $\boldsymbol{F}=\boldsymbol{HC}$ 的状态反馈即可达到与线性非动态输出反馈 $\boldsymbol{H}$ 相同的控制效果。但状态反馈 $\boldsymbol{F}$ 所能达到的控制效果，采用线性非动态输出反馈 $\boldsymbol{H}$ 却不一定能实现，这是因为输出向量的维数 m 通常小于状态向量的维数 n，由方程 $\boldsymbol{F}=\boldsymbol{HC}$ 对给定 $\boldsymbol{F}$ 的解 $\boldsymbol{H}$ 一般不存在，事实上，一般线性系统的输出 $\boldsymbol{y}=\boldsymbol{Cx}$ 只是部分状态变量的线性组合，故线性非动态输出反馈一般可视为一种部分状态反馈，而状态反馈则包含了全部状态信息。为了克服线性非动态输出反馈的局限性，通常引入补偿器，这正是经典控制理论中广泛采用带有校正装置（如 PID 调节器等）的输出反馈控制方式。经典控制理论基于传递函数采用根轨迹法、频率响应法设计校正装置需要作图与试凑，对设计经验、技巧有一定要求，而状态反馈基于状态空间模型采用状态反馈法配置闭环极点，一次计算即可获得结果。然而，输出反馈具有易于工程实现的突出优点，故在实践中仍有广泛应用。输出反馈的另一种结构形式是将输出量线性反馈至状态微分，其在状态观测器中有应用（见 9.4 节）。

9.2　反馈控制对能控性与能观测性的影响

不失一般性，本节讨论均设受控系统的传递矩阵 $\boldsymbol{D}=\boldsymbol{0}$。关于受控系统引入线性直接状态反馈（以下简称状态反馈）或线性非动态输出反馈（以下简称输出反馈）控制所构成的闭环系统能控性和能观测性有如下定理。

定理 9-1　状态反馈不改变受控系统$\Sigma_{\mathrm{o}}(\boldsymbol{A},\boldsymbol{B},\boldsymbol{C})$的能控性，但不一定能保持系统的能观测性。

证明　从系统能控性的 PBH 秩判据出发证明状态反馈不改变受控系统$\Sigma_{\mathrm{o}}(\boldsymbol{A},\boldsymbol{B},\boldsymbol{C})$的能

控性。显然，对复数域上的所有 s，有

$$\left[sI-A\ \ B\right]=\left[sI-(A-BF)\ \ B\right]\begin{bmatrix} I_n & 0 \\ -F & I_r \end{bmatrix} \tag{9-9}$$

I_n 和 I_r 分别为 $n\times n$、$r\times r$ 阶单位矩阵。

由于式（9-9）中的 $\begin{bmatrix} I_n & 0 \\ -F & I_r \end{bmatrix}$ 为非奇异方阵，故有

$$\operatorname{rank}\left[sI-A\ \ B\right]=\operatorname{rank}\left[sI-(A-BF)\ \ B\right],\forall s\in\mathbb{Z} \tag{9-10}$$

由能控性的 PBH 秩判据，式（9-10）表明状态反馈不改变系统的能控性，即：

① 当且仅当受控系统 $\Sigma_o(A,B,C)$ 能控时，状态反馈系统 $\Sigma_F(A-BF,B,C)$ 能控；

② 若 $\Sigma_o(A,B,C)$ 不能控，其不能控模态 $e^{\lambda t}$ 及相应特征值 λ 也是 $\Sigma_F(A-BF,B,C)$ 的不能控模态及相应的特征值。

关于状态反馈有可能改变系统的能观测性，以单输入单输出系统为例解释如下：

受控系统 $\Sigma_o(A,B,C)$ 的传递函数为

$$G_o(s)=\frac{Y(s)}{U(s)}=C(sI-A)^{-1}B=C\frac{X(s)}{U(s)}=C\frac{g(s)}{D(s)}=\frac{N(s)}{D(s)} \tag{9-11}$$

引入状态反馈后的闭环系统 $\Sigma_F(A-BF,B,C)$ 的传递函数为

$$\begin{aligned} G_F(s)&=\frac{Y(s)}{U(s)}=C(sI-A+BF)^{-1}B=\frac{CX(s)}{U(s)+FX(s)}\\ &=C\frac{g(s)/D(s)}{1+Fg(s)/D(s)}=C\frac{g(s)}{D(s)+Fg(s)}=\frac{N(s)}{D_F(s)} \end{aligned} \tag{9-12}$$

比较式（9-11）和式（9-12），引入状态反馈后传递函数的分子多项式 $N(s)$ 不变，而分母多项式可通过选择状态反馈增益向量 F 而改变，即状态反馈只改变传递函数的极点而保持零点不变，若闭环系统 $\Sigma_F(A-BF,B,C)$ 的极点被配置到与 $\Sigma_o(A,B,C)$ 的零点相等时，将使 $G_F(s)$ 发生零点、极点对消而破坏 $\Sigma_o(A,B,C)$ 的能观测性。

定理 9-2　输出反馈不改变受控系统 $\Sigma_o(A,B,C)$ 的能控性与能观测性。

证明　前面已说明，输出反馈 H 可等效为 $F=HC$ 的状态反馈，又由定理 9-1 可知，状态反馈不改变受控系统的能控性，故输出反馈不改变受控系统的能控性。事实上，用 HC 替换式（9-9）、式（9-10）中的 F，即可得到输出反馈不改变受控系统能控性的结论。

可从系统能观测性的 PBH 秩判据出发证明输出反馈不改变受控系统 $\Sigma_o(A,B,C)$ 的能观测性。显然，对复数域上的所有 s，有

$$\begin{bmatrix} sI-A \\ C \end{bmatrix}=\begin{bmatrix} I_n & -BH \\ 0 & I_m \end{bmatrix}\begin{bmatrix} sI-(A-BHC) \\ C \end{bmatrix} \tag{9-13}$$

由于上式中的 $\begin{bmatrix} I_n & -BH \\ 0 & I_m \end{bmatrix}$ 为非奇异方阵，故有

$$\operatorname{rank}\begin{bmatrix} sI-A \\ C \end{bmatrix}=\operatorname{rank}\begin{bmatrix} sI-(A-BHC) \\ C \end{bmatrix},\quad \forall s\in\mathbb{Z} \tag{9-14}$$

由能观测性的 PBH 秩判据，式（9-14）表明 $\Sigma_o(A,B,C)$ 和 $\Sigma_H(A-BHC,B,C)$ 的状态能观测性是一致的，即输出反馈不改变受控系统的能观测性。

例 9-1　试分析受控系统 $\Sigma_o(\boldsymbol{A},\boldsymbol{B},\boldsymbol{C})$：$\begin{cases}\dot{\boldsymbol{x}}=\begin{bmatrix}0 & 1\\0 & -1\end{bmatrix}\boldsymbol{x}+\begin{bmatrix}0\\1\end{bmatrix}u\\ \boldsymbol{y}=\begin{bmatrix}2 & 1\end{bmatrix}\boldsymbol{x}\end{cases}$ 引入状态反馈后闭环系统的能控性与能观测性，其中，状态反馈增益矩阵 $\boldsymbol{F}=\begin{bmatrix}2 & 2\end{bmatrix}$。

解　$\Sigma_o(\boldsymbol{A},\boldsymbol{B},\boldsymbol{C})$ 为能控标准型，显然能控；又因其能观测性判别矩阵的秩 $\operatorname{rank}\begin{bmatrix}\boldsymbol{C}\\ \boldsymbol{CA}\end{bmatrix}=\operatorname{rank}\begin{bmatrix}2 & 1\\0 & 1\end{bmatrix}=2$，满秩，故 $\Sigma_o(\boldsymbol{A},\boldsymbol{B},\boldsymbol{C})$ 能观测。

引入 $\boldsymbol{F}=\begin{bmatrix}2 & 2\end{bmatrix}$ 状态反馈后的闭环系统 $\Sigma_F(\boldsymbol{A}-\boldsymbol{BF},\boldsymbol{B},\boldsymbol{C})$ 的状态空间表达式为

$$\begin{cases}\dot{\boldsymbol{x}}=(\boldsymbol{A}-\boldsymbol{BF})\boldsymbol{x}+\boldsymbol{B}\boldsymbol{v}=\begin{bmatrix}0 & 1\\-2 & -3\end{bmatrix}\boldsymbol{x}+\begin{bmatrix}0\\1\end{bmatrix}\boldsymbol{v}\\ \boldsymbol{y}=\boldsymbol{Cx}=\begin{bmatrix}2 & 1\end{bmatrix}\boldsymbol{x}\end{cases}$$

系统 $\Sigma_F(\boldsymbol{A}-\boldsymbol{BF},\boldsymbol{B},\boldsymbol{C})$ 仍为能控标准型，故状态反馈系统保持了 $\Sigma_o(\boldsymbol{A},\boldsymbol{B},\boldsymbol{C})$ 的能控性不变。而 $\Sigma_F(\boldsymbol{A}-\boldsymbol{BF},\boldsymbol{B},\boldsymbol{C})$ 的能观测性判别矩阵的秩

$$\operatorname{rank}\begin{bmatrix}\boldsymbol{C}\\ \boldsymbol{C}(\boldsymbol{A}-\boldsymbol{BF})\end{bmatrix}=\operatorname{rank}\begin{bmatrix}2 & 1\\-2 & -1\end{bmatrix}=1<2$$

故 $\Sigma_F(\boldsymbol{A}-\boldsymbol{BF},\boldsymbol{B},\boldsymbol{C})$ 不能观测。可见，$\Sigma_o(\boldsymbol{A},\boldsymbol{B},\boldsymbol{C})$ 引入 $\boldsymbol{F}=\begin{bmatrix}2 & 2\end{bmatrix}$ 状态反馈后，破坏了其能观测性。这是因为 $\Sigma_F(\boldsymbol{A}-\boldsymbol{BF},\boldsymbol{B},\boldsymbol{C})$ 的传递函数出现了零点、极点相消现象。

事实上，由系统能控标准型与传递函数的对应关系，$\Sigma_o(\boldsymbol{A},\boldsymbol{B},\boldsymbol{C})$ 对应的传递函数为

$$G_o(s)=\frac{s+2}{s^2+s}=\frac{s+2}{s(s+1)}$$

引入 $\boldsymbol{F}=\begin{bmatrix}2 & 2\end{bmatrix}$ 状态反馈后的 $\Sigma_F(\boldsymbol{A}-\boldsymbol{BF},\boldsymbol{B},\boldsymbol{C})$ 对应的传递函数为

$$G_F(s)=\frac{s+2}{s^2+3s+2}=\frac{s+2}{(s+2)(s+1)}$$

可见，$\Sigma_F(\boldsymbol{A}-\boldsymbol{BF},\boldsymbol{B},\boldsymbol{C})$ 有一个极点（$p=-2$）与其零点（$z=-2$）对消，导致极点 $p=-2$ 生成的运动模态 e^{-2t} 不能观测，即状态反馈系统不完全能观测。

9.3　闭环系统极点配置

控制系统的性能与其极点在复平面上的分布密切相关，因此，系统综合性能指标的常见形式之一是给出复平面上一组期望极点。极点配置问题就是通过反馈增益矩阵的选择，使闭环系统的极点配置在复平面上的期望位置，以达到所希望的性能指标要求。选择期望极点是确定综合性能指标的复杂问题，应遵循如下原则。

（1）对 n 维系统，应指定 n 个期望极点，期望极点应为实数或共轭复数。

（2）选择期望极点位置，应充分考虑其对系统性能的主导影响及其与系统零点分布状况的关系；同时应兼顾使系统具有较强的抗干扰能力及较低的系统参数灵敏度要求。应注意，配置极点并非离虚轴越远越好，以免系统频带过宽使其抗干扰性能下降，及反馈增益矩阵中的元素需要很大而导致物理实现困难且对系统动态特性产生不良影响甚至使系统饱和。

本节主要讨论两个问题：其一，闭环极点可任意配置的条件；其二，如何设计反馈增益矩阵使闭环极点配置在期望极点处。

9.3.1 采用状态反馈配置闭环系统极点

1. 采用状态反馈任意配置闭环极点的充要条件

定理 9-3 采用状态反馈任意配置闭环极点的充要条件是受控系统 $\Sigma_o(\boldsymbol{A},\boldsymbol{B},\boldsymbol{C})$ 状态完全能控。

（1）若受控系统 $\Sigma_o(\boldsymbol{A},\boldsymbol{B},\boldsymbol{C})$：$\begin{cases}\dot{\boldsymbol{x}}=\boldsymbol{Ax}+\boldsymbol{Bu}\\ \boldsymbol{y}=\boldsymbol{Cx}\end{cases}$ 状态完全能控，设其特征多项式和传递函数分别为

$$f_o(s)=\det[s\boldsymbol{I}-\boldsymbol{A}]=s^n+a_1s^{n-1}+\cdots+a_{n-1}s+a_n \tag{9-15}$$

$$G_o(s)=\boldsymbol{C}(s\boldsymbol{I}-\boldsymbol{A})^{-1}\boldsymbol{B}=\frac{b_1s^{n-1}+b_2s^{n-2}+\cdots+b_{n-1}s+b_n}{s^n+a_1s^{n-1}+\cdots+a_{n-1}s+a_n} \tag{9-16}$$

可通过如下线性非奇异变换（设 $\boldsymbol{T}_{cc}$ 为能控标准型变换矩阵），$\boldsymbol{x}=\boldsymbol{T}_{cc}\bar{\boldsymbol{x}}$，将 $\Sigma_o(\boldsymbol{A},\boldsymbol{B},\boldsymbol{C})$ 化为能控标准型 $\Sigma_o(\bar{\boldsymbol{A}},\bar{\boldsymbol{B}},\bar{\boldsymbol{C}})$，即

$$\begin{cases}\dot{\bar{\boldsymbol{x}}}=\bar{\boldsymbol{A}}\bar{\boldsymbol{x}}+\bar{\boldsymbol{B}}\boldsymbol{u}\\ \boldsymbol{y}=\bar{\boldsymbol{C}}\bar{\boldsymbol{x}}\end{cases} \tag{9-17}$$

其中，$\bar{\boldsymbol{A}}=\boldsymbol{T}_{cc}^{-1}\boldsymbol{A}\boldsymbol{T}_{cc}=\begin{bmatrix}0&1&0&\cdots&0\\0&0&1&\cdots&0\\ \vdots&\vdots&\vdots&\ddots&\vdots\\0&0&0&\cdots&1\\-a_n&-a_{n-1}&-a_{n-2}&\cdots&-a_1\end{bmatrix}$；$\bar{\boldsymbol{B}}=\boldsymbol{T}_{cc}^{-1}\boldsymbol{B}=\begin{bmatrix}0\\0\\ \vdots\\0\\1\end{bmatrix}$；

$\bar{\boldsymbol{C}}=\boldsymbol{C}\boldsymbol{T}_{cc}=\begin{bmatrix}b_n & b_{n-1} & \cdots & b_2 & b_1\end{bmatrix}$。

（2）针对能控标准型 $\Sigma_o(\bar{\boldsymbol{A}},\bar{\boldsymbol{B}},\bar{\boldsymbol{C}})$ 引入线性状态反馈 $\boldsymbol{u}=\boldsymbol{v}-\bar{\boldsymbol{F}}\bar{\boldsymbol{x}}$，其中，$\bar{\boldsymbol{F}}=\begin{bmatrix}\bar{f}_1 & \bar{f}_2 & \bar{f}_3 & \cdots & \bar{f}_n\end{bmatrix}$，可求得对 $\bar{\boldsymbol{x}}$ 的闭环系统 $\Sigma_F(\bar{\boldsymbol{A}}-\bar{\boldsymbol{B}}\bar{\boldsymbol{F}},\bar{\boldsymbol{B}},\bar{\boldsymbol{C}})$ 的状态空间表达式仍为能控标准型，即

$$\begin{cases}\dot{\bar{\boldsymbol{x}}}=(\bar{\boldsymbol{A}}-\bar{\boldsymbol{B}}\bar{\boldsymbol{F}})\bar{\boldsymbol{x}}+\bar{\boldsymbol{B}}\boldsymbol{v}\\ \boldsymbol{y}=\bar{\boldsymbol{C}}\bar{\boldsymbol{x}}\end{cases} \tag{9-18}$$

其中，$\bar{\boldsymbol{A}}-\bar{\boldsymbol{B}}\bar{\boldsymbol{F}}=\begin{bmatrix}0&1&0&\cdots&0\\0&0&1&\cdots&0\\ \vdots&\vdots&\vdots&\ddots&\vdots\\0&0&0&\cdots&1\\-(a_n+\bar{f}_1)&-(a_{n-1}+\bar{f}_2)&-(a_{n-2}+\bar{f}_3)&\cdots&-(a_1+\bar{f}_n)\end{bmatrix}$，则闭环系统 $\Sigma_F(\bar{\boldsymbol{A}}-\bar{\boldsymbol{B}}\bar{\boldsymbol{F}},\bar{\boldsymbol{B}},\bar{\boldsymbol{C}})$ 的特征多项式和传递函数分别为

$$f_F(s)=\det[s\boldsymbol{I}-(\bar{\boldsymbol{A}}-\bar{\boldsymbol{B}}\bar{\boldsymbol{F}})]=s^n+(a_1+\bar{f}_n)s^{n-1}+\cdots+(a_{n-1}+\bar{f}_2)s+(a_n+\bar{f}_1) \tag{9-19}$$

$$G_F(s)=\bar{\boldsymbol{C}}(s\boldsymbol{I}-(\bar{\boldsymbol{A}}-\bar{\boldsymbol{B}}\bar{\boldsymbol{F}}))^{-1}\bar{\boldsymbol{B}}=\frac{b_1s^{n-1}+b_2s^{n-2}+\cdots+b_{n-1}s+b_n}{s^n+(a_1+\bar{f}_n)s^{n-1}+\cdots+(a_{n-1}+\bar{f}_2)s+(a_n+\bar{f}_1)} \tag{9-20}$$

式（9-19）、式（9-20）表明，$\Sigma_F(\bar{\boldsymbol{A}}-\bar{\boldsymbol{B}}\bar{\boldsymbol{F}},\bar{\boldsymbol{B}},\bar{\boldsymbol{C}})$ 的 n 阶特征多项式的 n 个系数可通过 $\bar{f}_1$、

$\bar{f}_2$、…、$\bar{f}_n$ 独立设置，即 $(\bar{\boldsymbol{A}}-\bar{\boldsymbol{B}}\bar{\boldsymbol{F}})$ 的特征值可任选，因为线性非奇异变换不改变系统的特征值，即 $f_{\mathrm{F}}(s)=\det[s\boldsymbol{I}-(\bar{\boldsymbol{A}}-\bar{\boldsymbol{B}}\bar{\boldsymbol{F}})]=\det[s\boldsymbol{I}-(\boldsymbol{A}-\boldsymbol{BF})]$，故若受控系统 $\Sigma_{\mathrm{o}}(\bar{\boldsymbol{A}},\bar{\boldsymbol{B}},\bar{\boldsymbol{C}})$ 能控，则其状态反馈系统极点可任意配置。

（3）事实上，由给定的期望闭环极点组 λ_i^*（$i=1,2,\cdots,n$），可写出期望闭环特征多项式

$$f^*(s)=\prod_{i=1}^{n}(s-\lambda_i^*)=s^n+a_1^*s^{n-1}+\cdots+a_{n-1}^*s+a_n^* \tag{9-21}$$

令式（9-19）与式（9-21）相等，可解出能控标准型 $\Sigma_{\mathrm{o}}(\bar{\boldsymbol{A}},\bar{\boldsymbol{B}},\bar{\boldsymbol{C}})$ 使闭环极点配置到期望极点的状态反馈增益矩阵为

$$\bar{\boldsymbol{F}}=\begin{bmatrix}\bar{f}_1 & \bar{f}_2 & \cdots & \bar{f}_n\end{bmatrix}=\begin{bmatrix}a_n^*-a_n & a_{n-1}^*-a_{n-1} & \cdots & a_1^*-a_1\end{bmatrix} \tag{9-22}$$

（4）将 $\boldsymbol{x}=\boldsymbol{T}_{\mathrm{cc}}\bar{\boldsymbol{x}}$ 代入 $\boldsymbol{u}=\boldsymbol{v}-\bar{\boldsymbol{F}}\bar{\boldsymbol{x}}$，得

$$\boldsymbol{u}=\boldsymbol{v}-\bar{\boldsymbol{F}}\bar{\boldsymbol{x}}=\boldsymbol{v}-\bar{\boldsymbol{F}}\boldsymbol{T}_{\mathrm{cc}}^{-1}\boldsymbol{x}=\boldsymbol{v}-\boldsymbol{Fx} \tag{9-23}$$

则原受控系统 $\Sigma_{\mathrm{o}}(\bar{\boldsymbol{A}},\bar{\boldsymbol{B}},\bar{\boldsymbol{C}})$ 对应于状态 $\boldsymbol{x}$ 引入状态反馈使闭环极点配置到期望极点的状态反馈增益矩阵为

$$\boldsymbol{F}=\bar{\boldsymbol{F}}\boldsymbol{T}_{\mathrm{cc}}^{-1} \tag{9-24}$$

2. 采用状态反馈配置闭环极点的方法

方法一 规范算法

对状态完全能控的单输入单输出受控系统 $\Sigma_{\mathrm{o}}(\boldsymbol{A},\boldsymbol{B},\boldsymbol{C})$，可采用以上状态反馈任意极点的配置过程所给出的规范算法确定实现闭环极点配置目标的反馈增益矩阵 $\boldsymbol{F}$，即在根据式（9-15）、式（9-21）分别确定开环系统 $\Sigma_{\mathrm{o}}(\boldsymbol{A},\boldsymbol{B},\boldsymbol{C})$ 特征多项式和期望闭环特征多项式系数的基础上，先用式（9-22）求出能控标准型 $\Sigma_{\mathrm{o}}(\bar{\boldsymbol{A}},\bar{\boldsymbol{B}},\bar{\boldsymbol{C}})$ 对应的 $\bar{\boldsymbol{x}}$ 下的状态反馈增益矩阵 $\bar{\boldsymbol{F}}$；再根据式（9-24）将 $\bar{\boldsymbol{F}}$ 变换为原状态 $\boldsymbol{x}$ 下的状态反馈增益矩阵 $\boldsymbol{F}$，即

$$\boldsymbol{F}=\begin{bmatrix}a_n^*-a_n & a_{n-1}^*-a_{n-1} & \cdots & a_1^*-a_1\end{bmatrix}\boldsymbol{T}_{\mathrm{cc}}^{-1} \tag{9-25}$$

其中，$\boldsymbol{T}_{\mathrm{cc}}^{-1}$ 为按 $\boldsymbol{x}=\boldsymbol{T}_{\mathrm{cc}}\bar{\boldsymbol{x}}$ 将 $\Sigma_{\mathrm{o}}(\boldsymbol{A},\boldsymbol{B},\boldsymbol{C})$ 化为能控标准型 $\Sigma_{\mathrm{o}}(\bar{\boldsymbol{A}},\bar{\boldsymbol{B}},\bar{\boldsymbol{C}})$ 的变换矩阵 $\boldsymbol{T}_{\mathrm{cc}}$ 的逆矩阵，即 $\bar{\boldsymbol{A}}=\boldsymbol{T}_{\mathrm{cc}}^{-1}\boldsymbol{A}\boldsymbol{T}_{\mathrm{cc}}$，$\bar{\boldsymbol{B}}=\boldsymbol{T}_{\mathrm{cc}}^{-1}\boldsymbol{B}$，$\bar{\boldsymbol{C}}=\boldsymbol{C}\boldsymbol{T}_{\mathrm{cc}}$。$\boldsymbol{T}_{\mathrm{cc}}^{-1}$ 可由下式确定，即

$$\boldsymbol{T}_{\mathrm{cc}}^{-1}=\left(\begin{bmatrix}\boldsymbol{B} & \boldsymbol{AB} & \cdots & \boldsymbol{A}^{n-1}\boldsymbol{B}\end{bmatrix}\begin{bmatrix}a_{n-1} & \cdots & a_1 & 1\\ \vdots & \iddots & \iddots & \\ a_1 & 1 & & \\ 1 & & & \end{bmatrix}\right)^{-1} \text{或 } \boldsymbol{T}_{\mathrm{cc}}^{-1}=\begin{bmatrix}\boldsymbol{T}_1\\ \boldsymbol{T}_1\boldsymbol{A}\\ \vdots\\ \boldsymbol{T}_1\boldsymbol{A}^{n-1}\end{bmatrix} \tag{9-26}$$

其中，行向量 $\boldsymbol{T}_1$ 为 $\Sigma_{\mathrm{o}}(\boldsymbol{A},\boldsymbol{B},\boldsymbol{C})$ 能控性判别矩阵 $\boldsymbol{Q}_{\mathrm{c}}$ 的逆矩阵的最后一行，即

$$\boldsymbol{T}_1=\begin{bmatrix}0 & 0 & \cdots & 1\end{bmatrix}\boldsymbol{Q}_{\mathrm{c}}^{-1}=\begin{bmatrix}0 & 0 & \cdots & 1\end{bmatrix}\begin{bmatrix}\boldsymbol{B} & \boldsymbol{AB} & \cdots & \boldsymbol{A}^{n-1}\boldsymbol{B}\end{bmatrix}^{-1}$$

方法二 解联立方程

设状态反馈增益矩阵 $\boldsymbol{F}=[f_1 \quad f_2 \quad f_3 \quad \cdots \quad f_n]$，则闭环系统 $\Sigma_{\mathrm{F}}(\boldsymbol{A}-\boldsymbol{BF},\boldsymbol{B},\boldsymbol{C})$ 的特征多项式为

$$f_{\mathrm{F}}(s)=\det[s\boldsymbol{I}-(\boldsymbol{A}-\boldsymbol{BF})]=f_{\mathrm{F}}(s,f_1,f_2,\cdots,f_n)=s^n+\beta_1s^{n-1}+\cdots+\beta_{n-1}s+\beta_n \tag{9-27}$$

而由给定的期望闭环极点组 λ_i^*（$i=1,2,\cdots,n$），可确定如式（9-21）所示的期望闭环特征多项式。为将闭环极点配置在期望位置，令式（9-27）与式（9-21）相等，即令 $f_{\mathrm{F}}(s)=f^*(s)$，由

两个 n 阶特征多项式对应项系数相等，可得 n 个关于 f_1、f_2、…、f_n 的联立代数方程，若 $\Sigma_o(\boldsymbol{A},\boldsymbol{B},\boldsymbol{C})$ 能控，解联立方程可求出唯一解 f_1、f_2、…、f_n。当受控系统 $\Sigma_o(\boldsymbol{A},\boldsymbol{B},\boldsymbol{C})$ 的阶次较低时可采用该方法。

例 9-2 受控系统 $\Sigma_o(\boldsymbol{A},\boldsymbol{B},\boldsymbol{C})$ 的状态空间表达式为 $\begin{cases}\dot{\boldsymbol{x}}=\begin{bmatrix}1 & 3\\0 & -1\end{bmatrix}\boldsymbol{x}+\begin{bmatrix}0\\1\end{bmatrix}\boldsymbol{u}\\ \boldsymbol{y}=\begin{bmatrix}1 & 1\end{bmatrix}\boldsymbol{x}\end{cases}$，试设计反馈增益矩阵 $\boldsymbol{F}$，使闭环系统极点配置为 $-1+\mathrm{j}$ 和 $-1-\mathrm{j}$，并画出状态变量图。

解 （1）判断受控系统的能控性。

$$\operatorname{rank}\boldsymbol{Q}_c=\operatorname{rank}\begin{bmatrix}\boldsymbol{B} & \boldsymbol{AB}\end{bmatrix}=\begin{bmatrix}0 & 3\\1 & -1\end{bmatrix}=2=n$$

所以受控系统状态完全能控，可通过状态反馈任意配置闭环系统极点。

（2）确定闭环系统期望特征多项式。

闭环系统期望极点为 $\lambda_{1,2}^*=-1\pm\mathrm{j}$，对应的期望闭环特征多项式为

$$f^*(s)=(s-\lambda_1^*)(s-\lambda_2^*)=s^2+2s+2$$

则 $a_2^*=2$，$a_1^*=2$。

（3）求满足期望极点配置要求的状态反馈增益矩阵 $\boldsymbol{F}=\begin{bmatrix}f_1 & f_2\end{bmatrix}$。

方法一 规范算法

受控系统 $\Sigma_o(\boldsymbol{A},\boldsymbol{B},\boldsymbol{C})$ 的特征多项式为

$$f_o(s)=\det(s\boldsymbol{I}-\boldsymbol{A})=\begin{vmatrix}s-1 & -3\\0 & s+1\end{vmatrix}=s^2-1$$

则 $a_2=-1$，$a_1=0$。

根据式（9-22），能控标准型 $\Sigma_o(\bar{\boldsymbol{A}},\bar{\boldsymbol{B}},\bar{\boldsymbol{C}})$ 对应的 $\bar{\boldsymbol{x}}$ 下的状态反馈增益矩阵 $\bar{\boldsymbol{F}}$ 为

$$\bar{\boldsymbol{F}}=\begin{bmatrix}\bar{f}_1 & \bar{f}_2\end{bmatrix}=\begin{bmatrix}a_2^*-a_2 & a_1^*-a_1\end{bmatrix}=\begin{bmatrix}3 & 2\end{bmatrix}$$

按 $\boldsymbol{x}=\boldsymbol{T}_{cc}\bar{\boldsymbol{x}}$ 将 $\Sigma_o(\boldsymbol{A},\boldsymbol{B},\boldsymbol{C})$ 化为能控标准型 $\Sigma_o(\bar{\boldsymbol{A}},\bar{\boldsymbol{B}},\bar{\boldsymbol{C}})$ 的变换矩阵 $\boldsymbol{T}_{cc}$ 为

$$\boldsymbol{T}_{cc}=\begin{bmatrix}\boldsymbol{B} & \boldsymbol{AB}\end{bmatrix}\begin{bmatrix}a_1 & 1\\1 & 0\end{bmatrix}=\begin{bmatrix}0 & 3\\1 & -1\end{bmatrix}\begin{bmatrix}0 & 1\\1 & 0\end{bmatrix}=\begin{bmatrix}3 & 0\\-1 & 1\end{bmatrix}$$

则

$$\boldsymbol{T}_{cc}^{-1}=\begin{bmatrix}3 & 0\\-1 & 1\end{bmatrix}^{-1}=\begin{bmatrix}\frac{1}{3} & 0\\\frac{1}{3} & 1\end{bmatrix}$$

则根据式（9-24），原状态 $\boldsymbol{x}$ 下的状态反馈增益矩阵 $\boldsymbol{F}$ 应为

$$\boldsymbol{F}=\begin{bmatrix}f_1 & f_2\end{bmatrix}=\bar{\boldsymbol{F}}\boldsymbol{T}_{cc}^{-1}=\begin{bmatrix}3 & 2\end{bmatrix}\begin{bmatrix}\frac{1}{3} & 0\\\frac{1}{3} & 1\end{bmatrix}=\begin{bmatrix}\frac{5}{3} & 2\end{bmatrix}$$

方法二 解联立方程

对受控系统 $\Sigma_o(\boldsymbol{A},\boldsymbol{B},\boldsymbol{C})$，引入 $\boldsymbol{F}=\begin{bmatrix}f_1 & f_2\end{bmatrix}$ 状态反馈后的闭环系统 $\Sigma_F(\boldsymbol{A}-\boldsymbol{BF},\boldsymbol{B},\boldsymbol{C})$ 特征多项式为

$$f_{\mathrm{F}}(s)=\det[s\boldsymbol{I}-(\boldsymbol{A}-\boldsymbol{BF})]=\begin{vmatrix} s-1 & -3 \\ f_1 & s+1+f_2 \end{vmatrix}=s^2+f_2s+3f_1-f_2-1$$

令 $f_{\mathrm{F}}(s)=f^*(s)$，即 $s^2+f_2s+3f_1-f_2-1=s^2+2s+2$，比较等式两边同次幂项系数得如下联立方程

$$\begin{cases} f_2=2 \\ 3f_1-f_2-1=2 \end{cases}$$

解得：$f_1=5/3$，$f_2=2$。

（4）根据受控系统状态空间表达式和所设计的状态反馈增益矩阵 $\boldsymbol{F}$，可画出状态反馈后的闭环系统状态变量图，如图 9-3 所示。

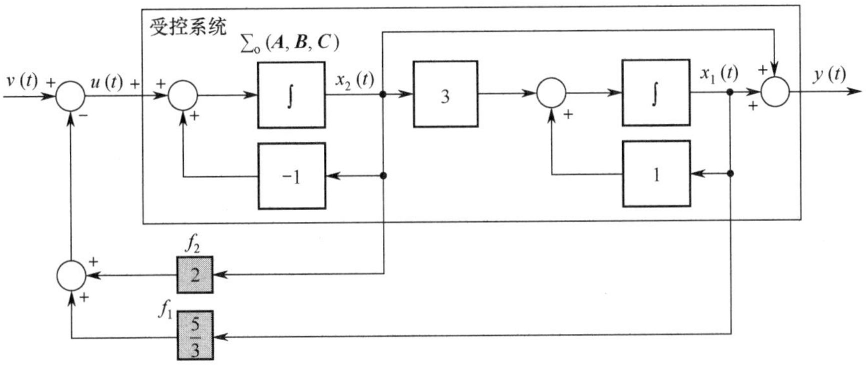

图 9-3　状态反馈后的闭环系统状态变量图

3．采用状态反馈进行部分极点配置

若受控系统 $\Sigma_o(\boldsymbol{A},\boldsymbol{B},\boldsymbol{C})$ 状态不完全能控，采用状态反馈只能将其能控子系统的极点配置到期望位置，而不可能移动其不能控子系统的极点。换言之，对于状态不完全能控的 n 阶系统 $\Sigma_o(\boldsymbol{A},\boldsymbol{B},\boldsymbol{C})$ 而言，若期望配置的 n 个极点中包含其全部的不能控极点，那么这一组闭环极点是可以采用状态反馈进行配置的（这时实质上只是配置了受控系统的能控极点）；否则，就不能采用状态反馈配置 n 个极点。

9.3.2　采用线性非动态输出反馈至参考输入配置闭环系统极点

定理 9-4　完全能控的系统不能靠引入式（9-6）所示的线性非动态输出反馈控制来任意配置闭环系统的极点。

对定理 9-4 以单输入单输出系统为例加以说明。这时，输出反馈矩阵为反馈放大系数（标量）H，由经典控制理论的根轨迹法，改变反馈放大系数 H 时的闭环极点变化的轨迹是起于开环极点，终于开环零点或无限远点的一组根轨迹，即闭环极点不能配置在复平面的任意位置。

不能任意配置反馈系统的极点正是线性非动态输出反馈的局限。为了克服这一局限，经典控制理论中，广泛采用带有校正网络（动态补偿器）的输出反馈控制方式，即通过增加开环零点、极点以改变根轨迹走向，实现闭环极点的期望配置。关于这一问题，在现代控制理论中，有如下定理：

定理 9-5　对完全能控的单输入单输出系统$\Sigma_o(\boldsymbol{A},\boldsymbol{B},\boldsymbol{C})$，通过带动态补偿器的输出反馈实现极点任意配置的充要条件为：

（1）$\Sigma_o(\boldsymbol{A},\boldsymbol{B},\boldsymbol{C})$完全能观测；

（2）动态补偿器的阶数为$n-1$。

应该指出，若实际问题并不要求“任意”配置闭环极点，则所需动态补偿器的阶数可小于$n-1$。

9.3.3　镇定问题

若受控系统$\Sigma_o(\boldsymbol{A},\boldsymbol{B},\boldsymbol{C})$通过状态反馈（或输出反馈）能使其闭环极点均具有负实部，即闭环系统渐近稳定，则称系统是状态反馈（或输出反馈）可镇定的。

镇定问题是一种特殊的闭环极点配置问题，其期望闭环极点只要求具有负实部。

基于对状态反馈不能改变系统不能控模态的认识，容易理解如下定理。

定理 9-6　线性定常系统$\Sigma_o(\boldsymbol{A},\boldsymbol{B},\boldsymbol{C})$采用状态反馈可镇定的充要条件是其不能控子系统为渐近稳定。

而对于线性非动态输出反馈可镇定的条件则有定理 9-7。

定理 9-7　线性定常系统$\Sigma_o(\boldsymbol{A},\boldsymbol{B},\boldsymbol{C})$采用输出反馈可镇定的充要条件是$\Sigma_o(\boldsymbol{A},\boldsymbol{B},\boldsymbol{C})$结构分解中的能控且能观测子系统是输出反馈可镇定的；而能控不能观测、能观测不能控、不能控且不能观测的 3 个子系统均为渐近稳定。

例 9-3　受控系统$\Sigma_o(\boldsymbol{A},\boldsymbol{B},\boldsymbol{C})$的状态空间表达式为$\begin{cases}\dot{\boldsymbol{x}}=\begin{bmatrix}0 & 1\\ 0 & 0\end{bmatrix}\boldsymbol{x}+\begin{bmatrix}0\\ 1\end{bmatrix}u\\ y=\begin{bmatrix}1 & 0\end{bmatrix}\boldsymbol{x}\end{cases}$，试设计反馈增益矩阵$\boldsymbol{F}$，使闭环系统得到镇定。该受控系统采用线性非动态输出反馈可否镇定？

解　$\Sigma_o(\boldsymbol{A},\boldsymbol{B},\boldsymbol{C})$为能控标准型，显然能控，故可采用状态反馈使闭环系统镇定。若设期望极点为$\lambda_1^*=-1$，$\lambda_2^*=-2$，则对应的期望闭环特征多项式为

$$f^*(s)=(s-\lambda_1^*)(s-\lambda_2^*)=s^2+3s+2$$

由规范算法可确定满足期望极点配置要求的状态反馈增益矩阵$\boldsymbol{F}=\begin{bmatrix}f_1 & f_2\end{bmatrix}=\begin{bmatrix}2 & 3\end{bmatrix}$，对应的闭环系统状态变量图如图 9-4（a）所示。但若$\Sigma_o(\boldsymbol{A},\boldsymbol{B},\boldsymbol{C})$采用线性非动态输出反馈，则闭环系统$\Sigma_H(\boldsymbol{A}-\boldsymbol{BHC},\boldsymbol{B},\boldsymbol{C})$的特征多项式为

$$\det(s\boldsymbol{I}-\boldsymbol{A}+\boldsymbol{BHC})=\begin{vmatrix}s & -1\\ h & s\end{vmatrix}=s^2+h$$

可见，引入反馈放大系数为h的线性非动态输出反馈后的闭环特征多项式仍缺项，无论如何选择反馈放大系数h，均不能使闭环系统镇定，即该系统采用线性非动态输出反馈不可镇定。进一步检验，该系统不仅能控且能观测，本例表明，能控且能观测系统采用线性非动态输出反馈不一定能镇定。

由图 9-4（a）可画出图 9-4（b）所示状态反馈闭环系统的等效方块图，其等效为在输出反馈控制回路中嵌入反馈动态补偿器$H(s)$，即若采用$H(s)=3s+2$的输出动态反馈可达到与引入$\boldsymbol{F}=\begin{bmatrix}f_1 & f_2\end{bmatrix}=\begin{bmatrix}2 & 3\end{bmatrix}$线性状态反馈一样的控制效果（将闭环极点配置在$\lambda_1^*=-1$，$\lambda_2^*=-2$）。但从$H(s)$的结构看，其包括比例环节和一阶微分环节，在物理上较上述状态线性反馈复杂且难以实现。

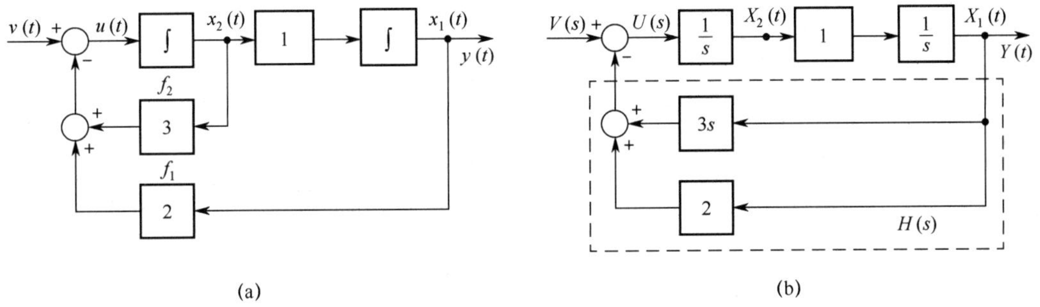

图 9-4　例 9-3 图

9.4　状态观测器

状态反馈是改善系统性能的重要方法，其不仅可改善受控系统的稳定性、稳态误差和动态品质因数，而且可实现闭环系统的解耦控制和最优控制。状态反馈实现的前提是获得系统全部状态信息，然而，状态变量并不一定是表示系统的物理量，选择状态变量的这种自由本是状态空间综合法的优点之一，但这也使得系统的所有状态变量不一定都能直接可测；另外，有些状态变量即使可测，但所需传感器的价格可能会过高。状态观测或状态重构问题正是为了克服状态反馈物理实现的这些困难而提出的，其核心是通过系统可测参量（输出及输入）重新构造在一定指标下和系统真实状态 $\boldsymbol{x}(t)$等价的估计状态或重构状态 $\hat{\boldsymbol{x}}(t)$，且常采用渐近等价指标，即

$$\lim_{t\to\infty}[\hat{\boldsymbol{x}}(t)-\boldsymbol{x}(t)]=\lim_{t\to\infty}\boldsymbol{\varDelta}_x(t)=\boldsymbol{0} \tag{9-28}$$

其中，$\boldsymbol{\varDelta}_x(t)$ 为观测误差。实现状态重构的系统（或计算机程序）称为状态观测器，式（9-28）也称观测器存在条件。当观测器重构状态向量的维数小于或等于受控系统状态向量维数时，分别称为全维状态观测器或降维状态观测器。20 世纪 60 年代，龙伯格（Luenberger）提出的状态观测器理论解决了确定性控制条件下受控系统的状态重构问题；而卡尔曼（Kalman）滤波理论则是针对在随机扰动和量测噪声情况下动态系统状态估计问题而提出的。随着观测器理论及 Kalman 滤波理论的发展，状态反馈的物理实现问题已基本解决。本节仅限于讨论确定性控制条件下系统状态观测器的设计原理与方法。

9.4.1　全维状态观测器的构造思想

设受控系统 $\Sigma_{\text{o}}(\boldsymbol{A},\boldsymbol{B},\boldsymbol{C})$ 状态完全能观测，一条重构状态向量的可能途径是对输出 $\boldsymbol{y}(t)$求导$(n-1)$次，即

$$\begin{cases}\boldsymbol{y}=\boldsymbol{C}\boldsymbol{x}\\ \dot{\boldsymbol{y}}=\boldsymbol{C}\dot{\boldsymbol{x}}=\boldsymbol{C}\boldsymbol{A}\boldsymbol{x}+\boldsymbol{C}\boldsymbol{B}\boldsymbol{u}\\ \ddot{\boldsymbol{y}}=\boldsymbol{C}\ddot{\boldsymbol{x}}=\boldsymbol{C}\boldsymbol{A}\dot{\boldsymbol{x}}+\boldsymbol{C}\boldsymbol{B}\dot{\boldsymbol{u}}=\boldsymbol{C}\boldsymbol{A}^2\boldsymbol{x}+\boldsymbol{C}\boldsymbol{A}\boldsymbol{B}\boldsymbol{u}+\boldsymbol{C}\boldsymbol{B}\dot{\boldsymbol{u}}\\ \qquad\vdots\\ \boldsymbol{y}^{(n-1)}=\boldsymbol{C}\boldsymbol{A}^{(n-1)}\boldsymbol{x}+\boldsymbol{C}\boldsymbol{A}^{(n-2)}\boldsymbol{B}\boldsymbol{u}+\boldsymbol{C}\boldsymbol{A}^{(n-3)}\boldsymbol{B}\dot{\boldsymbol{u}}+\cdots+\boldsymbol{C}\boldsymbol{B}\boldsymbol{u}^{(n-2)}\end{cases} \tag{9-29}$$

因为$\Sigma_{\text{o}}(\boldsymbol{A},\boldsymbol{B},\boldsymbol{C})$ 能观测，则其能观测性判别矩阵的秩为 n，故由式（9-29）一定可选出关

于状态变量的 n 个独立方程，进而获得 $\boldsymbol{x}(t)$的唯一解。可见，只要受控系统能观测，理论上可通过输入/输出及它们的导数重构系统状态向量 $\boldsymbol{x}(t)$。但这种方法要对输入/输出进行微分运算，而纯微分器难以构造；且微分器会不合理地放大输入/输出测量中混有的高频干扰，以致状态估计值产生很大误差，故从工程实际出发，该方法不可取。

为避免在状态重构中采用微分运算，一个直观的想法是构造一个与 $\Sigma_{\mathrm{o}}(\boldsymbol{A},\boldsymbol{B},\boldsymbol{C})$ 结构和参数相同的仿真系统 $\Sigma_{\mathrm{G}}(\boldsymbol{A},\boldsymbol{B},\boldsymbol{C})$ 来观测系统的实际状态 $\boldsymbol{x}(t)$，且让 $\Sigma_{\mathrm{G}}(\boldsymbol{A},\boldsymbol{B},\boldsymbol{C})$ 与 $\Sigma_{\mathrm{o}}(\boldsymbol{A},\boldsymbol{B},\boldsymbol{C})$ 具有相同的输入，如图 9-5 所示。显然，在假设矩阵 $\boldsymbol{A}$、$\boldsymbol{B}$ 和 $\boldsymbol{C}$ 在实际受控对象 $\Sigma_{\mathrm{o}}(\boldsymbol{A},\boldsymbol{B},\boldsymbol{C})$ 中及其仿真系统 $\Sigma_{\mathrm{G}}(\boldsymbol{A},\boldsymbol{B},\boldsymbol{C})$ 中相同的前提下，只要设置 $\Sigma_{\mathrm{G}}(\boldsymbol{A},\boldsymbol{B},\boldsymbol{C})$ 的初态与 $\Sigma_{\mathrm{o}}(\boldsymbol{A},\boldsymbol{B},\boldsymbol{C})$ 的初态相同，即 $\hat{\boldsymbol{x}}(t_0)=\boldsymbol{x}(t_0)$，则可保证重构状态 $\hat{\boldsymbol{x}}(t)$ 与系统实际状态 $\boldsymbol{x}(t)$始终相同。尽管只要 $\Sigma_{\mathrm{o}}(\boldsymbol{A},\boldsymbol{B},\boldsymbol{C})$ 能观测，根据输入和输出的测量值总能计算出系统的初态 $\boldsymbol{x}(t_0)$，但每次应用图 5-5 所示的开环观测器均要计算 $\boldsymbol{x}(t_0)$ 并设置到 $\hat{\boldsymbol{x}}(t_0)$，计算量太大。另外，开环观测器的观测误差 $\boldsymbol{\Delta}_x(t)$ 所满足的微分方程为

$$\dot{\boldsymbol{\Delta}}_x(t)=\dot{\hat{\boldsymbol{x}}}(t)-\dot{\boldsymbol{x}}(t)=\boldsymbol{A}\left[\hat{\boldsymbol{x}}(t)-\boldsymbol{x}(t)\right]=\boldsymbol{A}\boldsymbol{\Delta}_x \tag{9-30}$$

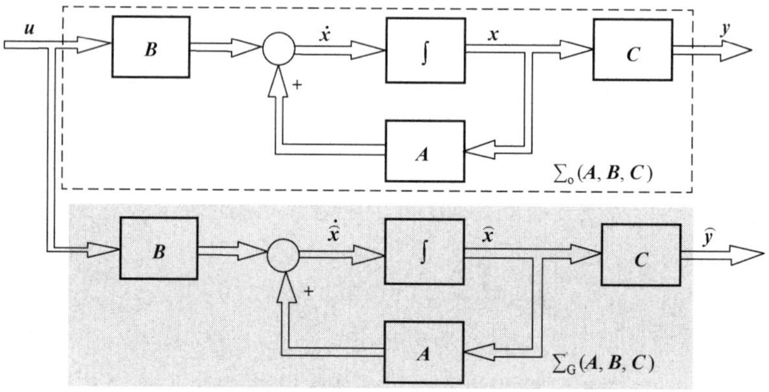

图 9-5　开环观测器

由于存在外界扰动和设置误差，通常 $\hat{\boldsymbol{x}}(t_0)\neq\boldsymbol{x}(t_0)$，即 $\boldsymbol{\Delta}_x(t_0)\neq\boldsymbol{0}$，这时由式（9-30）可得观测误差 $\boldsymbol{\Delta}_x(t)$ 为

$$\boldsymbol{\Delta}_x(t)=\mathrm{e}^{\boldsymbol{A}(t-t_0)}\boldsymbol{\Delta}_x(t_0)=\mathrm{e}^{\boldsymbol{A}(t-t_0)}\left[\hat{\boldsymbol{x}}(t_0)-\boldsymbol{x}(t_0)\right] \tag{9-31}$$

式（9-31）表明，只有当 $\Sigma_{\mathrm{o}}(\boldsymbol{A},\boldsymbol{B},\boldsymbol{C})$ 的系统矩阵 $\boldsymbol{A}$ 的特征值均具有负实部时，才满足式（9-28）所示的观测器存在条件；若 $\Sigma_{\mathrm{o}}(\boldsymbol{A},\boldsymbol{B},\boldsymbol{C})$ 为不稳定系统，则 $\hat{\boldsymbol{x}}(t)$ 将不能复现 $\boldsymbol{x}(t)$。因此，一般而言，开环观测器也无实用价值。

可应用反馈控制原理对图 9-5 所示开环观测器方案进行改进，即引入观测误差 $\boldsymbol{\Delta}_x(t)=\hat{\boldsymbol{x}}(t)-\boldsymbol{x}(t)$ 负反馈，以不断修正仿真系统，加快观测误差趋于零的速度。但 $\boldsymbol{\Delta}_x(t)$ 不可直接测量，而 $\boldsymbol{\Delta}_x(t)\neq\boldsymbol{0}$ 对应 $\hat{\boldsymbol{y}}(t)-\boldsymbol{y}(t)=\boldsymbol{C}\hat{\boldsymbol{x}}(t)-\boldsymbol{C}\boldsymbol{x}(t)\neq\boldsymbol{0}$，且系统输出估计值与实际值的误差 $\hat{\boldsymbol{y}}(t)-\boldsymbol{y}(t)$ 可测量，故引入输出偏差 $\hat{\boldsymbol{y}}(t)-\boldsymbol{y}(t)$ 负反馈至观测器的 $\dot{\hat{\boldsymbol{x}}}(t)$ 处，构成以 $\boldsymbol{u}$ 和 $\boldsymbol{y}$ 为输入、$\hat{\boldsymbol{x}}(t)$ 为输出的闭环渐近状态观测器，如图 9-6 所示，其采用了输出反馈的另一种结构，是一种较实用的观测器结构。图 9-6 中，$\boldsymbol{G}$ 为 $n\times m$ 维输出偏差反馈增益矩阵（m 为系统输出变量的个数），且为实数阵。由图 9-6 可得闭环状态观测器的状态方程为

$$\dot{\hat{\boldsymbol{x}}}=\boldsymbol{A}\hat{\boldsymbol{x}}-\boldsymbol{G}(\hat{\boldsymbol{y}}-\boldsymbol{y})=\boldsymbol{A}\hat{\boldsymbol{x}}-\boldsymbol{G}\boldsymbol{C}\hat{\boldsymbol{x}}+\boldsymbol{G}\boldsymbol{y}+\boldsymbol{B}\boldsymbol{u}=(\boldsymbol{A}-\boldsymbol{G}\boldsymbol{C})\hat{\boldsymbol{x}}+\boldsymbol{G}\boldsymbol{y}+\boldsymbol{B}\boldsymbol{u} \tag{9-32}$$

由式（9-32）及待观测系统$\Sigma_o(\boldsymbol{A},\boldsymbol{B},\boldsymbol{C})$的状态方程，可得闭环观测器的观测误差$\boldsymbol{\Delta}_x(t)$所满足的微分方程为

$$\dot{\boldsymbol{\Delta}}_x(t)=\dot{\hat{\boldsymbol{x}}}(t)-\dot{\boldsymbol{x}}(t)=(\boldsymbol{A}-\boldsymbol{GC})[\hat{\boldsymbol{x}}(t)-\boldsymbol{x}(t)]=(\boldsymbol{A}-\boldsymbol{GC})\boldsymbol{\Delta}_x \tag{9-33}$$

设初始时刻$t_0=0$，式（9-33）的解为

$$\boldsymbol{\Delta}_x(t)=\mathrm{e}^{(\boldsymbol{A}-\boldsymbol{GC})t}\boldsymbol{\Delta}_x(0)=\mathrm{e}^{(\boldsymbol{A}-\boldsymbol{GC})t}\left[\hat{\boldsymbol{x}}(0)-\boldsymbol{x}(0)\right] \tag{9-34}$$

式（9-33）及式（9-34）表明，若通过选择输出偏差反馈增益矩阵$\boldsymbol{G}$使$\boldsymbol{A}-\boldsymbol{GC}$的所有特征值均位于复平面的左半平面，尽管初始时刻$t_0=0$时$\boldsymbol{x}(0)$与$\hat{\boldsymbol{x}}(0)$存在差异，观测器的状态$\hat{\boldsymbol{x}}(0)$仍将以一定精度和速度逼近系统的实际状态$\boldsymbol{x}(0)$，即满足式（9-28）所示的渐近等价指标，故闭环观测器也称为渐近观测器。显然，观测误差$\boldsymbol{\Delta}_x(t)$趋于零的收敛速率由观测器系统矩阵$\boldsymbol{A}-\boldsymbol{GC}$的主特征值决定，可证明若$\Sigma_o(\boldsymbol{A},\boldsymbol{B},\boldsymbol{C})$能观，则闭环观测器的极点即$\boldsymbol{A}-\boldsymbol{GC}$的特征值可通过选择偏差反馈增益矩阵$\boldsymbol{G}$而任意配置。

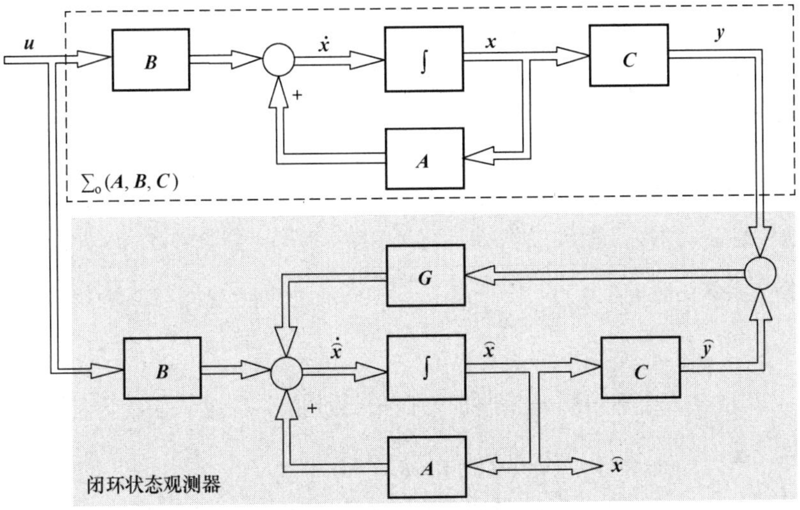

图 9-6　闭环（渐近）状态观测器的结构

9.4.2　闭环观测器极点配置

1. 闭环观测器极点任意配置的充分必要条件

定理 9-8　图 9-6 中闭环状态观测器的极点可任意配置的充要条件是受控系统$\Sigma_o(\boldsymbol{A},\boldsymbol{B},\boldsymbol{C})$能观测。

该定理可由定理 9-3 和对偶原理证明。因为$\Sigma_o(\boldsymbol{A},\boldsymbol{B},\boldsymbol{C})$能观测，则其对偶系统$\Sigma(\boldsymbol{A}^{\mathrm{T}},\boldsymbol{C}^{\mathrm{T}},\boldsymbol{B}^{\mathrm{T}})$能控，根据定理 9-3 知采用状态反馈可使闭环系统$\Sigma_{\mathrm{F}}(\boldsymbol{A}^{\mathrm{T}}-\boldsymbol{C}^{\mathrm{T}}\boldsymbol{F},\boldsymbol{C}^{\mathrm{T}},\boldsymbol{B}^{\mathrm{T}})$的极点即$\boldsymbol{A}^{\mathrm{T}}-\boldsymbol{C}^{\mathrm{T}}\boldsymbol{F}$的特征值配置在复平面任意位置，又根据矩阵转置不改变其特征值，可断定若取$\boldsymbol{G}=\boldsymbol{F}^{\mathrm{T}}$，则$\boldsymbol{A}-\boldsymbol{F}^{\mathrm{T}}\boldsymbol{C}=\boldsymbol{A}-\boldsymbol{GC}$的特征值可任意配置。

定理 9-8 表明，若n维受控系统$\Sigma_o(\boldsymbol{A},\boldsymbol{B},\boldsymbol{C})$能观测，则其状态可用图 9-6 中的$n$维闭环状态观测器给出估计值，且其中输出偏差反馈增益矩阵$\boldsymbol{G}$按使观测器系统矩阵$\boldsymbol{A}-\boldsymbol{GC}$具有任意所期望特征值的需要选择，以使观测误差以期望的收敛速率趋于零。

应该指出，系统能观测，只是其观测器存在的充分条件，并非必要条件。对系统

$\Sigma_o(\boldsymbol{A},\boldsymbol{B},\boldsymbol{C})$，观测器存在的充分必要条件是$\Sigma_o(\boldsymbol{A},\boldsymbol{B},\boldsymbol{C})$的不能观测子系统为渐近稳定。事实上，即使系统$\Sigma_o(\boldsymbol{A},\boldsymbol{B},\boldsymbol{C})$不完全能观测，只要其不能观测子系统是渐近稳定的，仍可构造状态观测器重构系统状态，但这时因不能任意配置闭环观测器的极点，故$\hat{\boldsymbol{x}}(t)$逼近$\boldsymbol{x}(t)$的速度将不能任意控制，而要受限于不能观测子系统的极点。

2. 输出偏差反馈增益矩阵的设计

如前所述，全维闭环状态观测器的设计就是确定合适的输出偏差反馈增益矩阵$\boldsymbol{G}$，使$\boldsymbol{A}-\boldsymbol{GC}$具有期望的特征值，从而使由式（9-33）描述的观测误差动态方程以足够快的响应速度渐近稳定。从加快$\hat{\boldsymbol{x}}(t)$逼近$\boldsymbol{x}(t)$速度的角度看，观测器应有足够宽的频带，即期望观测器的极点在复平面左半平面且远离虚轴；但从抑制高频干扰及超调、防止因反馈增益矩阵$\boldsymbol{G}$的数值过大带来饱和效应等实现困难的角度看，观测器的频带不应太宽，即闭环观测器的极点并非离虚轴越远越好。因此，闭环观测器期望极点的选择应从工程实际出发，兼顾快速性、抗干扰性等折中考虑。而且应指出，通常所选择的闭环观测器期望极点，应使状态观测器的响应速度至少比所考虑的状态反馈闭环系统快2~5倍。

显然，状态完全能观测的单输入单输出系统，闭环观测器的极点配置设计可仿照前面介绍的状态完全能控的单输入单输出系统用状态反馈进行闭环极点配置的设计方法进行；也可基于对偶原理采用在对偶系统中由状态反馈配置闭环极点方法确定状态反馈增益矩阵 $\boldsymbol{F}$，再根据$\boldsymbol{G}=\boldsymbol{F}^{\mathrm{T}}$确定原系统观测器偏差反馈增益矩阵$\boldsymbol{G}$。

若单输入单输出系统$\Sigma_o(\boldsymbol{A},\boldsymbol{B},\boldsymbol{C})$：$\begin{cases}\dot{\boldsymbol{x}}=\boldsymbol{Ax}+\boldsymbol{Bu}\\ \boldsymbol{y}=\boldsymbol{Cx}\end{cases}$状态完全能观测，其特征多项式为

$$f_o(s)=\det[s\boldsymbol{I}-\boldsymbol{A}]=s^n+a_1s^{n-1}+\cdots+a_{n-1}s+a_n$$

设λ_i^*（$i=1,2,\cdots,n$）为闭环状态观测器系统矩阵期望特征值，对应的期望特征多项式为

$$f^*(s)=\prod_{i=1}^{n}(s-\lambda_i^*)=s^n+a_1^*s^{n-1}+\cdots+a_{n-1}^*s+a_n^*$$

若$\Sigma_o(\boldsymbol{A},\boldsymbol{B},\boldsymbol{C})$为能观测标准型，则所需的观测器偏差反馈增益矩阵为

$$\boldsymbol{G}_o=\begin{bmatrix}a_n^*-a_n\\ a_{n-1}^*-a_{n-1}\\ \vdots\\ a_1^*-a_1\end{bmatrix} \tag{9-35}$$

若$\Sigma_o(\boldsymbol{A},\boldsymbol{B},\boldsymbol{C})$不具有能观测标准型，则可采用线性非奇异变换（设$\boldsymbol{T}_{oc}$为能观测标准型变换阵），即$\boldsymbol{x}=\boldsymbol{T}_{oc}\bar{\boldsymbol{x}}$，将系统$\Sigma_o(\boldsymbol{A},\boldsymbol{B},\boldsymbol{C})$：$\begin{cases}\dot{\boldsymbol{x}}=\boldsymbol{Ax}+\boldsymbol{Bu}\\ \boldsymbol{y}=\boldsymbol{Cx}\end{cases}$化为能观测标准型$\Sigma_o(\bar{\boldsymbol{A}},\bar{\boldsymbol{B}},\bar{\boldsymbol{C}})$：

$\begin{cases}\dot{\bar{\boldsymbol{x}}}=\bar{\boldsymbol{A}}\bar{\boldsymbol{x}}+\bar{\boldsymbol{B}}\boldsymbol{u}\\ \boldsymbol{y}=\bar{\boldsymbol{C}}\bar{\boldsymbol{x}}\end{cases}$，其中$\bar{\boldsymbol{A}}=\boldsymbol{T}_{oc}^{-1}\boldsymbol{A}\boldsymbol{T}_{oc}=\begin{bmatrix}0&0&\cdots&0&-a_n\\1&0&\cdots&0&-a_{n-1}\\0&1&\cdots&0&-a_{n-2}\\ \vdots&\vdots&\ddots&\vdots&\vdots\\0&0&\cdots&1&-a_1\end{bmatrix}$，$\bar{\boldsymbol{B}}=\boldsymbol{T}_{oc}^{-1}\boldsymbol{B}$，$\bar{\boldsymbol{C}}=\boldsymbol{C}\boldsymbol{T}_{oc}=[0\ \ 0\ \ \cdots\ \ 0\ \ 1]$，

则先用式（9-35）求出能观测标准型$\Sigma_o(\bar{\boldsymbol{A}},\bar{\boldsymbol{B}},\bar{\boldsymbol{C}})$对应的$\bar{\boldsymbol{x}}$下的观测器增益矩阵$\boldsymbol{G}_o$，然后将$\bar{\boldsymbol{x}}$下求得$\boldsymbol{G}_o$变换到原状态$\boldsymbol{x}$下，即得重构系统$\Sigma_o(\boldsymbol{A},\boldsymbol{B},\boldsymbol{C})$状态$\boldsymbol{x}$所需的观测器偏差反馈增益矩阵为

$$G=\begin{bmatrix} g_1 \\ g_2 \\ \vdots \\ g_n \end{bmatrix}=T_{oc}G_o=T_{oc}\begin{bmatrix} a_n^*-a_n \\ a_{n-1}^*-a_{n-1} \\ \vdots \\ a_1^*-a_1 \end{bmatrix} \tag{9-36}$$

其中，$T_{oc}=\left(\begin{bmatrix} a_{n-1} & \cdots & a_1 & 1 \\ \vdots & & \ddots & \\ a_1 & 1 & & \\ 1 & & & \end{bmatrix}\begin{bmatrix} C \\ CA \\ \vdots \\ CA^{n-1} \end{bmatrix}\right)^{-1}$ 或 $T_{oc}=\begin{bmatrix} P_1 & AP_1 & A^{n-1}P_1 \end{bmatrix}$，列向量 P_1 为 $\Sigma_o(A,B,C)$ 能观测性判别矩阵 Q_o 的逆矩阵的最后一列，即

$$P_1=\begin{bmatrix} C \\ CA \\ \vdots \\ CA^{n-1} \end{bmatrix}^{-1}\begin{bmatrix} 0 \\ 0 \\ \vdots \\ 1 \end{bmatrix} \tag{9-37}$$

以上给出了状态完全能观测的单输入单输出系统全维闭环状态观测器设计的规范型方法。实际上，式（9-37）也可通过其对偶问题由式（9-25）推出。

例 9-4　受控系统 $\Sigma_o(A,B,C)$ 的状态空间表达式为 $\begin{cases} \dot{x}=\begin{bmatrix} 1 & 3 \\ 0 & -1 \end{bmatrix}x+\begin{bmatrix} 0 \\ 1 \end{bmatrix}u \\ y=\begin{bmatrix} 1 & 1 \end{bmatrix}x \end{cases}$，试设计全维状态观测器，使其极点为 -3，-3。

解　（1）判断系统的能观性。

$$\text{rank}Q_o=\text{rank}\begin{bmatrix} C \\ CA \end{bmatrix}=\text{rank}\begin{bmatrix} 1 & 1 \\ 1 & 2 \end{bmatrix}=2$$

所以系统状态完全能观测，可建立状态观测器，且观测器的极点可任意配置。

（2）确定闭环状态观测器系统矩阵的期望特征多项式。

观测器系统矩阵 $A-GC$ 的期望特征值为 $\lambda_1^*=\lambda_2^*=-3$，对应的期望特征多项式为

$$f^*(s)=(s-\lambda_1^*)(s-\lambda_2^*)=(s+3)(s+3)=s^2+6s+9$$

则 $a_2^*=9$，$a_1^*=6$。

（3）求所需的观测器偏差反馈增益矩阵 $G=\begin{bmatrix} g_1 & g_2 \end{bmatrix}$。

方法一　规范算法

在例 9-2 中，已求得系统 $\Sigma_o(A,B,C)$ 的特征多项式为：$f_o(s)=s^2-1$，则 $a_2=-1$，$a_1=0$。

根据式（9-35）能观测标准型 $\Sigma_o(\bar{A},\bar{B},\bar{C})$ 对应的 x 下的状态观测器增益矩阵为

$$G_o=\begin{bmatrix} a_2^*-a_2 \\ a_1^*-a_1 \end{bmatrix}=\begin{bmatrix} 9-(-1) \\ 6-0 \end{bmatrix}=\begin{bmatrix} 10 \\ 6 \end{bmatrix}$$

将 $\Sigma_o(A,B,C)$ 化为能观测标准型 $\Sigma_o(\bar{A},\bar{B},\bar{C})$ 的变换矩阵 T_{oc} 为

$$T_{oc}=\left(\begin{bmatrix} a_1 & 1 \\ 1 & 0 \end{bmatrix}\begin{bmatrix} C \\ CA \end{bmatrix}\right)^{-1}=\left(\begin{bmatrix} 0 & 1 \\ 1 & 0 \end{bmatrix}\begin{bmatrix} 1 & 1 \\ 1 & 2 \end{bmatrix}\right)^{-1}=\begin{bmatrix} 1 & 2 \\ 1 & 1 \end{bmatrix}^{-1}=\begin{bmatrix} -1 & 2 \\ 1 & -1 \end{bmatrix}$$

则根据式（9-36），重构系统 $\Sigma_o(A,B,C)$ 状态 x 所需的观测器偏差反馈增益矩阵 G 为

$$\boldsymbol{G}=\begin{bmatrix}g_1\\g_2\end{bmatrix}=\boldsymbol{T}_{\text{oc}}\boldsymbol{G}_{\text{o}}=\boldsymbol{T}_{\text{o}}\begin{bmatrix}a_2^*-a_2\\a_1^*-a_1\end{bmatrix}=\begin{bmatrix}-1&2\\1&-1\end{bmatrix}\begin{bmatrix}10\\6\end{bmatrix}=\begin{bmatrix}2\\4\end{bmatrix}$$

方法二 解联立方程

与状态反馈闭环系统极点配置的情况类似，若系统是低阶的，将观测器偏差反馈增益矩阵 $\boldsymbol{G}$ 直接代入所期望的特征多项式往往较为简便。观测器系统矩阵 $\boldsymbol{A}-\boldsymbol{GC}$ 的特征多项式为

$$f_{\text{o}}(s)=\det[s\boldsymbol{I}-(\boldsymbol{A}-\boldsymbol{GC})]=\det\left(\begin{bmatrix}s&0\\0&s\end{bmatrix}-\begin{bmatrix}1&3\\0&-1\end{bmatrix}+\begin{bmatrix}g_1&g_1\\g_2&g_2\end{bmatrix}\right)=\begin{vmatrix}s-1+g_1&-3+g_1\\g_2&s+1+g_2\end{vmatrix}$$

$$=s^2+(g_1+g_2)s+2g_2+g_1-1$$

令 $f_{\text{o}}(s)=f^*(s)$，即 $s^2+(g_1+g_2)s+2g_2+g_1-1=s^2+6s+9$，比较等式两边同次幂项系数，得如下联立方程

$$\begin{cases}g_1+g_2=6\\g_1+2g_2-1=9\end{cases}$$

解之，得 $g_1=2$，$g_2=4$。

（4）由式（9-32），得出观测器的状态方程为

$$\dot{\hat{\boldsymbol{x}}}=\boldsymbol{A}\hat{\boldsymbol{x}}+\boldsymbol{B}\boldsymbol{u}-\boldsymbol{G}(\hat{\boldsymbol{y}}-\boldsymbol{y})=\begin{bmatrix}1&3\\0&-1\end{bmatrix}\hat{\boldsymbol{x}}+\begin{bmatrix}0\\1\end{bmatrix}\boldsymbol{u}-\begin{bmatrix}2\\4\end{bmatrix}(\hat{\boldsymbol{y}}-\boldsymbol{y})$$

或

$$\dot{\hat{\boldsymbol{x}}}=(\boldsymbol{A}-\boldsymbol{GC})\hat{\boldsymbol{x}}+\boldsymbol{G}\boldsymbol{y}+\boldsymbol{B}\boldsymbol{u}=\begin{bmatrix}-1&1\\-4&-5\end{bmatrix}\hat{\boldsymbol{x}}+\begin{bmatrix}2\\4\end{bmatrix}\boldsymbol{y}+\begin{bmatrix}0\\1\end{bmatrix}\boldsymbol{u}$$

受控系统及全维状态变量图如图 9-7 所示。

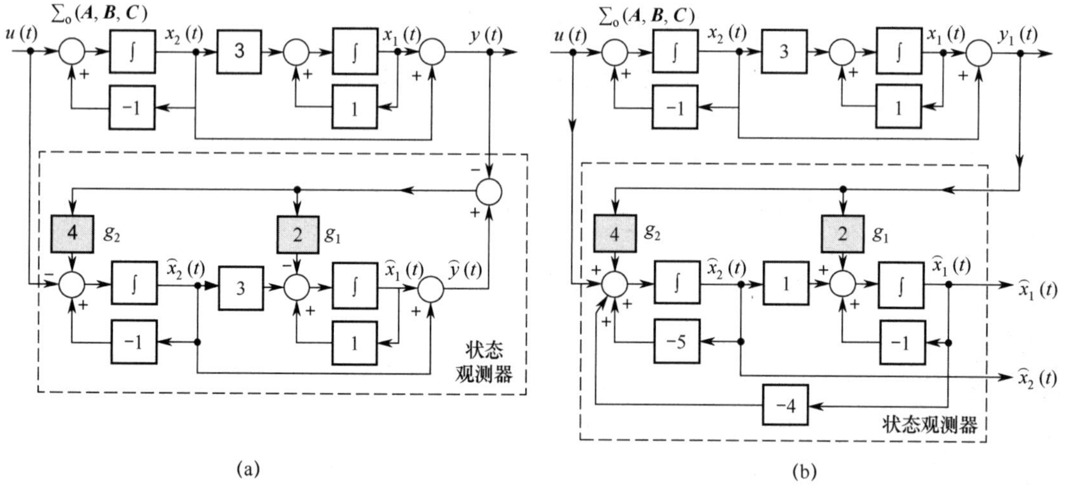

图 9-7 受控系统及全维状态变量图

9.4.3 降维状态观测器

前面所讨论的全维状态观测器设计是在对原系统仿真的基础上重构其全部状态变量，因而，观测器的维数与所观测的原系统维数相同。但全维状态观测器结构较复杂，交叉耦合也较多，这给工程实现及调试带来了一定的困难。实际上，对系统中那些可直接精确测量的状

态变量不必估计，因此，降低观测器的复杂程度是可能的。系统的输出量 $\boldsymbol{y}$ 总是可测量的，而输出方程 $\boldsymbol{y}=\boldsymbol{C}\boldsymbol{x}$ 表明输出 $\boldsymbol{y}$ 中含有可利用的状态信息，若其中某些状态变量可由 $\boldsymbol{y}$ 各分量简单线性组合出来，则可不必重构这些状态变量，从而使观测器的维数从全维 n 降下来，这就是降维状态观测器的出发点。

以状态完全能观测的单变量系统 $\Sigma_o(\boldsymbol{A},\boldsymbol{B},\boldsymbol{C})$：$\begin{cases}\dot{\boldsymbol{x}}=\boldsymbol{A}\boldsymbol{x}+\boldsymbol{B}u\\ y=\boldsymbol{C}\boldsymbol{x}\end{cases}$ 为例，设其状态空间表达式为能观测标准型，或已经线性非奇异变换化为能观测标准型，其输出方程为

$$y=\boldsymbol{C}\boldsymbol{x}=\begin{bmatrix}0 & \cdots & 0 & 1\end{bmatrix}\begin{bmatrix}x_1\\ x_2\\ \vdots\\ x_n\end{bmatrix}=x_n \tag{9-38}$$

式(9-38)表明，状态变量 $\boldsymbol{x_n}$ 可直接用原系统的输出 y 代替而不必重构，故只需建立（$n-1$）维的降维状态观测器，对其余的（$n-1$）个状态变量进行估计。这一结论可推广到具有 m 个彼此相互独立输出变量的多变量系统，可以证明：若多变量系统能观测且输出矩阵 $\boldsymbol{C}$ 的秩为 m，则系统的 m 个状态变量可用系统的 m 个输出变量直接代替或线性表达而不必重构，只需建立（$n-m$）维的降维状态观测器（常称为 Luenberger 观测器）对其余的（$n-m$）个状态变量进行重构。下面介绍降维状态观测器的设计方法。

设能观测受控系统 $\Sigma_o(\boldsymbol{A},\boldsymbol{B},\boldsymbol{C})$ 的状态空间表达式为

$$\begin{cases}\dot{\boldsymbol{x}}=\boldsymbol{A}\boldsymbol{x}+\boldsymbol{B}\boldsymbol{u}\\ \boldsymbol{y}=\boldsymbol{C}\boldsymbol{x}\end{cases}$$

其中，$\boldsymbol{x}$、$\boldsymbol{u}$、$\boldsymbol{y}$ 为 n 维、r 维、m 维列向量；$\boldsymbol{A}$、$\boldsymbol{B}$、$\boldsymbol{C}$ 分别为 $n\times n$、$n\times r$、$m\times n$ 维常数矩阵，并设输出矩阵 $\boldsymbol{C}$ 的秩为 m，则（$n-m$）降维状态观测器的一般设计方法如下。

构造 $n\times n$ 维非奇异矩阵 $\boldsymbol{T}$ 为

$$\boldsymbol{T}=\begin{bmatrix}\boldsymbol{T}_{n-m}\\ \boldsymbol{C}\end{bmatrix}$$

其中，$m\times n$ 维矩阵 $\boldsymbol{C}$ 为 $\Sigma_o(\boldsymbol{A},\boldsymbol{B},\boldsymbol{C})$ 的输出矩阵，因为 $\boldsymbol{C}$ 的秩为 m，故与 $\boldsymbol{C}$ 的 m 个行向量线性无关；$\boldsymbol{T}_{n-m}$ 是使矩阵 $\boldsymbol{T}$ 非奇异而任意选择的（$n-m$）个行向量组成的 $(n-m)\times n$ 维矩阵。

$\boldsymbol{T}$ 的逆矩阵 $\boldsymbol{T}^{-1}$ 以分块矩阵的形式表示为

$$\boldsymbol{T}^{-1}=\begin{bmatrix}\boldsymbol{Q}_{n-m} & \boldsymbol{Q}_m\end{bmatrix} \tag{9-39}$$

其中，$\boldsymbol{Q}_{n-m}$ 为 $n\times(n-m)$ 维矩阵；$\boldsymbol{Q}_m$ 为 $n\times m$ 维矩阵。显然，有

$$\boldsymbol{T}\boldsymbol{T}^{-1}=\begin{bmatrix}\boldsymbol{T}_{n-m}\\ \boldsymbol{C}\end{bmatrix}\begin{bmatrix}\boldsymbol{Q}_{n-m} & \boldsymbol{Q}_m\end{bmatrix}=\begin{bmatrix}\boldsymbol{T}_{n-m}\boldsymbol{Q}_{n-m} & \boldsymbol{T}_{n-m}\boldsymbol{Q}_m\\ \boldsymbol{C}\boldsymbol{Q}_{n-m} & \boldsymbol{C}\boldsymbol{Q}_m\end{bmatrix}=\boldsymbol{I}_n=\begin{bmatrix}\boldsymbol{I}_{n-m} & \boldsymbol{0}\\ \boldsymbol{0} & \boldsymbol{I}_m\end{bmatrix} \tag{9-40}$$

现在对系统 $\Sigma_o(\boldsymbol{A},\boldsymbol{B},\boldsymbol{C})$ 进行线性非奇异变换

$$\boldsymbol{x}=\boldsymbol{T}^{-1}\bar{\boldsymbol{x}}$$

其中，$\boldsymbol{T}$ 为非奇异矩阵，变换矩阵 $\boldsymbol{T}^{-1}$ 为 $\boldsymbol{T}$ 的逆矩阵，将 $\Sigma_o(\boldsymbol{A},\boldsymbol{B},\boldsymbol{C})$ 变换为按输出分解形式的 $\Sigma_o(\bar{\boldsymbol{A}},\bar{\boldsymbol{B}},\bar{\boldsymbol{C}})$，即

$$\begin{cases}\dot{\bar{\boldsymbol{x}}}=\boldsymbol{T}\boldsymbol{A}\boldsymbol{T}^{-1}\bar{\boldsymbol{x}}+\boldsymbol{T}\boldsymbol{B}\boldsymbol{u}=\bar{\boldsymbol{A}}\bar{\boldsymbol{x}}+\bar{\boldsymbol{B}}\boldsymbol{u}\\ \boldsymbol{y}=\boldsymbol{C}\boldsymbol{T}^{-1}\bar{\boldsymbol{x}}=\bar{\boldsymbol{C}}\bar{\boldsymbol{x}}=\boldsymbol{C}\begin{bmatrix}\boldsymbol{Q}_{n-m} & \boldsymbol{Q}_m\end{bmatrix}\bar{\boldsymbol{x}}=\begin{bmatrix}\boldsymbol{0} & \boldsymbol{I}_m\end{bmatrix}\bar{\boldsymbol{x}}\end{cases} \tag{9-41a}$$

其中，$\boldsymbol{0}$ 为 $m\times(n-m)$ 维零矩阵；$\boldsymbol{I}_m$ 为 $m\times m$ 单位矩阵。由式（9-41a）的输出方程可见，$\bar{\boldsymbol{x}}$ 中

的后 m 个状态分量可用系统的 m 个输出变量直接代替，故通过线性变换将 n 维状态向量按能观测性分解为 $\bar{x}_{\mathrm{I}}$ 和 $\bar{x}_{\mathrm{II}}$ 两部分，其中，$\bar{x}_{\mathrm{I}}$ 为 $\bar{x}$ 中前（$n-m$）个状态分量，$\bar{x}_{\mathrm{I}}$ 需要重构；$\bar{x}_{\mathrm{II}}$ 为 $\bar{x}$ 中后 m 个状态分量，$\bar{x}_{\mathrm{II}}$ 可由输出 y 直接测量取得。按 $\bar{x}_{\mathrm{I}}$ 和 $\bar{x}_{\mathrm{II}}$ 分块，$\Sigma_{\mathrm{o}}(\bar{A},\bar{B},\bar{C})$ 的动态方程式（9-41a）可重新写成式（9-41b）所示的分块形式，即

$$\begin{cases}\begin{bmatrix}\dot{\bar{x}}_{\mathrm{I}}\\ \dot{\bar{x}}_{\mathrm{II}}\end{bmatrix}=\begin{bmatrix}\bar{A}_{11} & \bar{A}_{12}\\ \bar{A}_{21} & \bar{A}_{22}\end{bmatrix}\begin{bmatrix}\bar{x}_{\mathrm{I}}\\ \bar{x}_{\mathrm{II}}\end{bmatrix}+\begin{bmatrix}\bar{B}_1\\ \bar{B}_2\end{bmatrix}u\\ y=\begin{bmatrix}0 & I_m\end{bmatrix}\begin{bmatrix}\bar{x}_{\mathrm{I}}\\ \bar{x}_{\mathrm{II}}\end{bmatrix}=\bar{x}_{\mathrm{II}}\end{cases} \tag{9-41b}$$

其中，$\bar{A}_{11}$、$\bar{A}_{12}$、$\bar{A}_{21}$、$\bar{A}_{22}$ 分别为 $(n-m)\times(n-m)$、$(n-m)\times m$、$m\times(n-m)$、$m\times m$ 维矩阵；$\bar{B}_1$、$\bar{B}_2$ 分别为 $(n-m)\times r$、$m\times r$ 维矩阵。

式（9-41b）表明，$\Sigma_{\mathrm{o}}(\bar{A},\bar{B},\bar{C})$ 可按状态变量是否需要重构分解为两个子系统，即不需要重构状态的 m 维子系统 Σ_{II} 和需要重构状态的（$n-m$）维子系统 Σ_{I}。将式（9-41b）展开，并根据 $y=\bar{x}_{\mathrm{II}}$，得

$$\begin{cases}\dot{\bar{x}}_{\mathrm{I}}=\bar{A}_{11}\bar{x}_{\mathrm{I}}+\bar{A}_{12}y+\bar{B}_1u\\ \dot{y}=\bar{A}_{21}\bar{x}_{\mathrm{I}}+\bar{A}_{22}y+\bar{B}_2u\end{cases} \tag{9-42}$$

令

$$z=\dot{y}-\bar{A}_{22}y-\bar{B}_2u \tag{9-43}$$

代入式（9-42），得待观测子系统 Σ_{I} 的状态空间表达式为

$$\begin{cases}\dot{\bar{x}}_{\mathrm{I}}=\bar{A}_{11}\bar{x}_{\mathrm{I}}+\bar{A}_{12}y+\bar{B}_1u\\ z=\bar{A}_{21}\bar{x}_{\mathrm{I}}\end{cases} \tag{9-44}$$

因为式（9-44）中 u 为已知及 y 可测量得出，故 $\bar{A}_{12}y+\bar{B}_1u$ 可看作子系统 Σ_{I} 中已知的输入项，而 $z=\dot{y}-\bar{A}_{22}y-\bar{B}_2u$ 则可看作子系统 Σ_{I} 已知的输出向量，$\bar{A}_{11}$ 为 Σ_{I} 的系统矩阵，而 $\bar{A}_{21}$ 则相当于 Σ_{I} 的输出矩阵。

由系统 $\Sigma_{\mathrm{o}}(A,B,C)$ 能观测，易证明子系统 Σ_{I} 能观测，即（$\bar{A}_{11}$，$\bar{A}_{21}$）为能观测，故可仿照全维状态观测器设计方法，对 $(n-m)$ 维子系统 Σ_{I} 设计 $(n-m)$ 维观测器重构 $\bar{x}_{\mathrm{I}}$。参照全维状态观测器的状态方程式（9-32），对子系统 Σ_{I} 列写关于状态估值 $\hat{\bar{x}}_{\mathrm{I}}$ 的状态方程，且将子系统 Σ_{I} 的输出 z 用式（9-44）代入，得

$$\dot{\hat{\bar{x}}}_{\mathrm{I}}=(\bar{A}_{11}-\bar{G}_1\bar{A}_{22})\hat{\bar{x}}_{\mathrm{I}}+\bar{G}_1(\dot{y}-\bar{A}_{22}y-\bar{B}_2u)+\bar{A}_{22}y+\bar{B}_1u \tag{9-45}$$

其中，反馈矩阵 $\bar{G}_1$ 为 $(n-m)\times m$ 维矩阵，根据定理 9-8，通过适当选择 $\bar{G}_1$ 可任意配置系统矩阵 $(\bar{A}_{11}-\bar{G}_1\bar{A}_{22})$ 的特征值。但式（9-45）中含有系统输出的导数 $\dot{y}$，这是不希望看到的。为了消去式（9-45）中的 $\dot{y}$，将变换

$$w=\hat{\bar{x}}_{\mathrm{I}}-\bar{G}_1y \tag{9-46}$$

代入式（9-45）并整理，得降维状态观测器方程为

$$\begin{cases}\dot{w}=(\bar{A}_{11}-\bar{G}_1\bar{A}_{21})(w+\bar{G}_1y)+(\bar{A}_{12}-\bar{G}_1\bar{A}_{22})y+(\bar{B}_1-\bar{G}_1\bar{B}_2)u\\ \quad=(\bar{A}_{11}-\bar{G}_1\bar{A}_{21})w+(\bar{B}_1-\bar{G}_1\bar{B}_2)u+[(\bar{A}_{11}-\bar{G}_1\bar{A}_{21})\bar{G}_1+\bar{A}_{12}-\bar{G}_1\bar{A}_{22}]y\\ \hat{\bar{x}}_{\mathrm{I}}=w+\bar{G}_1y\end{cases} \tag{9-47}$$

根据式（9-47）不需要获得系统输出的导数即可构建$(n-m)$维状态观测器实现$\bar{x}_{\mathrm{I}}$的重构。由式（9-47）及待观测子系统Σ_{I}的状态方程式，可得降维状态观测器状态估值误差微分方程为

$$(\dot{\bar{x}}_{\mathrm{I}}-\dot{\hat{\bar{x}}}_{\mathrm{I}})=(\bar{A}_{11}-\bar{G}_1\bar{A}_{21})(\bar{x}_{\mathrm{I}}-\hat{\bar{x}}_{\mathrm{I}}) \tag{9-48}$$

由于$(\bar{A}_{11},\bar{A}_{21})$为能观测对，故必能通过选择反馈矩阵使降维状态观测器系统矩阵$(\bar{A}_{11}-\bar{G}_1\bar{A}_{21})$具有任意所期望的特征值，从而保证状态$\bar{x}_{\mathrm{I}}$的估值误差以期望的收敛速率趋于零。

结合$\hat{\bar{x}}_{\mathrm{II}}=y$，整个状态向量$\bar{x}$的估值可表示为

$$\hat{\bar{x}}=\begin{bmatrix}\hat{\bar{x}}_{\mathrm{I}}\\ \hat{\bar{x}}_{\mathrm{II}}\end{bmatrix}=\begin{bmatrix}w+\bar{G}_1y\\ y\end{bmatrix} \tag{9-49}$$

由$x=T^{-1}\bar{x}$可知，原系统$\Sigma_{\mathrm{o}}(A,B,C)$的状态向量$x$的估值$\hat{x}$为

$$\hat{x}=T^{-1}\hat{\bar{x}}=\begin{bmatrix}Q_{n-m} & Q_m\end{bmatrix}\begin{bmatrix}\hat{\bar{x}}_{\mathrm{I}}\\ \bar{x}_{\mathrm{II}}\end{bmatrix}=\begin{bmatrix}Q_{n-m} & Q_m\end{bmatrix}\begin{bmatrix}w+\bar{G}_1y\\ y\end{bmatrix} \tag{9-50}$$

根据式（9-47）及式（9-50）可得降维状态观测器（Luenberger 观测器）结构图，如图 9-8 所示。

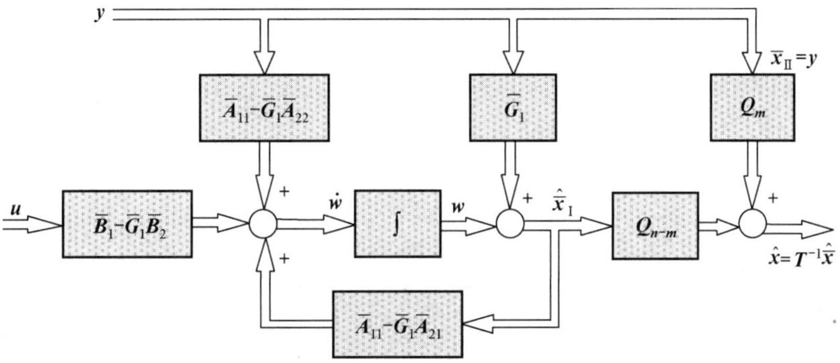

图 9-8　降维状态观测器（Luenberger 观测器）结构图

应该指出，当输出量的测量中有噪声干扰时，降维状态观测器通过常数阵将其直接传递给观测器的输出（见图 9-8），而全维状态观测器则将其经积分后（即高频滤波后）才传输至观测器的输出。因此，尽管降维状态观测器具有结构较简单、计算量较小的优点，但当输出量的测量中有严重的噪声干扰时，最好使用全维状态观测器。

例 9-5　设系统$\Sigma_{\mathrm{o}}(A,B,C)$的状态空间表达式为$\begin{cases}\dot{x}=\begin{bmatrix}4 & 0 & 4\\ -7 & 0 & 8\\ 1 & 1 & 1\end{bmatrix}x+\begin{bmatrix}1\\ 0\\ -1\end{bmatrix}u\\ y=\begin{bmatrix}1 & 0 & 1\end{bmatrix}x\end{cases}$，试设计极点为−4，−4 的降维状态观测器。

解　（1）检验系统$\Sigma_{\mathrm{o}}(A,B,C)$的能观测性。

$$\operatorname{rank}\begin{bmatrix}C\\ CA\\ CA^2\end{bmatrix}=\operatorname{rank}\begin{bmatrix}1 & 0 & 1\\ 5 & 1 & 5\\ 18 & 5 & 17\end{bmatrix}=3=n$$

故系统能观测。又$m=\operatorname{rank}C=1$，故可构造$n-m=2$降维状态观测器。

（2）作线性变换，使状态向量按能观测性分解。

构造 $n\times n$ 维非奇异矩阵 $\boldsymbol{T}$ 为：$\boldsymbol{T}=\begin{bmatrix}\boldsymbol{T}_{n-m}\\ \boldsymbol{C}\end{bmatrix}=\begin{bmatrix}1&0&0\\0&1&0\\1&0&1\end{bmatrix}$，则 $\boldsymbol{T}^{-1}=\begin{bmatrix}1&0&0\\0&1&0\\-1&0&1\end{bmatrix}$。

用线性变换 $\boldsymbol{x}=\boldsymbol{T}^{-1}\bar{\boldsymbol{x}}$，则将 $\Sigma_{\mathrm{o}}(\boldsymbol{A},\boldsymbol{B},\boldsymbol{C})$ 变换为 $\Sigma_{\mathrm{o}}(\bar{\boldsymbol{A}},\bar{\boldsymbol{B}},\bar{\boldsymbol{C}})$，即

$$\begin{cases}\dot{\bar{\boldsymbol{x}}}=\boldsymbol{TAT}^{-1}\bar{\boldsymbol{x}}+\boldsymbol{TBu}=\bar{\boldsymbol{A}}\bar{\boldsymbol{x}}+\bar{\boldsymbol{B}}\boldsymbol{u}=\begin{bmatrix}0&0&4\\1&0&-8\\0&1&5\end{bmatrix}\bar{\boldsymbol{x}}+\begin{bmatrix}1\\0\\0\end{bmatrix}\boldsymbol{u}\\ y=\boldsymbol{CT}^{-1}\bar{\boldsymbol{x}}=\bar{\boldsymbol{C}}\bar{\boldsymbol{x}}=\begin{bmatrix}0&0&1\end{bmatrix}\bar{\boldsymbol{x}}\end{cases}$$

由于 $\bar{\boldsymbol{x}}_{\mathrm{II}}=\bar{\boldsymbol{x}}_3=\boldsymbol{y}$，因此只需设计二维观测器重构 $\boldsymbol{x}_{\mathrm{I}}=\begin{bmatrix}\bar{x}_1\\ \bar{x}_2\end{bmatrix}$。将 $\bar{\boldsymbol{A}}$，$\bar{\boldsymbol{B}}$ 分块，得

$$\bar{\boldsymbol{A}}_{11}=\begin{bmatrix}0&0\\1&0\end{bmatrix},\quad \bar{\boldsymbol{A}}_{12}=\begin{bmatrix}4\\-8\end{bmatrix},\quad \bar{\boldsymbol{A}}_{13}=\begin{bmatrix}0&1\end{bmatrix},\quad \bar{\boldsymbol{A}}_{22}=5,\quad \bar{\boldsymbol{B}}_1=\begin{bmatrix}1\\0\end{bmatrix},\quad \bar{\boldsymbol{B}}_2=0$$

（3）求降维状态观测器的 $(n-m)\times m$ 维反馈矩阵 $\bar{\boldsymbol{G}}_1=\begin{bmatrix}\bar{g}_1\\ \bar{g}_2\end{bmatrix}$。

由降维状态观测器特征多项式

$$\boldsymbol{f}(\lambda)=\det\left[\lambda\boldsymbol{I}-(\bar{\boldsymbol{A}}_{11}-\bar{\boldsymbol{G}}_1\boldsymbol{A}_{21})\right]=\det\begin{bmatrix}\lambda&\bar{g}_1\\-1&\lambda+\bar{g}_2\end{bmatrix}=\lambda^2+\bar{g}_2\lambda+\bar{g}_1$$

及期望特征多项式

$$\boldsymbol{f}^*(\lambda)=(\lambda+4)(\lambda+4)=\lambda^2+8\lambda+16$$

比较 $\boldsymbol{f}(\lambda)$ 与 $\boldsymbol{f}^*(\lambda)$ 各相应项系数，联立方程并解之，得

$$\bar{\boldsymbol{G}}_1=\begin{bmatrix}\bar{g}_1\\ \bar{g}_2\end{bmatrix}=\begin{bmatrix}16\\8\end{bmatrix}$$

（4）根据式（9-47），列写线性变换后状态空间中降维状态观测器的状态方程：

$$\begin{cases}\dot{\boldsymbol{w}}=(\bar{\boldsymbol{A}}_{11}-\bar{\boldsymbol{G}}_1\bar{\boldsymbol{A}}_{21})\boldsymbol{w}+(\bar{\boldsymbol{B}}_1-\bar{\boldsymbol{G}}_1\bar{\boldsymbol{B}}_2)\boldsymbol{u}+[(\bar{\boldsymbol{A}}_{11}-\bar{\boldsymbol{G}}_1\bar{\boldsymbol{A}}_{21})\bar{\boldsymbol{G}}_1+\bar{\boldsymbol{A}}_{12}-\bar{\boldsymbol{G}}_1\bar{\boldsymbol{A}}_{22}]\boldsymbol{y}\\ \quad=\begin{bmatrix}0&-16\\1&-8\end{bmatrix}\begin{bmatrix}w_1\\w_2\end{bmatrix}+\begin{bmatrix}1\\0\end{bmatrix}\boldsymbol{u}+\begin{bmatrix}-204\\-96\end{bmatrix}y\\ \hat{\bar{\boldsymbol{x}}}_{\mathrm{I}}=\begin{bmatrix}\hat{\bar{\boldsymbol{x}}}_1\\ \hat{\bar{\boldsymbol{x}}}_2\end{bmatrix}=\boldsymbol{w}+\bar{\boldsymbol{G}}_1\boldsymbol{y}=\begin{bmatrix}w_1\\w_2\end{bmatrix}+\begin{bmatrix}16\\8\end{bmatrix}y=\begin{bmatrix}w_1+16y\\w_2+8y\end{bmatrix}\end{cases}$$

则 $\Sigma_{\mathrm{o}}(\bar{\boldsymbol{A}},\bar{\boldsymbol{B}},\bar{\boldsymbol{C}})$ 所对应状态向量 $\bar{\boldsymbol{x}}$ 的估值为

$$\hat{\bar{\boldsymbol{x}}}=\begin{bmatrix}\hat{\bar{\boldsymbol{x}}}_{\mathrm{I}}\\ \bar{\boldsymbol{x}}_3\end{bmatrix}=\begin{bmatrix}\hat{\bar{\boldsymbol{x}}}_{\mathrm{I}}\\ \boldsymbol{y}\end{bmatrix}=\begin{bmatrix}w_1+16y\\w_2+8y\\y\end{bmatrix}$$

（5）将 $\hat{\bar{x}}$ 变换为原系统状态空间，得到原系数 $\Sigma_{\mathrm{o}}(\boldsymbol{A},\boldsymbol{B},\boldsymbol{C})$ 的状态重构为

$$\hat{\boldsymbol{x}}=\boldsymbol{T}^{-1}\hat{\bar{\boldsymbol{x}}}=\begin{bmatrix}1&0&0\\0&1&0\\-1&0&1\end{bmatrix}\begin{bmatrix}w_1+16y\\w_2+8y\\y\end{bmatrix}=\begin{bmatrix}w_1+16y\\w_2+8y\\-w_1-15y\end{bmatrix}$$

由降维状态观测器状态方程可画出其结构图，如图 9-9 所示。

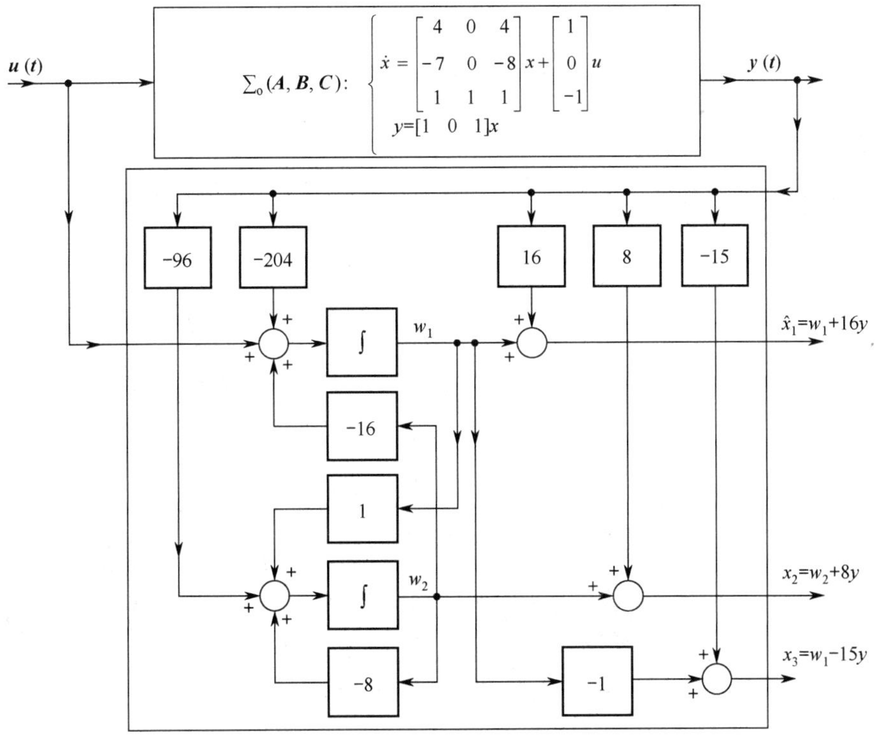

图 9-9　降维状态观测器状态方程结构图

9.5　采用状态观测器的状态反馈系统

设计状态观测器的目的是提供状态估值 $\hat{\boldsymbol{x}}$ 以代替真实状态 $\boldsymbol{x}$ 实现全状态反馈，构成闭环控制系统。带有渐近状态观测器的状态反馈系统如图 9-10 所示。设能控且能观测的受控系统 $\Sigma_o(\boldsymbol{A},\boldsymbol{B},\boldsymbol{C})$ 的状态空间表达式为

$$\begin{cases}\dot{\boldsymbol{x}}=\boldsymbol{A}\boldsymbol{x}+\boldsymbol{B}\boldsymbol{u}\\ \boldsymbol{y}=\boldsymbol{C}\boldsymbol{x}\end{cases}\tag{9-51}$$

渐近状态观测器的状态方程为

$$\dot{\hat{\boldsymbol{x}}}=(\boldsymbol{A}-\boldsymbol{G}\boldsymbol{C})\hat{\boldsymbol{x}}+\boldsymbol{G}\boldsymbol{y}+\boldsymbol{B}\boldsymbol{u}\tag{9-52}$$

利用观测器的状态估值 $\hat{\boldsymbol{x}}$ 所实现的状态反馈控制律为

$$\boldsymbol{u}=\boldsymbol{v}-\boldsymbol{F}\hat{\boldsymbol{x}}\tag{9-53}$$

将式（9-53）代入式（9-51）、式（9-52），得整个闭环系统的状态空间表达式为

$$\begin{cases}\dot{\boldsymbol{x}}=\boldsymbol{A}\boldsymbol{x}+\boldsymbol{B}\boldsymbol{F}\hat{\boldsymbol{x}}+\boldsymbol{B}\boldsymbol{v}\\ \dot{\hat{\boldsymbol{x}}}=(\boldsymbol{A}\boldsymbol{x}-\boldsymbol{G}\boldsymbol{C}-\boldsymbol{B}\boldsymbol{F})\hat{\boldsymbol{x}}+\boldsymbol{G}\boldsymbol{C}\boldsymbol{x}+\boldsymbol{B}\boldsymbol{v}\\ \boldsymbol{y}=\boldsymbol{C}\boldsymbol{x}\end{cases}\tag{9-54}$$

将式（9-54）写成矩阵形式，即

$$\begin{cases}\begin{bmatrix}\dot{\boldsymbol{x}}\\ \dot{\hat{\boldsymbol{x}}}\end{bmatrix}=\begin{bmatrix}\boldsymbol{A} & -\boldsymbol{BF}\\ \boldsymbol{GC} & \boldsymbol{A}-\boldsymbol{GC}-\boldsymbol{BF}\end{bmatrix}\begin{bmatrix}\boldsymbol{x}\\ \hat{\boldsymbol{x}}\end{bmatrix}+\begin{bmatrix}\boldsymbol{B}\\ \boldsymbol{B}\end{bmatrix}\boldsymbol{v}\\ \boldsymbol{y}=\begin{bmatrix}\boldsymbol{C} & 0\end{bmatrix}\begin{bmatrix}\boldsymbol{x}\\ \hat{\boldsymbol{x}}\end{bmatrix}\end{cases} \tag{9-55}$$

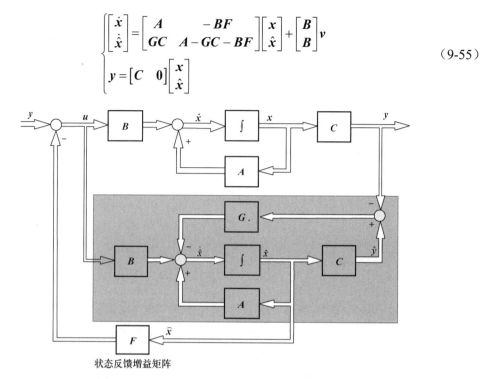

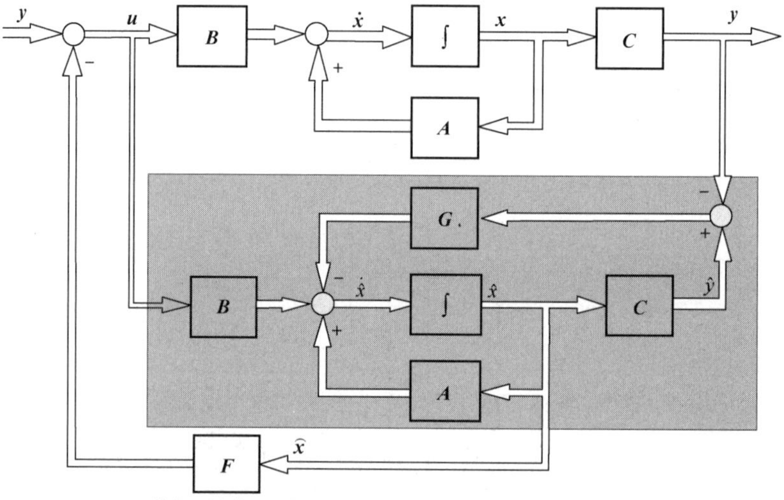

图 9-10 带有渐近状态观测器的状态反馈系统

这是一个 $2n$ 维的复合系统。为便于研究复合系统的基本特性，对式（9-55）进行线性非奇异变换

$$\begin{bmatrix}\boldsymbol{x}\\ \hat{\boldsymbol{x}}\end{bmatrix}=\begin{bmatrix}\boldsymbol{I}_n & 0\\ \boldsymbol{I}_n & -\boldsymbol{I}_n\end{bmatrix}\begin{bmatrix}\boldsymbol{x}\\ \boldsymbol{x}-\hat{\boldsymbol{x}}\end{bmatrix} \tag{9-56}$$

则 $2n$ 维复合系统的状态空间表达式变换为按能控性分解的形式，即

$$\begin{cases}\begin{bmatrix}\dot{\boldsymbol{x}}\\ \dot{\boldsymbol{x}}-\dot{\hat{\boldsymbol{x}}}\end{bmatrix}=\begin{bmatrix}\boldsymbol{A}-\boldsymbol{BF} & \boldsymbol{BF}\\ 0 & \boldsymbol{A}-\boldsymbol{GC}\end{bmatrix}\begin{bmatrix}\boldsymbol{x}\\ \boldsymbol{x}-\hat{\boldsymbol{x}}\end{bmatrix}+\begin{bmatrix}\boldsymbol{B}\\ 0\end{bmatrix}\boldsymbol{v}\\ \boldsymbol{y}=\begin{bmatrix}\boldsymbol{C} & 0\end{bmatrix}\begin{bmatrix}\boldsymbol{x}\\ \boldsymbol{x}-\hat{\boldsymbol{x}}\end{bmatrix}\end{cases} \tag{9-57}$$

式(9-57)表明，带渐近状态观测器的状态反馈闭环系统不完全能控，状态观测误差 $(\boldsymbol{x}-\hat{\boldsymbol{x}})$ 是不能控的，控制信号不会影响状态重构误差的特性，只要将矩阵 $\boldsymbol{A}-\boldsymbol{GC}$ 的特征值均配置在复平面的左半平面的适当位置，观测误差总能以期望的收敛速率趋于零，即有 $\lim\limits_{t\to\infty}(\boldsymbol{x}-\hat{\boldsymbol{x}})=0$，这正是渐近观测器的重要性质，因此当 $t\to\infty$ 时，必有

$$\begin{cases}\dot{\boldsymbol{x}}=(\boldsymbol{A}-\boldsymbol{BF})\boldsymbol{x}+\boldsymbol{Bv}\\ \boldsymbol{y}=\boldsymbol{Cx}\end{cases}$$

成立。可见，带观测器的状态反馈系统只有当 $t\to\infty$ 进入稳态时，才会与直接状态反馈系统完全等价。应通过设计输出偏差反馈增益矩阵 $\boldsymbol{G}$ 来合理配置观测器的极点，以使 $(\boldsymbol{x}-\hat{\boldsymbol{x}})\to 0$ 的速度足够快。

由于传递函数矩阵在线性非奇异变换下保持不变，因此可据式（9-57）求 $2n$ 维复合系统的传递函数矩阵为

$$W_{FG}=[\boldsymbol{C}\ \ \boldsymbol{0}]\begin{bmatrix} s\boldsymbol{I}_n-\boldsymbol{A}+\boldsymbol{BF} & -\boldsymbol{BF} \\ \boldsymbol{0} & s\boldsymbol{I}_n-\boldsymbol{A}+\boldsymbol{BG}\end{bmatrix}\begin{bmatrix}\boldsymbol{B}\\ \boldsymbol{0}\end{bmatrix}=\boldsymbol{C}(s\boldsymbol{I}_n-\boldsymbol{A}+\boldsymbol{BF})^{-1}\boldsymbol{B}=\boldsymbol{W}_F(s)$$

上式表明，$2n$ 维复合系统的传递函数矩阵等于直接状态反馈闭环系统的传递函数矩阵，即观测器的引入不改变直接状态反馈控制系统 Σ_F 的传递函数矩阵。

由于线性变换也不改变系统的特征值，根据式（9-57）可得 $2n$ 维复合系统的特征多项式为

$$\begin{bmatrix} s\boldsymbol{I}_n-(\boldsymbol{A}-\boldsymbol{BF}) & -\boldsymbol{BF} \\ 0 & s\boldsymbol{I}_n-(\boldsymbol{A}-\boldsymbol{BG})\end{bmatrix}=\left|s\boldsymbol{I}_n-(\boldsymbol{A}-\boldsymbol{BF})\right|^{-1}\cdot\left|s\boldsymbol{I}_n-(\boldsymbol{A}-\boldsymbol{GC})\right| \tag{9-58}$$

式(9-58)表明，由观测器构成状态反馈的 $2n$ 维复合系统，其特征多项式等于矩阵 $\boldsymbol{A}-\boldsymbol{BF}$ 的特征多项式 $\left|s\boldsymbol{I}_n-(\boldsymbol{A}-\boldsymbol{BF})\right|$ 与矩阵 $\boldsymbol{A}-\boldsymbol{GC}$ 的特征多项式 $\left|s\boldsymbol{I}_n-(\boldsymbol{A}-\boldsymbol{GC})\right|$ 的乘积，即 $2n$ 维复合系统的 $2n$ 个特征值由相互独立的两部分组成：一部分为直接状态反馈系统的系统矩阵 $\boldsymbol{A}-\boldsymbol{BF}$ 的 n 个特征值；另一部分为状态观测器的系统矩阵 $\boldsymbol{A}-\boldsymbol{GC}$ 的 n 个特征值。复合系统特征值的这种性质称为分离特性。基于复合系统特征值的分离性，只要受控系统 $\Sigma_o(\boldsymbol{A},\boldsymbol{B},\boldsymbol{C})$ 能控能观测，则用状态观测器估计值形成状态反馈时，可对 $\Sigma_o(\boldsymbol{A},\boldsymbol{B},\boldsymbol{C})$ 的状态反馈控制器及状态观测器分别按各自的要求进行独立设计。即先按闭环控制系统的动态要求确定 $\boldsymbol{A}-\boldsymbol{BF}$ 的特征值，从而设计出状态反馈增益矩阵 $\boldsymbol{F}$；再按状态观测误差趋于零的收敛速率要求确定 $\boldsymbol{A}-\boldsymbol{GC}$ 的特征值，从而设计出输出偏差反馈增益矩阵 $\boldsymbol{G}$；最后，将两部分独立设计的结果联合起来，合并为带状态观测器的状态反馈系统。应该指出，对采用降维状态观测器构成的状态反馈系统，其特征值也具有分离特性，因此，其状态反馈控制器及降维状态观测器的设计也是相互独立的。

具体设计控制系统时，观测器极点的选取通常使状态观测误差趋于零的收敛速率较系统的响应速度快得多，以保证观测器的引入不致影响全状态反馈控制的性能。但观测器的响应速度太快会出现放大测量噪声的问题，使系统无法正常工作。因此，观测器期望极点的选择应从工程实际出发，兼顾快速性、抗干扰性等折中考虑，通常选择观测器的响应速度比所考虑的状态反馈闭环系统快 2～5 倍。

例 9-6　受控系统 $\Sigma_o(\boldsymbol{A},\boldsymbol{B},\boldsymbol{C})$ 的状态空间表达式为 $\begin{cases}\dot{\boldsymbol{x}}=\begin{bmatrix}1 & 3\\ 0 & -1\end{bmatrix}\boldsymbol{x}+\begin{bmatrix}0\\ 1\end{bmatrix}\boldsymbol{u}\\ \boldsymbol{y}=[1\ \ 1]\boldsymbol{x}\end{cases}$，试设计极点为 −3，−3 的全维状态观测器，构成状态反馈系统，使闭环极点配置为−1+j 和−1−j。

解　由例 9-2 及例 9-4 知，此受控系统 $\Sigma_o(\boldsymbol{A},\boldsymbol{B},\boldsymbol{C})$ 能控能观测，根据分离特性可分别独立设计状态反馈增益矩阵 $\boldsymbol{F}$ 和观测器偏差反馈增益矩阵 $\boldsymbol{G}$。

例 9-2 中，已求出此受控系统采用直接状态反馈使闭环极点配置为−1+j 和−1−j 所需的 $\boldsymbol{F}=[f_1\ \ f_2]=\begin{bmatrix}\frac{5}{3} & 2\end{bmatrix}$，其为本题所设计的状态反馈增益矩阵 $\boldsymbol{F}$。而在例 9-4 中已求出此受控系统无状态反馈时，使观测器极点配置为−3，−3 所需的 $\boldsymbol{G}=\begin{bmatrix}g_1\\ g_2\end{bmatrix}=\begin{bmatrix}2\\ 4\end{bmatrix}$，其为本题所设计的观测器偏差反馈增益矩阵 $\boldsymbol{G}$。故设计好的闭环系统状态变量图如图 9-11 所示。

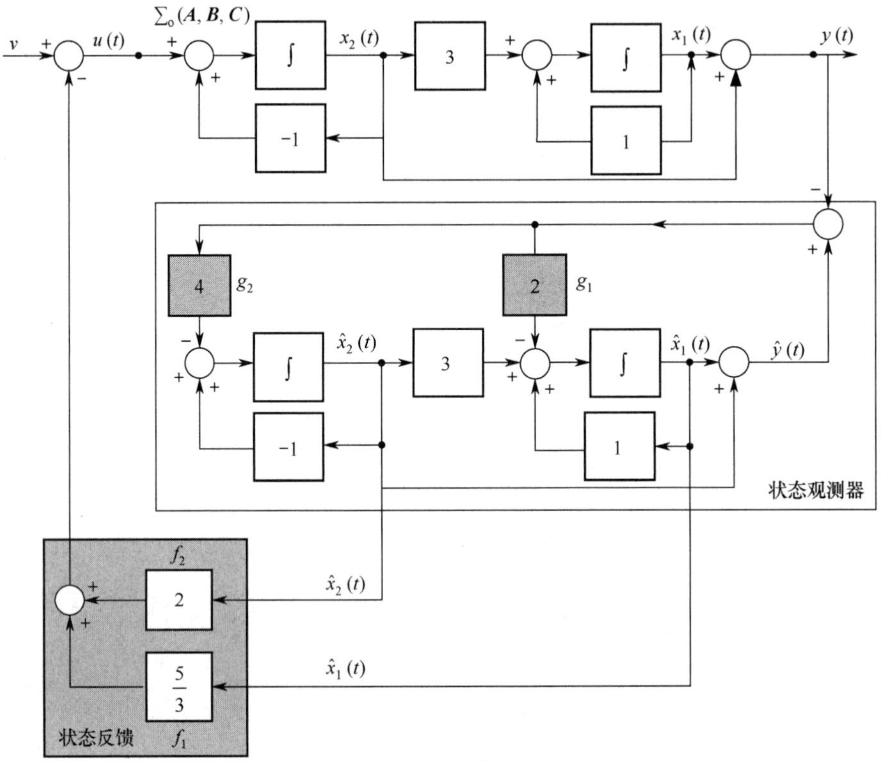

图 9-11　闭环系统状态变量图

例 9-7　设受控系统的传递函数为 $G_0(s)=\dfrac{1}{s(s+6)}$，且假设系统输出量可以准确测量，试设计降维状态观测器，构成状态反馈系统，使闭环极点配置为 $-6\pm 6\mathrm{j}$。

解　因受控系统的传递函数不存在零点、极点对消，故其能控能观测。又根据分离特性，状态反馈控制与状态观测器可分别独立设计。

为便于设计观测器，受控系统按能观标准型实现，即有

$$\sum\nolimits_{\mathrm{o}}(\boldsymbol{A},\boldsymbol{B},\boldsymbol{C}):\begin{cases}\dot{\boldsymbol{x}}=\begin{bmatrix}0 & 0\\ 1 & -6\end{bmatrix}\boldsymbol{x}+\begin{bmatrix}1\\ 0\end{bmatrix}\boldsymbol{u}\\ \boldsymbol{y}=\begin{bmatrix}0 & 1\end{bmatrix}\boldsymbol{x}\end{cases}$$

（1）根据闭环极点配置要求设计状态反馈增益矩阵 F 。

令 $\boldsymbol{F}=[f_1\ \ f_2]$，则 $(\boldsymbol{A}-\boldsymbol{BF})$ 特征多项式为

$$p_{\mathrm{F}}(s)=\det[s\boldsymbol{I}-(\boldsymbol{A}-\boldsymbol{BF})]=\begin{vmatrix}s+f_1 & f_2\\ -1 & s+6\end{vmatrix}=s^2+(6+f_1)s+(6f_1+f_2)$$

与期望特征多项式

$$p_{\mathrm{F}}^{*}(s)=(s+6+6\mathrm{j})+(s+6-6\mathrm{j})=s^2+12s+72$$

比较得

$$\boldsymbol{F}=[f_1\quad f_2]=[6\quad 36]$$

（2）设计降维状态观测器。

$\Sigma_{\mathrm{o}}(\boldsymbol{A},\boldsymbol{B},\boldsymbol{C})$ 为能观标准型，有 $x_2=y$ ，而且输出量 y 可准确测量，故只需设计一维观测

器重构 x_1，对应的降维状态观测器状态方程为

$$\begin{cases}\dot{\boldsymbol{w}}=(\bar{\boldsymbol{A}}_{11}-\bar{\boldsymbol{G}}_1\bar{\boldsymbol{A}}_{21})\boldsymbol{w}+(\bar{\boldsymbol{B}}_1-\bar{\boldsymbol{G}}_1\bar{\boldsymbol{B}}_2)\boldsymbol{u}+[(\bar{\boldsymbol{A}}_{11}-\bar{\boldsymbol{G}}_1\bar{\boldsymbol{A}}_{21})\bar{\boldsymbol{G}}_1+\bar{\boldsymbol{A}}_{12}-\bar{\boldsymbol{G}}_1\bar{\boldsymbol{A}}_{22}]y\\ \hat{\boldsymbol{x}}_1=\boldsymbol{w}+\bar{\boldsymbol{G}}_1\boldsymbol{y}\end{cases}$$

其中，$\bar{\boldsymbol{G}}_1=g_1$；$\bar{\boldsymbol{A}}_{11}=0$；$\bar{\boldsymbol{A}}_{21}=1$；$\bar{\boldsymbol{A}}_{22}=-6$；$\bar{\boldsymbol{B}}_1=1$；$\bar{\boldsymbol{B}}_2=0$。

基于通常选择观测器的响应速度比所考虑的状态反馈闭环系统快 2～5 倍这一经验规则，本例取观测器期望极点为

$$\lambda^*=2.5\times(-6)=-15$$

则降维状态观测器特征多项式

$$f(\lambda)=\det[\lambda\boldsymbol{I}-(\bar{\boldsymbol{A}}_{11}-\bar{\boldsymbol{G}}_1\bar{\boldsymbol{A}}_{21})]=\lambda-(0-g_1)=\lambda+g_1$$

与期望特征多项式

$$f^*(\lambda)=\lambda+15$$

比较得

$$\bar{\boldsymbol{G}}_1=g_1=15$$

则降维状态观测器状态方程为

$$\begin{cases}\dot{w}=-15w+u+(-15\times15+15\times16)y=-15w-135y+u\\ \hat{x}_1=w+15y\end{cases}$$

又因 $x_2=y$，则 $\Sigma_o(\boldsymbol{A},\boldsymbol{B},\boldsymbol{C})$ 所对应状态向量 $\boldsymbol{x}$ 的估值为

$$\hat{\boldsymbol{x}}=\begin{bmatrix}\hat{x}_1\\x_2\end{bmatrix}=\begin{bmatrix}w+15y\\y\end{bmatrix}$$

（3）将两部分独立设计的结果联合起来，得到带降维状态观测器的状态反馈系统结构，如图 9-12 所示。

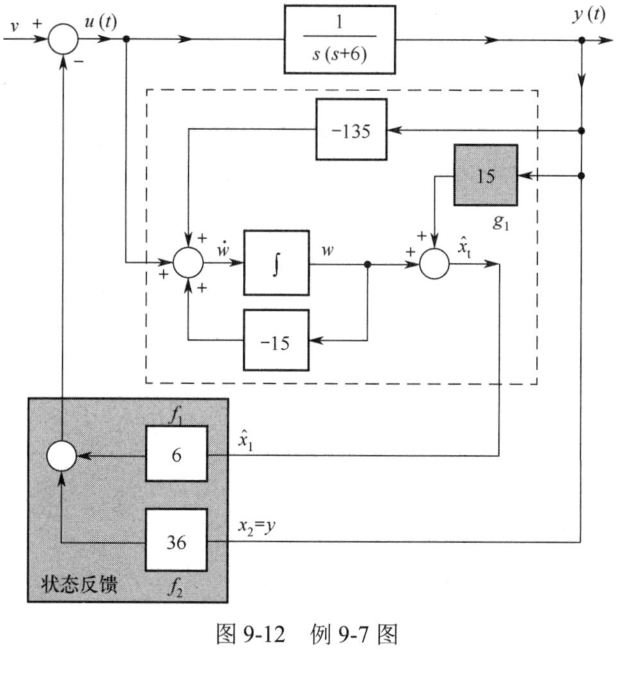

图 9-12　例 9-7 图

9.6 解耦控制

设多变量线性定常系统$\Sigma_o(\boldsymbol{A},\boldsymbol{B},\boldsymbol{C})$的输入向量维数与输出向量维数相等，其状态空间表达式为

$$\begin{cases}\dot{\boldsymbol{x}}=\boldsymbol{A}\boldsymbol{x}+\boldsymbol{B}\boldsymbol{u}\\ \boldsymbol{y}=\boldsymbol{C}\boldsymbol{x}\end{cases} \tag{9-59}$$

其中，$\boldsymbol{u}$、$\boldsymbol{y}$均为m维列向量；$\boldsymbol{x}$为n维列向量；$\boldsymbol{A}$、$\boldsymbol{B}$、$\boldsymbol{C}$分别为$n\times n$维、$n\times m$维、$m\times n$维实数矩阵，且设$m\leqslant n$。与式（9-59）对应的传递函数矩阵为

$$\boldsymbol{W}(s)=\boldsymbol{C}(s\boldsymbol{I}-\boldsymbol{A})^{-1}\boldsymbol{B}=\begin{bmatrix}W_{11}(s) & W_{12}(s) & \cdots & W_{1\boldsymbol{m}}(s)\\ W_{21}(s) & W_{22}(s) & \cdots & W_{2\boldsymbol{m}}(s)\\ \vdots & \vdots & \ddots & \vdots\\ W_{n1}(s) & W_{n2}(s) & \cdots & W_{nm}(s)\end{bmatrix} \tag{9-60}$$

其中，$\boldsymbol{W}(s)$为m阶严格真有理函数方阵；$W_{ij}(s)$为$\boldsymbol{W}(s)$的第i行第j列元素，表示第i个输出量与第j个输入量之间的传递函数。若系统初始状态为零，则其输入/输出关系为

$$\begin{cases}y_1(s)=W_{11}(s)u_1(s)+W_{12}(s)u_2(s)+\cdots+W_{1m}(s)u_m(s)\\ y_2(s)=W_{21}(s)u_1(s)+W_{22}(s)u_2(s)+\cdots+W_{2m}(s)u_m(s)\\ \qquad\vdots\\ y_m(s)=W_{m1}(s)u_1(s)+W_{m2}(s)u_2(s)+\cdots+W_{nm}(s)u_m(s)\end{cases} \tag{9-61}$$

由式（9-61）可知，一般情况下，多变量系统的每个输入分量对多个（或所有）输出分量均有控制作用，即每个输出分量受多个（或所有）输入分量的控制。这种第j个输入量控制第i个输出量（$i\neq j$）的关系称为输入/输出间的耦合作用，这种耦合使多变量系统的控制通常十分困难。例如，难以找到合适的输入量，以达到控制某一输出分量而不影响其他输出分量的要求。因此，有必要引入合适的控制律，使输入/输出相互关联的多变量系统实现解耦，即实现每个输出分量仅受一个对应输入分量控制，每个输入分量也仅能控制对应的一个输出分量。（输入量、输出量）解耦后的多变量系统化成m个独立的单输入单输出子系统，从而使系统的分析及进一步控制变得简单，因此，（输入量、输出量）解耦控制是多变量线性定常系统综合理论的重要组成部分，其在多变量系统设计中具有很大的实用价值。显然，解耦系统的传递函数矩阵必为对角线形的非奇异矩阵，从解耦系统的定义出发，使多变量系统实现解耦的基本思路是通过引入控制装置使系统传递函数矩阵对角化，而具体实现方法主要有前馈补偿器解耦、输入变换与状态反馈相结合解耦等。

1. 前馈补偿器解耦

采用前馈补偿器实现解耦的方法如图 9-13 所示，在待解耦系统前串联一个前馈补偿器，使串联后总的传递函数矩阵成为对角形的有理函数矩阵。

图 9-13 中，前馈补偿器和待解耦系统的传递函数矩阵分别为$\boldsymbol{W}_o(s)$和$\boldsymbol{W}_c(s)$，则串接补偿器后整个系统的总传递函数矩阵为

$$\boldsymbol{W}_{dc}(s)=\boldsymbol{W}_o(s)\boldsymbol{W}_c(s) \tag{9-62}$$

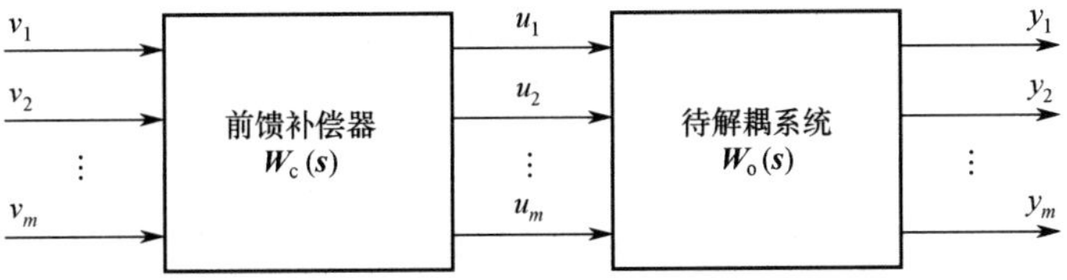

图 9-13　采用前馈补偿器实现解耦

令

$$W_{dc}(s)=\begin{bmatrix} W_{11}(s) & & & \\ & W_{22}(s) & & \\ & & \ddots & \\ & & & W_{mn}(s) \end{bmatrix} \tag{9-63}$$

显然，只要待解耦系统传递函数矩阵 $W_o(s)$ 满秩，即 $W_o(s)$ 的逆 $W_o^{-1}(s)$ 存在，则可采用前馈补偿器使系统获得解耦，即

$$W_c(s)=W_o^{-1}(s)W_{dc}(s) \tag{9-64}$$

其中，$W_{dc}(s)$ 为串接补偿器后解耦系统的对角形传递函数矩阵，其主对角线元素 $W_{ij}(s)$ 决定了解耦后各独立子系统的特性。

串接前馈补偿器解耦的原理虽然简单，但增加了系统的维数，且其实现受到 $W_o^{-1}(s)$ 是否存在及 $W_c(s)$ 物理上是否可实现的限制。

2. 输入变换与状态反馈相结合解耦

采用输入变换与状态反馈相结合方式实现闭环输入/输出解耦控制的系统结构如图 9-14 所示。

图 9-14 中，待解耦系统 $\Sigma_o(A,B,C)$ 状态空间表达式及传递函数矩阵分别如式（9-62）及式（9-63）所示，状态反馈增益矩阵 F 为 $m\times n$ 维实常数阵，输入变换阵 K 为 $m\times m$ 维实常数非奇异阵，v 为 m 维参考输入信号列向量。由图 9-14 可见，为实现闭环解耦控制，对 $\Sigma_o(A,B,C)$ 采用的控制律为

$$u=Kv-Fx \tag{9-65}$$

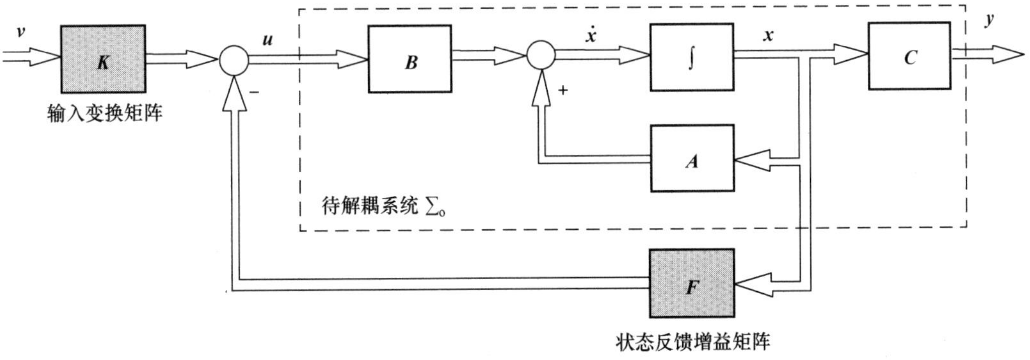

图 9-14　采用输入变换与状态反馈相结合实现解耦

将式（9-65）代入式（9-59），得图 9-14 所示闭环系统 Σ_{FK} 的状态空间表达式及传递函数矩阵，即

$$\begin{cases}\dot{\boldsymbol{x}} = (\boldsymbol{A} - \boldsymbol{BF})\boldsymbol{x} + \boldsymbol{BKv} \\ \boldsymbol{y} = \boldsymbol{Cx}\end{cases} \tag{9-66}$$

$$\boldsymbol{W}_{\mathrm{FK}}(s) = \boldsymbol{C}[s\boldsymbol{I} - (\boldsymbol{A} - \boldsymbol{BF})]^{-1}\boldsymbol{BK} \tag{9-67}$$

因此，待解耦系统$\Sigma_{\mathrm{o}}(\boldsymbol{A},\boldsymbol{B},\boldsymbol{C})$采用式（9-65）所示控制律实现闭环解耦问题在频域中可简单描述为：寻找适当的状态反馈增益矩阵 $\boldsymbol{F}$ 和输入变换阵 $\boldsymbol{K}$，使式（9-67）所示的闭环系统Σ_{FK}的传递函数矩阵为对角形矩阵。

为便于说明$\Sigma_{\mathrm{o}}(\boldsymbol{A},\boldsymbol{B},\boldsymbol{C})$状态反馈的可解耦性判据及如何选择 $\boldsymbol{F}$ 和 $\boldsymbol{K}$ 将其化为积分型解耦系统，先定义 d_i 是 0～$(n-1)$之间满足下式

$$\boldsymbol{C}_i\boldsymbol{A}^{d_i}\boldsymbol{B} \neq \boldsymbol{0} \tag{9-68}$$

的最小整数。其中，$\boldsymbol{C}_i$ 为$\Sigma_{\mathrm{o}}(\boldsymbol{A},\boldsymbol{B},\boldsymbol{C})$输出矩阵 $\boldsymbol{C}$ 的第 i 行向量，故相应的 d_i 的下标 i 表示行数$(i=1,2,\cdots,m)$。若对 $l=0,1,\cdots,n-1$，均有 $\boldsymbol{C}_i\boldsymbol{A}^l\boldsymbol{B} \neq \boldsymbol{0}$，则令 $d_i = n-1$。根据 d_i，再定义 $m\times m$ 维可解耦性矩阵为

$$\boldsymbol{E} = \begin{bmatrix}\boldsymbol{C}_1\boldsymbol{A}^{d_1}\boldsymbol{B} \\ \boldsymbol{C}_2\boldsymbol{A}^{d_2}\boldsymbol{B} \\ \vdots \\ \boldsymbol{C}_m\boldsymbol{A}^{d_m}\boldsymbol{B}\end{bmatrix} \tag{9-69}$$

定理 9-9 系统$\Sigma_{\mathrm{o}}(\boldsymbol{A},\boldsymbol{B},\boldsymbol{C})$采用式（9-65）所示的输入变换与状态反馈相结合控制律，可解耦的充要条件是式（9-69）所示可解耦性矩阵 $\boldsymbol{E}$ 非奇异。

定理 9-10 当系统$\Sigma_{\mathrm{o}}(\boldsymbol{A},\boldsymbol{B},\boldsymbol{C})$可以式（9-65）所示输入变换与状态反馈相结合控制律解耦时，若取输入变换阵 $\boldsymbol{K}$ 及状态反馈增益矩阵 $\boldsymbol{F}$ 为

$$\begin{cases}\boldsymbol{K} = \boldsymbol{E}^{-1} = \begin{bmatrix}\boldsymbol{C}_1\boldsymbol{A}^{d_1}\boldsymbol{B} \\ \boldsymbol{C}_2\boldsymbol{A}^{d_2}\boldsymbol{B} \\ \vdots \\ \boldsymbol{C}_m\boldsymbol{A}^{d_m}\boldsymbol{B}\end{bmatrix}^{-1} \\ \boldsymbol{F} = \begin{bmatrix}\boldsymbol{C}_1\boldsymbol{A}^{d_1}\boldsymbol{B} \\ \boldsymbol{C}_2\boldsymbol{A}^{d_2}\boldsymbol{B} \\ \vdots \\ \boldsymbol{C}_m\boldsymbol{A}^{d_m}\boldsymbol{B}\end{bmatrix}^{-1}\begin{bmatrix}\boldsymbol{C}_1\boldsymbol{A}^{d_1+1} \\ \boldsymbol{C}_2\boldsymbol{A}^{d_2+1} \\ \vdots \\ \boldsymbol{C}_m\boldsymbol{A}^{d_m+1}\end{bmatrix} = \boldsymbol{E}^{-1}\begin{bmatrix}\boldsymbol{C}_1\boldsymbol{A}^{d_1+1} \\ \boldsymbol{C}_2\boldsymbol{A}^{d_2+1} \\ \vdots \\ \boldsymbol{C}_m\boldsymbol{A}^{d_m+1}\end{bmatrix}\end{cases} \tag{9-70}$$

则所得闭环系统Σ_{FK}

$$\begin{cases}\dot{\boldsymbol{x}} = (\boldsymbol{A} - \boldsymbol{BF})\boldsymbol{x} + \boldsymbol{BKv} \\ \boldsymbol{y} = \boldsymbol{Cx}\end{cases} \tag{9-71}$$

是积分型解耦系统，其传递函数矩阵为

$$\boldsymbol{W}_{\mathrm{FK}}(s) = \boldsymbol{C}[s\boldsymbol{I} - (\boldsymbol{A} - \boldsymbol{BF})]^{-1}\boldsymbol{BK} = \begin{bmatrix}s^{-(d_1+1)} & & & \\ & s^{-(d_2+1)} & & \\ & & \ddots & \\ & & & s^{-(d_m+1)}\end{bmatrix} \tag{9-72}$$

式（9-72）表明，采用式（9-70）实现$\{\boldsymbol{F},\boldsymbol{K}\}$解耦后的系统，由 m 个相互独立的单输入

单输出多重积分器 $s^{-(d_i+1)}$ 组成（i=1, 2, …, m），故这种解耦称为积分型解耦。应该指出，虽然可解耦的充要条件（定理 9-9）并不要求系统 $\Sigma_o(\boldsymbol{A},\boldsymbol{B},\boldsymbol{C})$ 能控，但因积分型解耦系统的所有极点均为零，故其只是综合性能满意的解耦系统的中间一步。事实上，在积分型解耦系统基础上，尚需设计附加状态反馈，对闭环解耦系统的极点进行配置，以获得期望的动态性能，这就要求系统能控。

例 9-8　给定一个双输入双输出连续定常受控系统：

$$\begin{cases}\dot{\boldsymbol{x}}=\begin{bmatrix}0&1&0&0\\3&0&0&2\\0&0&0&1\\0&-2&0&0\end{bmatrix}\boldsymbol{x}+\begin{bmatrix}0&0\\1&0\\0&0\\0&1\end{bmatrix}\boldsymbol{u}\\ \boldsymbol{y}=\begin{bmatrix}1&0&0&0\\0&0&1&0\end{bmatrix}\boldsymbol{x}\end{cases}$$

要求综合满足解耦、将闭环极点配置为−2，−4，−2±j 的一个输入变换和状态反馈矩阵对 $\{\boldsymbol{F},\boldsymbol{K}\}$。

解　受控系统 $\Sigma_o(\boldsymbol{A},\boldsymbol{B},\boldsymbol{C})$ 的传递函数矩阵为

$$\boldsymbol{W}_o(s)=\boldsymbol{C}(s\boldsymbol{I}-\boldsymbol{A})^{-1}\boldsymbol{B}=\begin{bmatrix}\dfrac{1}{s^2+1}&\dfrac{2}{s(s^2+1)}\\\dfrac{-2}{s(s^2+1)}&\dfrac{s^2-3}{s^3(s^2+1)}\end{bmatrix}$$

显然，每个输入分量对各个输出分量均互相耦合。经计算，$\Sigma_o(\boldsymbol{A},\boldsymbol{B},\boldsymbol{C})$ 能控性、能观测性判别矩阵的秩分别为 $\mathrm{rank}\boldsymbol{Q}_c=4=n$、$\mathrm{rank}\boldsymbol{Q}_o=4=n$，故受控系统能控且能观测。

（1）计算受控系统的结构特性指数 $d_i(i=1,2)$。

由题意知

$$\boldsymbol{C}_1=\begin{bmatrix}1&0&0&0\end{bmatrix}，\boldsymbol{C}_2=\begin{bmatrix}0&0&1&0\end{bmatrix}$$

则根据计算结果

$$\boldsymbol{C}_1\boldsymbol{B}=\begin{bmatrix}0&0\end{bmatrix},\boldsymbol{C}_1\boldsymbol{AB}=\begin{bmatrix}1&0\end{bmatrix}\neq 0,\text{可确定 }d_1=1$$

$$\boldsymbol{C}_2\boldsymbol{B}=\begin{bmatrix}0&0\end{bmatrix},\boldsymbol{C}_2\boldsymbol{AB}=\begin{bmatrix}0&1\end{bmatrix}\neq 0,\text{可确定 }d_2=1$$

（2）判断可解耦性。

据式（9-69），构造判别阵

$$\boldsymbol{E}=\begin{bmatrix}\boldsymbol{C}_1\boldsymbol{A}^{d_1}\boldsymbol{B}\\\boldsymbol{C}_2\boldsymbol{A}^{d_2}\boldsymbol{B}\end{bmatrix}=\begin{bmatrix}\boldsymbol{C}_1\boldsymbol{AB}\\\boldsymbol{C}_2\boldsymbol{AB}\end{bmatrix}=\begin{bmatrix}1&0\\0&1\end{bmatrix}$$

显然，判别阵 $\boldsymbol{E}$ 非奇异，据定理 9-9，受控系统 $\Sigma_o(\boldsymbol{A},\boldsymbol{B},\boldsymbol{C})$ 可解耦。

（3）导出积分型解耦系统。

由式（9-70）得到实现积分型解耦所需的输入变换阵 $\boldsymbol{K}$ 和状态反馈增益阵 $\bar{\boldsymbol{F}}$，分别为

$$\boldsymbol{K}=\boldsymbol{E}^{-1}=\begin{bmatrix}1&0\\0&1\end{bmatrix},\bar{\boldsymbol{F}}=\boldsymbol{E}^{-1}\begin{bmatrix}\boldsymbol{C}_1\boldsymbol{A}^{d_1+1}\\\boldsymbol{C}_2\boldsymbol{A}^{d_2+1}\end{bmatrix}=\boldsymbol{E}^{-1}\begin{bmatrix}\boldsymbol{C}_1\boldsymbol{A}^2\\\boldsymbol{C}_2\boldsymbol{A}^2\end{bmatrix}=\begin{bmatrix}3&0&0&2\\0&-2&0&0\end{bmatrix}$$

则积分型解耦系统 $\Sigma_o(\bar{\boldsymbol{A}},\bar{\boldsymbol{B}},\bar{\boldsymbol{C}})$ 的系数矩阵和传递函数矩阵分别为

$$\bar{A} = \bar{A} - \overline{BF} = \left[\begin{array}{cc|cc} 0 & 1 & 0 & 0 \\ 0 & 0 & 0 & 0 \\ \hline 0 & 0 & 0 & 1 \\ 0 & 0 & 0 & 0 \end{array}\right], \bar{B} = BK = \left[\begin{array}{c|c} 0 & 0 \\ 1 & 0 \\ \hline 0 & 0 \\ 0 & 1 \end{array}\right], \bar{C} = C = \left[\begin{array}{cc|cc} 1 & 0 & 0 & 0 \\ \hline 0 & 0 & 1 & 0 \end{array}\right]$$

$$W_{\bar{F}K}(s) = \bar{C}(sI - \bar{A})^{-1}\bar{B} = \begin{bmatrix} \frac{1}{s^2} & 0 \\ 0 & \frac{1}{s^2} \end{bmatrix} = \begin{bmatrix} \frac{1}{s^{d_1+1}} & 0 \\ 0 & \frac{1}{s^{d_2+1}} \end{bmatrix}$$

在积分型解耦的基础上，进一步附加状态反馈配置闭环极点的前提：通过线性非奇异变换将积分型解耦系统化为解耦标准型，以实现闭环系统期望极点配置且保持解耦。本例的积分型解耦系统$\Sigma_{\bar{F}K}(\bar{A},\bar{B},\bar{C})$已是解耦标准型，故不需要引入线性非奇异变换。

（4）针对解耦标准型$\Sigma_{\bar{F}K}(\bar{A},\bar{B},\bar{C})$，进一步附加状态反馈配置闭环极点。

根据解耦标准型$\Sigma_{\bar{F}K}(\bar{A},\bar{B},\bar{C})$的结构，取 2×4 附加状态反馈增益矩阵$\hat{F}$为两个对角分块阵，即

$$\hat{F} = \left[\begin{array}{cc|cc} f_{10} & f_{22} & 0 & \\ \hline 0 & 0 & f_{20} & \end{array}\right]$$

则对$\Sigma_{\bar{F}K}(\bar{A},\bar{B},\bar{C})$引入附加状态反馈后的系统矩阵为

$$A_{FK} = \bar{A} - \bar{B}\hat{F} = A - B(\bar{F} + K\hat{F}) = \left[\begin{array}{cc|cc} 0 & 1 & 0 & 0 \\ -f_{10} & -f_{11} & 0 & 0 \\ \hline 0 & 0 & 0 & 1 \\ 0 & 0 & -f_{20} & -f_{21} \end{array}\right]$$

因解耦后的两个单输入单输出系统均为 2 维，故将闭环期望极点−2，−4，−2±j 分为两组：

$$\lambda_{11}^* = -2, \lambda_{12}^* = -4，\text{期望特征多项式 } \rho_1^*(s) = s^2 + 6s + 8$$

$$\lambda_{21}^* = -2, \lambda_{22}^* = -2 - \mathrm{j}，\text{期望特征多项式 } \rho_2^*(s) = s^2 + 4s + 5$$

则对$\Sigma_{\bar{F}K}(\bar{A},\bar{B},\bar{C})$引入附加状态反馈后的期望系统矩阵为

$$A_{FK}^* = \left[\begin{array}{cc|cc} 0 & 1 & 0 & 0 \\ -8 & -6 & 0 & 0 \\ \hline 0 & 0 & 0 & 1 \\ 0 & 0 & -5 & -4 \end{array}\right]$$

令$A_{FK} = A_{FK}^*$解得

$$\hat{F} = \left[\begin{array}{cc|cc} 8 & 6 & 0 & 0 \\ \hline 0 & 0 & 5 & 4 \end{array}\right]$$

（5）定出针对原受控系统$\Sigma_o(\bar{A},\bar{B},\bar{C})$，满足解耦、闭环期望极点配置要求的输入变换矩阵$K$和状态反馈矩阵$F$。

$$K = E^{-1} = \begin{bmatrix} 1 & 0 \\ 0 & 1 \end{bmatrix}$$

$$F = \bar{F} + K\hat{F} = \begin{bmatrix} 3 & 0 & 0 & 2 \\ 0 & -2 & 0 & 0 \end{bmatrix} + \begin{bmatrix} 8 & 6 & 0 & 0 \\ 0 & 0 & 5 & 4 \end{bmatrix} = \begin{bmatrix} 11 & 6 & 0 & 2 \\ 0 & -2 & 5 & 4 \end{bmatrix}$$

相应的闭环解耦控制系统状态空间表达式和传递函数矩阵分别为

$$
\begin{cases}
\dot{\boldsymbol{x}}=(\boldsymbol{A}-\boldsymbol{BF})\boldsymbol{x}+\boldsymbol{BK}\boldsymbol{v}=\begin{bmatrix}0&1&0&0\\-8&-6&0&0\\0&0&0&0\\0&0&-5&-4\end{bmatrix}\boldsymbol{x}+\begin{bmatrix}0&0\\1&0\\0&0\\0&1\end{bmatrix}\boldsymbol{v}\\
\boldsymbol{y}=\boldsymbol{Cx}=\begin{bmatrix}1&0&0&0\\0&0&1&0\end{bmatrix}\boldsymbol{x}
\end{cases}
$$

$$
\boldsymbol{W}_{\mathrm{FK}}(s)=\boldsymbol{C}(s\boldsymbol{I}-\boldsymbol{A}+\boldsymbol{BF})^{-1}\boldsymbol{BK}=\begin{bmatrix}\dfrac{1}{s^2+6s+8}&0\\0&\dfrac{1}{s^2+4s+5}\end{bmatrix}
$$

9.7　线性控制系统理论的工程应用举例

线性控制系统理论在工程设计中应用最广泛的是状态空间综合法，即状态反馈与状态观测器理论。

9.7.1　稳态精度与跟踪问题

前面内容主要研究的是对单变量受控系统如何通过状态反馈配置其闭环系统极点，保证闭环系统稳定，并使其动态响应的性能指标满足期望的要求，但未讨论系统的稳态精度与跟踪问题。实际上，单输入单输出受控系统 $\Sigma_{\mathrm{o}}(\boldsymbol{A},\boldsymbol{B},\boldsymbol{C})$ 的传递函数为 $\boldsymbol{W}_{\mathrm{o}}(s)=\boldsymbol{C}(s\boldsymbol{I}-\boldsymbol{A})^{-1}\boldsymbol{B}$，其跟踪单位阶跃参考输入信号的稳态误差为

$$
e_{\mathrm{po}}=1-\boldsymbol{W}_{\mathrm{o}}(0)=1-\boldsymbol{C}(-\boldsymbol{A})^{-1}\boldsymbol{B}
$$

当单输入单输出受控系统 $\Sigma_{\mathrm{o}}(\boldsymbol{A},\boldsymbol{B},\boldsymbol{C})$ 仅采用线性状态反馈控制律 $\boldsymbol{u}=\boldsymbol{v}-\boldsymbol{Fx}$ 时，闭环系统 $\Sigma_{\mathrm{F}}(\boldsymbol{A}-\boldsymbol{BF},\boldsymbol{B},\boldsymbol{C})$ 对单位阶跃参考输入信号的跟踪误差为

$$
e_{\mathrm{pF}}=1-\boldsymbol{C}(-\boldsymbol{A}+\boldsymbol{BF})^{-1}\boldsymbol{B}
$$

其中，状态反馈增益矩阵 $\boldsymbol{F}$ 为 n 维实数行向量，其由闭环极点配置要求唯一确定，而 $\boldsymbol{F}$ 一旦确定，跟踪误差随之确定。为提高系统的稳态精度，基于状态空间综合法的一种简单方法是除了按极点配置法确定状态反馈增益矩阵 $\boldsymbol{F}$，还引入输入变换线性放大器 $\boldsymbol{K}$，如图 9-15 所示。

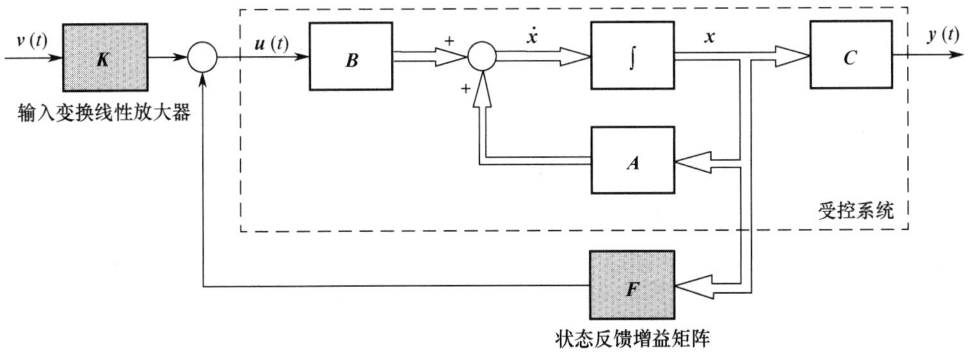

图 9-15　带有输入变换的状态反馈系统

单输入单输出受控系统 $\Sigma_o(\boldsymbol{A},\boldsymbol{B},\boldsymbol{C})$ 采用输入变换和状态反馈后的闭环系统传递函数为

$$\boldsymbol{W}_{\mathrm{FK}}(s)=\boldsymbol{C}(s\boldsymbol{I}-\boldsymbol{A}+\boldsymbol{BF})^{-1}\boldsymbol{BK}$$

对单位阶跃参考输入信号的跟踪误差为

$$e_{\mathrm{pFK}}=1-\boldsymbol{C}(-\boldsymbol{A}+\boldsymbol{BF})^{-1}\boldsymbol{BK} \tag{9-73}$$

可通过设置输入变换放大系数 $\boldsymbol{K}$ 进行调整。由式（9-73）可推出选择 $\boldsymbol{K}$ 使系统对阶跃参考输入信号产生零稳态误差的条件为

$$\boldsymbol{C}(-\boldsymbol{A}+\boldsymbol{BF})^{-1}\boldsymbol{BK}=1 \tag{9-74}$$

以上讨论未考虑系统的外部扰动。但实际系统的外部扰动是难免的，致使系统稳定时不能理想跟踪参考输入而产生稳态误差。由经典控制理论知，单输入单输出系统可采用在系统偏差后面串入积分器作为控制器的一部分来抑制与消除稳态误差，将这一思想应用到多输入多输出系统中，可让 m 维误差向量 $\boldsymbol{e}$ 的每个分量后面均串入积分器，构造如图 9-16 所示的状态反馈加积分器校正的输出反馈系统。

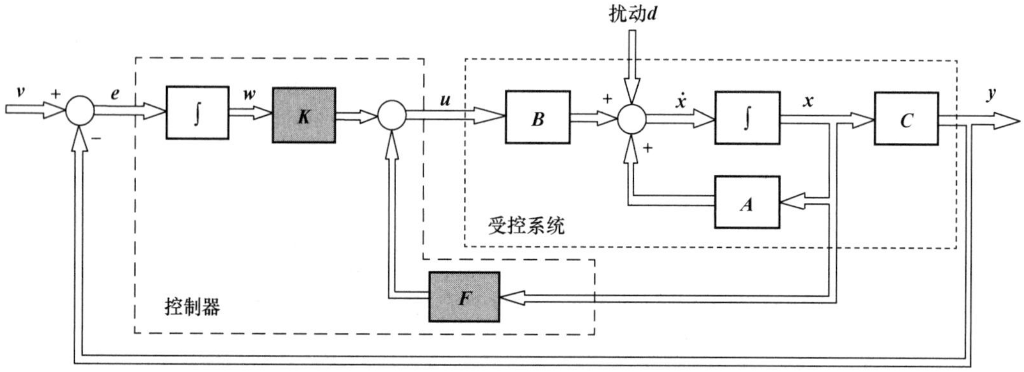

图 9-16　状态反馈加积分器校正的输出反馈系统

图 9-16 中，n 维列向量 $\boldsymbol{d}$ 为扰动输入；$\boldsymbol{x}$、$\boldsymbol{u}$、$\boldsymbol{y}$ 分别为 n 维、r 维、m 维列向量；$\boldsymbol{A}$、$\boldsymbol{B}$、$\boldsymbol{C}$ 分别为 $n\times n$ 、 $n\times r$ 、 $m\times n$ 维实数矩阵； $\boldsymbol{F}$ 、 $\boldsymbol{K}$ 分别为 $r\times n$ 维、 $r\times m$ 维实数矩阵。将 m 个积分器生成的 $\boldsymbol{w}$ 作为附加状态向量，与原受控系统可构成受控系统增广的动态方程，即

$$\begin{cases}\begin{bmatrix}\dot{\boldsymbol{x}}\\ \dot{\boldsymbol{w}}\end{bmatrix}=\begin{bmatrix}\boldsymbol{A} & \boldsymbol{0}\\ -\boldsymbol{C} & \boldsymbol{0}\end{bmatrix}\begin{bmatrix}\boldsymbol{x}\\ \boldsymbol{w}\end{bmatrix}+\begin{bmatrix}\boldsymbol{B}\\ \boldsymbol{0}\end{bmatrix}\boldsymbol{u}+\begin{bmatrix}\boldsymbol{d}\\ \boldsymbol{v}\end{bmatrix}\\ \boldsymbol{y}=\begin{bmatrix}\boldsymbol{C} & \boldsymbol{0}\end{bmatrix}\begin{bmatrix}\boldsymbol{x}\\ \boldsymbol{w}\end{bmatrix}\end{cases} \tag{9-75}$$

增广系统的状态线性反馈控制律为

$$\boldsymbol{u}=\begin{bmatrix}-\boldsymbol{F} & \boldsymbol{K}\end{bmatrix}\begin{bmatrix}\boldsymbol{x}\\ \boldsymbol{w}\end{bmatrix}=-\boldsymbol{Fx}+\boldsymbol{Kw} \tag{9-76}$$

式（9-76）中的第一项（ $-\boldsymbol{Fx}$ ）为受控系统的普通状态负反馈，第二项（ $\boldsymbol{Kw}$ ）是为改善稳态性能而引入的误差的积分信号。应该指出，只有当式（9-75）所描述的（n+m）维增广系统状态完全能控时，才可采用式（9-76）所示的状态反馈改善系统的动态性能和稳态性能。容易证明，增广系统能控的充要条件为原受控系统 $\Sigma_o(\boldsymbol{A},\boldsymbol{B},\boldsymbol{C})$ 能控，且

$$\mathrm{rank}\begin{bmatrix}\boldsymbol{A} & \boldsymbol{B}\\ \boldsymbol{C} & 0\end{bmatrix}=n+m \tag{9-77}$$

显然，式(9-77)成立的必要条件为系统的控制维数不得少于误差的维数($r \geqslant m$)且 $\mathrm{rank}\boldsymbol{C}=m$。

将式（9-76）代入式（9-75）可得状态反馈增广系统（见图 9-16）的动态方程为

$$\begin{cases}\begin{bmatrix}\dot{\boldsymbol{x}}\\ \dot{\boldsymbol{w}}\end{bmatrix}=\begin{bmatrix}\boldsymbol{A}-\boldsymbol{BF} & \boldsymbol{BK}\\ -\boldsymbol{C} & 0\end{bmatrix}\begin{bmatrix}\boldsymbol{x}\\ \boldsymbol{w}\end{bmatrix}+\begin{bmatrix}\boldsymbol{d}\\ \boldsymbol{v}\end{bmatrix}\\ \boldsymbol{y}=\begin{bmatrix}\boldsymbol{C} & 0\end{bmatrix}\begin{bmatrix}\boldsymbol{x}\\ \boldsymbol{w}\end{bmatrix}\end{cases} \tag{9-78}$$

其中，$\boldsymbol{F}$ 和 $\boldsymbol{K}$ 由期望的闭环极点配置决定，而且只要式（9-75）所示增广系统能控，就能实现式（9-78）所示闭环系统的系统矩阵特征值的任意配置。可以证明，只要 $\boldsymbol{F}$ 和 $\boldsymbol{K}$ 选得使式（9-78）的特征值均具有负实部，则图 9-19 所示闭环系统就可消除阶跃扰动及阶跃参考输入作用下的稳态误差。

应该指出，当扰动和/或参考输入为斜坡信号时，需引入重积分器，这时增广系统动态方程将随之变化。

9.7.2　倒立摆控制系统设计

设有一倒立摆（摆杆和其上的摆锤）用铰链安装在由伺服电机驱动的小车上，如图 9-17 所示。这是空间起飞助推器的姿态控制模型，其控制目标是使空间助推器保持在垂直位置。本节仅考虑倒立摆和小车在图 9-17 所示平面内的二维运动问题。倒立摆是不稳定的，若不给小车在水平方向施加适当的控制力 u，倒立摆就不能保持在垂直位置，而会向左或向右倾倒。为简化问题，忽略摆杆质量、伺服电机惯性及摆轴、轮轴、轮与接触面之间的摩擦力及风力，设小车的质量 M=2kg，摆锤的质量 m=0.1kg，摆杆的长度 l=0.5m。希望在有干扰时，保持摆垂直。当以合适的控制力 u 施加于小车时，可使该倾斜的摆返回到垂直位置，且在每一控制过程结束时，小车都将返回到参考位置 z=0 处。

1. 建立受控系统的数学模型

图 9-17 中，θ 为摆杆偏离垂线的角度（rad），z 为小车水平方向的瞬时位置坐标，则摆锤重心的水平、垂直坐标分别为$(z+l\sin\theta)$、$l\cos\theta$。图 9-18 为摆杆—摆锤联合体及小车受力图（忽略摩擦力），其中，f_{H}、f_{V} 分别为小车通过铰链作用于摆杆的力的水平、垂直分量[见图 9-18(a)]及其对应的反作用力[见图 9-18(b)]。因忽略摆杆质量，则摆杆—摆锤联合体的重心近似位于摆锤重心，且摆杆—摆锤联合体绕其重心的转动惯量 $J\approx 0$。摆杆—摆锤联合体的运动可分解为重心的水平运动、重心的垂直运动及绕重心的转动这 3 个运动，由牛顿力学定律，描述这 3 个运动的方程分别为

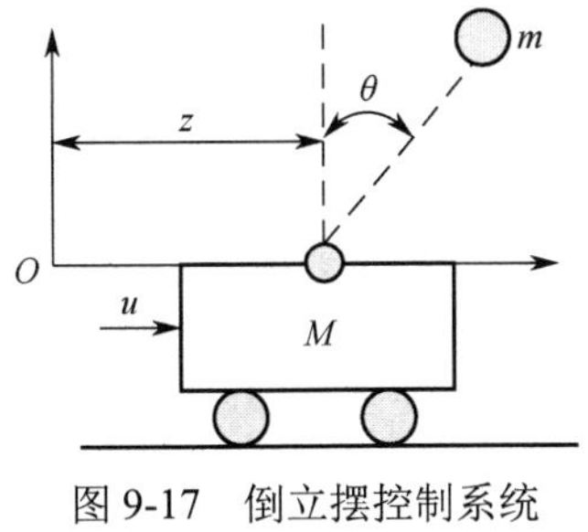

图 9-17　倒立摆控制系统

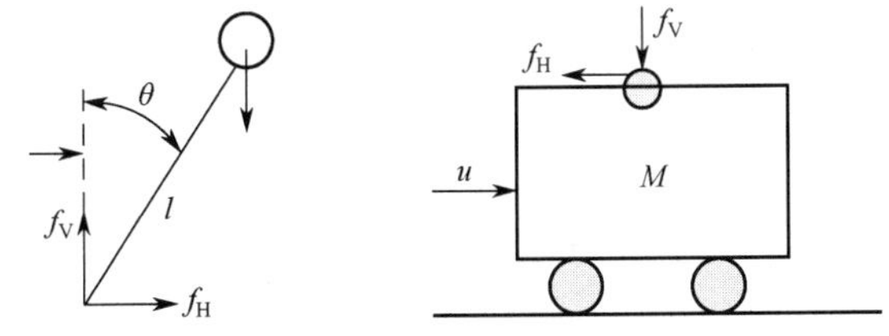

(a) 摆杆—摆锤联合体　(b) 小车

图 9-18　受力图

$$f_{\mathrm{H}} = m\frac{\mathrm{d}^2}{\mathrm{d}t^2}(z + l\sin\theta) \tag{9-79}$$

$$f_{\mathrm{V}} - mg = m\frac{\mathrm{d}^2}{\mathrm{d}t^2}(l\cos\theta) \tag{9-80}$$

$$f_{\mathrm{V}} l\sin\theta - f_{\mathrm{H}} l\cos\theta = J\frac{\mathrm{d}^2\theta}{\mathrm{d}t^2} \approx 0 \tag{9-81}$$

小车的水平运动方程为

$$u - f_{\mathrm{H}} = M\frac{\mathrm{d}^2 z}{\mathrm{d}t^2}$$

将式（9-79）代入上式，得

$$u = M\frac{\mathrm{d}^2 z}{\mathrm{d}t^2} + m\frac{\mathrm{d}^2}{\mathrm{d}t^2}(z + l\sin\theta) \tag{9-82}$$

将式（9-79）、式（9-80）代入式（9-81）得

$$\left[mg + m\frac{\mathrm{d}^2}{\mathrm{d}t^2}(l\cos\theta)\right]l\sin\theta - \left[m\frac{\mathrm{d}^2}{\mathrm{d}t^2}(z + l\sin\theta)\right]l\cos\theta \approx 0 \tag{9-83}$$

式（9-82）及式（9-83）为描述倒立摆系统运动的非线性方程，为简化求解，需对其作近似线性化处理。当θ很小时，用$\sin\theta \approx \theta$， $\cos\theta \approx 1$可将式（9-82）及式（9-83）近似线性化为

$$(M + m)\ddot{z} + ml\ddot{\theta} = u \tag{9-84}$$

$$ml\ddot{z} + ml^2\ddot{\theta} = mgl\theta \tag{9-85}$$

式（9-84）及式（9-85）是在假设θ很小的条件下，所建立的描述图 9-17 倒立摆系统运动的近似线性模型。由于控制目标含有保持倒立摆垂直的要求，在施加适当水平控制力 u 的条件下，假设θ很小是合理的。

联立式（9-84）及式（9-85）并消去$\ddot{z}$得

$$Ml\ddot{\theta} = (M + m)g\theta - u \tag{9-86}$$

联立式（9-84）及式（9-85）并消去$\ddot{\theta}$得

$$M\ddot{z} = u - mg\theta \tag{9-87}$$

定义状态变量x_1、x_2、x_3、x_4得

$$x_1 = z\text{，}\quad x_2 = \dot{z}\text{，}\quad x_3 = \theta\text{，}\quad x_4 = \dot{\theta}$$

以小车位置 z 作为系统输出且由式（9-86）、式（9-87），可列写出图 9-17 倒立摆系统的状态空间表达式为

$$\begin{cases} \dot{\boldsymbol{x}} = \begin{bmatrix} 0 & 1 & 0 & 0 \\ 0 & 0 & \dfrac{-mg}{M} & 0 \\ 0 & 0 & 0 & 1 \\ 0 & 0 & \dfrac{(M+m)g}{Ml} & 0 \end{bmatrix}\boldsymbol{x} + \begin{bmatrix} 0 \\ \dfrac{1}{M} \\ 0 \\ -\dfrac{1}{Ml} \end{bmatrix}\boldsymbol{u} \\ \boldsymbol{y} = \begin{bmatrix} 1 & 0 & 0 & 0 \end{bmatrix}\boldsymbol{x} \end{cases} \tag{9-88}$$

代入设定的 M=2kg，m=0.lkg，l=0.5m 及 g=9.81m/s^2，则得

$$\begin{cases}\dot{\boldsymbol{x}}=\begin{bmatrix}0 & 1 & 0 & 0\\ 0 & 0 & -0.5 & 0\\ 0 & 0 & 0 & 1\\ 0 & 0 & 20.6 & 0\end{bmatrix}\boldsymbol{x}+\begin{bmatrix}0\\ 0.5\\ 0\\ -1\end{bmatrix}\boldsymbol{u}\\ \boldsymbol{y}=\begin{bmatrix}1 & 0 & 0 & 0\end{bmatrix}\boldsymbol{x}\end{cases}$$

2. 检查受控系统的结构性质

由特征方程 $|s\boldsymbol{I}-\boldsymbol{A}|=s^2(s^2-103/5)=0$，解得特征值为 0，0，$\sqrt{103/5}$，$-\sqrt{103/5}$，故受控系统不稳定。由于能控性判别阵的秩满足

$$\mathrm{rank}\boldsymbol{Q}_\mathrm{c}=\mathrm{rank}\begin{bmatrix}\boldsymbol{B} & \boldsymbol{AB} & \boldsymbol{A}^2\boldsymbol{B} & \boldsymbol{A}^3\boldsymbol{B}\end{bmatrix}=\mathrm{rank}\begin{bmatrix}0 & 0.5 & 0 & 0.5\\ 0.5 & 0 & 0.5 & 0\\ 0 & -1 & 0 & -20.6\\ -1 & 0 & -20.6 & 0\end{bmatrix}=4=n$$

故受控系统状态完全能控，即当 $\boldsymbol{x}$ 非零时，总存在将 $\boldsymbol{x}$ 转移至零的控制作用。由能观测性判别矩阵的秩

$$\mathrm{rank}\boldsymbol{Q}_\mathrm{o}=\mathrm{rank}\begin{bmatrix}\boldsymbol{C}\\ \boldsymbol{CA}\\ \boldsymbol{CA}^2\\ \boldsymbol{CA}^3\end{bmatrix}=\mathrm{rank}\begin{bmatrix}1 & 0 & 0 & 0\\ 0 & 1 & 0 & 0\\ 0 & 0 & -0.5 & 0\\ 0 & 0 & 0 & -0.5\end{bmatrix}=4=n$$

故受控系统状态完全能观测，即可构建状态观测器对其状态给出估值。

3. 反馈控制系统设计

为完成既使倒立摆稳定又控制小车位置的控制任务，采用状态反馈加积分器校正的输出反馈系统，如图 9-19 所示。

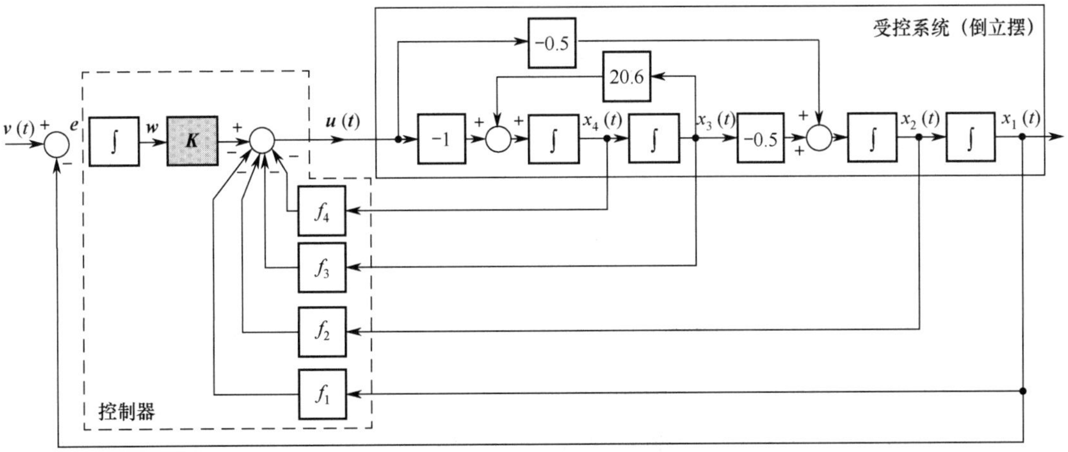

图 9-19　状态反馈加积分器校正的输出反馈系统

因为受控系统 $\Sigma_\mathrm{o}(\boldsymbol{A},\boldsymbol{B},\boldsymbol{C})$ 能控，又控制维数（r=1）不少于误差的维数（m=1）且

$\mathrm{rank}\boldsymbol{C}=1=m$，故满足式（9-77），即增广系统状态完全能控，因此，可采用线性状态反馈控制律

$$\boldsymbol{u}=-\boldsymbol{F}\boldsymbol{x}+\boldsymbol{K}\boldsymbol{w} \tag{9-89}$$

改善系统的动态和稳态性能，式中，$\boldsymbol{F}=\begin{bmatrix}f_1 & f_2 & f_3 & f_4\end{bmatrix}$。则由式（9-78）、图 9-19 所示闭环控制系统的特征多项式为

$$\begin{aligned}p(s)=\det\left|s\boldsymbol{I}-\begin{bmatrix}\boldsymbol{A}-\boldsymbol{B}\boldsymbol{F} & \boldsymbol{B}\boldsymbol{K}\\ -\boldsymbol{C} & 0\end{bmatrix}\right|=s^5+(0.5f_2-f_4)s^4+\\ (0.5f_1-f_3-20.6)s^3+(0.5K-9.8f_2)s^2-9.8f_1s-9.8K\end{aligned} \tag{9-90}$$

设期望闭环极点为一对共轭主导极点和 3 个非主导实数极点。应从使所设计的控制系统具有适当的响应速度和阻尼出发选取期望主导极点对，例如，若本例希望在小车的阶跃响应中，调节时间为 4~5s，超调量不超过 17%，据经典控制理论中二阶系统单位阶跃响应性能指标计算公式，则期望的闭环主导极点对可选为

$$\lambda_{1,2}^*=-1\pm \mathrm{j}\sqrt{3}$$

选择 3 个期望的闭环非主导极点离虚轴的距离为主导极点的 5 倍以上，取为−6，即

$$\lambda_3^*=\lambda_4^*=\lambda_5^*=-6$$

则期望的闭环特征多项式为

$$\begin{aligned}p^*(s)&=(s-\lambda_1^*)(s-\lambda_2^*)(s-\lambda_3^*)(s-\lambda_4^*)(s-\lambda_5^*)=(s+1+\mathrm{j}\sqrt{3})(s+1-\mathrm{j}\sqrt{3})(s+6)^3\\ &=s^5+20s^4+148s^3+504s^2+864s+864\end{aligned} \tag{9-91}$$

令式（9-90）与式（9-91）相等，并比较等式两边对应项的系数，联立方程求解得状态反馈增益矩阵和积分增益常数

$$\begin{cases}\boldsymbol{F}=\begin{bmatrix}f_1 & f_2 & f_3 & f_4\end{bmatrix}=\begin{bmatrix}-88.16 & -55.93 & -212.68 & -47.96\end{bmatrix}\\ \boldsymbol{K}=-88.16\end{cases}$$

4. 所设计的反馈控制系统阶跃响应仿真分析

确定了状态反馈增益矩阵 $\boldsymbol{F}$ 和积分增益常数 $\boldsymbol{K}$，由式（9-78）可知，在未考虑扰动作用的情况下（设 $\boldsymbol{d}=0$），闭环系统对给定输入 $\boldsymbol{v}(t)$ 为阶跃信号的响应可通过求解下式获得，即

$$\begin{cases}\begin{bmatrix}\dot{\boldsymbol{x}}\\ \dot{\boldsymbol{w}}\end{bmatrix}=\begin{bmatrix}\boldsymbol{A}-\boldsymbol{B}\boldsymbol{F} & \boldsymbol{B}\boldsymbol{K}\\ -\boldsymbol{C} & 0\end{bmatrix}\begin{bmatrix}\boldsymbol{x}\\ \boldsymbol{w}\end{bmatrix}+\begin{bmatrix}0\\ 1\end{bmatrix}\boldsymbol{v}\\ \boldsymbol{y}=[\boldsymbol{C}\quad 0]\begin{bmatrix}\boldsymbol{x}\\ \boldsymbol{w}\end{bmatrix}=x_1\end{cases} \tag{9-92}$$

其中，$v(t)=1(t)$。

图 9-20 所示为 $x_1(t)(=y(t))$、$x_2(t)$、$x_3(t)(=\theta(t))$、$x_4(t)$、$\boldsymbol{w}(t)$ 阶跃响应仿真曲线。$y(t)=x_1(t)$ 的阶跃响应仿真曲线表明 $x_1(\infty)$ 趋于给定输入 $v(t)=1(t)$，即当给定输入 $v(t)$ 为阶跃信号时，小车的位置 $x_1(t)$ 无稳态误差，而且其动态性能（调节时间及超调量）正如期望。由此可见，小车的位置能较好地跟踪慢变的给定输入（如步进信号）。而由 $x_2(\infty)=0$、$x_3(\infty)=0$、$x_4(\infty)=0$、$w(\infty)=1$ 可见，全状态反馈保证了系统稳定。但图 9-19 采用直接状态反馈，需要

设置测量状态变量 $x_1(=z)$、$x_2(=\dot{z})$、$x_3(=\theta)$、$x_4(=\dot{\theta})$ 四个传感器。实际上，由于受控系统 $\Sigma_{\rm o}(\boldsymbol{A},\boldsymbol{B},\boldsymbol{C})$ 能观测，因此，可构造状态观测器对状态变量进行估计，以实现全状态反馈。

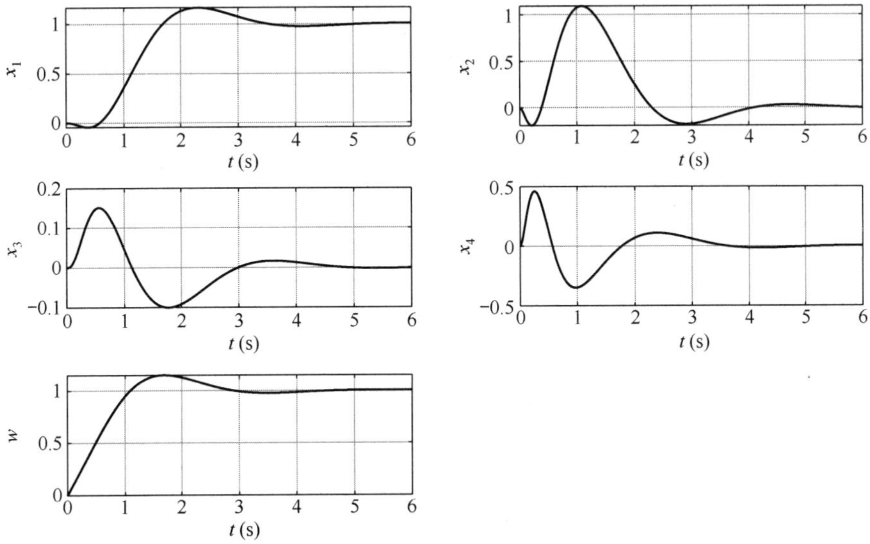

图 9-20　$x_1(t)(=y(t))$、$x_2(t)$、$x_3(t)(=\theta(t))$、$x_4(t)$、$w(t)$ 阶跃响应仿真曲线

5. 受控系统 $\Sigma_{\rm o}(\boldsymbol{A},\boldsymbol{B},\boldsymbol{C})$ 全维状态观测器设计

$\Sigma_{\rm o}(\boldsymbol{A},\boldsymbol{B},\boldsymbol{C})$ 全维状态观测器的状态方程为

$$\dot{\hat{\boldsymbol{x}}} = (\boldsymbol{A}-\boldsymbol{GC})\boldsymbol{x}+\boldsymbol{G}\boldsymbol{y}+\boldsymbol{B}\boldsymbol{u}$$

其中，输出偏差反馈增益列向量 $\boldsymbol{G}=\begin{bmatrix} g_1 & g_2 & g_3 & g_4\end{bmatrix}^{\rm T}$，则系统矩阵 $\boldsymbol{A}-\boldsymbol{GC}$ 的特征多项式为

$$\rho_0(s)=\det(s\boldsymbol{I}-\boldsymbol{A}+\boldsymbol{GC})=s^4+g_1s^3+\left(g_2-\frac{103}{5}\right)s^2-\left(\frac{1}{2}g_3+\frac{103}{5}g_1\right)s-\left(\frac{1}{2}g_4+\frac{103}{5}g_2\right)$$

根据闭环状态观测器的响应速度应较状态反馈闭环系统快的基本要求，初步选择闭环状态观测器的期望极点为：−2±2j，−12，−12，则其系统矩阵 $\boldsymbol{A}-\boldsymbol{GC}$ 的期望特征多项式为

$$\rho_0^*(s)=s^4+28s^3+248s^2+768s+1152$$

令 $\rho_0(s)=\rho_0^*(s)$，比较等式两边同次幂项系数，联立方程并解之，得

$$\boldsymbol{G}=\begin{bmatrix} 28 \\ 268.6 \\ -2689.6 \\ -13370.4 \end{bmatrix}$$

基于 MATLAB Simulink，建立用上述全维状态观测器实现状态反馈的倒立摆无静差位置跟踪系统仿真模型，如图 9-21 所示。仿真表明，即使初始时刻 $\dot{x}(0)$ 与 $x(0)$ 存在偏差，重构状态 $\dot{x}(t)$ 和实际状态 $x(t)$ 最终趋于渐近等价，观测误差趋于零的收敛速度与闭环状态观测器的极点有关，应根据控制系统的响应速度和抗干扰等要求合理选择。

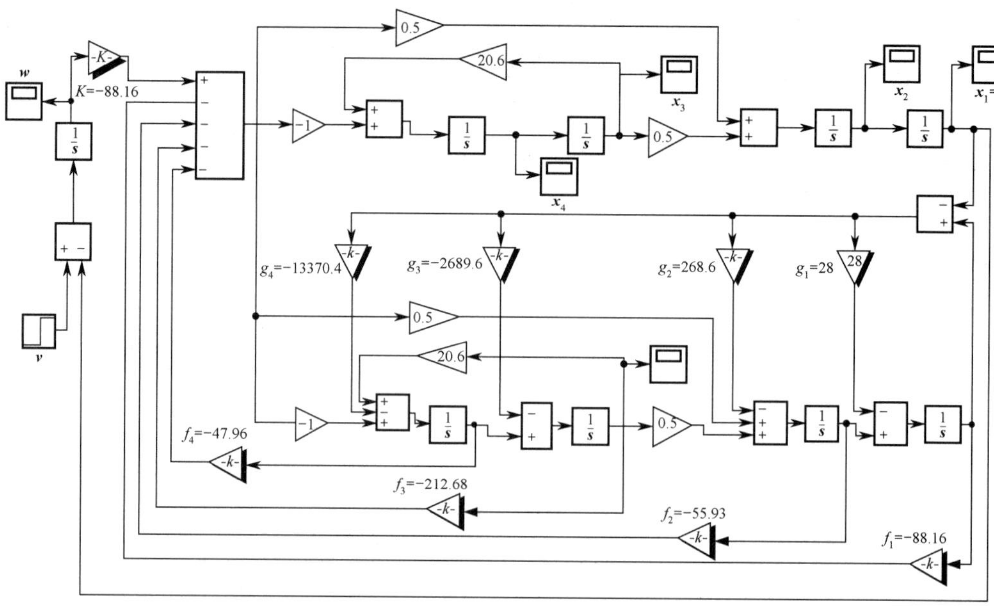

图 9-21　用全维状态观测器实现状态反馈的单倒立摆无静差位置跟踪系统仿真模型

9.7.3　基于状态空间综合法的鱼雷航向控制系统设计实例

鱼雷航向控制系统受到控制信号或扰动信号作用时，将产生动态响应，在动态响应结束之后，系统进入稳态运动过程。稳态过程的主要性能指标就是精度，它反映了控制系统跟踪控制信号或抑制扰动信号的能力和准确度。某型鱼雷航向通道的状态方程式如式(9-93)所示。

$$\begin{cases} \dot{\boldsymbol{x}} = \begin{bmatrix} 0 & 0 & 1 \\ 0 & -1.3536 & 0.223 \\ 0 & 11.742 & -5.381 \end{bmatrix} \boldsymbol{x} + \begin{bmatrix} 0 \\ 0.113 \\ 1.883 \end{bmatrix} \boldsymbol{\delta}_r \\ \boldsymbol{y} = [1 \quad 0 \quad 0] \boldsymbol{x} \end{cases} \tag{9-93}$$

其中：$\boldsymbol{x} = \left[\phi \ \beta \ \omega_y\right]^{\mathrm{T}}$；$\phi$为偏航角；$\beta$为侧滑角；$\omega_y$为偏航角速度；$\boldsymbol{\delta}_r$为偏航舵角。试确定反馈增益矩阵$\boldsymbol{k}$使闭环系统的特征多项式为$s^3 + 11s^2 + 36s + 36$。

首先判断航向控制系统的能控性，由

$$\operatorname{rank}\boldsymbol{Q}_{\mathrm{c}} = \operatorname{rank}\left[\boldsymbol{B} \ \boldsymbol{AB} \ \boldsymbol{A}^2\boldsymbol{B}\right] = \operatorname{rank}\begin{bmatrix} 0 & 1.883 & -8.8056 \\ 0.113 & 0.267 & -2.325 \\ 1.883 & -8.8056 & 50.5174 \end{bmatrix} = 3$$

可知航向控制系统能控。引入由$u = r - \boldsymbol{kx}$所确定的状态反馈，可任意配置闭环系统的极点。

由式（9-93）可知航向控制系统的传递函数为

$$G(s) = \boldsymbol{C}(s\boldsymbol{I} - \boldsymbol{A})^{-1}\boldsymbol{B} = \frac{1.883s + 3.875}{s^3 + 6.734s^2 + 4.665s} \tag{9-94}$$

则系统特征多项式的系数分别为$a_2 = 6.734$，$a_1 = 4.665$，$a_0 = 1$。

由给定的闭环特征多项式知$a_2^* = 11$，$a_1^* = 36$，$a_0^* = 36$，则

$$\overline{\boldsymbol{K}} = \left[a_0^* - a_0 \quad a_1^* - a_1 \quad a_2^* - a_2\right] = [36 \quad 31.335 \quad 4.266]$$

因航向控制系统能控，则 $(n\times1)$ 列向量组 $\boldsymbol{B}$ 、 $\boldsymbol{AB}$ 、 $\boldsymbol{AB}^2$ 线性无关，故下列 $(n\times1)$ 列向量组

$$\boldsymbol{q}_3=\boldsymbol{B}=\begin{bmatrix}0\\0.113\\1.883\end{bmatrix},\quad \boldsymbol{q}_2=\boldsymbol{AB}+a_2\boldsymbol{B}=\begin{bmatrix}1.883\\1.028\\3.874\end{bmatrix},\quad \boldsymbol{q}_1=\boldsymbol{A}\boldsymbol{q}_2+a_1\boldsymbol{B}=\begin{bmatrix}3.874\\-0.001\\0.009\end{bmatrix}$$

是线性无关的，则

$$\boldsymbol{Q}=\begin{bmatrix}\boldsymbol{q}_1 & \boldsymbol{q}_2 & \boldsymbol{q}_3\end{bmatrix}\begin{bmatrix}3.874 & 1.883 & 0\\-0.001 & 1.028 & 0.113\\0.009 & 3.874 & 1.883\end{bmatrix}\tag{9-95}$$

$$\boldsymbol{P}=\boldsymbol{Q}^{-1}=\begin{bmatrix}0.258 & -0.611 & 0.037\\0 & 1.257 & -0.075\\0 & -2.588 & 0.686\end{bmatrix}\tag{9-96}$$

令 $\boldsymbol{P}=\boldsymbol{Q}^{-1}$， $\bar{\boldsymbol{x}}=\boldsymbol{Px}$，则航向控制系统可转换为能控标准型，从而可以得到反馈增益矩阵 $\boldsymbol{k}$ 为

$$\boldsymbol{k}=\begin{bmatrix}9.289 & 6.368 & 1.883\end{bmatrix}\tag{9-97}$$

某型鱼雷航向控制系统在 $\delta_r=1(t)$ 时的 Simulink 结构如图 9-22 所示。执行完 Simulink 结构图可得系统三个状态变量随时间的变化曲线如图 9-23 所示。

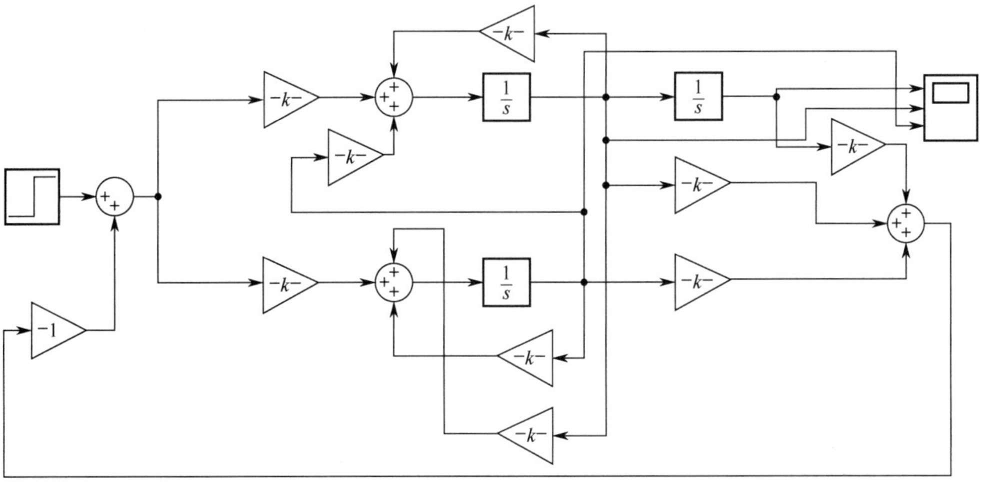

图 9-22　某型鱼雷航向控制系统在 $\delta_r=1(t)$ 时的 Simulink 结构图

在工程实践中，航向角 ϕ 可用二自由度陀螺测量，角速度 ω_y 可用速率陀螺测量，而侧滑角 β 难以测量，因此前面介绍的方法在工程上是难以实现的。根据线性系统理论，可以构造一个状态观测器来估计系统的真实状态，用状态变量的估计值代替其真实值构成反馈，亦可达到任意配置闭环极点的目的。下面介绍如何构成状态观测器及如何与原系统连接。

状态观测器分为全维状态观测器和降维状态观测器，在工程实际中降维状态观测器用得较多。下面介绍一种设计鱼雷航向控制系统降维状态观测器的方法。

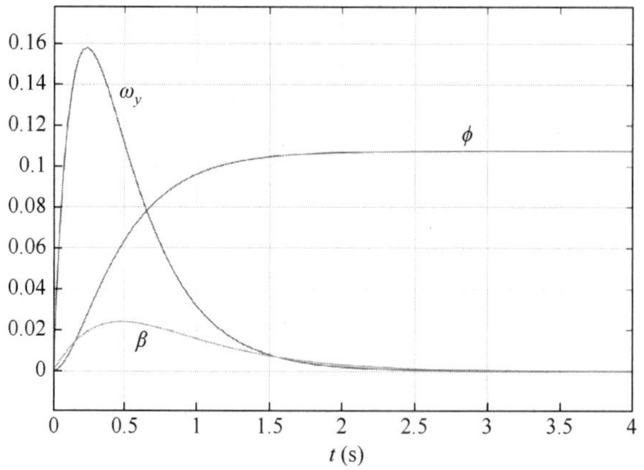

图 9-23 某型鱼雷航向控制系统在 $\delta_r = 1(t)$ 时三个状态变量的变化曲线

由于 $\text{rank}\boldsymbol{Q}_\text{o} = \text{rank}\begin{bmatrix} 1 & 0 & 0 \\ 0 & 0 & 1 \\ 0 & 11.742 & -5.381 \end{bmatrix} = 3$，故式（9-93）所示系统能观测，$\boldsymbol{C}$ 阵为行满秩，即 rank$\boldsymbol{C}$=1。下面寻找变换阵，将式（9-93）变换为可输出的状态变量和不可输出的状态变量分开的形式。定义这个变换阵为

$$\boldsymbol{P} = \begin{bmatrix} \boldsymbol{C} \\ \boldsymbol{R} \end{bmatrix}$$

其中，$\boldsymbol{R}$ 为 $(n-m)\times n$ 维常数矩阵，只要保证 $\boldsymbol{P}$ 满秩，$\boldsymbol{R}$ 可以任选。这里选 $\boldsymbol{R}$ 为

$$\boldsymbol{R} = \begin{bmatrix} 0 & 1 & 0 \\ 0 & 0 & 1 \end{bmatrix}$$

即 $\boldsymbol{P}$ 为单位阵。由于 $\boldsymbol{P}$ 为单位阵，则可直接将式（9-93）变换为可直接输出的 1 个状态变量和不可直接输出的 2 个状态变量，即

$$\begin{cases} \begin{bmatrix} \dot{\phi} \\ \dot{\beta} \\ \dot{\omega}_y \end{bmatrix} = \begin{bmatrix} 0 & 0 & 1 \\ 0 & -1.3536 & 0.223 \\ 0 & 11.742 & -5.381 \end{bmatrix} \begin{bmatrix} \phi \\ \beta \\ \omega_y \end{bmatrix} + \begin{bmatrix} 0 \\ 0.113 \\ 1.883 \end{bmatrix} \delta_r \\ y = [1 \mid 0 \ 0] \begin{bmatrix} \phi \\ \beta \\ \omega_y \end{bmatrix} \end{cases} \tag{9-98}$$

定义分块阵为 $\bar{\boldsymbol{A}}_{11} = [0]$，$\bar{\boldsymbol{A}}_{12} = [0 \quad 1]$，$\bar{\boldsymbol{A}}_{22} = \begin{bmatrix} -1.3536 & 0.223 \\ 11.742 & -5.381 \end{bmatrix}$，$\bar{\boldsymbol{A}}_{21} = \begin{bmatrix} 0 \\ 0 \end{bmatrix}$，$\bar{\boldsymbol{B}}_1 = [0]$，$\bar{\boldsymbol{B}}_2 = \begin{bmatrix} 0.113 \\ 1.883 \end{bmatrix}$。

显然这里只剩下 2 个状态变量 $\begin{bmatrix} \beta \\ \omega_y \end{bmatrix}$ 需要估计。由式（9-98）可得

$$\dot{\phi} = \bar{\boldsymbol{A}}_{11} y + \bar{\boldsymbol{A}}_{12} \begin{bmatrix} \beta \\ \omega_y \end{bmatrix} + \bar{\boldsymbol{B}}_1 \delta_r = \omega_y$$

$$\begin{bmatrix}\dot{\beta}\\ \dot{\omega}_y\end{bmatrix}=\bar{A}_{22}\begin{bmatrix}\beta\\ \omega_y\end{bmatrix}+\bar{A}_{21}y+\bar{B}_2\delta_r=\begin{bmatrix}-1.3536 & 0.223\\ 11.742 & -5.381\end{bmatrix}\begin{bmatrix}\beta\\ \omega_y\end{bmatrix}+\begin{bmatrix}0.113\\ 1.883\end{bmatrix}\delta_r$$

令 $\bar{\boldsymbol{u}}=\begin{bmatrix}0.113\\ 1.883\end{bmatrix}\delta_r$，$\boldsymbol{w}=\dot{\phi}-\bar{A}_{11}y-\bar{B}_1\delta_r=\omega_y$，则

$$\begin{cases}\begin{bmatrix}\dot{\beta}\\ \dot{\omega}_y\end{bmatrix}=\begin{bmatrix}-1.3536 & 0.223\\ 11.742 & -5.381\end{bmatrix}\begin{bmatrix}\beta\\ \omega_y\end{bmatrix}+\bar{\boldsymbol{u}}\\ \boldsymbol{w}=\begin{bmatrix}0 & 1\end{bmatrix}\begin{bmatrix}\beta\\ \omega_y\end{bmatrix}\end{cases} \tag{9-99}$$

这里 $\bar{\boldsymbol{u}}$ 是系统输入 δ_r 的函数。若式（9-99）能观测，便可构成二维的 $\begin{bmatrix}\beta\\ \omega_y\end{bmatrix}$ 的观测器。构造的观测器方程为

$$\dot{z}=(\bar{A}_{22}-L\bar{A}_{12})(z+Ly)+\bar{B}_2y$$

根据经验，当观测器用于极点配置时，选择 $\boldsymbol{L}$ 使观测器的响应速度比被观测系统的响应速度快 2~3 倍。由于增加反馈增益矩阵 $\boldsymbol{k}$ 后系统的特征根为 -2 、-3、-6 ，因此可选择 $\boldsymbol{L}$ 使 $(\bar{A}_{22}-L\bar{A}_{12})$ 的特征方程为

$$s^2+18s+45=0$$

令 $\boldsymbol{L}=\begin{bmatrix}l_1 & l_2\end{bmatrix}^{\mathrm{T}}$，则可得 $(\bar{A}_{22}-L\bar{A}_{12})$ 的特征方程为

$$s^2+(6.7346+l_2)s+(1.3536l_2+11.74l_1+4.665)=0$$

可求得 $l_1=2.136$ ，$l_2=11.2654$ 。

用状态反馈实现极点配置时，若某些状态变量不能直接测量，可构造一个观测器来估计这些状态变量，利用状态变量的估计值代替其真实值构成状态反馈。研究证明，只要选择 $\boldsymbol{L}$ 使观测器的特征值全部具有负实部，则可保证整个控制系统的稳定性，状态反馈控制器和观测器可分别独立设计，这就是所谓的分离特性。

对于给定的状态能控且能观测航向控制系统，引入状态反馈 $u=r-\boldsymbol{kx}$ ，能任意配置闭环系统的极点，这只能解决航向控制系统输出的动态响应问题。一般来讲，一个实际系统，除了要求有较好的动态响应，往往还要求输出量能按比例跟踪参考输入，更有伺服跟踪系统，即要求系统输出跟踪参考输入。

对鱼雷航向控制系统，可引入前馈系数 m，使其跟踪参考输入。由前述分析可知，$\alpha_3=0$ ，$\beta_3=3.875$ ，$\bar{k}_1=36$ ，从而有

$$m=(\alpha_3+\bar{k}_1)/\beta_3=9.289$$

某型鱼雷极点配置航向控制系统在 $\delta_r=1(t)$ 时的 Simulink 结构图如图 9-24 所示。执行完 Simulink 结构图可得系统三个状态变量随时间的变化曲线如图 9-25 所示。

图 9-26 为航向角 ϕ 在观测器初值与航向控制系统初值一致时的单位阶跃响应曲线，可以看出用状态变量的观测值代替真实值构成反馈，实现极点配置对整个系统的控制品质基本没有影响。但当观测器初值与系统初值不一致时，用状态变量观测值代替真实值构成反馈，实现极点配置对整个控制系统便有影响，随着观测值快速趋于真实值，这一影响逐渐减小。

图 9-27 给出了当 $\omega_y(0)=4$，$\hat{\omega}_y(0)=\beta(0)=\hat{\beta}(0)=0$ 时航向角 ϕ 的单位阶跃响应和 ω_y 及 $\hat{\omega}_y$ 的变化情况，从图中可以验证上面的结论。

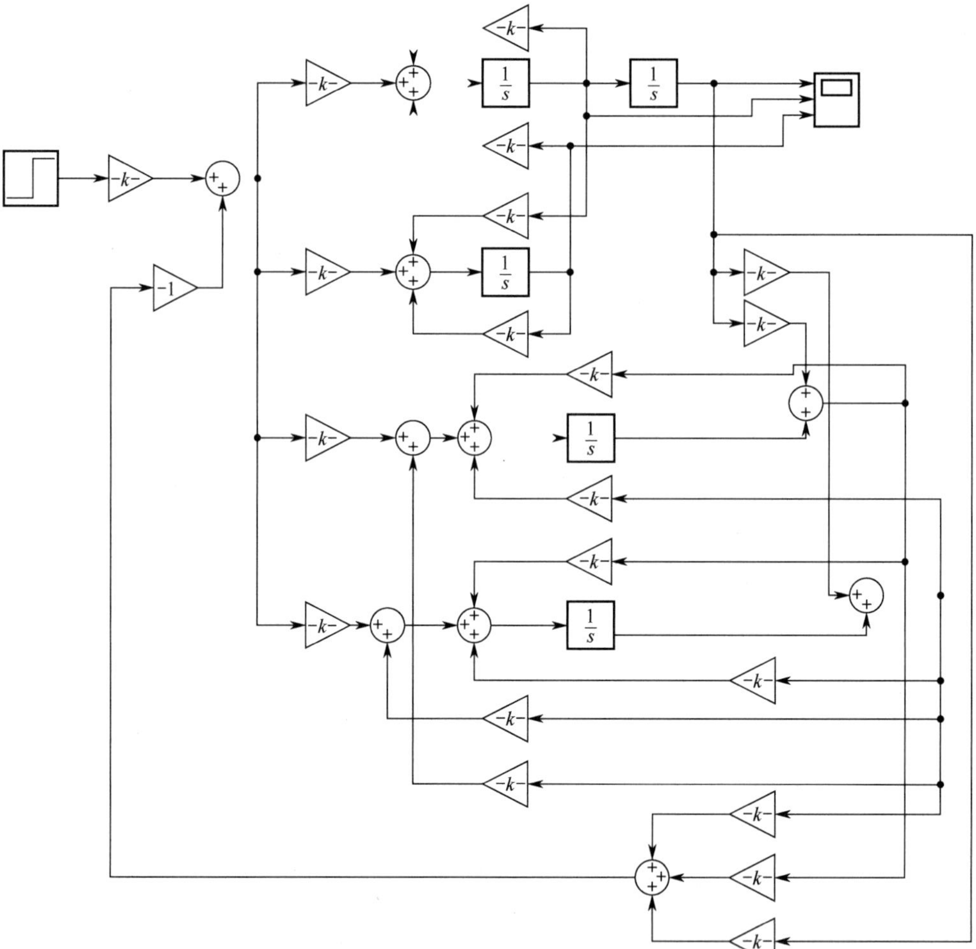

图 9-24　某型鱼雷极点配置航向控制系统在 $\delta_r=1(t)$ 时的 Simulink 结构图

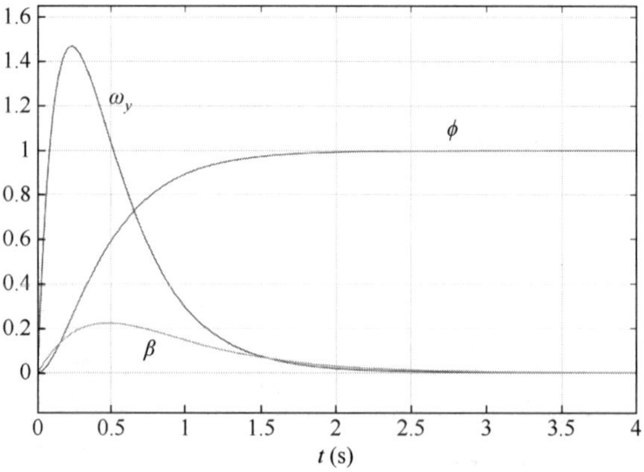

图 9-25　某型鱼雷极点配置航向控制系统在 $\delta_r=1(t)$ 时三个状态变量随时间的变化曲线

通过该例发现，用状态反馈实现极点配置用于工程实际存在以下问题。

（1）往往需构造状态观测器，特别是对于复杂的高阶系统，其观测器较复杂，不仅造成产品成本增加，也增加了系统的故障概率。

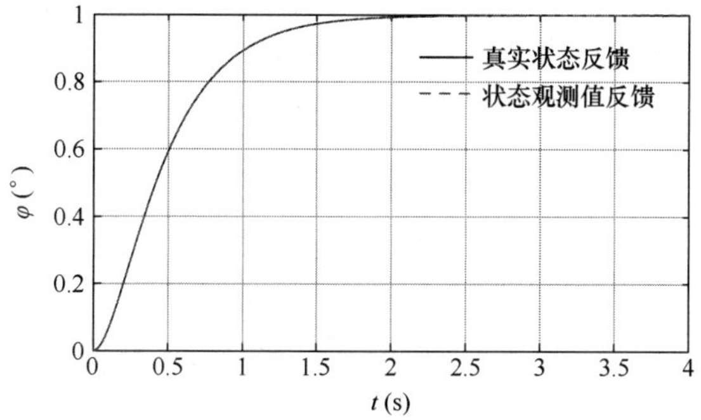

图 9-26　φ 的单位阶跃响应曲线[$\omega_y(0)=\hat{\omega}_y(0)=\beta(0)=\hat{\beta}(0)=0$]

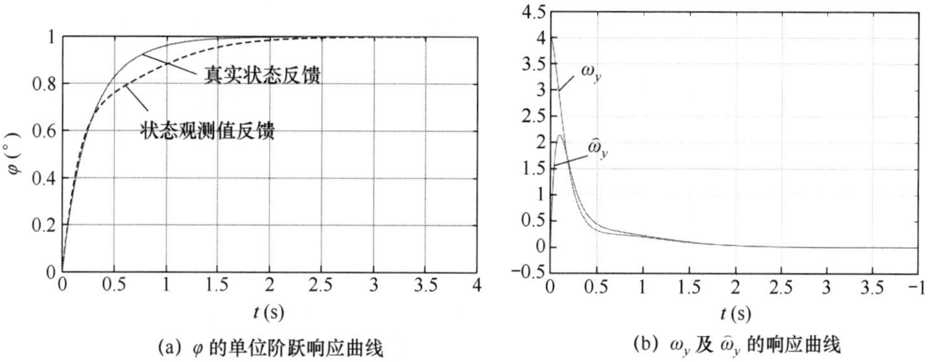

图 9-27　鱼雷航向系统响应曲线[$\omega_y(0)=4$, $\hat{\omega}_y(0)=\beta(0)=\hat{\beta}(0)=0$]

（2）观测器初值与真实状态初值不一致对整个控制系统的影响在工程实际中几乎是不可避免的。对于某些系统，如鱼雷控制系统，初始段的控制极为重要，如果这种影响过于严重，则应考虑用其他方法。

（3）极点配置主要是解决受控系统输出的动态品质问题，用全状态反馈的必要性值得考虑。

习　题

【习题 9.1】 给定线性定常系统 $\dot{\boldsymbol{x}}(t)=\begin{bmatrix}0 & 1 & 0\\ 0 & 0 & 1\\ -1 & -5 & -6\end{bmatrix}\boldsymbol{x}+\begin{bmatrix}0\\0\\1\end{bmatrix}\boldsymbol{u}$，利用状态反馈控制律 $\boldsymbol{u}=-\boldsymbol{Kx}$，要求该系统的闭环极点为 $s_{1,2}=-2\pm \mathrm{j}4$，$s_3=-10$。试确定状态反馈增益矩阵 $\boldsymbol{K}$。

【习题 9.2】 某自动测试系统的状态空间表达式为 $\dot{\boldsymbol{x}}(t)=\begin{bmatrix}0 & 1 & 0\\ 0 & -1 & 1\\ 0 & 0 & -5\end{bmatrix}\boldsymbol{x}+\begin{bmatrix}0\\0\\b\end{bmatrix}\boldsymbol{u}$，设计目

标为，其闭环系统的阶跃响应满足：调节时间小于 2s，超调量小于 4%。

【习题 9.3】 已知系统的状态方程为$\dot{\boldsymbol{x}}(t)=\begin{bmatrix}-1 & 1 & 0\\ 0 & -1 & 0\\ 0 & 0 & -2\end{bmatrix}\boldsymbol{x}+\begin{bmatrix}0\\ 4\\ 3\end{bmatrix}\boldsymbol{u}$，试求

（1）该系统是否完全能控？是否能镇定？

（2）求状态反馈矩阵 $\boldsymbol{K}$，使得闭环系统矩阵 $\boldsymbol{A}-\boldsymbol{BK}$ 的特征值为−2、−1、−4。

【习题 9.4】 给定线性定常系统

$$\dot{\boldsymbol{x}}(t)=\begin{bmatrix}-1 & 1\\ 1 & -2\end{bmatrix}\boldsymbol{x}+\begin{bmatrix}0\\ 1\end{bmatrix}\boldsymbol{u}$$

$$\boldsymbol{y}=\begin{bmatrix}1 & 0\end{bmatrix}\boldsymbol{x}$$

要求设一个全维状态观测器，且使该观测器的期望特征值为$s_{1,2}=-1.8\pm \mathrm{j}2.4$。

【习题 9.5】 给定一个双输入双输出连续定常系统

$$\dot{\boldsymbol{x}}(t)=\begin{bmatrix}0 & 1 & 0\\ 2 & 3 & 0\\ 1 & 1 & 1\end{bmatrix}\boldsymbol{x}+\begin{bmatrix}0 & 0\\ 1 & 0\\ 0 & 1\end{bmatrix}\boldsymbol{u}$$

$$\boldsymbol{y}=\begin{bmatrix}1 & 1 & 0\\ 0 & 0 & 1\end{bmatrix}\boldsymbol{x}$$

试求

（1）系统的传递函数矩阵；

（2）判断系统的能控性与能观测性；

（3）系统是否采用输入变换和状态反馈实现解耦？若能，确定积分型解耦的输入变换和状态反馈矩阵对$\{\boldsymbol{K},\boldsymbol{F}\}$，并求解耦后的传递函数矩阵。

【习题 9.6】 医用轻型推车的运动控制系统可以简化为由两个质量块组成的系统，如图 9-28 所示，其中$m_1=m_2=1$，$k_1=k_2=1$。试求

（1）系统的状态微分方程；

（2）系统的特征根；

（3）期望通过引入反馈信号$u=-kx_i$，保证系统稳定，其中，u 为作用在下方质量块上的外力，x_i 为某个状态变量。试确定应该采用哪个状态变量用于反馈。

（4）以 k 为参数，绘制闭环系统的根轨迹，并选择增益 k 的一个合适取值。

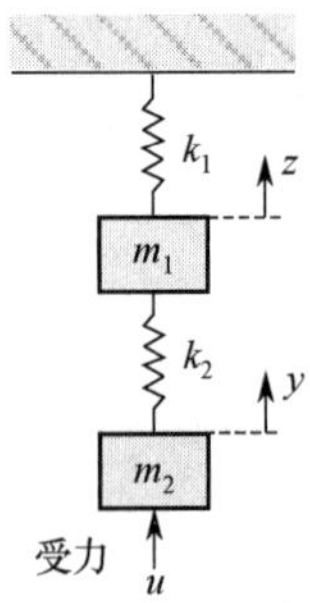

图 9-28 医用轻型推车的运动控制系统结构图

第 10 章　最优控制系统设计

最优控制是现代控制理论的重要组成部分，其目的是选择一条达到目标的最佳途径（最优控制轨线），使包含对系统控制品质各种要求的某种性能指标达到最佳，在实际工程领域已得到广泛应用。最优控制理论主要讨论求解最优控制问题的方法和理论，包括最优控制的存在性、唯一性和最优控制应该满足的必要条件等。

10.1　最优控制的概念与数学描述

在经典控制理论中，控制系统的设计方法有一定的局限性，其主要不足是方法不严密，依靠试探。这种设计方法对多输入多输出系统以及复杂系统，不能得到令人满意的设计结果。另外，由于对系统控制质量的要求越来越高，以及计算机在控制领域的应用越来越广泛，最优控制系统设计受到广泛关注。最优控制的目的是使系统的某种性能指标达到最佳，也就是说，利用控制作用，可按照人们的愿望选择一条达到目标的最佳途径（最优轨线），至于哪一条轨线为最优，对于不同的系统有不同的要求。而且对于同一系统，也可能有不同的要求。例如，在导弹飞行控制中要求燃料消耗最少为最优，在截击问题中可选时间最短为最优等。因此最优是以选定的性能指标最优为依据的。控制问题包括控制对象、容许控制（输入）的集合所要达到的控制目标。

一般来讲，达到目标的控制方式有很多，但实践中受经济、时间、环境、制造等方面各种限制，因此可行的控制方式是有限的。当需要实现具体控制时，有必要选择某一种控制方式。针对这些情况，引入控制系统性能指标的概念，使这些指标达到最佳（指标可以是极大值或极小值）就是一种选择方法，这样的问题就是最优控制问题。但一般来讲不是把经济、时间等方面的要求全部表示为这种性能指标，而是把其中的一部分用这种指标来表示，其余部分用系统工作范围中的约束来表示。本节先通过一个实例来说明这一问题，然后引出最优控制的基本概念。

例 10-1　研究升降机的快速降落控制问题，如图 10-1 所示。升降机控制技术的应用十分广泛，例如，高层建筑施工过程中用于运送货物的升降机、煤矿企业的升降机、客运或货运电梯等。设升降机质量为 m，mg 为重力，$u(t)$为控制力（或钢索牵引力），控制力是受约束的，满足$|u(t)| \leqslant k$，其中 k 为常数，并有 $k>g$。设时间 $t=t_0$ 时，升降机距地面高度 $x(t_0)$，垂直速度为 $\dot{x}(t_0)$。试求控制力 $u(t)$，使升降机最快到达地面，且达到地面的速度为零。

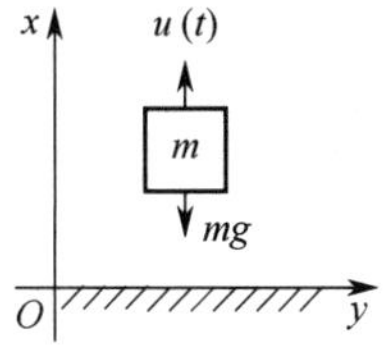

图 10-1　升降机的快速降落控制问题示意图

解　这是一个时间最短的最优控制问题。根据牛顿第二定律，有

$$m\ddot{x}(t) = u(t) - mg$$

令

$$x_1(t)=x(t) \quad 位移$$
$$x_2(t)=\dot{x}(t) \quad 速度$$

则系统的状态方程为

$$\begin{bmatrix}\dot{x}_1\\ \dot{x}_2\end{bmatrix}=\begin{bmatrix}0 & 1\\ 0 & 0\end{bmatrix}\begin{bmatrix}x_1\\ x_2\end{bmatrix}+\begin{bmatrix}0\\ \dfrac{1}{m}u-g\end{bmatrix}$$

初始条件为

$$x_1(t_0)=x(t_0)\text{，}\quad x_2(t_0)=\dot{x}(t_0)$$

其中，t_0是初始时间。

终止条件为

$$x_1(t_f)=0\text{，}\quad x_2(t_f)=0$$

其中，t_f是终止时间。

因为要求在最短时间内，使状态变量$\boldsymbol{x}(t_0)=\begin{bmatrix}x_1(t_0)\\ x_2(t_0)\end{bmatrix}$转移到$\boldsymbol{x}(t_f)=\begin{bmatrix}0\\ 0\end{bmatrix}$，则性能指标函数应该为

$$J=\int_{t_0}^{t_f}\mathrm{d}t=t_f-t_0 \quad 最小$$

从上面的例子可知，最优控制问题一般包含以下内容。

（1）系统的状态方程为：

$$\dot{\boldsymbol{x}}(t)=\boldsymbol{f}\left[\boldsymbol{x}(t),\boldsymbol{u}(t),t\right] \tag{10-1}$$

其中，$\boldsymbol{x}(t)$为n维状态向量；$\boldsymbol{u}(t)$为r维控制向量；$\boldsymbol{f}$为n维向量函数。

在数学上，状态方程可理解为等式约束，即对应的边界条件为初始点与终止点，且时间固定，状态自由。

（2）控制变量的约束条件为：

$$\left|\boldsymbol{u}(t)\right|\leqslant k \tag{10-2}$$

在实践中，控制变量总是受约束的，如发动机的推力、电动机的转矩、电压、功率等都不能超过某个极限。

（3）初始条件和终止条件：

初始条件为：$\boldsymbol{x}(t_0)=\boldsymbol{x}_0$；

终止条件为：$\boldsymbol{x}(t_f)=\boldsymbol{x}_f$。

终止状态有时受运动轨迹的约束。

（4）指标函数：

$$J=\theta\left[\boldsymbol{x}(t_f),t_f\right]+\int_{t_0}^{t_f}\Phi\left[\boldsymbol{x}(t),\boldsymbol{u}(t),t\right]\mathrm{d}t \tag{10-3}$$

其中，第一项为终值性能指标，是对系统状态变量终值的某些要求，如最小稳态误差、最准确的定位等；第二项为积分性能指标，表示在控制过程中，对状态变量和控制变量的要求和限制，如各变量的综合过渡过程要好、控制能量消耗最小等。

性能指标J是一个标量，一般由向量函数$\boldsymbol{x}(t)$和$\boldsymbol{u}(t)$决定。如果变量的值由一个或多个函数的选取确定，则此变量称为泛函（泛函可以简单理解为函数的函数）。泛函是一种变换，

它把向量空间$\left[\boldsymbol{x}(t),\boldsymbol{u}(t)\right]$的元素变换为标量 J。

当性能指标 J 包含两项时，称为波尔扎（Bolza）问题，即综合性能指标问题。当性能指标 J 只含第一项终值性能指标时，称为马耶尔（Mayer）问题。当性能指标 J 只含第二项积分性能指标时，称为拉格朗日（Lagrange）问题。

性能指标 J 是根据工程经验和数学简易处理来确定的，尚无理论指导的具体确定性方法。但在工程应用方面，最优控制的性能指标通常采用二次型形式，即

$$J=\frac{1}{2}\boldsymbol{x}^{\mathrm{T}}(t_f)\boldsymbol{S}\boldsymbol{x}(t_f)+\frac{1}{2}\int_{t_0}^{t_f}[\boldsymbol{x}^{\mathrm{T}}(t)\boldsymbol{Q}\boldsymbol{x}(t)+\boldsymbol{u}^{\mathrm{T}}(t)\boldsymbol{R}(t)\boldsymbol{u}(t)]\mathrm{d}t \tag{10-4}$$

并且性能指标已有几种公式化的形式，如下所示。

① 最短时间问题。

在最优控制中，最常遇到的问题是设计一个系统，使该系统能在最短时间内从某初始状态过渡到最终状态。此最短时间问题可表示为极小值问题。

$$J=\int_{t_0}^{t_f}\mathrm{d}t=t_f-t_0,\quad \varPhi\left[\boldsymbol{x}(t),\boldsymbol{u}(t),t\right]=1 \tag{10-5}$$

② 线性调节器问题。

给定一个线性系统，设计目标为保持平衡状态，而且系统能够从任何初始状态恢复到平衡状态，即

$$J=\frac{1}{2}\int_{t_0}^{t_f}\boldsymbol{x}^{\mathrm{T}}\boldsymbol{Q}\boldsymbol{x}\mathrm{d}t \tag{10-6}$$

其中，$\boldsymbol{Q}$ 为对称正定矩阵。
或

$$J=\frac{1}{2}\int_{t_0}^{t_f}[\boldsymbol{x}^{\mathrm{T}}\boldsymbol{Q}\boldsymbol{x}+\boldsymbol{u}^{\mathrm{T}}\boldsymbol{R}\boldsymbol{u}]\mathrm{d}t \tag{10-7}$$

其中，$\boldsymbol{u}$ 为控制作用；$\boldsymbol{R}$、$\boldsymbol{Q}$ 为权矩阵，在最优化过程中，它们的组合将对 $\boldsymbol{x}$ 和 $\boldsymbol{u}$ 施加不同的影响。

③ 线性伺服器问题。

如果要求给定的系统状态 $\boldsymbol{x}$ 跟踪或者尽可能地接近目标轨迹 $\boldsymbol{x}_{\mathrm{d}}$，则问题可公式化为

$$J=\frac{1}{2}\int_{t_0}^{t_f}(\boldsymbol{x}-\boldsymbol{x}_{\mathrm{d}})^{\mathrm{T}}\boldsymbol{Q}(\boldsymbol{x}-\boldsymbol{x}_{\mathrm{d}})\mathrm{d}t \tag{10-8}$$

J 为极小值。

此外，还有最小能量问题、最小燃料问题等。下面给出最优控制的一般性定义与数学描述。

设系统的状态方程为

$$\dot{\boldsymbol{x}}(t)=\boldsymbol{f}\left[\boldsymbol{x}(t),\boldsymbol{u}(t),t\right]$$

在给定初始条件 $\boldsymbol{x}(t_0)=\boldsymbol{x}_0$ 下，选择有约束的控制 $\boldsymbol{u}(t)$，使状态 $\boldsymbol{x}(t)$ 从初始状态出发，在时间域 $[t_0,t_f]$ 中，转移到某目标集，在沿着该条状态轨迹转移过程中，性能指标

$$J=\theta\left[\boldsymbol{x}(t_f),t_f\right]+\int_{t_0}^{t_f}\varPhi\left[\boldsymbol{x}(t),\boldsymbol{u}(t),t\right]\mathrm{d}t$$

取极值。这里，称选择的 $\boldsymbol{u}(t)$ 为最优控制，记为 $\boldsymbol{u}^*(t)$；称对应的状态转移轨迹为最优轨迹，记为 $\boldsymbol{x}^*(t)$，如图 10-2 所示。所谓求解最优控制问题，实际上就是在一些约束条件及边界条件下，求使性能指标 J 取极值时的最优控制 $\boldsymbol{u}^*(t)$。

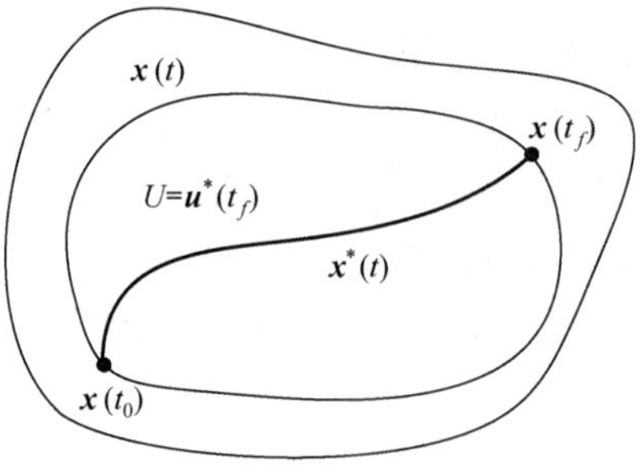

图 10-2　最优控制问题示意图

20 世纪 50 年代初，由于火箭技术的发展而提出最优控制问题，代表性的算法为古典变分法。到 1957 年，庞德里亚金与贝尔曼分别提出了极大值原理与动态规划法，解决了存在约束的变分问题，推动了最优控制理论的发展。系统能控是实现最优控制的前提，如果系统不能控，则系统的最优控制是不能实现的。

例 10-2　电枢控制的他励直流电动机的动态方程为

$$J\frac{\mathrm{d}\omega}{\mathrm{d}t}+M_L=C_M I_a$$

其中，M_L为恒定负载转矩；J为转动惯量；I_a为电枢电流；ω为电动机的角速度；C_M为转矩系数。要求电动机在t_f时间内，从静止状态启动，转过一定的角度θ后停止，即有

$$\omega(0)=0\text{，}\quad \omega(t_f)=0\text{，}\quad \int_0^{t_f}\omega\mathrm{d}t=\theta$$

在时间$[0,t_f]$内，使电枢绕组上的损耗为最小，即最优控制问题表示为

$$J=\int_0^{t_f}RI_a^{*2}\mathrm{d}t$$

其中，I_a^{*2}为最小电枢电流；R为绕组电阻。

将上述最优控制问题写为标准形式：

设状态变量$x_1(t)=\theta$（转角），$x_2(t)=\omega$（角速度），令

$$u(t)=\frac{J\dfrac{\mathrm{d}\omega}{\mathrm{d}t}}{C_M}=\frac{M_L}{C_M}$$

则状态方程为

$$\dot{\boldsymbol{x}}(t)=\boldsymbol{A}\boldsymbol{x}(t)+\boldsymbol{B}u(t)$$

其中

$$\boldsymbol{x}(t)=\begin{bmatrix}x_1(t)\\x_2(t)\end{bmatrix}\text{，}\quad \boldsymbol{A}=\begin{bmatrix}0&1\\0&0\end{bmatrix}\text{，}\quad \boldsymbol{B}=\begin{bmatrix}0\\ \dfrac{C_M}{J}\end{bmatrix}$$

初始状态、终点状态给定为

$$x_1(0)=0\text{，}\quad x_1(t_f)=\theta$$
$$x_2(0)=0\text{，}\quad x_2(t_f)=0$$

性能指标函数为最小，即$J=\int_0^{t_f}R\left(u(t)+\dfrac{M_L}{C_M}\right)\mathrm{d}t$为最小。

10.2 无约束最优控制的变分法

由于最优控制的性能指标通常是一个泛函，因此求解最优控制问题是一个求泛函极值的问题，变分法是求泛函极值的一种经典方法。本节首先给出无约束最优控制的变分法，所谓无约束，是指控制作用 $\boldsymbol{u}(t)$不受不等式的约束，可以在整个 r 维向量空间中任意取值。

10.2.1 古典变分法

首先来看无约束最优控制的提法。已知受控系统的状态方程是

$$\dot{\boldsymbol{x}}=\boldsymbol{f}(\boldsymbol{x},\boldsymbol{u},t) \tag{10-9}$$

在$[t_0,t_f]$范围内有效，其中，$\boldsymbol{x}$ 为 n 维状态向量，$\boldsymbol{u}$ 为 r 维控制向量，这是等式约束。

给定初端与终端的一种情况：始点与终点的时间固定，状态自由。

要求确定控制向量 $\boldsymbol{u}(t)$，使性能指标

$$J=\theta\big[\boldsymbol{x}(t),t\big]\Big|_{t_0}^{t_f}+\int_{t_0}^{t_f}\varPhi\big[\boldsymbol{x}(t),\boldsymbol{u}(t),t\big]\mathrm{d}t \tag{10-10}$$

达到极小值。

由上述最优控制的提法可知，约束方程为状态方程，所以现在的最优控制问题就成为有约束条件的泛函极值问题，即在状态空间中，在曲面上找出极值曲线。求解的一种方法是先解状态方程，求出 $x_1,x_2,\cdots$，再将其代入 J 中求解，此方法很烦琐。另一种方法是组成新的泛函 J，求考虑约束的极值问题，即拉格朗日乘子法。具体步骤如下：

（1）用一个向量拉格朗日乘子 $\boldsymbol{\lambda}(t)$，将约束即系统的状态方程加到原来的性能指标 J 中去，得到新的性能指标 J' 为

$$J'=\theta\big[\boldsymbol{x}(t),t\big]\Big|_{t_0}^{t_f}+\int_{t_0}^{t_f}\{\varPhi[\boldsymbol{x}(t),\boldsymbol{u}(t),t]+\boldsymbol{\lambda}^{\mathrm{T}}(t)\big(\boldsymbol{f}[\boldsymbol{x}(t),\boldsymbol{u}(t),t]-\dot{\boldsymbol{x}}\big)\}\mathrm{d}t \tag{10-11}$$

（2）定义一个标量函数，即

$$H[\boldsymbol{x}(t),\boldsymbol{u}(t),\boldsymbol{\lambda}^{\mathrm{T}}(t),t]=\varPhi[\boldsymbol{x}(t),\boldsymbol{u}(t),t]+\boldsymbol{\lambda}^{\mathrm{T}}(t)\boldsymbol{f}[\boldsymbol{x}(t),\boldsymbol{u}(t),t] \tag{10-12}$$

称它为哈密尔顿函数。所以新的性能指标为

$$J'=\theta\big[\boldsymbol{x}(t),t\big]\Big|_{t_0}^{t_f}+\int_{t_0}^{t_f}\{H[\boldsymbol{x}(t),\boldsymbol{u}(t),\boldsymbol{\lambda}^{\mathrm{T}}(t),t]-\boldsymbol{\lambda}^{\mathrm{T}}(t)\dot{\boldsymbol{x}}(t)\}\mathrm{d}t \tag{10-13}$$

（3）对 J' 的最后一项进行分部积分：

因为

$$\int_{t_0}^{t_f}\boldsymbol{\lambda}^{\mathrm{T}}(t)\dot{\boldsymbol{x}}(t)\mathrm{d}t=\boldsymbol{\lambda}^{\mathrm{T}}(t)\boldsymbol{x}(t)\Big|_{t_0}^{t_f}-\int_{t_0}^{t_f}\dot{\boldsymbol{\lambda}}^{\mathrm{T}}(t)\boldsymbol{x}(t)\mathrm{d}t$$

所以

$$J'=\{\theta\big[\boldsymbol{x}(t),t\big]-\boldsymbol{\lambda}^{\mathrm{T}}(t)\boldsymbol{x}(t)\}\Big|_{t_0}^{t_f}+\int_{t_0}^{t_f}\{H[\boldsymbol{x}(t),\boldsymbol{u}(t),\boldsymbol{\lambda}^{\mathrm{T}}(t),t]+\dot{\boldsymbol{\lambda}}^{\mathrm{T}}(t)\boldsymbol{x}(t)\}\mathrm{d}t \tag{10-14}$$

（4）求 J 对控制向量及状态向量的一次变分，并利用内积可换位性质 $\left(\dfrac{\partial J}{\partial \boldsymbol{x}}\right)^{\mathrm{T}}\delta\boldsymbol{x}=\delta\boldsymbol{x}^{\mathrm{T}}\left(\dfrac{\partial J}{\partial \boldsymbol{x}}\right)$（为方便，以下用 J 代 J'），有

$$
\begin{aligned}
\delta J &= \left(\frac{\partial J}{\partial \boldsymbol{x}}\right)^{\mathrm{T}} \delta \boldsymbol{x} + \left(\frac{\partial J}{\partial \boldsymbol{u}}\right)^{\mathrm{T}} \delta \boldsymbol{u} \\
&= \delta \boldsymbol{x}^{\mathrm{T}} \left(\frac{\partial J}{\partial \boldsymbol{x}}\right) + \delta \boldsymbol{u}^{\mathrm{T}} \left(\frac{\partial J}{\partial \boldsymbol{u}}\right) = \left\{\delta \boldsymbol{x}^{\mathrm{T}} \left[\frac{\partial \theta}{\partial \boldsymbol{x}} - \boldsymbol{\lambda}\right]\right\}\Bigg|_{t_0}^{t_f} + \int_{t_0}^{t_f} \left\{\delta \boldsymbol{x}^{\mathrm{T}} \left[\frac{\partial H}{\partial \boldsymbol{x}} + \dot{\boldsymbol{\lambda}}\right] + \delta \boldsymbol{u}^{\mathrm{T}} \left[\frac{\partial H}{\partial \boldsymbol{u}}\right]\right\} \mathrm{d}t
\end{aligned} \tag{10-15}
$$

（5）因为极小值存在的必要条件是 J 对变分 $\delta \boldsymbol{x}$ 、 $\delta \boldsymbol{u}$ 的一次变分为零，所以令

$$\delta J = 0$$

得到

$$\delta \boldsymbol{x}^{\mathrm{T}} \left[\frac{\partial \theta}{\partial \boldsymbol{x}} - \boldsymbol{\lambda}\right]\Bigg|_{t_0}^{t_f} = 0 \quad \text{贯截方程} \tag{10-16}$$

$$\dot{\boldsymbol{\lambda}} = -\frac{\partial H}{\partial \boldsymbol{x}} = -\frac{\partial \Phi}{\partial \boldsymbol{x}} - \boldsymbol{\lambda}^{\mathrm{T}} \frac{\partial f}{\partial \boldsymbol{x}} \quad \text{伴随方程} \tag{10-17}$$

$$\frac{\partial H}{\partial \boldsymbol{u}} = \frac{\partial \Phi}{\partial \boldsymbol{u}} + \boldsymbol{\lambda}^{\mathrm{T}} \frac{\partial f}{\partial \boldsymbol{u}} = 0 \quad \text{控制方程} \tag{10-18}$$

$$\dot{\boldsymbol{x}} = f(\boldsymbol{x}, \boldsymbol{u}, t) = \frac{\partial H}{\partial \boldsymbol{\lambda}} \quad \text{最优轨迹，系统状态方程} \tag{10-19}$$

以上四个方程，称为控制向量不受约束的庞德亚金方程。

（6）极小值存在的充分条件：沿着满足 $\dot{\boldsymbol{x}} = \boldsymbol{f}(\boldsymbol{x}, \boldsymbol{u}, t)$ 的一切轨线，J 的二次变分必须非负。取 $\Delta J = J(\boldsymbol{x} + \delta \boldsymbol{x}, \boldsymbol{u} + \delta \boldsymbol{u}) - J(\boldsymbol{x}, \boldsymbol{u})$ 的泰勒级数展开式的二次项为 J 的二次变分，有：

一次变分

$$\delta J = \left\{\delta \boldsymbol{x}^{\mathrm{T}} \left[\frac{\partial \theta}{\partial \boldsymbol{x}} - \boldsymbol{\lambda}\right]\right\}\Bigg|_{t_0}^{t_f} + \int_{t_0}^{t_f} \left\{\delta \boldsymbol{x}^{\mathrm{T}} \left[\frac{\partial H}{\partial \boldsymbol{x}} + \dot{\boldsymbol{\lambda}}\right] + \delta \boldsymbol{u}^{\mathrm{T}} \left[\frac{\partial H}{\partial \boldsymbol{u}}\right]\right\} \mathrm{d}t$$

二次变分

$$
\begin{aligned}
\delta^2 J &= \frac{1}{2}(\delta J)' = \frac{1}{2}\left[\left(\frac{\partial^2 J}{\partial \boldsymbol{x}^2}\right)\partial \boldsymbol{x}^2 + 2\left(\frac{\partial^2 J}{\partial \boldsymbol{x} \partial \boldsymbol{u}}\right)\partial \boldsymbol{x} \partial \boldsymbol{u} + \left(\frac{\partial^2 J}{\partial \boldsymbol{u}^2}\right)\partial \boldsymbol{u}^2\right] \\
&= \frac{1}{2}\left[\delta \boldsymbol{x}^{\mathrm{T}} \frac{\partial^2 \theta}{\partial \boldsymbol{x}^2} \delta \boldsymbol{x}\right]\Bigg|_{t_0}^{t_f} + \frac{1}{2}\int_{t_0}^{t_f} \left[\delta \boldsymbol{x}^{\mathrm{T}} \;\; \delta \boldsymbol{u}^{\mathrm{T}}\right] \begin{bmatrix} \dfrac{\partial^2 H}{\partial \boldsymbol{x}^2} & \dfrac{\partial^2 H}{\partial \boldsymbol{u} \partial \boldsymbol{x}} \\ \left(\dfrac{\partial^2 H}{\partial \boldsymbol{u} \partial \boldsymbol{x}}\right)^{\mathrm{T}} & \dfrac{\partial^2 H}{\partial \boldsymbol{u}^2} \end{bmatrix} \begin{bmatrix} \delta \boldsymbol{x} \\ \delta \boldsymbol{u} \end{bmatrix} \mathrm{d}t
\end{aligned}
$$

如果 $\begin{bmatrix} \dfrac{\partial^2 H}{\partial \boldsymbol{x}^2} & \dfrac{\partial^2 H}{\partial \boldsymbol{u} \partial \boldsymbol{x}} \\ \left(\dfrac{\partial^2 H}{\partial \boldsymbol{u} \partial \boldsymbol{x}}\right)^{\mathrm{T}} & \dfrac{\partial^2 H}{\partial \boldsymbol{u}^2} \end{bmatrix} \geqslant 0$ 半正定及 $\dfrac{\partial^2 \theta}{\partial \boldsymbol{x}^2} \geqslant 0$ 半正定，则 δJ 为非负值，即上述两个半正定条件为 J 极小的充分条件。

由庞德亚金方程知，初端与终端的各种不同情况都将影响贯截方程，这一点是较难掌握的。

（1）当始点时间、状态固定及终点时间固定、状态自由时，相应的新泛函指标为

$$J = \theta[\boldsymbol{x}(t_f), t_f] + \int_{t_0}^{t_f} \{\Phi[\boldsymbol{x}, \boldsymbol{u}, t] + \boldsymbol{\lambda}^{\mathrm{T}}[\boldsymbol{f}[\boldsymbol{x}, \boldsymbol{u}, t] - \dot{\boldsymbol{x}}]\} \mathrm{d}t$$

因为$\boldsymbol{x}(t_0)=\boldsymbol{x}_0$固定，所以有$\delta\boldsymbol{x}(t_0)=0$，而$\delta\boldsymbol{x}(t_f)$是任意的，则由贯截方程（10-16）得到贯截条件为

$$\boldsymbol{x}(t_0)=\boldsymbol{x}_0,\quad \boldsymbol{\lambda}(t_f)=\frac{\partial\theta[\boldsymbol{x}(t_f)t_f]}{\partial\boldsymbol{x}(t_f)} \tag{10-20}$$

（2）系统的始点时间与状态都固定，终点状态固定，时间固定。

因为$\delta\boldsymbol{x}(t_0)$和$\delta\boldsymbol{x}(t_f)$都为零，即始点与终点的状态固定，没有选择的余地，所以始点与终点的状态对性能指标极小化不产生影响，于是J中便没有终值项了，即

$$J=\int_{t_0}^{t_f}\Phi[\boldsymbol{x}(t),\boldsymbol{u}(t),t]\mathrm{d}t$$

由于$\theta[\boldsymbol{x}(t_f),t_f]=0$，可得贯截条件方程为

$$\boldsymbol{\lambda}(t_f)=\boldsymbol{a} \tag{10-21}$$

其中，$\boldsymbol{a}=[a_1,a_2,\cdots,a_n]^{\mathrm{T}}$为待定常数乘子。

（3）系统的始点时间与状态都固定，但终点时间无限$(t_f\to\infty)$。因为当$t_f\to\infty$时，终点状态$\boldsymbol{x}(t_f)$进入给定的终点稳定状态$\boldsymbol{x}_f$，故性能指标中不应有终值项，此时积分项上限t_f为∞，性能指标为

$$J=\int_{0}^{\infty}\Phi[\boldsymbol{x}(t),\boldsymbol{u}(t),t]\mathrm{d}t$$

10.2.2　具有二次型性能指标的线性调节器

1. 二次型性能指标的意义

在现代控制理论中，基于二次型性能指标的最优设计问题已成为最优控制理论中的重要问题。而利用变分法建立起来的无约束最优控制理论，对于寻求线性系统二次型性能指标的最优控制问题是很适用的。

对于一个n阶线性控制对象，其状态方程是

$$\dot{\boldsymbol{x}}(t)=\boldsymbol{A}\boldsymbol{x}(t)+\boldsymbol{B}\boldsymbol{u}(t),\boldsymbol{x}(t_0)=\boldsymbol{x}_0 \tag{10-22}$$

寻求最优控制$\boldsymbol{u}(t)$，使性能指标

$$J=\frac{1}{2}\boldsymbol{x}^{\mathrm{T}}(t_f)\boldsymbol{S}\boldsymbol{x}(t_f)+\int_{t_0}^{t_f}[\boldsymbol{x}^{\mathrm{T}}(t)\boldsymbol{Q}(t)\boldsymbol{x}(t)+\boldsymbol{u}^{\mathrm{T}}(t)\boldsymbol{R}(t)\boldsymbol{u}(t)]\mathrm{d}t \tag{10-23}$$

达到极小值。这是二次型指标泛函，要求$\boldsymbol{S}$、$\boldsymbol{Q}(t)$、$\boldsymbol{R}(t)$是对称矩阵，并且$\boldsymbol{S}$和$\boldsymbol{Q}(t)$应是非负定的或正定的，$\boldsymbol{R}(t)$应是正定的。对性能指标的意义加以了解与讨论是必要的。

式（10-23）右端第一项是终值项，实际上它是对终端状态提出的一个符合需要的要求，表示在给定的控制终端时刻t_f到来时，系统的终态$\boldsymbol{x}(t_f)$接近预定终态的程度。这一项对于控制大气层外导弹的拦截、飞船的会合等问题很重要。

式（10-23）右侧的积分项是一项综合指标。积分中的第一项表示在一切的$t\in[t_0,t_f]$中对状态$\boldsymbol{x}(t)$的要求，用它来衡量整个控制期间系统的实际状态与给定状态之间的综合误差，类似于古典控制理论中给定参考输入与被控制量之间的误差的平方积分，这一积分项越小，说明控制的性能越好。积分的第二项是对控制总能量的限制，如果仅要求控制误差尽量小，则可能造成求得的控制向量$\boldsymbol{u}(t)$过大，控制能量消耗过大，甚至在实际中难以实现。实际上，上述两个积分项是相互制约的，要求控制状态的误差平方积分减小，必然导致控制能量的消

耗增大；反之，为节省控制能量，就不得不降低对控制性能的要求。

求两者之和的极小值，实质上是求取在某种最优意义下的折中，这种折中侧重哪方面，取决于加权矩阵 $\boldsymbol{Q}(t)$及 $\boldsymbol{R}(t)$的选取。如果重视控制的准确性，则应增大加权矩阵 $\boldsymbol{Q}(t)$的各元，反之则应增大加权矩阵 $\boldsymbol{R}(t)$的各元。$\boldsymbol{Q}(t)$中的各元体现了对 $\boldsymbol{x}(t)$ 中各分量的重视程度，如果 $\boldsymbol{Q}(t)$中有些元素等于零，则说明对 $\boldsymbol{x}(t)$ 中对应的状态分量没有任何要求，这些状态分量往往对整个系统的控制性能影响微小，由此也能说明加权矩阵 $\boldsymbol{Q}(t)$为什么可以是正定或非负定对称矩阵。因为对任一控制分量所消耗的能量都应限制，又因为计算中需要用到矩阵 $\boldsymbol{R}(t)$的逆矩阵，所以 $\boldsymbol{R}(t)$必须是正定对称矩阵。

常见的二次型性能指标最优控制分为两类，即线性调节器和线性伺服器，已在实践中得到了广泛的应用。由于二次型性能指标最优控制的突出特点是其线性的控制规律，即其反馈控制作用可以做到与系统状态的变化成比例，即 $\boldsymbol{u}(t)=-\boldsymbol{K}\boldsymbol{x}(t)$（实际上，它是采用状态反馈的闭环控制系统），因此这类控制易于实现，也易于驾驭，是引人注意的一个课题。

1）线性调节器问题

如果施加于控制系统的参考输入不变，当受控对象的状态受到外界干扰或受到其他因素影响而偏离给定的平衡状态时，就要对它加以控制，使其恢复到平衡状态，这类问题称为线性调节器问题。

2）线性伺服器问题

对受控对象施加控制，使其状态按照参考输入的变化而变化，这就是线性伺服器问题。

从控制性质看，以上两类问题虽然有差异，但在寻求最优控制的问题上，它们有许多一致的地方。

2. 终点时间有限的线性调节器问题

终点时间有限的线性调节器问题是研究终点时间 t_f 固定、终点状态 $\boldsymbol{x}(t_f)$ 自由的情形。设线性系统的状态方程由下式表示

$$\dot{\boldsymbol{x}}(t)=\boldsymbol{A}\boldsymbol{x}+\boldsymbol{B}\boldsymbol{u} \tag{10-24}$$

给定初始条件 $\boldsymbol{x}(t_0)=\boldsymbol{x}_0$，寻求最优控制 $\boldsymbol{u}(t)$，使性能指标

$$J=\frac{1}{2}\boldsymbol{x}^{\mathrm{T}}(t_f)\boldsymbol{S}\boldsymbol{x}(t_f)+\frac{1}{2}\int_{t_0}^{t_f}[\boldsymbol{x}^{\mathrm{T}}(t)\boldsymbol{Q}(t)\boldsymbol{x}(t)+\boldsymbol{u}^{\mathrm{T}}(t)\boldsymbol{R}(t)\boldsymbol{u}(t)]\mathrm{d}t$$

达到极小值。根据变分法原理求解。

1）建立庞德亚金方程

首先建立哈密尔顿函数

$$H[\boldsymbol{x}(t),\boldsymbol{u}(t),\boldsymbol{\lambda}(t),t]=\frac{1}{2}\boldsymbol{x}^{\mathrm{T}}(t)\boldsymbol{Q}(t)\boldsymbol{x}(t)+\frac{1}{2}\boldsymbol{u}^{\mathrm{T}}(t)\boldsymbol{R}(t)\boldsymbol{u}(t)+\boldsymbol{\lambda}^{\mathrm{T}}\boldsymbol{A}\boldsymbol{x}+\boldsymbol{\lambda}^{\mathrm{T}}\boldsymbol{B}\boldsymbol{u} \tag{10-25}$$

从而系统的庞德亚金方程为

$$\frac{\partial H}{\partial \boldsymbol{u}}=0=\boldsymbol{R}(t)\boldsymbol{u}(t)+\boldsymbol{B}^{\mathrm{T}}(t)\boldsymbol{\lambda}(t)$$

$$\frac{\partial H}{\partial \boldsymbol{x}}=-\dot{\boldsymbol{\lambda}}=\boldsymbol{Q}(t)\boldsymbol{x}(t)+\boldsymbol{A}^{\mathrm{T}}\boldsymbol{\lambda}$$

$$\boldsymbol{\lambda}(t_f)=\frac{\partial\theta}{\partial\boldsymbol{x}(t_f)}=\boldsymbol{S}\boldsymbol{x}(t_f)$$

$$\dot{x}(t) = Ax + Bu \tag{10-26}$$

2）建立闭环控制

使最优控制 $u(t)$ 作为状态 $x(t)$ 的函数，建立闭环控制。由控制方程得

$$u(t) = -R^{-1}(t)B^{\mathrm{T}}(t)\lambda(t) \tag{10-27}$$

假定上面这个控制 $u(t)$ 可以用一个闭环控制代替，而且能满足伴随方程的条件，设

$$\lambda(t) = P(t)x(t) \tag{10-28}$$

将其代入式（10-27），得

$$u(t) = -R^{-1}(t)B^{\mathrm{T}}(t)P(t)x(t) = -K(t)x(t) \tag{10-29}$$

其中，$K(t) = -R^{-1}(t)B^{\mathrm{T}}(t)P(t)$ 为反馈增益矩阵。因为 $R(t)$、$B(t)$均已知，所以求最优控制 $u(t)$ 便归结为求解矩阵 $P(t)$。

3）求解矩阵 $P(t)$

将式（10-29）代入式（10-24）后，可得

$$\begin{aligned}\dot{x}(t) &= A(t)x(t) + B(t)u(t) \\ &= A(t)x(t) + B(t)[-R^{-1}(t)B^{\mathrm{T}}(t)P(t)x(t)]\end{aligned} \tag{10-30}$$

由伴随方程和式（10-28）可得

$$\dot{\lambda} = -Q(t)x(t) - A^{\mathrm{T}}(t)P(t)x(t)，\quad \dot{\lambda}(t) = \dot{P}(t)x(t) + P(t)\dot{x}(t) \tag{10-31}$$

将式（10-30）代入式（10-31），并将式（10-31）中的两式相减，可得

$$[\dot{P}(t) + P(t)A(t) + A^{\mathrm{T}}(t)P(t) - P(t)B(t)R^{-1}(t)B^{\mathrm{T}}(t)P(t) + Q(t)]x(t) = 0$$

上式中，由于 $x(t) \neq 0$，所以必须有

$$\dot{P} = -P(t)A(t) - A^{\mathrm{T}}(t)P(t) + P(t)B(t)R^{-1}(t)B^{\mathrm{T}}(t)P(t) - Q(t) \tag{10-32}$$

其中，P 为 $n \times n$ 对称正定矩阵，共有 $\frac{1}{2}n(n-1)$ 个不同元素。式（10-32）为里卡德（Riatti）矩阵方程，它是一个非线性微分方程。求它的解所需的 n 个边界条件，可根据贯截方程和式（10-28）给出的终值条件

$$\lambda(t_f) = Sx(t_f) = P(t_f)x(t_f)$$

即

$$P(t_f) = S$$

于是利用里卡德矩阵方程，可以由已知 t_f 时的 P 矩阵求出 t_0 时的值。

从式（10-32）中解出满足终端条件的 $P(t)$ 后，代入式（10-29）就能将最优控制 $u(t)$ 通过 $x(t)$ 的线性反馈关系表示出来，如图 10-3 所示。

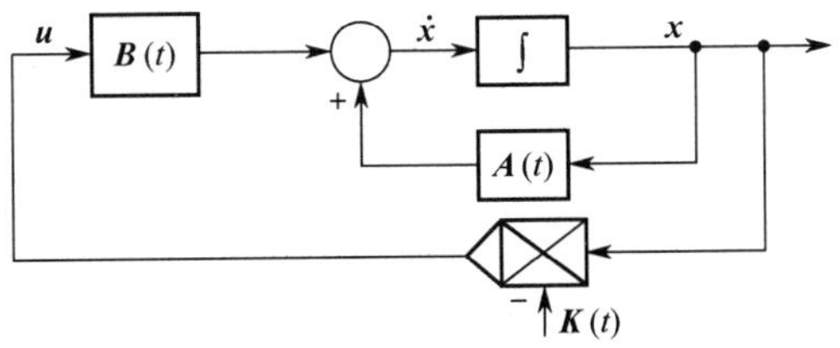

图 10-3 线性最优闭环调节器方框图

由以上分析可见，构成线性最优调节器的必要条件为：

① 系统的状态必须是完全能量测的。

② 反馈矩阵 $\boldsymbol{K}$ 确实能够求得，并能够实际实现。

在通常情况下，矩阵 $\boldsymbol{P}$ 由里卡德矩阵方程解出。由于里卡德矩阵方程是一个非线性微分方程，虽然有一些求解方法，但是解法烦琐，只有在方程形式较简单的情况下，才能求得解析形式的解，大多数是用计算机求其数值解的。如果矩阵 $\boldsymbol{S}$ 太大，不易计算，可利用里卡德逆矩阵微分方程求解，求解方法如下。

令

$$\boldsymbol{P}(t)\boldsymbol{P}^{-1}(t)=\boldsymbol{I}$$

微分得

$$\dot{\boldsymbol{P}}(t)\boldsymbol{P}^{-1}(t)+\boldsymbol{P}(t)\dot{\boldsymbol{P}}^{-1}(t)=0$$

由上式可得里卡德逆矩阵方程为

$$\dot{\boldsymbol{P}}^{-1}(t)=\boldsymbol{A}(t)\boldsymbol{P}^{-1}(t)+\boldsymbol{P}^{-1}(t)\boldsymbol{A}^{\mathrm{T}}-\boldsymbol{B}(t)\boldsymbol{R}^{-1}(t)\boldsymbol{B}^{\mathrm{T}}(t)+\boldsymbol{P}^{-1}(t)\boldsymbol{Q}(t)\boldsymbol{P}^{-1}(t)$$

且 $\boldsymbol{P}^{-1}(t_f)=\boldsymbol{S}^{-1}$，为求得线性最优调节器得以实现的充分条件，必须使性能指标 J 的二次变分大于零，即

$$\delta^2 J=\frac{1}{2}\delta\boldsymbol{x}^{\mathrm{T}}(t_f)\boldsymbol{S}\delta\boldsymbol{x}(t_f)+\frac{1}{2}\int_{t_0}^{t_f}[\delta\boldsymbol{x}^{\mathrm{T}}(t_f)\boldsymbol{Q}\delta\boldsymbol{x}(t_f)+\delta\boldsymbol{u}^{\mathrm{T}}(t_f)\boldsymbol{R}\delta\boldsymbol{u}(t_f)]\mathrm{d}t>0$$

显然，要使 $\delta^2 J>0$，$\boldsymbol{Q}$、$\boldsymbol{R}$、$\boldsymbol{S}$ 等必须至少为半正定矩阵，同时由式（10-27）可见，$\boldsymbol{R}$ 必须是可逆矩阵。因此充分条件可归纳为：$\boldsymbol{R}$ 是正定的，$\boldsymbol{Q}$ 和 $\boldsymbol{S}$ 至少是半正定的。

4）线性调节器的稳定性

既然线性调节器构成了一个闭环回路，那么它的稳定性如何也必然是要关心的问题。已知系统的状态方程为

$$\dot{\boldsymbol{x}}(t)=\boldsymbol{A}(t)\boldsymbol{x}(t)+\boldsymbol{B}(t)\boldsymbol{u}(t)$$

使二次型性能指标

$$J=\frac{1}{2}\boldsymbol{x}^{\mathrm{T}}(t_f)\boldsymbol{S}\boldsymbol{x}(t_f)+\frac{1}{2}\int_{t_0}^{t_f}[\boldsymbol{x}^{\mathrm{T}}(t)\boldsymbol{Q}(t)\boldsymbol{x}(t)+\boldsymbol{u}^{\mathrm{T}}(t)\boldsymbol{R}(t)\boldsymbol{u}(t)]\mathrm{d}t$$

达到极小值，得到的控制规律为

$$\boldsymbol{u}(t)=-\boldsymbol{R}^{-1}(t)\boldsymbol{B}(t)\boldsymbol{P}(t)\boldsymbol{x}(t)=-\boldsymbol{K}(t)\boldsymbol{x}(t)$$

则有

$$\begin{aligned}\frac{\mathrm{d}}{\mathrm{d}t}(\boldsymbol{x}^{\mathrm{T}}\boldsymbol{P}\boldsymbol{x})&=\dot{\boldsymbol{x}}^{\mathrm{T}}\boldsymbol{P}\boldsymbol{x}+\boldsymbol{x}^{\mathrm{T}}\dot{\boldsymbol{P}}\boldsymbol{x}+\boldsymbol{x}^{\mathrm{T}}\boldsymbol{P}\dot{\boldsymbol{x}}=(\boldsymbol{A}\boldsymbol{x}+\boldsymbol{B}\boldsymbol{u})^{\mathrm{T}}\boldsymbol{P}\boldsymbol{x}+\boldsymbol{x}^{\mathrm{T}}\dot{\boldsymbol{P}}\boldsymbol{x}+\boldsymbol{x}^{\mathrm{T}}\boldsymbol{P}(\boldsymbol{A}\boldsymbol{x}+\boldsymbol{B}\boldsymbol{u})\\&=\boldsymbol{x}^{\mathrm{T}}\{\dot{\boldsymbol{P}}+\boldsymbol{A}^{\mathrm{T}}\boldsymbol{P}+\boldsymbol{P}\boldsymbol{A}-2\boldsymbol{P}\boldsymbol{B}\boldsymbol{R}^{-1}\boldsymbol{B}^{\mathrm{T}}\boldsymbol{P}\}\boldsymbol{x}\end{aligned}$$

由式（10-32）可得

$$\frac{\mathrm{d}}{\mathrm{d}t}(\boldsymbol{x}^{\mathrm{T}}\boldsymbol{P}\boldsymbol{x})=-\boldsymbol{x}^{\mathrm{T}}\boldsymbol{P}\boldsymbol{B}\boldsymbol{R}^{-1}\boldsymbol{B}^{\mathrm{T}}\boldsymbol{P}\boldsymbol{x}-\boldsymbol{x}^{\mathrm{T}}\boldsymbol{Q}\boldsymbol{x}$$

令 $\boldsymbol{Z}=\boldsymbol{R}^{-1}\boldsymbol{B}^{\mathrm{T}}\boldsymbol{P}\boldsymbol{x}$，于是可得

$$\frac{\mathrm{d}}{\mathrm{d}t}(\boldsymbol{x}^{\mathrm{T}}\boldsymbol{P}\boldsymbol{x})=-\boldsymbol{Z}^{\mathrm{T}}\boldsymbol{R}\boldsymbol{Z}-\boldsymbol{x}^{\mathrm{T}}\boldsymbol{Q}\boldsymbol{x} \tag{10-33}$$

已知 $\boldsymbol{R}$ 是正定矩阵，$\boldsymbol{Q}$ 是半正定矩阵，因此式（10-33）右端必永远为负。可用里卡德方程求得的矩阵 $\boldsymbol{P}$ 所构成的函数 $\boldsymbol{x}^{\mathrm{T}}\boldsymbol{P}\boldsymbol{x}$ 作为线性调节器的李雅普诺夫函数。根据李雅普诺夫第

二法可知 $\boldsymbol{P}$ 是一个正定矩阵，$\frac{\mathrm{d}}{\mathrm{d}t}(\boldsymbol{x}^{\mathrm{T}}\boldsymbol{P}\boldsymbol{x})$ 永远为负，可见由线性调节器构成的闭环系统是一个渐近稳定的系统。

例 10-3　设系统方程为

$$\dot{\boldsymbol{x}}^{\mathrm{T}} = -\frac{1}{2}\boldsymbol{x}(t) + \boldsymbol{u}(t),\quad \boldsymbol{x}(t_0) = \boldsymbol{x}_0$$

其性能指标为

$$J = \frac{1}{2}\boldsymbol{S}\boldsymbol{x}^2(t_f) + \frac{1}{2}\int_{t_0}^{t_f}[2\boldsymbol{x}^2(t) + \boldsymbol{u}^2(t)]\mathrm{d}t$$

于是可得里卡德矩阵微分方程为

$$\begin{aligned}\dot{\boldsymbol{P}} &= -\boldsymbol{P}(t)\boldsymbol{A}(t) - \boldsymbol{A}^{\mathrm{T}} + \boldsymbol{P}(t) + \boldsymbol{P}(t)\boldsymbol{B}(t)\boldsymbol{R}^{-1}(t)\boldsymbol{B}^{\mathrm{T}}(t)\boldsymbol{P}(t) - \boldsymbol{Q}(t)\\ &= -\boldsymbol{P}(t)\left(-\frac{1}{2}\right) - \left(-\frac{1}{2}\right)\boldsymbol{P}(t) + \boldsymbol{P}(t)(1)(1)(1)\boldsymbol{P}(t) - 2 = \boldsymbol{P}(t) + \boldsymbol{P}^2(t) - 2\end{aligned}$$

其终值条件为

$$\boldsymbol{P}(t_f) = \boldsymbol{S}$$

解上述方程，可得

$$\boldsymbol{P}(t) = -\frac{1}{2} + 1.5\tanh(1.5 + \xi_1)$$

或

$$\boldsymbol{P}(t) = -\frac{1}{2} + 1.5\coth(-1.5 + \xi_2)$$

调整 ξ_1 和 ξ_2，可使 $\boldsymbol{P}(t_f) = \boldsymbol{S}$。假定：

① $\boldsymbol{S} = 0$，$t_f = 1$，即 $\boldsymbol{P}(1) = 0$，则得 $\xi_1 = 1.845\text{rad}$。这时

$$\boldsymbol{K}(t) = -\boldsymbol{R}^{-1}(t)\boldsymbol{B}^{\mathrm{T}}(t)\boldsymbol{P}(t) = 0.5 - 1.5\tanh(-1.5t + 1.845)$$

在这种情况下，由于已假定 $\boldsymbol{S} = 0$，因此，对于终端的时间状态可以不必特别重视，放大系数 $\boldsymbol{K}$ 最后趋于零。

② $\boldsymbol{S} = 10$，$t_f = 10$，即 $\boldsymbol{P}(10) = 10$，求得 $\xi_2 = 15.1425\text{rad}$。由

$$\boldsymbol{u}(t_f) = -\boldsymbol{R}^{-1}\boldsymbol{B}^{\mathrm{T}}\boldsymbol{P}\boldsymbol{x}(t_f) = -\boldsymbol{K}\boldsymbol{x}(t_f) = -10\boldsymbol{x}(t_f)$$

可得这时的放大系数 $\boldsymbol{K} = 10$。

上述线性调节器是参数可调的，当满足上述要求时，就可以实现最优控制。

例 10-4　设受控对象的状态方程是

$$\dot{\boldsymbol{x}}(t) = a\boldsymbol{x}(t) + \boldsymbol{u}(t),\quad \boldsymbol{x}(0) = \boldsymbol{x}_0$$

这是一个标量状态方程，试求最优控制 $\boldsymbol{u}(t)$，使性能指标

$$J = \frac{1}{2}\boldsymbol{S}\boldsymbol{x}^2(t_f) + \frac{1}{2}\int_{t_0}^{t_f}[\boldsymbol{x}^2(t) + \boldsymbol{u}^2(t)]\mathrm{d}t$$

为极小值。

解　里卡德矩阵微分方程为

$$\dot{P}(t) = P^2(t) - 2aP(t) - 1$$

它是非线性标量微分方程。将里卡德方程中的变量 t 用 τ 代换，分离变量后，对等式两侧积分，

积分的下限用 t 及 $P(t)$，上限取终端时间 t_f 及 $P(t_f)$，则有

$$\int_{P(t)}^{P(t_f)} \frac{\mathrm{d}P(\tau)}{P^2(\tau)-2aP(\tau)-1} = \int_t^{t_f} \mathrm{d}t$$

考虑到终端贯截条件

$$P(t_f) = S$$

所以又可写成

$$\int_{P(t)}^{S} \frac{\mathrm{d}P(\tau)}{P^2(\tau)-2aP(\tau)-1} = \int_t^{t_f} \mathrm{d}t$$

将等式左侧被积函数的分母因式分解，再写成部分分式，则可得出

$$\int_{P(t)}^{S} \frac{\mathrm{d}P(\tau)}{P^2(\tau)-2aP(\tau)-1} = \int_{P(t)}^{S} \frac{-\dfrac{1}{+2b}\mathrm{d}P(\tau)}{P(\tau)-(a+b)} - \int_{P(t)}^{S} \frac{\dfrac{1}{2b}\mathrm{d}P(\tau)}{P(\tau)-(a-b)}$$

$$= -\frac{1}{+2b}\ln\frac{[P(t)-(a+b)][S-(a-b)]}{[P(t)-(a-b)][S-(a+b)]} = t_f - t$$

其中，$b=\sqrt{a^2+1}$ 或写成 $\mathrm{e}^{-2b(t_f-t)} = \dfrac{[P(t)-(a+b)][S-(a-b)]}{[P(t)-(a-b)][S-(a+b)]}$。

经整理得出

$$P(t) = \frac{(a+b)+(b-a)\dfrac{S-a-b}{S-a+b}\mathrm{e}^{-2b(t_f-t)}}{1-\dfrac{S-a-b}{S-a+b}\mathrm{e}^{-2b(t_f-t)}}$$

将求得的 $P(t)$ 代入下式，得最优控制

$$\hat{u}(t) = -P(t)\boldsymbol{x}(t)$$

于是系统的最优轨迹 $x(t)$ 是下面标量时变微分方程的解，即

$$\dot{\boldsymbol{x}} = [a-P(t)]\boldsymbol{x}(t) \qquad \boldsymbol{x}(0)=\boldsymbol{x}_0$$

或写成

$$\widehat{\boldsymbol{x}}(t) = \boldsymbol{x}_0\mathrm{e}^{\int_0^t (a-P(t))\mathrm{d}t}$$

对里卡德方程所解的 $P(t)$ 进行分析，得

当 $a=-1$，$b=\sqrt{2}$，$S=0$ 时，有

$$P(t) = \frac{\sqrt{2}-1+(1-\sqrt{2})\mathrm{e}^{-2\sqrt{2}(t_f-t)}}{1-\dfrac{1-\sqrt{2}}{1+\sqrt{2}}\mathrm{e}^{-2\sqrt{2}(t_f-t)}}$$

当 $a=-1$，$b=\sqrt{2}$，$S=1$ 时

$$P(t) = \frac{\sqrt{2}-1+(\sqrt{2}+1)\dfrac{2-\sqrt{2}}{2+\sqrt{2}}\mathrm{e}^{-2\sqrt{2}(t_f-t)}}{1-\dfrac{2-\sqrt{2}}{2+\sqrt{2}}\mathrm{e}^{-2\sqrt{2}(t_f-t)}}$$

图 10-4 中画出了当 $t_f=1$，$t_f=4$，$t_f=9$ 时对应于 $S=0$ 与 $S=1$ 的 $P(t)$ 的几何图形。由图 10-4 可见：

① 当 $t=t_f$，即当终端时间有限时，$P(t_f)$ 由里卡德方程的终端条件决定。事实上

$$\lim_{t\to t_f} P(t_f)=\lim_{t\to t_f}\frac{(a+b)+(b-a)\dfrac{S-a-b}{S-a+b}\mathrm{e}^{-2b(t_f-t)}}{1-\dfrac{S-a-b}{S-a+b}\mathrm{e}^{-2b(t_f-t)}}=S$$

② 当 $t_f\to\infty$，即终端时间无限时，$P(t)$ 趋于稳态值，这是因为

$$\lim_{t\to\infty} P(t)=\lim_{t\to\infty}\frac{(a+b)+(b-a)\dfrac{S-a-b}{S-a+b}\mathrm{e}^{-2b(t_f-t)}}{1-\dfrac{S-a-b}{S-a+b}\mathrm{e}^{-2b(t_f-t)}}=a+b=\sqrt{2}-1$$

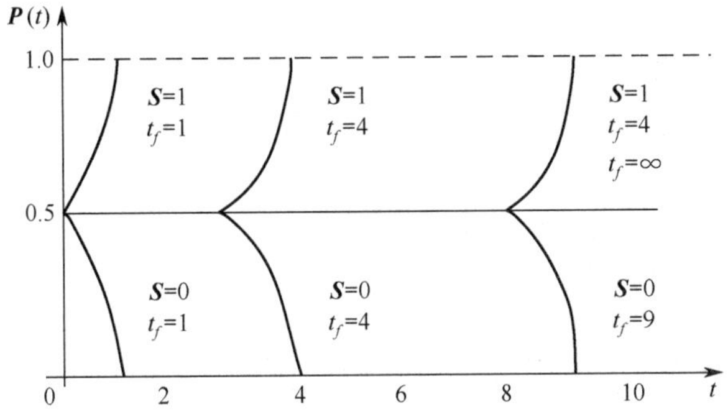

图 10-4　例 10-4 图

这点很重要，它说明了里卡德方程的解 $P(t)$ 的一个重要性质，这时，里卡德矩阵微分方程退化为里卡德矩阵代数方程，即

$$\boldsymbol{PA}+\boldsymbol{A}^{\mathrm{T}}\boldsymbol{P}-\boldsymbol{PBR}^{-1}\boldsymbol{B}^{\mathrm{T}}\boldsymbol{P}+\boldsymbol{Q}=0 \tag{10-34}$$

3. 终点状态固定的线性调节器问题

终点状态固定的线性调节器问题是研究终点时间、状态均固定的情形。为了能使用前面所叙述的方法，以 $\boldsymbol{x}(t_f)=0$ 为例，用补偿函数法，把本是终点固定问题当作如前面所述的终点状态自由问题来处理。具体如下。

原系统性能指标为

$$J=\int_{t_0}^{t_f}\left[\boldsymbol{x}^{\mathrm{T}}(t)\boldsymbol{Q}(t)\boldsymbol{x}(t)+\boldsymbol{u}^{\mathrm{T}}(t)\boldsymbol{R}(t)\boldsymbol{u}(t)\right]\mathrm{d}t \tag{10-35}$$

将其改写为

$$J=\boldsymbol{x}^{\mathrm{T}}(t_f)\boldsymbol{S}\boldsymbol{x}(t_f)+\int_{t_0}^{t_f}\left[\boldsymbol{x}^{\mathrm{T}}(t)\boldsymbol{Q}(t)\boldsymbol{x}(t)+\boldsymbol{u}^{\mathrm{T}}(t)\boldsymbol{R}(t)\boldsymbol{u}(t)\right]\mathrm{d}t$$

引入的 $\boldsymbol{x}^{\mathrm{T}}(t_f)\boldsymbol{S}\boldsymbol{x}(t_f)$ 称为补偿函数。可以看出，当 $\boldsymbol{S}$ 值不够大时，$\boldsymbol{x}(t_f)$ 将不严格遵守 $\boldsymbol{x}(t_f)=0$ 的终点约束条件，但当 $\boldsymbol{S}$ 增大时，使 $\boldsymbol{x}(t_f)$ 减小；而当 $\boldsymbol{S}\to\infty$ 时，$\boldsymbol{x}(t_f)=0$，从而使问题转化为二项问题。求解的问题是解里卡德方程，即

$$\dot{\boldsymbol{P}}+\boldsymbol{P}(t)\boldsymbol{A}(t)+\boldsymbol{A}^{\mathrm{T}}\boldsymbol{P}(t)-\boldsymbol{P}(t)\boldsymbol{B}(t)\boldsymbol{R}^{-1}(t)\boldsymbol{B}^{\mathrm{T}}(t)\boldsymbol{P}(t)+\boldsymbol{Q}(t)=0 \tag{10-36}$$

边界条件为 $\boldsymbol{P}(t_f)=\boldsymbol{S}\to\infty$。

因为 $\boldsymbol{P}(t_f)\to\infty$，无法进行运算，为此需对里卡德方程进行变换，同前，$\boldsymbol{S}$ 较大时，由于

$$\boldsymbol{P}(t)\boldsymbol{P}^{-1}(t)=\boldsymbol{I}$$

则

$$\dot{\boldsymbol{P}}(t)\boldsymbol{P}^{-1}(t)+\boldsymbol{P}(t)\dot{\boldsymbol{P}}^{-1}(t)=0$$

有

$$\dot{\boldsymbol{P}}^{-1}(t)=-\boldsymbol{P}^{-1}(t)\dot{\boldsymbol{P}}(t)\boldsymbol{P}^{-1}(t)$$

用 $\boldsymbol{P}^{-1}(t)$ 乘里卡德方程两端，又利用上式，可得

$$\dot{\boldsymbol{P}}^{-1}(t)+\boldsymbol{A}(t)\boldsymbol{P}^{-1}(t)-\boldsymbol{P}^{-1}(t)\boldsymbol{A}^{\mathrm{T}}+\boldsymbol{B}(t)\boldsymbol{R}^{-1}(t)\boldsymbol{B}^{\mathrm{T}}(t)-\boldsymbol{P}^{-1}(t)\boldsymbol{Q}(t)\boldsymbol{P}^{-1}(t)=0 \tag{10-37}$$

边界条件为

$$\boldsymbol{P}^{-1}(t_f)=\boldsymbol{S}^{-1}=0 \tag{10-38}$$

式（10-37）称为逆里卡德方程。

4. 终点时间无限的线性调节器问题

实际上，这类问题就是考虑使系统的终态达到给定的某一平衡状态，因此，在性能指标中应不包含终值项。给定受控对象的状态方程为

$$\dot{\boldsymbol{x}}(t)=\boldsymbol{A}(t)\boldsymbol{x}(t)+\boldsymbol{B}(t)\boldsymbol{u}(t),\qquad \boldsymbol{x}(t_0)=\boldsymbol{x}_0$$

寻求最优控制 $\boldsymbol{u}(t)$，使下述性能指标

$$\boldsymbol{J}=\frac{1}{2}\int_{t_0}^{\infty}[\boldsymbol{x}^{\mathrm{T}}(t)\boldsymbol{Q}(t)\boldsymbol{x}(t)+\boldsymbol{u}^{\mathrm{T}}(t)\boldsymbol{R}(t)\boldsymbol{u}(t)]\mathrm{d}t \tag{10-39}$$

为极小值。

与终端时间 $t_f\neq\infty$ 比较，虽然仅仅是将性能指标中的积分上限由 t_f 改为 $t_f\to\infty$，但由此带来的问题却是复杂的，问题的核心是必须使式（10-35）所示的积分型性能指标存在，因为它是由无穷大区间上的积分表示的，为此需要做如下假设。

① $\boldsymbol{A}(t)$、$\boldsymbol{B}(t)$ 在 $[t_0,\infty]$ 上分段连续，一致有界，并绝对可积；

② $\boldsymbol{Q}(t)$、$\boldsymbol{R}(t)$ 在 $[t_0,\infty]$ 上分段连续，且为有界对称的正定矩阵；

③ 系统的状态是完全能控的。

在以上假设条件下，终端时间无限($t_f\to\infty$)的调节器问题的解存在且唯一。此外，系统还必须是能观测的。因为反馈系统必须是渐近稳定的，否则无穷大上限积分型性能指标不可能存在。

由例 10-4 知，当 $t_f\to\infty$ 时，里卡德矩阵微分方程退化为里卡德矩阵代数方程，即

$$\boldsymbol{PA}+\boldsymbol{A}^{\mathrm{T}}\boldsymbol{P}-\boldsymbol{PBR}^{-1}\boldsymbol{B}^{\mathrm{T}}\boldsymbol{P}+\boldsymbol{Q}=0$$

因此，问题最终归结到解此方程上。

例 10-5 设受控对象的状态方程为

$$\begin{bmatrix}\dot{x}_1(t)\\ \dot{x}_2(t)\end{bmatrix}=\begin{bmatrix}1&0\\0&1\end{bmatrix}\begin{bmatrix}x_1(t)\\x_2(t)\end{bmatrix}+\begin{bmatrix}0\\1\end{bmatrix}u(t),\quad \begin{bmatrix}x_1(0)\\x_2(0)\end{bmatrix}=\begin{bmatrix}1\\0\end{bmatrix}$$

求最优控制，使下述性能指标

$$\boldsymbol{J}=\frac{1}{2}\int_{t_0}^{\infty}[\boldsymbol{x}^{\mathrm{T}}(t)\boldsymbol{Q}(t)\boldsymbol{x}(t)+u^2(t)]\mathrm{d}t,\quad \boldsymbol{Q}=\begin{bmatrix}1&0\\0&1\end{bmatrix}$$

为极小值。

解 直接写出里卡德代数方程，设其解为

$$\boldsymbol{P}=\begin{bmatrix}p_{11}&p_{12}\\p_{12}&p_{22}\end{bmatrix}$$

则由式（10-34）可得

$$\begin{bmatrix}1&0\\0&1\end{bmatrix}\begin{bmatrix}p_{11}&p_{12}\\p_{12}&p_{22}\end{bmatrix}+\begin{bmatrix}p_{11}&p_{12}\\p_{12}&p_{22}\end{bmatrix}\begin{bmatrix}1&0\\0&1\end{bmatrix}-\begin{bmatrix}p_{11}&p_{12}\\p_{12}&p_{22}\end{bmatrix}\begin{bmatrix}0\\1\end{bmatrix}\begin{bmatrix}0&1\end{bmatrix}\begin{bmatrix}p_{11}&p_{12}\\p_{12}&p_{22}\end{bmatrix}=-\begin{bmatrix}1&0\\0&1\end{bmatrix}$$

$$\begin{bmatrix}2p_{11}&2p_{12}\\2p_{12}&2p_{22}\end{bmatrix}-\begin{bmatrix}p_{12}^2&p_{12}p_{22}\\p_{12}p_{22}&p_{22}^2\end{bmatrix}=-\begin{bmatrix}1&0\\0&1\end{bmatrix}$$

写成方程组

$$\begin{cases}2p_{11}-p_{12}^2=-1\\2p_{12}-p_{12}p_{22}=0\\2p_{22}-p_{22}^2=-1\end{cases}$$

由第二个方程可解得 $p_{22}=2$，但由第三个方程解得 $p_{22}=1\pm 2$，两组解相矛盾，说明方程组不相容，无解。无解的原因是受控系统不是完全能控的，即因

$$\operatorname{rank}\begin{bmatrix}\boldsymbol{B}&\boldsymbol{AB}\end{bmatrix}=\operatorname{rank}\begin{bmatrix}0&0\\1&1\end{bmatrix}\neq 2$$

故导致里卡德代数方程无解。

例 10-6　设控制系统如图 10-5 所示。假定控制信号为 $u(t)=-\boldsymbol{K}\boldsymbol{x}(t)$，试设计最佳反馈增益矩阵 $\boldsymbol{K}$，使下列性能指标

$$\boldsymbol{J}=\frac{1}{2}\int_0^{\infty}\left(\boldsymbol{x}^{\mathrm{T}}\boldsymbol{Q}\boldsymbol{x}+u^2\right)\mathrm{d}t\,,\quad \boldsymbol{Q}=\begin{bmatrix}1&0\\0&\mu\end{bmatrix},\quad \mu>0$$

为极小值，并求最优控制 $u(t)$。

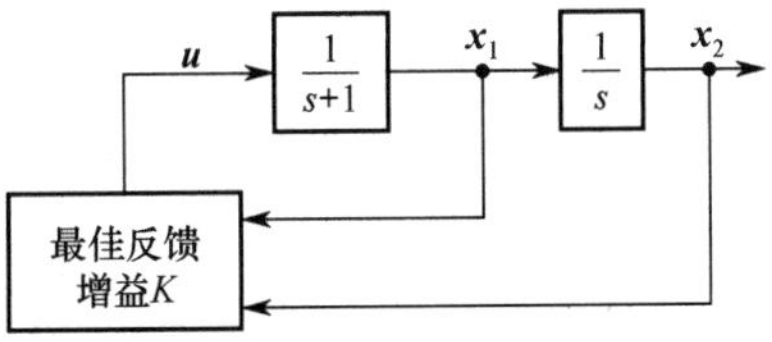

图 10-5　控制系统

解　首先由图 10-5 得系统的状态方程为

$$\begin{bmatrix}\dot{x}_1(t)\\\dot{x}_2(t)\end{bmatrix}=\begin{bmatrix}0&1\\0&-1\end{bmatrix}\begin{bmatrix}x_1(t)\\x_2(t)\end{bmatrix}+\begin{bmatrix}0\\1\end{bmatrix}u(t)$$

其次检验系统的能控性

$$\operatorname{rank}\begin{bmatrix}\boldsymbol{B}&\boldsymbol{AB}\end{bmatrix}=\operatorname{rank}\begin{bmatrix}0&1\\1&-1\end{bmatrix}=2$$

故系统状态完全能控。

最后由式（10-34）写出里卡德代数方程为

$$\begin{bmatrix}0&0\\1&-1\end{bmatrix}\begin{bmatrix}p_{11}&p_{12}\\p_{12}&p_{22}\end{bmatrix}+\begin{bmatrix}p_{11}&p_{12}\\p_{12}&p_{22}\end{bmatrix}\begin{bmatrix}0&1\\0&-1\end{bmatrix}-\begin{bmatrix}p_{11}&p_{12}\\p_{12}&p_{22}\end{bmatrix}\begin{bmatrix}0\\1\end{bmatrix}\begin{bmatrix}0&1\end{bmatrix}\begin{bmatrix}p_{11}&p_{12}\\p_{12}&p_{22}\end{bmatrix}=-\begin{bmatrix}1&0\\0&\mu\end{bmatrix}$$

经整理得到下列方程组

$$\begin{cases}p_{12}^2=1\\p_{12}p_{22}-p_{11}+p_{12}=0\\p_{22}^2-2p_{22}-2=\mu\end{cases}$$

解得 $p_{12}=1$， $p_{22}=\sqrt{3+\mu}-1$， $p_{11}=\sqrt{3+\mu}$ 。于是

$$\boldsymbol{P}=\begin{bmatrix} p_{11} & p_{12} \\ p_{12} & p_{22} \end{bmatrix}=\begin{bmatrix} \sqrt{3+\mu} & 1 \\ 1 & \sqrt{3+\mu}-1 \end{bmatrix}$$

根据式（10-29）可得出反馈增益矩阵 $\boldsymbol{K}$ 为

$$\boldsymbol{K}(t)=\boldsymbol{R}^{-1}(t)\boldsymbol{B}^{\mathrm{T}}(t)\boldsymbol{P}(t)=\begin{bmatrix} 0 & 1 \end{bmatrix}\begin{bmatrix} \sqrt{3+\mu} & 1 \\ 1 & \sqrt{3+\mu}-1 \end{bmatrix}=\begin{bmatrix} 1 & \sqrt{3+\mu}-1 \end{bmatrix}$$

故

$$u=-\boldsymbol{Kx}=-\begin{bmatrix} 1 & \sqrt{3+\mu}-1 \end{bmatrix}\begin{bmatrix} x_1 \\ x_2 \end{bmatrix}=-x_1-(\sqrt{3+\mu}-1)x_2$$

10.2.3 具有二次型性能指标的线性伺服器

1. 终点时间有限的线性伺服器问题

线性伺服器是从线性调节器引申的。与随动系统相似，伺服器也能组成一个跟随某个信号动作的随动系统。线性调节器可通过改变控制信号使输出特性保持不变，而线性伺服器则能跟随输出信号而动作。

设受控对象的状态方程和输出方程为

$$\dot{\boldsymbol{x}}(t)=\boldsymbol{A}(t)\boldsymbol{x}(t)+\boldsymbol{B}(t)\boldsymbol{u}(t), \qquad \boldsymbol{x}(t_0)=\boldsymbol{x}_0$$
$$\boldsymbol{y}(t)=\boldsymbol{C}(t)\boldsymbol{x}(t)$$

要求系统的输出跟踪某一参考输入 $\boldsymbol{\eta}(t)$ ，设 $\boldsymbol{\eta}(t)$ 是与输出维数相同的向量。寻求最优控制 $\boldsymbol{u}(t)$ ，使下述性能指标

$$\begin{aligned}\boldsymbol{J}=&\frac{1}{2}\left[\boldsymbol{y}(t_f)-\boldsymbol{\eta}(t_f)\right]^{\mathrm{T}}\boldsymbol{S}\left[\boldsymbol{y}(t_f)-\boldsymbol{\eta}(t_f)\right]+\frac{1}{2}\int_{t_0}^{t_f}[\boldsymbol{y}(t_f)-\boldsymbol{\eta}(t)]^{\mathrm{T}}\boldsymbol{Q}(t)[\boldsymbol{y}(t)-\boldsymbol{\eta}(t)]\mathrm{d}(t)+\\&\frac{1}{2}\int_{t_0}^{t_f}\boldsymbol{u}^{\mathrm{T}}(t)\boldsymbol{R}(t)\boldsymbol{u}(t)\mathrm{d}(t)\end{aligned} \tag{10-40}$$

取极小值。

对于 $\boldsymbol{A}(t)$ 、 $\boldsymbol{B}(t)$ 、 $\boldsymbol{C}(t)$ 的要求及 $\boldsymbol{S}$ 、 $\boldsymbol{Q}(t)$ 、 $\boldsymbol{R}(t)$ 的假设条件都与前述线性调节器问题一样。这里仍然采用变分法求解。

定义哈密尔顿函数 H 满足

$$\begin{aligned}H[\boldsymbol{x}(t),\boldsymbol{u}(t),\boldsymbol{\lambda}(t)]=&\frac{1}{2}\left[\boldsymbol{C}(t)\boldsymbol{x}(t)-\boldsymbol{\eta}(t)\right]^{\mathrm{T}}\boldsymbol{Q}(t)\left[\boldsymbol{C}(t)\boldsymbol{x}(t)-\boldsymbol{\eta}(t)\right]+\\&\frac{1}{2}\boldsymbol{u}^{\mathrm{T}}(t)\boldsymbol{R}(t)\boldsymbol{u}(t)+\boldsymbol{\lambda}^{\mathrm{T}}(t)\left[\boldsymbol{A}(t)\boldsymbol{x}(t)+\boldsymbol{B}(t)\boldsymbol{u}(t)\right]\end{aligned}$$

控制方程为

$$\frac{\partial H\left[\boldsymbol{x}(t),\boldsymbol{u}(t),\boldsymbol{\lambda}(t)\right]}{\partial \boldsymbol{u}}=\boldsymbol{R}(t)\boldsymbol{u}(t)+\boldsymbol{B}^{\mathrm{T}}(t)\boldsymbol{\lambda}(t)=0$$

即

$$\boldsymbol{u}(t)=-\boldsymbol{R}^{-1}(t)\boldsymbol{B}^{\mathrm{T}}(t)\boldsymbol{\lambda}(t) \tag{10-41}$$

伴随方程为

$$\frac{\partial}{\partial \boldsymbol{x}}\boldsymbol{H}\left[\boldsymbol{x}(t),\boldsymbol{u}(t),\boldsymbol{\lambda}(t)\right]=-\dot{\boldsymbol{\lambda}}(t)$$

$$
\begin{aligned}
&= \frac{1}{2}\frac{\partial\left[\boldsymbol{C}(t)\boldsymbol{x}(t)-\boldsymbol{\eta}(t)\right]^{\mathrm{T}}}{\partial \boldsymbol{x}(t)}\frac{\partial\left[\boldsymbol{C}(t)\boldsymbol{x}(t)-\boldsymbol{\eta}(t)\right]^{\mathrm{T}}\boldsymbol{Q}(t)\left[\boldsymbol{C}(t)\boldsymbol{x}(t)-\boldsymbol{\eta}(t)\right]}{\partial\left[\boldsymbol{C}(t)\boldsymbol{x}(t)-\boldsymbol{\eta}(t)\right]}+\boldsymbol{A}^{\mathrm{T}}(t)\boldsymbol{\eta}(t) \\
&= \boldsymbol{C}^{\mathrm{T}}(t)\boldsymbol{Q}(t)\left[\boldsymbol{C}(t)\boldsymbol{x}(t)-\boldsymbol{\eta}(t)\right]+\boldsymbol{A}^{\mathrm{T}}(t)\boldsymbol{\lambda}(t)
\end{aligned} \tag{10-42}
$$

终端贯截条件为

$$
\begin{aligned}
\boldsymbol{\lambda}(t_f) &= \frac{1}{2}\frac{\partial}{\partial \boldsymbol{x}(t_f)}\left[\boldsymbol{y}(t_f)-\boldsymbol{\eta}(t_f)\right]^{\mathrm{T}}\boldsymbol{S}\left[\boldsymbol{y}(t_f)-\boldsymbol{\eta}(t_f)\right] \\
&= \frac{1}{2}\frac{\partial\left[\boldsymbol{C}(t_f)\boldsymbol{x}(t_f)-\boldsymbol{\eta}(t_f)\right]^{\mathrm{T}}}{\partial \boldsymbol{x}(t_f)}\frac{\partial\left[\boldsymbol{C}(t_f)\boldsymbol{x}(t_f)-\boldsymbol{\eta}(t_f)\right]^{\mathrm{T}}\boldsymbol{S}\left[\boldsymbol{C}(t_f)\boldsymbol{x}(t_f)-\boldsymbol{\eta}(t_f)\right]}{\partial\left[\boldsymbol{C}(t_f)\boldsymbol{x}(t_f)-\boldsymbol{\eta}(t_f)\right]} \\
&= \boldsymbol{C}^{\mathrm{T}}(t_f)\boldsymbol{S}\left[\boldsymbol{C}(t_f)\boldsymbol{x}(t_f)-\boldsymbol{\eta}(t_f)\right]
\end{aligned} \tag{10-43}
$$

状态方程为

$$
\dot{\boldsymbol{x}}(t)=\boldsymbol{A}(t)\boldsymbol{x}(t)+\boldsymbol{B}(t)\boldsymbol{u}(t)=\boldsymbol{A}(t)\boldsymbol{x}(t)-\boldsymbol{B}(t)\boldsymbol{R}^{-1}(t)\boldsymbol{B}^{\mathrm{T}}(t)\boldsymbol{\lambda}(t) \tag{10-44}
$$

将式（10-44）及式（10-42）写为增广状态方程

$$
\begin{bmatrix}\dot{\boldsymbol{x}}(t)\\ \dot{\boldsymbol{\lambda}}(t)\end{bmatrix}=\begin{bmatrix}\boldsymbol{A}(t) & -\boldsymbol{B}(t)\boldsymbol{R}^{-1}(t)\boldsymbol{B}^{\mathrm{T}}(t)\\ -\boldsymbol{C}^{\mathrm{T}}(t)\boldsymbol{Q}(t)\boldsymbol{C}(t) & -\boldsymbol{A}^{\mathrm{T}}(t)\end{bmatrix}\begin{bmatrix}\boldsymbol{x}(t)\\ \boldsymbol{\lambda}(t)\end{bmatrix}+\begin{bmatrix}\boldsymbol{0}\\ \boldsymbol{C}^{\mathrm{T}}(t)\boldsymbol{Q}(t)\end{bmatrix}\boldsymbol{\eta}(t) \tag{10-45}
$$

式（10-45）表明，此方程是一个非齐次方程。因有 $\boldsymbol{\eta}(t)$ 项，所以不能像线性调节器那样设定 $\boldsymbol{\lambda}$ 与 $\boldsymbol{x}$ 的关系，但可以将 $\boldsymbol{\eta}(t)$ 看作外部输入，即

$$
\boldsymbol{\lambda}(t)=\boldsymbol{P}(t)\boldsymbol{x}(t)-\boldsymbol{\xi}(t) \tag{10-46}
$$

其中，$\boldsymbol{\xi}(t)$ 是与 $\boldsymbol{\lambda}(t)$ 同维数的向量。对式（10-46）求导，得

$$
\dot{\boldsymbol{\lambda}}(t)=\dot{\boldsymbol{P}}(t)\boldsymbol{x}(t)-\boldsymbol{P}(t)\dot{\boldsymbol{x}}(t)-\dot{\boldsymbol{\xi}}(t)
$$

将式（10-44）与式（10-46）代入上式，得

$$
\dot{\boldsymbol{\lambda}}(t)=[\dot{\boldsymbol{P}}(t)+\boldsymbol{P}(t)\boldsymbol{A}(t)-\boldsymbol{P}(t)\boldsymbol{B}(t)\boldsymbol{R}^{-1}(t)\boldsymbol{B}^{\mathrm{T}}(t)\boldsymbol{P}(t)]\boldsymbol{x}(t)+\boldsymbol{P}(t)\boldsymbol{B}(t)\boldsymbol{R}^{-1}(t)\boldsymbol{B}^{\mathrm{T}}(t)\boldsymbol{\xi}(t)-\dot{\boldsymbol{\xi}}(t) \tag{10-47}
$$

将式（10-46）代入式（10-42），得

$$
\dot{\boldsymbol{\lambda}}(t)=-[\boldsymbol{C}^{\mathrm{T}}(t)\boldsymbol{Q}(t)\boldsymbol{C}(t)+\boldsymbol{A}^{\mathrm{T}}(t)\boldsymbol{P}(t)]\boldsymbol{x}(t)+\boldsymbol{A}^{\mathrm{T}}(t)\boldsymbol{\xi}(t)+\boldsymbol{C}^{\mathrm{T}}(t)\boldsymbol{Q}(t)\boldsymbol{\eta}(t) \tag{10-48}
$$

式（10-47）与式（10-48）相等，比较等式两侧各项，得

$$
\dot{\boldsymbol{P}}(t)=-\boldsymbol{P}(t)\boldsymbol{A}(t)-\boldsymbol{A}^{\mathrm{T}}(t)\boldsymbol{P}(t)-\boldsymbol{P}(t)\boldsymbol{B}(t)\boldsymbol{R}^{-1}(t)\boldsymbol{B}^{\mathrm{T}}(t)\boldsymbol{P}(t)\boldsymbol{C}^{\mathrm{T}}(t)\boldsymbol{Q}(t)\boldsymbol{C}(t) \tag{10-49}
$$

$$
\dot{\boldsymbol{\xi}}(t)=-[\boldsymbol{A}^{\mathrm{T}}(t)+\boldsymbol{P}(t)\boldsymbol{B}(t)\boldsymbol{R}^{-1}(t)\boldsymbol{B}^{T}(t)]\boldsymbol{\xi}(t)-\boldsymbol{C}^{\mathrm{T}}(t)\boldsymbol{Q}(t)\boldsymbol{\eta}(t) \tag{10-50}
$$

在式（10-46）中，令 $t=t_f$ 后，与式（10-43）相等，比较等式两侧对应项，得

$$
\boldsymbol{P}(t_f)=\boldsymbol{C}^{\mathrm{T}}(t_f)\boldsymbol{S}\boldsymbol{C}(t_f) \tag{10-51}
$$

$$
\boldsymbol{\xi}(t_f)=\boldsymbol{C}^{\mathrm{T}}(t_f)\boldsymbol{S}\boldsymbol{\eta}(t_f) \tag{10-52}
$$

解式（10-49）、式（10-51）与式（10-50）、式（10-52）两组方程，可求得 $\boldsymbol{P}$ 和 $\boldsymbol{\xi}$。

由式（10-41）、式（10-46）求得最佳控制规律为

$$
\boldsymbol{u}(t)=-\boldsymbol{R}^{-1}(t)\boldsymbol{B}^{\mathrm{T}}(t)[\boldsymbol{P}(t)\boldsymbol{x}(t)-\boldsymbol{\xi}(t)] \tag{10-53}
$$

令式（10-53）中

$$
\boldsymbol{K}(t)=-\boldsymbol{R}^{-1}(t)\boldsymbol{B}^{\mathrm{T}}(t)\boldsymbol{P}(t)
$$

$$
\boldsymbol{G}(t)=-\boldsymbol{R}^{-1}(t)\boldsymbol{B}^{\mathrm{T}}(t)\boldsymbol{\xi}(t)
$$

则式（10-53）可写成

$$u(t) = -K(t)x(t) + G(t) \tag{10-54}$$

相应的方框如图 10-6 所示。由式（10-54）可知，线性伺服器实质上是由两部分组成的：一部分为线性调节器；另一部分为前置滤波，是由系统的期望值 $\eta(t)$ 确定的最佳控制作用。当 $\eta(t)=0$ 时，伺服器退化成调节器，但它与 10.2.2 节讨论的调节器的不同之处在于，它是输入调节器，而不是状态调节器。

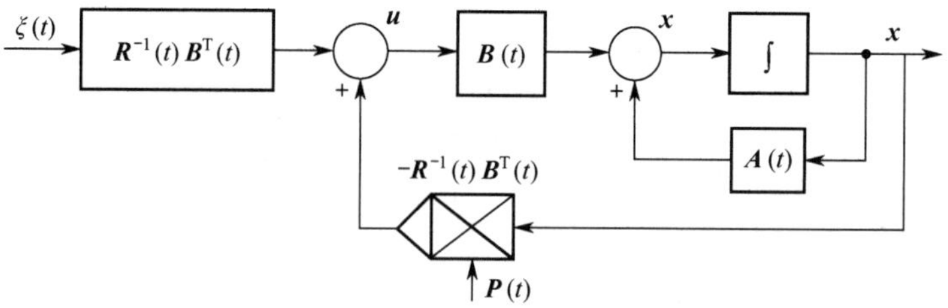

图 10-6 最佳伺服器示意方框图

2. 终点时间无限的线性伺服器问题

可仿照线性调节器问题来处理，此时，性能指标中无终值项，且积分项上限为∞，即

$$J = \frac{1}{2}\int_{t_0}^{\infty}[y(t)-\eta(t)]^{\mathrm{T}} Q(t)[y(t)-\eta(t)]\mathrm{d}(t)+\frac{1}{2}\int_{t_0}^{\infty} u^{\mathrm{T}}(t)R(t)u(t)\mathrm{d}(t)$$

里卡德微分方程仍为

$$\dot{P}(t) = -P(t)A(t) - A^{\mathrm{T}}(t)P(t) + P(t)B(t)R^{-1}(t)B^{\mathrm{T}}(t)P(t) - C^{\mathrm{T}}(t)Q(t)C(t)$$

$$\dot{\xi}(t) = -[A^{\mathrm{T}}(t) - P(t)B(t)R^{-1}(t)B^{\mathrm{T}}(t)]\xi(t) - C^{\mathrm{T}}(t)Q(t)\eta(t)$$

但终端边界条件变为

$$P(t_f) = 0, \quad \xi(t_f) = 0$$

控制方程仍然不变，即

$$u(t) = -R^{-1}(t)B^{\mathrm{T}}(t)[\bar{P}(t)x(t) - \bar{\xi}(t)]$$

其中，$\bar{P}(t)$、$\bar{\xi}(t)$ 是上述里卡德微分方程的解。

必须指出，$P(t)$ 的一个重要性质是

$$\lim_{t_f\to\infty} P(t,t_f) = \bar{P}(t)$$

$$\lim_{t_f\to\infty} \xi(t,t_f) = \bar{\xi}(t)$$

当受控对象为定常状态方程时，有

$$\lim_{t_f\to\infty} P(t,t_f) = P = \text{常阵}$$

$$\lim_{t_f\to\infty} \xi(t,t_f) = \xi = \text{常向量}$$

所以当 $P(t)=0$、$\xi(t)=0$ 时，里卡德方程退化为代数方程

$$\begin{cases} -PA - A^{\mathrm{T}}P + PBR^{-1}B^{\mathrm{T}}P - C^{\mathrm{T}}QC = 0 \\ -[A^{\mathrm{T}} - PBR^{-1}B^{\mathrm{T}}]\xi - C^{\mathrm{T}}Q\eta = 0 \end{cases} \tag{10-55}$$

例 10-7 设受控对象的状态方程是

$$\begin{bmatrix} \dot{\boldsymbol{x}}_1(t) \\ \dot{\boldsymbol{x}}_2(t) \end{bmatrix} = \begin{bmatrix} 0 & 1 \\ 0 & 0 \end{bmatrix} \begin{bmatrix} \boldsymbol{x}_1(t) \\ \boldsymbol{x}_2(t) \end{bmatrix} + \begin{bmatrix} 0 \\ 1 \end{bmatrix} \boldsymbol{u}(t), \quad \begin{bmatrix} x_1(0) \\ x_2(0) \end{bmatrix} = 0$$

输出方程为标量方程，即

$$y(t) = \begin{bmatrix} 1 & 0 \end{bmatrix} \begin{bmatrix} x_1(t) \\ x_2(t) \end{bmatrix}$$

系统的参考输入为$\eta(t)$，试设计最优控制伺服器，使性能指标$J = \frac{1}{2}\int_{t_0}^{\infty} \left[\boldsymbol{x}_1(t) - \eta(t)^2 + u^2 \right] \mathrm{d}(t)$取极小值。

解　由题意知

$$\boldsymbol{A} = \begin{bmatrix} 0 & 1 \\ 0 & 0 \end{bmatrix}, \quad \boldsymbol{B} = \begin{bmatrix} 0 \\ 1 \end{bmatrix}, \quad \boldsymbol{Q} = 1, \quad \boldsymbol{R} = 1, \quad \boldsymbol{C} = [1\ 0]$$

设$\boldsymbol{P} = \begin{bmatrix} p_{11} & p_{12} \\ p_{12} & p_{22} \end{bmatrix}$，$\xi(t) = \begin{bmatrix} \xi_1 \\ \xi_2 \end{bmatrix}$，按式（10-49）～式（10-52）建立下列方程

$$\begin{bmatrix} \dot{p}_{11} & \dot{p}_{12} \\ \dot{p}_{12} & \dot{p}_{22} \end{bmatrix} = -\begin{bmatrix} p_{11} & p_{12} \\ p_{12} & p_{22} \end{bmatrix} \begin{bmatrix} 0 & 1 \\ 0 & 0 \end{bmatrix} - \begin{bmatrix} 0 & 0 \\ 1 & 0 \end{bmatrix} \begin{bmatrix} p_{11} & p_{12} \\ p_{12} & p_{22} \end{bmatrix} - \begin{bmatrix} p_{11} & p_{12} \\ p_{12} & p_{22} \end{bmatrix} \begin{bmatrix} 0 \\ 1 \end{bmatrix} [0 \quad 1] \begin{bmatrix} p_{11} & p_{12} \\ p_{12} & p_{22} \end{bmatrix} \tag{10-56a}$$

$$\begin{bmatrix} \dot{\xi}_1 \\ \dot{\xi}_2 \end{bmatrix} = -\begin{bmatrix} 0 & 0 \\ 1 & 0 \end{bmatrix} \begin{bmatrix} \xi_1 \\ \xi_2 \end{bmatrix} + \begin{bmatrix} p_{11} & p_{12} \\ p_{12} & p_{22} \end{bmatrix} \begin{bmatrix} 0 \\ 1 \end{bmatrix} [0\ 1] \begin{bmatrix} \xi_1 \\ \xi_2 \end{bmatrix} - \begin{bmatrix} 1 \\ 0 \end{bmatrix} \boldsymbol{\eta} \begin{bmatrix} \xi_1(t_f) \\ \xi_2(t_f) \end{bmatrix} \tag{10-56b}$$

将式（10-56a）写成方程组

$$\begin{cases} \dot{p}_{11} = p_{12}^2 - 1 \\ \dot{p}_{12} = -p_{11} + p_{12}p_{22} \\ \dot{p}_{22} = -2p_{12} + p_{22}^2 \end{cases}$$

且$p_{11}(t_f) = p_{12}(t_f) = p_{22}(t_f) = 0$。

因为系统是定常系统，所以当$t_f \to \infty$时，里卡德微分方程变为代数方程，即

$$\begin{cases} \overline{p}_{12}^2 = 1 \\ \overline{p}_{11} = \overline{p}_{12}\overline{p}_{22} \\ \overline{p}_{22}^2 = 2\overline{p}_{12} \end{cases}$$

解得$\overline{p}_{11} = 2$，$\overline{p}_{12} = 1$，$\overline{p}_{22} = 2$。所以

$$\overline{\boldsymbol{p}} = \begin{bmatrix} \sqrt{2} & 1 \\ 1 & \sqrt{2} \end{bmatrix}$$

将$\overline{p}$代入式（10-56b），得到下列方程组

$$\begin{cases} \xi_1 = \xi_2 - \eta \\ \xi_2 = -\xi_1 + \sqrt{2}\xi_2 \end{cases}$$

且$\xi_1(t_f) = \xi_2(t_f) = 0$。 假定参考输入为

$$\eta(t) = 1 - \mathrm{e}^{-t}$$

则可求出微分方程组的解，并取$t_f \to \infty$的极限，得

$$\overline{\xi}_1(t) = \sqrt{2} - \frac{1+\sqrt{2}}{1-\sqrt{2}} \mathrm{e}^{-t}$$

$$\bar{\xi}_2(t)=1-\frac{1}{1-\sqrt{2}}\mathrm{e}^{-t}=\eta(t)+\frac{1+\sqrt{2}}{2+\sqrt{2}}\dot{\eta}(t)$$

则控制方程为

$$\hat{u}(t)=-\boldsymbol{R}^{-1}(t)\boldsymbol{B}^{\mathrm{T}}(t)[\bar{\boldsymbol{P}}(t)\boldsymbol{x}(t)-\bar{\zeta}(t)]=-[0\ 1]\begin{bmatrix}p_{11} & p_{12}\\ p_{12} & p_{22}\end{bmatrix}\boldsymbol{x}(t)+[0\ 1]\begin{bmatrix}\zeta_1\\ \zeta_2\end{bmatrix}$$

$$=-\begin{bmatrix}p_{12} & p_{22}\end{bmatrix}\boldsymbol{x}(t)+\zeta_1=-x_1(t)-\sqrt{2}x_2(t)+\eta(t)+\frac{1-\sqrt{2}}{2+\sqrt{2}}\dot{\eta}(t)$$

相应的方框图如图 10-7 所示。

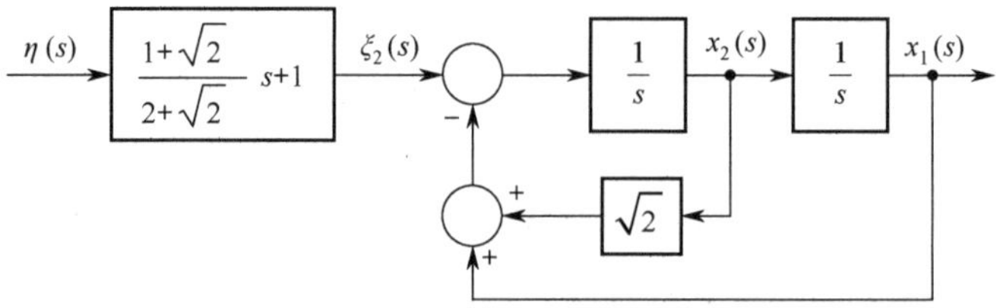

图 10-7 当 $\eta(t)=1-\mathrm{e}^{-t}$ 时的方框图

假如参考输入为常量，即 $\eta=r$=常数，则求得当 $t_f\to\infty$ 时，$\xi_1(t)$ 及 $\xi_2(t)$ 的极限为

$$\begin{cases}\bar{\xi}_1=\sqrt{2}r\\ \bar{\xi}_2=r=\eta\end{cases}$$

则最优控制为

$$\hat{u}(t)=-x_1(t)-\sqrt{2}x_2(t)+r$$

相应的方框图如图 10-8 所示。

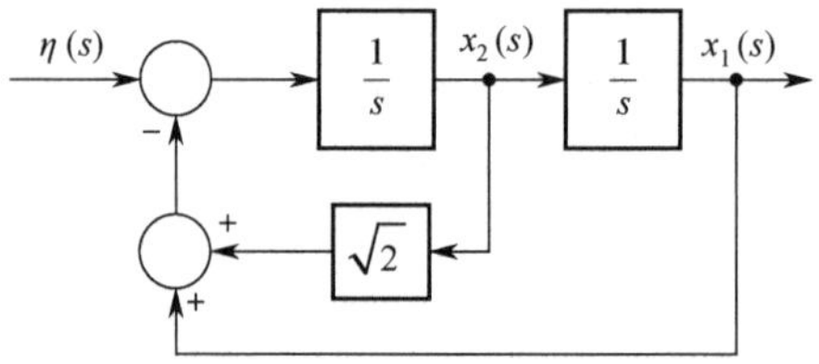

图 10-8 当 $\eta=r$=常量时的方框图

由上述讨论可见，为获得最优控制，对于线性伺服器来说，随着参考输入的不同，系统的结构也不同，但区别仅是闭环系统以外的输入部分，闭环系统部分则与线性调节器一样。

10.3 导弹制导中的二次型最优控制

潘兴 II 导弹是攻击地面目标的中近程弹道导弹，为提高命中精度，采用末制导为景象匹配系统。为此要满足两个要求：其一，为满足雷达末制导景象匹配要求，必须尽快降低导弹再入飞行速度；其二，要使接近目标的弹道接近垂直下降弹道。潘兴 II 导弹采用俯仰平面和转弯平面内分别控制的方式。若采用比例导引法，则在俯仰平面与转弯平面内有如下关系

$$\dot{r}_D = k_\xi \dot{\lambda}_D$$

$$\dot{r}_T = k_\eta \dot{\lambda}_T$$

其中，$\dot{r}_D$、$\dot{r}_T$ 为速度向量 $\boldsymbol{v}$ 的旋转角速度在视线坐标系中的投影；$\dot{\lambda}_D$、$\dot{\lambda}_T$ 为视线转动角速度在视线坐标系中的投影。以俯仰平面为研究对象，用最优控制理论确定导弹再入制导规律。

1. 运动方程

某瞬时导弹运动如图 10.9 所示。图中 C 为瞬时弹点 v 在俯仰平面投影为 $v\cos q_T$，导弹与目标线 OC 的夹角为 q_D，导弹到目标的距离为 D。

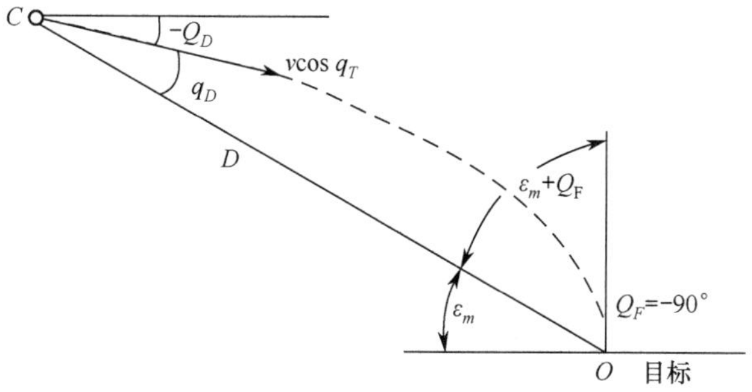

图 10-9　瞬时导弹运动

由前述要求可知，应抑制视线旋转，即

$$\dot{r}_{D_1} = k_\xi \dot{\varepsilon}_m \tag{10-57}$$

其中，k_ξ 为导航参数。

由上述要求二可知，为使弹道转成垂直状态，使落角 $\theta_F = -90°$，应使视线旋转，即

$$\dot{r}_{D_2} = k\frac{(\varepsilon_m + \theta_F)}{T_g} = -k\frac{\dot{D}}{D}(\varepsilon_m + \theta_F) \tag{10-58}$$

其中，$T_g = \dfrac{D}{\dot{D}}$；k 为转弯放大系数。则俯仰平面制导规律为式（10-57）与式（10-58），即

$$\dot{r}_D = \dot{r}_{D_1} + \dot{r}_{D_2} = k_\xi \dot{\varepsilon}_m - k\frac{\dot{D}}{D}(\varepsilon_m + \theta_F) \tag{10-59}$$

显然 $\dot{r}_{D_1}$ 与 $\dot{r}_{D_2}$ 的要求矛盾，如何选择导航参数 k_ξ 与转弯放大系数 k，是导弹制导控制的关键。

由图 10.9 可得，导弹运动参数关系为

$$\begin{cases} \dot{D} = -v\cos q_T \cdot \cos q_D \\ \dot{\varepsilon}_m = \dfrac{v\cos q_T \sin q_D}{D} \\ \varepsilon_m = q_D - \theta_D \end{cases} \tag{10-60}$$

对式（10-60）微分整理，有

$$\ddot{\varepsilon}_m = \left(\frac{\dot{v}}{v} - 2\frac{\dot{D}}{D}\right)\dot{\varepsilon}_m - \frac{\dot{D}}{D}\dot{\theta}_D \tag{10-61}$$

2. 将方程表示为最优问题的标准形式

令

$$\begin{cases} x_1 = \varepsilon_m + \theta_F \\ x_2 = \dot{\varepsilon}_m = \dot{x}_1 \\ u = \dot{\theta}_D \end{cases} \tag{10-62}$$

则得

$$\begin{cases} \dot{x}_1 = x_2 \\ \dot{x}_2 = \ddot{\varepsilon} = \left(\dfrac{\dot{v}}{v} - 2\dfrac{\dot{D}}{D}\right)x_2 - \dfrac{\dot{D}}{D}u \end{cases} \tag{10-63}$$

即状态方程或等式约束为

$$\begin{bmatrix} \dot{x}_1 \\ \dot{x}_2 \end{bmatrix} = \begin{bmatrix} 0 & 1 \\ 0 & \dfrac{\dot{v}}{v} - 2\dfrac{\dot{D}}{D} \end{bmatrix}\begin{bmatrix} x_1 \\ x_2 \end{bmatrix} + \begin{bmatrix} 0 \\ -\dfrac{\dot{D}}{D} \end{bmatrix}u \tag{10-64}$$

初始条件为

$$t = t_0, x_1(t_0) = \varepsilon_m(t_0) + \theta_F, x_2(t_0) = \dot{\varepsilon}_m(t_0) \tag{10-65}$$

终点条件为

$$t = t_f, x_1(t_f) = 0, x_2(t_f) = 0 \tag{10-66}$$

性能指标选为

$$J = \frac{1}{2}\int_{t_0}^{t_f} a^2 \mathrm{d}t \tag{10-67}$$

3. 应用古典变分法确定 k_ξ 和 k

由上述最优问题不难得知，该问题是终点时间状态固定，是古典变分法处理最优问题的第二种情况。为此将其等效转换为第一种情况，即

$$J = \frac{1}{2}\boldsymbol{x}^{\mathrm{T}}(t_f)\boldsymbol{S}\boldsymbol{x}(t_f) + \frac{1}{2}\int_{t_0}^{t_f} u^2 \mathrm{d}t \tag{10-68}$$

其中，$\|\boldsymbol{S}\| \to \infty$，则 $\boldsymbol{x}(t_f) \to \infty$。

解逆里卡德方程，求 $\boldsymbol{P}^{-1}$ 阵，即

$$\begin{cases} \dot{\boldsymbol{P}}^{-1} - \boldsymbol{A}\boldsymbol{P}^{-1} - \boldsymbol{P}^{-1}\boldsymbol{A}^{\mathrm{T}} + \boldsymbol{B}\boldsymbol{R}^{-1}\boldsymbol{B}^{\mathrm{T}} - \boldsymbol{P}^{-1}\boldsymbol{Q}\boldsymbol{P}^{-1} = 0 \\ \boldsymbol{P}^{-1}(t_f) = \boldsymbol{S}^{-1} = 0 \end{cases} \tag{10-69}$$

已知，$\boldsymbol{P}^{-1} = \begin{bmatrix} q_{11} & q_{12} \\ q_{21} & q_{22} \end{bmatrix}$，$\boldsymbol{A} = \begin{bmatrix} 0 & 1 \\ 0 & \dfrac{\dot{v}}{v} - 2\dfrac{\dot{D}}{D} \end{bmatrix}$，$\boldsymbol{B} = \begin{bmatrix} 0 \\ -\dfrac{\dot{D}}{D} \end{bmatrix}$，$\boldsymbol{R} = 1$，$\boldsymbol{Q} = 0$。代入式（10-69），有

$$\begin{bmatrix} \dot{q}_{11} & \dot{q}_{12} \\ \dot{q}_{21} & \dot{q}_{22} \end{bmatrix} = \begin{bmatrix} 0 & 1 \\ 0 & \dfrac{\dot{v}}{v} - 2\dfrac{\dot{D}}{D} \end{bmatrix}\begin{bmatrix} q_{11} & q_{12} \\ q_{21} & q_{22} \end{bmatrix} + \begin{bmatrix} q_{11} & q_{12} \\ q_{21} & q_{22} \end{bmatrix}\begin{bmatrix} 0 & 1 \\ 0 & \dfrac{\dot{v}}{v} - 2\dfrac{\dot{D}}{D} \end{bmatrix} - \begin{bmatrix} 0 & 0 \\ 0 & \left(\dfrac{\dot{D}}{D}\right)^2 \end{bmatrix}$$

因为 $q_{21} = q_{12}$，可得

$$\begin{cases}\dot{q}_{11}=2q_{12}\\ \dot{q}_{12}=q_{22}+\left(\dfrac{\dot{v}}{v}-2\dfrac{\dot{D}}{D}\right)q_{12}\\ \dot{q}_{22}=2\left(\dfrac{\dot{v}}{v}-2\dfrac{\dot{D}}{D}\right)q_{22}-\left(\dfrac{\dot{D}}{D}\right)^2\end{cases}$$

联立求解，得逆矩阵 $\boldsymbol{P}^{-1}$

$$\boldsymbol{P}^{-1}=\begin{bmatrix}q_{11} & q_{12}\\ q_{21} & q_{22}\end{bmatrix}=\begin{bmatrix}-\dfrac{D}{3\dot{D}} & -\dfrac{1}{6}\\ -\dfrac{1}{6} & -\dfrac{\dot{D}}{3D}\end{bmatrix}$$

可求得矩阵 $\boldsymbol{P}$

$$\boldsymbol{P}=\begin{bmatrix}p_{11} & p_{12}\\ p_{21} & p_{22}\end{bmatrix}=\begin{bmatrix}-\dfrac{4\dot{D}}{D} & 2\\ 2 & -\dfrac{4\dot{D}}{D}\end{bmatrix}$$

代入最优解，有

$$\hat{u}(t)=-\boldsymbol{R}^{-1}(t)\boldsymbol{B}^{\mathrm{T}}\boldsymbol{P}\boldsymbol{x}=-\begin{bmatrix}0 & -\dfrac{\dot{D}}{D}\end{bmatrix}\begin{bmatrix}P_{11} & P_{12}\\ P_{21} & P_{22}\end{bmatrix}\begin{bmatrix}x_1\\ x_2\end{bmatrix}=\frac{\dot{D}}{D}\begin{bmatrix}P_{12}x_1 & P_{22}x_2\end{bmatrix}=2\frac{\dot{D}}{D}x_1-4x_2 \tag{10-70}$$

由式（10-62）可知

$$\hat{u}=\dot{r}_D-\dot{\theta}_D=-4\dot{\varepsilon}_m+2\frac{\dot{D}}{D}(\varepsilon_m+\theta_F)=k_\xi\dot{\varepsilon}-k\frac{\dot{D}}{D}(\varepsilon_m+\theta_F) \tag{10-71}$$

则确定最优导航参数 $k_\xi=-4$，转弯放大系数 $k=-2$。应当指出，将 $k=-2$ 作为转弯控制指令有缺欠，当 $D=0$ 时，$\dfrac{\dot{D}}{D}\to\infty$ 无法实现。而实际上，当导弹接近目标而进入垂直俯冲状态时，导弹离目标约为 1km 即停止控制，故不会出现失控状态。

10.4　极小值原理

希望控制作用在下列条件约束下，使性能指标

$$J=\theta\left[\boldsymbol{x}(t),t\right]\Big|_{t_0}^{t_f}+\int_{t_0}^{t_f}\varPhi\left[\boldsymbol{x}(t),\boldsymbol{u}(t),t\right]\mathrm{d}t \tag{10-72}$$

取极小值。

系统控制方程的等式约束为

$$\dot{\boldsymbol{x}}(t)=\boldsymbol{f}\left[\boldsymbol{x}(t),\boldsymbol{u}(t),t\right] \tag{10-73}$$

系统的始点时间、状态固定，终点状态自由、时间固定。r 个容许控制不等式约束为

$$\boldsymbol{g}\left[\boldsymbol{x}(t),\boldsymbol{u}(t),t\right]>0\quad (r\leqslant n)\quad \boldsymbol{u}\in\boldsymbol{v}\text{ 容许空间} \tag{10-74}$$

首先不考虑不等式约束，即只考虑控制作用 $\boldsymbol{u}(t)$ 不受约束的最优控制问题，故可用古典

变分法求解。

在此基础上，分析实际情况，即考虑控制作用受不等式约束的最优控制问题。实际上，很多控制系统的控制作用 $\boldsymbol{u}(t)$ 都会受到各种限制，最常见的有 $\boldsymbol{u}(t)$ 的幅值受到某些环节输出饱和的影响、电源容量的限制等。这就意味着不能在整个控制向量空间取值，只能在空间中某个有界闭域中取值。因此 $\boldsymbol{u}(t)$ 的选取不是任意的，所以推导不出

$$\frac{\partial}{\partial \boldsymbol{u}}\boldsymbol{H}\left[\boldsymbol{x}(t),\boldsymbol{u}(t),\boldsymbol{\lambda}(t)\right]=0$$

这样，利用变分法推导出来的控制方程就不存在了。为求得使性能指标极小而必需的最优控制，就要另寻途径。而极小值原理对于解决受约束最优控制问题是很有效的，它是由庞德亚金提出的。

上述是问题的陈述，现在找到一个容许控制 $\boldsymbol{u}(t)$， $t\in[t_0,t_f]$，使性能指标

$$J=\theta\left[\boldsymbol{x}(t_f),t_f\right]+\int_{t_0}^{t_f}\varPhi\left[\boldsymbol{x}(t),\boldsymbol{u}(t),t\right]\mathrm{d}t \tag{10-75}$$

取极小值。

由极小值原理可知，在上述条件下，使 J 达到极小值的容许控制 $\boldsymbol{u}(t)\in\boldsymbol{v}$， $t\in[t_0,t_f]$ 是存在的，其必要条件为

定义哈密尔顿函数

$$H\left[\boldsymbol{x}(t),\boldsymbol{u}(t),\boldsymbol{\lambda}(t)\right]=\varPhi\left[\boldsymbol{x}(t),\boldsymbol{u}(t),\boldsymbol{\lambda}(t)\right]+\boldsymbol{\lambda}_{(t)}^{\mathrm{T}}\left[\boldsymbol{f}(\boldsymbol{x}(t),\boldsymbol{u}(t),\boldsymbol{\lambda}(t))\right] \tag{10-76}$$

则有规范方程

$$H\left[\hat{\boldsymbol{x}}(t),\hat{\boldsymbol{u}}(t),\boldsymbol{\lambda}(t),t\right]\leqslant\boldsymbol{H}\left[\boldsymbol{x}(t),\boldsymbol{u}(t),\boldsymbol{\lambda}(t),t\right]$$

或

$$H\left[\hat{\boldsymbol{x}}(t),\hat{\boldsymbol{u}}(t),\boldsymbol{\lambda}(t),t\right]\leqslant\min\nolimits_{\boldsymbol{u}\in\boldsymbol{v}}\boldsymbol{H}\left[\boldsymbol{x}(t),\boldsymbol{u}(t),\boldsymbol{\lambda}(t),t\right] \tag{10-77}$$

上式的意义是，在控制时间 $t\in[t_0,t_f]$ 内，若 $\hat{\boldsymbol{u}}(t)$ 是最佳控制，由它构成的哈密尔顿函数 H 是控制作用 $\boldsymbol{u}(t)$ 在容许空间中构成所有的哈密尔顿函数 H 中的一个最小值。同时，还应满足由一次变分 $\delta J=0$ 得到的除控制方程以外的其他条件。

定理 10-1 终点时间自由、状态固定的极小值原理。

存在控制作用 $\hat{\boldsymbol{u}}(t)$ 的最优控制，其必要条件如下。

① 状态方程：

$$\dot{\boldsymbol{x}}=\boldsymbol{f}(\boldsymbol{x}(t),\boldsymbol{u}(t),t)=\frac{\partial H}{\partial \boldsymbol{\lambda}} \tag{10-78}$$

② 伴随方程：

$$\dot{\boldsymbol{\lambda}}=\frac{\partial H}{\partial \boldsymbol{x}} \tag{10-79}$$

③ 贯截方程：

$$\boldsymbol{\lambda}(t_f)=a\quad（a\text{为特定常数乘子}） \tag{10-80}$$

④ 规范方程：

$$H\left[\hat{\boldsymbol{x}}(t),\hat{\boldsymbol{u}}(t),\boldsymbol{\lambda}(t),t\right]\leqslant H\left[\boldsymbol{x}(t),\boldsymbol{u}(t),\boldsymbol{\lambda}(t),t\right] \tag{10-81}$$

或

$$H\left[\hat{\boldsymbol{x}}(t),\hat{\boldsymbol{u}}(t),\boldsymbol{\lambda}(t),t\right]\leqslant\min\nolimits_{\boldsymbol{u}\in\boldsymbol{v}}H\left[\boldsymbol{x}(t),\boldsymbol{u}(t),\boldsymbol{\lambda}(t),t\right]$$

定理 10-2　终点时间自由、状态可变的极小值原理。

存在控制作用 $\hat{\boldsymbol{u}}(t)$ 的最优控制，其必要条件如下。

① 状态方程：

$$\dot{\boldsymbol{x}} = \boldsymbol{f}(\boldsymbol{x}(t), \boldsymbol{u}(t), t) = \frac{\partial H}{\partial \boldsymbol{\lambda}}$$

② 伴随方程：

$$\dot{\boldsymbol{\lambda}} = \frac{\partial H}{\partial \boldsymbol{x}}$$

③ 贯截方程：

终点边界族约束为

$$\boldsymbol{N}\left[\boldsymbol{x}(t_f), t_f\right] = 0$$

令

$$\boldsymbol{Q} = \boldsymbol{\theta}\left[\boldsymbol{x}(t_f), t_f\right] + \boldsymbol{D}^{\mathrm{T}}\boldsymbol{N}\left[\boldsymbol{x}(t_f), t_f\right]$$

则贯截条件为

$$\boldsymbol{\lambda}(t_f) = \frac{\partial \boldsymbol{Q}}{\partial \boldsymbol{x}(t_f)} = \frac{\partial \boldsymbol{\theta}}{\partial \boldsymbol{x}(t_f)} + \left(\frac{\partial \boldsymbol{N}^{\mathrm{T}}}{\partial \boldsymbol{x}(t_f)}\right) \tag{10-82}$$

④ 规范方程：

$$H\left[\hat{\boldsymbol{x}}(t), \hat{\boldsymbol{u}}(t), \boldsymbol{\lambda}(t), t\right] \leqslant H\left[\boldsymbol{x}(t), \boldsymbol{u}(t), \boldsymbol{\lambda}(t), t\right]$$

或

$$H\left[\hat{\boldsymbol{x}}(t), \hat{\boldsymbol{u}}(t), \boldsymbol{\lambda}(t), t\right] \leqslant \min_{\boldsymbol{u}\in\boldsymbol{v}} H\left[\boldsymbol{x}(t), \boldsymbol{u}(t), \boldsymbol{\lambda}(t), t\right]$$

需要指出的是，由于边界条件的变化，还可得出与之相应的极小值定理。

上面已经叙述了极小值原理的含义，因其证明过于繁难，故这里从略。但对于极小（大）值原理，可以粗略地解释如下。

设上述哈密尔顿函数 H 中的变元 $\boldsymbol{x}(t)$、$\boldsymbol{\lambda}(t)$ 均已选定，则在 $t\in[t_0, t_f]$ 区间内只有一个变元 $\boldsymbol{u}(t)$，$\boldsymbol{u}(t)\in\boldsymbol{v}$。由前述极值条件可知，当满足 $\dfrac{\partial H}{\partial \boldsymbol{u}}=0$ 的条件时，H 有一个局部的最小值，如图 10-10 所示。如果曲线如图 10-11 所示，则当满足条件 $\dfrac{\partial H}{\partial \boldsymbol{u}}=0$ 时，H 并不取最小值。可见极小值原理包括的控制范围比前面所讲的极值条件广泛得多。因此，在求 H 的最小值时，除满足

$$H\left[\hat{\boldsymbol{x}}(t), \hat{\boldsymbol{u}}(t), \boldsymbol{\lambda}(t), t\right] \leqslant H\left[\boldsymbol{x}(t), \boldsymbol{u}(t), \boldsymbol{\lambda}(t), t\right]$$

还需满足另设的充分条件，即

① H 对 $\boldsymbol{u}$ 的二阶偏导必须大于零，称为勒让德条件。

② 在时间 $t\in[t_0, t_f]$ 范围内，没有使 H 的二阶偏导为不定值的共轭点存在，这就是雅可比条件。

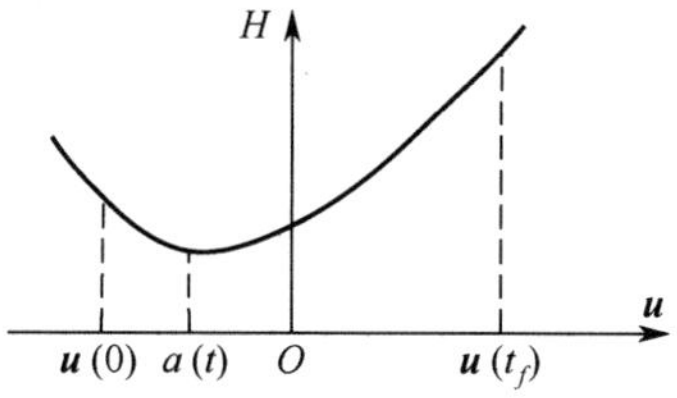

图 10-10 当 $\frac{\partial H}{\partial \boldsymbol{u}}=0$ 时，H 有最小值

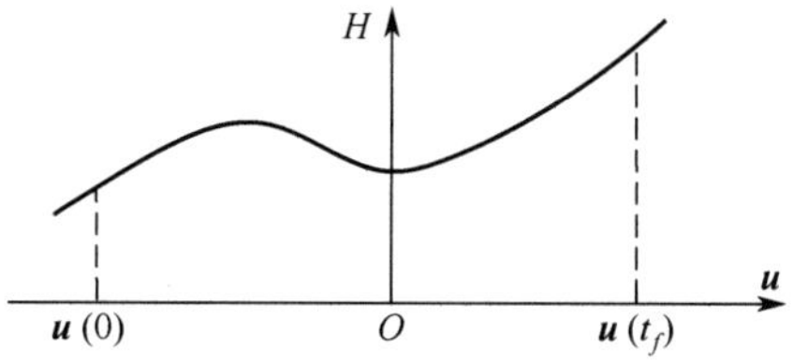

图 10-11 由 $\frac{\partial H}{\partial \boldsymbol{u}}=0$ 所得的 H 并非最小值

10.5 航行器姿态控制系统的时间最少控制问题

1. 问题描述

导弹、鱼雷、宇宙飞船等航行器的姿态控制系统是典型的最小时间控制系统，也称快速系统。若航行器的姿态受到某种扰动而偏离了给定的平衡状态，当偏离幅度不超过控制所允许的范围时，在最短时间内，控制航行器的姿态能恢复到给定的平衡状态，这就是最小时间控制的概念。

问题的提法：

给定 n 阶线性定常系统，控制 $u(t)$ 是标量，状态方程为

$$\dot{\boldsymbol{x}}=\boldsymbol{A}\boldsymbol{x}(t)+\boldsymbol{B}u(t),\boldsymbol{x}(t_0)=\boldsymbol{x}_0$$

控制约束为 $-1\leqslant u(t)\leqslant 1$。

寻求最短时间内使系统由初始状态转移到终止状态 $\boldsymbol{x}(t_f)=\boldsymbol{x}_f=0$，并使性能指标为极小的最优控制。这是终端状态固定、终端时间不固定的最优控制问题，可用极小值原理来分析。

哈密尔顿函数为

$$H\left[\boldsymbol{x}(t),\boldsymbol{u}(t),\boldsymbol{\lambda}(t),t\right]=\varPhi\left[\boldsymbol{x}(t),\boldsymbol{u}(t),t\right]+\boldsymbol{\lambda}^{\mathrm{T}}(t)[\boldsymbol{A}\boldsymbol{x}(t)+\boldsymbol{B}u(t)]=1+\boldsymbol{\lambda}^{\mathrm{T}}(t)[\boldsymbol{A}\boldsymbol{x}(t)+\boldsymbol{B}u(t)]$$

状态方程为

$$\dot{\boldsymbol{x}}(t)=\boldsymbol{A}\boldsymbol{x}(t)+\boldsymbol{B}u(t)=\frac{\partial H\left[\boldsymbol{x}(t),u(t),\boldsymbol{\lambda}(t),t\right]}{\partial \boldsymbol{\lambda}}$$

伴随方程为

$$\dot{\boldsymbol{\lambda}}(t)=-\frac{\partial H\left[\boldsymbol{x}(t),u(t),\boldsymbol{\lambda}(t),t\right]}{\partial \boldsymbol{x}}=-\boldsymbol{A}^{\mathrm{T}}\boldsymbol{\lambda}(t)$$

贯截条件方程为

$$\boldsymbol{\lambda}(t_f)=a\ \text{（}a\text{ 为特定常数乘子）}$$

$$\boldsymbol{x}(t_0)=\boldsymbol{x}_0\qquad \boldsymbol{x}(t_f)=0$$

由于控制作用受不等式约束，根据极小值原理，当哈密尔顿函数取极小值时的容许控制 $u(t)$ 即最优控制。为使 H 函数取极小值，从

$$H\left[\boldsymbol{x}(t),u(t),\boldsymbol{\lambda}(t),t\right]=1+\boldsymbol{\lambda}^{\mathrm{T}}(t)[\boldsymbol{A}\boldsymbol{x}(t)+\boldsymbol{B}u(t)]$$

可直观地看出当 $\boldsymbol{\lambda}^{\mathrm{T}}\boldsymbol{B}>0$ 时，取 $u(t)=-1$；当 $\boldsymbol{\lambda}^{\mathrm{T}}\boldsymbol{B}<0$ 时，取 $u(t)=1$。

或写成

$$u(t) = -\text{sign}(\boldsymbol{\lambda}^{\text{T}}\boldsymbol{B}) \tag{10-83}$$

根据 $\boldsymbol{\lambda}^{\text{T}}\boldsymbol{B}$ 的符号取 $u(t)$ 的容许边界值，此即所谓“Bang-Bang”控制，也称“乒乓”控制。H 函数中 $\boldsymbol{\lambda}^{\text{T}}\boldsymbol{B}u$ 这一项始终为负值，而且其幅值是容许控制中的最大值。

由状态方程与伴随方程求得 $\boldsymbol{\lambda}^{\text{T}}$ 与 $\boldsymbol{x}(t)$ 的关系，再代入 $u(t)$ 中，就可得出按照状态反馈组成的最优控制的闭环控制规律。

在具体解法上必须指出，若系统状态变量 $\boldsymbol{x}$ 的维数不高，如 $n \leqslant 2$，且 $\boldsymbol{B}(t)$ 不太复杂，可仿照下面的方法求得最佳控制和最佳轨线。

2. 列写状态方程

以导弹姿态控制系统的最小时间控制问题为例说明求解过程。导弹飞行偏离轨道示意图如图 10-12 所示。设偏离角为 θ，围绕质心的转动惯量为 J，每个喷嘴产生的推力为 $\dfrac{F}{2}$，则总的推力矩为 $2\dfrac{F}{2}\cdot l = \boldsymbol{F}\cdot l$，围绕质心的角加速度 $\ddot{\theta} = \dfrac{F\cdot l}{J} = u$，令 $x_1 = \theta$，则有

$$\begin{cases} \dot{x}_1 = \dot{\theta} = x_2 \\ \dot{x}_2 = \ddot{\theta} = u \end{cases}$$

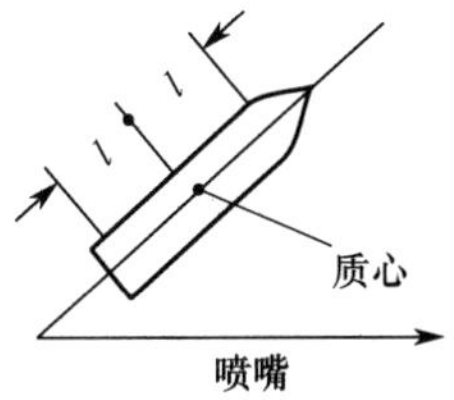

图 10-12　导弹飞行偏离轨道示意图

即

$$\dot{\boldsymbol{x}}(t) = \begin{bmatrix} 0 & 1 \\ 0 & 0 \end{bmatrix} \boldsymbol{x}(t) + \begin{bmatrix} 0 \\ 1 \end{bmatrix} u(t)$$

此系统为双积分系统。

由上式可知，导弹飞行偏离预定轨道，要求在最短时间内返回轨道，受控对象是由两个积分环节串联组成的二阶定常系统，其状态方程为

$$\dot{\boldsymbol{x}}(t) = \boldsymbol{A}\boldsymbol{x}(t) + \boldsymbol{B}u(t), \qquad \boldsymbol{x}(t_0) = \boldsymbol{x}(0)$$

求使系统从初始状态 $\boldsymbol{x}(0)$ 以最短时间转移到终止状态 $\boldsymbol{x}(t_f) = 0$ 的最优控制。其中，$\boldsymbol{A} = \begin{bmatrix} 0 & 1 \\ 0 & 0 \end{bmatrix}$，$\boldsymbol{B} = \begin{bmatrix} 0 \\ 1 \end{bmatrix}$，且控制 $u(t)$ 受 $-1 \leqslant u(t) \leqslant 1$ 的约束。性能指标为

$$J = \int_{t_0}^{t_f} \mathrm{d}t$$

3. 由极小值定理求解

哈密尔顿函数 H 为

$$H\left[\boldsymbol{x}(t), u(t), \boldsymbol{\lambda}(t), t\right] = 1 + \boldsymbol{\lambda}^{\text{T}}[\boldsymbol{A}(\boldsymbol{x}(t) + \boldsymbol{B}u(t)] = 1 + \lambda_1 x_2 + \lambda_2 u$$

伴随方程为

$$\dot{\boldsymbol{\lambda}} = -\boldsymbol{A}^{\text{T}}\boldsymbol{\lambda}(t) = -\begin{bmatrix} 0 & 0 \\ 1 & 0 \end{bmatrix}\begin{bmatrix} \lambda_1(t) \\ \lambda_2(t) \end{bmatrix} = -\begin{bmatrix} 0 \\ \lambda_1(t) \end{bmatrix} \qquad \boldsymbol{\lambda}(t_f) = \boldsymbol{a}$$

其中，$\boldsymbol{a}$ 为待定的常数乘子，即

$$\begin{cases}\dot{\lambda}_1 = 0 \\ \dot{\lambda}_2 = -\lambda_1\end{cases}$$

解得

$$\begin{cases}\lambda_1(t) = c_1 \\ \lambda_2(t) = -c_1 t + c_2\end{cases}$$

其中，c_1、c_2为由初始条件$\boldsymbol{x}_0$决定的常量。

为使H对u有最小值，并考虑到$-1 \leqslant u(t) \leqslant 1$，显然要使系统在最短时间内转移至原点，由最优控制原理得

$$\hat{u}(t) = -\text{sign}(\boldsymbol{\lambda}^{\mathrm{T}}\boldsymbol{B}) = -\text{sign}\lambda_2(t) = -\text{sign}(c_2 - c_1 t) = \text{sign}(c_1 t - c_2)$$

不失一般性，取$t_0 = 0$。图 10-13 给出了$\lambda_2(t)$与$u(t)$在某一初始状态下的图形。

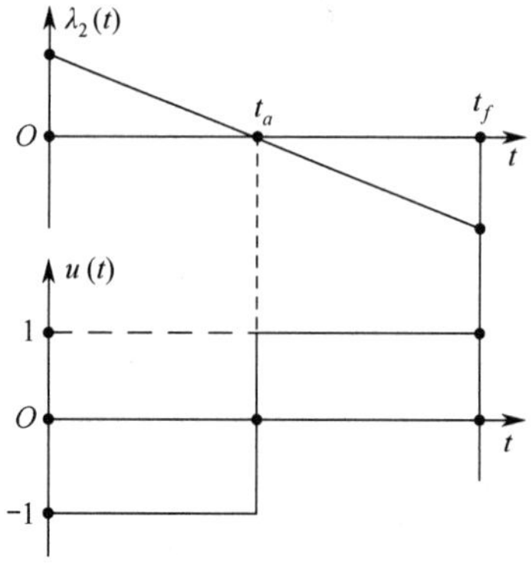

图 10-13　$\lambda_2(t)$与$u(t)$在某一初始状态下的图形

为求出$u(t)$和$x(t)$的关系，即组成状态反馈系统，需要将状态方程的解求出。已知控制$u(t) = \pm 1$，所以

（1）当$u(t) = -1$时，状态方程为

$$\begin{cases}\dot{x}_1(t) = x_2(t) \\ \dot{x}_2(t) = -1\end{cases}$$

解得

$$x_2(t) = -t + x_{20} = -(t - x_{20}) \tag{10-84}$$

$$\begin{aligned}x_1(t) &= -\frac{1}{2}t^2 + x_{20}t - \frac{1}{2}x_{20}^2 + x_{10} + \frac{1}{2}x_{20}^2 = -\frac{1}{2}(t - x_{20})^2 + \left(x_{10} + \frac{1}{2}x_{20}^2\right) \\ &= -\frac{1}{2}x_2^2 + \left(x_{10} + \frac{1}{2}x_{20}^2\right)\end{aligned} \tag{10-85}$$

（2）当$u(t) = 1$时，状态方程为

$$\begin{cases}\dot{x}_1(t) = x_2(t) \\ \dot{x}_2(t) = 1\end{cases}$$

解得

$$x_2(t) = -t + x_{20} \tag{10-86}$$

$$x_1(t) = \frac{1}{2}x_2^2 + \left(x_{10} - \frac{1}{2}x_{20}^2\right) \tag{10-87}$$

显然，式（10-85）、式（10-87）代表的是初始状态时的两个抛物线族，如图 10-14 所示。图中阴影部分表示式（10-87）的曲线族，非阴影部分表示式（10-85）的曲线族。从图中可以看出 x_1 轴上相点的移动方向是从左向右（因为 $x_2=\dfrac{\mathrm{d}x_1}{\mathrm{d}t}$ 为正）；x_1 轴下面相点的移动方向是从右向左（因为 $x_2=\dfrac{\mathrm{d}x_1}{\mathrm{d}t}$ 为负）。在 $u=+1$ 区域内，由于 $\dfrac{\mathrm{d}x_2}{\mathrm{d}t}=u$ 为正，所以式（10-87）的曲线族的运动方向是从下向上；在 $u=-1$ 区域内，由于 $\dfrac{\mathrm{d}x_2}{\mathrm{d}t}=u$ 为负，所以式（10-85）的曲线族的运动方向是从上向下。以上两族曲线中各有一条曲线能进入坐标原点，这就是在 $u=+1$ 区域内的曲线 $x_{10}-\dfrac{1}{2}x_{20}^2=0$ 以及在 $u=-1$ 区域内的曲线 $x_{10}+\dfrac{1}{2}x_{20}^2=0$，两条曲线在坐标原点处相遇，它们对应的方程式分别是

$$\begin{cases} x_1=\dfrac{1}{2}x_2^2 \\ x_2=-\dfrac{1}{2}x_2^2 \end{cases}$$

将两式合写成 $x_1=-\dfrac{1}{2}x_2|x_2|$。

这条通过坐标原点的相轨迹（图 10-14 中的曲线 AB）将整个相平面划分成 $u=+1$ 和 $u=-1$ 两个区域，曲线 AB 称为系统的最小时间开关曲线。实现最佳快速控制的方法如下。

设系统的初始状态 $\boldsymbol{x}(t_0)=\boldsymbol{x}(0)$，它处在 $u=-1$ 的区域内，在控制 $u=-1$ 的作用下，相点 $\boldsymbol{x}_0$ 沿它所在的那条抛物线运动，直到与最小时间开关曲线 BO 相交为止，如图 10-15 所示。相点到达点 B 后，将开关打至 $u=+1$ 的位置，于是系统便沿着曲线 BO 由点 B 运动至坐标原点，这一控制过程即最佳快速控制。

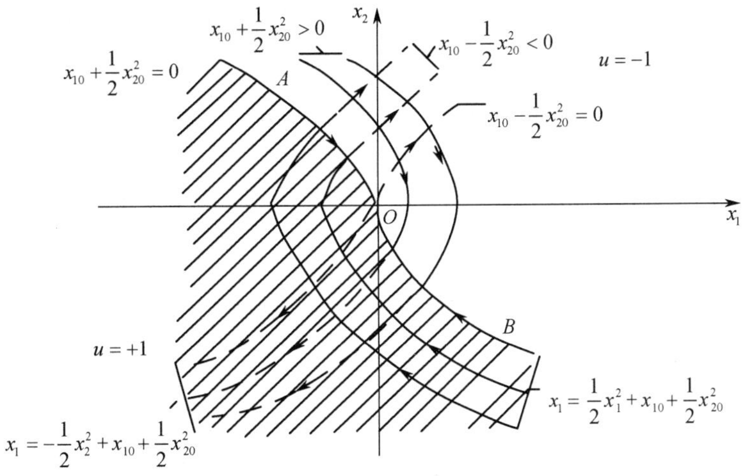

图 10-14　抛物线族

根据式（10-87），并令

$$\boldsymbol{K}(\boldsymbol{x})=x_1-\frac{1}{2}x_2^2=x_{10}-\frac{1}{2}x_{20}\leqslant 0,\quad u=+1 \tag{10-88}$$

根据式（10-85），并令

$$K(x)=x_1+\frac{1}{2}x_2^2=x_{10}+\frac{1}{2}x_{20}\geqslant 0,\quad u=-1 \tag{10-89}$$

将以上两式合写成

$$K(x)=x_1+\frac{1}{2}x_2\left|x_2\right| \tag{10-90}$$

令 $F(x_2)=\frac{1}{2}x_2\left|x_2\right|$，则 $K(x)=x_1+F(x_2)$。

此结果与控制方程相对应，即将 c_1、c_2 用 x_1、x_2 来表示，得

$$u=-\text{sign}[x_1(t)+\frac{1}{2}x_2(t)\left|x_1(t)\right|] \tag{10-91}$$

相应的系统方框图如图 10-15 所示。

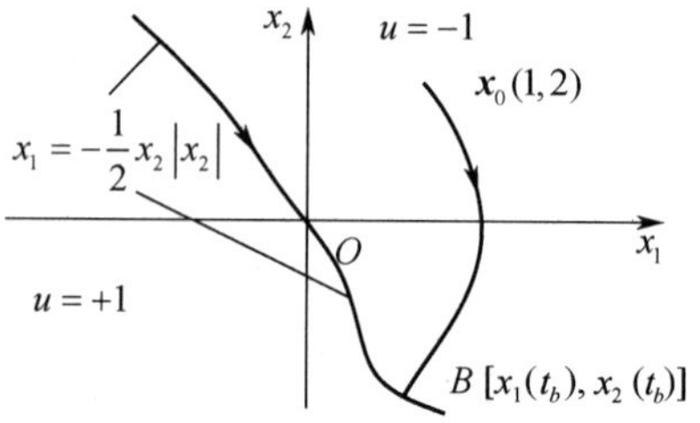

(a) 最佳快速控制示意图

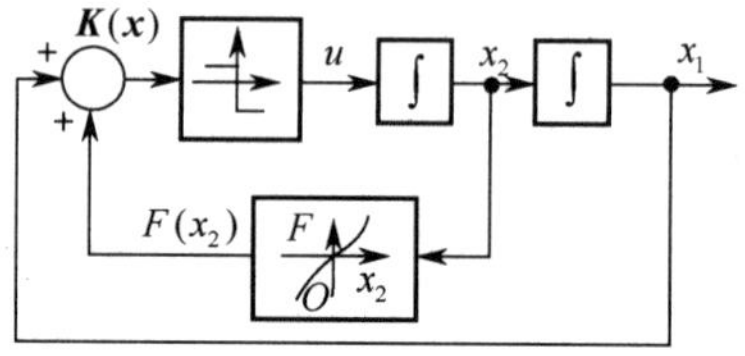

(b) 系统方框图

图 10-15 最佳快速控制示意图与系统方框图

由以上分析可见：

① 为实现“Bang-Bang”控制，系统中使用了继电器，并在相应过程中最多切换一次，因此最佳转移时间 T 及性能指标 J 可由式（10-84）、式（10-86）求出。

例如，初始状态 $x_{10}=1$、$x_{20}=2$，如图 10-15 所示。系统由初始状态 $x_{10}=1$、$x_{20}=2$ 转移到 $[x_1(t_b),x_2(t_b)]$，所经由的相轨迹方程为

$$x_1=-\frac{1}{2}x_2^2+\left(x_{10}+\frac{1}{2}x_{20}^2\right)=-\frac{1}{2}x_2^2+3$$

系统由状态 $[x_1(t_b),x_2(t_b)]$ 转移到坐标原点所经由的相轨迹就是开关曲线，即

$$x_1=\frac{1}{2}x_2^2$$

当 $t=t_b$ 时，两条相轨迹上的点重合，即有

$$\frac{1}{2}x_2^2=-\frac{1}{2}x_2^2+3$$

解得 $x_2(t_b)=\pm\sqrt{3}$，其中 $\sqrt{3}$ 不合理，故应取

$$x_2(t_b)=-\sqrt{3}$$

于是 $x_1(t_b)=\frac{3}{2}$。

下面可以求出 t_b 和总的响应时间，即

$$t_b=x_{20}-x_2(t_b)=2+\sqrt{3}$$

则系统由初态 $x_{10}=1$、$x_{20}=2$，按时间最优控制所确定的最佳轨线转移到坐标原点所需要的时间为

$$t_f=2+\sqrt{3}\approx 3.732$$

当 x_{10} 和 x_{20} 不同时，得到的 t_f 也不同，但都是最短时间。

② $u(t)$ 和 $\boldsymbol{x}(t)$ 的关系是非线性的，这与前面介绍的二次型性能指标最优控制形成的线性反馈是不同的。

同理，据上述计算过程，如初始状态 $x_{10}=-4$、$x_{20}=-8$，按时间最优控制转移到坐标原点所需时间为 20s。

例 10-8　设受控对象是由惯性环节和积分环节串联组成的，状态方程为

$$\dot{\boldsymbol{x}}(t)=\boldsymbol{A}\boldsymbol{x}(t)+\boldsymbol{B}u(t)\qquad \boldsymbol{x}(t_0)=\boldsymbol{x}_0$$

其中，$\boldsymbol{A}=\begin{bmatrix}0 & 1\\ 0 & -a\end{bmatrix}$，$\boldsymbol{B}=\begin{bmatrix}0\\ 1\end{bmatrix}$，$u(t)$ 受到约束，即 $-1\leqslant u(t)\leqslant 1$。求最优控制，使系统状态由初始状态 $\boldsymbol{x}(t_0)=\boldsymbol{x}_0$ 转移到坐标原点所经历的时间最短。

解　性能指标仍取

$$J(u)=\int_{t_0}^{t_f}\mathrm{d}t$$

哈密尔顿函数为

$$H\left[\boldsymbol{x}(t),u(t),\boldsymbol{\lambda}(t),t\right]=1+\boldsymbol{\lambda}^{\mathrm{T}}[\boldsymbol{A}\boldsymbol{x}(t)+\boldsymbol{B}u(t)]$$

为使 H 函数取极小值，应有

$$u(t)=-\mathrm{sign}[\boldsymbol{\lambda}^{\mathrm{T}}(t)\boldsymbol{B}]$$

伴随方程为

$$\dot{\boldsymbol{\lambda}}(t)=-\frac{\partial H}{\partial \boldsymbol{x}}=-\boldsymbol{A}^{\mathrm{T}}\boldsymbol{\lambda}(t)=\begin{bmatrix}0 & 0\\ -1 & a\end{bmatrix}\begin{bmatrix}\lambda_1(t)\\ \lambda_2(t)\end{bmatrix}\boldsymbol{\lambda}(t_f)=v=\text{常量}$$

写成方程组，即

$$\begin{cases}\dot{\lambda}_1(t)=0\\ \dot{\lambda}_2(t)=-\lambda_1(t)+a\lambda_2(t)\end{cases}$$

解得

$$\begin{cases}\lambda_1(t)=C_1\\ \lambda_2(t)=C_2\mathrm{e}^{at}+\dfrac{C_1}{a}\end{cases}$$

其中，C_1、C_2 是由初始状态决定的常数。由于 e^{at} 是随 t 单调增长的，随着初始状态不同，C_1、C_2 的符号和大小也各异，但 $\lambda_1(t)$ 的图形始终只与 t 轴平行不相交，而 $\lambda_2(t)$ 的图形则可能不相交，也可能相交一次。

为使哈密尔顿函数取极小值，故应有最优控制为

$$\hat{u}(t)=-\mathrm{sign}[\boldsymbol{\lambda}^{\mathrm{T}}(t)\boldsymbol{B}]=-\mathrm{sign}\left[[\lambda_1(t)\lambda_2(t)]\begin{pmatrix}0\\ 1\end{pmatrix}\right]=-\mathrm{sign}\lambda_2(t)$$

当 $\lambda_2(t)$ 取 $\lambda_2(t)>0$ 时，$u(t)=-1$；当 $\lambda_2(t)<0$ 时，$u(t)=1$。仍然是“Bang-Bang”控制。将相轨迹求出，并找出开关曲线。

状态方程为

$$\begin{bmatrix}\dot{x}_1(t)\\ \dot{x}_2(t)\end{bmatrix}=\begin{bmatrix}0 & 1\\ 0 & -a\end{bmatrix}\begin{bmatrix}x_1(t)\\ x_2(t)\end{bmatrix}+\begin{bmatrix}0\\ 1\end{bmatrix}u,\qquad \boldsymbol{x}(t_0)=\boldsymbol{x}_0$$

或写成方程组

$$\begin{cases}\dot{x}_1(t)=x_2(t)\\ \dot{x}_2(t)=-ax_2(t)+u(t)\end{cases},\quad \boldsymbol{x}(t_0)=\boldsymbol{x}_0$$

求得矩阵指数

$$\mathrm{e}^{At}=\begin{bmatrix}1 & \frac{1}{a}(1-\mathrm{e}^{-at})\\ 0 & \mathrm{e}^{-at}\end{bmatrix}$$

则状态方程解为

$$\boldsymbol{x}(t)=\mathrm{e}^{At}\boldsymbol{x}_0+\int_0^t\mathrm{e}^{A(t-\tau)}\boldsymbol{B}u\mathrm{d}\tau=\begin{bmatrix}1 & \frac{1}{a}(1-\mathrm{e}^{-at})\\ 0 & \mathrm{e}^{-at}\end{bmatrix}\begin{bmatrix}x_{10}\\ x_{20}\end{bmatrix}+\int_0^t\begin{bmatrix}\pm\frac{1}{a}(1-\mathrm{e}^{-at}\cdot\mathrm{e}^{-at})\\ \pm\mathrm{e}^{-at}\cdot\mathrm{e}^{-at}\end{bmatrix}\mathrm{d}\tau$$

$$=\begin{bmatrix}1 & \frac{1}{a}(1-\mathrm{e}^{-at})\\ 0 & \mathrm{e}^{-at}\end{bmatrix}\begin{bmatrix}x_{10}\\ x_{20}\end{bmatrix}+\begin{bmatrix}\pm\frac{1}{a}(t-\frac{1}{a}\mathrm{e}^{-at}(\mathrm{e}^{-at}-1))\\ \pm\frac{1}{a}\mathrm{e}^{-at}(\mathrm{e}^{-at}-1)\end{bmatrix}=\begin{bmatrix}x_{10}+\frac{x_{20}}{2}(1-\mathrm{e}^{-at})\pm\frac{1}{a}(t-\frac{1}{a}\mathrm{e}^{-at}(\mathrm{e}^{-at}-1))\\ \mathrm{e}^{-at}x_{20}\pm\frac{1}{a}(1-\mathrm{e}^{-at})\end{bmatrix}$$

因此

$$\begin{cases}x_1=x_{10}+\frac{x_{20}}{2}(1-\mathrm{e}^{-at})\pm\frac{1}{a}\left[t-\frac{1}{a}\mathrm{e}^{-at}(\mathrm{e}^{-at}-1)\right]\\ x_2=-\mathrm{e}^{-at}x_{20}\pm\frac{1}{a}(1-\mathrm{e}^{-at})\end{cases}$$

当$u=1$时，则有

$$\begin{cases}x_1=x_{10}+\frac{x_{20}}{2}(1-\mathrm{e}^{-at})\pm\frac{1}{a}\left(t-\frac{1}{a}(1-\mathrm{e}^{-at})\right)\\ x_2=\mathrm{e}^{-at}x_{20}+\frac{1}{a}(1-\mathrm{e}^{-at})=\frac{1}{a}+\mathrm{e}^{-at}\left(x_{20}-\frac{1}{a}\right)\end{cases}$$

考虑到x_2, x_1可写为

$$x_1=x_{10}+\frac{t}{a}+\frac{x_{20}}{2}-\frac{1}{a}\left[\frac{1}{a}+\mathrm{e}^{-at}\left(x_{20}-\frac{1}{a}\right)\right]=x_{10}+\frac{t}{a}+\frac{x_{20}}{2}-\frac{x_2}{a}$$

由x_2可得到

$$t=-\frac{1}{a}\ln\left|\frac{ax_2-1}{ax_{20}-1}\right|$$

将上式代入x_1中，有

$$x_1=-\frac{x_2}{a}-\frac{1}{a^2}\ln|ax_2-1|+x_{10}+\frac{1}{a^2}\ln|ax_{20}-1|+\frac{x_{20}}{a}$$

因此开关曲线为

$$x_1=-\frac{x_2}{a}+\frac{1}{a^2}\ln|1-ax_2|$$

同理，当$u=-1$时，则有

运动轨线为

$$x_1=-\frac{x_2}{a}+\frac{1}{a^2}\ln|ax_2+1|+x_{10}-\frac{1}{a^2}\ln|ax_{20}+1|+\frac{x_{20}}{a}$$

开关曲线为

$$x_1=-\frac{x_2}{a}+\frac{1}{a^2}\ln|1+ax_2|$$

将x_1与x_2的开关曲线合并起来，得到开关曲线方程，即

$$x_1=-\frac{x_2}{a}+\mathrm{sign}x_2\cdot\frac{1}{a^2}\ln(1+a|x_2|)$$

最佳曲线示意图如图 10-16 所示。

开关曲线的右上半部包括：开关线在横轴以上区域部分标以$u=-1$，说明当系统的状态对应于此区域内的点时，则应取控制$u(t)=-1$。开关曲线的左下半部包括：开关曲线横轴以下的部分在内的区域标以$u=1$，说明当系统的状态对应的点落在此区域内时，应取控制$u(t)=1$。例如，当初态为(x_{10},x_{20})时，对应在$u=1$区域内一点（图 10-16），则一开始应取$u(t)=1$，于是在$u(t)$的驱动下，系统由初态转移到$[x_1(t_a),x_2(t_a)]$，这时应将控制$u(t)$切换到$u(t)=-1$。然后系统状态由$[x_1(t_a),x_2(t_a)]$沿开关曲线转移到坐标原点。在此过程中，$u(t)$有一次切换，如果系统的初态对应于开关曲线上的点，则不需要切换$u(t)$，就能使系统状态转移到坐标原点。

设$F(x_2)=\dfrac{x_2}{a}-\mathrm{sign}x_2\cdot\dfrac{1}{a^2}\ln(1+a|x_2|)$，有

$$K(\boldsymbol{x})=x_1+F(x_2)$$

则控制方程为

$$u=-\mathrm{sign}K(\boldsymbol{x})$$

闭环系统方框图如图 10-17 所示。

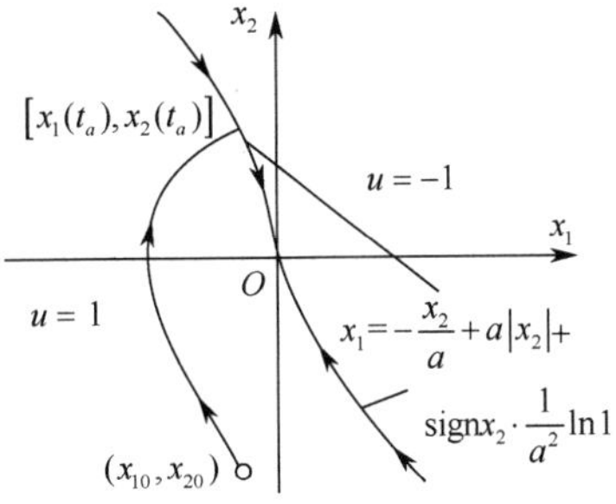

图 10-16　最佳曲线示意图

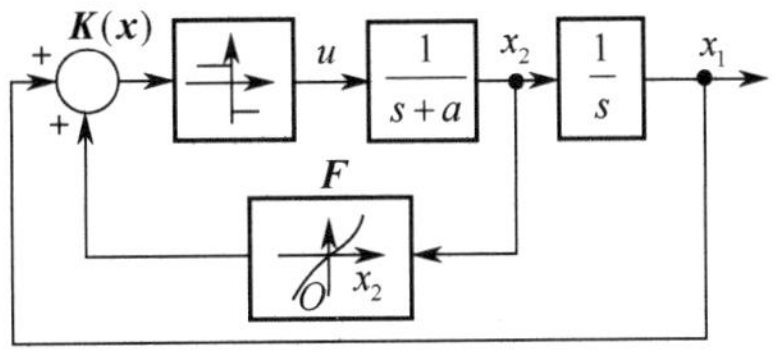

图 10-17　闭环系统方框图

10.6　导弹燃料消耗最少控制问题

1. 问题描述

在利用发动机推力或力矩作为控制参数时，可将燃料消耗率$\mu(t)$近似表示为

$$\mu(t)=\sum_{i=1}^{m}C_i\left|u_i\right|,\quad C_i>0 \tag{10-92}$$

则燃料消耗最少的性能指标为

$$J=\int_0^T\mu(t)\mathrm{d}t=\int_0^T\left(\sum_{i=1}^{m}C_i\left|u_i\right|\right)\mathrm{d}t \tag{10-93}$$

在研究燃料消耗最优控制时，必须考虑过渡过程时间 T，如 T 自由，单纯从燃料消耗最优出发，可导致很长过渡过程时间 T，如过分强调 T，又可能使燃料消耗过多，故通常将性能指标写为

$$J=KT+\int_0^T\left(\sum_{i=1}^{m}C_i\left|u_i\right|\right)\mathrm{d}t=\int_0^T(K+|u|)\mathrm{d}t \tag{10-94}$$

其中，$K>0$ 为权系数。

该问题的性能指标如式（10-94）所示。

等式约束为状态方程，考虑的是 10.5 节最小时间问题的二阶积分系统，即

$$\begin{cases}\dot{x}_1=x_2\\ \dot{x}_2=u\end{cases}$$

状态方程为

$$\begin{bmatrix}\dot{x}_1\\ \dot{x}_2\end{bmatrix}=\begin{bmatrix}0&1\\0&0\end{bmatrix}\begin{bmatrix}x_1\\x_2\end{bmatrix}+\begin{bmatrix}0\\1\end{bmatrix}u \tag{10-95}$$

不等式约束为

$$|u|\leqslant 1 \tag{10-96}$$

初始条件为

$$x_1(0)=x_{10}\ ,x_2(0)=x_2 \tag{10-97}$$

终点条件为

$$x_1^2(T)+x_2^2(T)=1 \tag{10-98}$$

2. 问题求解

显然上述问题为具有不等式约束的、可变终点而时间自由的极小值问题。用极小值原理求解。

哈密尔顿函数为

$$H(\boldsymbol{x},u,\boldsymbol{\lambda})=\varPhi(\boldsymbol{x},u)+\boldsymbol{\lambda}^{\mathrm{T}}f(\boldsymbol{x},u)=K+|u|+\lambda_1x_1+\lambda_2u \tag{10-99}$$

状态方程为

$$\dot{\boldsymbol{x}}=\boldsymbol{A}\boldsymbol{x}+\boldsymbol{B}u=\begin{bmatrix}0&1\\0&0\end{bmatrix}\boldsymbol{x}+\begin{bmatrix}0\\1\end{bmatrix}u \tag{10-100}$$

伴随方程为

$$\dot{\boldsymbol{\lambda}}=-\frac{\partial H}{\partial \boldsymbol{x}}=-\boldsymbol{A}^{\mathrm{T}}\boldsymbol{\lambda}=-\begin{bmatrix}0\\-\lambda_1\end{bmatrix} \tag{10-101}$$

有

$$\begin{cases}\dot{\lambda}_1(t)=0\\ \dot{\lambda}_2(t)=-\dot{\lambda}_1(t)\end{cases}$$

最优控制 $\hat{u}$ 应使 H 函数取极小值，即使

$$h(u)=|u|+\lambda_2 u \tag{10-102}$$

取极小值，则最优控制规律应为

$$\begin{cases}\hat{u}(t)=0 & -1<\lambda_2<1\\ \hat{u}(t)=1 & \lambda_2<-1\\ \hat{u}(t)=-1 & \lambda_2>1\end{cases} \tag{10-103}$$

因此最优控制规律为 $\hat{u}=\{1,0,-1\}$，如图 10-18 所示。

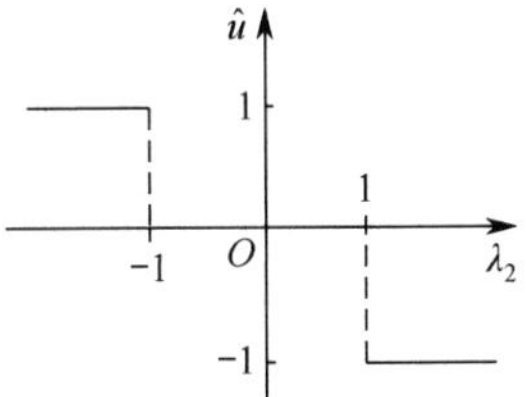

图 10-18　最优控制规律

由 10.5 节的最优轨迹分析可知，其轨迹为抛物线与直线，即

$$\begin{cases}x_1-\dfrac{1}{2}x_2^2=C_0 & \hat{u}=1\\ x_1+\dfrac{1}{2}x_2^2=C_0 & \hat{u}=-1\\ x_2=x_{20} & \hat{u}=0\end{cases} \tag{10-104}$$

再分析边界条件：

已知 $x_1^2(T)+x_2^2(T)=1$，又由定理 10.2 贯截条件为

$$\lambda_1(T)=2vx_1(T) \tag{10-105}$$

$$\lambda_2(T)=2vx_2(T) \tag{10-106}$$

其中，v 为待定常数。又由于终点时间自由，则哈密尔顿函数为零，有

$$K+|\hat{u}(T)|+\lambda_1(T)x_2(T)+\lambda_2(T)\hat{u}(T)=0 \tag{10-107}$$

最后由以上各式确定开关曲线。

如 $\hat{u}(T)$ 已知，对式（10-103）~式（10-107）联解，可求得 v、$x_1(T)$、$x_2(T)$、$\lambda_1(T)$、$\lambda_2(T)$，分别根据最优控制规律 $\hat{\boldsymbol{u}}=\{1,0,-1\}$ 与 $\hat{\boldsymbol{u}}=\{-1,0,1\}$，可确定它们的开关曲线，由以下 4 条抛物线组成，即

$$\begin{cases}x_1+\dfrac{1}{2}x_2^2=c\\ x_1+\left(\dfrac{1}{2}+\dfrac{2}{K}\right)x_2^2=c\end{cases}\quad \hat{u}=\{1,0,-1\} \tag{10-108}$$

$$\begin{cases}x_1-\dfrac{1}{2}x_2^2=c^0\\ x_1-\left(\dfrac{1}{2}+\dfrac{2}{K}\right)x_2^2=c^0\end{cases}\quad \hat{u}=\{-1,0,1\} \tag{10-109}$$

系统运动轨迹如图 10-19 所示。由初始状态 x_0 在 $\hat{u}=\{1,0,-1\}$ 作用下，至 M 切换，沿直线 MN 运动，至点 N 切换，由抛物线开关曲线至终点 c。

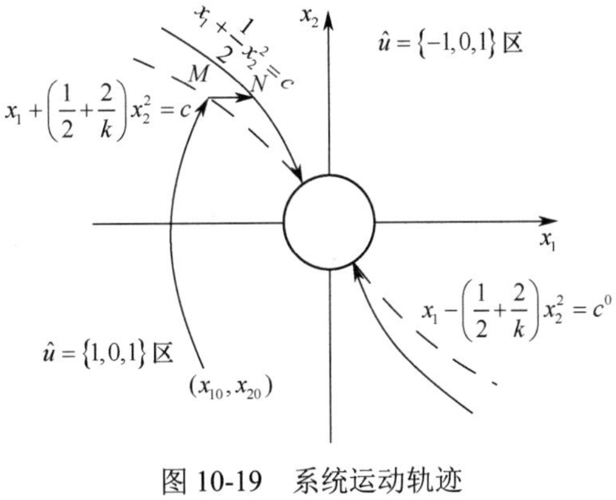

图 10-19　系统运动轨迹

习 题

【习题 10.1】 已知系统的状态方程为：$\dot{x}_1(t)=x_2(t)$，$\dot{x}_2(t)=u(t)$，边界条件为：$x_1(0)=x_2(0)=1$，$x_1(3)=x_2(3)=0$。试求使性能指标 $J=\frac{1}{2}\int_0^3 u^2(t)\mathrm{d}t$ 取得极小值的最优控制 $u^*(t)$ 以及最优轨线 $\boldsymbol{x}^*(t)$。

【习题 10.2】 已知系统的状态方程为：$\dot{x}(t)=u(t)$，初始条件为：$x(0)=1$。试确定最优控制使性能指标 $J=\frac{1}{2}\int_0^3 (x^2+u^2)\mathrm{e}^{2t}\mathrm{d}t$ 取极小值。

【习题 10.3】 设系统状态方程为：$\dot{x}_1(t)=x_2(t)$，$\dot{x}_2(t)=u(t)$，初始条件为：$x_1(0)=2$，$x_2(0)=1$，性能指标为 $J=\frac{1}{2}\int_0^{t_f} u^2(t)\mathrm{d}t$，要求终端状态达到 $\boldsymbol{x}(t_f)=\boldsymbol{0}$。试求

（1）当终端时间 $t_f=5$ 时的最优控制 $u^*(t)$；

（2）当终端时间 t_f 自由时的最优控制 $u^*(t)$。

【习题 10.4】 设二阶系统的状态方程为：$\dot{x}_1(t)=x_2(t)+1/4$，$\dot{x}_2(t)=u(t)$，初始条件为 $x_1(0)=x_2(0)=-1/4$，控制约束为当 $|u(t)|\leqslant 1/2$。要求最优控制 $u^*(t)$，使系统在终端时刻 $t=t_f$ 时转移到 $\boldsymbol{x}(t_f)=\boldsymbol{0}$，并使性能指标 $J=\int_0^{t_f} u^2(t)\mathrm{d}t$ 取得最小值，其中终端时刻 t_f 自由。

【习题 10.5】 在质量为 10kg 的静止物体上加垂直方向的力 $f(t)$，物体允许的最大加速度 $a(t)$ 为 $|a(t)|\leqslant 5\,\mathrm{m/s^2}$，希望将物体在最短时间内升高 100m。求实现这一目标的最优控制 $f^*(t)$。

【习题 10.6】 他励直流电动机如图 10-20 所示，其动态方程为：$J\frac{\mathrm{d}\omega(t)}{\mathrm{d}t}+T_f=C_M I_a$。其中，$T_f$ 为恒定负载转矩，J 为惯性矩，R_a 为电枢电阻，ω 为电动机转速。设电动机从静止启动 $\omega(0)=0$，经 t_f 时刻停止，即 $\omega(t_f)=0$。求电枢电流 I_a，使电枢电阻能量消耗 $J=\int_0^{t_f} I_a^2 R_a \mathrm{d}t$ 为最小。约束条件为电动机的角位移 θ 为常数，即 $\int_0^{t_f}\omega\mathrm{d}t=\theta=$常数。

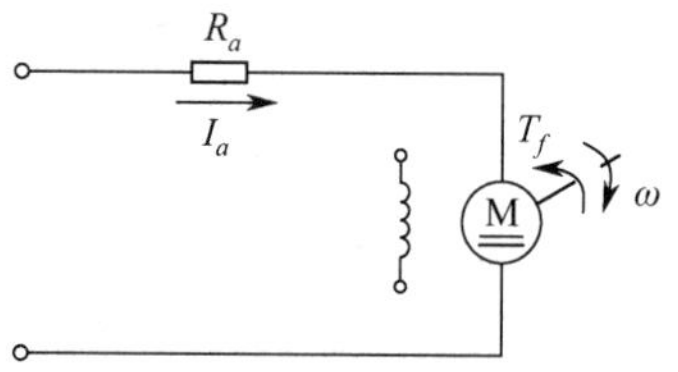

图 10-20 他励直流电动机

参考文献

[1] 胡寿松. 自动控制原理（第 7 版）[M]. 北京：科学出版社，2019.

[2] 孟庆明，程涛. 自动控制原理（非自动化类（第 3 版））[M]. 北京：高等教育出版社，2019.

[3] 王永骥，王金城，王敏. 自动控制原理[M]. 北京：化学工业出版社，2015.

[4] 胡皓，任鸟飞，张海燕. 自动控制原理[M]. 西安：西安电子科技大学出版社，2015.

[5] 王宏华. 现代控制理论[M]. 北京：电子工业出版社，2018.

[6] 高向东. 现代控制理论与工程[M]. 北京：北京大学出版社，2016.

[7] 肖建，于龙. 现代控制系统[M]. 北京：清华大学出版社，2016.

[8] 刘豹，唐万生. 现代控制理论（第 3 版）[M]. 北京：机械工业出版社，2006.

[9] 于长官. 现代控制理论及应用[M]. 哈尔滨：哈尔滨工业大学出版社，2007.

[10] Richard C. Dorf，Robert H. Bishop. 现代控制系统[M]. 谢红卫，孙志强，宫二玲，等译. 北京：电子工业出版社，2015.

[11] 刘妹琴，徐炳吉. 最优控制方法与 MATLAB 实现[M]. 北京：科学出版社，2019.

[12] 李晓东. MATLAB R2016a 控制系统设计与仿真 35 个案例分析[M]. 北京：清华大学出版社，2018.

[13] 岳瑞华，徐中英，周涛. 导弹控制原理[M]. 北京：北京航空航天大学出版社，2016.

[14] Eugene Lavretsky, Kevin A. Wise. 鲁棒自适应控制及其航空航天应用[M]. 程锦房，周浩，译. 北京：国防工业出版社，2015.

[15] 张彦斌，张宁. 火炮控制系统及原理[M]. 北京：北京理工大学出版社，2009.

[16] 高庆丰. 旋转导弹飞行动力学与控制[M]. 北京：中国宇航出版社，2016.

[17] 徐德民. 鱼雷自动控制系统[M]. 西安：西北工业大学出版社，2001.